国家出版基金项目
“十三五”国家重点出版物出版规划项目
深远海创新理论及技术应用丛书

从太空探索海洋：卫星海洋学非凡应用

Discovering the Ocean From Space: the Unique Applications of Satellite Oceanography

[英] 伊恩·斯图尔特·罗宾逊 (Ian S. Robinson) 著
丘仲锋　王胜强　何宜军　译

海洋出版社
2023年·北京

内 容 简 介

本书主要介绍海洋遥感的最新研究动态，讲述如何利用各种海洋遥感技术从新的视角认识海洋现象。全书内容主要包括卫星海洋学方法，卫星遥感技术在对地观测方面的应用发展如在中尺度海洋特征、大尺度海洋动态、海洋动力环境以及海气界面通量遥感等方面的应用，以及卫星海洋技术对海洋环境监测、预报和管理的重要意义等。整本书内容丰富，结构层次清晰，在行业领域得到了广泛认可。

本书适用面广，不仅适合本科生和研究生阅读，对海洋领域研究者也具有很高的阅读和参考价值。

图书在版编目(CIP)数据

从太空探索海洋：卫星海洋学非凡应用 /（英）伊恩·斯图尔特·罗宾逊（Ian S. Robinson）著；丘仲锋，王胜强，何宜军译. -- 北京：海洋出版社，2023.1
（深远海创新理论及技术应用丛书）
书名原文：Discovering the Ocean from Space：The Unique Applications of Satellite Oceanography
ISBN 978-7-5210-1077-0

Ⅰ. ①从… Ⅱ. ①伊… ②丘… ③王… ④何… Ⅲ. ①海洋观测卫星-卫星遥感 Ⅳ. ①P715.6

中国版本图书馆 CIP 数据核字(2023)第 022295 号

Translation from the English language edition：Discovering the Ocean from Space. The unique applications of satellite oceanography by Tan S. Robinson.

图　字：01-2017-1823 号
审图号：GS 京(2022)1434 号

丛书策划：郑跟娣
责任编辑：郑跟娣
责任印制：安　淼
出版发行：海洋出版社
地　　址：北京市海淀区大慧寺路 8 号
邮　　编：100081
开　　本：787 mm×1 092 mm　1/16
字　　数：700 千字
发 行 部：010-62100090
总 编 室：010-62100034
网　　址：http://www.oceanpress.com.cn
承　　印：鸿博昊天科技有限公司
版　　次：2023 年 1 月第 1 版
印　　次：2023 年 1 月第 1 次印刷
印　　张：36.5
定　　价：480.00 元

译者说明

本书由著名卫星海洋学家伊恩·斯图尔特·罗宾逊（Ian S. Robinson）教授花费6年时间悉心编著，也是他于2004年出版的另一著作《从太空监测海洋：卫星海洋学原理及方法》*Measuring the Oceans from Space: The principles and methods of satellite oceanography* 的姊妹篇。相比侧重于海洋卫星遥感观测方法和原理的第一部著作，此书更多地讲述如何利用各种海洋遥感技术，从新的视角认识海洋现象。该书内容丰富，结构层次明晰，书中涵盖了世界范围内众多研究者近几十年利用卫星遥感技术在海洋学研究方面取得的诸多创新成果，是目前国际上关于卫星海洋学应用最新、最全和最具权威的著作之一，得到了行业领域广泛认可。该书适用面广，不仅适合本科生和研究生阅读，对海洋研究者也具有很高的参考价值。

本书围绕“卫星海洋应用”这一核心内容展开，共分为15章。

第1章引言，介绍了卫星遥感技术在对地观测方面的应用发展以及卫星海洋技术对海洋环境监测、预报和管理的重要意义；同时阐述本书关于卫星遥感技术在海洋学研究的应用范围，如小尺度、中尺度、大尺度海洋过程以及海气相互作用。

第2章介绍卫星海洋学方法，对卫星海洋遥感原理及方法进行归纳总结，供读者了解海洋卫星遥感技术的优势和特点，学习不同类型传感器对海洋要素的观测原理和方法（如海洋光学遥感、热红外遥感、微波遥感技术、高度计和侧视雷达），了解海洋卫星平台和传感器以及海洋卫星遥感的各级产品。

第3章讲述涡旋，介绍海洋中普遍存在的涡旋的特征，进而从海面高度距平、海表温度场、海洋水色以及海面粗糙度的遥感观测切入，探讨各种卫星传感器观测涡旋的原理，从不同角度揭示海洋涡旋的表现特征，并比较了各种方法特定的优势和局限性。

第 4 章介绍锋面，供读者了解海洋锋面的形成机制，理解海洋锋面引起的海表温度、海面高度、海洋水色以及海面粗糙度信号特征的变化以及利用这些特征对海洋锋面进行探测的各种遥感手段，了解全球典型的海洋锋面变化特征及其对海洋初级生产力的影响。

第 5 章关于上升流与其他现象，供读者综合了解海洋上升流的形成机制及其影响，理解海洋卫星遥感技术在各种海洋上升流现象研究中的应用；此外，还介绍了海洋卫星遥感技术在大型河口羽状锋、冰缘浮游植物暴发和浮游植物铁限制等现象中的应用研究；最后，对第 3 章至第 5 章海洋中尺度现象的卫星海洋遥感应用进行归纳总结。

第 6 章涉及行星波与大尺度海洋动力过程，供读者学习行星波（又称作罗斯贝波）大尺度海洋动力现象及其卫星海洋遥感数据的应用，包括行星波特征在卫星探测的海面高度异常、海面温度和海洋水色方面的体现，行星波波速估测以及如何利用卫星遥感数据更好地理解罗斯贝波大尺度海洋动力现象。最后，介绍了其他海洋大尺度传输过程，如赤道开尔文波和南极绕极流等。

第 7 章介绍海洋生物卫星观测，包括海洋水色卫星遥感在海洋浮游植物水华现象监测、海洋初级生产力估算、渔业资源调查、浅海海底栖息地以及珊瑚礁监测等方面的广泛应用。

第 8 章系统介绍海洋表面重力波的卫星监测及其应用，包括利用卫星高度计、合成孔径雷达和波谱仪测量海洋表面重力波的原理及方法，测量海面波浪的卫星传感器、产品及其应用，特别是卫星产品在海洋表面重力波预报模型以及海洋表面重力波的气候态研究中的应用。

第 9 章介绍海上风场的不同卫星传感器监测技术，包括散射计、合成孔径雷达、高度计和微波辐射计，阐述卫星遥感技术监测海上风场的优势和重要性，展示海上风场卫星产品在研究热带气旋及其与海洋相互作用中的应用；此外，探讨了海上风场遥感数据在海上风电场选址与规划方面的应用潜力。

第 10 章概述海-气通量遥感观测的发展进程，介绍海-气通量的参数化方法，目前可用于估算海-气通量的卫星遥感产品（如海面风场、海表温度、海面粗糙度等）以及海-气辐射通量、二氧化碳通量和热通量的遥感估算方法，最后展望了海-气通量卫星观测的发展和应用前景。

第 11 章讲述大尺度海洋现象对人类的影响，着重展示和探讨利用卫星海洋遥感技术，在对与人类社会息息相关的几种大尺度海洋现象监测预报方面的应用，包括厄尔尼诺-南方涛动（ENSO）现象的观测和预报，季风的监测，极地海冰分布的探测，海平面上升、风暴潮和海啸等海洋灾害的遥感监测。

第 12 章介绍海洋内波的特征及其对物理海洋和生物海洋过程的重要影响，阐述利用合成孔径雷达观测海洋内波信号的优势和方法；以比斯开湾为例，借助海洋水色卫星产品，展示内波对浮游植物和海洋初级生产力的影响；综合阐述遥感技术对提高海洋内波认识的重要意义。

第 13 章介绍卫星海洋遥感技术在陆架海、河口和近海海洋学研究方面的应用，包括陆架海的尺度多变性、边缘现象、动力过程、悬浮颗粒物浓度、水质生态环境的遥感应用以及卫星海洋遥感在近海和河口的重要应用，比如，海浪监测、海滩管理、海岸防护和近海生态系统监测等。

第 14 章讨论海洋遥感的应用，从多个方面阐述如何更好地将卫星海洋遥感用于实践，包括如何将海洋遥感数据用于海洋预报系统、海洋动力数值模拟模型和海洋生态系统模型的同化，如何将海洋遥感技术用于海洋溢油的业务化监测以及气候变化监测等。

第 15 章展望，从宏观上对卫星海洋学应用做了概述，阐述卫星海洋遥感技术对海洋特征、现象以及过程认知的重要性，探讨了实际应用中对海洋卫星传感器的需求以及现有卫星传感器存在的不足，并对未来海洋卫星平台、传感器和处理系统的发展做了展望。

此书的翻译是“十三五”国家重点出版物出版规划项目、2019 年度国家出版基金资助项目“深远海创新理论及技术应用丛书”之一，也是南京信息工程大学海洋科学学院关于海洋优秀学术著作及教材引进计划的一部分，在相关项目经费及学校支持下，在学院院长何宜军教授的总体安排和指导下，由海洋遥感团队完成。引进罗宾逊教授的这一心血巨著是一种荣幸，同时也是一种压力。为了尽力不失原味，从得到版权许可开始，翻译团队经过通读、查阅、熟悉、理解、初译及多重校正等流程，以严谨、细致的认真态度，尽心尽责，付出巨大努力及超乎寻常的耐心，历经四年时间，终于完成了翻译。回首望去，感慨于翻译任务的繁重、面临的挑战和全体翻译人员精益求精的追求，实在不忍几句话就带过大家超凡的努力和贡献，这里请让我满怀感激和尊敬一一说出他们的名字，感谢他们的奉献：

王胜强、孙德勇、袁逸博、沈晓晶、张海龙、郑鹭飞、肖聪、环宇、苏校平、毛颖、李兆鑫、凌遵斌、岳小媛、叶之翩、吴晨颖、路颖、汤琼、李楠、陈莹、陈黄蓉、张靖玮、樊杰、李正浩。

特别需要指出，本书最后一次（第六次）校对过程中，以下人员分别负责部分章节，做出大量细致、耐心的工作，正是他们的细心把关，才让书稿最终成形，他们是凌遵斌（第 1 章）、陈黄蓉（第 2 章）、杨洋（第 3 章）、孙德勇（第 7 章、第 13 章）、王志雄（第 9 章）、席红艳（第 10 章）、王胜强（第 11、第 12 章）、张海龙（第 15 章）、丘仲锋（第 4 章至第 6 章、第 8 章、第 14 章）。海洋遥感团队其他同事对此书翻译也提供了很多的帮助，特别是何宜军教授和张彪教授，在专业内容等方面给予指导和把握，在此表示真诚的感谢！

由于翻译团队专业水平限制和不可完全避免的疏漏，此书的翻译仍可能存在不足甚至错误，在此，一方面对可能无法完好地再现原著表示不安和歉意，另一方面也恳请读者心存善意，不吝指正！

译　者

2020 年 5 月 22 日

前 言

本书是2004年出版的《从太空监测海洋：卫星海洋学原理及方法》一书的姊妹篇，通过广泛介绍及回顾卫星遥感在海洋学领域的应用，从不同的角度来阐述主题。在准备此书的5年间，这个主题本身的魅力一直吸引着我。在搜索科学文献的过程中，我不断地为世界各地发现卫星海洋学有趣的、新的、重要的要素所激动。我希望本书能帮助其他人自己去发现空间传感器是如何为我们提供了一个关于海洋学现象的全新视野，并越来越多地提升海洋科学服务现代文明需要的能力。

本书主要由我和研究生以及高年级本科生一起写成。读过上一本书的读者应该会知道，它旨在系统描述自1978年第一颗专用海洋卫星发射以来，超过30年发展起来的卫星海洋学多样化方法、宽泛的科学知识和丰富的创新技术。近年来，大量经过处理的、可用的高质量卫星数据提供了令人惊叹、令人鼓舞的海洋图像，足以讲述它们自己的故事。

因此，本书《从太空探索海洋：卫星海洋学非凡应用》被编写，目的在于开拓所有海洋学家、学生和经验丰富研究人员的眼界，向你们展示我们可从太空学到多少海洋的东西。本书章节按照从卫星看到不同的海洋现象来安排，而不是通过传感器或技术来组织。尽管不时交叉引用《从太空监测海洋：卫星海洋学原理及方法》一书，用于解释基础原理和遥感方法，但本书重点还是揭示海洋而非呈现方法。第2章是唯一例外，其中插入了卫星海洋学方法和要素的简明概述，以便本书能独立作为卫星海洋学课程的教科书，适用于海洋科学所有分支的学生。

在教学时，我希望大量使用的插图和彩图能吸引学生浏览，那些看图时的直觉，使他们自身对海洋现象感兴趣。一旦学生的兴趣被激发，我希望他们会查阅、引用许多海洋学研究论文以更详细地跟进主题，而不局限于单卷书本的内容。

然而，贯穿本书的另一个主题是应用海洋学，最终在第14章归于“使海洋遥感工作起来”。卫星数据的广泛使用开辟了许多新的机遇，使海洋科学与现代文明的挑战相关联，包括海上工作人员的安全和保障，海洋生态系统健康的更好管理以及海洋气候的监测。在海洋科学应用于工业、商业、环境管理背景和研究等方面，我相信将导致工作机会的增加。我希望本书通过展示卫星数据在海洋监测与预报中的重要作用，帮助海洋专业学生对这些职业做好准备。

撰写本书的另一个原因是为了证明，从整体来看，卫星观测作为海洋科学的一个主题是多么重要。理所当然，我们知道卫星数据已经常规用于海洋学的研究、应用和教学之中。在海洋遥感的早期阶段，卫星海洋数据只是空间技术宽泛投资模式的偶然副产品，或来自天基气象观测系统。然而，在21世纪，为了有益于业务化应用、海洋学创新研究及基本的气候监测，从自身的缘由需要持续地利用卫星观测海洋。我希望通过汇编卫星数据的多样化应用，本书有助于那些对持续资助维持卫星长期监测海洋有争议的人。

我欠某些读者一份道歉和解释。2004年《从太空监测海洋：卫星海洋学原理及方法》一书出版时，我曾承诺2005年将出版第二本“从太空理解海洋”，介绍卫星海洋学应用。这原本是打算作为第一本第三部分的，由于材料的增加使得我们将其转移到第二本。然而，作为南安普敦大学卫星海洋学教授和国家海洋学研究中心卫星海洋学实验室主任，我的工作量增加很多，同时文献中出现了越来越多的海洋遥感新应用。我对于一年内出版第二本信心满满的承诺，很快就变成了尴尬，因为我没有多余的时间来完成这项工作。来自世界各地的朋友和同事的电子邮件不停地提醒我，不能悄然地丢弃这个承诺。最终，经过5年，在José da Silva和Susanne Fangohr两位年轻同事的帮助下（他们每人合著了一章），在本地出版商普拉克西斯（Praxis）的不懈鼓励下，在超乎寻常耐心的支撑下，在妻子的支持下，本书终于完成。当然，这5年已经发表了很多遥感的海洋应用，为了保持最新，本书长达600余页。但是，非常高兴的是，这一延迟让我有机会提及来自世界各地的科学家的几项令人兴奋的进展，丰富了本书的内容，并让我将书重新命名为《从太空探索海洋》。我希望所有读者也能品味一二探索的兴奋，那种感觉，我在阅读这些支撑本书内容的科学论文时深有体会。

我应该向欧洲读者解释的是，遵循国际出版商施普林格（Springer）的规定，在使用普通英语时我采用了北美拼写。我乐于此是为了使世界其他地方的读者更容易接受这些工作，因为在那些地方我们英式的拼写“千米”（kilometres）和“颜色”（colour）看起来都那么古怪。尽管如此，我必须警告我在英国的学生，我不会改变终生的习惯，如果你开始使用“颜色”（color）和“米”（meters）（用北美拼写而不是英式拼写——译者注），我将继续在你的论文里纠正你！

最后，我想对那些第一次学习这门课的学生说两件事。第一是鼓励你养成习惯，通过跟踪所引文献对本书呈现的想法进行测试。我已尽全力尽可能准确地总结他人的成果，并将其与更广泛的背景联系起来。但在浓缩和凝练他人工作的时候，某些思路可能被忽视或失实。我的目标是提供足够的关键参考信息，使你发现一个特别感兴趣的主题时能够独自开展文献的检索。另一件事是希望你享受阅读本书，在欣赏卫星海洋学的非凡应用时满怀兴奋。但你的探索之旅无须局限于本书。正如第2章所述，通过自由访问数字图像形式的高质量卫星海洋数据产品，你可以在个人计算机上轻松地独自探索。谁也无法预知航天机构的数据库里，有哪些令人震惊的海洋现象图像，已经被获取但还未得到关注，正等着本书的读者去发现呢？

致　谢

在撰写本书的过程中，我从许多资源中获取了相关知识、信息和图像，得到了许多人多种方式给予的支持。然而，当一本书花了6年的时间才完成，记住他们并不容易，这使得致谢成为一个艰巨的任务。如果无意中忽略了我应该真诚感谢的人，那么，首先我表示歉意。

很大程度上，本书的科学内容是对他人工作的精炼，根据我自己的视角对主题进行选择和呈现。我试图通过引用来感谢构成本书思路的主要作者。尽管每一章中列出的参考文献都不是详尽无遗的，但无疑它们为深入研究该主题提供了一个良好的起点。如果从另一个作者的工作复制或重制一个图形或表格，我总是提前将其弄清楚。少数情况下直接使用一个图形副本，这些材料要么是可以免费使用，要么是获得了许可。在大多数情况下，我自己绘制图像，有时也使用其他图像的一部分，但是尽可能从头开始。如果基于机构数据库下载的电子数据集的情况，本书说明了互联网来源。对于图像处理和增强，我主要依靠用于海洋遥感培训课程的BILKO图像处理软件。这些图像已经使用Adobe Illustrator进行了修改，我非常感谢排版工作人员Neil Shuttlewood，他的“鹰眼”不让我疏忽，从而保证了图形质量的高标准。

感谢很多在撰写过程中帮助我的人。我的朋友和同事，Susanne Fangohr和José da Silva早就同意各自合著文章的一个章节，却又不得不耐心地等待我完成本书余下章节。他们愿意分担任务，使我避免了被本书的体量压垮。另外一位好友Craig Donlon，在欧洲空间局忙碌的工作中，抽时间对第14章和第15章进行了详细的评阅，其中大部分都是关于业务化海洋学新兴观点的精炼，这些内容较少发表且还没形成一个既定的科学共识。普拉克西斯(Praxis)出版社的丛书编辑Philippe Blondel对本书进行了完整的审读，我非常感谢他的建设性建议和批判性意见。我确信这些同事的意见对本书有很大改进，尽管我还必须对严格审读中可能遗漏的任何错误负全责。此外，我必须感谢 Philippe Blondel 和普拉克西斯出版社的 Clive Horwood 的共同努力，当我的主业需求几乎没有空闲时间为本书工作时，他们给予了充分理解，并能够提供耐心、鼓励和压力之间恰当的平衡，使工作得以持续。

与人文学科同事不同，对英国大学的科学教授而言，将某一主题的精髓写在书中，并不认为是一项优先任务。原始科学论文的质量、研究经费的竞争性获取以及学生的有效教学是我们绩效评估的主要目标。撰写书籍是额外的选项，当有时间时，必须将其列入我们的工作量。因此，我非常感谢南安普敦大学海洋与地球科学学院在 2008 年给了我一个休假学期，我可以花几个月时间安静与愉悦地在瑞典完成本书。为了让我获得这种自由，南安普敦卫星海洋学实验室的几位同事们愿意兼顾我的海洋遥感教学任务，包括 Peter Challenor、Paolo Cipollini、David Cromwell、Susanne Fangohr、Richenda Houseago-Stokes、Graham Quartly、Colette Robertson、Helen Snaith 和 Meric Srokosz。我正式的教学同事 Neil Wells、Harry Bryden 和 Bob Marsh 也帮助我获得更多的时间写作。

我非常感谢 Werenfrid Wimmer 和 David Poulter，他们以各种方式支持我。自 2004 年以来，我所指导的那些研究生也是如此，其中包括 Nico Caltabiano、Stephanie Henson、Chris Jeffery、Mounir Lekouara、Violeta Sanjuan-Calzado、Anna Sutcliffe 和 Gianluca Vulpe。随着他们对海洋遥感特定主题的了解越来越广泛，他们不仅拓宽了我对更广泛领域的认识，也为我照亮了特定角落的细节。

我也感谢来自世界各地的朋友和同事，在会议期间相见，或者发给我文件，帮助我跟上海洋遥感的发展。我也不应该忘记从前教过的学生，他们在巴西、墨西哥、葡萄牙、美国和世界其他地方，一直在问新书何时准备就绪，这就是给你们的答案。

最后，我必须再次感激，如果没有妻子 Diane 的耐心支持、爱和照顾，我根本不可能完成本书。

缩略语和卫星及传感器的名称

缩写名称	英文全称	书中译名
2D-FFT	Two Dimensional Fast Fourier Transform	二维快速傅里叶变换
AATSR*	Advanced Along Track Scanning Radiometer	高级沿轨扫描辐射计
ABL	Atmospheric Boundary Layer	大气边界层
ACC	Antarctic Circumpolar Current	南极绕极流
ACC (Bdy)	Southern boundary of the ACC	南极绕极流（南边界流）
ACW	Antarctic Circumpolar Wave	南极绕极波
ADCP	Acoustic Doppler Current Profiler (*in situ* ocean instrument)	声学多普勒流速剖面仪（海洋原位仪）
ADEOS+	ADvanced Earth Observing System (Japanese polar-orbiting platform)	高级对地观测卫星（日本极轨平台）
ADT	Absolute Dynamic Topography	绝对动力地形
AIRS*	Atmospheric Infrared Sounder	大气红外探测器
AIS	Automatic Identification System	自动识别系统
ALOS	Advanced Land Observing Satellite	高级对地观测卫星
AMI*	Advanced Microwave Instrument (dual SAR/scatterometer on ERS-1 and 2)	高级微波仪器（ERS-1 和 ERS-2 上的双 SAR /散射仪）
AMSR	Advanced Microwave Scanning Radiometer	高级微波扫描辐射计
AMSR-E*	AMSR version flown on Aqua	Aqua 卫星上的高级微波扫描辐射计
AMSU-A*	Advanced Microwave Sounding Unit A (for atmospheric sounding)	高级微波探测单元 A（用于大气探测）
ANN	Artificial Neural Net	人工神经网络
Aqua+	NASA's EOS polar-orbiting platform with an afternoon overpass	美国航空航天局对地观测系统下午过境的轨道极轨卫星
Argo	A system of globally distributed floats which profile the ocean's density structure	全球分布式浮标系统，描述海洋的密度结构
ASAR*	Advanced SAR on Envisat	Envisat 上的高级合成孔径雷达

注：卫星或卫星系列用“+”标注，传感器用“ * ”标注。

续表

缩写名称	英文全称	书中译名
ASCAT*	Advanced SCATterometer flown on MetOp	MetOp 卫星上的高级散射计
ASST	Averaged SST	平均海表面温度
ATBD	Algorithm Theoretical Basis Document	算法理论基础文件
ATSR*	Along Track Scanning Radiometer	沿轨扫描辐射计
AVHRR*	Advanced Very High Resolution Radiometer	甚高分辨率辐射计
B	Bacteria	菌
CASI	Compact Airborne Spectral Imager	小型机载光谱成像仪
CDOM	Colored Dissolved Organic Matter	有色可溶性有机物
CEA	*Commissariat à l'Energie Atomique*	法国原子能委员会
CEI	Chlorophyll Extension Index	叶绿素扩展指数
CEOS	Committee on Earth Observing Satellites	对地观测卫星委员会
CERSAT	Center for Satellite Exploitation and Research at IFREMER, France	法国海洋开发研究院卫星开发与研究中心
CF	Coriolis Force	科里奥利力（科氏力），地转偏向力
Chl	Chlorophyll	叶绿素
CHRIS*	Compact High Resolution Imaging Spectrometer	小型高分辨率成像光谱仪
CLS	*Collecte Localisation Satellites* (French research company)	收集定位卫星（法国研究公司）
CMIS*	Conically Scanned Microwave Imager and Sounder	锥形扫描微波成像探测仪
CMOD	Empirical model of C-band microwave backscatter *vs.* wind speed and direction	C 波段微波反向散射与风速和风向经验模型
CNES	*Centre National d' Etudes Spatiales* (French Space Agency)	法国国家空间研究中心（法国航天局）
COARE	Coupled Ocean-Atmosphere Response Experiment	海-气耦合响应实验
Coriolis+	Satellite of U. S. Naval and Air Force Research Laboratories	美国海军和空军研究实验室的卫星
CROZEX	CROZet natural iron bloom EXperiment	克罗泽天然铁矿实验
CRW	Coral Reef Watch	珊瑚礁观测计划
CSET	Cross Shore Ekman transport	跨地区的埃克曼输送
CZCS*	Coastal Zone Color Scanner	海岸带水色扫描仪
DCM	Deep Chlorophyll Maximum	叶绿素最大深度
DHW	Degree Heating Week	周热度
DIC	Dissolved Inorganic Carbon	溶解无机碳
DMC	Disaster Monitoring Constellation	灾害监测星群（灾害监测卫星网）
DMS	Dimethyl Sulfide	二甲基硫醚
DMSP+	Defense Meteorological Satellite Program (U. S.)	（美国）国防气象卫星计划
DON	Dissolved Organic Nitrogen	溶解有机氮

续表

缩写名称	英文全称	书中译名
DUACS	Data Unification And Combination System	数据统一与组合系统
EAP	East Atlantic Pattern	东大西洋模态
ECMWF	European Center for Medium-range Weather Forecasts	欧洲中程天气预报中心
ECV	Essential Climate Variable	基本气候变量
EEZ	Exclusive Economic Zone	专属经济区
EIGEN	European Improved Gravity model of the Earth by New techniques	欧洲利用新技术改进的地球重力模型
EIGEN-GRACE03S	A GRACE-based static gravity field model derived within the EIGEN initiative	在欧洲改进的地球重力模型新技术中衍生出基于重力恢复与气候实验的静态重力场模型
EKE	Eddy Kinetic Energy	涡旋动能
EKW	Equatorial Kelvin Wave	赤道开尔文波
EM	Electro Magnetic	电磁波
EMSA	European Maritime Safety Agency	欧洲海事安全局
EnKF	EnsembleKalman Filter	卡尔曼滤波器
ENSO	El Nino-Southern Oscillation	厄尔尼诺-南方涛动
Envisat⁺	Major polar platform for ESA's Earth Observing System	欧洲空间局对地观测系统主要的极轨平台
EO	Earth Observation (typically refers only to satellite observations)	对地观测（通常仅指卫星观测）
EOF	Empirical Orthogonal Function	经验正交函数
EOS	Earth Observing System	对地观测系统
ERA-40	ECMWF Re-Analysis of meteorological variables for 1957—2001	欧洲中程天气预报中心 1957—2001 年气象变量重新分析
ERD	Environmental Research Division	环境研究部
ERS-1，2⁺	ESA Remote Sensing satellite series	欧洲空间局遥感卫星系列
ERSEM	European Regional Seas Ecosystem Model	欧洲区域海洋生态系统模型
ERSST	Extended Reconstructed Sea Surface Temperature	扩展重建海表温度
ESA	European Space Agency	欧洲空间局（欧空局）
EUMETSAT	EUropean Organization for the Exploitation of METeorological SAtellites	欧洲气象卫星组织
EuroGOOS	European Global Ocean Observing System	欧洲全球海洋观测系统
fAPAR	fraction of Absorbed Photosynthetically Active Radiation	吸收光合有效辐射的部分
FCDR	Fundamental Climate Data Record	基础气候数据记录

续表

缩写名称	英文全称	书中译名
FOV	Field Of View	视场
GANDER	Global Altimeter Network Designed to Evaluate Risk	全球高度计风险评估网络
GCM	General Circulation Model (of the ocean or atmosphere)	环流模式（海洋或大气）
GCOM	Global Change Observation Mission	全球变化观测任务
GCOS	Global Climate Observing System	全球气候观测系统
GCR	Global Climate Record	全球气候记录
GDR	Geophysical Data Record (from an altimeter)	地球物理数据记录（来自高度计）
GDS	GHRSST Data Specification	高分辨率海表温度组织数据规范
GEO	Group on Earth Observations	全球对地观测组织
GEOSS	Global Earth Observing System of Systems	全球对地观测系统
GFO	Geosat Follow On	Geosat 后续计划
GHRSST	Group for High Resolution Sea Surface Temperature	高分辨率海表温度组织
GHRSST-PP	GODAE High Resolution SST Pilot Project	全球海洋资料同化实验高分辨率海表温度试点项目
GLI*	Global Imager (Japanese visible, near-IR, and thermal IR sensor)	全球成像仪（日本，可见光近红外和热红外传感器）
GLONASS*	Global Navigation Satellite System	全球卫星导航系统
GMES	Global Monitoring for Environment and Security	全球环境与安全监测
GNSS-R	Global Navigation Satellite System Reflectometry	全球卫星导航系统反射计
GOCE*	Gravity and Ocean Circulation Explorer	重力和海洋环流探索计划
GODAE	Global Ocean Data Assimilation Experiment	全球海洋资料同化实验
GOOS	Global Ocean Observing System	全球海洋观测系统
GOSIC	Global Observing Systems Information Center	全球观测系统信息中心
GPCP	Global Precipitation Climatology Project	全球降水气候学项目
GPS	Global Positioning System	全球定位系统
GRACE*	Gravity Recovery And Climate Experiment	重力恢复和气候实验卫星
GSFC	Goddard Space Flight Center	戈达德空间飞行中心
GW	Great Whirl (eddy in the Arabian Sea)	大涡旋（阿拉伯海涡旋）
HAB	Harmful Algal Bloom	有害藻华
HDF	Hierarchical Data Format	分层数据格式
HNLC	High Nutrient Low Chlorophyll	高营养低叶绿素
HOAPS	Hamburg Ocean-Atmosphere Parameters and Fluxes from Satellite data	汉堡海洋大气参数及通量卫星数据
HR-DDS	High Resolution Diagnostic Data Set	高分辨率诊断数据集

续表

缩写名称	英文全称	书中译名
HRV	High Resolution Visible	高分辨率可见光
IFOV	Instantaneous Field Of View	瞬时视场
IFREMER	*Institut francais de recherche pour l'exploitation de la mer*, translated as French Research Institute for Exploitation of the Sea	法国海洋开发研究院
IGDR	Interim Geophysical Data Record (from an altimeter)	临时地球物理数据记录（来自高度计）
IM	Image Mode	图像模式
IOCCG	International Ocean Color Co-ordinating Group	国际海洋水色协调小组
IOP	Inherent Optical Property	固有光学特性
IPCC	Intergovernmental Panel on Climate Change	政府间气候变化专门委员会
IR	InfraRed	红外
ISCCP	International Satellite Cloud Climatology Project	国际卫星云气候学项目
ISW	Internal Solitary Wave	内孤立波
IT	Internal Tide	内潮
ITCZ	Intertopical Convergence Zone	热带辐合带（赤道辐合带）
IW	Internal Wave	内波
JAMSTEC	Japan Agency for Marine-Earth Science and TEChnology	日本海洋地球科学技术中心
Jason-1, 2	Satellites for altimetry continuing the series started by T/P	自 T/P 开始的持续用于高度测量的卫星
JCOMM	Joint Committee for Oceanography and Marine Meteorology	海洋学和海洋气象学联合委员会
JGOFS	Joint Global Ocean Flux Study (international collaborative research project)	全球海洋通量研究（国际合作研究项目）
K-dV	Korteweg-de Vries	科特韦格-德弗里斯方程（K-dV 方程）
L2P	Level 2 Preprocessed	2 级预处理
LAI	Leaf Area Index	叶面积指数
LIDAR	LIght Detection And Ranging	光检测和测距（激光雷达）
LTSRF	Long Term Stewardship and Reanalysis Facility	长期管理和再分析设施
MCC	Maximum Cross Correlation	最大交叉相关
MCS	Marine Core Service	海洋核心服务
MCSST	Multi Channel Sea Surface Temperature	多通道海表温度
MDT	Mean Dynamic Topography	平均动力地形
MERIS*	MEdium Resolution Imaging Spectrometer	中分辨率成像光谱仪
MERSEA	Marine Environment and Security for the European Area	欧洲海洋环境与安全

续表

缩写名称	英文全称	书中译名
MetOp+	European polar-orbiting operational meteorological satellite series (ESA/Eumetsat)	欧洲极轨业务气象卫星系列（欧空局/欧洲气象卫星组织）
MFS	Mediterranean Forecasting System	地中海预报系统
MISST	Multi-sensor Improved Sea Surface Temperature for GODAE	提高全球海洋资料同化实验海表温度的多传感器
MJO	Madden-Julian Oscillation	马登-朱利安振荡
MODIS*	MODerate-resolution Imaging Spectrometer	中分辨率成像光谱仪
MOI	Mediterranean Oscillation Index	地中海振荡指数
MPI	A method of SAR wave spectrum inversion developed at the *Max-Planck Institut für Meteorologie* at Hamburg	由汉堡的马克斯·普朗克气象学院开发的 SAR 波谱反演算法
MSHED	Multi Sensor Histogram Edge Detection	多传感器直方图边缘检测
MSL	Mean Sea Level	平均海平面
MSS	Mineral Suspended Sediment	矿物悬浮物
MTF	Modulation Transfer Function	调制传递函数
MTOFS	*Measuring the Oceans from Space*, the companion volume (Robinson, 2004)	《从太空监测海洋》，本书姊妹篇(Robinson, 2004)
MW	Micro Wave	微波
MWR	Micro Wave Radiometer	微波辐射计
NAO	North Atlantic Oscillation	北大西洋涛动
NASA	National Aeronautics and Space Administration (U. S.)	美国国家航空航天局
NBC	North Brazil Current	北巴西流
NCAR	National Center for Atmospheric Research	美国国家大气研究中心
NCEP	National Center for Environmental Prediction (U. S.)	美国国家环境预报中心
NECC	North Equatorial Counter-Current	北赤道逆流
NEODAAS	NERC Earth Observation Data Acquisition and Analysis Service	NERC 地球观测数据采集和分析服务
NetCDF	Network Common Data Format	网络通用数据格式
NOAA	National Oceanographic and Atmospheric Administration	美国国家海洋和大气管理局
NOP	Numerical Ocean Prediction	海洋数值预报
NPOESS+	National Polar - orbiting Operational Environmental Satellite System (U. S.)	美国国家极轨业务环境卫星系统
NPP+	NPOESS Preparatory Project	美国国家极轨业务环境卫星系统预备项目

续表

缩写名称	英文全称	书中译名
NSIDC	National Snow and Ice Data Center	美国国家冰雪数据中心
NWP	Numerical Weather Prediction	天气数值预报模式
OA	Objective Analysis	客观分析
OCTS*	Ocean Color and Temperature Sensor (Japanese, on ADEOS-1)	海洋水色水温扫描仪（日本，搭载在 ADEOS-1 卫星上）
OFS	Ocean Forecasting System	海洋预报系统
OI	Optimal Interpolation	最优插值
OLCI	Ocean and Land Color Instrument	海陆色度仪
ONI	Ocean Nino Index	海洋尼诺指数
OOS	Ocean Observing System	海洋观测系统
OSCAR	Ocean Surface Current Analysis-Real time	海表流场实时分析
OSDR	Operational Sensor Data Record	业务传感器数据记录
OSI-SAF	Oceans and Sea Ice Satellite Applications Facility	（欧洲气象卫星应用组织）海洋和海冰卫星应用中心
OSTIA	Operational sea Surface Temperature and sea Ice Analysis	业务海表温度和海冰分析
P	Phytoplankton	浮游植物
PALSAR	Phased Array L-band Synthetic Aperture Radar	相控阵 L 波段合成孔径雷达
PAR	Photosynthetically Available Radiation	光合有效辐射
PDF	Probability Distribution Function	概率分布函数
PF	Pressure Force	压力
PF	Polar Front (in Sections 4. 5. 3 and 4. 6. 1)	极地锋面（在 4. 5. 3 节和 4. 6. 1 节）
PFZ	Potential Fishing Zone	潜在的捕鱼区
PMEL	Pacific Marine Environmental Laboratory	美国太平洋海洋环境实验室
POM	Primary Ocean Measurement	海洋基础测量
PON	Particulate Organic Nitrogen	颗粒有机氮
Poseidon*	Radar altimeter (CNES)	雷达高度计（CNES）
PSB	Patagonian Shelf Break	巴塔戈尼亚陆架坡折
PSR	Photosynthetically Stored Radiation	光合存储辐射
QuikScat*	Satellite with a dedicated scatterometer mission (U. S.)	美国卫星散射计
r. m. s.	root mean square	均方根

续表

缩写名称	英文全称	书中译名
ROFI	Region Of Freshwater Influence	淡水影响的特征区域
ROWS*	Radar Ocean Wave Spectrometer	雷达海浪波谱仪
sACCF	southern ACC front	南极绕极流南部锋面
SAF	Sub Antarctic Front	亚南极锋面
SAR*	Synthetic Aperture Radar	合成孔径雷达
SCIAMA-CHY*	SCanning Imaging Absorption Spectro Meter for Atmospheric CHartographY	大气制图扫描成像吸收光谱仪
SeaWiFS*	Sea-viewing Wide Field-of-view Sensor	海洋宽视场扫描仪
SeaWinds*	Ku-band scatterometer flown on QuikScat（NASA）	基于 QuikScat（NASA）的 Ku 波段散射计
SERIES	Subarctic Ecosystem Response to Iron Enrichment Study	南极生态系统对铁元素富集研究的响应
SEVIRI+	Spinning Enhanced Visible and Infrared Imager	旋转增强型可见光和红外成像仪
SG	Southern Gyre（eddy in the Arabian Sea）	南部涡流（阿拉伯海涡旋）
SIOP	Specific Inherent Optical Property	特定固有光学特性
SIRAL	Synthetic Aperture Interferometric Radar Altimeter on the ESA CryoSat mission	欧空局 CryoSat 任务上的合成孔径干涉雷达高度计
SIZ	Seasonal Ice Zone	季节性冰区
SLA	Sea Level Anomaly	海平面异常
SLAR	Side-looking airborne radar	机载侧视雷达
SLC	Single Look Complex	单视复数
SLSTR	Sea and Land Surface Temperature Radiometer	海陆表面温度辐射计
SMMR	Scanning Multichannel Microwave Radiometer	多通道微波扫描辐射计
SMOS+	Soil Moisture and Ocean Salinity（satellite mission）	土壤湿度和海洋盐度卫星（卫星任务）
SOFeX	Southern Ocean iron（Fe）Experiment	南大洋铁元素（Fe）实验
SOI	Southern Oscillation Index	南方涛动指数
SOIREE	Southern Ocean Iron Enrichment Experiment	南大洋铁元素富集实验
SPM	Suspended Particulate Material	悬浮颗粒物
SPOT+	*Satellite probatoire d'observation de la Terre*（CNES）	地球观测系统（CNES）
SPRA	Semi Parametric Retrieval Algorithm	半参数化反演算法
SRAL	Synthetic Aperture Interferometric Radar Altimeter for ESA Sentinel-3 satellites	用于欧空局 Sentinel-3 卫星的合成孔径干涉雷达高度计

续表

缩写名称	英文全称	书中译名
SSALTO	*Segment Sol multimissions d'ALTimétrie, d'Orbitographie et de localisation precise*	ALTimétrie 轨道定位和精确定位多任务地面部分
SSHA	Sea Surface Height Anomaly	海面高度异常
SSI	Surface Solar Irradiance	表面太阳辐照度
SSM/I *	Special Sensor Microwave Imager	专用传感器微波成像仪
SSM/T-2 *	Special Sensor Microwave Temperature Sounder	专用传感器微波温度探测器
SSS	Sea Surface Salinity	海表盐度
SST	Sea Surface Temperature	海表温度
SSTL	Surrey Satellite Technology Ltd.	萨里卫星科技有限公司
STAR	Center for Satellite Applications and Research	卫星应用和研究中心
SWH	Significant Wave Height	有效波高
SWIMSAT+	Proposed real-aperture radar system to measure directional spectra of ocean waves from space	由真实孔径雷达系统从太空测量海洋波浪方向谱
T/P	TOPEX/Poseidon	TOPEX/Poseidon
TC	Tropical Cyclone	热带气旋
TCDR	Thematic Climate Data Record	专题气候数据记录
TCHP	Tropical Cyclone Heat Potential	热带气旋潜热
Terra	NASA's EOS polar-orbiting platform with a morning over-pass	美国国家航空航天局地球观测系统上午过境的极轨卫星
TIW	Tropical Instability Wave	热带不稳定波
TM *	Thematic Mapper	专题制图仪
TMI	TRMM Microwave Imager	微波成像仪
TOA	Top Of Atmosphere	大气层顶
TOGA	Tropical Ocean-Global Atmosphere	热带海洋-全球大气
TOPEX	TOPographic EXperiment: radar altimeter (NASA)	地形实验：雷达高度计（NASA）
T/P	TOPEX/Poseidon altimetry mission (NASA/CNES)	TOPEX/Poseidon 高度计任务（NASA/CNES）
TRMM+	Tropical Rainfall Measuring Mission	热带降雨观测计划
TSM	Total Suspended Matter	总悬浮物
TSS	Total Suspended Sediment	总悬浮沉积物
TUI	Temperature-based Upwelling Index	基于温度的上升流指数

续表

缩写名称	英文全称	书中译名
TZCF	Transition Zone Chlorophyll Front	过渡区叶绿素锋面
UI	Upwelling Index	上升流指数
UNFCCC	United Nations Framework Convention on Climate Change	联合国气候变化框架公约
VGPM	Vertically Generalized Production Model	垂向广义生产量模型
VHRR*	Very High Resolution Radiometer	甚高分辨率辐射计
VIIRS*	Visible and Infrared Imager Radiometer Suite	可见光红外成像辐射仪
WCRP	World Climate Research Program	世界气候研究计划
Windsat*	Multifrequency polarimetric microwave radiometer flown on Coriolis	搭载于 Coriolis 卫星的多频偏振微波辐射计
WM	Wave Mode	波浪模型
WWW	World Weather Watch	世界天气监测网
Z	Zooplankton	浮游动物

符号和术语

尽管本书大部分并不是站在一个理论角度来写的，但是为了方便，有一些地方用数学的术语来表示其科学原理。下表提供了一些符号的参考定义。一些符号在全书中经常出现，但大部分只出现在有限的一章或两章。还有一些重复的，其在不同的章节中表示不同的含义。为此，主要按照章节列出这些符号。为了避免歧义，必须注意将符号定义与章节内容相联系。

术语	特征表达	单位	所在章节
	贯穿全书的符号		
f	科氏力参数	s^{-1}	
f_0	f在一个纬度范围内的中心值	s^{-1}	
g	重力加速度	$m \cdot s^{-2}$	
u	海表速度矢量的东向（子午线的）分量	$m \cdot s^{-1}$	
v	海表速度矢量的北向（垂直的）分量	$m \cdot s^{-1}$	
x	东向距离	km	
y	北向距离	km	
z	与纵坐标垂直方向上的距离（正向距离或者负向距离）		
β	科氏力在纬度方向的梯度	$s^{-1} \cdot deg^{-1}$	
φ	纬度	deg	
ρ	海水密度	$kg \cdot m^{-3}$	
σ_0	归一化雷达后向散射截面		
Ω	地球自转速度	s^{-1}	3，6
	第2章的符号（在不同小节之间有一些歧义）		
B_f	微波光谱辐射每单位带宽	$W \cdot m^{-2} \cdot sr^{-1} \cdot s$	2.4.4
G	万有引力常数		2.2
H_{sat}	在参考椭球上的卫星高度	m	2.4.5
$H_{1/3}$	有效波高	m	2.4.5
h	卫星距离地面的高度	m	2.2

续表

术语	特征表达	单位	所在章节
h	距离参考椭球的海面高度	m	2.4.5
h_{atm}	由于大气压造成的海表位移	m	2.4.5
h_{dyn}	经过潮汐和大气校正之后距离大地水准面的海表动力高度	m	2.4.5
h_{geoid}	距离参考椭球的大地水准面的高度	m	2.4.5
h_{tide}	海表面的潮汐位移	m	2.4.5
h_{SSHA}	局部海面高度异常	m	2.4.5
k	玻耳兹曼常数	1.38×10^{-23} J·K^{-1}	2.4.4
L（λ，T）	单位波长的光谱辐射	W·m^{-2}·m^{-1}·sr^{-1}	2.4.3
M	地球质量	kg	2.2
r	卫星轨道到地球中心的距离	km	2.2
R	地球半径（约 6 378 km）	km	2.2
R_{alt}	卫星与海表面之间的距离	m	2.4.5
R_λ	波长 λ 下的辐射反射比		2.4.2
S_n	一个红外辐射计第 n 通道的信号		2.4.3
T	地球卫星轨道周期	s	2.2
T	温度	K	2.4.3
T_{bn}	辐射亮度表示为一个红外辐射计在通道 n 的等效黑体温度	K	2.4.3
T_S	海表温度	K	2.4
$\Delta_{i,j}$（T_b）	T_b 在波段 j 和波段 i 之间的差	K	2.4.3
λ	波长	m	2.4

第3章的符号

术语	特征表达	单位	所在章节
c	前向的监测算法的交叉前向偏移	m	3.4.2
h	在计算长波速度时的水深	m	3.2
h	在计算海洋动力特性时的海面高度异常值	m	3.4
h_1	分层海洋的上层深度	m	3.2
L	流动现象的特征长度尺度	m	3
L_{Rb}	斜压罗斯贝波的变形半径	m	3
Re	雷诺数	无量纲	3
S_n	海表流场的标准压力	s^{-1}	3.4
S_S	海表流场的切向压力	s^{-1}	3.4
V	流体中的特征流速	m·s^{-1}	3
W	Okubo-Weiss 参数	s^{-2}	3.4
v	动力学黏性系数	m^2·s^{-1}	3
ρ_0	水柱之上的平均密度	kg·m^{-3}	3

续表

术语	特征表达	单位	所在章节
ω	垂直方向的海表流场涡旋	s^{-1}	3.4
	第 4 章的符号		
a	表征锋面宽度的长度尺度		4.3.2
T_b	锋面温度差异的半梯度	K	4.3.2
T_p	模拟的锋面温度剖面	K	4.3.2
T_0	在锋面线上的温度	K	4.3.2
U_D	利用多普勒分析的在雷达监测方向的表面流场的组成部分	m^{-1}	4.2.5
x'	图像中正交的像素，与 y' 正交		4.3.2
y'	图像中正交的像素，与 x' 正交		4.3.2
θ	锋面的方向与 y' 共坐标		4.3.2
	第 6 章的符号		
c_x	x 方向的波相速度	$m \cdot s^{-1}$	6.3
c_{nx}	第 n 阶罗斯贝波的东向相速度	$m \cdot s^{-1}$	6.3
k	罗斯贝波的带状波数	m^{-1}	6.3
l	罗斯贝波的子午线方向的波数	m^{-1}	6.3
V	罗斯贝波的典型动力学变量		6.3
x'	拉东变换中的虚拟变量		6.4
y'	拉东变换中的虚拟变量		6.4
θ	一个时间-精度图中与时间共坐标的方向，定义为拉东变换的变量		6.4
λ_n	第 n 阶模型的罗斯贝波变形半径	m	6.3
ω	罗斯贝波的频率	s^{-1}	6.3
ω_n	第 n 阶罗斯贝波的频率	s^{-1}	6.3
	第 7 章的符号		
a_c^*	叶绿素光特征吸收系数	$m^2 \cdot gChl^{-1}$	7.3
C	叶绿素浓度	$gC \cdot m^{-3}$	7.3
E_{PAR}	光合有效辐射	$Ein \cdot m^{-2} \cdot s^{-1}$	7.3
J_C	单位固定碳等价的化学能量	$kJ \cdot (gC)^{-1}$	7.3
P	初级生产率，单位时间单位体积内光合作用所固定的碳	$gC \cdot m^{-3} \cdot s^{-1}$	7.3
P_{tot}	水柱的初级生产率	$gC \cdot m^{-2} \cdot s^{-1}$	7.3
φ_μ	量子产率	$molC \cdot Ein^{-1}$	7.3
ψ^*	光合作用的交叉截面积	$m^2 \cdot gChl^{-1}$	7.3
	第 8 章的符号		
H_s	有效波高	m	8

续表

术语	特征表达	单位	所在章节
h	计算重力波速度时的水深	m	8
k	表面波的一般波数	m^{-1}	8
S	海洋波能量谱		8
T	海洋表面波周期	s	8
T_m	表面重力波场的平均周期	s	8
T_p	最大周期（表面波谱的最大值）	s	8
T_z	表面重力波的零点交叉周期	s	8
u^*	摩擦速度	$m \cdot s^{-1}$	8
V_{gr}	表面重力波的群速度	$m \cdot s^{-1}$	8
V_{ph}	表面重力波的相速度	$m \cdot s^{-1}$	8
ζ	由表面波引起的海表垂直位移	m	8
σ_ζ	海表波高的标准差	m	8
第 10 章的符号			
C_D	海水的拖曳系数		
C_E	道尔顿数（潜在热通量的传输系数）		
C_P	海洋波谱中的主要频率的相速度		
C_T	斯坦顿数（感热的传输系数）		
c_p	大气常压下的特征热		
D	海水中特殊气体的扩散	$m^2 \cdot s^{-1}$	
F	海洋到大气的一般通量性质		10. 2. 2
F_{gas}	海洋到大气的特殊气体通量	mole（gas） $\cdot m^{-2} \cdot s^{-1}$	
H_s	有效波高		
K_x	海-气通量的一般传输系数		10. 2. 2
k	穿过海-气界面的特殊气体传输速度	$m \cdot s^{-1}$	
k_b	气泡中气体传输速度		10. 4
k_d	直接的气体交换传输速度		10. 4
L	在 T_a 下的水体潜在的蒸发热量	$J \cdot kg^{-1}$	
L_p	海洋波谱中波长的主要频率		
pX_a	交换界面处大气一侧的特殊气体的局部压力		
pX_w	交换界面处海水一侧的特殊气体的局部压力		
Q	海表面的净热量交换	$W \cdot m^{-2}$	
Q	基于算法估算的海表特定湿度		10. 3. 5
Q_b	净长波辐射	$W \cdot m^{-2}$	
Q_E	潜热通量	$W \cdot m^{-2}$	

续表

术语	特征表达	单位	所在章节
Q_H	感热通量	$W \cdot m^{-2}$	
Q_S	净短波辐射	$W \cdot m^{-2}$	
q_s	海表面大气特征湿度		
q_z	参考深度 z 的大气特征湿度		
R	海-气通量的通用界面阻抗		10.2.2
R	当月平均风速用于通量积分时，允许非线性风依赖性的校正因子		10.4
$R_L^{\downarrow}$	从大气到海洋的长波后向辐射	$W \cdot m^{-2}$	10.4.1
Sc	施密特数（Schmidt number，μ/D）		
s	在海表面温度和盐度下特定气体在水中的溶解度		
T_a	大气温度（距离海表面的参考高度为 z）	K	
T_s	海表面的大气温度	K	
u^*	摩擦速度	$m \cdot s^{-1}$	
u_s	海表面的水平风速	$m \cdot s^{-1}$	
u_z	距离表面参考高度为 z 的水平风速	$m \cdot s^{-1}$	10.2.2
W	微波辐射度量学推导出的大气总可降水量		10.3.6
W_b	微波辐射度量学推导出的总水柱水汽含量		10.3.6
X	与海-气通量相关的通用海洋性质		
z_0	海表面粗糙度高度		
α	查诺克（Charnock）常数		
μ	水的运动黏度	$m^2 \cdot s^{-1}$	
ρ	表面空气密度（温度为 T_a，压力为 p_z，距离海表面的参考高度为 z）	$kg \cdot m^{-3}$	
τ	风应力	$N \cdot m^{-2}$	

第 12 章的符号

术语	特征表达	单位	所在章节
c	相对于水平内波波向线的斜率		12.1.1
c	定义于式（12.5）中的 K-dV 方程的系数		12.2.2
$c(z)$	叶绿素浓度随深度的分布	$gChla \cdot m^{-3}$	12.3.2
c_g	布拉格散射海表面波的群速度	$m \cdot s^{-1}$	
c_p	布拉格散射海表面波的相速度	$m \cdot s^{-1}$	
C	内孤立波的相速度［式（12.9）］	$m \cdot s^{-1}$	
H_1，H_2	两层海洋中上层和下层的厚度	nm	
$g(z)$	遥感光学信号的深度加权		12.3.2
h	两层海洋的总水体深度	m	

续表

术语	特征表达	单位	所在章节
K	光学漫衰减系数	m^{-1}	12.3.2
N	浮力频率	s^{-1}	
r	H_1 和 H_2 的比值		
U_x	与内波波列相关的表面速度场的雷达范围分量	$m \cdot s^{-1}$	
Z_{90}	光透射深度	m	12.3.2
α	定义于式（12.6）中的 K-dV 方程的系数		
γ	定义于式（12.7）中的 K-dV 方程的系数		
η	内波公式中的界面位移	m	
ρ_1，ρ_2	两层海洋中上层和下层的密度	$kg \cdot m^{-3}$	
σ	内波的频率	s^{-1}	
τ	调制布拉格波的松弛时间	s	
λ	内孤立波的概念性波长［式（12.10）］	m	
第 13 章的符号			
h	水体深度	m	
U	潮流的特征振幅	$m \cdot s^{-1}$	
u	主要潮汐谐流平均深度的平均振幅	$m \cdot s^{-1}$	

目　录

1 引 言

1.1 地球科学的重要观测工具

地球上的海洋依然有很多秘密不为人知。本书旨在让读者了解如何利用地球轨道卫星上的遥感装置来展示迄今为止海洋还不为人知的方面，并提出了认识海洋的新方法和海洋科学的新观点。对地观测(EO)技术在空间上给我们提供了独特的优势，并由此产生了观测海洋的新方法。本书介绍了卫星海洋学的应用，展示了卫星作为一种令人振奋的工具，将在未来揭开更多的海洋奥秘。此外，本书还介绍了地球上空传感器的独特采样能力及其在海洋环境监测、预报和管理方面的业务化应用。

在科学家对陆地和冰面上的每个部分进行一个世纪的探索后，我们通常认为世界上已经不再有重要的地理学发现。经过40年尖端技术的不断进步，人类已经可以潜入深海、穿越大气层顶以及借助地球物理工具探测地球内部。人们倾向于认为，除了一些细节仍需阐明外，地球及其环境科学已被广为认知。因此现在流行的观点认为，对地球的探索已经不是“最新前沿”了。确实，正是认为我们自身星球的演变已经被充分认知并可以预测，技术发达国家的政治领导人讨论推行探索火星计划，从而激励人们的开拓精神和推进新技术的尝试。然而，地球科学作为一个系统仍需要加深理解，忽略这一巨大的科学挑战是一个巨大的错误。此外，忽略人类对监测和预报全球环境变化的迫切需要是愚蠢的，因为这决定了人类文明是否有稳定的未来。

关于地球系统在物理、化学、生物方面如何有机运行的问题，海洋的角色还没有完全为我们所了解。我们知道，在水圈内，海洋对物理气候有一个趋于稳定的作用，因为海洋变化的时间尺度比大气长得多。然而对海洋在气候变化中起决定作用的大尺度、长时间海洋过程以及不同空间和时间尺度海洋过程之间的关系还未了解清楚。因为海洋是一个在很大范围尺度内持续变化的流体，这个范围涵盖了从厘米级和秒级的小表面波，到数千米和几十年跨度的海盆的表层水与深层水交换。海洋里生物、化学和物理过程的相互作用可以发生在这两端之间的所有尺度。卫星遥感系统通过独特的“拍快照”采样能力可以获得数百到数千千米尺度海洋变量空间分布的详细信息，并且这种观测可以几十年周期性地重复，在观测和认识海洋变化中发挥着重要作用。本书将展示卫星数据以多种不同方式给海洋科学研究带来的新机遇，同时指出卫星海洋学在未来科研中将长期占据的重要角色。

此外，由于卫星海洋遥感知识的应用，卫星海洋学除了对提高科学认知有重要贡献外，在大量的业务化工作中也扮演重要角色。遥感的重采样特点允许周期性地监测海洋参数，非常有利于各种各样的海洋应用，尤其是时间序列数据。这包括海洋工作者需要的波、风和流信息，或者环境质量监测人员关注的赤潮暴发等自然现象数据或溢油等人为事件。即使卫星对某些参数的采样频率不足以支撑持续有效地监测环境，长期的数据积累也可以用来预测极端事件发生的可能性，这是卫星遥感对海洋相关行业另一个有价值的贡献。本书还提及了卫星海洋学方法在业务和商业运行中的类似应用示例，重点介绍了传统测量无法实现而卫星数据发挥独特贡献的示例。

在卫星数据应用于海洋科学已超过25 年的期间里，测量方法在近10 年取得了最重要的进展，使得本书可挑选足够丰富的示例，用于呈现海洋学范畴每个专题里最成功、最有趣或最有创新的应用。当然，也许与本书示例一样重要的是它可能给有些读者带来的灵感，使他们去憧憬、去奋斗，最后在他们感兴趣的领域实现卫星海洋数据的新应用。21 世纪初，海洋和地球系统的科学家们面临着很多重要的问题和任务。我期待本书的一些读者能意识到，了解海洋与探索太阳系具有同样的挑战和创新贡献价值。此外，我们能通过海洋“脉搏”有效监测地球的环境健康，这将可能对人类下一代的安全和舒适发挥更为关键的作用。

本书的另一目的是通过收集示例来展示卫星数据在海洋应用中的有效性，同时作为一个令人信服的佐证来支持维系卫星计划，因为其是卫星海洋遥感的依赖和支撑。一直以来，空间硬件和发展的资助大多是为了促进技术创新，但是这种情况正在改变。卫星数据使用者需要付费(可能间接而不是直接)以保证卫星计划持续性的时代来临了。由于整个海洋界都将涉及相关费用，从而意识到卫星数据对许多海洋科学的分支而言显得多么重要。希望本书有助于这种认识的形成。

1.2　遥感为海洋学家服务

本书的潜在目的是启发读者应用卫星数据去开拓海洋的新视角，以拓展他们对海洋学和海洋过程的理解。本书不做海洋遥感基本原理和方法的展示，因为相关详细内容已由 Robinson(2004)在其姊妹篇《从太空监测海洋：卫星海洋学原理及方法》(后简写为 *MTOFS*)中进行了介绍。本书通过说明和解释当前卫星海洋数据如何应用于创新科学研究和重要的业务运行工作，将阐述 *MTOFS* 所介绍方法的应用情况。因此，本书完成了 *MTOFS* 后续的环节，这两本书一起提供了对“卫星海洋学”知识体系的全面了解。如果第一本书展示了海洋遥感的工具，那么本书则是展示了这些工具如何工作，以得到有益于海洋科学和海洋业务化应用的结果。

然而，尽管这两本书的内容是相互补充且存在少量重叠的，但它们仍是完全独立成书。不确定需要什么样的卫星数据的读者可以通过《从太空探索海洋：卫星海洋学非凡应用》这本书中的海洋示例，学习遥感是否能给其专门的研究领域或业务兴趣带来想要的结果。本书旨在为广大海洋学者提供一个参考，让他们决定是否从 *MTOFS* 中学习传感器的基本原理和测量技术。

因而，本书的重点放在关于海洋我们可以学到什么，而不是遥感技术如何工作。接下来大部分的章节致力于介绍海洋科学中典型的现象或领域以及如何从卫星上观测到这些现象。每一章介绍了观测这些现象的不同遥感技术，但是读者可以参考 *MTOFS* 以了解更多对传感器和数据采集方法的讨论。此外，本书还介绍了不同类型传感器数据的融合方法，这种特别的方法对于某些特定的应用而言至关重要。由于 *MTOFS* 的章节结构主要针对特定技术展开，里面很少讨论多传感器的分析和处理方法，因此本书对其进行了更多考虑。

本书大部分章节也包含对海洋理论的简单背景介绍，使得本书介绍的每项主题都是独立的。然而，本书的目的是提供充足的示例来阐述卫星数据对加深海洋现象理解所作的贡献，同时对希望更加深入研究海洋现象的读者提供更多的参考。每章聚焦于海洋过程或现象的观测特例，其中也可能包含一些实例研究。每一项讨论中，首先阐述通过海洋遥感获取的所有自然信息，接着探索由卫星数据所提供的独特测量和视角。很明显，一些实例展示了将卫星数据和现场观测结合起来可以获取更多的新信息，将卫星和现场观测结合起来能够获得更多的新知识。有时候卫星的贡献比较边缘，然而在其他一些时候，对地观测(EO)技术的出现彻底改变了海洋工作者开展工作的方式。

每章所列举的适当实例，不仅涵盖了新科学观点的产生，也包括技术的业务化应用。讨论的主题是卫星数据的可用性对实施一项业务活动的影响，反之，如果卫星数据不再可用，将会有什么后果。这与 1.1 节中提到的目标一致，为遥感数据对海洋学的影响提供了广泛的讨论。本书还展望了潜在可行的技术改进以及从更全面地了解海洋运动过程或更好的海洋监测和预报能力角度而言可能获得的收益。

1.3 本书的海洋学范畴

如上所述，本书的重点在于通过卫星数据很好地获取海洋现象和过程，不涉及在 *MTOFS* 中阐述的任何深度的遥感原理。尽管如此，第 2 章还是介绍了海洋遥感中用到的主要传感器，定义了星载设备独特的采样特性，并提及将原始测量转换为海洋有用参数的数据处理流程。但重点在于介绍卫星海洋数据的独特性能，包括优势和不足。对海洋遥感方法的简单回顾，只是确保本书对卫星海洋学知识完整的介绍。因此，本书可以作为海洋遥感课程的教材，但重点在于介绍遥感的应用而不是技术。

接下来的三章开始介绍从太空观测海洋，遥感极大地帮助了我们对中尺度海洋过程的认知。第3章介绍中尺度涡，第4章介绍海洋锋面，第5章介绍上升流及其他相关的海洋特性。每种海洋现象都可以通过多种不同的卫星海洋技术进行观测。接着，第6章介绍了大尺度海洋特征这一特殊的类别，其空间和时间尺度非常适合用卫星进行观测。这些波形的大尺度海洋现象，有规律地传播于海盆地区，比如罗斯贝波(rossby waves)和热带不稳定波(tropical instability waves)。很长一段时间内，这些特性很难测量，因此，从全球影像数据获取的清晰特性，体现出卫星海洋观测的非凡成就。第7章跨越物理海洋，转到从空间观测海洋生物，涉及了很多主题，包括初级生产力、渔业和珊瑚礁等。

随后三章介绍了海-气相互作用界面的物理过程，卫星能获取哪些信息，属于大多数星载对地观测传感器直接观测海洋的一部分。第8章讲述海表面重力波现象，区分了特定传感器观测的不同波特性，也指出了遥感获得的波浪数据与传统观测的异同。第9章介绍了海面风场的遥感测量，描述其详细的空间变化特征及在海洋上的应用。第10章与Susanne Fangohr一起撰写，阐述了如何通过卫星数据估算海洋和大气的热通量和气体通量，目前将多个传感器数据结合的工作仍然在进行中，但是已经展示了相当大的可信度。

第11章介绍了海-气相互作用的大尺度过程，并展示了遥感如何在几个重要的研究主题上给出独特的视野，包括厄尔尼诺(El Niño)、印度洋季风(Indian Ocean monsoons)、海冰的分布、海表面高度的低频变化和长期的海平面变化。卫星数据为理解这些现象提供了一个独特的全球视角，有助于理解我们所经历的短时间尺度气候变化。

还有两章介绍了小尺度的海洋现象。与José da Silva一起撰写的第12章介绍了内波现象，这是遥感方法应用优先考虑的一个主题。第13章更多地关注陆架海的现象，比如季节性分层和相关的潮汐混合锋面，藻华的发生和水质参数的监测，其中也提及了如何利用遥感来监测近海和河口。这些尺度往往小于卫星数据的最优尺度，但通过与实测数据相结合，卫星数据仍能发挥重要作用。

接下来的一章(第14章)介绍了卫星数据被应用到海洋监测和预报业务化的方式。本章大部分内容都有着不同的主题，介绍了如何通过数值模式与海洋观测系统来融合卫星与现场观测的数据，还包括一小节对海洋溢油探测、监测和管理的介绍。这种处理方法最大程度互补海洋工作者当前可用的各种观测和模式工具，旨在建立包括全球的、区域的和局地的海洋预报系统，使之与现今气象观测集成到数值天气预报模式的方法具有可比性。尽管这样的海洋预报体系刚刚起步，但是它们旨在建立一个不同的海洋变化监测体系，并不只用于科学分析，还将给海洋用户提供必要的业务化信息。同时，第 14 章还介绍了利用新的方法从卫星观测海洋生成基础的气候变量及多年的可靠记录，由此得到长期变化趋势信息，使海洋在全球气候变化中的作用可以被参数化。未来的星载海洋监测传感器计划是否能被无限期扩展，还需要通过它们在业务化和气候监测中发挥的作用来证明。

最后一章，将本书的内容总结在一起，并讨论了在不远的将来卫星海洋探测这个有趣又重要的主题会如何发展。

1.4 参考文献

Robinson, I. S. (2004), Measuring the Ocean from Space: The Principles and Methods of Satellite Oceanography (669pp.). Springer/Praxis, Heidelberg, Germany/Chichester, U.K.

2 卫星海洋学方法

2.1 海洋遥感技术——概要

本书主要介绍遥感在海洋学中的应用，编写本书是为了补充在其姊妹篇 *MTOFS*(Robinson，2004)中有关海洋遥感技术的具体描述与讨论。然而，对海洋遥感技术整个领域都不了解的读者而言，不幸的是，他们将完全不明白此书其他章节介绍的数据是如何获得的。因此，本章节对海洋遥感方法进行非常基础的介绍，目的是总结该主题的基础以及为海洋学研究生提供最起码应该具备的知识，而非探究海洋遥感研究与应用领域工作者所需要的所有细节。因此，尽管本书只涉及表面，但是对那些需要更深层信息用以做出明确解释的读者或是致力于了解更多特别技术的读者，可以通过查阅 *MTOFS*(Robinson，2004)一书，找到进一步的相关文献，达到自己的目的。另一方面，已经熟悉 *MTOFS* 的读者可以放心地跳过此章节。

图 2.1 用图解的形式阐明了海洋传感器在测量有代表性的海表数百或数千千米范围内时所包含的测量内容。特殊形式的电磁信号让海洋携带某一基本的可观察量，例如海洋的颜色、辐射温度、粗糙度及海面高度。信号在被传感器接收前必然穿过大气，这一过程可能使信号发生变动，添加了海面高度。传感器可以探测辐射特性并将之转换为数字信号，再通过编码然后发送至地面。传感器的几何结构将每个独立的观测结果限制在一个特定瞬时视场(IFOV)。为了将地面卫星接收站接收到的数据转化为具有实用精度和可计量准确的科学测量，图 2.1 左边表示的遥感过程必须使用右边定义的知识和信息进行数字转化。

从太空中一个独具优势的位置获取数据使得卫星数据具有特殊的性质，所以在 2.2 节我们简单总结影像数据库的获取方法，识别可用于遥感的不同卫星轨道，并且考虑这些因素如何影响资料库的时空采样能力。2.3 节给出图 2.1 右边暗含的通用数据处理任务的综述。为了使其变为计量准确的海洋参数，这些操作必须基于卫星接收到的原始数据，从而适用于本书描述的科学分析和业务应用。

2.4 节将粗略地介绍多种海洋遥感技术，使用电磁波谱的不同波段和辐射的不同相位去测量海洋的特定属性。尽管对于不同的探测方法，比如水色、热红外温度探测、

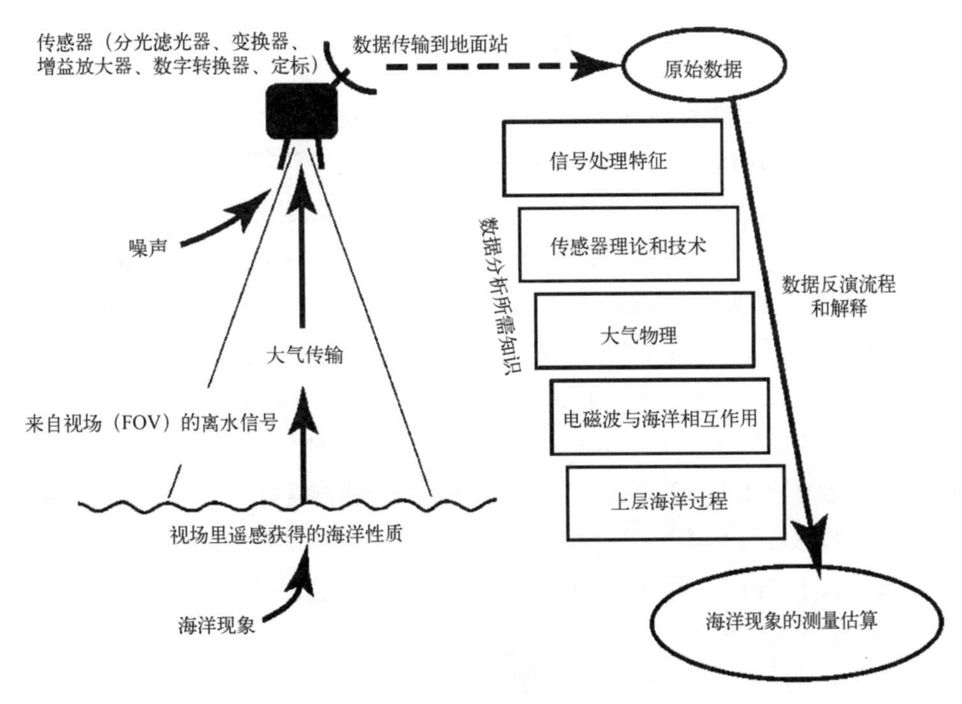

图 2.1　图解海洋遥感的信息流动过程

被动微波辐射计、高度计和侧视雷达都进行了分别介绍，但也仅限于简单的描述，因为遥感发展到今天，每一主题都足以写成一本书。2.5 节综述了用于海洋遥感的重要卫星和传感器，而 2.6 节则指导读者如何通过互联网浏览、获取、操作各种各样的卫星海洋数据。

2.2　卫星传感器的独特采样能力

将地球轨道卫星用作海洋观测传感器的平台具有许多独特优势，包括有机会在精细的空间细节上达到大范围同步覆盖以及通过周期性重复采样得到数年长度的时间序列。正是这些能力，将卫星遥感与其他所有的海洋观测技术分开。综观卫星遥感成像的能力主要取决于传感器的空间采样特性，这从根本上受制于探测器的灵敏度以及卫星与地面观测站间数据传输系统的数据流能力，另一限制来自卫星轨道动力学的物理规律产生的不可避免的约束。最终，不同卫星海洋学方法的采样性能基本上取决于传感器平台的综合能力。本小节对重要的环节进行概述，关于遥感采样更具体的讨论可以参考 *MTOFS*（Robinson，2004）的第 3 章和第 4 章内容。

2.2.1 基于定点采样的类影像数据集创建

卫星数据独特的二维空间密集采样能力使用户觉得实用和着迷，它们使得图像与测量变量的表层分布相对应。但是与我们从相机获得的快照不同，遥感图像数据区由数以百万计的独立科学测量数据构成，这些科学测量数据是在短时间尺度上对地面进行规则采样完成的。为了保证影像数据库所有样本具有一致的敏感性，通常只采用一个传感器。采用探测器阵列的遥感仪器必须确保所有单元进行统一的交叉定标。

单个探测器观测到的海域和地域局限于它的瞬时视场(IFOV)，这由给定方向相关的指向性范围来定义。通过平台与地面之间的相对运动及系统采用模式里传感器的指向，可以获得覆盖海表的二维采样。即时获得海洋性质的测量值代表着瞬时视场和地面交叉部分所定义区域平均性质的单一值。然而，由于每个传感器需要一定的时间记录测量值，在这期间内，传感器的指向会在地面上移动相应的距离，每次测量的有效“足迹”就必定在一定程度上大于地面瞬时视场(图 2.2)。这些“足迹”决定传感器的空间分辨率。

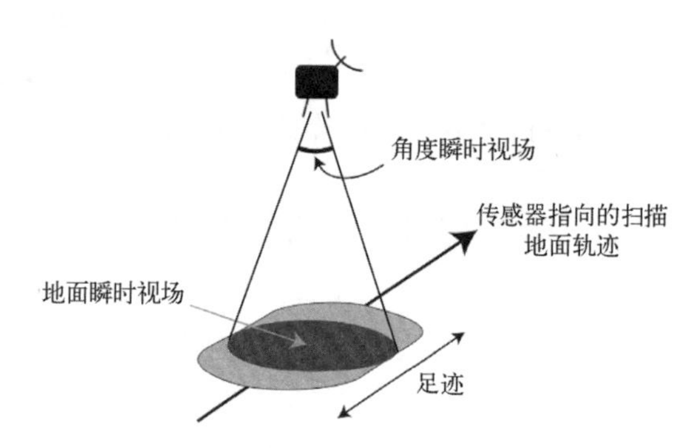

图 2.2　采样期间瞬时视场决定测量轨迹示意图

在卫星经过地面上空时，一些传感器仅仅以周期间隔做出俯视观测，给出地球表面区域尤其是星下居中点(地球上正好位于卫星下方的点)的辐射或其他特性的平均值。垂直向下观测的高度计是这类传感器中的一种。从此类传感器生成类似影像数据集的唯一途径是等待，直到卫星轨迹以足够的密度覆盖地面，以使该变量能够在可用的点测量中平滑地映射出来，但这可能要花费很多天才能完成。

为了得到真实的近瞬时图像，传感器需要对卫星轨迹方向的垂向路径进行扫描。图 2.3 介绍了一种典型布置，其扫描线垂直于卫星轨道。通常这样布置能够使传感器在一段时间内完成线扫描并且回位开始下一次扫描，这段时间卫星在地面的投影点正好移动了沿轨迹方向的“足迹”长度。所以这些扫描线的间隔与传感器空间分辨率相匹配，且如图 2.3 所示临近的扫描线连续不断。沿着扫描线，在旋转指向等于一个瞬时视场角度所需时间内，传感器被设置完成一次样本，因此也与扫描方向上传感器分辨率的样品间距相匹配。这种方式可对地面进行宽幅成像，通常位于卫星子轨道的中心。

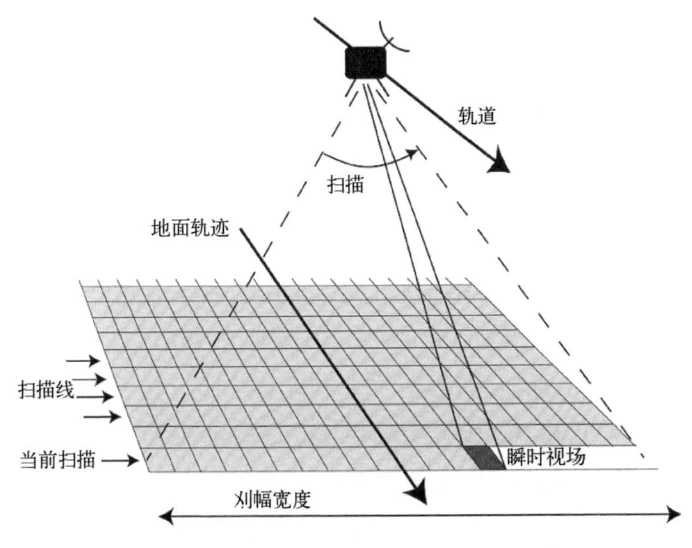

图 2.3　矩形线扫描传感器的刈幅填充几何

不同的传感器其具体的扫描机制也不尽相同。需要注意的是，一般情况下足迹大小会朝宽幅扫描线的端点增加或稍微改变形状。在一些情况下，扫描几何图可能不是矩形而是呈曲线，因为这时圆锥形的扫描镜取代了矩形的扫描镜。就地球同步卫星(见 2.2.2 节)来说，整个平台围绕南北轴旋转，以实现扫描线与纬度线相平行。与此同时，随着传感器视场南北向旋转，每次卫星旋转指向不同纬线，因而可从空间位置可见的程度上覆盖整个地球表面。对于微波设备，不需要机械移动反射镜，可通过电子(束控)或雷达信号处理完成扫描，这样能减少机械扫描固有的几何形变。*MTOFS*(Robinson，2004)一书的 4.1 节给出了关于扫描和成像方法更详细的讨论。

值得重点强调的事实是，遥感传感器收集了来自瞬时视场的辐射，因此海洋性质是与测量足迹的平均值联系在一起。在精心设计的扫描系统中，海洋表面被连续而不重叠的足迹覆盖，由于在每个矩形网格中以平均值代表海洋变量，测量的结果可直接与描述海洋的二维模型相比较。与传统的现场仪器海洋单点测量比较，卫星数据的这种特点使其在很多应用上有着明显优势。用于模型比较的现场观测数据需要代表整个网格单元，除非网格内大量不同的测量能够进行空间平均，否则在子网格尺度变化较大的情况下很难实现。遥感观测避免了这种定点采样的问题，尽管在利用现场测量进行卫星数据验证过程中也会以不同方式遇到同类问题。

2.2.2　卫星轨道及其如何限制遥感

地球轨道卫星被重力和惯性力所限制。根据牛顿力学，卫星绕离地球中心距离为 r

的圆形轨道运动一周的周期 T 为

$$T = 2\pi\sqrt{\frac{r^3}{GM}} \tag{2.1}$$

式中，G 为重力常数；M 为地球质量；$GM = 3.986\ 03\times10^{14}\ \mathrm{m^3/s^2}$。当卫星位于地面上方高度 h 处，地球半径为 R(大约 6 378 km)时，$r = R + h$，故

$$T = 2\pi\sqrt{\frac{(R+h)^3}{GM}} \tag{2.2}$$

如图 2.4 所示，只有两个基本的轨道类型可用于海洋遥感，即地球同步轨道和绕极轨道。地球同步轨道，高度约达 35 785 km，周期为一个恒星日(约 23.93 h)，也就是地球旋转 360°的时间。地球同步轨道位于赤道上方时，卫星以与地球旋转相同的速度沿东西向飞行，所以它相对于地面上的物体总是固定在天空中的同一位置，这使得它能以任意采样频率观测地面。由于相对固定，卫星只能观测视野范围内的部分世界，在卫星的经向上，它无法有效观测从赤道星下点往任意方向超过 7 000 km 的区域。

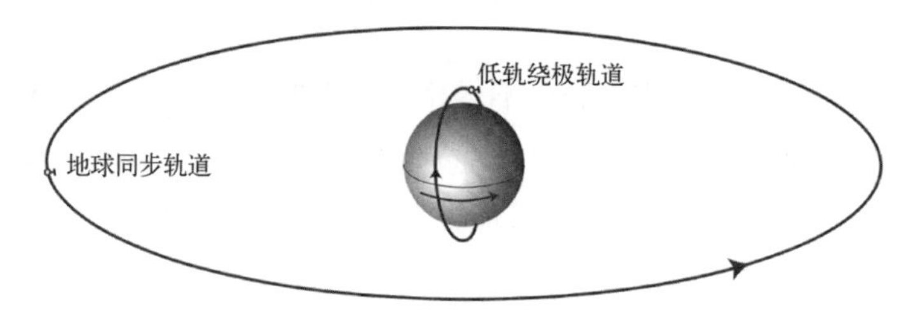

图 2.4　按比例大约画出用于对地观测卫星的两种轨道类型，
地球同步轨道高约 36 000 km，绕极轨道高度通常在 700～1 000 km

在绕极轨道上，卫星以非常低的高度飞行，主要位于 700～1 350 km，轨道周期大约 100 分钟[式(2.2)]。一天内，地球旋转一周，卫星完成 14～15 次轨道运行，所以卫星划出的地面轨迹沿东北—西南(下行轨道)和东南—西北(上升轨道)各 14 次。如图 2.5 所示，绕极轨道均匀地分布于全球，在经向沿着大约 24°间隔往西连续分布。若轨道上的卫星在一天后精确地回到起点，则卫星将继续重复同样的 14 条或 15 条轨道而不逗留在它们之间的空间。相反，在卫星开始精确重复已有轨道之前，轨道重复周期通常设计为卫星需要花费更长时间完成，典型的轨道重复周期为 3～35 天。轨道重复周期越长，在此周期内完成的地表上方不同轨迹的数量就越多，相应的轨道间的空间则越小。

大多数对地观测卫星的低轨绕极轨道都被设计为太阳同步轨道。通过选择一个稍大于 90°的倾角(也就是路径不会太接近极点)，轨道平面相对于恒星的旋动可被限制为每年一次。这确定了其与太阳位置的交角，意味着每条轨道总会以同样的地方太阳时穿过赤道。这点对大多数海洋观测传感器而言非常便利，即使日面纬度(solar latitude)

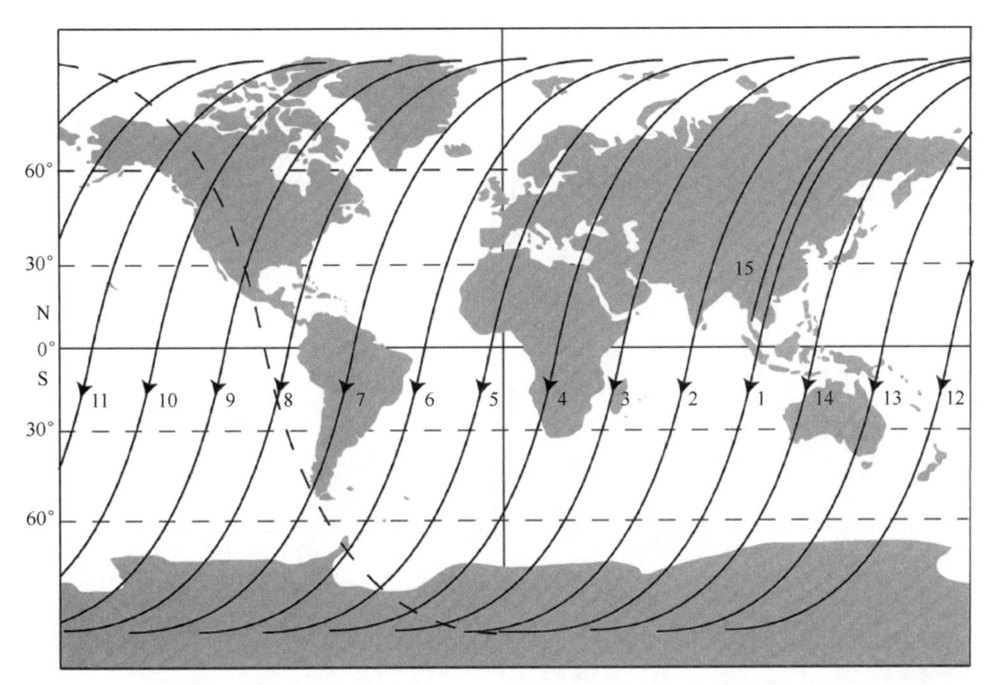

图 2.5 一个典型低轨绕极卫星的地面航迹，显示了一天内所有的下行路径和一次上升路径(虚线)

在年周期中发生不可避免的改变，也能保证各个样本太阳经线的位置依然相同。然而，太阳同步轨道不能用于高度计测量，因为它将与太阳半日分潮混淆，分潮的相位与卫星每次重访海面同一位置的时间完全相同。

MTOFS 一书的 3.2 节给出了更多关于轨道的信息，而 11.6.3 节详解了高度计的潮汐混淆。

2.2.3 卫星传感器的时空采样能力

尽管地球同步平台上的传感器不能观测到超出其受限视野外的区域，但它始终停留在同一位置，因而使其具有潜在的高频采样能力。然而，卫星扫描整个地球圆盘视场的空间细节需要花费大量时间，并且其相对于地面如此高的高度，使其难以达到精细的空间分辨率。地球同步传感器重访间隔通常小于 30 分钟，空间分辨率为 3~5 km。这使得卫星传感器能达到最高频的时间采样率，但是相应的空间分辨率较差。

相反，位于极轨平台的扫描传感器一天内就可能覆盖整个地球，只要其刈幅宽度至少达到 2 700 km，也就是连续的绕极轨道在赤道上地面轨迹间的距离[图 2.6(a)]。在这种情况下，地球表面上的每一点都能在上升轨迹和下降轨迹上各被观测至少一次。对于太阳同步轨道，若上升轨迹是当地的白天则下降轨迹就是夜晚，反之亦然。在赤道上，更宽刈幅的扫描由于相邻轨道的重叠将得到更多的样本，而在高纬度地区，轨道重叠只需要窄得多的刈幅。尽管如此，除极地区域外，单个极轨卫星的常规采样间隔不会少于几个小时。

(a) 宽刈幅传感器

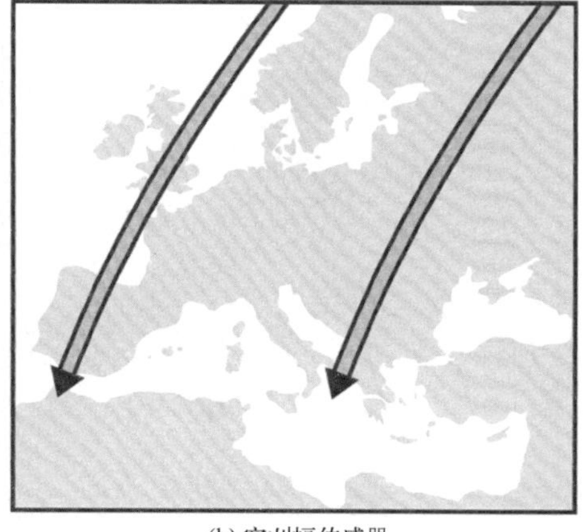

(b) 窄刈幅传感器

图 2.6　宽刈幅(大于 2 000 km)传感器和窄刈幅(小于 200 km)传感器一天中对欧洲的覆盖范围。这两种轨迹都分别表示了大约 1 000 km 高处极轨卫星连续轨道的空间间隔

如图 2.6(b)所示，对于窄得多的刈幅，通常与高分辨率成像传感器有关，同一地点连续视场的时间间隔取决于轨道重复周期。若只有几天的时间，则传感器的重返周期和轨道重复周期相同。但是，如果重复周期太短，地面轨迹的间隔仍然比窄刈幅更宽，则传感器将缺失地球表面的许多地方。刈幅约为 200 km 的传感器大概需要 15 天才能完成全球覆盖，所以这使得传感器的重复周期至少为 15 天。中等刈幅宽度范围(如 500~1 000 km)的传感器将耗费数天时间才能完全覆盖近赤道纬度，但重访周期可能短于轨道重复周期且高纬度地区差异更大。

对于类似高度计这样的非扫描仪器来说，它只沿着地面轨迹采样，且轨道重复周期越长，则空间覆盖越好，采样网格越精细。但是，它将耗费更长的时间周期用于获取最后的地图资料。扫描传感器的空间采样网格取决于扫描仪的设计，通常与传感器的空间分辨率相匹配，而非扫描传感器空间采样的网格则是由轨道形式决定。

不论是扫描传感器还是非扫描传感器，空间和时域采样能力间存在明显的折中，这在 *MTOFS* 的第 4 章有更详细的讨论。由于业务需要而设计一个海洋观测系统时，认识到这些基本的约束非常重要。例如，确保宽幅传感器在极地轨道能每 6 个小时采样的唯一途径是在两颗卫星上都布置传感器。理想情况下，应甄选空间和时域分辨率的组合确保重要现象能得到足够的采样。比如，监控中尺度涡旋过程中，其轨道轨迹间隔不应宽于涡旋变化的空间尺度，重复周期也不应长于涡旋特有的存在周期，否则一些涡旋可能将会被完全忽略。

每个遥感仪器个体都有其独特的时空采样能力，这取决于传感器自身和其所在的平台。如图 2. 7 所示，对于前文所述的一般传感器类型，其采样特性被表示为二维时空场中一块明确的矩形面积。纵轴表示对数空间尺度，横轴表示对数时间尺度。对应一个特定的传感器，矩形区域的低边界线代表能被传感器探测到的最小的空间尺度(也就是它的空间分辨率)。类似地，左边界线代表海洋中能被探测到的变量的最小周期(也就是时间采样分辨率)。因此，左下角就表示传感器能使用的最佳时空分辨率。需要注意的是，这里假设视场是清晰且无障碍物的。当某种传感器只能在晴天观测，云层的存在可能会降低时空分辨率并影响左边界线往右侧更远处移动。

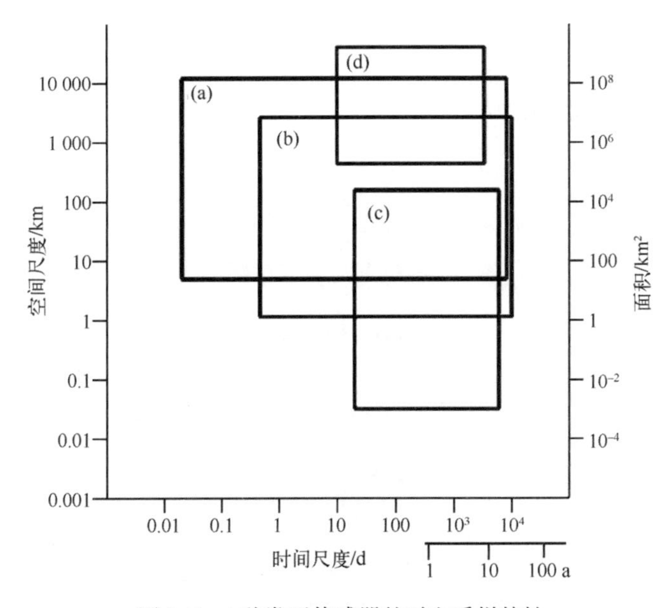

图 2. 7　4 种类型传感器的时空采样特性

(a)地球同步轨道平台上的扫描辐射计；(b)绕极轨道平台上的宽刈幅中分辨率(1 km)扫描传感器；(c)绕极轨道平台上的窄刈幅高分辨率(20 m)扫描传感器；(d)绕极轨道平台上的低点采样非扫描传感器(如测高仪)

每个传感器采样能力框上边界线表示在瞬时视场下能观测到的最大空间覆盖范围。这是对应某一特定时刻获取单个图像的大小，通常由刈幅宽度所定义，尽管它可能在沿轨方向更大。当然，这并不表示极轨平台上传感器的覆盖范围是全球的。右边界线代表可得数据的时间跨度，这取决于已获得的实用数据的存在周期。例图呈现了至少10 年的连续时间序列。

边界线中所包围的区域表示传感器的时空采样空间。框架的高度表示可获取空间尺度的范围，宽度则为时间尺度的范围。像这样的图表不仅可以用于比较不同的传感器，还可用于将传感器采样能力与特殊应用的需求联系起来，特别是将它与观测到的海洋现象的时空变化尺度相匹配，更多讨论见 *MTOFS* 一书的 4. 5 节部分。

2.3　一般的数据处理工作

对于卫星数据产品的使用者而言很重要的是，在获取数据之前，他们应该了解数据产品可能经过的定标、校正、分析以及重采样，因为这些过程会影响数据产品在海洋学上的解译与应用。因此，本节对数据处理工作进行简短概述。在从卫星获得的原始数据转换为与海洋变量、性质、参数有关的实用定量信息过程中，这些工作相当于必要的信息“拆包”(图 2.1)。图 2.8 总结了这些工作的顺序，并标明了不同“等级”的数据产品，对应着数据处理不同的阶段。数据结果的等级由表 2.1 所定义。2.4 节还将描述一些针对特殊卫星海洋学方法的工作。在 *MTOFS*(3.4.2 节和 5.2 节)中可以找到关于一般处理工作更完整的讨论。

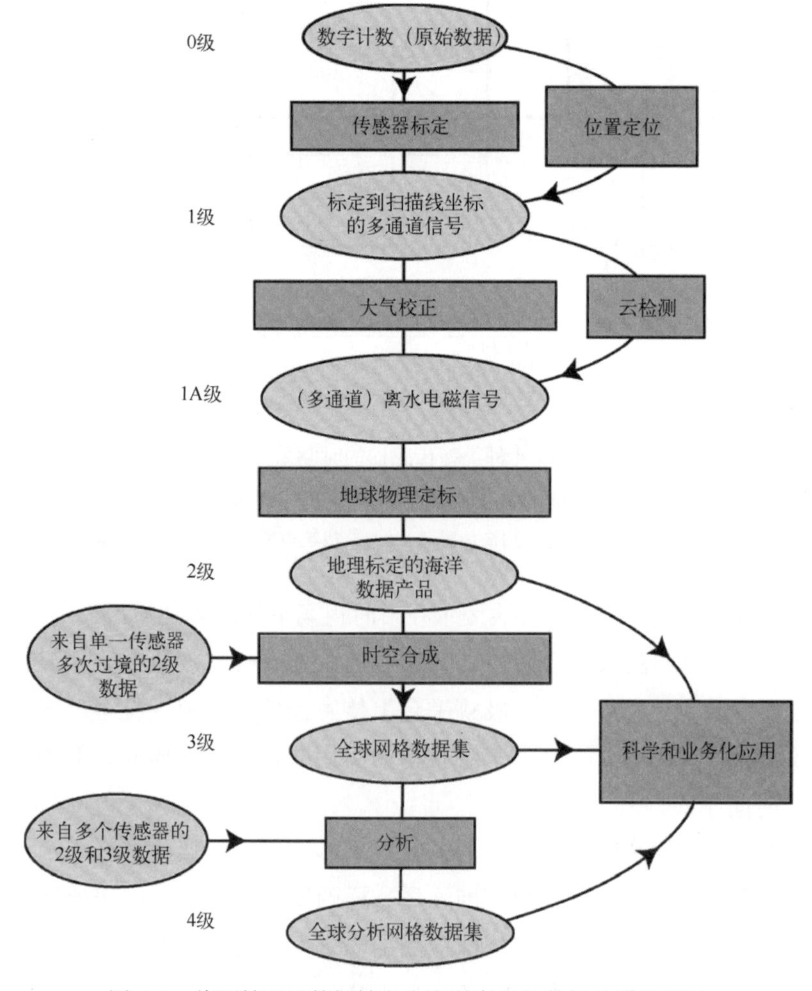

图 2.8　将原始卫星数据转变为海洋产品的数据处理流程图

表 2.1 从不同处理阶段取得的卫星数据产品的等级

等级	产品描述
0	卫星接收到的原始数据，二进制格式
1	传感器坐标下的影像数据；卫星观测结果的单独校准通道
1.5 或 1A	特定情况下，经过大气校正后的 1 级数据
2	通过大气校正和标准化之后的离水辐亮度，或者是其他的海洋变量；经过地理校正，但以图像坐标呈现的影像
3	海洋变量的标准产品；2 级数据在时间和空间上的平均；从单一传感器上获得的，可能存在缺测
4	经过时间和空间平均的 3 级数据，并通过包括插值在内的数据分析方法填充缺测值，这种分析可能合并了传感器上大量的 2 级和 3 级产品，或现场实测数据以及模式输出结果

2.3.1 传感器定标

在数据处理的传感器定标阶段，从传感器接收的原始数据会转变为传感器需要探测的电磁性质估量，如在给定波段进入传感器的辐射。这必须考虑从进入传感器的环境信号到地面接收的数字信号这一信息流动过程中的所有影响因素。如果卫星已经发射并且数据已被地面站接收，传感器定标模型的首要需求是确定进入卫星传感器的辐射、位相或其他辐射性质。这个模型需要两个转换过程：将接收的辐射转换为电响应(通常是电压的振幅或频率)和将该响应转换为数字值。必须定义定标模型的准确度，用来表征在传感器和数字转化中引入的误差。若信号完全被接收，可以假设数字信号的传递是无误的。

传感器发射之前，应对所有的部件进行仔细定标与表征，才能获得好的传感器定标。然而，对于许多种类的传感器而言，仅靠发射前定标并不足以确保在飞行中进行可靠的定标。例如辐射计，通常需要使用校准辐射源以定期更新定标。由于辐射源与传感器都可能退化，精细的校核系统会使用其他定标目标，如对可见波段光可采用月球。传感器整个寿命中定标的缓慢退化也许只有在数据首次接收相当长的时间后才能被完全定义。因此，在数据被初次接收的若干年之后，来自特定传感器的历史存档数据可能会被再处理，相应的结果被重新发布。卫星数据的使用者需要了解上述这些可能情况。

传感器定标后公开的数据，被称为 1 级数据集。尽管它对潜在的遥感过程科学分析很实用，但它对于数据用户来说并不是非常实用，因此，并不是所有的(航空航天)机构都会公开发布 1 级卫星产品。

2.3.2 大气校正

对地观测卫星遥感在海洋学上有一个严重的缺点，就是我们必须穿过另外一个媒介——大气来观测海洋。在电磁辐射的许多波段下，大气都不是透明的，只有在特定的波段窗口，辐射才能部分或完全传输。大气中的气体本身可能会对辐射进行吸收或散射，此外，大气中的水汽、气溶胶和悬浮颗粒物也有同样的作用。若水滴以云的形式存在，可能会完全改变大气的传输特性。

卫星数据分析的一个主要任务是考虑大气的影响。最坏的情况是需要判定致使数据不可用的现象(例如，云可导致可见光及红外传感器数据不可用，而暴雨可导致微波辐射计数据不可用)。其他情况下，则需要估算测量的电磁辐射在离开海面到达传感器之间所受大气的影响。

云检测

可见光和红外传感器无法透过云层观测海洋。当处理这些传感器获取的数据时，传感器定标后的下一个处理任务就是判断哪些像元被云遮掩，哪些像元是清晰的。云检测操作的目的是把像元标记成有云的或无云的。某些情况下标记可能会更复杂，指示云变化的可能性，或是指出多种云检测试验中哪些是有积极作用的。微波辐射计数据分析也采用一个类似的处理。尽管云对于微波是透明的，并不会对微波数据产生影响，但大气中强降水的凝结核对微波是不透明的，需要进行检测。

毫无疑问，云层不可能从图像数据集上被“移走”而只剩下无云区域。如果能这样做意味着我们可以知道云层之下的海洋状况，但这正是云层对观测所带来的阻碍！为了能得到来自可见光和红外传感器的无云数据组，我们需要(a)通过合成多个轨道数据，或者(b)对被云遮掩的数据空隙进行填充，比如基于无云像元的最优插值，或使用最近期的无云数据，或利用气候态数值替换，有时将(a)和(b)结合使用。这样的空隙填充是否能被接受取决于应用的情况。使用者需对这样的数据采取谨慎的态度，以免从纯粹人造的或者完全不真实的数据得到错误结论。

可见光和红外遥感最具挑战的一个方面是要检测那些只是遮盖部分像元的云，它与晴空状况非常难以区分。如果错误地判断为无云，则会导致海洋观测变量的异常值，并可能毁掉一个数据集。如果像这样的错误值有引进偏差的风险(如对于气候数据组)，则宁求稳妥，不要涉险。为了保证整个数据集的质量，即使可能因为怀疑有云覆盖而遗憾地丢弃一些好的数据也是值得的。另一方面，对于业务化应用，如果长期偏差不会导致太大的影响，则可以采用一种相对宽松的方式处理云干扰的情况。

大气校正对策

一旦被云覆盖的像元已经被检测并标记，则需要着重处理被保留下的“晴空”像元。通常它们仍然包含大气对从卫星传感器实际观测的、大气层顶信号估算的离水信号产生的影响。大气会对光产生散射，特别是在可见光和近红外波段尤为显著。一些从海面传向传感器代表真实“信号”的辐射能量，由于大气散射则偏离了真实信息。此外，太阳辐射被散射进传感器观测视场，从而给测量结果添加了“噪声”。在电磁波的热红外和微波波段，测量表面发射的辐射温度时，大气的吸收和散射是主要的问题。

为消除大气影响而做的工作，需要针对单独的传感器类型具体开展。需要注意的是，就大多数情况而言，借助大气本身的先验知识作为校正的依据是难以实现的。这是由于遥感信号的主要大气干扰来源于大气成分，如水汽或是气溶胶，而我们对其分布了解的还不甚精确。因此，我们必须借助遥感测量本身来获取足够的大气变量信息以完成校正，这也是为什么要使用多个光谱通道的原因。通过多个不同波段的采样，根据它们对离水信号和大气影响的不同反应，确立对策使它们适应多数情况下的大气变量。

大气校正过的数据集有时称为 1.5 级或 1A 级产品。然而，如果在目前的地球观测任务中，经过大气修正但没有经过任何地球物理算法的进一步处理，在单个可见光波段的离水辐射数据集被称为 2 级产品。

2.3.3 位置定位

对于位置定位，我们指的是遥感观测所参考地理坐标位置的识别(即传感器记录测量值时，其指向的地面点或海面的位置)，有时这被称为图像导航或地理定位。而基于基础地图对图像的调整有时也被称为几何校正或矫正。

从根本上来说，位置定位是需要知道卫星在测量时位于何处，并且传感器指向哪个方向。获取该信息需要的精度取决于传感器的类型及应用。对于利用向下指向的传感器获取一块 50 km×50 km 方形区域上方的面积积分测量这样简单的观测，星下点位置的定位精度达到数千米就行。这种情况已经足够获知卫星轨道和标称指向方向。

其他的非成像传感器则需要更精确的位置定位，包括利用地面站进行卫星轨迹跟踪和精确的在轨监控与传送卫星的倾斜、转动及偏航信息。对于一些遥感系统，这些不同来源的信息会与传感器测量数据一起公布。卫星的精确轨迹被称为它的星历。近年来，利用美国全球定位系统(GPS)或俄罗斯相关产品(GLONASS)在卫星导航方面取得了极大进展，使得现阶段对所有影像数据，原则上都可以通过导航模型进行位置定位。比起卫星的位置，我们更难以得知确定的卫星指向。

值得注意的是，尽管对于大气校正和地球物理标定来说，位置定位通常都是基本信息，但在其他操作都完成之前就使用定位信息去重新采样一个数据集的做法是绝对不可取的。校正和标定算法经常运用多个谱段信息，其中不同数据通道的比值或差值是非常重要的。将一幅图像重采样到一个新的地理参照时需要对像元进行重采样，可能导致波段比值信息被损毁。在重采样不可避免的情况下，尽量采用“最邻近”替换方法，而不是选择从别的像元取平均值这样更复杂的处理方法，使问题加剧。

2.3.4　地球物理产品衍生

当原始数据已被标定、大气校正完成后，处理流程的下一环节就是处理数据，从而估算特定海洋变量。由于最终产品与传感器最初的测量有本质的不同，因此应该认为它是某个海洋变量的测量或估算，而不是电磁辐射的测量。这一步骤也经常被称为地球物理定标。实际操作中，通常简单表现为对传感器观测的经过标定和大气校正后的电磁数据应用一系列的算术与代数操作法则和算法。

建立定标算法

遥感的地球物理定标往往需要结合经验和理论方法。通常从传感器接收的电磁辐射影响海洋参数的物理过程出发，通过理论分析来构建一个定标模型。比如，对于发射的热红外辐射，黑体辐射理论模型对完整的定标算法提供了很大的帮助。理论分析方法并不适用于利用可见光波段对水体悬浮颗粒物进行遥感探测。尽管海洋和大气光学过程已经广为人知，它们是如此的复杂，以至于无法按照基本准则对悬浮泥沙辐射数据进行定标。对于主动雷达传感器，雷达从粗糙表面获取后向散射的物理过程也不易被表达为可模拟反演的过程，因此常采用经验处理方法。

尽管人们期望尽可能基于完善的物理理论模型来建立定标算法，但几乎所有海洋变量的地球物理算法都需要卫星观测和现场测量相匹配的数据集作为定标的基础，即现场数据的测量时间和地点必须与卫星过境的时间和地点相吻合。如果地球物理算法要被广泛应用，它需要基于代表大范围区域和条件的现场匹配数据集。否则，该算法将偏向于匹配数据所表示的条件，在匹配数据中，它表现得很好，但在其他条件下其性能可能非常糟糕。

单次过境的卫星数据一旦经过地球物理定标，通常作为 2 级数据集分配在原始的“自然”网格中，这些网格是由原始像元组成，按传感器扫描线及卫星沿轨方向排列成行和列。

海洋产品验证

不论是基于纯理论方程还是基于经验匹配数据集的地球物理算法，只有经过稳定的系统验证才能确保对算法性能的严格评估。当来自卫星传感器的数据产品与一系列可靠且独立观测的相同海洋参量相比较时，将产生一系列统计误差来表示它们之间的偏离和标准偏差。

简单来说，验证就是将卫星数据获得的海洋变量值与现场观测的同一变量在同样的时间和空间进行比较。为了使验证有意义，需要大量进行。需要利用跨越整个算法适用范围的数据来验证算法的有效性。这意味着来自有限区域中单个航次的数据(无论获得多少重合点)将不足以验证全局算法。因此，可利用漂流浮标阵列或是船只采集到的长断面数据来验证。算法还需要考虑在不同的环境条件下进行验证，这些条件可能影响算法或数据处理链的前面部分。例如，如果地球物理产品对于大气校正很敏感，则在完全确信其性能之前，必须对各种代表性大气条件进行验证，而且验证必须持续于传感器的整个使用期。

最后，需要明确的是，验证数据集必须不同于那些用于经验定标算法开发的数据，因为这种情况的验证数据集不是真正独立的。在使用别人提供的卫星遥感资料进行新的科学或业务应用时，使用者必须自己确认数据产品已得到验证，至少达到应用所需的可靠性要求。

2.3.5 地图投影上的图像重采样

正式处理流程的另一环节需要将卫星数据得到的海洋变量处理成有用的图幅，将它们以地理坐标的形式呈现出来。到目前为止，所有流程中这可能是最不重要的，因为它本质上不会影响数据的准确性或适用性。在2.3.3节提到的图像导航阶段，应该为数据建立一个模型，使得原始卫星图像每个像元的位置都可以按经纬度来确定。这个信息本身对于很多数据应用已经足够，包括与现场观测的匹配。

然而，遥感数据最大的优势之一在于其能够提供详细的空间视图以及通过允许用户查看海洋图像来传达信息。图像被显示在屏幕上或由打印机以对应矩阵行和列的矩形形式绘制，矩阵的参数值以数字形式存储在计算机中。矩阵行与列的方向由传感器的观测几何定义，且通常与用于绘制地图的正常地理惯例没有任何关系。此外，若图像以“卫星的坐标”绘制，与它们在地面上的形状相比可能存在扭曲。出于这些原因，通常重新采样到符合标准地图投影的新网格。

对卫星数据的制作者和用户来说，地图投影的选择本身可以是一个重要的问题。地图投影的目的是将定位在球形表面的数据呈现出来，一如它们在诸如计算机屏幕或打印页面上的平面分布上。对于一个跨度不超过数百千米的区域而言，其几何失真较小且出现的问题较少，而对于接近地球半径这样数千千米更大的维度，变形就严重得多。将数据重新采样到地图投影上，可能产生两种情况：(a)几个采样点的数据都被投影到一个新像元中；(b)某些其他新像元则可能不包含任何卫星数据样本。在这种情况下，需要仔细考虑卫星数据转换的规则，将球形表面的经纬度地理位置转到平面地图上。如果我们在情况(a)采用加权平均并且在情况(b)使用邻近像元内插，则可以保留最完整的卫星数据信息。然而，如同 2.3.3 节所述，若不同数据通道(比如多光谱数据集的不同波段)的比值或差值是利用重采样数据获得的，必须采用更简单的“最邻近替代”来绘制地图，因为只有这样才能保持传感器探测的原始波段比信息。

解译的另一个难题是在单个平面地图上呈现全球数据集。简单来说问题如下：球面没有边界，但是平面地图总是被边界包围。对于中低纬度的海洋数据，其解决方法是使用圆柱投影[图 2.9(a)]，其纬线是平行的而且经线总是垂直。圆柱投影的主要问题是决定在哪条经线对原本连续的数据条进行切割。图 2.9(a)选择了 180°经线，但这样会将太平洋分割为两个部分。当解译这样的地图时，要注意实际中数据在左边界和右边界上是连续的。然而，在高纬度地区，这样的地图是不适合的，因为东西距离会被放大很多。摩尔威德(Mollweide)类型的投影[图 2.9(b)]将经线会聚至极点，保留了不同纬度的相对表面积，但这样会造成严重变形。但是，与圆柱投影类似，其完全掩盖了高纬度地区不同经度间的邻近关系。为此，则可以使用极地投影[图 2.9(c)]，以便尽量利用绕极轨道的宽幅传感器能力，将极地区域连贯地绘制成地图。

对于许多海洋特性的全球地图来说，极地区域的关注度小，圆柱形地图令人满意。然而，在极地区域的海洋特性也很重要(比如，海冰和海表温度被共同绘制在一起)的情况下，有必要分别用 3 种单独的地图呈现数据：全球的圆柱形地图投影和两个极地坐标投影，南北极各一个。

根据当前信息技术的发展趋势，地图投影中的数据生成问题及其导致的失真和解释问题都有可能在未来得到解决。越来越多的软件都可用来使由经纬度确定的任何像元位置数据以各种各样的投影形式呈现出来。交互式软件则能提供地球的三维视图，并允许用户操控它们的位置点和视角来充分探索数据。随着这些软件的广泛使用，将不太需要为特殊地图投影准备数据。从长远来看，来源于卫星的海洋科学数据集可以匹配于传感器采样能力的空间密度存档，而查看软件将自动进行必要的重采样，将数据以用户指定的有利位置呈现。这种方法还能让用户有能力以动画展现地图数据的时间序列，用以观测动态过程的演变。

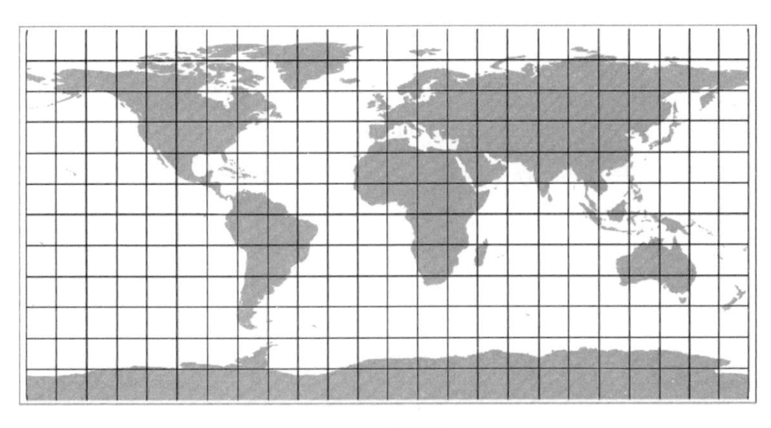

(a) 圆柱投影

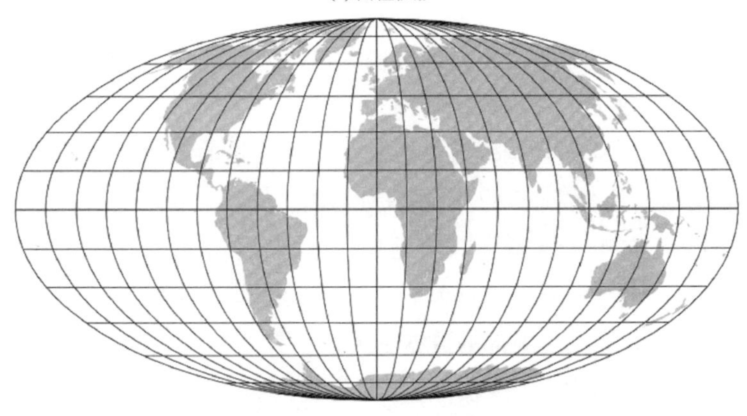

(b) 摩尔威德等积投影

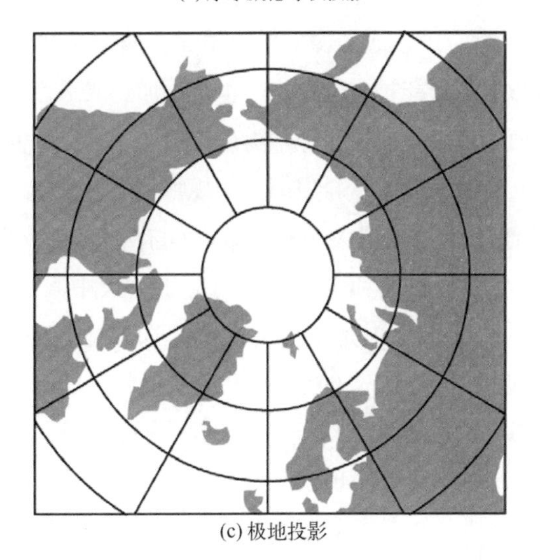

(c) 极地投影

图 2.9　地图投影类型

(a)圆柱投影，足以适用于中低纬度地区，在高纬度地区则会放大面积；(b)摩尔威德等积投影，在形状失真的情况下保持面积不变；(c)极地投影，能避免(a)和(b)中缺失的极地观测连贯性

2.3.6 合成图像地图

处理卫星海洋数据产品一个很重要的过程是将同一传感器不同时间和不同位置获取的多组数据整合为单一地图数据。处理的结果为合成数据集，通常作为3级产品，在许多方面都不同于卫星单次采样得到的2级数据集。其典型特征如下：

- 几乎总是处于规则的地理网格中，重采样的像元通常以北向上定向并按经纬度间隔增加；
- 像元尺寸通常大于2级图像中的原始像元；
- 3级合成图像通常覆盖全球，或者延伸到一个大洋区域。几乎总是大于提供数据传感器的单个刈幅；
- 所包含的数据来源于多次不同的过境，包括上行轨道和下行轨道；
- 以给定时间范围内的过境数据为依据；
- 在理想情况下，应包含构成其2级数据源变化量的统计，例如独立的2级样本(这些样本的平均值就是合成值)的数量和标准偏差。

合成图像的优势在于扩展了图像数据集的地理范围，使其不受单轨视图的限制，同时能够随时间填充图像间隙，这些间隙由于单天刈幅图像覆盖不足而留下，或者因为云层覆盖或其他原因导致了局部的数据丢失。

但是，合成图像需要应用能够影响结果数据集的规则。要解决的主要问题是如何处理合成图像单个单元格中的多个条目。假设使用经常涉及的降维(downscaling)，用来合成的2级图像多个像元将对应于合成图像的单个单元，通常对这些值取平均。在合成的时间内，一些额外的2级数据集可能被包含进来，也被添加到取平均的过程中。但是，在一些情况下只能选择最新的值，或者是应用于地球物理定标过程的那些值，目的是产生可信度最高的值。值得一提的是，有时稍微改变合成图像的规则都可能会使结果产生很大变化。

3级合成过程的其他选择与像素大小和集成时间有关。在一些情况下，对于太阳同步卫星的传感器而言，当上行轨道和下行轨道对应于一天中不同的地方时(比如白天和夜晚)，利用它们得到的合成结果也是不同的。不同选择之间的优势平衡取决于合成数据的用途。需要注意的是，精细构造的合成可以提高数据的适用性，但合成产品无法包含原来2级数据集中所有的信息。对于大尺度海洋现象而言合成非常实用，因其不易在仅覆盖有限区域的2级产品中体现出来，这在6.2.1节将详细介绍。使用者必须仔细注意产品应用了何种规则，并考虑其对数据的解译和应用可能有什么影响。原则上3级合成产品应该只包含来自2级图像的数据，由于云的持续存在或其他采样局限性，最终产品可能留下一些空缺。尽管如此，使用者应该核对合成数据实际上是否包含了原定贡献数据以外的输入。例如，遗留的数据空缺可能通过插值进行填充，或者通过前期数据，甚至是气象态平均数据集进行替换。

严格地说，一旦引入其他数据源，或者利用邻近像元插值填充空缺，甚至仅通过数据平滑来抹平空缺，其结果就应称为 4 级数据集。鉴于 3 级产品仅依赖于卫星观测，4 级产品目的是给用户提供没有空缺的完整数据场。因此，4 级产品呈现出分析的结果，用来估计特定时间段某个特定的海洋变量，在空间上如何分布，称为“分析场”。即使它可能主要来源于卫星数据，我们也应该明白或许它包含的不单是一个卫星的测量结果。它可能包含从多个类型的卫星传感器获得的信息，可能还融合了现场观测数据。

填补和抹平空缺的过程可能会限制它们符合原本的某些期望。因此，对用户而言，即使在多数应用中无缝光滑分布的海洋变量比稀疏零散的实际观测有用得多，解译时也必须牢记数据合成时的假设。例如，某个海洋变量的 4 级分析产品利用低通滤波器在空间或时间上隐式平滑了观测数据，则它可能就不适用于研究海洋特性的高频变化。最实用的 4 级产品应该伴随每个像元的置信值，用来提醒用户哪里可能会发生误释。例如，可以预期的是，那些没有在合成中加入现场观测数据的像元将具有较低的置信度。这将在 14. 4. 2 节中详细讨论，再分析海表温度数据产品是如何为业务应用准备的。

2. 4　海洋观测传感器类型

2. 4. 1　电磁波谱使用

所有海洋观测卫星上的传感器都使用电磁波(EM)辐射观测海洋。特定传感器测量海洋某些性质的能力以及它们穿过大气或云层的观测效果如何，很大程度上取决于它们使用的电磁波谱的谱段(更详尽讨论参见 *MTOFS* 第 2 章)。图 2. 10 展示了电磁波谱中与遥感相关的谱段，特别是用来观测海洋的四大类卫星传感器所占据的谱段。图 2. 11 总结了这些大类中传感器的类型以及它们所做的主要测量和由此得到的主要参数。

图 2. 10 还展示了大气透射是如何随电磁波长变化的，这也是为何传感器只包含特定波段的原因。对于大部分电磁波谱而言，大气是不透明的，因此无法用于海洋遥感。但是，大气存在一定数量的“窗口”区，可以穿透大部分辐射，即使在一定程度上会有所减弱。其中一个窗口从光谱的可见部分(波长在 400～700 nm，人眼可见)延伸到近红外(IR[①])部分。辐射仪用这个窗口观测由地面和海洋反射的太阳光。本书将这种辐射仪称为海洋水色传感器(2. 4. 2 节概述了其如何工作)。在波长 2. 5～13 μm之间有一些狭窄的窗口，可被红外光谱辐射计利用。由于大部分表面辐射与温度相关，因此这也称为热红外光谱。在海洋遥感中用于测量海表温度(SST)。

---

① IR 应为 NIR。——译者

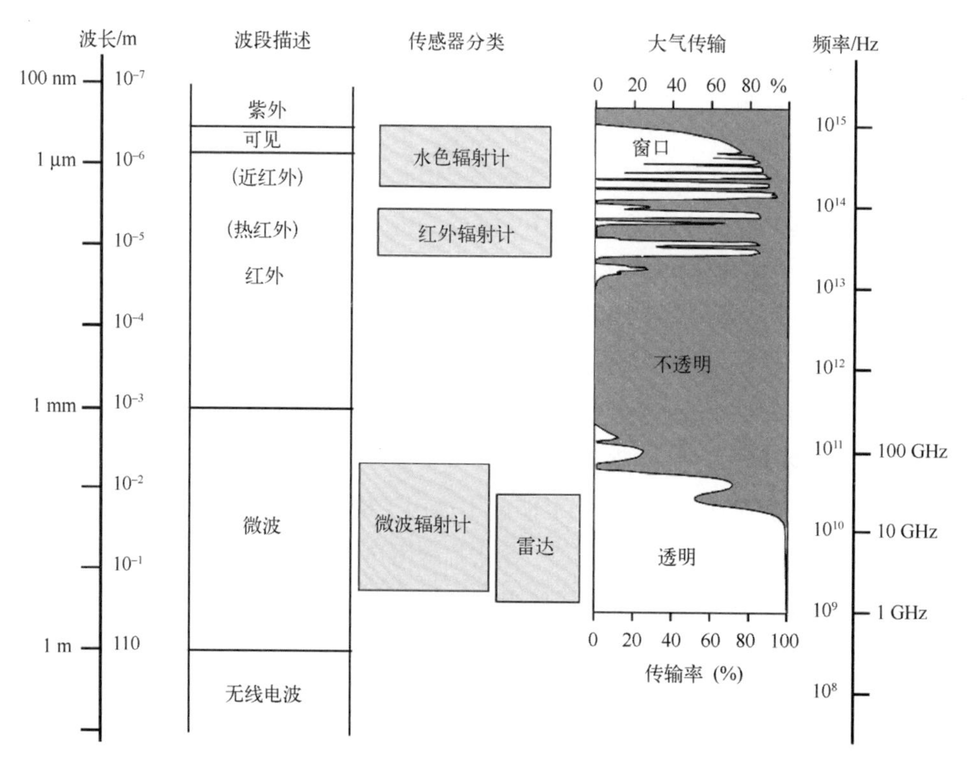

图 2.10　典型的遥感传感器所使用的电磁波谱区域

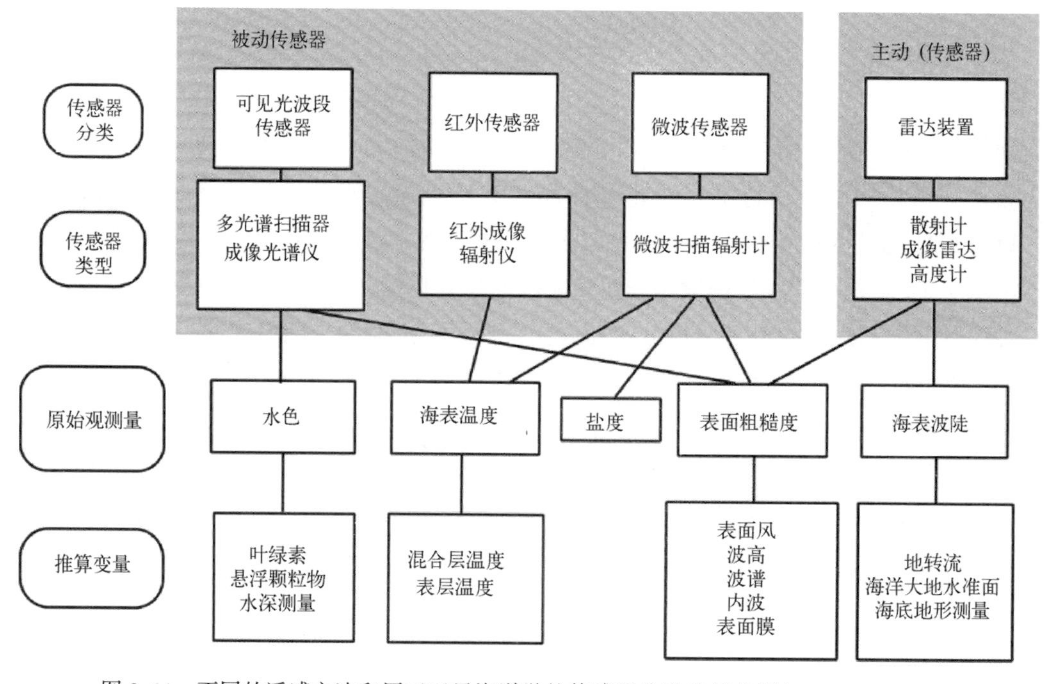

图 2.11　不同的遥感方法和用于卫星海洋学的传感器分类及其应用(Robinson，2004)

在超过几毫米更长的波段，大气变得几乎完全透明，被称为波谱的微波部分，通常用频率进行波谱分化，而不是波长。由于其广泛应用于现代文明的许多技术方面，包括无线电广播、电视广播、电信和移动电话等，某些部分必须专门保留给遥感且由国际规则分配。图 2. 10 显示了宽区域内用于微波辐射计和雷达的离散窄频段。微波辐射计是被动传感器，通常用于测量海洋、大气、地表发射的自然环境辐射。雷达是主动微波设备，其发出脉冲并测量海表回波，从而获得海表相关信息。雷达的频段有时用字母表示，见表 2. 2。

表 2. 2　用于海洋遥感的一般雷达波段的定义

波段	频率/GHz	波长/cm
L	0. 390~1. 55	19. 35~76. 9
S	1. 55~4. 20	7. 14~19. 35
C	4. 20~5. 75	5. 22~7. 14
X	5. 75~10. 9	2. 75~5. 22
K_u	10. 9~22. 0	1. 36~2. 75
K_a	22. 0~36. 0	8. 33~13. 6

雷达有许多不同的种类，可以通过雷达的指向、其发射微波脉冲的长度和调制以及海表回波的分析方式来分辨。雷达可以分为平台下天底点垂直向下观测的，或者与海面呈 15°~60°入射角倾斜观测的。天底传感器测量海表高度或斜率，称为高度计。那些倾斜观测的特性称作 σ_0，称为归一化雷达后向散射横截面，与雷达波长尺度上的表面粗糙度有关。

2. 4 节的剩余部分，将用单独的小节概述每种传感器的测量能力。介绍每种传感器类型的观测原理，并着重讲述数据处理和解译工作最重要的环节。而且需要认识到的是，通常卫星传感器的直接测量，即使必要时经过大气校正，其本身也并不是海洋参数。如图 2. 11 最后一行所示的推算变量，除了海表温度外，大多数传感器观测到的初级量值需要进一步解译，从而生成对海洋学家有用的参数。

2. 4. 2　海洋水色辐射计

海洋水色遥感的基本原理很简单。朝向海洋的海洋水色传感器所测的光源来自太阳。太阳发射的光子进入海洋，其携带的能量使它们处于光谱的可见部分，被海水中的物质吸收或散射。那些被散射离水的光子使海洋呈现出其表观的颜色。卫星海洋水色传感器对其进行量化，测量到达传感器的不同波长光的量值。多光谱辐射仪通常有选择地对有限数量的窄波段采样，以此来获得入射光谱的主要光谱形状和结构（图 2. 12）。成像光谱仪对整个光谱进行精细采样，但目前为止，这样的设备主要用于航空器。从辐射计不同光谱通道探测得到的离水辐射相对幅度已经构建出算法，用来估算那些赋予海洋色彩的水体组分的浓度。

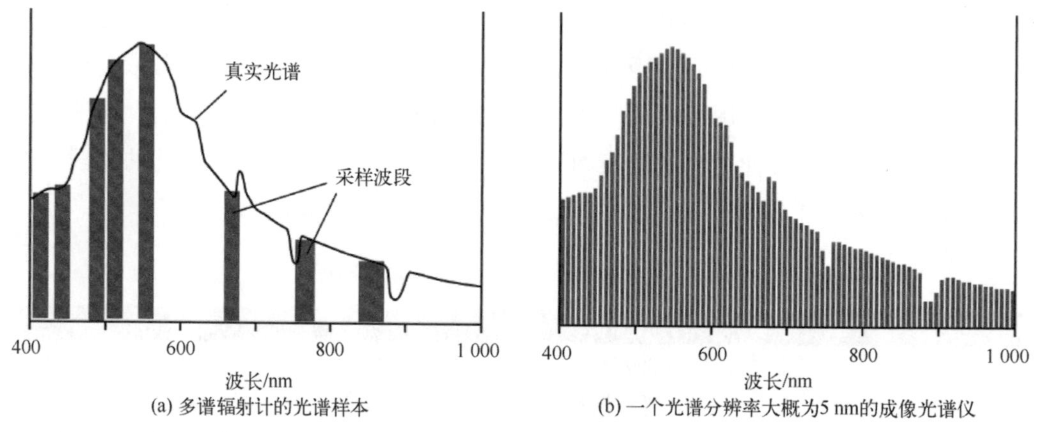

(a) 多谱辐射计的光谱样本

(b) 一个光谱分辨率大概为5 nm的成像光谱仪

图 2. 12　由大气上方的卫星观测得到的位于可见和近红外光谱部分的一个典型离水辐射光谱

海洋水色这个词在遥感领域使用比较宽松，可指离水光的幅度和光谱组成。实际应用时，海洋水色指的是卫星测量的大气层顶光谱辐射率①。如图 2. 13 所示，它的构成包括大气、海表、(水深极浅)海床的反射光以及被海水成分后向散射的光。从大气层顶测量值反演有用的海洋量值是一项挑战，需要仔细分离大气散射和真正来自离水辐射的表面反射。本节其余部分将简略概述它们是如何开展的，但是海洋水色遥感依赖的物理原理以及 20 多年来已经成熟的方法细节，请读者自行查阅 *MTOFS*(第 6 章和其中引用的科学文献)。

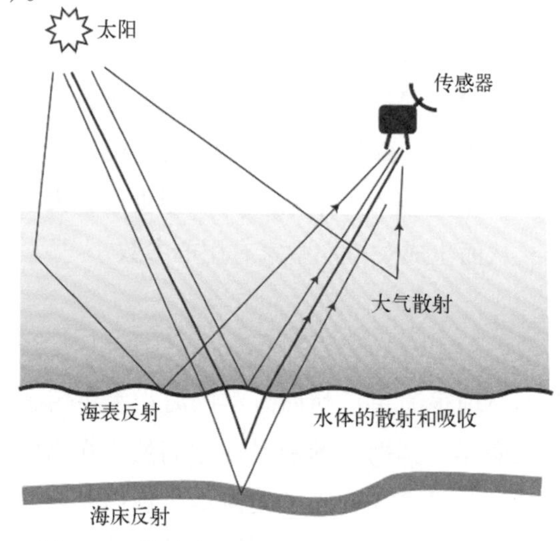

图 2. 13　影响光线到达海洋水色传感器的因素

① 辐射率有时也称辐亮度，本书统一写成辐射率。——译者

大气校正

卫星轨道向下观测的可见光绝大部分来自进入传感器视场的大气散射光，它在观测的总辐射率里可能超过90%。一部分离开海洋表面的光也被散射出视场，因此大气校正流程必须考虑这些因素，用来从传感器每个波段的记录里估算离水辐射率。

对于大气分子本身散射的大气校正，可以根据太阳、卫星与像素的相对位置，通过图像传感器视场里的每个像元直接计算。大气中的大颗粒气溶胶也会引起散射。这些大颗粒气溶胶可能是水汽或尘埃，但与大气气体不同的是，它们在大气中的浓度和分布是未知且无法预测的。幸运的是，已经发展了一种技术，可根据传感器测量结果估计气溶胶散射贡献的变化。

关键在于使用近红外光谱两个波段的辐射率测量值。因为海洋容易吸收几乎所有的太阳近红外入射光，这些波段大气层顶测量的光都必定来自大气散射或海面反射。这可用来估计离水辐射率非零的可见光通道有多少气溶胶散射，从而完成大气校正。因此，对于海洋水色遥感而言近红外通道必不可少，同时必须注意选择正确的波段以避免与光谱上的气体吸收带重叠。

海面反射

部分测量信号直接从海面反射而来，对于量化水体成分没有价值。若卫星接收到太阳光的直接镜面反射，会掩盖其他所有的信号。太阳耀光(sun glitter)会阻止进一步分析信号，必须尽可能避免，可以根据太阳位置精心挑选轨道和传感器观测几何以及倾斜传感器使之远离太阳来达到目的，同时牢记海面太阳耀光的范围会随海水粗糙度变化。

天空光(即已经被大气散射的日光)的海面反射是无法避免的。相反，可在大气校正中对其进行校正。这意味着大气校正也需要海况(基于风速)信息。

对测得信号可能有反射贡献的另一个表面是海床。由于水层的吸收和散射，日光在海水中随深度飞速衰减，因此只有在海清水浅时才需要对海床反射引起重视。多数情况下它都不是问题，但在解译热带浅水海域的海洋水色数据时，海床反射不可被忽视。那里水体非常清澈，浅海底部反射能让水色信号被用来探测水深、海床特征(沙、珊瑚、植被等)，但这不是全球海洋水色传感器的主要用途。

海洋水色解译

对大多数海洋科学家来说，水色本身并不是一个特别令人感兴趣的海洋变量。但是，影响海洋水色的因素，如浮游植物、与初级生产力有关的色素浓度或溶解有机物以及悬浮颗粒物浓度，对海洋学都很重要，而它们则可以通过水色得到。

当卫星海洋水色数据经过成功的大气校正后，得到每个可见光波段的离水辐射率，经常对其进行归一化以减少对太阳高度和观测入射角的依赖。实际上，归一化离水辐射率指的是，如果传感器轨道在大气底部的海面上方，从轨道直接向下看，传感器会测到什么。这就是我们人眼会看到海的颜色和亮度，而忽略海面反射的任何光线。海洋水色遥感的主要挑战是对影响表观颜色的水体组分的类型和浓度进行定量估计。

对应电磁能量在可见波长的太阳光子，入海后最终会与海水分子或其他成分相互作用。结果可能是光子被散射，也可能被吸收。散射的光子将改变它的方向，有机会离开海面并被传感器所探测。散射和吸收的概率取决于光的波长和它遇到的物质。海水分子优先散射波长较短的光（光谱蓝色部分），同时优先吸收波长较长的光（光谱红色端），这就是为何没有其他杂质的纯净海水呈现蓝色的原因。

浮游植物中的叶绿素 a 色素在蓝光有很强且相当宽的吸收峰，中心在 440 nm，不在绿光谱段。因此，随着叶绿素浓度的增加，蓝光被吸收更多而绿光持续被散射，从海面看越来越绿。这是许多利用卫星海洋水色数据进行水体组分定量估计的基础。估算叶绿素浓度（C）或浮游植物生物量算法的典型公式

$$C = A(R_{550}/R_{490})^{B} \tag{2.3}$$

式中，A 和 B 为经验推导系数；R_{λ} 为传感器光谱波段的反射比（指向传感器且用入射辐照度归一化的出水辐射率），其中心波长为 λ。该公式被称为绿蓝波段比值算法。在开阔大洋，通过这种方法可以得到精度约为 30%的叶绿素浓度估算。目前使用的算法大多数都比式(2.3)要复杂一些，但是仍与其密切相关。若用来推导系数 A 和 B 的样本数据可以代表许多不同的开阔大洋状况，那么这样的算法就可以在很多地方广泛使用。

与光相互作用并因此改变海洋表观颜色的其他物质是悬浮颗粒物（SPM）和有色可溶性有机物（CDOM，也称黄色物质）。前者对于水色有着中性影响，但高度悬浮的沉积物情况除外；后者则对蓝色波段有着较强吸收。这两种物质和叶绿素的“绿化”效应（如果水体中存在浮游植物的话）一同对光产生影响。当存在浮游植物种群时，它们随着叶绿素的“绿化”效应对光产生影响。然而，由于浮游植物种群中叶绿素、有色可溶性有机物和悬浮颗粒物是共变的，绿蓝光比值主导着颜色，只要浮游植物是除了海水本身之外影响颜色的唯一主要因素，每种物质都可以被类似式(2.3)这样的算法所量化。符合这种条件的水体被称作 1 类水体，在这里从卫星数据利用海洋水色算法可以很好地反演叶绿素浓度。

然而，如果悬浮颗粒物或有色可溶性有机物来自本地浮游植物种群以外的其他来源（如河流径流输入或者底部沉积物再悬浮），它们与叶绿素浓度的关系则不再是这么简单。这种情况下，如果有绿蓝光比值算法它也无法取得好效果，而且使用普适算法从海洋水色数据获取有用的量化信息变得非常困难。此类水体被称为 2 类水体。然而单凭卫星数据我们很难分辨出 1 类水体和 2 类水体。如果标准叶绿素算法被应用于 2 类水体，则会导致精度急剧退化，误差甚至达到 100%。出于慎重，除现场观测能确认为

1 类水体的情况外，我们把所有浅海区域均归类于 2 类水体，特别是那些河口和近岸输入或者强潮流激起底部沉积物的区域。

可由水色遥感得到的另一实用测量值是光的漫衰减系数 K，其通常被定义在某个特定波长，如 490 nm(即 K_{490})。漫衰减系数通常与绿蓝光比值呈负相关关系，因为衰减系数越小，光在散射回来前能够穿透得越深，更长波段的光相应就被吸收得越多，使海水呈现出更蓝的颜色。漫衰减系数的算法与式(2.3)在形式上相似，并且某种程度上对于 1 类水体还是 2 类水体没那么敏感。

海洋水色传感器和产品

2.5 节的表 2.4 列出了已经运行的重要的海洋水色传感器。虽然可见光辐射计在 70 年代最早的对地观测传感器之列，然而距下一次发射长达 18 年的时间间隔使得海洋水色传感器的发展与其他卫星海洋学方法相比远不成熟。1997 年升空的海洋宽视场扫描仪(SeaWiFS)首次提供了可靠的、长期的、完全业务化运行的海洋水色数据产品。此后运行了许多具有更优光谱分辨率的传感器。表 2.4 列的所有传感器都运行在较低的太阳同步极地轨道(约 800 km)，其提供的星下点分辨率大概为 1.1 km，全球覆盖大概需要两天。中分辨率成像光谱仪(MERIS)还具有 300 m 像素的高分辨率模式。与表 2.4 中所列相比，个别国家还发射了一些别的水色传感器，它们覆盖较不全面且数据可用性较低。

表 2.4 中所列的所有传感器都提供了定标和验证程序，且它们的数据由其负责机构处理成 2 级海洋产品，有时是 3 级产品。所有产品中都包含了叶绿素浓度的度量以及漫衰减系数 K 的全球估算。这些通常都是可靠的产品，在开阔大洋 1 类水体的叶绿素浓度估算能达到 30%的目标精度。然而，需要注意的是，在可能为 2 类水体的海岸带和陆架海区域，由于算法误差较大或许会导致水色产品提供错误信息。一些航天机构也提供其他水体成分的估算信息，例如悬浮颗粒和有色可溶性有机物，但是这些估算还有待进一步验证。

此外，通过某些航天机构提供的一些合成产品也能得到海洋水色数据。这些数据可能部分来源于海洋水色传感器，但同时还有其他来源的输入，如卫星、现场观测或模型。在这方面它们可被归为 4 级产品，例如表面太阳辐照度(SSI)和光合有效辐射(PAR)。

2.4.3 测量海表温度的热红外辐射计

与可见光辐射计依赖于阳光的反射且只能在当地白天运行不同，在光谱的热红外和微波部分，大多数观测到的辐射来自海面热辐射。通过这种方法，红外和微波辐射计可以直接用来测量海表的辐射温度。在已知海面辐射知识的情况下，可以估算水体的物理温度。对红外测量而言，热红外辐射与海表温度存在密切的联系。卫星海洋学家所面临的挑战就是如何从测量的红外辐射中消除大气的影响，并且使估算的海表温度的精度在十分之几开尔文之内以及如何将空中辐射计测得的温度与接触海水的温度计所测结果联系起来。本节将介绍这些内容。

物理原理

红外传感器记录大气层顶特定波段 λ_n 的辐射率。每个通道 n 的单独测量值，可被表示为一个等效的黑体亮温 T_{bn}，也就是黑体(具有 100%发射率的表面)发出被测量辐射率时的温度。在特定波长，黑体辐射可由普朗克方程定义为

$$L(\lambda, T)=\frac{C_1}{\pi\lambda^5[\exp(C_2/\lambda T)-1]} \tag{2.4}$$

式中，L 为单位立体角、中心为 λ 的单位波长，离开黑体的单位表面积的光谱辐射率($\mathrm{W\cdot m^{-2}\cdot m^{-1}\cdot sr^{-1}}$)；$\lambda$ 为波长(m)；T 为黑体温度(K)；$C_1=3.74\times10^{-16}\ \mathrm{W\cdot m^2}$；$C_2=1.44\times10^{-2}$ mK。为了表示特定光谱通道获取的辐射率，它必须针对测量波段的波长进行积分，并与传感器的光谱灵敏度相卷积。图 2.14 展示了式(2.4)的谱形及其随温度的变化。黑体辐射是一个理想的理论概念。由海表发射的实际辐射只占一部分——ε，称为发射率，对于海水和红外辐射，它的值接近 1。

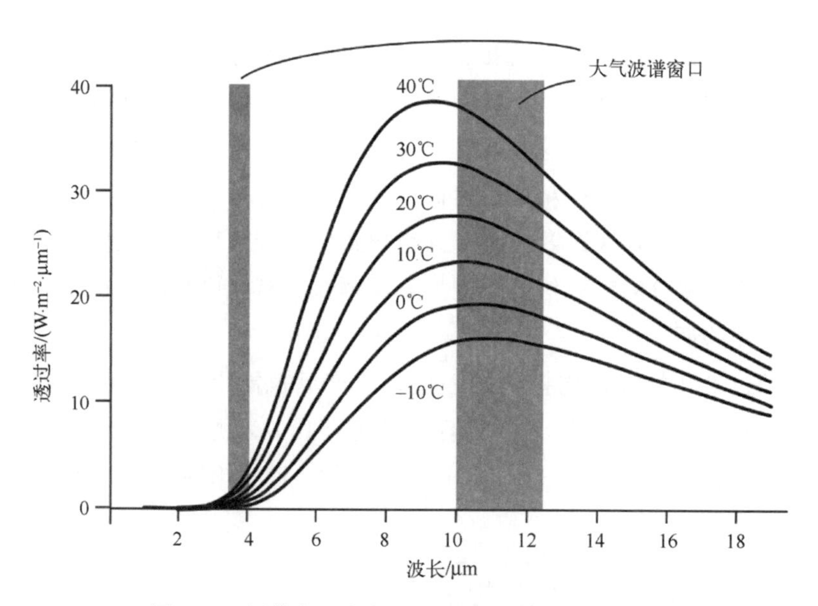

图 2.14　黑体在温度为-10~40℃的红外发射光谱

灰色波段表示大气窗口的位置；其他波段的大气是不透明的

图 2.14 也指出了红外光谱的“大气窗口”区域，在无云的情况下，辐射穿过这一

区域只会衰减很小一部分。这些窗口处于3.5~4.1 μm（称为3.7 μm窗口）以及10.0~12.5 μm。后者经常用于两个分开的波段，10.3~11.3 μm波段以及11.5~12.5 μm波段，通常称为“分裂窗口”通道。所有利用热红外辐射计测量海表温度的主要传感器都使用这三个通道，包括本书提及的两个主要红外传感器系列——美国国家海洋和大气管理局(NOAA)研制的甚高分辨率辐射计(AVHRR)以及由英国设计研发、欧洲空间局(ESA)发射的沿轨扫描辐射计(ATSR)。

为了从传感器记录波段 n 的电子信号 S_n 中得到 T_{bn}，需要使用搭载的两个已知温度的黑体目标来直接定标传感器，这两个黑体温度应跨越所观测海表温度的范围。这种方法已被ATSR类型的传感器所采用，然而AVHRR采用了更简单但精度稍差的替代方法，它只搭载了一个黑体，而将冷空间视场作为第二个黑体的替代物。对于整个刈幅的每次扫描，都会进行一次目标定标。

大气校正

理想的情况下我们期望测量离开海水表面的辐射率，这取决于海水表层温度 T_S 和海水发射率。海水的辐射系数在红外波段要大于0.98，但卫星接收到的辐射率中还有一小部分来自天空反射的辐射率，为此必须留出余量。由于大气中气体的吸收，大气层顶温度 T_{bn} 比海水表层温度 T_S 稍低一些，且随时间和地点而异，主要就是大气水汽含量的影响。大气校正的任务就是已知大气层顶温度 T_{bn} 的情况下估算 T_S。

一个公认的大气校正方法是利用不同波段的衰减差异。图2.15中给出了示意图。在情况A中，假定水汽少于情况B，使得情况A中通道 i 和 j 的吸收都低于情况B，因此情况B比情况A需要更多的修正，尽管我们无法直接说出两者所需的校正究竟是多少。但是，如果通道 i 和 j 对水汽的反应不同，则每个通道同时测量的大气层顶亮温 T_{bi} 和 T_{bj} 之间存在差值 $\Delta_{i,j}(T_b)$。这个光谱间的差值也与大气路径里吸收气体的数量有关，

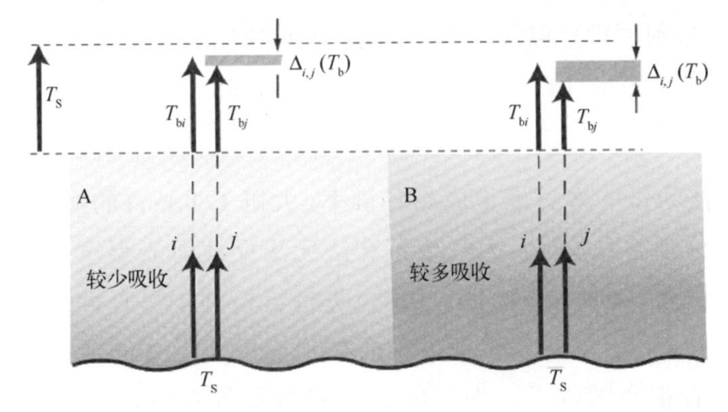

图2.15 利用不同波段对大气的反应作为大气修正算法基础的原理图

箭头的长度表示其代表的温度的大小

因此情况 A 的 $\Delta_{i,j}(T_b)$ 也小于情况 B。故，$\Delta_{i,j}(T_b)$ 的大小提供了大气衰减的度量，这被应用在如下公式中

$$T_S = a\,T_{bi} + b(T_{bi} - T_{bj}) + c \tag{2.5}$$

式中，a、b、c 为待定系数。在白天，该算法只能在分裂窗口通道使用，而到了晚上，3.7 μm 通道也可使用。后者受太阳反射辐射影响，因此不能在白天使用该算法。目前，也已经开发出许多该基本公式的非线性表达(Barton，1995)。

对于 AVHRR，这些算法相同点是需要对卫星观测和许多漂流浮标同步观测的海表温度进行最优拟合获得参数。浮标和卫星之间的匹配值存在大于 0.5 K 的方差，算法只适用于放置浮标的区域。同样的算法也被认为适用于没有浮标的其他海域，虽然此假设的有效性还需要进一步量化。利用局部数据匹配的区域算法可以得到更高的精度。

虽然大气中的水蒸气和气溶胶的瞬时分布是未知的，但大气的辐射传输物理特性已经广为人知，能对精细光谱细节进行可信的模拟。因此，如果给定海面亮温 T_S、大气剖面和光谱特性的视角以及特定传感器每个通道观测几何的组合信息，就可以模拟出 T_b。这为大气校正提供了另外一个可替代的方案，利用大量典型的大气水汽和温度剖面信息，建立海面亮温T_S与 T_{bi}和 T_{bj}等相匹配的人工数据集。形如式(2.5)的系数由人工数据集回归得到。最终的算法应该适用于与模拟数据集相似的所有大气环境，得到海表皮层温度的估计值。它独立于对应的现场测量值，即使验证过程需要这些测量值。这便是 ATSR 所采用的方法。

ATSR 呈圆锥形扫描，以大概 60°入射角前向观测，且大概在 2~3 分钟后对同一海域进行星下点观测(图 2.16)。每个视场使用与 AVHRR 相同的 3 个光谱通道，因此需要获得 6 个亮温测量值(白天测量 4 个)。前向和星下点观测不同的路径长度提供了额外的信息，这有助于建立一个更稳定的算法。当 1991 年皮纳图博(Pinatubo)火山喷发时，大量的火山灰意外地注入平流层，单次观测方法暂时失效(Reynolds，1993)。反之，ATSR 利用在辐射模型里包含平流层气溶胶来重建的半物理模型，可以很好地应对火山灰和此类问题(Merchant et al.，1999；Merchant et al.，1999)。

云检测

大气校正算法为每一次过境生成高分辨率(大概 1.1 km)的海表温度图。但是，当云层完全或部分遮盖视场时，大气校正算法无法反演海表温度。因此，这种情形下必须使用各种试验(Saunders et al.，1988)进行云检测，只有无云像元才留作海洋应用，比如同化到模型。云干扰识别最难的在于亚像元尺寸的云层、薄卷云或者海雾，这些区域只有很小的温差。失败的云检测会导致对海表温度的低估，能产生 0.5 K量级的低温偏离。因此，为了获得准确的海表温度，云检测流程的可信度与大气校正同样重要。对仍然不确定的云检测，应在海表温度产品的误差估计场附带标

记出来。与夜晚相比，白天的云检测往往成功率更高，因为白天的可见和近红外图像数据都可以使用。

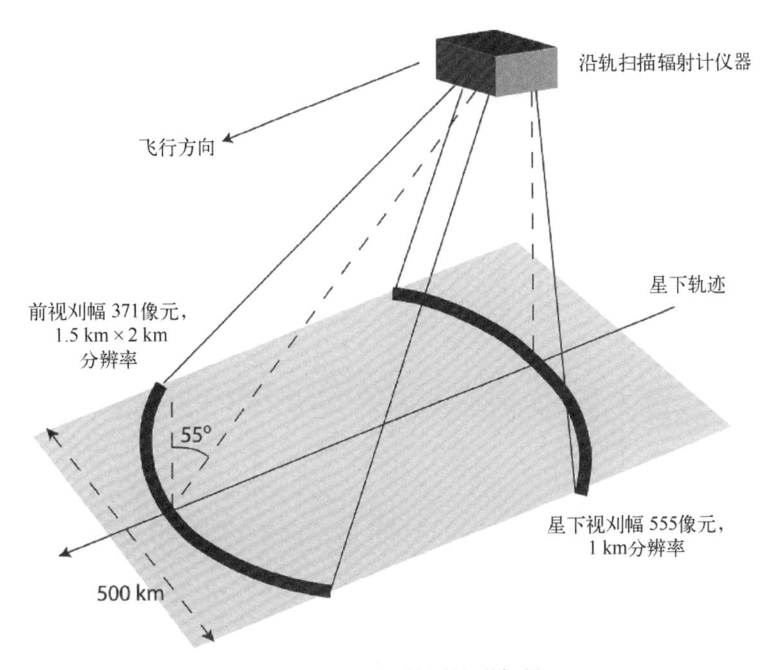

图 2.16　ATSR 的圆锥形扫描

卫星测量的是哪个海表温度?

解译卫星获取的海表温度数据时还有一个由海洋最上层数米热力结构引起的陷阱。图 2.17 示意性地给出形成近表层垂直温度梯度的两个不同因素。其一，在晴朗且海面平静的白天，上层海洋的上部将产生一个昼夜温跃层，厚达 1 m 左右且比下方海水的温度略高 1 K(特殊情况可达数开尔文)。晚上，暖水层将消失。其二(与第一个因素无关)，在几分之一毫米厚的海洋表层，温度比下方紧邻的海水低十分之几开尔文。

理解遥感获得海表温度的问题在于不同方法获取的海表温度处于近表热力结构的不同水层，如图 2.17 所示。因此“海表温度”一词对于浮标体上的温度计、船体冷却水进口的传感器、红外辐射计、微波辐射计以及海洋模型而言都有不同的意思。当精度要求在十分之几开尔文时，这种差异是很重要的。它们在一天里可能也是变化的，因此如仅用单日样本来分析海面温度特征，根据昼夜循环周期中取样时间的不同，结果可能会是相反的。

因此，现在采用的做法是区分位于最上层数微米的海表皮层温度和表面往下短距离(一般为 1 mm)内的海表次皮层温度。由于靠近表面的湍动受到抵制，它们被热传递仅限于分子传导性的热表皮层分离。次皮层温度通常比真实的皮层温度高十分之几摄氏度。红外辐射计测量海表皮层温度，而微波辐射计穿透得更深，大致测量到海表次皮层温度。

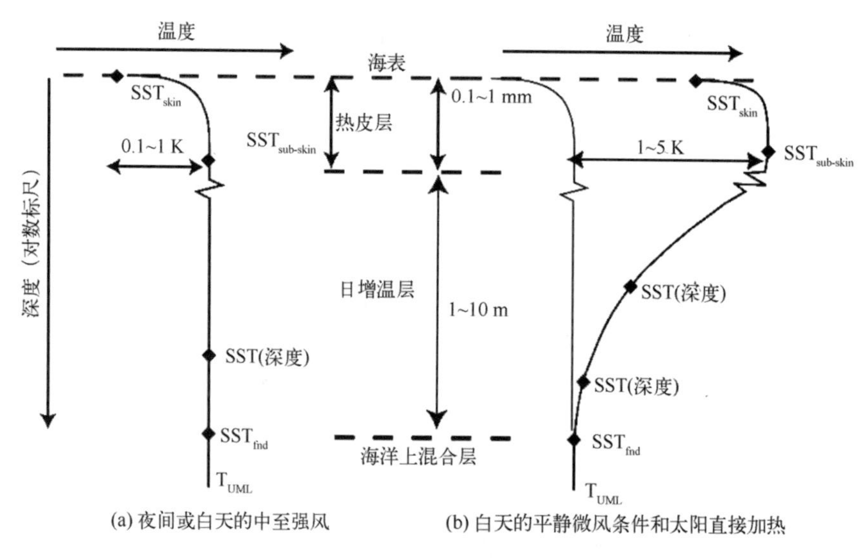

图 2.17　海表温度资料的特征

另外，创造了一个新的术语——基础海表温度(foundation SST)，每天的日变暖(如果有的话)是建立在此温度基础上的。当前一天的昼夜温跃层结构已被破坏时，基础海温就可以明确地定义为黎明时分位于皮层下方混合层的温度。这个时刻基础海温就等于海表次皮层温度。基础海温每天都是不同的。当海洋学家提到海洋上混合层温度时，他们通常指的就是基础海温。如图 2.17 所示，当利用浮标或船只现场测量时，观测深度往往不确定，通常处于次表层和基础海温之间。这给利用现场观测值来定标海表温度大气校正算法时，增加了额外的不确定性。

海表温度数据产品

海表温度 2 级图像数据集，分辨率约为 1 km，以卫星扫描坐标排列，在 AVHRR 过境一个小时内生成，有多种用途。因为原始 AVHRR 数据直接传输，所以全球的地面接收站可以得到最高分辨率的数据，并处理出近实时海表温度产品。由于 ATSR 数据处理的复杂性，扫描曲线上的前向和星下点观测必须重采样到矩形网格，才能进行大气校正。ATSR 的海表温度产品只有欧空局提供，但最晚也是在过境后数小时。地球同步卫星上的红外扫描仪每 15 min 或 30 min 获得一次图像数据。最新的地球同步卫星传感器经过良好的定标，采用多波段辐射计进行精确的大气校正，能够获得精度不逊于 AVHRR 和ATSR 的海表温度图。这些产品的缺点是覆盖范围未延伸至高纬度，空间分辨率较差，像元一般在 4 km 或 5 km。表 2.5(详见 2.5 节)总结了海洋领域重要的红外传感器。

直到最近，海洋学家为了获取全球或洋盆尺度卫星遥感海表温度分布特征及研究其如何随时间演化，将会转向由特定红外传感器构建的某个全球合成数据集(如2.3.6节概述)。很多不同的海表温度合成产品已经面世，空间尺度从(1/6°)到(1/2°)(赤道上大概50 km到16 km)甚至更高，时间间隔从4天到1周或1个月。基于这些产品可得到年均气候态分布，使相对于季节模态的海表温度异常规范可被量化(见6.2.1节)。其中最常用的来自AVHRR，比如多通道海表温度(MCSST)(Walton et al., 1998)或者Pathfinder海表温度（Vazquez et al., 1998)，它们是存档的像元级AVHRR数据的再加工，结合了传感器标定漂移的最佳认知，并最大程度利用可用的漂流浮标数据集(Kilpatrick et al., 2001)。来自ATSR的全球融合产品被称为平均海表温度(ASST)，它采用更稳定的大气算法进行重处理(Merchant et al., 1999; Merchant et al., 1999)。

然而，大多数海洋用户寻求的是海表温度的最佳估算，而非来自特定传感器的产品。Reynolds等（1994)发展了一种4级分析产品，通过对现场观测和卫星数据进行最优插值，为1980年前无卫星海表温度记录时提供了更好的气候态连续资料。2002年以来，海表温度监测方面最大的发展是意图探究不同传感器之间互补性的国际合作，而非让用户在众多不相上下的海表温度产品中去挑选。这便是GODAE高分辨率海表温度试点项目——GHRSST-PP（Donlon et al., 2007)。它的主要成就是说服对地观测机构按统一格式生成带有必要辅助数据的2级海表温度产品，从而利用所有可用的2级产品生成新的4级海表温度分析资料。其主要目的是提高卫星数据同化到海洋预测模型的可用性(第14章将进一步讨论)，且为气候时间序列创建更稳定的海表温度记录。2.6节给出了访问上述数据集的指标。

2.4.4 微波辐射测量

之前小节已指出，与光谱的热红外部分一样，微波辐射由海表的热发射引起，可以直接用于测量海面的辐射温度。但是，与热红外不同的是，海面的微波亮温与其物理温度不直接相关，取决于海面的其他特性。这为使用微波辐射开发海洋测量能力带来了一系列不同的挑战。尽管使用被动微波辐射计测量海表温度在很多方面不如采用红外传感器，但这项技术确实有个非常重要的优势，那就是能够穿过云层进行观测。

微波辐射测量原理

从温度为T的物体表面微波发射物理原理看似很简单。理想的黑体发射可用普朗克方程的简化形式表示成与温度的线性关系

$$B_f = \frac{2kT}{c^2} \tag{2.6}$$

式中，B_f 是单位频率区间上的光谱辐射率。由于存在线性关系，微波辐射本身就经常被称为亮度温度(即黑体源发射所测得辐射率时的温度)。

但是，我们应该相信，使用被动微波辐射计来测量海表温度比式(2.6)要复杂得多。不像在热红外波段，发射率的辐射系数 $\varepsilon \approx 0.98$ 和发射辐射主要由皮层温度控制，对海表面而言，在微波波段 $\varepsilon < 0.5$。发射率取决于局地表面斜率的观测入射角、海水的介电常数和温度。因为介电常数也与温度有关，导致微波亮温与海表次皮层温度之间呈现非线性相关。此外，即使海表温度保持不变，均方表面斜率或表面盐度的变化也可能导致微波辐射的变化。尽管这是测量海表温度的缺点，却给微波辐射计提供了可能的用途，用来探测海表粗糙度——卫星海洋学的另一主要观测量。这也意味着盐度被认为是第五个可能的主要观测量，因此将盐度添加到图 2.11 的第三行。尽管此书写作时，这些仍需要从卫星传感器得到证实(盐度卫星已经证实，译者注)。图 2.18 总结了影响海面微波发射及其穿过大气的各种不同环境因素。

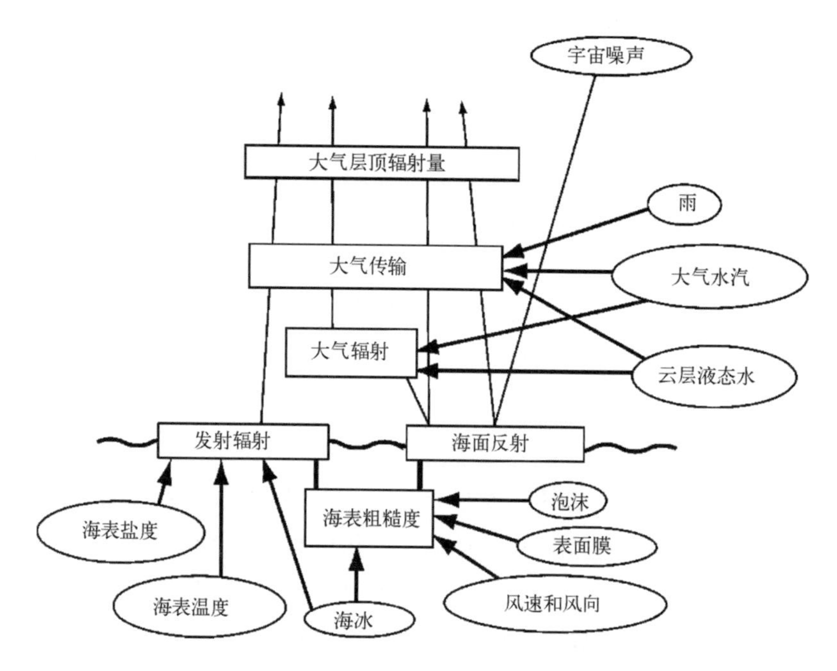

图 2.18　观测开阔大洋时，决定大气上方测量得到的微波辐射的物理要素

微波辐射计的组成

微波辐射计是被动装置。与雷达不同，它们自身没有能量的相干源，因此无法使用那些用于提高主动设备分辨率的许多复杂的信号处理技术。辐射计测量入射到探测器端元连续的、不相干的电磁辐射，它们在特定的窄频段内取样，有些辐射计能够区分不同极化方向的功率。辐射计被限制在特定的微波波段，不是因为如红外和可见光

辐射计般的大气窗口，而是因为微波谱段被现代电信和广播基础设施广泛使用。这些信号将淹没自然来源的背景辐射，但根据国际协议，某些频段不允许被无线电源使用，而将它们保留给被动辐射测量。

有些仪器的设计采用一个抛物面反射器将地面视场集中到感应器上。通过绕垂直轴旋转反射器，视场以圆弧扫描地面，使所有的样本都保持同样的入射角。通过指向卫星上的校准源进行定标。在不同类型的辐射仪设计中，利用未聚焦的感应器阵列的每个端元记录信号。通过集成这些有不同时滞的信号，可以控制有效视场以获得亮温的空间分辨场。但是，无论是否使用机械或电子聚焦，微波辐射计空间分辨率比红外辐射计差一到两个量级。由于聚焦不佳，微波辐射计在近岸 100 km 是不可靠的。天线功率模式的旁瓣会泄漏杂散信号及海陆亮度反差。

微波辐射计反演地球物理参量

由于各因素对不同微波频率影响存在差异，我们能够区分海表亮温、表面粗糙度和盐度之间的不同贡献，还能识别液态水引起的大气污染。例如，海表温度对 6~11 GHz的波段有强烈影响，而盐度影响的频率大约只在 3 GHz 以下。表面粗糙度影响的频率在 10 GHz 甚至更高，且还具有极化特征。因此，多频和多极化辐射计原则上能用于测量海表温度、海表风和降水(见 *MTOFS* 的第 8 章)。反演有用的海洋观测资料主要采用经验算法，这些算法由现场观测和卫星资料的匹配数据发展而来。

对海洋学大有用处的微波辐射测量计划

表 2.6(见 2.5 节)列出了海洋研究者使用的微波辐射计及其衍生的数据产品。20 世纪 80 年代中期以来，一系列专用传感器微波成像仪(SSM/I)搭载在美国国防气象卫星计划，主要提供气象产品(Wentz，1997)，被海洋研究者用于海冰检测或风速测量。然而，直到在日美热带降雨观测计划(TRMM)中搭载了一个 10.7 GHz 通道的传感器时，利用微波从太空测量海表温度才被认真考虑。热带降雨观测计划采用的微波成像仪(TMI)其空间分辨率为 0.5°(大概 50 km)，同时，由于其重复采样，使其能够利用 25 km 的网格尺度非常有效地捕捉中尺度涡旋。TRMM 缺乏位于 6.6 GHz 用于海表温度测量的首选波段，但其 10.7 GHz 通道对于热带水的海表温度非常敏感，因而 TRMM 只覆盖纬度低于 40°的区域。

2002 年，日本的高级微波扫描辐射计(AMSR-E)搭载在 NASA 的 Aqua 卫星上，发射到近极轨道。这颗传感器包括 6.6 GHz 通道，其对整个海洋温度范围都敏感，开发了利用微波辐射测量高质量全球海表温度的业务化方法。AMSR-E 目前从重采样的 76 km分辨率数据提取了全球无云海表温度产品，其精度约达 0.4 K。其基于 1/4°网格提供每日、每周和每月的海表温度合成产品。

在 2.4.3 小节提到的 GHRSST-PP 试点项目中，目前，由微波辐射测量的海表温度反演结果通常补充到红外辐射计，用于生成海表温度分析产品(4 级)。微波辐射计巨大的贡献在于其能每天采样，且几乎没有由大气条件引起的数据丢失。因此，业务化海洋研究者相当关注，当现存传感器达到其寿命尽头时，应保持具有 6.6 GHz 能力的微波辐射计的持续性。

然而，用于测试卫星测量海洋盐度能力的传感器实验计划已经开展。2009 年年底，欧空局发射了土壤湿度和海洋盐度(SMOS)卫星，它的主要载荷是电子聚焦的 L 波段合成孔径微波辐射计。NASA 正准备在 2010 年的水瓶座计划发射另一个 L 波段辐射计①，用于测量全球海表盐度。

2.4.5 高度计测量海表斜率、流和波高

更全面的卫星高度计科学原理和详细方法介绍以及 30 年来发展描述，请读者查阅 *MTOFS* 的第 11 章。

高度计海洋观测原理

卫星高度计是星下雷达，它发射常规脉冲，并记录每个地表反射回波的传送时间、幅度以及波形。传送时间是高度计测量的基本量，能用于确定尺度长于 100 km 的海表地形。海表地形包括海洋动力和地理现象的信息。如果传送时间的测量精度可达 6×10^{-11} s，那么在已知光速的情况下，计算距离的分辨率可达 1 cm。对于光通过电离层和大气时速度的变化以及由于粗糙海表反射的延迟，必须进行校正(Chelton et al., 2001)。通常认为，校正精度要达到 1 cm，必须使用双频高度计(用于确定电离层的折射)，此外，测量大气中的水汽需要采用三通道微波辐射计。

高度计不是成像传感器，其仅在星下点观测，简单地记录卫星与沿轨海表面之间的距离。正如 2.2 节所讨论，空间和时间采样特性完全取决于卫星精确轨道的重复周期。搭载在高度计计划专用平台上的 TOPEX/Poseidon(T/P)和 Jason 高度计的重复周期大约是 10 天，也有其他高度计采用 3 天、17 天、35 天或者更长的周期。重访时间间隔越长，空间采样网格就越细。通常将海洋地形数据内插到地理网格，并在一个精确重复周期内合成，生成与全球海表温度或海洋叶绿素合成图相仿的“图像”，尽管这些图像的生成方式完全不同。

仅获知海面与卫星之间的距离 R_{alt} 价值有限。图 2.19 展示了为使其变成有用的海洋观测量还需定义或测量的其他内容。首先，若已知相对于参考平面的卫星高度 H_{sat}，那么高于该参考平面的海洋高度 h 就可以确定。参考平面是在为旋转地球固定参考框

① 2011 年 6 月 10 日发射升空。——译者

架内定义的一个规则椭球面，与地球海平面的形状大致相符，为其他所有高度的测量提供了方便的基准。

参量 h 被称作海面地形，受几个物理因素的影响。首先是地球上的重力分布，表示为大地水准面，在图 2.19 中参考椭球体之上的高度 h_{geoid}。大地水准面是平均海平面上地球有效重力场的等势面，有效重力场包含了地球旋转应力以及固体地球、海洋本身和大气的引力。根据定义它等效于当地有效重力，如果海洋无处不在且相对地球静止平衡，则海洋表面可以定义为大地水准面。

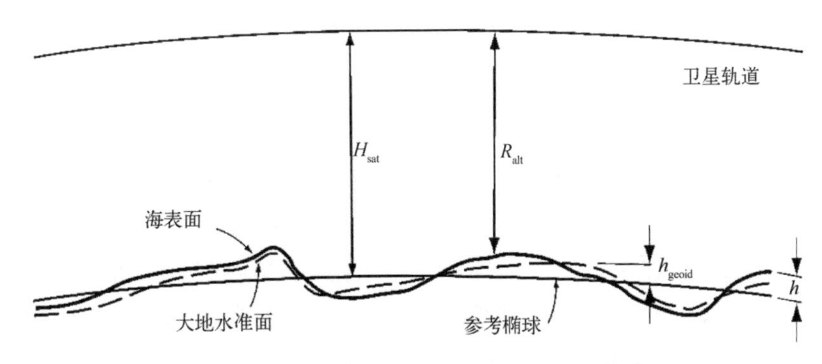

图 2.19　高度计用到的各种距离之间的关系

影响 h 的另一个因子是 h_{tide}，相对于平均位置的海表面瞬时潮汐位移，包含地球固体潮的贡献。第三个因子是海洋对大气压力分布的局地响应 h_{atm}，近似由反向气压效应导致，即气压每升高 1 mbar①，海面降低 1 cm。还有一个因子是海洋运动使海面产生的位移，称为海洋动力地形 h_{dyn}，因此：

$$h = h_{dyn} + h_{geoid} + h_{tide} + h_{atm} \tag{2.7}$$

动力地形是与海洋模式最相关的特性，因为它包含了海洋环流的信息。令 $h = H_{sat} - R_{alt}$，则式(2.7)变为

$$h_{dyn} = H_{sat} - R_{alt} - h_{geoid} - h_{tide} - h_{atm} \tag{2.8}$$

海洋动力高度的精度不仅取决于高度计测量本身，还与式(2.8)中的 4 个参量有关。对于在 1 340 km 高度上飞行的专用高度计，受到大气的拉力很少，通过结合激光与微波跟踪设备和基于精确重力场的轨道模型，在轨测量的卫星高度 H_{sat} 目前预期精度为 2 cm。通过对数年来高度计记录的潮汐分析，已经可以估算出重复轨道上的潮汐贡献。由于潮汐频率可以精确地获悉，在开阔洋面对每个分潮响应的估算可优于 2 cm。尽管 10 天的采样间隔比大部分的潮汐周期都长，但只有选择精确的重复周期，才有可能避免与某一主要潮汐分潮产生混叠。由于这个原因，太阳同步轨道会与 S_2(太阳半日

① 1 mbar = 100 Pa。——译者

分潮）分潮信号混叠，所以不采用。在陆架海区，潮位很高且能在短距离内迅速变化，不容易移除潮汐，因此动力高度的估算精度较低。大气压力校正基于大气环流模式的输出。

估算海面高度异常

在本书撰写之时，大地水准面已可进行单独测量，然而还未达到很高的精度，因此海洋学家只能获得 $h_{dyn}+h_{geoid}$ 的测量。其中，h_{geoid} 的空间变化的特征量级为数十米，大约比 h_{dyn} 高 10 倍，这也是为何直到最近来自高度计的时间平均海洋地形才给地理学家们提供了大地水准面的最精确测量。然而，h_{geoid} 不随时间变化，至少不足以被高度计在几十年内探测到，而 h_{dyn} 的时变量在量值上与平均分量相当，几个月的量级达到米级。

因此，h_{dyn} 随时间变化的部分被称为海面高度异常（SSHA），可从测量的 $h_{dyn}+h_{geoid}$ 分离得到，只需简单地减去大量轨道周期的时间平均海面高度（$MSS = Mean\{h_{dyn}+h_{geoid}\}$）。为了进行时间平均，轨道必须在 1 km 范围内精确重复，同时数据必须按 10 天循环累积多年。基于这个原因，则有必要发射一颗与前高度计精确同轨的新高度计，这样就可以直接利用早期卫星计划得到的平均海面地形。然后新高度计的第一个轨道周期就可以用来计算海面高度异常，不必再等待若干年，对不同的轨道重新计算平均地形。

很重要的一点是，在海洋分析里广泛应用且被同化到海洋动力模型的海面高度异常，不包含与海洋平均环流相关的任何动力高度信息。全球海面高度异常专题图不显示强海流的任何动力地形信号，但在主流趋向弯曲区域除外，那里涡状活动最为强烈。

现在有三个高度计系列还在工作，2.5 节的表 2.7 详细列出了飞行高度、重复轨道、平均海面高度异常产品的近似精度（均方根）。T/P-Jason 系列是法国和美国联合专用高度计，运行在高的非太阳同步轨道。相比之下，Geosat 和 ERS 系列搭载于低太阳同步轨道平台上，自身的轨道预测精度小得多。然而，由于这些卫星的轨道都是交叉的，在一段时间范围内，通过交叉参照已被更好认知的 T/P 或 Jason 轨道，可以明显提高其轨道定位（Le Traon et al.，1995；Le Traon et al.，1998）。海面高度异常的准确性评价只能在这个过程以后，否则对 ERS 和 Geosat 系列会更差。必须谨慎看待高度计的误差规格描述，因为误差幅度与用来平均的时间和空间尺度非常相关。更大尺度或更长周期进行平均带来的更小误差，必然会提升平均海面高度异常的应用，尤其在业务化海洋学范畴。

高度计数据产品最初展示了沿轨的海面高度异常、风速（根据回波波峰高度确定）和有效波高（根据脉冲形状——见下方及第 8 章）。2 级产品每秒沿轨采样一次，包含在地球物理数据记录（GDR）中，这些数据还记录了各种应用校正的辅助信息。虽然每个航天机构都为自己的高度计发布地球物理数据记录，对科学用户来说非常有用的是将不同高度计数据经过交叉参照处理成统一的方式，即数据统一和组合系统(DUACS)，确保从不同卫星得到的海面高度异常数据偏差很小。数据还被重采样到 1/3°×1/3°的墨卡托投影网格，在与轨道重复间隔相关的时间段内进行集成。不同机构产品的具体细节有所不同(表 2.10)。

从海面高度异常数据得到变化的流场

为了估算海表流场随时间变化的分量，要用到地转方程

$$\begin{cases} fv = g\dfrac{\partial h_{\mathrm{SSHA}}}{\partial x} \\ fu = -g\dfrac{\partial h_{\mathrm{SSHA}}}{\partial y} \end{cases} \tag{2.9}$$

式中，u、v 分别为地转流速的东向和北向分量；f 为科氏力参数；g 为重力加速度；x 和 y 分别为东向和北向的位移。

从单次过境来看，只能确定穿过高度计轨迹方向上海流的分量，但在升轨和降轨交叉的地方可以确定所有的速度向量。因为式(2.9)假设地转平衡，所以如果有任何地转的表面位移，对(u, v)都会产生误差。然而在适应地转力之前，地转流持续时间不会超过半钟摆天($1/f$)。因此对单次重复循环(10 天、17 天或 35 天，取决于高度计)内获取的所有轨道进行空间时间平均获得的海面高度异常图，能够很好地近似代表一个地转表面，可用来反推表面地转流。

靠近赤道的海面高度异常无法直接用于推导表面流场，因为这里的f非常小且地转方程式(2.9)不适用。

包含独立大地水准面数据的新高度计数据产品

希望在不久的将来，我们对大地水准面的了解能更加完善。通过卫星对地球上方重力场的测量获得一种无须高度计来测量 h_{geoid} 的手段。目前正在运行的重力恢复和气候实验卫星(GRACE)以及 2009 年间发射的重力和海洋环流探索计划(GOCE)都测量了重力场元素，可用于重建海平面大地水准面。在所需精度约为 1 cm 的情况下，GRACE 只能在长于数百千米的范围达到，但是 GOCE 却有希望在约 100 km 的长度范围一次达到，从而使我们能从存档的高度计数据中得到稳态海流，且能大大提高高度计数据的近实时应用能力。

在预计从 GOCE 最终获得高质量且独立的大地水准面时，人们使用下述方法生成了一种混合平均动力地形(MDT)(Rio et al.，2004)。海面的绝对动力地形 h_{dyn}，是海面高度异常和混合平均动力地形之和。通过从平均海面高度(MSS)减去独立测量的 h_{geoid}，最终得到混合平均动力地形的精确估计。这些工作大约使用球谐角为 30°的 EIGEN-

GRACE03S 大地水准面完成，该角度对小于 400 km 的尺度包含很少大地水准面变化的有用信息，但对 660 km 以上的长度具有相当好的适用性。为了提高更短长度范围混合平均动力地形的精度，可利用反演方法将其与基于稳态场实测数据的动力高度进行拟合。这些实测数据是来自 WOCE-TOGA 浮标并采用同步海面高度异常进行中尺度变化校正的速度测量数据。这种方法获取的结果与独立观测获得的速度场相比较，全球尺度范围的均方根偏差在 13 cm/s 以内。由混合平均动力地形生成了一个新的高度计产品（表 2.10），称为绝对动力地形（ADT = MDT + SSHA），将方程式（2.9）的 h_{SSHA} 替换为 h_{ADT}，就可从经典的地转反演来估算绝对流场。

利用高度计测量有效波高

当高度计测量发射脉冲的回归时间时，它详细地追踪回声前沿的形状，由此，在由高度计照射的有限脉冲足印内，可以很好地估算有效波高（$H_{1/3}$）。对于一个理想的、平坦又平静的表面，回波具有很尖锐的边缘。如果出现波谷到波峰数米高的大浪，则当从波峰接收第一缕回波时，回波信号更早上升；当从波谷接收第一缕回波时，回波信号需要更长时间才能达到峰值。回波的上升沿可通过海浪高度均方根函数来建模，因此通过匹配观察到的模拟函数形状，很容易估算有效波高。这种方法提供了 20 多年有效波高的稳定精确测量，适用于不同的高度计（Cotton et al., 1994），与浮标观测相比均方根偏差只有 0.3 m（Gower, 1996），这也是浮标观测的极限精度。第 8 章将详细讨论这种方法在波浪监测和预测中的应用。

2.4.6 用于测量海表粗糙度的斜视雷达

主动微波设备自身提供能量，以雷达脉冲的形式，经航天器发出，被海面反射，再由传感器接收回来。由于反射的能量很大程度上取决于与雷达波长尺度相当的海表小尺度形状，大多数雷达提供的主要观测量为海表粗糙度。

雷达后向散射测量的解译

表示海面反射雷达回波幅度的变量，称为归一化雷达后向散射截面，通常用符号 σ_0 表示。用来估算雷达 σ_0 的数据，可以是给定视场的单个平均值，也可以是在海面上探测的多样本阵列。σ_0 的大小取决于表面粗糙度，尤其在雷达地距方向传播的海面短波幅度，它的波长为 $n\lambda/(2\sin\theta)$，其中 n 为 1、2 等，λ 为雷达波长，且 θ 为雷达入射角。这就是布拉格（Bragg）共振机理，导致在同一海表相同入射角情况下，不同雷达频率将得到不同的回波强度。

图 2.20 反映了在不同风和海况条件下，σ_0 如何随入射角变化。σ_0 的反应可通过入射角的三个范围分别刻画。在低入射角情况时，图 2.20（a）区域镜面反射占主导。对

于非常平静的海面，存在一个非常狭窄的角反射，在入射角为0°时反射非常强，随着入射角增加反射迅速降低。对于适度风下较粗糙的海表面，星下反射较弱，但不会随视角增加衰减得那么迅速，因此在法向入射角几度范围内，比平坦海表反射更多的能量。高海况(风速增大)情形下这种趋势将继续保持，即在0°入射角，其σ_0更低但随入射角的衰减非常小。这是高度计脉冲的大小响应表面粗糙度的方式。

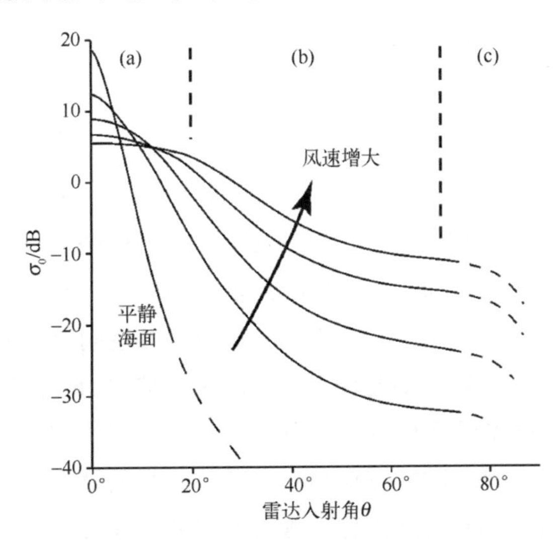

图 2.20　σ_0随入射角和海况变化示意图

图中曲线表示不同风速下σ_0的响应

在图2.20(b)区域，由于入射角介于20°~70°，且符合大多数斜视雷达，这时的σ_0可以采用简单的函数关系来描述。在给定入射角θ时，σ_0随海况增加；在给定海况下，σ_0随θ增加大致呈线性衰减，但平静海面σ_0本身已非常低的情况除外。最后，当入射角大于70°时[图2.20(c)区域]，σ_0的值随θ急剧减小，在入射角接近90°时其值变得非常小。尽管在不同视角范围会有不同，但正是其与海况的广泛依赖，使得σ_0成为如此实用的海洋遥感参数。需要注意的是，σ_0还取决于诸如频率和极化这样的其他参数，因此图2.20并不是精确的。*MTOFS*(Robinson，2004)的9.3节和9.4节提供了海洋雷达后向散射更全面的讨论以及相关主题的许多参考文献。

散射计

散射计是用于遥感的最简单的一种雷达。散射计是一种在航空器或卫星上通常以20°~70°入射角指向海面的斜视雷达。接收器仅测量视场内的后向散射功率，用以确定σ_0。由于微波信号解调后不保留相位信息，因此无法详细分离σ_0在强度和方位角内的变化，且无法生成高分辨率的图像。通过测量宽阔海域内的平均σ_0(空间分辨率通常为20~50 km)，散射计能够估算风速。

散射计后向散射测量值的解译依赖于σ_0、风速、入射角及相对雷达方位角的风向之间的经验关系模型。只要从不同方向对地面上每一点的σ_0连续地至少测量两次，原则上利用模型就足以估算风速和风向。用于提供业务化气象测量的散射计幅宽约为1 500 km，能够在两天内两次观测全球海洋表面。更多关于散射计的讨论和散射测量原理请参考*MTOFS*(Robinson，2004)的9.6节和9.7节。本书的第9章展示了散射计测量的风场对海洋学应用有何贡献。

成像雷达

使用主动设备，不仅可以测量反射信号的能量通量，还能测量详细的振幅和相位，这取决于使用设备的复杂程度以及被采样和传回地面站数据的多少。因此，返回信号的时间能够用来区分雷达图像上不同距离的海面区块。此外，脉冲回波的具体形状可与最初发送的脉冲相比较，比如，可以检测到多普勒变化。通过适当的分析，这些信息可用于获取更多的海洋表面信息，特别是提高探测的空间分辨率，使得能够生成详细的海表粗糙度图像。能够收集如此详细信息的仪器被称为成像雷达。由于在方位向上获取高空间分辨率的数据处理方式，卫星上多数的成像雷达属于合成孔径雷达(SARs)类型，详细介绍请参考*MTOFS*(Robinson，2004)的第10章。

虽然乍看小尺度海表粗糙度并不像非常重要的海洋学参数，但除了能获取海表风强度和方向(粗糙度的直接驱动因素)之外，还能从中获得很多重要的海洋学信息。海表风生短波条纹的雷达信号受很多上层海洋现象和过程的调制。在分辨率可达30 m的合成孔径雷达图像上，这些变得更加明显。调制的来源之一是表面活性材料引起的可变表面张力，使得合成孔径雷达能够识别溢油和海面油膜的存在。另一个调制的主要原因是海面上洋流辐聚和辐散的小尺度结构。在诸如长表面涌浪、内波、浅海起伏地形上的海流或海洋锋面和旋涡等现象驱动下，海表可变洋流和布拉格波纹能量之间的水动力相互作用可在后向散射截面σ_0场生成鲜明特征。因此，那些运动中心可能低于海表数十米的海洋过程被“画”在雷达图像上，提供了一个意料之外的机会来获得对次表层现象新的科学认识。例如，本书第12章展示了分析SAR图像数据可以获得多少内波的新知识。第8章则介绍了SAR用于测量长表面重力波的独特能力。而SAR图像数据其他有时无法预见的海洋学应用将在其他章节介绍。

2.5 卫星海洋学平台和传感器

这一节主要以表格的方式概述海洋遥感采用的主要卫星和传感器。表2.3列出了较重要的卫星，介绍了它们的轨道类型和携带的海洋观测传感器。列表并不是完整的，因为许多国家的航空航天机构都发射了卫星，且提供了有用的海洋测量。本节旨在提供一个指南，用于了解那些如今为业务化海洋监测提供主要数据的卫星系列，那些构成 30 年海洋观测宝贵存档数据的前期卫星以及那些证明了海洋遥感方法基本概念的开创性卫星。表 2.3 中关于 2009 年后的海洋观测卫星和传感器的介绍，来源于航天机构的计划，读者需要自行确认它们是否成功发射。截至 2004 年，与海洋观测相关的大部分卫星更完整的列表请参考 *MTOFS* 的表 3.2。

表 2.3　携带重要海洋观测传感器的卫星(加粗的条目指的是系列卫星)

卫星	运行时间段	机构名	轨道类型	海洋观测传感器或传感器类型
Landsat-1 到 Landsat-7	1972 年至今	NASA/USGS	Leo，P，SS	MSS，TM，ATM，ETM+
Meteosat-1 到 Meteosat-7	1977 年至今	ESA/EUMETSAT	Geo	VISSR
Seasat	1978 年 7—9 月	NASA	Leo，NSSS	MMR，Scat，SAR，RA
Nimbus-7	1978—1986 年	NASA	Leo，P，SS	CZCS，SMMR
TIROS-N	1978—1981 年	NOAA	Leo，P，SS	AVHRR
NOAA-7 到 NOAA-18	1981 年至今	NOAA	Leo，P，SS	AVHRR/2，AVHRR/3
Geosat	1985(1986)—1990 年	NASA	Leo，P，17d ERM	RA 高度计
SPOT-1 到 SPOT-4	1986 年至今	CNES	Leo，P，SS	DORIS，HRVIR，Vegetation
DMSP-F8 到 DMSP-F15	1987 年至今	DoD，U. S. A.	Leo，P，SS	SSM/I(海洋气象学)
ERS-1	1991—1999 年	ESA	Leo，P，SS	RA，AMI(SAR-Scat)，ATSR
TOPEX/Poseidon	1992—2005 年	NASA/CNES	1 336 km，10 d ERM，非 SS	DORIS，Poseidon-1，TOPEX 高度计
GOES-8～GOES-12	1994 年至今	NOAA	Geo	GOES I-M 成像
ERS-2	1995 年至今	ESA	Leo，P，SS	RA，AMI，ATSR-2，PRARE
Radarsat-1	1995 年至今	加拿大	Leo，P，SS	SAR
ADEOS	1996—1997 年	NASDA	Leo，P，SS	OCTS，Scat
Seastar	1997 年至今	NASA	Leo，P，SS	SeaWiFS 水色传感器
TRMM	1997 年至今	NASDA/NASA	Leo，非 SS	TMI
Geosat FO	1998 年至今	U. S. Navy	Leo，P，17 d ERM	RA 高度计
Quikscat	1999 年至今	NASA	Leo，P，SS	SeaWinds 散射计
Terra	1999 年至今	NASA	Leo，P，SS	MODIS 成像光谱仪
Jason-1，Jason-2	2001 年至今	CNES/NASA	Leo，10 d ERM，非 SS	Poseidon-2 高度计
Envisat	2002 年至今	ESA	Leo，P，SS	ASAR，RA-2，AATSR，MERIS
Aqua	2002 年至今	NASA	Leo，P，SS	AMSR-E，MODIS
MSG	2002 年至今	EUMETSAT/ESA	Geo	SEVIRI 辐射计
ADEOS-2	2002—2003 年	JAXA	Leo，P，SS	AMSR，GLI，POLDER，SeaWinds
Coriolis	2003 年至今	DoD，U. S. A.	Leo，P，SS	Windsat M/w 辐射计
METOP-1	2006 年至今	EUMETSAT/ESA	Leo，P，SS	AVHRR/3，HIRS/4ASCAT

注：Leo：低地球轨道；Geo：地球同步轨道；P：绕极轨道；SS：太阳同步轨道；X-d ERM：X-d 重复周期。

“至今”指原著出版时，即截至 2010 年，下文不作特别说明，均同本注。——译者本节其余部分详细介绍了2.4节概述的用于不同海洋遥感方法的主要传感器。表2.4罗列了海洋科学家广泛使用的海洋水色传感器。表2.5罗列了测量海表温度的红外辐射计。必须指出的是，这两种情况都有几种别的传感器，曾经或仍在采集数据，但并不业务化或其数据不能广泛公开地获得。这里列出的传感器是读者在海洋遥感应用科学文献中最可能遇到的，或其数据已经可以获取。表2.6列出了三类微波辐射被动传感器，微波辐射计可以提供各种不同的数据产品。

表2.4 主要的卫星海洋水色传感器详解

传感器首字母缩写	搭载平台	传感器全称	机构	运行日期	光谱通道数	
					可见光	近红外
CZCS	Nimbus-7	海岸带水色扫描仪(Coastal zone color scanner)	NASA	1978—1986年	4	—
OCTS	ADEOS	海洋水色水温扫描仪(Ocean color and thermal sensor)	NASDA	1996—1997年	6	2
SeaWiFS	Seastar	海洋宽视场扫描仪(Sea-viewing wide-field-of-view sensor)	NASA	1997年至今[a]	6	2
MODIS	Terra	中分辨率成像光谱仪(Moderate-resolution imaging spectrometer)	NASA	2000年至今[a]	7	2
MERIS	Envisat	中分辨率成像光谱仪(Medium-resolution-imaging spectrometer)	ESA	2002年至今[a]	8	3
MODIS	Aqua	中分辨率成像光谱仪(Moderate-resolution imaging spectrometer)	NASA	2002年至今[a]	7	2
GLI	MIDORI	全球成像仪(Global imager)	NASDA	2002—2003年	12	3

注：a—“至今”指截至2009年10月。

表2.5 最近的一系列高质量的卫星红外辐射计

传感器首字母缩写	搭载平台	传感器全称	机构	运行日期	主要的[a]红外光谱波段/μm
AVHRR/2	NOAA-7，NOAA-9，NOAA-11，NOAA-12，NOAA-14	甚高分辨率辐射计(2代)(Advanced very high-resolution radiometer，version 2)	NASA/NOAA	1981年6月至2001年3月	0.725~1.10 3.55~3.93 10.3~11.3 11.5~12.5
AVHRR/3	NOAA-15，NOAA-16，NOAA-17，NOAA-18，METOP	甚高分辨率辐射计(3代)(Advanced very high-resolution radiometer，version 3)	NASA/NOAA，EUMETSAT	1998年5月至今[b]	0.725~1.10 1.58~1.64 3.55~3.93 10.3~11.3 11.5~12.5
ATSR-1，ATSR-2，AATSR	ERS-1[e]，ERS-2[e]，Envisat[e]	沿轨扫描辐射计(Along-track scanning radiometer)	ESA	2001年9月至今[b]	1.45~1.75[c] 3.55~3.85[d] 10.3~11.3 11.5~12.5

续表

传感器首字母缩写	搭载平台	传感器全称	机构	运行日期	主要的[a]红外光谱波段/μm
MODIS	Terra，Aqua	中分辨率成像光谱仪（Moderate resolution imaging spectrometer）	NASA	2000年2月至今[b]	3.660~3.840 3.929~3.989 4.020~4.080 10.780~11.280 11.770~12.270
SEVIRI	Meteosat second generation	旋转增强型可见光和红外成像仪（Spinning enhanced visible and infrared imager）	Eumetsat	2002年9月至今[b]	1.50~1.78 3.48~4.36 8.30~9.10 9.80~11.80 11.00~13.00

注：a—大多数传感器都有额外的可见波段用于日间的云检测；

b—“至今”指截至2008年4月；

c—白天波段；

d—晚上波段；

e—每个都有前后视窗。

表2.6　最近的一系列卫星微波辐射计

传感器	搭载平台	机构	运行日期	通道		主要数据产品
				中心频率/MHz	极化方式	
SSM/I	DMSP：F8，F10，F11，F13，F14，F15	DoD，U.S.A.	1987年9月至今	19.35 22.235 37.0 85.5	VV，HH V V，H V，H	风速[a] 水蒸气 云水 雨率 海冰
TMI	TRMM	NASA/JAXA	1997年11月至今	10.7 19.4 21.3 37.0 85.5	V，H V，H H V，H V，H	海表温度 风速[a] 水蒸气 云液态水 雨率

续表

传感器	搭载平台	机构	运行日期	通道		主要数据产品
				中心频率/MHz	极化方式	
AMSR-E	Aqua	JAXA/NASA	2002 年 5 月至今[b]	6.925 10.65 18.7 23.8 36.5 89.0	V，H V，H V，H V，H V，H	海表温度 风速[a] 大气水蒸气 云液态水 雨率 海冰
Windsat	Coriolis	DoD，U.S.A.	2003 年 1 月至今[b]	6.8 10.7 18.7 23.8 37.0	V，H FP[c] FP[c] V，H FP[c]	海表温度、风速和风向

注：a—风速为 10 m；

b— “至今”指截至 2009 年 9 月；

c—FP = fully polarimetric（详见 *MTOFS* 的 8.2.6 节和 8.4.7 节）。

其余的表格给出了较重要的主动微波传感器。表 2.7 列出了高度计，表 2.8 是高分辨率成像雷达（合成孔径雷达——SARs），表 2.9 是散射计。更多测量海表面波的不同传感器信息可参考第 8 章，测量海面风的传感器可参考第 9 章，而表 7.1[①] 列出了用于陆地制图的一些高分辨率可见光和近红外传感器，但也可用于热带沿海生态系统的海底测绘。

表 2.7　最近的一系列卫星高度计

高度计	机构	运行日期	运行高度/km	轨道	SSHA 均方差精确度
TOPEX/Poseidon	NASA/CNES	1992—2005 年	1 336	9.92 天非太阳同步	2~3 cm
Jason-1 上的 Poseidon-2	NASA/CNES	2001 年至今	1 336	9.92 天非太阳同步	约 2 cm
Jason-2 上的 Poseidon-3	NOAA/NASA/CNES/EUMETSAT	2008 年 6 月至今	1 336	9.92 天非太阳同步	约 2 cm
ERS-1 上的雷达高度计	ESA	1991—2000 年	780	3 天和 35 天太阳同步（RA）	5~6 cm
ERS-2 上的 RA	ESA	1995—2003 年	780	35 天太阳同步	5~6 cm
Envisat 上的 RA-2	ESA	2002 年至今	800	35 天太阳同步	3 cm
Geosat	U.S. Navy	1986—1989 年	800	17.05 天太阳同步	10 cm 再分析
Geosat 之后	U.S. Navy	2000 年至今	880	17.05 天太阳同步	约 10 cm

① 此处原著有误，应为表 7.2。——译者

表 2.8 最近的卫星合成孔径雷达

传感器名称	机构	运行高度/km	雷达波段	极化方式	波长/cm	入射角	分辨率/m	刈幅/km	运行日期
ERS-1 SAR	ESA	780	C	VV	5.7	23°	25	100	1991 年 6 月至 2000 年 3 月
Radarsat	CSA	800	C	HH	5.7	20°~50°	10~100	10~500	1995 年 11 月至今
ERS-2 SAR	ESA	780	C	VV	5.7	23°	25	100	1995 年 7 月至今
Envisat ASAR	ESA	700	C	HH，VV	5.7	17°~50°	25~1 000	100~400	2002 年 5 月至今
Radarsat-2	ESA	800	C	Multiple	5.5	10°~60°	3~100	20~500	2008 年 1 月至今

表 2.9 最近的测风速和风向的卫星散射计

传感器名称	机构	卫星	工作时长	高度/km	雷达波段	极化方式	频率/GHz	工作模式	刈幅/km	分辨率/km
AMI	ESA	ERS-1，ERS-2	1991 年 9 月至 2003 年 6 月	780	C	VV	5.3	3 beams on one side	500	45
NSCAT	NASA/JAXA	ADEOS-1	1996 年 8 月至 1997 年 6 月	805	K_u	VV，HH	13.995	3 beams on both sides	2×600 2×400	25~50
SeaWinds	NASA/JAXA	Quikscat，Midori-2	1999 年 6 月至今 2003 年 4 月至 2003 年 10 月	803	K_u	VV，HH	13.4	Twin rotaing beams	1 800，包括两个 450 的刈辐	25
ASCAT	ESA/EUMETSAT	METOP	2006 年 10 月至今	837	C	VV	5.255	3 beams on both sides	2×500	25

2.6 卫星海洋数据产品

本章最后一节，我们重点关注海洋数据产品，关注那些目前容易提供的数据，给业务化用户用作某些特定的监测或预报，给海洋科学家用作观测研究，或只给那些充满好奇心的人们用于了解海洋如何运动。卫星数据传播的最近趋势转向为用户提供完全处理好的终端产品，即经过验证的实际海洋变量的估计值，同时伴随着测量的精确度和可靠性。与海洋遥感头 20 年相比，这拓宽了对卫星数据的访问，因为当时的用户只能获得原始或部分处理的数据，在从数据得到有用信息之前还必须掌握遥感数据的处理技能。这种趋势虽然使遥感数据有了更广泛的用途，但对用户而言，了解数据的局限性以及如何最好地利用它们仍然很重要。本节带领读者从海洋卫星较可靠的数据源中选择海洋图像数据库，并介绍一些处理这些图像数据的软件工具。

如2.3节所述，发布的卫星数据通常按处理的等级分类。多数有用的数据源提供2级或更高级的海洋数据产品(表2.1)，用户需要考虑哪级产品符合所需。如果对特定区域发生(比如跟踪锋面的位置，或者监测当地浮游植物暴发的过程)的高分辨率海洋现象感兴趣，2级产品是适用的。为防止被数据淹没，应该限定搜索的地理区域。2级产品可在卫星坐标(沿轨和交叉轨道坐标)提供数据，因而所谓同一区域里时间序列的每张图像不必彼此精确重复。理想情况下，每个像元的地理坐标由数据集内的另一阵列指定。2级产品中，根据数据类型每张图可能存在由云或其他因素引起的空缺。数据供给机构通常提供搜索和选择的网络界面，使用户可以设定坐标、时间范围以及滤去无云像元过少的图像。

研究更大尺度和全球现象的用户可能更喜欢3级或4级数据。通常地，这些数据已经在经纬度网格化。尽管由于云的原因3级数据仍可能会有数据缺失，但与2级产品相比问题小得多。而4级产品是各种数据源的分析产品，应该包含所有区域。一旦某个或某系列传感器积累了数年的数据，应该可获得气候态数据，还有异常图(6.2.1节解释了异常数据集产品)。用户需要考虑针对特定用途需要哪些数据。本书其余部分提供了许多卫星数据海洋应用的案例，并指出最适用的数据集。

需要卫星数据进行特定应用的海洋学家应该谨慎选择合适的数据源。他们需要考虑：

• 数据的提供方。这个公认的机构是否在质量标准和专业维护方面具有较高的信誉？

• 数据的完整性。是否附带估计误差或可信度标记？如果数据没有进行地理网格化，每个像元的经纬度能否轻易识别？

• 数据格式的访问是否便捷？通常除了主要数据文件外，关于精度、位置信息的附加信息需要采用诸如NetCDF或HDF这样灵活的结构化格式存储，使数据可以广泛应用。如果采用了特定机构的专有数据格式，是否有可用的数据查看工具？

• 是否有足够的信息来解译数据？例如，数据的单位和尺度是否清晰——这些信息应该包含在NetCDF或HDF文件的属性里。

• 海洋数据产品的处理流程是否公开？这意味着生成产品使用的算法或流程应该是明确的。理想情况下对每个产品应该都有算法理论基础文件(ATBD)的链接。对于3级产品数据，应该提供产品合成的规则。4级产品应该对不同数据源进行明确说明以及进行优先级排序、偏差调整、插值程序等规则的说明。

• 数据集的版本号是否明确？一些数据集的近实时产品与“合并”产品是不同的，

前者可能缺乏某些辅助信息，后者通过获取地理和校正所需所有信息后重新处理得到。随后几年随着对处理过程科学和技术理解的提高，会产生算法更新的版本，获得改进的、更可靠的产品。相似地，利用重处理后的 2 级产品，通过再处理或再分析可能得到更新的 3 级和 4 级产品。对某些应用来说至关重要的是让用户知道使用的数据是哪个版本。

- 产品是否可信？传感器和产品生成过程是否进行了足够的定标？是否利用独立的相同的海洋变量对产品本身进行验证？是否有同行评议的出版物，规定传感器的定标和处理算法以及产品验证的报告？

以上列出了很多需要考虑的问题清单，这里需要具备应用常识。一般用户大多只想查看某些海洋图像数据，并比较关注数据获取是否容易，而对气候科学家用户来说，由于气候趋势分析对其研究声誉至关重要，所以他们必须能够严格评估数据质量并且参考同行评议出版物来判断他或她的评估。在依赖第三方提供的数据开展工作之前，基于科学目的使用任何类型数据的人们必须考虑这些问题。他们需要了解所用产品是如何生成的，这样才能确定他们分析中令人兴奋的“发现”是真正的环境现象还是令人失望的数据处理流程中产生的伪像。此外，用户有责任跟踪产品版本，在发表论文时切莫误将数据产品版本转换引起的变化当作海洋变量产生的突变，以免产生尴尬！

作为指南，表 2. 10 根据产品类型提供了一些网站，用户可查找与上述许多要求相匹配的数据。虽然所述网址可能会过期，但本书出版几年后仍可关注相应的航天机构。大部分机构通过网络向科学用户免费提供数据，有些情况下数据可以立即下载。其余的则是允许用户从存档数据库中选择数据集，随后存放在 FTP 站点以供下载。有些机构要求数据用户在下载之前注册，这样他们可以区分需付费的商业用途和免费的私人科研用途。

表 2. 10　获取有用的来自卫星的海洋数据产品网址

海洋数据产品	机构	网址	数据选择
		海表温度	
AVHRR、GOES 这样的传感器	NASA-JPL	http://podaac. jpl. nasa. gov	Tools & Services/ftp Tools & Services/POET
标准 GHRSST 格式的海表温度产品	GDAC at JPL Archive at NODC	http://ghrsst. jpl. nasa. gov/data_access. html http://ghrsst. nodc. noaa. gov/accessdata. html	Select“Data”

续表

海洋数据产品	机构	网址	数据选择
AMSR-E、TMI 上的微波辐射计	REMSS	http://www. ssmi. com/	Select AMSR or TMI Browse Data Then select FTP or Download
AVHRR 上的 Pathfinder	NOAA	http://www. nodc. noaa. gov/sog/pathfinder4km/	Select"Available Data"
水色及相关产品			
MERIS	全球网格	http://envisat. esa. int/level3/meris/	Select year from products table
MODIS、SeaWiFS 等	全球 4~9 km	http://oceancolor. gsfc. nasa. gov/	Level 3 Browser
MODIS、SeaWiFS 等	当地全分辨	http://oceancolor. gsfc. nasa. gov/	Level 1 & 2 Browser
高度计：海面高度及相关产品			
沿轨 SSHA	AVISO-DUACS	http://las. aviso. oceanobs. com/las/servlets/datasat	
网格 SSHA	AVISO-DUACS	http://www. aviso. oceanobs. com/en/data/data-access-services/index. html	
DUACS 合并后	AVISO-DUACS	http://atoll-motu. aviso. oceanobs. com/	
SSHA	PO-DAAC(JPL)	http://podaac. jpl. nasa. gov	Tools & Services/ftp
海风			
SSMI，Q-Scat，AMSR，TMI	REMSS	http://www. ssmi. com/	Select required sensor
http://www. osi-saf. org/	PO-DAAC(JPL)	http://podaac. jpl. nasa. gov	Tools & Services / ftp
各种各样的	IFREMER-CERSAT	http://www. ifremer. fr/cersat/en/index. htm	Select"Data", then "Download"
各种各样的	EUMETSAT O & SI-SAF	http://www. osi-saf. org/	

针对新接触网上卫星数据的学生，有必要指出图像数据集和数字化图片的区别。数字图像数据集将数据作为某种能被提取和分析的数码值按某种格式存储，使得用户可以通过合适的软件轻易访问所测的海洋特性。这种文件格式通常规定文件中除主要的图像数据外还附加辅助数据。它还允许显示和增强图像，不会丢失对真实科学价值

的追踪。这些格式示例有 . hdf 和 . cdf 文件，或者是 ESA 专用的 . N1 数据格式。相反，数字化图片文件格式(如 . jpg，. png，. gif，. bmp)包含了数码值，允许再现图像数据的图片，但是一般来说不能得到图片背后的真实科学价值。通过以正确的颜色比例显示，这样的图片可以令人满意地图示某个特定的现象，但无法成为科学分析和操作的基础。一些提供海洋数据产品的航天机构网站上，可浏览低精度或高分辨率的图像，而且允许通过点击下载。然而，通常这些文件保存为图片格式。如果科学用户需要的不仅仅是一个简单的图片拷贝，他们必须要下载 . cdf 或 . hdf 格式的文件。

目前，大量实用的图像显示和处理软件系统可用于增强图像数据和开展更详细的分析。表 2. 11 罗列了部分软件。UNESCO 发展的 BILKO 系统是一款为个人计算机开发的通用图像分析系统，被用作卫星数据分析训练的基础。它可以免费获取且带有教程，使得用户通过分析大量典型卫星海洋数据产品实例从而了解其功能。它可以处理类似 NetCDF 和 HDF 这样的标准图像数据格式，且已经扩展到可读 ESA 的 N1 文件格式。BEAM 软件专门开发用于对 ESA 数据产品的科学处理。其他机构也开始提供软件工具用于选择、增强和处理他们的数据产品，有些在下载之前可直接在线处理这些数据。

表 2. 11　有用的图像数据获取方式以及操作工具

名字	描述	赞助者	获取规则	网址
BILKO	BILKO 是学习和教授遥感图像分析的完整的系统。近期的课程教了遥感在海洋和近岸管理中的应用。基于 PC 的图像分析软件支持这种主要的数据格式	UNESCO	免费	http://www. unesco. bilko. org
BEAM	这是观测、分析和处理遥感数据的软件。最初命名为 Basic ERS & Envisat (A) ATSR 和 MERIS 的工具书，BEAM 支持像 MODIS、AVNIR、PRISM 和 CHRIS/Proba 这样的传感器。可从多个平台获得	ESA/Brockmann Consult	GNU 免费	http://141. 4. 215. 13/index. html
BEST	BEST 是处理 ESA 数据产品的软件工具，最新的 4. 2. 0 版本解决了 CEOS 和 Envisat 上的 ERS PGS 产品处理问题，也有 ASAR WSS 的新功能	ESA		http://envisat. esa. int/resources/softw-aretools/

2.7　参考文献

Barton, I. J. (1995), Satellite-derived sea surface temperatures: Current status. J. Geophys. Res., 100,

8777-8790.

Chelton, D. B., J. C. Ries, B. J. Haines, L. -L. Fu, and P. S. Callahan (2001), Satellite altimetry. In: L. -L. Fu and A. Cazenave (Eds.), Satellite Altimetry and Earth Sciences (pp. 1-131). Academic Press, San Diego.

Cotton, P. D., and D. J. T. Carter (1994), Cross calibration of TOPEX ERS-1 and Geosat wave heights. J. Geophys. Res., 99, 25025-25033.

Donlon, C. J., I. S. Robinson, K. S. Casey, J. Vazquez, E. Armstrong, O. Arino, C. L. Gentemann, D. May, P. Le Borgne, J. -F. Piollé, and 16 others (2007) The Global Ocean Data Assimilation Experiment (GODAE) High Resolution Sea Surface Temperature Pilot Project (GHRSST-PP), Bull. Am. Meteorol. Soc., 88(8), 1197-1213, doi: 10. 1175/BAMS-88-8-1197.

Gower, J. F. R. (1996), Intercalibration of wave and winds data from TOPEX/Poseidon and moored buoys off the west coast of Canada. J. Geophys. Res., 101, 3817-3829.

Kilpatrick, K. A., G. P. Podesta, and R. Evans (2001), Overview of the NOAA/NASA advanced very high resolution Pathfinder algorithm for sea surface temperature and associated matchup database. J. Geophys. Res., 106(C5), 9179-9197.

Le Traon, P. -Y., and F. Ogor (1998), ERS-1/2 orbit improvement using Topex/Poseidon: The 2 cm challenge. J Geophys. Res., 103(C4), 8045-8057.

Le Traon, P. -Y., P. Gaspar, F. Bouyssel, and H. Makhmara (1995), Using Topex/Poseidon data to enhance ERS-1 orbit. J. Atmos. Oceanic Tech., 12, 161-170.

Merchant, C. J., and A. R. Harris (1999), Toward the elimination of bias in satellite retrievals of sea surface temperature: 2, Comparison with in situ measurements. J. Geophys. Res., 104(C10), 23579-23590.

Merchant, C. J., A. R. Harris, M. J. Murray, and A. M. Závody (1999), Toward the elimination of bias in satellite retrievals of sea surface temperature: 1, Theory, modelling and interalgorithm comparison. J. Geophys. Res., 104(C10), 23565-23578.

Reynolds, R. W. (1993), Impact of Mt. Pinatubo aerosols on satellite-derived sea surface temperatures. J. Climate, 6, 768-774.

Reynolds, R. W., and T. S. Smith (1994), Improved global sea surface temperature analyses. J. Climate, 7, 928-948.

Rio, M. -H., and F. Hernandez (2004), A mean dynamic topography computed over the world ocean from altimetry, in situ measurements, and a geoid model. J Geophys. Res., 109(C12032), doi: 10. 1029/2003JC002226.

Robinson, I. S. (2004), Measuring the Ocean from Space: The Principles and Methods of Satellite Oceanography (669 pp.). Springer/Praxis, Heidelberg, Germany/Chichester, U.K.

Saunders, R. W., and K. T. Kriebel (1988), An improved method for detecting clear sky radiances from AVHRR data. Int. J. Remote Sensing, 9, 123-150, 1393-1394.

Vazquez, J., K. Perry, and K. A. Kilpatrick (1998), NOAA/NASA AVHRR Oceans Pathfinder Sea Surface Temperature Data Set: User's Reference Manual (Version 4.0). Jet Propulsion Laboratory, Pasadena, CA.

Walton, C. C., W. G. Pichel, J. F. Sapper, and D. A. May (1998), The development and operational application of nonlinear algorithms for the measurement of sea surface temperatures with the NOAA polar-orbiting environmental satellites. J. Geophys. Res., 103(C12), 27999-28012.

Wentz, F. J. (1997), A well calibrated ocean algorithm for special sensor microwave/imager. J. Geophys. Res., 102, 8703-8718.

3 中尺度海洋特征：涡旋

3.1 从太空探测海洋中尺度变化

近40年前，卫星数据对主流海洋学产生的一个最早期影响就是让海洋学家意识到：卫星数据可作为一种潜在有效的新手段来揭示开阔大洋中随处可见的中尺度变化。从早期的红外扫描图像或者载人航天器影像记录的湍涡形状现象，人们开始对海洋中有长期浮标记录的频率从数天到数周的扰动有所了解。同时也证实了那些船测断面记录的海表温度数据中明显的随机变化特征(其中部分还表现出一致的空间结构)是海洋中的真实现象，而不仅仅是一种仪器噪声。

早在海洋卫星遥感达到当今精确测量技术之前，如图3.1所示的遥感影像帮助改变了物理海洋学家的视角。通过定性地展示主要海洋锋的弯曲(如墨西哥湾流)，遥感技术大大促进了20世纪七八十年代利用传统船载设备测量中尺度现象的研究。到了20世纪八九十年代，来自红外、可见光成像仪和高度计的卫星数据成为物理海洋学家的辅助观测手段，这对海洋中尺度动力机制的解释起到了很大的促进作用。现在这些遥感观测几乎成了中尺度变化监测必不可少的手段。通过抓取海洋中的“天气”图，卫星图像可以提供关于特定海洋过程的范围、形状以及空间尺度变化的空间数据，相比之下，这些信息很难从传统海洋实验中获取。

本章及随后的两章详细介绍了多种通过卫星传感器观测到的中尺度海洋现象，同时描述了多种用于观测大小尺度在10~1 000 km海洋特征的遥感方法，目的在于阐明卫星遥感观测在提高我们对全球海洋中尺度变化的认识中发挥的独特作用。

图3.2阐明了中尺度特征的几种类型(第3章至第5章的主要内容)，该图是由红外辐射计得到的南非周边海域海表温度分布图。该地区是几个重要海流交汇和相互作用的区域。暖性的厄加勒斯海流(Agulhas current)沿着非洲东部海岸南下，并开始沿着海岸向西流动，在大约22°E处开始自行折回，朝南部和东部流动，这被称为厄加勒斯回流(Agulhas retroflection)。同时，部分温暖的海水实际上能够通过好望角(Cape of Good Hope)进入大西洋，部分融入向北流动的本吉拉海流(Benguela current)。这支折回的暖流边缘表现出强烈的表面温度锋，尤其是在折回区域的东部，因其弯曲流动而形成

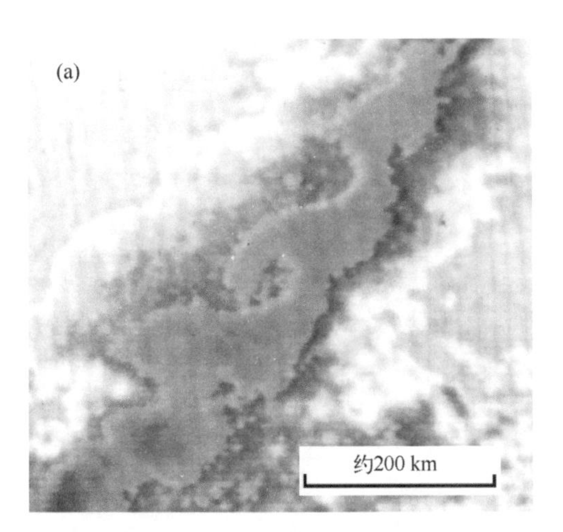

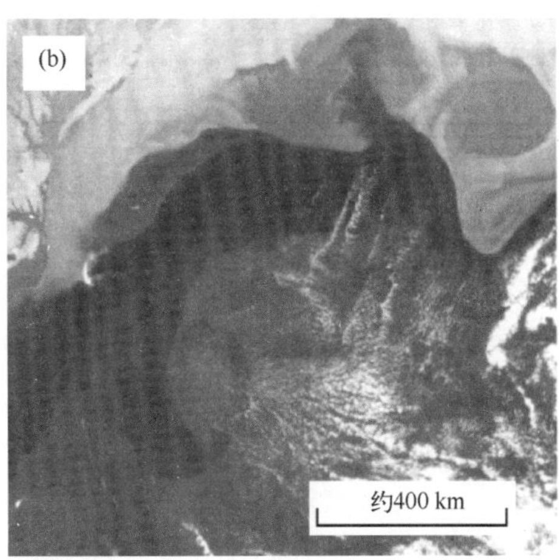

图 3.1 早期的海洋红外影像

(a) 1968 年色彩增强的 TIROS 电视图像的灰度渲染图，该图显示了位于美国南卡罗来纳州的墨西哥湾流涡旋；(b) NOAA-3 卫星上甚高分辨率辐射计获取的 1974 年 4 月 28 日红外灰度图(颜色越深表示温度越高)，该图显示了位于南卡罗来纳州的湾流[图片来自 NOAA 图像库，(a) http://www.photolib.noaa.gov/htmls/spac0088.htm；(b) http://www.photolib.noaa.gov/htmls/spac0301.htm]

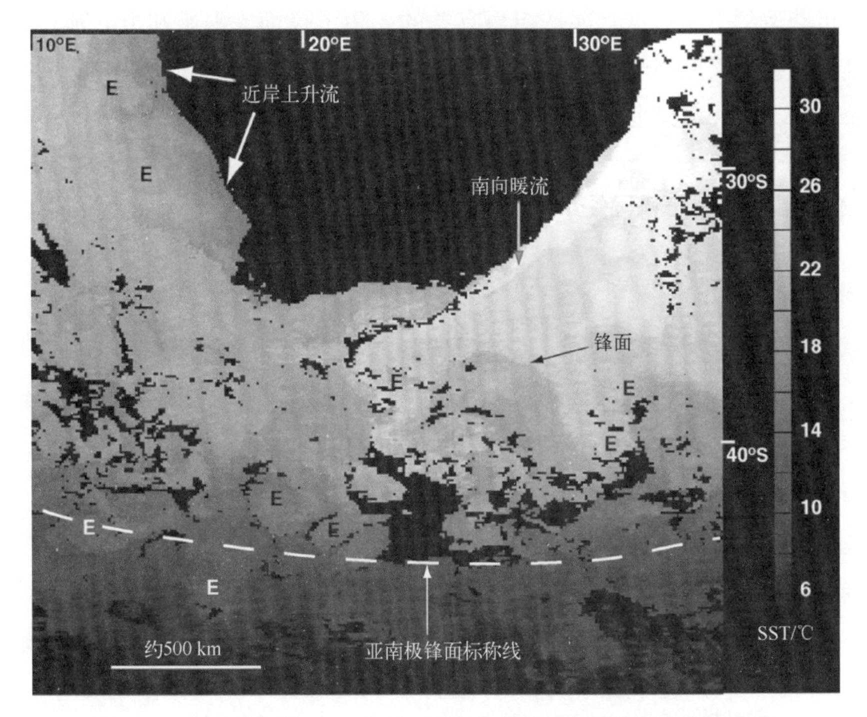

图 3.2 2001 年 3 月 15—22 日 AVHRR 传感器观测的海表温度图像

(由 Pathfinder 4.1 版本的 8 天平均，空间分辨率为 9 km)

图中黑色部分为陆地或者云；“E”表示可能的涡旋

暖性和冷性中心的涡旋。同时，南极绕极流(Antarctic Circumpolar Current，ACC)大约在40°S以南沿着副极地锋(the subpolar front)向东流动，也会弯曲形成一些复杂的中尺度涡旋。尽管在这张由8天多源卫星数据合成的图像中依然有部分区域被云块覆盖，但可以看到上述的这些涡旋仍能被很好地捕捉到。在非洲西海岸，近岸的冷水是上升流存在的证据。

因而在单个卫星图像上，我们能看到涡旋、锋面和上升流，这三个中尺度现象将分别在第3章、第4章和第5章里详细讨论。然而，图3.2提醒我们这三种现象在动力学上经常交织在一起。比如，锋面很少是静止不动的，且它们的形状会经过拉伸或挤压而形成孤立的涡旋。上升流可在上涌冷水和表层暖水之间形成很强的锋面。上升流锋面还会变形成近岸急流(offshore jets)，最终形成涡旋。目前，海洋学家已对这些湍流过程和现象司空见惯，但在30年前我们对此了解还很少。回过头来看，正是这些能捕捉到空间结构连续变化的卫星影像，为我们开启了理解这些重要现象的钥匙。

除了定性探讨一些遥感图像，这三个章节将系统地给出一些分析方法，这些分析方法基于能够测量海洋中10~1 000 km尺度的中尺度动力学信息的遥感技术。虽然红外图像仍处于起步阶段，但针对同一现象利用不同类型的传感器从不同视角去观测，能够丰富可获取的卫星信息，这是相当有益的。除了锋面、涡旋和上升流，第5章也会涉及其他一些中尺度海洋特征，比如风致或岛致混合现象(wind-driven or island-induced mixing)，这些现象也可通过卫星海洋学观测得到。

3.2 海洋中尺度涡旋

3.2.1 涡旋——在湍动大洋中普遍存在的现象

图3.3所示是在印度洋西南处发现的一个十分壮观的中尺度变化实例。这一现象从MODIS传感器红外通道的海表温度图像和由可见光通道反演得到的叶绿素图像均能看到。两个云区之间的开阔海域存在一个大型的椭圆形涡旋。当放到一个更大的范围，它可以被认为是发生在南极绕极流中强涡旋活动的一部分。

该冷涡的中心温度大约为14℃，涡旋北部的最高温度大约为19℃。叶绿素浓度在涡旋中心处大约为0.5 mg/m^3，直径为30~40 km的马蹄形环绕区域的叶绿素浓度更低，为0.3 mg/m^3；涡旋外围的叶绿素浓度为0.8 mg/m^3，而涡旋东南处浅色条带区域对应的叶绿素浓度大约为1.5 mg/m^3。

该特例令人印象最深刻的是，围绕主涡旋外围的一系列较小尺度切变舌形成的小涡旋，这些小涡旋呈现出规则且几乎对称的样式。这在海表温度图像上尤为明显，同时在叶绿素图像上也能看出来。这个图例说明，只有卫星数据能够揭示这样的空间特征，而现场观测不能在如此短的时间间隔内在足够大的空间范围上进行采样，进而以全面的视角捕获到这个复杂而美丽的现象。

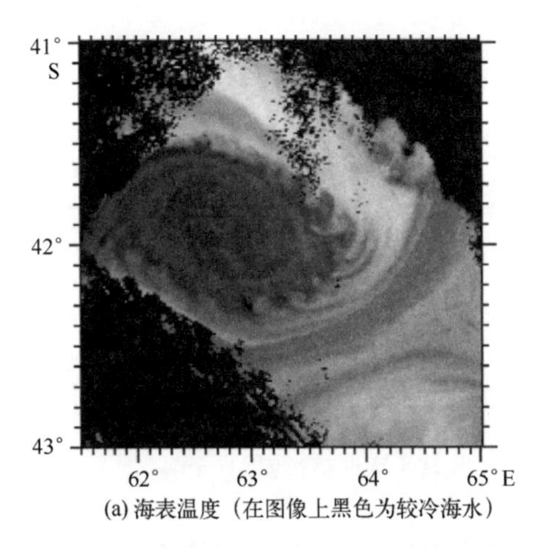

(a) 海表温度（在图像上黑色为较冷海水）

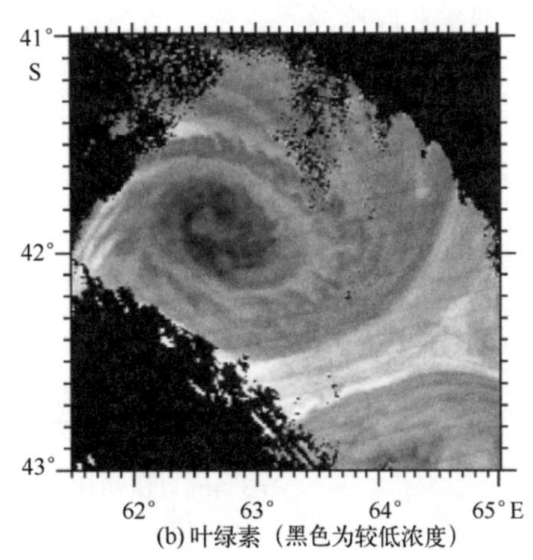

(b) 叶绿素（黑色为较低浓度）

图 3.3　引自 2005 年 1 月 27 日由 Terra 卫星上的 MODIS 传感器反演的数据产品图像（原始图像数据来自 NASA 海洋水色网站）

这种复杂的动力学过程对于流体动力学家来说不足为奇。毕竟，在一到数千千米的空间尺度上，海洋中的流动具有很高的雷诺数①，这也意味着它们相当不稳定。中尺度变化是湍流的一种表现形式。有趣的是在类似于图 3.3 的图像中可见由湍能引起的海流并非总是随机的，而是受到约束从而呈现出有规则的空间分布(至少是暂时的)。研究为什么在某些特定尺度上出现这种情况显然具有重要的意义。

3.2.2　中尺度涡旋的尺度——罗斯贝半径

图 3.3 所示变化的空间尺度从 10~15 km(对应于在主要涡旋周围的小切变舌或条纹宽度)跨度到大约 150 km(主涡旋东西向尺寸)。很自然的一个问题，是什么决定了类似图像中这些分布的大小？在图 3.3 中，是什么作用力使海流保持有序规则运动并控制中尺度变化的水平尺度？这些都是具有启发性的问题，研究这些问题对充分理解利用卫星观测中尺度现象至关重要。

我们注意到，像大气一样，海洋是一种湍流，且是最小尺度的湍流。海洋中的中尺度湍流由于受到地转关系的约束而呈现这些美妙的空间形态[关于这方面的更多知识请参阅 Vallis(2006)和 Stewart(2008)]。我们假设，为了保持这种准稳定状态，在海面

① 雷诺数为无量纲量，$Re=VL/v$，其中 V 为海流的特征速度尺度；L 为大小尺度；v 为运动黏度；Re 表示在流场中惯性力与黏性力之比。

倾斜产生的水平压强梯度力和(或)海水密度梯度力以及科氏力之间，必须存在一种平衡。我们知道科氏力因地球自转而存在，其与海流方向呈 90°，在北半球为右侧，在南半球为左侧，且与流速成正比。图 3.4 阐述了当海洋中出现压力后，海流在达到地转平衡之前是如何调整的。

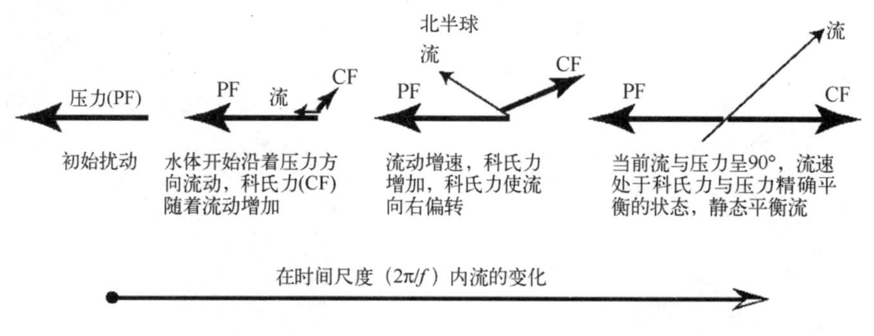

图 3.4　自压强梯度力出现后的地转平衡调整过程

在这种状态下，海流是稳定的，并与压力梯度力呈 90°，平行于等压线。因此，在不改变质量分布的情况下，海水可以稳定地围绕高压和低压中心循环流动(图 3.5)。如果不受地转自转的影响，海水会从高压区域流向低压区域，最终压力趋于平稳且平均海流将趋于零。与此相反，在地球自转作用下，地转流可以持续数天，它们会由于响应更大流场中的其他因素而逐渐改变。

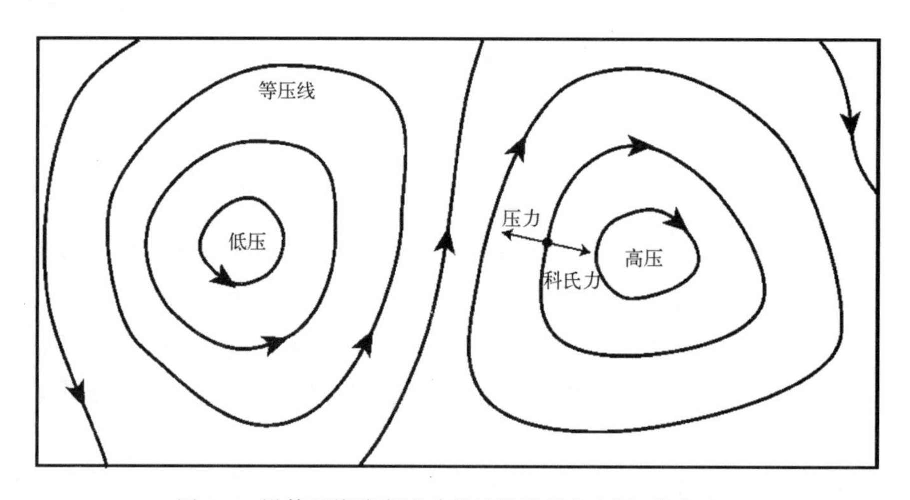

图 3.5　沿等压线稳定流动的地转流场分布图(北半球)

如果地转平衡是控制海洋中尺度变化空间形态的机制，那么是什么决定了它们的大小？为了回答这一问题，我们首先必须考虑海洋中重力对初始扰动的响应(例如，风暴吹过海表一段时间并随后风力减弱)。风应力使海表面倾斜，但当风减弱后，倾斜表面由于没有作用力来平衡重力，使得海水沿斜坡下滑，使表面再次变平。实际上，由于在这个过程中海水获得动量，表面不是简单的变平，而是波动已经生成，且以正压长波的速度传播(即在水深 h 的海水中，波速为$\sqrt{gh}$)。在深度为 4 km 的海水中，这个速度达到 200 m/s，这意味着海表面的任何扰动在数小时内会传播数千千米。然而，与之相关的不是海表面的扰动，而是上层海洋密度分层结构的扰动，并由此产生斜压响应。如图 3.6 所示，最简单地，我们可以将海洋看作两层，深度为 h_1 的较小密度混合层漂浮在上，温跃层以下是密度稍大的水层。前文所描述的风会引起在上下层之间的边界倾斜，这种扰动会以斜压波速度传播。如果两层之间的密度差为 $\Delta\rho$，平均密度为 ρ_0，那么斜压波速度为$\sqrt{gh_1\Delta\rho/\rho_0}$，远小于正压波速度。假设 h_1 大小为 20～50 m，则 $\Delta\rho/\rho_0$ 为 0.001～0.01 m，那么传播速度一般为每小时数千米。

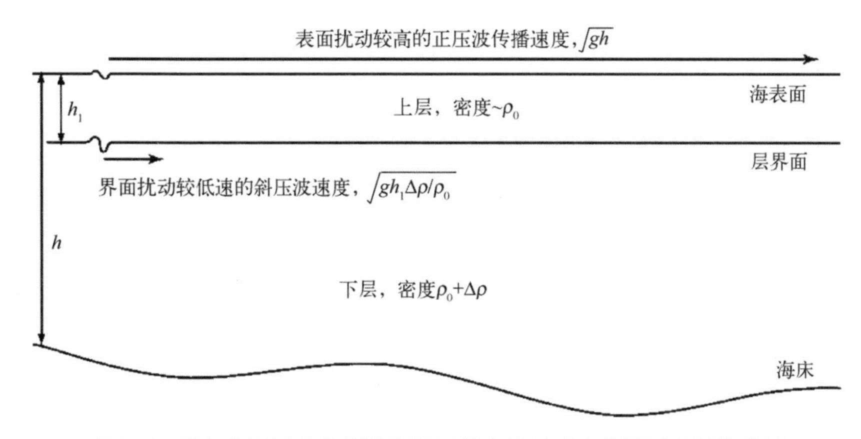

图 3.6　简化的两层海洋模型以及正压和斜压重力波速度之间的差异

由于起作用的重力变小，斜压流相对于正压流慢且缓和很多。因此，在利用地转效应调整对扰动的斜压响应期间，斜压波动不会传播很远。科氏效应的特征时间尺度以摆日(one pendulum day)为数量级(即f^{-1}，这里$f=2\Omega\sin\varphi$ 为科氏参数，其中 Ω 为地球自转速率；φ 为纬度)。这表征科氏力改变由扰动引起海流运动方向的时间，从而达到地转平衡使海流沿着倾斜海表等值线而并非沿斜坡下滑(图 3.4)。这使得压力扰动被陷住而无法迅速传播，正是这种受到限制的扰动呈现出中尺度涡旋和锋面扰动结构。由于地球自转需要一段时间来控制这些结构，且在此期间它们作为重力波传播，那么它们必然存在一个最小的尺寸。因此，尺度大小由斜压重力波传播速度乘以半摆日决定。这个尺度被称为斜压罗斯贝变形半径 L_{Rb}，定义为

$$L_{\mathrm{Rb}}=\frac{\sqrt{gh_1\Delta\rho/\rho_0}}{f} \tag{3.1}$$

该变形半径的实际大小随混合层深度和温跃层的密度差变化而变化，其变化范围

从高纬度地区的 10 km 左右到热带地区的大于 80 km(Chelton et al., 1998)。靠近赤道其值会更大，因为该区域地转效应很小而无法限制海流。

任何小于罗斯贝半径的动力结构都不满足地转平衡，它们会迅速发展成更大的平衡结构或者向四周传播。不论是哪种情况，这些小尺度过程的生命周期都很短。如前文已展示的图像实例中，具有等于或大于罗斯贝半径的海流形态，都将处于地转平衡，因而是稳定的且随时间缓慢变化。

因而湍流能量往往聚集在中尺度过程中，以空间尺度 L_{Rb} 和时间尺度 f^{-1} 为下边界。具有远大于 L_{Rb} 和较长时间尺度的结构也处于地转平衡。由于中尺度的上边界由 f 决定，且随纬度变化而变化，一些空间上具有较大尺度的过程在南北范围上会经历科氏力大小的变化。有时候这被称为 β 效应，因为 f 的纬向变化通常近似为 $f=\beta\varphi$。这为海洋对大尺度扰动的地转响应引入了更多的复杂性，引起不同类型的大尺度动力现象，而这些现象也可由卫星观测得到(将在第 6 章详细介绍)。

3.2.3 环状流和涡旋的动力结构

从上一小节中，我们看到大多数的海洋湍流能量集中在中尺度的谱范围内，其大小尺度在数十至数百千米且时间尺度为数天至数周。这可以通过本章呈现的各种类型卫星图像证实。通过一定时间的观测，一些连续图像能够展现中尺度形态湍流的渐变过程。然而，有一些涡旋和环状流相比大多数涡旋更持久。研究这些长生命尺度涡旋的基本动力机制，从而解译其遥感信号特征是很有意义的，这些内容将会在本章剩余部分进行介绍。由于卫星往往只能观测到涡旋的表面特征，因此将表层涡旋与海表以下的过程两者联系起来是十分重要的。

图 3.7 展示了北半球两种典型涡旋(气旋和非气旋)的直径垂直剖面示意图(南半球旋转方向相反，其余性质一致)。其基本机制为在所有深度上的地转平衡，即基于水平压强梯度力(粗直线箭头)和引起的径向地转力(反气旋涡旋由涡旋中心向外，气旋涡旋由外向内)的水平环流两者之间的平衡。需要指出的是，在这个非常简单的概念模型中，我们忽略了与弯曲流线周围流场有关的惯性力(离心力)。压强梯度由朝向涡旋中心上升或下降的海面坡度维持。如果海洋没有层化，同一水平压强梯度会一直存在直到海底，那么涡旋会成为延伸到整个海洋深度的旋转水柱。然而，再典型的海洋情况，密度分层也会受涡旋扰动，通过这种方式水平压强梯度会随深度而减小，直到没有涡旋运动存在的深度。

正如图 3.7 所示，在一个稳定的涡旋中，等密度面在反气旋涡旋中心下沉，而在气旋涡旋中心上升。随着深度增加，由表面坡度引起的压强梯度，逐渐被与水平密度梯度相关的相反方向上的压强梯度所抵消。地转流随深度减小，这被气象学家称作热成风效应。水平密度梯度通常与水平温度梯度有关，温度朝着暖核反气旋涡旋的中心方向必然增加。在涡旋生成开始旋转的阶段，中心存在下降流，其降低了等温线，所以较暖的水比正常情况穿透得更深。当涡旋生成后，暖水在这个位置动态维持。相反地，在气旋涡旋中心存在较冷的海水，那么在给定深度水体的密度会大于正常情况。

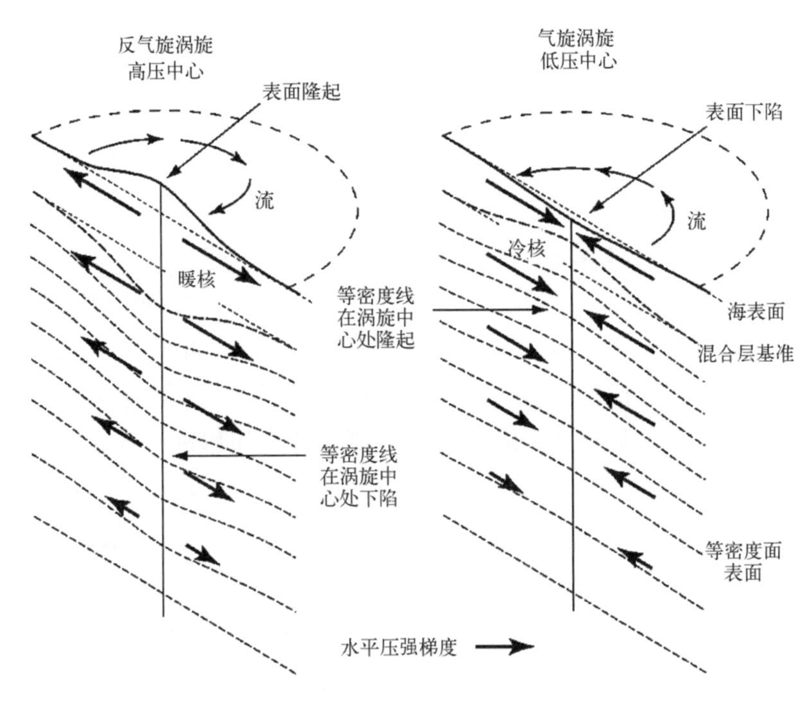

图 3.7　在北半球一个简单涡旋的基本结构示意图

左侧为反气旋涡旋(暖中心)；右侧为气旋涡旋(冷中心)

上面我们描述了海洋涡旋的地转平衡框架，但这些涡旋如何随时间演变还受其他因素的影响。相对次要的非线性动力过程，如平流或向心加速度，能使扰动从简单、环形、对称的海流发展成为不稳定、逐步改变密度梯度的强海洋锋以及产生密度结构再分配的次级垂向环流，直到涡旋演变成一个完全不同的特征。当两个涡旋相互作用时，简化模型中的孤立涡旋也会被破坏，引起垂直方向上的涡度再分配，这会形成具有强密度梯度和水平切变的涡丝。涡旋中的次级环流也非常重要，因为相关的上升流和下降流促进垂直方向的混合，进而引起海表面的营养盐增加，并有利于深层海水的流通。关于海洋涡旋完整的动力机制可以参见一些海洋动力学教科书(Vallis，2006；Stewart，2008)。本章重点在于如何从卫星上观测涡旋及其随时间变化的复杂过程。图 3.7 所示的理想结构为讨论海洋涡旋的主要遥感特征提供了充分的基础。

3.3 利用卫星探测涡旋

与卫星海洋学的所有其他应用相同，实施中尺度涡旋的观测需要在特定传感器观测的主要量中找出它们的海表面特征。从根本上定义涡旋的是海洋上层水平速度场的流线，它是弯曲且有时闭合的。理想情况下我们希望直接探测流场，但是目前利用卫星遥感还无法实现。然而，表面地转速度可以通过由雷达高度计观测的海平面高度异常(SSHA)推断得到，这是因为与中尺度涡旋有关的海平面高度的小位移可以通过高度计直接探测得到。这提供了从空间观测涡旋最可靠的方法；甚至当涡旋动力中心远低于海表时，在海表高度上仍存在明显特征。3.4 节将详细讨论如何通过高度计的海平面高度异常数据展现涡旋以及通过这种手段能够测得涡旋的哪些特征。

正如图 3.1 至图 3.3 所示，涡旋在卫星观测海表温度时也能被观测到。这并不奇怪，因为图 3.7 中的简单模型显示气旋(反气旋)涡旋中心的水体密度更大(更小)，这通常是在这些深度上涡旋中心的水都比正常情况更冷(更暖)所导致的。因此我们可以期望在无云的海表温度图像上发现冷/暖核涡旋。然而，从图 3.7 中可以进一步得知，涡旋存在的机制只要在海表以下直至涡旋到达的深度存在水平密度梯度，并不需要任何表面密度梯度。虽然在多数情况下，表层温度会有相应的变化，但是没有这些变化涡旋也能存在。

一些类型的涡旋集中在海表以下相对很深的位置。例如，在北大西洋发现了这类特殊的涡旋，其流核由高温、高盐的地中海水组成，垂直方向上贯穿 200～1 000 m 厚的水柱，涡旋中心位于大约 1 000 m 的深度上。由于它们依赖于地中海深层出流，被称为“meddies”(McDowell et al., 1978)，它们是跨北大西洋输送热量和盐分的重要手段(Bower et al., 1997)，但通常在海表温度特征上没有可被检测的征象。

此外，尽管涡旋的基本结构在上混合层能引起可测量的温度差异，但是这种现象有可能会被短期的气象相关事件所掩盖，比如日间增温会产生一个很浅的暖层(见 *MTOFS* 的 7.3.3 节)，或者风暴使局部混合层加深从而在海表留下一个冷水斑块。因此在利用海表温度数据来推断涡旋信息时，必须要格外注意，并非所有海洋涡旋都具有可测量的海表温度特征。尽管如此，正如在 3.5 节、第 4 章及第 5 章所述，已有许多基于卫星海表温度观测的海洋中尺度特征研究。

利用卫星探测涡旋的第三种方法是通过可观测的示踪物被缓慢发展的涡旋平流输送，进而绘制出其形态来描述涡旋的结构，温度和颜色都可作为这种类型涡旋特征的示踪物。例如，图 3.3 的海温场显示了较暖的螺旋形水体被卷入主涡核心，从而可以作为流场的一个示踪物。此外，在图 3.3 中，小涡旋由于流切变在主涡的边缘处旋转起来，正是由于被平流输送的海温场使得它们清晰可见。

海水颜色有时候能作为中尺度运动的示踪物，它可以从太空清晰地探测到。水体中的光学反射物质，比如浮游植物或悬浮颗粒，在可见光波段图像数据中能明显地显示出来。图 3.3(b) 为浮游植物分布图，是由 MODIS 海洋水色数据反演得到的叶绿素浓度来确定的，可以用来追踪涡旋的边界。然而，利用海洋水色图像上反演中尺度涡旋动力信息时也需要留心。有的情况下这些置于流场并受流场平流输送的有色物质斑块可作为被动示踪物来表征中尺度运动，例如图 3.3(b) 中涡旋外围的小螺旋。在其他情况中，涡旋的颜色特征与组成涡旋内、外部的不同水团相关。例如，在北大西洋的冷核涡旋通常通过上升流向表层提供足够的营养盐，用于维持浮游植物生产以及增加叶绿素浓度水平，这在卫星图像上显示为涡旋中心比外围的蓝色、低生产力的水体更绿。在这种情况下，利用水平平流来解释这幅图像的思路就是错误的；相反地，高浓度叶绿素可被用于证明局地上升流。3.6 节将进一步探讨海洋水色如何用于研究涡旋。

第四个探测涡旋的成像机制是它们在合成孔径雷达图像上的小尺度表面粗糙度特征(详见 3.7 节)。尽管 SAR 图像不受云体影响，但由于雷达成像机制对海况敏感，这种方法的有效性与海表温度和水色方法一样，都依赖于天气。因此，尽管有 4 种独立的涡旋探测方法看似奢侈，实际上仅有高度计可被认为能提供可靠的、常规的中尺度涡旋监测，并且仅仅针对较大尺度的涡旋。接下来的 4 节内容将逐一探讨遥感测量的 4 个主要海洋参量，即高度、温度、水色和粗糙度，是如何提高我们对海洋中尺度湍流的认识和理解的。很显然，每个方法揭示潜在现象的不同方面以及反演不同空间和时间尺度的信息。每个方法具有特定的优势和局限性，综合起来建立了一个重要的海洋涡旋知识体系，而这在没有卫星数据的情况下是不可能实现的。

3.4 利用高度计海面高度异常观测涡旋

3.4.1 基于高度计海面高度异常数据探测涡旋

通过测量海面高度与该位置长时间平均海面高度之间的差异，我们可以利用卫星雷达高度计得到海面高度异常产品，从而能够直接探测海洋涡旋的存在。在 2.4.5 节中我们介绍了雷达高度计的原理，详细的介绍和描述请参考 *MTOFS* 的第 11 章以及 Fu 等(2001)的论述。高度计通常获得的是每秒间隔的沿轨记录数据。海面高度异常表示沿轨海面高度减去给定轨道每个采样点上的长时间平均高度，再减去对长时间序列高度计数据进行潮汐分析估算的潮高信号以及气压瞬时效应。这要求数据从已经发展成熟的高度计卫星计划中获得，比如 TOPEX/Poseidon(T/P) 和 Jason-1、Jason-2，或者 ERS-1、ERS-2 和 Envisat，这些数据能够得到精确定位轨道上的长时间观测数据，后续的系列卫星将沿用该轨道。

图 3.8(a)展示了基于 TOPEX/Poseidon 卫星观测的阿拉伯海海面高度异常沿轨数据，其中 TOPEX/Poseidon 卫星轨道跨越了两个涡旋，分别称为 Southern Gyre(SG)涡旋和 Great Whirl (GW)涡旋。靠近赤道的轨道多数是南北向，所以相对于纬度绘制的数据跨度约为 1 800 km。图中显示了海面高度异常的每秒间隔采样数据和这些样本平滑后的曲线。SG 涡旋与轨道相交，其高度大约为 40 cm，而 GW 涡旋的高度大约为 25 cm。这些大涡旋的直径至少在 300~400 km，它们预期出现在罗斯贝半径较大的低纬度地区。然而，单条轨道穿过某涡旋时不一定正好经过它的中心，所以涡旋的高度和直径有可能被低估。

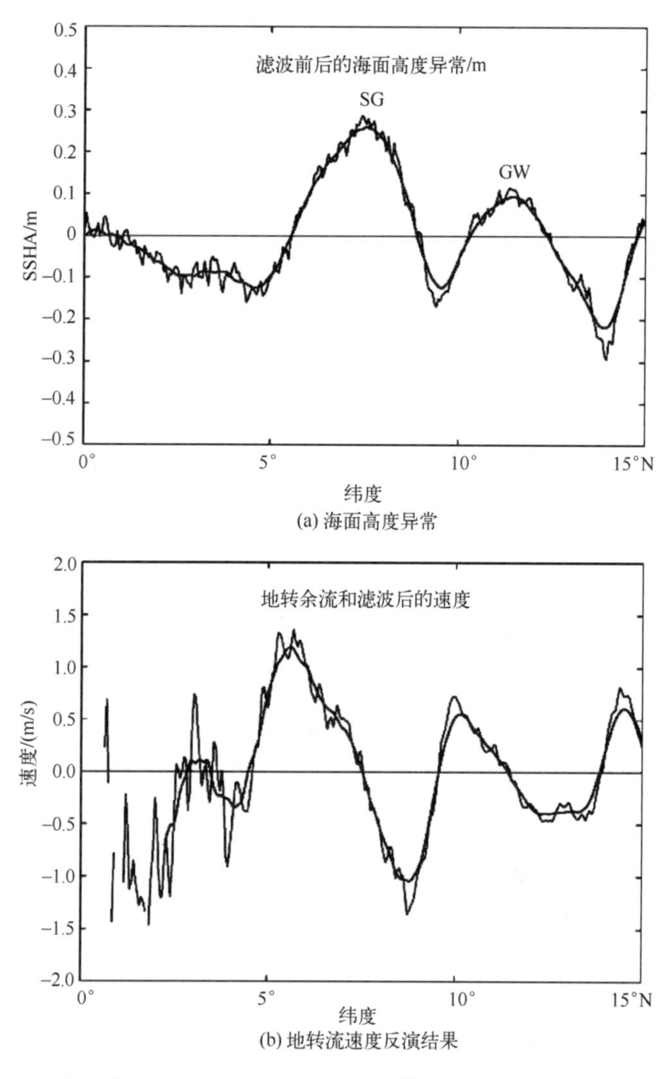

(a) 海面高度异常

(b) 地转流速度反演结果

图 3.8　1993 年 8 月，在 TOPEX/Poseidon 卫星第 36 次循环期间的阿拉伯海上空，轨道号 233 的部分沿轨高度计数据(数据来自 B. Subrahmanyam)

利用式(2.9)可以通过海面高度异常的沿轨梯度计算得到跨轨道地转流速度。相对于平均环流，它估测了速度随时间变化的扰动部分。图3.8(b)显示了利用图3.8(a)中平滑处理后的海面高度异常数据估算的速度。考虑到该速度是由高度计所测高度的沿轨梯度计算得到，经过平滑处理后的海面高度异常能更好地避免速度场中的极端噪声。由于大多数高频海面高度异常变化属于仪器噪声，或者是由风驱动的非地转流，所以通过平滑的海面高度异常计算得到的地转流是合理的。尽管如此，计算得到的跨轨道速度曲线也还存在高频震荡。虽然这类小尺度的速度结构可能代表着涡旋内部的真实切变流，但其对海面高度异常中小波动的敏感性意味着其结果中还包含着测量噪声。因此，图3.8(b)中的平滑速度曲线更可信。这表明相比于斜压罗斯贝半径定义的较小尺度，高度计更适合探测中尺度范围里较大尺度的信号。在这个例子中我们也注意到，靠近赤道1°~2°的区域科氏力f近似为0，式(2.9)将不再适用这些地区，因而该方法无法计算赤道地区的速度。

单个轨道数据拥有高于10 km的沿轨空间分辨率，TOPEX/Poseidon和Jason甚至可以达到7 km。由于每10天一次并且不受天气影响地连续采样了17年，TOPEX/Poseidon-Jason的沿轨海面高度异常数据已经成为海洋动力学研究中广泛使用的可靠数据源(Fu et al., 2001)。然而，这种初级的沿轨海面高度异常数据并不能提供海洋涡旋活动的二维平面图像。为实现这个目的，一个简单的方法就是将一个轨道重复周期内(TOPEX/Poseidon-Jason为10天)所有沿轨数据画到二维图像上。但这样会呈现沿一组规则的相交轨道密集分布的点数据集，而中间则是大片没有观测数据的区域。为了生成没有空隙的完整二维数据场，一般将单个高度计轨道数据插值到1/3°×1/3°的网格上，最后生成如图3.9的全球图像。

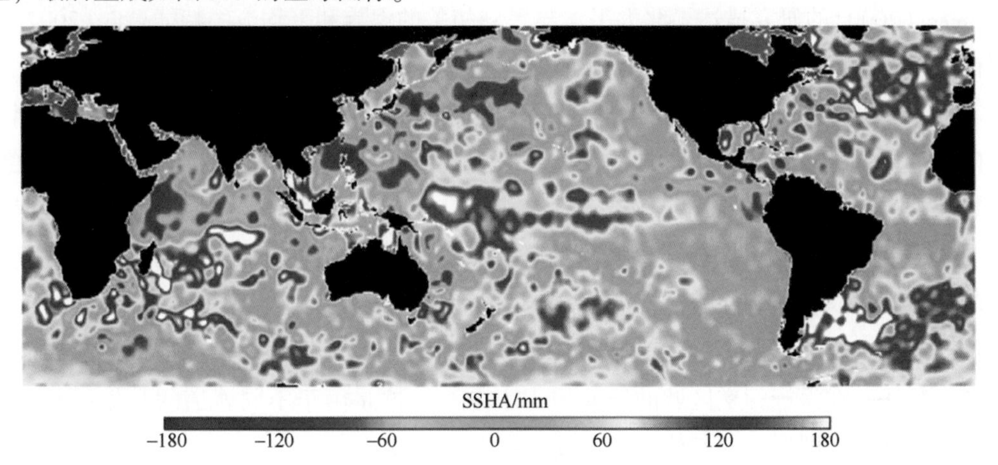

图3.9　2005年1月10—20日期间，Jason-1的单个轨道重复周期的海面高度异常二维平滑数据(来自NASA JPL的PO.DAAC网站)

该图像完全由 Jason-1 的单个完整轨道重复周期数据生成，因此它代表了 10 天内单个传感器所有轨道上的数据集合。在最高纬度地区（由于轨道倾角，不能延伸到66°N 以北和 66°S 以南），轨道相互紧密重叠，因此图像的分辨率调整为 1/3°。然而，在赤道附近区域轨道间隔为 250 km，所以一定数量的格点是由采样点数值内插到 100 km 分辨率填充而成的。在分析这些图像时，必须考虑注意这个问题。实际上，类似于图 3.9 的图像中包含了尺度在 100~10 000 km 范围内丰富的海洋动力变化信息，因此忽略在赤道附近小于 100 km 的小尺度变化并不是严重的问题。

在海面高度异常格点图像中值得注意的是：海面高度异常的等值线与地转流异常的流线相对应。这为我们提供了海表速度场时变部分的即时信息。沿着流方向，在北半球海面高度异常高值在右，低值在左，南半球正好相反。

从图 3.9 中，我们很容易看到涡旋活动的不均匀性，涡旋主要分布在大洋中的急流区，如墨西哥湾流（Gulf Stream）、黑潮（Kuroshio）、巴西-马尔维纳斯洋流（Brazil-Malvinas current）的汇流区域、南极绕极流，还有大西洋和太平洋的赤道两侧以及非洲南部周围等区域。部分海域如东南太平洋海区的涡旋活动非常弱。同时我们也可以看到，这些变率的空间尺度在低纬度地区要远大于高纬度区域。此外，在赤道印度洋和西北太平洋呈现出负距平趋势的大尺度扰动，相反，在东南太平洋和整个大西洋呈现正距平趋势。

通过这些一系列的高度计图像，我们就能掌握涡旋如何增长或减弱，如何改变形状和大小以及如何进行传播。大尺度的扰动也会发展，但通常比小尺度扰动缓慢得多。数年长时间序列的数据还能够提供更多的信息，比如不同尺度的涡旋之间的关系、它们与海流强度和气候信号如厄尔尼诺（El Niño）之间的关系以及季节变化。例如，Adamec（2000）的研究描述了北太平洋与黑潮相关的涡旋和平均流的特征，Fu（2007）针对南大西洋的阿根廷海盆也做了类似的研究。

自 1992 年以来，同一时间至少存在两个（有时候是 4 个）不同的在轨高度计。当它们的轨道协调一致时，利用各自的沿轨数据进行插值处理，我们可以获取更高精度的格点数据产品（Le Traon et al.，1998；Ducet et al.，2000）。图 3.10（a）展示了 TOPEX 和 ERS-1 数据的 7 天融合实例，该产品的分辨率为 1/3°。它与图 3.8 中的单轨道数据空间匹配一致，时间上几乎同步。图中标注了两个主要的涡旋（Great Whirl 和 Southern Gyre）。图 3.10（b）展示了用于填充轨道间隙和融合不同数据源的最优插值算法引起的误差百分比。在涡旋相交区域的误差均小于 10%，这是由于不同轨道的数据能有效填补相互的间隙，图像上的其他部分区域误差接近 30%。

通过对比图 3.8 和图 3.10 可以发现两种高度计数据（沿轨记录数据和格点图像）的不同特性和用途。为了精确认识真实海面高度变化以及开展关于高度计性能的研究，

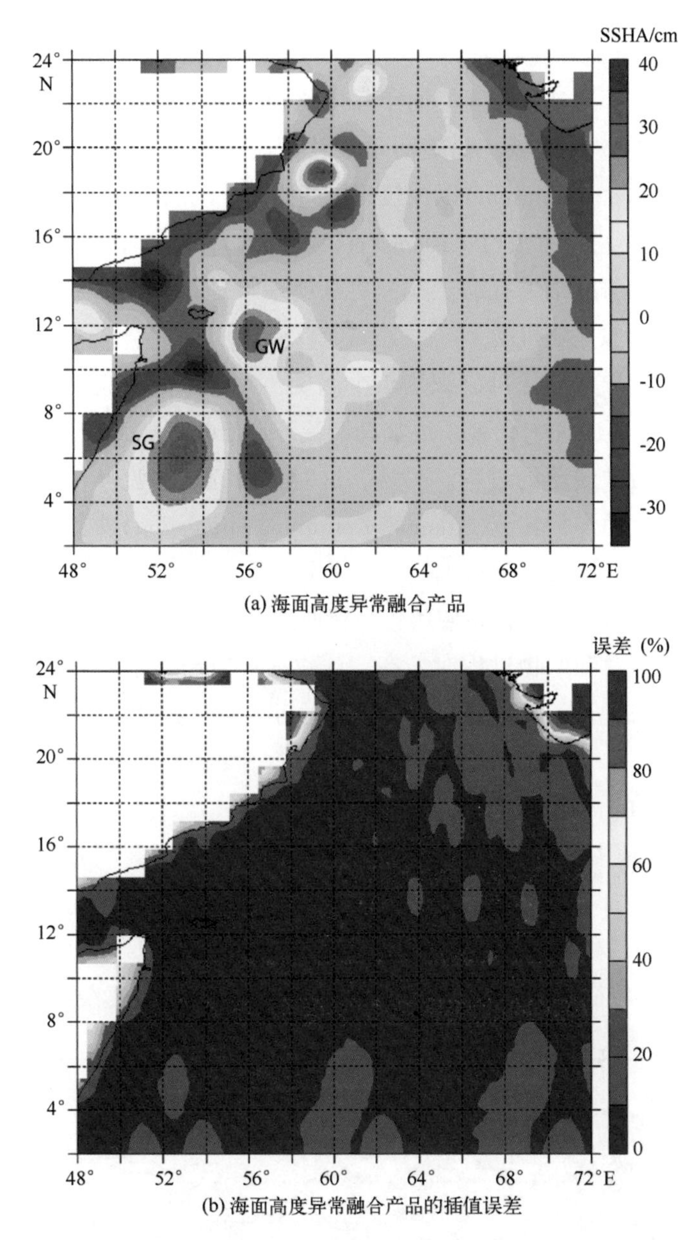

(a) 海面高度异常融合产品

(b) 海面高度异常融合产品的插值误差

图 3.10　1993 年 8 月 4 日阿拉伯海的海面高度异常图像和误差估计图(格点数据可从 AVISO 网站获取)

(a)融合所有可获取的高度计数据生成的 SSALTO/DUACS 合成产品，格点数据分辨率为 1/3°；

(b)由图(a)估测的误差百分比图，与基于沿轨记录数据的插值以及数据源有关

沿轨记录数据是必需的。另一方面，对于何时何地出现涡旋及其尺度、运动轨迹和相互关系的区域研究而言，格点化的数据更胜一筹。自 1991 年以来，有效的高质量高度计数据为详细分析各种位置上特定的、区域的中尺度变化系统提供了坚实的基础。例

如，阿拉斯加湾(Gulf of Alaska)的涡旋以大约500 km/a的速度沿着与阿拉斯加环流(Alaskan Gyre)边界流相关的通道向西移动(Okkonen et al.，2001)；又或者在拉布拉多海(the Labrador Sea)探测到涡旋能量的年际变化和季节变化的空间分布(Brandt et al.，2004)。在印度洋的25°S区域，涡旋活动被认为与发生在东向流动的南印度洋逆流(South Indian Ocean countercurrent)以及较深层的西向流动的南赤道海流(south equatorial current)之间的切变不稳定有关(Palastanga et al.，2007)。因为中尺度变化会影响多种其他海洋过程，相关的研究结果有助于我们更好地理解是什么影响了局地海洋变量的变化，否则这些变化看似是随机的。

利用海平面高度异常图像可以识别单个涡旋，并跟踪研究它们的发展、输运和衰亡。比如，Schonten等(2000)研究了厄加勒斯流环(Agulhas rings)在一些年份从进入大西洋的厄加勒斯回流中脱落的过程。另外，这对于研究这些流环作为温暖、高盐的印度洋海水水源流入大西洋翻转流(Atlantic overturning circulation)所起到的作用也有着广泛的应用(van Leeuwen et al.，2000)。

越来越多的主流海洋学家开始使用较易获取的高度计数据来研究涡旋的时空分布。在研究区域动力、化学和生物过程时，高度计数据可以与基于船只和浮标获取的其他测量数据相结合，来进行相关的研究，比如针对纽芬兰海盆(Caniaux et al.，2001)、北大西洋(Mouriño et al.，2002)、新西兰东南部(Stanton et al.，2004)和孟加拉湾(Gopalan et al.，2000)海区均有这方面的研究。

图3.11展示了地中海高空间分辨率(1/8°×1/8°)的海面高度异常分布图。从图中可以明显看出，在北非沿岸的西部海盆存在一系列强的流环，同时还可以看到在整个海域存在中尺度活动。利用跨度为7年的海面高度异常数据，Isern-Fontanet等(2006)详细研究了地中海涡旋特征，他们发现其中最持久的涡旋轨迹具有复杂且清晰的空间形态。

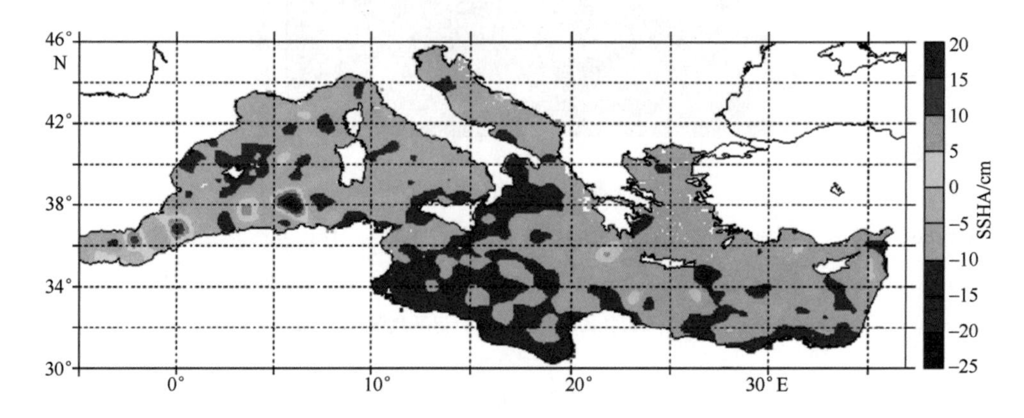

图3.11　2006年5月10日地中海海域的海面高度异常图像，融合所有可获取的高度计数据生成的SSALTO/DUACS合成产品，格点数据分辨率为1/8°(数据可从AVISO网站获取)

尽管单个海面高度异常图像有用途，但有关地转流场持续发展的大部分信息来自海面高度异常数据的长时间序列。犹如观看电影一样，通过浏览一系列的海面高度异常图像能得到很多信息。眼睛能够快速识别出持续存在的高值和低值，这表明这些特征不是简单的随机噪声，而是代表正在发展的动力特征。在数百千米的尺度上，中尺度涡旋很容易被识别出来，如果它们存在运动，也能够被跟踪。

3.4.2 当前卫星高度计的局限性

利用高度计观测海洋涡旋的第一个局限性是海面高度异常的测量精度为 2~3 cm，这阻碍了探测小振幅的中尺度信号。当识别出的信号临界于这种精度水平时，该如何阐述研究结果的意义，这是研究者面临的一个挑战。

由于在赤道处相邻轨道的间隔大于 250 km，格点图像相对于沿轨记录数据具有更粗的空间分辨率。在宽幅扫描高度计(详见 *MTOFS* 的 11.5.5 节)发射成功之前，这一直是高度计不可避免的局限性。这同样体现在对 7 天或 10 天周期内的数据进行空间平滑处理中，因为沿轨记录数据识别出的更高精度的变化不可能在平均周期内保持不变。因此，仅有中等尺度(大约 150 km)和更大的中尺度涡旋能够在单传感器高度计的二维图像中被识别出来，而更高空间频率的研究受限于线性轨道的分析。正因如此，为获取更精细空间分辨率数据以识别出尺度小于 50 km 的中尺度变化，只有通过不断地部署高度计，使同一时间尽可能具有多个高度计。

当前高度计的另一根本性局限在于测算的流速与稳态的海洋环流有关。尽管这对研究中尺度变率来说不是一个重要的问题，但是当我们忽略强的背景流时，将很难解释变率场中的流线。例如，涡旋场在主要洋流(如墨西哥湾流)中表现为闭合的流线(海面高度异常等值线等同于地转流线)，但把稳态的平均流加上去后，这些“涡旋”大多变成各主流中的弯曲。

然而，已有学者对绝对动力地形(absolute dynamic topography，ADT)进行了近似估计，其利用最新的 GRACE 数据以及现场海流测量数据来估算动力地形中稳态的部分(详见 2.4.5 节)。图 3.12(a)展示了其中一个例子，图中为厄加勒斯回流区域，强大的厄加勒斯流和南极绕极流作为背景稳态平均场，其上叠加了随时间变化的流场。通过对比相应的海面高度异常图像[图 3.12(b)]，由于绝对地转流场的流线等同于绝对动力地形的等值线，所以分析图 3.12(a)就容易很多。尽管这些临时的绝对动力地形数据集仍存在精度问题，但它们的应用已经为相关的研究作出重要贡献，比如中尺度浮游植物变化的营养泵研究。

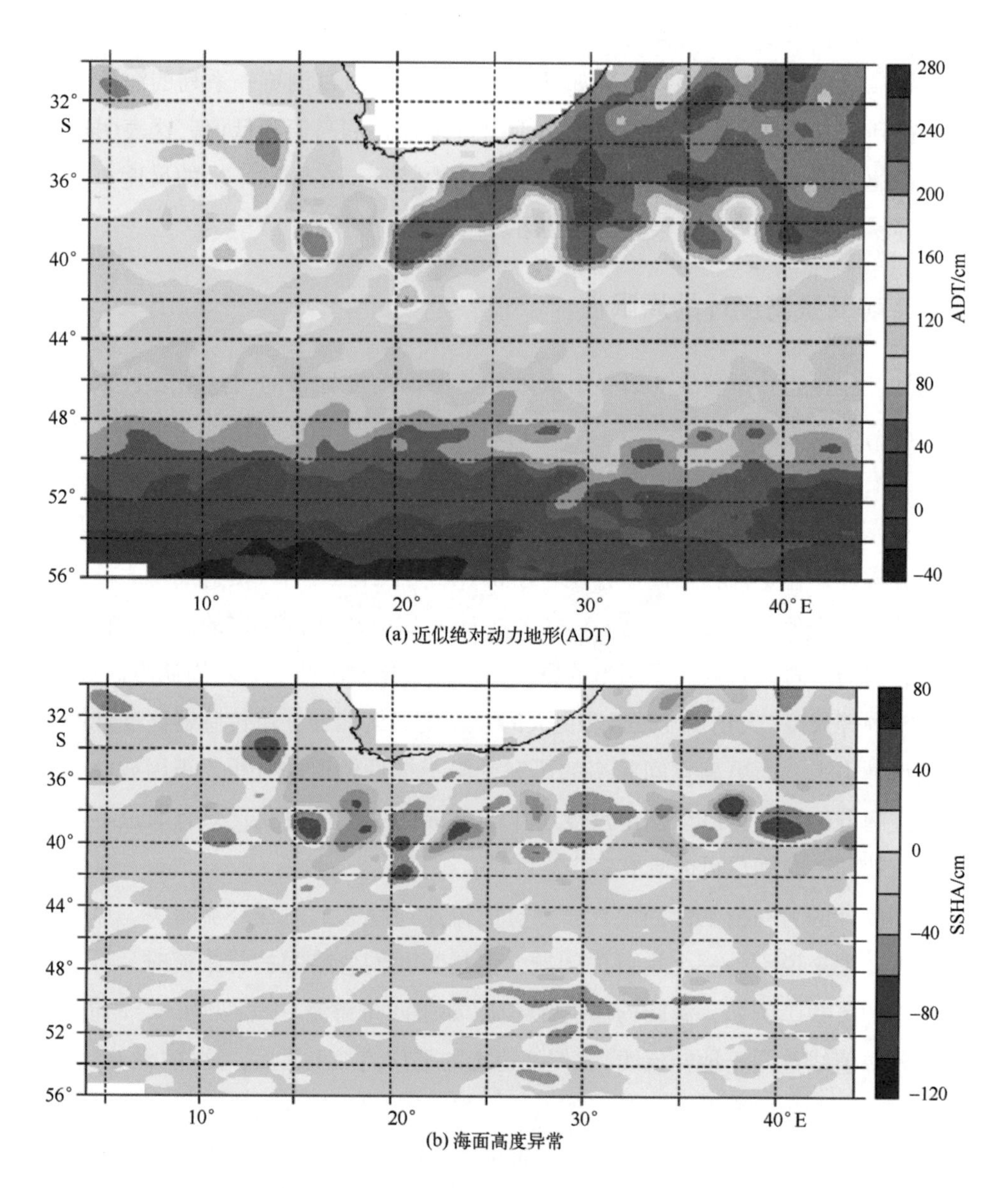

图 3.12　1993 年 8 月 25 日，靠近南非南部海域的海表高度计图像，融合所有当时可获取的高度计数据生成的 SSALTO/DUACS 合成产品，格点数据分辨率为 1/3°(数据可从 AVISO 网站获取)

3.4.3　基于高度计海面高度异常场的运动学测量

高度计能够在每 7~10 天提供海表流场流函数的二维分布，为海洋动力学家提供了一个监测海洋环流的强有力工具。第 14 章将讨论此类信息同化到海洋预报系统后的重要作用。已知了瞬时流场，我们可以对海流的一些运动学特征量做分析，因而能够定义在流场不同部分的粒子相对运动，同时深入了解上层海洋中示踪量的二维输运和频散路径，当然这些都受到地转假设以及海面高度异常的精度和采样分辨率的限制。

利用地转方程式(2.9)分别求出分布于海流的东、北分量(u 和 v)，进而我们就可以计算三个运动学特征量：

垂直涡度分量　$$\omega = \frac{\partial v}{\partial x} - \frac{\partial u}{\partial y} = \frac{g}{f}\left(\frac{\partial^2 h}{\partial x^2} + \frac{\partial^2 h}{\partial y^2}\right) \tag{3.2}$$

张力的法向分量　$$S_n = \frac{\partial u}{\partial x} - \frac{\partial v}{\partial y} = -\frac{2g}{f}\frac{\partial^2 h}{\partial x \partial y} \tag{3.3}$$

张力的切向分量　$$S_s = \frac{\partial v}{\partial x} + \frac{\partial u}{\partial y} = \frac{g}{f}\left(\frac{\partial^2 h}{\partial x^2} + \frac{\partial^2 h}{\partial y^2}\right) \tag{3.4}$$

式中，ω 表示垂直温度分量；S_n 表示张力的法向分量；S_s 表示张力的切向分量；h 为海面高度异常。

流体力学的研究(Okubo，1970；Weiss，1991)发现：起初相邻的粒子在穿过复杂流场后会发生辐散。在流体的某些部分，表面张力引起辐散，表明很强的频散；而在流场的其他部分，这些位置相互之间是“冻结”的，这意味着它们仍被限制在这个区域。相关研究(Bracco et al.，2000；Pasquero et al.，2001)表明，流场的频散可以由单个参数表示

$$W = S_n^2 + S_s^2 - \omega^2 \tag{3.5}$$

这里，W 被称为 Okubo-Weiss 参数。式(3.5)表明，涡度占主导时 W 为负值，张力占主导时 W 为正值。研究表明：当 $W>0$ 时，切向或法向张力使邻近粒子辐散；而当 $W<0$时，情况正好相反。

上述理论框架已被用在地中海海域的一系列文献中(Isern-Fontanet et al.，2003，2004，2006)。通过海面高度异常计算得到的 W 场可以显示海面高度异常场中与涡旋分布匹配的明显特征。大的涡旋具有负的 W 中心，与周围涡旋活动较弱海域的 W 值相比高出一个数量级。较强 W 中心表明该地区存在流环，其中的水质点被限制在涡度主导的核心内。该负值中心围绕着较强径向梯度，在涡旋附近其外侧具有较强的正 W 值，这表明涡旋速度很高同时强切变存在的区域会有水质点的剧烈搅拌，进而引起涡旋外部水体的强烈混合。一些模式研究中发现示踪粒子不会穿过 $W=0$ 的等值线。因此当 W 为 0 的闭合曲线围绕着一个强负值中心时，表明了涡旋中的水团被限制在其中。如果可以跟踪流环的运动，利用 Okubo-Weiss 参数来定义流核的大小，可以近似估算流环导致的输送水量。这种通过分析海面高度异常场研究海洋涡旋的混合、搅拌、频散和输运的诊断方法已经得到了广泛使用(Waugh et al.，2006；Chelton et al.，2007；Henson et al.，2007)。

3.4.4　中尺度湍流能量的分布

基于高度计的海面高度异常数据不仅能明确显示单个涡旋或界定流场，也能被用

于计算中尺度湍流强度的空间分布。正如在 *MOTFS* 的 11.6.2 节中介绍到，最简单的做法是估测包含多次过境的长时间周期内沿高度计地面轨道上所有采样点海平面高度异常的方差或均方根(Ducet et al., 2000)。均方根越大表明地转速度在各种时空尺度上变率很强。在全球图像(见 *MTOFS* 的图 11.26)中 SSHA 均方根高值区往往对应于主要洋流区，这是因为这些稳态洋流给中尺度湍流提供了能量，比如墨西哥湾流北部、哈特拉斯角(Cape Hatteras)东部、日本东部的黑潮和南极绕极流。

图 3.13 展示了巴西-马尔维纳斯洋流汇合处海面高度异常均方根的高分辨率分布图像。在这个尺度上，我们明显地发现：尽管涡旋在单个海面高度异常图像上呈现出明显的随机分布，但这些涡旋实际上会集中在某一些特殊区域。通过重叠位于巴西暖流(Brazil current)边缘和亚南极锋(Sub-Antarctic Front, SAF)的锋面平均位置(mean position)，Saraceno 等(2004)解释了阿根廷海岸附近两个锋面汇合处，为何涡旋在暖侧最强且从没穿透到亚南极锋面的南部。在东侧两个锋面相距较远处(相距约 8 个纬度)，毗邻每个锋面的较高方差区域之间存在一个低方差区域。图中实线代表与初级生产力有关的明显区域，即 Zapiola 海脊。通过海洋水色数据发现该区域每年的叶绿素峰值比周围海域晚 3 个月出现(Saraceno et al., 2005)。这与涡旋活动偏低的区域一致，表明水文动力过程对生物行为起着调控作用。

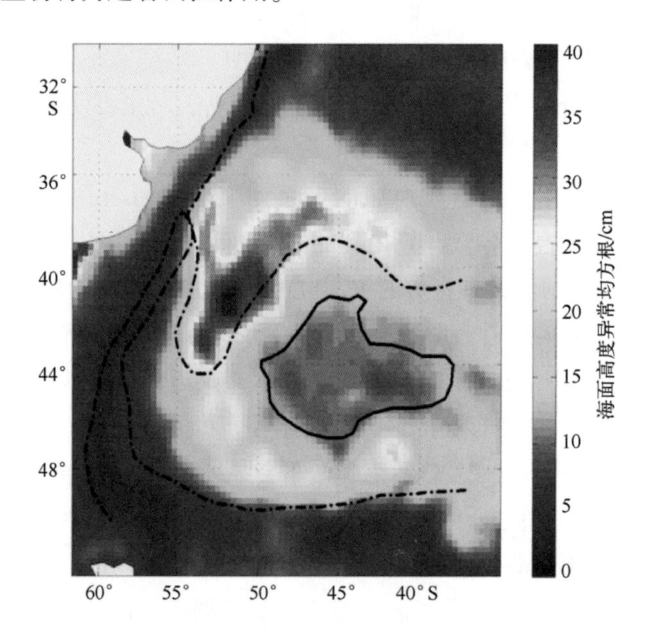

图 3.13 基于 ERS、TOPEX/Poseidon 以及 Jason-1 11 年的海面高度数据获得的海面高度异常均方根。点划线代表巴西暖流锋锋面(北)和亚南极锋锋面(南)的平均位置；实线包围的区域表示均方根相对较低的区域[数据可从 AVISO 网站获取；摘自 Saraceno 等(2005)]

涡旋动能(eddy kinetic energy，EKE)的定义为$\frac{1}{2}(u^2+\nu^2)$，这里 u 和 v 分别是与海面高度异常相关的随时间变化的地转流纬向分量和经向分量。虽然针对不同的过境区域，只有涡旋速度场的沿轨部分能被测量到，但只要假设涡旋为各向同性(不随方向变化)，对最终涡旋动能产品的分辨单元进行平均，就可用该值的平方计算得到涡旋动能。例如 *MTOFS* 的图 11.27 所示，长时间平均的涡旋动能全球分布图与海面高度异常的均方根具有相似的空间分布。

涡旋动能的分布也可以仅基于几天的数据得到近实时估计。一系列的涡旋动能场可以揭示其随时间的演变特征。这为利用高度计数据来认识某局地区域内驱动混合过程和上升流(比如与初级生产力有关的区域)可能的因素提供了一个重要的手段。图 3.14 展示了这样一个例子，该图是通过融合高度计数据获得的大西洋西南部阿根廷海盆的涡旋动能分布。通过对比时间平均的海面高度异常均方根数据(图 3.13)，可以发现近实时的能量分布在空间上更多变，相比于长时间平均，瞬时涡旋动能在空间上零星分布。

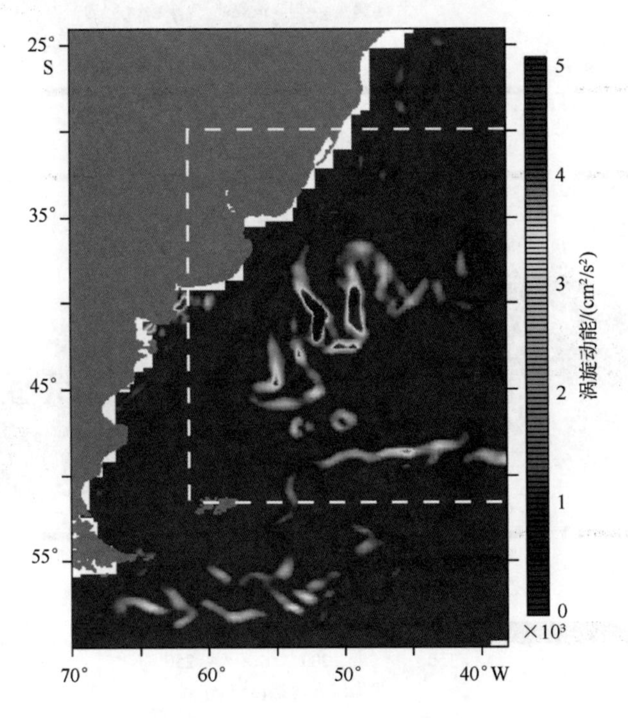

图 3.14　2005 年 11 月 5 日基于融合高度计海面高度异常数据估测得到的涡旋动能(cm^2/s^2)，图像范围为位于大西洋西南处的巴西暖流和马尔维纳斯洋流汇合区域，白色虚线框为图 3.13 表示的区域(图像来自 AVISO 网站，http://www.aviso.oceanobs.com)

可靠的涡旋能量分布图需要多个高度计同时运行。单个卫星在中尺度变化全谱采样中受到限制，因为它固定的重复使更高频率混叠，由此对总的涡旋动能有被低估倾向。利用一段时间内多个过境传感器得到的涡旋动能，再对其进行平均处理，得到的结果可以更合理地监测涡旋动能及其分布是如何随时间变化的(Le Traon et al.，1999)。图3.15显示了基于单个高度计数据和4个高度计数据得到的涡旋动能图像之间的差异。该图说明了同一时间具有充足的高度计对提高观测海洋精度的重要性。同时，它们也提醒了使用者，在没有对数据进行正式可信的评估情况下，不能依赖基于稀疏高度计数据得到的图像。

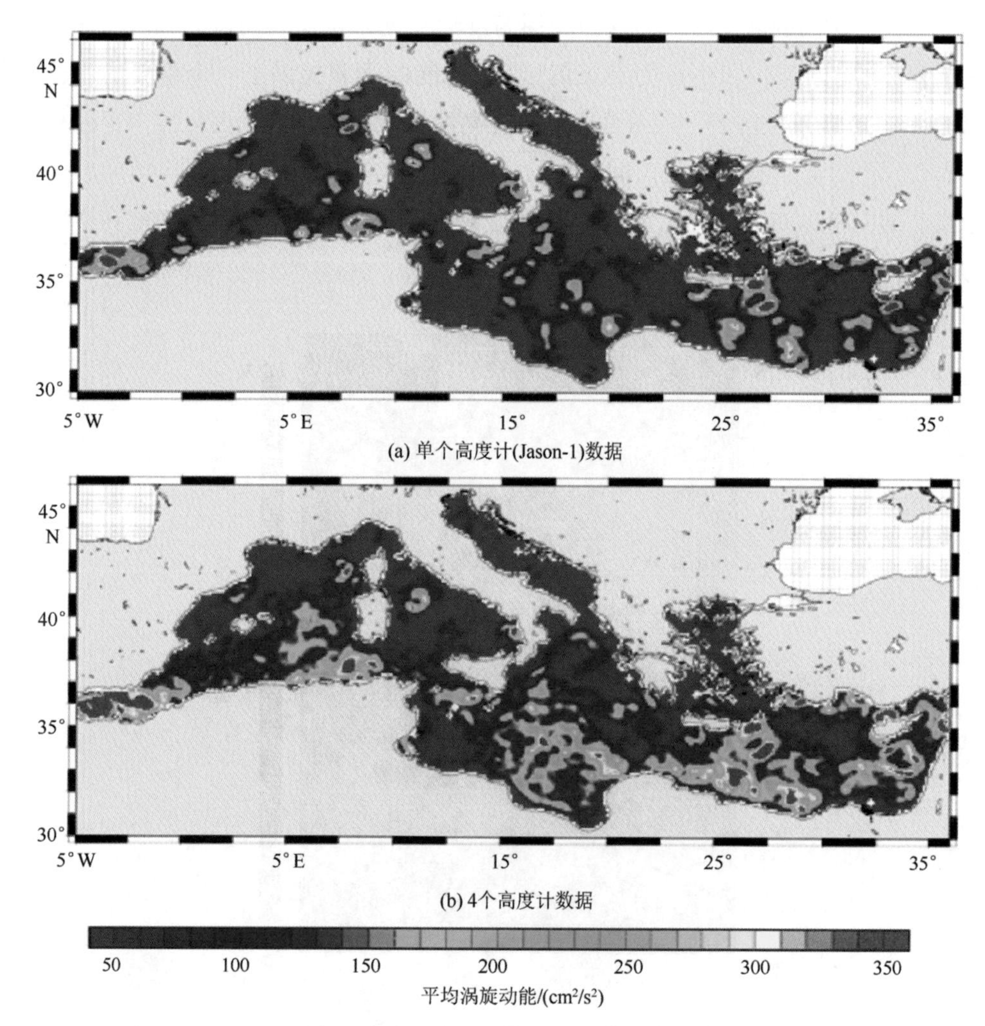

图3.15　地中海海域基于海面高度异常观测数据估测得到的平均涡旋动能

(a)单个高度计(Jason-1)数据；(b)结合Jason-1、ERS-2、TOPEX/Poseidon和Geosat卫星，融合多种卫星高度计数据得到的涡旋动能值量级更大，同时能显示更细致的结构

(图片源自AVISO网站并由MFS/CLS提供)

3.5 基于海表温度场的涡旋和中尺度湍流观测

3.5.1 红外图像上的涡旋海表温度特征

图 3.16 显示了海表温度的经典图像，该图从红外辐射计反演得到，展示出大量的中尺度变化，并且揭示出墨西哥湾流具有相当复杂的动力现象这一著名的特征。由于研究这幅图像的多数学者对于作为主要海洋边界流之一的墨西哥湾流具有一定的背景知识，因此对其动力学解释变得相对容易。从美国海岸沿东—东北方向蜿蜒离岸的暖水带(非最暖水)很明显是墨西哥湾流主流，沿着由大西洋中心环流暖水与美国沿岸冷水之间形成的海洋锋面向北流动。我们将在本书第 4 章介绍海洋锋面特征，但这里将在墨西哥湾流的背景下解释涡旋结构。例如，很明显最大的涡旋在锋面大弯曲中产生，在主流方向的右侧夹断孤立的冷水核心，生成气旋型冷涡，并且向北将暖核反气旋型涡注入较冷的海洋。这与 3.7 节阐述的涡旋结构简化模型完全一致，从太空可见涡旋具有的热量特征，并与其密度结构相对应。图 3.3(a) 显示的大型中心涡旋也有类似的结构。

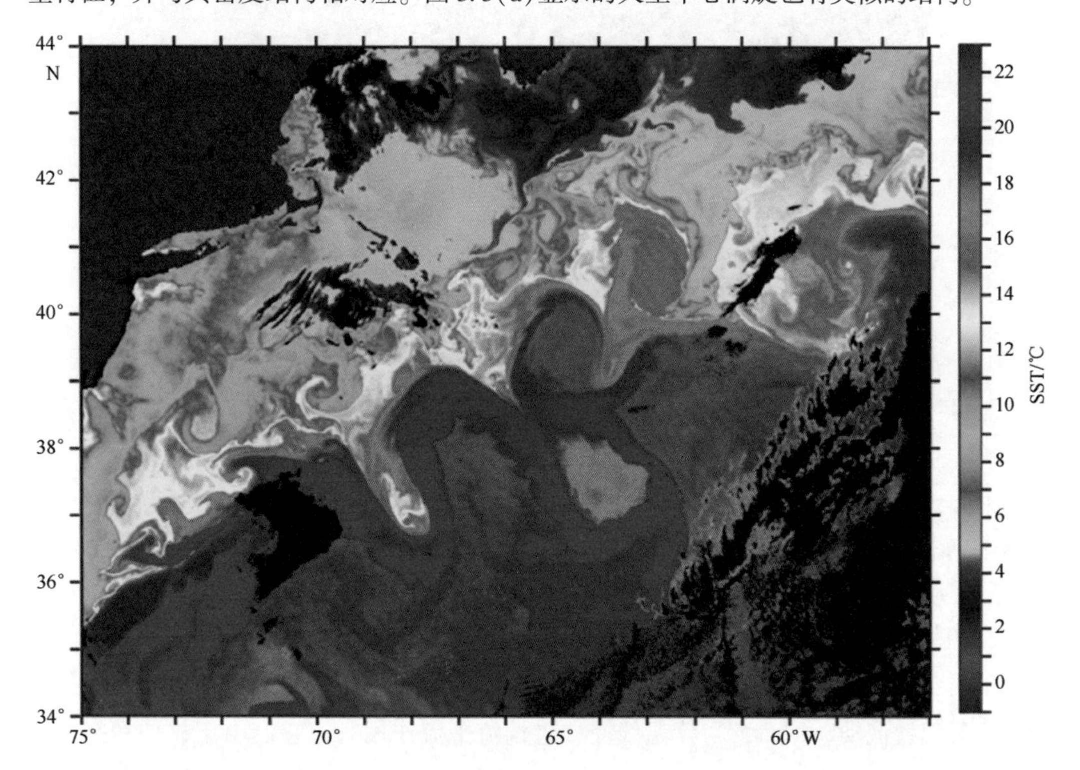

图 3.16 2005 年 4 月 18 日由 Aqua-MODIS 数据反演得到的海表温度场，显示了墨西哥湾流的弯曲流动(来自 NASA 海洋水色网站，http://ocean color. gsfc. nasa. gov/)

然而，图 3.16 和图 3.3(a) 中较小的中尺度结构显示出不同的变化。这些小尺度特征出现在表层海水温度梯度被二维湍流拉伸或压缩导致不同强度的海流之间剪切形成类似钩的形状以及两个涡旋相互作用区域呈现锤头的形态的区域中。这些独特的等温线分布都是二维中尺度湍流能量场的特有信号。图 3.17 给出了利用卫星获取的更精细分辨率(1 km 像素)热红外图像，从图中可见类似的中尺度变化特征。它证实了当尺度达到数千米时红外图像可以提供许多更精细的温度结构细节。然而，有别于图 3.16 和图 3.3(a) 中的大涡旋，在数十千米的小尺度上，这些图像能告诉我们什么潜在的动态过程呢？

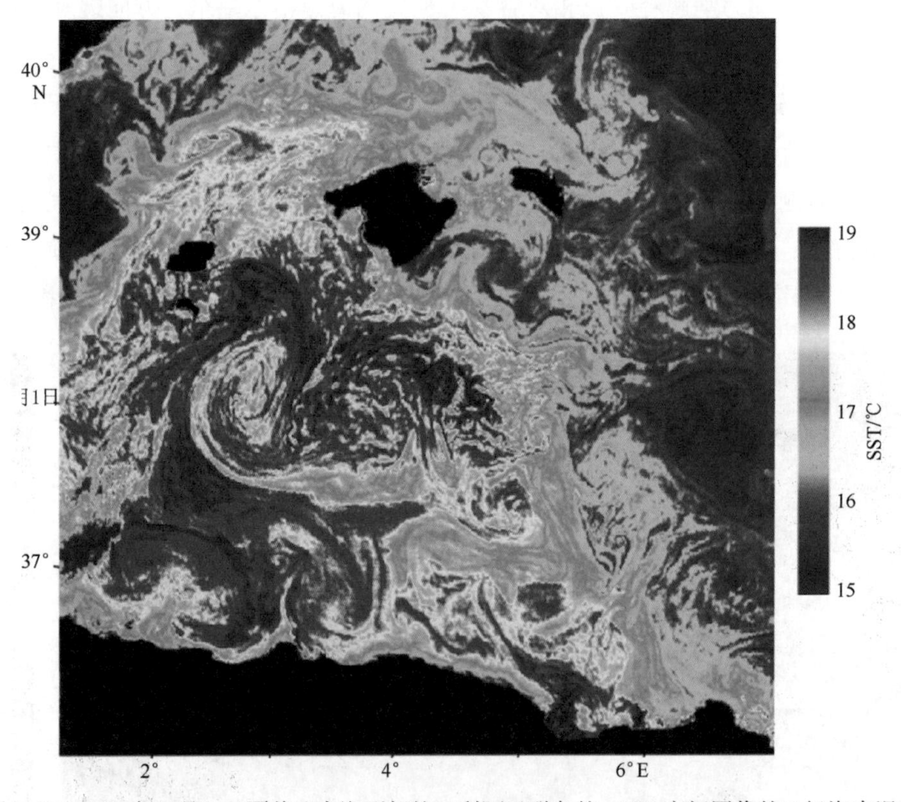

图 3.17　1992 年 5 月 9 日覆盖地中海西部的巴利阿里群岛的 ATSR 夜间图像的 2 级海表温度数据的空间分布，展示了具有空间分辨率 1 km 的精细尺度的热力结构，该图像幅宽为 500 km

在实际应用中，我们很难从这些小尺度结构中去获取关于涡旋的动力信息。只要我们能看到大涡旋的热特征，就可以合理假设海洋洋流满足地转平衡而沿着这些平滑的锋面等温线流动。然而，当等温线受二维湍流平流作用时，它们由于拉伸和挤压发生变形，也就是平流过程打破了地转平衡，这种情况较小变形尺度下等温线平行于流线的假设不再成立。在越来越小的尺度，我们就只能看到一组混乱不清的图案。从随时间演变的图像中可见这些小尺度过程的生命周期非常短暂，它们随着较大特征的流场不断出现并且消失。这种现象并不奇怪，它们是湍能从较大往较小尺度级联的结果。在足够小的尺度，局地混合作用使温度趋于均匀，温度梯度消失。

因此，我们可以合理地推论，红外图像上中尺度结构丰富的纹理信息表明海水正发生着水平搅拌。但是，我们并不能简单地通过海表温度场的变化来直接定量描述搅拌或者涡旋动能。此外，搅拌和混合使得海表温度场趋于均匀，即使可能仍存在相当大的中尺度涡旋活动，温度场也不再适合作为示踪物。温度场作为中尺度混合过程的示踪物的前提条件是其大尺度梯度需要进行定期更新。正如湾流海域，其主流使之与它流经的周围海水之间的热力差异不断增强。

同样值得注意的是，并非所有的晴空图像都包含如此丰富的空间细节(即使是同一个区域相隔几天时间)。这可能是大气效应的结果，即大气校正的数据产品中大量水汽削弱了表面特征。也可能是海表温度中的中尺度变化特征被混合层的其他过程消除所致。比如在风速很低时，海洋表面会形成零星分布的日温跃层。而在强风条件下，上层海水由于剧烈搅拌破坏位于风混合层下的中尺度过程。在中等风速情况下，大气边界层可能出现旋涡，将会引起海洋表面粗糙度的变化(见 3.7 节中讨论)，当有机油膜等活跃于海表时，这种现象尤其明显。通过影响局地海-气热量输送，此类表层现象会引起冷暖相间的海表皮温的平行条纹。在受平流过程输送下它们可用于解释数千米尺度上出现的一些弯曲条纹现象，如图 3.17 所示。

在上述这些情况下，我们可以看到海表温度特征对研究局地海-气相互作用过程要比研究中尺度动力过程有用。需要注意的是，中尺度动力活动的主要中心位于最大密度梯度的深度(即温跃层所在深度处)。当海洋表面驱动的热动力过程足够强时，其留在海表温度场的信号会掩盖集中在温跃层的动力活动在海表温度上留下的信号。这说明了海表温度和海面高度异常在作为中尺度动力遥感信息时的重要区别，因为后者几乎不受小尺度热动力过程的影响。

由于红外热成像仪的分辨率在空间上能达到 1 km，在辐射测量上能达到零点几开尔文，其能够获取高分辨率的图像(在第 4 章和第 5 章中有很多例子)。尽管对这些图像做定量的分析还存在一定困难，但从定性角度还是可以看到很多有意思的现象。遗憾的是实际应用中很难获取大范围无云的个例，如图 3.16 所示。即便是图 3.16 上也含有许多云块影响温度场的测量。考虑到大部分海面上都覆盖着无处不在的云，我们利用红外图像跟踪海表温度场演变的设想往往是徒劳的。在使用 1 km 分辨率的热成像影像时，一种实际的做法是找一些偶尔出现的无云图像去了解精细尺度过程的类别，而不去期望跟踪这些动力过程。为从受云影响较少的卫星红外数据获取海表温度场时间序列资料，需要使用时间分辨率降为若干天的 3 级合成图像，或者是通过插值多种数据源填补云空白得到每日产品的 4 级分析数据。这两种方法都无法可靠地保留单幅无云图像提供的空间分辨率和精细尺度细节。

3.5.2 微波辐射计观测海洋涡旋

微波辐射计(MWR)测量海表温度给我们提供了另外一个从太空观测中尺度涡旋热力特征的途径。本书 2.3 节介绍了该方法，更多细节详见 *MTOFS* 的第 8 章。微波辐射计测量海表温度不受云的影响，且仅当辐射计视场内有大暴雨的情况下才会失效。但其最大的缺点是空间分辨率不高，目前还没有分辨率小于 60 km 的产品。这意味着微波辐射计无法捕捉到在红外图像上可见的海表温度精细尺度细节，但其本质上并不差于高度计格点数据，在 3.4 节中我们展示了它们是可用作中尺度动力过程监测的庞大信息源。此外，它的空间采样间隔远小于分辨率(通常在 20~30 km)，这使得识别尺度小于 50 km 的结构成为可能。微波辐射计的辐射测量敏感性和绝对精度在某些程度上要低于最好的红外辐射计，但这些短板在将来会有所改变。

图 3.18 给出了南非邻近海域的 AMST-E 海表温度场时间序列，该海域靠近图 3.2 覆盖的区域。该图像为 3 天平均合成图，时间间隔为 6 天，空间分辨率在经纬向为 0.25°×0.25°。从图中可见这是一个追踪该区域复杂动力过程的有效方法。由于在折回区域产生了流环（van Leeuwen et al.，2000)，厄加勒斯海流的脉动变得非常明显。随着脉动的增强，我们有可能看到具有相当微弱热特征的涡旋慢慢漂移到大西洋中，与此同时从折回区域东向流所在暖锋上不稳定开始发展。尽管空间过采样会使某些特征变模糊，但更南处在南极绕极流上生成的“蛇行”现象还是可以清楚地看到。图 3.18 展示的动态图像为海洋学家研究中尺度湍流特征提供了很好的机会，正如空气动力设计师通过视频回路研究风洞中流过物体的流动。因此，它给从 100 km 跨度到数千千米尺度范围的海洋流动带来了“生命”。此外，这并不是在最优情况下挑选的特例，而是在整年都可重现。

与图 3.12(a)相比，尽管获取时间不同，同一地区的绝对动力地形却显示出高度计和微波辐射计对较大型的中尺度涡旋具有相似性，并呈现出很好的互补性。然而有趣的是，通过对比发现传播到大西洋的厄加勒斯流环在高度计上有清晰明确的特征，而在海表温度中没有体现出来。这说明尽管利用微波辐射计很大程度上能够解决云覆盖问题，但中尺度涡旋未必具有海表温度表征。尽管如此，对于监测那些大型的且相应的海表温度可以在太空中能够明显探测到的中尺度涡旋的传播和演变，微波辐射计比红外探测要更胜一筹。这是因为微波辐射计能够每隔 2 天或 3 天提供覆盖全球的海表温度场时间序列数据。根据 3.5.1 节关于高分辨率海表温度场(1~50 km)动力特征解释时的不确定性讨论，微波辐射计无法获取高精细尺度样本在这里不是一个缺点，尽管对于卫星海表温度测量数据在其他领域的应用而言，它依然是缺点。

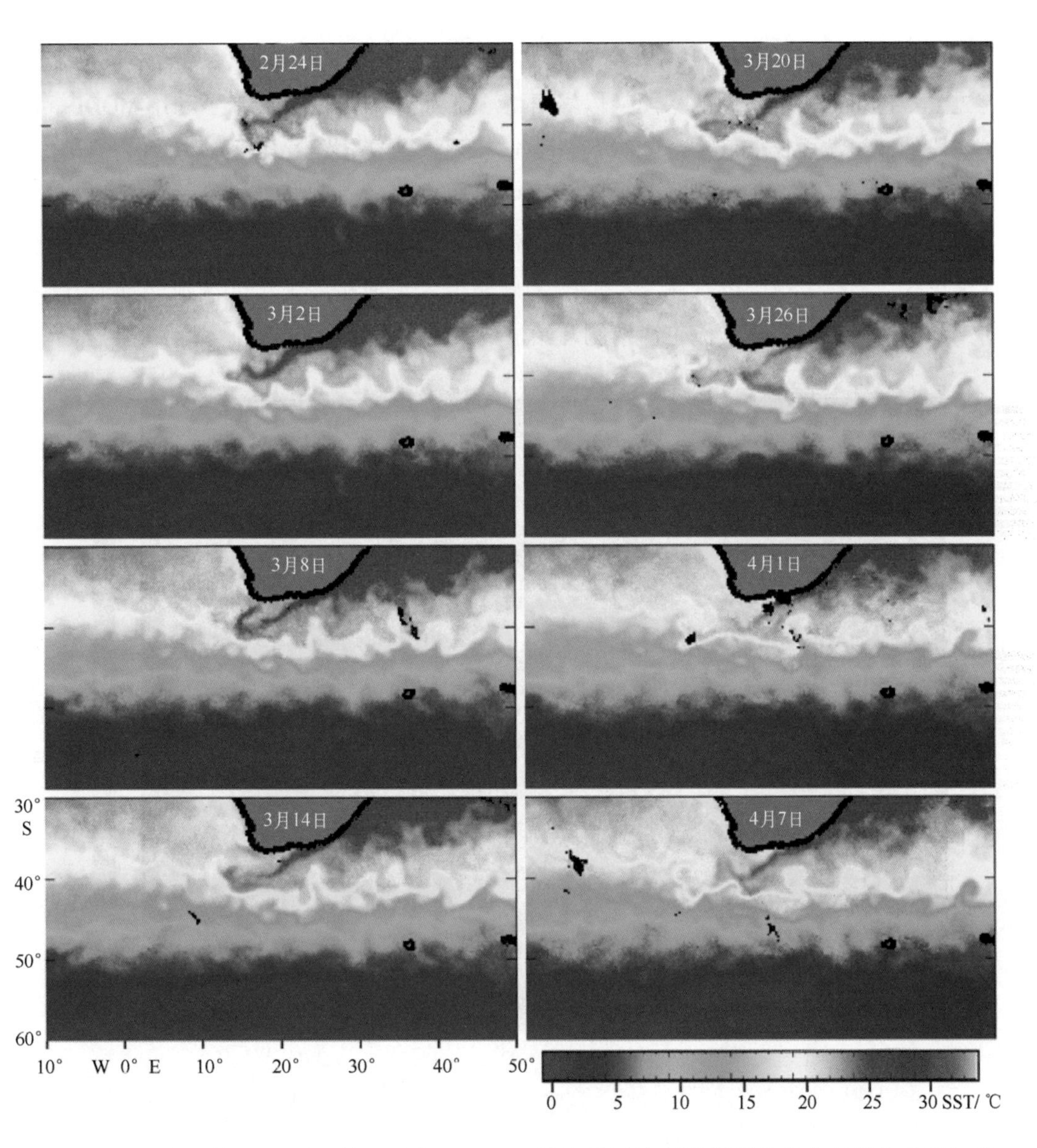

图 3.18　2004 年 2 月 22 日至 4 月 7 日由 AMSR-E 微波辐射计观测得到的南非南部的南极海域海表温度图像。每幅图像是由过境时间 3 天内合成的。时间序列展示了每 6 天的数据，基于少数数据缺失(距离岛屿 100 km 之内的数据缺失除外)的数据来揭示清晰和明确的中尺度特征演变，分辨率为 1/4°×1/4°(AMSR-E 数据由遥感系统产生，由 NASA 地球科学 REASoN DISCOVER 项目和 AMSR-E 科学团队资助。数据可从 www. remss. com 获取)

3.6 利用海洋水色观测中尺度湍流

一般有两种方法可以利用太空观测的表观颜色来揭示海洋近表层的中尺度变化。首先，水色可以表征不同的水团，以墨西哥湾流为例，图 3.19 展示了利用 MODIS 可见光波段的蓝绿波段比值反演的叶绿素浓度分布图，该图与图 3.16 所示的海表温度图属于同一时刻。从墨西哥湾流脱落的大涡旋中可以明显地看到暖核流环携带着寡营养盐海水，因此叶绿素浓度低；而冷核流环携带营养盐更多，生产力更高，因此叶绿素浓度也更高。通过大范围的观测，类似的图像能很直观地显示中尺度湍流是如何开始重新支配水团，在墨西哥湾流主锋两侧开始呈现明显的差异。

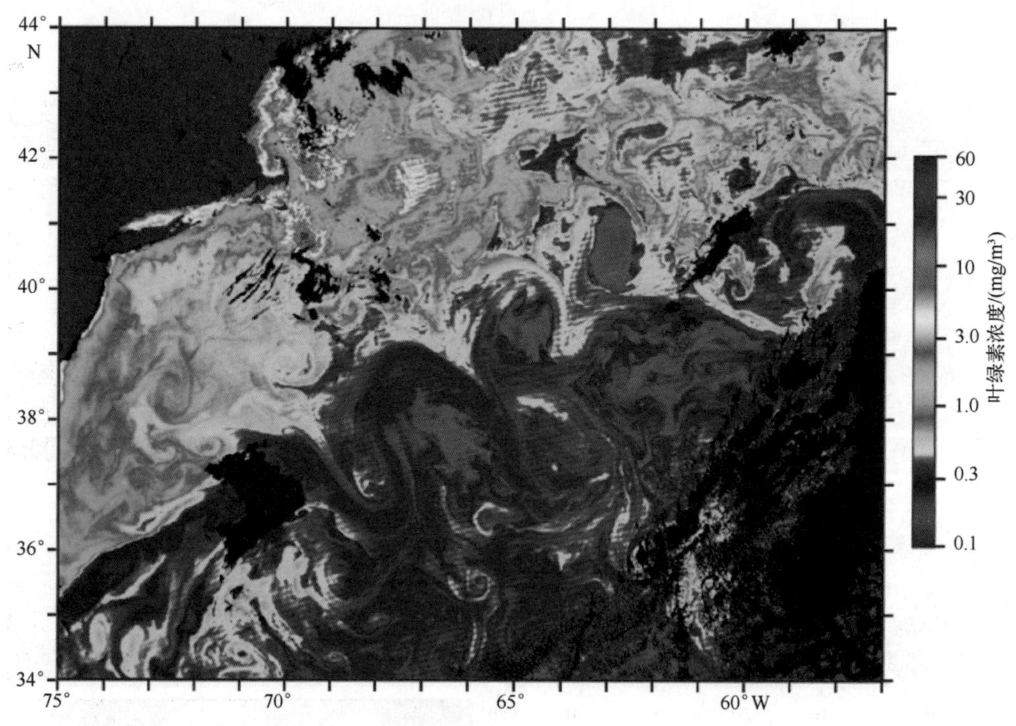

图 3.19　2005 年 4 月 18 日基于 Aqua-MODIS 数据反演的墨西哥湾流叶绿素浓度图

该图对应于图 3.16 的海表温度图(来自 NASA 海洋水色网站，http://oceancolor.gsfc.nasa.gov/)

水色遥感解释的第二个方法是将其作为水流的示踪剂，尤其对于受搅拌的湍流，这在图 3.19 所示的精细结构中尤为明显。图 3.20 更加明显地展示了从 Terra-MODIS 传感器得到的挪威北部巴伦支海绿波段(531 nm)单波段反射率图像，可以看到，在此期间疑似颗石藻暴发。图 3.21 则呈现了从 SeaWiFS 海洋水色数据反演的亚丁湾地区叶绿素分布。

图 3.20　2007 年 8 月 1 日巴伦支海海域大范围颗石藻暴发。该图像是由 2 级大气校正产品反演得到，从 NASA 的 Terra 卫星上的 MODIS 传感器的 531 nm 波段数据获取，过境时间为 2007 年 8 月 1 日 09:30。该图像大约宽 600 km，高 430 km，位于摩尔曼斯克北部大约 300 km(数据来自 NASA 海洋水色网站，http://oceancolor.gsfc.nasa.gov/)

首先需要考虑的是，这些图像能告诉我们区域中尺度动力的什么信息？从清晰可见的局地高浓度有色物质，被较大尺度涡旋的切变流拉为长丝(filament)，随后受尺度小于数十至上百千米动力过程的作用，在较小尺度上折为涡状及锤头状形态。这与 3.5.1 节讨论的高分辨率热红外图像的样式非常相似。类似温度图，对于不稳定的海流，对海流的曲线进行颜色条纹的识别是不可靠的。很难通过这些水色条纹线形态来定量地测量湍流。尽管如此，这样一幅图像确实给复杂的湍流活动提供了一种很好的定性印象。然而，当没有这种形态时并不能推断没有湍流存在。相反地，这种情况要么说明作为湍流可视化过程“种子”的可见示踪物无法通过高低浓度分成不同斑块，要么就是湍流搅拌再次将这些斑块充分混合均匀了。

多数读者在日常生活中都有这样的经历：往一罐白漆中调染色剂，将可可粉混入巧克力蛋糕的材料，或往一杯咖啡中添加牛奶。示踪物在很短的时间内扩散到流体其他区域，但仍保留条纹状，因而可以足够连贯地标记出主要流体的流动。随后，一旦这些连贯的线断开，颜色将会更彻底地分散，示踪剂直观显示流场的能力就随之消失。这意味着利用水色示踪剂来标记海洋湍流中尺度结构是短期的，至多只能持续几天。为了提供一种持续的追踪能力来揭示中尺度涡旋，必须经常地更新有色物质的来源，这可能来自浮游植物藻华暴发，来自河流输入，来自上升流运动，来自不同光学性质水团之间或者在浅海的锋面，或者来自再悬浮的海洋底质。

此外，不同示踪物有不同的衰亡时间，比如颗粒物的沉降、浮游植物细胞的衰亡、有机物质的分解的衰减时间均不同。理想情况下，作为示踪材料的特征衰退时间尺度应远大于涡旋场的频散时间尺度。值得注意的是，能够清晰揭示复杂流场且持续追踪几天的示踪剂，往往与颗石藻种的赫氏圆石藻(*Emiliania huxleyi*)藻华有关(Holligan et al., 1983; Holligan et al., 1986; Brown et al., 1994)。在此类实例中，由高反射石质(liths)组成的可视示踪剂环绕在每个植物细胞周围，在生成它们的植物细胞死亡很长时间以后，它们还继续改变水的光学性质。最终，这些悬浮颗粒下沉离开表层，无法继续被卫星观测。作为较持久的示踪剂，它们的寿命可能长于其他类型的浮游植物藻华。

尽管在白令海再悬浮的硅藻碎屑使水色与赤氏圆石藻藻华相仿，但图 3.20 基本可以确定为颗石藻藻华，因为其在所有 MODIS 可见光波段上(412~667 nm)都有如此高的反射特征(Broerse et al., 2003)。在本例中选用波段 531 nm 的数据在于其亮度最大，但是涡旋形态在所有波段几乎一样，意味着几乎呈白色的反射信号。这与常规的叶绿素特征相反，叶绿素依赖于蓝波段的吸收使海变绿，因此可作为其他浮游植物种类的示踪剂。颗石藻的亮度意味着可被低敏感、宽波段的可见光传感器识别，例如搭载于极轨气象卫星的 AVHRR 传感器(Ackleson et al., 1989; Balch et al., 1996)，这使科学家能够一直追溯到 1981 年的藻华(Smyth et al., 2004)。它也使具有高空间分辨率但辐射灵敏度较差的 Landsat 卫星可以清晰地探测藻华，同时观测涡旋的精细结构。最后，图 3.20 证实了在太阳光照通常太弱而不能提供较强水色信号的高纬区域，它也可用以追踪涡旋。遗憾的是，高纬地区云普遍存在，像本例中的无云情况很少出现。

相比于颗石藻的宽波段特征，较常见的浮游植物藻华揭示中尺度涡旋最佳特征需要先反演叶绿素浓度。图 3.21 显示了亚丁湾区域的这类图像，该例子中图像的颜色代表叶绿素浓度。这有助于可视化海流的方向，即沿着条纹浓度降低的方向为海流的方向。图 3.20 和图 3.21 的中尺度形态存在显著的相似性，证实了这些形态是海洋中的动力结构，而非仅仅是示踪剂本身的特性。亚丁湾图像十分清楚地展示了高叶绿素浓度斑块或区域对推动海流的可视化进程的重要性。本例中初级生产力主要分布在南部沿岸。

值得注意的是，图中受海湾宽度限制的一个方形涡旋，在急流跨越亚丁湾进入高叶绿素浓度羽流区时会表现得很明显。羽流区的叶绿素浓度远离源区逐渐减小，但仍会反映涡旋分裂成更小涡旋的方式。图 3.21 还验证了卫星数据在帮助解释当地测量数据的有效性。在没有卫星数据参考下，早期的亚丁湾船载调查就显示涡旋表层流速达到0.5 m/s，在海洋 1 000~2 000 m 深处达到 0.2 m/s(Bower et al.，2002)。涡旋对红海中层水的传播速度有着重要影响。在该团队随后的研究中（Fratantoni et al.，2006），除了传统的现场观测数据之外，他们充分利用海洋水色卫星和其他卫星数据，从而更全面地了解涡旋的行为和过程。通过比较这两篇论文可以很清楚地看到卫星资料对仅仅利用相对稀疏的现场断面采样来解释海洋中复杂动力过程所面临的挑战带来的曙光。

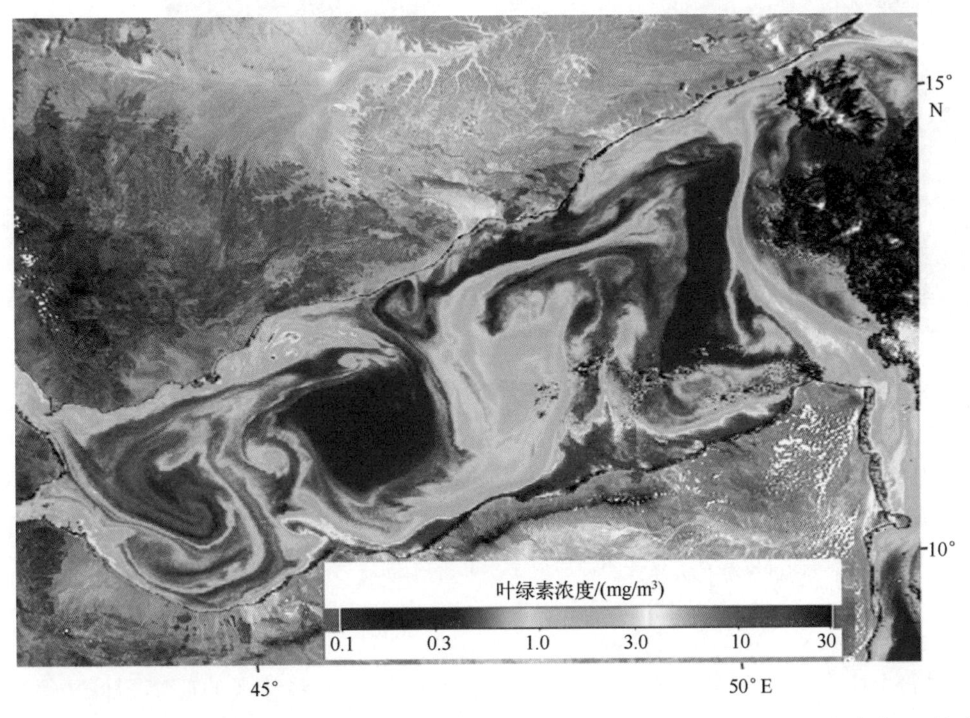

图 3.21　由 2003 年 9 月 1 日的 SeaWiFS 数据反演得到的亚丁湾区域叶绿素浓度图，位于印度洋和红海之间

关于亚丁湾海面高度异常的另一项研究（Al Saafani et al.，2007）也证实了高度计和海洋水色数据的互补性，因为高度计无法获得可见光辐射测量仪可以识别精细尺度的海水搅拌和混合，如图 3.21 所示。这篇论文还做了一个有趣的对比，即在适合高度计的分辨率下，在阿拉伯海对来自 DUACS 的 8 天合成 SeaWiFS 叶绿素与海面高度异常同步资料进行了比较，如图 3.22 所示。它改变了我们之前对利用水色遥感观测涡旋的简单认识，那些原本用来确定涡旋中心的高低叶绿素浓度斑块实际上与海面高度异常定义的涡旋位置并不完全一致。虽然大多数反气旋涡旋(正的海面高度异常和暖核)很好地对应于低叶绿素区域，但高叶绿素区域并非精确地与气旋型涡旋重合(负的海面

高度异常和冷核）。这大概是因为浮游植物种群具有一定生命史并且被动地响应表层海流的平流输送作用，这和温度与海面高度异常之间通过地转关系而建立的动力学关系具有很大不同。上面这个例子说明当我们在没有其他信息支持下，不能草率地将看似环形的高叶绿素斑块确定为涡旋中心。

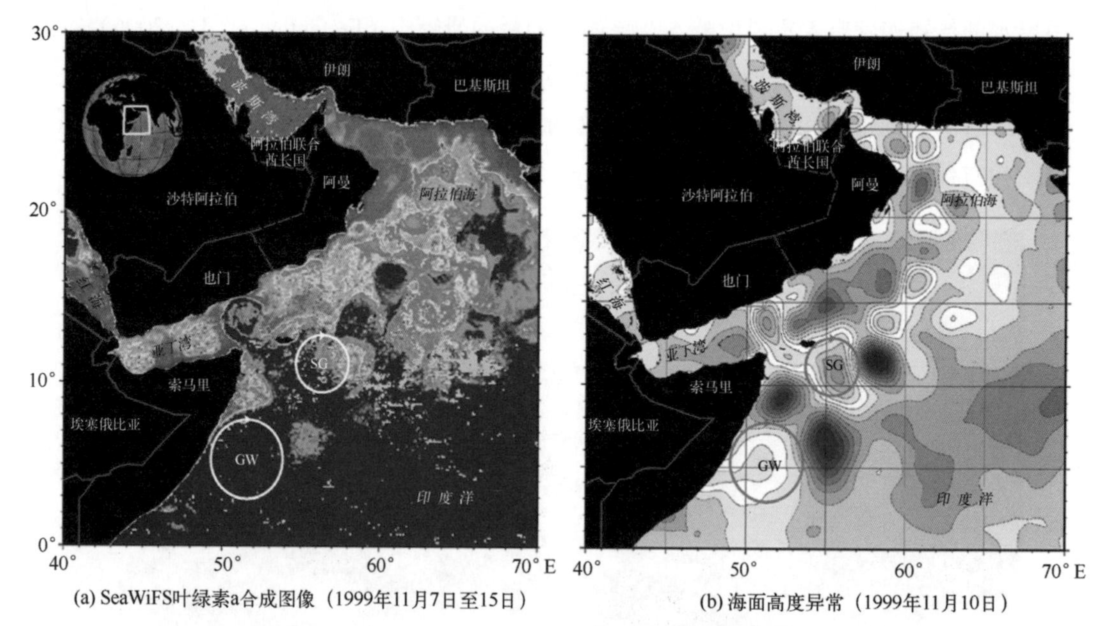

图 3.22　在阿拉伯海来自 DUACS 的 8 天合成 SeaWiFS 叶绿素图像与海面高度异常图像对比，说明了在阿拉伯海和热带印度洋西部存在宽范围的中尺度变率。反气旋大涡旋（Great Whirl，GW）和索科特拉岛涡旋（Socotra Gyre，SG）的大概位置也被标注出来，粉色部分代表高海面高度异常，蓝色部分代表低海面高度异常。这些图像对应于东北季风（北半球冬季）暴发后的一段时间

［该图源于 Al Saafani 等（2007）的插图 1］

尽管上文引用了一些有意思的研究，我们也看到了一些壮观的遥感图像，但遗憾的是，实际中利用海洋水色图像来观测中尺度湍流的动力学特征是相当有限的。因为这不仅需要无云条件，还需要图像具有较大的水色差异，因而它无法成为系统可视化海洋涡旋的可靠方法。当条件合适时它也是很有用的技术，在特定条件下可以利用该技术提供一些非凡的视角来观测海洋中尺度湍流。需要指出的是，上述判断仅针对海洋水色遥感在海洋中尺度动力学中的应用，因为海洋水色传感器的主要优势在海洋生物和生物地球化学领域。

3.7　涡旋的表面粗糙度特征

中尺度涡旋还可以被合成孔径雷达图像识别出来。比如，图 3.23 十分清晰地证实

了挪威沿岸的一个涡旋实例(Johannessen et al.，1996)。该图同时还给出了当天的海表温度图像，证实了在合成孔径雷达图像上看似涡旋的形态确实对应于海表温度场上的中尺度湍流结构。

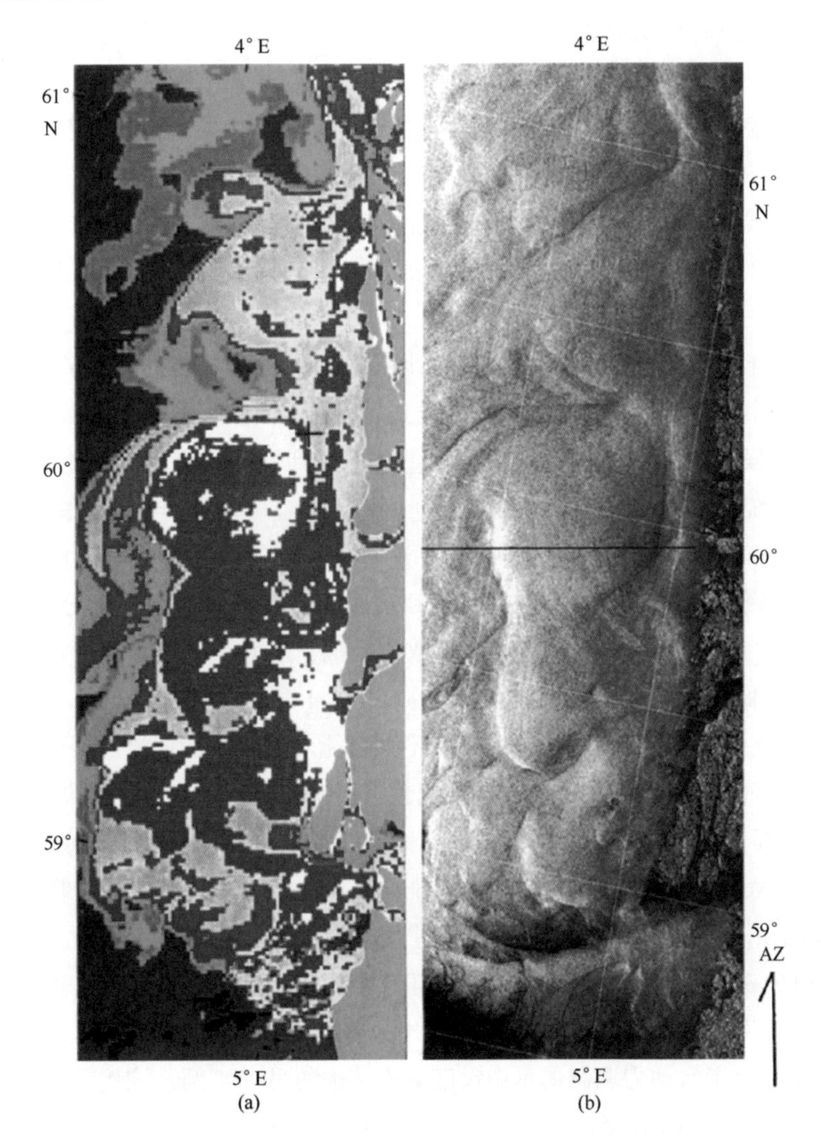

图 3.23　1992 年 10 月 3 日，NOAA-11 AVHRR 的 1 km 分辨率红外图像与 ERS-1 SAR 的 100 m 分辨率图像对比

(a)为 1 km 分辨率的 NOAA-11 AVHRR 红外图像，获取时间为 1992 年 10 月 3 日 14:20 UTC(白色部分为 14℃，紫色部分为 12℃；陆地被掩膜为绿色，云为黑色)；(b)为 100 m 分辨率的 ERS-1 SAR 图像，获取时间为 1992 年 10 月 3 日 21:35 UTC。这两幅图像都覆盖了挪威西部沿海 100 km×300 km 地区，位于 59°—62°N[该图像来自 Johannessen 等(1996)的插图 3]

3.7.1 涡旋的水动力调制形态

本节介绍的合成孔径雷达在探测中尺度动力过程中的应用与*MTOFS*一书10.7节中所述一致，尤其在水动力调制机理方面。海表流引起局部海面的辐合或辐散往往会调节表面风浪的能量，进而导致沿辐合区域产生陡波，在辐散区域产生低振幅波。SAR将这些表面波浪场的非均匀性探测为表面粗糙度的变化，由雷达后向散射截面σ_0逐像元记录。在SAR图像上最突出的特征就是在辐合或辐散最强烈区域分布的局地锋面，呈现亮线或暗线。因此，SAR能够凸显在涡旋演化过程中由非线性作用导致的锋生湍流区域。图3.23的例子呈现了涡旋个体间强烈的相互作用，源于它们对相邻涡度场的响应。

利用SAR探测中尺度涡旋(通过水动力调制原理)不仅需要在速度场上存在表面辐合，而且需要中等大小的风速。风速要求强到足以在表面产生可被SAR探测到的波浪，同时又不能很强，否则SAR的后向散射测量数据达到饱和状态而变成空间各向同性。此外，涡旋系统中局地锋面的SAR信号特征依赖于辐合场、风(与此相关的风生表面波向)的相对方位及指向雷达方向的方位角。这些条件都需要达到最优才能得到最佳效果，一个弯曲锋面沿其长度方向可能从亮到暗改变其特征。通过仔细分析这些过程，Johannessen等(1996)认为这些过程可以被数值模拟，从而预测给定表面流、风和浪条件下的SAR图像。然而，反演这些模型(Romeiser et al., 1997; Romeiser et al., 1997, 2001)非常复杂并极具挑战。在不久的将来不太可能对涡旋中表面流开展业务化系统的反演。另一方面，随着日益提高的海洋环流预报模型和业务化海洋遥感的发展(见第14章)，SAR将提供所需的背景天气条件，从而建立反演模型来量化与最明显的SAR环流特征相关的表面环流。按照这些原则，Johannessen等(2005)针对一个精确的雷达成像模型(Kudryavtsev et al., 2005)，提出一种改进的方法。还应该指出的是，Chapron等(2005)采用从SAR处理过程反演的多普勒频移数据直接测量表面环流，这种方法将在第4章详细介绍。

图3.24展示了水动力调制揭示中尺度湍流结构的另一实例，该例子发生在黑潮到台湾东部。从图中可以清楚地看到，从左到右伸出若干羽状结构。同时还可以看到，中尺度结构(用明暗锋线定义)在羽流区域和其他区域之间呈现出明显的色调差异。这些可能为入侵的冷水，因为更冷海水产生较稳定的大气边界层(ABL)而形成较光滑的海表面(见*MTOFS*的图10.28c)，从而呈现表征较弱后向散射的较暗色调。这是与水动力调制互补的另一种不同的成像机制。当没有其他有用信息时，这种解释还只能是一种有根据的推断，尽管图3.23的热图像支持了这一解释，为这一推断的合理性增加了一些可信度。

图 3.24 位于西北太平洋黑潮的 ERS-1 SAR 图像，通过涡旋、曲流和环流中的暗纹来展示表面粗糙度的流体动力调制。图像获取时间为 1994 年 9 月 23 日，位置为 40°45′N、144°E。图像幅宽为 100 km，方向为垂直轴线的北偏东 10°左右 [来源于 Alpers 等(1999)]

3.7.2 涡旋的油膜调制特征

利用 SAR 图像来探测中尺度涡旋还有另一种方法，即 *MTOFS* 的 10.7.2 节介绍的油膜调制(slick-modulated)机制。在极低风速下，表面活性薄膜(surfactant film)聚合的海洋表面斑块保持完全平坦，不会反射雷达后向散射，所以在 SAR 图像上显示为黑色。这与人眼观察到的海面油膜的情形类似。如果风速大于 2 m/s 时，没有薄膜存在的斑块将变得足够粗糙而引起少量的后向散射，从而在图像上形成油膜区域与无油膜区域之间的鲜明对比。如果风速低于 1.5 m/s，整个表面变得平坦，会生成一幅黑色影像。当风速高于 5 m/s 时，这些油膜覆盖区域开始变得粗糙，两个区域之间的对比减少或者完全消失。油膜对于探测溢油或与初级生产力有关的生物表面活性剂非常重要(见第 14 章)。然而，正如图 3.25 所示，在合适的情况下，它们可用于揭示中尺度湍流形态。

该图中的形态与我们预期的中尺度涡旋非常相似，作为观察者很容易得出结论，即看到了类似于一些水色示踪物一样的流线(在 3.6 节有所介绍)。但在我们得出这个结论之前，我们首先需要明确表面油膜和中尺度湍流之间的因果关系机制。这些图像是如何形成的呢？将表面薄膜作为示踪剂，有两点需要考虑：一是，它们总停留在表面，不像悬浮有色物质会被吸入到辐合区，然后可被下降流带入到深层。表面活性材料由表面辐合吸至辐合锋区，但随后依然被限制在辐合点的表面；二是，表面活性材料的物理特性会促成一个连贯的薄膜而阻止其分散，这意味着因辐合而聚集的油膜不易被辐散分开，这为图像上大多数油膜呈现线性特征做出了解释。

图 3.25　位于日本东部太平洋的海洋中尺度涡旋，ERS-1 SAR 图像通过雷达散射的油膜调制来探测。图像幅宽为 100 km，中心位置为 42°N、146°E 附近，获取时间为 1995 年 9 月 22 日(由欧空局提供的 ERS SAR 数据)，方向为垂直轴线的北偏东 10°左右[来源于 Alpers 等(1999)]

线状的表面活性材料可能形成于锋面界线附近。它们最可能发生在中等风速期间，风生成的线性涡旋在海洋或大气中摇摆，且与风成一条线。在自然或人为输入有机物质形成油膜的海上，经常能看到它们沿辐合线聚集成平行的油膜。一旦油膜线产生，它们会一直存在，直到足够强的风将它们吹散。与此同时，当风速减小时，它们将随与中尺度运动相关的流一起漂移。如图 3.25 和图 3.26 所示，在一个缓慢向中心辐合的旋转涡旋中，这些油膜线呈螺旋形。其中图 3.26 给出的是地中海西西里岛的伊特鲁里亚海(Tyrrhenian Sea)北部的 SAR 图像。与此同时，更大尺度的洋流对表面的拉伸和挤压作用将圆形的螺旋挤压成椭圆形。涡旋之间的相互作用会使其形成锤头状形态。一旦辐合引起大量的油膜，它将可能被“回收再利用”，作为另一个涡旋结构的示踪剂。

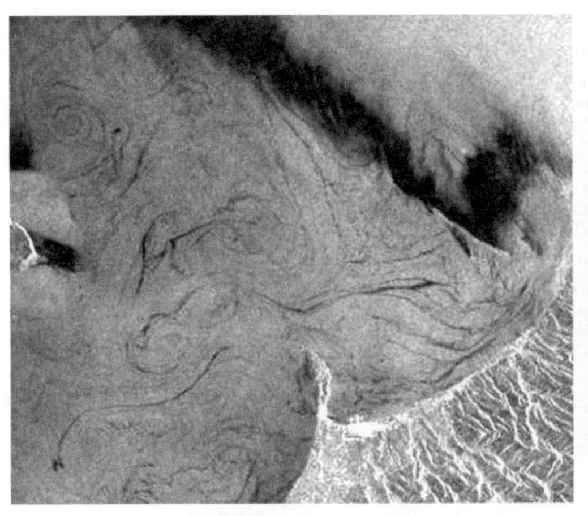

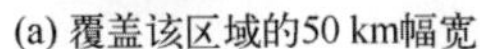

(a) 覆盖该区域的50 km幅宽

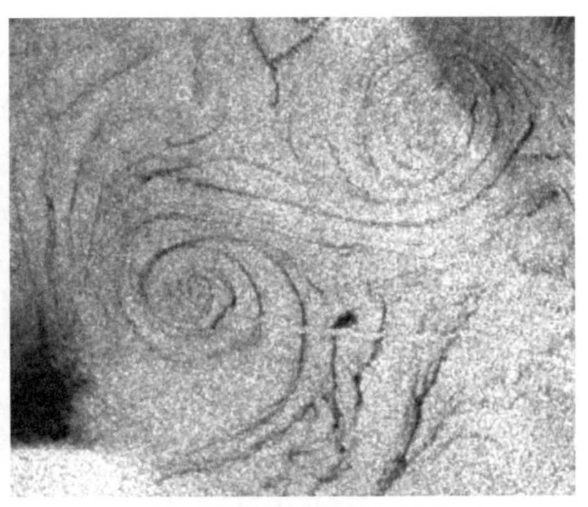

(b) 图（a）西北角的20 km幅宽放大显示图

图 3.26　位于地中海西西里岛的伊特鲁里亚海北部的 ERS-1 SAR 图像，获取时间为 1993 年 9 月 19 日[来源于 Alpers 等(1999)]

尽管很少通过实验得到证实，这一概念机制为所见的空间形态提供了一个合理的解释。然而，即使它是有效的，从 SAR 图像上反演动力学的信息仍然存在问题。一个需要考虑的问题是油膜能够保存数小时前甚至数天前的信息。比如，小涡旋能够卷起油膜螺旋，接着衰退或移动到其他地方。由于之前运动的残留，该油膜形态仍然存在于表面，直到其他东西再次让它变形。因此这张到处都有中尺度信号分布的油膜图像并不一定意味着整个区域都充满涡旋活动。这对未来研究提出了一个有趣的挑战。

3.7.3　太阳耀斑摄影

在结束本章之前还有必要介绍中尺度湍流表面粗糙度形态的另一个信息来源。宇航员及海洋学家 Paul Scully-Power 在美国航天飞机飞行期间获取过一套相片(Scully-Power，1986)。图 3.27 展示了其中一个例子。这些图片依赖于太阳耀斑为表面粗糙度分布提供了成像机制。利用这种方法探测的粗糙度与 SAR 观测到的类似，本质上都与海表坡度的均方根有关。然而，太阳耀斑图像比 SAR 图像更依赖于观测几何位置。在太阳影像将从完全平静表面反射的区域，耀斑图案会分散太阳反射。在该海洋区域中，任何平均斜率大于周围的部分，在图像上将变得更暗，这是因为反射太阳光的面积较小。在耀斑区域外的海域(距离不能太远)，海表的粗糙斑块会变得较亮，这是因为粗糙度增加后一些小平面将反射太阳光。远离耀斑区的区域，粗糙度的成像能力将消失。这使得定量分析太阳耀斑图案变得困难，但是这些数据会启发我们进一步分析是什么引起了典型的螺旋涡旋(Munk et al.，2000)。

图 3.27　1984 年 10 月 7 日，位于埃及离岸的地中海螺旋状涡旋实例(32°N，26°E)，在太阳耀斑图片上被探测出来。该图像是 Scully-Power(1986)从航天飞机上拍摄的。该图像的观测视场大约为20 km，顶部为北方。Munk 等（2000）结合他们的图 2 进一步讨论了该图像

航天飞机拍摄到的图片的覆盖面积要远小于一幅标准的 100 km×100 km 的 SAR 图像，并且探测到的特征相应也少。但它们各自观测到相似的特征，而中尺度洋流之间的相互作用可部分通过上述的油膜调制机制来解释。当条件正好适用于太阳耀斑摄影时(在载人太空飞船的帮助下)，相比于 SAR，该技术似乎对探测表面涡旋特征更为敏感。从航天飞机观测到普遍存在的涡旋，表明 SAR 数据仍可有更多发现，同时，坚持开发从 SAR 图像上常规提取中尺度动态变化的方法将很有价值。

3.7.4　成像雷达能成为观测湍流涡旋的可靠工具吗?

目前，还很难断言当前的合成孔径雷达提供了一个系统可靠的观测海洋中尺度涡旋活动的方法。尽管不乏一些好的实例(例如上文所示)，但是所有海洋 SAR 图像中，

能显著揭示中尺度动力特征的不超过几个百分点(可能少于3%~5%)，并且大多数比这里展示的影像呈现的细节要少得多。尽管对蕴含涡旋水动力调制特征的SAR图像的理论分析已经证明与海表温度图像具有一致性，但从SAR海洋表面粗糙度数据中估计表面流场是一个复杂和不确定的过程。当低风和表面活性材料处于最优组合时，涡旋的油膜特征向我们展示了类似涡旋结构的详细形态，但是目前仍没有技术来定量反演中尺度湍流。可能在这些情况下，SAR的潜在作用表现在定性给出分布图像，识别中尺度湍流何时何地发生以及提供尺度变化的某些指示。

在世纪之交时，SAR在海洋方面可获取的几何覆盖范围是相当少的。ERS SAR图像的覆盖范围仅为100 km×100 km，并且很少能在开阔大洋获取(即使散射计在开阔大洋里较为常用)。SAR图像获取的稀缺性以及将原始SAR数据转化成数字图像的成本和精力进一步限制了雷达图像在海洋涡旋活动监测中的使用。但是在Envisat卫星上ASAR的部署很可能会改变这一现状。

Envisat卫星具备宽幅SAR成像能力，其能达到的幅宽接近500 km，大大提高了全球覆盖范围，并且在中高纬度上能实现3天的重访周期。因为涡旋尺度大于标准SAR图像的分辨率(30 m)，所以宽幅模式较低的分辨率(100 m像素)不是一个问题。宽幅数据实例表明涡旋监测在将来是可行的，值得进一步研究。尤其是能有一种新的方法被开发出来，这种方法能先对现有的数据进行自动筛选后再交给业务人员做进一步分析。此外，发展从多普勒频移(通过标准SAR处理流程反演得到)直接测量海流的新技术也是很有前景的(详见4.2.5节)。

因此，SAR可能成为海洋学家观测中尺度涡旋的一个很好的工具。尽管如此，在写本书之际，我们认为目前对中尺度涡旋的海洋学研究最有效的仍然是基于卫星观测的海表温度与高度计数据的组合。这可以通过海洋水色图像来说明中尺度湍流对初级生产力的影响。同样如此，为了满足当今业务化海洋观测的需求，高度计和海表温度数据的资料同化对约束海洋环流模式呈现真实发生在海洋中的中尺度湍流结构起着关键作用(详见第14章)。后续关于其他中尺度过程的两章会讨论类似的问题。

3.8 参考文献

Ackleson, S. G., and P. M. Holligan (1989), AVHRR observations of a Gulf of Maine coccolithophorid bloom. Photogramm. Eng. Remote Sens., 55(4), 473-474.

Adamec, D. (2000), Eddy flow characteristics and mean flow interactions in the North Pacific. J. Geophys. Res., 105(C5), 11373-11383.

Alpers, W., L. Mitnik, L. Hock, and K. S. Chen (1999), The Tropical and Subtropical Ocean Viewed by

ERS SAR. ESA ESRIN, available at http://www.ifm.uni-hamburg.de/ers-sar/ (last accessed April 25, 2008).

Al Saafani, M. A., S. S. C. Shenoi, D. Shankar, M. Aparna, J. Kurian, F. Durand, and P. N. Vinayachandran (2007), Westward movement of eddies into the Gulf of Aden from the Arabian Sea. J. Geophys. Res., 112(C11004), doi: 10.1029/2006JC004020.

Balch, W. M., K. A. Kilpatrick, and C. C. Trees (1996), The 1991 coccolithophore bloom in the central North Atlantic: 1, Optical properties and factors affecting their distribution. Limnology and Oceanography, 41(8), 1669-1683.

Bower, A. S., L. Armi, and I. Ambar (1997), Lagrangian observations of meddy formation during a Mediterranean undercurrent seeding experiment. J. Phys. Oceanogr., 27(12), 2545-2575.

Bower, A. S., D. M. Fratantoni, W. E. Johns, and H. Peters (2002), Gulf of Aden eddies and their impact on Red Sea water, Geophys. Res. Letters, 29(21), 2025, doi: 10.1029/2002GL015342.

Bracco, A., J. LaCasce, C. Pasquero, and A. Provenzale (2000), The velocity distribution of barotropic turbulence. Phys. Fluids, 12, 2478-2488.

Brandt, P., F. A. Schott, A. Funk, and C. S. Martins (2004), Seasonal to interannual variability of the eddy field in the Labrador Sea from satellite altimetry. J Geophys. Res., 109(C02028), doi: 10.1029/2002JC001551.

Broerse, A. T. C., T. Tyrrell, J. R. Young, A. J. Poulton, A. Merico, W. M. Balch, and P. I. Miller (2003), The cause of bright waters in the Bering Sea in winter. Continental Shelf Res., 23(16), 1579-1596.

Brown, C. W., and J. A. Yoder (1994), Coccolithophorid blooms in the global ocean. J. Geophys. Res., 99(C4), 7467-7482.

Caniaux, G., L. Prieur, H. Giordani, F. Hernandez, and L. Eymard (2001), Observation of the circulation in the Newfoundland Basin in winter 1997. J. Phys. Oceanogr., 31(3), 689-710.

Chapron, B., F. Collard, and F. Ardhuin (2005), Direct measurements of ocean surface velocity from space: Interpretation and validation. J. Geophys. Res., 110(C07008), doi: 10.1029/2004JC002809.

Chelton, D. B., R. A. De Szoeke, M. G. Schlax, K. El Naggar, and N. Siwertz (1998), Geographical variability of the first-baroclinic Rossby radius of deformation. J. Phys. Oceanogr., 28, 433-460.

Chelton, D. B., M. G. Schlax, R. M. Samelson, and R. De Szoeke (2007), Global observations of large oceanic eddies. Geophys. Res. Letters, 34(L15606), doi: 10.1029/2007GL030812.

Ducet, N., P. Y. Le Traon, and G. Reverdin (2000), Global high-resolution mapping of ocean circulation from the combination of T/P and ERS-1/2. J. Geophys. Res., 105(C8), 19477-19498.

Fratantoni, D. M., A. S. Bower, W. E. Johns, and H. Peters (2006), Somali current rings in the eastern Gulf of Aden, J. Geophys. Res., 111(C09039), doi: 1029/2005JC003338.

Fu, L.-L. (2007) Interaction of mesoscale variability with large-scale waves in the Argentine Basin. J. Phys. Oceanogr., 37(3), 787-793.

Fu, L. -L., and A. Cazenave (Eds.) (2001), Satellite Altimetry and Earth Sciences (463 pp.). Academic Press, San Diego, CA.

Gopalan, A. K. S., V. V. G. Krishna, M. M. Ali, and R. Sharma (2000), Detection of Bay of Bengal eddies from TOPEX and in situ observations. J. Marine Res., 58(5), 721-734.

Henson, S. A., and A. C. Thomas (2007), A census of oceanic anticyclonic eddies in the Gulf of Alaska. Deep-Sea Res I, 55(2), 163-176.

Holligan, P. M., and S. B. Groom (1986), Phytoplankton distributions along the shelf break. Proc. R. Soc. Edinburgh, Sect. B, Biol. Sci., 88, 239-263.

Holligan, P. M., M. Viollier, D. S. Harbour, P. Camus, and M. Champagne-Philippe (1983), Satellite and ship studies of coccolithophore production along a continental shelf edge. Nature, 304, 339-342.

Isern-Fontanet, J., E. García-Ladona, and J. Font (2003), Identification of marine eddies from altimetry. J. Atmos. Oceanic Tech., 20, 772-778.

Isern-Fontanet, J., J. Font, E. Garcia-Ladona, M. Emilianov, C. Millot, and I. Taupier-Letage (2004), Spatial structure of anticyclonic eddies in the Algerian basin (Mediterranean Sea) analyzed using the Okubo-Weiss parameter. Deep-Sea Res. II, 51(25/26), 3009-3028.

Isern-Fontanet, J., E. Garcia-Ladona, and J. Font (2006), Vortices of the Mediterranean Sea: An altimetric perspective. J. Phys. Oceanogr., 36(1), 87-103.

Johannessen, J. A., R. Shuchman, G. Digranes, D. Lyzenga, C. Wackerman, O. Johannessen, and P. Vachon (1996), Coastal ocean fronts and eddies imaged with ERS 1 synthetic aperture radar. J. Geophys. Res., 101(C3), 6651-6667.

Johannessen, J. A., V. Kudryavtsev, D. Akimov, T. Eldevik, N. Winther, and B. Chapron (2005), On radar imaging of currentfeat ures: 2, Mesoscale eddy and currentfront detection, J. Geophys. Res., 110 (C07017), doi: 10. 1029/2004JC002802.

Kudryavtsev, V., D. Akimov, J. A. Johannessen, and B. Chapron (2005), On radar imaging of current features: 1, Model and comparison with observations. J. Geophys. Res., 110(C07016), doi: 10. 1029/2004JC002505.

Le Traon, P. -Y., and G. Dibarboure (1999), Mesoscale mapping capabilities of multiple-satellite altimeter missions. J. Atm. Ocean. Tech., 16, 1208-1223.

Le Traon, P. -Y., F. Nadal, and N. Ducet (1998), An improved mapping method of multisatellite altimeter data. J. Atmos. Oceanic Tech., 15, 522-534.

McDowell, S. E., and H. T. Rossby (1978), Mediterranean water: An intense mesoscale eddy off the Bahamas. Science, 202, 1085-1087.

Mouriño, B., E. Fernández, J. Escánez, D. de Armas, S. Giraud, B. Sinha, and R. Pingree (2002), A Subtropical Oceanic Ring of Magnitude (STORM) in the Eastern North Atlantic: Physical, chemical and biological properties. Deep-Sea Res., 49(19), 4003-4021.

Munk, W., L. Armi, K. Fischer, and F. Zachariasen (2000), Spirals on the sea, Proc. R. Soc. Lond. A,

456(1997), 1217-1280.

Okkonen, S. R., G. A. Jacobs, E. J. Metzger, H. E. Hurlburt, and J. F. Shriver (2001), Mesoscale variability in the boundary currents of the Alaska Gyre. Continental Shelf Res., 21(11/12), 1219-1236.

Okubo, A. (1970) Horizontal dispersion of floatable particles in the vicinity of velocity singularities such as convergences. Deep-Sea Res. I, 17, 445-454.

Palastanga, V., P. J. van Leeuwen, M. W. Schouten, and W. P. M. de Ruijter (2007), Flow structure and variability in the subtropical Indian Ocean: Instability of the South Indian Ocean Countercurrent. J. Geophys. Res., 112(C01001), doi: 10.1029/2005JC003395.

Pasquero, C., A. Provenzale, and A. Babiano (2001), Parametrization of dispersion in two-dimensional turbulence. J. Fluid Mech., 439, 279-303.

Romeiser, R., and W. Alpers (1997), An improved composite surface model for the radar backscattering cross section of the ocean surface: 2, Model response to surface roughness variations and the radar inmaging of underwater bottom topography. J. Geophys. Res., 102, 25251-25267.

Romeiser, R., W. Alpers, and V. Wismann (1997), An improved composite surface model for the radar backscattering cross section of the ocean surface: 1, Theory of the model and optimization/validation by scatterometer data. J. Geophys. Res., 102, 25237-25250.

Romeiser, R., S. Ufermann, and W. Alpers (2001), Remote sensing of oceanic current features by synthetic aperture radar—achievements and perspectives. Ann. Télécommun., 56(11/12), 661-671.

Saraceno, M., C. Provost, A. R. Piola, J. Bava, and A. Gagliardini (2004), Brazil Malvinas Frontal System as seen from 9 years of advanced very high resolution radiometer data. J. Geophys. Res., 109 (C05027), doi: 10.1029/2003JC002127.

Saraceno, M., C. Provost, and A. R. Piola (2005), On the relationship between satellite-retrieved surface temperature fronts and chlorophyll a in the western South Atlantic. J. Geophys. Res., 110(C11016), doi: 10.1029/2004JC002736.

Schonten, M. W., W. P. M. de Ruijter, P. J. van Leeuwen, and J. R. E. Lutjeharms (2000), Translation, decay and splitting of Agulhas rings in the southeastern Atlantic Ocean. J. Geophys. Res., 105 (C9), 21913-21925.

Scully-Power, P. (1986), Navy Oceanographer Shuttle Observations, STS 41-G: Mission Report (Tech. Rep. NUSC TD 7611, 71 pp.). Nav. Underwater Syst. Cent, Newport, RI.

Smyth, T. J., T. Tyrrell, and B. Tarrant (2004), Time series of coccolithophore activity in the Barents Sea, from twenty years of satellite imagery. Geophys. Res. Letters, 31 (L11302), doi: 10.1029/2004GL019735.

Stanton, B., and M. Y. Morris (2004) Direct velocity measurements in the Subantarctic Front and over Campbell Plateau, southeast of New Zealand. J. Geophys. Res., 109 (C01028), doi: 10.1029/2002JC001339.

Stewart, R. H. (2008) Introduction to Physical Oceanography (e-book). Texas A & M University, available at http://oceanworld. tamu. edu/home/course_book. htm

Vallis, G. K. (2006), Atmospheric and Oceanic Fluid Dynamics: Fundamentals and Large-Scale Circulation (745 pp.). Cambridge University Press, Cambridge, U.K.

van Leeuwen, P. J., W. P. M. de Ruijter, and J. R. E. Lutjeharms (2000), Natal pulses and the formation of Agulhas rings. J. Geophys. Res., 105(C3), 6425-6436.

Waugh, D. W., E. R. Abraham, and M. M. Bowen (2006), Spatial variations of stirring in the surface ocean: A case study of the Tasman Sea. J. Phys. Oceanogr., 36(3), 526-542.

Weiss, J. (1991), The dynamics of enstrophy transfer in two-dimensional hydrodynamics. Physica, D48, 273-294.

4　中尺度海洋特征：锋面

本章属于中尺度海洋特征遥感观测三个章节的第二部分，推荐与第 3 章、第 5 章一起阅读。第 3 章概述了中尺度过程，并主要介绍从太空观测海洋涡旋；第 5 章不仅展示卫星如何监测上升流，而且涉及多种中尺度海洋动力特征研究的相关遥感应用。本章介绍海洋锋面遥感，4.1 节首先描述并解释锋面如何存在于动力平衡之中；4.2 节讲述锋面能被太空探测的特征，同时回顾了各种遥感方法与图像增强技术；4.3 节描述了自动追踪锋面位置与特性的分析方法，其余内容列举出一些实例，讲述卫星资料提供的知识与见解，极大提升了当前我们对于锋面的理解，主要包括海洋锋的全球分布与气候特点(4.4 节)、中尺度锋面的变化(4.5 节)以及锋面在提升生物初级生产力中的作用(4.6 节)。

4.1　海洋中的边界

海洋中的锋面是不同密度的水团之间突变的水平边界，它们的出现值得注意，因为其违背了海洋水体在水平表面上趋于一致的特性。在静态稳定分层的海洋中，密度随深度增加，尽管可见非常强的垂直梯度，却无法存在水平密度梯度，因为即使最小的水平密度梯度也会产生水平压强梯度，致其无法与重力相平衡，因此两种不同密度的水体紧挨时将会引发运动。通常，生成的海流有平流输送不同水团的趋势，使得水平密度梯度减小(如没有其他外力作用，密度较高的流体会流向密度较低的流体下方)。海流也会促进两个水团之间的混合，并最终使它们的密度均一。因此，若要保持海洋锋面的边界不被破坏，需要其他外力的作用。正如我们已在 3.2 节中提及，海洋中的科氏力可抵消由密度梯度所引起的压力，从而使海流沿着等密度线流动。海流的出现对于海洋锋面系统十分重要，在地转平衡锋面，海流将平行于密度交接面流动，并不会直接变形或者被破坏。

图 4.1 概述了一个处于动力平衡的海洋锋面特例。一块密度较低的楔形水体位于密度较高且内部没有流动的均一水体之上。为了使下层水体不存在水平压强梯度力，那么其上的海表面必须要倾斜并远离海洋锋面。因此，上层水体中的压强从左到右逐渐升高，从而产生从右到左的压力。下层水体不会出现这种压力，它会被相反方向的

等密度倾斜所抵消。在上层流体中压力可与科氏力相平衡，该科氏力是由平行于锋面流动的海流产生，海流位于密度较低的一侧。图 4.1 所示乃位于北半球的海流方向，若锋面形成于赤道以南，海流将流向相反方向。密度较低的整个楔形流体都将平行于锋面运动，接近海洋锋面流速最大，相应地，等密度线倾斜程度最大，海表面倾斜程度同样也最大。海流向右逐渐减弱并衰减至 0，等密度线与海面的倾斜程度也趋向于 0（即它们是水平的）。

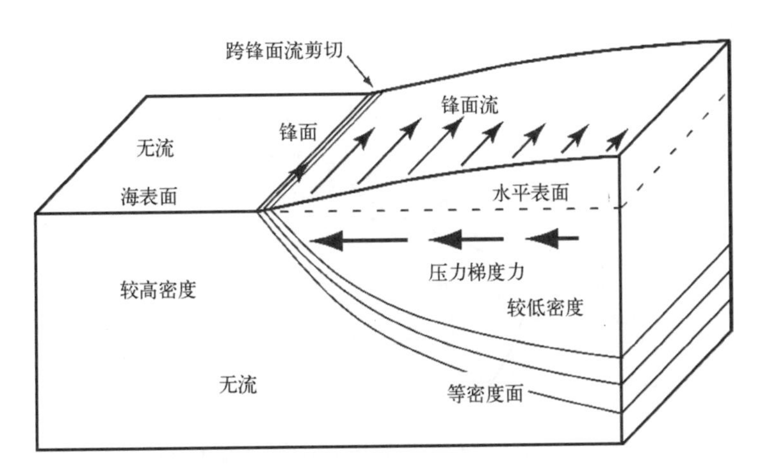

图 4.1　一个海洋锋面的截面（北半球）

注意，在这个原理图上，与等密度线相关联的海表面倾斜有着很大程度的夸大

如果保持足够长的时间，且能达到地转平衡，那么海洋锋面的这种基本结构适用于所有的尺度。海洋锋面的最大尺度达数千千米，并且由于锋面流动形成了海洋中的主要洋流，比如大西洋的墨西哥湾流、太平洋的黑潮以及南大洋的南极绕极流。尺度较小且较短暂的锋面常随海洋中尺度扰动而来来去去。比如，随着中尺度涡旋的变形，某些地方的等密度线间距会变小，海洋锋面将随之发生动力变化。特定的海洋锋面来源于密度较低或者较高的水体。比如，冷的、上涌的水体也许会以锋面的形式在其附近产生明显的分界面，或从大型河流或河口流出的暖水在遇到开阔大洋的冷水时会生成海洋锋面。由于它们很容易被卫星探测，我们对于锋面类型以及分布的了解在很大程度上得益于遥感，本章余下章节将详细阐述。

此外，海洋锋面的其他方面也值得关注，它们与从太空探测锋面相关联。图 4.1 原理性揭示了海流仅出现在锋面一侧。在不改变锋面平衡基本机制的情况下，可在整幅图像添加一支稳定的流动，或者主要海流可以位于锋面密度更大的一侧。此外，虽然上述基本机制概括了一阶、恒稳态的动力描述，但事实上存在着其他二阶动力过程，也许会造成锋面逐渐地改变。图 4.2 展示了部分情形，例如，不受地形限制的锋面可能会发生弯曲，并产生大幅的横向振动，极端情况下弯流会一直发展，直到中断，从而产生自由涡旋(如图 3.16 展示的墨西哥湾流的产生)。在较短的距离尺度上，跨越海洋锋面的流速切变会产生局地不稳定性，这将促进横跨锋面的混合作用，使密度梯度趋于减小。密度的局地分布不均匀会扰乱压力场，从而打破基本的地转平衡，并且由此促进次生流的发展，可在锋面上发生辐合或者辐散。锋生需要表面辐合，因为它能加剧水平密度梯度，也会改变锋面线的表面粗糙程度。辐散会造成锋面处的上升流，有可能提高初级生产力。

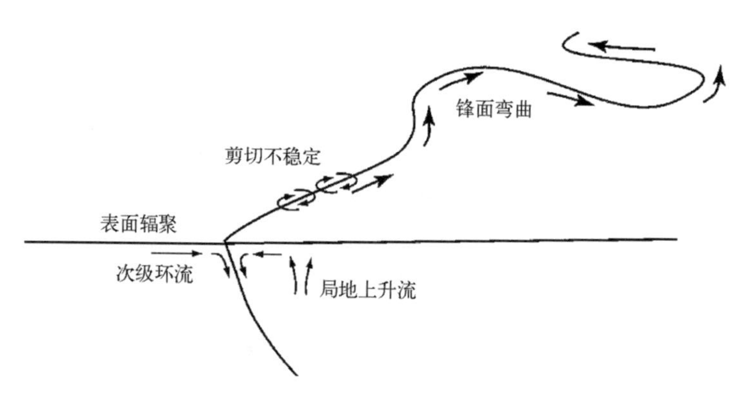

图 4.2　可能发生在海洋锋面上的二级动力过程

4.2　海洋锋面的遥感特征

要从太空中探测锋面，其结构至少要影响海洋遥感 4 个主要观测量之一。事实上，在通常情况下，锋面的结构与过程会影响如下每一个参量：海表温度、水色、海面粗糙度以及海面倾斜度。因此，本章介绍的几种不同类型的遥感数据都能得到锋面的特征。

4.2.1　锋面的海表温度特征

锋面在红外图像中的表现

通过卫星遥感的海表温度图能够较为稳定地观测到海洋锋面。海水的温度和盐度两个属性决定了海水密度，并区分了海洋锋面附近的不同水团。绝大部分的海洋锋面都具有强的温度梯度特征(可在红外图上被立即探测)。上一章图 3.16 展示的墨西哥湾流锋面，位于北大西洋环流水与美国陆架水之间，在北美海岸分离出来的区域，其温度差异大约为 10 K。当其跨大西洋传输时，随着海流发展成大型弯流，锋面会逐渐减弱。

厄加勒斯海流是另一个强温度锋面的例子，它与海岸分离，从印度洋向西南流去，并在非洲的南端向西转。图 4.3 展示了该地区难得的无云的 MODIS(Aqua)海表温度图。很显然，若要精确地显示分离点并定义坡度极陡的锋面(在尽可能远的范围里温度跨度为 4~6 K)，需要大约 1 km 的空间分辨率。它同样精确地揭示了分离之后，锋面逐渐产生并迅速增长的不稳定性，其最终导致了厄加勒斯流环的产生(van Leeuwen et al., 2000)。

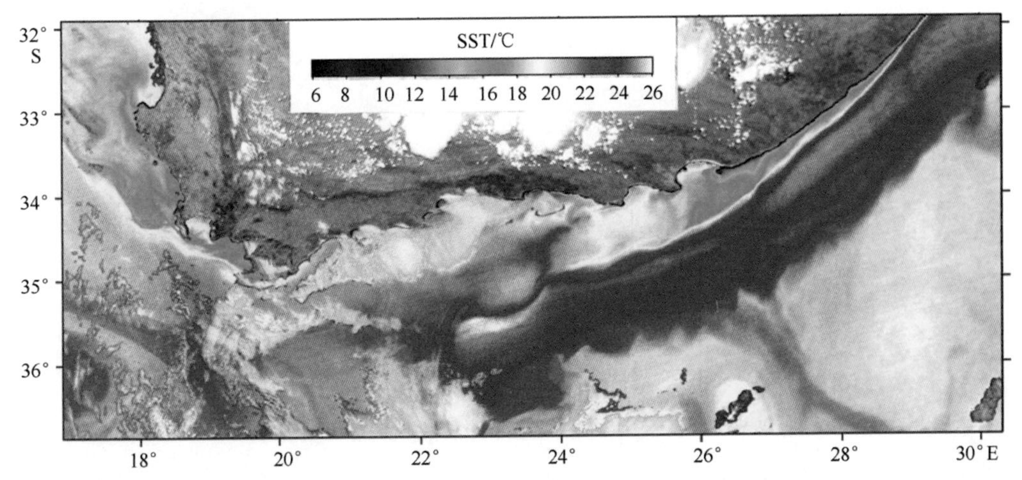

图 4.3 海表温度图像显示了从东非海岸分离出来的温暖的厄加勒斯海流。海表温度场从 NASA 的 EOS Aqua 卫星搭载的 MODIS 传感器的红外波段的信息推导而出，卫星过境时间为 2007 年 12 月 30 日 12:40 UT。与之相对应的叶绿素浓度图像显示在图 4.8 中

红外遥感不只可以探测主要的海洋锋面。如今正运行的某些中分辨率红外辐射计具有 0.1 K 的热量分辨率，尽管经过大气校正后，一些卫星海表温度结果的绝对精度要比它差得多，然而当横跨锋面的温度差小到 0.2 K 时，光谱窗口为 10.5~12.5 μm 的单通道亮温图足以描绘出锋面的特征。

红外辐射计典型的空间分辨率是 1~2 km，这取决于像元是在星下刈幅中心，还是倾斜于刈幅末端。这与开阔大洋中尺度锋面相比，远小于典型的沿锋面长度，而与跨锋面尺度相当(取决于锋面的尺度，通常从数百米到数千米)。因此，红外影像能探测由中尺度涡旋形成的小尺度锋面以及偶尔从大尺度海洋锋面细分出来的中级锋面。图 4.4 为一幅来自 ATSR 的单通道亮温图，展示出了这些特征。(A)处可见一个明显的主要锋面，但其并非单一的锋面，而是系列逐级结构(B)。此外，示例还呈现了沿锋面分布的冷水(C)。温度的主要差异体现在 19℃(白色调)以及 15℃的水体(灰色调)之间，两者之间水体的温度降至 12℃(黑色调)，极有可能是因为锋面引起的上升流所致。其他区域可见更多的锋面交错结构：冷暖水的交替带(D)以及尺度更小的涡旋侧面的小尺度锋(E)。

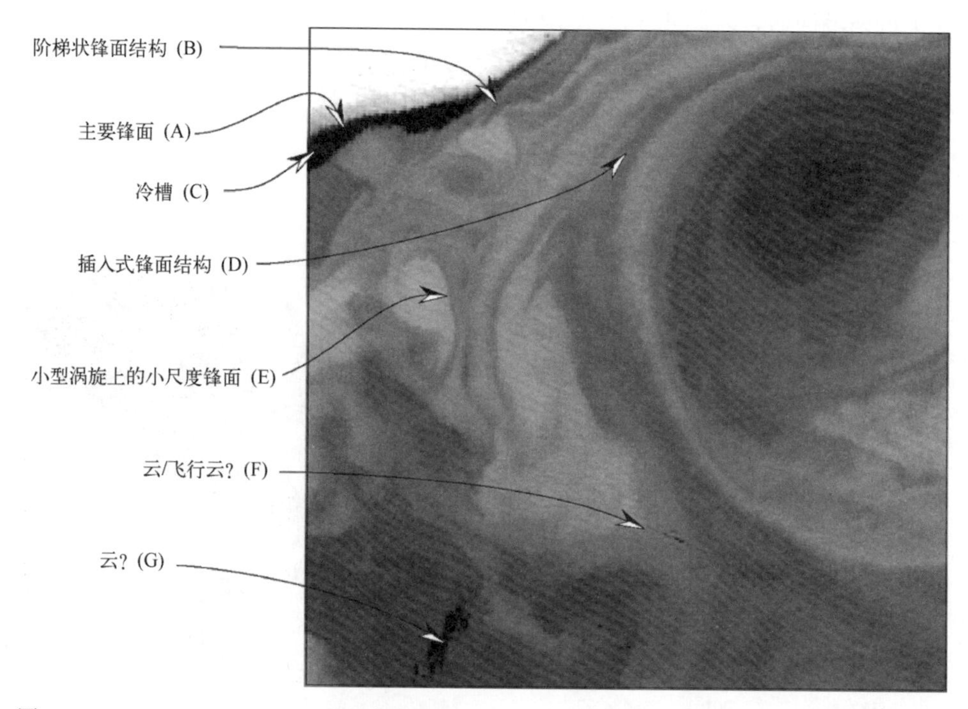

图 4.4　ATSR 10.3~11.3 μm 通道亮温图的一部分，该图展示的是阿根廷以外的250 km^2的南大西洋区域，位于巴西海流与福克兰(马尔维纳斯)海流之间的流区，更亮的地方显示的是更暖的水体(原始 ATSR 数据由欧空局提供)

然而，使用这种灰度等值线图呈现的温度数据并不是显现锋面的最好方式。如图 4.4 所示，由于对比度拉伸很弱(从 11.5℃到 19.5℃线性变化)，因此眼睛仅能识别较强的锋面。细查可见许多强度较弱的锋面并不明显，更可能某些较弱的锋面在图上根本无法呈现。如果采用类似图 3.16 或者图 4.3 那样的彩色等值线图，尽管肉眼可见强烈的对比色，但仍会错过跨越较弱锋面的色彩级别。因此，需要不同的图像增强来识别所有可能出现的锋面。

近乎不连续的温度才能从渐变中区分出锋面，即图像中存在一个比周围区域强得多的温度梯度。这样不连续的温度预示着海流切变区域的存在，对两水团间的次生流、上升流及混合有着重要的海洋学意义。因此，图 4.4 所示锋面是阶梯状的，海流只在几个平行带上流动，平行带上的流体是均一的，但带间存在剪切。如果存在流带交错的情况，剪切层将可能转变得更快或者更慢。像图 4.4(E)那样产生于小涡旋的海洋锋面，也许温差并不大，但却是孕育更小涡旋的不稳定前奏——部分过程使得大水团最终趋于混合均匀。这就是为何识别各种尺度的锋面如此重要，因为它们指示着这个过程如何进行。

使用高通滤波器可视化锋面

用一个合适的高通滤波器，可将锋面从温度图像中分辨并显示出来。图 4.5 展示了将 4 个此类滤波器应用于图 4.4 的示例(了解更多关于这 4 个滤波器的信息请参阅 *MTOFS* 的 5.3.6 节)，其中每个滤波器都以各自的方式着眼于温度场的不连续性及小尺度变化。

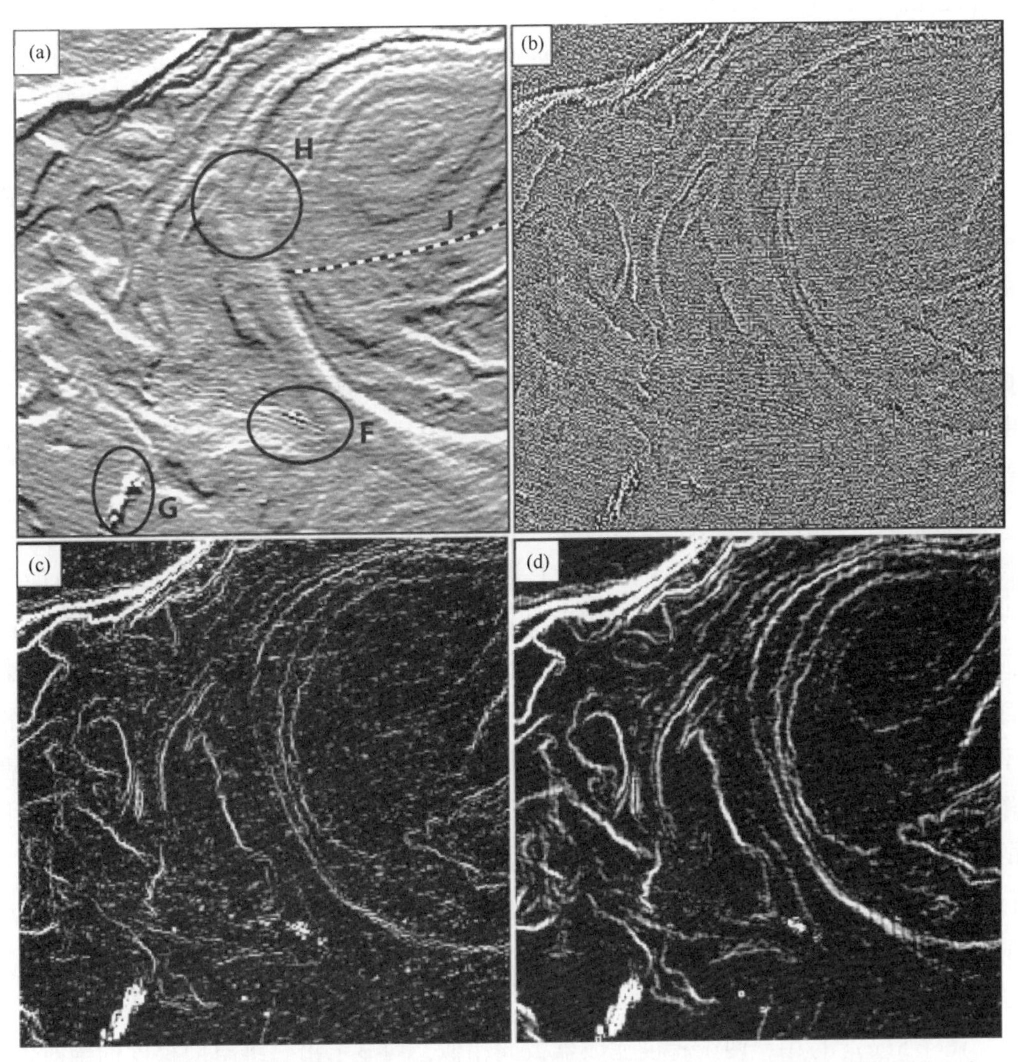

图 4.5　高通数字滤波器在图 4.4 中对于图形的应用，该应用可用来提高对海洋锋面的观测

(a)3×3 垂直梯度滤波器，对应图中上下变动的梯度；(b)3×3 拉普拉斯滤波器；
(c)2×2 罗伯茨(Roberts)梯度滤波器；(d)索贝尔(Sobel)滤波器

图 4.5(a)中垂直梯度滤波器由代表梯度方向的带符号值(正值与负值)组成，温度增加的图像表示为亮的区域，而暗的部分表示温度变小，这样感觉像展示出三维表面。

图 4.4 中特征(B)和特征(D)所在锋面交叉处，可以很明显地区分正、负梯度。同时，小尺度锋面也像大尺度锋面一样特征鲜明，这是因为尽管小尺度锋面更为狭窄，但其经常表现出陡峭的特征。比如，特征(E)在大部分地方都显现得很好，除了锋面平行于图像垂向坐标的地方，该处滤波器探测不到任何信息，使该滤波器存在严重的缺陷。图 4.5(a)标注 H 的区域以最糟糕的形式呈现出这个问题，环绕大型涡旋的圆形锋面系统在此处信号丢失且发生相位改变，从而对图像的解读产生误导。

图 4.5(b)呈现了一个拉普拉斯(Laplacian)滤波器，可有效展示空间二阶微分，对于孤立的峰或谷尤为强烈。它也是带符号的，可提供许多精细的细节，但当出现一个跨越若干像素宽度的连续温度梯度时，却无法显现出该处的最大锋面。

拉普拉斯滤波器与一维梯度滤波器一样，都呈现出规则的圆弧形状，与图 4.5(a)中标注为 J 的虚线相互平行。虚线对应于 ATSR 的遥感器扫描几何尺度，并且代表了这幅单波段图像中显示出的仪器噪声。噪声出现的级别高达±0.1 K，展示出这些滤波器的高灵敏程度。然而，锋面测量时它并不是一个问题，除非它们恰巧与扫描几何尺度相一致。即便锋面的信号与传感器噪声量级大小一致，锋面也依然能被探测到，这是由于锋面的信号被表征为连贯曲线的形式，明显有别于传感器噪声，因为传感器噪声要么毫无规律，要么呈现出规则的几何形式。

红外图像可能存在的一个更大问题，来自未识别的云或者亚像元的云的影响。尽管这幅图像几乎是无云覆盖的，但事实上并没有对该图像进行云检测，因此有可能呈现与云关联的误判风险。图 4.5(a)中标注 F 与 G 的区域展示了与其他部分不一致的特征。在原始温度图像及滤波图像中，F 与 G 区域都出现黑色的区域。前两个滤波结果都显示出，F 属于一个广泛分布特征的一部分，该特征是由 4~5 条延伸至近 150 km 的平行线构成，超过了图像的一半。对此无法给出明确的海洋学解释，但却可以将其看作一个合理的大气现象，因为亚像元的云或增强水汽会影响几个像素的亮温。对图中的这个规则性特征一个可能的解释是：此处有一条商业航空路线，这些特征是许多飞行器的凝结尾迹累积所致。不论到底是什么原因，它都阐释了海表温度图解译时需要慎之又慎。就如 G 处呈现的特征很有可能归结于云，因为其根本没有展现明显的海洋学结构。

图 4.5(c)(d)中，两个梯度滤波器彼此相似，均显示出二维空间梯度的绝对值，因此它们无法区分梯度的方向，但都在暗背景中呈现亮的线条形式。通过比较其他滤波器与原始图像发现，这些亮线条与锋面相对应。图 4.5(d)的索贝尔滤波器似乎最好地区分出了这些锋面。

值得注意的是，连贯的锋线如何保持超过百千米的长度，即便当其向着大涡旋中心旋转的时候。一些锋面能在很长的距离内保持平行，尽管在某些地方，相邻锋面的间隔也会开始振荡，预示着某些不稳定正在发展。结合这些呈现出的过程进行流体动力学分析，有可能对诸如此类的图像数据进行更细致的研究。正如此处所示，在考虑选择何种滤波器进行锋面可视化时，使用超过一个并将几个滤波结果结合起来也许是最好的方法。注意，4.3 节将展示一个不同的方法对锋面进行自动探测和定量表征。

云的问题和其他限制

正如热红外数据的所有遥感应用一样，海洋锋面会随着云的出现而变得模糊不清。对于一些多云气候的区域而言(比如位于北大西洋的冰岛-法罗群岛锋面)，无法指望通过红外遥感来周期性地提供可靠的锋面精确位置，这对于某些业务化应用来说无疑是令人失望的。相应地，在这个例子中，红外遥感最多只能偶尔地提供清晰图像，但至少可以得出锋面的典型位置与形态。就其本身而言，可为使用数值模型进行锋面动力过程预报提供补充和检验。

当然，全球海洋存在着许多云覆盖并不是很严重的区域。然而，即便当下并没有云使得锋面模糊不清，海表温度图(通过红外传感器获得)的用户也必须清楚，海表温度区域特征可能会与自动云检测软件冲突从而产生问题。云覆盖的一个标准检测方法就是检验一个像素区块的空间一致性(见 *MTOFS* 的 7.2.4 节)。如果空间一致性低(即温度方差大)，则假定存在云斑，并将该区块的所有像元都剔除。这种检测的方差阈值通常设置得很低，认为海水温度平缓变化，无云图像具有较低的方差。锋面与此不同，很大程度将触发云的检测，除非采取措施将其抑制在锋面预期发生的区域。此外，粗心的用户会发现云似乎总聚集在预期发生锋面的位置，甚至当时其余的海洋是完全无云的！当然，通过设置更高的阈值来放宽空间一致性测试，其代价是海表温度区域经常被未检测到的云像元所破坏。为了说明这个问题，图 4.6 展示了将空间方差滤波器应用于图 4.4 温度图像的结果。使用典型的空间一致性阈值，白色区域将全被标记为云区，很明显这张图中并非如此。相反地，放宽阈值会阻碍检测区域 F 和 G 中的云污染。

较小较弱的锋面不能如预期般清晰显示的另一个原因，在于它们或许暂时性地被表面混合层或日温跃层所覆盖。尽管下层水团最终会影响上层覆盖水体的特性，但在太阳加热与低风速期间，当海表层很浅且与下层水体无联系时，卫星海表温度图像所绘制的模态将更多地说明风混合的情形，而不是下层的水团。在这样的情况下，夜间图像能更好地用来解译锋面的结构。

对于极轨红外数据而言，云覆盖区域仍是一个严重的问题，一个替代的选择就是在地球同步轨道平台上使用红外传感器。因为这些传感器每天会对相同的区域获取许多影像，将有更多的机会在部分多云的条件下探测锋面的位置，通过这种方式开展了一些有趣的锋面研究(Legeckis et al.，2002)。另一个可选方案是使用微波辐射计，其缺点是空间分辨率差得远(见本书的 2.4.4 节和 *MTOFS* 的第 8 章)。即使是经过重采样，微波海表温度图的特征像素尺度也只有 25 km。因此，应考虑微波用于探测大的海洋锋面，而不是识别小尺度的锋面结构。图 3.18 与图 4.3 的比较提供了关于此问题的图片证明。此例中的厄加勒斯海分离区域，微波散射计在沿岸至 100 km 处温度反演的糟糕质量使其缺点更为明显，在图 3.18 中标记为无数据。尽管如此，由于图像可以每 1~2 天更新一次，且只有非常少数的开阔大洋像元被标记为无效，使得可以很好地追踪中尺度特征详细的时间变化(见 3.5.2 节)，同时，尽管小锋面的特性(如倾斜度和宽度)不能由微波辐射计测量得到，但其位置也能被推测出来。

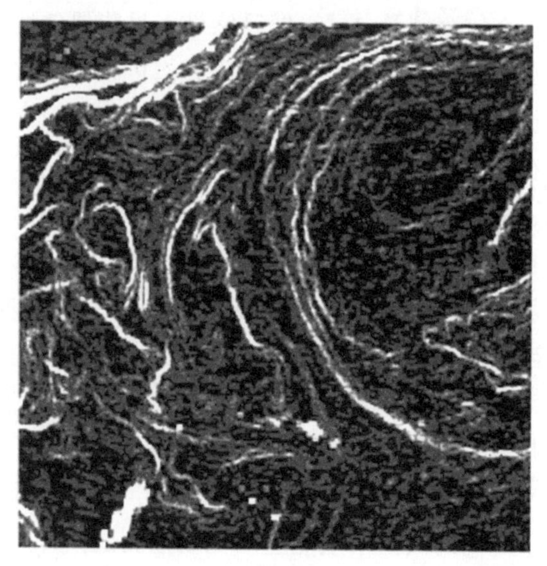

图 4.6　空间方差滤波器在图 4.4 展示图像中的应用

例子中锋面的热力特征以及可从中学到的海洋学知识，在细节上可认为与主要海洋锋面的气候特征(4.4 节)以及中尺度锋面的变化(4.5 节)有关。还须注意，陆架海区锋面遥感的例子会在第 13 章中讨论。

4.2.2　可用高度计观测锋面吗?

理论上，因为锋面与强海流相关联，所以海表倾斜度(图 4.1)测高法似乎是一种有效的锋面观测方法，且不受云覆盖的影响。然而，细思可见多数小尺度锋面的测高信号是很差的。首先，高度计只采集沿轨样本，因此若要探测一个锋面，高度计需要精准地穿越它，同时最好呈直角观测，这导致许多中尺度锋面由于高度计无法呈直角穿越而完全被忽略。其次，沿轨海面高度异常的分辨率大约为 10 km，这样小尺度锋面的整个特征可能都不会超过两个相邻海面高度异常样本之间高度的细小变化。若缺乏高分辨率二维场的分析资料，锋面的线性特征将无法获取。即使有可能探测到高度变化，粗糙的空间分辨率也不足以区分快速窄流或者较缓海流与较宽阔海流的区别。总而言之，高度计似乎并不能很好地适用于研究中尺度海洋锋面的小尺度动力细节。

另一方面，大型海洋锋面系统及相关联的主流确实有着稳定可测的高程信号。沿着海洋中某条断面的总地转流与断面两端之间的绝对动力高度差成正比（见 *MTOFS* 的图 11.14）。如果距离达到数百千米，那么我们现有关于大地水准面的知识（来自 GRACE，采用稳态海流的漂流浮标测量结果），可让我们以满意的精度来估算总地转流和平均流速，但不能分辨海流聚集的锋面边缘。在大型的海流中经常会出现一些分开的强流流束或流丝，其间主流（海表倾斜最陡峭的地方）被海表倾斜较低、海流较弱的区域分开（图 4.7）。即使通过预期的 GOCE 重力数据得到更高精度的大地水准面，也无法提供优于 50~100 km 的空间分辨率，所以不能指望从大地水准面的小尺度起伏区分出平均动力地形中的流丝、次级锋面等特征。然而，考虑到大尺度海流的固有扰动特征，穿过锋区流丝的侧向位置可在几个月内漂移数十千米。因此，它们的信号在海面高度异常场中将会变得十分明显。

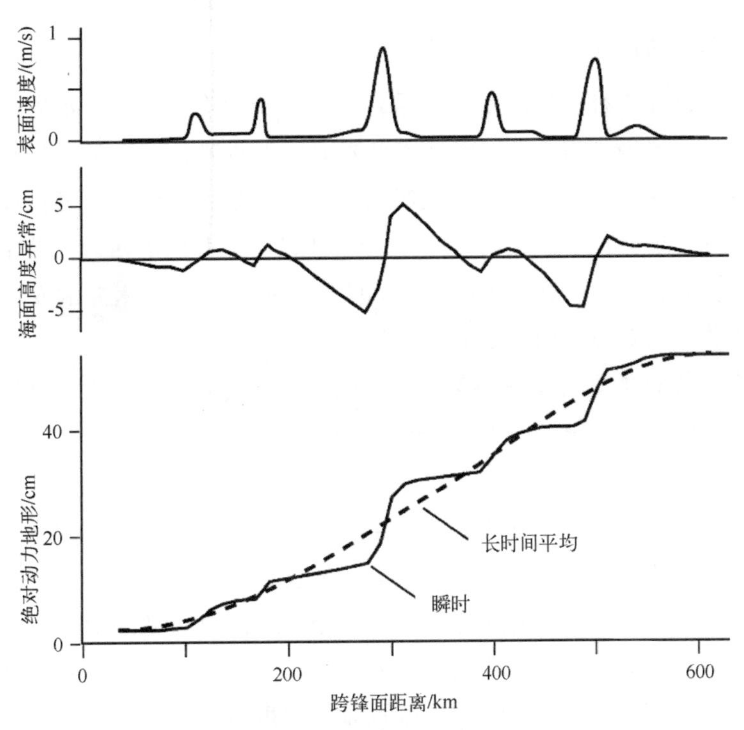

图 4.7 在多核锋中的纤维状锋速度结构关系示意图，用测高法反演的相关的绝对动力地形（ADT）、平均动力地形（MDT）、最佳适合的大地水准面和测高法测得的海面高度异常（SSHA），斜率是按照速度的比例缩小的，假设 $f=10^{-4}\ s^{-1}$

锋面与第 3 章讨论的涡旋一样，当下层存在宽阔稳定的海流时，海面高度异常图会变得令人困惑。然而，将海面高度异常添加到平均动力地形构造出绝对动力地形时，可提供一幅令人满意的绝对流场图，其中包含流丝结构。图 4.7 展示了一些人造但具有代表性的数值，f 的尺度为 $10^{-4}\ s^{-1}$(纬度为 43°)。尽管在静态条件下，平均动力地形无法提供确定次级锋面所需要的空间精度，但事实上，间隔很细的流丝一直在持续地侧向漂移，使得真实的平均动力地形更加平滑，从此非常接近估算的平均动力地形。这是近期令人关注的南极绕极流流丝结构观测的基础(Sokilov et al., 2007a)，其他海域也有类似的情况(Maximenko et al., 2005)。

4.2.3 水色影像观测锋面

一些锋面可被水色影像探测，根据 3.6 节的讨论有两个主要原因。一是，锋面两侧的两个不同水团具有不同的光学性质，呈现不同的颜色，从而可被多光谱扫描仪或者成像光谱仪探测；二是，通过锋面次生环流导致的上升流或者跨锋面混合，一些锋面为原本寡营养的水体提供了富营养的机会。因此，从水色传感器获取的叶绿素数据中可明显发现，一年中的某些特定时段，沿锋面的初级生产力将会增强。

不同固有颜色的水团

大型的海洋锋面具有强烈的水色信号，通常位于较冷一侧的海水生产力更高、颜色更绿，而生产力更低、清澈的、蓝色的水体则位于暖侧。尽管这并非适用所有的大型锋面，但在可见光波段多谱段扫描仪获取的叶绿素浓度图中清晰可见锋面时，确实如此。图 3.19 的左下角就清晰地显现，位于墨西哥湾流锋面的西边，沿岸较冷的海水在刚离岸后，具有较高的叶绿素浓度。较远的东北方向，由于涡旋的发展，水色锋面与温度锋面不再紧密对应，图像变得分辨不清。

图 4.8 令人惊讶地呈现了一组类似的情况，厄加勒斯海流近岸一侧具有高叶绿素浓度，图 4.3 展示了同幅 MODIS 的海表温度分布。在仅比海表温度锋面略宽一点的距离中，可见光波段 1 km 的分辨率能够展现很强的叶绿素梯度。

锋面两侧水体具有清晰可见的颜色差异的其他典型示例，与河口及河流的浑浊水体流入开阔大洋的清洁水体相关联。同清澈、蓝色的大洋水体相比，河流或者河口区域的水体通常更多反射光谱中的红光和绿光部分，这是由于悬浮颗粒的出现将反射红光和绿光，而清洁的大洋水体会在反射前将红光与绿光吸收。径流输入含有许多有色可溶性有机物，蓝光将被充分地吸收使得水体呈现褐色。与本章讨论的中尺度或大型海洋锋面相比，径流输入的羽状流锋面或在陆架海与开阔大洋海水边界处的锋面尺度要小得多，它们将在第 13 章进一步讨论。

然而，关于水色锋面探测能力与热红外卫星影像的比较，可以得到一些一般性的结论。

最重要的一点是海洋中多数锋面具有温度信号，而许多锋面却并不具备可区分的水色信号。此外，水色信号通常与水的密度没有直接联系，但是若已知温度差则可估算横跨锋面的密度差异，这对于锋面的动力学理解有着重要意义。尽管如此，也有特例，比如盐度驱动的锋面，不存在温度梯度，若要利用卫星探测这样的锋面，则需要水色对比信号。

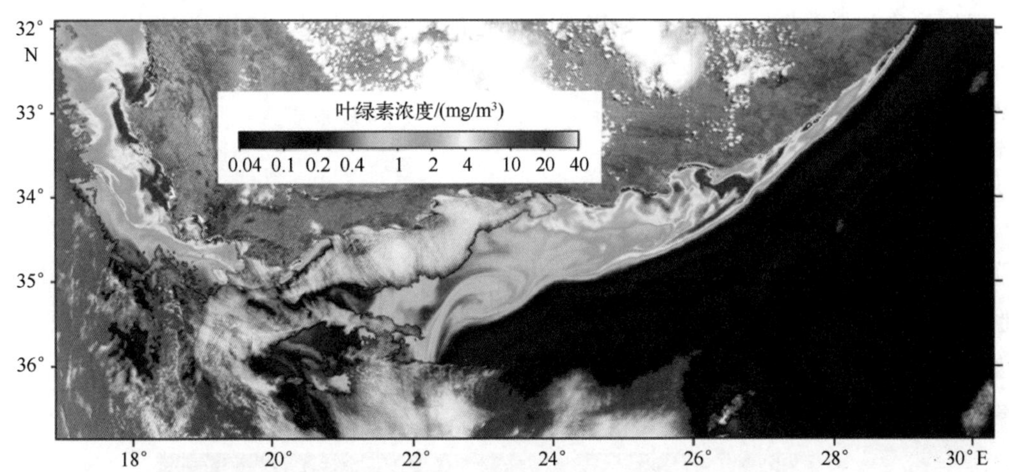

图 4.8　叶绿素浓度图，展示了从东非海岸分离出的厄加勒斯海流温暖但叶绿素含量低的特点。在海岸与锋面之间更冷的水体，则叶绿素含量丰富。叶绿素分布图是由 NASA 的 EOS Aqua 卫星上的 MODIS 遥感器中的可见光波段轨道反演得到的，过境时间为 2007 年 12 月 30 日 12:40 UT。它与图 4.3 的海表温度图像一致

利用水色而非温度来探测锋面的第二个要点：水色锋面的位置可能不与两个水团密度交接的表面连接线精确重合。这是因为表观颜色乃光学深度(通常为数十米)水体反射光的光谱特征的积分。如果锋面倾斜了一个细微的角度，那么在靠近锋面较低密度的一侧(图 4.1 锋面的右侧)，所见颜色可能仍是更深水层的颜色。在墨西哥湾流与厄加勒斯海流的例子中，这就意味着海表之下也许存在一些富含生产力的水体，但其深度足够浅使得水色传感器能记录到较高的叶绿素浓度，于是看起来就像高叶绿素含量的水体延伸到主流的暖水中。这种情况下，从水色信号勾画的锋面最陡峭的部分，与从海表温度信号得到的相比，将向锋面的暖侧偏移。仔细比较图 4.3 与图 4.8 可以看出这种情况，如果采用计算机动画来回切换这两幅图将会变得非常明显。这种情况说明，在同一传感器或同一平台的多个传感器同时集成热力和可见光辐射计非常有益。

在锋面上增强的初级生产力

水色信号探测的另一主要类型是与一些锋面相联系的初级生产力。这类探测较少用于识别锋面的位置，更多用于理解锋面在促进浮游植物生长中的作用。此例中热力与水色测量的结合非常强大——热影像标明锋面在海表连接的位置，而水色影像揭示

出与此关联的初级生产力的位置。还有另一种情形，需要同步的热力与可见光数据，不仅有助于数据的相互印证，还能确保如果热影像无云，则水色影像也无云，反之亦然。即便一个小时或者两小时的间隔都将降低两种传感器获得无云影像的频率。

4.6 节描述了得益于卫星数据提供的独特视角来研究锋面初级生产力的方法。与此密切相关的一个主题是沿着海岸或者沿着赤道的风生上升流。这样的上升流在自生锋面的同时，也为生物初级生产力的增强提供场所，因此将在本章进行讨论。然而，海洋中的上升流系统将是第 5 章的主题，所以在此不会过多涉及。

锋面的其他水色信号

容易让人误解的是，所有锋面的水色影像都可以轻易地被划分为上述某种类型。通过搜索呈现在水色传感器管理机构网站上的有趣影像图库，读者将见识各种各样的、地理上独特的、有趣的其他锋面系统及过程。比如，图 4.9 展示了位于大西洋西南部的马尔维纳斯或福克兰海流，当它往北流时避开了巴塔哥尼亚(the Patagonian)陆架边缘。此图有趣之处在于，鉴于主流的边缘通常位于锋面边界处，这里的海流本身就展

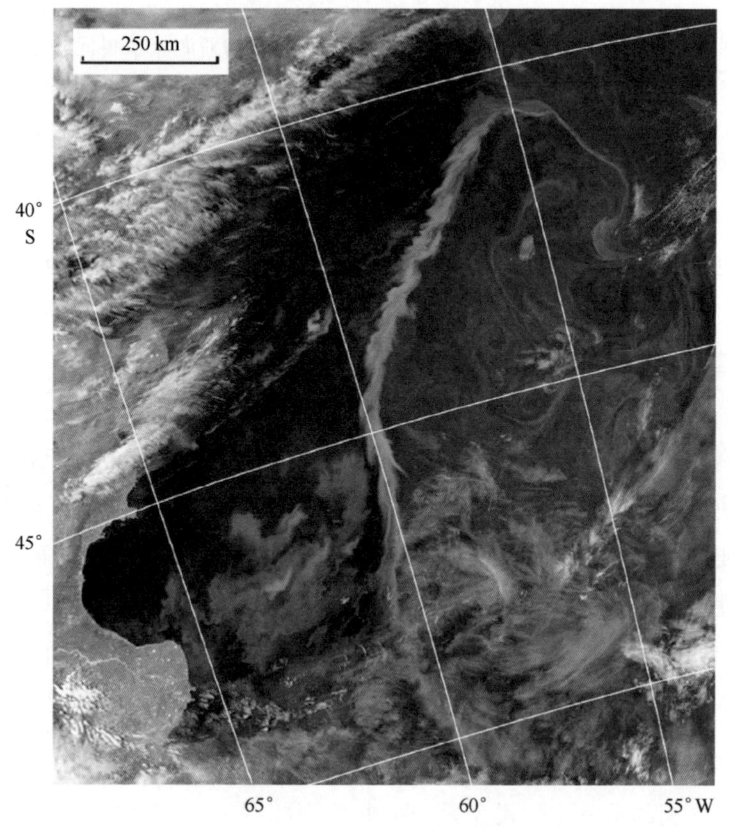

图 4.9　由水色信号观测到的 2004 年 12 月 6 日大西洋西南部的福克兰(马尔维纳斯)海流。这是一幅 SeaWiFS 1A 级伪真彩图，地理网格仅仅是近似的(基于 NASA 海洋水色网站上的图)

现出与周围不同的颜色。这也许与海流本身较高的初级生产力有关，尽管轻微增强的真彩色影像中，反射信号的亮度显示海流含有相当大数量的颗石藻，其细胞自身死亡后很长时间仍保持着悬浮状的高反射颗粒(见 3.6 节)。在这个例子中，水色遥感起到了示踪器的作用，指示流经的主要海流，并不针对该区域停留的水团。同时，如图 3.21 所示，经常能见到不同颜色的条带状水体，标示着一个复杂湍流系统中的局地急流，然而如此处所示的这种现象沿着主要海洋锋面流存在数百千米之远的情况很少见。

4.2.4　雷达表面粗糙度图像中的锋面特征

3.7 节已经讲述，中尺度涡旋显现在合成孔径雷达图上，很大程度上归因于部分涡旋发展出的局地锋面，其长度小于数十千米。这里着眼于更大尺度锋面的雷达粗糙度特征。尽管当前我们对于 SAR 的多种成像机制都有充分的理解，以此 SAR 能够显示表面流的特定动力特征(见 *MTOFS* 的 10.7 节)，然而在任何特定情况下，根据基本原理从海洋锋面的 SAR 图像来进行预测是不容易的，这与模型模拟的理想锋面截然不同(Ufermann et al.，1999；Romeiser et al.，2001)。由于 SAR 对全球海洋的覆盖率相对有限，我们依然处在探索数据可以发现什么现象的阶段(Alpers et al.，1999)。这里我们将采用经验方法，呈现一些由 SAR 揭示锋面系统的成功案例，并将它们与已有的 SAR 图像机制理论知识相联系。

图 4.10 提供了一个与主要海流相关联的锋面例子，由一幅 ERS SAR 图像展现。在西北太平洋西部远离中国台湾东海岸的地方我们发现北向流动的西边界流，其再往北变成了黑潮。该区域中只有一个狭窄的大陆架，离岸的海床坡度陡峭，且主要的海流系统可以达到近岸区域。离岸 50~80 km 的平行亮线是典型的锋面特征，该处存在流动剪切，造成朝向切变线产生局地次级辐合。该辐合对于沿切变线的短风波能量具有增强效应，使其在图像上很显著。可以合理地假设这些辐合线标记出锋面系统的不同级别，但是很难从这般图像提取可靠的定量信息。理想情况下，在声明 SAR 数据可用于监测锋面及相关流动的变化之前，需要获得一个时间序列的这类图像。

图 4.10 也很好地显示了解译 SAR 特征时的一个缺陷。距离海岸 30 km 左右的主要锋面似乎没有显示出任何辐合亮线。进一步地查看表明，跨边界的纹理与色调差异更适于解释为纯大气效应，与海陆风的离岸传播有关，这在该区域其他 SAR 图像识别中就更清晰了(Alpers et al.，1999)。

图 4.11 是另一幅 ERS SAR 图像，其中海洋锋面与先前例子中的海洋边界流相比，在一定程度下尺度更短。此图中每个海洋锋面都由最大可扩展至 50 km 的单个亮信号标记出来，而不是通过几何直线识别，这种情况需要另一种解译。线信号中的不规则性与波动性是海洋锋面的特征，同时增加了解译这些特征的可信度。假定水动力调制

是在主动成像机制的情况下，亮信号意味着表面的锋面辐合。正如 *MTOFS* 中 10.7 节讨论的那样，在某些情况下，由于温度的关系，锋面两侧主要水体的雷达后向散射会产生微小的变化，将导致轻微的粗糙度差异。注意，规律性的成群平行亮线模式在这里解译为内波序列(有关从太空测量内波的详细讨论见本书第 12 章)。这幅图中，解译为锋面的线条与那些假定为内波的线条之间的区别在于，锋面信号比内波更尖锐、更明亮、更狭窄。锋面的线条更多见于独立存在，并非作为规则性的波群或波列的一部分，而那是内波的一个特征。

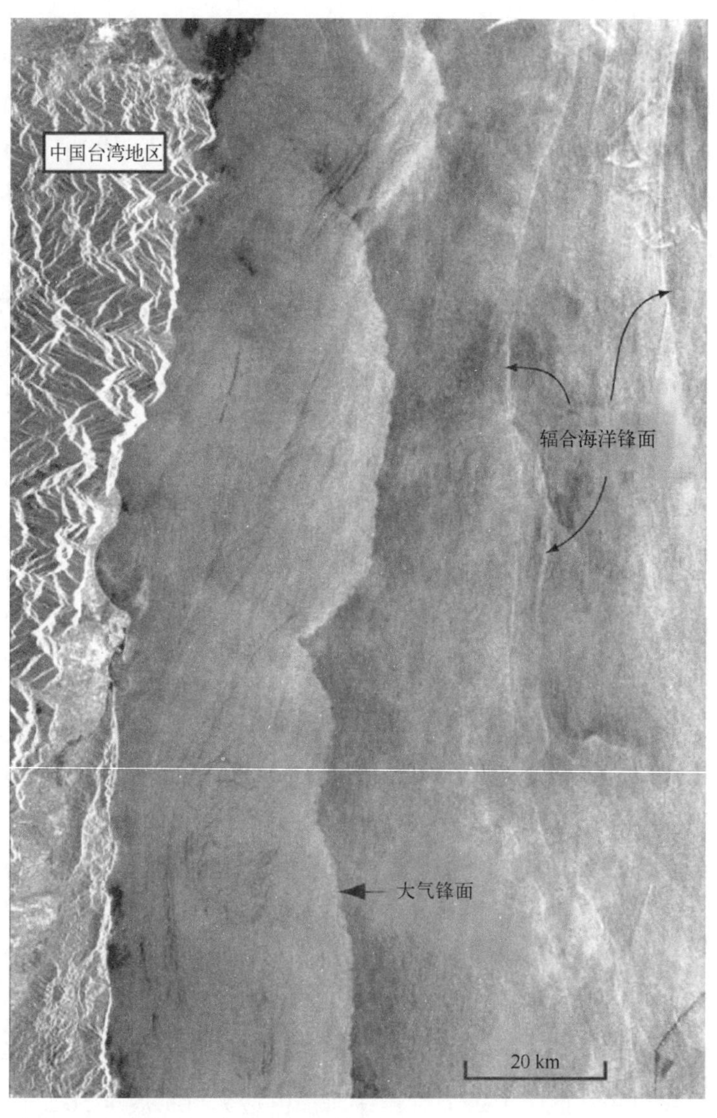

图 4.10　在 24°N 左右的中国台湾东部区域的 ERS SAR 图像，展示了海洋中的辐合锋，但也可能是潜在的具有误导性的大气锋面(数据由 ESA 提供)

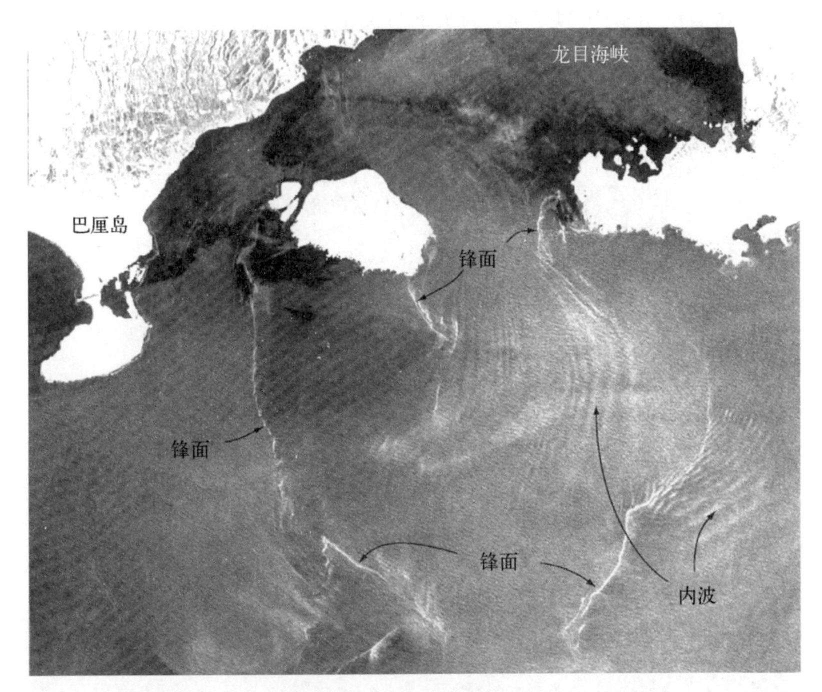

图 4.11 位于 8°S，116°E 处附近的龙目海峡的 ERS SAR 图像，展示了许多局地表面辐合锋。幅宽约为 100 km(由 ESA 提供的 SAR 数据获得)

因为独立检验 SAR 图像动力特征解译的机会很少，从海洋学角度预测是否存在锋面也非常重要。观测区域位于印度尼西亚的巴厘(Bali)岛与龙目(Lombok)岛以南的东北印度洋。岛屿之间称为龙目海峡(the Lombok Strait)，连通着印度洋与爪哇海北部，也是印度洋与澳大利亚北部太平洋之间水体交换路径的一部分。因此，可以合理地预测有大量水体穿过龙目海峡。海水呈现出向南流动，其密度不同于印度洋的水体密度，因此在外流羽流与印度洋水体之间的边界处产生海洋锋面。靠近岛屿岬角的锋面特征开始的方式也可用这个来解释。尽管没有更多的现场知识支撑，这些解释必须归为未受检验的假说，但却阐释了 SAR 图像上的锋面监测是如何提出有用的问题的，并且提供了可支持锋面动力学过程的见解。

同样注意，锋面与内波列之间的明显关系屡见不鲜。我们应该记得锋面实际上是倾斜等密度线的表面连接。在那种情况下，许多 SAR 图像的例子中可见，锋面上的流动可以导致内波的产生，并从锋面向外传播。

最后，图 4.12 给出了第三个例子，显示了一个特征相当不同的海洋锋面。这里 SAR 图像中标记锋面的纹理有着细微的变化，将其解译为海洋锋面的基本原理如下：锋面左侧的海表温度要低于右侧，大气边界层在较暖的水体中较不稳定，导致在大气边界层处滚动涡的发展，其与风平行且在雷达后向散射场上呈现微弱的带状；而在锋面较冷的一侧这种情况并未出现，通过改变图像的纹理就能够看到锋面。这种情况下，独立的海表温度场知识(Alpers et al.，1999)，证实了海洋温度锋面的存在。

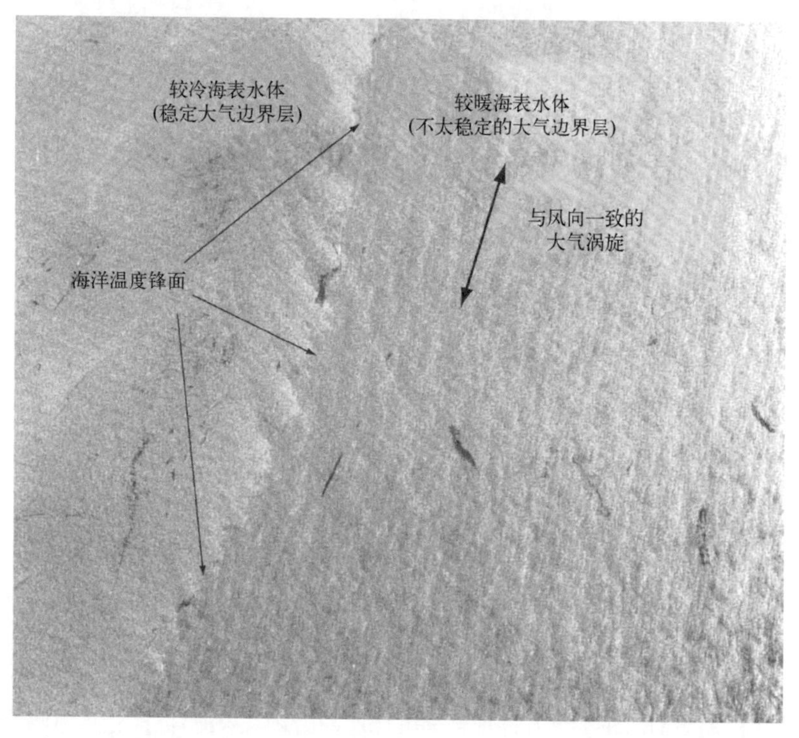

图 4.12　1995 年 1 月 7 日获得的 ERS-1 SAR 图像，区域位于中国东海中心位置在 28°N、122.5°E 左右，宽度为 100 km。图像展示了在区域的右半部而不是在左半部，与风向一致的大气涡旋。标记两类图像纹理之间边界的线条被认为对应于海洋锋面。东部较暖的水体促进了大气边界层的不稳定性，造成了涡旋，使海表粗糙度呈现条纹结构(Alpers et al.，1999)

然而，解译跨锋面的色调或者纹理时必须多加注意，因为这些更大可能是大气锋面的特征。诸如图 4.12 的图像并没有提供一种能够系统地探测海洋锋面的方法，因为它们取决于当时的大气条件。请注意 *MTOFS* 的 10.8 节中讨论了大气效应在海表 SAR 图像上的出现方式。

4.2.5　基于多普勒分析 SAR 数据的海流直接测量

MTOFS 的 10.4.3 节介绍了一种从 SAR 中直接测量海表流速的新方法，即通过仔细分析雷达回波频率的残余多普勒频移。原理很简单，雷达发射脉冲和海面反射回波之间的频移反映了卫星和海面粗糙度之间的相对运动。如果在 SAR 积分时间内，可从给定分辨率(通常尺度为数千米)的海表单元反射的平均能量得到多普勒频移，那么就可测得相应海表斑块与卫星之间的相对运动。根据卫星速率与围绕地轴的地球速率知

识，对静止地球表面而言，每一分辨单元的频移都可以通过模型来预估。在海上，模拟频移和实际频移之间的差别被认为由海表面散射要素的运动所引起，部分归因于表面波轨道速度，除了与波高相关的一些非线性效应之外，趋于在分辨率单元上平均为零。在此之后需要考虑的流速分量记为 U_D，即在卫星朝向的特定分辨单元的方向上，雷达后向散射要素平均速率的组成成分(图 4.13)。

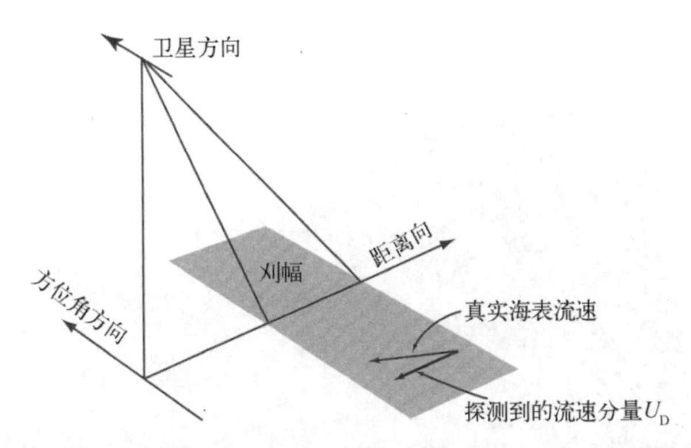

图 4.13　示意图显示表观表面流的组成成分，U_D由 SAR 数据的多普勒中心分析探测获得

得益于非常稳定的卫星轨道和姿态，Envisat 可以准确地估计卫星运动和天线指向，用于获得足够精度的频移测量，从而区分 U_D中的平均模态。目前，该方法已被证实且其结果正被具体解译与应用(Chapron et al.，2005)，所采用的 Envisat ASAR 为宽幅模式，在 400 km 宽幅 σ_0 场的空间分辨率达到 100 m。多普勒频移在方位上的处理单元超过 25 km，且在幅度上可较好地识别(尽管具有多变性)。Chapron 等指出，残余多普勒频移有可能列入未来的 SAR 图像产品。

接下来的困难在于解译反演的速度分量 U_D代表着什么。这是从雷达反射微波的包含海面粗糙度的平均速度。因为布拉格波(波长为数厘米)会将大多数回波散射至 SAR，尽管仍没完全弄清其速度由什么控制，然而正是这一速度控制了 U_D。显然该速度取决于海洋上混合层海流的速度，这是从该方法获得的一个有用的海洋学成果。然而，它同样包含着近表层风生漂流的影响，其波长更长，且与斯托克斯漂流相联系。U_D同样将随风浪-流相互作用而改变，它们将在不同尺度改变海表的几何形状以及速度场。作为布拉格控制相对纹波波长的结果，U_D同样取决于雷达入射角与极化情形。

对于正在寻找可以定义海流精细尺度结构、锋面区域的切变或者在浅海区测定复杂潮流新方法的海洋学家们而言，所有这些如何解译 U_D的不确定性看起来都令人沮丧。然而，这一方法仍然很新，需要通过实验与理论来探索。首次出版的示例中挑选了关于墨西哥湾流的 Envisat 影像，因为其上可探测到一个相当大的海流特征(结果展示在

图 4.14）。在代表 σ_0 的标准灰色 SAR 图像之上，U_D作为彩色编码场覆盖其上。在我们认为是墨西哥湾流的边缘之处，σ_0图上呈现了一些特征切变线，从哈特勒斯角（Cape Hatteras）的陆坡向外并趋于大西洋中部。这从一幅较粗糙的高度计海面高度异常（此处没有展示）得到证实。同一区域 U_D场的强烈信号表明通过多普勒速度测量方法检测到下层海流。然而，强离岸风时同区域的另一幅 σ_0/U_D 图（未展示）显示，U_D的形态与风场和墨西哥湾流相关联。

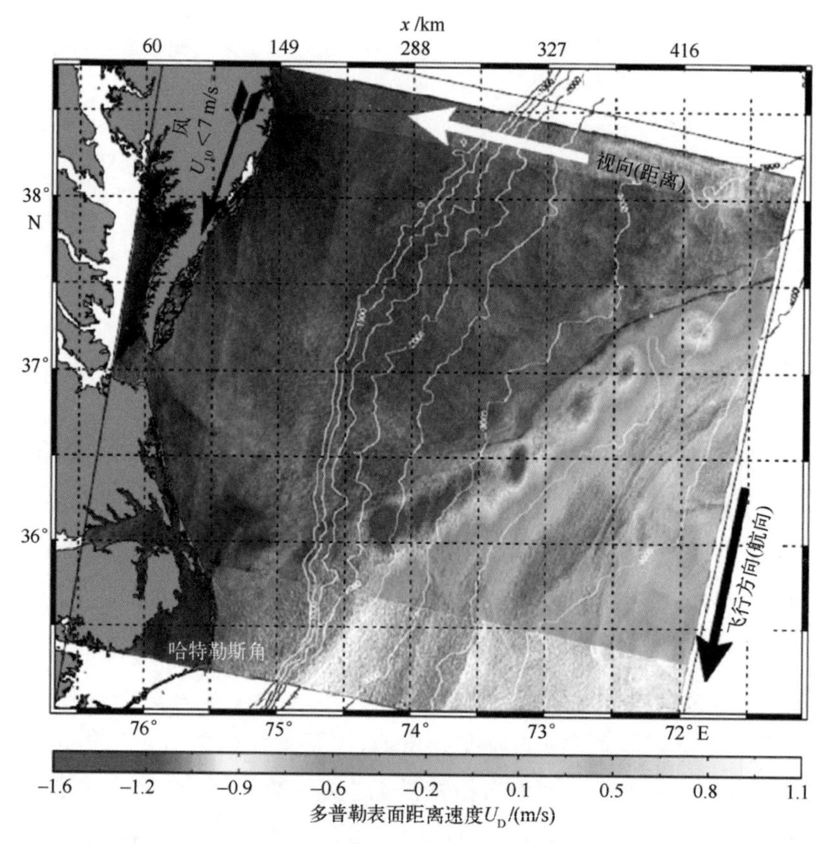

图 4.14　从 Envisat 得到的宽幅图像分析的归一化雷达散射截面 σ_0（灰色）与多普勒速度 U_D（彩色），时间为 2003 年 2 月 6 日 15:12 UTC。海洋锋显示为 σ_0 的剧烈梯度，由雷达观测到的海表速度似乎与墨西哥湾流相关［图片来源 Chapron 等（2005）］

图 4.15 展示了该方法的另一个近期应用，清晰地显示了远离南非的厄加勒斯流尖锐的锋面边缘。此外，该图似乎展示了导致厄加勒斯流环流脱落的锋面扰动类型（van Leeuwen et al.，2000）。该图 SAR 过境的方向（U_D测量的地方）取为平行于厄加勒斯流方向，可提供最强的可能信号。

这个例子清楚地表明，该方法对于海洋学家来说还是有作用的，尽管目前只是定性的。平均而言，Envisat 每两天就可为世界海洋任何区域提供这样的图像，对全球海洋的

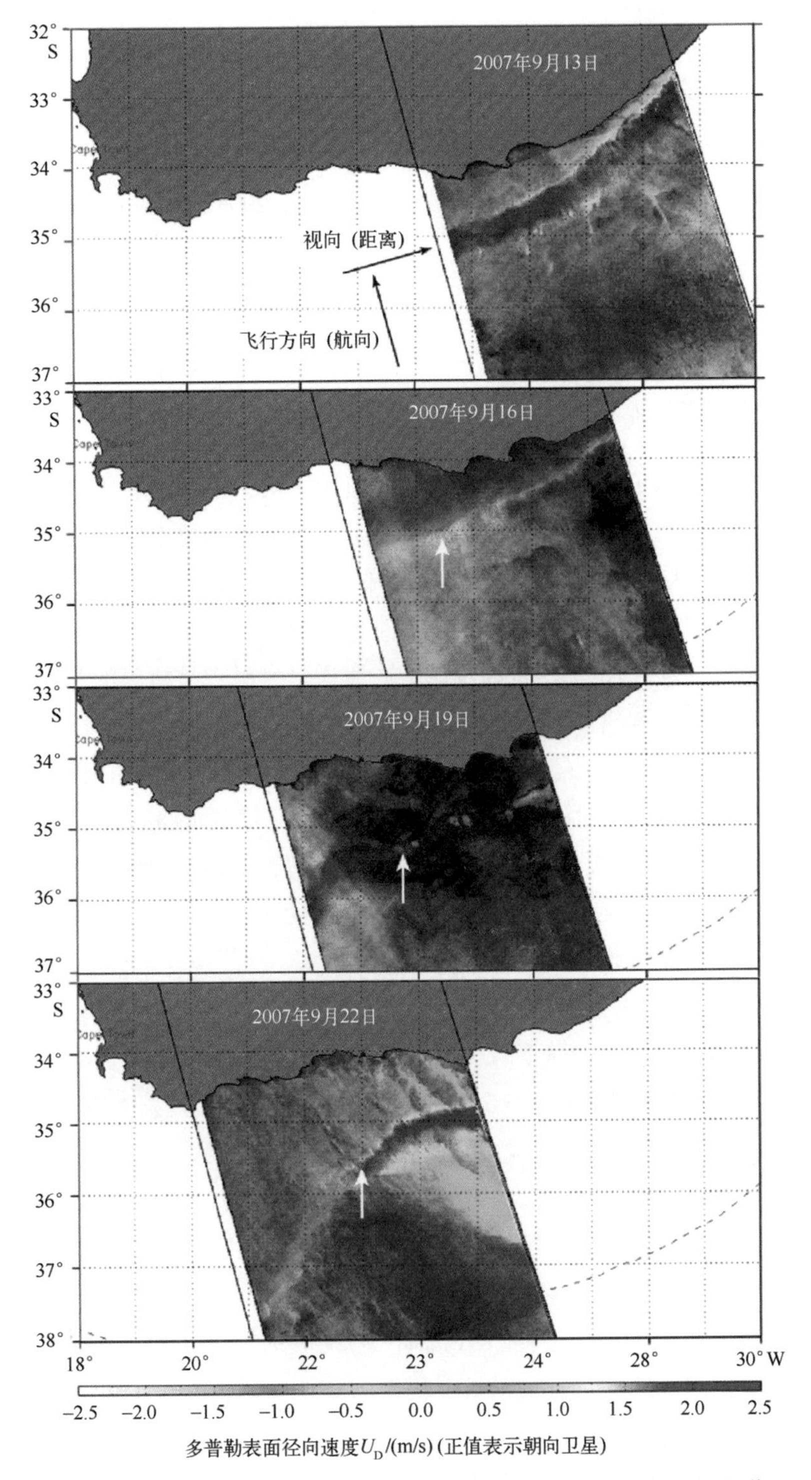

图 4.15　从 Envisat ASAR 获得的 2007 年 9 月 13—22 日间隔 3 天的 4 个连续过境宽幅图像经过分析得到的归一化雷达散射截面 σ_0(灰色)和多普勒速度 U_D(彩色)。箭头表示锋面横向扰动的运动与增长。这是由 BOOST 科技的 Fabrice Collaed 为 ESA 制作的经验数据产品(作者使用从 ESA 网站得到的个别图像组合而成)

监测与预报系统很有用。海流的详细测量可用于验证，或甚至被同化到全球海洋环流模式中。然而，在反演的速度可被应用之前，需要定量研究解决如何与 σ_0 一起解译 U_D 的突出问题。最后，值得注意的是，如果未来部署沿轨干涉 SAR，采用标准 SAR 系统的多普勒方法将是获得更高空间分辨率的尝试(Romeiser et al.，2005；Romeiser et al.，2007)。

4.3 锋面追踪

4.3.1 锋面边界绘制

尽管前面章节展示了许多利用遥感观测锋面的方法，但目前使用热红外依然是观测锋面、支撑海洋学研究最直接准确的方式。采用边缘探测技术可对锋面进行自动识别(Canny，1986)。为增强热红外图像上亮度梯度设计的梯度相关算子，包括 4.2.1 节中讨论的过滤器，形成了使用图像分析软件进行锋面识别的自动目标方法的基础(Simpson，1990)。多数情况下，将在图像上向海洋学家呈现被掩膜的像素或是一系列线条，展示出哪里的梯度超过了给定的阈值。

但是这些方法仍然存在缺陷，可能会将图像上的人为目标(比如未检出的云)误判为锋面，或在锋面实际发生时无法记录。因此，对于重要的业务应用，可能需要一些操作员进行监控(例如，在人员生存搜救情形中，了解锋面位置对评估海表温度的影响可能非常重要)。对于以锋面位置与发生信息为基础的研究应用，其科学可信度取决于锋面自动探测系统中输出数据检验误差范围的认知。

为了提高锋面探测的精准度，基于海洋锋面的阶梯状特征开发出一种替代方法(Cayula et al.，1992)，这些锋面是海表温度相对一致区域间明晰的边界。该方法不再寻找强的温度梯度，取而代之在 32×32 像素窗口内分析海表温度值的直方图(经过云层检测之后)，以此找寻两个不同的群，彼此相差 0.375℃ 甚至更多。假设窗口内包含锋面，其位置就会被映射到转变温度的“边缘像素”。重复操作覆盖整幅图像，以此产生许多可被认定是锋面像素的小线段，然后将小线段相互连接，重要的是锋面须紧随等温线，最后删掉任何短于 10 个像素的线段。

一项称为多传感器直方图边缘检测(MSHED)的改进方法(Cayula et al.，1995)将单幅图像分析应用到同一区域间隔 2.5 天内获得的其他图像，充实了单图像数据且提升了云层遮挡时的数据覆盖率。然后将每张图上的锋面线段组合起来，此时将不同图中的独立锋面匹配起来使用的是梯度而非沿等温线，尽管这项工作中不同的甚高分辨率辐射计过境图像之间可能存在着绝对误差。持久锋面被保留下来。然后，在反馈到单图像的最终分析前，合并的锋面边缘被细化，并再次确保其必须符合等温线的分布。

图 4.16 阐释了这些阶段，即(a)由单图像分析检测到的边缘(以白色表示)叠加在原始图像上，(b)边缘线段的多图像集合，(c)仅保留(b)中的持久锋面以及(d)经过边缘细化且重新应用于原始图像上等温线之后的最终结果。采用两年以上连续的船舶断面现场测量数据，Ullman 等(2000)在墨西哥湾流对 MSHED 方法进行了验证。相较梯度边缘检测方法错判了 29%的锋面，MSHED 方法仅错判了 14%。当只考虑长度超过 10 km 的锋面时，两种方法的锋面漏判率均为 5%。然而，MSHED 方法在短于 10 km 的锋面识别时表现不如梯度边缘检测方法。总而言之，使用 MSHED 方法估计锋面的气候态分布时，锋面出现的概率误差小于 15%。

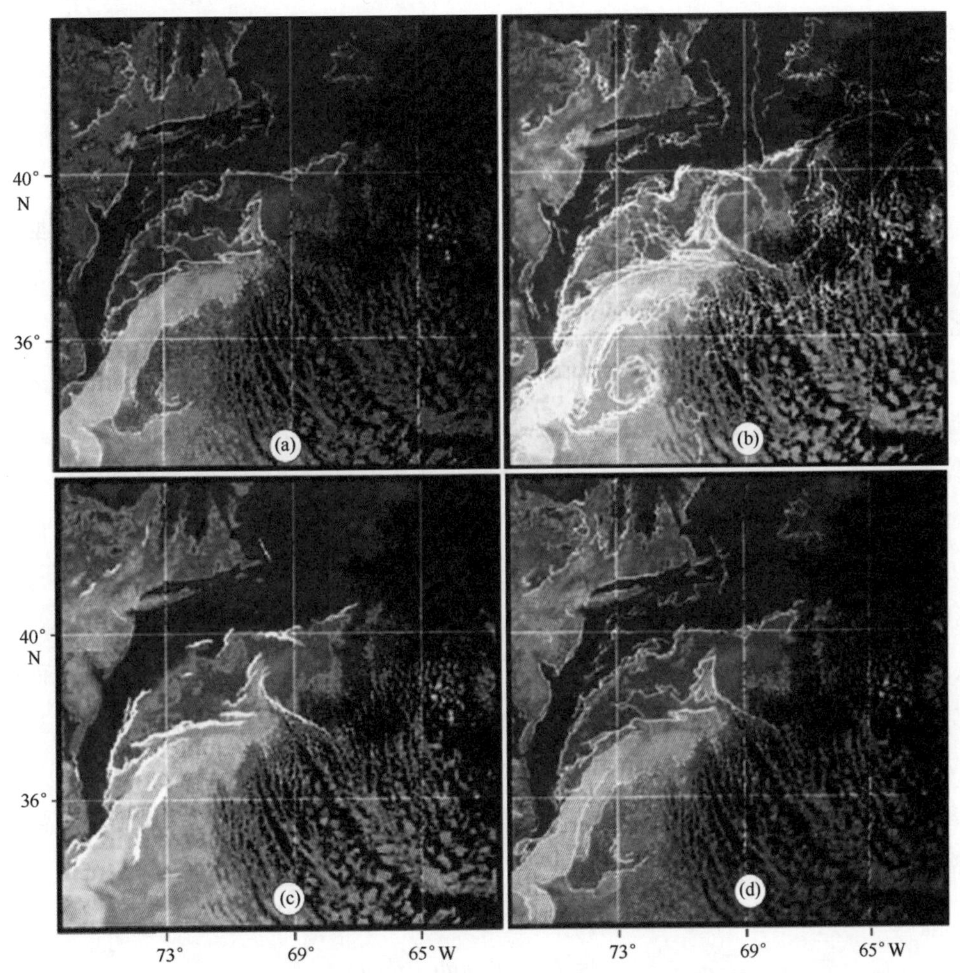

图 4.16　1985 年 3 月 26 日下午本地时间 18:41 的甚高分辨率辐射计海表温度图像中锋面的检测(核心图像)，采用了多图像算法

(a)由单图像边缘探测算法检测到的核心图像上的锋面(如白线所示)；(b)在核心图像上 60 小时内所有图像上发现的锋面；(c)编辑(b)后仅保留持久锋面的结果；(d)通过细化(c)中的锋面并且消除任何不匹配核心图像中等温线的锋面而得到的最终产品。注意在(d)中仍存在一些在(a)中丢失的锋面线段[改编自 Cayula 等(1995)]

正如4.4节所描述，MSHED方法被证实有效且支撑了全球海洋锋面的调查，将其用于中尺度湍流场上相当短暂锋面的分布研究非常满意，比如图4.4中的南大西洋图像。然而，当将永久性锋面作为研究的重点，卫星数据被用来观测锋面随时间如何移动、强度如何变化时，锋面位置的简单线条图仅能说明部分过程，并且肯定无法包含可从热红外图像数据中获取的全部锋面信息。

4.3.2 锋面结构的自动参数化

为了满足这一需求，一种图像数据分析技术随之产生(Shaw et al.，2000)。它可以沿着锋面的长度来追踪主要锋面，不仅可以记录最大梯度的位置，还可以记录锋面的宽度、锋面两侧的温度差异以及温度两极值之间的中间点。与更为简单的线性探测方法相比，该算法的优点在于可以测量锋面的位置与特性参数，也可记录这些特征沿锋面如何变化。对同一锋面每次将该算法用于不同图像时，这些参数都被重新估算，从而建立可更完整描述锋面演变历史的时间序列。这使得我们可以分析与大尺度驱动因素(也许会限制或改变锋面)相关的锋面参数，且量化锋面变化对局地海洋学其他方面(比如初级生产力)产生的效应。

Shaw等(2000)的锋面追踪算法用作处理从甚高分辨率辐射计反演得来的海表温度数据集，原理上该算法同样适用于其他源的海表温度，在原始扫描线或沿轨坐标以传感器的原始分辨率提供这些数据更为适合，并且其中每个像元已经过地理定位。如图4.17所示，该过程通过定义于(x'，y')坐标轴上的一个小提取窗口进行操作。提取窗口方形像素网格的线性尺寸等同于纬度与经度一弧分的平均长度，在其中心进行估算。锋线定义为穿越锋面最大温度梯度的弯曲变形线。提取窗口以预估锋线上某一点为中心，其y'轴沿着锋面的预估线分布。锋面窗口范围应该适应于正在研究特定锋面的尺度与特征。对于远离新西兰的南岛(Southland)锋面的例子，提取窗口沿x'轴为30 km，沿y'轴为20 km(Shaw et al.，2000)。在大约45°S的纬度，网格间距为1.6 km，所以提取窗口包含19×13个单元。利用最临近替换法，将温度场从卫星网格重新采样到提取网格中。

可将跨锋面的温度剖面$T_p(x')$假设为双曲正切函数，形式如下：

$$T_p = T_0 - T_b \tanh\ (x'/a) \tag{4.1}$$

如图4.18所示，只要坐标轴x'确实与锋面成直角，那么x'轴的原点恰好在锋面上。T_0是锋线本身的温度，参数T_b是用来描述锋面两侧温度特征平稳区之间温度差的一半。注意x'轴的正向为从锋面暖侧指向冷侧。因为假定为对称形式，T_0等同于锋面冷暖两侧温度的平均值。参数a是长度尺度，用来描述锋面的宽度特征；$2a$表示锋面的宽度，该距离跨越锋面最陡的部分，其温度变化为整个温度变化范围 $2T_b$ 的 76.19% [由式(4.1)可得]。

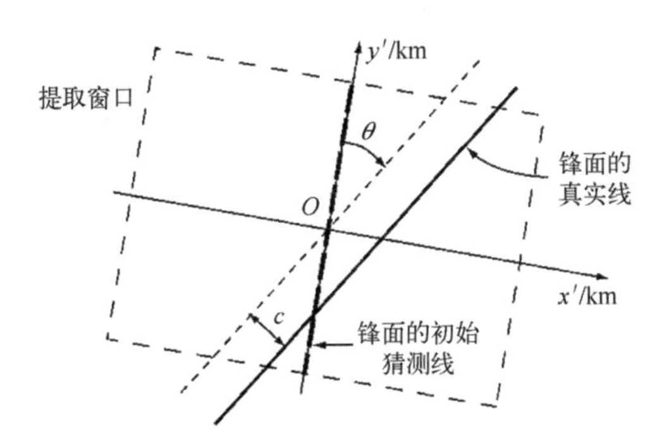

图 4.17　用于锋面追踪算法的提取窗口的定义图解(Shaw et al., 2000)

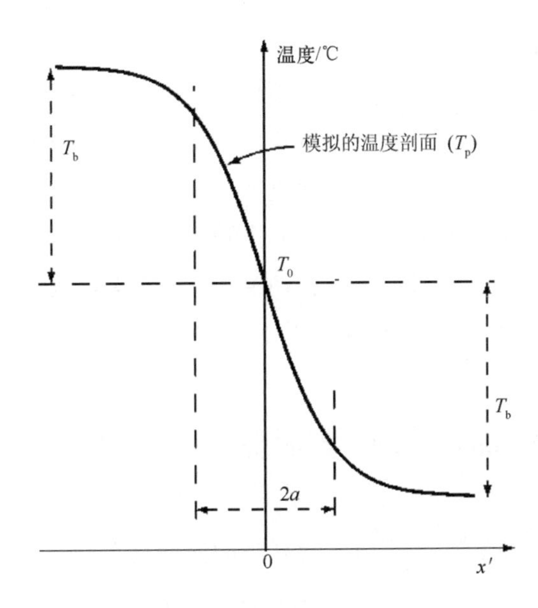

图 4.18　用于表示穿过孤立锋面的温度剖面的双曲函数形式图解(Shaw et al., 2000)

如图 4.17 所示，事实上必须预计，相比预估方向，实际锋线会沿 y'轴正向顺时针旋转一定角度 θ，同时与实际锋线相比预计原点位置移动了距离 c(垂直于锋面测量，向 x'轴正向移动时为正)。因而提取窗口内温度$T_m(x', y')$的二维模型表达为

$$T_m = T_0 - T_b \tanh\left(\frac{x'\cos\theta - y'\sin\theta - c}{a}\right) \tag{4.2}$$

该算法尝试将这一模型应用于重采样窗口中的实际温度场，使用 T_0、T_b、a、c 与 θ 作为可调整的锋面参数。使用数值程序反复调整，直到提取窗口的实际温度与模式温

度之间的误差平方达到最小值，从而得出锋面的参数值。为使该过程有效准确地收敛，算法调整需要小心注意实际应用中温度场的一般特性(Shaw et al., 2000)。例如，迭代过程中必须合理地选择参数的初始值，必须设置每个参数的限制范围，必须设置规则来确定达到该解决方案可接受的收敛时间，并且必须设置最大迭代次数，超过最大迭代次数时程序将终止并返回一个空值。在尽可能地对锋面进行精确的参数化，与针对任何明确定义的锋面都得到收敛结果之间，需要达到一个平衡，这就需要局地的知识。例如，如果锋面是阶梯状的而不是光滑的，该算法必须对整个锋面的宽度进行训练建模，而非仅尝试研究单个阶梯。因为该方案在锋面两侧都寻求一个较宽的温度平稳区，所以该算法不会在单个阶梯上收敛。提取窗口的大小在这方面很重要。如果窗口在 x' 方向上设置太窄，则无法找到平稳的温度区域。然而，如果窗口设置太宽，主要锋面的检测会受窗口边缘附近与锋面不相关的其他温度特征影响。

在给定的初始位置对锋面进行参数化后，程序就会开始追踪锋面。利用测得的参数，将在 y' 方向给定移动距离的新地点上预估出锋面位置和方向。并从原始海表温度图像数据上针对新地点生成一个新的提取窗口，再次应用参数化算法。之前位置的参数(除了 c 和 θ)用作新地点上迭代的初始值。Shaw 等(2000)发现采用 2 km 的移动距离，两个窗口之间有最大限度的重叠，确保了在较小的迭代次数内(一般小于 10 次)几乎总是收敛的。如果迭代不收敛，将会移动窗口并开始新的尝试。当出现太多连续提取窗口而导致参数化失败时，锋面追踪程序也会终止。

4.4 主要海洋锋面的气候学现象

如果需要寻求证据来说明，作为非常基础的海洋现象之一，主要海流锋面的科学研究得益于卫星数据，全球范围海洋温度锋面的首次调查就是很好的例子(Legeckis, 1978)。这是基于 NOAA3/4/5 卫星高分辨率辐射计传感器(甚高分辨率辐射计的前期仪器)的海表温度观测。受电子噪声限制，其温度灵敏度为 0.5 K，且使用单个热红外波段(10.5~12.5 μm)，因此无法应用严格的大气校正。1973—1977 年间收集的数据为锋面的空间瞬时结构及时间变异新科学知识提供了丰富的来源。文章同时还展示了从早期地球同步轨道旋转扫描辐射计得到的数据。在其发表 30 年后，该文章仍然值得阅读，不过须记得当时的规定：红外图像的亮色表示低温，暗色表示高温。这篇早期论文中的参考文献也提供了对其他早期研究的认识，那时的航天技术专家们已开始参与海洋科学。

当然，即使那样，航天科学家也没有告诉海洋学家在哪里能找到主要的海洋锋面！创新之处在于发现变异性以及找寻锋面不稳定导致大型流环和涡旋产生的证据。如今，随着海表温度传感器在灵敏度和绝对精度上的提升，已经积累了大量关于锋面出现概率及其变异性特征的知识，这些我们概括为海洋锋面的气候态。为了实现上千个样品的统计可靠性，需要开发 4.3 节中提到的自动监测锋面方法。由于篇幅所限，本节仅展示几个例子，并列出过去 10 年发表的一系列论文。

大多数文章采用了多传感器直方图边缘检测方法（Cayula et al.，1995）。例如，Belkin 等（2003）利用 12 年的 AVHRR Pathfinder 海表温度数据来呈现太平洋沿岸和边缘海域的温度锋面。图 4.19（a）和图 4.19（b）分别展示了整个太平洋中每个像元内锋面的出现概率。该数据集每天生成两次，拥有面积固定的方形像元，分辨率为 9.28 km。像元探测算法被用到每个单独（云标记）的海表温度场。为了评估出现频率，对于 12 年内特定月份的所有像元，都需要统计特定像元检测出锋面的次数，然后除以同一像元相同月份内晴空时出现锋面的总次数，以百分比的形式给出结果。没有简单的方法用来判别是否有云像元将偏差引入出现概率。

图 4.19 包含了与海洋锋面相关的有价值信息，可能引起包含物理、化学和生物所有海洋学现象的广泛海洋学兴趣。它展示了发现锋面的位置，可大致分为四类。

（1）开阔大洋的锋面近似呈东西方向，原因有多种：大尺度海洋环流与南极绕极流和黑潮延伸体有关；位于赤道南北的锋面为赤道上升流的两侧，与科氏力参数接近零区域的独特动力学有关；副热带锋面区域相对分散。

（2）沿着主要环流边缘的西边界锋面提供了海盆尺度、风生大洋环流的补偿流：位于北太平洋的黑潮和亲潮，位于南太平洋的东澳大利亚海流。

（3）主要源于沿岸风生上升流的东边界锋面，发生在远离美国西海岸、中美洲海湾（特华特佩克、帕帕加约和巴拿马）以及秘鲁和智利的海域。

（4）边缘海锋面，位于亚洲东部的几个半封闭海域。从南到北分别是南海、东海、黄海、渤海、鄂霍次克海和白令海，它们在一年的部分时间内锋面出现频率较高，尽管有些是季节性的。

图 4.19 不仅展示了锋面的位置，而且还显示了它们是否以低频率分散在广阔的海域，或者是否被紧紧地约束在出现频率高的狭窄海域。不同季节间的分布差异也包含了有价值的海洋信息。季节性变化可以通过月来最终解决。锋面的出现概率也会通过绘制分布图来呈现年际变化，或者与主要气候指数相联系，比如厄尔尼诺-南方涛动（ENSO）指数。如今这些锋面出现频率分布图已能通过 12 年的卫星数据一天生成两次，它们代表着各种应用的有用资源。

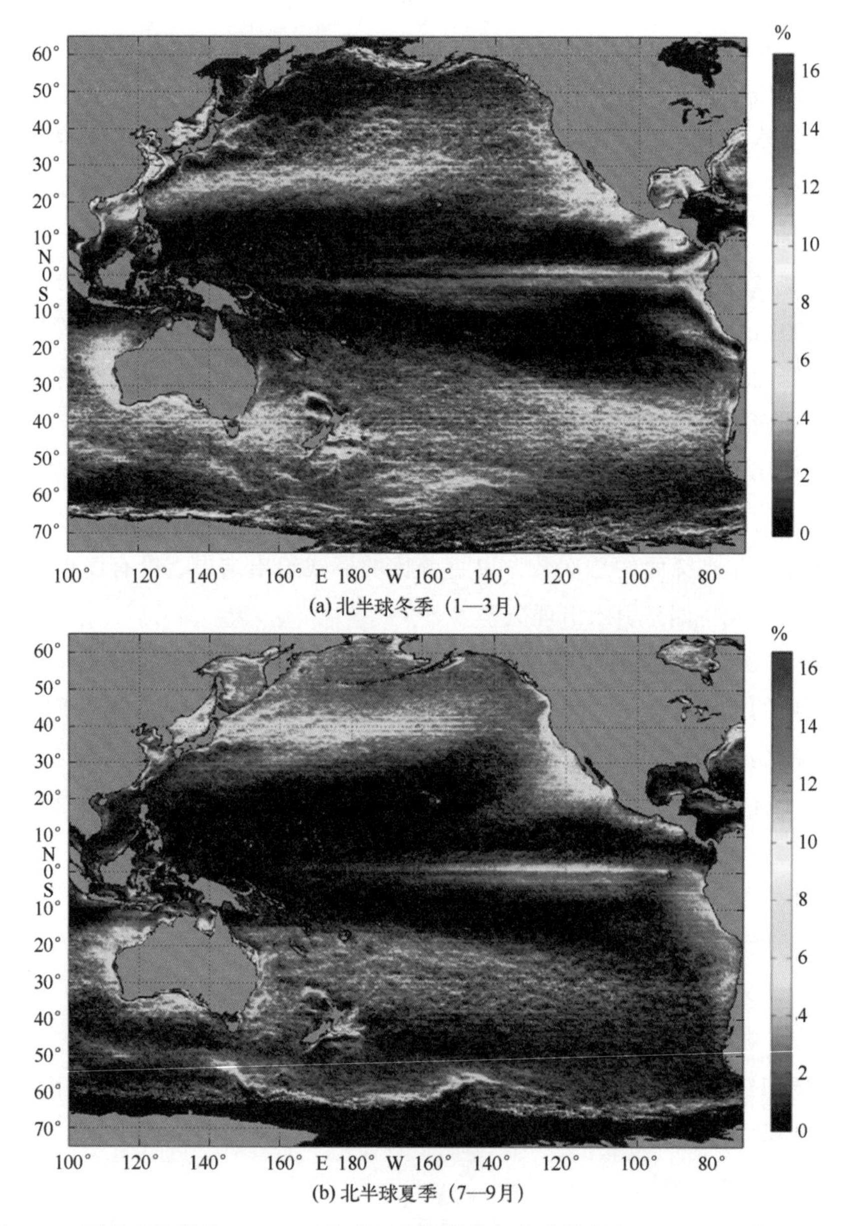

(a) 北半球冬季（1—3月）

(b) 北半球夏季（7—9月）

图 4.19　覆盖太平洋的 Pathfinder 海表温度数据集每个分辨率为 9.28 km 的像元内出现温度锋面的长期季节平均频率图，时间为 1985—1996 年[来自 Belkin 等(2003)]

鉴于图 4.19 描绘的是广阔的海域，对相同数据进行了更局部化分析，用于区分许多明显的局地锋面，比如图 4.20 展示的中国东海锋面(Hickox et al., 2000)。在不同边缘海发现的锋面类型变化，比如大陆坡折锋面、潮汐混合锋面、与主要河流羽流相关的盐度驱动锋面、与局地风模式相关的上升流锋面以及在极地海洋的海冰边缘区锋面，都通过遥感数据揭示了它们不同的季节性气候态特征。通过将图 4.20 展示的年锋面出现概率拆分开，图 4.21 展示了中国东海不同季节的锋面出现概率。类似的详细研究在许多海域都得到开展，比如白令海（Belkin et al.，2005）、鄂霍次克海（Belkin et al.，2004）、东北太平洋与远离俄勒冈州海域的上升流和加利福尼亚环流系统相关的锋面［有趣的是 Castelao 等（2006），采用了地球同步卫星 GOES 的海表温度数据］以及远离墨西哥湾流的美国东部沿海海域（Ullman et al.，1999，2001）。

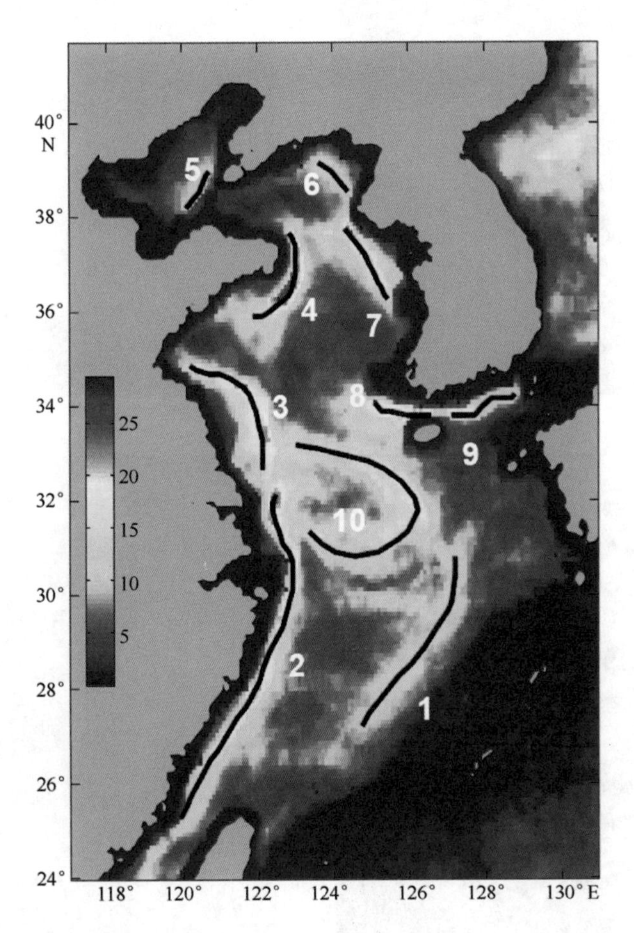

图 4.20　来源于 AVHRR Pathfinder SST 数据集的中国东海长期年合成的锋面发生概率图，时间为 1985—1996 年。对于每个像元，其中包含锋面的时间占总时间的百分比用颜色表示（比例尺刻度为百分比）。黑色实线表示最大概率脊线，对应于锋面最可能出现的位置［来自 Hickox 等（2000）］

1—黑潮锋面；2—浙江-福建锋面；3—江苏锋面；4—山东半岛锋面；5—渤海锋面；6—西朝鲜湾锋面；7—京畿湾锋面；8—西济州岛锋面；9—东济州岛锋面；10—长江浅滩环形锋面

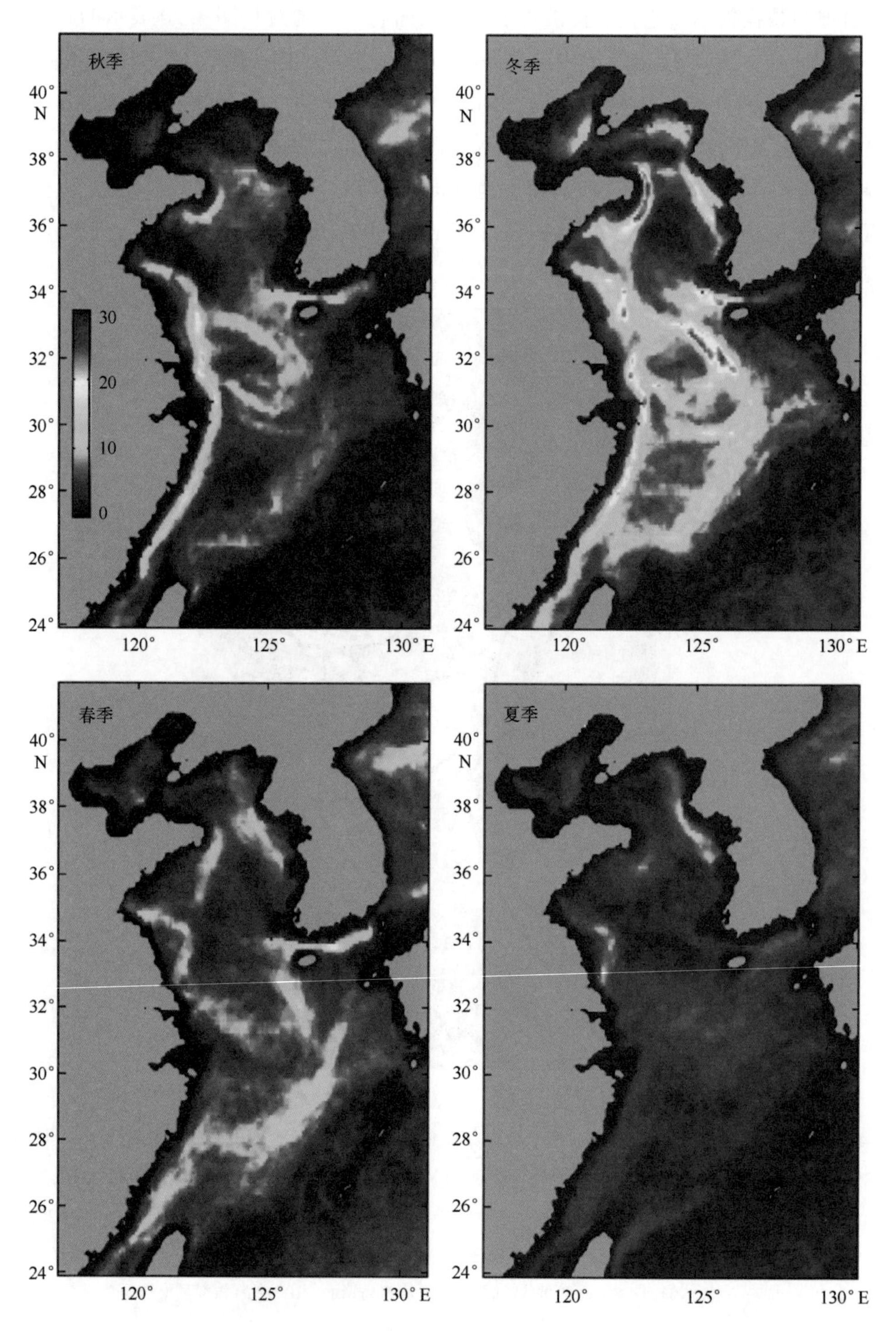

图 4.21　展示图 4.20 中出现的中国东海数据季节性分解概率分布图。每幅季节图积累如下 3 个月的数据，依次为秋季(10—12 月)、冬季(1—3 月)、春季(4—6 月)、夏季(7—9 月)

另一个分析锋面出现概率的有趣例子是 Saraceno 等(2004)的研究，他采用了 Pathfinder 9 年(1987—1995 年)的西南大西洋海表温度 5 天合成数据，包括了环绕在巴西-马尔维纳斯群岛汇流区的复杂锋面结构。边缘检测采用了梯度法，在该区域是有效的，其间 5 天合成数据的云覆盖低于世上存在海洋锋面的其他大部分海域。

4.5　中尺度锋面变化

上节探讨的锋面气候态现象已为锋面发生的时间变化提供了一些信息，能使海洋学家进一步探究其他由于锋面存在而增强或受阻的海洋现象。尽管如此，出现概率的统计调查自身并不能提高我们对引起锋面变化过程的理解。例如，如果某个特定位置的锋面不见了，我们不知道它是否移动、衰退或者完全消失。此外，当锋面长时间存在时，它的强度可能会显著改变，但这不会记录在频率图上。因此，我们现在关注一些遥感的例子，看看遥感能告诉我们哪些关于锋面变化的模态和机制。

4.5.1　墨西哥湾流

许多工作使用锋面边缘图时间序列，比如将其当作出现概率统计的输入数据。例如，使用 1982 年 4 月至 1989 年 12 月期间 AVHRR 数据辛苦编译得到的墨西哥湾流东北边缘的 2 天合成图，第一次系统地探讨了这个重要海流的动态特征。识别出来锋面的横向波状扰动及随后的演变，明确地证明了至少 40%北向弯流的长度尺寸(弯流波峰之间距离的一半)超过 100 km，它们将会在 75°W 和 60°W 之间发生分离从而形成暖环(Cornillon et al.，1994)。

同样可见墨西哥湾流的空间平均路径在年周期上表现为侧向移动(北部最远发生在 11 月，南部最远发生在 4 月)，这是对风场移动的响应，然而空间扰动振幅的时间变化较不规则，但是有 9 个月的谱峰和明显的年际变化(Lee et al.，1995)。锋面边缘演变的主要研究采用波数-频率空间谱分析以及时间和频率范围的 EOF(经验正交函数)分析，目的是从驻波中区分传播扰动，并且估计不同模态的速度、发展和相对能量。从卫星数据反演得到的所有这些定量动力测量都与同步实测数据相关联，且与地球物理流体动力学的理论基础相比较(Lee et al.，1996a，1996b)。

4.5.2　南岛锋

现在回到 4.3.2 节中锋面追踪算法得到的精确测量(Shaw et al.，2000)，追寻远离新西兰东南的南岛锋参数化特性为海洋学带来哪些益处是很有趣的(Shaw et al.，2001)。南岛锋是亚热带锋的一部分，而亚热带锋是一个在南大洋附近延伸的全球锋面，其边界是亚南极表层水和亚热带表层水汇合的地方。从 277 幅海表温度图像中获得了超过三年的晴空锋面影像，将该算法应用于每一幅图像中，得到一个锋面参数的时间序列，从而能以统计的严谨性来分析其季节和年际变化。

研究发现锋面的平均位置很稳定，而且与 500 m 海洋等深线密切联系，这说明了地转地形导向控制着锋面流的位置。然而，锋面追踪算法偶尔能够检测出从锋面中突发出的羽流。这也显示了锋面陡度和宽度随季节的变化，冬天变得最强且最窄。同时，锋面平均位置也呈现出年际变化。锋面陡度的地理变化也可根据其长度探究，可与从西到东的水团空间趋势相关联，说明与邻近大陆架入海河流位置的一些关系。从周期超过 3 年的研究中发现跨锋面的海表温度梯度随南方涛动指数的减小而减小，但是这个现象需要更长时间跨度的数据来证实。

4.5.3 南极绕极锋

过去 30 多年发表了相当一部分关于南极绕极流锋面边缘的观测，这些研究主要利用近红外遥感(Legeckis，1977；Moore et al.，1997)或者高度计(Chelton et al.，1990；Gille，1994)。某种程度上难以确定锋面位置的变化，导致整个环流体系内包含的锋面数量无法确定。他们也尝试寻找沿着流动变化的纬向连贯性。在 4.2.2 节中可看到目前已有利用高度计观测大型锋面详细结构的技术，这些大型锋面会破裂成几个小锋面，而且在流动分成几条细流之处，小锋面同处一个地方(图 4.7)。在这里，我们探寻该方法如何阐明南极绕极流(ACC)不同流线时，虽然主要集中于 100°~180°E 之间的澳大利亚南部扇形区域，但也能应用到整个环流系统中。

直到最近，随着南大洋水文测量资料数量的增加才得以绘制出纬度跨度为 10°~20° 的锋面区域概貌图，其中南极绕极流三个主要核心位于锋面的 3 个主要阶段(Orsi et al.，1995)。假设主要的锋面从北到南分别是亚南极锋面(SAF)、极地锋面(PF)、南极绕极流南部锋面(sACCf)，而南极绕极流南边界流(ACC Bdy)被认为是另一特征。这些锋面分开的独特水团在南极绕极流附近可被连续追踪。然而，正如 Hughes 等(2001)指出，由沿轨扫描辐射计(ATSR)获得的海表温度梯度图(图 4.22)，或由多传感器高度计获得的海面高度梯度图都不支持这种简单的连续稳定结构。20 世纪 90 年代开发的高分辨率模型也在短期、明显不连续的部分预估出狭窄的分流。每项数据来源都暗示着一个至少有 6~8 个或者更多窄急分流的复杂结构，该结构看似不连续、断裂，且在空间和时间上明显随机结合。

根据地球物理流体力学理论，宽广的纬向流在 β 效应下(科氏参数 f 的纬向梯度)能自发地组织其自身将流动汇聚到狭窄的急流中。然而，比起最初相信存在 3 个主要海流的流动，在南极绕极流区域的海流似乎分裂得更细、更窄。此外，位于 130°E 处，从多传感器高度计获得的海面高度梯度所画的三年周期时间-纬度图(图 4.23)，证明了流的结构在时间上也是高度变化的。这一明显短期分流的自然现象引发了一个问题，即与 β 平面(一个理论模型框架，其中 f 是随着纬度线性变化的)上强烈稳定的流动约束不一致，同时也与历史水文数据相矛盾。

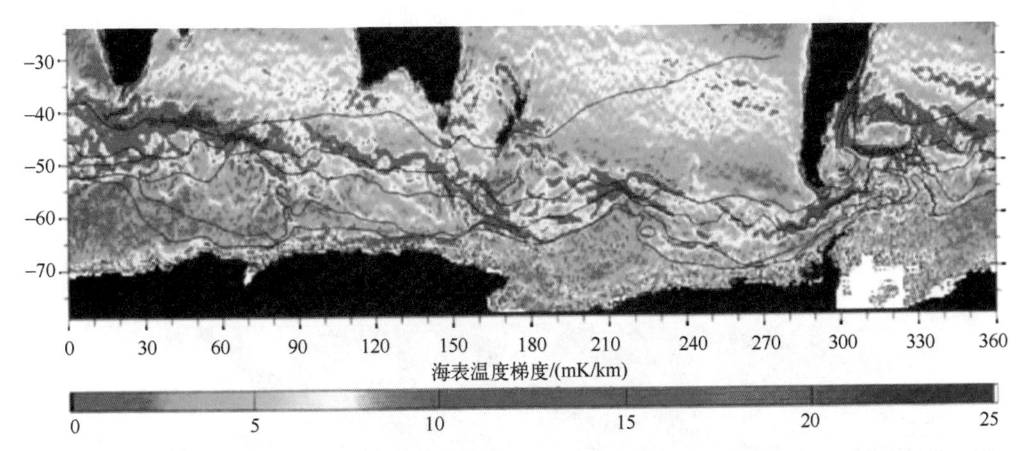

图 4.22　ATSR 观测得到的海表温度平均梯度。该图叠加绘制了 Orsi 等(1995)确定的锋面位置，从北到南分别是亚南极锋面、极地锋面、南极绕极流南部锋面以及南极绕极流南边界流［来自 Hughes 等(2001)］

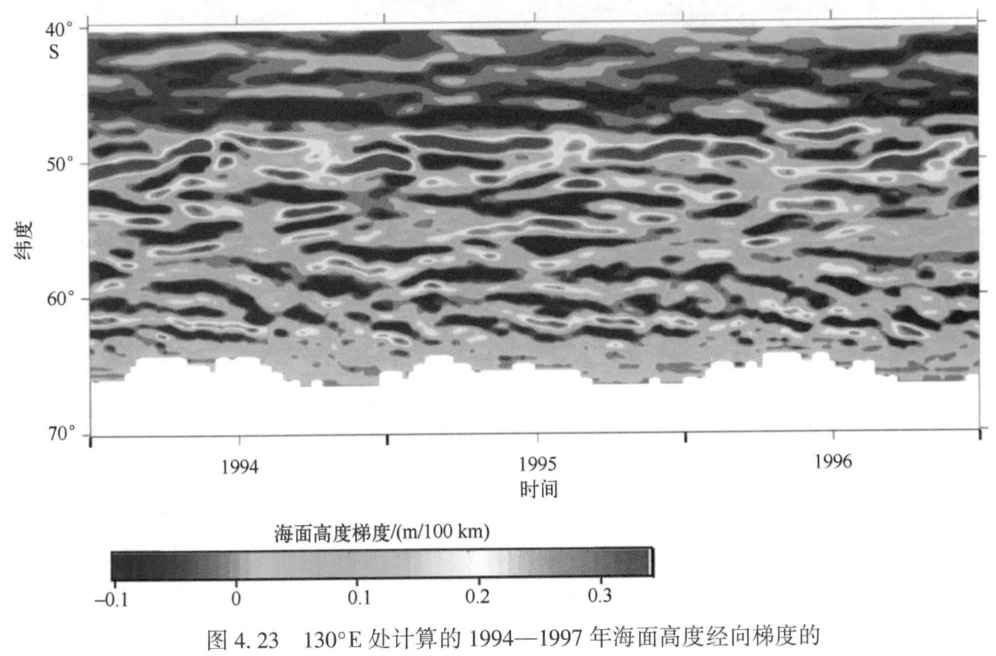

图 4.23　130°E 处计算的 1994—1997 年海面高度经向梯度的时间-纬度图(单位是 m/100 km)［来自 Sokolov 等(2007a)］

这是 Sokolov 等(2007a)所解决的其中问题之一。通过将海面高度异常叠加到由气候态推导出来的相对于 2 500 dbar 的平均表面动力高度，他们仔细地构建了长达 12 年的绝对动力地形逐周图像序列。下一步计划为验证假设，即急流(由海面高度最大梯度定义并与锋面边缘相一致)与绝对动力高度的特定值是否有关系。如图 4.24 所示，这被证明属实。在湍流中无论强的锋面梯度在何时何地出现，它们会沿着绝对动力地形中分别被命名为亚南极锋面(SAF)和极地锋面(PF)的北部、中部和南部流线以及南极绕极流南部锋面的北部和南部流线的 8 个明显的等值线之一。尽管在海表温度或者海面高度梯度的一个瞬时影像中，任一锋面都是不连续的，但是在任一时刻出现的特定锋面片段能够沿着该锋面特定的绝对动力地形等值线与其他锋面相互连接，跨越整个 80°的经度扇区研究区域。因此，特定的绝对动力地形等值线能够指引我们找到锋面。

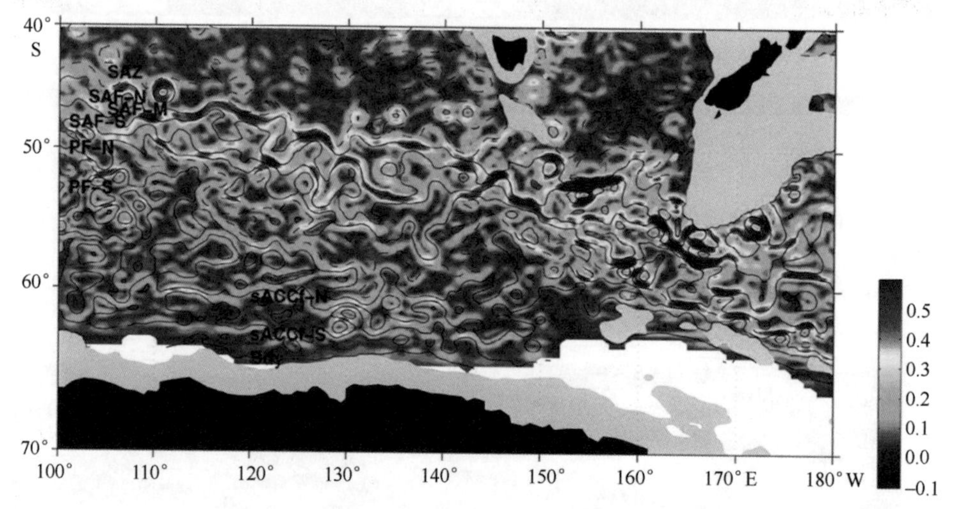

图 4.24 澳大利亚和新西兰以南海域典型的海面高度梯度图(2002 年 7 月 3 日)，叠加绘制了平均最佳拟合的海面高度等值线，它在整个观测周期内是最佳的。等值线与 SAZ 特征(南极绕极流的北部边界)相一致而且极地锋面中部的分流用虚线表示，深度小于 2 500 m 的用阴影表示[图片来自 Sokolov 等(2007a)]

由于绝对动力地形的等值线接近于类似南极绕极流的等效正压流的流线(Killworth et al., 2002)，我们开始理解图 4.22 和图 4.23 中展示的锋面边缘或丝状分流的明显随机形态。能够绘制绝对动力地形及其湍流的分布图极为关键。当这些流线在 β 平面与急流相关的强迫湍流中向北或南部蜿蜒流动时，其作为找寻锋面的窗口，也会随之移动，而且每一个锋面的强度随着特定流线与邻近流线的接近程度而变化。这就是空间分布的孤立影像，或者在单一经度连续的监测(图 4.23)为什么会描述出不连续锋面流的随机波动表象。

通过绝对动力地形等值线识别出了全部8个锋面，Sokolov等(2007a)绘制出了其时间平均的位置分布图，并在这些位置两旁标注上了发现锋面的概率。8个锋面出现概率的分布是相互重叠的，但理所当然的是在任何时刻它们都彼此独立，并且通过相关联的绝对动力地形等值线排列于正确的南北序列。与其基于南极绕极流的理解徒劳地尝试确定每条锋面流的精确地理位置，不如沿着绝对动力地形演变场得到的流动获得更有帮助的每个锋面图像。此外，由于独特的水文特性都附属于每条特定的流线，相当于给定的绝对动力地形等值线，那么事实上每个锋面都连续地分隔出特定的水团。

这在很大程度上解决了南极绕极流的卫星观测或数值模型和现场水文实测数据之间的矛盾。当二者都能在流线改变模式的背景下被解译时，它们应该讲的是同一故事。这些正在进行的研究提供了一个极好的例子，说明了遥感将开始为海洋动力学家提供测量海洋流场参数的合适工具，这与他们在实验室规模的实验中可能使用的流动可视化技术有着异曲同工之妙。重力和海洋环流探索计划(GOCE)任务所预期大地水准面的改善，可能提高绝对动力地形可被定义的绝对精度。当这些发生后，可以预计这类研究将会发展得激动人心，使卫星海洋学家、水文学家、数值模式专家以及理论流体动力学家团结起来，对南极绕极流这样一个全球海洋重要现象将有更完整的理解。

4.6 与海洋锋面相关的生物产量

在总结本章之前，我们考虑卫星观测如何使得与海洋锋面相关的初级生产力在物理参数和过程的背景下得到更好的认识和提高。本节只展示两个与本章之前所提锋面地区相关的例子。但是，其他章节有更多的例子介绍了海洋水色和其他卫星数据的使用，提供了中尺度现象的多学科视角。

4.6.1 南极绕极流

第一个例子来源于4.5.3节，其目的是了解南极绕极流的锋面结构。在一篇对比文章中，Sokolov等(2007b)描述了他们如何利用动力学分析的结论(Sokolov et al., 2007a)来解释整个南极绕极流地区360°范围内初级生产力的分布，其分布正如先前从海洋水色卫星的叶绿素观测结果(Moore et al., 2002)和现场测量观测的那样。图4.25展示了100°E—180°E扇区的夏季平均叶绿素浓度分布图，数据来源于时间分辨率为8天、空间分辨率为9 km的5年SeaWiFS卫星3级产品(1987—2002年)。极其重要的是，早期工作中确认的8个确切锋面平均位置与南部边界重叠。这些可用来绘制海表面不同水带从西向东的流动，并用于解译那些明显水带中的叶绿素图像。

忽略塔斯马尼亚(Tasmania)岛、新西兰和南极洲这些吸引读者注意的高浓度分布区域，可以发现南极绕极流区域内的叶绿素浓度很低且不一致。亚南极锋区域内的水体(在亚南极锋南、北流之间)叶绿素浓度通常最低，在极地锋面区域内增加，并在南极绕极流南部锋面内最大，但沿着这些锋面区域也有很明显的变化，与底层地形有非常明显的关系。当锋面穿过最深的海域时，叶绿素浓度最小，反之亦然。当叶绿素沿流线成图并考虑锋面位置的时间变化时，当对每幅瞬时绝对动力地形和同时得到的叶绿素图像进行匹配时，这种现象更加明显。注意到图 4.25 将 5 年的夏季月份数据整合到一个固定的地理网格上，肯定平滑了一些瞬时图像上跨锋面异常。实际上，定期更新的绝对动力地形图提供了一个更像是拉格朗日的解译方法，能在南极绕极流的每一条水带内单独研究叶绿素的经向和季节分布。

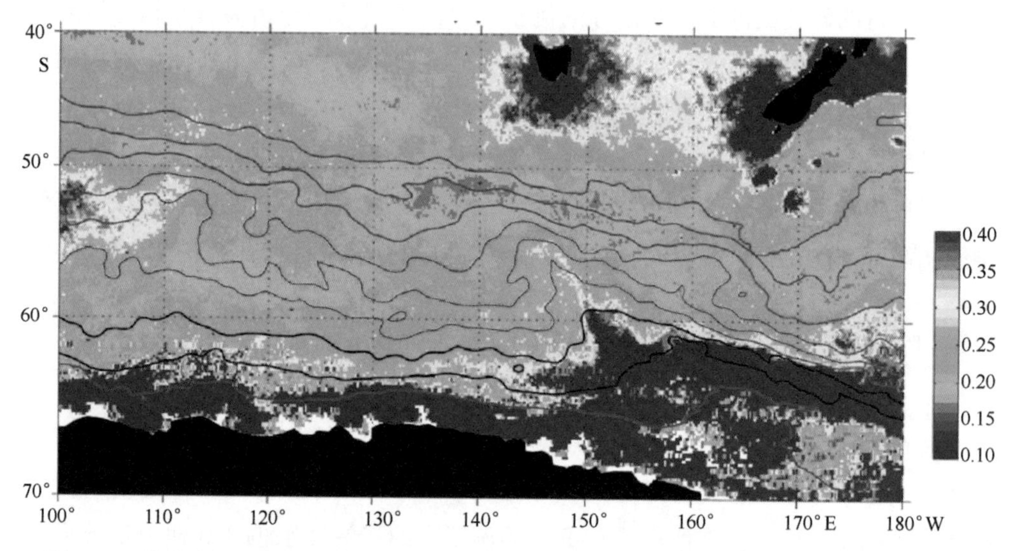

图 4.25　澳大利亚和新西兰南部夏季海域叶绿素浓度平均图[图片来自 Sokolov 等(2007b)]
彩色线代表 Sokolov 等(2007a)确定的南极绕极流锋面的夏季平均位置，从北向南分别是 SAF-N、SAF-M、SAF-S(蓝线)，PF-N、PF-M、PF-S(红线)，sACCf-N、sACCf-S(黑线)以及南部边界(蓝色)

这使得 Sokolov 等证实了南大洋叶绿素的分布主要集中在许多持续的藻类暴发，发生在岛屿和特征地形的下游。它们的位置与一个营养盐模型相一致，当营养盐流出浅层地形时其上涌至南极绕极流的特定流线中，然后向东平流输送以补充那条流线中的生产量，直到营养盐被耗尽。对于锋面自身而言，几乎没有证据证明其与生产力的增强有联系。他们推断出维持南极绕极流中生产力的上升流受地形上大尺度流动的底层压力矩驱动，而不是由于小尺度急流的湍流不稳定性导致。

4.6.2 大西洋西南部的锋面

巴西-马尔维纳斯汇流区是一个非常复杂的区域，不仅在动力学方面，还包括与营养供应、温度和水体光学特性相关的初级生产能力。为了描述海洋中一个特定地点的生物学行为，通常将其划分为一个特定的“生物地理学区域”(Longhurst, 1998)，从而以其他有着相同或相似分类区域的经验为基础，提供一些对不同物种和有机体大致表现的理解。在如此复杂的区域很难进行正确的分类，因为这些区域内有若干锋面紧靠在一起且呈现季节性的移动。

在详细的区域研究中，Saraceno 等(2005)使用海表温度、海表温度梯度和叶绿素浓度来鉴别锋面区域，并描述表层海水的季节变化。他们的原始数据是长达6年的3级卫星数据产品(1988—2003年)。叶绿素采用时间分辨率为8天的SeaWiFS数据集；海表温度采用AVHRR数据，兼顾区域的高分辨率数据以及分辨率较低的全球Pathfinder数据。为了处理云层覆盖问题(导致该区域的某些部分比其他地区更糟糕)，他们也使用了全球最优插值分析产品以及2002年以来的AMSR-E数据，其能穿透云层，但是分辨率较低。有趣的是，这是AMSR-E数据在科学研究中首次使用。多个来源高分辨率数据融合概念在这种类型的应用将于第14章进行更多讨论。

在这些数据的帮助下，他们能够发现很多信息，采用基于时间和空间详细测量的直方图分析方法来划分区域。与主观依赖先前获得的该生物地理学区域一般认知相比，这是一个更加客观的方法。结果展示在图4.26中，尽管一张图片不能充分诠释本章所包含的详细分析。这块区域总共被划分为8个不同的区域。先前定义的5个区域得到确认，但其边界却改变了。在某些区域，物理条件或初级生产力的响应与周围区域有明显的不同，从而划分出3个新的区域，分别称为巴塔哥尼亚坡折区、巴西流区(the Brazil Current Overshoot)以及萨皮奥拉上升区(the Zapiola Rise)(已在图3.13标记)。

本章指出了卫星遥感测量和监测海洋锋面的各种方法，但这仅是众多围绕该主题研究科学文献的一小部分。在强调一些更重要的工作时，应该为读者提供一个起点，从中追溯其他现有和未来有望涉及那些关键文章的文献。锋面将会持续出现在本书剩下的部分，因为其明显的遥感特性有时候能够让它们在揭示其他海洋现象时起到特殊的作用。

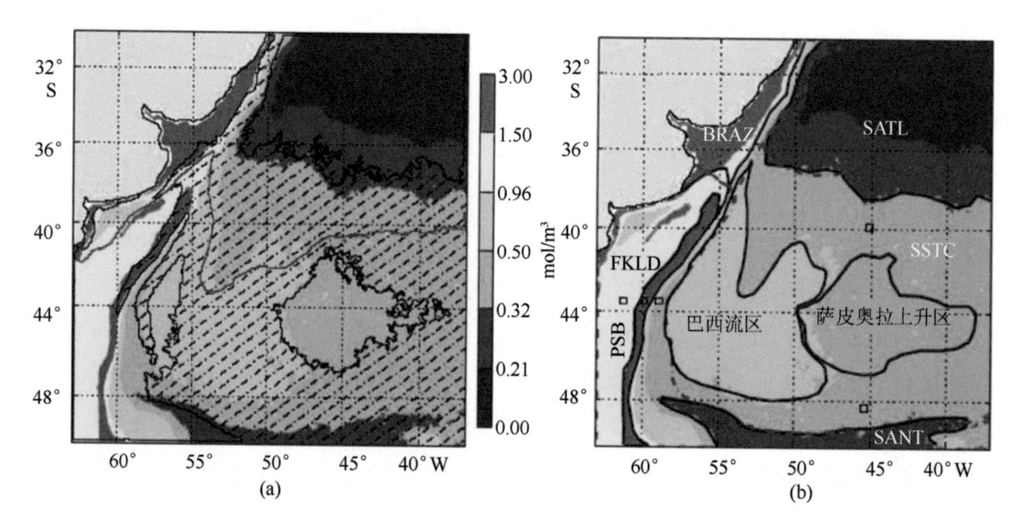

图 4.26 (a)叶绿素 a 量级的 6 个范围，基于各区域的直方图，由背景颜色代表大小，阴影线区域表示其海表温度梯度高于 0.08℃/km，红实线是从海表温度场中得到的温度阈值；(b)合成的 3 个平均场的信息(海表温度、叶绿素 a、海表温度梯度)，与 Longhurst (1998)在西南大西洋的平均地区定义相比较，背景颜色与(a)中相同，由直方图得到的区域用黑实线表示，先前 定义的区域边界(Longhurst，1998)，即 BRAZ、SSTC、SANT、SATL、FKLD 用红色虚线表示[来自 Saraceno 等(2005)]

4.7 参考文献

Alpers, W., L. Mitnik, L. Hock, and K. S. Chen (1999), The Tropical and Subtropical Ocean Viewed by ERS SAR. ESA ESRIN, available at http://www.ifm.uni-hamburg.de/ers-sar/(last accessed April 25, 2008).

Belkin, I. M., and P. Cornillon (2003), SST fronts of the Pacific coastal and marginal seas. Pacific Oceanogr., 1, 90-100.

Belkin, I. M., and P. Cornillon (2004), Surface thermal fronts of the Okhotsk Sea. Pacific Oceanogr., 2 (1/2), 6-19.

Belkin, I. M., and P. Cornillon (2005), Bering Sea thermal fronts from Pathfinder data: Seasonal and interannual variability. Pacific Oceanogr., 3(1), 6-20.

Canny, J. (1986), A computational approach to edge-detection. IEEE Trans. on Pattern Analysis and Machine Intelligence, 8, 679-698.

Castelao, R. M., T. P. Mavor, J. A. Barth, and L. C. Breaker (2006), Sea surface temperature fronts in the California Current System from geostationary satellite observations. J. Geophys. Res., 111(C09026), doi: 10.1029/2006JC003541.

Cayula, J. F., and P. Cornillon (1992), Edge detection algorithm for SST images. J. Atm. Ocean. Tech.,

9, 67-80.

Cayula, J. F., and P. Cornillon (1995), Multi-image edge detection for SST images. J. Atm. Ocean. Tech., 12, 821-829.

Chapron, B., F. Collard, and F. Ardhuin (2005), Direct measurements of ocean surface velocity from space: Interpretation and validation. J. Geophys. Res., 110(C07008), doi: 10.1029/2004JC002809.

Chelton, D. B., M. G. Schlax, D. L. Witter, and J. G. Richman (1990), Geosat altimeter observations of the surface circulation of the Southern Ocean. J. Geophys. Res., 95, 17877-17903.

Cornillon, P., T. Lee, and G. Fall (1994), On the probability that a Gulf Stream meander crest detaches to form a warm core ring. J. Phys. Oceanogr., 24, 159-171.

Gille, S. T. (1994), Mean sea surface height of the Antarctic Circumpolar Current from Geosat data: Method and application. J. Geophys. Res., 99, 18255-18273.

Hickox, R., I. M. Belkin, P. Cornillon, and Z. Shan (2000), Climatology and seasonal variability of ocean fronts in the East China, Yellow and Bohai Seas from satellite SST data. Geophys. Res. Letters, 27 (18), 2495-2498.

Hughes, C. W., and E. R. Ash (2001), Eddy forcing of the mean flow in the Southern Ocean. J. Geophys. Res., 106(C2), 2713-2722.

Killworth, P. D., and C. W. Hughes (2002), The Antarctic Circumpolar Current as a free equivalent-barotropic jet. J. Marine Res., 60, 19-45.

Lee, T., and P. Cornillon (1995), Temporal variation of meandering intensity and domain-wide lateral oscillations of the Gulf Stream. J. Geophys. Res., 100(C7), 13603-13613.

Lee, T., and P. Cornillon (1996a), Propagation and growth of Gulf Stream meanders between 74°and 70°W. J. Phys. Oceanogr., 26, 206-224.

Lee, T., and P. Cornillon (1996b), Propagation and growth of Gulf Stream meanders between 75°and 45°W. J. Phys. Oceanogr., 26, 225-241.

Legeckis, R. (1977), Oceanic Polar Front in the Drake Passage: Satellite observations during 1976. Deep-Sea Res., 24, 701-704.

Legeckis, R. (1978), A survey of worldwide sea surface temperature fronts detected by environmental satellites. J. Geophys. Res., 83(C9), 4501-4522.

Legeckis, R., C. W. Brown, and P. S. Chang (2002), Geostationary satellites reveal motions of ocean surface fronts. J. Mar. Syst., 37, 3-15.

Longhurst, A. (1998), Ecological Geography of the Sea. Elsevier, New York.

Maximenko, N. A., B. Bang, and H. Sasaki (2005), Observational evidence of alternating zonal jets in the world ocean. Geophys. Res. Lett., 32, L12607, doi: 10.1029/2005GL022728.

Moore, J. K., and M. R. Abbott (2002), Surface chlorophyll concentrations in relation to the Antarctic Polar Front: Seasonal and spatial patterns from satellite observations. J. Mar. Syst., 37, 69-86.

Moore, J. K., M. R. Abbott, and J. G. Richman (1997), Variability in the location of the Antarctic Polar Front (90°-20°W) from satellite sea surface temperature data. J. Geophys. Res., 102(C13), 27825-27833.

Orsi, A. H., T. W. Whiworth, III, and W. D. Nowlin, Jr. (1995), On the meridional extent and fronts of the Antarctic Circumpolar Current. Deep-Sea Res. I, 42, 641-673.

Romeiser, R., and H. Runge (2007), Detailed analysis of ocean current measuring capabilities of Terra SAR-X in several possible along-track InSAR modes on the basis of numerical simulations. IEEE Trans. Geosc. Remote Sensing., 45, 21-35.

Romeiser, R., S. Ufermann, and W. Alpers (2001), Remote sensing of oceanic current features by synthetic aperture radar: Achievements and perspectives. Ann. Télécommun., 56(11/12), 661-671.

Romeiser, R., H. Breit, M. Eineder, H. Runge, P. J. Flament, K. de Jong, and J. Vogelzang (2005), Current measurements by SAR along-track interferometry from a space shuttle. IEEE Trans. Geosc. Remote Sensing., 43, 2315-2324.

Saraceno, M., C. Provost, A. R. Piola, J. Bava, and A. Gagliardini (2004), Brazil Malvinas Frontal System as seen from 9 years of advanced very high resolution radiometer data. J. Geophys. Res., 109 (C05027), doi: 10.1029/2003JC002127.

Saraceno, M., C. Provost, and A. R. Piola (2005), On the relationship between satellite-retrieved surface temperature fronts and chlorophyll a in the western South Atlantic. J. Geophys. Res., 110(C11016), doi: 10.1029/2004JC002736.

Shaw, A. G. P., and R. Vennell (2000), A front-following algorithm for AVHRR SST imagery. Remote Sens. Environ., 72, 317-327.

Shaw, A. G. P., and R. Vennell (2001), Measurements of an oceanic front using a front-following algorithm for AVHRR SST imagery. Remote Sens. Environ., 75, 47-62.

Simpson, J. J. (1990), On the accurate detection and enhancement of ocean features observed in satellite data. Remote Sens. Environ., 33, 17-33.

Sokolov, S., and S. R. Rintoul (2007a), Multiple jets of the Antarctic Circumpolar Current south of Australia. J. Phys. Oceanogr., 37, 1394-1412, doi: 10.1175/JPO3111.1.

Sokolov, S., and S. R. Rintoul (2007b), On the relationship between fronts of the Antarctic Circumpolar Current and surface chlorophyll concentrations in the Southern Ocean. J. Geophys. Res., 112(C07030), doi: 10.1029/2006JC004072.

Ufermann, S., and R. Romeiser (1999), A new interpretation of multifrequency/multipolarisation radar signatures of the Gulf Stream front. J. Geophys. Res., 104(C11), 25697-25706.

Ullman, D. S., and P. Cornillon (1999), Surface temperature fronts off the East Coast of North America from AVHRR imagery. J. Geophys. Res., 104(C10), 23459-23478.

Ullman, D. S., and P. Cornillon (2000), Evaluation of front detection methods for satellite-derived SST data using in situ observations. J. Atm. Ocean. Tech., 17, 1667-1675.

Ullman, D. S., and P. Cornillon (2001), Continental shelf surface thermal fronts in winter off the northeast US coast. Continental Shelf Res., 21(11/12), 1139-1156.

van Leeuwen, P. J., W. P. M. de Ruijter, and J. R. E. Lutjeharms (2000), Natal pulses and the formation of Agulhas rings. J. Geophys. Res., 105(C3), 6425-6436.

5 中尺度海洋特征：上升流与其他现象

本章是中尺度海洋特征三章内容中的最后一章，专门讲述主要受地形控制的中尺度海洋动力现象及过程的遥感。首先展示上升流现象如何被海洋观测卫星所探测，然后继续发展到一些相关联的海洋现象，比如山脉引导吹离陆地的风所引起的海洋现象，或者孤岛后产生的海洋现象。本章还讨论了大型入海羽流及边缘冰区过程的卫星信号。最后以实验示例作为总结，介绍了利用遥感观测在海洋“高营养、低叶绿素”区域促进初级生产的海洋过程。

5.1 上升流

5.1.1 上升流的产生与影响

上升流是一个众所周知的海洋现象，是由作用在海表面上的风与地转偏向力之间的相互作用产生的，可使下层水体被抽吸到海洋表面，以此来补充由于表层海水辐散造成的流量损失，其覆盖区域尺度大小从数十到数百千米不等。与典型的海表水体相比，上升流水体温度更低、营养盐更丰富，致使上升流区内及相邻海域所有营养级生物量增加，从而导致初级生产力的提升。虽然在地理上受到限制，但风生上升流现象是一个具有全球尺度海洋影响的重要过程，对以海洋生物资源谋生的人们具有重要的经济效益。掌握埃克曼(Ekman)输送的概念对于理解上升流的驱动机制非常重要。当风定常地作用在海洋表面，海水将沿着风向产生压力。海水的响应首先在风向上加速流动，但是由于地球在旋转，科氏效应开始使海流在北半球向其流动方向的右侧偏(南半球向左偏)。几小时内相对于风向偏转了90°，且流速也相应调整使得科氏力与风应力相平衡(如图3.4所示，但把压力换成风应力)。风引起的流动称为埃克曼输送，是产生上升流必需但不唯一的成分。另一基本因素取决于我们正处理的上升流属于沿岸上升流或赤道上升流两种类型中的哪一种。

在沿岸上升流中，风必须要平行于海岸吹，或者至少有相当一部分分量是平行于海岸的。此外，在北半球必须保证海岸在风向的左侧，在南半球海岸要在风向的右侧。这对于埃克曼输送是必要的，以使水体离岸流出(图5.1)。为了维持稳定的离岸流动使稳定的沿岸风应力达到地转平衡，海水必须在不受风应力影响的深度向岸流动并被抽吸到表层。对于该过程的动力机制希望做更进一步了解的读者可以参阅标准的物理海洋学书目如 Stewart(2008)。

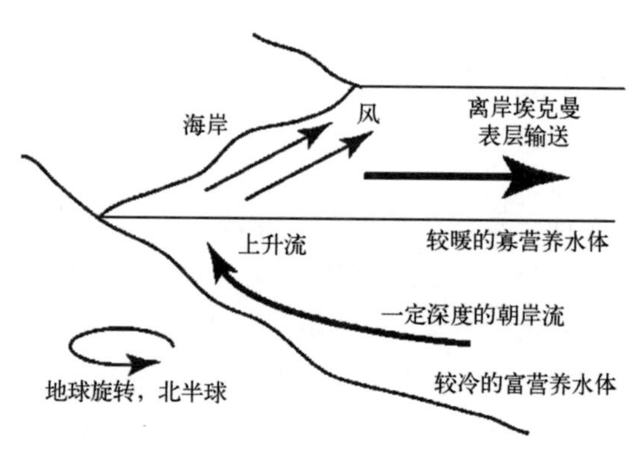

图 5.1　沿岸上升流

一些研究涉及上升流指数(UI)，通常这一术语用来表示风驱动上升流的程度。上升流指数通常被认为给定时段内海岸线单位长度的离岸埃克曼体积输送的平均值，但其精确定义会随研究而变。比如，NOAA 环境研究部发布了北美西海岸 15 个站点的每 6 小时、每天、每月的上升流指数(ERD，2008)，它们来源于海平面气压每 6 小时的气压格点场。通过大气压力模型分析表面风应力驱动埃克曼输送。

然而，尽管大体意思相同，个别研究采用自己的上升流指数时，其定义通常略有不同(Lathuiliere et al.，2008)。顾名思义，赤道上升流发生在赤道。尽管在赤道地区不存在科氏力效应，且在低纬地区科氏力作用也非常小，但事实上导致上升流的重要因素是科氏参数 f 在赤道两侧的符号(正负)是不同的。因此，对于东风(向西吹)，将使赤道以北的埃克曼输送向北偏移，赤道以南的埃克曼输送向南偏移。通常来说，在远离海岸的开阔大洋中发生的埃克曼输送不会产生上升流，但在赤道地区并非如此，埃克曼流经赤道方向的改变产生了海水辐散，因此需要上升流来维持这一流动(图 5.2)。

对于这两种类型的上升流，如果风与流的方向相反，那么埃克曼输送就会向岸或者向着赤道，这就会产生沿岸或者赤道地区的下降流，但这对于海洋学并没有那么重要。在不受扰动的情况下，海水是分层的，温暖的表层水覆盖在更冷的、密度更大的水体上面。在阳光照射区域，上层水体的营养物质迅速被初级生产过程消耗，而较深的黑暗水体则富含更多的营养物质。将密度更大、更深的富含营养的水体混合或平流输送到上层水体来补充初级生产这一过程需要能量，上升流就是全球海洋中可以实现这一过程的主要机制之一。在主要的上升流系统中，密度大的、富含营养盐的水体通常从 50~100 m 或更深的深度抽吸到表层。相反地，下降流对于海水表面营养物质的富集并没有起到任何作用。

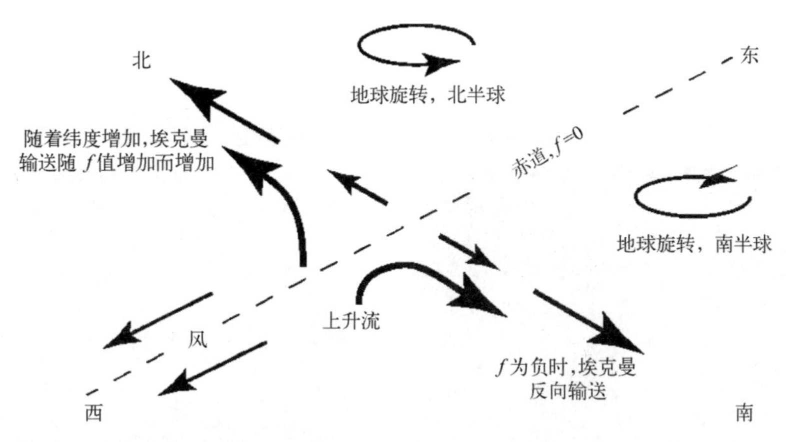

图 5.2　赤道上升流

在陆架海域，其他过程可以丰富透光层的营养，但对于深海，最丰富的初级生产来源在沿海或赤道上升流区域，其最终维持着海洋中大多数动物的生命。因此，上升流的位置、空间范围、营养物质富集的强度、季节性以及气候变化对于全球范围内的海洋生物至关重要。在全球范围内监测上升流区域发生的时间和地点是一项非常适合卫星遥感能力的任务。

5.1.2　卫星探测上升流方面

从最基本的角度来看，海洋学家通过三个因素认定发生上升流：如上所述，在一个有利于上升流动力发展的地区出现低海表温度；近期风力足够强，且处在有利于引起上升流的方向；浮游植物种群在海表温度较低的附近海域增强。这些因素每一个都可以由卫星测量直接获得。海表温度可以由红外遥感轻易地测量，空间分辨率大约为 1 km，足以监测围绕上升流区域的冷水锋面详细结构。散射仪可以提供每天一次或者每天两次的海上风速及风向图，分辨率为几十千米。海洋水色传感器可以通过测量叶绿素浓度来探测近表面的浮游植物种群，分辨率为 1 km。换句话说，上升流适合应用卫星探测，是因为其特性属于海洋遥感能探测到的最好的属性范畴。图 5.3、图 5.4 和图 5.5 分别举例说明了 2005 年 3 月某天的本格拉(Benguela)上升流区域海表温度、叶绿素以及风矢量的瞬时分布。

这些图像展示了采用不同类型遥感器近乎同时的图像来观察上升流三个不同方面现象的优点。在这种情况下，通过来自 EOS Aqua 平台的 MODIS 数据，可同步获得海表温度与叶绿素数据。海表温度提供了上升流即时条件最为直接的证据。尽管总的来说，在时间平均的情况下，整个本格拉海岸线超过 2 000 km 范围存在上升流，这个特定的图像显示强度最大的上升流发生在 33°S～34°S。低于 14℃ 的海水似乎已在近期上涌，且离岸直达50 km处。再往北，最冷水体离海岸约20 km且海水温度较高。由此我们可以推断，此时在28°—32°S的上升流要弱于更远的南边。

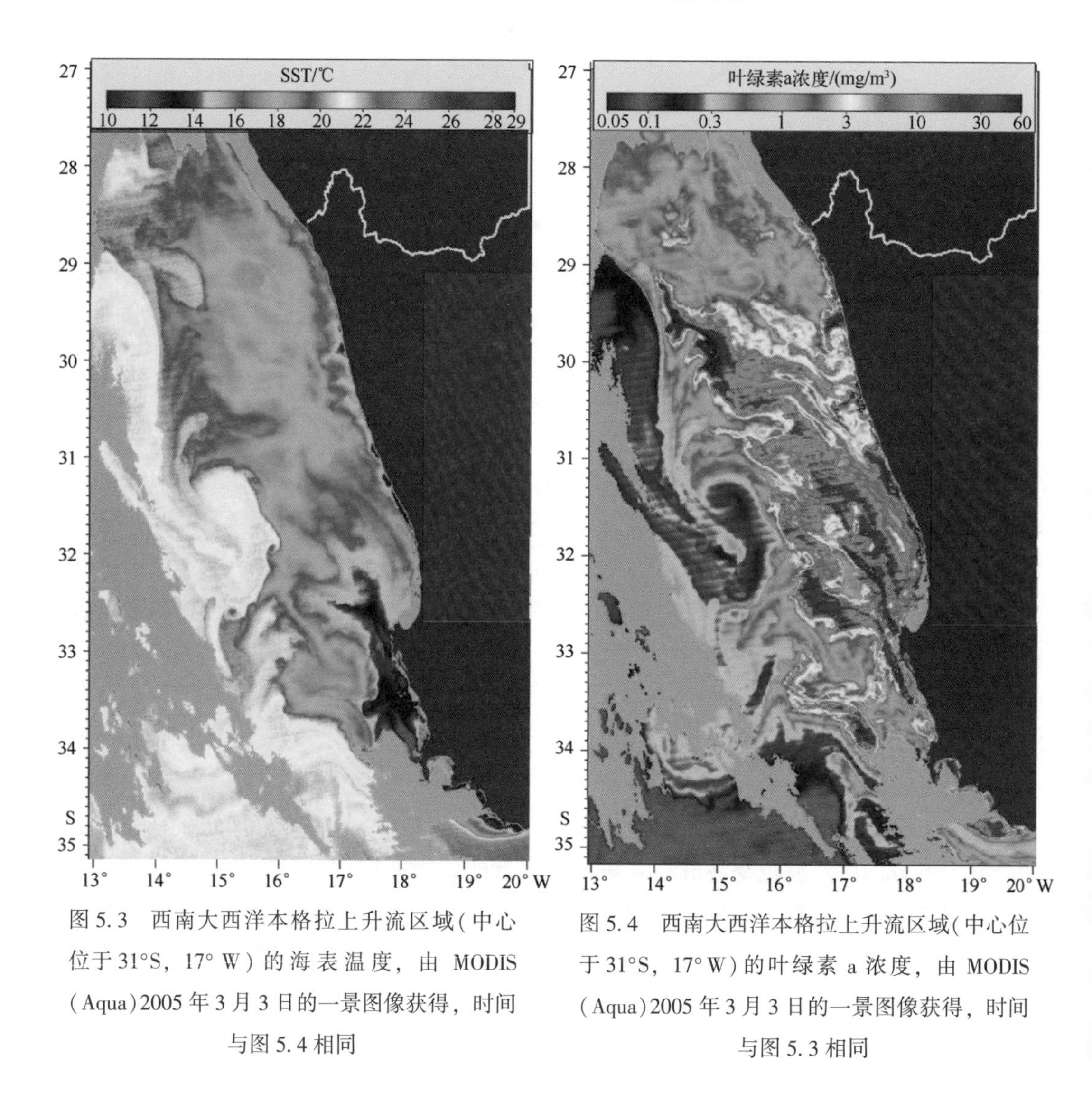

图5.3 西南大西洋本格拉上升流区域(中心位于31°S，17° W)的海表温度，由MODIS(Aqua)2005年3月3日的一景图像获得，时间与图5.4相同

图5.4 西南大西洋本格拉上升流区域(中心位于31°S，17° W)的叶绿素a浓度，由MODIS(Aqua)2005年3月3日的一景图像获得，时间与图5.3相同

在图5.5中参考MODIS影像获取之前由QuikScat卫星探测得到的夜间风场分布，发现在开普敦近岸区域(34°S)，上升流强度最大的地方也是风力最强的地方，南风最大可达14~15 m/s。沿岸向北风力减弱，与此相对应的上升流也减弱。与此相反，叶绿素图像(图5.4)显示了高浓度的生物量不仅存在于最冷的水域，还离岸延伸超过上升流中心100~200 km。实际上，叶绿素分布可以完整地展示过去几天的初级生产量变化。由水体上升提供的营养物质可以使得浮游植物种群增长，然后被离岸的埃克曼输送与平行于海岸的、朝赤道方向流动的海流带走。因此，最高产量也可延伸到距离探测的

上升流中心以北数百千米处。然而，这未必完全是由北向平流造成的，也可能来自几天前北部上升流中心的营养物质供应，这取决于当时最强南风发生的位置。尽管云影响了之前几天的画面清晰度，但这个例子也证实了能从上升流的多参数遥感中获取足够丰富的信息。简而言之，我们可以从风场、海表温度与叶绿素的图像数据中分别得到上升流事件的强迫、即时响应及其长期累积结果。

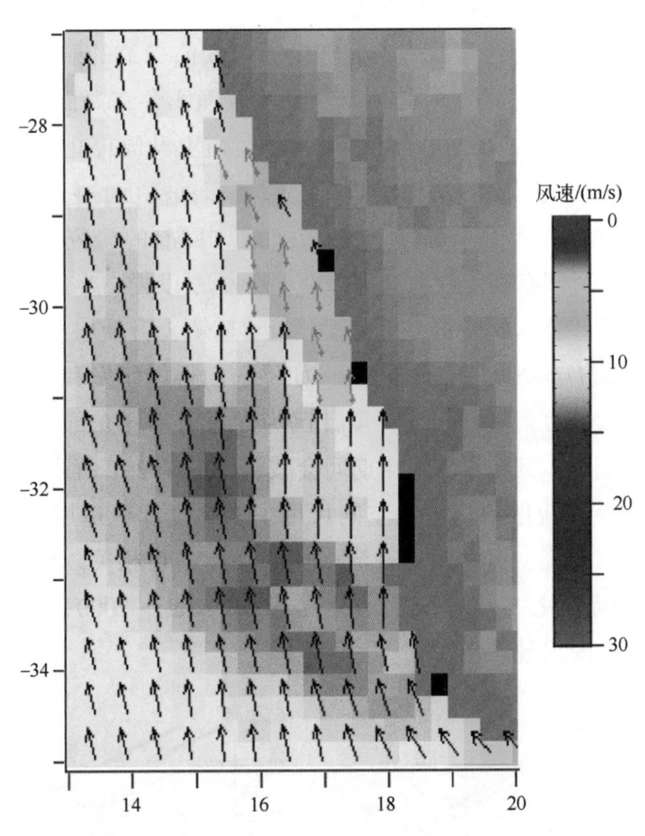

图5.5　本格拉上升流区域表面风速矢量，由QuikScat卫星于2005年3月2日的一景夜间图像获得。QuikScat卫星数据由遥感系统提供，并由NASA海洋矢量风科学团队赞助（改编自www.remss.com获得的一幅图像）

从太空详细监测上升流过程依然存在问题，其中最显著的是云的存在限制了红外以及海洋水色传感器的使用。在世界上某些区域，低云或者海雾也许与上升流区域的低海表温度有关。改善这种情况的一种方法就是利用地球同步卫星上的红外传感器建立每天的海表温度合成图像，前提是云不会持续一整天（Castelao et al., 2006）。这是可行的，因为大多数重要的上升流区域同副热带涡旋分布在同一纬度，且位于赤道上方的卫星视野内。如果云一直存在，那么可以尝试使用微波辐射测量，但这只适用于离岸延伸很远、非常大的上升流区域。因为微波遥感的空间分辨率不超过 50 km，且其精度在离岸 100 km 以内会受陆地漫辐射的影响，因此微波遥感不适于详细解译上升流的空间结构，如图 5.3 所示的整个海岸线 20 km 范围内的冷海水，也根本无法探测。

原则上，主要上升流区域锋面边缘处的海面高度特征应由高度计测量。当上升流产生时，它将温暖的表层混合水推离海岸，用更冷、密度更大的水体来替代。发生这种现象时，海平面在上升流区域下降，并在上涌冷水与温暖的离岸表层水接触产生的锋面急剧倾斜，如图 5.6 所示。这一表面坡度通过朝向赤道的射流保持地转平衡，其是上升流系统的一个重要元素。因此，上升流区域确实存在海面高度特征。如图 5.6 所示，当存在适宜上升流的风时，它会离岸运动，当上升流停止时，它会消失或向岸移动。如果卫星高度计能以足够的精度解析小尺度海面高度，它将对观测上升流的锋面发挥非常积极的作用，但到目前为止仍未实现。目前的研究活动（Madsen，2007；Bouffrad，2008）尝试对现有高度计数据进行新的分析，以提高半封闭海域近岸的精度，并且最终可以应用这些技术，使得卫星高度计能够监测上升流以及上升流前端的回流。对于宽幅高度计（见 *MTOFS* 的 11.5.5 节），如果它们得以研发和部署，将在探测上升流锋面方面具有很大的价值。同时，高度计已为赤道太平洋东部上升流相关的海平面变化提供了很好的证据，其在厄尔尼诺期间会减弱（如 11.2 节所述），尽管这种变化发生在比全球大部分上升流区域更大的空间尺度上。高度计也适用于东边界流的研究，虽然不同于实际的上升流，但它跟上升流水体的动向密切相关。高度计能够识别离岸 500 km 以外的沿岸流变化（Strub et al.，1987；Strub et al.，2000）以及将高生产力水体输向大洋的离岸射流的出现。

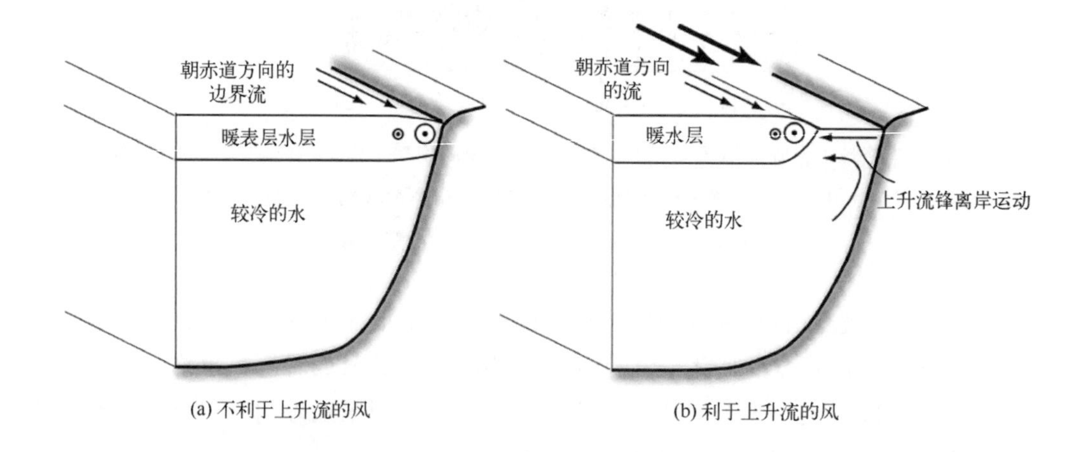

图 5.6 （a）不存在上升流，（b）存在上升流时东向海洋截面的图解，展示了典型的热力结构、朝向赤道的边界流以及相应的海面高度

SAR 图像也有潜力用于探测上升流系统中的锋面，但是这种方法目前还不能给物理海洋学家提供任何信息，因为它们不像其他成熟方法那样容易。在 SAR 测流中使用第 4 章提及的多普勒质心法取得的新发展，是否会对上升流研究产生新认识还有待观察。

5.1.3 从太空观测的全球上升流区域

全球主要上升流区域如图 5.7 所示，标识于 Aqua MODIS 获取的 6 年平均海表温度图。虽然长时间平均图往往会消除瞬时快照图像(图 5.3 和图 5.4)的中尺度细节，也会弱化强烈的季节性变化特征，但在这里有意使用长时间平均图，是因为其揭示的任何一个小尺度特征，肯定在大多数时间内十分明显且发生位置基本不变。因此，沿着某些海岸狭窄的冷水带，比邻近海域温度低 3~6℃，提供了上升流持续存在的有力证据。

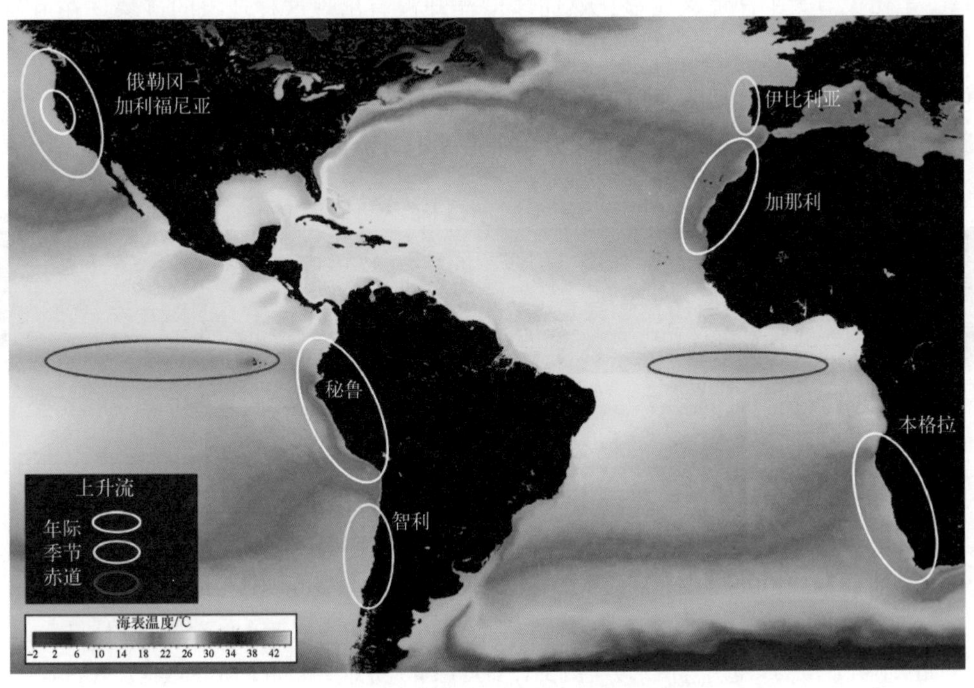

图 5.7 全球主要上升流区域

图像背景场是 MODIS 数据提供的 6 年平均海表温度 9 km 分布图

实际上，这些对应着终年存在有利于上升流发生的盛行风地方，它们位于南北半球副热带环流系所处纬度的太平洋与大西洋海域东部边缘处。全球上升流区域稳定存在于 4 个地方，分别是非洲西北部的加那利海岸、非洲西南部的本格拉海岸、秘鲁海岸与俄勒冈州海岸。除这些之外，上升流会在一年中的某段时间表现强烈(通常是夏季月份)，但并非全年如此，它们在年海表温度图上的特征分布会稍微散乱些。因此在俄勒冈州加利福尼亚以及智利海岸与伊比利亚海岸处更为宽阔海岸线的上升流被认定为是季节性的。

在东边界的其他区域以及所有海洋的西边界，盛行风一年中大部分时间的风向都与诱导上升流的方向相反。图 5.7 仅展示了东太平洋与东大西洋，因为在印度洋、西太平洋以及澳大利亚周围海域没有永久上升流区域，但却不能说这些区域不会出现上升流。在一年中特定的时间，当盛行风的风向合适时，世界各地特定的点都会出现季节性上升流。比如，在印度洋与东南亚，由于季风影响，有很多地方每年会在短时间内产生强上升流，对区域海洋学有着相当大的影响，这些在 11.3 节还会提及。

只要有东风(向西吹)，太平洋就会发现赤道上升流，在全球叶绿素气候态分布图中(图 5.8)，沿赤道可发现一条狭长的直带，叶绿素得到增强，尽管图 5.7 所示上升流的冷信号在卫星遥感海表温度气候态分布中相当分散。大西洋也有一些赤道上升流的证据，虽然没有太平洋那么明显，然而印度洋却没有出现这种现象的迹象。在厄尔尼诺期间，卫星资料显示了太平洋赤道上升流如何中断(如第 11 章所述)。我们将在第 7 章讨论海洋水色遥感如何为赤道上升流与永久性沿岸上升流中心影响全球生物产量提供新视角。这里我们将更加详细地探讨 4 个沿岸上升流区。

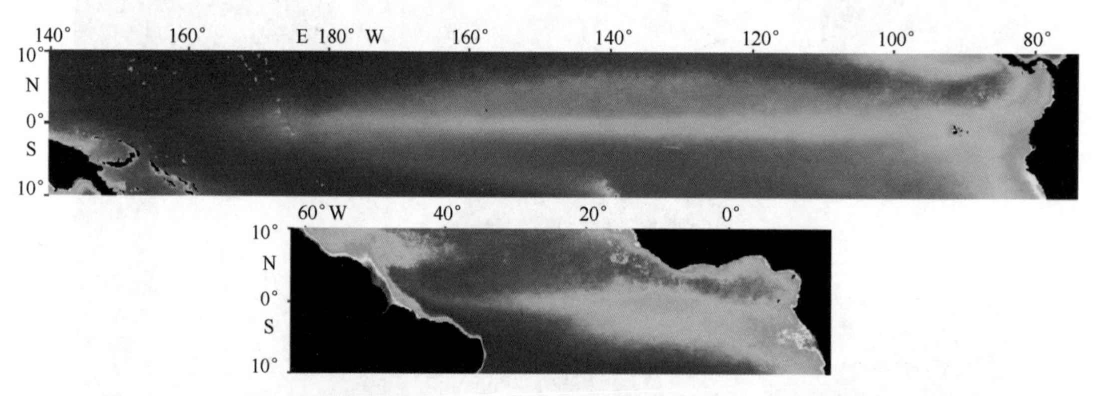

图 5.8　Aqua MODIS 测量得到的赤道上升流地区叶绿素浓度 6 年累积浓度的平均分布(2002 年 1 月1 日到 2008 年 2 月 29 日)，范围为 10°N—10°S 的赤道太平洋(上图)与赤道大西洋(下图)。色标与图 5.9 至图 5.12 的叶绿素 a 分布图相同(MODIS 数据从 NASA 海洋水色网站下载，网站地址为 http://oceancolor.gsfc.nasa.gov)

在每种情况下，对于特定月份，当认为区域上升流相当强时，将月平均海表温度分布图和月平均叶绿素图一起呈现。图 5.9 展示了 2004 年 2 月非洲西南部本格拉地区的实例。表面上看，它似乎与图 5.3 和图 5.4 所示的单天无云快照图像非常相似。然而，图 5.9 是一整月上升流的综合记录，可以更全面地了解上升流如何影响整个区域的初级生产力。它对上升流强度和中心位置变化进行逐日平滑，这些变化取决于风及其与不同海岬和部分海岸线的相对方向。图 5.9 显示，沿着海岸向北到达 14°S 会出现一些上升流，尽管它在23°—34°S最强。值得注意的是，从月平均海表温度图中，无法区分长期存在但不是很强的上升流海岸以及间歇存在但很强的上升流海岸。可以推断的是，图中最冷区域表示该处富营养水体被抽吸到海洋表面的比率最高，从而促进该区域生产力的提高。当然，在这个例子中，冷水分布与叶绿素浓度之间有很强的相关性。此外，上升流最强的地方似乎其影响也最远离海岸。比如，在23°—27°S上升流造成的水体变冷可达离岸500 km处，而浮游植物的增多甚至超过这个范围。

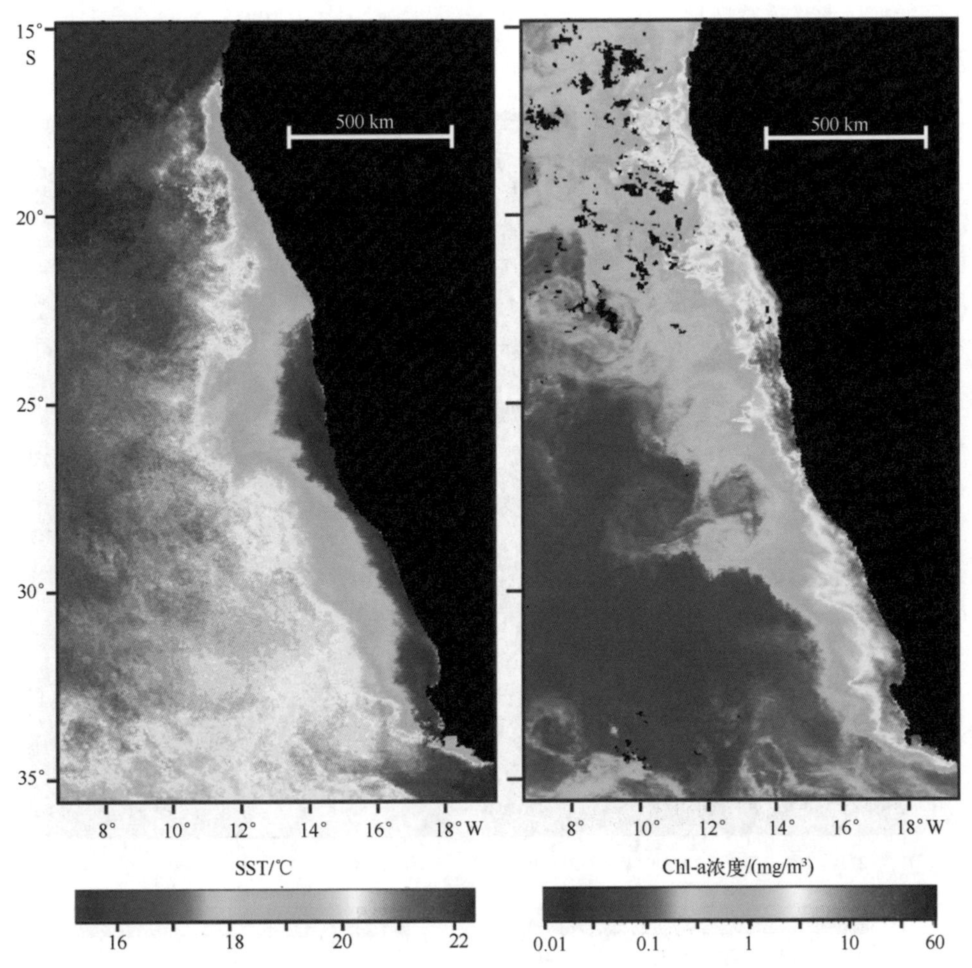

图5.9　2004年2月本格拉上升流区域的月平均海表温度(左)与叶绿素a浓度月平均值(右)。数据来源于MODIS数据集(利用NASA海洋水色网站下载的3级产品图像，网站地址为http://oceancolor.gsfc.nasa.gov)

图5.10展示了同样在2004年2月的非洲西北海岸，即所谓的“加那利海岸”的上升流。尽管该区域的盛行风有利于上升流，但在50~100 km范围内海岸线方向变化很大，有许多突出的岬角。因此，风向很小的变化都能使上升流从岬角的一边转向另一

边，这取决于哪一段岸线的延伸与实际风向最接近。在这种情况下，位于21°N的突出岬角南部不存在上升流，因为该处存在相当陡峭的纬向海表温度梯度，上涌水体的温度同样也会改变。因此在15°—20°N之间上涌水体的温度大约为18.5℃(图5.10蓝色的部分)，而24°N以北则低于18℃(图中紫色部分)。尽管如此，从叶绿素分布图中可以看出，离海岸200 km处的18.5~19℃温度带的水体正离岸扩散高营养水体，这表明靠近海岸的上升流会被夹带到赤道方向的加那利海流中。对于该上升流区域的许多研究已经开始使用海洋遥感数据，包括海表温度(van Camp et al.，1991；Nykjaer et al.，1994)以及从海洋水色遥感获得的叶绿素(Pradhan et al.，2006；Lathuiliere et al.，2008)。

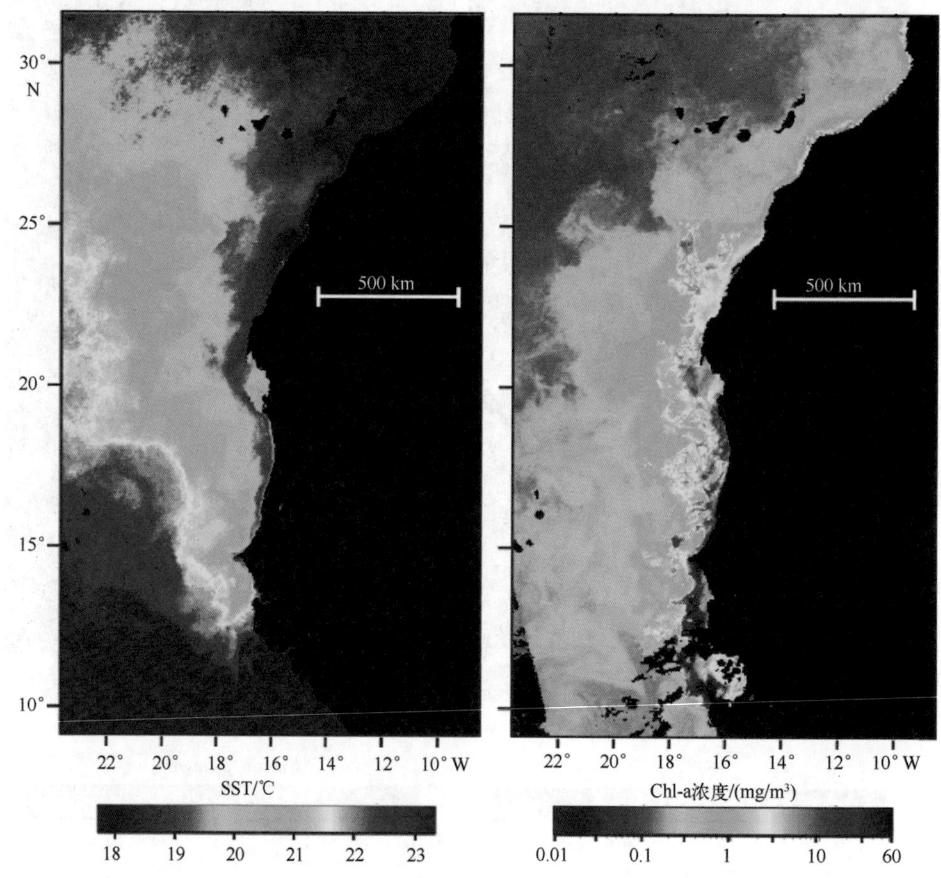

图5.10 2004年2月非洲西北部沿岸加那利上升流区域的月平均海表温度(左)与叶绿素a浓度月平均值(右)。数据来源于MODIS数据集(利用NASA海洋水色网站下载的3级产品图像，网站地址为http://oceancolor.gsfc.nasa.gov)

南美太平洋沿岸潜在上升流在纬度上能越过30°，如图5.11中所示。最强、最持久的上升流出现在5°—18°S的秘鲁海岸，沿着海岸上升流水体呈现一条细线。叶绿素浓度与上升流强度不完全匹配，无法像沿岸上升流水体温度那样起指示作用。沿岸水体温度大概在 12°—13°S 附近达到最高，生产力似乎也最强，且离岸延伸到更远的距离。据推测，沿岸流引起的水平流动正在影响富营养上涌水体到达的地方，但仅从一个月的快照图像不能得出确切的结论。可以明确的是，在 5°—10°S 以及远离智利的 25°—35°S，高生产力水体可以从海岸延伸到非常远的距离，它被离岸急流输送，同时具有较冷的海表温度特征。卫星海表温度数据已用于该区域上升流的各种研究（Thomas et al., 2001；Marin et al., 2003）。

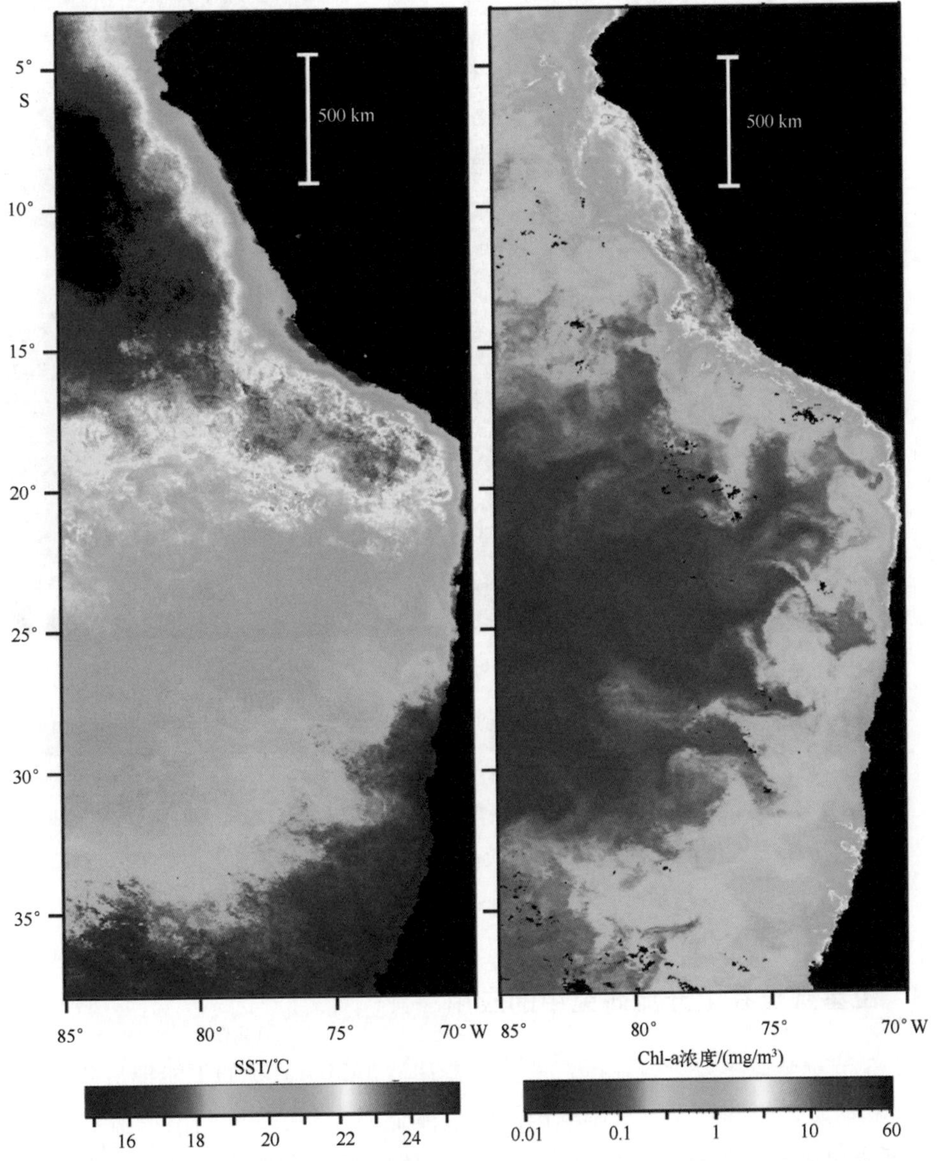

图 5.11　2004 年 4 月秘鲁和智利沿岸上升流区域的月平均海表温度（左）与叶绿素 a 浓度月平均值（右）。数据来源于 MODIS 数据集（利用 NASA 海洋水色网站下载的 3 级产品图像，网站地址为 http://oceancolor.gsfc.nasa.gov）

2004 年 7 月在俄勒冈州和加利福尼亚上升流区域呈现出一幅类似的图像，证实了沿岸流扰动将带状的高生产力水体离岸输送的现象(图 5.12)。俄勒冈州和加利福尼亚沿岸流及与上升流之间的关系已得到广泛研究，许多近期论文同时使用了卫星数据，为通过现场实测了解上升流对区域的影响提供更广泛的背景[Barth 等(2005)以及 *J. Geophys. Res* 相关专题中的论文]。

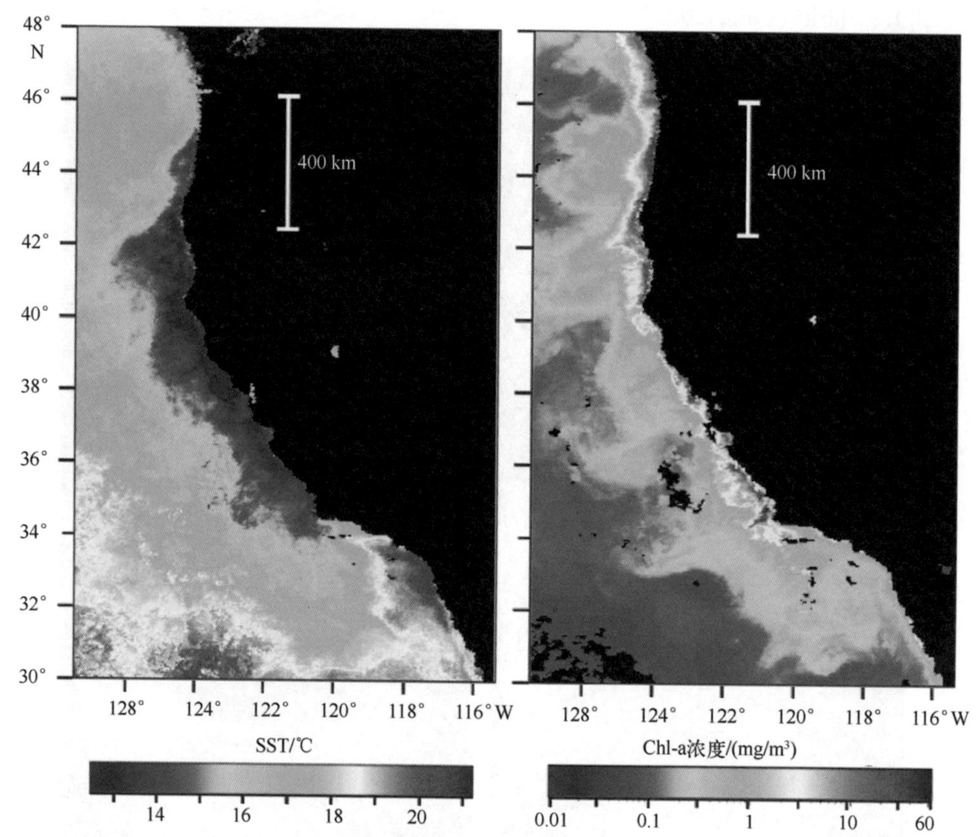

图 5.12　2004 年 7 月俄勒冈州和加利福尼亚沿岸上升流区域的月平均海表温度(左)与叶绿素 a 浓度月平均值(右)。数据来源于 MODIS 数据集(利用 NASA 海洋水色网站下载的 3 级产品图像，网站地址为 http://oceancolor.gsfc.nasa.gov)

5.1.4　卫星数据在上升流研究中的应用

5.1.3 节对全球主要上升流区域的简短概述清楚表明，我们不能把最狭义的上升流(即风驱动海表辐散产生了离岸输送使得水体上涌)从更广阔的沿岸流和离岸急流环境中孤立出来，因为这种环境决定了上涌水体的长期发展史以及其能支撑的初级生产力增强。因此，最近许多关于上升流过程的研究与东边界流的动力特征相联系。越来越多此类研究采用卫星数据来补充现场实测以及数值模拟分析。已有对于离岸急流或丝状流携带上涌的富营养水体远离海岸的研究(Strub et al., 1991; Barth et al., 2000)以及关于局部地形对该过程影响的研究(Barth et al., 2005)。Marin 等(2003)使用卫星数据来研究上升流区域的发生，即上升流被风向和岸线方向之间的关系所抑制的位置。Castelao 等(2006)探讨了风应力旋度在大西洋西南部的巴西沿岸产生局部上升流区的作用。

此外，对于上升流的科学研究并非简单涉及这种现象发生与否，还需要只能通过现场测量采样获取的详细信息。比如，那些关注上升流发生发展动力学过程、底部地形的影响、与沿岸流的相互作用以及表层冷水离岸羽流爆发的人，需要记录温度和盐度分布随深度的变化，还需要使用 ADCP 直接测量海流。试图了解生物化学过程的海洋化学家需要测量上升流水体中营养盐的浓度以及它们到达真光层后消耗的速率。海洋生态学家需要在上升流事件后确定藻华中浮游植物的种类，并观测受其支撑的浮游动物群落结构。海洋生物学家研究得到大幅增强的鱼类种群、海洋哺乳类动物的主要种群以及大量的海鸟种群，这些都依赖于上升流区域初级生产力的增强。目前，这些因素还不能通过遥感来测量或观测。尽管如此，如果实时利用卫星数据来确定最佳的采样时间和地点，可以大大提高获取此类信息现场实验的设计(Barth et al., 2005)。

最后值得指出的是，卫星数据对于分析上升流气候态变化可能非常有用，因为随着逐日海表温度、叶绿素与风的长时间序列变得可行，在沿岸以高分辨率积累上升流变化的时间序列是可行的。已有这类研究工作的例子，研究上升流气候态的年代际变化(Nykjaer et al., 1994; Santos et al., 2005)，并探索与厄尔尼诺指数相关的变化(Thomas et al., 2001)。

Lathuiliere 等(2008)广泛使用卫星数据，并以硝酸盐的气候态现场实测数据作为补充，调查和对比了非洲西北海岸发生上升流的三个不同地方之间叶绿素浓度的季节和季节内变化。在这项工作中专门定义了三个不同的上升流指数：

- 跨岸埃克曼输送被指定为($\tau_{al}/\rho f$)，其中，τ_{al}是朝赤道方向风应力的局部沿岸分量；ρ 是水体密度；f 是当地的科氏参数。风应力数据来自 IFREMER CERSAT 提供的 1/2° QuikScat 风应力产品。离海岸 50 km 处估算的风应力被认为是离海岸最近的可靠数据。
- 基于温度的上升流指数(TUI)，被定义为离岸海表温度(取离海岸 500~700 km 内带状区域的海表温度平均值)与陆架海表温度的差异。海表温度数据来自 NOAA 的 AVHRR Pathfinder 数据产品。
- 叶绿素扩散指数(CEI)，定义为离岸 9 km 区域 SeaWiFS 3 级产品中的叶绿素浓度等同于离岸 1 200~1500 km 区域处叶绿素浓度平均值的 3 倍。

通过对这三个指数的气候态学分析(这三个指数本质上分别对应着上升流的风应力

强迫、海洋动态响应以及对初级生产的影响)，使用5年(2000—2004年)连续数据，有利于了解沿海不同区域对更广阔区域内大气和海洋变化的反应方式。随着可用卫星数据集在时间上的扩展，我们也许将会看到更多关于这一特性的研究。

5.2 风驱离岸动力学特征

在强风的作用下，无论哪里的海洋都会响应，但风的变化通常意味着海洋并不能持续足够长时间的响应，从而形成特征现象，除非一些因素使海洋在同一地点重复产生相同的响应。5.1节讨论的沿岸上升流就是一个例子：无论何时何地，只要风向适合，海岸的存在就确保了离岸埃克曼输送，从而发生上升流过程。在此，我们考虑另一种情况，风受陆地地形的约束和引导，从而以特定的重复模式吹过海洋，产生反复出现的特征性海洋响应。

那些在海岸附近操纵小船的人，很熟悉风吹离陆地的方式，在山谷向海岸开放的地方最强，而在悬崖和山脉边陆地急剧上升的地方则相对弱一些。在这种情况下，沿海区域风应力空间分布呈现带状结构，可在SAR图像中清晰看到(如*MTOFS*中的图10.36与图10.37)。在几千米范围内，这样的带状结构不会从海岸向外延伸很远，对海洋水文影响很小。然而，在一些地方，由于风管效应的尺度足够大，将引起海洋水文的中尺度变化以及地转动态效应。在这提及的例子中，显示了较冷的上涌羽状形式水体从中美洲海岸向西南方向延伸数百千米进入太平洋，这种模式足够频繁且强度足够大，因此可在如图5.7所示的多年平均海表温度图中显示出来。

对于这一现象的起因最好在图5.13背景下讨论，该图显示了基于QuikScat观测的周平均风速与风向。在中美洲太平洋沿岸的3个区域，每个区域都存在很强的离岸风，可追溯到高地与山脉之间的间隙，而其他区域成为低空风的屏障。每个间隙对应着峡谷中的最低点，分别是特万特佩克(Tehuantepec)、帕帕加约(Papagayo)与巴拿马(Panama)，用白色双杠标记间隙出现的区域。事实上，这是间歇性的风况，每次仅持续几天，且通常在寒冷的冬季。在月平均风场图上，该风况不是很明显，并且在如图5.13所示的周平均图中发现强风同时吹过三个峡谷是很不寻常的。尽管如此，峡谷之间空气流动的气象条件还是能从散射仪的数据分析中很好地记录下来(Chelton et al., 2000)。三个峡谷的西北部，当地熟知的“北风”，吹过特万特佩克(Tehuantepec)湾生成一条强大的南向急流，这是三个中最活跃的。尽管存在这种间歇性，但实际上海洋总在同一区域作出响应，足以使受影响区域的长时间平均海温比周围海域低几摄氏度。海洋学家对于突发风急流的局地动力响应力已经认识很长时间，但当海表温度红外图像可用时，它们更清晰地展示了冷的上涌水体可以影响多远(Legeckis，1988)。

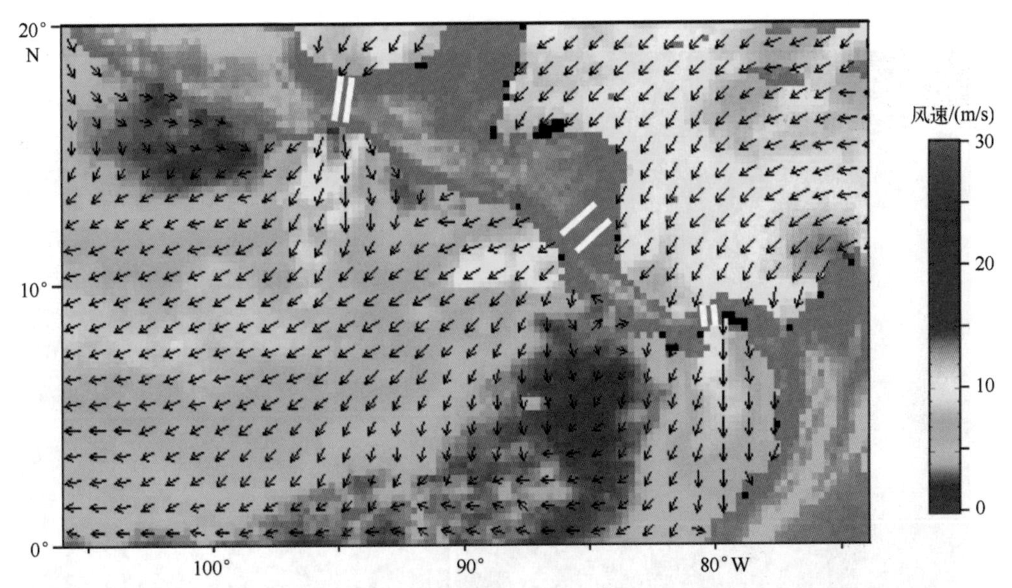

图 5.13 2006 年 2 月 18 日 QuikScat 卫星获取的中美洲周平均风速与风向分布。白色双杠表示在山系中的三个峡谷，在这些地方风会受到控制。QuikScat 卫星数据由遥感系统提供，并由 NASA 海洋矢量风科学团队赞助(改编自 www. remss. com 获得的一幅图像)

在“北风”事件期间，图 5. 14 提供了更精细的分辨率图像。从海表温度图中可以清楚地看到，风急流如何迫使海洋响应，产生了一个宽度超过 150 km 的上升冷水离岸急流。它会延伸到离岸 400 km 处，并逐渐地开始顺时针旋转。在这个例子中，存在一个直径为 150 km、表层温度中等的水体环流区域，在该海域经常出现。其他时候，SAR 图像清晰地显示了它的锋面边缘(Martinez Diaz de Leon et al., 1999)(如 *MTOFS* 中的图 10. 53)。

在图 5. 14 中，下幅的叶绿素图阐释了上升流对于浮游植物分布的可观影响。风急流不仅可使下层营养物质上涌从而增强该区域的初级生产力，还可以使它们混合到更为复杂的分布模式中，除了令人关注的动力学效应，这些还表明浮游植物可以输送到上升流发生区域更远的地方，这些现象将影响更广阔区域的海洋生物与渔业。

在对特万特佩克急流(Zamudio et al., 2006)与帕帕加约急流(Palacios et al., 2005)的研究中，采用高度计监测了涡旋的西向传播，而通过周期性生成的涡旋显示它们对区域中尺度动力学产生的影响。在帕帕加约湾的海洋响应研究中也使用了利用卫星获得的海表温度数据和浮标资料(Ballastero et al., 2004)。看起来，我们应该感激使用不同类型遥感器从太空观测的能力，从而能够了解这些引人注目的、有影响的现象。

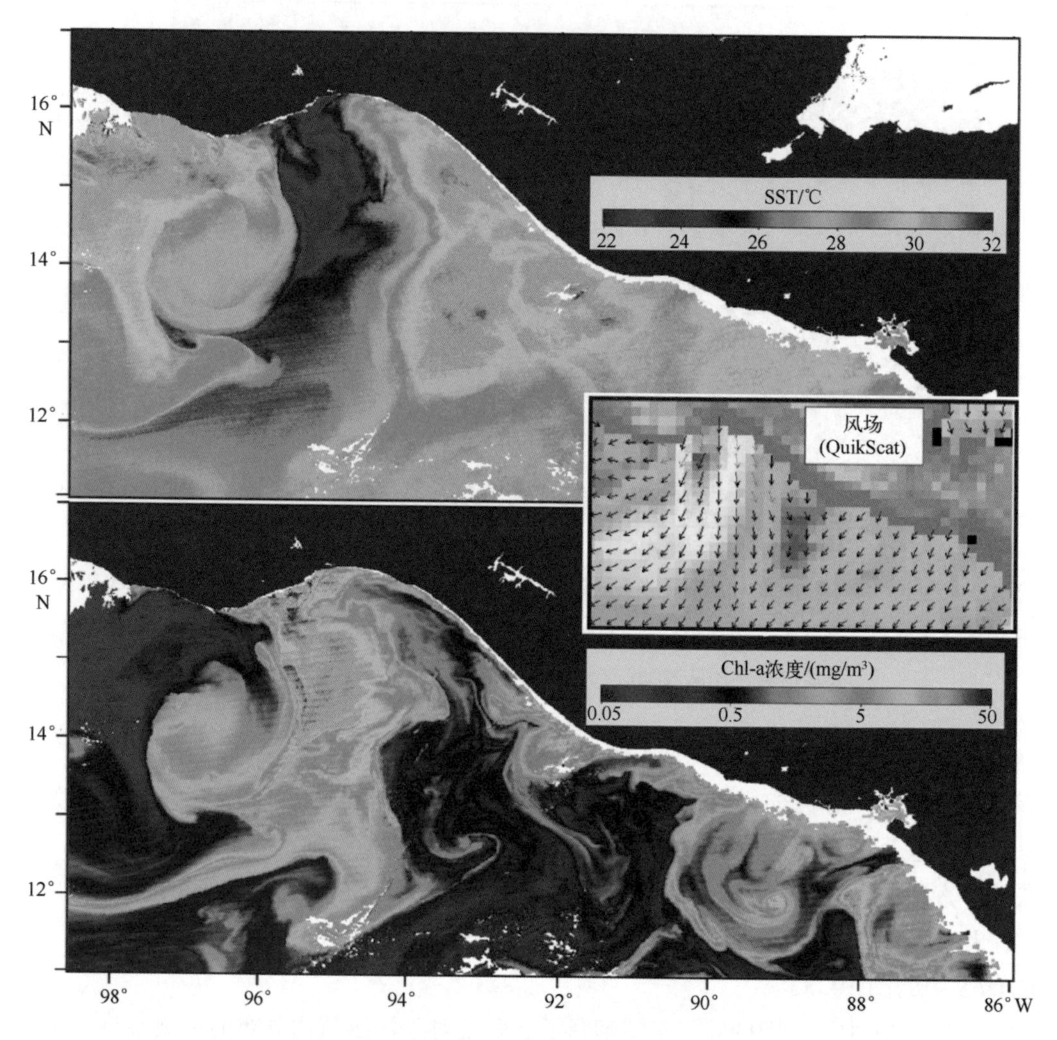

图 5.14　太平洋墨西哥海岸向外的特万特佩克“北风”事件中的上升流

上图是 2004 年 11 月 15 日由 Aqua MODIS 测量得到的海表温度；下图是在同一时间同一遥感器的水色通道反演得到的叶绿素浓度；中间插入的图为 QuikScat 卫星反演得到的 2004 年 11 月13 日的平均风场，风速颜色范围与图 5.13 相同。MODIS 图像可从 NASA 海洋水色网站获得(QuikScat 数据来源于遥感系统)

5.3　大型河流羽状流

当河水流入海洋，它们独特的水温或水色可在一段距离的海洋表层被探测，直到它们被开阔大洋水体混合或稀释。这使得河流羽流特征可能在遥感图像中显示出来，特别是海表温度与海洋水色。相较海水的特征属性，这些特征的程度取决于河流的体积通量以及河水与海水的相对密度。如果河水径流较轻[1]，那么它将覆盖于海水之上并且扩散到更广泛区域，继而与海水混合，失去显著特征。大多数河流羽流的范围不超过几千米，是解译陆架海水色与海温图时需要考虑的一个因素(如第 14 章所述)。在这里，我们简要考虑世界上那些流量巨大的主要河流，从太空中探测所知，这些河流对于水特性的影响已超过了河流入海的局部区域，可在开阔大洋的数百千米处发现它们，其尺度与本章及前两章考虑的中尺度现象相当。

图 5. 15 是 Aqua MODIS 于 2006 年 9 月在巴西北部海岸得到的叶绿素分布图。图 5. 15 中，位于 0°—1°N 的亚马孙河口有部分被云遮挡。然而，入海水体沿着巴西海岸东北方向流入北巴西流(NBC)时，河流中富含的养分将促进浮游植物大量繁殖。然而，这也许不是唯一的营养来源(McGillicuddy et al.，1995)，而且需要注意的是水色特征受河流衍生的有色可溶性有机物和叶绿素的强烈影响，所以由标准一类水体算法反演得到的叶绿素需要谨慎对待。尽管如此，诸如此类图像已被用于羽流的定量分析(Hu et al.，2004)。

在这张图获取的那年，北巴西流被相对的大西洋北赤道逆流(NECC)限制在水体 100 m上层，大西洋北赤道逆流在约为 6°N 的近表面向东流动(Bischof et al.，2004)。在北巴西流与大西洋北赤道逆流交汇处，北巴西流也许会发生转向并由此形成涡旋，这使得图 5. 15 显得如此壮观。大西洋北赤道逆流在 6—9 月之间最强，而在冬季和春季则会衰弱或消失，因此这种流动模式并非全年存在。大西洋北赤道逆流将高生产力海水送入大西洋，向非洲西海岸输送，最终补充到几内亚流。大西洋羽流卫星探测已被用来估算与之相关的大气碳汇尺度(Cooley et al.，2007)。然而，图像给人的印象中，携带丰富养分的海流曲折穿越大西洋，几乎像是亚马孙河的延伸，但这其实是一种受到误导的思维方式。亚马孙河的典型排放量是 $1\times10^5\sim2\times10^5$ m^3/s(即 0. 1～0. 2 Sv)，而从北巴西流得到的大西洋北赤道逆流输送量大约为 16 Sv。因此，虽然亚马孙河的水色可作为北巴西流-大西洋北赤道逆流汇合的示踪物，但事实上沿着这条路径运输的水体只有 1%来自亚马孙河。

世界上没有其他河流的流量能如此壮观，但仍有许多其他河流羽流可以通过遥感来研究它们对邻近海域特性的影响。比如，流入墨西哥湾的密西西比羽流可在 AVHRR 卫星数据的可见波段上通过悬浮沉积物的特征进行追踪；在俄勒冈州海岸附近，哥伦比亚羽流有时也可由水色图像探测到。作为一个可通过仔细分析卫星数据来发现意外现象的例子，SAR 图像显示在哥伦比亚羽流边缘产生大型内波，并辐射到北太平洋(Nash et al.，2005)。

---

① 密度更小。——译者

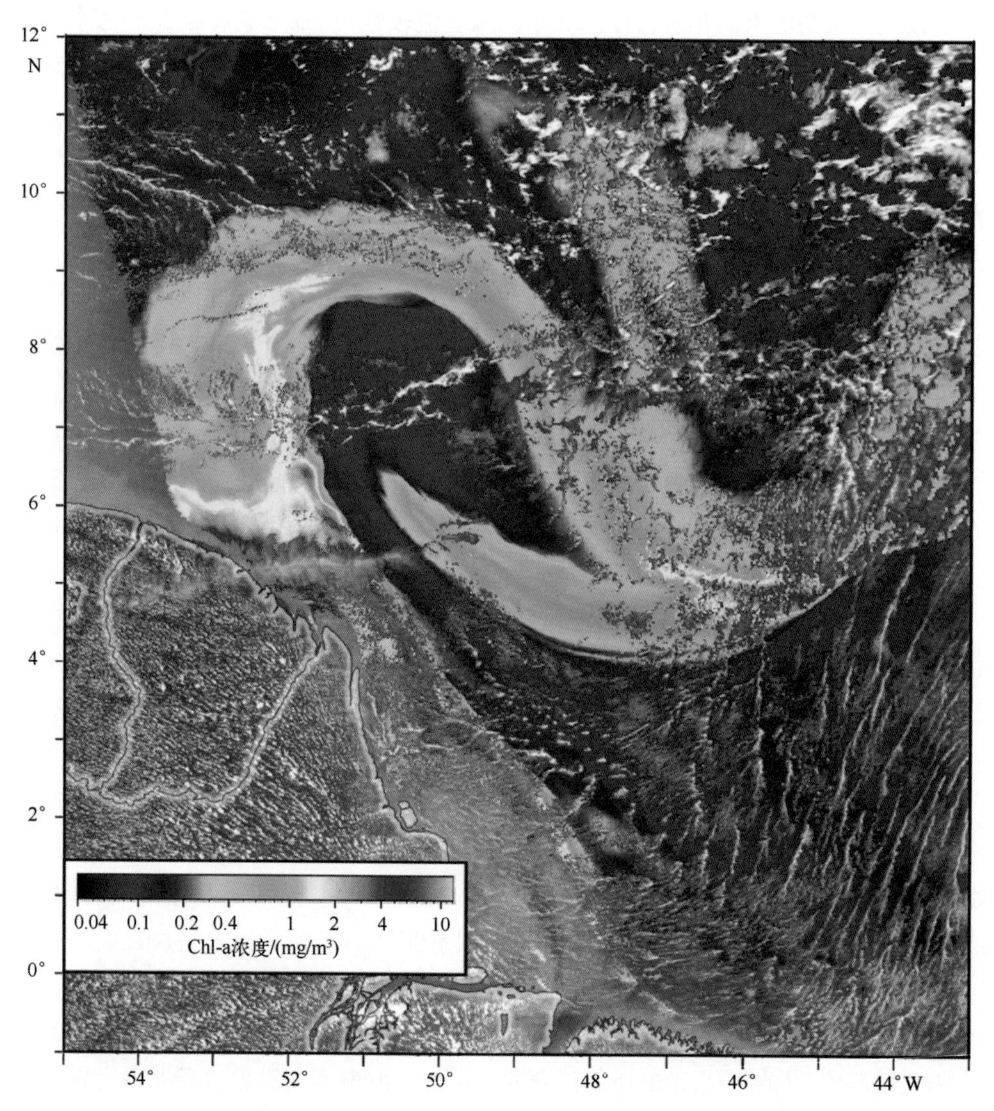

图 5.15 2006 年 9 月 30 日由 Aqua MODIS 反演得到的赤道西大西洋叶绿素图，展示了亚马孙河流出的高营养水体的流动轨迹

5.4 海岛尾流

遥感现象与海洋特定位置相联系的另一个例子是海岛尾流。在卫星图像上有时可见孤岛或者小型群岛，在紧邻海域有一个附加特征，通常向一个主导方向流动从而产生了尾流的形态。有 3 种方式可能发生这种现象：第一种是完全的大气效应。具有相当高山脉的岛屿(通常是火山源地)，会对风的流动产生干扰，从而在卫星上显现特征(例如，在可见光波段辐射计图像上顺风区后的云街，或是低后向散射区在 SAR 图像呈

现出的风阴影、风应力在岛屿后方减弱——见第 9 章)。通常情况下，沿着盛行风向的扰动至多延伸几百千米，但有时高山能影响风的流动使其在海洋上传得更远。夏威夷群岛就是这种情况，许多岛屿的存在造成了东信风带的西向风的减弱，在长达 3 000 km 的山脉后阴影中，形成了一个狭窄的东向海表面流(Xie et al., 2001)，明显远离引发它的岛屿。

第二个机制是在岛屿高山后面的背风区，尾流可在局地海洋上产生响应。这种响应也许是表面的，因为在背风区域形成昼夜温跃层时，在热红外图中可清晰看到温暖的海表温度斑块。然而，稳定的风会产生持久的背风区，背风区与非背风区之间的风切变会造成埃克曼辐散与辐聚，如图 5.16 所示。这导致了上升流与下降流区，前者在海表温度图上看起来更冷。上升流也会带来丰富的营养物质，造成初级生产力提高，从而伴随海洋水色特征。这可以解释出现在夏威夷和加那利群岛等岛链顺风方向的温度与水色模式(Aristegui et al., 1997; Barton, 2001)。Barton 等(2001)展示了 SAR 图像结合 SST 图像所揭示的背风区与风切变区如何提供对这种现象的深入了解。

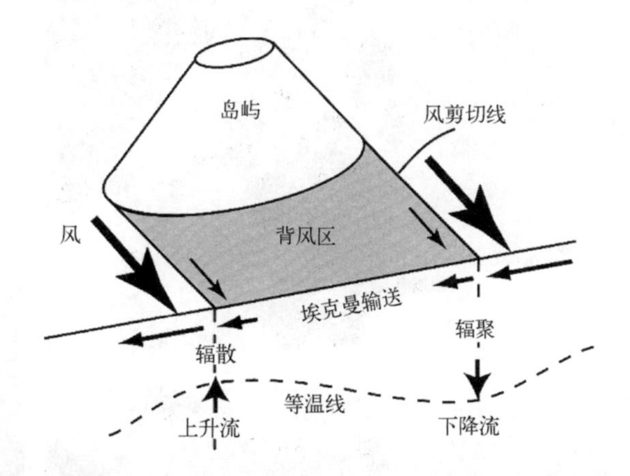

图 5.16 海洋截面的图解，显示了海上孤岛背风区、切变线和上升流驱动的埃克曼输送

第三个机制，当海洋涡旋流经陡峭耸立在海底的孤立火山岛时，会发生脱落进而产生稳定的海洋流动。这已成为数值模拟中经典的流体动力学问题，海洋深度、岛屿直径与科氏参数可用来判断涡旋是否从岛屿脱落，或在岛后生成受限的回流区(Dietrich et al., 1996; Dong et al., 2007)。涡旋运动导致水体的垂直输送，所以上升流会发生在部分尾流区，为生产力的增加提供可能性。在浅海中，类似的垂直混合过程经由岛屿的潮汐振荡来驱动(如第 13 章所述)。涡旋与尾流区可在温度与水色成像仪中显示出来。图 5.17 展示了一个典型的深海示例，从 SeaWiFS 反演的叶绿素分布图中看到加拉帕戈斯群岛附近叶绿素浓度的变化。有趣的是，从间隔几日的三幅图中呈现的差异，说明了动态过程的变化程度。

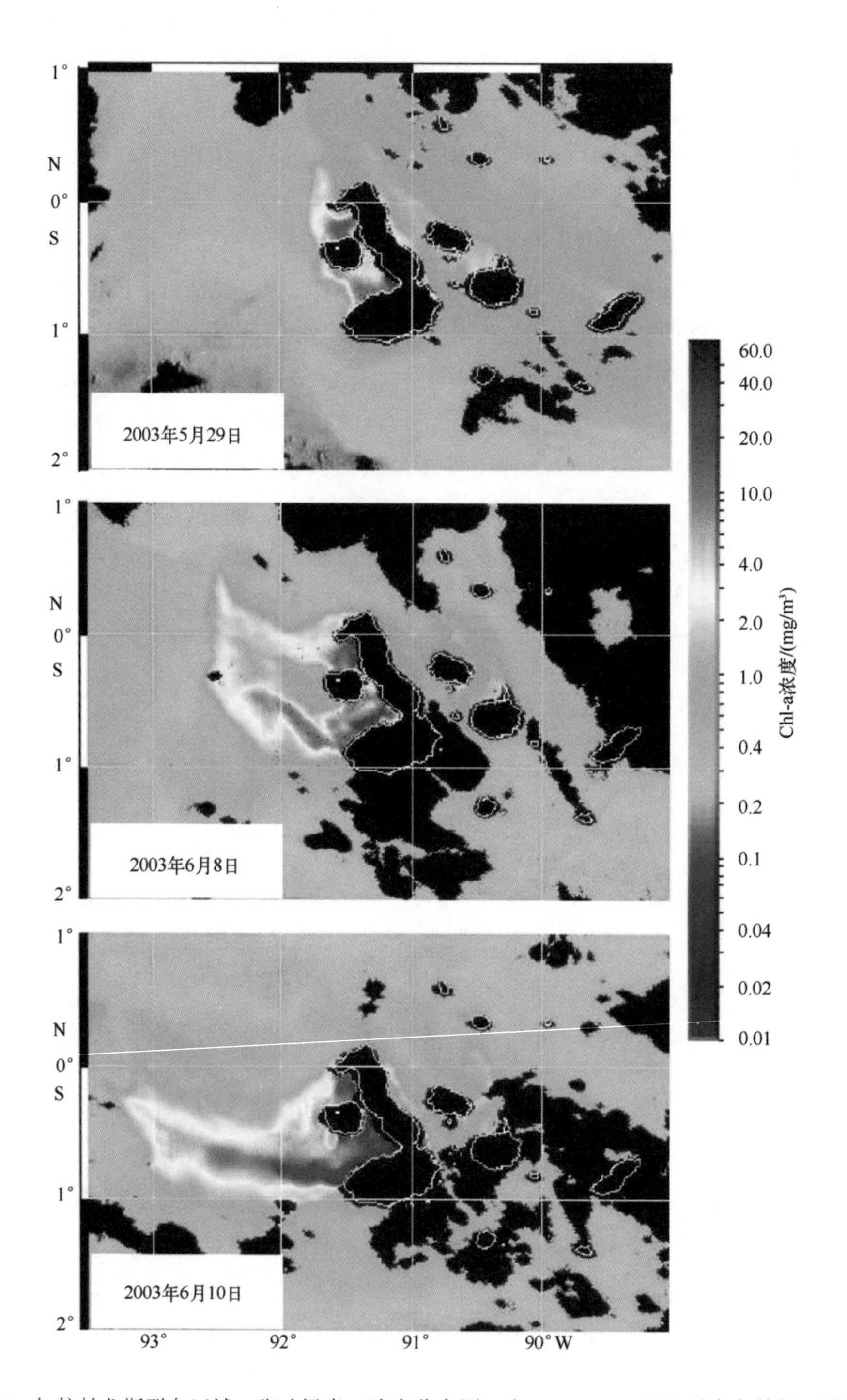

图 5.17　加拉帕戈斯群岛区域 3 张叶绿素 a 浓度分布图，由 SeaWiFS 卫星海洋水色数据反演得到，时间长度为 2003 年 5—6 月的 13 天，解释了海岛尾流效应

Barton(2001)指出，对于高山岛屿，盛行风与主要洋流平行，很难区分海流效应和风驱动机制。在营养贫瘠的深海中间，生产力或许非常低，海洋与岛屿之间水动力学相互作用可为局地初级生产力提供丰富的来源，这对于更广阔区域的海洋生物学可能具有重要意义。这种生产力的“绿洲”在叶绿素浓度全球卫星图中十分突出。因为西向的印度洋北赤道流经过(Sasamal，2007)以及马德拉岛的“岛群”效应(Caldeira et al.，2002)，自可获得海洋水色图像以来，报道的许多例子都是马尔代夫以西生产力的提高。

5.5 冰缘浮游植物暴发

高纬度海域融化的冰缘处发生的浮游植物大量繁殖是一个重要的现象，其研究越来越多地利用遥感。严格来说尽管这不属于中尺度现象，但它们具有与沿岸上升流和河流羽流相同的成分，因此本章便提及此。除了11.4节关于海冰的小部分内容，本书范围并未延伸至极地遥感，已有一些综合性文献可供参考，如Lubin等(2006)及Rees(2006)。此处我们关注的是每年冰缘因融化而缩小期间，其邻近区域发生的初级生产力。

直到20世纪70年代中期，生物海洋学家认为，支持南大洋中较高营养等级相对较大生物量所需的初级生产力，是由夏季阳光以及极地附近辐散产生的大尺度上升流所提供的营养物质作用的结果。进一步研究显示，整个南大洋的初级生产普遍很低，这意味着一定存在某种强大但很局部化的生物暴发，来维持巨量磷虾生长，从而使大量鸟类与海洋哺乳动物在南极洲周围生存(Smith et al.，1986)。这种类型生物暴发的一种解释，是夏季融化了的冰缘会产生高的生产力。由于难以到达边缘冰区并进行监测，此前研究很大程度上忽略了这一点。过去20年里，这一现象在南大洋专门航次中得到进一步研究，这些航次在春季融化时期沿着冰区往南部航行。研究还利用水色卫星观测资料，最初使用CZCS历史数据(Comiso et al.，1990)，随后与SeaWiFS数据(Buesseler et al.，2003)将局地结果整合并外推到整个极区。这是20世纪90年代末可从SeaWiFS获取常规海洋水色数据以来，首批探索的现象之一(Moore et al.，1999；Moore et al.，2000)。卫星数据证实，整个南大洋的平均叶绿素浓度非常低(0.3~0.4 mg/m^3)，在沿海/陆架海水域发现仅有的浮游植物暴发区域，叶绿素浓度超过1.0 mg/m^3，处于南大洋主要的海洋锋附近(如第4章所述)以及与季节性海冰后退相关的区域。

促使发生强藻华的关键机制是春季留下的低盐融水层，随着季节性海冰开始融化，冰缘线向极地方向后退。该水体中含有营养成分，甚至可能提供微量营养物质来源，比如铁。最重要的是盐跃层稳固的分层会受风混合作用一直被破坏，而且通常在藻华峰值时候比真光层的深度更低或者相近(Buesseler et al.，2003)。因此，表层浮游植物细胞暴露在强烈的阳光中，且不会混合下沉而离开光照，这为强藻华暴发提供了条件，并持续一个短暂的时间。不过，随着海冰进一步消退，高生产力的区域也会随之而来，并保持高生产率。只要冰持续融化，那么这一现象就会贯穿整个夏季直至早秋。尽管任何一天的暴发都局限于冰缘线几十千米的区域(图 5.18)，但当融化的边缘扫过先前广阔的冰封海域时，其营养盐可以得到有效利用。考虑到季节性冰区(SIZ)每年冻结或融化的典型面积大约为 16×10^6 km^2，这一过程能为南大洋的综合初级生产作出巨大贡献。如果气候变化使得季节性冰区区域减少，那么这一贡献将会随之减少。

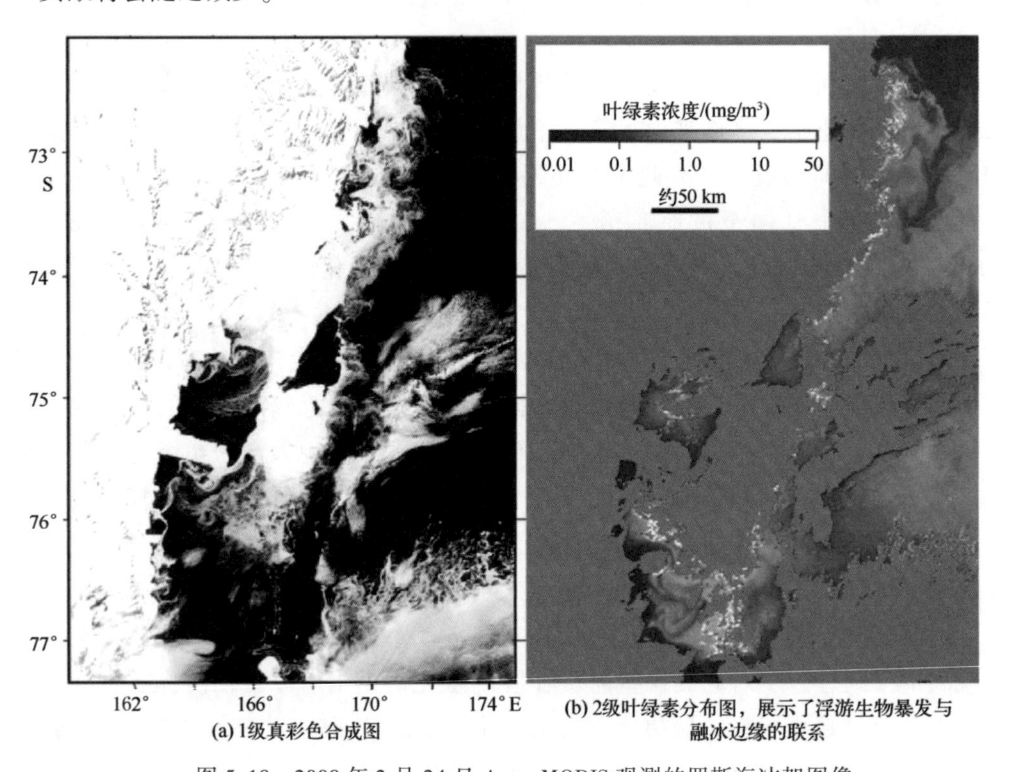

图 5.18　2008 年 2 月 24 日 Aqua MODIS 观测的罗斯海冰架图像

(该图像生成所需要的 MODIS 数据来源于 NASA 海洋水色网站，http://oceancolor.gsfc.nasa.gov.)

随着南极洲相关研究进程，关于季节性冰区初级生产力一些卫星相关的其他研究进一步发展了这一主题。如第 7 章所述，从卫星叶绿素数据中估算水层积分初级生产力或生物量，需要对叶绿素的典型深度分布做出如下假定：基于巴伦支海的观测，已针对与冰缘藻华相关的密度剖面特殊情况进行了修正(Engelsen et al.，2004)。在北极海域还进行了其他研究，包括拉布拉多与纽芬兰(Wu et al.，2007)以及格陵兰海岸的季节冰(Heide-jorgensen et al.，2007)，后者使用了 MODIS 数据同时采用了适于高纬度的算法。Mustapha 等(2008)研究了鄂霍次克海的藻华强度在扇形渔场影响下如何随着海冰消退的时间而变化。最后，一项关于导致大气硫酸盐气溶胶的上层海洋二甲基硫(DMS)与叶绿素藻华之间的关系研究表明，在南大洋这些典型气候分布是如何受到海冰消融的影响(Gabric et al.，2005)。

5.6 遥感在海洋铁限制研究上的应用

目前，生物地球化学海洋学家感兴趣的一个主要问题是弄明白为什么海洋中某些地方初级生产力这么低，即使生长期结束时它们也没有耗尽营养成分且在夏季也有足够的光照(Venables et al.，2009)。有人认为一些所谓的高营养低叶绿素(HNLC)水体，如南大洋遇到的情况，受到缺铁的限制。过去 10 年间已有许多的实验研究铁限制假说。因为在南大洋测量浮游植物的总量极具挑战，在典型中尺度变化的背景下，一些研究已在其实验设计里明确使用遥感。这里我们仅提及其中两个实验，但它们可以作为指引，在更普遍的情况下，卫星探测如何不仅可用于提供关于中尺度变化的气候态背景特征，而且还具备提供近实时数据的能力，作为实验计划的组成部分。

验证铁限制假说的一种方法是进行实验，通过合适的方式放置铁使该地区铁人为地富集，并监测浮游植物藻华对其的响应(Boyd et al.，2007)。由此造成的藻华规模大到能够在二级水色产品中探测到。在一些实验中，当昂贵的成本不允许在初始阶段以外继续进行现场取样，卫星数据被确切地用来监测实验开始后数周内藻华的长期情况。例如，在 SOIREE 实验中(Abrahan et al.，2000)，1999 年 2 月 9 日释放铁后几周内多次观测到高生产力斑块。图 5.19 展示了 3 月 23 日获得的最清晰图像。此时的藻华以一个小圆形区开始，变成约 150 km 长的带状，随后通过中尺度扰动被平流成直径约 50 km 的半圆形状，最大叶绿素浓度估计约为 3 mg/m^3。通过对前两年典型 SeaWiFS 数据进一步分析证实，如此大的量级从未在该区域探测到，之前此区域的叶绿素浓度平均值为 0.20 mg/m^3±0.006 mg/m^3。尽管云层频繁地遮盖会阻止对藻华生长与演变完整动态的描述，但这样偶尔的清晰视图提供了一个全面的视角，可以极大地帮助解释生物地球化学现场测量。从那时起，在 SERIES 与 SOFeX 实验中都对 SeaWiFS 与 MODIS 数据进行了类似应用(Coale et al.，2004)。

另一种了解南大洋铁限制的方法是研究生产力高于其他地方的区域，以确定铁供应的过程。这是 CROZEX 项目的立项动机(Pollard et al.，2007a)，其核心是 2004—2005 年间在南非东南 2 000 km 处克罗泽(Crozet)群岛周围的英国考察船“发现号”(RRSDiscovery)的两个航次。该项目验证了这样的假说，高营养低叶绿素(HNLC)条件在该区域被自然来源的铁提升，铁很可能来自海岛周围与海台的沉积物。关于本章的主体，对大型多学科实验特别值得关注的是，贯穿项目整个阶段卫星数据的固有用途：设定概念、规划方案、航次实时管理、多源数据分析及在季节与气候背景下得出结论。

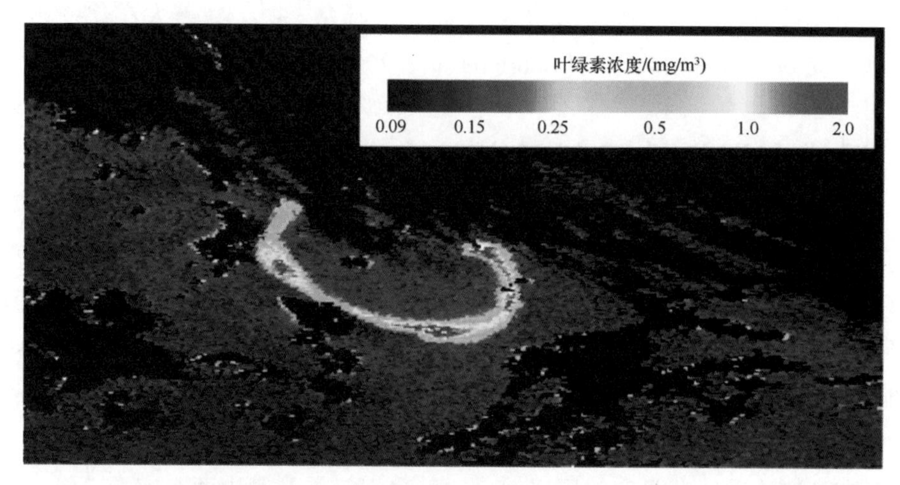

图 5.19 SeaWiFS 反演获得的 SOIREE 铁元素富集实验导致的叶绿素暴发图。获取时间为 1999 年 3 月 23 日，就在首次暴发后的几周内。该暴发中心大致位于 141°E，60.5°S。该半环特征的直径大约为 50 km（原始图像来源于 NASA 海洋水色网站）

因此，例如卫星水色数据最早凸显克罗泽海台作为高营养低叶绿素水域高生产力区的重要性。利用多年的 SeaWiFS 存档资料可得到藻华暴发时间、地点的年际变化。在中尺度湍流占主导的区域，有必要对变异的包络进行合理的认知，从而可制定应急计划，以防藻华在研究船计划出海期间提前或延后出现。一旦航次开始，近实时的卫星数据将会显示不断变化的区域图像，并用来改变航次计划以便探测到重要现象。

卫星数据经后期处理得到更高精度时，也被整合到数据分析、动力及平流过程的解译之中，正如该项目两篇关键论文所展示的（Pollard et al.，2007b；Venables et al.，2007）。特别指出，使用从多任务高度计获得的 DUACS 绝对动力地形高度数据（在第 4 章介绍南极绕极流锋的研究时也有提及），对于 ARGO 漂浮路径与叶绿素浓度空间分布的理解至关重要。在图 5.20 中，将从高度计绝对动力地形高度数据获得的流线叠加到同一时间现场测量的叶绿素分布上，显示了叶绿素与流场之间很强的联系。尽管在我们对大地水准面有更多认识之前，绝对动力地形高度数据通常不适用于定义流线，但在第 4 章讨论过期望这种方法适用于南极绕极流的原因。这里，从叶绿素分布模式与绝对动力地形高度结构的匹配可以明显看出，绝对动力地形高度可在低至 200 km 的尺度范围内可靠地显示流速结构。

图 5.20 显示了叶绿素如何受到水流的强烈限制，并有助于理解明显的随机变异性。高度较低的区域附近流动呈 S 形，且海台上方流动本身较弱。这是得出如下结论的一个重要因素，即克罗泽海台和东部的生产力与越过海台时水体搅入的铁完全一致。

环流弱意味着藻华常发区域含铁丰富的水体能在冬季积聚浓度，一旦春季水体层化，就为大范围区域触发藻华做好了准备。

应用于叶绿素数据的另一个有趣分析，是测定该区域每个像素藻华峰值日期（图5.21）。藻华时间和流场模式图的关系为理解与流动相关的生态系统行为指明了方式。最后，鉴于近10年水色与其他卫星数据，在单一年份通过特定实验获得的认知有可能被应用于该区域年际变化的解译。例如，图5.22显示了主要流线的差异如何改变年与年之间的叶绿素分布。

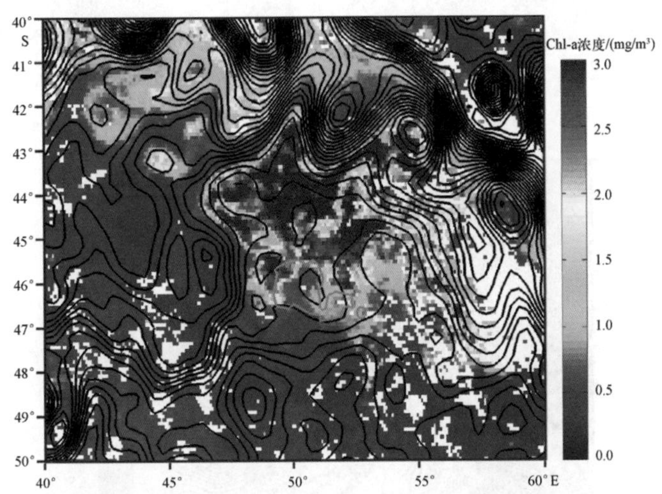

图5.20　卫星反演获得的克罗泽海台周围的叶绿素a浓度分布图，叠加绝对动力地形等值线图（相当于表面绝对速度场的流线），时间为2004年10月23—30日CROZEX实验期间的一周（图片来自Hugh Venables，英国南极考察）

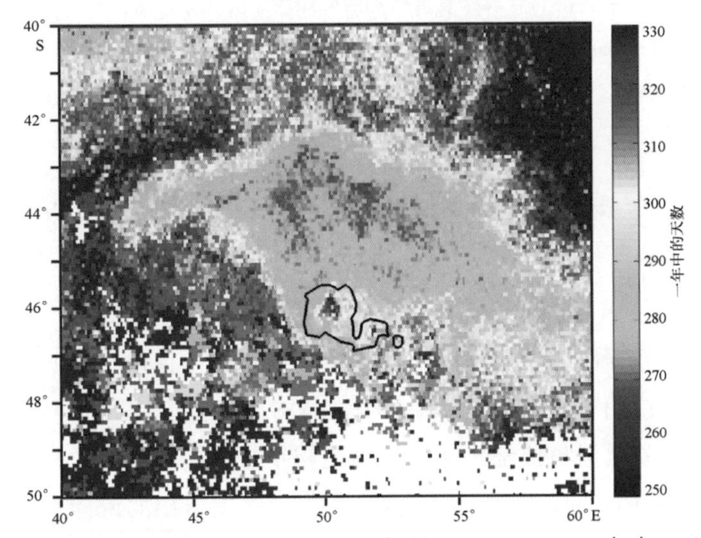

图5.21　图中表示了克罗泽海台叶绿素暴发开始时间（即1997—2005年中SeaWiFS获取的叶绿素浓度首次超过1 mg/m³的日期，计算出这些日期的日平均）随位置的变化图（图片来自Hugh Venables，英国南极考察）

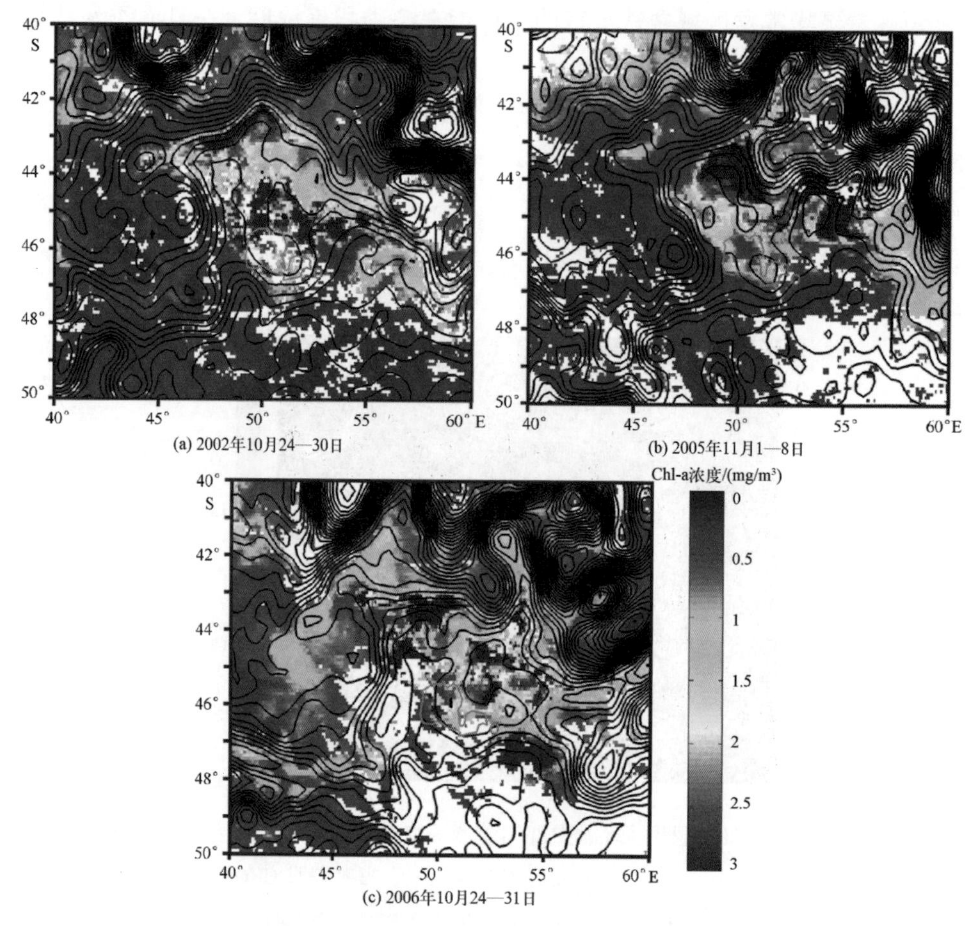

图 5.22　卫星反演获得的克罗泽海台周围的叶绿素 a 浓度分布图，叠加绝对动力地形等值线图(相当于表面绝对速度场的流线)，用于展示不同年间叶绿素随流场的一致变化(图像来自 Hugh Venables，英国南极考察)

5.7　最大程度利用卫星数据进行中尺度研究：第 3 章至第 5 章的总结

作为使用卫星数据研究中尺度过程及现象这三章的结束语，很明显作为工具，许多应用已经成熟地应用于主流海洋学中。正如 5.6 节所述，可找到一些令人鼓舞的例子，创造性地将卫星数据与传统水文现场观测相结合，提供额外的认知，从而产生创新成果并更好地理解复杂特征。与海表温度和海面高度可比的海洋水色数据，也为水体环流如何引导生物和化学过程的理解开启了新认识。

这些章节没有覆盖该主题的所有方向。例如，没有提及最大互相关(MCC)技术，在一轨和下一轨之间，从海表温度或者水色的小尺度结构中检测大尺度流动(Domingues et al., 2000; Barton, 2002; Bowen et al., 2002; Emery et al., 2003)。尽管来自高度计绝对动力地形的应用前景十分令人兴奋，但实际上，在涡旋海域确定海洋环流细节方面这两种方法可能很好地作为互补的工具。

我们并没有完全忽视中尺度过程，因为后面的章节会出现相同或相似的现象，但会从不同的视角来阐述。这个领域目前似乎已经适合进行更多研究，不再止步于对个别中尺度过程的简单分析和基本理解，而是要描绘其气候变化。第 4 章提及的海洋锋气候态表明，一旦能够获取长时间序列的图像数据，这种情况就成为可能。我们应该期望构建涡旋统计或上升流强度相关的类似气候态。通常采用融合不同传感器数据的精准分析，来提升海表温度、水色或海面高度产品，得到越来越多可用的、处理得当的数据集，为生成变异的气候态变量铺平道路。这将有助于我们理解气候变化如何影响局地尺度的海洋细节。

5.8 参考文献

Abraham, E. R., C. S. Law, P. W. Boyd, S. J. Lavender, M. T. Maldonado, and A. R. Bowie (2000), Importance of stirring in the development of an iron-fertilized phytoplankton bloom. Nature, 407, 727-730.

Aristegui, J., P. Tett, A. Hernandez-Guerra, G. Basterretxea, M. F. Montero, K. Wild, P. Sangra, S. Hernandez-León, M. Canton, J. A. Garcia-Braun, and E. D. Barton (1997), The influence of island-generated eddies on chlorophyll distribution: A study of mesoscale variation around Gran Canaria. Deep-Sea Res. I, 44(1), 71-96.

Ballastero, D., and E. Coen (2004), Generation and propagation of anticyclonic rings in the Gulf of Papagayo, Costa Rica. Int. J. Remote Sensing, 25(11), 2217-2224.

Barth, J. A., and P. A. Wheeler (2005), Introduction to special section: Coastal advances in shelf transport. J. Geophys. Res., 110(C10S01), doi: 10.1029/2005JC003124.

Barth, J. A., S. D. Pierce, and R. L. Smith (2000), A separating coastal upwelling jet at Cape Blanco, Oregon and its connection to the California Current System. Deep-Sea Res. II, 47, 783-810.

Barth, J. A., S. D. Pierce, and R. M. Castelao (2005), Time-dependent, wind-driven flow over a shallow midshelf submarine bank. J. Geophys. Res., 110(C10S05), doi: 10.1029/2004JC002761.

Barton, E. D. (2001), Turbulence and diffusion: Island wakes. In: J. Steele, S. A. Thorpe, and K. Turekian (Eds.), Encyclopedia of Ocean Sciences (pp. 1397-1403). Academic Press, London.

Barton, E. D., P. J. Flament, H. Dodds, and E. G. Mitchelson-Jacob (2001), Mesoscale structure viewed by SAR and AVHRR near the Canary Islands. Scientia Marina, 65(Suppl. 1), 167-175.

Barton, I. J. (2002), Ocean currents from successive satellite images: The reciprocal filtering technique. J.

Atm. Ocean. Tech., 19(10), 1677-1689.

Bischof, B., A. J. Mariano, and E. H. Ryan (2004), The North Equatorial Counter Current: Ocean Surface Currents, available at http://oceancurrents. rsmas. miami. edu/atlantic/northe-quatorial-cc. html (last accessed July 20, 2008).

Bouffard, J., S. Vignudelli, P. Cipollini, and Y. Menard (2008), Exploiting the potential of an improved multimission altimetric data set over the coastal ocean. Geophys. Res. Letters, 35 (L10601), doi: 10. 1029/2008GL033488.

Bowen, M., W. J. Emery, J. L. Wilkin, P. Tildesley, I. J. Barton, and R. Knewtson (2002). Extracting multi-year surface currents from sequential thermal imagery using the Maximum Cross Correlation technique. J. Atm. Ocean. Tech., 19, 1665-1676.

Boyd, P. W., T. Jickells, C. S. Law, S. Blain, E. A. Boyle, K. O. Buesseler, K. H. Coele, J. J. Cullen, H. J. W. de Baar, and M. Follows et al. (2007), Mesoscale iron enrichment experiments 1993-2005: Synthesis and future directions. Science, 315, 612-617.

Buesseler, K. O., R. T. Barber, M. -L. Dickson, M. R. Hiscock, J. K. Moore, and R. Sambrotto (2003), The effect of marginal ice-edge dynamics on production and export in the Southern Ocean along 170°W. Deep-Sea Res. Ⅱ, 50, 579-603.

Caldeira, R. M. A., S. B. Groom, P. I. Miller, and N. Nezlin (2002), Sea-surface signatures of the island mass effect phenomena around Madeira Island, Northeast Atlantic. Remote Sens. Environ., 80, 336-360.

Castelao, R. M., and J. A. Barth (2006), Upwelling around Cabo Frio, Brazil: The importance of wind stress curl. Geophys. Res. Letters, 33(L03602), doi: 10. 1029/2005GL025182.

Castelao, R. M., T. P. Mavor, J. A. Barth, and L. C. Breaker (2006), Sea surface temperature fronts in the California Current System from geostationary satellite observations. J. Geophys. Res., 111(C09026), doi: 10. 1029/2006JC003541.

Chelton, D. B., M. Freilich, and S. K. Esbensen (2000), Satellite observations of the wind jets off the Pacific Coast of Central America: Part I, Case studies and statistical Characteristics. Monthly Weather Review, 128(7), 1993-2018.

Coale, K. H., K. S. Johnson, F. P. Chavez, K. O. Buesseler, R. T. Barber, M. A. Brzezinski, W. P. Cochlan, F. J. Millero, P. G. Falkowski, J. E. Bauer, and 40 others (2004), Southern Ocean Iron Enrichment Experiment: Carbon cycling in high- and low-Si waters, Science, 304(5669), 408-414.

Comiso, J. C., N. G. Maynard, W. O. Smith, and C. W. Sullivan (1990), Satellite ocean color studies of Antarctic ice-edges in Summer and Autumn. J. Geophys. Res., 95(C6), 9481-9496.

Cooley, S. R., V. J. Coles, A. Subramaniam, and P. L. Yager (2007), Seasonal variations in the Amazon plume-related atmospheric carbon sink. Glob. Biogeochem. Cycles, 21 (GB3014), doi: 10. 1029/2006GB002831.

Dietrich, D. E., M. J. Bowman, C. A. Lion, and A. Mestas-Nunez (1996), Numerical studies of small island wakes in the ocean. Geophysical and Astrophysical Fluid Dynamics, 83(3/4), 195–231.

Domingues, C. M., G. A. Goncalves, R. D. Ghisolfi, and C. A. E. Garcia (2000), Advective surface velocities derived from sequential infrared images in the southwestern Atlantic Ocean. Remote Sens. Environ., 73, 218–226.

Dong, C., J. C. McWilliams, and A. Shchepetkin (2007), Island wakes in deep water. J. Phys. Oceanogr., 37, 962–981.

Emery, W. J., D. Baldwin, and D. K. Matthews (2003), Maximum cross correlation automatic satellite image navigation and attitude corrections for open ocean image navigation. IEEE Trans. Geosc. Remote Sensing., 41, 33–42.

Engelsen, O., H. Hop, E. N. Hegseth, E. Hansen, and S. Falk–Petersen (2004), Deriving phytoplankton biomass in the Marginal Ice Zone from satellite observable parameters. Int. J. Remote Sensing, 25(7/8), 1453–1457.

ERD (2008), ERD Coastal Upwelling Indices Web Page. NOAA, available at www. pfeg. noaa. gov/products/PFEL/modeled/indices/upwelling/NA/ (last accessed July 16, 2008).

Gabric, A. J., J. M. Shephard, J. M. Knight, G. Jones, and A. J. Travena (2005), Correlations between the satellite–derived seasonal cycles of phytoplankton biomass and aerosol optical depth in the Southern Ocean: Evidence for the influence of sea ice. Glob. Biogeochem. Cycles, 19(GB4018), doi: 10.1029/2005GB002546.

Heide–Jørgensen, M. P., K. L. Laidre, M. L. Logsdon, and T. G. Nielsen (2007), Springtime coupling between chlorophyll a, sea ice, and sea surface temperature in Disko Bay, West Greenland. Prog. Oceanogr., 73, 79–95.

Hu, C., E. T. Montgomery, R. W. Schmitt, and F. E. Muller–Karger (2004), The dispersal of the Amazon and Orinoco River water in the tropical Atlantic and Caribbean Sea: Observation from space and S–PALACE floats. Deep–Sea Res. II, 51, 1151–1171.

Lathuilière, C., V. Echevin, and M. Lévy (2008), Seasonal and intraseasonal surface chlorophyll–a variability along the northwest African coast. J. Geophys. Res., 113(C05007), doi: 10.1029/2007JC004433.

Legeckis, R. (1988) Upwelling off the Gulfs of Panama and Papagayo in the tropical Pacific during March 1985. J. Geophys. Res., 93(C12), 15485–15489.

Lubin, D., and R. Massom (2006), Polar Remote Sensing: Atmosphere and Oceans (xlii + 756 pp.). Springer/Praxis, Heidelberg, Germany/Chichester, U.K.

Madsen, K. S., J. L. Høyer, and C. C. Tscherning (2007), Near–coastal satellite altimetry: Sea surface height variability in the North Sea–Baltic Sea area. Geophys. Res. Letters, 34(L14601), doi: 10.1029/2007GL029965.

Marin, V. H., L. E. Delgado, and R. Escribano (2003), Upwelling shadows at Mejillones Bay (northern Chilean coast): A remote sensing, in situ analysis. Invest. Mar., Valparaiso, 31(2), 47–55.

Martinez Diaz de Leon, A., I. S. Robinson, D. Ballastero, and E. Coen (1999), Wind driven circulation features in the Gulf of Tehuantepec, Mexico, revealed by combined SAR and SST satellite data. Int. J. Remote Sensing, 20(8), 1661-1668.

McGillicuddy, D., F. E. Muller-Karger, and P. L. Richardson (1995), On the offshore dispersal of the Amazon's Plume in the North Atlantic: Comments on the paper by A. Longhurst, "Seasonal cooling and blooming in tropical oceans". Deep-Sea Res. I, 42(11), 2127-2137.

Moore, J. K., and M. R. Abbott (2000), Phytoplankton chlorophyll distributions and primary production in the Southern Ocean. J. Geophys. Res., 105, 28709-28722.

Moore, J. K., M. R. Abbott, J. G. Richman, W. O. Smith, T. J. Cowles, K. H. Coale, W. D. Gardner, and R. T. Barber (1999), SeaWiFS satellite ocean color data from the Southern Ocean. Geophys. Res. Letters, 26(10), 1465-1468.

Mustapha, M. A., and S.-I. Saitoh (2008), Observations of sea ice interannual variations and spring bloom occurrences at the Japanese scallop farming area in the Okhotsk Sea using satellite imageries. Estuarine Coast. Shelf Sci., 77, 577-588.

Nash, J. D., and J. N. Mourn (2005), River plumes as a source of large-amplitude internal waves in the coastal ocean. Nature, 437(September), 400-403.

Nykjaer, L., and L. Van Camp (1994), Seasonal and interannual variability of coastal upwelling along north-west Africa and Portugal from 1981 to 1991. J. Geophys. Res, 99(C7), 14197-14207.

Palacios, D. M., and S. J. Bograd (2005) A census of Tehuantepec and Papagayo eddies in the northeastern tropical Pacific. Geophys. Res. Letters, 32(L23602), doi: 10.1029/2005GL024324.

Pollard, R. T., R. Sanders, M. I. Lucas, and P. J. Statham (2007a), The Crozet natural iron bloom and export experiment (CROZEX). Deep-Sea Res. II, 54(18/20), 1905-1914.

Pollard, R. T., H. J. Venables, J. F. Read, and J. T. Allen (2007b), Large-scale circulation around the Crozet Plateau controls annual phytoplankton bloom in Crozet Basin. Deep-Sea Res. Ⅱ, 54(18/20), 1915-1929.

Pradhan, Y., S. J. Lavender, N. J. Hardman-Mountford, and J. Aiken (2006), Seasonal and inter-annual variability of chlorophyll-a concentration in the Mauritanian upwelling: Observation of an anomalous event during 1998—1999. Deep-Sea Res. II, 53, 1548-1559.

Rees, W. G. (2006), Remote Sensing of Snow and Ice (pp. 285+xix). Taylor & Francis/CRC Press, Boca Raton, FL.

Santos, M. P., A. S. Kazmin, and A. Peliz (2005), Decadal changes in the Canary upwelling system as revealed by satellite observations: Their impact on productivity. J. Marine Res., 63, 359-379.

Sasamal, S. K. (2007), Island wake circulation off Maldives during boreal winter, as visualised with MODIS derived chlorophyll-a data and other satellite measurements. Int. J. Remote Sensing, 28(5), 891-903.

Smith, W. O., and D. N. Nelson (1986), Importance of ice edge phytoplankton production in the Southern Ocean. BioScience, 36(4), 251-257.

Stewart, R. H. (2008), Introduction to Physical Oceanography. TexasA & M University, e-book, available at http://oceanworld. tamu. edu/home/course_book. htm

Strub, P. T., and C. James(2000), Altimeter-derived variability of surface velocitiesin the California Current System, 2: Seasonal circulation and eddy statistics. Deep-Sea Res. Ⅱ, 47, 831-870.

Strub, P. T., P. M. Kosro, and A. Huyer (1991), The nature of the cold filaments in the California Current System. J. Geophys. Res., 96(C8), 14743-14768.

Strub, P. T., T. K. Chereskin, P. Niiler, C. James, and M. Levine (1987), Altimeter-derived variability of surface velocities in the California Current System, 1: Evaluation of TOPEX altimeter velocity resolution. J. Geophys. Res., 102(C6), 12727-12748.

Thomas, A. C., J. L. Blanco, M. E. Carr, P. T. Strub, and J. Osses (2001), Satellite-measured chlorophyll and temperature variability off northern Chile during the 1996—1998 La Niña and El Niño. J. Geophys. Res., 106(C1), 899-915.

Van Camp, L., L. Nykjaer, E. Mittelstaedt, and P. Schlittenhardt (1991), Upwelling and boundary circulation off northwest Africa as depicted by infrared and visible satellite observations. Prog. Oceanogr., 26, 357-402.

Venables, H. J., and C. M. Moore (2010), Phytoplankton and light limitation in the Southern Ocean: Learning from high nutrient high chlorophyll areas, J. Geophys. Res., 115, C02015, doi: 10. 1029/2009 JC005361.

Venables, H. J., R. T. Pollard, and E. Popova (2007), Physical conditions controlling the development of a regular phytoplankton bloom north of the Crozet Plateau, Southern Ocean. Deep-Sea Res. II, 54(18-20), 1949—1965.

Walker, N. D. (1996). Satellite assessment of Mississippi River plume variability: Causes and predictability, Remote Sens. Environ., 58, 21-35.

Wu, Y., I. K. Peterson, C. L. Tang, T. Platt, S. Sathyendranath, and C. Fuentes-Yaco (2007), The impact of sea ice on the initiation of the spring bloom on the Newfoundland and Labrador Shelves. J. Plankton Res., 29(6), 509-514.

Xie, S. P., W. T. Liu, Q. Liu, and M. Nonaka (2001), Far-reaching effectsof the Hawaiian Islands on the Pacific Ocean-Atmosphere System. Science, 292(5524), 2057-2060.

Zamudio, L., H. E. Hurlburt, E. J. Metzger, S. L. Morey, J. J. O'Brien, C. Tilburg, and J. Zavala-Hidago (2006), Interannual variability of Tehuantepec eddies. J. Geophys. Res., 111(C05001), doi: 10. 1029/2005JC003182.

6 行星波和大尺度海洋动力学

6.1 由卫星观测的最清晰海洋现象

自然科学的每个领域都受到实验观测能力的限制，这些实验用来测试作为了解学科基础的假设与理论模型。海洋科学已有100多年的历史，这段时间里，它的先驱者试图将其研究范围与世界海洋的行星尺度相匹配。然而，在真正全球尺度上进行相应长时间尺度重复的观测很稀缺，阻碍了全球海洋动力学发展到成熟的科学水平——理论可以通过观察和实验进行合理的测试。随时可用的卫星数据改变了这一现状，特别对于某些类型的大尺度海洋过程。

20世纪海洋学发现的大多数新现象以及用来解释它们的动力学理论，局限于局地和区域研究。只在20世纪最后20年，这一弱点才被补救，因为从卫星汇集的全球数据集开始为大尺度海洋波动动力学理论的测试提供了更坚实的基础。这些大尺度的波动现象，其传播受到行星旋转和形状的限制，这就是它们通常被命名为行星波的原因。它们的空间尺度和时间尺度足够大，可以响应科氏参数(与地球自转有关)随纬度变化的方式。它们值得专门用一章来介绍，因为如果没有卫星海洋学方法的出现就没有我们现在对行星波的理解。

本章首先(6.2节)着眼于为了揭示行星波现象如何准备全球卫星数据集，然后从全球卫星数据集中通过几个代表非常不同海洋属性的独立变量来揭示大尺度传播特征的证据。6.3节我们回顾罗斯贝波[①]传播的基本理论概念，而6.4节介绍用于波速测量的数据分析技术。6.5节将已有的理论与新观测结果进行对比，进一步提高我们对这些大尺度波动现象的科学认知，并加深对其潜在重要性的理解。这些促进了人们改进罗斯贝波理论的需要，同时激发人们对此类海洋动力现象更广泛重要性的研究兴趣。这类过程只能从地球轨道卫星上的传感器的有利视角才能进行完全的鉴别。在此，我们以工作中的一个科学方法应用实例，进一步表明遥感方法在测试行星尺度海洋动力学

① 本章对术语"行星波"和"罗斯贝波"没有刻意地区分。一般而言，前者在提及实际观测现象时使用，后者在描述行星波运动的理论概念(最早由 Carl-Gustav Rossby 定义)或后期修正理论波动模型时使用。

理论中起到关键作用。

最后，6.6 节简单介绍了其他一些类似罗斯贝波的大尺度海洋动力现象，它们得益于应用卫星数据处理揭示传播特征。这些现象包括赤道开尔文波（equatorial Kelvin waves）、热带不稳定波（tropical instability waves）、马登-朱利安振荡（Madden-Julian oscillation，即 MJO）和南极绕极波（Antarctic circumpolar waves）。

6.2 从太空探测行星波

为了观测行星波运动（空间尺度在数百到数千千米，时间尺度在数周到数年），有别于前面第 3 章至第 5 章关于中尺度过程的卫星处理方法，有必要采用不同的方式。即使在全球或海盆尺度以卫星观测某个海洋要素时，我们寻找的现象可能不会立刻在该要素的单景“快照”图像中显现，或者甚至在以循环影片方式呈现的这类快照图像的时间序列也是如此。这可能因为中尺度过程的量级、季节变化或自然地理差异远大于行星波的幅度，而行星波幅度只能通过在适当的长时间尺度上观察相干性来显现。甚至卫星的主要测量方法产生的随机噪声都可能掩盖大尺度波动。为了解决这个问题，需要仔细准备全球数据集。首先，如 6.2.1 节所述，通过合成多次过境资料并评估与气候态平均的差异，可以抑制高频和季节变化特征，有些时候是主导的。接着，6.2.2 节介绍了将数据绘制成经度时间图的技术。将这些方法应用于海面高度、海表温度以及水色数据的实验结果会在 6.2.3 节至 6.2.5 节介绍。

6.2.1 制作合成异常数据集

从本章的初步讨论可明显看出，我们的注意力已牢牢地集中在可能跨越数千千米的大尺度过程和现象。为了观察这些现象，只要传感器单独过境时在较短空间和时间尺度上探测的任何变量都已被平滑，粗如数十千米及数天的采样分辨率不仅足够而且更好。三级合成数据库充当了这一角色。

正如 2.3.6 节所述，要创建合成数据集，要测量的海洋参数首先反演为传感器全分辨率的二级产品。测量数据可能是二维图像的形式，采样网格沿着并横越卫星的地面轨迹分布（例如红外或海洋水色辐射计），或者沿着卫星地面轨迹的常规点采样（例如高度计）。这些数据应像往常一样处理来消除大气影响，检测云，并估算合适的海洋变量（详见第 2 章）。

合成资料的时空特性通过指定规则网格的单元格（大于传感器的空间采样间隔）来定义，如图 6.1 所示。为了更容易检测行星波，新的网格应该以正规的地理坐标（经度和纬度）定义，其间隔至少为 1/12°纬度。在给定的时间窗口内对每个过境轨道进行样本累积，该时间窗口对于二级数据来说显著地长于传感器的重访时间间隔。比如，类似 AVHRR 这样重访时间间隔为 12 小时的传感器得到的海表温度数据，由于云覆盖导致数据缺失，可能生成的三级合成产品就会采用数天的时间采样窗口。

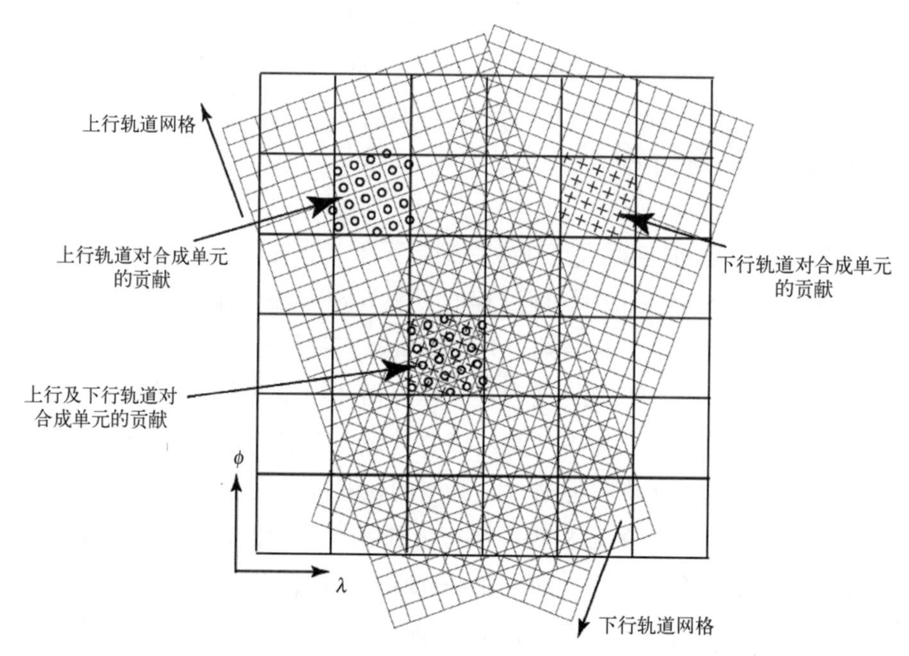

图 6.1　在二级网格完整分辨率下的传感器坐标系中采样的海洋变量的值是如何分配给对应的三级地理网格的图解。从多个过境过程中累积的值经平均处理来制作合成数据集

通常合成资料由全部二级数据在每个时空单元格内积累形成。然而，现在一些二级数据具有可靠的质量评价，可为每个像素提供误差估计(如 14.4.2 节所述)，可能有机会客观地挑选最可靠的二级观测结果来生成合成产品。然后，挑选出的数据平均为单个值，这样减少了由仪器噪声、大气校正或其他处理中的错误引起的随机变化。平均时间间隔越长，样本数越多，原则上最终合成时间序列中的噪声也越低，对于受云层影响的传感器尤其如此。此外，与中尺度应用的合成数据产品不同，在这种情况下，计算空间尺度小于数十千米且时间尺度小于数天的真实海洋变量的平均值是有益处的，因为这些特征比起寻找的低频行星波可能有更大的量级。

最后，应优化合成资料的预处理，以匹配所研究现象的波谱特性(即主要的长度和时间尺度)。注意，这不是简单地意味着该采样间隔可以稀少。如果海洋信号包含高可变性，那么需要尽可能对其完整采样，以获得没有混叠的真实平均值，否则会引入偏差。其他因素可能产生偏差，所以必须智能处理。如何处理这个问题将取决于具体变量而有所不同(如本节后面所述)。

实际上，合成图像的时间序列通常并非是用于清晰展现行星波的最佳方式。这是因为它仍然包含描述海洋表面性质的地理分布及其年(季节)变异性的大规模信号，其振幅可能远远高于与行星波关联扰动的幅度，这往往会引导观察者对数据所揭示内容的看法。因此，我们需要将观测到的海洋属性，作为其在季节周期内给定的地区和时间预期气候态值的扰动，这被称为异常值。

来自太空对海洋属性的定期监测和在规则网格上的合成图像时间序列，为生成相应的异常图像提供了理想基础。图 6.2 示意性地说明了实现的方法，需要跨度为数年的合成图像。对合成数据而言，时间间隔并不重要，只要它在年周期中重复即可。因此，例如可以每月、每周或每 4 天合成资料。对于后者，在不能完全划分为一年的情况下，必须进行一些调整来确保年度周期精确重复。因此，对于周合成资料，每年的第 52“周”将包含 8 天(闰年为 9 天)，以便每年的第 n 个合成图像总是占据每年中相同的天数。

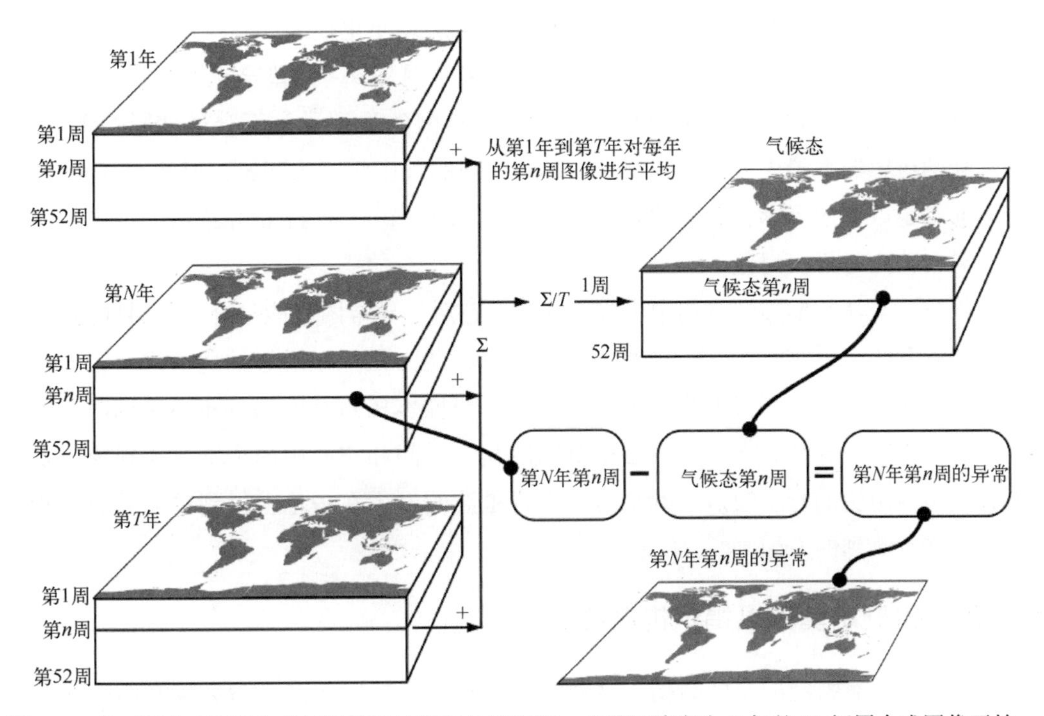

图 6.2　基于周合成资料生成气候值和异常现象的图解。从时间跨度为 T 年的 52 幅周合成图像开始，从每年中提取第 n 周的合成资料，然后计算它们的平均值以产生第 n 周的气候值，重复 52 周来生成 52 幅周气候图像。用第 N 年第 n 周的图像减去第 T 年第 n 周的气候图像生成第 N 年第 n 周的差异图像

然后，对年周期中某阶段对应图像(例如，在整个数据范围内每年的第 n 周图像)进行平均，可得到第 n 周的海洋属性气候态分布。当对一年中的每周(每月或其他间隔)都重复这一过程，将得到一个跨越一年的图像时间序列，并且将展示多年平均情况

下海洋属性在一年中的分布变化，这就是年度气候态分布。

简单地从合成图像减去同一时期的气候态图像，可得到特定年份特定时间周期与合成图像相关联的异常图像。因此，由此生成的异常图像时间序列展示了海洋属性在时间和空间中如何演化，但仅体现在地理分布，其典型季节变化被消除。对于一个从不偏离相同季节周期的变量，其异常图像的时间序列将始终为零。因此，即使一个很小的偏离，在异常图上都会特别明显。

关于异常，有几点需要注意。第一，减去长周期时间平均值，而非试图生成年气候态虽然比较简单，但仅消除了平均地理分布，由此得到的异常仍然包括年周期的基本季节变化信息。对海面高度而言，它们很小，但对海表温度和水色而言，这些变化在时间序列里可能占主导地位，并有掩盖任何非年变化信号出现的趋向。图 6.3 显示了一年 4 次全球海表温度气候态分布示例，这些资料由 NOAA NCEP 利用最优插值从多个来源融合数据而成(Reynolds et al., 2002)。这些实际上是气候态的月平均，尽管气候态以比这更精细的时间分辨率制成。不同季节全球海表温度模式变化很大，如图 6.3(b)所示，沿 170°W 4 个不同月份的温度截面中，在中纬度地区 3 月和 9 月的差异最高可达 10℃。

第二，制作气候态需要充足的年数，使一年内的强烈异常不会过度影响平均值。当从新的传感器系统生成新数据集时，时间序列的长度将成为问题，但是 10 年的数据跨度通常足以生成揭示行星波的异常资料。这个问题将在第 11 章介绍诸如厄尔尼诺等气候异常监测时再次讨论。

第三，当从长期连续观测中生成年度气候态后，异常图就能与合成资料同时生成，作为观测系统的近实时产品。这种生成异常图的能力是卫星遥感的优势之一，通常被认为理所应当，但前一代海洋学家难以获得。当样本稀疏且空间分布不规则时，即便可能，也难以区分测量误差、自然季节的变化、时间和空间中的个别海洋现象以及具有相干传播历史的行星波。这就是为什么行星波的发生在理论上得到预测后数十年仍没被明确观测到的原因之一。

6.2.2 绘制哈莫图以揭示传播特性

行星波没有特定的空间结构，这使它无法在一个特定的海洋参数异常图中非常突出。用来描绘其特性的，是它们以给定速度和方向传播的方式。因此，如果我们要在像前一节描述的那样生成的异常图时间序列中找到它们的证据，需要关注异常的时间演变，而非单个快照。这样做的一种方法是生成地图的动画序列，依赖于我们脑眼并用的主观解译来挑选出连贯的移动结构。然而，如果我们想要用更加客观、解析的方法来确定是否存在行星波特征则适合使用哈莫(Hovmöller)图。

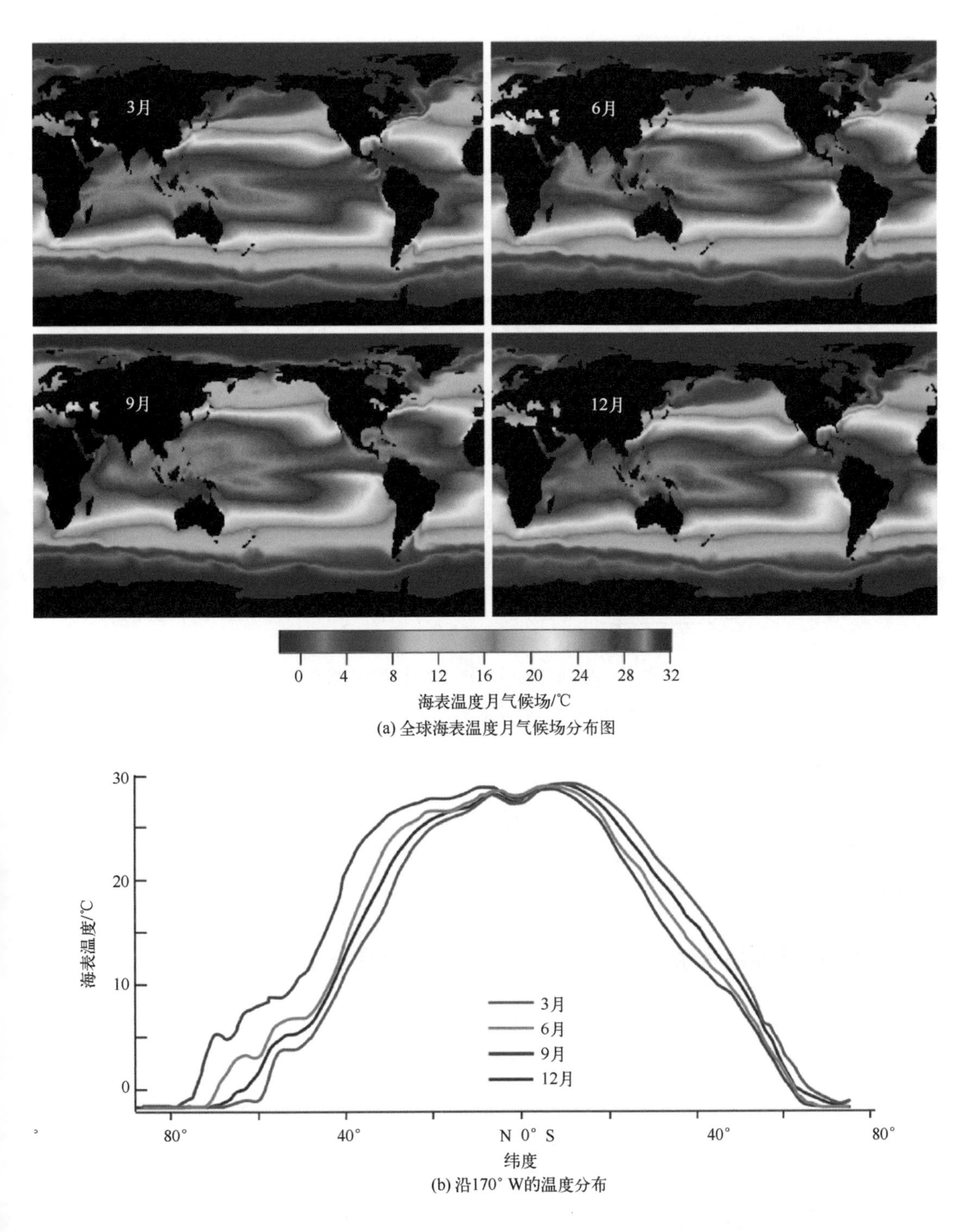

图 6.3　NCEP 全球海表温度月气候场，采样时间为 3 月、6 月、9 月和 12 月

相比一般图像固定时间以经纬度函数来绘制的属性，哈莫图指的是固定纬度以时间和经度函数来绘制海洋参数变化的图像。如果把连续时间间隔的二维地理图垂直叠加，将异常数据的时间序列视为三维数据立方体(图 6.4)，那么哈莫图就是立方体的垂直切片，沿着特定的纬度切割。时间维度的像素大小取决于构造数据立方体时合成图像的积分时间。

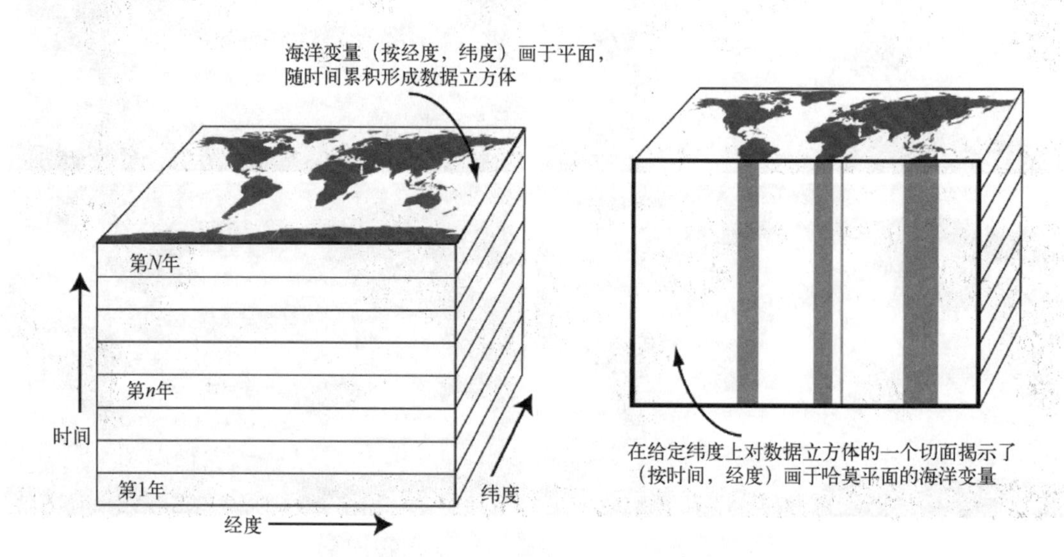

图 6.4　通过垂直叠加卫星数据时间序列的连续二维图像生成“数据立方体”的图解。在给定纬度垂直切下立方体所显示的数据的一个“面”正是海洋性质随经度和时间在选定纬度的变化图

还可以沿着经线截取切片，用以生成一个描述海洋属性如何随纬度和时间分布的二维图像。实际上，沿地理图上任一条直线或曲线进行数据立方体的切割，都会生成一个描述海洋属性如何沿这条线随时间变化的部分。通常在经线时间图上寻找行星波的理由是它们预期会沿与纬度平行的方向传播。

6.2.3　高度计揭示了首个令人信服的行星波存在证据

正是在雷达高度计的海面高度异常观测中，行星波被最清楚地观察到。尽管在 20 世纪 80 年代后期，Geosat 数据中有一些关于类似罗斯贝波信号的报告(White et al., 1990；Jacobs et al., 1993；Traon et al., 1993)，但由于在 Geosat 数据记录中潮汐混叠的可能性及其相对于行星波表面振幅几厘米的边界高度分辨率，使结果留下了一些疑问。当获得 TOPEX/Poseidon 足够长时间的记录时，第一次出现了行星波普遍存在的有力证据。潮汐混叠的完全消除(参见 *MTOFS* 的 11.3.2 节和 11.4.3 节)意味着行星波的长周期(大约 1 年)特征中可能没有虚假转移的潮汐能，而高度分辨率优于 3 cm，毫无疑问地说明了在横跨大洋许多部分的纬向截面上监测到的确实是行星波(Chelton et al.,

1996)。

图6.5展示了一个例子，即如何从印度洋海面高度异常连续图像构建哈莫图。行星波的证据在哈莫图的对角倾斜模式中可以找到。这些显示了海面高度异常的扰动，幅度在平均水平上下20 cm，随时间以近两年行进约3 000 km的速度逐渐向西传播。这些特性的水平尺度为经线5°—10°(500~1 000 km)，在固定纬度的观察者可以估出它们具有约6个月的特征时间尺度(从峰值到峰值)。这些构成了图中的主导信号，尽管还存在其他扰动对应着海面高度的更随机变化。

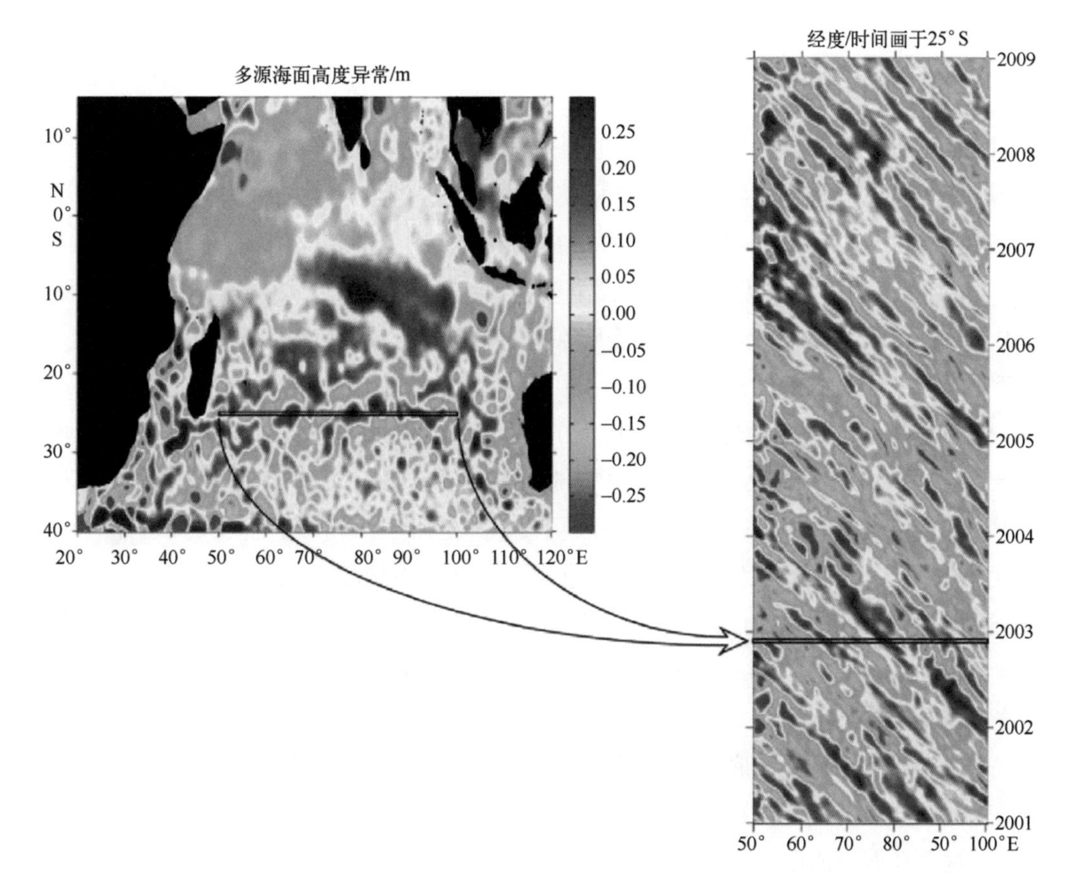

图6.5　左图：TOPEX/Poseidon高度计一个10天循环得到的2002年11月20日印度洋海面高度异常分布图，图解展示了图像50°—100°E于25°S处的一排像素是如何被提取来生成哈莫图中的一排的；右图：对角线提供了行星波的证据(由Cipollini使用SSALTO/DUACS提供的高度计数据产品制作，在CNES的支持下由Aviso发布)

预示行星波存在的因子是显示为对角线的向西传播信号的主导地位，其斜率对应于传播速度，与罗斯贝波的预期速度近似匹配(如6.3节和6.4节所述)以及沿对角线的扰动的一致性。注意，如果对角特征仅是哈莫图构建过程的人为制品，则可以预料不可能出现等效的东向趋势模式。对于那些不熟悉罗斯贝波理论的人，类似图 6.5 的图为这一现象的反映提供了有价值的实验信息。虽然通过检查横穿图像的水平或垂直断面，可以发现占优势的空间尺度和时间尺度，但是这些并不生成一组常规的波浪运动，意味着不存在波浪式能量的规则周期性来源。另一方面，沿对角线可以发现模式的最强相干性，这暗示着一旦一个能量脉冲通过某种方法传入海面高度异常的扰动中，它将按严格的限制方式以给定速度向西传播。如果要确认这些是对观测现象的解释和十分有用的见解，其需要通过罗斯贝波理论得到一个令人满意的解释。

6.2.4 海表温度特征

除海面高度异常数据外，将其他卫星海洋数据集呈现在哈莫图上时也可清晰地证实罗斯贝波的现象，这些数据集中最早使用的是海表温度。最初，当在高度计资料中发现强行星波特征时，Cipollini 等(1997)在 SST 哈莫图上的相同位置(东北大西洋 34°N 处)观测到类似的对角线模式。然后，全球性研究(Hill et al.，2000)利用 ATSR 最初的 4 年数据得出海表温度月异常，表明在这些高质量、低噪声的海表温度数据集(合成面元为 0.5°纬度×0.5°经度×1 个月)中，行星波现象在热带到中纬度无处不在。

图 6.6 展示了他们发现行星波特征的一个示例。虽然这个例子比高度计记录更嘈杂，且显示出很多斑块，但在图中大部分区域都出现了振幅约为 0.5 K 的明显平行条纹。较高或较低的斑块表示了海表温度气候态的局部静态偏离，其可能是由多变的海-气相互作用过程引起的，如风速或云层遮挡影响日照以及混合层的深度，使海表温度的正常年循环受到干扰。尽管如此，行星波的传播似乎并未受到这些事件影响，虽然线性特征有时会在较大的静态海表温度异常发生时消失，但当异常消退时这些特征又会重现。

对海表温度记录更彻底的筛选可能会减少异常记录中的斑点噪声。例如，如果日变暖对海表温度合成资料有贡献，那么一个风场低于平均水平的季节将导致更强的日变暖，这会在海表温度异常哈莫图中显露为一个温暖区域，这可以通过仅选择夜间数据来消除。或者，云监测过程中的排除阈值不够确切，导致了略微冷的偏差，从而在哈莫图中出现了负异常。

需要注意的是，来源于基础海表温度记录的哈莫图包含季节和地理特征，其比图 6.6 中的特征更为明显，并且几乎完全掩盖了行星波的特征。因为在海表温度记录中的波幅通常不会超过 0.5 K，所以有必要在远高于 0.5 K 的精度下对海表温度进行连续测量。虽然从 AVHRR 记录的海表温度异常数据集中也可监测到强行星波的特征，但是 ATSR 系列传感器的长时间稳定性和低噪声已被证明是最适合此目的的测量系统。

MTOFS(Robinson, 2004)的7.5.1节和7.5.3节更详细地讨论了采用何种方式从卫星红外辐射计中获得海表温度，能增强或抑制海表温度异常记录中不需要的人为产物。

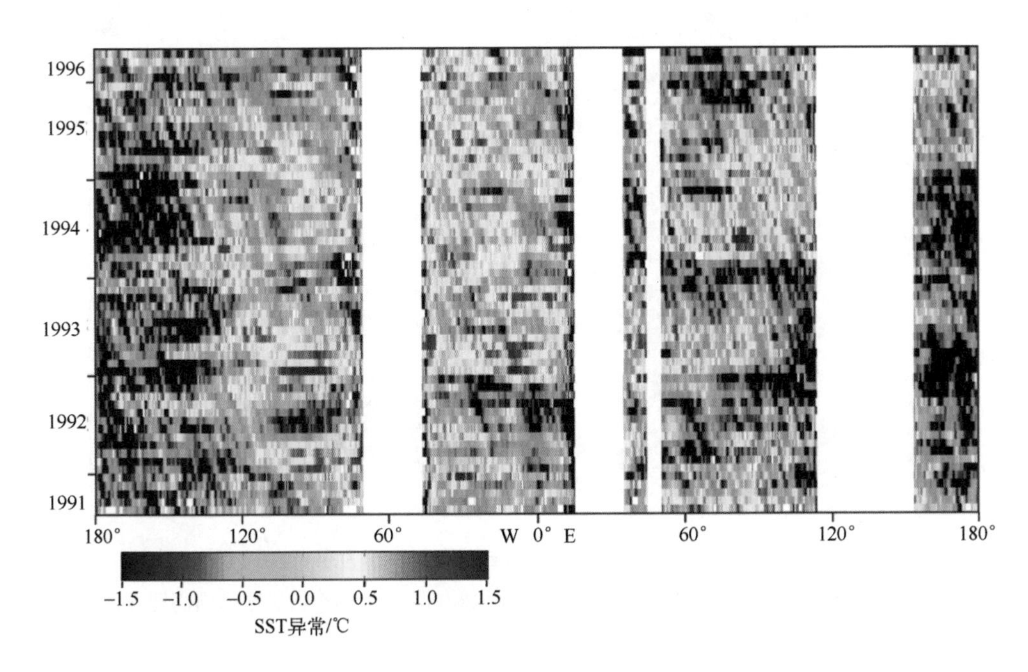

图6.6 ATSR得到的25°S处海表温度异常的哈莫图。注意到图像中一些部分占主导地位的斜条纹是西向传播的行星波的证据。图中白色垂向带状是相应的陆地地块，其跨度为全球180°W—180°E

在微波辐射计测量的海表温度异常中也发现了行星波特征(Quartly et al., 2003)。虽然目前微波传感器的辐射测量分辨率比最好的红外传感器差，但其穿透云层的测量能力可以大大减少通过红外传感器生成合成图像时出现的采样噪声。源自红外和微波辐射计的不同哈莫图中行星波海表温度异常特征的相似性使人们相信这些不仅仅是海表温度处理方法的人为产物(Challenor et al., 2004)。

6.2.5 行星波在海洋水色上的证据

另一种能够证明类似罗斯贝波特征的海洋卫星数据是海洋水色(Cipollini et al., 2001)。这可能令人惊讶，因为与海面高度异常不同，海洋水色和叶绿素浓度对海洋动力都没有直接影响。尽管如此，来自SeaWiFS(图6.7)从东太平洋22°S得到的叶绿素(对数形式)哈莫图中明显展示了行星波特征的证据，通过比较相应的海面高度异常表明两种特征呈现的是同一现象。尽管在细节上有些有趣的差异，但一些最明显的特征几乎完全相同。6.3节讨论了行星波影响从卫星获得的近海表叶绿素浓度记录的可能方式。

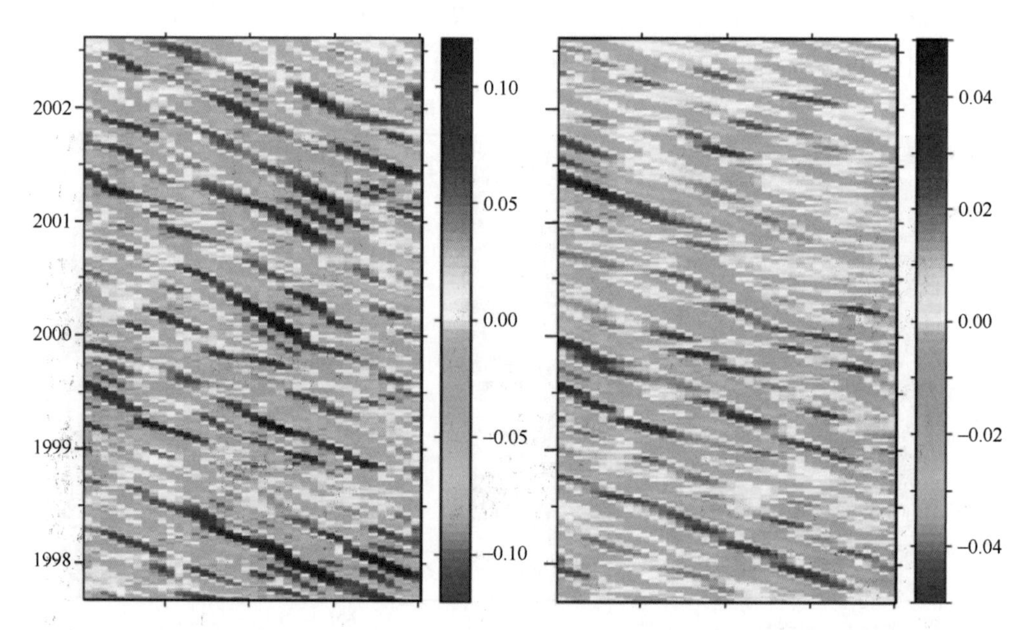

图 6.7　1997—2002 年，22°S，110°—130°W 的哈莫图。左图为来自 SeaWiFS 滤波的叶绿素浓度(取以 10 为底的对数)图；右图为来自 TOPEX/Poseidon 的东太平洋海面高度异常图 [图由 Cipollini 改编于 Killworth 等（2004)发表的文章中的图 5a 和图 5b]

6.3　罗斯贝波的特征

6.3.1　行星波理论概述

约束罗斯贝波的基本机制非常简单，向北(或向南)流动的水团获得负(正)的涡度，以平衡行星涡度的增加(减少)，从而在没有任何剪切力的条件下满足位势涡度守恒。图 6.8 在正压情况下(忽视密度分层)举例说明了该现象。我们考虑流动是经向的且随经度呈正弦变化。当一团水向北流动时(如 B 处)，由涡度守恒产生的顺时针扭矩使水团西侧的北向流速趋于增加，同时使东侧流速趋于减小。对于 A 处和 C 处向南流动的水团，逆时针扭矩使西侧南向流速趋于增加，东侧流速趋于减小。因此，南北向流速最大位置的水流都逐渐趋向西流动。

虽然这是对行星波传播完整理论解中所描述的完整动力学过程的过度简化，但它清晰地展示了传播过程的不对称，其允许速度的波状分布向西传播，而不向东传播。该图还表明了海面高度如何随经度变化从而使气压梯度力平衡科氏力，它是为北半球绘制的。然而，在南半球，尽管表面坡度是反向的，但是位涡守恒约束速度分布，其相应的波动西向传播并不会改变。这是由于这种类型的波动并不取决于科氏参数本身，而是取决于它随纬度的变化率，其始终是相同的符号而且在赤道有最大值。

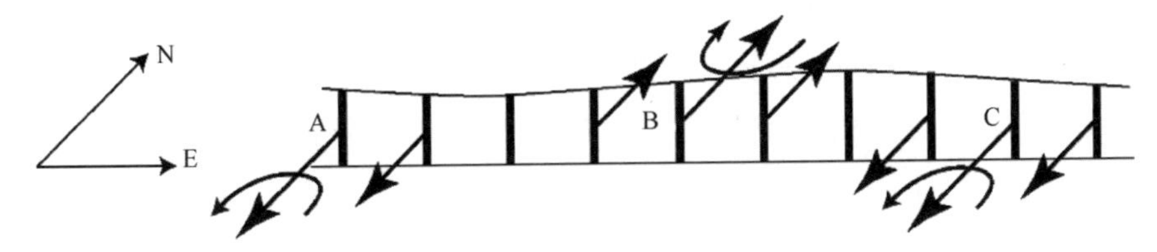

图 6.8 热带北纬度区域水体南北运动时受到的扭矩图解

事实上，正压行星波的传播太快而不明显：本章感兴趣的现象是图 6.5 和图 6.6 显示的西向缓慢传播的扰动，属于斜压行星波。在斜压波动中，运动随深度以及内压力变化，维持地转平衡的内压力不仅由海面高度控制，还受到海洋中密度层高度变化的影响。第一斜压模态或者就是第一斜压模可以被认为是两层海洋的运动，一层在温跃层以上，另一层为其下密度稍大的一层，如图 6.9 所示。在该模式中，温跃层上下的流动方向是相反的。温跃层高度的扰动远大于海面高度，且符号相反。因此，下层的压力梯度和相应的地转速度远小于上层。在第二行星波模态中，水柱的水平速度方向随深度两次改变，实际有三层流动。越高的模态会有愈发复杂的垂直动力结构。

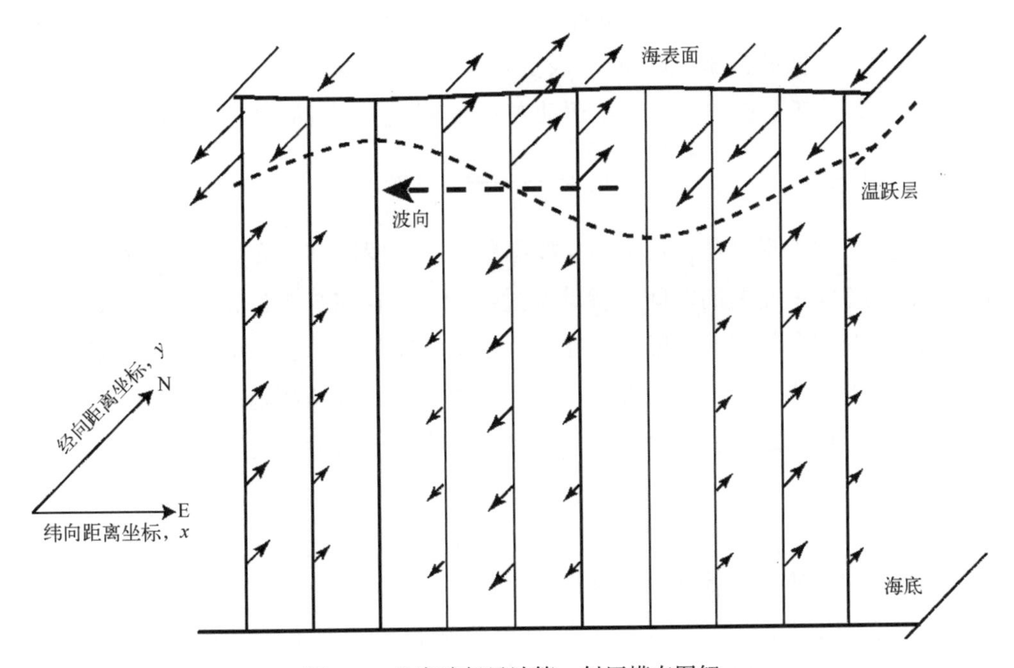

图 6.9 北半球行星波第一斜压模态图解

温跃层深度扰动生成的压力梯度比海表面同一斜率生成的压力梯度更弱，因为两层之间的密度差通常远低于实际密度的1/100。斜压流中的“约化重力”使斜压波动比正压波动响应慢得多。这造成了斜压行星波具有缓慢的传播速度和长的特征时间尺度，导致斜压行星波在没有卫星遥感长期监测能力下如此难以观测。

行星波研究首先在大气领域开展。罗斯贝(1940)解决了完整运动方程的简化形式，按照$f=f_0+\beta y$估计了科氏参数f随纬度的变化。这个所谓的“β-平面近似”线性化了f在纬度中心为Φ_0(该处$f=f_0$)的狭窄范围内变化，并且经向距离坐标y是确定的(其起始处$y=0$)。注意到f被定义为$2\Omega\sin\Phi$，其中Ω是地球自转速率，θ是纬度。因此

$$\beta = \frac{\partial f}{\partial y} \propto \cos\Phi \tag{6.1}$$

至于运动方程的全面发展及其解决方法，包括赤道地区的特殊处理($f\to0$但是β仍是有限的)，读者应该参考标准文本[如Gill(1982)；Pedlosky(1987)]。通过假定关键动态变量的周期性扰动，来检测海洋对相当大时空范围干扰的响应，其中，x方向上单位距离的纬向(西—东)波数为k，y方向上单位距离的经向(南—北)波数为l，单位时间频率为ω。因此我们寻找代表主要变量V的解决方案，比如海面高度、温跃层位移或者流场的分量，形式如下：

$$V = A\exp[i(kx + ly - \omega t)] \tag{6.2}$$

如果k、l、ω是真实的，那么式(6.2)表示为扩散波型现象。

若式(6.2)是基于β-平面的基本运动方程有效解，需要满足以下条件

$$\omega_n = \frac{-k\beta}{k^2 + l^2 + \lambda_n^{-2}} \tag{6.3}$$

式中，λ_n是罗斯贝变形半径；ω_n是第n模态的频率。罗斯贝变形半径表示在水体旋转直到满足地转平衡所花费的时间内扰动经过的距离，这在3.2.2节中涉及中尺度涡旋部分讨论过。这里，罗斯贝变形半径提供了水平空间尺度，表示能满足地转状态假设的最短波长，其大小取决于水柱的垂直密度结构以及波动传播模态造成的变化。

从式(6.3)可以很容易推导出第n模态纬向传播的相速度c_x的表达式

$$c_{nx} = \frac{\omega_n}{k} = -\frac{\beta}{k^2 + l^2 + \lambda_n^{-2}} \tag{6.4}$$

首先要注意，对于波型传播(当k和l是实数时)，相速度总是负的，因为β在南北半球都是正的。由于x方向被定义为正东，这就意味着相速度始终向西。然而，初看式(6.4)似乎十分复杂且分散；换言之，纬向速度随着纬向波数k和经向波数l变化。然而，需要注意的是，在SSHA和SST的哈莫图中发现的波动现象，其空间尺度约为数百

千米，这通常远大于典型的罗斯贝变形半径。因此水平波数很小，可以合理地假设

$$k^2,\ l^2 \ll 1/\lambda^2 \tag{6.5}$$

给定式(6.5)，式(6.4)可以简化为非频散形式

$$c_{nx} = -\beta\lambda_n^2 \tag{6.6}$$

这种理论预测表明，水平方向足够大的扰动在西向传播时不发生频散，与卫星观测的特征完全一致，以相同速度持续数月连续传播上千千米。对于非频散波而言，相速度和群速度是相同的，且与波长无关。因此，一旦足够的能量输入上层海洋的层化结构产生大尺度扰动，就可能发生行星波动(图6.9)。然后，行星波携带着能量以稳定的速度向西传播，直到其他一些过程干扰而消耗能量，或者到达海洋的西部海岸。如果波的传播过程是频散的，那么传播速度将取决于初始扰动的空间维度，而且不同尺度有关联的能量将以不同速度向西传播，这几乎可以肯定地防止在哈莫图中出现连贯的对角平行线。

看来，卫星数据为行星波提供了证据，其表现形式与罗斯贝早在50多年前预测的十分相似，尽管那时卫星传感器尚未部署。然而，卫星观测是否发现了真正的罗斯贝波(即波动特性基本上是由罗斯贝波理论预测的)需要对数据进行进一步的定量分析。为了比较观测与理论结果，我们尤其需要测量传播速度，并且探究其如何随纬度变化。从式(6.6)可估出西向波速的近似依赖性。利用式(6.1)，且从式(3.1)中注意到罗斯贝变形半径与f成反比，我们可以推断，若水柱的密度分布保持均匀，相速度随纬度的变化规律为$\cos\Phi/\sin^2\Phi$。在6.4节讨论如何通过哈莫图测量特征传播速度之后，我们将在6.5节中回到观测波速和理论波速的对比。首先，我们需要考虑为什么从地球轨道卫星应该观测到行星波。

6.3.2 在海面如何观测罗斯贝波

从哈莫图的对角线模式隐含的传播特征中，我们已经推断出它们是行星波的特征，但仍有一些问题未解决，“为什么我们可以完整地观测到行星波?”以及“是否还存在没有被卫星数据检测到的行星波?”因为我们正在寻找的斜压罗斯贝波，由波动引起的最大垂直扰动预计在温跃层，而不是海表面，因此期望卫星海洋学方法来提供所有东西是否不太明智?

事实上，解释行星波的海面高度异常特征相对容易。在前一小节行星波的概述理论，特别是图6.9中蕴含的是，与这些波相关的海表面会向位势面产生相对位移，它的大小只有几厘米，相比之下，海洋中温跃层和等密度面位移非常大。但这就是为什么一旦SSHA的测量不确定性减小至几厘米后，从高度计记录中就能明显找到罗斯贝波的原因。因为这些是如此缓慢而渐进的现象，如果没有精心去除潮汐特征以及那些可

能人为产生量级相当特征的其他因素，行星波就无法清晰呈现。如 6.2.3 节所述，20 世纪 80 年代第一次使用 Geosat 数据时，海面高度的测量精度不够，最终不能确认是否观测到行星波。自 TOPEX/Poseidon 计划和最近的 Jason-1 以来，这一切都发生了改变，海洋测高得到改观，并使其他同期的高度计精度也达到几厘米(参见 *MTOFS* 的第 11 章)。

需要注意的是，仅当大地水准面独立已知的情况下，高度计才能测量绝对高度和海流。对于行星波检测不是严重缺点，因为行星波被定义为海洋平均状态的扰动。当然，即使对慢波传播过程进行优化显示处理(参见 6.4 节)，我们也只能测量那些明显超过海面高度异常记录噪声水平的波动特征。仔细过滤(参见 6.4 节)可以改善波速估计，但目前仍有可能错过较小幅度的行星波特征。

在海表温度异常数据集发现行星波特征更令人惊讶。因为水平密度分布不是罗斯贝波的主要机制部分(如 6.3.1 节所述)，没有直接理由可预期密度场或温度场中的罗斯贝波型特征。最简单的解释是，与行星波相关的南北向海流正平流输送气候态温度分布的经向梯度。因此，南北半球的向极流速，在向两极减小的温度背景梯度作用下，有使温度升高的趋势，而向赤道方向的流速将使温度减小。考虑图 6.9，这意味着最大海表温度异常应该比最大海面高度异常提前 90°的位相出现。这在海表温度异常和海面高度异常图中的波速相同时，情况是属实的[参见如 Quartly 等(2003)和 Challenor 等(2004)]。

类似的机制可以解释海洋水色特征，尽管有更多的疑问，因为叶绿素浓度的气候态分布比海表温度具有更复杂的纬度依赖性。关于水色或叶绿素明显依赖于罗斯贝波移动路径的另一种解释依赖于行星波相关的混合层深度的变化。当混合层浅时(对应于第一模态的罗斯贝波，其层结界面最高且表面高度最低，见图 6.9)，叶绿素特征可预计最大。原因是深层叶绿素最大值被抬升到了海洋水色传感器更容易稳定观测的深度，或者甚至可能增强与浅混合层相关的上升流，从而增加营养盐且提高生产力(Uz et al., 2001)。

在某些情况下，不同的遥感方法似乎可以发现不同传播速度的行星波模态。当观测到这种情况时，通常海表温度和(或)水色特征比海面高度异常传播得更慢(Cipollini et al., 1997; Quartly et al., 2003; Challenor et al., 2004)。这意味着如果存在扰乱温度或水色的过程，那么其对更高模态行星波比海面高度异常更敏感。通过不同海洋参数在特定区域区分不同行星波模态的前景，可能指明了同时了解波成像机制以及波对其通过的海洋可能产生影响的方式。这样的研究应基于定量而非定性的分析，需要针对哈莫图的独特特征设计专门的分析工具。这些将在下一节介绍。

6.4 估计行星波速度

6.4.1 哈莫图分析方法

从显示行星波的哈莫图中可提取的最有用信息是波的传播速度，通过在图中测量波动特征线的垂向倾角得到，在图 6.10 中定义为角度 θ。如果数据来源于合成图像的时间序列，东西向空间分辨率为 d km，且每 b 天采样一次，那么绘制哈莫图像的单元格分辨率为 d km×b 天。于是行星波的西向速度 V_p表示如下：

$$V_p = \frac{d}{b}\tan\theta \tag{6.7}$$

估算波速最简单的方法是使用尺子和量角器直接在哈莫图上测量特征斜率。这种方法会导致错误，主要原因是难以在哈莫图上画出代表条纹平均或特定方向的线。尽管在图 6.5、图 6.6 和图 6.7 所示例子中，对特征的整体趋势几乎没有问题，其斜率是多变的，而且特征值的大小会沿着线条改变。当最初从原始合成时间序列中制作哈莫图时，哈莫图可能十分杂乱，其他各种过程趋于掩盖表征行星波的对角线条纹特征。

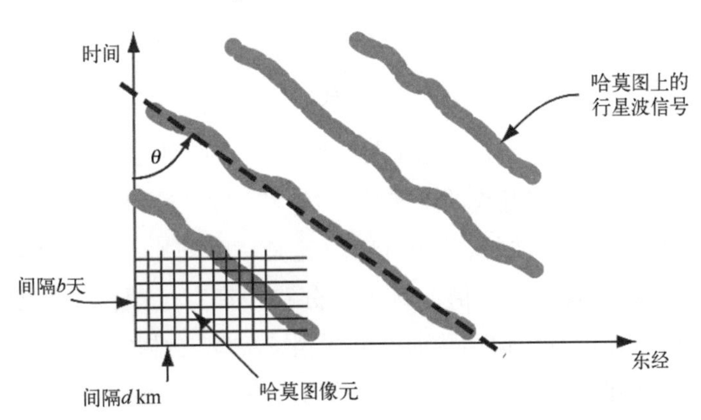

图 6.10　行星波速度是如何取决于时间-经线图(哈莫图)中波特征值斜率的示意图

低通空间滤波器可用于图像以去除高频噪声，而特殊滤波器可去除给定经度或特定时间内横跨图中经度范围突发事件的固定特征。实际上，可设计波谱滤波器来抑制不向西传播或在给定波数和频率范围之外的所有特征(Cipollini et al., 2001)。但请注意，应该避免对数据过度预先过滤，因为如果达到极限，除了在期望速度中寻求信号外，它将排除所有其他结果。即使图像已经过滤，“眼睛”的测量也是主观的，不同观察者最终对波速的估计略有不同。为了消除这种情况，需要一种更客观的方法。

傅里叶分析的应用是可行的。二维快速傅里叶变换(2D-FFT)是一种完善的数值工具，可用于图像分析，它在空间(经线波数，频率)生成信号能量的谱图。如果能识别峰值，则可将特征速度估计为频率/波数的比率，并将不同峰值理解为不同罗斯贝波模式的证据(Cipollini et al., 1997；Subrahmanyam et al., 2001)。然而，这种方法并不像预期那样成功，因为行星波的频率和波数并不总有规律。由于行星波几乎是非频散的，所以有着不同纵向范围的扰动将以相同的速度传播。它们不像涌浪那样组成规则的波峰波谷长列，从而在 FFT 频谱中显示为尖峰。它们在哈莫图中的间隔可能非常不规则，即使速度的均匀性也意味着不同的波峰仍表现为平行线，在 FFT 结果中没有发现波谱峰值。此外，为了达到用这种方法精确计算速度所需的频谱精度，二维快速傅里叶变换必须应用于跨越多个波谷和波峰的大范围数据中。因此，该方法用于测量孤立的或不规则的行星波速度并非最佳(Cipollini et al., 2006b)。为了实现上述目标，需要一个专门用于识别图像中平行条纹方向的空间分析工具，而不考虑波数或者频率(如下一小节所述)。

6.4.2 拉东变换

拉东(Radon)变换(Deans, 2007)专门为了确定图像场中对齐方向而开发。将图像 $f(x, y)$ 从最初的笛卡儿 (x, y) 平面通过旋转 θ 角度投影到坐标系 (x', y') 上，其中 $y=x'\sin\theta+y'\cos\theta$，$x=x'\cos\theta-y'\sin\theta$(图 6.11)。从而变换可以简化为

$$p(x', \theta) = \int f(x, y)\,\mathrm{d}y' \tag{6.8}$$

式(6.8)计算了图像中每个垂直于 x' 轴(平行于 y' 轴)的 x' 值的总和。对于单一值，结果为一维函数 $p(x')$。如果基线的旋转角为 θ，将 y' 轴与图像中的线性特征对齐，这个函数将分出图像的波谷和波峰(图 6.11)，这是一个与水平面呈大约 40°线性结构的人工生成图像。对于其他的 θ 值，每个积分路径都穿过图像中的波谷和波峰，由此产生的函数 $p(x')$ 在没有任何结构时非常平滑。完整二维拉东变换 $p(x', \theta)$ 通过在 θ 范围内的积分来构建，得到如图 6.12 所示的图像，其中的增强结构在 $\theta\approx40°$ 时显而易见。

当将拉东变换应用于行星波研究时，最后阶段是估算每个 θ 值对应 $p(x')$ 的方差。当方差以 θ 的函数绘制成图时(图 6.13)，在 θ 值上发现的方差峰值，对应于哈莫图中行星波特征对齐的位置。峰值的宽度表示横跨图中被分析部分波速的变化，而且不仅提供波速的客观估计，还提供与该测量相关的误差或不确定性估计。这是一个比肉眼主观估计更令人接受的科学方法。

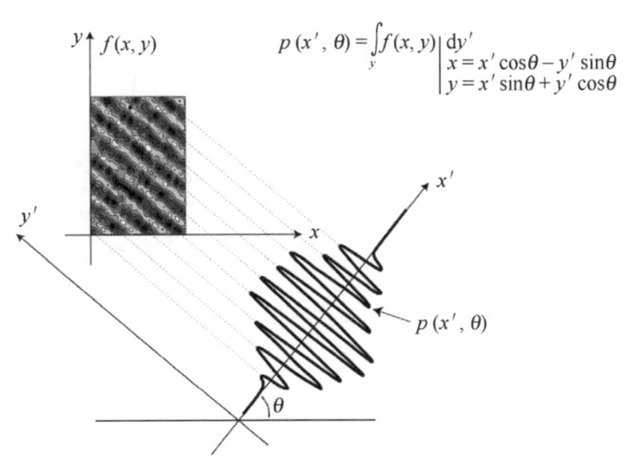

图 6.11　拉东变换原理。当变换应用于单一方向 θ 时一维函数 $p(x')$ 的例子

［图由 Cipollini 提供，基于 Challenor 等(2001)的图 1］

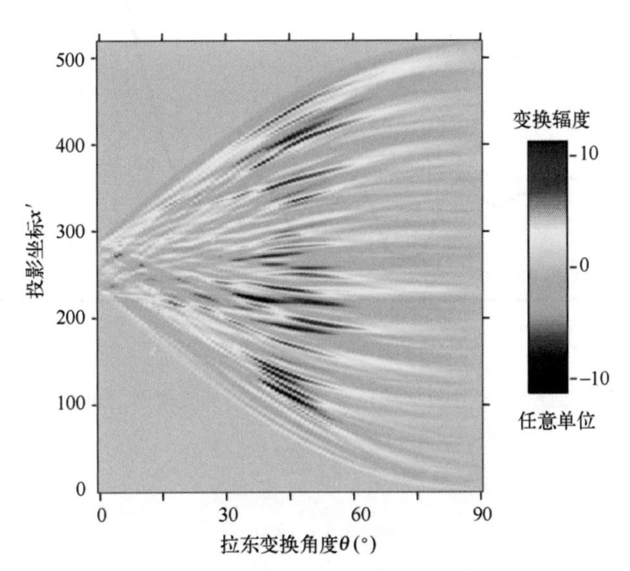

图 6.12　如图 6.11，对于哈莫图场的完整二维变换 $p(x', \theta)$ 的例子

［改编自 Cipollini 等(2006b)］

图 6.13 的例子展现了一个明显的峰值，它与图 6.6 中条纹的主导方向一致。情况并非总是如此，在解释拉东变换方差方向图中的峰值时务必小心。与背景场相比，较小的峰值或许没有意义。在一些研究中，已将预过滤应用于哈莫图，以消除向东传播的或不适合罗斯贝波频率或波长上的能量，但是这应该谨慎处理；过度过滤可能会虚假地探测过滤器允许的内容，而不是实际发生的传播信号。

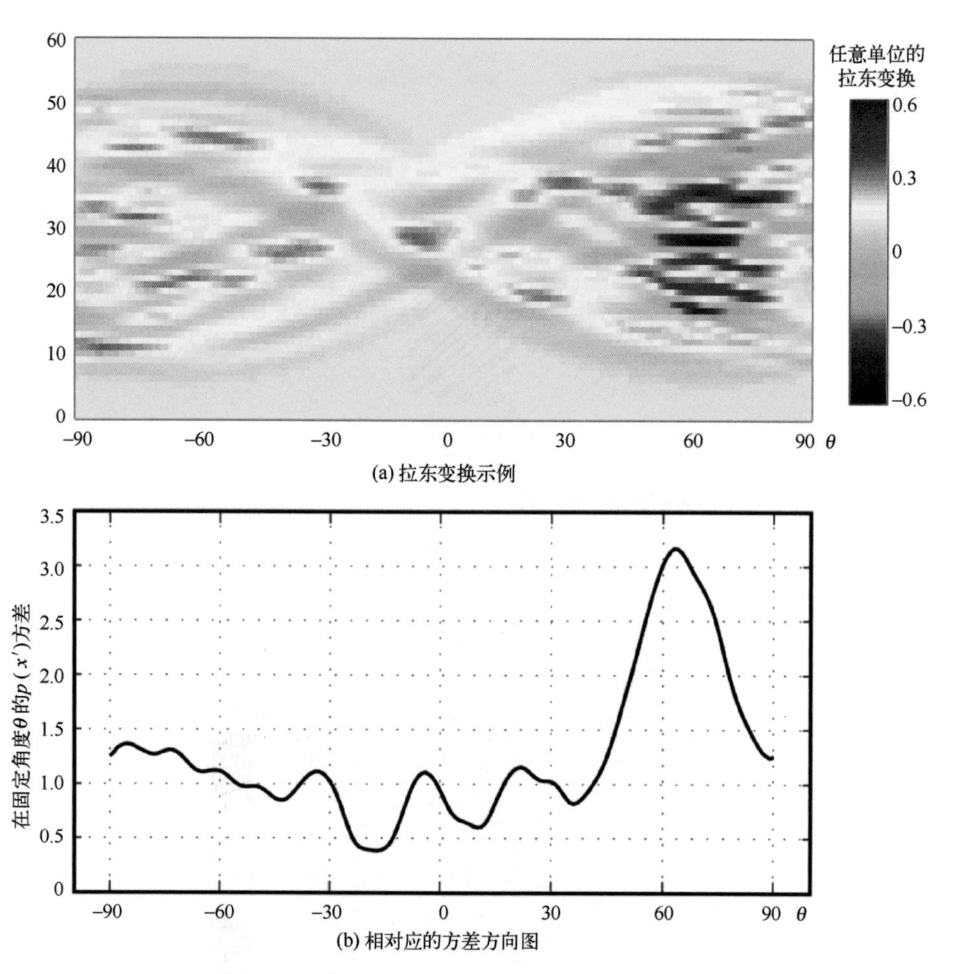

图 6.13　95°E，25°S 处 AATSR 月数据的拉东变换[如图 6.6 所示，由 Hill 等(2000)分析得到]

6.4.3　绘制行星波速度

给定一组基于上述拉东变换方法的分析工具，分析整个大洋盆地以识别行星波的发生并且绘制其向西传播的速度会变得相当简单。哈莫图产生于全球图像的原始时间序列，通常将海洋纬向分割成 1°的纬度片段。对于每个纬度片段，拉东变换依次应用于哈莫图的垂直切片，每个片段对应于有限的经度范围(通常为 10°)。如果应用了锥形预过滤，产生的图像会更加平滑(Hill et al., 2000)。对长时间数据序列，也可对时间跨度进行分段，从而检测波速随时间的变化，但建议至少在 3~5 年范围内应用拉东变换。

当对所有纬向片段重复此过程时，西向波速测量结果能在全球图上表示出来(图 6.14)。注意在赤道 5°纬度范围内没有速度，这是因为行星波速度朝着赤道方向增加，第一模态波速足够快，其特征传播模式几乎平行于哈莫图的 x 轴[式(6.7)中的 θ 趋向

90°]。这使得它们与跨经度窗口的瞬间扰动无法区别，或者严重降低其方向测量的精度。在赤道区域以外，尽管在一些区域存在明显的经度变化，但不出所料速度随着纬度的增加而降低。

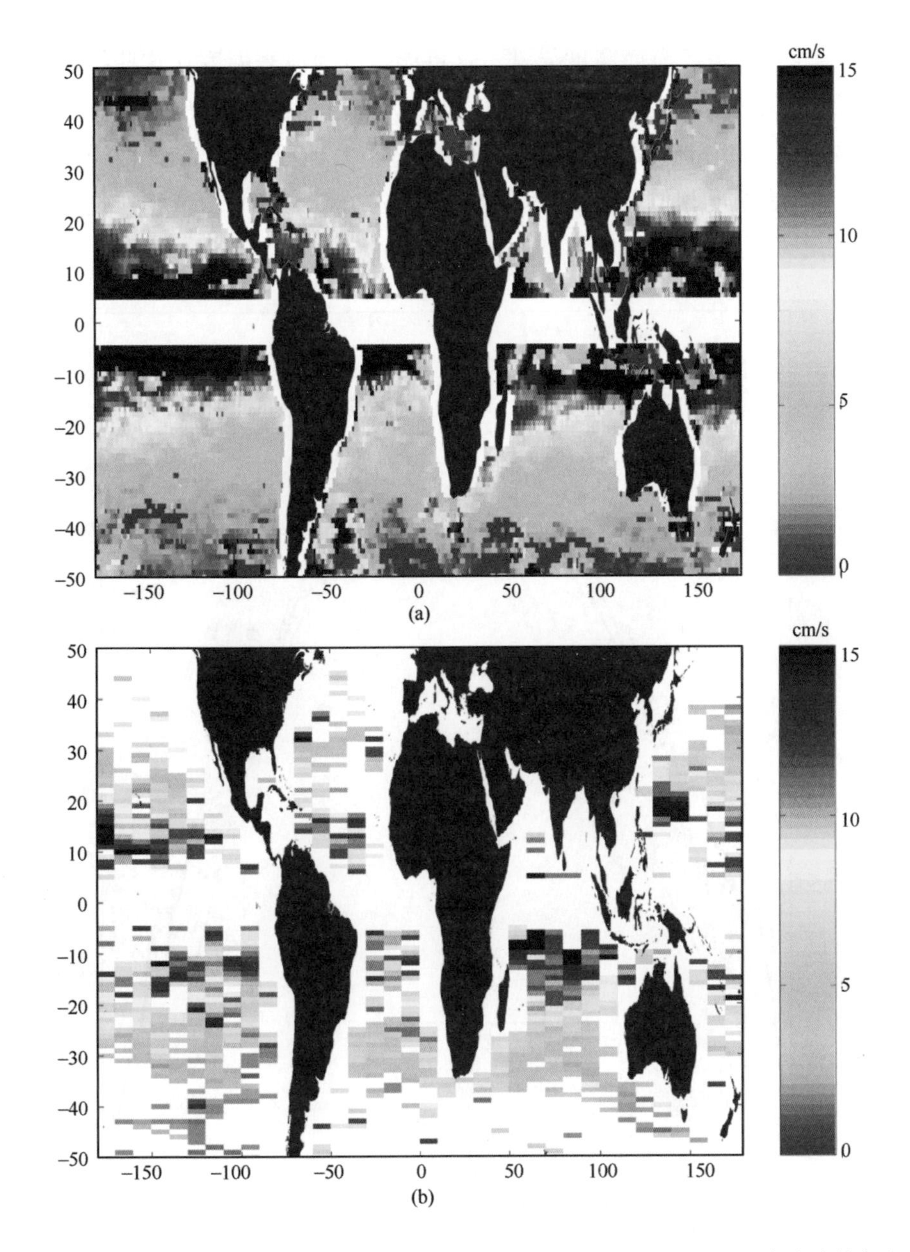

图 6.14　全球行星波速图。利用(a)1992—2002 年 TOPEX/Poseidon 和 ERS 高度计结合海面高度异常数据(Cipollini et al., 2006b)以及(b)1991—1995 年 ATSR 的海表温度数据(Hill et al., 2000)得到的哈莫图进行拉东变换测量得到

当考虑纬向平均速度时(在给定纬度的所有经度上取速度平均)，隐藏纵向变化，可以探讨速度的纬度依赖性，并与理论预测进行比较。图 6.15 展示了各种不同测量的纬向平均速度(在 y 轴以对数形式绘制)如何随纬度变化。来自 TOPEX/Poseidon 的海面高度异常和来自 ATSR 的海表温度特征非常相似，除了 35°N 以北区域，该处海表温度特征显示的速度明显低于海面高度异常。这可能是因为海表温度在这些纬度显示出更高的波动模态。图 6.15 上还绘制了从水色(SeaWiFS)特征中推算出来的有限位置处的速度，但不以纬向平均的形式，而是作为单个采样点。在印度洋和大西洋，它们与海面高度异常和海表温度相似，但在太平洋发现更多分歧。第 6.5 节将讨论与理论预测曲线的对比。

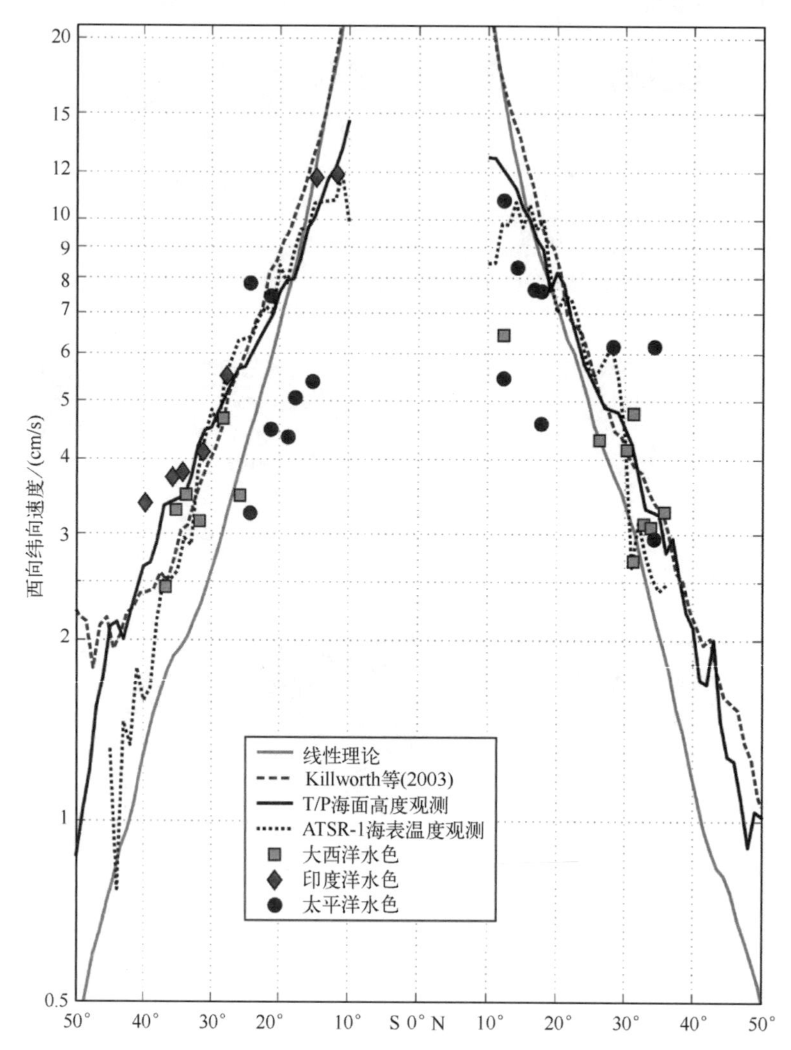

图 6.15　不同数据类型中的行星波信号检测出的纬向平均波速以及与基于罗斯贝波理论的估计值的对比[来源于 Challenor 等(2004)]

6.4.4　行星波传播的经向分量

虽然理论上行星波的传播速度可能含有经向分量，但目前为止已经假定行星波可能向正西传播。实际上，前面提到用哈莫时间经度图和二维拉东变换来测量速度的方法，不能确定传播速度是否含有经向分量。为了进一步探索其可能性，一种方法是在应用二维拉东变换生成时间长度图之前，考虑图 6.4 所示的数据立方体，沿着穿过经线和纬线的斜对角轨迹线切割不同的时间片段。

实际上，拉东变换的原理可以直接应用于数据立方体中的小立方体，在三维方向范围寻找主导线，这是三维拉东变换方法的基础(Challenor et al.，2001)。虽然变换在三维应用，其结果可以在表示真实地理方向的二维图中呈现。图 6.16 为一个 TOPEX/Poseidon 数据例子。基于拉东变换在观察方向的法平面上的方差，该极坐标图上任意单位的区域表示变换所检测信号的相对能量。距离中心的半径非线性地对应着速度的大小，能量达到峰值之处意味检测到以该速度沿该方向传播的信号。

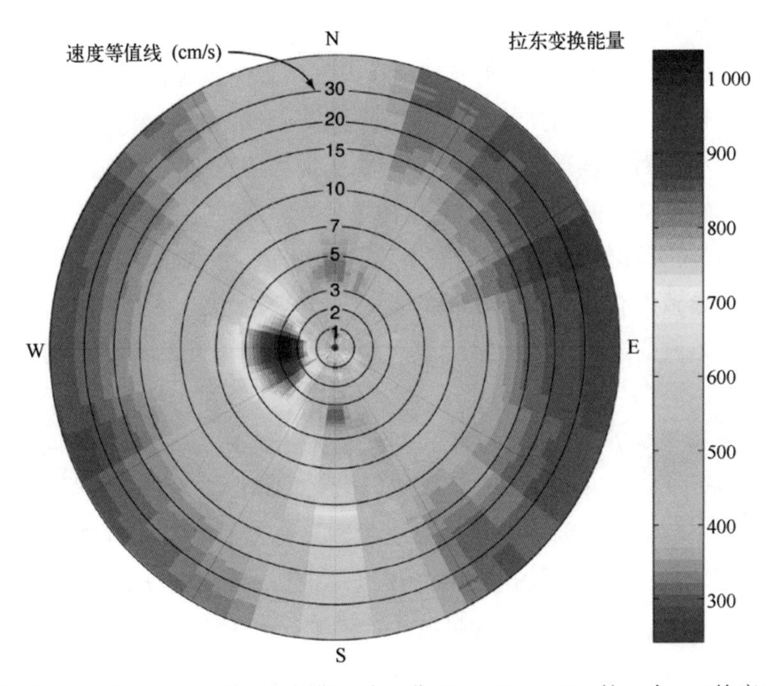

图 6.16　时间为 TOPEX/Poseidon 第 234 周期，中心位于 34°N，36°W 的一个 5°(纬度)×11°(经度)区域内的 TOPEX/Poseidon SSHA 的三维拉东变换得到的能量极坐标图。正北方为极坐标图的顶点处，所以“罗盘角”或者方位角指明了波的传播方向。径向到中心的距离为仰角，其相应的速度在图中显示为同心圆，单位为 cm/s。从图中可以看出一个大约在 265°(从北按顺时针方向测量)的强能量峰值对应的速度为 2.6 cm/s，这暗示着这个波的传播方向为正西偏南几度的方向[来源于 Challenor 等(2001)]

该示例中，不出所料，主导信号是向西传播的。向南北方向的传播必然是该方法缺乏精确性的结果，能量从主导方向泄漏到邻近方向。然而，主峰的不对称性表明向西传播过程中可能有稍微向南的分量。此外，图中似乎确实可见一些显著经向分量的传播。必须对构成数据立方体的所有小立方体重复这个分析和绘图过程，以此说明波传播的方向性在地理上如何变化及在整个数据记录期间随时间如何变化。Challenor 等(2001)能够生成北大西洋的图像，表明一些偏离正西向传播发生的区域。虽然这种类型的分析还没得到广泛应用，但它显示出前景，有望在未来得到发展。

6.5 更好地理解罗斯贝波

6.5.1 卫星数据证实罗斯贝波的存在

由本章前面部分可清楚看出，卫星数据为检测和测量海洋中大尺度斜压行星波提供了可靠的方法。本节从它们的实际存在问题出发，讨论使用哪种卫星数据可以提高我们对现象的科学理解。

自 20 世纪 30 年代以来，罗斯贝波理论在大气动力学领域得到发展和验证，有望应用于大气和海洋领域。某些斜压运动可认为是海洋罗斯贝波导致的。然而，由于它们的水平尺度较大和表面的表现相对较弱，无法从观测中证明它们在海洋中的存在。几十年前，在海洋斜压结构的时间序列观测中发现了罗斯贝波的确凿证据(Emery et al., 1976; White, 1977)。即使这样，当局限于现场观测时，想大面积监测斜压运动的时间演变是困难的，导致没有任何机会来检验罗斯贝波理论预测的传播特征准确性。卫星高度计的出现开始改变这种现象，因为其可以提供定期重复的海洋观测数据，空间采样精细且覆盖全球海洋。

早期高度计结果显示遥感有可能解决行星波研究中的时空采样问题(Fu et al., 2001)。然后，从 1992 年开始(如 6.2.3 节所述)，TOPEX/Poseidon 的测高性能开辟了对行星波表现的全面研究，因为传感器系统的测量精度和时空采样能力终于满足了观测现象的要求。最后，一旦开发出在测高仪记录中揭示行星波的处理技术，就可将该思路应用到 SST 和水色记录中探测行星波，结果见 6.2.3 节和 6.2.4 节。

这段短暂的历史表明，遥感方法与其他海洋观测技术并无不同；当设计满足测量精度的要求且获得合适的采样能力时，遥感方法将提高对海洋现象的科学理解，并开辟研究探索的新领域。

6.5.2 回顾罗斯贝波理论

迄今为止，通过遥感技术所获对行星波的新认识，关注的是它们的传播特征，特别是基本罗斯贝波理论预测的正确性。科学方法固有的是，当用与预测对应的观测来检验理论时，要么维持理论，要么将任何重大的差异作为修正理论模型的基础。罗斯贝波的遥感也不例外。因为拉东变换分析允许在已知的置信区间内测量波速，所以可以测试这方面的理论。

图 6.15 展示了不同遥感方法观测的纬向平均速度与理论预测速度的对比。显而易见，观测值和原始线性罗斯贝波理论间存在明确的不匹配。20°N 所观察的速度明显大于理论预测，某些地方高达 2 倍甚至 3 倍。这种差异的第一个可靠证据立刻激起了海洋动力学理论学者的反应(Killworth et al., 1997)，他们得出结论，如果忽略波动传播的背景斜压流，原始理论将会低估速度。其他一些论文进行了进一步完善，其细节超出了本书范围，最终修订后的 Killworth 和 Blundell 模型(2003a，2003b)获得了更接近的结果，如图 6.15 中的黑色虚线所示(标注为 2002)。

模型预测要求估算斜压罗斯贝半径，因此取决于海洋水文和背景流，从而生成预测的第一模态波速图。当这与 6 年的高度计观测值匹配时，理论值与观测值之间的比率如图 6.17 所示。在南北半球纬度 10°—35°，理论值与观测值基本一致，朝赤道方向观测值小于预测值，较高纬度的情况更加复杂，可能因为高纬度波动的振幅很小，测量结果可能不可靠。在高度计记录中发现东向传播波动的地方会出现负值。这发生在与主要洋流相关的区域，即使它们仍然相对流动向西传播，也可能存在强正压流向东平流输送行星波。

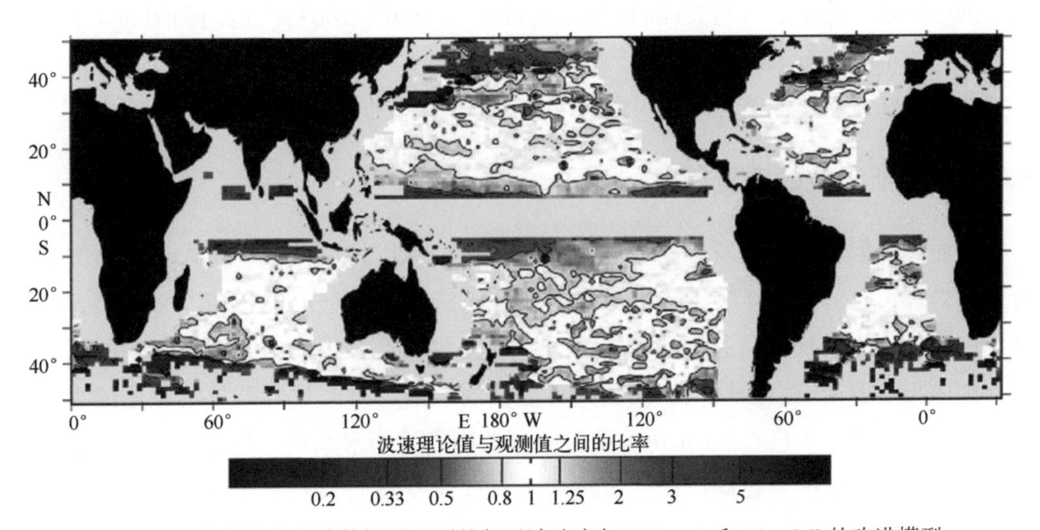

图 6.17　多任务高度计数据所观测的行星波速度与 Killworth 和 Blundell 的改进模型(2003a，2003b，2004，2005)以及基于 2005 年版的世界海洋图集的实测数据预测的理论第一模态罗斯贝波速度的比值[如 Cipollini 等(2010)使用的]

通过比较 SSHA、SST 和水色哈莫图上行星波的特征，可以进一步获取对罗斯贝波现象的了解。例如，SST 和 SSHA 特征速度的明显不同，表明 SST 探测较高模态的波动。不同特征之间的相位关系也是适合进一步研究的领域(Quartly et al., 2003；Cipollini et al., 2006b)。关于罗斯贝波如何在海洋水色和温度场中产生特征信号的更全面的解释，将更好地理解罗斯贝波通过海洋是否或如何促进垂直混合，并因此改变近海表水文、营养盐或者初级生产力。尽管很少有迹象表明“罗斯贝旋转”效应(Siegel, 2001)不仅仅是一个非常孤立的现象，但在数据分析师和理论家的共同努力下，将会有更多进一步研究这个主题的空间。一个重要的考虑因素，是相对于罗斯贝波本身的周期，对海洋表面性质的任何扰动都会衰减到其气候平衡的速率，可以通过比较不同特征之间的相位关系来估计这一点(Killworth et al., 2004)。

另一个可能带来更多关于行星波传播启发的技术发展是识别、分离和追踪个体波的方法(Cipollini et al., 2006a)。这是一个重要的发展，因为尽管使用术语“波浪”通常意味着一系列具有特定波数和频率的振动，行星波往往由孤立的能量脉冲组成，以罗斯贝波特征传播。因此，当比较行星波的不同特征，或试图预测其将对海洋造成的影响时，将每个波峰和波谷作为独立现象考虑，而不作为大范围波动的组成部分可能更有帮助。使用数字工具自动绘制每个波动的轨迹，并追踪波峰或波谷的合并或分叉，将促进一个有趣的新研究方向。

同样有趣地发现，在高度计记录中首次证实罗斯贝波存在的团队现在质疑罗斯贝波中的一些低频能量是否与大洋涡旋有关(Chelton et al., 2007)。他们利用 3.4.3 节中简要提及的 Isern-Fontanet 等(2003, 2006)发展的技术在高度计记录中自动追踪涡旋的传播，这意味着涡旋的能量将在一定程度上以不同于罗斯贝波的特征传播。

6.5.3 罗斯贝波的重要性

最后，我们必须询问罗斯贝波是否真的重要。可以说，即使经过大量复杂的数据分析和处理，它们对海洋的影响也很小，几乎无法探测，它们的传播非常缓慢，似乎缺乏中尺度动力学扰动和混合海洋的能力。避免飓风且看重风浪和涌浪力量的水手们没有理由担心罗斯贝波。愤世嫉俗的人可能会问，最近对改进罗斯贝波理论的兴趣是否仅仅出于检验一个已有 60 年历史理论的科学挑战的学术响应？尽管这些评论都是有道理，但罗斯贝波的重要性可能远未被展示。这涉及我们预测海洋中期变化及其对区域气候变化影响的能力。

影响天气模式的气候条件取决于海洋和其上层大气之间的相互作用。在大气和海洋动力系统的复杂耦合相互作用过程中，海洋往往具有稳定作用。由于海洋密度比大气大得多，所以海洋会趋于吸收或释放热量，以响应气温或者表面风强迫的变化，但它本身不会发生很大的变化。尽管如此，当海洋受到持续的大气强迫大规模变化时，温度或垂直密度结构异常可能会扩展到广泛区域中。虽然从海表温度或海面高度来看，这种异常的变化可能很小，但可以斜压的方式存储大量的能量。不管任何动力系统受到扰动，一个后果就是激起了波动，从而以能量形式将扰动信息携带到系统的其他区域。这些信息的轨迹、速度和方向是由准许的波模态决定。对于跨越数百千米的大尺度海洋扰动，罗斯贝波代表了主要的海洋响应。

因此，如果我们可预测海洋受主要大气异常影响时的响应，那么对行星波动力学的理解至关重要。长期以来人们一直认为(Gill，1982)，如果不存在支持边界波的东西向地形屏障，罗斯贝波提供了从海盆东侧向西侧传递强迫异常信号的唯一手段。由于行星波传递信息的速度很慢(取决于纬度，通常速度在 1～10 cm/s)，可能需要几年才能穿越海洋。这意味着海洋可以从大气吸收过量的热量，例如，在异常温暖的夏季，从东部边缘吸收的过量热量将有效地“隐藏”在斜压结构中。这种扰动缓慢向西移动，期间很少与大气发生相互作用，直到几年后到达海洋的西部边缘，开始与那里的西边界流发生强烈的相互作用。它可能会改变如墨西哥湾流或黑潮流等海流的强度或路径(Jacobs et al.，1994)，并且向大气的反馈可能会变得更强。一年中发生这种相互作用的时间也许至关重要。因此了解行星波的确切速度非常重要。

因此，确定行星波是否符合罗斯贝波理论预测的方式，不仅仅是学术兴趣。罗斯贝波理论的改进先是被遥感新信息激励，随后又得到验证，势必对大尺度海-气相互作用和中期气候预测产生有益的影响。同样有趣的是，过去几年直到现在高度计测量可能记录了罗斯贝波的波峰和波谷，并可能用它来预测未来的罗斯贝波传播路径。此外，如果还探测了单个行星波的 SSTA 特征，则可用其相位和轨迹来预测海洋反馈对大气的可能影响。预计这些和其他想法将为未来几年的重要研究奠定基础，更深入探讨海洋罗斯贝波在气候系统中的作用。

总之，利用卫星监测行星波为 21 世纪的气候科学家提供了：(a)一种改进的罗斯贝波现象理论模型；(b)一种观察海洋对大气中大尺度气候扰动响应的手段；(c)一种跟踪海洋异常轨迹的工具。未来研究的一个目标肯定是利用这些知识和监测工具来改善数月到数年的气候变化中期预测。

6.6　其他大尺度的传播现象

行星波提供了卫星遥感有效监测大尺度海洋过程的强有力示例，但它们并不是受益于可用卫星数据的唯一现象。在本章的最后一部分，尽管只有不多的篇幅来简要提及每个主题，还是将介绍若干其他例子，并指出可以找到更多信息的关键文献。

这些现象与行星波的共同之处在于，它们不会立即显现在海盆尺度或全球尺度的海洋特性图上。事实上，它们隐藏在全球图像数据的时间序列中，需要用特殊的分析技术来揭示，它们跨越了一系列频率、波长和传播速度。赤道开尔文波是一个移动相当快速的现象，它受益于诸如奇异值分解技术来挑出其传播特征；热带不稳定波比开尔文波慢，但比罗斯贝波快，其机制取决于海-气相互作用过程。例如南极绕极波和马登-朱利安振荡(Madden-Julian oscillation)等现象的频率较低，需要累积长时间序列的一致数据，才能从相对高频信号的背景下检测出来。本节的另一个例子是厄尔尼诺现象，但将其留到第 11 章，与其他有着强烈人类影响的大尺度海洋特性一起考虑。

6.6.1 赤道开尔文波

开尔文波是旋转海洋中长波的理论模型，其中波流只在平行于波传播方向的垂直平面内流动。地转偏向力与传播方向的法线方向上的表面坡度平衡，以至于在北(南)半球波动产生的表面位移的振幅在波动传播方向的右(左)侧以指数形式增加。这种波以相同的速度传播，速度为$\sqrt{gh}$，其中 h 是长波在非旋转参考系中传播的海水深度。

开尔文波在斜压也有相似的表现，大的温跃层向下位移与表层向上位移相匹配(反之亦然)，导致在温跃层以下没有与开尔文波相关的水平压力梯度，几乎所有的运动都发生在表层。表面位移和温跃层位移的比值约为 $\delta\rho/\rho_{mean}$，其中 $\delta\rho$ 是两层之间的密度差，ρ_{mean} 是平均水体密度。由于重力效应的减少，斜压罗斯贝波以相对小很多的速度传播(Gill，1982)。然而，这个理论模型只有在指数增长的幅度受边界约束时，才能适用于真实的海洋现象。因此，这种类型的波沿着海洋边缘传播，在北半球海岸位于传播方向的右侧。开尔文波作为边界波这一要求的一个例外是在赤道，该区域科氏参数随纬度改变了符号。如图 6.18 所示，在赤道处可能存在由西向东传播的波，其振幅随着南北纬度的增加呈指数递减，最大振幅位于没有地转偏向力的赤道。这种情况可以认为是南北半球各有一个开尔文波相互作用而不是沿海边界。这种受限于赤道的波称作赤道开尔文波(Equatorial Kelvin waves，EKWs)，其不能从东向西传播，这与罗斯贝波相反(见 6.3.1 节)。

这种波能否像罗斯贝波一样从卫星数据中发现？由于其与任何经向流无关，所以 EKW 预计不会有强烈的海表温度和水色特征，但它们可由海面高度的扰动来定义。因此，最有希望的检测方法是利用由卫星高度计得到的赤道海面高度异常哈莫图。考虑到 EKWs 的速度，在 4 km 深的海洋中，正压赤道开尔文波的传播速度约为 200 m/s。在这个速度下，波浪传播 10 000 km(90°经度)大约需要 14 小时。鉴于 TOPEX/Poseidon 和 Jason 高度计系统的重采样时间为 10 天，所以从卫星检测到这种波是不可能的。然而，斜压赤道开尔文波的速度可能比正压小两个数量级。当速度为 2.5 m/s 时，波峰横跨 90°大约需要 50 天。这相当于 TOPEX/Poseidon 的 5 个周期，因此在哈莫图中有 5 行像素。如果将海面高度异常映射到1°分辨率的网格，以赤道开尔文波第一斜压模态速度传播的信号，在90个空间样本中将有5个时间步长的斜率，这应该是可检测的。然而，大西洋在赤道只有50°宽，赤道开尔文波将在大约30天内穿过，以10天的分辨率几乎检测不到。

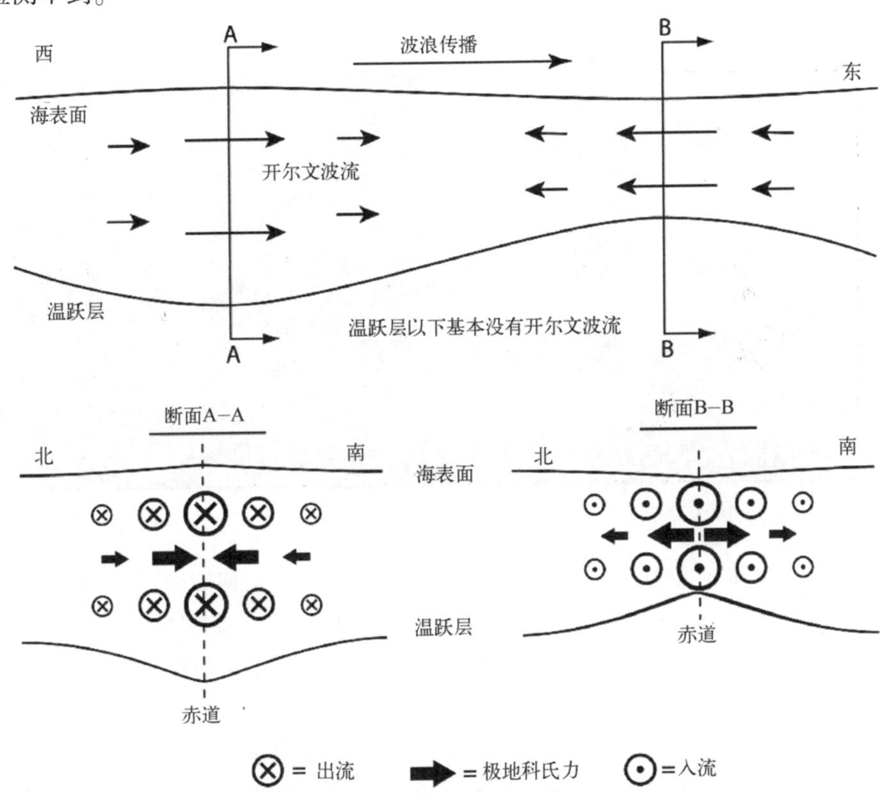

图6.18　斜压赤道开尔文波的海流、垂向位移和科氏力示意图

上图是向北的截面；下图是向东的截面

因此，太平洋是寻找赤道开尔文波测高证据的地点。图6.19展示了TOPEX/Poseidon数据的一个例子，绘成经度-时间图，显示了在170°E和90°W之间上升和下降的海平面斑块。如果上升和下降同时在海盆发生，它们之间的等值线将是垂直的(注意与前面提到的哈莫图的例子相比，等值线翻转且旋转了90°)。相反，等值线稍微倾斜，表明海面高度异常的变化始于西侧，然后以一个快速但却能检测到的速率向东侧传播。许多出版物(Delcroix et al.，1991)报告了在Geosat数据中识别赤道开尔文波的尝试，但只有在获得TOPEX/Poseidon数据后才出现了令人信服的观测结果(Boulanger et al.，1995；Boulanger et al.，1996)。最近，在大西洋也发现了赤道开尔文波(Pollo et al.，2008)。

所以卫星测量赤道开尔文波的价值是什么？首先，重要的是确认在大尺度过程中通过理论模型预测的海洋波浪式行为与观测结果相一致；其次，赤道开尔文波被认为是太平洋响应西赤道地区扰动的机制。例如，强烈且持久的异常风暴，足以显著地扰动海洋西部的温跃层深度，当风减弱时，将引发波动的东向传播，扰动大约在两个月后会到达太平洋东部。这样的过程对理解厄尔尼诺现象的机制密切相关(Picaut et al., 2002)(参见第11章)。此外，如果能在赤道开尔文波发生时进行检测，将可能改善对更广泛气候现象的预测。

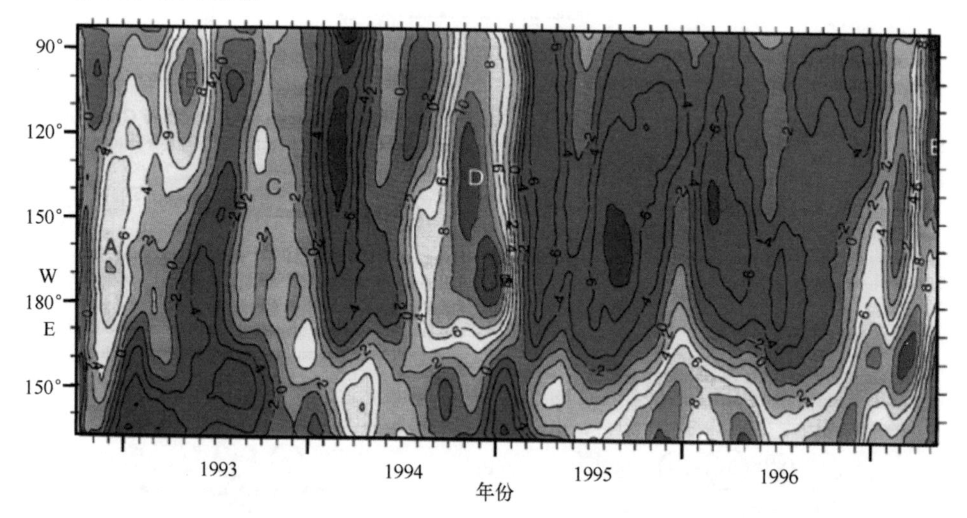

图6.19 TOPEX/Poseidon获得的海面高度异常在赤道区域的经度-时间图[数据图来源于Zheng等(1998)]，等值线的间距为2 cm，红色区域的海面高度异常大于+12 cm，深蓝区域的海面高度异常小于-8 cm。图中可以发现几个主要的峰值以及几个其他斜率小的线性特征，表明赤道开尔文波的东向传播

因为开尔文波是不频散的，所以传播特征中没有附加特别的波长和频率。高度计时间序列的可用性允许用奇异值分解等技术来研究海面高度扰动的时空结构(Susanto et al., 1998)，也可研究以孤立波形式出现的非线性大振幅扰动(Zheng et al., 1998)。

6.6.2 热带不稳定波

自Legeckis(1977)首次报道以来，在赤道太平洋和大西洋经常观测到图6.20所示的尖瓣形锋面波。尽管有时被称为Legeckis波，但现在被称为热带不稳定波(Tropical instability waves, TIWs)，这种现象归因于复杂赤道流系统各个成分之间的强烈纬向切变，使得一些流动变得不稳定(Philander, 1978)。在赤道太平洋冷舌的上涌冷水与向北较暖水体之间，不稳定性导致海表温度锋面产生大扰动(Kennan et al., 2000)。这种扰动波长为1 000~2 000 km，周期为20~40天，向西传播的相速度约为0.5 m/s(Qiao et al., 1995)。因此，它们一个月约传播1 200 km，比罗斯贝波快得多，但速度仅为赤道开尔文波的1/5，并且方向相反。

如图6.20所示，在60天周期内，源自AMSR-E微波辐射计的海表温度表明热带不稳定波非常活跃。寒冷的上升流核心在南北都发生移动，导致波动横跨赤道，但沿着最尖锐锋面的极端尖瓣状波动形态只在北部出现。这些尖点趋向于卷起涡旋，从而随着波动向西移动将冷水搅拌到更远的北部，并且将能量带入先前扰动较少的区域。2006 年 7 月 10 日在 108°W 可以看到一个很好的涡旋演变示例，8 月 4 日达到 120°W。黑色斑块表示数据的丢失，可能因为所处像元的大雨影响了微波信号。

热带不稳定波首先在地球同步轨道辐射计的红外热图像中被发现，然后对其广泛研究采用的资料包括其他红外传感器(Allen et al.，1995)、实测数据(Halpern et al.，1988)以及海洋模式(Masina et al.，1999)。最近，从轨道微波传感器，即 TMI 和 AMSR-E(Chelton et al.，2000；Hashizume et al.，2001；Caltabiano et al.，2005)获得海表温度数据已被证明是一种理想的监测手段。虽然大约 50 km 的较低分辨率微波辐射计会漏掉一些红外辐射计中可以探测到的细节，但数据在纬度和经度上网格化为 1/4°间隔，能够轻易地捕捉到热带不稳定波海表温度信号中的主要特征。微波辐射计的优势在于 3 天内可完全重复采样且不受云影响，而云经常阻碍红外传感器的观测。这种几乎不受限制的采样(除了下雨的像元)对于捕捉这一现象的能量变化很重要。海表温度似乎提供了最清晰的热带不稳定波信号。来自高度计测量的海面高度异常数据有时可以显示热带不稳定波传播的一般特性，但其缺乏时空分辨率来定义波动的详细瞬时空间结构，这更类似于中尺度的涡旋场(见第 3 章)。

采用与处理罗斯贝波和开尔文波相同的方法，将热带不稳定波的传播特征显示在时间-经度图上。图 6.21(a)显示了赤道大西洋的例子，清楚地揭示了与热带不稳定波典型速度相一致的对角线条纹。然而，热带不稳定波信号被其他强大的温度信号(包括季节周期)掩盖，所以需要滤波将它与其他杂乱的海表温度信号分离[图 6.21(b)]。Caltabiano 等(2005)通过 Cipollini 等(2001)的方法，采用二维西向的有限脉冲响应滤波器从图 6.21(a)所示的数据中提取出热带不稳定波特征。该滤波器使用了波周期和波长近似范围的先验知识，以便将输出结果限制在频率-波长谱中的特定区域。在这个例子中，使用了 1/4 长度大小的样本窗口，带通为经度范围 5°~20°、时间范围 20~40 天。

结果清楚地显示了与热带不稳定波相关的海表温度异常以及加上了原始记录中其他有着相同带通光谱特性的信号或噪声。根据预期，热带不稳定波活动的时间和地点将突出显示。这种季节性不仅发生在北半球夏季，还存在相当大的年际变化。在大西洋，热带不稳定波活动最大的经度似乎总在 15°—18°W，但当波动最强时，能量在近年内扩散得更宽。热带不稳定波活动的纬度也是变化的。通常在 1°N 和 2°N 处最强，赤道信号较弱。然而，在 2000—2001 年发现它们在 4°N 同样强烈，而在 1998—1999 年它们几乎没有延伸到 2°N 以北。当这些结果与原始海表温度图相联系时，可以发现热带不稳定波的存在和强度取决于每年上升流冷舌的发展。

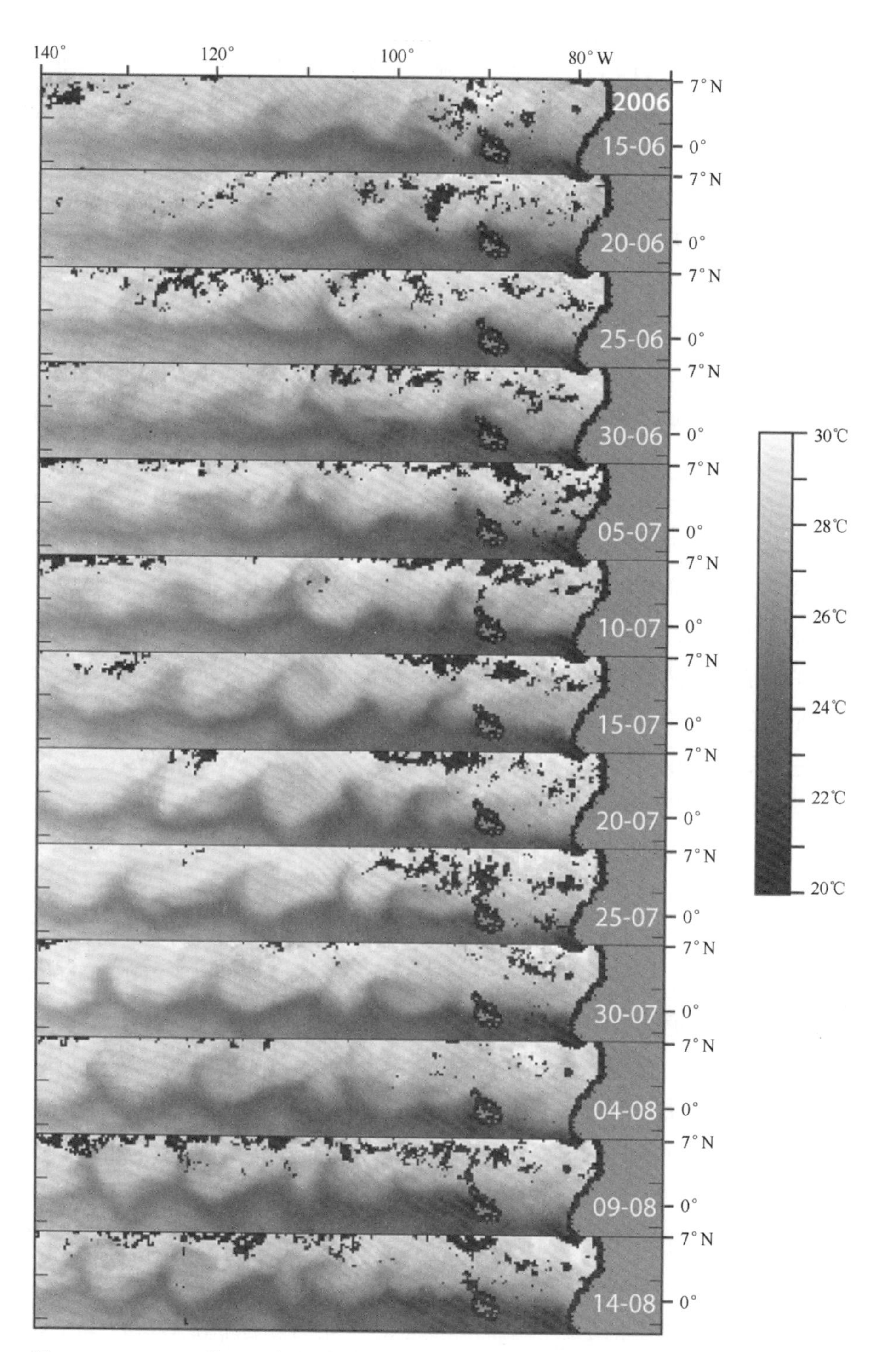

图 6.20 AMSR-E 的 3 天合成海表温度图像，在赤道太平洋区域以 5 天为间隔的 60 天（2006 年 6 月 15 日—8 月 14 日）时间序列图（从图像顶部看），展现了热带不稳定波。每幅子图像的跨度为 7°N—3°S。这里使用的 AMSR-E 数据是由遥感系统制作，并由 NASA 地球科学 REASoN DISCOVER 项目和 AMSRE 科学团队提供的（数据获取于 www. remss. com）

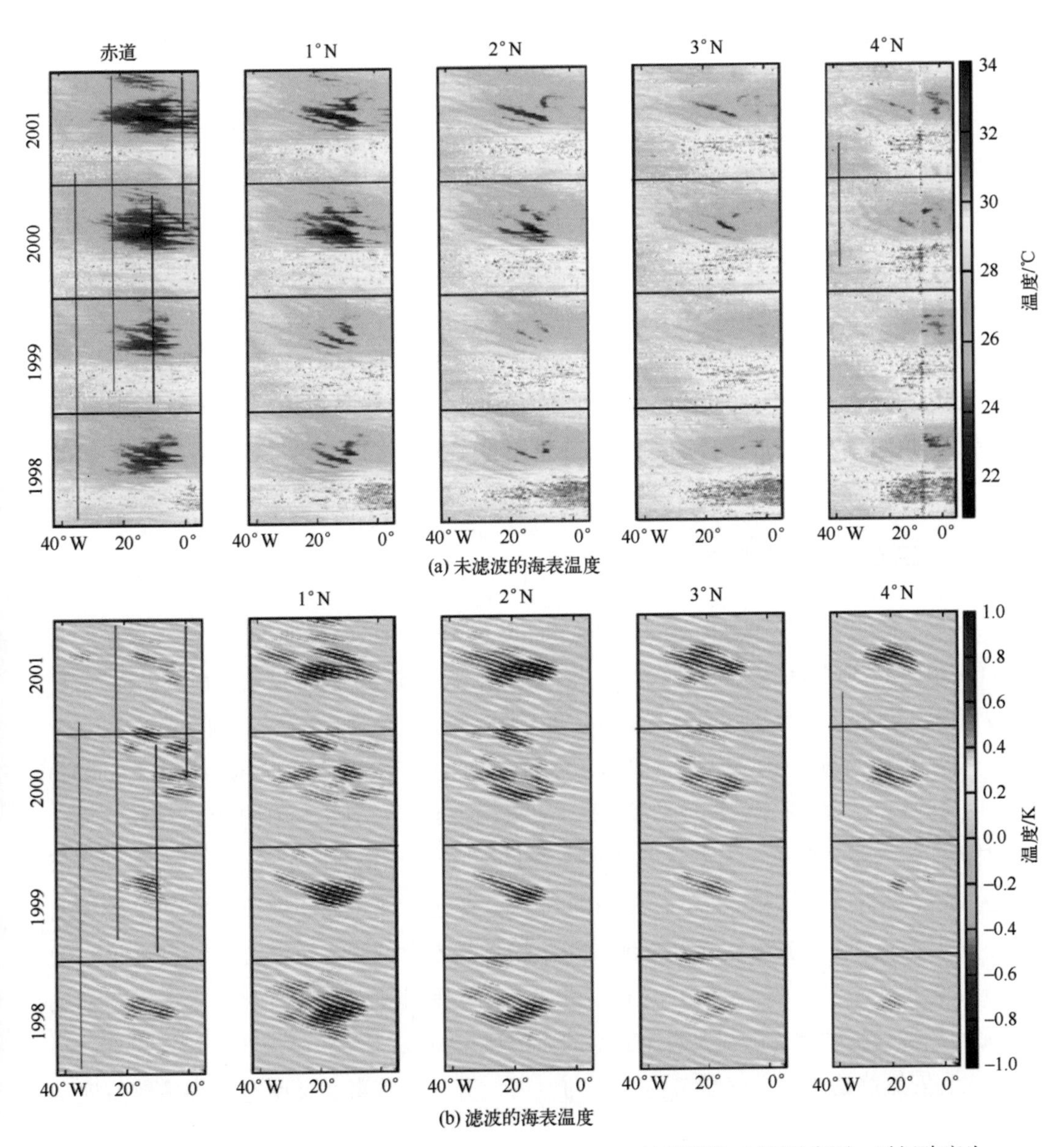

图 6.21　赤道大西洋在纬度 0°N、1°N、2°N、3°N、4°N 处的温度-时间经度图，时间跨度为 4 年，从 1998 年 1 月到 2002 年 1 月(图片来自英国南安普敦大学 Caltabiano 的博士论文)

(a)从 TMI 得到的海表温度，展现了热带不稳定波活跃的爆发，色标的单位是摄氏度；

(b)图(a)中记录的带通滤波结果，色标代表着单位为开尔文的海表温度异常

把图 6.21(b)中每部分低振幅信号都解译为背景热带不稳定波活动的明确证据是错误的，因为滤波器会扭曲原始信号中出现的噪声或其他过程的频谱和传播特性。然而，过滤后的图像确实揭示了从卫星微波辐射计获得的连续 3 天海表温度场记录值，可以毫不费力地追踪热带不稳定波活动的复杂变化。

热带不稳定波很重要，因为它们似乎通过减少平均海流之间的剪切来改变平均海流(Hansen et al., 1984; Weisberg, 1984)。它们还与大气相互作用，虽然仅通过风强迫驱动的赤道流(会产生导致不稳定的水平剪切)间接依赖于大气。热带不稳定波对大气影响表现在将近似20~30天的周期性变化引入云的形成(Deser et al., 1993; Hashizume et al., 2001)、海气热通量(Thum et al., 2002)以及风(Hayes et al., 1989; Chelton et al., 2001; Liu et al., 2000; Hashizume et al., 2002)。因为风、云、雨和水汽也可以从卫星检测(在某些情况下，与测量海表温度的微波辐射计相同)，这使将海洋和大气变量的变化相关联变得相对容易，从而确定海洋对大气影响的强度和波谱特性。例如，通过对大气层应用如图6.21(b)中海表温度相同的带通滤波器，Caltabiano等(2005)证明了海表温度与风组分之间的强耦合，并指出热带不稳定波对大西洋热带辐合带(Intertropical Convergence Zone, ITCZ)的影响。

6.6.3 马登-朱利安振荡

马登-朱利安振荡(Madden-Julian Oscillation, MJO)严格而言是一种大气现象而不是海洋现象，尽管它被认为在各种大尺度海-气相互作用过程中发挥作用。在这里提到它，是因为最近已经表明海洋遥感测量能够有助于监测和更好地理解马登-朱利安振荡。

自从它最初被认定为一个周期为40~50天的热带太平洋纬向风的振荡(Madden et al., 1971)，气象学家就发现马登-朱利安振荡现象是一种大气环流模式，其大气深层对流中心与降水有关，沿着赤道以大约5 m/s的速度稳定地向东运动，其东部和西部地区的对流相对较弱(Madden et al., 1994)。尽管这种现象在印度洋和太平洋最为明显，但马登-朱利安振荡环绕着全球，并在热带气象学的很多重要方面都发现了它的影响，包括太平洋岛屿、亚洲季风区、北美、南美和非洲的降雨变化，太平洋和加勒比海的热带气旋的增长以及大西洋上空的赤道风(Zhang, 2005)。现在已经认识到，马登-朱利安振荡是热带大气季节内变化的主要成分，尽管事实证明它很难用数值模型预测。

马登-朱利安振荡通过风影响海表温度和降水，进而对海洋也有很强的影响，同时已确定其与厄尔尼诺-南方涛动现象(即ENSO，见第11章)的联系(Zhang et al., 2002)。正是在这种背景下，卫星海洋学方法开始用于马登-朱利安振荡研究。Edwards等(2006)通过分析海面高度异常高度计记录，确认了赤道开尔文波提供了马登-朱利安振荡和ENSO之间的联系。图6.22展示了他们的分析示例。图6.22(a)是马登-朱利安振荡指数沿纵坐标随时间的变化，图6.22(c)是ENSO指数，很明显地看出ENSO和马登-朱利安振荡有滞后相关性。图6.22(b)是横跨太平洋的SSHA哈莫图，经过滤波后凸现出开尔文波从西向东传播。当马登-朱利安振荡指数出现峰值时，开尔文波似乎具有更高的振幅，意味着海洋传播的马登-朱利安振荡信号影响 ENSO。这可能发展为一种预测 ENSO 的方法，尽管还需更多研究来确定它是否可行。

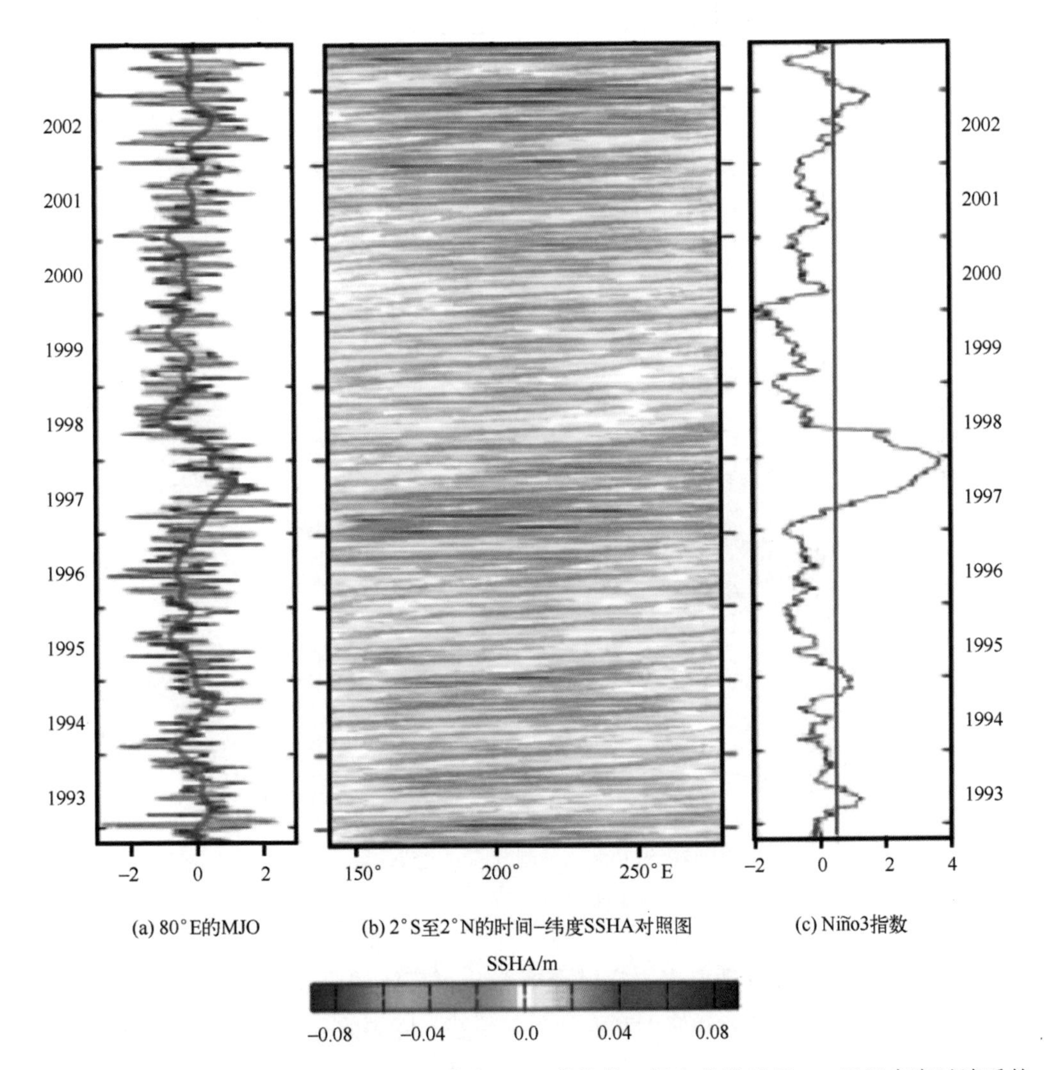

图 6.22 (a)研究周期内马登-朱利安振荡在 80°E 的指数，绿色曲线是用 160 天汉宁窗过滤后的马登-朱利安振荡指数；(b)2°S 至 2°N 的平均海面高度异常过滤数据的经度-时间图，展示了海洋开尔文波；(c)Niño 3 指数，用红线表示，表明了厄尔尼诺的临界值[改编自 Edwards 等(2006)]

6.6.4 南极绕极波

White 等(1996)最早观测并描述了大尺度南极绕极波(Antarctic Circumpolar Wave，ACW)的存在，他们分析了 1982—1995 年南大洋的海表温度、海平面气压以及海冰的月时间序列距平。他们发现，在一个较宽的年际频段内(周期为 3~7)，这些变量的扰动与南大洋相关，意味着某种形式的海-气耦合。他们发现主导能量的纬向波数为2(即中高纬地区有两个完整的相位环绕南半球)并具有4年的周期。这种结构在南大洋周围缓慢地向东传播，每个变量彼此保持着固定的相位，其速度约为8 cm/s，大约8年绕地球一周。不同变量的相对阶段如图6.23所示，这种模式相对于大陆缓慢地向东旋转。

与此发现一致，在海面高度和海表温度之间发现了类似相关关系(Jacobs et al., 1996)，表明南极绕极流的变化也与该现象有关。请注意，尽管图6.23中的相位结构向东移动，但它比南极绕极流更慢，因此实际上南极绕极波相对于南大洋的水流向西传播。

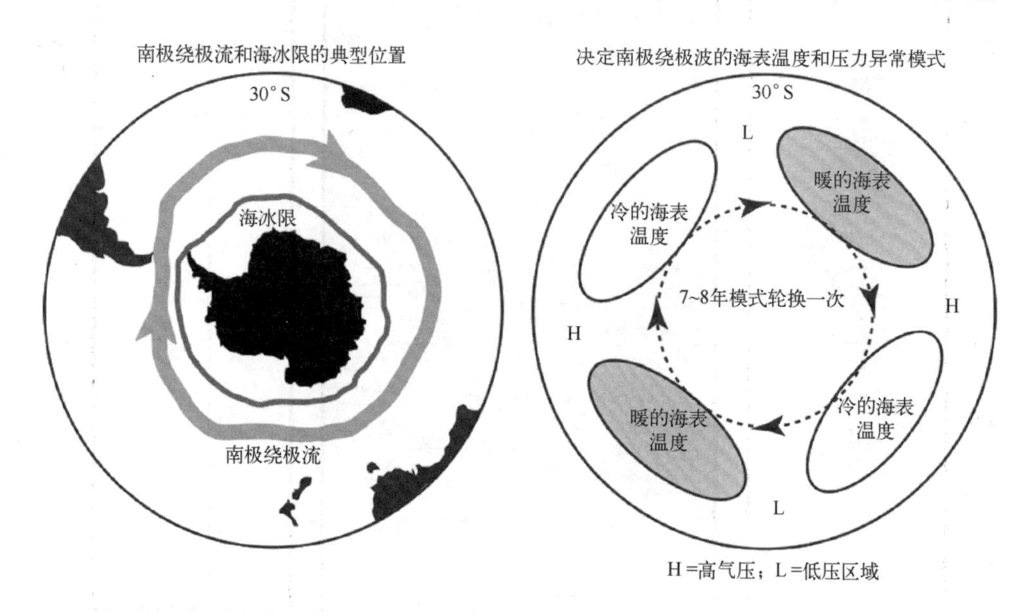

图6.23　南极洲附近南极绕极流和海冰限制范围的大致位置(左图)以及在南极绕极波现象中海表温度和海表压力异常的相对相位分布(右图)示意图

自从南极绕极波被发现以来，它已经成为相当广泛的研究兴趣焦点。例如，已经展现了南极绕极波与新西兰和澳大利亚的天气形势和降雨的联系，它也与ENSO现象有关(White et al., 2002)，已有一些尝试来解释维持该现象的海-气相互作用过程。在海-气耦合模型中已发现类似的现象，尽管模型也模拟出其他几种不同类型的现象。一个关键的基本问题是强迫南极绕极波形成的能量从何而来以及控制其传播的因素。由于南大洋与所有其他主要的海洋相连，这种现象有可能影响全球范围的海洋环流和气候。然而，关于南极绕极波究竟有多重要仍存在一些争论。因为它在观测数据中并非显而易见，且只出现在年际频带的相关分析中，所以不是所有科学家都相信它对南半球短期气候变化的理解和预测发挥着重要的作用。虽然对观测结果的进一步分析将导致南极绕极波波谱特征的细化，但对1985年之前的扩展记录分析表明，图6.23中定义的南极绕极波稳定结构只是海洋和大气之间许多的可能耦合状态之一。该现象似乎在

1985—1994 年占主导地位，但其他不那么有条理的模式现象可能在其他时候占主导地位(Connolley, 2002)。

迄今为止，大多数关于南极绕极波的观测研究都使用全球海洋和大气数据集，这些数据集来自各种观测来源，气候科学家都可获取。但是，三个关键变量：SST、SSHA 以及海冰范围来自海洋卫星传感器。随着这些数据质量的稳步提高，数据记录范围的不断扩大，通过借鉴为研究本章提及所有其他海洋动力过程而开发的分析类型经验，为进一步研究南极绕极波拓展了空间。同样重要的是，确保如今高质量的 SST 和 SSHA 测量序列能够一直持续到不确定的将来，尽可能不间断。在可以解释所有年际变化现象的动力机制之前，可能需要采集数十年经过质量控制的卫星数据。

6.7 参考文献

Allen, M. R., S. P. Lawrence, M. J. Murray, C. T. Mutlow, T. N. Stockdale, D. T. Llewellyn-Jones, and D. L. T. Anderson (1995), Control of tropical instability waves in the Pacific. Geophys. Res. Letters, 22, 2581-2584.

Boulanger, J.-P., and L.-L. Fu (1996), Evidence of boundary reflection of Kelvin and first-mode Rossby waves from TOPEX/POSEIDON sea level data. J. Geophys. Res., 101(C7), 16361-16372.

Boulanger, J.-P., and C. Menkes (1995), Propagation and reflection of long equatorial waves in the Pacific Ocean during the 1992—1993 El Niño. J. Geophys. Res., 100(C12), 25041-25060.

Caltabiano, A. C. V., I. S. Robinson, and L. P. Pezzi (2005), Multi-year satellite observations of instability waves in the Tropical Atlantic Ocean. Ocean Science, 1, 97-112.

Challenor, P. G., P. Cipollini, and D. D. Cromwell (2001), Use of the 3D Radon transform to examine the properties of oceanic Rossby waves. J. Atmos. Oceanic Tech., 18(9), 1558-1566.

Challenor, P. G., P. Cipollini, D. D. Cromwell, K. L. Hill, G. D. Quartly, and I. S. Robinson (2004), Global characteristics of Rossby wave propagation from multiple satellite datasets. Int. J. Remote Sensing, 25 (7/8), 1297-1302.

Chelton, D. B., and M. G. Schlax (1996), Global observations of oceanic Rossby waves. Science, 272, 234-238.

Chelton, D. B., M. G. Schlax, R. M. Samelson, and R. De Szoeke (2007), Global observations of large oceanic eddies. Geophys. Res. [illegible], 34(L15606), doi: 10.1029/2007GL030812.

Chelton, D. B., F. J. Wentz, C. [illegible] Gentemann, R. de Szoeke, and M. G. Schlax (2000), Satellite microwave SST observations [illegible]sequatorial tropical instability waves. Geophys. Res. Letters, 27, 1239-1242.

Cipollini, P., D. D. [illegible]well, M. S. Jones, G. D. Quartly, and P. G. Challenor (1997), Concurrent altimeter an[illegible]rared observations of Rossby wave propagation near 34°N in the Northeast Atlantic. Geophys. [illegible] Letters, 24, 889-892.

Cipollini, P., D. D. Cromwell, P. G. Challenor, and S. Raffaglio (2001), Rossby waves detected in global ocean color data. Geophys. Res. Letters, 28, 323-326.

Cipollini, P., P. G. Challenor, and S. Colombo (2006a), A method for tracking individual planetary waves. IEEE Trans. Geosc. Remote Sensing., 44(1), 159-166.

Cipollini, P., G. D. Quartly, P. G. Challenor, D. D. Cromwell, and I. S. Robinson (2006b), Remote sensing of extra-equatorial planetary waves. In: J. F. R. Gower (Ed.), Manual of Remote Sensing, Vol. 6: Remote Sensing of Marine Environment (pp. 61-84). American Society for Photogrammetry and Remote Sensing, Bethesda, MD.

Cipollini, P., A. C. S. Sutcliffe, and I. S. Robinson (2010), Oceanic planetary waves and eddies: A privileged view from satellite altimetry. In V. Barale, J. F. R. Gower, and L. Alberotanza (Eds.), Oceanography from Space, Revisited. Springer Science/Business Media BV.

Connolley, W. M. (2002), Long-term variation of the Antarctic Circumpolar Wave. J. Geophys. Res., 107, doi: 10.1029/2000JC000380.

Deans, S. R. (2007), The Radon Transform and Some of Its Applications (304 pp.). Dover Publications.

Delcroix, T., J. Picaut, and G. Eldin (1991), Equatorial Kelvin and Rossby waves evidenced in the Pacific Ocean through Geosat sea level and surface current anomalies. J. Geophys. Res., 96, 3249-3262.

Edwards, L. A., R. E. Houseago-Stokes, and P. Cipollini (2006), Altimeter observations of the MJO/ENSO connection via Kelvin waves. Int. J. Remote Sensing, 27(5/6), 1193-1203.

Emery, W. J., and L. Magaard (1976), Baroclinic Rossby waves as inferred from temperature fluctuation in the eastern Pacific. J. Marine Res., 34, 365-385.

Fu, L.-L., and D. B. Chelton (2001), Large-scale ocean circulation. In L.-L. Fu and A. Cazenave (Eds.), Satellite Altimetry and Earth Sciences (pp. 133-170). Academic Press, San Diego, CA.

Gill, A. E. (1982) Atmosphere-Ocean Dynamics (International Geophysics Series, Vol. 30, 662 pp.). Academic Press, San Diego, CA.

Halpern, D., R. A. Knox, and D. S. Luther (1988), Observations of 20-day period meridional current oscillations in the upper ocean along the Pacific Equator. J. Phys. Oceanogr., 18, 1514-1534.

Hashizume, H., S. P. Xie, W. T. Liu, and K. Takeuchi (2001), Local and remote atmospheric response to tropical instability waves: A global view from space. J. Geophys. Res.—Atmos., 106, 10173-10185.

Hill, K. L., I. S. Robinson, and P. Cipollini (2000), Propagation characteristics of extratropical planetary waves observed in the AATSR global sea surfacae temperature record. J. Geophys. Res., 105(C9), 21927-21945.

Isern-Fontanet, J., E. Garcia-Ladona, and J. Font (2003), Identification of marine eddies from altimetric maps. J. Atm. Ocean. Tech., 20, 772-778.

Isern-Fontanet, J., E. Garcia-Ladona, and J. Font (2006), Vortices of the Mediterranean Sea: An altimetric perspective. J. Phys. Oceanogr., 36(1), 87-103.

Jacobs, G. A., and J. L. Mitchell (1996), Ocean circulation variations associated with the Antarctic Circumpolar Wave. Geophys. Res. Letters, 23(21), 2947-2950.

Jacobs, G. A., W. J. Emery, and G. H. Born (1993), Rossby waves in the Pacific Ocean extracted from Geosat altimeter data. J. Phys. Oceanogr., 23, 1155-1175.

Jacobs, G. A., H. E. Hurlburt, J. C. Kindle, E. J. Metzger, J. O. Mitchell, W. J. Teague, and J. Wallcraft (1994). Decade-scale trans-Pacific propagation and warming effects of an El Niño anomaly. Nature, 370, 360-363.

Kennan, S. C., and P. J. Flament (2000), Observations of a tropical instability vortex. J. Phys. Oceanogr., 30, 2277-2301.

Killworth, P. D., and J. R. Blundell (2003a), Long extra-tropical planetary wave propagation in the presence of slowly varying mean flow and bottom topography, I: the local problem. J. Phys. Oceanogr., 33, 784-801.

Killworth, P. D., and J. R. Blundell (2003b), Long extra-tropical planetary wave propagation in the presence of slowly varying mean flow and bottom topography, Ⅱ: Ray propagation and comparison with observations. J. Phys. Oceanogr., 33, 802-821.

Killworth, P. D., and J. R. Blundell (2004), The dispersion relation for planetary waves in the presence of mean flow and topography, Part I: Analytical theory and one-dimensional examples. J. Phys. Oceanogr., 34, 2692-2711.

Killworth, P. D., and J. R. Blundell (2005). The dispersion relation for planetary waves in the presence of mean flow and topography, Part II: Two-dimensional examples and global results. J. Phys. Oceanogr., 35, 2110-2133.

Killworth, P. D., D. B. Chelton, and R. de Szoeke (1997), The speed of observed and theoretical long extra-tropical planetary waves. J. Phys. Oceanogr., 27, 1946-1966.

Killworth, P. D., P. Cipollini, B. M. Uz, and J. R. Blundell (2004), Mechanisms for planetary waves observed in satellite-derived chlorophyll. J. Geophys. Res., 109(C07002), doi: 10.1029/2003JC001768.

Legeckis, R. (1977), Long waves in the eastern equatorial Pacific Ocean: A view from a geostationary satellite. Science, 197, 1179-1181.

Le Traon, P. -Y., and J. -F. Minster (1993), Sea level variability and semiannual Rossby waves in the South Atlantic subtropical gyre. J Geophys. Res., 98, 12315-12326.

Madden, R. A., and P. R. Julian (1971), Detection of a 40-50 day oscillation in the zonal wind in the tropical Pacific. J. Atmos. Sci., 28, 702-708.

Madden, R. A., and P. R. Julian (1994), Observation of the 40-50 day tropical oscillation: A review. Mon. Weather Rev., 122, 814-837.

Masina, S., and S. G. H. Philander (1999), An analysis of tropical instability waves in a numerical model of the Pacific Ocean, 1: Spatial variability of the waves. J. Geophys. Res., 104, 29613-29635.

Pedlosky, J. (1987), Geophysical Fluid Dynamics (Second Edition, 710 pp.). Springer Verlag.

Philander, S. G. H. (1978), Instabilities of zonal equatorial currents. J. Geophys. Res., 83, 3679-3682.

Picaut, J., E. Hackert, A. J. Busalacchi, R. Murtugudde, and G. S. E. Lagerloef (2002). Mechanisms of the 1997-1998 El Niño-La Niña, as inferred from space-based observations. J. Geophys. Res., 107 (C5), doi: 10.1029/2001JC000850.

Pollo, I., A. Lazar, B. Rodriguez-Fonseca, and S. Amault (2008), Oceanic Kelvin waves and tropical Atlantic intraseasonal variability, 1: Kelvin wave characterization. J. Geophys. Res., 113(C07009), doi: 10.1029/2007JC004495.

Qiao, L., and R. H. Weisberg (1995), Tropical instability wave kinematics: Observations from the Tropical Instability Wave Experiment. J. Geophys. Res., 100, 8677-8693.

Quartly, G. D., P. Cipollini, D. D. Cromwell, and P. G. Challenor (2003), Rossby waves: Synergy in action. Phil. Trans. Roy. Soc. London A, 361, 57-63.

Reynolds, R. W., N. A. Rayner, T. M. Smith, D. C. Stokes, and W. Wang (2002), An improved in situ and satellite SST analysis for climate. J. Climate, 15, 1609-1625.

Robinson, I. S. (2004), Measuring the Ocean from Space: The Principles and Methods of Satellite Oceanography (669 pp.). Springer/Praxis, Heidelberg, Germany/Chichester, U.K.

Rossby, C. G. (1940), Planetary flow patterns in the atmosphere. Quart. J. Roy. Meteorol. Soc., 66, 68-87.

Siegel, D. A. (2001), The Rossby rototiller. Nature, 409, 576-577.

Subrahmanyam, B., I. S. Robinson, J. R. Blundell, and P. G. Challenor (2001), Rossby waves in the Indian Ocean from TOPEX/POSEIDON altimeter and model simulations. Int. J. Remote Sensing, 22, 141-167.

Susanto, R. D., Q. Zheng, and X. H. Yan (1998), Complex singular value decomposition analysis of equatorial waves in the Pacific observed by TOPEX/Poseidon altimeter. J. Atmos. Oceanic Tech., 15(3), 764-774.

Uz, B. M., J. A. Yoder, and V. Osychny (2001), Pumping of nutrients to ocean surface waters by the action of propagating planetary waves. Nature, 409, 567-600.

White, W. B. (1977), Annual forcing of baroclinic long waves in the tropical North Pacific Ocean. J. Phys. Oceanogr., 7, 50-61.

White, W. B., and R. G. Peterson (1996), An Antarctic circumpolar wave in surface pressure, wind, temperature and sea-ice extent. Nature, 380, 699-702.

White, W. B., C.-T. Tai, and J. DiMento (1990), Annual Rossby wave chracteristics in the California Current region from the Geosat exact repeat mission. J. Phys. Oceanogr., 20, 1297-1311.

White, W. B., S.-C. Chen, R. J. Allan, and R. C. Stone (2002), Positive feedbacks between the Antarctic Circumpolar Wave and the global El Niño-Southern Oscillation wave. J. Geophys. Res., 107, 3165, doi: 10.1029/2000JC000581.

Zhang, C. (2005), Madden-Julian Oscillation. Rev. Geophys., 43(RG2003), doi: 10.1029/2004RG000158.

Zhang, C., and Gottschalck (2002), SST anomalies of ENSO and the Madden-Julian Oscillation in the equatorial Pacific. J. Climate, 15, 2429-2445.

Zheng, Q., R. D. Susanto, X. H. Yan, W. T. Liu, and C. R. Ho (1998), Observation of equatorial Kelvin solitary waves in a slowly varying thermocline. Nonlin. Processes Geophys., 5, 153-165.

7 卫星海洋生物学

7.1 引言

本章介绍海洋生物学家使用卫星数据的方式。15 年前(以本书完成时的 2010 年起算，译者注)，所有海洋学研究分支中，海洋生物学被认为最不可能受益于天基探测。笼统地说，生物学家关心的是认知特定生物对环境的表现和反应。一开始就必须承认，卫星无法看到海洋植物和动物的个体①。即使地球上最大的动物，如鲸类，也从未在水中被地球轨道航天器观测到。然而，海洋水色卫星数据为估算与海洋上层浮游植物相关的叶绿素浓度②提供了可靠的依据。浮游植物是海洋生态系统的基本组成部分，是太阳能有机合成物的初级生产者，也是海洋食物网的基础。因此，对其全球探测并了解其空间分布，应该能为全球和区域海洋生态系统研究提供基础，这反过来又对海洋生物资源的获取起到重要作用。

因此，遥感对海洋生物学的主要贡献来源于水色的使用。这就要求读者具备一些水色遥感技术的知识(如 2.4.2 节所述，在 *MTOFS* 的第 6 章有更全面的阐述)，本章旨在对此内容进行补充。然而，除水色遥感外，其他探测技术也可用于海洋生物学。本章的目的之一是指出卫星数据为海洋生物学家提供独特测量、新颖见解以支持其科学的各种方式，有时也会利用不同遥感技术的协同与组合。本章的主要目的是说服海洋生物学家认识到卫星数据在其科学研究中的价值。

起初，这似乎很难做到。毕竟，遥感除了能更全面了解动植物生活的海洋环境外，对那些专注于生物个体的人几乎没有帮助。但在研究大群小型生物的聚集行为时，采用浓度的连续方式来描述分布比离散的个体更好。天基观测以空间细节丰富、覆盖范围广、定期重复等优点为激发原始研究思路提供了所需的新视角。正如我们所见，遥感的出现使海洋浮游植物的研究充满生机，成为一个研究领域。在浮游植物群落结构与更高营养层级和海洋生物地球化学相联系的研究中，水色数据使我们有机会描述浮

---

① 尽管已有报道，利用 WorldView-1 的高分辨率影像能够数出在海滩上晒太阳的海象个体。

② 水色卫星数据专门提供了关于叶绿素 a 浓度的估算，整章用“chlorophyll”或者“Chl”表示。

游植物群落结构的时空变化特征(IOCCG，2008)。水色数据的可用性促进了数值模型在海洋生物学的应用，从而促进生物学家、化学家、物理学家之间的学科交叉(IOCCG，2008，第3章)。

由于水色遥感的发展一定程度上晚于其他遥感技术，所以其在海洋生物方面的应用并不像某些其他专题章节中提及的那样成熟。尽管如此，文献已有很多水色遥感的应用实例，本章只作选择性地列举。7.2节首先综述了使用最新的天基水色探测可以得到哪些浮游植物分布的信息，7.3节介绍了如何利用遥感在全球范围测量初级生产，7.4节着重于遥感在渔业中的应用，7.5节仔细探讨了卫星数据是否适用于热带浅海水生环境的研究，而7.6节为利用卫星数据监测珊瑚礁群环境压力打开了更宽阔的视野，结论性章节(7.7节)提出了未来发展趋势的设想。值得一提的是，本书的大部分章节都会出现与海洋生物相关联的方面，并且在第5章(上升流)、第6章(罗斯贝波提升初级生产?)、第11章(厄尔尼诺和季风对初级生产的影响)、第12章(内波混合对生产量的增强作用)、第13章(陆架海域的浮游植物)以及第14章(生态系统模式中卫星数据的同化)中皆提及了明确的生物学应用。

7.2 浮游植物藻华

7.2.1 浮游植物分布的新视野

20世纪80年代早期所获取的有限的海岸带水色扫描仪数据，证明了水色数据对于浮游植物研究的价值(Holligan et al.，1983；Mitchell，1994；以及相关研究)。但直到1997年以后，当SeaWiFS开始可靠地提供全球叶绿素色素浓度分布时，水色遥感才开始产生科学影响。例如，作为首批学者，Murtugudde等(1999)在研究整个太平洋和印度洋海盆时，仅用首年观测就展示了从中获取的认知：将叶绿素视作大范围区域浮游植物生物量的指标，识别空间分布的季节变化，并将它们与物理海洋及物理驱动(从其他卫星传感器的全球数据集获取)联系起来。2001年之后，NASA对地观测Terra和Aqua卫星上搭载的MODIS传感器以及ESA Envisat上搭载的MERIS提供了更多的水色数据。

作为一个实例，图7.1显示了SeaWiFS数据所提供信息的质量。这张纽芬兰附近的北大西洋海域图像，是作者使用2001年4月21日过境的SeaWiFS数据反演所得2级叶绿素产品数据制成。2级产品数据(数据处理不同级的区别详见表2.1和图2.8)按传感器的原始分辨率提供，在星下点为1.1 km。图像显示了发生在大浅滩西部的春季藻华，丰富的空间细节表现出浮游植物藻华事件复杂多变的特性。多数空间结构与局地中尺度动力过程有关(见第 3 章讨论)，而斑块本身就是重要的生物信息。显而易见，诸如此例的无云覆盖藻华图像只能偶尔获得，绝大多数的过境图像都部分地或者全部被云覆盖。此外，对整个海洋来说，它所覆盖的部分相对较小。虽然使用 NASA 海洋水色网站的 1 级和 2 级产品页面选择和下载单个文件很容易，但在显示 HDF 文件、图像配色和确定地理坐标时，还需做一些工作，因为数据采用图像坐标而不是经纬度的网格。

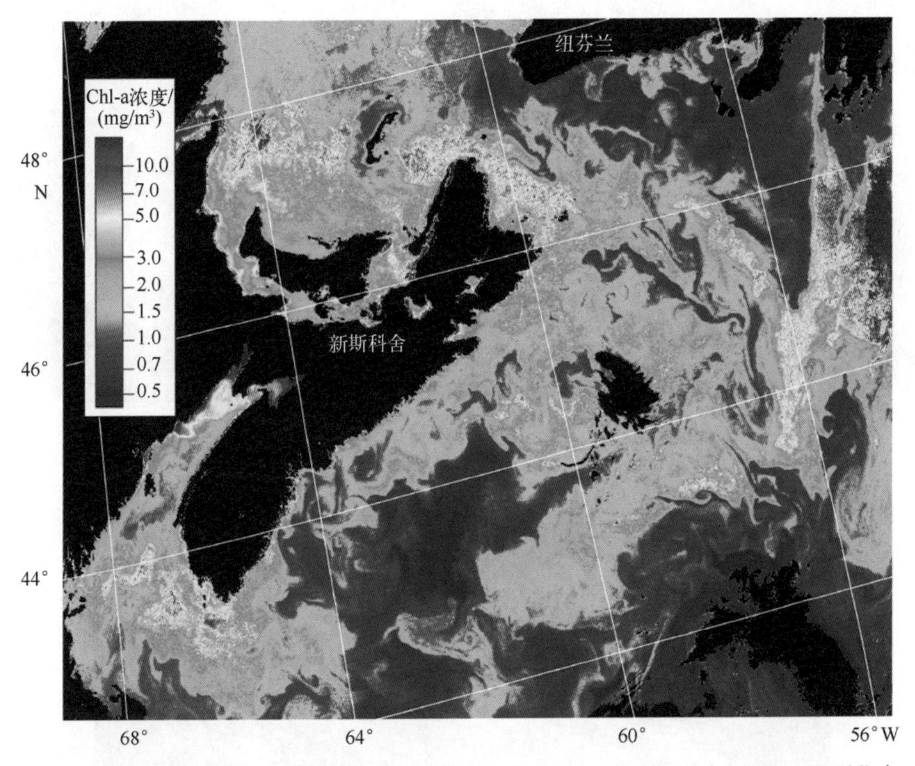

图 7.1　该图截取自 SeaWiFS 反演的叶绿素浓度 2 级产品，展示了 2001 年 4 月 21 日西北大西洋新斯科舍地区(Nova Scotia)的春季藻华现象(2 级产品数据来源于 NASA 海洋水色网站)

因此，首先浏览 3 级数据产品常常更具实用性，它可通过同一网页预置的全球图像浏览，并以 HDF 格式下载用作进一步的定量分析，或以彩色图像文件下载进行定性分析和解释。这些数据已被压缩为 9 km 分辨率。图 7.2 显示了一幅全球的单日图像，进入网站只需几分钟即可获得。当它呈现在屏幕时，附带着标题和适用于所有 SeaWiFS 叶绿素图像的标准色标。乍看这个图像可能令人失望，它没有给出一个清晰、完整的海洋。这是因为它由所有 SeaWiFS 刈幅的白天部分组成，其间留下很大间隔，尤其在低纬地区。云也用黑色来掩膜。然而，在计算机屏幕上以全分辨率来观看这张图(4 320×2 160 个像素)，比本书印刷出来的图像效果更好，并能传递更多有用的信息。

实际上，此类图像提供了一个快速简单的途径用来发现无云覆盖并感兴趣的区域，从而值得去探究2级数据。作者仅用不到5分钟的时间，就通过浏览网上的每日图像确定了一次春季藻华的清晰视角，并用来处理成图7.1。图7.3展示了该区域在3级产品全分辨率下的情形。

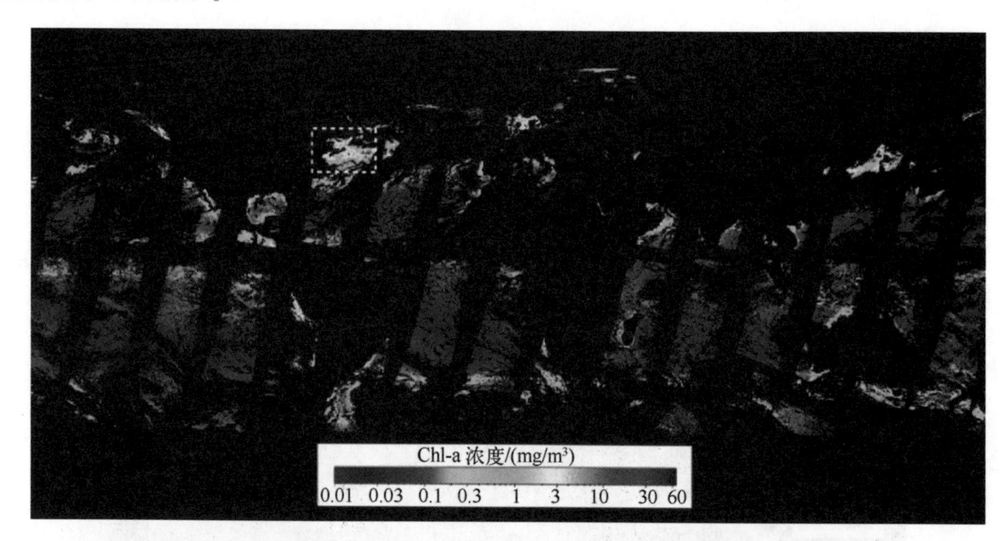

图7.2 SeaWiFS反演的全球叶绿素浓度3级日产品，时间为2011年4月21日

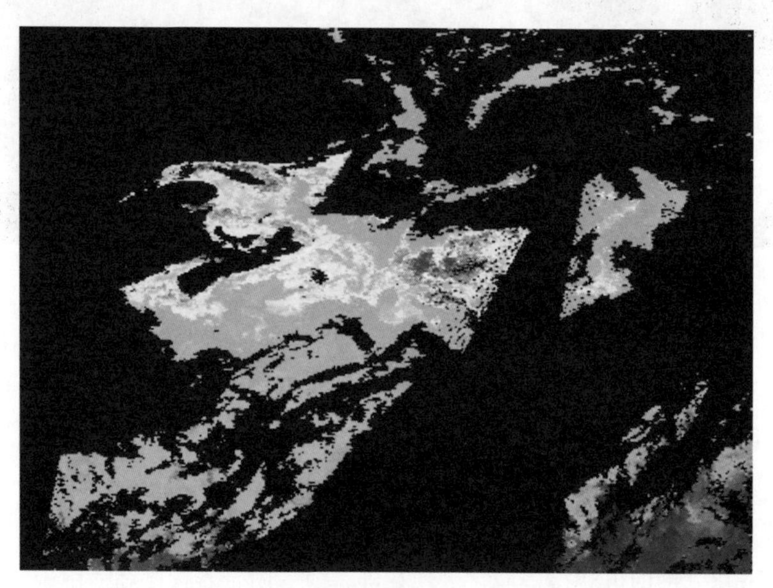

图7.3 SeaWiFS反演的部分区域叶绿素浓度3级图像产品，全球尺度的图像产品显示在图7.2，分辨率为9 km(数据来源于NASA海洋水色网站)

为了从更广阔的视野认识初级生产的分布如何随着时间演化，更有效的做法是使用8天合成数据集。在数据合成过程中，通过对每次过境图像中质量最好的清晰像元

取平均，将消除刈幅之间的数据空隙，减少云导致的数据丢失。图 7.4 展示了这样的实例，8 天周期包含了那些已在图 7.1 至图 7.3 中呈现的数据。虽然仍存在云覆盖，但能轻易看出该时段内全球初级生产高的区域。同样在主要的上升流区，北大西洋和北太平洋海域暴发春季藻华，但巴塔哥尼亚(Patagonian)大陆架一些藻华持续到秋末，不如南极绕极流持续时间长。当合成数据进一步生成月均合成数据时，大多数云都被消除(图 7.5)，而除了零星之外，整个全球图像很相似。

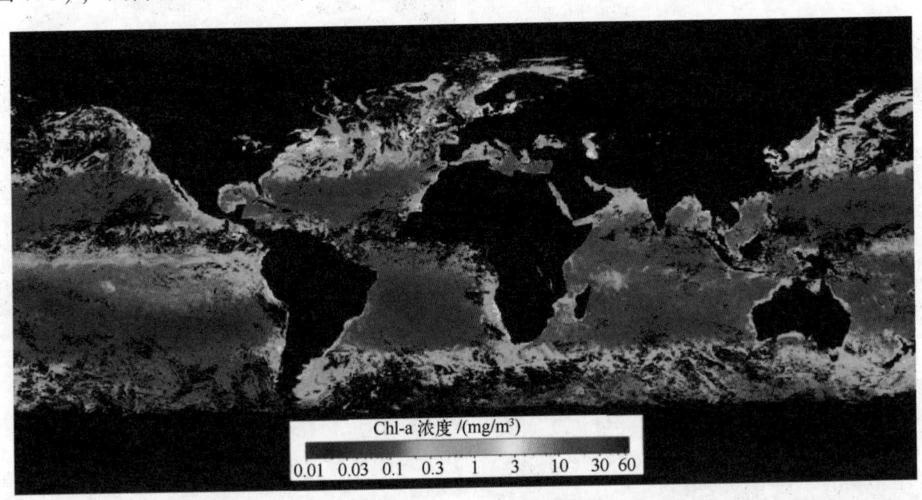

图 7.4　2011 年 4 月 15—22 日 SeaWiFS 反演的全球叶绿素浓度 8 天 3 级合成产品
(数据来源于 NASA 海洋水色网站)

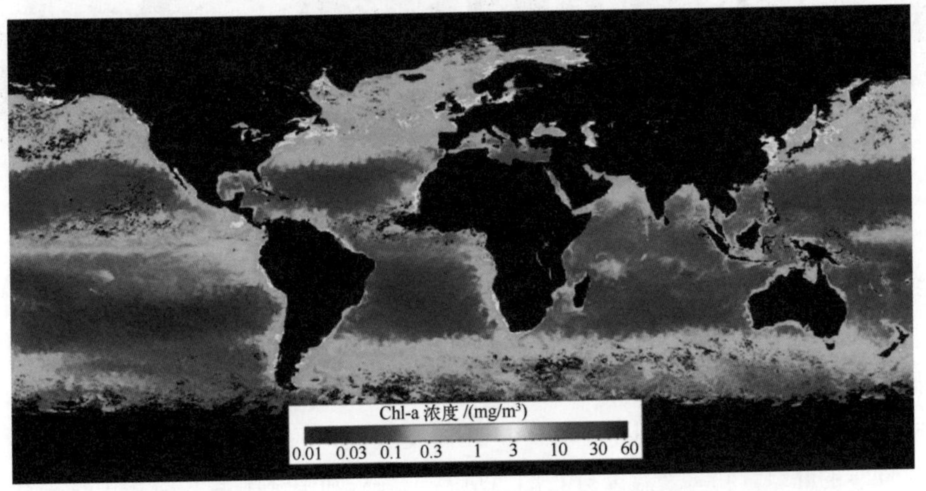

图 7.5　2011 年 4 月 SeaWiFS 反演的全球叶绿素浓度月均 3 级合成产品
(数据来源于 NASA 海洋水色网站)

尽管如此，还是可以从 8 天合成产品中获得很多信息，这些信息可能无法仅从月均合成数据中获取。图 7.6 说明了这一点，其中显示了大西洋东北部水域的四幅 8 天合成产品序列，等间距分布于 2001 年 3 月 14 日至 5 月 8 日的 9 周期间，该图包含了图 7.3 的部分内容。图像清楚地揭示了这个阶段春季藻华向北移动的趋势，在月均合成产品中并不明显。当把初级生产与更广泛的海洋生物含义相联系时，藻华的发生时间可能与量级同样重要，因此很重要的一点是防止选择不合适的合成产品而导致信息丢失。

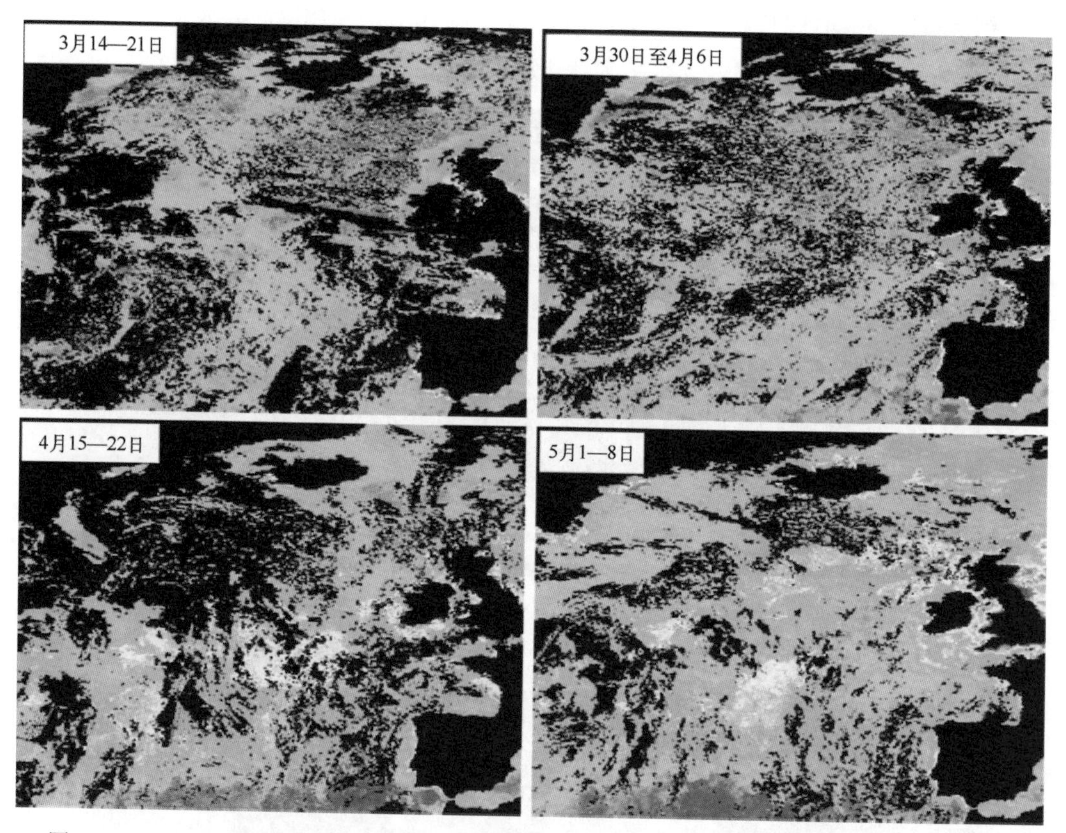

图 7.6　SeaWiFS 反演的叶绿素浓度 8 天 3 级合成产品图，反映了 2001 年 3 月 14 日至 5 月 8 日西北大西洋春季藻华向北移动的过程(数据来源于 NASA 海洋水色网站)

2002 年以来，类似的水色衍生产品可从 MODIS(与 SeaWiFS 数据同在一个网站)和欧空局的 MERIS 传感器获得(表 2.10 给出了获取所有水色数据资源的网址)。这些新型传感器除了具有更高频的覆盖率优势，还提供了更出色的空间和光谱分辨率(见表 2.4 和 *MTOFS* 的第 6 章)。用户还能从 MODIS 得到额外的好处，因为它利用同一平台提供了同步的叶绿素和海表温度分布图，更易于分析和解译那些与海表温度隐含的物理条件相关联的浮游植物分布。第 3 章到第 5 章已经引入若干插图来说明这个问题(例如，图 3.3、图 3.16 至图 3.19、图 4.3 至图 4.8 与中尺度动力学相关，图 5.3、图 5.4、图 5.9 至图 5.12、图 5.14 与沿岸上升流相关)。若没有卫星数据，建立叶绿素空间分布和诸如海洋涡旋、锋面、上升流等物理现象位置之间的关系将会变得特别困难。

事实上，没有卫星数据，我们很可能根本无法了解浮游植物分布模式的复杂性。若要从权威的、启发式的、宽泛的视角看待十多年来常规的太空水色监测对海洋科学的影响，读者可参考水色遥感先驱之一 McClain(2009)的综述。

本章余下部分展示了目前海量水色卫星数据可利用的三个方面内容：第一，我们从叶绿素及其隐含的浮游植物生物量全球分布中所获得的认知；第二，对卫星数据的可用性提供了可能的浮游植物群落及其分布，进行了研究综述；第三，我们展示了颗石藻这种特别的浮游植物，它具有特有的水色信号。

7.2.2 叶绿素全球分布

一个确认的事实是，卫星数据为海洋生物学家开展研究带来的最大影响是开启了全新的全球视角。能够说明此观点的原型数据集是 SeaWiFS 或 MODIS 所有可获得数据形成的长时间全球叶绿素合成数据。图 7.7 展示了来自 SeaWiFS 的 10 年累积合成数据，与独立的 5 年 MODIS 数据合成结果几乎相同。尽管这幅图中任何中尺度变化的空间细节和所有季节变化都已被消除，其包含的信息对整个生物海洋学的重要性都是不可估量的。图中一眼就可看出哪些海域是贫瘠的，哪些海域浮游植物的初级生产能支撑基本生态系统，并鉴别出那些生产力显得很大的海域①。如果给一个世纪前早期的生物海洋学家看到这样一幅图像，那么这张图将为他们提供一个背景来理解他们在全球探索中发现的海洋动物多样性。

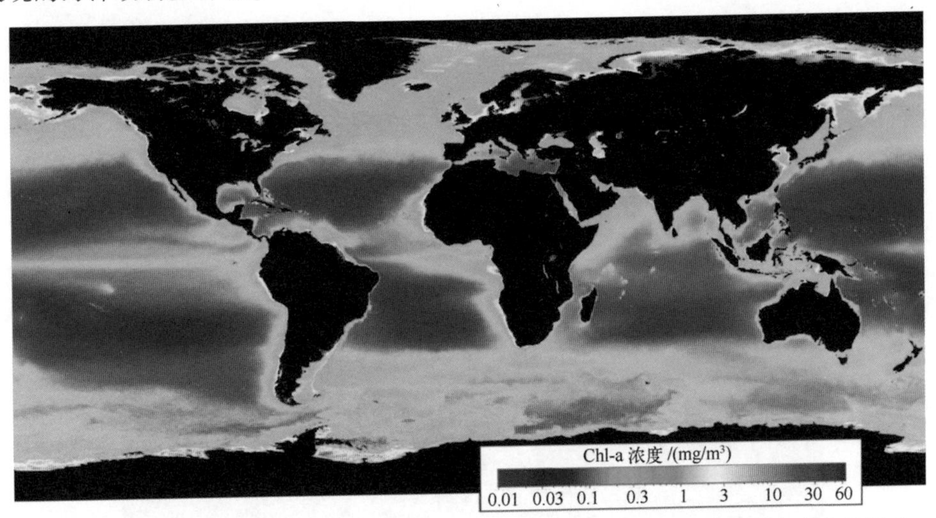

图 7.7　1997 年 9 月至 2007 年年底，SeaWiFS 反演的全球叶绿素浓度数据合成产品图像，颜色尺寸与图 7.4 和图 7.5 一样(数据来源于 NASA 海洋水色网站)

① 当解译近岸区域的高叶绿素浓度时需要特别注意，因为本图(图 7.7)呈现叶绿素浓度的反演算法 SeaWiFS OC4v4 并不适合水中陆源的水色指示物，详见本书 13.2.6 节关于近岸海域水色产品算法问题的讨论。

我们该如何解释这样的分布？最基本的，浮游植物丰富的海域，物理过程能提供营养物质，同时让它们保持在上层海洋，得到充足的光进行光合作用。这幅图(图7.7)标出了满足这些条件的区域。但这些分布有趣且几乎离奇，结合了大体上的光滑趋势和具体位置上非常奇特的明确形状。回顾一下，物理上海洋是一个扰动环境，其运动受另一湍动流体——大气的驱动，我们可以根据海洋环流的涡旋和模糊边界来解释浮游植物的大范围分布，依赖于中尺度湍流涡旋的时间平均浮游植物的分布结果(第3章)，或者聚集在曲折的海洋锋面(第4章)。还有一些地理上存在的特征，但也很平滑，沿着海岸并且在太平洋上描绘出赤道线，这些都是沿岸和赤道上升流存在的证据(第5章已讨论)。尽管对超过1 000幅不同图像进行平均，那些非常精确的形态得以呈现或保持，我们必须得出结论，它们与海底地形或陆地(在扰动海洋中仅有的地理常态)相关联。例如，南大西洋和南印度洋海域，存在一些非常清晰的形态与海底地形相关联(在4.6节和5.6节中提及)。极区的高叶绿素浓度，可能与海冰融化季节稳定层结的特殊条件有关(在5.5节中提及)，而海面明显随机分布的高生产力小斑块，通过详细核查，与孤岛相对应(见5.4节)。

由于气候态合成资料的分辨率为9 km(MODIS为4 km)，能比本书提供更精细的分辨率进行深入观测，以图7.8所示澳大利亚东北部太平洋为例，显示了周边叶绿素低值区中的浮游植物聚集区。多数情况下，这些都与岛屿有关(岛屿用黑色标记)，但在某些情况下，它们可能是珊瑚礁区，没有岛屿或岛屿很小。然而有趣的是，我们也发现一些岛屿并不存在高生产力。前几代的海洋学家，可能会震惊于目前可从免费的水色卫星存档数据中获得如此多的信息。但是，比简单地提供信息更重要的是，这些图像还能引发善于思考的读者萌生问题，并激发新的研究领域。

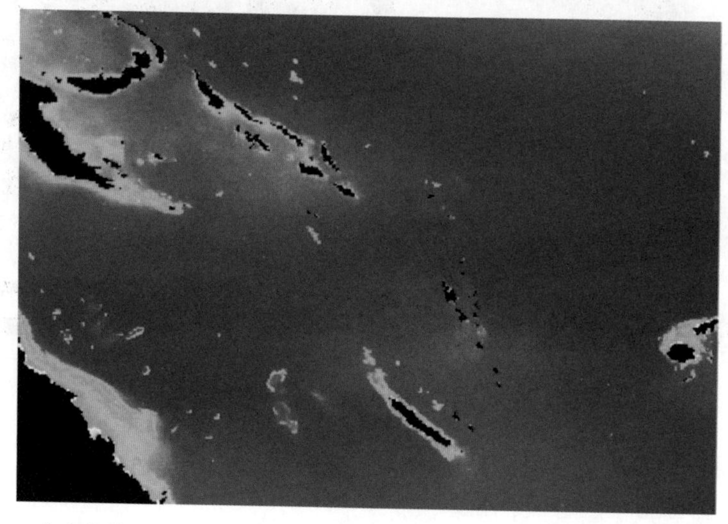

图7.8　从图7.7中完整截取的珊瑚海至澳大利亚东北部，展示出与生产量相关的岛屿、环礁和礁石

基于 SeaWiFS 数据的完整气候态，把一年分成了 46 个 8 天组合(8 天为一组)，对于闰年，第 46 组只有 5 天而第 8 组包含 9 天。这些间隔定义了数据分组的单元，对 10 年数据进行平均(见 6.2.1 节)，可以详尽地阐述典型的叶绿素逐周变化特征。8 天的气候态仍然会有显而易见的数据因云覆盖而丢失，在这个方面，月平均气候态缺失较少。图 7.9 展示了包含大西洋的 SeaWiFS 部分月平均气候态，分别为 1 月、4 月、7 月和 10 月。从中可以清楚地看出高生产力中心的季节性迁移，尤其与中高纬度的春季藻华相关联，但在一些类似上升流中心的区域仅表现出微弱的季节性变化。在热带地区，每年复杂的变化反映了风驱赤道流和赤道逆流的变化，包括 5.3 节讨论的亚马孙径流踪迹。

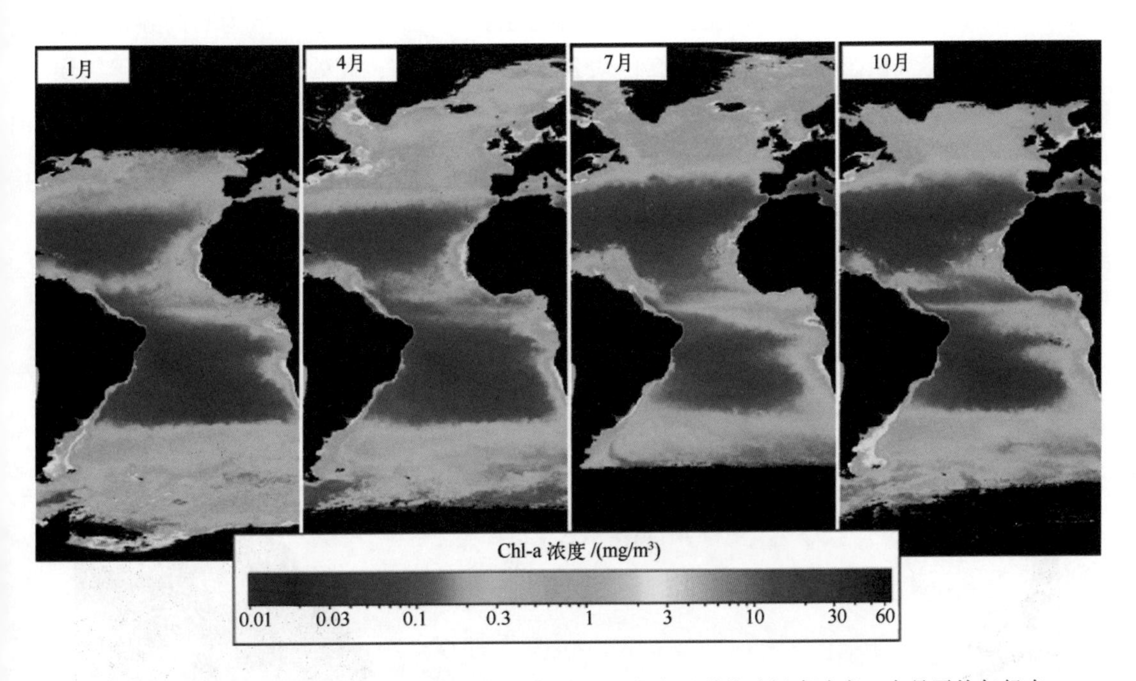

图 7.9　从 SeaWiFS 1997—2007 年的数据中提取的包含大西洋的叶绿素浓度 4 个月平均气候态(数据来源于 NASA 海洋水色网站)

对海洋物候学以及类似春季藻华事件发生时间的研究兴趣正持续增加，因为它为监控气候变化对海洋生态系统的影响提供了手段[例如，Edwards 等(2004)和 Richardson 等(2004)]。由于基于局地的观测(比如在一个固定的锚系站点)会带来误导，季节现象提前或推迟的演变必须在空间背景下来理解。鉴于从卫星可获得叶绿素观测的时间跨度不断延长，并且这些数据具有分辨发生时间在几天内事件的能力，它们具有浮游植物物候学的系统研究潜力。卫星水色数据和海表温度数据的结合，使物理驱动与初级生产响应能同时与浮游动物和渔业的现场物候观测相联系。本章后续部分将提及一些这样的例子。

在综述目前所有海洋学家能从水色数据中得到的全球尺度信息时，需要提及可被生成的异常(anomaly)图像。如6.2.1节所介绍，逐月或者8天合成的气候态生成后，对于给定日期的单个月或者8天合成产品就可与相应的气候态比较，生成异常图像。图7.10以2001年4月为例，从图7.5(以对数坐标形式lg Chl-a显示)显示的数据中减去全球4月气候态，并提取出北大西洋地区。以这种方式来估计叶绿素异常的合理性，在于大洋中的叶绿素分布近似呈现对数正态分布(Campbell，1995)。叶绿素绝对值跨度超过4个量级，如果利用绝对值来评估异常值，将很难解译。基于叶绿素对数值的异常，对结果求反对数则代表了真实值和气候态之间的比值(例如，图7.10中展现的更低范围)。与许多表示异常的色标一样，中心值为白色，对应着对数为0的异常，此处当前观测与气候态相等。橘色和红色代表正的对数异常，此处当前叶绿素高于气候态。蓝色和紫色代表负的对数异常，此处当前值小于气候态。

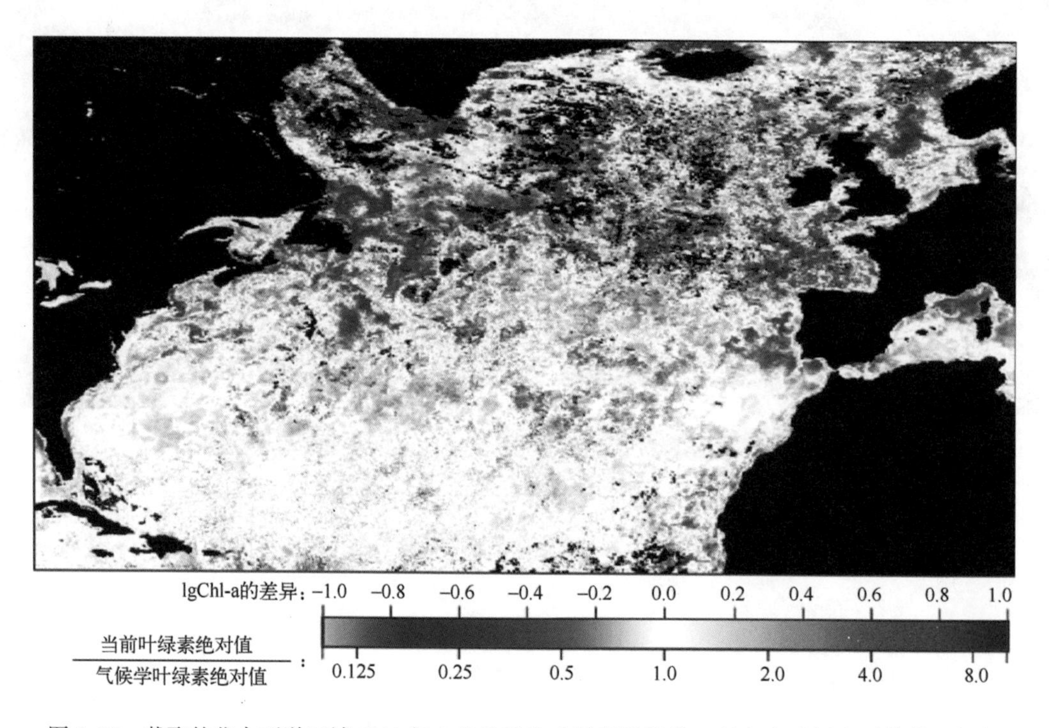

图7.10 截取的北大西洋区域2001年4月月平均叶绿素异常值，以真实叶绿素对数值和气候态对数值之间的差值为基础。色标上半部分代表叶绿素对数值的差值，下半部分代表每一点真实值与气候态值的比率(数据来源于NASA海洋水色网站)

异常图像需要仔细解译。此例中，图像标白或者浅色的区域，与那一区域每年同一时间的典型叶绿素浓度并无多大差别。在提取的北大西洋图像中，存在很大的正值和负值异常，代表了平均叶绿素分布的显著差别，这可能是春季藻华暴发时间不同造成的。它们也能部分归因于主要锋面的位移，比如墨西哥湾流，产生相互靠近的强烈正负异常。更全面的解译需要对先前和此后的月份进行细致分析，并在特定区域绘制叶绿素时间序列图，与该区域的平均气候态年循环进行比较。正如此处所示，单幅异常图的价值，在于其凸显了偏离常规值的区域，那里需要对时间序列演变图像进行更全面的分析。

最后，在本节中广泛引用的数据可从 NASA 海洋水色网站①免费获取，值得一提的是，除了叶绿素，其他不同 3 级产品，包括归一化离水辐亮度和一些大气参数，都可以从各种不同的合成和气候学图像数据集中，以图像或数据形式获取。从 MERIS 传感器得到的全球示范产品数量不断增加，包括叶绿素和离水辐亮度，作为预渲染图像数据均可从欧空局在线获取②。

7.2.3 卫星水色数据的科学利用

海岸带水色扫描仪（CZCS）数据（1978—1986 年）的使用推动了对浮游植物种群空间分布和生长的科学考察，以便刻画不同类型的反应：例如，在墨西哥湾和加勒比海（Gonzalez et al.，2000）、美国东海岸（Yoder et al.，2001）和加利福尼亚海流（Thomas et al.，2001）。这也给业务化水色传感器的作用带来更深远的思考。例如，Ericksonhe 等（1993）证明了将水色数据同化进海洋环流模式中的潜力和进一步增加生物地球化学过程的模拟能力。

由于采样频率通常不足以追踪单个藻华，CZCS 数据的本质限制了对季节形态的广泛分析研究。SeaWiFS 的出现改变了这一现状，能够对种群的时间演变进行更多细节的解释。例如，凯尔特海（Celtic Sea）上的 SeaWiFS 数据序列（Joint et al.，2000），显示出 3 月和 4 月小块区域叶绿素浓度大于 5 mg/m^3，到 8 月下降到小于 0.5 mg/m^3，清楚地展现了春季藻华的出现和衰减情况。然而也识别出有些持续高产的区域，由动力过程维持营养物质的供给，例如岛屿搅拌作用或陆架海潮汐锋的混合作用。因此，SeaWiFS 数据使得在春季藻华期间和之外追踪某个特定浮游植物种群的生命史成为可能。

Kahru 等（2000）利用从 1997 年 9 月开始的 SeaWiFS 时间序列数据探测加利福尼亚海流系统中与 1997—1998 年间厄尔尼诺事件相关联的叶绿素浓度变化。厄尔尼诺事件导致加利福尼亚海岸的生物量下降，但使得加利福尼亚更南部区域的生物量增加。它

① http://oceancolor.gsfc.nasa.gov/

② http://envisat.esa.int/level3/meris/

们追踪叶绿素空间结构和量级变化的能力，比依赖定点观测，可以得到更合理的结论。有趣的是，他们通过重新分析 CZCS 记录，发现 1982—1983 年间的厄尔尼诺事件中有类似的形态。

在靠近地中海西部的开阔海域的阿尔沃兰海(Alobran Sea)，Garcia-Gorriz 等(1999)利用连续的 OCTS 和 SeaWiFS 数据来补充之前 CZCS 的观测，用以得出浮游植物分布的气候态结论。与地中海西部暴发了明显的春季藻华的其他区域不同，这里的年循环由两个体系组成：秋冬季藻华暴发期(11 月至翌年 3 月)和夏季非藻华暴发期(5—9 月)。他们将这些现象的成因归结为环流和上升流过程。最近，利用 6 年 SeaWiFS 数据对整个地中海的浮游植物分布形态的分析确定了一些更长时间的趋势(Barale et al., 2008)。Lévy (2005)对大西洋东北部生产力体系也进行了相似分析。

SeaWiFS 宽泛的覆盖率使得有关浮游植物的海盆尺度分布及其季节变化的问题得以回答，比如 Signorini 等(1999)使用第一年的 SeaWiFS 图像能够察看热带和亚热带大西洋海表叶绿素浓度的变化。利用综合方法来认识观测到的叶绿素波动时，他们还采用了海洋环流模式，并结合 TOPEX/Poseidon 的动力高度和风应力格点数据。他们发现海表叶绿素浓度高的区域与中尺度和大尺度物理过程有对应，比如非洲西海岸的强上升流，在几内亚穹窿区海洋生产量相对较高以及沿着美国南岸和赤道以北地区的反气旋涡旋的形成和传播。主要的河流输入，例如亚马孙河、奥里诺科河和刚果河，在叶绿素显得很高的区域同样有着强烈的信号，尽管这些测量因受到悬浮颗粒物的影响而归为二类水体条件。有趣的是，他们没有发现预期的秋季藻华，这可能是当时的 ENSO 事件所致。Murtugudde 等(1999)采用类似方法对热带印度—太平洋海盆开展了同期研究。与之前厄尔尼诺对叶绿素浓度产生影响的可能性相比，这提供了更全面的综述，叶绿素产量不仅在上升流消失的地方降低，而且在其他海区增加。更多有关厄尔尼诺现象的遥感将在 11.2 节进一步讨论。

SeaWiFS 数据常与现场观测相结合来研究浮游植物的分布和初级生产。在南大洋，作为美国全球海洋通量研究实验的一部分，发现叶绿素升高的程度与太平洋—南极洋脊有关。这是令人惊讶的结果，因为洋脊的顶峰从未低于 2 000 m 深(Moore et al., 1999)。在孟加拉湾，叶绿素分布的季节形态与随季风变化的河水径流有关(Gomes et al., 2000)。在夏威夷离岸海区，SeaWiFS 数据有助于察看浮游植物的年际变化及其与北太平洋中心环流中尺度物理过程的关系(Leonard et al., 2001)。在大西洋北部的伊尔明厄海盆，春季藻华的发生时间与每年的特定气象条件有关(Henson et al., 2006)。再往北大西洋近极区的南部，藻华强度似乎是由风调节的(Ueyama et al., 2005)。有趣的是，通过卫星数据在一些贫营养水体中探测到未曾预料的藻华，如北太平洋的贫营养水体(Wilson, 2003)，这些实例可能会促成新的现场工作计划，以更好地了解这些令人费解的事件。

在总结由卫星水色数据可用性激发的研究时，Platt 等（1999）的工作可作为典型实例，展示了大洋生态系统认知的理论框架如何随着遥感观测而演化。他们建议，用来定义大洋生态系统空间结构的适当方法应该是表征自养生产量的优势生态生理比率参数。他们表明，在这点上，海洋能被分割成不同的区域或“范围”，其间比率参数几乎一致，由边界区域分隔开，跨边界的比率显著变化，一般对应着物理驱动。而这与之前的思想完全一致（Longhurst，1998），他们特别指出，不同区域间的边界应考虑为动态分割，他们还提议水色测量是在任意时刻确定它们位置的关键。他们关注利用卫星叶绿素合成数据集的潜力，对 8 天、每月、季节的不同时间尺度进行平均，来帮助识别生物边界的变化。7.3.2 节将会展示边界位置的知识对估算海洋初级生产如何重要。

这种方法应用在巴西和马尔维纳斯海流汇合区的一个实例（Saraceno et al.，2004，2005），在 3.4.4 节和 4.6.2 节也有提及，注意到其他卫星反演的温度和涡流动能海洋数据集也被用于区别不同的生物地理学海洋区域。最近，多元统计和分类技术的合成方法被用于来自 SeaWiFS 的卫星海表叶绿素时间序列数据（Hardman-Mountford et al.，2008），得以对整个海洋的生态形态进行客观描述和分类。这项研究还调查了大尺度形态的系统属性特征，用来测试识别出的区域是否表现得像自主的生态系统。像这样的分析为海洋生物学家目前可从事的新方向提供了依据。如果缺少来自水色和其他卫星传感器的全球、高分辨率、时间序列可扩展图像，这些工作是无法开展的。

随着这种代表海洋生态系统的系统方法的发展，数值生态系统模式也得到改进，其可探索更广泛的生物地球化学过程。卫星水色数据在这方面也有贡献。例如，SeaWiFS 数据用于标定或调整数值生态系统模式中使用的系数（Hemmings et al.，2003，2004，2008）。与使用有限的现场观测进行模式参数调优相比，卫星数据提供了更广的条件和更宽的变量分布范围，用以对数值模式进行更彻底的测试并趋于细化，这将在 14.3 节进一步讨论。

生物地球化学模型的发展也推动了浮游植物不同功能类型的划分，每种类型对应着海洋生物化学循环中的一个独特角色。因此，如果可能的话，研究人员正在寻找分析水色数据的方法，以便将反演的叶绿素划分为不同的功能种群。与其按大小区分，不如优先区分主要是有固氮藻、硅化藻、钙化藻，或产生二甲基硫藻类的浮游植物，因为这每一功能对不同的生物地球化学通量都有不同的作用（Nair et al.，2008）。Alvain 等（2005）使用经验方法从光谱特征中识别不同的种群，Aiken（2007）使用 MERIS 数据区分了本格拉生态系统中不同的浮游植物种类。从水色数据中提取水体固有光学特性（IOCCG，2006）也为实现种群划分的目标提供了一个有希望的方法。特定的物种或种群具有可容易识别的独特光谱。下节将讨论的颗石藻(Coccolithophores)，是钙化藻的主要类型，同时也是二甲基硫生产者。作为一种固氮藻，蓝藻束毛藻已被SeaWiFS数据探测(Subramaniam et al.，2002)，同时一些算法被用来从水色数据中识别硅藻(Sathyendranath et al.，2004)。

7.2.4 颗石藻

似乎最积极采用卫星数据研究待定浮游植物是关于颗石藻的研究，特别是赫氏颗石藻这个物种。它们生成称为颗石的外板，由碳酸钙组成，使其在所有可见光波段都有高反射率。随着藻华发生和单个细胞死亡，它们会留下反射性更高的结石。因此，颗石藻的颜色信号与其他的浮游植物种群非常不同(Balch et al.，1991)。即使在蓝光波段也有很强的后向散射，使海洋呈现明亮的青绿色。这使它们更容易被定性探测(图7.11)，不仅是水色传感器，还有宽波段的AVHRR可见光波段以及高分辨率的Landsat卫星(缺乏辐射分辨率，难以区分大多数浮游植物造成的海洋微小绿色差别)。因此，过去30年，即便没有运行的水色传感器，颗石藻也一直被探测。最终，颗石藻的全球分布图已经非常完整(Brown et al.，1994；Brown et al.，1997；Tyrell et al.，1999)。

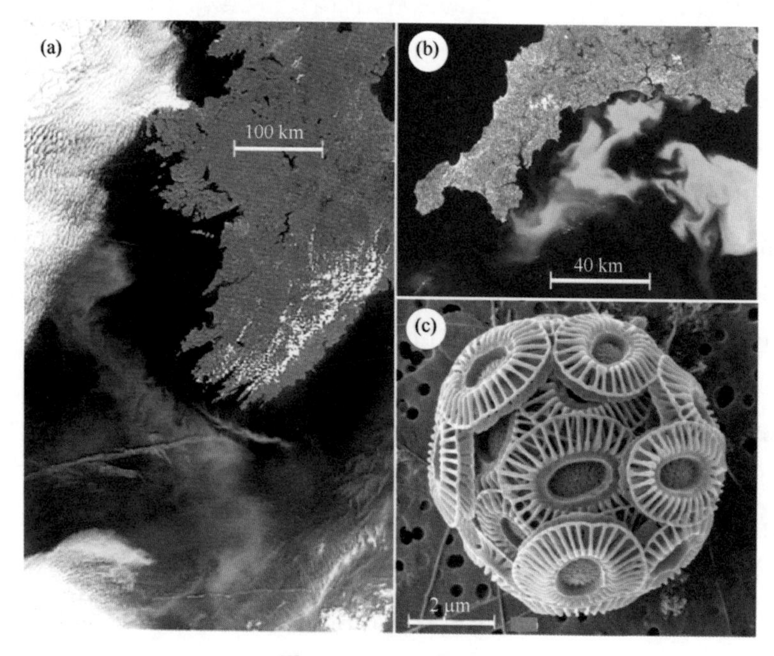

图7.11　颗石藻图像

(a)2000年5月10日爱尔兰西南部大陆架边缘的SeaWiFS真彩色合成照；(b)1999年7月24日英吉利海峡南部的Landsat Advanced Thematic Mapper假彩色合成照；(c)单个颗石藻在电子显微镜下的图像

由卫星探测到的延伸了数百千米的巨大范围的藻华现象，似乎只由赫氏颗石藻和大洋桥石藻组成(Iglesias-Rodríguez et al., 2002)。图7.11的电子显微镜插图展示了赫氏颗石藻的生物空间尺寸。生物学家识别有机物需要分辨率为10 nm的显微镜图片，确定最大藻华的范围需要覆盖1 000 km的图像，从而跨越了惊人的14个量级。同样有趣的是，赫氏颗石藻细胞一次一个在内部生成结石，然后将它推出细胞外形成显微图像中看到的防护结构，这是纳米工程的一项壮举，与提供卫星图像的在轨传感器技术相匹配。

尽管已可从太空观测，但使用水色卫星数据去量化颗石藻藻华中的活细胞数目浓度仍很困难。由于整个可见光波段的散射都增加了，标准的蓝-绿光波段比算法并不能很好地反演叶绿素浓度。总的来说，不同谱段检测出的亮度也许能用作测量颗石藻自身浓度的方法(Gordon et al., 2001)，但无法轻易区分哪些地方有很多附着结石的活细胞，哪些地方细胞已经死亡，结石已经剥离但仍处于悬浮状态。

需要注意的是，因为其他现象也能在可见光波段生成类似的特征，不能随意地假设海洋中任何一处的强反射都由颗石藻引起。例如，纳米比亚海岸大量的富营养事件使海底释放出硫化氢气体，在海表面形成沉淀物，看着像颗石藻藻华(Weeks et al., 2002)。在白令海，冬季卫星图像上呈现出来一些明显的赫氏颗石藻藻华，经实测采样分析，发现是空的硅藻细胞壳，由于强风作用从海底再悬浮(Broerse et al., 2003)。但是，夏季确实在白令海和其他高纬地区发生颗石藻藻华。

伴随着大气二氧化碳浓度的不断增高，假如海洋不断酸化，可以意料颗石藻会开始减少，从而减弱它们在全球海洋中钙化和封存海洋二氧化碳的作用(Iglesias-Rodríguez et al., 2008)。然而，最近的实验室证据表明，颗石藻可能会对二氧化碳和pH值的变化产生更复杂及韧性的响应(Iglesias-Rodríguez et al., 2008)。因此，卫星全球监测颗石藻藻华频率和范围的能力，将在接下来数十年持续地发挥着重要性。

7.3 初级生产

7.3.1 理论背景

当藻细胞捕获辐射能量并将其转换成化学能时，通过生成新的藻细胞，将化学能储存在藻类生物量中，就会产生初级生产。在分子水平上，它通过叶绿素a和其他色素[具体见Kirk(1994)]的光合作用过程来完成。在卫星海洋学背景下讨论初级生产需要注意，遥感方法测量的是近海表单位体积的叶绿素浓度，并不测量浓度随深度的变化。虽然叶绿素图像可近似理解为藻类生物量分布的指标，但其无法方便地确定叶绿素与碳的比率，因此不能直接测得每单位海表水柱中总的浮游植物生物量。有时候，叶绿素分布图可以粗略地反映初级生产，但不能将它们与真实的生产测量相混淆。正如本节将介绍的那样，利用卫星数据来测量初级生产并不简单，需要的不仅是简单从水色反演叶绿素浓度。

初级生产严格遵守能量交换过程，一般用初级生产率 P 来定量表示，但有时也用光合存储辐射率代替。P 是单位时间单位体积通过光合作用固定的二氧化碳比率，单位为 gC/(m^3 · s)。在某些情况下，总生产 p_{tot}，表示单位海面整个水柱随着深度的积分，单位为 gC/(m^2 · s)。当进行全球海洋积分，或特定区域积分时，单位为 gC/s，但通常表示成 GtC/a(注意，1 GtC/a≈31.6×10^6 gC/s)。

PSR 是单位时间单位海表面整个水柱植物生物量通过光合作用储存为化学能的能量，单位为 W/m^2。然而，因为增长率通常进行每天平均，表示为 J/(m^2 · d)。

P 与其他环境变量的关联体现于瞬时生长速率方程，深度为 z、波长为 λ 的单位体积单位波长固碳率表示为(Kiefer et al., 1983)：

$$P(z, \lambda) = 12C(z)a_c^*(z, \lambda)E_{PAR}(z, \lambda)\phi_\mu(z, \lambda) \tag{7.1}$$

式中，C 为叶绿素浓度，单位为 gChl/m^3；a_c^* 为单位叶绿素光谱吸收系数，单位为 m^2/gChl；E_{PAR}为可见光波段内(400~700 nm)的光合有效辐射(有时写成另一种形式)；ϕ_μ 为量子产率。值得注意的是，式(7.1)大多数的变量都随 z 和 λ 变化。

E_{PAR}表示光子通量密度，即单位时间单位面积所测得的光子，因此采用量子单位(mol Q，与 Einsteins 一样)，所以单位是 Ein/(m^3 · s)。光子的能量为 hf 或者 hc/λ，h 为普朗克常量，c 为光速，f 为光的频率。因此，光子通量可通过光能通量(即太阳辐射常数 E_0)算得，但需预知 E_0 的光谱依赖性，因为蓝光波段单位能量的光子数目少于红光波段。7.3.3 节介绍了如何通过卫星来测量有效光合辐射。

在式 (7.1)中，我们可将 $C \cdot a_c^*$ 看作一个光子在沿路径入海后在单位距离遇到一个叶绿素分子的概率，因此，单位体积内光子遇到叶绿素分子的概率为 $Ca_c^* E_{PAR}$。仅有部分光子 ϕ_μ 能进行光合作用，转化为化学能，然后从水中捕获一个碳分子，并转化为“浮游植物碳”。可转换光子的比例在式(7.1)中表示为量子产率，单位为 molC/Ein。式(7.1)中的常数 12 来自碳的分子重量。

根据图 7.12 中 P–E 曲线显示的经验观测，量子产率随着光等级改变。亮度低时，P 随照度呈线性变化直到量子产率最大，图像的初始斜率为 $\tan\alpha_P$。但在高亮度时，斜率逐渐减小且 P 达到饱和值 P_{max}。特定的 α_P 和 P_{max} 值随波长、温度、细胞生长所需的营养物质以及物种和浮游植物种群的其他方面而变化。所以，式(7.1)的估算并不是直接的。

如果要计算水柱的总生产率 P_{tot}，式(7.1)必须对透光层的深度和光谱的波长进行积分。需要注意的是，$C(z)$可能会层化或连续变化，并非均匀，E 也不是一个简单的深度相关函数。已有大量研究，探究 C 的不同垂向分布类型中生产量垂向积分的相关性，并基于容易测得的光学和生物化学特性，把它们简化为一种形式(Platt et al.，1988；Morel，1991；Platt et al.，1993)。值得注意的是，进入海面的 E_{PAR} 只有不超过2%被用于初级生产，在贫营养水体中，这个比例也许会小于0.02%。

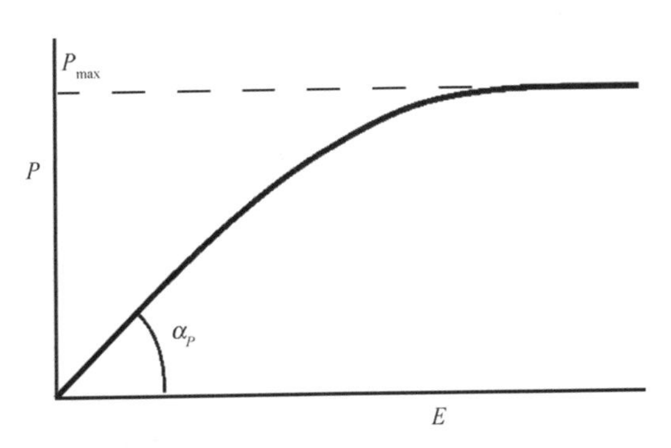

图7.12 生产率 P 随光强 E 的典型变化图

与海洋在全球碳收支中的角色相关联，另一个值得关注的量是净初级生产(Platt et al.，1992)。很多由初级生产固定下来的碳来自死亡浮游植物的碎屑和降解产物，因此只不过是先前由同一种群固定的碳的再循环。超过当地群落新陈代谢的生产量则被当作净初级生产 P_{new}，P_{new} 与 P_{tot} 的比率称为 f 比。

7.3.2 遥感估算初级生产的方法

事实上，式(7.1)中的 C 项，也就是叶绿素浓度，提供了由卫星数据评估初级生产的方法。但是，式中的其他项，加上需要积分到水色传感器不能触及的深度，意味着不应该期望初级生产率与水色遥感测量之间具有简单的关系。

经验模型

尽管如此，使用简单的经验模型将叶绿素与初级生产联系起来，一开始还是获得了令人惊讶的成功(Behrenfeld et al.，1997a；Joint et al.，2000)。在他们的最简单模型中，通过一组给定的现场实测数据，给出了初级生产与叶绿素之间的相关关系。通常 P_{tot} 的对数和 C 之间存在着线性关系。如果这个关系足够精确、确定和稳定，它就可用于卫星反演叶绿素来估算初级生产。使用其他卫星数据来完善这样的模型是可行的。例如，因为营养物质是浮游植物对可利用光生理反应的一个重要因素[式(7.1)中的 ϕ_μ]，且营养物质经常由上升深层冷海水所提供，所以经验模型中可包括卫星反演的海表温度，来反映营养物质对初级生产的影响。

这样的经验算法能成功，基于用来得出相关关系的样本数据，C 的垂向结构变化要很小，E_{PAR}的平均属性变化要很小，相应地 ϕ_μ 的变化也不显著。ϕ_μ 是不依赖于 C 的，它不利于建立简单的关系。然而，虽然这个方法能满足于使用水色遥感，在局部区域对一系列现场实测生产量数据进行时间和空间插值，但无法依靠这个方法进行空间和时间外推，因为没有可用来调优 P_{tot}和 C 关系的校准数据。当然它无法可信地应用到全球范围。

基于过程的模型

利用卫星数据来估算初级生产的更稳定的方法，采用基于式(7.1)的物理或半经验模型，而不依赖于同步的实测数据来保证可靠性。这种方法分析了不同区域不同季节的大量现场实测资料，包括初级生产的直接测量，连同对 C 垂向分布特征尽可能详细的认识，还包括光学吸收系数的光谱形式和 $P-E$ 曲线的性质。通过运行基于式(7.1)的前向模型，他们探究了方程变量与测量参量之间的各种关联关系，并推导出半经验关系来量化这种关联。由于半经验关系的形式基于物理基础，相应模型在整个海盆全年的应用就具有更坚实的基础。在这种广为应用的方式里，发展了两种略微不同的方法，根据它们各自特征可标记为“光合作用截面”法（Morel，1991；Antoine et al.，1996)和“生物地理区域”法（Longhurst et al.，1995；Sathyendranath et al.，1995；Platt et al.，1999)。

光合作用截面法

Morel 研究组采用了他们命名为 ψ^* 的方法(Antoine et al.，1996)，将式（7.1)的积分形式表示为

$$P_{tot} = (1/J_C)\langle C\rangle_{tot}E_{PAR}(0^+)\psi^* \tag{7.2}$$

式中，$\langle C\rangle_{tot}$为单位海表面积叶绿素的体积分；$E_{PAR}(0^+)$为刚好处于海表上方的光合作用可用辐射能量；$J_C(=PSR/P)$ 为等效于单位质量固定碳的化学能，单位为 kJ/g C；ψ^* 的单位为 m^2/gChl，可被认为，单位叶绿素的光合作用截面。ψ^* 包含了式(7.1)中剩余的所有可变性，所以它不仅代表了式(7.1)中固有的水下光学过程、a_c^* 的作用以及 C 不同层深度关联性与E_{PAR}之间非线性相互作用的影响，还包括 $P-E$ 关系中固有的生物化学因素。因此，因子 ψ^* 会随着多种多样的环境变量而变化，包括影响光场的因素，例如太阳高度角、海况、云覆盖率、叶绿素垂向分布形态以及特定藻类种群的光化学反应(Morel et al.，1989)。通过评估 ψ^* 在一天内的积分，能够得到一些轻微的简化。

这种方法的基本原理是变量$\langle C\rangle_{tot}$和 $E_{PAR}(0^+)$可从太空获取，所以只要能导出 ψ^*，就能使用式(7.2)从卫星数据估算出初级生产。$\langle C\rangle_{tot}$基于卫星水色数据反演得到的叶绿素，如 7.2.2 节所举例说明。$E_{PAR}(0^+)$也从卫星数据反演得到(将在下节讨论)。对

于特定位置和时间所需的 ψ^* 值可以通过运行光合作用全光谱模型来得到(Morel, 1991)，模型采用合适的叶绿素垂向分布和其他环境变量。之后，ψ^* 可被视作时空分布已被确定的气候态场。实际上，ψ^* 的查找表已经创建，通过给定的时间、经纬度、云量、温度和遥感叶绿素浓度来应用。查找表中预先计算好的格点可用于插值计算。混合均匀(C 在垂向上均匀分布)和上层分层的情况通过单独的表分开显示。后一种情况中，通过实测剖面的统计分析发现，C 的剖面分布中存在次表层最大值。这样，初级生产对各种各样的环境参量相当复杂的敏感性就变得可控。

生物地理区域法

Platt 等(1988)的方法使用了生物地理区域的概念。光合速率参数 α_P、P_{max}(如图 7.12 所定义)和 C 的垂向分布，在任一给定时间和区域都明确给定。然后，使用遥感数据作为输入，来指定 C 和 E_{PAR} 在空间尺度小于局地区域和时间尺度小于季节时的幅度变化，将其他参数假定为常数，就可通过对式(7.1)在深度和波长上全积分来得到局地生产率(Sathyendranath et al., 1989)。C 的垂向分布用高斯形式进行参数化(Platt et al., 1988)

$$C(z) = C_0 + \frac{h_C}{\sigma\sqrt{2\pi}}\exp\left[-\frac{(z - z_m)^2}{2\sigma^2}\right] \tag{7.3}$$

式中，C_0 是背景色素浓度，单位为 mg/m^3；h_C 是决定垂向结构的振幅，单位为mg/m^2；z_m 为色素浓度峰值的深度；σ 为图 7.13 所示的色素浓度峰值的宽度。因为水色数据提供了一个深度平均的 C，所以式(7.3)的 4 个参数中只需要确定 3 个。

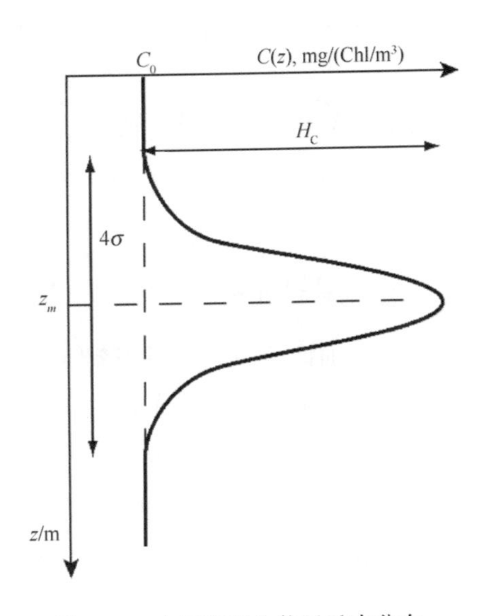

图 7.13 上层海洋生物量垂直分布结构的理想形态，用于初级生产力模型 $H_C = h_C/\sigma\sqrt{2\pi}$

通过假设垂向结构参数是稳定的，且光合作用速率参数在一年的整个季节中及相当大的地理区域内是不变的常量，就可将方法扩展到更广泛的区域和其他季节。从现场光合速率和生物量结构参数的分析来看，除了跨越明显不同海洋类型区域的边界时，这些参数一般变化缓慢。所以，海盆可被分割成若干少量的生物地理区域，对特定季节而言它们可被认为一致的。这些区域区分了海洋边界流、大洋环流、上升流区和陆架海，也把不同环流与独特的沿海区域区分开。尽管它们的界定还需要随着进一步的经验观测(Brock et al., 1998)和理论解释(Platt et al., 1999)不断发展，这种方法却使全球生产估算成为可能(Longhurst et al., 1995)。

新生产量

以上两种方法原则上都可以用来进一步估算净初级生产 P_{new}。Sathyendranath 等(1991)通过估算新的生产率 f 并以此得到 P_{tot} 来实现目的。尽管，用与计算 ψ^* 相同的方法来得到气候态 f，或者确定每个生态地理区域的 f 并因此得到 P_{new} 的全球估算，很有吸引力，但结果似乎并不令人满意。控制 f 的过程并不同于那些决定各区域参数的过程。此外，即使能确定 f 的平均值，类似上升流这样的事件产生的大量新生产量，应与 f 的异常值相关联。

然而再生的生产量仅耗尽了透光区可再生原料提供的氮，新生产量还需要透光区之外额外的氮，例如自下而上的垂直通量。因此就如 Elskents 等(1999)确认的那样，可能可以找到一个 f 对硝酸盐浓度氮的依赖函数。在上层海洋藻类生产环境中，氮的浓度与温度反相相关，因为上升流冷水带来大量的营养物质。因此，Sathyendranath 等(1991)使用来自 AVHRR 的海表温度推算了新斯科舍省乔治浅滩的氮，从中估算出 f，并以此测得新生产量。Dugdale 等(1997)在加利福尼亚沿岸使用了相似的方法。尽管这些非常区域性的实例很鼓舞人心，但将这个方法外推到一个更大范围的尺度时却困难重重。海表温度与氮及之后的 f 之间的关系似乎对当地条件非常敏感，需要大量详细的现场观测来探究其有效性和稳定性才能取得进展(Henson et al., 2003)。但是，随着同步匹配的海表温度和水色资料的获取变得更加可靠，这将会是一个值得探索的研究领域。

正开展的研究

基于前面章节列出的基础方法，使用卫星数据量化初级生产的方法研究发展很快。一项有趣的进展被称为基于碳的初级生产模型(Behrenfeld et al., 2005)，因为除了使用卫星反演叶绿素作为叶绿素浮游植物生物量的指示，他们还使用后向散射(从卫星水色数据反演的一项水体固有光学特性)作为颗粒有机碳的指示。所以，他们从卫星数据量化了碳和叶绿素的比率，而非基于不确定的假设，并称这能得到更可信的生产估算。

除了将读者引向近期的文献外，对其他各种发展方法的细节讨论超出了本书的范畴。自 2000 年以来，NASA 初级生产工作组已经组织了三种“循环”试验，对已有的不同方法进行盲比较。前两个试验(Campbell et al., 2002)得到一个有趣的结论，算法的性能及相互间的相关程度不依赖于算法的复杂性。第三个实验(Carr et al., 2006)得出结论，基于水色的可用模型大多面临高营养、低叶绿素条件和极端的温度或叶绿素浓度的挑战，建议初级生产建模的进一步发展需要了解更多温度对光合作用的影响，并对最大光合速率进行更好地参数化。第三项实验中得出的更多成果集中在热带太平洋(Friedrichs et al.，2009)。

另一项关于水色传感器在估算初级生产方面作用的有用综述已发表(IOCCG，2008，第5章)，该文献也总结了从水色传感器反演全球碳收支其他重要成分的技术发展水平，比如颗粒有机碳、颗粒物无机碳(本质上是碳酸钙)、有色溶解有机物(或CDOM)及浮游植物碳。

7.3.3 有效光合辐射的遥感估算

对有效光合辐射的可靠认知是计算初级生产的基础。因此，全球初级生产估算需要来自卫星遥感的海面太阳辐照度的全球分布信息。生态系统模型开发人员也需要有效光合辐射，以此来根据光场的真实值推算光合作用。对照射到地表的短波辐射最精确的估算基于辐射传输模型(Ellingson et al.，1991)。大气层顶的太阳辐照度根据太阳常数和一年中某个特定时间、地点的地-日几何关系计算得到。气象卫星提供大气传输方程所需的云状态、水汽和大气气溶胶信息，然后利用模型估算无云(Gregg et al.，1990)与有云覆盖时的海面辐照度。

有效光合辐射的特殊情形是最容易处理的，因为它仅限于可见光波段(Gautier，1995)。在这个窄波段上，云对光的吸收接近于0。所以，不管云多厚、散射程度多大，离开云层的对地辐照度一定是云顶太阳下行辐照度与离开云的上行辐照度之差。所以，有效光合辐射能很容易根据云的反照率知识推导出来(Gautier et al.，1980；Frouin et al.，1988，1989)。

自1983年开始，国际卫星云气候学项目(Schiffer et al.，1983)定期集成多个星载传感器来监视全球云的发生及其光学性质，并由此生成全球辐射数据集(Schiffer et al.，1985)。通过这个数据集，可在从天到年的不同时间尺度，确定太阳总辐照度场的变化和海洋的有效光合辐射(Bishop et al.，1991；Pinker et al.，1992)。

SeaWiFS数据每天生成到达海面的有效光合辐射全球分布图。这个方法假设把云对光到达地面的影响从清洁大气的影响中分离出来(Frouin et al.，1992；Frouin et al.，2003)，反演模型的细节也可参见一篇在线文档(Frouin et al.，2001)。图7.14展示了一个典型的有效光合辐射全球分布图例。上半部分是单天的分布，很清楚地展示了有效光合辐射如何依赖于天气和云分布，其在小尺度产生强烈变化，必将一天又一天地显著影响初级生产。下半部分是8天的合成产品，虽然图像更平滑了，仍然可见很大程度的天气依赖。这很清楚地说明了模拟初级生产时，使用真实的有效光合辐射而非理想值或气候态值的重要性。这些方法也可用于从多种传感器提供的更综合的大气信息来反演有效光合辐射(Bouvet et al., 2002)。

图 7.14　SeaWiFS 反演得到的光合有效辐射全球分布图

上图为 2002 年 6 月 25 日一天的有效光合辐射分布产品；下图为 2002 年 6 月 18—25 日的 8 天合成产品

7.3.4　初级生产测量

按照前面章节罗列的方法，已经得到了全球初级生产的估算和地域分布。使用生物地理区域方法，Platt 等(1995)基于 CZCS 数据呈现了 1979 年北大西洋海盆首个生产量月平均分布图。他们估算出这片区域的年产量为 10.5 GtC/a，该区域占全球海洋表面的 15%。他们无法验证自己的结果，因为所有能获得的现场观测数据都用来确定 18 个不同区域的特性，没有剩余的独立测量值可用来验证。他们通过误差分析得出结论，生产估算最不确定的因素来自给定光合作用参数的误差，与之相比，叶绿素垂向分布错误导致的误差远没那么重要。

早期基于ψ^*方法得出的全球初级生产计算(Antoine et al., 1996)提供了另一可供选择的评估，基于来自CZCS的全球合成生物量月平均图来生成每月的生产量。图7.15展示了随之年合成生产量的地理分布，全球总量估值在36.5~45.6 GtC/a。类似这样的图像和Platt等(1995)展示的那些，代表了那个时代激动人心的成就，是大量细致工作的顶峰。甚至与全球生产总量相比，地理分布的确定是对海洋生物学家最为有利的。例如，有可能估算出来自开阔大洋贫营养区域、中营养区域和沿岸富营养区域对全球生产的相对贡献(Antoine et al., 1996)(表7.1)。从表7.1中可以看出，尽管在富营养化水体中单位面积的生产率很高，但其对全球总生产的贡献仍然相对较小。就像所有开拓性工作一样，这些对生产量的初步估算需要非常小心对待，尤其因为它们基于CZCS数据。

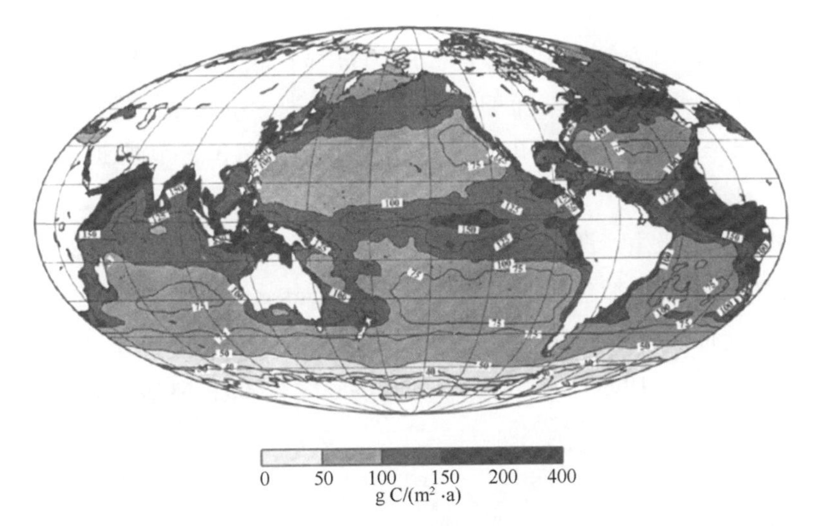

图7.15 全球海洋年初级生产量分布，基于ψ^*方法估算出的总量为36.5 GtC/a(Antoine et al., 1996)

表7.1 不同海洋区域对全球初级生产量的相对贡献(Antoine et al., 1996)

根据叶绿素浓度分区/(mg/m^3)	区域面积占比(%)	总生产量		单位区域的生产力/[gC/(m^2·a)]
		占比(%)	总生产量/(GtC/a)	
贫营养区域，Chl≤0.1	55.8	44.0	14.5	91.0
中等营养区域，0.1<Chl≤1	41.8	47.5	15.7	131.5
富营养区域，Chl>1	2.4	8.5	2.8	422.0
总计	100	100	33.0	

鉴于SeaWiFS数据的可用性以及近期来自MODIS和MERIS传感器获得的更多额外信息，能预期获得更多可靠的全球和局地初级生产估算。另一方面，不同模型估算的差异(Campbell et al.，2002；Carr et al.，2006；Friedrichs et al.，2009)，似乎使此领域研究人员更谨慎地发布最终的全球初级生产分布图，因为他们对仍存在的不确定性有了更深的认识。

然而，在2008年中期写作之时，全球初级生产月格点数据集可从俄勒冈州立大学的海洋生产量网站①获取，它不仅提供三种不同模型采用SeaWiFS或MODIS数据得到的结果，还提供模型代码和辅助数据集的接口。推荐想要学习更多关于利用卫星水色数据来模拟初级生产的读者去浏览这个网站。图7.16(a)展示了一个“标准”产品实例，由垂向广义生产量模型(VGPM)(Behrenfeld et al.，1997b)使用MODIS海表叶绿素浓度(Chl_{sat})、MODIS海表温度数据和SeaWiFS云相关有效光合辐射数据生成，透光层深度根据Morel等(1989)的方法从海表叶绿素浓度Chl_{sat}算得。模型的数据基于1/6°或在赤道为18 km的间距网格，提供了大量局部细节，这些在图7.16的小尺度全球分布图无法体现。与之相比，图7.16(b)呈现了一个替代产品，还是基于VGPM模型，但采用基于Eppley (1972)和Morel(1991)的一个不同公式来表示光量子场，被称为Eppley-VGPM模型。第三种方法，如图7.16(c)所示，是7.3.2节所提基于碳的模型(Behrenfeld et al.，2005)。

除了这些全球初级生产图像，还发表了很多尝试使用卫星数据来估算局部或区域初级生产的工作。覆盖区域包括，如南极沿岸流(Dierssen et al.，2000)、欧洲大陆架西北部的凯尔特海(Joint et al.，2000)、北太平洋中心环流(Leonard et al.，2001)、印度洋西北部(Watts et al.，1999)、日本海(Yamada et al.，2005；Ishizaka et al.，2007)及中国海(Saichun et al.，2006)。

7.4 渔业

7.4.1 总则

自从首次应用卫星和飞机观测海洋以来，遥感和渔业的潜在联系得以增长。早在80年代初期，渔业公司就常规性地使用卫星数据产品(Montgomery，1981；Montgomery et al.，1986)，特定类型的应用也很清晰明确(Laurs et al.，1985)。如今，卫星数据对渔业的业务重要性还在不断影响着各国的政策：在美国，准实时的SeaWiFS数

① http://web.science.oregonstate.edu/ocean.productivity/index.php.

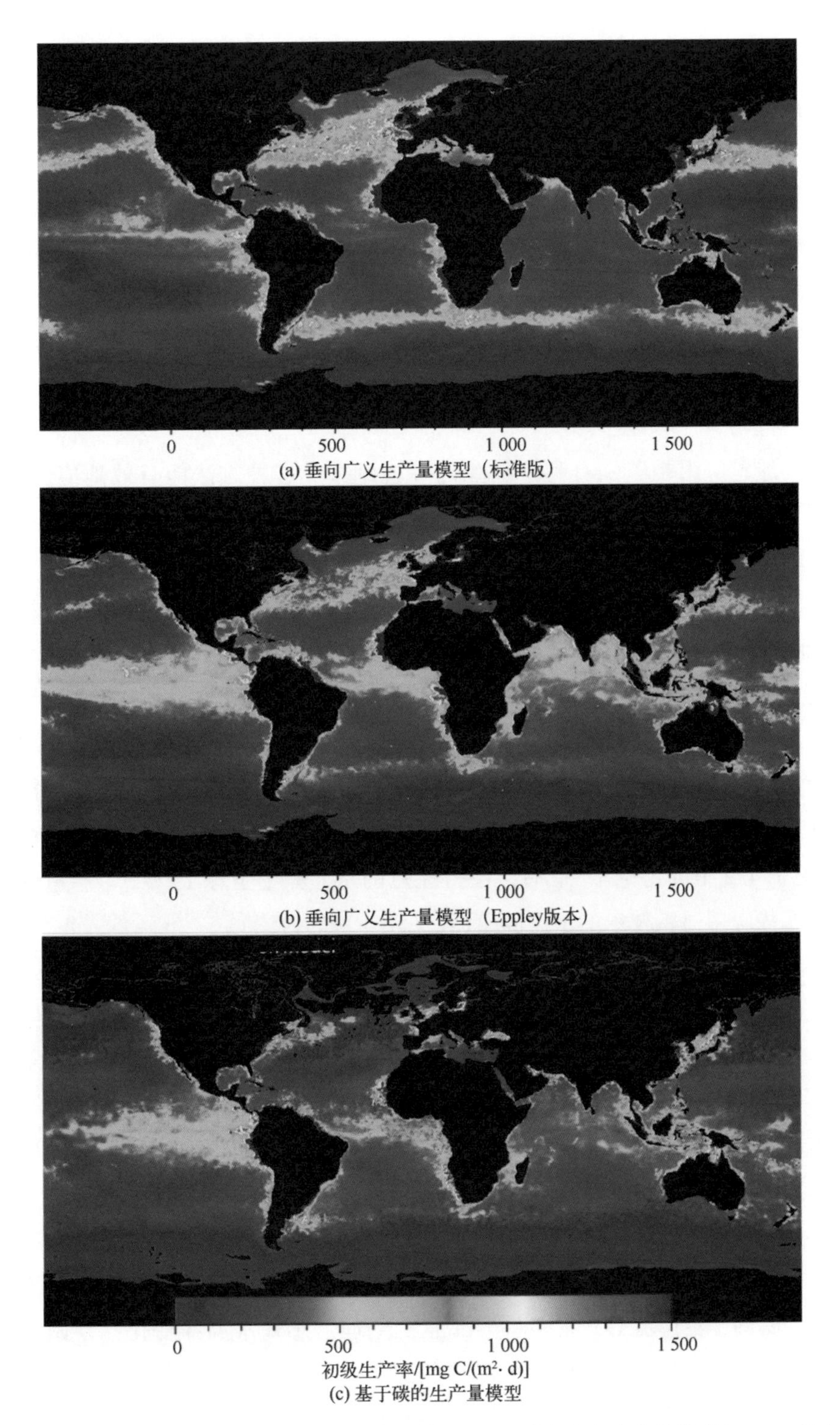

图 7.16 分别由(a)垂向广义生产量模型(标准版)、(b)垂向广义生产量模型(Eppley 版本)及(c)基于碳的生产量模型得到的 2007 年 4 月净初级生产量分布图，这些全球初级生产数据都来源于俄勒冈州立大学(格点数据来源 http://web.science.oregonstate.edu/ocean.productivity/index.php)

据已经商用；在日本，光学和热成像综合传感器(如 OCTS 和 GLI)的发展部分地受到海洋捕鱼船队需求的推动。综述(Santos，2000；IOCCG，2008，第 6 章)表明，尽管该领域正进行的研究相对较少，但卫星数据业务化正持续地应用于全球渔业。

渔民主要关心发现并跟踪足够大的聚集鱼群，使他们的捕鱼有利可图。遥感的业务使用可分为三种类型。第一种是对鱼群的直接定位，可通过飞机观测来实现，使用的多种技术包括由鱼群造成的表面扰动视觉观察、基于同样目的但能提供更大区域覆盖的机载雷达、夜晚生物荧光的探测和使用为识别鱼群反射信号定制的激光雷达(LIDAR)系统。但是，这些技术都还未在太空中有效应用，所以关于它们的进一步讨论超出本书范畴。

第二类遥感应用是鉴别有利于捕鱼的环境细节。这种方法能有效地应用到太空，通常适用于特定的种群，将在 7.4.3 节中展开讨论。第三类更为普遍，但经济上也同样重要的卫星数据业务化应用，在于提供海况和海洋气象信息，辅助导航确保海上安全，并规划捕鱼策略。这个主题将在第 14 章进行更广泛的叙述。这种卫星数据的间接使用可能将产生最大的效益，因为它影响渔业的所有类型，增强安全性，减少不良条件下在海上花费的天数，从而实现更经济的业务运行。

但是，如今渔业面对的挑战不在于怎么花较小的代价捕捞更多的鱼，而在于怎么管理渔业资源，确保使用更高效的捕鱼方法，不过度开采自然资源。所以，需要良好的渔业管理，而这基于对海洋环境和鱼类群体的正确科学认识。遥感能为这些努力提供支持(见 7.4.2 节的讨论)。最后，值得注意的是，如今全球 15%的鱼产量和贝类产量，来自那些应用遥感技术的水产养殖(见 7.4.4 节的讨论)。

7.4.2 渔业管理和研究

海洋鱼类资源和渔获量随季节和年际变化。了解这些波动与海洋环境时空变化之间的联系是渔业有效管理的一个重要元素。有必要定期更新关于海洋环境的状态信息，最初用作环境条件对鱼群行为影响的研究，并最终将这些知识应用于估算完成鱼类资源的估算和预测。

水体温度是一个对很多渔业非常重要的环境参数，特别是它们的空间形态，为各种对渔业很重要的海洋过程提供了一个有效指标，比如大洋和陆架海锋面、沿岸上升流、中尺度涡旋、沿岸流等。很多鱼类都能在生理上感知水温的变化，并做出相适应的行为反应。渔民了解温度结构就可以在预测鱼群行动时获得额外的帮助。这是因为温度，至少是表面温度，已经可以从太空便捷地观测。当第一颗热传感器在轨运行后，渔民很快就开始从中受益。这不仅仅是商业化的渔业业务应用的主要信息，而且还为研究提供了帮助，从而达到更好的全面管理和对特定渔业的监管(Njoku et al.，1985；

Fiedler et al., 1987; Myers et al., 1990)。

对渔业来说另一个可能比温度还重要的海洋变量是浮游植物生物量，现在可由卫星水色传感器便利地估算。这提供了初级生产分布信息，最终为鱼群供应食物。对某些鱼类，比如凤尾鱼类和沙丁鱼类，在生命周期某个阶段摄食浮游植物，与从水色反演的叶绿素直接关联。对其他大多数鱼类，这种关系更加复杂。然而，没有初级生产，就会没有更高的营养层级。据估计，在开阔大洋，支撑渔业捕捞的初级生产约为总体的 2%，而在沿海区域，这个数字大于 25%(Pauly et al., 1995)。

经常将海表温度和叶绿素图像结合起来，这是最有助于了解鱼群行为的方法。一个明显的例子就是厄尔尼诺现象，当秘鲁沿岸上升流减弱，营养物质的供给被切断，初级生产降低，对于鳀渔业来说将是一场灾难。这个现象可从海表温度和水色图像中清楚地观察到(详见第 11 章)。在 20 世纪 80 年代和 90 年代缺乏业务化水色传感器的大多数时间里，几乎没有水色数据在渔业上使用的直接记录。当来自 SeaWiFS 和 OCTS 的业务化数据周期性地准实时提供给一大批捕捞船队，且商业捕鱼公司愿意为这些数据付费意味着它被认为有用。

关于卫星水色数据如何促进更好地了解渔业研究，一个很好的例子是在鱼群补充领域，辨别每年新加入鱼群的数量受哪些因素影响。从传统现场观测很难证实，关于鱼群数量的补充依赖于产卵的相对时间和季节性浮游植物藻华的假设(Cushing, 1990)。SeaWiFS、MODIS 和 MERIS 叶绿素图像的定期更新(详见 7.2 节)，得以确定春季藻华的开始和达到顶峰时间，并将这些时刻制作成空间图，然后描述其逐年变化特征。图 7.17 展示了一些研究，利用这些新信息来证实 Cushing 关于西北大西洋黑线鳕渔业的假说(Platt et al., 2003)。基于 SeaWiFS 的气候态用来表征春季藻华的发生时间(如图中左边)，然后通过使用 CZCS(1979—1981 年)和 SeaWiFS(1998—2001 年)数据，识别出新斯科舍海岸特定区域逐年藻华暴发的真实时间，并记录为相对气候态的异常。图 7.17 的右边展示了黑线鳕幼鱼的生存指数，来源于同一区域的常规现场采样，与藻华发生时间异常画在同一图中，具有明显的相关性。这项工作清楚地说明了卫星数据阐明科学问题的潜力，它可提供额外信息(这个例子中关于藻华的时间)，通过其他渠道几乎不可获得。

另一个主动使用水色数据的研究领域是对北太平洋更高级捕食者的研究。将由渔业数据得到的带有标记的赤蠵龟和长鳍金枪鱼的位置，与位于低叶绿素副热带环流和高叶绿素靠极环流之间的叶绿素锋面过渡区(TZCF)相关联，后者容易通过卫星数据监测(Polovina et al., 2000, 2001)。因此，获得卫星数据有助于大规模监测海洋环境，为研究海龟的迁徙习性等更传统的海洋生物学提供新的研究背景(Polovina et al., 2004)，它还提供了一种探索水色数据揭示气候变化对渔业影响的方法(Polovina, 2005;

Polovina et al.，2008）。

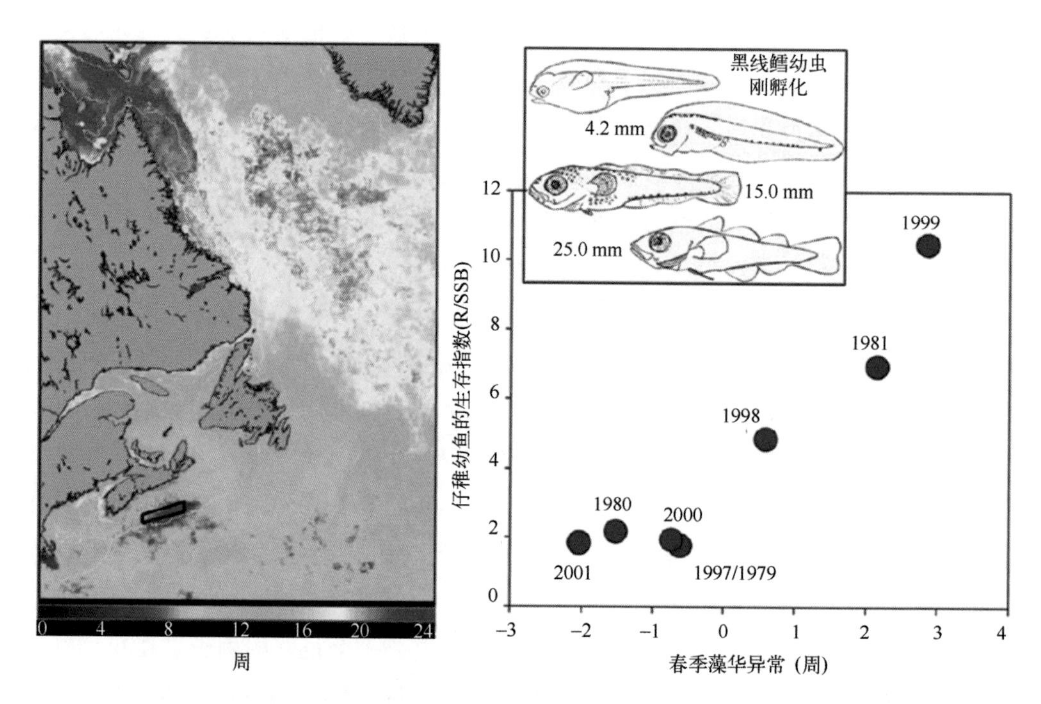

图 7.17　左图为 SeaWiFS（1998—2001 年）反演的西北大西洋 2—7 月最大浮游植物生物量的发生时间，以周为单位，从蓝色（代表早春藻华，发生在 3 月）变为红色（代表晚春藻华，发生在 7 月）；右图为黑线鳕仔稚幼鱼（显示在插图中）的生存指数、标准化补充与藻华发生时间局部异常之间的关系。数据来源于 1979—1981 年和 1997—2001 年新斯科舍省南部以东的大陆架（地图上的黑色矩形）［经过 IOCCG（2003）的允许后转载，改编自 Platt 等（2003）］

7.4.3　特定渔业的业务应用

在下个 10 年，预期将出现基于卫星数据作为常规输入的业务化海洋预报和监视系统（如第 14 章所述），将开始全面了解渔业所需的海洋条件知识。然而，许多机构似乎已经长期使用卫星数据来帮助渔业管理（Fiedler et al.，1984；Richards et al.，1989；Santos et al.，1992；Tameishi et al.，1992）。

正如上面提及，一些渔业公司发现卫星数据十分有用，并准备为日常的数据供应付费。尽管已经尝试给捕捞船队提供从同化卫星数据模型得出的精炼渔业信息［如 Santos（2000）所讨论］，但许多海上作业人员似乎更喜欢接收海表温度图像，然后根据经验自行解译。海表温度和水色图像的使用标准随渔业种类而变化。现在已经知道很多鱼类行为与海洋热结构的关系，比如长鳍金枪鱼（Laurs et al.，1984；Laurs et al.，1991；Chen et al.，2005）、蓝鳍金枪鱼（Maul et al.，1984）、剑鱼（Podestá et al.，

1993)、鲳鱼(Herron et al., 1989)和凤尾鱼(Lasker et al., 1981; Fiedler, 1983)。对某些种类，鱼似乎聚集在热结构中的可预测区域(比如锋面一侧)。显然，并非温度本身限定了这个位置，鱼群的行为机制与觅食活动和被捕食种的集中度有关。最近的研究还发现，除了海表温度外，使用水色数据也能获益(Zainuddin et al., 2004)。当这些行为形态可预测时，渔业将从准实时的海表温度和水色数据格外受益。

近年来，印度已经基于卫星海表温度(Narain et al., 1990)、他们自己的水色传感器(Nayak et al., 2003)以及水色和海表温度的集合(Dwivedi et al., 2005)自主建立了利用卫星数据定位潜在捕渔区(PFZ)的系统。它借鉴了之前小节提到的研究，每周三次发布潜在捕渔区的建议。这些可能把叶绿素分布叠加到海表温度等值线的形式，将海表温度和水色结构并列呈现(Solanki et al., 2003)，或仅是水色本身。它们由政府机构制作，并通过各种媒介广泛传播以达到最大饱和度。通过产量监测表明该系统能提高渔业生产效率。然而，出于保护考虑，6—9月繁殖旺季期间不发布咨询播报。

7.4.4 水产养殖

水产养殖可被认为是渔业的“改良”。通过蓄养鱼群，几乎消除了搜寻及捕获鱼群的努力和花费，取而代之是培育和保护鱼群的需求。因此，渔场位置的选择至关重要，海洋环境条件的监测乃至预测也是业务的重要部分。近岸特定区域的海洋测量通常最好由现场传感器实现，遥感的最大内在利益并不体现于此。因而可假设，卫星数据与水产养殖关系不大。

然而，在水产养殖管理的某些方面，遥感确实作出了贡献，并具有业务化应用的潜力。它们涉及提供海洋环境灾害预警，这些灾害来自渔场所处的受保护海湾或河口附近的沿海。在此情况下，卫星提供的更广泛的地理背景信息就变得有用。物理灾害，比如风暴或反常波情形等，可通过常规的气象预报很好地预测，除了那些已经同化于风和波预测中的部分，并不受益于特定的遥感输入(详见第8章)。但是，有害藻华能给鱼类带来灾难性的危害，在合适的情形下，遥感将能发挥作用。有时，藻类暴发源于一定距离之外，可能只是偶然的情况，风和潮流将其带到水产养殖区域。这样的藻华能通过结合水色和海表温度传感器从太空监测(Yin et al., 1999)。

正如第13章所讨论，单独使用遥感并不能可靠地区别有害藻华和良性藻华。然而，它能为潜在危害区域的藻华发展提供前期预警。如果费用合理，利用水色图像监测到藻华，就能触发现场采集藻华样品的行动，并确定其性质。如果发现危害，接下来就可以利用因遥感争取的额外时间，采取保护渔场的措施。

7.5 热带浅海栖息地

海洋生物受益于遥感另一个不同寻常的领域是对海底栖息地的研究，它们浅且足够清澈，以致海底的颜色和纹理都能从上面清晰探测。所以，这种方法受限于水深浅于 10 m，且只适用于占总海洋面积很小的一部分海域。这样的实例主要发生在热带近海和潟湖，该类区域水色图像可用于识别和描绘珊瑚礁、大型藻类、海草和红树林的范围(Green et al., 2000b)。这个方法从应用于陆地遥感的传统土地覆盖绘图法演变而来(Lillesand et al., 1999；Mather，1999)。本节简要讨论了在考虑哪些应用的情况下，这些方法如何适用于浅水栖息地识别。关于卫星海洋技术用作珊瑚礁研究的更多介绍参见 7.6 节。

在沿海潟湖区绘制水下植被需要以可用的最高空间分辨率获得太阳反射在可见光波段的多光谱观测。理想的目标是在覆盖研究区域的矩形网格每个单元识别出植被类型。因为海底植被的现场调查可能使用间距小于 1 m 的网格，这也可看作理想的遥感像素大小。使用机载传感器能够获得如此小的像素，其中有很多种类(Green，2000)，但是低空传感器的缺点在于其有限的空间覆盖。本书只考虑卫星传感器，尽管它们单幅图像的空间覆盖可达数十千米，但直到最近，最小空间分辨率数十米一直是它们绘制详细植被图像的缺陷。

可用于这个目标的传感器，主要包括 Landsat 专题制图仪(TM)和 SPOT 高分辨率可见光(HRV)辐射计，不同于本章后续描述用作海洋应用的典型水色传感器。与 SeaWiFS 或 MERIS 相比，它们的空间分辨率精细得多，刈宽也窄得多。表 7.2 列出了它们在空间、光谱和时间上的采样特征以及那些主要用于陆地遥感的大量高分辨率可见光传感器。表格还包含指向型成像光谱仪 CHRIS，通过牺牲空间分辨率来实现更高的光谱分辨率，但除此之外，这些有着良好空间分辨率的传感器，其光谱波段都相当宽。虽然它们能区分颜色差别明显的海底植物的类型，但不具备足够的光谱或辐射分辨率来识别水色的细微变化，并以此测量水体自身的有色成分。因此，它们无法反演浮游植物的叶绿素浓度。但是，随着科技发展，这个问题不会总是存在。大量的商业陆地制图卫星传感器，现已能提供分辨率为 1 m 的全彩视图，而 WorldView-2 系统于 2009 年发射，携带了一台 50 cm 分辨率的传感器，具有 8 个可见和近红外波段，包括 400~450 nm 波段，不仅用于商业绘图，还可用于监测水体成分。

当从高分辨率图像中识别覆盖海底的植被时，水色和空间纹理都被用来区分不同种类的植物。但是，直到最近，从表 7.2 详述的传感器得到的大多数图像数据集，其空间分辨率都不够，无法解析这种纹理，必须主要依靠光谱变化来识别海床上的植物。因此，多光谱分类方法是最成功的(Mather，1999)。这个方法中两个或更多不同波段反射率之间的关系用来区分具有相似关系的像素集群。“非监督”分类方法简单地使用聚类分析的结果把影像分割成不同区域，然后根据该区域的一般认知、水深等，尝试为不同区域标记海床类型，通常仅取得有限的成功。但是，如果在接近卫星图像获取的日期对海床栖息地进行现场观测，就可能更客观地将特定的多光谱聚类对应于海底覆盖物的类型。这种方法称为“监督”分类法。如果具备足够的海底覆盖类型独立观测，就可能确定哪些海底覆盖类型可被区分，哪些无法被区分。还可能确定两种或更多类型混合的像元及确定检测精度，从而在对场景分类时估算出可信度。

表 7.2 具有绘制浅海植被图潜力的高分辨率可见光和近红外传感器，仅显示可见光和近红外波段，截至 2009 年 11 月

传感器	卫星/公司	像素大小	波段(VNIR)/nm	周期/d	刈幅宽/km	服役时间
多光谱扫描仪(MSS)	Landsats 1，2，3/NASA	76 m	500～600 600～700 700～800 800～1 100	18	185	L1：1972—1978 年 L2：1975—1982 年 L3：1978—1983 年
专题制图仪(TM)	Landsats 4，5/NASA	30 m	450～520 520～600 630～690 760～900	16	185	L4：1982—1984 年 L5：1984 年至今
扩展专题制图仪(ETM)	Landsats 7/NASA	15[a] m 30 m	520～900 450～515 525～605 630～690 750～900	16	185	1999 年至今
高分辨率可见光传感器(HIRV)	SPOTs 1，2，3，4/CNES	10[a] m 20 m	490～690 500～590 610～680 790～890	26	120	S1：1986—1990 年 S2：1990 年至今 S3：1993—1996 年 S4：1998 年至今
高分辨率几何成像仪(HIRG)	SPOTs 5/CNES	5[a] m 10 m	490～690 500～590 610～680 790～890	26	120	2002 年至今

续表

传感器	卫星/公司	像素大小	波段(VNIR)/nm	周期/d	刈幅宽/km	服役时间
自扫描线性成像传感器(LISS-I，-II，-III)	I：IRS-1A II：IRS-1B III：IRS-1C 印度宇航局	I：73 m II：36.5 m III：23.5 m	490~520(I，II) 520~590 620~680 770~860	I和II：22 III：24	I：148 II：146 III：142	1988—1992年 1991—? 1995—?
增强型可见光和近红外辐射计(AVNIR)	ADEOS/NASDA	8[a] m 16 m	520~690[a] 420~500 520~600 610~690 760~890	41	80	
IKONES	Space Imaging，Inc空间影像公司	(a)1 m	(a) 450~900[a] (b)450~516 506~595 632~698 757~853	指向型的3~5 off nadir 144 true-nadir	11	2000年至今
小型高分辨率成像光谱仪(CHRIS)	PROBA/ESA	(a)36 m (b)18 m	(a)在400~1 050 nm之间有63个波段 (b)只有18个波段	可变的：指向型的传感器	14	2001—
快鸟卫星(Quickbird)	Digital Globe，Inc数字地球公司	(a) 60和70 cm (b)2.4和2.8 m	(a) 450~900[a] (b)450~520 520~600 630~690 760~900	Pointable沿轨和交叉轨3~7	16.5	2002年至今
WorldView-1	Digital Globe，Inc数字地球公司	50 cm	450~900[a]	可能是指向型的1.7	17.6	2007年至今
WorldView-2	Digital Globe，Inc数字地球公司	50 cm	450~800[a] 400~450 450~510 510~580 585~625 630~690 705~745 770~895 860~1040	一般是指向型的1.1或与World View-1结合时小于1	16.4	2009年10月至今

a：表示实现更小空间分辨率的宽频全色模式。

陆地覆盖和海底覆盖分类最重要的差异，在于水柱的影响，对反射到传感器视场的太阳光，必须穿越两次水柱。除了最清澈的水体，海水成分对光的吸收和散射阻止了这项技术的发展。然而，即使海中极少颗粒物或有色溶解物质的时候，水体本身也散射和吸收光，正如*MTOFS*(Robinson，2004)中图6.17所示。光谱的红端首先衰减，蓝光受影响最小。图7.18展示了从清澈水体不同深度观测的海底表面典型光谱反射信号的影响。最大影响发生在光谱的红外部分，仅通过几厘米的水体，就可以将其从反射信号中有效去除，因而无法利用陆地遥感广泛应用的"红边"植被探测法。

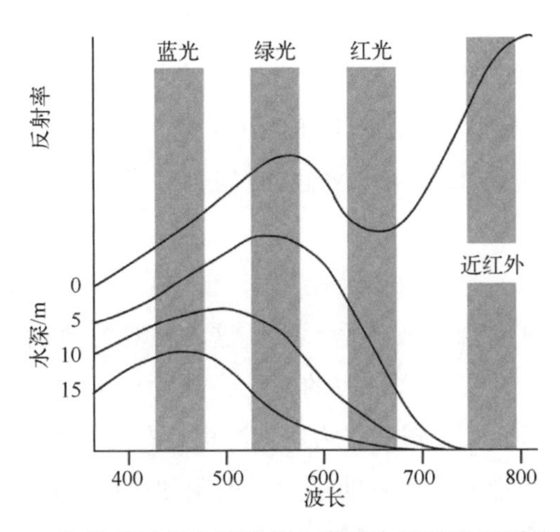

图7.18 海床反射率光谱随着水深变化显示出不同的形状，
灰色柱形表示一些高分辨率多光谱成像仪的典型波段[自Mumby等(2000)之后]

衰减的差异随着波长从蓝到绿增加，导致特定海床类型的反射光谱特征随着水深变化很大，以至于在不同水深时可能被误认为不同的海底类型。例如，深度20 m的白沙将呈现出与深度2 m的海草类似的光谱信号。因此，在对数据使用分类算法之前，要对深度影响进行校正，或者采用考虑了深度影响的分类算法。为了实现这个目的，第一要务是需要对研究区域的水深和水体的衰减特性有很好的了解。然而，Lyzenga(1981)发展了一种方法来确定成对光谱通道间的相对衰减作用，前提是图像中能识别出足够多相同底质和植被覆盖的像元。Mumby等(2000)展示了这个方法的实际应用，事先需要简单的大气校正。波长范围必须在400～650 nm的波段才能探测到海底，那些比这个范围更长的波段(红光)只适用于最浅的水体。

Green等(2000a)基于对加勒比海巴哈马群岛东端的特克斯和凯科斯群岛的海岸以及珊瑚礁遥感应用综合研究，对水下环境的地面覆盖分类方法做出明确解释。

他们的结论是，利用 Landsat 或 SPOT 数据的卫星遥感，为大范围绘制跨度数十千米的海底栖息地图像提供了一种合算的选择。因为这些传感器的空间和光谱分辨率相当粗糙，该方法只适于区分四类海底：海草、大型藻类、珊瑚礁和沙地(以及未分类的海底和看不见底的深水)。图 7.19 显示了卫星得到的凯科斯浅滩区栖息地图像实例(Mumby et al., 2000)，数据来自 SPOT 多光谱图像。分类总精度约为 73%，即 27%的像素可能被误分类。为了增加可检测类别的数目，并提高精度，需要使用机载传感器。使用具有 16 个谱段的小型机载光谱成像仪(CASI)，获得图 7.19 子区域精度为 81%的 9 类图像。这些以及相似的研究(Zainal et al., 1993; Purkiss et al., 2002)证实，卫星传感器为研究热带生态系统的生物学家提供了一种对大型礁和潟湖区域海床近似分类的方法。为了进行更详细的分析，机载或现场调查很有必要，尽管最近使用来自 IKONOS 卫星 4 m 分辨率数据(光谱性能与 Landsat TM 类似)，可进行 8 种底质类型的划分，总精度达到 69%，且水深达到 6 m(Purkiss, 2005)。

除了区分不同栖息地，遥感数据还能用来量化两种差异明显的海床类型的相对比例。在像元由沙地和海草混合组成的情形下，这为估算海草的存量提供了基础，它以单位面积生物量来计量。为实现这一目的，已经开发出半经验模型(Armstrong, 1993; Mumby et al., 1997)。尽管机载扫描仪为研究海草动态所需的小尺度(<10 m)提供了空间细节，基于卫星的生物量估算仍有助于大尺度制图(Dekker et al., 2006)。此外，由于 Landsat 和 SPOT 的存档资料跨越多年，有可能对海草覆盖的大规模变化进行回溯性研究。例如，通过比较事前和事后的 SPOT 影像，就能检测佛罗里达湾海草大规模死亡的空间范围(Robblee et al., 1991)。卫星数据在热带沿海生态系统中另一项重要的应用是对红树林的监视和测量(Green et al., 2000)，尽管这些探测都在水面之上，遥感方法完全超出了本书的范畴。

公平地说，从海洋生物研究的角度来看，卫星遥感在热带海洋海底栖息地研究的作用仍受限于粗糙的空间分辨率。然而，这不应减损卫星监测和制图对热带浅海、珊瑚礁和潟湖管理的重大贡献(Green et al., 1996; Mumby et al., 1999)。许多沿海管理者认为，卫星监测并定期重绘相当大区域海床的能力，为管理规划和监测栖息地随时间的变化提供了良好的背景。相对廉价的卫星俯视图能为监测策略的规划提供依据，有助于确定现场采样的密度，以确保代表性。高分辨率卫星数据还是管理者的宝贵工具，帮助他们履行职责，制定环境保护标准、确定渔区位置和规划热带沿海水域的娱乐用途等。我们可预计，未来沿海环境管理者将越来越多地使用如 WorldView-2 的高分辨率多光谱传感器，并结合地理信息系统来组织现场测量。

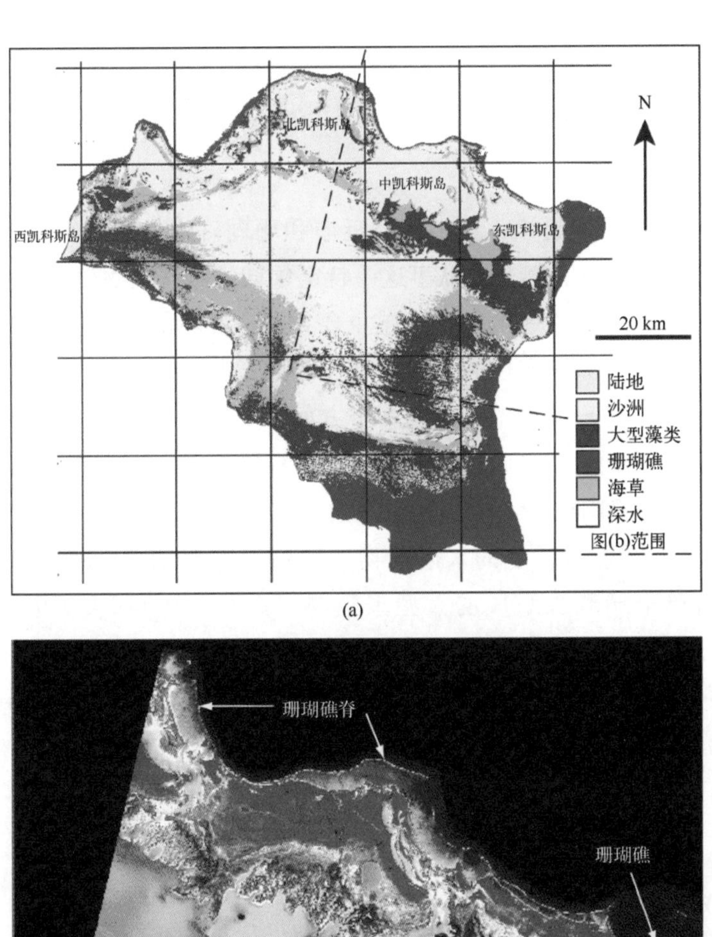

(a)

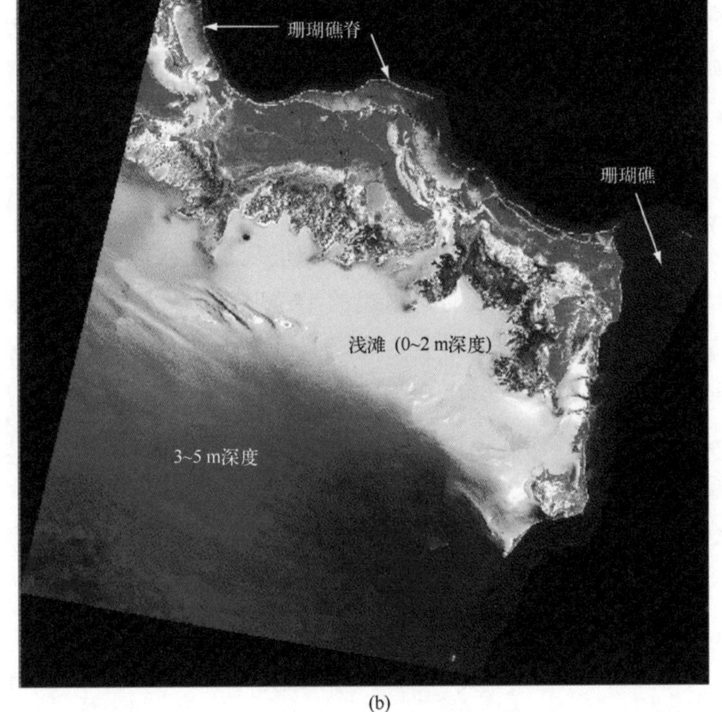

(b)

图 7.19 (a)通过“监督”分类得到的凯科斯群岛大规模栖息地地图(只含有 4 种类型)，数据来自 SPOT XS 数据库；(b)SPOT 多光谱图像数据的假彩色合成图。其中，图(a)是从蓝光波段的 XS1、绿光波段的 XS2、红光波段的 XS3 导出的。这个例子来自 Mumby 等(2000)，这是 Green 等(2000b)的简化版本(感谢纽卡斯尔大学的 Alasdair Edwards 提供帮助)

7.6 珊瑚礁——卫星数据更广泛的应用

从上一节可以清楚地看出，详细研究近岸和珊瑚礁水生态系统所需的遥感方法，基本是陆基高分辨率制图的延伸。从事这一特定领域的海洋生物学家，对 *MTOFS* 中介绍并应用于本书其他多数主题的海洋遥感主要方法，并不能期待获得太多帮助。这是因为珊瑚礁和底栖生态系统变化的空间尺度比其他章节描述的绝大多数其他海洋现象都要小得多。然而，在珊瑚礁生物学的一个方面，卫星海洋技术提供的更充分总览已变得必不可少，重要到需要单独用一节来讨论。这就是关于珊瑚白化的问题，卫星通过监测海表温度来识别珊瑚礁面临白化风险的区域。

珊瑚是附着在多石基质上的水下动物，被称为石珊瑚(stony corals 或者 *scleractinians*)，是由单个珊瑚虫组成的大型聚集群落，每一个体都会产生石灰岩沉积物。多年来，这些沉积物形成了热带和温带浅海区域的大型珊瑚礁系统，为丰富而复杂的生态系统提供了独特的栖息地[见 Barnes 等(1999)的 117-141 页]。珊瑚通过在其细胞内共生称为黄藻的藻类而茁壮成长，黄藻为珊瑚提供光合作用产生的氧气和有机化合物，而其自身从珊瑚得到二氧化碳和光合作用所需的其他化学成分。藻类赋予珊瑚礁丰富的颜色，共生关系对整个珊瑚礁生态系统的健康至关重要。

珊瑚白化是指当珊瑚受到生理压力，通过排出黄藻来作出响应的情况。藻类的消失在视觉上是很明显的，因为珊瑚失去了使它们呈现黄色或棕色的色素。在这种情况下，珊瑚附着的白色石灰岩基质就通过水螅的半透明细胞表现出来，然后显得苍白甚至是白色。如果压力很快消除，藻类会在几周内恢复，珊瑚也会恢复。但是如果压力持续数周，珊瑚将会死亡，并继续呈现为完全的白色。活珊瑚的丧失最终会造成对整个珊瑚礁生态系统的损害。因此，珊瑚礁白化事件将构成需要海洋环境管理人员认真对待的严重威胁。

珊瑚白化的原因包括疾病、盐度变化或沉积物增加等因素，但与珊瑚白化事件最相关的因素是水温高于该区域常规最大值，还可能涉及表面很高的太阳紫外辐照度(Glynn，1996；Hoegh-Guldberg，1999)，后两个变量可由卫星常规监控。因为水温的异常现象经常发生在数十千米或更大的空间尺度，所以无须非常局地化的测量，从中分辨率传感器(像素点约为 1 km)得到的 50 km 分辨率海表温度合成产品就可满足。此外，就局部而言，虽然真正有影响的是珊瑚所在深度的水温，但与气候态相关的异常可基于表面温度(即卫星探测的海温)来探测。

过去10年，NOAA卫星应用和研究中心(STAR)执行了珊瑚礁观测计划(CRW)①。来自AVHRR的海表温度观测用于记录何时何地的温度上升到超过“白化阈值”的温度，这个阈值定义为比某个特定地点一年中最热月份的平均温度高出1℃(Glynn et al., 1990)。因此，所有礁位的阈值并不统一，而是基于假定在特定位置，珊瑚已经适应了过去的几年通常遇到的最高温。因此，珊瑚白化的阈值可从全球12个月海温气候态的分析中很容易得到。以此作为参考，NOAA每周发布两次“热点”图像，覆盖全球45°N—45°S的区域，并有大量更高分辨率的区域性局部图。这些识别出的区域，卫星反演的最近4天平均海表温度超出了月平均气候态的最大值。图7.20展示了加勒比海的例子，淡紫色—蓝色表示海表温度超出部分位于0~1℃，较亮的颜色(黄色—红色)代表海表温度超过1℃的部分，表明已经超过白化阈值，因此可指示珊瑚礁因热压力面临破坏危险的位置和程度。

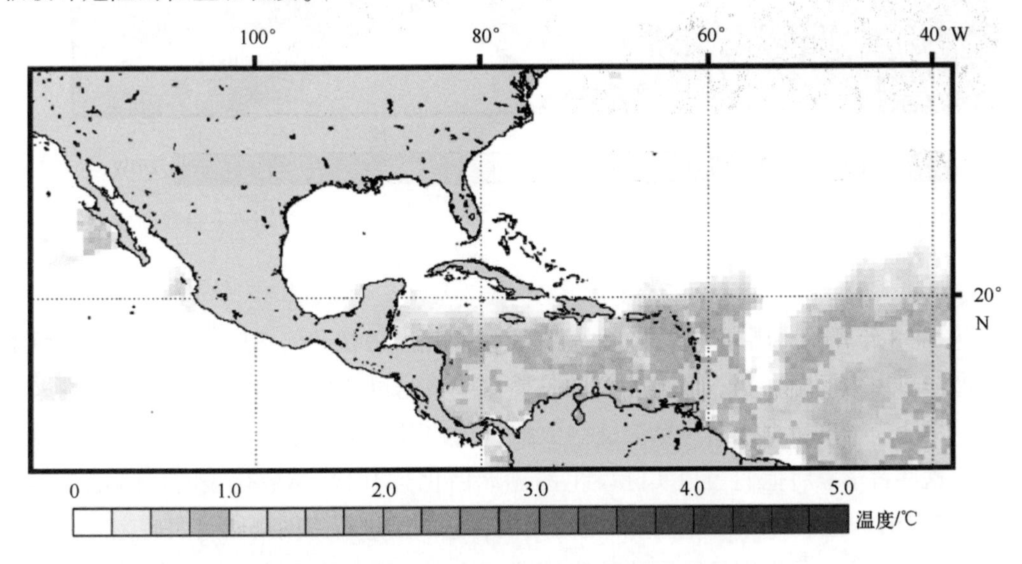

图7.20 来自NOAA珊瑚礁观测计划的珊瑚白化热点区域的案例，对应2008年10月16日的情况。数值范围代表着海表温度超过最大月平均的数值。超过1℃时，代表超过了珊瑚白化阈值(图像下载自NOAA的珊瑚礁观测网站)

温度过高的时间越长，珊瑚白化的风险就越大，因此除了热点图像，珊瑚管理机构还要了解热压力的积累。如图7.21所示，这样的信息包含在每周两次生成的“周热度指数”(DHW)图像之中，合并了过去12周里每周超过白化阈值的过高海表温度。比如，10DHW可能是过去12周中有10周超过1℃，或有5周超过2℃，也可能是其他加起来等于10DHW的组合。值得注意的是，如果海表温度低于白化阈值，对那一周的

① http://coralreefwatch.noaa.gov/satellite/index.html.

DHW 指数贡献为零，并不为负值。实际操作中，DHW 指数每周更新两次。请注意，最后一次阈值被超过后的 12 周，DHW 指数仍然非零，意味着这个阶段珊瑚礁仍然是处于危险期，而直接热压力消除后需要时间恢复。

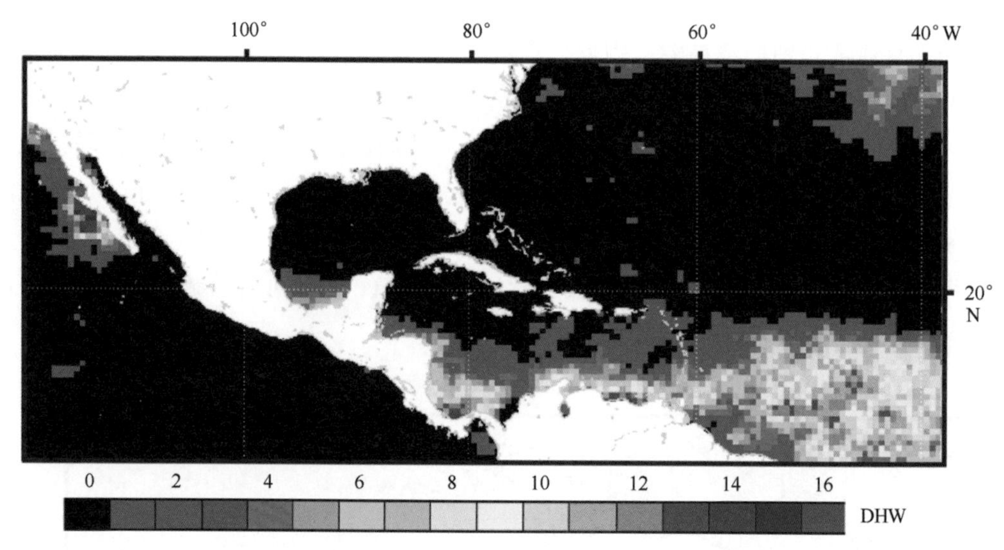

图 7.21　NOAA 珊瑚礁观测计划提供的 2008 年 11 月 13 日的周热度指数图
（图像下载自 NOAA 珊瑚礁观测网站）

从 1998 年开始，珊瑚礁观测计划就一直绘制热点图像和周热度指数，从而保留了热带海洋热压力历史存档。值得注意的是，这些数据以全球尺度提供，因为它们来自全球卫星海表温度数据产品，尽管这些数据的用户可能是当地的海洋保护和环境监测官员。这些科学家将他们当地实际发生的珊瑚白化与 DHW 指数代表的风险记录相比较。因为 DHW 指数对所有珊瑚礁都是通用的，它鼓励进行不同珊瑚礁如何应对相似热压力的比较，为开展识别可能导致某些珊瑚礁比别的珊瑚礁更容易白化的其他因素的研究提供基础。值得注意的是，这正是卫星遥感的另一个好处：促进海洋科学家之间的科学合作，他们关注局地生态系统但在地理上分离，如果不共享来自卫星的全球共同数据源，可能彼此完全孤立。

NOAA 目前正在尝试一个实验性的光压力产品，试图表示来自热应力和有效光合辐射（见 7.3.3 节讨论）强度的联合风险。NOAA 还提供一项订阅服务，将会自动地向订阅者推送特定珊瑚礁区域温度过高的预警。

7.7　未来的海洋生物应用

本章介绍了卫星海洋学与海洋生物学在某些方面紧密联系的多种方式。这种合作关系可能如何发展呢？在不久的将来，可以预料的是，不断扩展的 SeaWiFS、MODIS 和 MERIS 数据集叶绿素全球时间序列的优势，将在探索海洋浮游植物生物量分布的自然变化、季节变化和长期变化的更多论文中得到证实。若在卫星浮游植物观测中检测出长期变化，我们应该期望看到它与海洋中的物理和地球化学因素的关联，并且需要分析以确定与全球变暖有关的气候变化之间的相关程度。如果可能的话，将卫星水色记录的长期变化与传统海洋生物分析检测出的变化相联系也很重要，后者通过建立站点进行长时间取样，例如百慕大。对初级生产估计的改进同样如此。这样的做法正在稳步改进，并且只要花时间积累和处理数据，我们就可了解生产量的长期波动或趋势以及其可能与其他生物指标相关联的空间分布。

MODIS 和 MERIS 的经验促使人们对实验算法进行研究，以利用其改进的光谱分辨率。我们期望看到开发估算其他生物地球化学变量的改进方法，而不只是叶绿素，这将有助于海洋生物地球化学通量的研究。我们还应期待看到二类水体水色数据分析算法和方法的改进，这将有助于沿海和陆架海更可靠的生物量和初级生产测量，尽管这一领域仍有大量艰苦的工作需要完成(Robinson et al.，2008)。

高质量数据的全球覆盖，观察地球上迄今为止未被研究的部分，可能是海洋生物学和卫星海洋学之间合作的一个富有成果的研究领域。基于可用 SeaWiFS 数据开展的南极水体研究，发现一些有趣的不同光学特征，高叶绿素含量的地方比在其他海洋更蓝，也许需要修正叶绿素算法(Dierssen et al.，2000)。一旦解决这个问题，海冰边缘区冰融化时生产量暴发的现象，还有很多值得研究的地方。北冰洋预计夏季时海冰面积会减少，遥感应该也能描述冰区边界初级生产的变化。

在 5~10 年的时间段内以及一些阅读这些内容的下一代研究人员持续接触新数据流势必会有偶然发现，预期将影响所有海洋科学家的重大发展会是业务化海洋学的出现。这个主题将在第 14 章进行更详细的介绍。设想将来自太空和现场的所有海洋测量进行合并与融合，同化到高分辨率数学模型，在任何给定的时间和地点最大限度获取海洋信息，来提供特定海洋生物研究依据的背景环境。这些模型不仅能预测海洋环流动力、海洋物理和热力学性质，而且还能预测生物地球化学性质，这可能是改进初级生产估计的方向。

那些受卫星数据约束得到改进的模型，也创造了机会来验证海洋生物的假设，尤其是浮游植物，可能会通过改变对太阳能的光散射和吸收(Miller et al.，2003；Manizza et al.，2005；Subrahmanyam et al.，2008)，甚至可能通过海-气界面天然表面生物膜的影响，对物理环境施加比之前公认更大程度的控制。卫星遥感数据在这个方法中起到催化作用，因为它提供了一个空间密集、定期重复的稳定测量来改善、测试和验证海洋预报模型，它们将可能成为新一代卫星海洋生物学家的研究工具!

7.8 参考文献

Aiken, J., J. R. Fishwick, S. J. Lavender, R. Barlow, G. Moore, and H. Sessions (2007), Validation of MERIS reflectance and chlorophyll during the BENCAL cruise October, 2002: Preliminary validation of new products for phytoplankton functional types and photosynthetic parameters. Int. J. Remote Sensing, 28, 497-516.

Alvain, S., C. Moulin, Y. Dandonneau, and F. M. Breon (2005), Remote sensing of phytoplankton groups in case 1 waters from global SeaWiFS imagery. Deep-Sea Res. I, 52, 1989-2004.

Antoine, D., and A. Morel (1996), Oceanic primary production, 1: Adaptation of a spectral light-photosynthesis model in view of application to satellite chlorophyll observations. Global Biogeochemical Cycles, 10 (1), 43-55.

Antoine, D., J.-M. André, and A. Morel (1996), Oceanic primary production, 2: Estimation at global scale from satellite (coastal zone color scanner) chlorophyll. Global Biogeochemical Cycles, 10(1), 57-69.

Armstrong, R. A. (1993), Remote sensing of submerged vegetation canopies for biomass estimation. Int. J. Remote Sensing, 14, 10-16.

Balch, W. M., P. M. Holligan, S. G. Ackleson, and K. J. Voss (1991), Biological and optical properties of mesoscale coccolithophore blooms in the Gulf of Maine. Limnology and Oceanography, 36, 629-643.

Barale, V., J.-M. Jaquet, and M. Ndiaye (2008), Algal blooming patterns and anomalies in the Mediterranean Sea as derived from the SeaWiFS data set (1998—2003). Rem. Sens. Environ., 112, 3300-3313.

Barnes, R. S. K., and R. N. Hughes (1999), An Introduction to Marine Ecology (Third Edition, 286 pp.). Blackwell Science Ltd., Oxford, U.K.

Behrenfeld, M. J., and P. G. Falkowski (1997a), A consumer's guide to phytoplankton primary production models. Limnology and Oceanography, 42, 1479-1491.

Behrenfeld, M. J., and P. G. Falkowski (1997b), Photosynthetic rates derived from satellite-based chlorophyll concentration. Limnology and Oceanography, 42, 1-20.

Behrenfeld, M., E. Boss, D. A. Siegel, and D. M. Shea (2005), Carbon-based ocean productivity and phytoplankton physiology from space. Global Biogeochemical Cycles, 19 (GB1006), doi: 10.1029/2004GB002299.

Bishop, J. K. B., and W. B. Rossow (1991), Spatial and temporal variability of global surface solar irradiance. J. Geophys. Res., 96, 16839-16858.

Bouvet, M., N. Hoepffner, and M. D. Dowell (2002), Parameterization of a spectral solar irradiance model for the global ocean using multiple satellite sensors. J. Geophys. Res., 107 (C12), 3215, doi: 10.1029/2001JC001126.

Brock, J. C., S. Sathyendranath, and T. Platt (1998), Biohydro-optical classification of the northwestern

Indian Ocean. Mar. Ecol. Prog. Ser., 165, 1-15.

Broerse, A. T. C., T. Tyrell, J. R. Young, A. J. Poulton, A. Merico, and W. M. Balch (2003), The cause of bright waters in the Bering Sea in winter. Cont. Shelf Res., 23, 1579-1596.

Brown, C., and G. P. Podestá (1997), Remote sensing of coccolithophore blooms in the Western South Atlantic Ocean. Rem. Sens. Environ., 60, 83-91.

Brown, C. W., and J. A. Yoder (1994), Coccolithophorid blooms in the global ocean. J. Geophys. Res., 99, 7467-7482.

Campbell, J. (1995), The lognormal distribution as a model for bio-optical variability in the sea. J. Geophys. Res, 100(C7), 13237-13254.

Campbell, J., D. Antoine, R. Armstrong, K. Arrigo, W. Balch, R. Barber, M. Behrenfeld, R. Bidigare, J. Bishop, and M. -E. Carr et al. (2002), Comparison of algorithms for estimating ocean primary production from surface chlorophyll, temperature, and irradiance. Global Biogeochemical Cycles, 16(3), 74.

Carr, M. -E., M. A. Friedrichs, M. Schmeltz, M. N. Aita, D. Antoine, K. R. Arrigo, I. Asanuma, O. Aumont, R. Barber, and M. Behrenfeld et al. (2006), A comparison of global estimates of marine primary production from ocean color. Deep-Sea Res. II, 53, 741-770.

Chen, I. -C., P. -F. Lee, and W. -N. Tzeng (2005), Distribution of albacore (Thunnus alalunga) in the Indian Ocean and its relation to environmental factors. Fish. Oceanogr., 14, 71-80.

Cushing, D. H. (1990), Plankton production and year-class strength in fish populations: An update of the match mismatch hypothesis. Adv. Mar. Biol., 26, 249-294.

Dekker, A., V. Brando, J. Anstee, S. Fyfe, T. Malthus, and E. Karpouzli (2006), Remote sensing of seagrass ecosystems: Use of spaceborne and airborne sensors. In A. Larkum, R. Orth, and C. Duarte (Eds.), Seagrasses: Biology, Ecology and Conservation (pp. 347-359). Springer-Verlag, New York.

Dierssen, H. M., and R. C. Smith (2000), Bio-optical properties and remote sensing ocean color algorithms for Antarctic Peninsula waters. J. Geophys. Res., 105(C11), 26301-26312.

Dierssen, H. M., M. Vernet, and R. C. Smith (2000), Optimizing models for remotely estimating primary production in Antarctic coastal waters. Antarctic Science, 12(1), 20-32.

Dugdale, R. C., C. O. Davis, and F. P. Wilkerson (1997), Assessment of new production at the up welling center at Point Conception, California, using nitrate estimated from remotely sensed sea surface temperature. J. Geophys. Res., 102, 8573-8585.

Dwivedi, R. M., H. U. Solanki, S. Nayak, D. Gulati, and V. S. Sonvanshi (2005), Exploration of fishery resources through integration of ocean colour and sea surface temperature. Ind. J. Mar. Sci., 34(4), 430-440.

Edwards, M., and A. J. Richardson (2004), Impact of climate change on marine pelagic phenology and trophic mismatch. Nature, 430, 881-884.

Ellingson, R. G., and Y. Fouquart (1991), The intercomparison of radiation codes in climate models: An overview. J. Geophys. Res., 96, 8925.

Elskens, M., L. Goeyens, F. Dehairs, A. Rees, I. Joint, and W. Baeyens (1999), Improved estimation of f-ratio in natural phytoplankton assemblages. Deep-Sea Research, 46, 1793-1808.

Eppley, R. W. (1972), Temperature and phytoplankton growth in the sea. Fishery Bulletin, 70, 1063-1085.

Erickson, D. J., and B. E. Eaton (1993), Global biogeochemical cycling estimates with CZCS satellite data and general-circulation models. Geophys. Res. Lett., 20(8), 683-686.

Fiedler, P. C. (1983), Satellite remote sensing of the habitat of spawning anchovy in the southern California Bight. CalCOFI Rep., 24, 202-209.

Fiedler, P. C., and H. J. Bernard (1987), Tuna aggregation and feeding near fronts observed in satellite imagery. Cont. Shelf Res., 7(8), 871-881.

Fiedler, P. C., G. B. Smith, and R. M. Laurs (1984), Fisheries applications of satellite data in the eastern North Pacific. Mar. Fish. Rev., 46(3), 1-13.

Friedrichs, M. A. M., M.-E. Carr, R. Barber, M. Scardi, D. Antoine, R. A. Armstrong, I. Asanuma, M. J. Behrenfeld, E. T. Buitenhuis, and F. Chai et al. (2009), Assessing the uncertainties of model estimates of primary productivity in the tropical Pacific Ocean. J. Marine Systems, 76(1/2), 113-133.

Frouin, R., and B. Cherlock (1992), A technique for global monitoring of net solar irradiance at the ocean surface, Part I: Model. J. Appl. Meteorol., 31, 1056-1066.

Frouin, R., C. Gautier, K. Katsaros, and R. Lind (1988), A comparison of satellite and empirical formula techniques for estimating insolation over the oceans. J. Appl. Meteorol., 27, 1016.

Frouin, R., D. W. Lingner, C. Gautier, K. S. Baker, and R. C. Smith (1989), A simple analytical formula to compute clear sky total and photosynthetically available solar irradiance at the ocean surface. J. Geophys. Res., 94, 9731-9742.

Frouin, R., B. Franz, and M. Wang (2001), Algorithm to Estimate PAR from SeaWiFS Data, Version 1.2: Documentation. NASA GSFC, available at http://oceancolor.gsfc.nasa.gov/DOCS/seawifs_par_wfigs.pdf (last accessed August 3, 2008).

Frouin, R., B. Franz, and P. J. Werdell (2003), The SeaWiFS PAR product. In: S. B. Hooker and E. R. Firestone (Eds.), Algorithm Updates for the Fourth SeaWiFS Data Reprocessing (NASA Technical Memorandum, 2000-206892, vol. 22). NASA-GSFC, Greenbelt, MD.

Garcia-Gorriz, E., and M. E. Carr (1999), The climatological annual cycle of satellite-derived phytoplankton pigments in the Alboran Sea. Geophys. Res. Lett., 26(19), 2985-2988.

Gautier, C. (1995), Remote sensing of surface solar radiation flux and PAR over the ocean from satellite observations. In: M. Ikeda and F. W. Dobson (Eds.), Oceanographic Applications of Remote Sensing (pp. 271-290). CRC Press, Boca Raton, FL.

Gautier, C., G. Diak, and S. Masse (1980), A simple physical model to estimate incident solar radiation at the surface from GOES satellite data. J. Appl. Meteorol., 19, 1005.

Glynn, P. W. (1996), Coral reef bleaching: Facts, hypotheses and implications. Global Change Biology, 2,

495-509.

Glynn, P. W., and L. D'Croz (1990), Experimental evidence for high temperature stress as the cause of El Niño coincident coral mortality. Coral Reefs, 8, 181-191.

Gomes, H. R., J. I. Goes, and T. Saino (2000). Influence of physical processes and freshwater discharge on the seasonality of phytoplankton regime in the Bay of Bengal. Cont. Shelf Res., 20(3), 313-330.

Gonzalez, N. M., F. E. Muller-Karger, S. C. Estrada, R. P. de los Reyes, I. V. del Rio, P. C. Perez, and I. M. Arenal (2000), Near-surface phytoplankton distribution in the western Intra-Americas Sea: The influence of El Niño and weather events. J. Geophys. Res., 105(C6), 14029-14043.

Gordon, H. R., G. C. Boynton, W. M. Balch, S. B. Groom, D. S. Harbour, and T. J. Smyth (2001), Retrieval of coccolithophore calcite concentration from SeaWiFS imagery. Geophys. Res. Lett., 28(8), 1587-1590.

Green, E. P. (2000). Satellite and airborne sensors useful in coastal applications. In: E. P. Green, P. J. Mumby, A. J. Edwards, and C. D. Clark (Eds.), Remote Sensing Handbook for Tropical Coastal Management (pp. 41-56) UNESCO, Paris.

Green, E. P., and P. J. Mumby (2000), Mapping mangroves. In: E. P. Green, P. J. Mumby, A. J. Edwards, and C. D. Clark (Eds.), Remote Sensing Handbook for Tropical Coastal Management (pp. 183-198). UNESCO, Paris.

Green, E. P., P. J. Mumby, A. J. Edwards, and C. D. Clark (1996), A review of remote sensing for the assessment and management of tropical coastal resources. Coastal Management, 24, 1-40.

Green, E. P., C. D. Clark, and A. J. Edwards (2000a), Image classification and habitat mapping. In: E. P. Green, P. J. Mumby, A. J. Edwards, and C. D. Clark (Eds.), Remote Sensing Handbook for Tropical Coastal Management (pp. 141-154). UNESCO, Paris.

Green, E. P., P. J. Mumby, A. J. Edwards, and C. D. Clark (Eds.) (2000b), Remote Sensing Handbook for Tropical Coastal Management (edited by A. J. Edwards, 316 pp.). Coastal Management Sourcebooks, UNESCO, Paris.

Gregg, W. W., and K. L. Carder (1990), A simple spectral solar irradiance model for cloudless maritime atmospheres. Limnology and Oceanography, 35, 1657-1675.

Hardman-Mountford, N. J., T. Hirata, K. A. Richardson, and J. Aiken (2008). An objective methodology for the classification of ecological pattern into biomes and provinces for the pelagic ocean. Rem. Sens. Environ., 112(208), 3341-3352.

Hemmings, J. C. P., R. M. Barciela, and M. J. Bell (2008), Ocean colour data assimilation with material conservation for improving model estimates of air-sea CO_2 flux. J. Marine Res., 66, 87-126.

Hemmings, J. C. P., M. A. Srokosz, P. Challenor, and M. J. R. Fasham (2003). Assimilating satellite ocean colour observations into oceanic ecosystem models. Phil. Trans. Roy. Soc. Lond. A, 361(1802), 33-39.

Hemmings, J. C. P., M. A. Srokosz, P. Challenor, and M. J. R. Fasham (2004). Split-domain calibration of an ecosystem model using satellite ocean colour data. J. Marine Sys., 50(3/4), 141-179.

Henson, S. A., R. Sanders, J. T. Allen, I. S. Robinson, and L. Brown (2003), Seasonal constraints on the estimation of new production from space using temperature-nitrate relationships. Geophys. Res. Letters, 30(17), 1912, doi: 10.1029/2003GL017982.

Henson, S. A., I. S. Robinson, J. T. Allen, and J. J. Waniek (2006), Effect of meteorological conditions on interanual variability in timing and magnitude of the spring bloom in the Irminger Basin, North Atlantic. Deep-Sea Res., 53, 1601-1615.

Herron, R. C., T. D. Leming, and J. Li (1989), Satellite-detected fronts and butterfish aggregations in the northeastern Gulf of Mexico. Cont. Shelf Res., 9(6), 569-588.

Hoegh-Guldberg, O. (1999) Climate change, coral bleaching and the future of the world's coral reefs. Mar. Freshwater Res., 50, 839-866.

Holligan, P. M., M. Viollier, C. Dupouy, and J. Aiken (1983), Satellite studies on the distributions of chlorophyll and dinoflagellate blooms in the western English Channel. Cont. Shelf Res., 2, 81-96.

Iglesias-Rodríguez, M. D., C. Brown, S. C. Doney, J. Kleypas, D. Kolber, and Z. Kolber (2002), Representing key phytoplankton functional groups in ocean carbon cycle models: Coccolithophorids. Global Biogeochemical Cycles, 16(1100), doi: 10.1029/2001GB001454.

Iglesias-Rodríguez, M. D., P. Halloran, R. E. M. Rickaby, I. R. Hall, E. Colmenero-Hidalgo, J. R. Gittins, D. R. H. Green, T. Tyrell, S. J. Gibbs, and P. von Dassow et al. (2008), Phytoplankton calcification in a high CO_2 world. Science, 320, 336-340.

IOCCG (2006), Remote sensing of inherent optical properties: Fundamentals, tests of algorithms and applications. In: Z. P. Lee (Ed.), Reports of the International Ocean-Colour Coordinating Group (No. 5, 126 pp.). IOCCG, Dartmouth, Canada.

IOCCG (2008), Why ocean colour? The societal benefits of ocean-colour technology. In: T. Platt, N. Hoepffner, V. Stuart, and C. Brown (Eds.), Reports of the International Ocean-Colour Coordinating Group (No. 7, 141 pp.). IOCCG, Dartmouth, Canada.

Ishizaka, J., E. Siswanto, T. Itoh, H. Murakami, Y. Yamaguchi, N. Horimoto, T. Ishimaru, S. Hashimoto, and T. Saino (2007), Verification of vertically generalized production model and estimation of primary production in Sagami Bay. Japan. J. Oceanography, 63(3), 517-524.

Joint, I., and S. B. Groom (2000), Estimation of phytoplankton production from space: current status and future potential of satellite remote sensing. J. Exp. Mar. Biol. Ecol., 250, 233-255.

Kahru, M., and B. G. Mitchell (2000), Influence of the 1997—1998 El Niño on the surface chlorophyll in the California Current. Geophys. Res. Lett., 27(18), 2937-2940.

Kiefer, D. A., and B. G. Mitchell (1983), A simple steady-state description of phyto plankton growth based on absorption cross section and quantum efficiency. Limnology and Oceanography, 28, 770-776.

Kirk, J. T. O. (1994), Light and Photosynthesis in Aquatic Ecosystems (Second Edition). Cambridge University Press, Cambridge, U.K.

Lasker, R., J. Peláez, and R. M. Laurs (1981), The use of satellite infrared imagery for describing ocean processes in relation to spawning of the northern anchovy(Engraulis mordax). Rem. Sens. Environ., 11, 439-453.

Laurs, R. M., and J. T. Brucks (1985), Living marine resources applications. In B. Saltzman (Ed.), Satellite Oceanic Remote Sensing (pp. 419-452). Academic Press, London.

Laurs, R. M., and R. J. Lynn (1991). North Pacific albacore ecology and oceanography. In: J. A. Wetherall (Ed.), Biology, Oceanography and Fisheries of the North Pacific Transition Zone and Subarctic Frontal Zone (NOAA Technical Report NMFS 105, pp. 69-87). National Oceanic and Atmospheric Administration, Silver Springs, MD.

Laurs, R. M., P. C. Fiedler, and D. R. Montgomery(1984), Albacore tuna catch distributions relative to environmental features observed from satellite. Deep-Sea Res., 31(9), 1085-1099.

Leonard, C. L., R. R. Bidigare, M. P. Seki, and J. J. Polovina (2001), Interannual mesoscale physical and biological variability in the North Pacific Central Gyre. Progress in Oceanography, 49, 227-244.

Lévy, M., Y. Lehahn, J.-M. André, L. Mémery, H. Loisel, and E. Heifetz (2005), Production regimes in the northeast Atlantic: A studybased on Sea-viewing Wide Field-of-view Sensor (SeaWiFS) chlorophyll and ocean general circulation model mixed layer depth. J. Geophys. Res., 110(C07S10), doi: 10.1029/2004JC002771.

Lillesand, T. M., and R. W. Kiefer (1999), Remote Sensing and Image Interpretation (Fourth Edition, 736 pp.). John Wiley& Sons, New York.

Longhurst, A. (1998), Ecological Geography of the Sea. Academic Press, San Diego, CA.

Longhurst, A., S. Sathyendranath, T. Platt, and C. M. Caverhill (1995), An estimate of global primary production in the ocean from satellite radiometer data. J. Plankton Res., 17(6), 1245-1271.

Lyzenga, D. R. (1981), Remotre sensing of bottom reflectance and water attenuation parameters in shallow water using aircraft and Landsat data. Int. J. Remote Sensing, 2, 71-82.

Manizza, M., C. LeQuéré, A. J. Watson, and E. T. Buitenhuis (2005), Bio-optical feedbacks among phytoplankton, upper ocean physics and sea-ice in a global model. Geophys. Res. Lett., 32(L05603), doi: 10.1029/2004GL020778.

Mather, P. M. (1999), Computer Processing of Remotely-sensed Images: An Introduction (Second Edition, 292 pp.). John Wiley & Sons, Chichester, U.K.

Maul, G. A., F. Williams, M. Roffer, and F. M. Souza (1984). Remotelysensed ocean ographic patterns and variabilityof bluefin tuna catch in the Gulf of Mexico. Oceanol. Acta, 7(4), 469-479.

McClain, C. R. (2009), A decade of satellite ocean color observations. Annu. Rev. Mar. Sci., 1, 19-42.

Miller, A. J., M. A. Alexander, G. J. Boer, F. Chai, K. Denman, D. J. Erickson Ⅲ, R. Frouin, A. J. Gabric, E. A. Laws, and M. R. Lewis et al. (2003), Potential feedbacks between Pacific Ocean ecosystems and interdecadal climate variations. Bull. Am. Meteorol. Soc., 84(5), 617-633.

Mitchell, B. G. (1994) Coastal zone color scanner retrospective. J. Geophys. Res., 99, 7291-7292.

Montgomery, D. R. (1981) Commercial applications of satellite oceanography. Oceanus, 24(3), 56-65.

Montgomery, D. R., R. E. Wittenberg-Fay, and R. W. Austin (1986), The applications of satellite-derived ocean color products to commercial fishing operations. Mar. Tech. Soc. J., 20(2), 72-86.

Moore, J. K., M. R. Abbott, J. G. Richman, W. O. Smith, T. J. Cowles, K. H. Coale, W. D. Gardner, and R. T. Barber (1999), SeaWiFS satellite ocean color data from the Southern Ocean. Geophys. Res. Lett., 26(10), 1465-1468.

Morel, A. (1991), Light and marine photosynthesis: A spectral model with geochemical and climatological implications. Progress in Oceanography, 26, 263-306.

Morel, A., and J. -F. Berthon (1989), Surface pigments, algal biomass profiles and potential production of the euphotic layer: Relationships reinvestigated in view of remote sensing applications. Limnology and Oceanography, 34, 1545-1562.

Mumby, P. J., and A. J. Edwards (2000), Water column correction techniques. In: E. P. Green, P. J. Mumby, A. J. Edwards, and C. D. Clark (Eds.), Remote Sensing Handbook for Tropical Coastal Management (pp. 121-128). UNESCO, Paris.

Mumby, P. J., and E. P. Green (2000), Mapping coral reefs and macroalgae. In: E. P. Green, P. J. Mumby, A. J. Edwards, and C. D. Clark (Eds.), Remote Sensing Handbook for Tropical Coastal Management (Chap. 14, p. 155). UNESCO, Paris.

Mumby, P. J., E. P. Green, A. J. Edwards, and C. D. Clark (1997), Measurement of sea-grass standing crop using satellite and digital airborne remote sensing. Mar. Ecol. Prog. Ser., 159, 51-60.

Mumby, P. J., E. P. Green, A. J. Edwards, and C. D. Clark (1999), The cost-effectiveness of remote sensing for tropical coastal resources assessment and management. J. Environmental Management, 55, 157-166.

Murtugudde, R. G., R. S. Signorini, J. R. Christian, A. J. Busalacchi, C. R. McClain, and J. Picaut (1999), Ocean color variability of the tropical Indo-Pacific basin observed by SeaWiFS during 1997—1998. J. Geophys. Res., 104, 18351-18366.

Myers, D. G., and P. T. Hick (1990), An application of satellite-derived sea surface temperature data to the Australian fishing industry in near-real time. Int. J. Remote Sensing, 11(11), 2103-2112.

Nair, A., S. Sathyendranath, T. Platt, J. Morales, V. Stuart, M. -H. Forget, E. Devred, and H. Boumain (2008), Remote sensing of phytoplankton functional types. Rem. Sens. Environ., 112, 3366-3375.

Narain, A., R. M. Dwivedi, H. U. Solanki, B. Kumari, and N. Chaturvedi (1990), The use of NOAA-AVHRR data in fisheries exploration in the Indian EEZ. Paper presented at Proc. Sem. Remote Sensing for Marine Fisheries Studies, Beijing, China. Economic and Social Commission for Asia and the Pacific/United Nations Development Program (ESCAP/UNDP), pp. 226-232.

Nayak, S., H. U. Solanki, and R. M. Dwivedi (2003), Utilization of IRS P4 ocean colour data for potential fishing zone: A cost benefit analysis. Ind. J. Mar. Sci., 32, 244-248.

Njoku, E. G., T. P. Barnett, R. M. Laurs, and A. C. Vastano (1985), Advances in satellite sea surface temperature measurement and oceanographic applications. J. Geophys. Res., 90(C6), 11573-11586.

Pauly, D., and V. Christensen (1995), Primary production required to sustain global fisheries. Nature, 374, 255-257.

Pinker, R. T., and I. Laszlo (1992), Global distribution of photosynthetically active radiation as observed from satellites. J. Climate, 5, 56-65.

Platt, T., and S. Sathyendranath (1988). Oceanic primary production: Estimation by remote sensing at local and regional scales. Science, 241, 1613-1620.

Platt, T., and S. Sathyendranath (1993), Estimators of primary production for interpretation of remotely sensed data on ocean color. J. Geophys. Res., 98(C8), 14561-14576.

Platt, T., and S. Sathyendranath (1999), Spatial structure of pelagic ecosystem processes in the global ocean. Ecosystems, 2, 384-394.

Platt, T., S. Sathyendranath, C. M. Caverhill, and M. R. Lewis (1988), Ocean primary production and available light: Further algorithms for remote sensing. Deep-Sea Research, 35(6), 855-879.

Platt, T., P. Jahauri, and S. Sathyendranath (1992), The importance and measurement of new production. In: P. G. Falkowski and A. D. Woodhead (Eds.), Primary Productivity and Biogeochemical Cycles in the Sea (pp. 273-284). Plenum Press, New York.

Platt, T., S. Sathyendranath, and A. Longhurst (1995), Remote sensing of primary production in the ocean: Promise and fulfilment. Phil. Trans. Roy. Soc. Lond. B, 348, 191-202.

Platt, T., C. Fuentes-Yaco, and K. T. Frank (2003), Spring algal bloom and larval fish survival. Nature, 423, 398-399.

Podestá, G. P., J. A. Browder, and J. J. Hoey (1993), Exploring the association between swordfish catch rates and thermal fronts on US longline grounds in the western North Atlantic. Cont. Shelf Res., 13(2/3), 253-277.

Polovina, J. J. (2005), Climate variation, regime shifts, and implications for sustainable fisheries. Bull. Mar. Sci., 76, 233-244.

Polovina, J. J., D. R. Kobayashi, D. M. Parker, M. P. Seki, and G. H. Balazs (2000), Turtles on the edge: Movement of loggerhead turtles (Caretta caretta) along oceanic fronts, spanning longline fishing grounds in the central North Pacific, 1997—1998. Fish. Oceanogr., 9(1), 71-82.

Polovina, J. J., E. Howell, D. R. Kobayashi, and M. P. Seki (2001), The transition zone chlorophyll front, a dynamic global feature defining migration and for age habitat for marine resources. Progress in Oceanography, 49, 469-483.

Polovina, J. J., G. H. Balazs, E. A. Howell, D. M. Parker, M. P. Seki, and P. H. Dutton (2004). Forage and migration habitat of loggerhead (Caretta caretta) and olive ridley (Lepidochelys olivacea) sea turtles in the central North Pacific Ocean. Fish. Oceanogr., 13, 36-51.

Polovina, J. J., E. A. Howell, and M. Abecassis (2008), Ocean's least productive waters are expanding. Geophys. Res. Lett., 35(L03618), doi: 10.1029/2007GL031745.

Purkiss, S. (2005) A "reef-up" approach to classifying coral habitats from IKONOS imagery. IEEE Trans. Geoscience Rem. Sens., 43(6), 1375-1390.

Purkiss, S., J. A. M. Kenter, E. K. Oikonomou, and I. S. Robinson (2002), High resolution ground verification, cluster analysis and optical model of reef substrate coverage from Landsat TM imagery (Red Sea, Egypt). Int. J. Remote Sensing, 23(8), 1677-1698.

Richards, W. J., T. D. Leming, M. F. McGowan, J. T. Lamkin, and S. Kelley-Fraga (1989), Distribution of fish larvae in relation to hydrographic features of the Loop Current boundary in the Gulf of Mexico. Rapp. P.-v. Réun. Cons. Int. Explor. Mer., 191, 169-176.

Richardson, A. J., and D. S. Schoeman (2004), Climate impact on plankton ecosystems in the Northeast Atlantic. Science, 305, 1609-1212.

Riebesell, U., I. Zondervan, B. Rost, P. D. Tortell, R. E. Zeebe, and F. M. M. Morel (2000), Reduced calcification of marine plankton in response to increased atmospheric CO_2. Nature, 407(September 21), 364-367.

Robblee, M. B., T. R. Barber, P. R. Carlson, Jr., M. J. Durako, J. W. Fourqurean, L. K. Muehlstein, D. Porter, L. A. Yarbro, R. T. Zieman, and J. C. Zieman (1991), Mass mortality of the tropical seagrass Thalassia testudinum in Florida Bay (USA). Marine Ecol. Prog. Ser., 71, 297-299.

Robinson, I. S. (2004) Measuring the Ocean from Space: The Principles and Methods of Satellite Oceanography (669 pp.). Springer/Praxis, Heidelberg, Germany/Chichester, U.K.

Robinson, I. S., D. Antoine, M. Darecki, P. Gorringe, L. Pettersson, K. Ruddick, R. Santoleri, H. Siegel, P. Vincent, and M. R. Wernand et al. (2008), Remote Sensing of Shelf Sea Ecosystems: State of the Art and Perspectives (edited by N. Connolly, Marine Board Position Paper No. 12., 60 pp.). European Science Foundation Marine Board, Ostend, Belgium.

Saichun, T., and S. Guangyu (2006), Satellite-derived primary productivity and its spatial and temporal variability in the China seas. J. Geograph. Sci., 16(4), 447-457.

Santos, A. M. P. (2000) Fisheries oceanography using satellite and airborne remote sensing methods: A review. Fisheries Research, 49, 1-20.

Santos, A. M. P., and A. F. G. Fiúza (1992), Supporting the Portuguese fisheries with satellites. Paper presented at Proc. European International Space Year Conference 1992 on "Space in the Service of the Changing Earth", Munich, Germany (ESA SP-341, Part 2, pp. 663-668). European Space Agency, Noordwijk, The Netherlands.

Saraceno, M., C. Provost, A. R. Piola, J. Bava, and A. Gagliardini (2004), Brazil Malvinas Frontal System as seen from 9 years of advanced very high resolution radiometer data. J. Geophys. Res., 109 (C05027), doi: 10.1029/2003JC002127.

Saraceno, M., C. Provost, and A. R. Piola (2005), On the relationship between satellite-retrieved surface temperature fronts and chlorophyll a in the western South Atlantic. J. Geophys. Res., 110(C11016), doi: 10.1029/2004JC002736.

Sathyendranath, S., T. Platt, C. M. Caverhill, R. E. Warnock, and M. R. Lewis (1989), Remote sensing of oceanic primary production: Computations using a spectral model. Deep-Sea Research, 36(3), 431-453.

Sathyendranath, S., T. Platt, E. P. W. Horne, W. G. Harrison, O. Ulloa, R. Outerbridge, and N. Hoepffner (1991). Estimation of new production in the ocean by compound remote sensing. Nature, 353, 129-133.

Sathyendranath, S., A. Longhurst, C. M. Caverhill, and T. Platt (1995), Regionally and seasonally differentiated primary production in the North Atlantic. Deep-Sea Research, 42(10), 1773-1802.

Sathyendranath, S., L. Watts, E. Devred, T. Platt, C. Caverhill, and H. Maass (2004), Discrimination of diatoms from other phytoplankton using ocean-colour data. Mar. Ecol. Prog. Ser., 272, 59-68.

Schiffer, R. A., and W. B. Rossow (1983), The International Satellite Cloud Climatology Project (ISCCP): The first project of the World Climate Research Program. Bull. Am. Meteorol. Soc., 64, 779-784.

Schiffer, R. A., and W. B. Rossow (1985), ISCCP global radiance data set: A new resource for climate research. Bull. Am. Meteorol. Soc., 66, 1498-1505.

Signorini, S. R., R. G. Murtugudde, C. R. McClain, J. R. Christian, J. Picaut, and A. J. Busalacchi (1999). Biological and physical signatures in the tropical and subtropical Atlantic. J. Geophys. Res., 104(C8), 18367-18382.

Solanki, H. U., R. M. Dwivedi, S. Nayak, V. S. Somvanshi, D. K. Gulati, and S. K. Pattnayak (2003), Fishery forecast using OCM chlorophyll concentration and AVHRR SST: Validation results off Gujarat coast, India. Int. J. Remote Sensing, 24, 3691-3699.

Subrahmanyam, B., K. Ueyoshi, and J. M. Morrison (2008), Sensitivity of the Indian Ocean circulation to phytoplankton forcing using an ocean model. Rem. Sens. Environ., 112, 1488-1496.

Subramaniam, A., C. W. Brown, R. R. Hood, E. J. Carpenter, and D. G. Capone (2002), Detecting Trichodesmium blooms in SeaWiFS imagery. Deep-Sea Res. II, 49, 107-121.

Tameishi, H., O. Honda, T. Kohguti, S. Fujita, and K. Saitoh (1992), Application of satellite imageries data to fisheries in Japan. Paper presented at Proc. European International Space Year Conference 1992 on "Space in the Service of the Changing Earth", Munich, Germany (ESA SP-341, Part 2, pp. 669-674). European Space Agency, Noordwijk, The Netherlands.

Thomas, A., and P. T. Strub (2001), Cross-shelf phytoplankton pigment variability in the California Current. Cont. Shelf Res., 21, 1157-1190.

Tyrell, T., P. M. Holligan, and C. D. Mobley (1999), Optical impacts of oceanic coccolithophore blooms. J. Geophys. Res., 104, 3223-3241.

Ueyama, R., and B. C. Monger (2005), Wind-induced modulation of seasonal phytoplankton blooms in the North Atlantic derived from satellite observations. Limnology and Oceanography, 50(6), 1820-1829.

Watts, L., S. Sathyendranath, C. Caverhill, H. Maass, T. Platt, and N. J. P. Owens (1999), Modelling new production in the northwest Indian Ocean region. Mar. Ecol. Prog. Ser., 183, 1-12.

Weeks, S., B. Currie, and A. Bakun (2002), Massive emissions of toxic gas in the Atlantic. Nature, 415, 493-494.

Wilson, C. (2003), Late summer chlorophyll blooms in the oligotrophic North Pacific Subtropical Gyre. Geophys. Res. Lett., 30(18), 1942, doi: 10.1029/2003GL017770.

Yamada, K., J. Ishizaka, and H. Nagata (2005), Spatial and temporal variability of satellite primary production in the Japan Sea from 1998 to 2002. J. Oceanography, 61(5), 857-869.

Yin, K. D., P. J. Harrison, J. Chen, W. Huang, and P. Y. Qian (1999), Red tides during spring 1998 in Hong Kong: Is El Nino responsible? Mar. Ecol. Prog. Ser., 187, 289-294.

Yoder, J. A., J. E. O'Reilly, A. H. Barnard, T. S. Moore, and C. M. Ruhsam (2001), Variability in coastal zone color scanner (CZCS) chlorophyll imagery of ocean margin waters off the US East Coast. Cont. Shelf Res., 21, 1191-1218.

Zainal, A. J. M., D. H. Dalby, and I. S. Robinson (1993), Monitoring marine ecological changes on the east coast of Bahrain with Landsat TM. Photogram. Eng. and Remote Sensing, 59, 415-421.

Zainuddin, M., S.-I. Saitoh, and K. Saitoh (2004), Detection of potential fishing ground for albacore tuna using synoptic measurements of ocean color and thermal remote sensing in the northwestern North Pacific. Geophys. Res. Lett., 31(20), L20311.

8　海洋表面波

8.1　引言

本书采用三个章节来探究卫星遥感数据能告诉我们哪些发生在海-气界面的动力学过程和现象。这是三章中的第一章，主要是海表高频振动，我们通常称为海洋表面波。随后的第 9 章介绍了怎样通过海面粗糙度的观测得到海洋风场的分布，第 10 章查验了我们能从卫星数据得到哪些与海-气之间的动量、热量和气体通量相关的信息。

第 2 章概括的所有不同的海洋遥感方法，几乎都以某种方式受海表形状、位置和位移影响。因此，当在本书其他章节描述卫星海洋数据应用时，海况和海面粗糙度是需要被考虑的重要因素。然而，本章的重点在于能直接从卫星传感器上得到的海浪测量，并回顾卫星反演海浪数据的海洋学应用。

在海洋科学中，海洋表面波这一概念松散地用于描述跨越很大空间和时间尺度的现象：当微风吹过平静的海面时，出现的几毫米长毛细涟漪(capillary ripples)，到一个波长几百米、波高几米的涌浪，它能从一个发生风暴的遥远地方传播至大洋彼岸。本章关注波长大于几十米的重力波，它的周期从几秒到 20 s，最长的涌浪周期达到 20 s。尽管卫星海洋学家对波长更短的波有浓烈兴趣，因为他们揭示了调制这些波的现象(参见第 9 章和 *MTOFS* 的第 10 章)，但是这些波对于大多数的海洋用户来说，作用不大。对于负责船舶安全和稳定的水手、构造海洋平台的工程师，或者是关心海滩侵蚀的沿海保护管理者而言，最重要的是那些在垂向振幅达几米，并且传输足以带来破坏能量的波。这些波对海洋科学家同样重要，因为它们通过风把能量传递到海洋，从而带来多种重要的影响，例如促进垂向混合、引起大陆架海洋沉积物再悬浮，或者是扰乱受保护海湾的生态系统。最终，作为海浪信息来源，卫星数据的价值必须根据它们为波浪数据的操作者或科学工作者所带来的影响进行判断。这就是本章的预期内容。

8.2 节介绍了这个主题所涉及的工具和技术，从解释用于表征和量化海浪性质的参数开始，紧接着概述用来测量这些参数的卫星海洋学方法。第 2 章总结的所有遥感技术几乎都受到海洋表面波浪影响，且大多数的传感器不能记录那些可用于分析反演重要海浪参数的信号。但是，有两种仪器可用于从卫星上获取海浪信息：雷达高度计和合成孔径雷达，此外还有第三种遥感装置：波谱仪，它有很大的潜力但还没应用于卫星系统。8.3 节详细说明了用来测量海浪参数的实际传感器和系统以及这些卫星设备常规推送的数据产品。

本章剩余部分探讨了卫星遥感提供海浪测量的多种应用，8.4 节进行一般性介绍，8.5 节主要是关于卫星遥感在海浪预报模型中的使用，最后，8.6 节主要介绍有关改进海浪统计和气候态研究的内容。

8.2 海浪测量——原理

8.2.1 描述海浪的可测参数

在我们感兴趣的时间和空间尺度上，海表面的形变和位移响应着引起海-气界面的扰动和倾斜风，同时受重力恢复力的强迫，总使倾斜海表趋于水平。尽管也有潜在的规律性，但在海滩或船上，我们感受到的海浪几乎是随机的运动。我们如何科学地描述这种现象，并用数学方法来定义它呢？经过一个世纪的科学研究，流体动力学家和工程师已经给出答案，并解决了其他一些关于海浪的问题(LeBlond，2002；Holthuijsen，2007)，但是我们应该坚持去探寻卫星反演的海浪数据所提供的新视角、新见解。

没有风应力时，海表面的一个扰动 $\zeta(x,\ y,\ t)$，以一个常规可预见的波形式在时间和空间上传播。在深水中，一个振荡周期为 T 的扰动，其波长为 λ，

$$\lambda = \frac{gT^2}{2\pi} \tag{8.1}$$

式中，g 为重力加速度(大约为 9.81 m/s^2)。另一种结合波长和时间变化来描述这种弥散关系的表达式为

$$\omega^2 = gk \tag{8.2}$$

其中，频率 $\omega=2\pi/T$，单位是 rad/s；波数 $k=2\pi/\lambda$，单位是 rad/m。波形传播的速度称为相速度，表示为

$$V_{ph} = \lambda/T = \omega/k = g/w \tag{8.3}$$

需要注意的是，这个速度取决于一个特定序列波的波长或频率。这样的波传播被描述为频散波。长周期波(频率低)有更长的波长，并能比短周期波传播得更快。具有特定的波长或频率、并以群速度 V_{gr}(表面波的群速度为相速度的一半)传播的波，对于理解波的预测非常重要。在浅海区域或者是海滩上方，当水深 h 小于波长的一半时，波传播受水深影响。当 $h<\lambda/20$，波速完全依赖于水深，并变成非频散波，这时 $V_{ph}=V_{gr}=\sqrt{gh}$。*MTOFS* 的 9.3.3 节对表面波理论对遥感影响进行了更深地讨论，例如 LeBlond

等(1978)对波理论的处理以及 Stewart(2008)关于波更清晰的介绍。

式(8.1)定义了涌浪的概念，涌浪由一系列几乎规则的正弦平行波组成，这些波从很远的风暴发源地传播过来。一个特定地区的涌浪，基本上是单频波，单一的主周期随时间逐渐减少，因为短波变慢，从源区传出需要更长的时间。

但是，在海洋中的绝大部分地区，同样可能包括已经发生的涌浪。风持续不断地生成局地波浪，在任何地方的海表面高度和倾斜都不具备精确的规则性，也不可预见。为了描述波浪场，必须知道任何地方任何时间的高度——鉴于海表位移的随机性，这是不可能的。因此，采用海表高度或斜率的统计性特征来描述表面海浪场，这个参数称为波浪谱 S。有效波高 H_s 是另一个参数，用来表征较大规模海浪波峰与波谷之间的高度。

8.2.2 波能和波谱

一维频率波浪谱 $S(\omega)$，从物理学角度解释了单位频率的能量在整个海浪场所有频率范围的分布情况。所以，$S(\omega)$ 在所有频率上的积分等于海浪场的总能量，单频海浪场的能量与波浪振幅的平方成正比。因此，尽管波浪谱不能精确地告诉我们某个特定时间、特定地点的海表高度是多少，但它却包含了整个海浪场能量的有用信息以及能量在低频和高频海浪之间的分布信息。如果根据水平传播方向角 θ 来进一步划分海浪的能量，那 $S(\omega, \theta)$ 就是方向频率谱。如果海浪的方向性通过波数空间的能量分布来表示[这里波数 $\boldsymbol{k}$ 在二维上表示为一个矢量(k_x, k_y)]，就可得到方向波数谱 $S(\boldsymbol{k})$。

用频率谱来参数化海浪的优势在于，其提供的波能知识对很多应用都很重要。此外，如果方向谱可以追踪海洋中能量的流动，便可将它应用到未来的海浪预报中。

典型的海浪现场测量来自波浪骑士(waverider)浮标[后记为波浪浮标(wave buoy)]，它记录了浮标的高度或加速度随时间的变化。通过分析这些数据就能得出简单的频率谱 $S(\omega)$。如果浮标的倾斜和转动也被记录下来，那么该频率谱 $S(\omega, \theta)$ 的方向就能被估算出来。除了应用式(8.2)中的频散关系来估算方向频率谱，目前没有其他简单的浮标测量能得到波数谱。

波浪浮标能监测海浪谱随时间的变化，就像暴风来临时海面会升高，之后会降低。但是，每个浮标只限于在一个固定的地点采样，因此无法清楚地观测到海浪谱的空间变化。通过单独的浮标测量得到的样本不能用来代表更广泛的海域状态，因为一个单独的浮标也许会错过最高的海浪，或者会偶然位于波浪聚集的地方，并且振幅比该地区典型的情况更高。针对这种情况，卫星传感器基本上都有能力在相当宽广的区域上进行详细的空间快照取样。如果能观测到方向波浪谱的空间变化，将会在海浪的业务预报方面提供一个有价值的新观点，来解释海浪的成长、传播和消亡阶段。至少，海浪场振幅和方向的空间变化将限定孤立浮标样本的代表性范围。

8.2.3 有效波高

有效波高起初是一个波谷到波峰之间高度的主观测量，是海洋学家通过船桥观测得到的。现在，它通过某一个点上海表高度的时间变化序列进行客观定义。时间序列中拐点之间的高度(也就是一个波谷到下一个波峰之间的垂向距离)被记录并排序；有效波高被定义为前1/3最大值的平均值。因此，通常用符号$H_{1/3}$来表征有效波高。选择1/3说明了旧的主观测量主要受较大和较长海浪的影响，因为它们控制着船的运动并主导着感官，同时不考虑骑在上面的小振幅、高频率海浪。但是，为了避免与许多遥感文献混淆，这里采用符号H_s来表示。

尽管这是一个基于经验的定义，H_s被海洋学家、船舶科学家和海岸工程师等广泛应用，已经变成了海浪报告和预报的一个标准工程单位。船舶和海洋工程结构根据预测的H_s极端值来设计，所以能够观测到有效波高和波浪谱就变得非常重要。这确实与平均高度σ_ζ(海表高度标准偏差)更精确的统计测量有一个大致的关系(Cartwright et al., 1956)，通常可表示为

$$H_s \approx 4\sigma_\zeta \tag{8.4}$$

尽管这个常数取决于波浪谱的形状，而且对于一个非常宽的波浪谱，这个常数可从4降到3。

如果不知道波浪谱，H_s的测量就仅是波高，无法表示海浪的其他特征。因此，获取补充信息很有用，比如影响海况的主波周期。实际上可通过几种不同的方法来定义，包括波峰周期T_P、平均周期T_m和跨零周期T_z。如何从海浪数据记录规定这些实用定义的进一步解释可参阅Tucker(1991)的著作。

尽管海浪的简单描述中假设平均层之上或之下的表面位移是对称的，实际却非如此，尤其在陡波中。它们往往有尖峰和平坦的波谷，这个效应由偏度来量化。偏度是海浪波面位移的三阶矩，表明海浪在一个特定情况下的非线性。

与认识雷达高度计脉冲如何从波场反射有关的另一个属性是波龄，也就是波的相速度[见式(8.3)]与风的摩擦应力u^*(将在第10章解释)的比值。对一个无量纲数来说，波龄也许是一个误导性的名称，它描绘了整个海浪场中风浪部分的发展阶段，暗示着风场和海浪场之间的能量相互作用(Jones et al., 2001)。如果V_{ph}/u^*约为30，认为海洋与风场相平衡，小于30则表明风场仍然在向海浪场传递能量，大于30说明正发生相反的过程。波龄也被用来指示涌浪和风驱动的海浪对整个区域的相对贡献。

对于一个波浪谱，很难确定浮标或船在单点测量的H_s能否代表更广泛的区域。因

此，如果卫星能给出一个地区近实时的海浪高度精细分布，将作出独特贡献。未来这些应用将更具潜力，除了海浪高度之外，海浪周期也能通过卫星数据估算。海洋雷达高度计提供了这种可能性。

8.2.4 高度计测量海浪

如2.4.5节介绍，卫星高度计是一个天底点雷达，它向海表发射短雷达脉冲，测量反射的回波。通过分析回波可以得到一些不同的海洋测量。本章我们对反射区域海况影响回波形状的方式感兴趣，由此可估算出有效波高。工作原理见图8.1，一束单雷达脉冲激发的微波能量，在一个狭窄的球形框架内向远离雷达的方向传播，脉冲离开高度计后大约3 ms到达粗糙的海表。

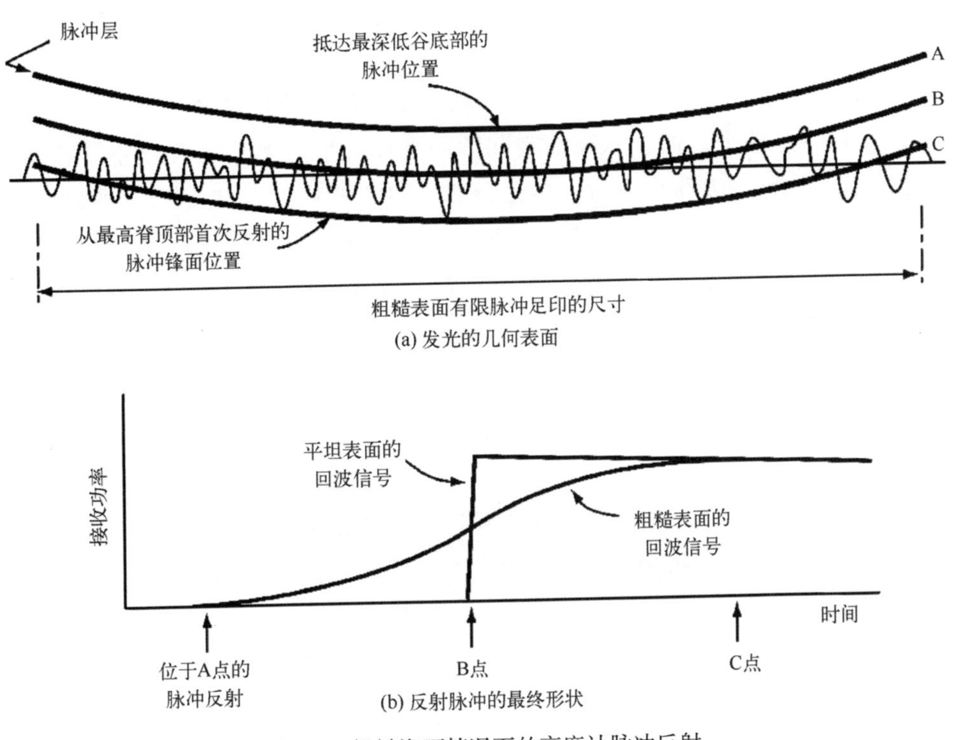

图8.1 粗糙海面情况下的高度计脉冲反射

图8.1(a)展示了三个位置的雷达脉冲。A是当能量到达海浪的最高点时，最先被反射的点。这部分反射能量最先被雷达在3 ms之后捕获，如图8.1(b)所示，标志着回波开始逐渐出现。几毫秒后，脉冲的前端点刚到达平均海平面(位置B)，这部分脉冲大约50%的能量已接触海表并被反射，使得相应反射回波的振幅随时间稳定增加，如图8.1(b)。但在位置B，一些能量仍然向波谷传播。最终当发射能量的壳层到达位置C时，这个层内所有的能量都被反射。相应的，反射回波达到最大值水平的时间对应

着从传感器到C并返回的时间，如图8.1(b)所示。此后，反射回波不断地来自一个环形区域，这个区域从第一次反射的点开始不停扩散，但在面积上并没有增加，因而回波的量级趋于稳定(对该过程更多的解释参见*MTOFS*的11.2.1节)。

波形探测的关键点在于，相比波浪较小的海面，波浪振幅较大的海面雷达脉冲更早到达位置A，更晚到达位置C。这就会导致海浪较大时，回波将更早产生并推迟达到最大峰值。到达位置B的时间几乎不受海浪振幅的影响，并标记着逐渐增加回波的半高度。如果海况变小，那么反之亦然。在海面完全平静的极端情况下，位置A、B、C重叠，脉冲确实会极快抬升[图8.1(b)]。因此，回波的波形(尤其是上升期)对于海况特别敏感，使得有效波高的估测精度可达到一个可观水平，而不管卫星和平均海平面之间的距离如何(测高信号)，也不管依赖于海表小尺度粗糙度和风场的全高度回波振幅多少。从大量的回波平均值来反演 H_s，具体的模型反演过程参见*MTOFS*的11.8.1节。

在平均1 000次左右的脉冲(由系统决定)内，H_s 的估算结果对应着由脉冲限制的圆轨迹扫过区域的平均值。脉冲限制圆形的直径由平均海平面与脉冲位置C决定[图8.1(a)]。当波高变得较大时，半径会增加[*MTOFS*中式(11.5)]。通常情况下，平静海面大概为3 km；对于有风浪的海域，上升到10 km，但也取决于瞬时的脉冲宽度。对于一个典型的高度计系统，所有的回波都是在约为1 s间隔内发出脉冲的平均值，此时卫星经过地面约6 km的距离，所以交叉轨迹和沿轨轨迹足印的大小是相似的。

这种从高度计反演 H_s 的方法是一种卫星遥感方法，现正被海洋学家广泛用于海浪信息的获取。

作为对基本测量的进一步提高，研究表明可以估算8.2.3节提到的其他海浪场参数。Gommenginger等(2003)发现海表均方斜率与天底视场的雷达后向散射截面 σ_0 成反比，σ_0 通过高度计回波的振幅测得，所以能够不依赖波高。因为平均斜率依赖于波高与波长的比率，即[式(8.1)]依赖于 T^2，他们论述了 T^4 应该与 $\sigma_0 H_s^2$ 成比例。因此，针对浮标现场测得的波周期与完全由卫星高度计测得的变量 $X=(\sigma_0 H_s^2)^{0.25}$，他们实验测试了它们之间的线性关系。通过匹配100 km和1 h内的卫星样本 σ_0(由TOPEX高度计的Ku波段得到)、H_s(从每1 Hz平均的TOPEX地球物理数据记录)与海浪浮标数据，他们确认平均周期 T_m 和跨零周期 T_z 与 X 之间关联很强。波峰周期 T_p 与 X 相关性较差，也许与其从不连续波记录中反演的方式有关。反之，平均周期和跨零周期作为波浪谱的综合特性来处理。

在这些研究中，发展出经验算法从高度计数据单独反演 T_z 和 T_m。基于一个独立的验证数据集，T_z 的反演误差为0.8 s。由于这个经验模型使用的浮标匹配数据散布在世界海洋中，该模型被认为有很强的适用性。但是，在涌浪主导的海域，由于高度计低估了波浪周期，这个模型稍显不足。Quilfen 等(2004)发展了另一个波浪周期模型。后续工作(Caires et al.，2005)比较了高度计波浪周期 T_m 和 ERA-40 气候态再分析数据集的 H_s，该数据集包括彼此独立的海表风浪场和浮标观测结果。这些表明高度计反演波浪周期的全球有效性。如果对风主导的情形进行算法调整(大概 40%的例子)，全球均方根误差将降低到 0.5 s。当风速大于 4 m/s 时，在涌浪为主的海域，高度计仍然可为波浪模式开发人员提供可靠的波浪周期。最近，利用 Ku 波段高度计反演波浪周期有了一个新的算法，能达到理论精度(Mackay et al.，2008)。

通过再分析 Envisat RA-2 高度计的回波波形得到全球的海浪偏度图(Gomez-Enri et al.,2007)。当采用非线性模型时，波浪偏度就是其中的一个输出。正如预期，在南大洋和一些地区，当海浪最高时波偏度会增加。这个发现最直接的应用就是在采用考虑偏度的模型来重跟踪高度计的回波波形时，将提升波高和海面高度的反演水平。

8.2.5 合成孔径雷达测波

如果一个高分辨率设备通过海表面快照能够很好地对海浪成像，那么就有可能得出一种不同的海面波浪测量方法。不管在船甲板，或是悬崖顶俯视大海，从肉眼观察海洋波浪的经历来看，我们对于海浪的空间分布，尤其斜率很熟悉。这在光照条件合适的情况下，可以很清楚地看到。不幸的是，将这种可见光的反射情形扩展到地球轨道卫星上高位置、宽覆盖的观测点上是不实际的。

但是，使用高分辨率成像雷达有可能达到类似的效果。为了得到几十米的精细空间分辨率，需要探测更长的表面重力波和涌浪，这时就需要使用合成孔径雷达。如果要使用成像雷达来探测海浪，那么与海浪特征相位(比如海浪高度、斜率或者是海表面的流动)相关的海表面部分必须与从海表不同部位后向散射的微波能量紧密相关。对雷达成像机制而言，这是很典型的要求(参见 *MTOFS* 的 10.7 节)。

事实上，三种不同的成像机制可用于 SAR 图像对海表波浪场的解译(参见 *MTOFS* 的 9.3.6 节)。雷达倾斜调制过程简单地从朝雷达方向的波浪表面返回一个比远离雷达方向更加强烈的回波。水动力调制过程情况如下，当雷达相对海表倾斜时，小尺度(波长为厘米、分米级别)波纹通过布拉格机制控制雷达回波的量级。这些短波纹通过与波长较长海浪相关表面流的辐聚与辐散进行自我调整。当海浪在海表传播时，海表的拉伸和压缩在布拉格波长上产生光滑和粗糙的纹理，且这些纹理固定呈现在更长海浪的相位中。在合适的情况下，雷达图像上产生的亮暗式样就对应着较长表面波的波谷和波峰。

倾斜调制和水动力学调制都只在海浪于雷达距离向(也就是雷达指示方向，见图8.2)传播的情况下起作用(Alpers et al.，1981)。通过这些机制根本无法探测主要在跨越距离向方向传播的海浪(即海浪平行于雷达方位传播)。幸运的是，另外一种称为速度聚束的过程，能将这些海浪成像(Alpers et al.，1979；Alperset al.，1986)。这是孔径合成技术的一个意外成果，通过它对原始合成孔径雷达数据处理可在方位向获得高分辨率，但这是一个非线性过程，在高海况容易失真。每种机制的详细描述参见 *MTOFS* 的 10.9 节。

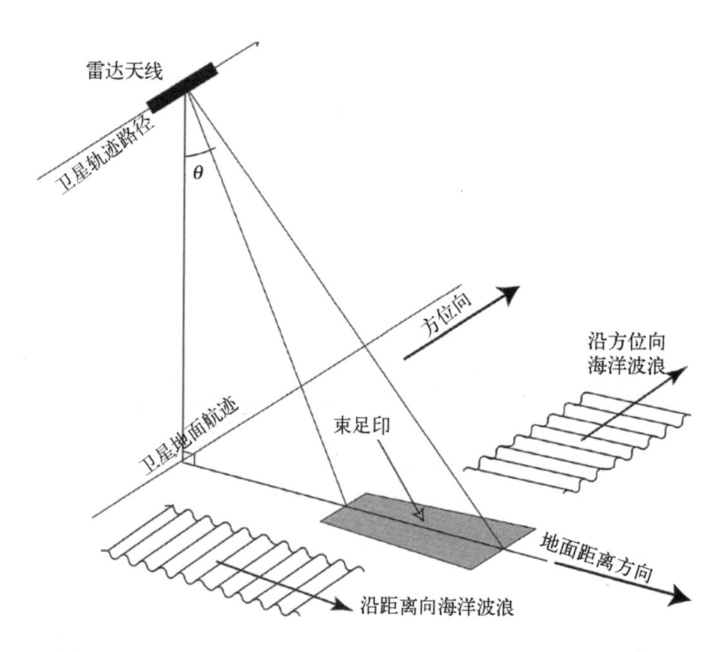

图 8.2　合成孔径雷达观测海浪的视场范围和方位角示意图

海浪图像谱

当观察者眼前呈现出一幅如图 8.3 所示的合成孔径雷达影像时，图上直观地展示出海面上的波浪，此时简单地将图像的像素值直接对应于海浪场的某些性质，比如表面高度或斜率，是很有吸引力的。对影像进行二维傅里叶变换就可产生一个二维图像谱，描述影像上表面波的方向特性。对诸如图 8.3 的简单影像进行傅里叶分析会导致 180°的方向模糊，意味着虽然海浪方向已经确定，但无法确定海浪向前还是向后传播。然而，大多数的合成孔径雷达处理器都能产生一个“复合”影像，从数学角度来看包含了实部和虚部。从物理角度来解译，它决定了影像不同部分后向散射的相对相位以及振幅，其间包含了合成孔径雷达从数百个独立脉冲雷达回波的成像期间关于 σ_0 如何变化的信息。这些额外信息在反演图像谱时可用于消除 180°的方向模糊。

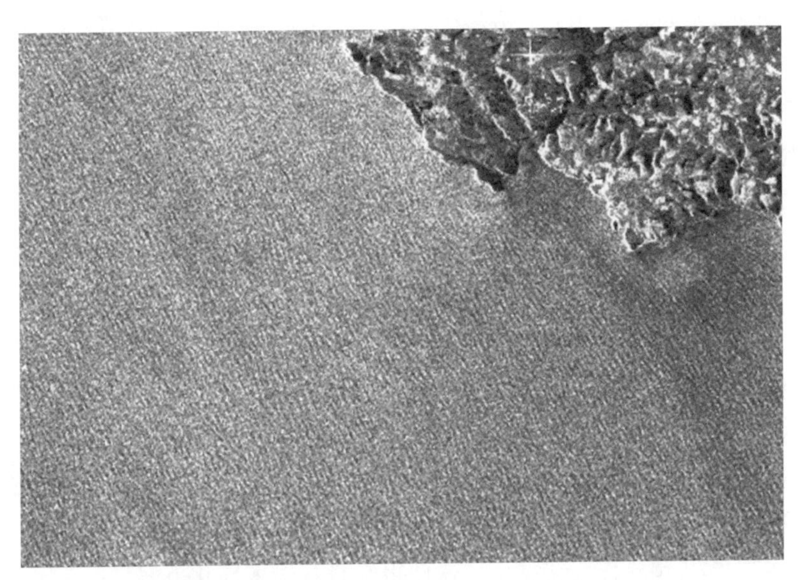

图 8.3　ERS-1 合成孔径雷达影像显示的表面长波，位于英吉利海峡的普罗尔角(50°12′N，3°43′W)，这张影像宽 25 km，由 PRI 影像数据文件经过 4×4 的原始像素窗口平均后建立的50 m 像素点组成，从中可见一个大西洋的涌浪从西向西南方向传播，同时将波动传向英格兰西南部的德文郡沿岸

图像谱与海浪谱的关联

但是，把这个图像谱当作二维海浪谱可能存在问题。基于雷达设备校准，图像谱表示的物理量是 σ_0，即标准化的雷达后向散射截面。通过成像原理分析发现，σ_0 和海面高度或斜率之间的关系，随波数和方向改变，并且与所考虑的成像机制有关。实际上，合成孔径雷达影像包含所有的三种成像过程，它们同时发生且相对比例未知，此外还包括一些理论未涉及的过程，例如影像上随机增加的斑点噪声(见 *MTOFS* 的 9.2.3 节)。

因为很难从图像谱分离这些复杂的混合过程，来反演真实的波浪方向能量谱，所以采用定义一个表示成像过程物理意义调制传递函数(MTF)的方法。如果已知海浪场及其频谱，我们就能应用调制传递函数来预测合成孔径雷达影像和可能的波浪谱。挑战在于如何转化这个过程，从测得的图像谱中反演得到波浪谱。这方面的工作取得了很大进展，海洋到合成孔径雷达的非线性传输解析式已经推导出来(Hasselmann et al., 1991)、并得到精练(Krogstad, 1992)，最后应用到复杂的波浪谱来解决方向模糊的问题(Engen et al., 1995)。

通过反变换图像谱来反演波浪谱

人们研制出反变换算法并将其应用于 ERS-1 数据。这些采用迭代的算法需要用到海浪谱的初猜值，通过初猜谱将图像谱与测量的合成孔径雷达波浪谱进行估测和比较。然后将波浪谱调整到收敛，使模型与真实图像谱吻合最好。在这个算法被进一步改进之前(Hasselmann et al.，1996)，与现场实测海浪的对比证明了其有效性(Brüning et al.，1994)。由于算法在汉堡马克斯·普朗克气象学院(Max-Planck-Institut für Meteorologie)建立，现在经常被称为MPI方法。初猜值来自海浪模式的预报值，但是那会导致很难确定合成孔径雷达提供了哪些不在先验谱的额外信息。我们知道合成孔径雷达优先响应更长的波长，且不能完全解析距离向小于100 m或者方位向小于200 m的波长。因此，我们应该意料很难从合成孔径雷达数据中得到那些周期小于10 s的、短的、高频的波浪谱新信息。

通过比较南大西洋开阔海域的方向波浪浮标记录与利用MPI方法从合成孔径雷达中反演得到的海浪谱，发现使用合成孔径雷达的结果增加了一些额外的长周期涌浪信息，却会降低模型对短周期风生海浪的预报(Violante-Carvalho et al.，2005)。尽管如此，ERS的合成孔径雷达数据采用了这个方法，可以很有效地测量涌浪主导海域的波浪谱。尽管其精度难以评估，但在没有其他别的测量手段时，这种方法还是很有帮助的。由于该方法需要模式预测作为初猜值，这使得它自身融入同化方案之中，对波浪模型应用合成孔径雷达数据进行强迫。MPI方法进一步改良后用作分析ERS-2的海浪模式数据(Schulz-Stellenfleth et al.，2005)。

构想出的另一种反演方法称为半参数化反演算法(SPRA)(Mastenbroek et al.，2000)，尽管仍需一些先验知识，但其无须采用海浪模型预测的初猜谱。半参数化反演算法使用和MPI方案同样的非线性传递函数(Hasselmann et al.，1991)，但其海浪初猜谱基于与风速和风向相关的平衡谱。对于ERS-1和ERS-2，合成孔径雷达的波形采样与散射计同时进行，因此能精确保证与风速风向的一致性。通过调整两个与风场相关的海浪谱参数得到最适的合成孔径雷达图像谱，这两个参数定义了风生海浪场的发展阶段及波峰传播方向。剩余与合成孔径雷达图像谱不匹配部分假设为海洋涌浪谱导致。这将体现在将合成孔径雷达图像谱域转化为海浪谱域过程中，通过使用局部线性化的调制传递函数，就可以轻易地反演得到涌浪谱。因此，这个方法区分了风浪和涌浪，同时还一并反演了附加信息，比如波龄和风浪的方向。

最近该方法被用来从Envisat的高级合成孔径雷达(ASAR)标准模式和宽刈幅模式影像中反演海浪谱(Ardhuin et al.，2004)。这时，必须从现场测量或者数值天气预报模式得到风速和风向，因为Envisat上没有散射计。

Alpers(2003)通过一个简洁有用的回顾，讲述了雷达海洋学家如何应对合成孔径雷达海浪谱测量带来的挑战，当前这一有趣的故事仍在继续。8.3.4节讨论了目前已经能够获得的海浪谱2级产品。

8.2.6 浪谱仪

通过雷达遥感来获得海浪信息还有第三种方法，于20年前在飞行器上演示过，但还没在卫星上进行尝试，通常称为波谱仪，像是高度计和圆锥扫描真实孔径雷达的结合体。与其他已确立的海洋雷达系统相比，这项技术的新奇之处在于：①以非常低的雷达入射角(2°~10°)来获得地面距离向上的后向散射数据；②天底周围以圆锥形扫描对所有方向进行采样。

图 8.4 说明了第①点，该图展示了以 2°稍微倾斜指向地面的圆形孔径光束。如果它安装在 500 km 高度的卫星上，圆形区域的直径大约是 17 km。由于大倾角倾斜，脉冲最先到达最近的距离，最后到达最远的距离，所以通过对回波的时间采样，所测的后向散射能跨视场解析地面的距离向。在方位向上无法分辨，所以距离解析信号对应着所示跨视场微弯条带内平均后向散射。如果以足够高的频率对回波进行采样，比如距离分辨率达到 1 m，它对应的地面距离分辨率在 2°入射时为 29 m，而在 10°时下降到 6 m。

当接近垂直入射时，后向散射与海表倾斜呈线性关系(即水平方向的倾斜平行于雷达方位)。因此，单脉冲的时变回波谱可被解译为地面距离向海表倾斜的空间谱。换句话说，雷达脉冲能估算波数地面距离分量的一维谱，可分辨低至 60 m 的波长。该谱是 17 km 天线瞬时视场的平均值。尽管这些信息很有用，但其本身并没有提供二维波浪谱随空间变化的完整视角，需要锥形扫描才能达到这个目的。

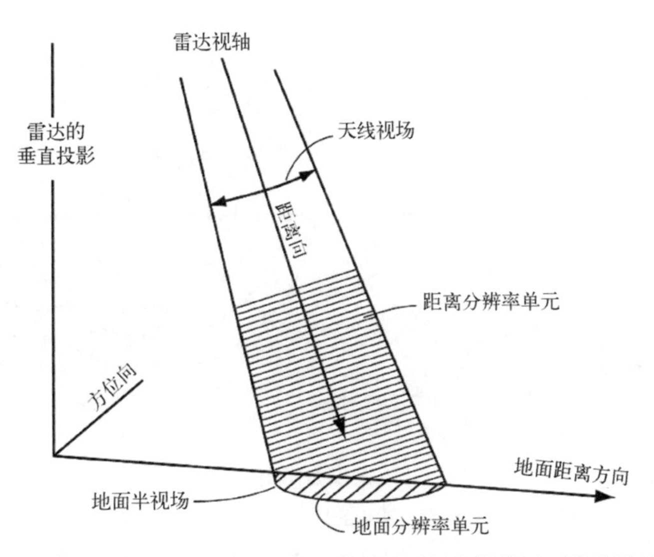

图 8.4　雷达波谱仪几何原理图，展示了通过时间取样接近正常的雷达回波所获得的范围分辨率在地面轨道方向构成了粗糙的分辨率

远离星下点指向的雷达绕着垂直轴旋转，波束以圆锥形式扫描。如果平台静止，其与地面的交界会是一个近似的圆。但是，因为平台移动，雷达瞄准线的地面路迹呈现出弯曲的摆线(图 8.5)。图 8.5(a)展示了单天线的情况，在卫星点行进距离约为地面雷达扫描半径 70%的时间内，垂直方向扫描一次。对于 500 km 高度的卫星，这对应

着倾斜角为 10°，扫描旋转周期为 10 s，雷达照射的海洋带状区域将在卫星地面轨迹两侧延伸约 90 km。从图 8.5(a)可见，在这带状范围内，雷达能测出不同方向上的一维海浪谱。如果可以假设波浪场在与扫描圆半径相当的距离上是均匀的，然后这种设置就能用来估算这片区域的平均海浪方向谱。当在飞机上使用时，只要圆半径小于 1 km，这个假设就是有效的。这个方法在机载雷达海浪波谱仪(ROWS)得到成功演示(Jackson et al.，1985a，1985b，1987)，并与扫描式雷达高度计配合使用(Chapron et al.，1994；Vandemark et al.，1994)。

在提及的卫星案例中，假设 90 km 距离内均匀是不合理的。然而如图 8.5(b)所示，一个称作 SWIMSAT 的卫星海浪测量任务采用了同时使用多根天线的设计(Hauser et al.，2001)。旋转组件装有五根天线，从星下点分别指向 2°、4°、6°、8°和 10°，利用不同传感器从不同方向对同一海域更大概率的观测，得到更密集的覆盖。需要注意的是，沿每根天线扫描路径能采集的波谱比图示多得多。这可在不大于 50 km×50 km 的范围内估算平均波浪方向谱。同时，正如 8.3.1 节所述，星下点指向的雷达能测得有效波高。由于每根天线的扫描路径与卫星子轨道交叉，因此有机会使用独立测量的 H_s 来校准估算的波浪谱。

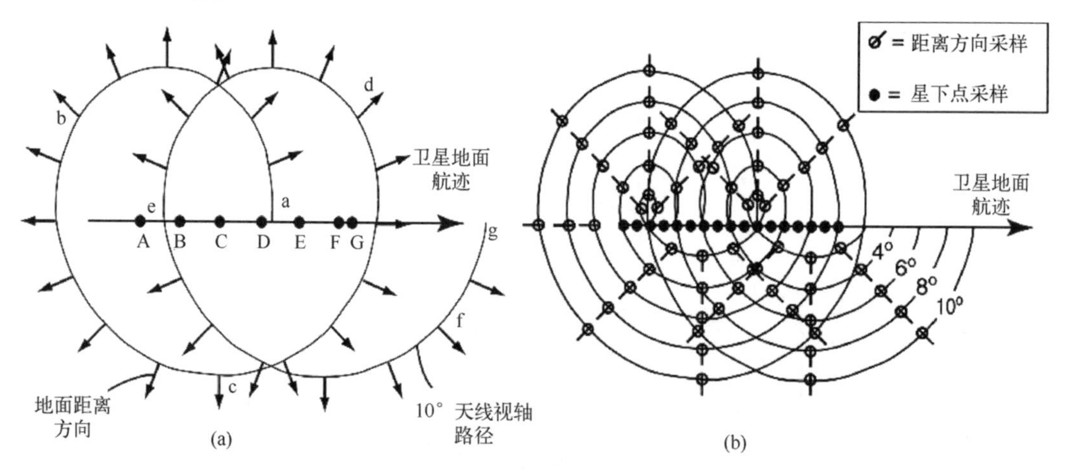

图 8.5 圆锥扫描雷达波谱仪如何实现全方位扫描原理示意

(a)倾斜垂直方向 10°的单天线视场中心轨迹，箭头表示的是每个点的局地距离，a，b，…，g 是经过 A，B，…，G 点时雷达的轨迹点；(b)与 a 相同，但有 5 根天线，位置分别为 2°、4°、6°、8°和 10°，也是一个天底观测的雷达高度计

虽然该方法已在飞机上得到证实，且卫星仪器的设计看起来很有希望，但还没任何机构准备支持卫星试验任务①。造成这种情况的一个可能原因在于，上面描述的

① 中国与法国 2018 年联合发射的中法海洋卫星 CFOSAT，上面搭载了由法方设计的海浪波谱仪(SWIM)。——译者

其他可用方法在很大程度上满足了测量要求，因此他们减轻了尝试替代方案的压力，这种方案可能不一定比使用高度计和 SAR 测量可获得的更好。

8.3 海浪测量——实用系统

8.3.1 高度计测量有效波高

由于高度计测量有效波高 H_s 方法的固有简单性和能够追踪每个首先到达的回波并以足够高频对回波剖面采样所需求技术的相对适度性，该方法已成功使用了 20 多年。表 8.1 所列卫星搭载的高度计都成功地记录了波高。1978 年的 Seasat 高度计首先证明了这项技术的成功(Fedor et al.，1982)，且从 Geosat 开始，海洋卫星波浪数据开始在业务中应用。此后，每个新的高度计都具备测量 H_s 的能力，且精度至少与用于验证的浮标数据一样好(Carter et al.，1992；Cotton et al.，1994；Ebuchi et al.，1994；Gower，1996)。也就是说，将浮标导出的 H_s 与卫星测量结果画成散点图，在等值线上显现的分离不大于浮标数据的不确定性(参见 *MTOFS* 中的图 11.32)。现在已有三条高度计发展线：美国海军发射了 Geosat 卫星和 Geosat 后续计划(GFO)卫星，数据由 NOAA 分发；欧洲空间局发射了 ERS-1、ERS-2 和 Envisat 卫星；NASA 和 CNES 联合发射的项目 TOPEX/Poseidon，后续是 Jason-1 和 Jason-2 卫星①。每个项目都在单独寻求测量的连续性，在可能的情况下，在发射新卫星与关停正被更换的传感器之间提供重叠测量，同时在项目内维持相同的轨道。尽管这主要为了高程测量，但它也保证了波浪数据采样特征的连续性。

表 8.1 给出了每个传感器的轨道特征，由此可推断出它们的空间和时间覆盖范围。高度计不是扫描传感器，而只沿着与卫星地面轨迹对应的线测波，所以采样密度远低于具有成像能力的传感器。精确的轨道重复周期决定了可实现的时空分辨率。通常每天大约 14 个或 15 个轨道，相互间隔的经度大约为 24°，但在随后的日子里，不同的地面轨迹被映射出来，依此类推，直到轨道恢复到原始状态，并进行无穷的重复。填补经度差距的程度取决于轨道重复周期。如果该过程较短，如 3 天，则只能取样 44 个或 45 个均匀分布的轨道，导致出现经度约为 8°的间隔，在赤道将近 900 km。尽管在较高纬度地区，轨道的间距比赤道更近，但这决定了交叉轨道的空间分辨率。请注意，沿轨采样率非常高，分辨率为 10 km。

① 中国于 2011 年发射的海洋二号(HY-2)卫星，上面搭载了雷达高度计，也实现了波高测量。——译者

表 8.1　自 1978 年以来，提供波高测量的高度计

高度计	波浪数据记录		轨道重复/天	轨道倾角（最大纬度）	注解
	起始日期	结束日期			
Seasat	1978 年 7 月	1978 年 9 月	3	108°(72°)	概念验证任务
Geosat	1986 年	1989 年	17.05	108°(72°)	数据仅来源于精确重复任务阶段
ERS-1	1991 年	1999 年	3，35，180	98°(82°)	在不同任务阶段改变轨道模式
TOPEX/Poseidon	1992 年	2006 年 1 月	9.915 6	66°(66°)	处于高度计最佳轨道
ERS-2	1995 年		35	98°(82°)	承接 ERS-1 的 35 天重复阶段
Geosat FO	1998 年	2008 年	17.05	108°(72°)	承接 Geosat
Jason-1	2001 年		9.915 6	66°(66°)	承接 TOPEX/Poseidon
Envisat RA-2	2002 年		35	98°(82°)	承接 ERS-2
Jason-2	2008 年 12 月		9.915 6	66°(66°)	承接 Jason-1

通过比较重复周期为 3 天和 10 天的北大西洋上的轨道覆盖，图 8.6 给出了不同轨道重复周期的抽样结果。粗线对应于某天的轨道，表明两种情形一天内的取样能力非常相似。然而，随着时间的推移，10 天的重复轨道的测量网格将更精细。另一方面，越长的轨道重复周期会导致在每个位置上的取样时间越短。因此，了解单个高度计的取样局限对于波高测量应用的限制就变得很重要(如 8.4 节和 8.5 节中所讨论)。

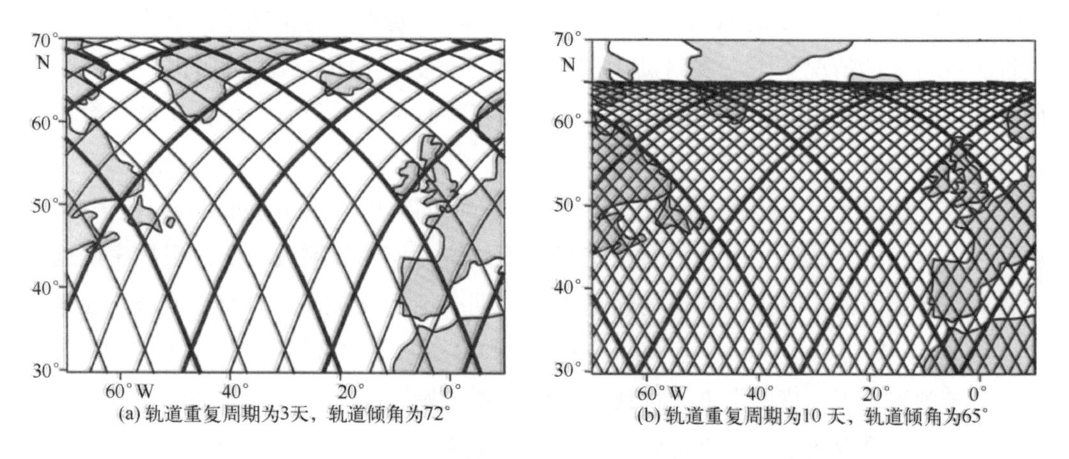

图 8.6　卫星高度计地面轨迹的空间分布，粗线是单个一天的轨道

轨道倾角决定了卫星达到的最高纬度(图 8.6)。三个高度计项目都没有选择针对波浪测量进行轨道优化。ERS 和 Envisat 卫星携带了其他需要近极太阳同步轨道的传感器，而 TOPEX/Poseidon、Jason 和 Geosat 项目选择了满足高度计海平面测量主要需求的轨道。由于受到不同需求的驱动，三个独立项目的轨道类型明显不同，但这保证了数据采样之间一定程度的互补，ESA 传感器可以到达更高的纬度。

8.3.2 高度计的有效波高数据产品

波浪数据来自表 8.1 提及的所有高度计。在撰写本书时，目前最易获得的数据来自 Jason-1 和 Jason-2 卫星上的 Poseidon-2 高度计以及 Envisat 上的 RA-2 高度计。表 8.2 和表 8.3 列出了这些传感器数据产品的一些细节。在每种情况下，波浪数据记录包括每秒从平均回波得到的 H_s 测量值，相当于大约每 7 km 的沿轨空间采样。作为地球物理数据记录(GDR)的一部分，数据以数字形式提供。该记录还包括海面高度异常、风速以及从高度计得出的其他若干变量。这些表提供有关产品更详细描述的参考文献。

表 8.2 来自 Jason-1 的详细的波浪数据产品

传感器和卫星	Jason-1 上的 Poseidon-2
提供数据的中介	NASA/JPL 或 CNES
产品信息网址	http://nereids.jpl.nasa.gov/cgi-bin/ssh.cgi? show=overview
快速可获取的产品	业务传感器数据记录(Operational sensor data record，OSDR)
过境后可获取的时间	<3 h
临时数据产品	临时地球物理数据记录(Interim Geophysical data record，IGDR)
最终数据产品	地球物理数据记录(Geophysical data record，GDR)
数据使用指南	Zanife 等(2001)

表 8.3 来自 RA-2 的详细的波浪数据产品

传感器和卫星	Envisat 上的 RA-2
提供数据的中介	ESA
产品信息网址	http://earth.esa.int/dataproducts/然后使用“搜索产品”菜单选择 RA-2
快速可获取的产品	快速递交地球物理数据记录(Fast Delivery Geophysical Data Record，代码：RA2_FGD_2P)
过境后可获取的时间	<3 h
临时数据产品	临时地球物理数据记录(代码：RA2_IGD_2P)
最终数据产品	地球物理数据记录(代码：RA2_GDR_2P)
特殊产品	为气象用户提供的风/浪产品(代码：RA2_WWV_2P)
数据使用指南	Benveniste 等(2001)

注意，波高数据在卫星过境前后 3 小时内可用。初步数据集基于星上处理，用于近实时业务应用而非科学分析。几天后，对下载波形进行更详细的地基处理，生成对科学应用更可靠的临时数据产品。之所以称为临时产品，因为得到完全准确的卫星轨道需要几周时间，最终 GDR 将作为最精确的产品发布。虽然对轨道的了解对于海面高度异常记录的准确性至关重要，但 IGDR 中的波高与最终的 GDR 之间差异非常小。

NASA JPL 提供了波高数据的全球绘制图像(图 8.7)。图 8.7(a)显示了一天的轨道。

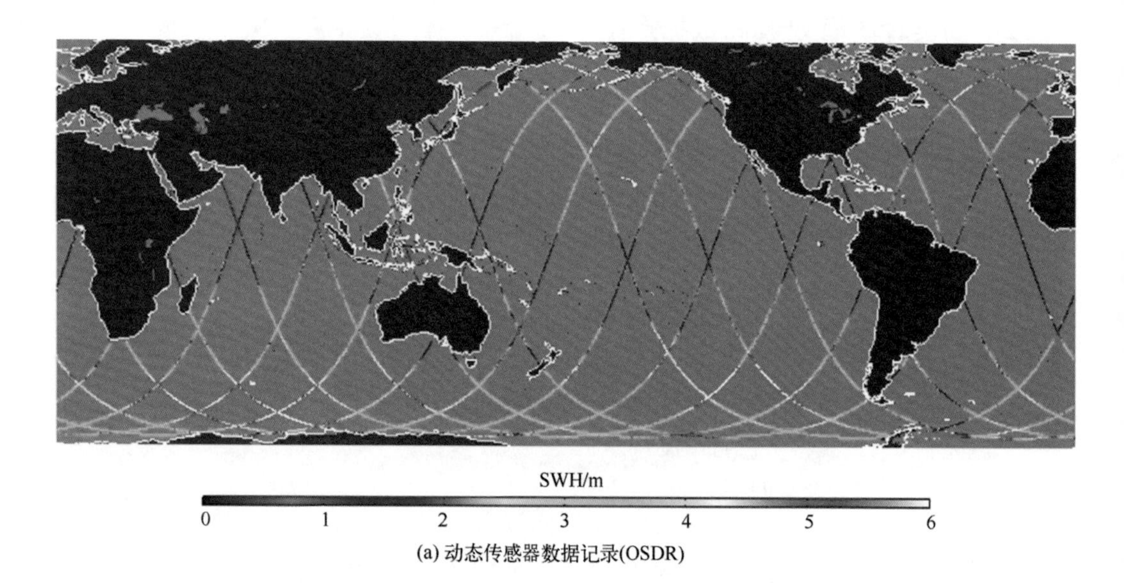

(a) 动态传感器数据记录(OSDR)

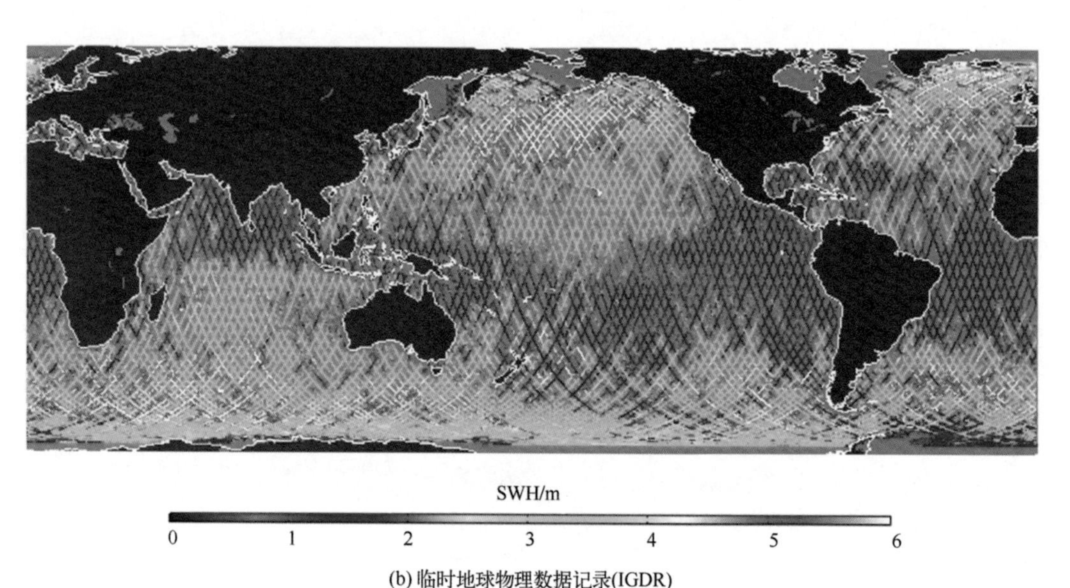

(b) 临时地球物理数据记录(IGDR)

图 8.7 由 NASA JPL 的 Jason-1 上的 Poseidon 高度计得出的有效波高产品

(a) OSDR 展示了来自该图所显示的时刻之前的 24 小时数据，采样时间范围为 2008 年 3 月 5 日 11:44(UTC)至 2008 年 3 月 6 日 10:13(UTC)，产品制作时间为 2008 年 3 月 6 日 11:02:28(UTC)；(b) IGDR 显示了来自 Jason-1 在数据被请求的时候最近的完整轨道重复周期的所有轨迹，采样时间范围为 2008 年 2 月 4 日 09:42(UTC)至 2008 年 2 月 13 日 23:15(UTC)，产品制作时间为 2008 年 2 月 15 日 19:26:56(UTC)(感谢 NASA JPL-Caltech)

尽管稀疏，其确实有效概述了主要风暴和高海况所处位置，但用户必须意识到单天的取样有可能完全错过一些风暴。图 8.7(b)显示了 Jason-1 在整个 10 天重复轨道周期内获得的数据，代表了该平台可实现的最佳跨轨道空间分辨率。注意，数据以单独轨道显示，而非均值，也不是以其他形式转换成波高的平滑曲线。这种做法可能会产生误导，因为这会趋于隐藏个别轨道上的波高极大值和极小值。对数据做平滑是不恰当的，因为波高在完整的 10 天周期里会发生很大的变化。即便一天之内，通过图8.7(a)中的某些交叉点证实了，上升轨道和下降轨道的测量值有很大差异。相反，用户看到图 8.7(b)会立刻意识到 10 天期间海况最高的位置及时间变化。虽然，每个绘制点对应的时间在图形中不明显，但可以从数据记录中检索。

当同时运行几个高度计时，一天内的空间覆盖率会改进很多。如果轨道上有足够的传感器，那么生成不会掩盖极值的波高平滑曲线图是可行的。实践中，对于业务应用，波浪模型用于波高分布的现报或预测(如 8.5 节所述)。然而，波浪预报的某些航海用户认为近实时获取高度计各沿轨波浪的快照非常有用。海员可据此对卫星观测和预测的波浪进行比较，从而近实时地评估模型性能。最终，他们能参照卫星观测和模型预测等所有可用信息，根据自己的判断做出航海决策。

8.3.3 合成孔径雷达

自 1978 年 Seasat 合成孔径雷达证明这一概念以来，在 *MTOFS* 的 10.5 节可找到发射到太空的各种合成孔径雷达的回顾。目前，可免费获得海浪谱信息的主要来源是 2002 年 3 月欧空局发射的近极太阳同步轨道 Envisat 卫星上搭载的高级合成孔径雷达(ASAR)。高级合成孔径雷达是 ERS-1 和 ERS-2 上合成孔径雷达的延续，使用相同的 5.331 GHz(C 波段)雷达频率，但其可在水平极化、垂直极化和交叉极化状态下工作。除了全球监测(低分辨率)模式，它还有几种不同的成像模式，都可以显示波浪。

海表波浪业务监测最重要的模式是 ASAR(WV)。在标准图像模式(IM)刈幅内，沿着轨道每隔 100 km，对大小在 10 km×5 km 和 5 km×5 km 之间的海洋小区域成像。在单个刈幅或在不同刈幅中可指定多达两个位置，采集在一个和另一个之间交替，可以选择水平极化或垂直极化。因此，在 ERS-1 合成孔径雷达引入并在 ERS-2 延续的波模式得到继续使用，但具有更高的灵活性和更好的性能。波模式的基本原理是在海洋上空每条轨道上获取数百个海表小影像，从中得到波浪方向谱。相比于在海上以完全成像模式连续运行合成孔径雷达，这对卫星功率和数据带宽资源的要求低得多。原则上，它提供了对典型的波浪变化的有效沿轨取样。然而如高度计一般，由于单天的轨道间距太大，无法完全绘制整个海浪场。

加拿大的第二颗地球观测卫星 Radarsat-2 于 2007 年 12 月 14 日成功发射，携带了工作频率为 5.405 GHz 的 C 波段合成孔径雷达。Radarsat-2 设计寿命为 7 年，与其前身 Radarsat 一样，主要任务是为管理加拿大高纬度陆地、湖泊和冰层提供环境信息。除了为加拿大政府提供数据，它还进行商业运作，因此其他的数据用户需要付费。尽管与陆地、冰层和风力绘图应用相比不具优先级，然而 Radarsat-2 也将像高级合成孔径雷达一样提供波浪谱。在撰写本文时，Radarsat-2 是否会定期生成波浪数据以补充高级合成孔径雷达产品仍待揭晓。

8.3.4 高级合成孔径雷达波浪相关产品

来自高级合成孔径雷达波模式(ESA 代码：ASA_WVI_1P)的单个主要 1 级产品在每个采样位置由一个单视复数(single-look complex，SLC)波模式影像(包括实部和虚部)组成。图 8.8 给出了单视复数影像的幅度示例，伴随着通过交叉谱方法计算的每个图像功率谱。注意，交叉谱消除了简单方向图像谱的方向模糊。对应于 Envisat 大约一个轨道的采样，每个数据集通常提供多达 400 个图像和匹配波谱。由于这些产品需要的数据传输速率比完整的合成孔径雷达图像模式低得多，因此它们可以跨越整个海洋连续同期地生成。

图 8.8 Envisat 高级合成孔径雷达波型一个 1 级产品示例，显示了单视复数雷达散射横截面的振幅图像的一个小图，宽度为 5 km(图像来自 ESA 在线 Envisat 用户手册)

高级合成孔径雷达标准的 2 级波模产品(ESA 代号：ASA_WVW_2P)是将调制传递函数 MTF 逆变换程序应用到一级交叉谱的结果(如 8.2.5 节所述)。在其原始形式使用 MPI 方法，需要波浪模型预测作为迭代算法的先验初始预测，该迭代算法最小化观测波浪谱与合成孔径雷达图像谱的均方差。与最初由 ERS 合成孔径雷达生成的波谱产品相比，高级合成孔径雷达产品消除了方向模糊并更好地处理了雷达散斑的影响，但目前还不清楚有多少关于风浪场的附加信息来自雷达，而非初始模型预测。

半参数化反演算法(SPRA)也被开发用于 Envisat 波模数据，尽管在撰写本书时尚不清楚 ESA 是否会正式作为 2 级波替代产品发布，或让用户自身将其用于 1 级波模数据。

SPRA 方法也已应用于 Envisat 标准模式和宽幅模式图像(Ardhuin et al.，2004)；将合成孔径雷达图像分为 2.0 km×2.5 km 的网格小图像，并在每个小图像中执行单独的谱反演。将每个网格单元反演得到的波数谱转换为方向谱并以图像形式展示，以箭头表示峰值方向，用颜色表示波高(图 8.9)，目前 ESA 正考虑采用这种方法作为新的标准波产品。

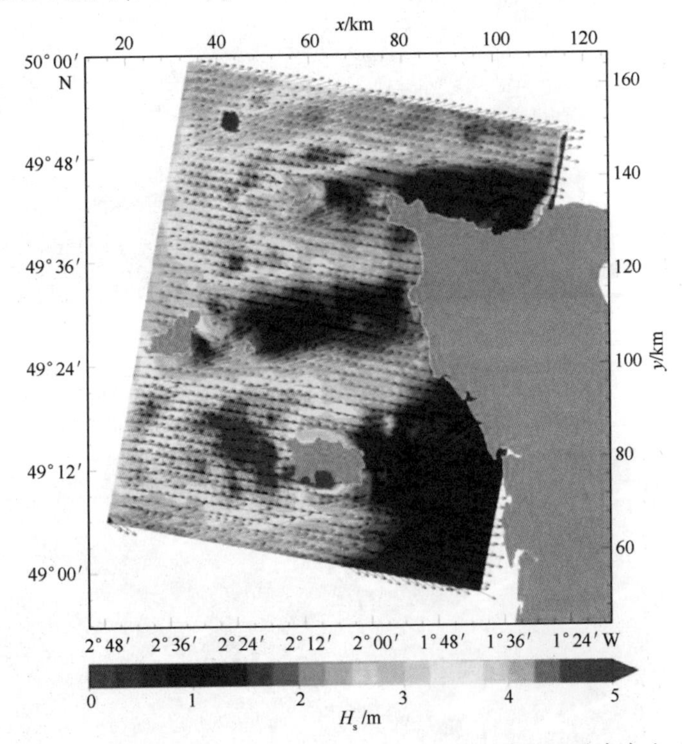

图 8.9 由 2003 年 3 月 9 日 10:22(UTC)的英吉利海峡圣马洛湾地区的 Envisat 高级合成孔径雷达单视复合影像反演得到的波高(彩色色标)和平均波传播方向图，格点间隔为 2.5 km×2.0 km(Ardhuin et al.，2004)

图 8.10 可见高级合成孔径雷达图像的另一个分析示例，显示了谱峰方向和有效波高。这是一幅圣巴巴拉(Santa Barbara)以南的加利福尼亚州海岸影像，显示了加利福尼亚州海峡北部的群岛。在这种情况下，将彩色编码的 H_s 和方向箭头叠加到基本的 σ_0 图像上，这样如果观察者能够放大到更高的分辨率，仍然可见表面浮油、海岸波浪破碎和其他合成孔径雷达海洋特性[图 8.10(b)]。

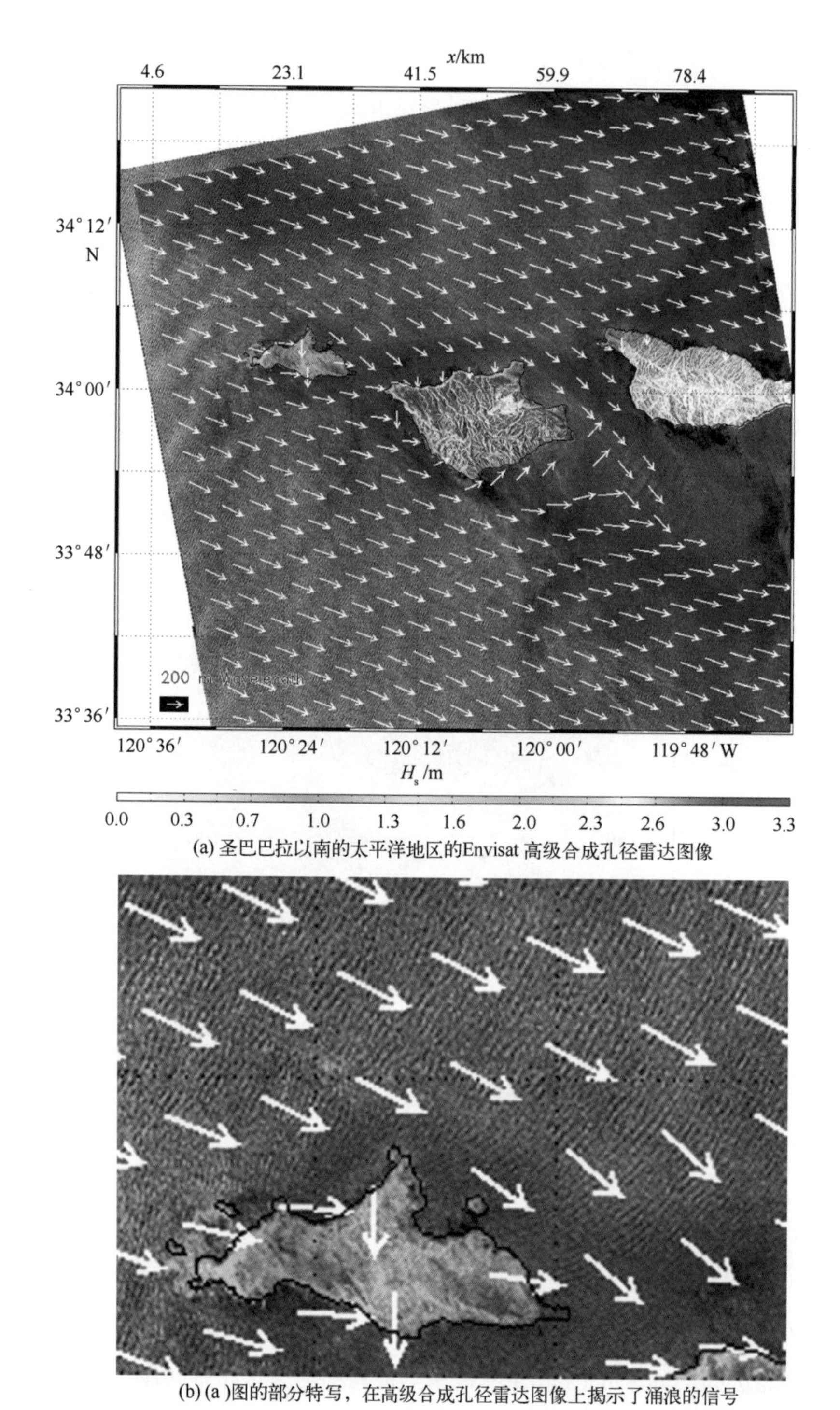

(a) 圣巴巴拉以南的太平洋地区的Envisat 高级合成孔径雷达图像

(b) (a)图的部分特写，在高级合成孔径雷达图像上揭示了涌浪的信号

图 8.10　圣巴巴拉以南的太平洋地区的 Envisat 高级合成孔径雷达图像

(a)显示了 2006 年 1 月 20 日 05:57:16 该地区北部的海峡群岛，颜色代表主要的有效波高 H_s，箭头代表波向；(b)(a)图的部分特写，在合成孔径雷达图像上揭示了涌浪的信号(图像下载自 Boost Technologies 网页)

在用对比方法制作合成孔径雷达新产品过程中，值得注意的是，已经开发出一种纯经验技术，从以辐射校准的合成孔径雷达图像中提取波信息，不需要参考 MPI 或 SPRA 反演结果(Schulz-Stellenfleth et al.，2007)。与反演波谱不同，该方法估算波的积分特性，例如 H_s，以不同方式指定的波周期以及与不同谱带相关联的波功率和波高。这个方法从平均σ_0、方差以及图像谱拟合正交函数获得的 20 个其他参数来表征每个合成孔径雷达波模式图像。随后，这些参数作为估算波积分特性二次模型函数的输入。模型函数完全是经验的，其系数被调整到与训练集匹配，所述训练集由 3 000 个合成孔径雷达图像与生成波积分特性的 WAM 波浪模型的重合样本形成。诸如此类的经验方法，其优势在于提供波参数的速度和计算效率。然而，结果的有效性取决于训练集的范围(样本在可能波条件范围内的代表性)以及为训练集预测波积分特性的 WAM 模型精度。

8.4 卫星波浪数据的应用

8.4.1 有效波高的应用

从高度计测量的 H_s 用途可以分为三大类：一是业务应用，需要实时数据为导航、船舶航线、近海工程活动以及其他多种海洋活动提供决策支持；二是科学用途，数据用于了解更多海浪变化及其与风、流和深度的关系；三是利用卫星数据生成波浪的气候态统计(在 8.6 节讨论)。

暴风和巨浪破坏或延误船只，海上极端事件每年都造成数百人员伤亡和数十亿美元海上保险行业的损失。我们预测这些事件的能力越强就可以减少越多损失。目前能提高海上运行安全的主要工具是耦合波浪预报模型的全球数值天气预报(见 8.5 节)。但与开发可靠的海洋波浪预报模型同样重要的是，采用一种方法在时空上进行足够高频的采样，使之能够绘制海况的海流分布。卫星提供了测量全球海洋波高的可能性。高度计提供可靠的 H_s测量已经超过了 20 年，这事不足为奇，为了满足客户的需求(包括传输近实时数据给船员助其导航决策)，许多私有公司和公共机构提供从卫星整理和解译波浪信息的专业服务。为了保证时效性，这些须以近实时完成。近实时数据的特定应用多种多样，除了通常的船舶航线外，还包括非常规负荷运载、电缆铺设业务、海上石油矿产勘查和钻井作业、海洋保险、游艇赛事、海军演习、高速渡轮和沿海防御(Krogstad et al.，1999)。

向业务用户提供卫星数据的部门受到持续限制没有增多，主要因素是目前在轨高度计相对有限的采样能力。尽管在过去的 17 年，曾有过多达 4 种仪器同时运行的时期，但目前只有两个持续的高度计系列。Envisat 上 ESA RA-2 将由计划的 Sentinel-3 卫星高度计延续，Jason 系列作为 TOPEX/Poseidon 的后续。如图 8.6 和 8.7(a)所示，单天内单颗高度计采集点连线覆盖相对稀疏，轨道间隔高达 2 500 km。对于一个可靠的高海况预警系统，它必须能够检测高波浪发生的所有区域。因为这些航运高危区也许不会持续一天，空间上可能局限于数百千米之内，如果只有两个或三个传感器工作，很可能卫星就监测不到。因此，目前仅根据卫星高度计数据不可能提供一个可靠的业务化强浪预警系统；这就是为什么必须依赖波浪预测模型。这种情形下，卫星数据能有效地用于提高波浪模型的性能。

8.4.2 合成孔径雷达应用

合成孔径雷达获取的海洋波谱还有一些潜在应用(Heimbach et al.，2000)，但与上文讨论的 H_s 一样，合成孔径雷达波模数据在全球海浪谱分布监测的业务应用中同样受采样局限的限制。因此，与高度计数据一样，目前合成孔径雷达波模数据为业务应用作出贡献的最佳方法是同化到海洋模型中(参见 8.5 节)，并积累波浪统计数据来定义海浪的气候态。在海浪研究和应用中对合成孔径雷达数据更直接的应用是通过使用合成孔径雷达图像模式数据，包括标准化的和宽刈幅的数据。

近期发展的基于 2.0 km×2.5 km 网格反演波谱的技术提供了波场在空间如何变化的详细新信息(Ardhuin et al.，2004)(图 8.9)。该图片一个非常明显的现象就是岛屿后面形成了阴影，而且波幅非常低。目前并不清楚有多少阴影是由于岛屿后面风力减少形成的，多少是由于波能通量被岛屿反射和折射转移而造成的。还要注意的是，当它们与浅海地形以及高振幅的“热点”区域相互作用时(那里的 H_s>4.5)，由折射引起的波矢量弯曲。这也可能由水深所致，当水深变浅驱使波速减缓，随着群速度减小使波能通量收敛。图像首次显示了波能量的空间变化细节，并提供了一种方法用于测试模式预报的波浪。合成孔径雷达展示了真实的海洋，对应于控制局地短波波浪增长或衰减的局地风以及传播到该区域的波浪能量的组合。

尽管时间取样不足以在必要的时间分辨率下跟踪波场的演化，但在轨道交叉处将获得单独的机会，卫星大约 12 小时后将第二次过境，如图 8.11 所示(Ardhuin et al.，2004)。虽然两幅图像间只有有限的重叠区，但有证据表明在这段时间内，波场发生了轻微的变化。

尽管这些新的合成孔径雷达波浪产品尚未通过充分验证来确定其定量精度，但对海事安全机构及海岸工程师来说其定性价值已经很明显。它们发布的时间太短还没有相应的出版文献。然而，基于早期合成孔径雷达波浪产品的某些论文证实了合成孔径雷达在研究特殊现象方面的有效性，例如，研究陆缘冰区的涌浪传播(Schulz-Stellenfleth et al.，2002)。

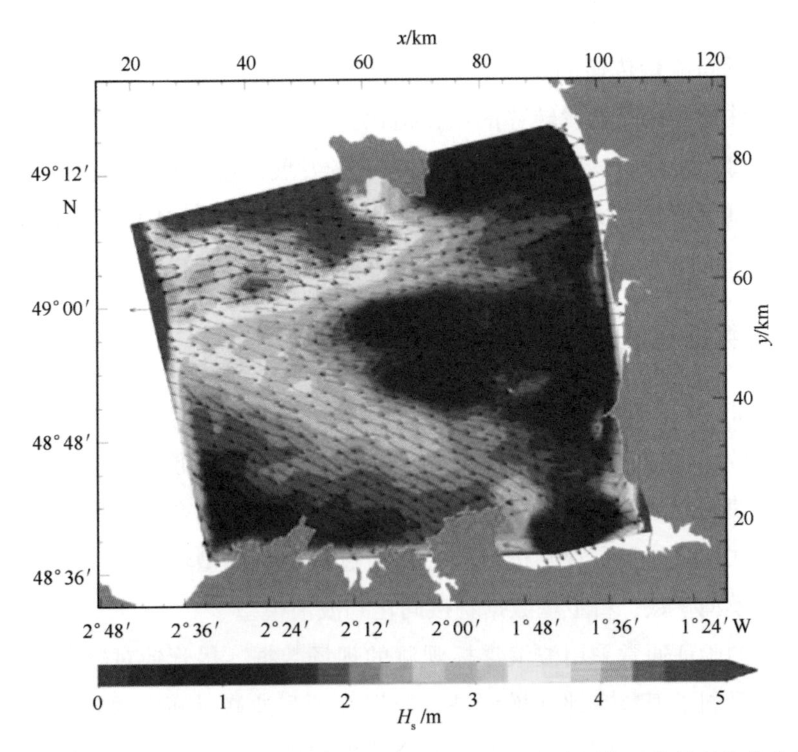

图 8.11　由 2003 年 3 月 9 日 21:44(UTC)的 Envisat ASAR 单视复合影像反演得到的英吉利海峡圣马洛湾地区的波高(彩色色标)和平均波传播方向图，格点间隔为 2.5 km×2.0 km(Ardhuin et al.，2004)

8.5　在波浪预报模型中使用卫星数据

8.5.1　波浪预报模型

在许多方面，20 世纪最后 30 年海浪预报模型的发展都成功显示了数学分析在复杂环境现象中的应用(Komen et al.，1994)。用波谱分量来代表波浪场这一概念是在 20 世纪五六十年代奠定的，波谱分量包含所有风浪和涌浪能量不同频段的振幅和传播方向。简单来说，一个波浪谱模型是一组方程，方程组的解在二维空间中每个网格点给定了谱分量。波模型必须包含一个源项，这样能量将会进入波系统，从而增加依赖风速和风向的每个波分量振幅，传播项定义了每个波谱分量的波能量如何传播并横跨海洋表面，耗散项描述了波浪系统能量损失的方式。

这是第一代波动模型的基础，可以利用海上风的分布信息来预测其对波浪场的影响。因此，它们可以用于改善海洋风的预报，该预报源于同化了卫星风场数据的数值天气预报模式(numerical weather prediction，NWP)的建立。对任何波浪模型而言第一要务都是在源项输入最精确的风场。然而，第一代波浪模型分开处理每一个波分量，并没有考虑各分量间能量传递的复杂非线性相互作用(Hasselmann，1962)。第二代波浪模型引入特定波谱分量间能量转移的项，但以这种简单的形式仍不足以有效地表征所有可能条件下海洋实际的发生情况。随着 NWP 的发展，这些不足愈发明显，因此第三代波浪模型尝试更精确表征波与波之间的非线性相互作用(WAMDI_Group，1988；Booij et al.，1999；Tolman et al.，2002)。

8.5.2 卫星数据在波浪模型中的应用

尽管第三代波浪模型相对成功，但还存在不足，波浪模拟团体仍面临挑战(Cavaleri，2006)。卫星反演的海洋波浪数据能为海浪模拟和预测能力的提高提供什么帮助？与其他使用数值模式的海洋学分支一样，卫星数据结合数值模式的方式基本有三种：对比模式预报与卫星观测进行验证；通过最小化模型输出和卫星数据之间的区别来调优波浪模型参数；将卫星数据直接同化到波浪模型。

波浪模型的验证通常采用波浪浮标观测的现场数据。尽管针对给定区域相对稀少的重访间隔，限制了卫星在评估模型是否能很好预测波峰时间中的效力，然而，卫星观测的优点在于其更大范围的空间取样和全球覆盖能力。讽刺的是，最初对新的卫星波浪数据产品和波浪模型进行比较通常都由遥感机构来完成，目的是验证他们的数据产品，并且将波浪预报作为真实海浪的最好表征(Mastenbroek et al.，1994)。有时，存档的卫星数据(如 Seasat 高度计的 H_s 记录)已经以这种方式进行了回顾性验证(Bauer et al.,1992)。然而，卫星数据的广泛可靠性一旦建立，对比就成了对模型和遥感传感器开发人员都有益的练习(Romeiser，1993)。通过仔细分析差异，可以了解每种数据产品的缺点，卫星数据相对稀疏的取样并非此项工作的严重障碍。遥感可以提供持续 20 年的关键性波浪积分特性 H_s 及最近开发的波浪特征，如 T_m或 T_p，这些都可用于与模型输出相比较。随着 SAR 获取波浪谱验证带来信心的增强，将为波浪模型预测结果提供更加完整的波谱测试。尽管正在进行一些这种比较的例子(Heimbach et al.，1998；Chen et al.，2002)，但远不如预期那么普遍。显然，提升两个群体之间的沟通和数据交换及发展利于卫星数据和模型结果协同的方法，还有较大空间。

使用卫星数据辅助波浪模型参数估计也是一个潜在的重要应用。20 多年来，从几个不同高度计获得的大量 H_s 数据存档，有可能提供许多特定波浪类型的示例。这些可以生成测试数据集，作为第三代波浪模型各项参数化优化的基础。例如，Kalantzi 等(2009)在印度洋用 TOPEX 高度计数据协同 Wave Watch Ⅲ模式预测结果，来比较不同季风条件下两种不同波浪耗散参数化方案的有效性。

8.5.3 对模型的卫星数据同化

20 世纪 90 年代出现了高度计 H_s 和 SAR 海浪谱的可靠来源，促使海浪建模专家通过大量工作发展数据同化方法，并评估潜在收益(如 Lionello et al., 1992; Foreman et al., 1994; Young et al., 1996; Holthuijsen et al., 1997; Dunlap et al., 1998; Greenslade, 2001)。有趣的是，根据是否同化 H_s、海浪谱还是两者，采用了不同的同化方法。因为涌浪能沿着大圆轨路径在全球传播的性质，根据可靠观测来调整模型可以确保任何精度提高能持续几天并传播到模型的其他部分。当需要调整波谱以匹配观测时，那么修正就不止前向传递，还能后向追踪从而调整之前的能量源输入。在系统中通过使用格林函数方法来实现(Bauer et al., 1996)。

这些评估的结论大多数都是积极的。同化 H_s 的过程中发现了一些改进，于是一些业务机构开始定期同化高度计数据(Breivik et al., 1994)。然而，SAR 的影响有限，大多数机构似乎已经判定对涌浪预报的微小优点不足以改变业务系统。与 SAR 带来改变很小的原因归结于，ERS SAR 海浪谱的方向模糊和可用 SAR 观测数量的不足(Breivik et al., 1998)。不能忘记，海表风(通常来自 NWP 模型)的正确描述是海浪成功预报的基本先决条件。波浪数据的同化不能弥补不良的风场输入或不当的海浪模型设置，所以在 20 世纪 90 年代一些业务预报机构并未将其认为非常重要的因素。

然而，现在波浪模型和风场输入已改进很多，可从多 ASAR 波模式数据反演得到数量更多、更可靠和更清晰的海浪谱，并随着各机构不断承诺无限期维持高度计运行，更多机构似乎在将 H_s 和 SAR 波浪谱同化到其业务化波浪预报系统(Abdalla et al., 2003)。最近一项研究证实了将卫星 H_s 同化到印度洋波浪模型的好处，尽管不是以风主导的地中海(Emmanouil et al., 2007)。

尽管对大多数海上作业来说，高风海况的预报比涌浪更重要，但在越来越多的应用中，涌浪预测也同样关键。在深水区域，海上石油业务使用浮式钻井平台必须考虑水波起伏的影响，即使海风可以忽略不计。此外，平台可能会与长周期涌浪发生频率共振，因此业务上非常期望利用卫星数据同化实现涌浪周期和频率的更精确预报。

8.6 波候

波候是波浪参数时空变化的统计描述。例如，为生成有效波高 H_s 的气候态，需要从很多站点的样本得出 H_s 的概率分布。然后，可在每个位置算出能部分描述该分布的参数，例如均值，并绘出全球分布图。它可按月分解，并可绘制一年中每月单独的平均气候态，用来表现空间映射平均 H_s 的季节变化。同样也能获得年际变化，在锚系了数十年波浪浮标的站点积累了大量样本，不仅可以建立清晰的季节变化图像，还可反映年际和年代尺度的变化。从许多样本中可以识别出趋势，或将年际和年代际变化与海浪场相关的其他因素(包括气候指数)建立联系。此外，还可以估算那些站点发生极端波浪事件的概率。

无论对于装有测波计的浮标锚系之所，还是来自船舶的观察报告或仪器记录，直到卫星波浪资料可用之前，波候统计都会受到限制。前者生成的数据在时间上很详细，但在空间上非常稀疏。对于后者，如果要获得有用的样本数量，必须合成相当大的区域(数百到数千千米)。船舶报告的位置通常局限于主要航线，不能达到大部分海洋，即使在航运较密集的北大西洋和西北太平洋，分布也不好。此外，观察报告的质量是主观的(Gulev et al.，2003)，仪器也需要校准。

高密采样和空间分布的波浪数据集的缺失使我们在认识和理解上留下巨大的空缺。例如，如果某个浮标站点的波候在某些年或月里异常的小，并没有方法来区分它是仪器误差，或者是整个周边区域的特征发生了独特变化，又或者是波高的局地空间模态发生了细微的位置偏移，但总体上区域变化很小。原则上，可以通过在大范围的不同强迫条件下或在长时间的实际强迫下运行海洋波浪预报模式来填充气候态，但是需要对比观测数据来确保结果的有效性。目前，我们拥有超过 20 年的在全球范围内采样的高度计波高资料，有望首次生成一个空间详细的、基于观测的全球分布波候。

从卫星数据生成气候态

因为高度计不是扫描传感器，所以卫星反演的气候态空间分辨率肯定会相对粗糙，通常是基于海表 2°×2°(纬度-经度)的网格元素。为了创建多传感器波候，首先要相互校准不同的高度计，并应用给定的传感器作为“标准”来调整偏差。这确保了数据的一致性，而与获取它们的仪器无关。然后每当高度计轨道经过特定单元时，通常沿轨每隔 7 km 对 H_s 进行采样，将所有采样数据的中值当作这个单元该时候的波高。对于全球尺度开阔海域的波候，以 2°为大小的单元是可以接受的，因为风和波系统通常在大于 200 km 的范围内变化。然而，在沿岸和陆架海域，风因受到山脉或海岬的遮挡以及浅海水深导致的波浪折射，会引起小尺度的波高变化，如图 8.9、图 8.10 和图 8.11 所示。这里需要较小的单元，但此要求必然会影响样本数量的获取。图 8.12 展示了平均波高分布的一个例子，分辨率约为 110 km(Woolf et al.，2003)，与来自传统波数据和前期 Geosat 高度计的早期波候相比(Challenor et al.，1990；Carter et al.，1991)具有更好的分辨率，可进行更多的细节分析。但在沿岸 100 km 以内海域，它仍然无法很好分辨。

一旦将数据整理好并分配到给定的单元，就可将其用于分析。根据提出的具体问题，它们可积累到不同的时间“箱子”里。例如，为了画出基于 5 年跨度高度计数据的

图 8.12(a)，来自每年 12 月、1 月和 2 月的所有样本都在每个单元格进行平均，来表征冬季数值，其他三个季节也进行类似处理。结果清晰表明了欧洲西北部平均波浪场的季节性特征。然而，由于数据原先是按月分类的，早期分析能确认 12 月、1 月和 2 月是波浪最大的 3 个月，这导致了季节中对应月份的特定分配，有别于那些其他目的用法。值得注意的是，还可绘制其他变量，例如，最大波高，或是前 10%最高样本的平均值，又或是气候态数据库中包含的一些其他变量的分布性质。此外，数据库还包含 H_s以外的变量，例如主波周期，或者诸如海面高度分布的偏度和峰度等统计性质，这些都可能从高度计获取(详见 8.2.4 节)。

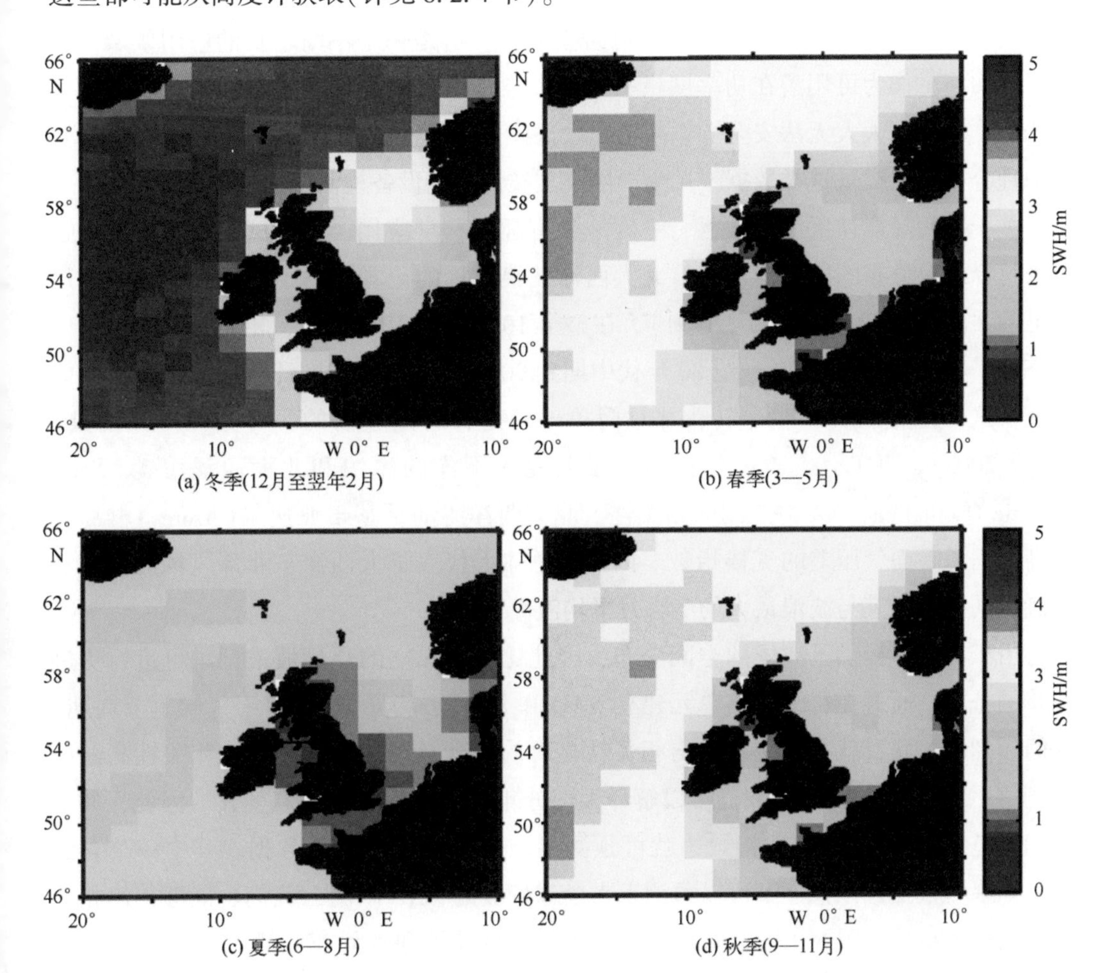

图 8.12　从 1993—1997 年间 5 年的高度计测量的每月 1°(纬度)×2°(经度)格点数据获得的西北大西洋平均有效波高(H_s)的季节性气候态，颜色尺度为 m

应用卫星反演的波候

尽管迄今为止很少公布，但应用从卫星高度计汇集的波浪数据是一个很好的机遇。

很多应用涉及海上工程结构的规划和设计，或特定海洋区域船舶的操作规范。一些机构向需要可靠波候信息的工程公司售卖他们的专家服务和波浪数据，尽管这些工作很少以科学论文发表。

一个特殊应用是预测极值波高（Cooper et al.，1997；Panchang et al.，1999；Henrique et al.，2000，2003；Chen et al.，2004）。极端海浪统计常用“百年一遇”波高来描述，指给定地点的波高预计一百年只会达到或超过一次（Muir et al.，1986）。从仅有20多年记录的数据库预测这个需要根据波高分布的特定数学模型假设进行外推，同时考虑基于卫星的波候特征（Wimmer et al.，2006）。在引用的示例中，其动机产生的背景在于发展海上波浪发电设备用于获得可再生能源。这是一个不断增长的应用领域，从业者须知：①作为可用潜在功率度量平均海浪条件以及波高低至发电厂闲置所占时间的比例；②波高太大无法安全操作的情况。这些正是波候数据集所能提供的信息类型。以地理分布形式提供这类数据，可为不同类型波浪发电设备检测合适的位置。

关于新的高度计反演的波候，一项非常有趣的科学应用，来自试图用其他物理强迫来解释波浪分布的研究。例如，北大西洋波浪浮标的记录显示了年际和更长时间尺度上的强烈变化（Bacon et al.，1991），在整个10年中的某个阶段，相对于平均季节气候态似乎显著增加。从20世纪80年代中期到90年代，通过高度计获得的扩展波候能够证实这种趋势确实发生逆转，并且简单地只是长时间振荡的一部分（Woolf et al.，2002，2003）。事实上，通过分析揭示了西北太平洋的波浪和北大西洋涛动（North Atlantic Oscillation，NAO）之间的相关性。北大西洋涛动是基于亚速尔（Azores）群岛和冰岛之间海平面气压差的气候指数。因此，总体上代表了大西洋东北部风场的强度和轨迹，同时发现其与波浪最大的冬季月平均波高有关。

由于高度计提供了波候的空间分布，因此比一些孤立的浮标波浪记录可进行更进一步的分析。通过在每个网格单元建立NAO和H_s月平均异常（相对于气候季节周期）时间序列的关联，就有可能显示出相关性显著的地理范围。这意味着在相关性高的区域（某些情况达到0.85），我们可以解释大部分年际到年代际的波高变化。因此，如果我们知道特定月份的NAO指数，就可预测出该月份的波浪统计数据。其中一个含义是，如果气候变化预报模型可以预测未来全球变暖的NAO状况，我们也能够得出相关可能波候的结论。图8.13显示了冬季逐月的波高异常和气候态指数相关性的地理分布。这些结果（Woolf et al.，2008）基于相对于气候态的H_s异常资料，来自1993—2002年10年间冬季12月到翌年3月的TOPEX数据，空间分辨率为1.5°×1.5°。相关分析不仅局限于NAO，还包括另一个常规生成的指数，东大西洋模态（East Atlantic Pattern，EAP）以及一个最近建立的新指数，由大西洋中北部和西南地中海之间的压差定义的地中海振荡指数（Mediterranean Oscillation Index，MOI）（Grbec et al.，2003）。很明显，正如预期那样，不同指数与不同区域的波浪相关，它们有助于将风场影响整合到海洋的不同区域。图 8. 13 中的第 4 幅图展示了基于所有三种指数的线性模型可以解释波高的多少变化。

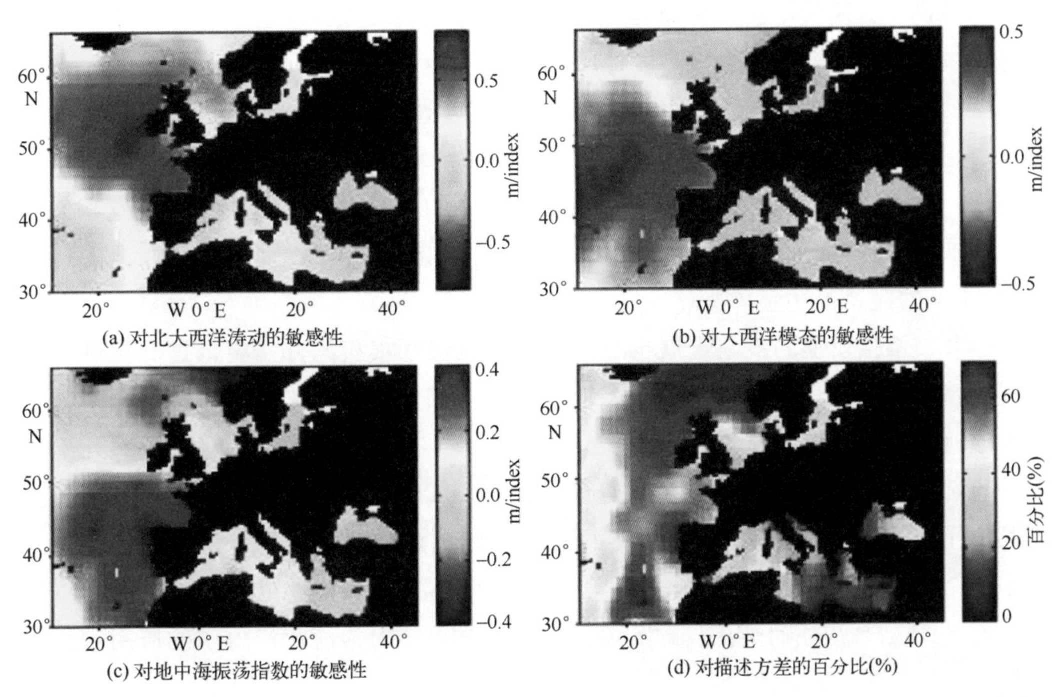

图 8. 13　冬季有效波高对北大西洋涛动、东大西洋模态、地中海振荡指数及由这三种指标组成的线性模型描述的年际变率的总组分的敏感性。数据来源于 1993—2002 年间，1. 5° × 1. 5°的 TOPEX 气候态数据(Woolf et al., 2008)

8. 7　评估和未来展望

来自太空的波浪测量正处于一个激动人心的发展时刻。高度计测量有效波高的能力已经得到充分证实，并且展示了许多有用的业务应用，尤其在对波浪模拟和波候的支持方面。基于欧洲海洋业务化支持的 ESA Sentinel 3 平台(请参见第 14 章)以及美国/欧洲联合的 Jason 系列，未来 20 年很有可能成为业务化的可靠高度计系列。这两种仪器在监测海洋中尺度变化的综合能力中绝对很有必要，对海浪监测也有同等的贡献。然而，如果没有海洋工程界对该方法的重要研究，高度计在海浪预报以及波候中的潜在好处将无法实现，同时高度计连续计划的任何不确定性都会对此造成危害。

同样，不要忽视高度计拥有更密集采样能力的优点，使得波浪预警服务能独立于波浪模型预测使用直接的波浪观测。要有效地做到这一点需要高度计星座，理想情况至少需要 12 个平台。一种系统已经被提出，该系统多达 8 颗微卫星，每颗携带一个质量小于 80 kg 的高度计(约为 Envisat 质量的 1%)，可由单枚火箭发射。为了增加覆盖范围，并确保不同卫星轨道之间的重叠以进行交叉校正，卫星应位于多个轨道平面。该系统被命名为全球高度计风险评估网络(global altimeter network designed to evaluate Risk，GANDER)。通过应用与高规格高度计(如 Jason)并行的微卫星高度计星座，可将海面高度和有效波高反演到可接受的精度，以供全球海洋环流模型使用。发射 24 个微卫星系统需要 3 次火箭发射，总成本约为 Envisat 成本的 10%，这将使其更具有成本效益(Allan，2006)。这样的系统还有能力提供风暴潮和海啸的监测(参见第 11 章的简要论述)。

SAR 波浪谱反演的最新进展也令人振奋。波浪预报机构开始将数据同化到波浪预报模型，沿海工程界也在开发沿海地区海况详细信息丰富来源的应用。未来几年里，这将是海洋科学研究和沿海工程应用一个令人兴奋的关注点。对于那些几十年来一直努力从 SAR 图像中获取可靠定量信息的人来说，图 8.9 至图 8.11 所示的校正产品似乎非常出色。当然，对于其中每一幅清晰的图像，可能还有许多其他新处理技术的结果缺乏说服力的情况，但尽管如此，欧空局应该能够处理足够的数据以满足开发 SAR 数据应用研究人员的需要，这些数据可能对沿海海洋科学的应用带来重大影响。

这里还有开展更多基础研究以推动卫星波浪海洋学发展的机会，包括发展从高度计信号反演波周期、偏度和其他波浪性质的技术。高度计波浪监测技术在近海和大陆架海域的应用将受益于成像高度计的发展，但在那之前，目前的举措可以从现有的高度计中获得更多海岸附近的收获。

“卫星高度计在建立大气变化和沿海脆弱性之间的关系中发挥着重要作用”(Woolf et al.，2008)。

还有其他一些本章没有提及的技术，也可丰富波浪遥感数据的来源。刀束高度计(Karaev et al.，2005)以及双静态反射的 GPS 信号的应用提供了有关海况的更多信息(Gleason et al.，2005)。它们都是未来所关注的技术。

8.8 参考文献

Abdalla, S., P. Janssen, and J. -R. Bidlot (2003), Use of satellite data and enhanced physics to improve wave predictions. In: J. M. Smith (Ed.), Coastal Engineering 2002 (Vol. 1, pp. 87-96). World Scientific, Singapore.

Allan, T. (2006), The story of GANDER. Sensors, 6, 249-259.

Alpers, W. (2003), Ocean surface wave imaging from Seasat to Envisat. Paper presented at Proc. Geoscience and Remote Sensing Symposium, IGARSS'03, Toulouse (Vol. 1, pp. 35-37). IEEE International.

Alpers, W., and C. L. Rufenach (1979), The effect of orbital motions on synthetic aperture radar images of ocean waves. IEEE Trans. Antennas Propagat., AP-27, 685-690.

Alpers, W. R., and C. Brüning (1986), On the relative importance of motion-related contributions to the SAR imaging mechanism of ocean surface waves. IEEE Trans. Geosc. Remote Sensing., GE-24(6), 873-885.

Alpers, W., D. B. Ross, and C. L. Rufenach (1981), On the detectability of ocean surface waves by real and synthetic aperture radar. J. Geophys. Res., 86(C), 6481-6498.

Ardhuin, F., F. Collard, and B. Chapron (2004), Wave spectra from ENVISAT's synthetic aperture radar in coastal areas. Paper presented at Proc. 14th International Offshore and Polar Engineering Conference, Toulon, France (pp. 221-225). International Society of Offshore and Polar Engineers, Cupertino, CA.

Bacon, S., and D. J. T. Carter (1991), Wave climate changes in the North Atlantic and North Sea. Int. J. Climatol., 11, 545-558.

Bauer, E., S. Hasselmann, and K. Hasselmann (1992), Validation and assimilation of Seasat altimeter wave heights using the WAM wave model. J. Geophys. Res., 97, 12671-12682.

Bauer, E., K. Hasselmann, I. R. Young, and S. Hasselmann (1996), Assimilation of wave data into the wave model WAM using an impulse response function method. J. Geophys. Res., 101, 3801-3816.

Benveniste, J., and M. P. Milagro (2000), Envisat RA-2 and MWR Products and Algorithms User Guide (ESA Envisat Report, RA-TN-ESR-GS-0013, 13 pp.). ESA, Noordwijk, The Netherlands.

Booij, N., R. C. Ris, and L. H. Holthuijsen (1999), A third-generation wave model for coastal regions, 1: Model description and validation. J. Geophys. Res., 104, 7649-7666.

Breivik, L. A., and M. Reistad (1994), Assimilation of ERS-1 altimeter wave heights in an operational numerical wave model. Weather and Forecasting, 9(3).

Breivik, L. A., M. Reistad, H. Schyberg, J. Sunde, H. E. Krogstad, and H. Johnsen (1998), Assimilation of ERS SAR wave spectra in an operational wave model. J. Geophys. Res., 103(C4), 7887-7900.

Brüning, C., S. Hasselmann, and K. Hasselmann (1994), First evaluation of ERS-1 synthetic aperture radar wave mode data. Global Atmos. Ocean. Syst., 2, 61-98.

Caires, S., A. Sterl, and C. P. Gommenginger (2005), Global ocean mean wave period data: Validation and description. J. Geophys. Res., 110(C02003), doi: 10.1029/2004JC002631.

Carter, D. J. T., S. Foale, and D. J. Webb (1991), Variations in global wave climate throughout the tear. Int. J. Remote Sensing, 12(8), 1687-1697.

Carter, D. J. T., P. G. Challenor, and M. A. Srokosz (1992), An assessment of Geosat wave height and wind speed measurements. J. Geophys. Res., 99, 25015-25024.

Cartwright, D. E., and M. S. Longuet-Higgins (1956), The statistical distribution of the maxima of a random function. Proc. Roy. Soc. London A, 237, 212-232.

Cavaleri, L. (2006), Wave modeling: Where to go in the future. Bull. Am. Meteorol. Soc., 87 (2), 207-214.

Challenor, P. G., S. Foale, and D. J. Webb (1990), Seasonal changes in the global wave climate measured by the Geosat altimeter. Int. J. Remote Sensing, 11(12), 2205-2213.

Chapron, B., D. Vandemark, and F. C. Jackson (1994), Airborne measurements of the ocean's Ku-band radar cross section data at low incidence angles. Atmosphere-Oceans, 32(1), 179-193.

Chen, G., S. W. Bi, and R. Ezraty (2004), Global structure of extreme wind and wave climate derived from TOPEX altimeter data. Int. J. Remote Sensing, 25(5), 1005-1018.

Chen, G., B. Chapron, R. Ezraty, and D. Vandemark (2002), A global view of swell and wind sea climate in the ocean by satellite altimeter and scatterometer. J. Atm. Ocean. Tech., 19(11), 1849-1859.

Cooper, C. K., and G. Z. Fornstall (1997), The use of satellite altimeter data to estimate the extreme wave climate. J. Atm. Ocean. Tech., 14(2), 254-266.

Cotton, P. D., and D. J. T. Carter (1994), Cross calibration of TOPEX ERS-1 and Geosat wave heights. J. Geophys. Res., 99, 25025-25033.

Dunlap, E. M., R. B. Olsen, L. Wilson, S. D. Margerie, and R. Lalbeharry (1998), The effect of assimilating ERS-1 fast delivery wave data into the North Atlantic WAM model. J. Geophys. Res., 103(C4), 7901-7915.

Ebuchi, N., and H. Kawamura (1994), Validation of wind speeds and significant wave heights observed by the TOPEX altimeter around Japan. J. Oceanogr., 50, 479-487.

Emmanouil, G., G. Galanis, G. Kallos, L. A. Breivik, H. Heiberg, and M. Reistad (2007), Assimilation of radar altimeter data in numerical wave models: An impact study in two different wave climate regions. Ann. Geophys., 25, 581-595.

Engen, G., and H. Johnsen (1995), SAR-ocean wave inversion using image cross-spectra. IEEE Trans. Geosc. Remote Sensing., 33(4), 1047-1056.

Fedor, L. S., and G. S. Brown (1982), Waveheight and windspeed measurements from the Seasat radar altimeter. J. Geophys. Res., 87(C), 3254-3260.

Foreman, S. J., M. W. Holt, and S. Kelsall (1994), Preliminary assessment and use of ERS-1 altimeter wave data. J. Atm. Ocean. Tech., 11, 1370-1380.

Gleason, S., S. Hodgart, Y. Sun, C. P. Gommenginger, S. Mackin, M. Adjrad, and M. Unwin (2005), Detection and processing of bistatically reflected GPS signals from low Earth orbit for the purpose of ocean remote sensing. IEEE Trans. Geosc. Remote Sensing, 43(6), 1228-1241.

Gomez-Enri, J., C. P. Gommenginger, M. A. Srokosz, P. G. Challenor, and J. Benveniste (2007), Measuring global ocean wave skewness by retracking RA-2 ENVISAT waveforms. J. Atmos. Oceanic Tech., 24(6), 1102-1116.

Gommenginger, C. P., M. A. Srokosz, P. G. Challenor, and P. D. Cotton (2003), Measuring ocean wave period with satellite altimeters: A simple empirical model. Geophys. Res. Letters, 30 (22), doi: 10.1029/2003GL017743.

Gower, J. F. R. (1996), Intercalibration of wave and winds data from TOPEX/Poseidon and moored buoys off the west coast of Canada. J. Geophys. Res., 101, 3817-3829.

Grbec, B., M. Morovic, and M. Zore-Armanda (2003), Mediterranean Oscillation Index and its relationship with salinity fluctuation in the Adriatic Sea. Acta Adriatica, 44(1), 61-76.

Greenslade, D. J. M. (2001), The assimilation of ERS-2 significant wave height data in the Australian region. J. Marine Systems, 28(1/2), 141-160.

Gulev, S. K., V. Grigorieva, A. Sterl, and D. K. Woolf (2003), Assessment of the reliability of wave observations from voluntary observing ships: Insights from the validation of a global wind wave climatology based on voluntary observing ship data. J. Geophys. Res., 108 (C7), 3236, doi: 10.1029/2002JC001437.

Hasselmann, K. (1962), On the non-linear energy transfer in a gravity wave spectrum, Part 1: General theory. J. Fluid Mech., 12, 482-500.

Hasselmann, K., and S. Hasselmann (1991), On the non-linear mapping of an ocean wave spectrum into a synthetic aperture radar image spectrum and its inversion. J. Geophys. Res., 96(C6), 10713-10729.

Hasselmann, S., C. Brüning, K. Hasselmann, and P. Heimbach (1996), An improved algorithm for the retrieval of ocean wave spectra from SAR image spectra. J. Geophys. Res., 101(C), 16615-16629.

Hauser, D., E. Soussi, and L. R. Thouvenot (2001), SWIMSAT: A real aperture radar to measure directional spectra of ocean waves from space—Main characteristics and performance simulation. J. Atmos. Oceanic Tech., 18(3), 421-437.

Heimbach, P., and K. Hasselmann (2000), Development and application of satellite retrievals of ocean wave spectra. In: D. Halpern (Ed.), Satellite Oceanography and Society (Elsevier Oceanography Series, Vol. 63, pp. 5-33). Elsevier Science, Amsterdam.

Heimbach, P., S. Hasselmann, and K. Hasselmann (1998), Statistical analysis and intercomparison of WAM model data with global ERS-1 SAR wave mode spectral retrievals over 3 years. J. Geophys. Res., 103, 7931-7977.

Henrique, J., G. M. Alves, and I. R. Young (2000), Extreme significant wave heights from combined satellite altimeter data. In: B. L. Edge (Ed.), Proc. 27th International

Conference on Coastal Engineering Sidney, Australia, July 16-21 (pp. 1064-1077). American Society of Civil Engineers, Reston, VA.

Henrique, J., G. M. Alves, and I. R. Young (2003), On estimating extreme wave heights using combined Geosat, Topex/Poseidon and ERS-1 altimeter data. Applied Ocean Research, 25(4), 167-186.

Holthuijsen, L. H. (2007), Waves in Oceanic and Coastal Waters (404 pp.). Cambridge University Press, Cambridge, U.K.

Holthuijsen, L. H., N. Booij, M. van Endt, S. Caires, and C. G. Soares (1997), Assimilation of buoy and satellite data in wave forecasts with integral control variables. J. Marine Systems, 13(1), 21-31.

Jackson, F. C. (1987), The radar ocean-wave spectrometer. Johns Hopkins APL Technical Digest, 8, 70-74.

Jackson, F. C., W. T. Walton, and C. Y. Peng (1985a), Aircraft and satellite measurement of ocean wave directional spectra using scanning-beam microwave radars. J. Geophys. Res., 90, 987-1004.

Jackson, F. C., W. T. Walton, and C. Y. Peng (1985b), A comparison of in situand airborne radar measurements of ocean wave directionality. J. Geophys. Res., 90, 1005-1018.

Jones, I. S. F., and Y. Toba (Eds.) (2001), Wind Stress over the Ocean (326 pp.). Cambridge Uiniversity Press, Cambridge, U.K.

Kalantzi, G. D., C. P. Gommenginger, and M. A. Srokosz (2009), Assessing the performance of the dissipation parameterizations in WAVEWATCH III using collocated altimetry data. J. Phys. Oceanogr., 39 (11), 2800-2819.

Karaev, V. Y., M. B. Kanevsky, G. N. Balandina, P. G. Challenor, C. P. Gommenginger, and M. A. Srokosz (2005), The concept of a microwave radar with an asymmetric knifelike beam for the remote sensing of ocean waves. J. Atm. Ocean. Tech., 22, 1809-1820.

Komen, G. J., L. Cavaleri, M. Donelan, K. Hasselmann, S. Hasselmann, and P. Janssen (1994), Dynamics and Modelling of Ocean Waves (532 pp.). Cambridge University Press, Cambridge, U.K.

Krogstad, H. E. (1992), A simple derivation of Hasselmann's nonlinear ocean-synthetic aperture radar transform. J. Geophys. Res., 97(C2), 2421-2425.

Krogstad, H. E., and S. F. Barstow (1999), Satellite wave measurements for coastal engineering applications. Coastal Engineering, 37, 283-307.

LeBlond, P. H. (2002), Ocean waves: Half-a-century of discovery. J. Oceanogr., 58, 3-9.

LeBlond, P. H., and L. A. Mysak (1978). Waves in the Ocean (Elsevier Oceanography Series, 602 pp.). Elsevier, Amsterdam.

Lionello, P., H. Günther, and P. Janssen (1992), Assimilation of altimeter data in a global third-generation wave model. J. Geophys. Res., 97(C9), 14453-14474.

Mackay, E. B. L., C. H. Retzler, P. G. Challenor, and C. P. Gommenginger (2008), A parametric model for ocean wave period from Kuband altimeter data. J. Geophys. Res., 113(C03029), doi: 10.1029/2007JC004438.

Mastenbroek, C., and C. F. d. Valk (2000), A semi-parametric algorithm to retrieve ocean wave spectra from SAR. J. Geophys. Res., 105(C2), 3497-3516.

Mastenbroek, C., V. K. Makin, A. C. Voorrips, and G. J. Komen (1994), Validation of ERS-1 altimeter wave height measurements and assimilation in a North Sea wave model. Global Atmos. Ocean. Syst., 2, 143-161.

Muir, L. R., and A. H. El-Sharaawi (1986), On the calculation of extreme wave heights: A review. Ocean Engineering, 13(1), 93-118.

Panchang, V., L. Z. Zhao, and Z. Demirbilek (1999), Estimation of extreme wave heights using GEOSAT measurements. Ocean Engineering, 26(3), 205-225.

Quilfen, Y., B. Chapron, and M. Serre (2004), Calibration/validation of an altimeter wave period model and application to TOPEX/Poseidon and Jason-1 altimeters. Marine Geodesy, 27, 535-549.

Romeiser, R. (1993), Global validation of the wave model WAM over a one-year period using Geosat wave height data. J. Geophys. Res., 98(C3), 4713-4726.

Schulz-Stellenfleth, J., and S. Lehner (2002), Spaceborne synthetic aperture radar observations of ocean waves traveling into sea ice. J. Geophys. Res., 107(C8), 3106, doi: 10.1029/2001JC000837.

Schulz-Stellenfleth, J., S. Lehner, and D. Hoja (2005), A parametric scheme for the retrieval of two-dimensional ocean wave spectra from synthetic aperture radar look cross spectra. J. Geophys. Res., 110 (C05004), doi: 10.1029/2004JC002822.

Schulz-Stellenfleth, J., T. König, and S. Lehner (2007), An empirical approach for the retrieval of integral ocean wave parameters from synthetic aperture radar data. J. Geophys. Res., 112 (C03019), doi: 10.1029/2006JC003970.

Stewart, R. H. (2008), Introduction to Physical Oceanography (e-book). Texas A & M University, available at http://oceanworld.tamu.edu/home/course_book.htm

Tolman, H. L., B. Balasubramaniyan, L. D. Burroughs, D. V. Chalikov, Y. Y. Chao, H. S. Chen, and V. M. Gerald (2002), Development and implementation of wind generated ocean surface wave models at NCEP. Weather and Forecasting, 17, 311-333.

Tucker, M. J. (1991), Waves in Ocean Engineering: Measurement, Analysis, Interpretation (431 pp.). Ellis Horwood, Chichester, U.K.

Vandemark, D., F. C. Jackson, E. J. Walsh, and B. Chapron (1994), Airborne radar measurements of ocean wave spectra and wind speed during the Grand Banks ERS-1 SAR Wave Experiment. Atmosphere-Oceans, 32(1), 143-178.

Violante-Carvalho, N., I. S. Robinson, and J. Schulz-Stellenfleth (2005), Assessment of ERS synthetic aperture radar wave spectra retrieved from the Max-Planck-Institut (MPI) scheme through intercomparisons of 1 year of directional buoy measurements. J. Geophys. Res., 110(C07019), doi: 10.1029/2004JC002382.

WAMDI_Group(1988), The WAM model: A third generation ocean wave prediction mode. J. Phys. Oceanogr., 18, 1775-1810.

Wimmer, W., P. G. Challenor, and C. H. Retzler (2006), Extreme wave heights in the North Atlantic from altimeter data. Renewable Energy, 31, 241-248.

Woolf, D. K., and C. P. Gommenginger (2008), Radar altimetry: Introduction and application to air-sea interaction. In: V. Barale and M. Gade (Eds.), Remote Sensing of the European Seas (pp. 283-294). Springer-Verlag, Berlin.

Woolf, D. K., P. G. Challenor, and P. D. Cotton (2002), The variability and predictability of North Atlantic wave climate. J. Geophys. Res., 107(C10), 3145, doi: 10.1029/2001JC001124.

Woolf, D. K., P. D. Cotton, and P. G. Challenor (2003), Measurements of the offshore wave climate around the British Isles by satellite altimeter. Phil. Trans. Roy. Soc. London A., 361, 27–31.

Young, I. R., and T. J. Glowacki (1996), Assimilation of altimeter wave height data into a spectral wave model using statistical interpolation. Ocean Engineering, 23(8), 667–689.

Zanife, O. Z., J. P. Dumont, J. Stum, and T. Guinle (2001), SSALTO Products Specifications, Volume 1: Jason-1 User Products (CNES Report, SMM-ST-M-EA-10879-CN, 36 pp.). Centre National d'Études Spatiales, Toulouse, France.

9 海面风

本章主要介绍海面风的卫星观测技术以及与风有关的现象。由于这是一本关于卫星海洋学的书，本章并不试图从气象学家的角度对该主题进行探讨。这方面的内容可参考卫星气象学(Kidder et al.，1995)方面的专门书籍。相反，本章主要从海洋学家的角度对海面风在海洋科学研究中的重要性进行简单的回顾，并且评估卫星较其他观测手段在何种情况下能够更适当地提供海面风数据。

第一节(9.1 节)概括了卫星遥感海面风所使用的不同传感器和方法，同时汇总了较初版 *MTOFS*(Robinson，2004)中更详细的技术方法。9.2 节阐述了海面风数据在海洋学过程研究中具有重要价值的多种情况，其中有许多在其他章节进行了详细讨论，因此这里重点探讨卫星遥感的海面风场在何种情况下优于其他的数据来源。9.3 节侧重于海洋上的飓风，介绍如何通过遥感方式监测飓风，特别是如何使用由各种类型卫星传感器搜集到的海洋数据揭示飓风路径对沿途水体结构的影响。最后一节(9.4 节)探讨了精细分辨率雷达图像在风场分布及其业务开发方面的潜力，特别是在海上风力发电设施的选址与规划方面。

9.1 卫星遥感海面风

每个人对风吹过水表面产生的效应都有亲身体验。轻柔的风会产生细小的波纹，随着风速的增大波纹会变得更陡更大。人们认识到可以从海面粗糙程度来判断风的强弱。同样的道理，遥感海面风也是可行的。这是因为微波传感器可以通过探测短波的均方斜率定量反演风速。

研究表明，使用频率在 5~20 GHz 的 C 波段、X 波段和 Ku 波段的微波遥感海面风速最有效。图 2.20 展示了不同微波波长(对应波长为 1~6 cm)的雷达后向散射随风速和入射角变化的关系。对于斜视雷达，雷达后向散射截面σ_0随着在布拉格波长(与雷达波长接近)处的海面短波振幅的增加而增强，后者随风速增大而增大(如 *MTOFS* 的第 9 章中所讨论的)。总之，海面风可以由三种不同类型的主动雷达传感器和被动微波辐射计(将在接下来的四个子章节进行介绍)测量得到。Liu 等(2006)对此进行了综述。

卫星气象学家还利用其他遥感方法获取距离海面更高处的风速，例如云跟踪和激光雷达新技术。然而，这些与海洋学没有多大直接关联。海洋学特别关注海面风，因为它与海洋相互作用。

9.1.1 散射测量

散射计是监测海面风速和风向最有效的传感器。不同仪器的设计和各自的工作机制在 *MTOFS* 的第 9 章中有介绍。从本质上讲，散射计是从多个不同的方向对同一海面范围进行观测获得后向散射系数σ_0，然后通过经验模型(如 CMOD4)反演得到风速和风向的估计值。CMOD4 模型给出不同风速和相对风向条件下对应的σ_0(Stoffelen et al.，1997)。

在编写该书时两个散射计正在业务化运行(参见表 2.9)。NASA 搭载在 QuikScat 卫星上的 Ku 波段散射计 SeaWinds 于 1999 年发射运行，自那以后该散射计基于较为成熟的 Ku 波段后向散射模型(Donnelly et al.，1999；Ebuchi et al.，2002)反演生成了高质量的数据。散射计的锥形扫描天线刈幅宽度约为 1 400 km，每天扫描全球约 90%的表面且部分海域可以覆盖两次，其空间分辨率为 12.5 km。图 9.1 和图 9.2 分别展示了 QuikScat 于 2008 年 8 月 9 日白天(上升轨道)和夜间(下降轨道)反演的全球海面风场。图中西侧数据的获取时间较东侧晚。反演风场数据较好地反映了全球海面风场的分布，对比白天和夜间的数据可以得到间隔 12 h 的风场变化。QuikScat 数据能够有效地测量高风速(Liu，2002)，而且对海洋天气预报有显著的影响(Von Ahn et al.，2006)。

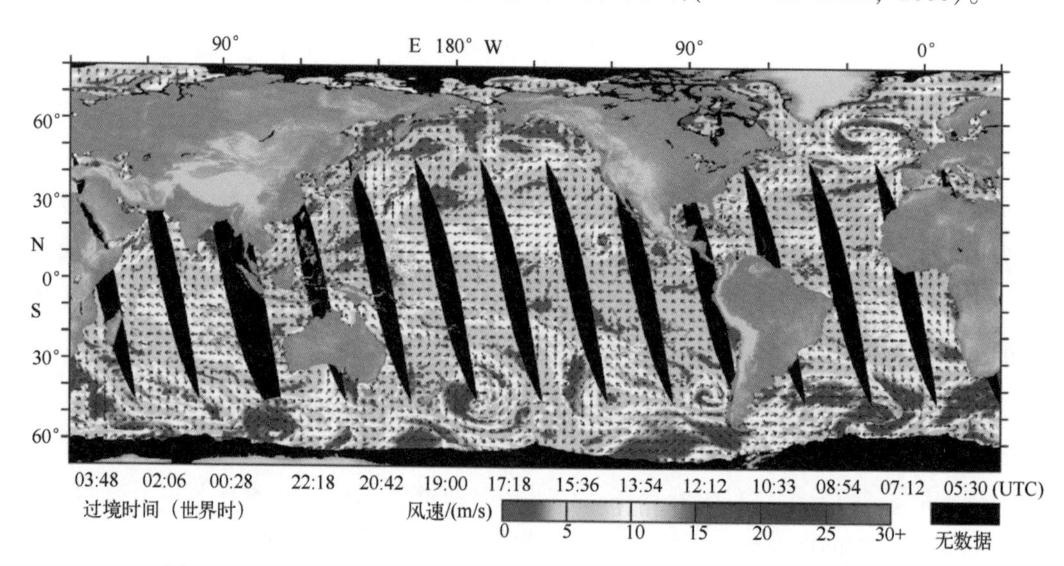

图 9.1 QuikScat 于 2008 年 8 月 9 日白天(升轨)获取的全球海面风场数据

每轨经过赤道的时间显示在图下方的 *X* 轴，QuikScat 数据由 RSS 公司制作，并由 NASA 海洋风矢量科学团队提供(图像改编自 www.remss.com)

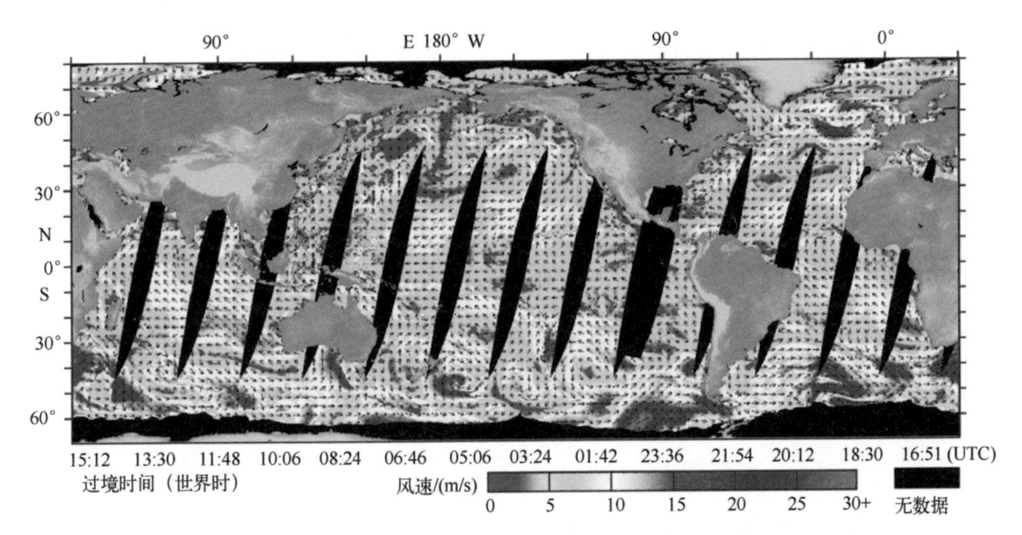

图 9.2 QuikScat 于 2008 年 8 月 9 日夜晚(降轨)获取的全球海面风场数据

QuikScat 数据由 RSS 公司制作，并由 NASA 海洋风矢量科学团队提供(图像改编自 www.remss.com)

搭载在 MetOp 卫星上的 C 波段散射计 ASCAT 于 2006 年发射。作为欧洲气象卫星组织(EUMETSAT)极轨系统的组成部分，ASCAT 于 2007 年 5 月 15 日开始业务化运行(Gelsthorpe et al.，2002；Figa-Saldana et al.，2002)。ASCAT 是从搭载在欧空局 ERS-1 和 ERS-2 卫星上的 AMI 散射计发展而来，它使用固定的天线指向散射计的两侧，每根天线刈幅宽度约为 500 km，每天几乎实现了全球覆盖。ASCAT 提供空间分辨率约为 50 km 的数据产品，也提供空间分辨率为 25 km 的实验数据产品。ASCAT 数据处理中使用了改进的后向散射模型 CMOD5(Hersbach et al.，2007)。MetOp-A 卫星是欧洲气象卫星组织和欧空局计划的 3 颗极轨气象业务卫星系列的首颗，该系列卫星计划持续到 2020 年。

9.1.2 合成孔径雷达风场数据

由于合成孔径雷达能获取精细分辨率的后向散射系数σ_0分布图，而风是影响σ_0的海面动力过程中最主要的因素，所以合成孔径雷达提供了绘制小尺度海面风场变化的直接方法。然而，与散射计测量不同的是，合成孔径雷达没有从不同的方位方向观测海面，因此在应用后向散射模型(如 CMOD4)之前需要风向信息。更多关于当前合成孔径雷达卫星计划的信息参见表 2.8。

MTOFS 中 10.8 节介绍了一些能被合成孔径雷达观测到的小尺度大气现象，并且讨论了如何通过合成孔径雷达图像自身提供的线索估计风向，例如大气或海洋边界层的卷涡能在水面上产生与风向相差 5°~10°的高粗糙度条纹。使用该信息或者模式预报的风向，即可利用合成孔径雷达图像数据获取风速及其变化特性。目前，已有多个利用合成孔径雷达数据反演风速的数据处理系统(Vachon et al.，1996；Kerbaol et al.，1998；

Korsbakken et al., 1998; Lehner et al., 1998; Fichaux et al., 2002)。

一般来说，合成孔径雷达反演的风速不适合大尺度应用，而散射计较适合。然而，在有些情况下(如将在9.4节中讨论的那样)，合成孔径雷达在近海区域反演的风速及其分布信息在一些特定应用中具有独特优势。

9.1.3 高度计风场数据

MTOFS 的第11章详细介绍了高度计在海洋中的各种应用，其中包括利用雷达高度计测量风速。高度计是在星下点观测(零入射角)的雷达，与斜视散射计或合成孔径雷达相比，它对海面风的响应不同。当海面平静时回波信号最强，大风增强了海面散射从而降低了雷达回波能量的强度。这种响应关系如图2.20所示的小入射角部分。也只是说高度计反演海面风速的经验算法有着不同的形式，但其仍然是一种有效的测量海面风速的方式(Brown et al., 1981; Chelton et al., 1986; Freilich et al., 1994)。高度计并不能测量风向。风速反演的精度不断在提高[如通过发展算法将高度计信号和广泛分布在全球的、同步的散射计测量值相联系——Gommenginger 等(2002)]，使用高度计波高H_s作为除σ_0之外的第二个参数来推导风速或风应力算法(Gourrion et al., 2002)。

与扫描型或幅宽覆盖型传感器(如散射计)相比，高度计测量风速的缺点在于它是一个点测量稀疏采样的遥感仪器。图9.3展示了Jason-1高度计一天测得的风速。试图利用后续数天的时间填补空白区域是毫无意义的，因为风场的时间变化尺度不超过几个小时，正如图9.1所示散射计在白天和夜晚之间的风场变化。因此除非无其他选择，通常不使用高度计作为测量风场的业务手段。尽管如此，它能提供有价值的独立测量用于评估卫星和数值天气预报(NWP)分析中得到的风速估计结果。

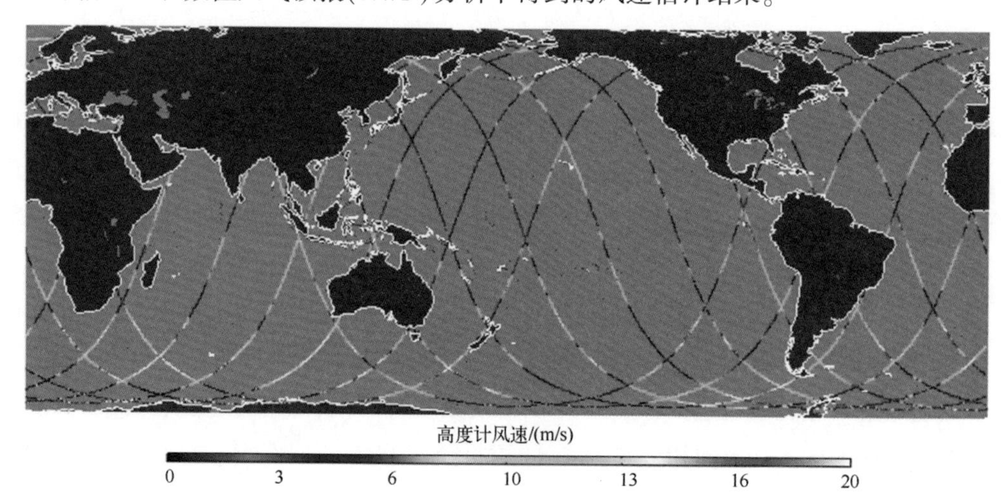

图9.3 Jason-1高度计于2008年8月6日13:13至7日09:44(UTC)获取的风速数据

数据产品制作时间为2008年8月7日12:25:06(UTC)(数据来源于JPL物理海洋分布式动态档案中心)

9.1.4 微波辐射测量技术

正如 2.4.4 节中提到的(且已在 *MTOFS* 的第 8 章深入讨论)，海表面在特定方向发射出的微波辐射不仅依赖于海水温度及其介电特性，还与海面的方向和形状有关。因此，风速是可以通过多频率微波辐射计使用经验算法获得的参数之一(Wentz，1997)。频率 6~37 GHz 被认为是测风最灵敏的范围，因此风的信息已经可以从美国国防气象卫星计划(DMSP)的星载专用传感器微波成像仪(SSM/I)中获得。DMSP 系列卫星于 1987 年开始，并于 1992 年公开发布其数据资料。热带降雨观测计划(TRMM)卫星所搭载的微波成像仪(TMI)提供了自 1997 年以来的逐日风速图。与此同时，在 2002 年发射的高级微波扫描辐射计(AMSR-E)也在持续地提供包括风速数据在内的产品。图 9.4 显示了AMSR-E 获得的逐日全球风速数据。以上提到的这些传感器都只能测量风速而无法测量风向。

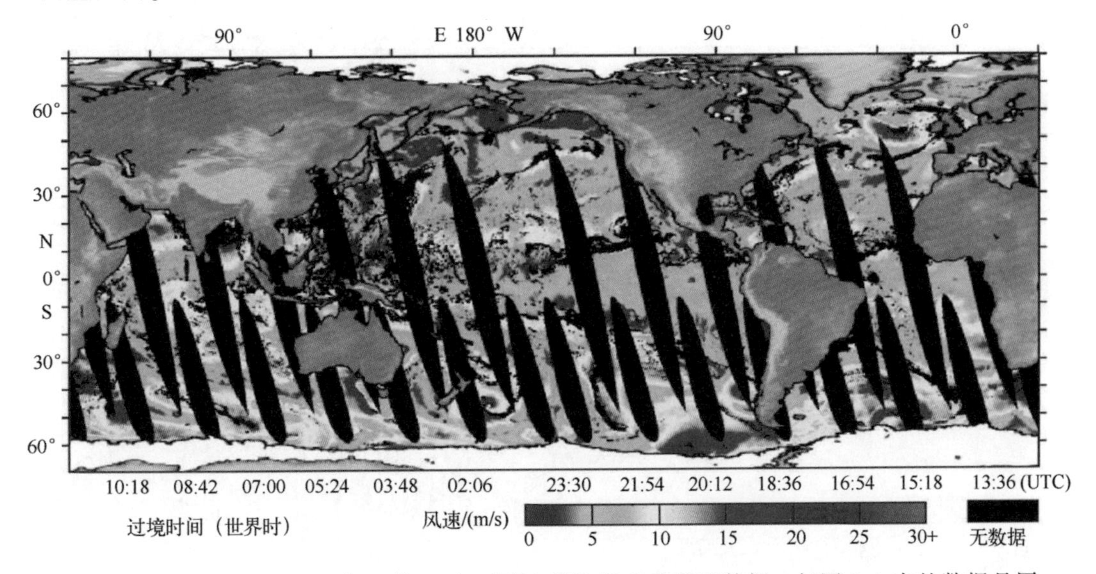

图 9.4 AMSR-E 于 2008 年 8 月 9 日(升轨)获取的全球风速数据，与图 9.1 中的数据是同一天。AMSR-E 数据由 RSS 公司制作，并由 NASA 地球科学 REASoNDISCOVER 项目和 AMSR-E 科学团队提供(数据可在 www.remss.com 中获取)

首个星载全极化微波辐射计 WindSat 搭载在 Coriolis 卫星上，于 2003 年 1 月发射运行。WindSat 的目的是准确地测量海表发出的部分偏振量从而获得矢量风数据(即包含风速和风向)。*MTOFS* 中的第 8 章介绍了如何利用全极化辐射计来估计风向。WindSat 主要是一项试验性任务，用作圆锥形扫描微波成像仪和探测器(CMIS)的先驱者，后者是美国国家极轨业务环境卫星系统(NPOESS)的主要荷载。这种传感器的吸引力在于它能测量多种海洋和大气要素。如果 WindSat 可以与散射计一样准确、可靠地测量风速，那么它有望成为一个更经济的备选方式。最初遇到的问题是 WindSat 星上定标负载，但这似乎已经解决了。目前，公开发表的关于全极化技术的评估结果表明，当风速大于 10 m/s 时获取的风向数据误差范围在 15° 内(Brown et al., 2006；Freilich et al., 2006)，而且风速和风向的实验数据产品可以近实时地提供。如图 9.5 所示是一个 NOAA 产品示例。

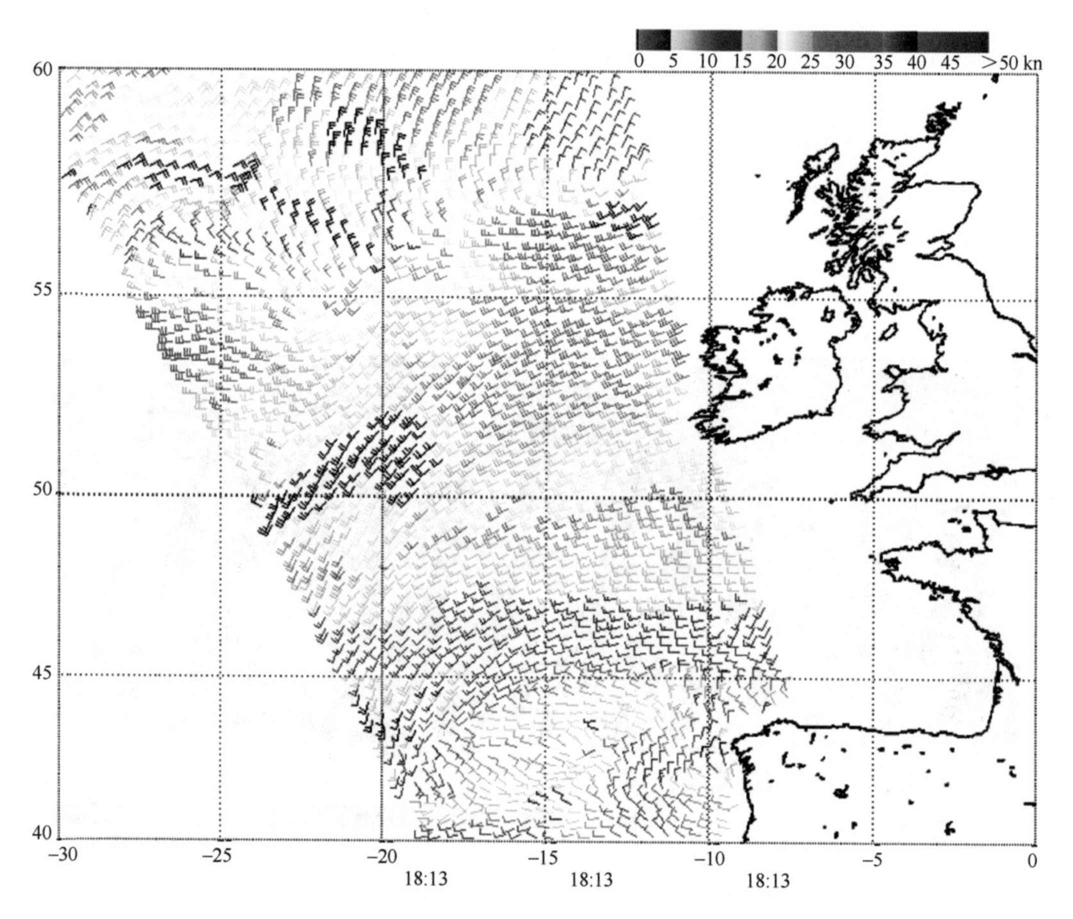

图 9.5　NOAA 提供的近实时 WindSat 风矢量数据(资料来源于 NOAA NESDIS 研究与应用办公室)

注：①所有时间为格林尼治时间；②所有时间对应于右侧扫描边缘 50°N——扫描至刈幅右侧 50°N 的时间；③数据延迟，自 2008 年 8 月 11 日 16:00(UTC)后的 22 小时；④黑色风向杆代表雨水污染

美国 NPOESS 计划似乎已经放弃使用散射计而倾向于使用全极化辐射计来达到测量风矢量的要求，尽管还不确定他们需要多久才能发射运行 CMIS。计划于 2011 年发射的 NPOESS 预备计划(NPP)的有效载荷不包括 CMIS，而第一个 NPOESS 至少在 2013 年前不会升空，这远远超出了 QuikScat 和 WindSat 的预期寿命。同时欧洲气象卫星组织继续致力于利用散射计测量风矢量。两个系统同步运行似乎是明智的，因

为两种方法相互补充，且为了维护业务可靠性一些冗余是不可避免的。

9.1.5 卫星测量数据的替代品

如果需要近实时的海面风场数据，海洋学家们通常会使用气象机构提供的基于数值天气预报模式的全球风场预报数据。如果要在海洋过程发生一段时间后对其进行分析，或者要利用过往的风场数据来驱动海洋环流模式，通常使用再分析数据产品效果更好。再分析数据产品是同一机构利用同样的模型制作出来的，其优点是使用了更多、更高质量的观测数据，包括实时预报模型运行以后的观测数据。尽管现在许多气象机构都有进行全球数值天气预报的能力，但最常用的再分析数据产品来自美国国家环境预报中心(NCEP)和欧洲中程天气预报中心(ECMWF)。

NCEP 的数据由美国国家大气研究中心(NCAR)提供，在实际时间之后大概 2 天可以从 NOAA 地球系统研究实验室的气候诊断部门处获得各种形式的再分析数据材料产品。图 9.6 所示为 2008 年 8 月 9 日海面风矢量图(选取与图 9.1 和图 9.4 相同的时间，以进行比较)。除了做全球预报，ECMWF 正在制作从 1957 年中期到 2001 年具有一致性的再分析数据产品，称为ERA-40。ERA-40 的主要目标是促进该时期全球大气、陆地和地面条件方面的一致性分析数据的应用，使之成为各种海洋模式强迫风场和其他大气数据的重要来源。

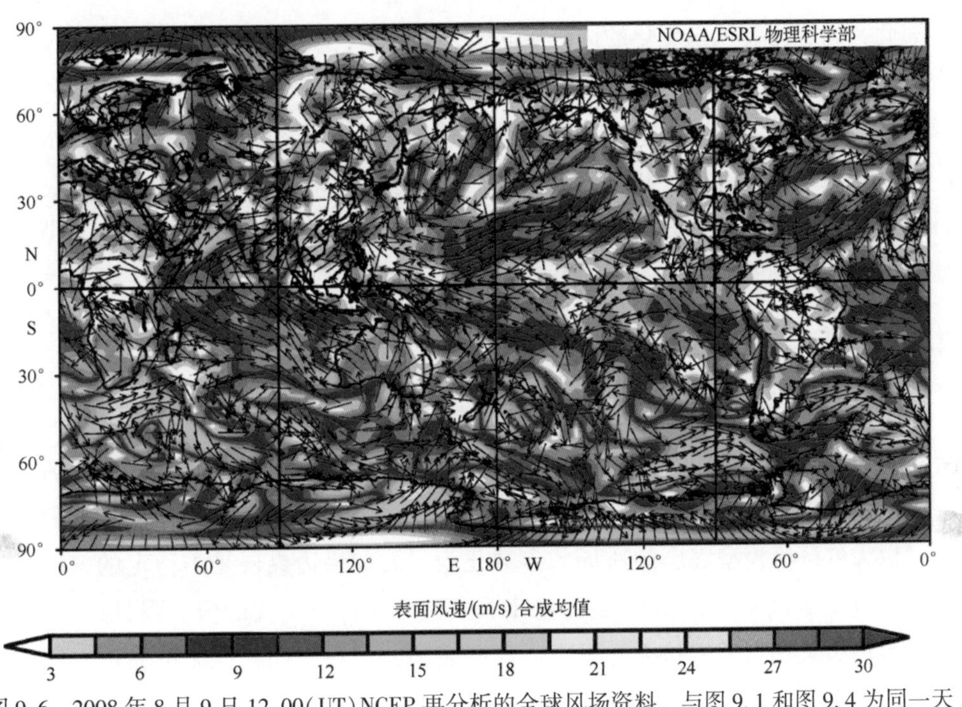

图 9.6 2008 年 8 月 9 日 12:00(UT)NCEP 再分析的全球风场资料，与图 9.1 和图 9.4 为同一天

除了由气象部门提供数据，海洋学家还可以在科考船和浮标上安装气象传感器，借此来获取他们自己的大气数据。这样做的优点是将同一时空的大气和海洋观测结果进行匹配，利于那些关注局地海气相互作用的海洋应用，如风浪的产生或局地昼夜温跃层的形成。如果需要知道更大范围内风场的影响，这种测量方法就不适用了(如风暴潮的产生或上升流的发生)。船基气象测量的另一缺点是船舶的存在影响了风场和其他一些大气变量(Yelland et al.，2002)。需要调整船载风速计的速度和方向来消除船舶的影响，使其表示 10 m 标准高度的状况。然而，除了最小的船只，校准船相对于风的速度和方向是很困难的。

9.2 海洋学和风场数据

由于这一章的重点是风场数据在海洋学中的应用，因此我们不禁要问从卫星获得的风场数据是否会优于数值天气预报模式这一主要备选数据源提供的风场分析数据。后者确实能提供可靠的动态连续风场数据集，其模式受观测的表面大气压力场和卫星大气探测传感器得到的数据所驱动，根据业务化运作的规律，一般每 6 小时进行一次强迫。使用这些数据能有效地帮助我们掌握数百千米尺度这种大范围风场驱动海洋的过程。然而，目前数值天气预报模式对于空间尺度为数十千米、时间尺度为数小时的运动过程的预报并不可靠，尽管更高分辨率的模型正在开发中。

因此，如果需要风场变化的详细空间信息(例如，大型岛屿后的风阴影区或者定位一个大气锋面)，可选择采用 25 km 空间分辨率的散射计或微波辐射计，尽管每个传感器每天过境两次的限制可能会成为一个不利因素。合成孔径雷达在获取沿海水域甚至更小尺度的风场分布方面具有独特的优势，使认识千米级尺度海气相互作用成为可能，这种尺度在之前是不曾考虑过的，尽管这样的数据只是偶尔才可以得到。9.4 节讨论了一些高分辨率风场图在目前的应用情况。

9.2.1 分析风场和卫星风场的区别

卫星观测和数值预报分析的风场数据的区别不仅仅在于时、空样本的不同。大气边界层对于准确理解风场对海面的作用至关重要。数值预报模式中的“表面”风，指的是在海平面以上 10 m 高度处的风矢量的估计值，通常假定大气边界层为中性稳定的情况下，以大气环流模型底层的风场来参数化表示。如果边界层是不稳定的，那么海表面(即在 10 m 高度)的风实际上会比稳定大气边界条件下估计的值更强且风向也不同。目前，数值天气预报模型并不能解决边界层底部的剪切流问题，无论在边界层上的分析风矢量如何精确，它们都没有与海面 10 m 及以下高度的速度廓线建立精确的映射关系。因此，数值天气预报或再分析风场数据并不能准确地告诉海洋学家他们所需要知道的直接作用于海表面的风应力的大小和方向。

如果他们利用卫星测得的风场数据，那么可以肯定的是这些数据与海表面的风场具有良好的一致性，因为所有卫星雷达风场反演方法实际上都是利用海表的粗糙度来度量海面风场。这种特性对于卫星反演风场数据的气象应用有时是一个不利因素，因为它们并不能很好地反映边界层顶部的地转风矢量场，但对海洋学家来说无疑是有益处的。雷达探测的海表粗糙度反演得到的是严格意义上的风速还是风应力，这个问题将在第 10 章进一步讨论。

总体看来，对海洋科学来说卫星遥感风场有很多优点，尽管每种应用都应该独立考虑它独特的需求。

9.2.2 应该选用哪种类型的风场资料来研究海洋现象?

海表面风速或风矢量是诸多海洋学研究和实际应用的基本组成部分，换句话说海气相互作用对海洋中的所有水平运动都十分重要。

对于大尺度海气相互作用引起的风生海洋环流的研究和模拟，选用分析风场资料是完全符合条件的。分析风场资料在水平空间和时间上的分布平滑，适合用来驱动海洋环流模式(GCM)，相比之下卫星在时间上采样频率低，在空间上采样幅宽有限，这些都可能导致卫星测量的风场数据不连续，这就要求额外的预处理来保证海洋环流模式的响应结果不会产生人为误差。尽管实际风应力场存在急剧变化的不连续区域(例如，大气锋面两侧)，在用于驱动大尺度海洋模式之前最好做平滑处理。

当海洋学家想要研究水平尺度为数十到数百千米的中尺度海洋特性时，相应尺度的实际风场变化就显得十分重要。这其中包括本书其他章节中讨论的许多海洋现象，其表面特征与卫星观测的海洋数据具有良好的对应关系。以局地高强度风力混合引起的浮游植物意外暴发为例，这种情况下最好使用卫星传感器获得的详尽的高分辨率风场资料。另一种典型的现象是风生上升流，卫星风场能帮助监测风强迫的时空变化特性，从而逐日显示局地上升流中心的移动情况。分析风场一定程度上则平滑弱化了这种变化。虽然在模式中利用分析风场资料能产生较可靠的上升流月平均值，但却无法解释上升流逐日或成片的变化特点(例如图 5.3、图 5.4 和图 5.5)。

第 5 章中讨论的海洋现象，其发生的地域范围取决于局地风场的强迫，如岛屿后方的波浪(见 5.4 节)和海洋对离岸风急流的响应(见 5.2 节)。高分辨率风场资料对于风急流强度或阴影区域风场的描述来说是很有必要的，并且对于某些沿海和浅海的风生特性(在第 13 章中所述)以及在第 11 章提及的风暴潮来说同样十分重要。在数值天气预报模式可能难以匹配的尺度中，如热带不稳定波(在 6.6.2 节中讨论)展现出的复杂的大气海洋相互作用，所以需要使用卫星风场资料。这种情况下，理想的情况应该是有足够多的风场监测卫星，能够获取分辨率至少为 25 km、每 3 小时的海表面风矢量分布场，这样才能追踪风场特性的时间变化。如此高频率的采样在目前是不可能做到的，但使用目前能够获得的每日或每日两次的采样资料也不至于完全错过这种现象。同时参考分析风场和卫星风场能够填补背景风场的趋势，即使分析风场中没有清楚表示出小尺度特征。

分析风场足以描述其他大尺度海气相互作用现象中海表面的主要风力驱动过程，如发生在热带太平洋的厄尔尼诺和拉尼娜现象以及由季风引起的印度洋循环模式的变化(都将在第 11 章中介绍)。即便如此，在这两种情况下仍值得使用高分辨率的卫星风场资料来研究更小尺度的变化，这些变化对于理解现象演变的本质是十分重要的。

9.3 海表面热带气旋

本节从卫星海洋学的角度来看海洋遥感是如何监测和预报热带气旋的，然后探讨热带气旋的经过会对海洋造成什么样的影响。

9.3.1 监测和预报热带气旋

飓风的气象学知识不在本书内容范围之内，可参考已有的相关文章①(Elsberry，1995；Emanuel，2003；Landsea，2007)，但是有必要了解飓风相关的特性。热带气旋(TC)是一个通用术语，指的是在热带或亚热带海域发生的天气尺度低压系统，在其发展过程中没有锋面的形成。产生热带气旋的主要驱动机制是上升的暖湿气流凝结释放潜热，通过强降水降低湿度，促进对流加强，导致更多的地面湿空气上升，从而形成以雷暴和地面大风为特征的强气旋性环流。该过程的诱因是向低压中心螺旋向辐合的地面强风引起的水分蒸发。海面温度越高，蒸发量越大，从而导致了更强的降水和对流，也使中心气压越低。以热带气旋为通用名是由于它们只能在热带和亚热带洋面上形成。

热带气旋根据其强度不同所取的名称也不同，其强度通常以海表面的最大持续风速来表示。风速低于 17 m/s 的热带气旋称为热带低压，高于 17 m/s 的称为热带风暴，风速大于 33 m/s 且发生在大西洋或东太平洋的称为飓风，发生在西北太平洋的称为台风，发生在西南太平洋的称为强热带气旋，发生在北印度洋的称为强气旋风暴，发生

① 在技术参考资料的全面支持下，可获取的关于热带气旋气象知识的权威介绍详见 NOAA 大西洋海洋气象实验室飓风研究部门网页上的“常见问题解答”(Landsea，2007)。

在西南印度洋的称为热带气旋。

由于带来强风和大浪，飓风显然对航运造成严重威胁，并且当它们登陆时会给当地带来巨大的损失。一旦向内陆移动，它们就会失去作为能量来源的水汽，然而这是在大风和强降水造成巨大损失之后发生的。此外，海面上的强风和大气低压结合可能会产生风暴潮，造成海面抬升，如果海面高于海堤或海水冲破海堤会造成洪水泛滥。2005 年，卡特里娜(Katrina)飓风袭击新奥尔良市，带来 8 m 高的风暴潮淹没了城市，而且抬升的平均海平面顶部的高表面波还会造成进一步的损害。

飓风最明显的证据来自地球同步轨道卫星以及极轨气象卫星提供的使用可见光和红外的标准卫星气象技术。可见光辐射测量反映了云的范围和形态，而热红外可以通过较低的云顶温度检测到对流性气旋的高云。图 9.7 展示了一个典型例子，这是在 2004 年 9 月持续了 22 天的 5 级飓风伊万(Ivan)。这种图像和微波探测技术测量气柱中的水蒸气和雨水含量相结合能使热带风暴一出现就被监测到，直到它们消失或成长为飓风。有几个流行的飓风监测网站提供这样的数据，特别是在 7 月和 11 月之间的北大西洋飓风高发季节。然而，此类数据中可用于预报热带风暴的有用信息量是有限的。因此，卫星海洋学方法就显得十分必要。

图 9.7　NOAA AVHRR 可见光波段辐射计于 2004 年 9 月 14 日在墨西哥湾拍摄的飓风伊万，显示了热带气旋的螺旋状云和台风眼特征(图像来源于 NOAA 网站)

卫星观测通过测量相关的海面风场、海况和波高或者监测由中心低压的逆气压效应造成的海平面上升的高度来监测飓风在远海的移动路径。由于飓风会导致浮标或船上的传感器出现故障或损坏，因此船只通常会尽量避开风暴的移动路径。卫星传感器则不受此限制，微波传感器能穿透云层持续记录海表的性质。唯一的不确定性是飓风中某些区域的海况和风速会超过风或波反演算法中经过定标和检验的数值范围。他们的外推结果超出了有效范围，因此增加了极端反演值的不确定性。

散射计最初被用来监测飓风是在20世纪90年代，由ERS-1散射计实现。图9.8展示了1992年11月热带气旋爱茜(Elsie)在热带西太平洋海域的追踪路径(Quilfen et al., 1998)。这项工作表明，25 km分辨率(采样间隔12.5 km)的散射计反演风矢量场能确定热带气旋的主要特征，如低风速的中心位置和外围的极大风速，同时可以确定风的散度场。这种分辨率的散射计有助于理解热带气旋的机制，提高了对气旋半径的估测以及对风暴潮的预报能力。研究表明，ERS散射计测量的50 km分辨率的标准产品不能很好地确定热带气旋。ERS散射计的早期尝试也反映了对更好的高风速算法的需求，而这种算法在后来被成功开发出来(Donnelly et al., 1999; Snoeij et al., 2005; Esteban et al., 2006; Hersbach et al., 2007)。

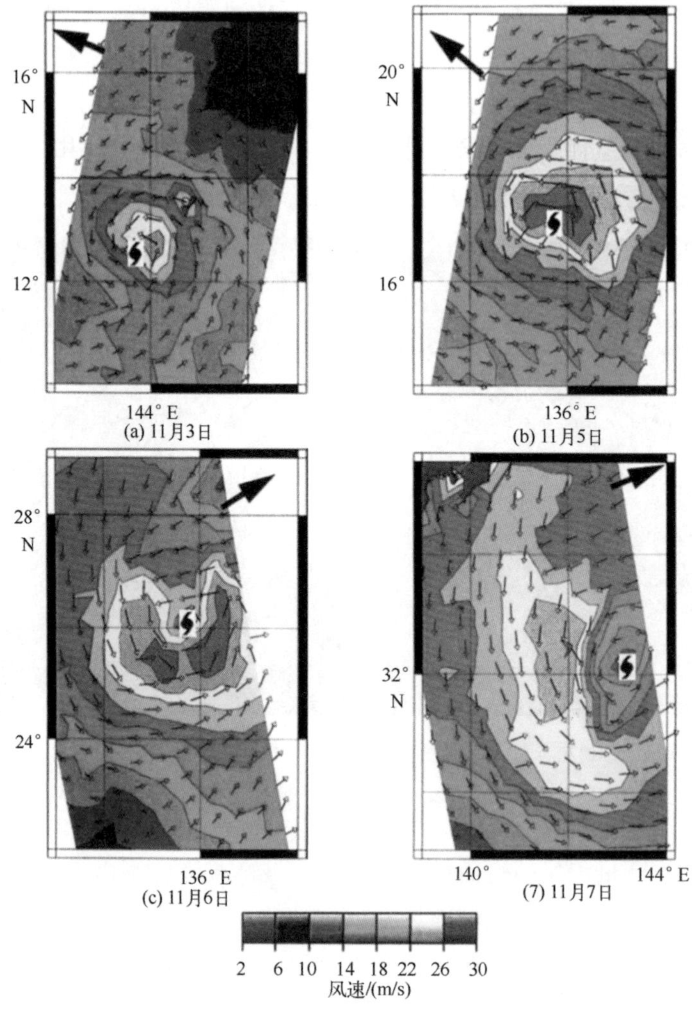

图9.8 ERS-1散射计(25 km分辨率)反演的1992年热带气旋爱茜的表面风场图

散射计测量得到的热带气旋中心位置及其移动方向分别用气旋符号和大箭头表示[图片引自Quilfen等(1998)]

虽然 ERS AMI 展示出散射计监测飓风所带来的好处，但它们并没有被飓风预报机构采用，原因是其单侧刈幅扫描模式造成了相对稀疏的全球覆盖率，并且需要开发在高风速环境下也能适用的后向散射模型。自从 QuikScat 工作后，由于其覆盖面更广，通常每天至少可以观察到一次气旋，因此飓风预报中心越来越依赖散射计测量的风矢量(Katsaros et al., 2001; Von Ahn et al., 2006)。据报道，QuikScat 对 NOAA 海洋预报中心的业务运行产生了非常积极的影响，预报人员充分肯定了提供给他们工作站的风场数据的可靠性和及时性，以及 QuikScat 的宽覆盖面及其探测到的大范围风速。“在海洋预报中心，区分风暴和高频风的能力已经掀起了短期海洋大风警报系统的变革”(Von Ahn et al., 2006)。每 12 小时更新一次精细的热带气旋风场图有助于预报员评估数值模式表现的好坏，并且实际上也给了他们信赖模式预报的信心。

9.3.2 利用海洋遥感研究飓风和海洋的相互作用

散射计追踪热带气旋的移动路径以及观测其风场详细演变的能力激发了对理解气旋发展和控制它们的环境因子的进一步研究。例如，大家越来越关注海表温度对热带气旋发展过程和强度的影响作用。人们普遍认为海表温度至少需要达到 26℃ 才能维持热带气旋的形态，尽管这不是热带气旋发生的唯一因素。热带气旋的发生还需要对流层中较低的垂直风切变，当对流发展时还需要一个大尺度过程来提供涡度，从而驱使热带气旋旋转。

同样，热带气旋也会反过来作用于海表温度。气旋的风应力场造成海洋表面洋流的强辐散，促使深层冷水上翻，从而沿着热带气旋移动路径的海表会形成一个冷的尾流。早期海洋遥感在飓风研究中的应用就是监测这些尾流(Bates et al., 1985; Stramma et al., 1986; Cornillon et al., 1987)，尽管使用红外辐射测量很困难，因为热带气旋周围有大量的云。从热带气旋中心经过到云层完全消散需要相当长的一段时间。在这段时间内海表温度可能会发生改变，这使得利用最终测得的海表温度估测上升流的速率变得更难。因此当 TMI 可以得到可靠的微波辐射测量和海表温度时，这种现象成为最先研究的对象之一。

一份早期对 TMI 测量海表温度的应用潜力的评述(Wentz et al., 2000)展示了 1998 年 8 月下旬发生的飓风邦妮(Bonnie)遗留下的靠近美国大西洋沿岸的冷尾流。3 天以后，飓风丹妮尔(Danielle)沿着一条非常相似的轨迹运动，直到它遇到了邦妮留下的 25℃ 的尾流后，其强度减弱，并向北方偏转。对研究飓风的科学家来说，微波辐射测量的云覆盖下的海表温度是一种非常有用的手段，为飓风研究提供了新的机会。

然而，这不足以说明海表温度是控制热带气旋移动路径的主要因素。当飓风奥帕尔(Opal)于 1995 年 8 月 29 日至 9 月 5 日期间从南向北穿过墨西哥湾时，在登陆前 24

小时左右突然意外增强。在强度激增位置处的海湾中心有一个环状暖池中心，它可能会加强海表温度和热带气旋强度之间的联系。可是对热量交换以及海洋对飓风路径响应的深入分析却不太关注海表温度的作用，而更关注海洋上层高于 26℃ 等温线的热含量(Shay et al., 2000)。利用 TOPEX 高度计数据来描绘海面高度异常的研究表明，海面高度异常在环状暖池处偏高，说明海表附近环状中心位置的暖水层比外围区域更厚。通过比较奥帕尔经过前后的海面高度异常，人们发现飓风通过后海面高度降低了 20 cm，大约相当于混合层深度(从 20℃ 等温线测得)降低了 50 m。这是由于沿着飓风移动路径上强烈的埃克曼抽吸作用使 20℃ 等温线抬升。与此同时，海洋和大气通过海表进行热量(感热和潜热)交换。通常当飓风经过海面时，风致上升流对整个混合层进行冷却，很快使海表温度降到 26℃ 以下，这时海表温度不利于飓风发展，从而对飓风强度的增长进行调节。这项研究认为没有暖池中心时不会发生强度的剧增，该结论有数值模型分析作为支撑(Hong et al., 2000)。

飓风卡特里娜(Katrina)也发生了类似的情况，同样是使用卫星高度计监测到的(Scharroo et al., 2005)。人们利用极轨卫星传感器反演海表温度，并且使用多个高度计来绘制出飓风经过时的海洋动力地形图(图 9.9)。图像表明飓风强度的激增主要发生在其穿过高动力地形区，对应于混合层较深的海域。由此看来，尽管浅层的海表温度每处都高于 26℃，但飓风会迅速耗尽可获得的有限热能，除了海表暖水层足够深的海域，在这些区域持续恒温的上升会维持飓风发展。

图 9.9 表明，虽然海表温度高于 26℃ 是维持热带气旋的必要条件，但它不是判断飓风发生发展最有效的因子，不能用于确定哪些地理区域拥有利于飓风生长的海洋学条件。后者更多地依赖于热力学结构和 26℃ 等温线之上表层水的厚度。Pun 等(2007)在西北太平洋的研究就是结合现场剖面仪和卫星高度计推断出了以上结论。他们的研究表明，2004 年台风海棠(Dianmu)的强度变化取决于热带气旋潜热(TCHP)的相对大小，即海水上层的热力学结构和台风自身引起的上升流冷却上层海水决定的。

卫星海洋数据提供的热带气旋过境前后海洋的背景场资料有着十分重要的作用，成为目前研究的热门。海表温度对促进热带气旋发展的重要性目前仍有较多争议(Kafatos et al., 2006)。仔细观察发现，研究结论的差异在于他们观点不同(例如，不同的假设)，而不是观测证据间的矛盾。归根结底，我们真正理解了热带气旋的发生率和强度与海洋状况有关，这是相当重要的。随着全球变暖导致海洋变化，我们要有能力根据科学依据准确地预测出这种海况是否会导致更多或更强的热带气旋发生(Trenberth, 2005)。海洋遥感的作用将更加深远，而不仅仅是更准确地测量海表温度。把卫星数据、现场观测数据和数值模式结合起来分析上层海水的热力学结构特征是一项具有挑战性的工作。

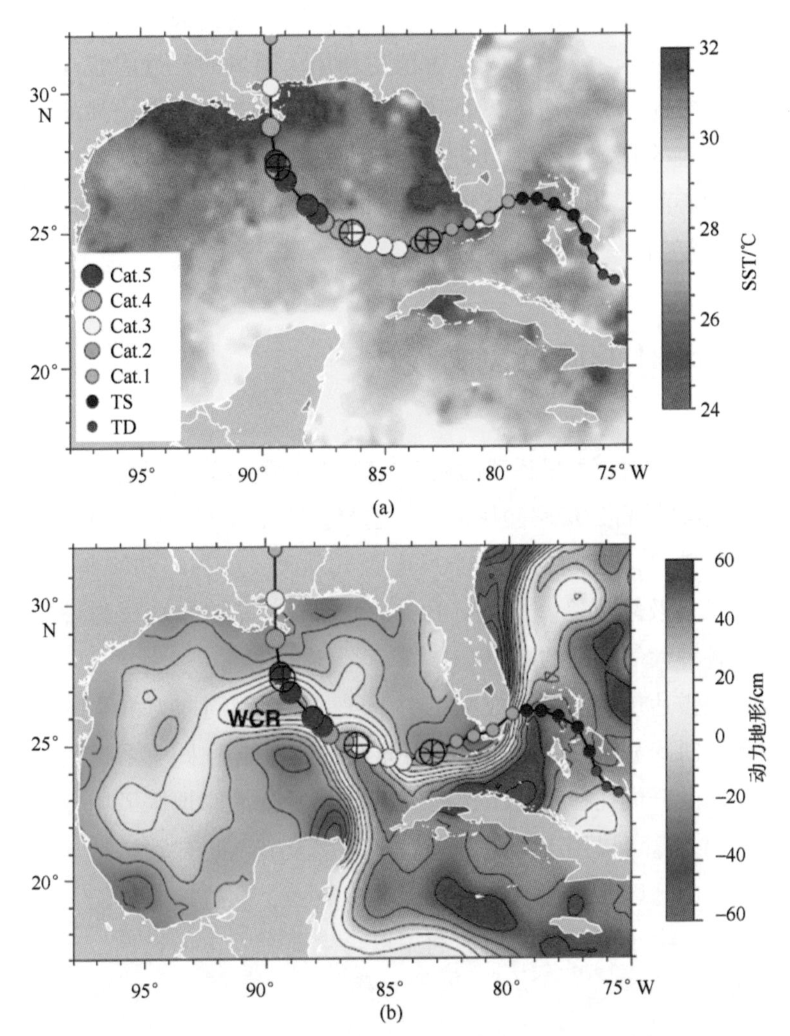

图 9.9 飓风卡特里娜每 6 小时的位置和强度图(圆圈表示来自美国国家飓风中心发布的数据),显示了两次强度激增事件,分别是从 TS(风速小于 33 m/s)到 Cat. 1(风速在 33~42 m/s)以及从Cat. 2(风速在 43~49 m/s)到 Cat. 5(风速大于 70 m/s)[图片来自 Scharroo 等(2005)]

(a)海表温度图(来自 POES 的高分辨率红外数据),表明海表温度与强度的激增相关性不大;(b)海洋动力地形图(来自 Jason-1、TOPEX、Envisat 和 GFO 海面高度数据)与强度激增有很好的相关性。环流从古巴南面的墨西哥湾进入,从佛罗里达州南部流出;暖心环(WCR)明显从海湾中心的环流中脱离

最后,飓风经过带来的另一个重要的海洋学后果不容忽视,即对生物的影响。由于飓风期间的云层遮挡,Davis 等(2004)利用 SeaWiFS 影像数据对比了飓风经过前后叶绿素浓度的变化情况,发现飓风经过后叶绿素浓度明显增大,并认为这是由于强上升流和垂直混合促使营养物质抬升进入透光区。这项研究的区域是在远离美国东北海岸的哈特勒斯角和科德角之间,当地的 8 月底、9 月和 10 月是飓风高发的季节。夏末,

浮游植物已经利用完了海洋上层所有的营养成分，飓风的到来为上层海水注入了新鲜的营养成分，同时仍有足够的阳光供浮游植物利用。飓风的经过能够有效地触发秋季水华的早期形成。在此区域，飓风还会“生成”细长的初级生产力增强的条带，其营养成分注入墨西哥湾流的北支，水华也向东北运输进入大西洋。一项关于大西洋副热带环流的营养贫瘠中心的类似研究也得到了相似的结果(Babin et al., 2004)。大约两周后叶绿素浓度大致恢复到了飓风经过前的状态。

9.4 卫星测风对于近海风力发电场

本章最后一节简要回顾卫星遥感的精细分辨率风场在沿海水域业务活动中的作用。合成孔径雷达传感器是高分辨率测风的不二选择。正如 *MTOFS* 的 10.8 节所述，合成孔径雷达图像能反映许多有趣的沿海小尺度大气现象，如岛屿和岬角后的风阴影区、海上暴发的下降风以及陆风锋。Alpers(1995)和 Alpers 等(1999)详细讨论了合成孔径雷达是如何区分各种大气特征的。

因为合成孔径雷达传感器运行数量很少，且重复观测周期为 10~15 天，所以它们的高分辨率影像图时间分辨率并不高。从而导致它们不能用来做局地预报，尽管如此，一个区域多年获取的合成孔径雷达图像已经对这种复杂沿海地区风场分布的典型特征有了信息上的存档。这可以用于海岸和近海工程以及新港口建设选址。那些经常比周围地区遭受更大风的地区就可以被避开，但另一方面，这些地方可能是建立海上风力发电场的最佳位置。由于国家试图增加利用可再生能源发电的比例，卫星测风的这种应用近年来受到许多关注。

绘制全球潜在风能图

从广义上来讲，在全球范围识别出风能集中区域作为沿海风力发电场的潜在开发地址，是分辨率较低的卫星传感器如散射计的任务。气候态风速可通过卫星测量(Risien et al., 2006)获取，能够指出不同季节的大风区。但是，它可能会误导我们只考虑平均风速，因为在给定位置最强风事件与总的可用风能不是线性相关的。风穿过垂直于风向的平面的瞬时能量通量密度是$\frac{1}{2}\rho_a U^3$每单位平面面积——其中，ρ_a是大气密度，U是风速。可以简单地理解为风在单位时间通过距离 U 输送的动能为$\frac{1}{2}\rho_a U^3$。这也是每单位面积可用于开发的能量或能量密度，但是风力涡轮机的实际典型输出功率在 25%~35%。[①]

了解气候态的高风速(Sampe et al., 2007)对于给出可利用能量和风速之间的非线性关系是非常重要的。这需要了解在每个位置风速的概率分布函数(PDF)以及它的平均值(Liu et al., 2008)。原则上，离岸风力发电场潜在能量输出的评估涉及瞬时风能量密度的时间积分，但是 Liu 等 (2008)利用 PDF 的知识来处理瞬时能量与风速的非线性关系。他们引入了参数 E 表示可利用的风能密度，定义如下：

$$E = 0.5\rho_a c^3 \Gamma\left(1 + \frac{3}{k}\right) \tag{9.1}$$

式中，$c=\overline{U}\Gamma(1+1/k)$ 是一个尺度参数；$\Gamma()$ 是伽马函数；$\overline{U}$是平均值，σ 是 U 样本的总体标准差；$k=(\overline{U}/\sigma)^{1.086}$是韦伯分布的无量纲形状参数，用于表征PDF $p(U)$，其公式如下：

$$p(U) = (k/c)\left(\frac{U}{c}\right)^{k-1} \exp[-(U/c)^k] \tag{9.2}$$

因此，评估一定时间段(如一个月)的平均能量密度不必从 U 的时间序列中积分所有单个的瞬时能量密度值，我们可以利用该时间内 U 的平均值和标准偏差结合式(9.1)进行计算。使用卫星获取的网格化的气候集风场很容易实现这种方法。图 9.10 基于 QuikScat 散射计 8 年的数据，显示了(a)北半球冬季 3 个月和(b)夏季 3 个月海表面风场平均能量密度分布。广泛预期的图样出现在可利用能量随季节变化较大的半球，但有许多地方的风能在当地的夏季和冬季都处在中等或高水平。这些地区可以作为使用离岸漂浮风力涡轮机风力发电场的合适地点。Liu 等(2008)的研究强调了年平均风能较高的区域，例如俄勒冈州海岸、加勒比海和日本海岸。

当前沿海风力发电场已经被放到离海岸较近的浅水区。类似图 9.10 的图仍然有助于沿海风力发电场合适的选址，但是对于近岸处的选址来说，了解更高分辨率下的风场分布是十分必要的，这样可以知道哪些地区是由岛屿或岬角产生的风阴影区。为使潜在的风能得到最有效的利用，这些风阴影区通常会被避开，尽管一个理想的选址可能在接受盛行风的同时又能遮挡部分极端暴风。这正是合成孔径雷达图像的有用之处(Johannessen et al., 2000; Hasager et al., 2002)。因为合成孔径雷达图像的数量十分有限，且只有少部分的图像被处理成风矢量图，尽管在某些案例中使用了这个方法，但是利用合成孔径雷达获取可靠的平均风场和风矢量 PDF 是相当困难的(Barthelmie et al., 2003; Pryor et al., 2004)。

---

① 理论上最大能量提取因子为 16/27(59.3%)(贝兹极限)，这可以理解为如果所有风动能都被提取，那么就不会有剩余的能量来把这些风能输入至风能装置。最高效涡轮机的转换效率不会超过理论上可提取量的 70%，因此实现风能通量 40%的转换率是一个理想的设计目标。考虑实际的约束条件，如为了确保风暴不会破坏风能装置而做出的保护措施，转换效率通常下降为 30%左右(取决于具体的工作位置)。

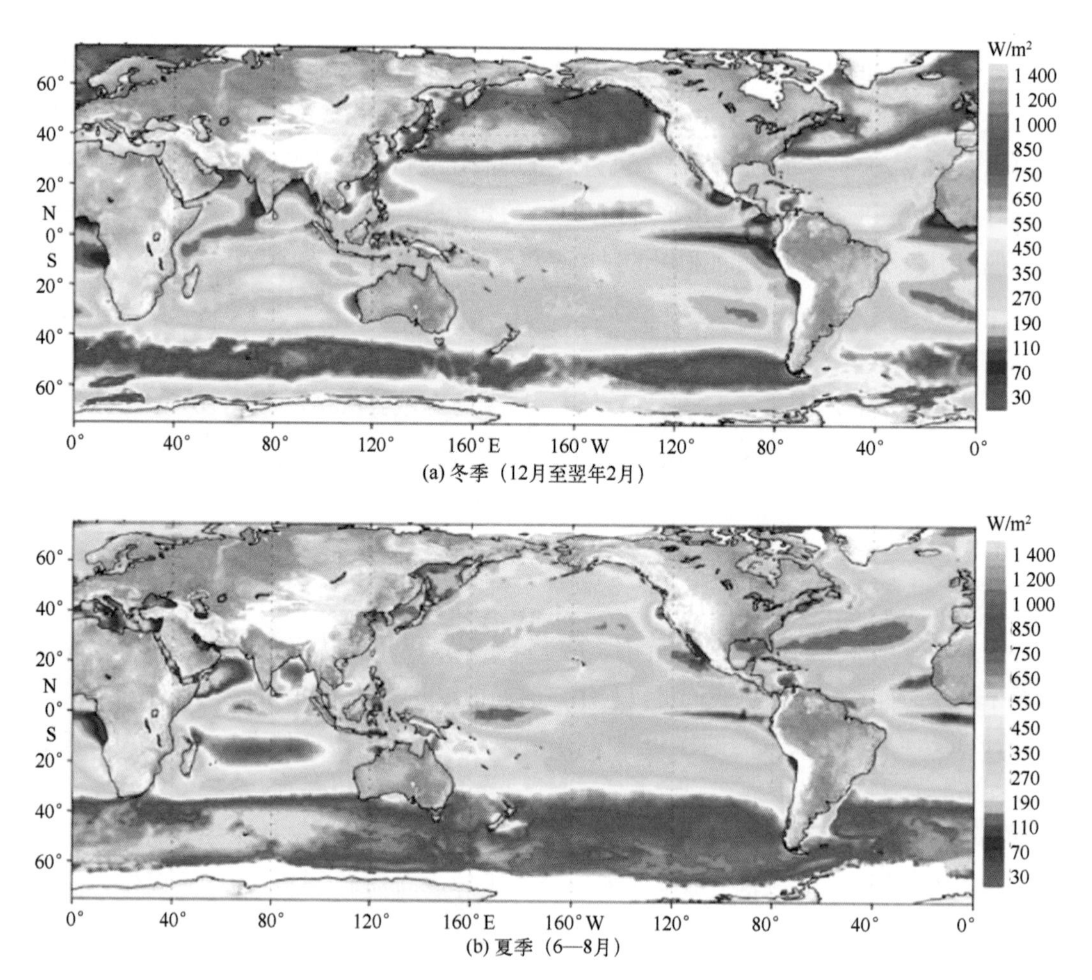

图 9.10　基于 QuikScat 散射计数据绘制的 2000—2007 年 8 年时间里北半球冬季(12 月至翌年 2 月)和夏季(6—8 月)的风能密度分布。灰色代表陆地地形[图片来自 Liu 等(2008)]

研究人员研发了一种替代方案，该方案考虑利用区域风向气候学(不包括风阴影区，从当地的测风传感器、散射计离岸数据或模型预测得出)来确定该地区出现频率最高的主导风场模式(Furevik et al.，2002；Furevik et al.，2003)。与盛行风方向一致的 SAR 视景随后被用来分析呈现精细的风场分布，同时确定出哪些区域由于盛行风方向造成了风阴影区的产生。最后在该地区各个风力发电场的可能选址处估计其可利用风能时要考虑这些因素的影响。该方法在挪威和丹麦的北海沿岸地区被成功验证，同时作为验证的一个环节，通过现场实测风场检验了 SAR 反演的风场。

SAR 风场在沿海风力发电场的另一个应用是检测由已有风力发电场造成的风阴影区的范围和长度(Christiansen et al.，2005，2006)。涡轮机导致的风阴影区信息一方面展示了其转换风能的效率，另一方面也展示了在顺风阴影区到达之前还能有效利用的风能。图 9.11 展示了丹麦海岸附近的风力发电场 Horns Rev(图中用白色梯形标记)的风力发电设备造成的风阴影区或尾流。尾流顺风延伸了不止 20 km，但是没有扩散。有趣的是，沿岸 30 m 高的沙丘造成的风阴影区以北的地方有更强的尾流。这表明当决定风力发电场建设地址时要避开天然存在的风阴影区，而这些能在合成孔径雷达图像上被明显捕捉到。

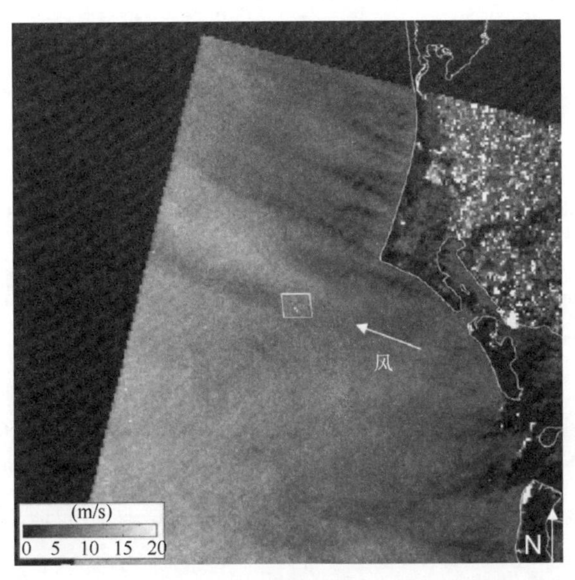

图 9.11　ERS-2 SAR 获取的 2003 年 2 月 25 日的风速图

风力发电场 Horns Rev 用白色梯形表示；风尾流是涡轮机下游的暗像素部分；

风向为 110°，风速为 6.0 m/s(由风力发电场桅杆上的装置测得)

随着合成孔径雷达反演风场的可靠性越来越高，会有更多类似的工程应用出现，工程师会越来越依赖于从影像图(如图 9.11)上提取并解释获得的信息。

9.5　参考文献

Alpers, W. (1995), Measurement of oceanic and atmospheric phenomena by ERS-1 SAR. Radio Sci. Bull., 275, 14-22.

Alpers, W., L. Mitnik, L. Hock, and K. S. Chen (1999), The Tropical and Subtropical Ocean Viewed by ERS SAR, available at http://www.ifm.uni-hamburg.de/ers-sar/ (last accessed April 25, 2008).

Babin, S. M., J. A. Carton, T. D. Dickey, and J. D. Wiggert (2004), Satellite evidence of hurricane-induced phytoplankton blooms in an oceanic desert. J. Geophys. Res., 109(C03043).

Barthelmie, R. J., and S. C. Pryor (2003), Can satellite sampling of offshore wind speeds realistically represent wind speed distributions? J. Applied Meteorology, 42, 83-94.

Bates, J. J., and W. L. Smith (1985), Sea surface temperature: Observations from geostationary satellites. J. Geophys. Res., 90, 11609-11618.

Brown, G. S., H. R. Stanley, and N. A. Roy (1981), The wind speed measurement capability of spaceborne radar altimetry. IEEE J. Oceanic Eng., 6, 59-63.

Brown, S. T., C. S. Ruf, and D. R. Lyzenga (2006), An emissivity-based wind vector retrieval algorithm for the WindSat polarimetric radiometer. IEEE Trans. Geosc. Remote Sensing., 44(3), 611-621.

Chelton, D. B., and F. J. Wentz (1986), Further development of an improved altimeter wind speed algorithm. J. Geophys. Res., 91, 14250-14260.

Christiansen, M. B., and C. B. Hasager (2005), Wake effects of large offshore wind farms identified from satellite SAR. Remote Sens. Environ., 98, 251-268.

Christiansen, M. B., and C. B. Hasager (2006), Using airborne and satellite SAR for wake mapping offshore. Wind Energy, 9, 437-455.

Cornillon, P., L. Stramma, and J. F. Price (1987), Satellite measurements of sea surface cooling during hurricane Gloria. Nature, 326, 373-375.

Davis, A., and X. -H. Yan (2004), Hurricane forcing on chlorophyll-a concentration off the northeast coast of the U. S. Geophys. Res. Letters, 31(L17304), doi: 10. 1029/2004GL020668.

Donnelly, W. J., J. R. Carswell, R. E. McIntosh, P. S. Chang, J. Wilkerson, F. Marks, and P. G. Black (1999), Revised ocean backscatter models at C and Ku-band under high-wind conditions. J. Geophys. Res., 104(C5), 11485-11497.

Ebuchi, N., H. C. Graber, and M. J. Caruso (2002), Evaluation of wind vectors observed by QuikSCAT/SeaWinds using ocean buoy data. J. Atm. Ocean. Tech., 19, 2049-2062.

Elsberry, R. L. (Ed.) (1995), Global Perspectives on Tropical Cyclones (Tech. Doc. WMO/TD No. 693). World Meteorological Organization, Geneva, Switzerland.

Emanuel, K. (2003), Tropical cyclones. Ann. Rev. Earth Planet. Sci., 31, 75-104.

Esteban, F. D., J. R. Carswell, S. Frasier, P. S. Chang, P. G. Black, and F. D. Marks (2006), Dual-polarized C- and Ku-band ocean backscatter response to hurricane-force winds. J. Geophys. Res., 111 (C08013), doi: 0. 1029/2005JC003048.

Fichaux, N., and T. Ranchin (2002), Combined extraction of high spatial resolution wind speed and wind direction from SAR images: A new approach using wavelet transform. Can. J. Remote Sensing, 28(3), 510-516.

Figa-Saldaña, J., J. J. W. Wilson, E. Attema, R. Gelsthorpe, M. R. Drinkwater, and A. Stoffelen (2002). The advanced scatterometer (ASCAT) on the meteorological operational (MetOp) platform: A follow on for European wind scatterometers. Can. J. Remote Sensing, 28(3), 404-412.

Freilich, M. H., and P. G. Challenor (1994), A new approach for determining fully empirical altimeter wind speed model functions. J. Geophys. Res., 99, 25051-25062.

Freilich, M., and B. A. Vanhoff (2006), The accuracy of preliminary WindSat vector wind measurements:

Comparisons with NDBC buoys and QuikSCAT. IEEE Trans. Geosc. Remote Sensing., 44(3), 622-637.

Furevik, B. R., and H. Espedal (2002), Wind energy mapping using synthetic aperture radar. Can. J. Remote Sensing, 28(2), 196-204.

Furevik, B. R., H. A. Espedal, T. Hamre, C. B. Hasager, O. M. Johannessen, B. H. Jørgensen, and O. Rathmann (2003), Satellite-based wind maps as guidance for siting offshore wind farms. Wind Engineering, 27(5), 327-338.

Gelsthorpe, R. V., E. Schied, and J. J. W. Wilson (2000), ASCAT: Metop's advanced scatterometer. ESA Bulletin, 102, 19-27.

Gommenginger, C. P., M. A. Srokosz, P. G. Challenor, and P. D. Cotton (2002), Development and validation of altimeter wind speed algorithms using an extended collocated buoy/Topex dataset. IEEE Trans. Geosc. Remote Sensing., 40(2), 251-260.

Gourrion, J., D. Vandemark, S. Bailey, B. Chapron, C. P. Gommenginger, P. G. Challenor, and M. A. Srokosz (2002), A two-parameter wind speed algorithm for Ku-band altimeters. J. Atm. Ocean. Tech., 19, 2030-2048.

Hasager, C. B., H. P. Frank, and B. R. Furevik (2002), On offshore wind energy mapping using satellite SAR. Can. J. Remote Sensing, 28, 80-89.

Hersbach, H., A. Stoffelen, and S. de Haan (2007), An improved C-band scatterometer ocean geophysical model function: CMOD5. J. Geophys. Res., 112(C03006), doi: 10.1029/2006JC003743.

Hong, X., S. W. Chang, S. Raman, L. K. Shay, and R. Hodur (2000), The interaction between Hurricane Opal (1995) and a warm core eddy in the Gulf of Mexico. Mon. Weather Rev., 128, 1347-1365.

Johannessen, O. M., and E. Bjorgo (2000), Wind energy mapping of coastal zones by synthetic aperture radar (SAR) for siting potential windmill locations. Int. J. Remote Sensing, 21(9), 1781-1786.

Kafatos, M., D. Sun, R. Gautam, Z. Boybeyi, R. Yang, and G. Cervone (2006), Role of anomalous warm gulf waters in the intensification of Hurricane Katrina. Geophys. Res. Letters, 33(L17802), doi: 10.1029/2006GL026623.

Katsaros, K. B., E. B. Forde, P. Chang, and W. T. Liu (2001), Quik-SCAT's SeaWinds facilitates early identification of tropical depressions in 1999 hurricane season. Geophys. Res. Letters, 28, 1043-1046.

Kerbaol, V., B. Chapron, and P. W. Vachon (1998), Analysis of ERS-1/2 synthetic aperture radar wave mode imagettes. J. Geophys. Res., 103, 7833-7846.

Kidder, S. Q., and T. H. Vonder Haar (1995), Satellite Meteorology: An Introduction (466 pp.). Academic Press, San Diego, CA.

Korsbakken, E., J. A. Johannessen, and O. M. Johannessen (1998), Coastal wind field retrievals from ERS synthetic aperture radar images. J. Geophys. Res., 103, 7857-7874.

Landsea, C. (2007), Frequently Asked Questions, Version 4.2: June 1, 2007. Hurricane Research Division, National Oceanic and Atmospheric Administration, Silver Springs, MD, available at http://

www. aoml. noaa. gov/hrd/tcfaq/tcfaqHED. html (last accessed August 18, 2008).

Lehner, S., J. Horstmann, W. Koch, and W. Rosenthal (1998), Mesoscale wind measurements using recalibrated ERS SAR images. J. Geophys. Res., 103, 7847-7856.

Liu, W. T. (2002), Progress in scatterometer application. J. Oceanogr., 58, 121-136.

Liu, W. T., and X. Xie (2006), Measuring ocean surface wind from space. In: J. F. R. Gower (Ed.), Remote Sensing of the Marine Environment: Manual Remote Sensing (Vol. 6, Third Edition, pp. 149-178). American Society for Photogrammetry and Remote Sensing, Bethesda, MD.

Liu, W. T., W. Tang, and X. Xie (2008), Wind power distribution over the ocean. Geophys. Res. Letters, 35(L13808), doi: 10. 1029/2008GL034172.

Pryor, S. C., M. Nielsen, R. J. Barthelmie, and J. Mann (2004), Can satellite sampling of offshore wind speeds realistically represent wind speed distributions? Part II: Quantifying uncertainties associated with distribution fitting methods. J. Applied Meteorology, 43, 739-750.

Pun, I. -F., I. -I. Lin, C. -R. Wu, D. -S. Ko, and W. T. Liu (2007), Validation and application of altimetry-derived upper ocean thermal structure in the western North Pacific Ocean for typhoon-intensity forecast. IEEE Trans. Geosc. Remote Sensing, 45(6), 1616-1630.

Quilfen, Y., B. Chapron, T. Elfouhaily, K. Katsaros, and J. Tournadre (1998), Observation of tropical cyclones by high-resolution scatterometry. J. Geophys. Res., 103(C4), 7767-7786.

Risien, C. M., and D. B. Chelton (2006), A satellite-derived climatology of global ocean winds. Remote Sens. Environ., 105, 221-236.

Robinson, I. S. (2004) Measuring the Ocean from Space: The Principles and Methods of Satellite Oceanography (669 pp.). Springer/Praxis, Heidelberg, Germany/Chichester, U.K.

Sampe, T., and S. P. Xie (2007), Mapping high sea winds from space: A global climatology. Bull. Am. Meteorol. Soc., 88, 1965-1978.

Scharroo, R., W. H. F. Smith, and J. L. Lillibridge (2005), Satellite altimetry and the intensification of hurricane Katrina. EOS, Trans. Amer. Geophys. Union, 86(40), 366-367.

Shay, L. K. G., J. Goni, and P. G. Black (2000), Effects of a warm oceanic feature on Hurricane Opal. Mon. Weather Rev., 128, 1366-1383.

Snoeij, P., E. Attema, H. Hersbach, A. Stoffelen, R. Crapolicchio, and P. Lecomte (2005), Uniqueness of the ERS scatterometer for nowcasting and typhoon forecasting. Paper presented at Proc. Geoscience and Remote Sensing Symposium: IGARSS'05 (pp. 4792-4795). Institute of Electrical and Electronic Engineers, Piscataway, NJ.

Stoffelen, A. C. M., and D. L. T. Anderson (1997), Scatterometer data interpretation: Estimation and validation of the transfer function CMOD4. J. Geophys. Res., 102(C3), 5767-5780.

Stramma, L., P. Cornillon, and J. F. Price (1986), Satellite observations of sea surface cooling by hurricanes. J. Geophys. Res., 91(C4), 5031-5035.

Trenberth, K. (2005), Uncertainty in hurricanes and global warming. Science, 308(5729), 1753-1754.

Vachon, P. W., and F. W. Dobson (1996), Validation of wind vector retrieval from ERS-1 SAR images over the ocean. Glob. Atmos. Ocean Syst., 5, 177-187.

Von Ahn, J. M., J. M. Sienkiewicz, and P. S. Chang (2006), Operational impact of QuikSCAT winds at the NOAA Ocean Prediction Center. Weather and Forecasting, 21, 523-539.

Wentz, F. J. (1997), A well calibrated ocean algorithm for SSM/I. J. Geophys. Res., 102, 8703-8718.

Wentz, F. J., C. Gentemann, D. Smith, and D. Chelton (2000), Satellite measurements of sea surface temperature through clouds. Science, 288(5467), 847-850.

Yelland, M. J., B. I. Moat, R. W. Pascal, and D. I. Berry (2002), CFD model estimates of the airflow distortion over research ships and the impact on momentum flux measurements. J. Atm. Ocean. Tech., 19(10), 1477-1499.

10 海-气界面通量

（合著者：Susanne Fangohr[①]）

10.1 简介

考虑到世界大洋是一个连续水体，海洋学家主要关注控制着海洋物理及化学特性分布的内部机制。然而，在海水-海底沉积物界面与海洋-大气界面这两个区域内，决定水团特性与行为的条件与其他区域的决定条件存在着明显的差别。在这两个区域里，液态的海洋水体由于遇到固体或者气体，会产生一系列在海洋其他领域中不曾发生的进程。本章主要着眼于海洋与大气的交界面，阐述如何衡量海-气交换之间的通量以及如何使用卫星提取的海洋数据进行全球化监测并基于此达到提高地理研究以及海-气通量估算精度的目的。

从遥感的观点来看，海-气界面是海洋中最易被太空传感器探测到的部分。因为电磁波经过微量大气衰减到达海表，而作为主要接触点的海表决定了卫星遥感装置的观测内容。虽然许多海洋学应用更偏向于透过海表以观测深海信息，但就那些针对海-气界面间过程的研究而言，遥感是一个理想的观测手段。利用卫星数据我们可以测量或者推导得到许多影响海-气通量的海洋参量。然而大气遥感方式并不能直接测量在大气边界层(ABL)底层接近海表的大气性质。因此，仅基于卫星数据估算海-气通量仍存在很大挑战。

由于全球变暖和气候变化已成为公众关注的焦点，人们对于认识海气之间相互作用以及物质交换(通过穿过海气之间的通量调解)的研究重要性有了实质性提高。只研究海-气界面的一侧(海洋或大气)是无法完全解释有关地球气候发展的科学问题的，而用来提供精确的地球气候发展描述及预报的海-气耦合模式，其本质是基于海-气边界过程及海、气通量参数化建立的。由海-气界面的梯度驱动，氧气及二氧化碳等气体以及热量、动量和湿度(水汽)在海洋和大气间无时无刻不进行着物质交换。海-气界面本

① Susanne Fangohr 博士为英国南安普顿国家海洋中心海洋地球科学学院的研究员。

身的性质在决定上述交换过程的量级时起到重要的作用，因此它们会影响在海洋、大气或者它们两者中的气体浓度或者物理量改变后的守恒速度。

在小空间尺度范围描述两介质之间的流动界面的特征(如分子过程的调解)本身就是一个难题。加之海表面水平范围尺度大，难以完全覆盖测量，而且船载及浮标本身作为浮动的平台就存在一定的测量难度，这也就解释了为什么对于经典海洋学而言，研究海-气交换存在极大挑战；然而，遥感由于其在时空分布范围及易获取等方面的优越性为海-气通量研究提供了很大应用空间。事实上，在未充分利用卫星遥感手段的前提下，几乎没有一个系统能做到有着中尺度空间分辨率及数天时间分辨率的全球海-气通量监测。我们感兴趣的海-气通量特性实际上并不能从太空直接观测获得，然而，持续 20 年的科学研究已经发展了合适的参数化方案来将卫星观测到的参量同我们所希望估算的海-气通量联系起来。

本章旨在概述遥感观测海-气通量的进展，主要讨论热量和气体的海-气通量及其太空观测方法。上文中提到的动量通量(其为其他形式通量提供基础)在此将不再赘述。事实上，动量交换的影响在本书其他章节出现多次，比如在有关风应力驱动海洋过程如上升流(第 5 章)、表面波(第 8 章)以及风驱动上层海洋混合等部分均有提到。本章下一节着重介绍海-气交换的参数化方案的基本原理，10. 3 节主要回顾通量估算中一些重要参数的卫星观测方法。10. 4 节概述了目前基于卫星数据的气体及热量通量全球分布的研究进展。最后一节思考和展望在充分开发利用卫星数据来进行全球范围内海-气通量的常规监测之前，还有哪些研究工作值得我们去做，从而能对短期气候变化提供有用信息。

10. 2　通量的确定

10. 2. 1　基本原理

地球水圈有一个特性，即除了在非常短的长度尺度外，气流与水流都处于湍流的状态。因此，湍流混合会引起热量、质量以及动量的传输，从而破坏原有温度梯度、可溶解成分的浓度以及海气间的进程速度，而这在时间尺度上要比分子扩散快上几个量级。然而，湍流混合是不能穿过海-气交界面的，它只能发生在界面的一层。引起混合过程的涡旋尺度随着接近海气界面而减小。在界面存在两个薄的黏性次表层，在这两个次层只有通过分子过程才能进行传输。该概念模型如图 10. 1 所示，图中显示的两个主体(海洋和大气)主要由湍流混合控制，其内部性质在厘米级或者更大的长度级别上几乎是一致的。主体区域由两个位于界面两侧的薄分子次表层分隔开，虽然这些次表层的厚度小于 1 mm，但是若穿过它，要素的性质将会发生很大变化。虽然在通常情况下，大气和海洋充分混合的部分，海洋及大气中的任何参数的浓度差异都可被测量得到，但通量的测量通常会受到从一个介质到另一个介质分子次表层速率的限制。从而说明，这些难以直接测量的属于分子扩散尺度的进程决定着海-气交界面处质量、热量或者动量的交换量值。

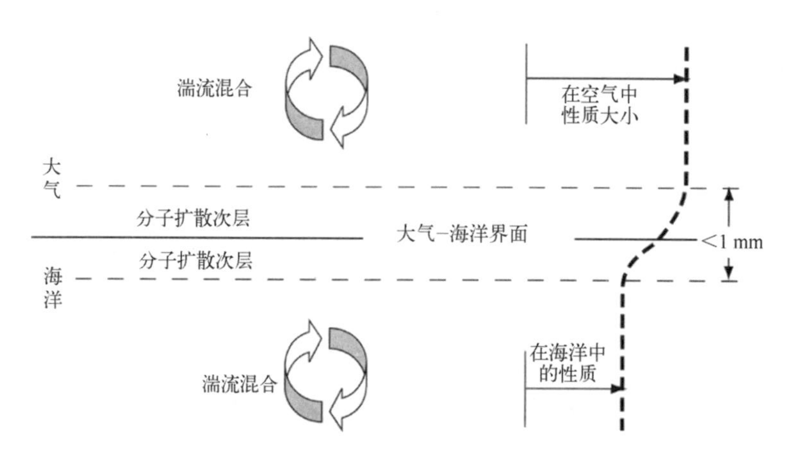

图 10.1 海-气相互作用两层模型：一层由混合湍流控制；另一层由海-气界面单侧的分子扩散控制

从遥感科学的角度来看，几个可以直接从太空探测到的海表参量，例如温度、风场、海面粗糙度以及波高等，可以为海-气交界面提供信息，进而可以被用来估计海气之间的通量。为了利用这些观测数据来实现通量计算，我们需要通过公式来表述通量的物理过程，在这些公式中那些可测量的量都属于变量(见下一小节)。

10.2.2 通量参数化理论基础

对于气体、湍热及动量的海-气通量最常使用的参数化方法都遵循着一个通用模式。一般而言，通量 F 是由下式中的三个参数组成的，分别是传递系数 K_x、描述穿过交界面难易程度的参数 R(其取决于接近界面的大气及海洋性质)以及与通量定量相关的海-气界面梯度系数 ΔX(其驱动并决定了通量的方向)：

$$F = K_x \times R \times \Delta X \tag{10.1}$$

在气体传输过程中，将海-气通量的相关参量替换为少量可溶性气体，如氧气和二氧化碳，式(10.1)可转换为

$$F_{gas} = s \cdot k \cdot (pX_w - pX_a) \tag{10.2}$$

式中，F_{gas}是从海洋到大气的气体通量；s 代表在温度 T_s和盐度 S 条件下海水中的气体溶解度(Weiss, 1974; Wanninkhof, 1992)；k 是气体传输速率，单位是 cm/h；pX_w和 pX_a分别为气体交界面在海洋和大气一侧的气体分压。Nightingale 等(2004)对该公式的

推导给出了更加完整的概括。

从大气传输到海洋的动量通量可由风应力 τ 表示，而式(10.1)可转化为

$$\tau = \rho \cdot C_D \cdot (u_z - u_s)^2 \tag{10.3}$$

式中，ρ 是温度为 T_a、压强为 p_z 及高度为 z 条件下的大气密度；C_D 为阻力系数(Large et al., 1981)；u_z 为在高度 z 处的水平风速(通常标准化到 10 m)；u_s 为海表的水平风速，一般近似为 0。

海表的净热量交换 Q 可分为四个主要部分(Liu et al., 1979)：

$$Q = Q_s + Q_b + Q_H + Q_E \tag{10.4}$$

式中，Q_s 为净短波辐射(来自太阳)；Q_b 是净长波辐射；Q_H 和 Q_E 分别为感热和潜热通量。对于净通量(即 Q_s+Q_b)辐射部分的确定方法不同于适用在海-气界面湍流交换的方法，该方法将在 10.4.1 节中提到。但在 10.4.3 节中讨论全球热通量观测时，净通量与 Q_H 和 Q_E 对于整体热收支的相对重要性均被考虑到。在本节中，我们主要关注湍流热通量(即 Q_H+Q_E)。

潜热通量是大气和海洋能量交换过程的重要组成部分之一，其大致平衡了短波太阳辐射通量的能量。潜热通量发生的条件为来自海洋的热量导致了海水表层的液体水转变成水蒸气的相态变化，然后将转变成的水蒸气释放到大气中，并与此同时完成了从海洋到大气的热量与水的输送，然后，水汽在大气中凝结并释放潜热为大气环流(尤其在热带区域)提供能量(Jourdan et al., 1995)。由海洋传输到大气的潜热通量 Q_E，可由通量方程式(10.1)转化为

$$Q_E = \rho \cdot L \cdot C_E \cdot (u_z - u_s) \cdot (q_s - q_a) \tag{10.5}$$

式中，ρ 是在温度为 T_a、压强为 p_z 及高度为 z 条件下的大气密度；L 为在气温为 T_a 时，水的汽化潜热；C_E 为潜热传递系数(也称道尔顿数)；u_z 为在高度 z 处的风速；q_s 和 q_a 分别为海表比湿(通常认为等同于在 T_s 和 p_s 条件下的饱和湿度)及在高度 z 处的比湿。

对于从海洋到大气的感热通量 Q_H，式(10.1)可转化为

$$Q_H = \rho \cdot c_p \cdot C_T \cdot (u_z - u_s) \cdot (T_s - T_a) \tag{10.6}$$

式中，ρ 为在温度为 T_a、压强为 p_z 及高度为 z 条件下的大气密度；c_p 为恒压下的比热；C_T 为感热交换系数，也可称为斯坦顿数(Stanton)。

这些方程为估算海-气通量提供了一种实用方法，其中温度、风场、水汽密度为平均测量值，交换系数数值假定为已知的。其中，有些大气特征量是必需的，例如气体压强 X_a[式(10.2)]、风速 u_z[式(10.3)]，比湿 q_a[式(10.5)]以及气温 T_a[式(10.6)]，而这些测量值需归一化到标准高度，通常该标准高度定为大气边界层之下，海表之上 10 m。该归一化遵循了边界层气象现场观测实验标准要求。

下一节主要介绍遥感方法能在多大程度上提供所需要的输入数据。随后的 10.4 节

讨论这些概念方程是如何应用到实际通量反演工作中，并指出与热通量及气体通量的交换系数有关的不确定性。

10.3　用于表面通量估算的卫星数据

为了估算气体与热通量，我们明确了式(10.1)到式(10.6)中那些必须确定的参数，而本节主要介绍其中的哪些参量是可以通过卫星获取的。同时，本节也提到了有些须知参数虽然通过遥感手段在一定程度上有助于确定其全球分布特征，但其并不能直接由卫星反演得到。这些参量包括大气边界层底部水汽、温度和气体浓度以及海洋上层的气体浓度。

10.3.1　海表温度

MTOFS 中的第 7 章和第 8 章解释了红外及微波辐射计是如何运作并测量海表温度的。在处理海表温度与表面通量时，需要注意的是，卫星测量的温度是真实的海表温度，这与常规现场实测的海表温度数据集不同，后者测量的一般是 1~8 m 深度处的水温。有些时候在耦合模式的研究中，用于驱动辐射热通量的海表温度实际上是构建了上层海洋模型的上层混合层温度。上述两种海表温度都不同于由红外卫星观测到的真实海表温度，其原因在 *MTOFS* 的 7.3 节中有详细讨论。

这里有两个因素需要考虑，第一，由于表面微层湍流缺失使得水体热导率远小于正常条件下的水体热导率，当表温比在 1 mm 深度的次表温度低 0.17℃左右时，温度梯度由此形成，从而驱动了热量流出表面(Donlon et al., 1999)。第二，受太阳加热的作用，上层 10 m 水柱温度廓线存在昼夜变化，使得表面温度日间升温 1℃左右，并在夜间再次冷却。该变化过程由于受风应力影响较大(瞬时强风会迅速破坏昼夜温跃层)而变得难以监测和预估，但可以确定的是该过程普遍存在(Gentemann et al., 2003; Stuart-Menteth et al., 2003)，且在局部地区增温可达 5℃左右。

红外辐射计测量由海表顶部温度所发射的辐射。一些传感器如沿轨扫描辐射计提供的海表温度产品明确代表表面海表温度，其他的传感器如甚高分辨率辐射计同样观测海洋皮层温度，但由于其产品是与现场实测海表温度数据进行校正后的结果，基于上述提到的两个因素，甚高分辨率辐射计的海表温度产品仍存在不确定性。

极轨卫星的红外传感器能够提供空间分辨率为 1 km、时间分辨率为每日两景的全球范围的海表温度产品，其温度敏感度为 0.1℃，绝对精度为 0.2℃。静止轨道卫星的红外海表温度产品不能提供全球范围的产品，但能提供采样间隔为 1 小时甚至更短的区域海表温度产品，其空间分辨率为 2~5 km(取决于斜视角度)。利用极轨传感器间校正后的产品精度可达 0.3℃左右。

被动微波传感器可以不受云层覆盖的影响而进行海表温度测量，但空间分辨率较低(一般为 50 km，虽然采样间隔为 25 km)。由于微波能够穿透无湍流次表层(热表层)，因此通过微波辐射计反演得到的温度原则上来说是接近次表层海表温度的(即在深度为 1 mm 到 1cm 之间，紧贴前文提到的冷却表面)。

显然，上述提到的测量手段有助于获取海-气界面的热通量，此外，由于温度对气体溶解度有很大影响，因此它对气体通量的确定也起着重要作用(Ward et al.，2004)。最后，动量通量很大程度上也取决于海洋大气边界层各层的稳定性，因此海表温度的测量估算是很有必要的。

不同传感器及传统手段测量的海表温度产品之间存在的细微差异对海-气通量的计算十分重要。在将所有所需数据用来进行通量计算之前应当进行仔细的处理甚至可能需要偏差矫正。近年来，不同传感器测量的海表温度(Robinson et al.，2003)已经由高分辨率海表温度组织（GHRSST）[①]进行了协同融合处理，进一步讨论见第 14 章。GHRSST 提供的海表温度 2 级产品(L2P)包括各个传感器反演得到的原始海表温度结果及辅助数据，以便于用户在各个产品融合前剔除已知偏差，并以此来估算通量(Donlon et al.，2007)。基于 GHRSST 的做法，即将最优插值法应用于来自不同传感器海表温度产品矫正偏差的融合中去，许多机构正致力于开发新型的全球海温分析日产品，这些产品可以实时业务化运用(Donlon et al.，2010)，并为估算通量提供了可能，同时我们期望在不久的将来再分析产品能够投入气候应用中。

10.3.2 风场

在第 9 章中，我们讨论了风速是可以通过各种遥感仪器业务化获得的一个参数。尽管散射计是目前唯一能够提供风速及风向的传感器且目前使用最为广泛，但合成孔径雷达、高度计以及被动微波传感器也已经被用于测量风速。同时，风速决定了海-气界面主要水平运动(假设通常情况下的海流流速显著低于风速)。最常用的一些通量参数包括动量、热量、水汽以及气体是取决于海表风速的，通常由测量或者估算得到的 u_{10}来表示(u_{10}是假定大气边界层稳定时，归一化到 10 m 高度的风速)。但是，众所周知，虽然其他一些不同于风速量级的物理和生化过程对于通量也有着很大的影响，但在仅取决于风速的通量参数化中它们被忽略不计。

在通量的参数化方案中，另一个经常用来替代风速的参量是摩擦速度 u^*。不同于 u_{10}，摩擦速度是海表风应力 τ 和大气密度 ρ 的函数：

① 原文中所提供链接错误！已改为 http://www.ghrsst.org ——译者

$$u^* = \sqrt{\frac{\tau}{\rho}} \tag{10.7}$$

它在海-气通量计算中有着重要作用。摩擦速度一般比 u_{10}小 1~2 个数量级。摩擦速度可利用双波段高度计卫星测得，如 TOPEX 的 Poseidon 高度计和 Jason 高度计的 C 波段及 Ku 波段数据。更多的细节可参考 *MTOFS* 的第 11 章中的 Elfouhaily(1998)以及其他参考文献。在探讨卫星反演的风速和风应力两者谁更适合用来估算海-气通量这个问题上则需要考虑到摩擦速度 u^*(将在下一小节进行讨论)。

10.3.3 海面粗糙度

遥感获取的风速数据是基于归一化雷达后向散射界面 σ_0的，其与特定波段表面波的均方斜率(S_ζ^2)有关，由其可以利用经验模型(第 9 章中列出的)计算 u_{10}。海面粗糙度与风速之间的理论关系可由应用于任何条件下后向散射经验模型假设得到，该理论关系在 *MTOFS* 的 9.5.2 节中有概述，而详细的介绍可参考 Kraus 等(1994)。其核心是海面的粗糙度 z_0由重力加速度 g 和一比列常数 α(Charnock 常数)作用下与摩擦速度的平方(u^{*2})成正比，这一关系可表示为(Charnock，1955)：

$$z_0 = \frac{\alpha u^{*2}}{g} \tag{10.8}$$

简单的海-气通量只考虑风场影响，当存在海表薄膜层时，海-气通量的计算就变得复杂。在给定风速的情况下，海表油膜的存在将会降低实际的海表压力，进而影响通量，于是海面粗糙度相比于风速或者从风场获得的摩擦速度能更好地预测通量。此外，即使当海表薄膜层不存在时，u_{10}和表面压力的假设关系是建立在平衡浮力的大气边界层上的，而对于不稳定的大气边界层也许不适用。海表高隆起的情形也许也会改变风速以及影响归一化后向散射界面 σ_0的小尺度粗糙度之间的关系。在这些情况下，海面粗糙度再也不能由单一的风速推测得到，也因此 Charnock 常数可能会发生改变。在这种情况下，利用粗糙度计算风速，再利用得到的风速计算通量将会产生不必要的不确定性。

图 10.2(a)显示了一个海表面光滑，海-气通量相对较低的示意图。随着海面粗糙度增加，如图 10.2(b)(c)所示，无论是与大气接触的海表区域面积的增加还是与平均风速相互作用的增强，皆促进了更大程度的海气交换。但是，在一个波浪场发展的不同阶段，风场和波浪场之间的关系不一定是唯一的，因为它还取决于一些参数如风区以及表面阻尼系数，因此，即使是相同的风速也会造成不同的海面粗糙度。在此条件下，雷达设备可以直接测量海面粗糙度来取代风速的测量，从而为海-气通量参数化提供了另一种可能。

由于小尺度的粗糙度并不是一个经典海洋参数，作为卫星测量的一种结果，通量与表面粗糙度之间直接关系的建立技术还不完善。传感器的敏感波长取决于传感器所发射的电磁波波长以及观测海面的入射角度。对于侧视雷达，只取决于布拉格雷达散射(在 *MTOFS* 的第 10 章中有详细介绍)。结合气体传输速率算法，10.4.2 节介绍了直接利用 σ_0来进行通量测量的最新进展(Glover et al.，2002；Woolf，2005；Fangohr et al.，2007)。

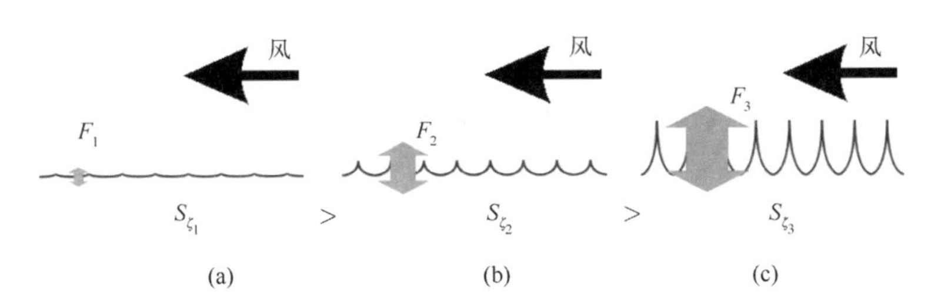

图 10.2　在给定风速下海表均方斜率 S_ζ^2 以及海-气通量 F 的三个等级原理图

10.3.4　有效波高和波龄

有效波高 H_s可以通过高度计获得，这在第 8 章中有论述，而波龄(8.2.3 节中有提及)同样也可以通过卫星测得。这两个参数有助于我们了解在海洋状态与风平衡时，海面粗糙度是否与预期的那样保持不变。因此，它们可以为估算通量提供例如隆起、表面薄膜、白帽以及浪花等这些额外的与风场关系不大或者完全无关的信息。

因此，作为一个备选参数或者用来辅助基于 σ_0的算法(上一节进行过讨论)，有效波高 H_s 以及波龄可以作为输入量被用到新的通量参数化模型中去。尽管海-气通量与表示海表形状的波动特征似乎存在一种显著联系，但目前为止有效波高的数据还没有普遍应用到估算海-气通量的业务化工作中。

然而这里有一个例外，在一个与海-气耦合响应实验(Coupled Ocean-Atmosphere Response Experiment)相结合的通量参数化算法升级中，即 COARE 算法(Fairall et al.，1996)的改进算法中 (Fairall et al.，2003)包含了两个可选替代方案，它们将决定海面粗糙度高度的 Charnock 常数表示为风速的函数。其中一个可选方案(Taylor et al.，2001)海面粗糙度的计算公式为

$$z_0 = 1\ 200 H_s\ (H_s/L_p)^{4.5} \tag{10.9}$$

式中，L_p为波谱中的主频波长。公式中的系数是根据大量实测数据拟合得到的经验系数，其可以替代式(10.8)。第二种可选方案(Oost et al.，2002)将 Charnock 系数表示成(此时不再是常数)：

$$\alpha = 50(C_p/u^*)^{-2.5} \tag{10.10}$$

式中，C_p为主波相速度；C_p/u^*为波龄的测量值。

尽管 COARE 算法主要用于数值模拟研究，但它也可以应用到观测资料(包括卫星资料)的分析中，因此这对如何利用卫星资料获得的有效波高或波龄来提高全球的海-气通量的计算有指向作用。

10.3.5 水汽

大气中的水汽含量可以通过被动微波辐射计获取，例如 SSM/I、TMI、AMSR-E 以及 WindSat(详见前文表 2.6)。虽然水汽被认为是一个气象参量而不是海洋参量，但若知道海-气交界面之间的水汽，那么对于海-气热通量的特性定量化来说将会十分重要，因为其有利于混合比的反演而且其在 10 m 高度的测量值对感热通量的估算是必不可少的（Liu，1985）。由微波辐射计反演得到的标准水汽产品实际为整层含水量，Schulz 等(1993)认为反演大气底层 500 m 平均水汽含量是可行的，但是这个结果通常与利用表层比湿 Q 来表征的 10 m 水汽含量存在显著差异。已有研究尝试利用其他卫星数据来估算全球水汽含量。

近期，Zong 等(2007)对已有的算法[包括 Schulz 等(1993，2003)]进行了概述，并基于此提出了一个新的经验算法。新算法包括了海表温度、水汽柱含量(W)以及风速(U)的测量值，这些参量都来自 AMSR-E 日产品，其经验算法表达式如下：

$$Q = a + bSST + c\,(SST)^2 + \mathrm{d}W + eW^2 + fU$$

系数 a 至 f 是由经验关系得到的，由 2003 年的 NCEP 再分析资料中 Q 的对应值回归得到。日平均或月平均值的算法也分别被建立。在对 2004 年数据进行测试时发现，全球数据集的 RMSE(均方根误差)日平均和月平均分别为 1.05 g/kg 和 0.61 g/kg。由于全球范围 NCEP 的表层比湿 Q 的范围分布在 1.5~22 g/kg，这些数据表明该算法是可行的。模型最差的结果存在于海气温差大于正常值的区域(如西边界流处)，针对这些区域则可能需要开发特定的算法。虽然在上述过程中阐述了水汽可以通过被动微波辐射计获得，但通过微波辐射计(如 SSMI 或者 AMSR-E)来探测与水汽柱无关的海表湿度变化也不尽合理。因此，过分依赖卫星反演估算的 Q 值将会引起 Q 真值的一些重要变化的丢失，而这对于潜热通量的估算来说也许是十分重要的。因此，在利用卫星获得的表面比湿 Q 替代现场实测数据前，很有必要仔细评估这些产品以及由此得到的通量的敏感性。

10.3.6 海表气温

利用卫星遥感传感器无法直接测得 10 m 处的大气温度(T_a)。尽管到达卫星传感器的红外和微波辐射受到 T_a的影响很小，但实际上很难将 T_a同海温及整个大气层的温度和水汽剖面等其他控制因子分离开。相反地，反演 T_a可以基于这样的假定条件：因为

T_a与其他大气海洋特性，尤其是可以准确测量得到的海洋特性如海表温度以及整层大气水含量等相关，因此可通过这些特性确定获取T_a的方法，其与前面介绍获取10 m处水汽的方法是类似的。

因此，Gautier等(1998)提出了一个人工神经网络模型(ANN)，其利用海表温度(这里是指从NCEP获取的数据而不是遥感数据)以及SSM/I微波辐射计反演得到的总降水量(W)来预测月平均T_a。尽管验证表明ANN模型的结果很好(Jones et al., 1999)，标准偏差为0.72℃，但其月平均值的可用性却受到了限制。为了充分利用海表温度和W的每日采样的优势，我们需要开发提取实时T_a的模型。这些工作已有了一定程度的进展，Singh等(2006)利用AVHRR的海表温度数据以及SSM/I的W和总层水汽(W_b)来建立模型；而Jackson等(2006)将卫星微波观测数据，AMSU-A(the Advanced Microwave Sounding Unit-A)、SSM/I以及SSM/T-2(the Special Sensor Microwave Temperature Sounder)进行融合并基于此检验了多个T_a回归模型。以SSM/I和AMSU-A为输入量的T_a反演模型是最有潜力的。但是，和Q的估算一样，在直接使用卫星反演的T_a之前，全面评估T_a的反演误差及其对估算感热通量的影响是非常必要的。

10.3.7 在海表及大气边界层的气体浓度

水中的气体浓度一般以其分压形式(pX)表示(如p_{CO_2}代表水中的二氧化碳分压)，目前遥感手段还不能直接测量或估算海表水体中的气体分压，导致难以估算海洋-大气之间的全球气体通量。所以此类研究通常是利用积累的观测数据进行的，而覆盖全球的二氧化碳数据集是观测格点为4°(纬度)×5°(经度)的月累积现场数据(Takahashi et al., 2002)。

尽管在对二氧化碳这一要素分析时，要将大气中二氧化碳含量的稳定增长考虑进去，但实际上气候态的数据是无法体现出其年际间的变化的。Takahashi等(2002)合理解释了上层海水中气体分压是如何随着位置及季节而变化的，从而可以探索基于物理通量驱动机制(风与温度)的全球通量。但是，理想情况下，我们想了解p_{CO_2}对驱动它的那些海洋过程(例如初级生产力和上升流)响应和变化，进而理解海-气界面气体通量是如何调节海洋和大气间的这些变化，反之亦然。

如果可以确定表层p_{CO_2}与其他更易测得的海洋变量间的关系，我们就可以在精度允许的范围内通过这些参量来推算p_{CO_2}。以此为目标的一些利用船只常规路线现场监测p_{CO_2}的项目已经开始进行，从中发现p_{CO_2}可以表示成温度、经度、纬度的函数(Lefèvre et al., 2002; Lefèvre et al., 2005)。如果证明此类方法可以稳健地估算p_{CO_2}，那么则可利用卫星数据来代替算法中所需的一些参量。作为一可选方案，集成生物地球化学组分(包括浮游植物初级生产力)的数值海洋模型也正在开发利用中，其目的是预测可以用来估算海-气通量的海表 p_{CO_2}(Hemmings et al., 2008)，在他们的同化方案中还用到了卫星海洋水色和温度数据。

对于大气气体浓度，获取常规更新的观测数据来确定大气边界层的气体分压空间分布是非常困难的。不同种类的气体必须分别对待，但通常来说，远离特定区域的海洋之上大气中的气体浓度的水平变化尺度至少有 1 000 km，因此广泛分布的现场实测的数据应该足以确定全球的分布情况。很多研究利用气候学或者随时间演变的表层气体浓度数据集，如 Globalview(2007)的研究中就利用了二氧化碳、甲烷和一氧化碳。为了将这些气体浓度数据转化为分压，必须要根据海平面气压和水汽压之间的差异对比例进行调整。

一些研究也利用大气探空传感器来估算二氧化碳以及其他气体，比如 Envisat 卫星上的 SCIAMACHY 以及 Aqua 卫星上的 AIRS 等(Barkley et al., 2006)。这些结果对陆地探测的精度高于海洋，而且测量的仅是整层气柱的气体含量，但是他们认为未来有希望更加精确地进行大气层低层部分的大气气体采样(Barkley et al., 2007)。

10.4 从太空测量通量

10.4.1 辐射通量

一般需要利用辐射传输模型来解释大气在给定条件下的影响效应(Pinker et al., 1992)，以确定净热通量的辐射值[式(10.4)中的 Q_b和 Q_s]。长波净辐射 Q_b是由卫星反演的大气逆辐射$R_L^{\downarrow}$ 以及海表温度 T_s计算得到的。按照符号惯例约定通量从海洋到大气的方向为正，则公式表达为

$$Q_b = \bar{\varepsilon}\sigma T_s^4 - \bar{\varepsilon}R_L^{\downarrow} \tag{10.11}$$

式中，$\bar{\varepsilon}$为表面光谱全辐射率，接近 0.89(Gardashov et al., 1988)；σ 为斯忒藩-玻尔兹曼常数。关于该公式的详细介绍，可参考 Schanz 等(1997)。

每日更新的全球海表温度产品为卫星数据评估净长波通量提供了有力保障。特别需要注意的是，皮温(距离表面 100 μm 内)控制着长波辐射，因此我们需要得到理想化的表面海表温度。但值得考虑的是，基于现场观测的海表温度计算的辐射通量并没有考虑到由于表面冷却效应所造成的辐射值轻微减少以及由于局地日增温事件引起的辐射值过量。尽管这两个过程相互对立，但并不能忽略其存在。从另一方面讲，将表层海表温度数据导入辐射模型时需要谨慎，因为其中的一些可调系数可能已经经过最优化处理以确保引入的海表温度数据也是满足热力闭合的。

太阳光入射的短波通量 Q_s，或是穿过海表或是被反射，但是其对靠近边界层的海

洋或大气影响甚微。这是因为水体对可见光波段光是透明的，尤其是蓝光(蓝光是太阳光谱的峰值)。只有当光子与水分子相互作用而被吸收后，热能才会传输到水中，因此太阳对上层海洋进行加热可当作内部加热。类似于光在水中的衰减，热能在水柱的分布随着深度的增加而呈指数递减趋势。因此，太阳光加热时是适用于整个水层的，而式(10.4)中其他要素的影响都仅适用于水体表层。这就解释了：当太阳辐射较强时，由于风场的作用，热量通过蒸发从海洋传输到大气，海洋冷皮层温度低于微表层以下水体温度这一似乎违背常理的现象。

太阳短波能量可以用来理解上层海水的垂向温度与密度结构，其尺度可以用结合光合有效辐射的遥感方法探测得到，这在7.3.3节中有详细论述(光合有效辐射PAR被认为是 Q_s 的光谱校正版本，通常以量子形式而不是能量标准单位来表示)。对于太阳辐射来说，漫衰减系数 K_D 的卫星海洋水色估计同样也是非常重要的，因为它可以用来确定太阳辐射被吸收的深度。

10.4.2 气体通量

利用式(10.2)计算气体通量需要的参数有在某一温度下的海表气体溶解度、气体传输速率 k 以及穿过界面的气体分压的梯度。

分压梯度

穿过海-气界面的气体分压梯度不能直接由太空测量或者通过某一简单的方法来进行稳定的参数化(在10.3.7节中有讨论)。相反，全球气候产品如Takahashi等(2002)开发的当前最先进的 CO_2 产品，其时空变换范围尺度与全球遥感息息相关。类似的气候态要素产品也将通过全球海洋原位数据测量范围的扩大而提升。

在理想的情况下，需要在某一时间分辨率下(如一周)监测海洋表面 p_{CO_2} 或者其他气体，以此来监测它们在时间范围上的分布状况，这样做的目的在于：探测这些气体对于上层海洋生物物理进程的响应，进而了解在海洋中随时间变化的气体浓度对海-气界面气体交换的影响。为了实现这一目标需要用到在10.3.7节提到的基于遥感可见光及红外波段数据的生物化学模型，但是这些研究方法的可行性仍是近几年需要进行的工作。

溶解度

与此同时，卫星数据在式(10.2)其他参量的应用中有着重要作用。Weiss (1974)和Wanninkhof (1992) 给出了溶解度 s 的值，作为不同气体下海表温度的函数，其单位为浓度/压强。溶解度与海温关系十分密切，比如尽管会被式(10.2)中 k 项的与之相反的温度依赖性所抵消，但当温度从0℃上升到20℃时，二氧化碳的溶解度还是会降低一半以上(图10.3)。严格来讲，表层皮温决定了海-气界面的水中气体溶解度。尽管直到最近许多研究仍使用基于原位(次表层)海表温度气候态测量值，但卫星测量能提供每日更新的海表温度数据。近期的模拟结果(Jeffery et al.，2008；Kettle et al.，2008)显示昼夜变暖活动会产生明显的影响，因此理想情况下应考虑到该因素，尽管从逻辑上来看这样做还比较困难。除此之外，溶解度 s 也有一定的盐度依赖性(图 10.3 中以不同的线条表示)，但同海表温度相比影响要小得多。

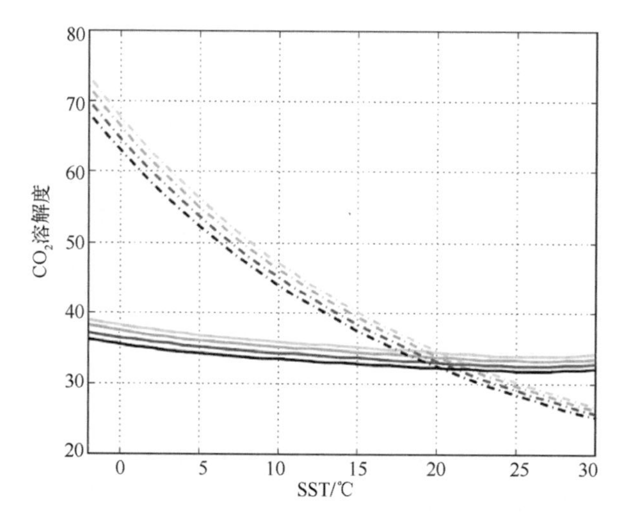

图 10.3　CO_2溶解度(虚线)及 $s\cdot(Sc)^{-0.5}$产品(实线)与海表温度的变化关系

4 种阴影线分别对应 4 种盐度：26 psu（最浅的曲线）、30 psu、35 psu、40 psu（最黑的曲线）

[该图基于 Wanninkhof(2002)中提到的公式绘制]

气体传输速率

式(10.2)中需要考虑的剩下一项为气体传输速率 k，这里卫星获得的全球风场分布起着重要作用，其将局部区域的气体交换估算扩展到全球尺度变得可行。在过去的 20 年里，已经公布了一些透过海–气界面的气体传输速率的参数化方案（Liss et al.，1986；Wanninkhof，1992；Wanninkhof et al.，1999；Nightingale et al.，2000）。它们以风速为主要参量来确定气体流量大小，将气体传输速率 k 表达为 u_{10}和施密特(Schmidt)数 Sc 的多项式。

Sc 表示水体运动黏度系数 μ 与水中气体扩散系数 D 的比值(μ/D)。特定气体的 Sc 值可根据由海表温度表达的函数计算得到[具体数值详见 Wanninkhof(1992)]。需要注意的是，对于二氧化碳，$(Sc)^{-0.5}$这一项随着温度升高而增大，同时其几乎补偿了由于温度变化引起的溶解度 ν 的变化(图 10.3)。例如，随着温度从 0℃到 20℃，产品 $s\cdot(Sc)^{-0.5}$的值降低了 10%左右，但是当温度升至 27℃以上后，数值开始增大。因此，二氧化碳通量的海表温度依赖性并不是主要的但仍然很重要。

表 10.1 详细描述了四种最常见的气体传输速率参数化方案。图 10.4 显示了这四个模型对 k 值的预测有着明显的不同，尤其是在中等风速到高风速的这一段范围内，有大量气体透过界面，这表明影响气体传输过程的进程不能单独由风速或者温度来解释。

表 10.1　气体传输速率 k 的参数化方案

开发者	传输速率参数化方案
Liss 等(1986)	$k=0.17u_{10}\cdot\left(\frac{Sc}{660}\right)^{-1/2}$　($u_{10}<3.6$ m/s) $k=(2.85u_{10}-9.65)\cdot\left(\frac{Sc}{660}\right)^{-1/2}$　(3.6 m/s< $u_{10}<13$ m/s) $k=(5.9u_{10}-49.3)\cdot\left(\frac{Sc}{660}\right)^{-1/2}$　($u_{10}>13$ m/s)
Wanninkhof (1992)	$k=0.31u_{10}^{2}\cdot\left(\frac{Sc}{660}\right)^{-1/2}$　(瞬时风)
Wanninkhof 等(1999)	$k=0.0283\,u_{10}^{3}\cdot\left(\frac{Sc}{660}\right)^{-1/2}$　(瞬时风)
Nightingale 等 (2000)	$k=(0.333u_{10}+0.222u_{10}^{2})\cdot\left(\frac{Sc}{660}\right)^{-1/2}$

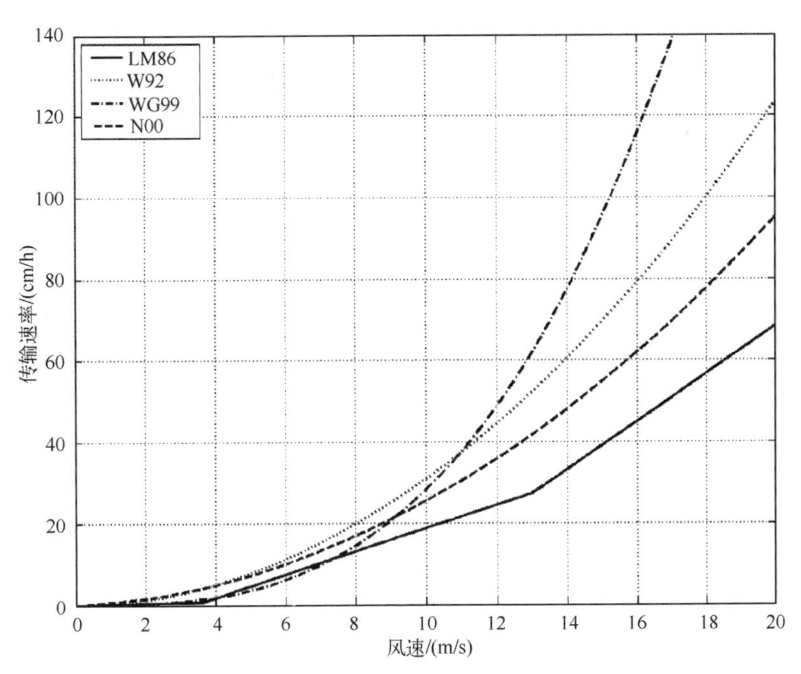

图 10.4　气体传输速率 k 在海表温度为 20℃时不同风速的参数化结果

LM 86：Liss 等 (1986)；W 92：Wanninkhof (1992)；WG 99：Wanninkhof 等(1999)；N 00：Nightingale 等 (2000)

非线性项积分

表 10.1 中列出的所有参数化方案中，气体通量对 u_{10} 的非线性关系会牵涉一个重要问题。二次方依赖性意味着风速加倍会导致气体通量变为 4 倍，同样的，三次方会变为 8 倍。想要精确评估一段时间(如一个月)的总气体通量，获取尽可能多的风场数据是至关重要的，从而对时间积分通量有重大贡献的风场峰值才不会因为采样量过少而缺失。6 小时间隔的风场数据能够有效地采集真实风场变化，目前卫星 1~2 次/d 的几乎覆盖全球的采样频率对于该研究是充分的。虽然与对风的依赖性相比，通量对于温度的依赖性较低，但由于后者每日都会发生变化，因此在可能情况下每日更新海表温度数据至关重要。

然而，当利用多年的全球通量计算来研究其气候特征时，研究者通常简化计算过程。在计算月传输速率时，采用当月平均风场资料 $\bar{u}_{10}$ 得到 $k(\bar{u}_{10})$，而不是利用每日或者更高采样频率的 u_{10} 来计算 $\bar{k}(u_{10})$ 再进行平均来得到 $\bar{k}(u_{10})$（该处理方法能够表示真实的平均状态）。由于 k 在 u_{10} 中是非线性项，所以上述两种处理方法得到的结果并不一样。因此，必须引入一个校正系数 R，其表达式为

$$\bar{k}(u_{10}) = R \cdot k(\bar{u}_{10}) \tag{10.12}$$

式中，由于函数的非线性性质，一般情况下 $R \neq 1$。为了估测 R 的数值，我们需要在通量估算的时间间隔内每个位置的 u_{10} 的概率分布。但是，通常的做法是假定风速在所有时空条件下满足瑞利分布特征，所以当 k 与风速满足二次关系时，$R=1.25$；满足三次关系时，R 为 2.17。

Wanninkhof (2002)指出在大洋区域利用这些 R 值会引起误差，其原因是大洋上的真实频率分布与瑞利分布有着很大差异。图 10.5 展示了做准确的通量校正所需的全球每个位置 R 的分布情况，这里使用的是 Wanninkhof (1992)的二次方程(表 10.1)，其中利用了 QuikScat 月平均风场资料而不是 12 小时合成风场数据(Fangohr et al., 2008)。图中显示热带信风风速相对稳定，其对应的 R 值较小，而在强风事件多发的中高纬度地区 R 值大于 1.25。

Kettle 等(2005)研究发现，风速与气压的协方差也存在类似的特征，其直接影响了各个大气气体成分的分压，这一影响将造成当使用月平均分压数据估算通量时额外高达 22%的不确定性。

无风参数化方案

正如 10.3.2 节至 10.3.4 节中讨论的那样，与风的一系列参数相比，气体传输速率与由均方波陡所表示的真实表面粗糙度的关系更为密切(Frew et al., 2004)。在给定风速的情况下，海面薄膜的存在导致海面粗糙度小于正常时的情况，因此在这种条件下

有风的参数化方案估算的通量偏高。需要强调的是：还没有证据证明薄膜本身限制气流，但是与无薄膜的情况相比，其表面活化效应降低了波陡以及湍流，进而影响 k 的大小。

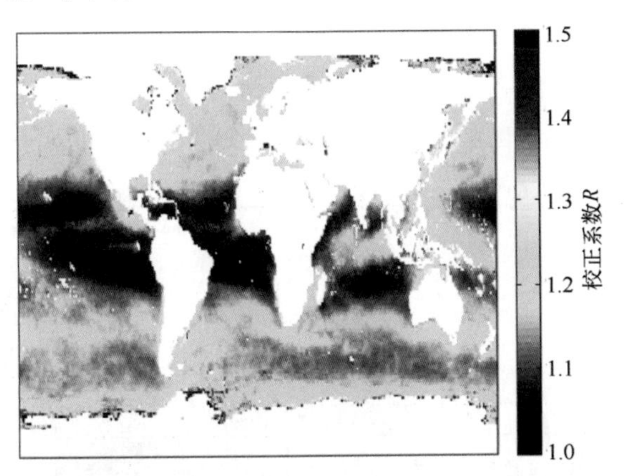

图 10.5　式(10.12)定义的校正系数 R 的全球分布，用来解释当使用月平均风场而不是 12 小时合成资料时，Wanninkhof (1992)通量参数化方案中的非线性关系，该系数的确定是基于 QuikScat 两年每 12 小时数据得到的风速频率分布得到的[与 Fangohr 等(2008)中图 7(a)相同]

为了避免这个问题，Glover 等 (2002)提出了一个新的参数化方案，利用 TOPEX 双频高度计得到的均方斜率数据将传输速率与海面粗糙度直接联系起来。利用反射回来的双频信号数据，能够区分与气体传输密切相关的在 6.3～16.5 cm 范围内的波谱。Frew 等(2007)对此方案进行的进一步评估表明，利用沿轨分辨率为 7 km 的高度计数据进而合成整个海洋的分辨率为 2.5°格点的月平均资料，得到的转换速度场与表 10.1 中的参数化方案得到的 k 值大小及动态范围结果基本一致。

Woolf(2005)提出了一种新的算法，同样利用双频段高度计后向散射表示直接的气体交换传输速率 k_d，同时加入了另一个表示气泡状态的气体传输速率 k_b，总的速率可表示为 $k=k_d+k_b$。之后，Fangohr 等(2007)对此算法进行评估，结果表明虽然缺少实测数据来确定 k_b 和 k_d 两者间的平衡关系，但该算法仍给出了合理的结果。

CO_2 通量的全球收支情况

由于全球应用的最适方法中，算法系数以及风场或者粗糙度相关函数具有不确定性，因此尽管一些研究已经指出了在全球平均 k 不变的情况下，不同算法的全球 CO_2 通量估算具有敏感性(Fangohr et al., 2007)，研究者们对气体通量的全球地理区域及季节变化的完全真实性描述的尝试仍持谨慎态度。而且需要注意到 k 的地理分布的微小变化对于全球海-气 CO_2 净通量的计算结果的影响程度，因为气体梯度驱动因子($p_{CO_{2w}}-p_{CO_{2a}}$)随地理位置的变化不仅是大小的变化，也有正负的变化。

图 10.6 [基于 Takahashi 等(2002)]显示了估算得到的 1995 年的 CO_2 通量年平均分

布，可以清楚地看到，在很大区域内(主要在热带地区)CO_2从海洋向大气传输，而在另外一大部分区域(主要是副极地海洋环流)则相反。两大区域分别代表CO_2的总输入量及总汇出量，而基于此的全球净交换量具有相对较小差异。如果传输速率的误差分布与气体流量的方向有关，那么这对于净气体交换的影响将更大。气体通量参数化方案中仅几个百分比的不确定性也可能会造成净气体交换量很大的误差。

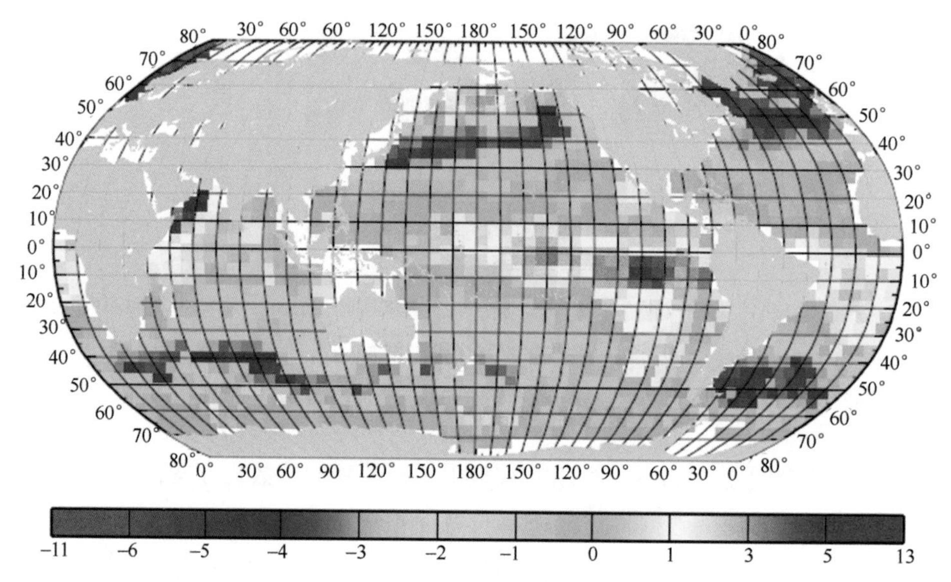

图 10.6　Takahashi 等(2002)计算的 1995 年从海洋进入大气的年平均CO_2净通量[单位：mol/(m^2·a)]用到的数据集有：(a)参照 1995 年的表层水体 p_{CO_2} 气候态分布；(b)NCEP/NCAR 的 41 年平均风速数据集；(c)Wanninkhof (1992)计算的长期的海-气CO_2传输速率对风速的依赖性；(d)从 CLOBALVIEW CO_2 2000 数据库中得到的 1995 年干空气中大气CO_2的浓度；(e)1994 年 NODC 阿特拉斯海表数据集中的气候态的气压以及海表温度

在区域性及季节性通量估算准确的前提下，才可以通过现阶段的估算来得到全球化的结果，这就强调了通量估算时空分辨率选择的重要性。虽然遥感手段不能提供我们所需的所有数据，但其测量的海表温度及风场资料为许多研究提供了可靠的基础，同时基于粗糙度建立的算法模型表明卫星遥感手段为开发全球通量监测系统(Glover et al., 2007)以识别海洋CO_2源汇分布变化提供了可能。

10.4.3　湍流热通量

热通量参数化方案中的输入变量及系数

在式(10.5)和式(10.6)中，气-海界面的潜热和感热通量计算需要多种输入变量及参数。其中一些可以直接通过遥感手段获得，如海表温度 T_s 和风速 u_z。除此之外，还有些已经比较透彻了解的参数，如水的汽化潜热(L)以及水的恒压比热 C_p(Xue et al.,

2000)。其他的变量或参数可以基于较小误差的假设条件得到，如紧邻海表面之上的比湿(q_s)被假定等同于在 T_s 与 p_s 条件下的饱和湿度；u_s 假定为0。海平面气压(p_s)可根据气象预报或再分析资料获得，其精度可靠。根据以上条件和气温的近似估计就可以进而评价大气密度(ρ)。

在通量方程梯度项的大气变量中，有两个参数对潜热与感热通量的全球化估算最具挑战，这两个参数是大气边界层(ABL)中10 m高度的水汽(或者是比湿 q_a)和气温 T_a。如10.3.5节和10.3.6节中所提到的，利用基于实测数据和校正的微波辐射计数据建立的经验算法对上述参数进行估算的研究已经取得一定进展。但是，这些数据产品的可信度仍值得商榷。在式(10.5)或式(10.6)中，利用这些数据会对热通量的估算带来误差，然而可以利用现场实测气候数据以及/或气象分析资料作为替代。

式(10.5)和式(10.6)中还有两个变量需要进行量化，分别是传输系数 C_T(斯坦顿数)和 C_E(道尔顿数)。一般假定这两个系数相等或者近似于另外一个更好理解的系数，即用于估算切变力以及动量传输的阻力系数 C_D。C_D 在风速最高为11 m/s的中性条件下是恒定的($C_D = 1.2\times10^{-3}$)，之后随着风速增大而增加(Large et al., 1981)。目前的研究发现，在不稳定条件下调整至中性分层以及10 m高度的 C_E 值(C_{EN})一般在 1.0×10^{-3} ~ 1.5×10^{-3} 范围内。不稳定条件下 C_{TN} 的值一般在 1.0×10^{-3} 左右，而在略微稳定条件下的值较前者低，为 0.66×10^{-3} ~ 0.8×10^{-3}(Large et al., 1982; DeCosmo et al., 1996; Bentamy et al., 2003)。图10.7(Grassl et al., 2006)展示了利用稳定度和风场的气候态数据所计算的全球范围的潜在 C_E 值。

由于可能依赖于稳定度、风速或者波浪场的一些参数，目前对于上述的 C_T 和 C_E 值仍存在科学争议，其中包括莫宁-奥布霍夫(Monin-Obukhov)相似理论(Moninhe et al., 1954)是否适用于开阔大洋的热量传输等讨论(Oost et al., 2000; Edson et al., 2004)。此外，海上浪花对海洋边界层湍流结构的影响以及因此造成对热量和水汽输送变化的影响仍需要定量化研究(Andreas et al., 2002)。在10.3.4节中提到了关于Charnock参数[见式(10.9)和式(10.10)]的调整存在着持续的争议(Fairall et al., 2003)，不过随着实验技术的提高，我们对大气边界层具体机制的理解在不断完善，因此视角也在逐渐改变(Yelland et al., 1996; Yelland et al., 1998; Taylor et al., 2000)。图10.8显示了基于COARE-3.0模型里用到的参数化方案，C_T 是如何随着风速以及海表与10 m高度大气中温度差异的不同而变化的。C_E 随着上述要素的变化同 C_T 相似。当空气温度比水体温度高时，图中表达的关系显示了由于稳定度的提高而造成低风速的情况下 C_T 和 C_E 将降到 1.0×10^{-3} 以下。

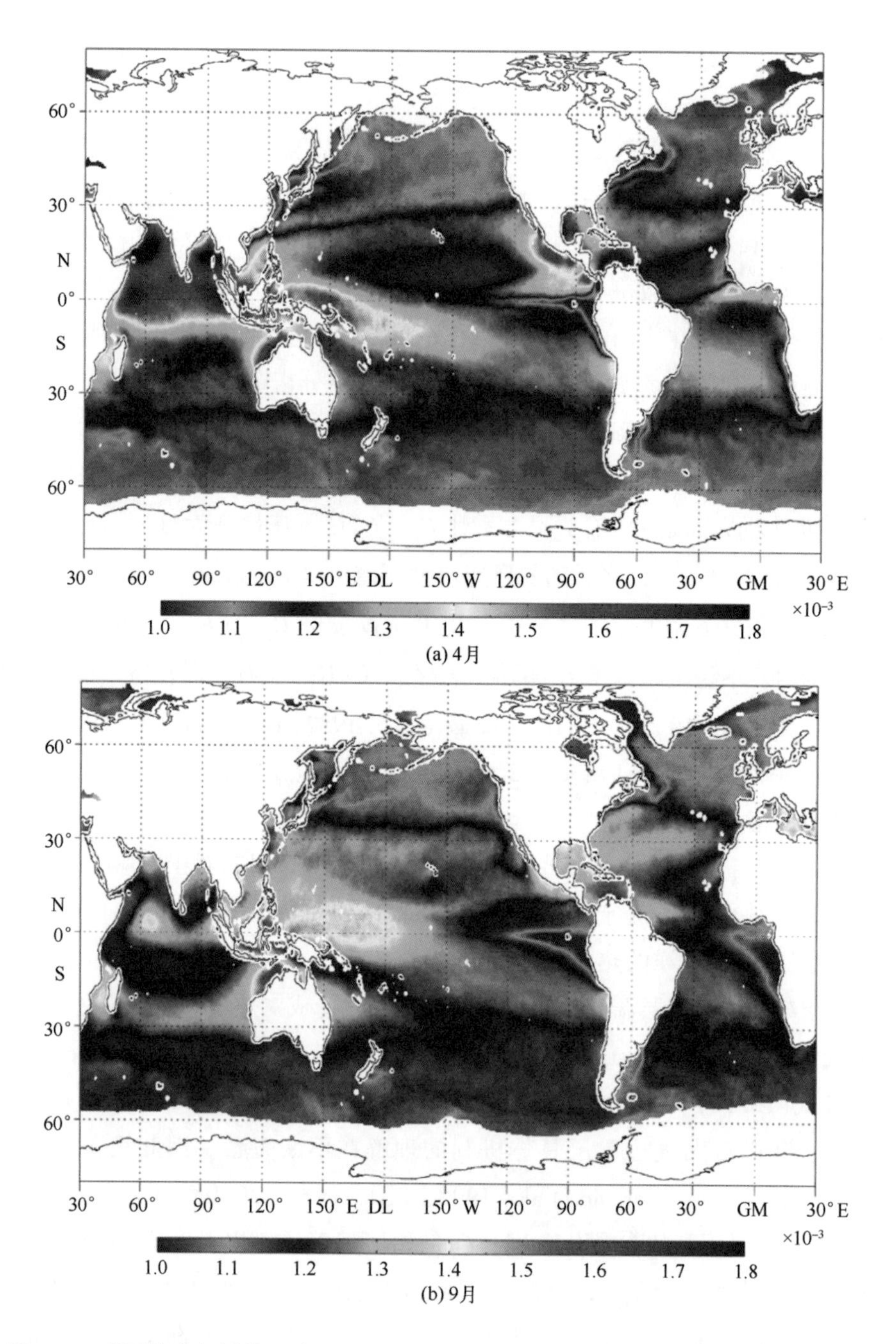

图 10.7 月平均道尔顿数 C_E在 4 月和 9 月的全球分布，其是大气稳定度和风速的函数，气候态产品基于 1987—2005 年的数据[图像来自 HOAPS 3 数据集(Andersson et al.，2007)]

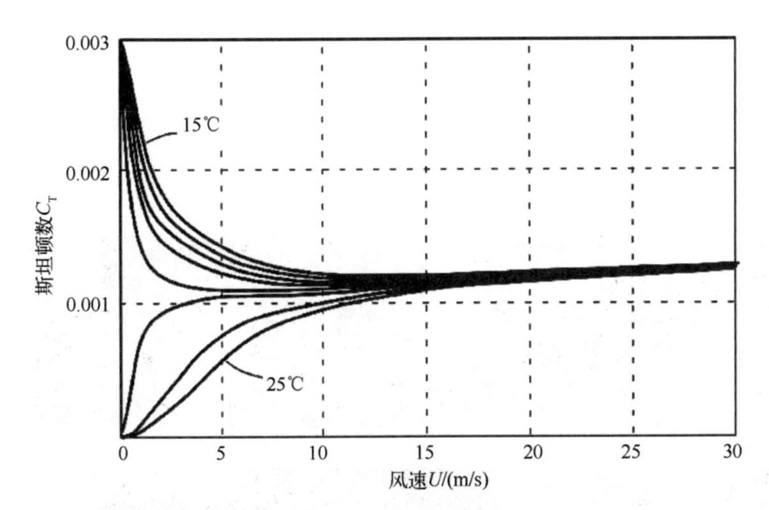

图 10.8 不同气温条件下斯坦顿数 C_T基于风速的变化。此结果基于 COARE-3.0 模型中的参数化方案，条件是海表温度为 20℃，气温从最不稳定的状态 15℃(最上面的曲线)分别至 17℃、18.5℃、19.6℃、20.4℃、21℃、23℃及最稳定的状态 25℃(最下面的曲线)

诚然，这是一个活跃的研究领域，在该领域中对于如何理解并参数化湍流边界层的复杂性还未达到完整共识。对于遥感技术，一个切实的发展方向是将已被广泛接受的参数化方案谨慎地应用到可用数据中去，进而通过对通量时空分布变化的分析来理解 C_T或 C_E参数化的改变对于通量敏感性的影响。

基于卫星数据的通量估计

潜热通量占据气-海湍流热通量的大部分，目前仅使用卫星数据输入就可以进行潜热通量估算(除了大气密度估算)并得到定期的全球范围的分布情况。与实测的通量数据相比，不同的估算方法表现出不同程度的应用性能(Jourdan et al., 1995; Xue et al., 2000; Bentamy et al., 2003; Jo et al., 2004)，这些差异主要存在于海-气温差较大的区域以及高风速区域。

另一方面，由于需要大气温度数据，给感热通量估算带来了一个更大的问题。因为大气温度的反演(在 10.3.6 节中提到)在一定程度上是有推测性的，为了解决这个问题目前已经考虑了很多替代方案，例如大气温度可以通过模式或者现场观测获得。另外，在某些区域的特定条件下(热带的大气对流区)可以对公式主体进行修改，从而不再需要直接测量海平面气温(Fairall et al., 1996; Jo et al., 2004; Pan et al., 2004)。

Schulz 等 (1997)讨论了由于假定气压恒定以及对大气温度的各种假定而对整体算法带来的误差。虽然表面压强的误差由于 q_s与 ρ 的相反效应可以相互补偿，但 T_a中的误差则被直接带入感热通量方程中，并改变了所有通量方程中的传输系数(Grassl et al., 2000)。

Gautier 等(1998)和 Jones 等(1999)将 10.3.5 节和 10.3.6 节中的方法应用到了卫星反

演的大气温度与海表比湿数据。他们利用神经网络模型，将被动微波遥感获得的总降水量及海表温度作为输入，以此得到大气温度和海表比湿，这样使得以卫星数据作为主要手段来进行感热通量及潜热通量的估算成为可能。他们的研究成果如图 10.9 所示，图中显示了热带地区两种湍流通量组分的 15 年年平均分布(Jones et al., 2003)。

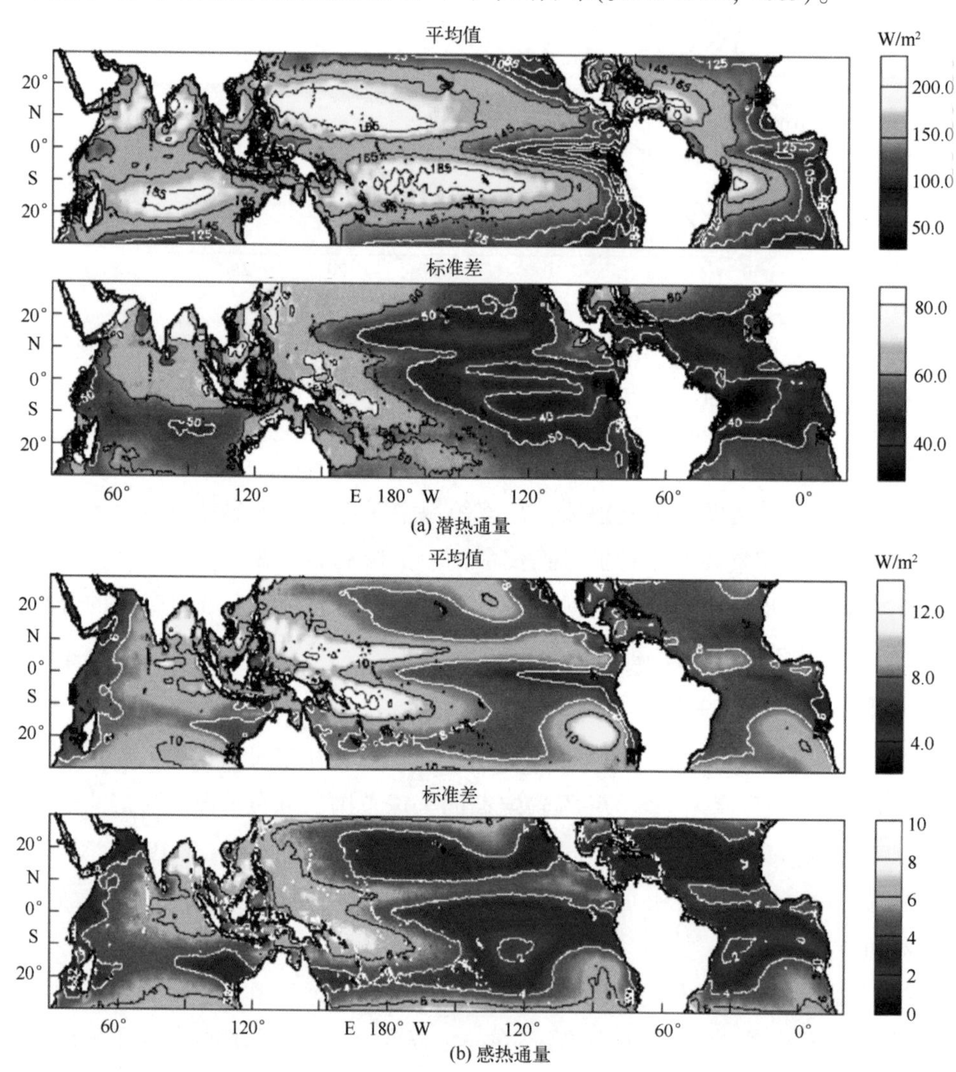

图 10.9　基于 1987 年 10 月至 2002 年 9 月的卫星数据得到的热带地区潜热通量和感热通量的 15 年年平均值和标准偏差[图片经 Jones 等(2003)许可改编]

HOAPS(Hamburg Ocean-Atmosphere Parameters and Fluxes from Satellite data)是首批利用卫星数据获取全球海-气通量的项目之一。通过该项目获得了 1987—1998 年的长波净辐射、潜热通量、感热通量、蒸发量、降水量以及清洁水体通量并提供了月、季和年平均产品(Grassl et al., 2000)，随后的研究将上述产品的时间范围更新到了 2005

年(Andersson et al., 2007)。图 10.10 和图 10.11 分别举例展示了潜热通量和感热通量产品。但是，由于热通量的现场测量很稀疏且观测本身存在误差，因此上述算法的验证工作仍存在难度，其精度仍存在不确定性且有着很强的区域性。

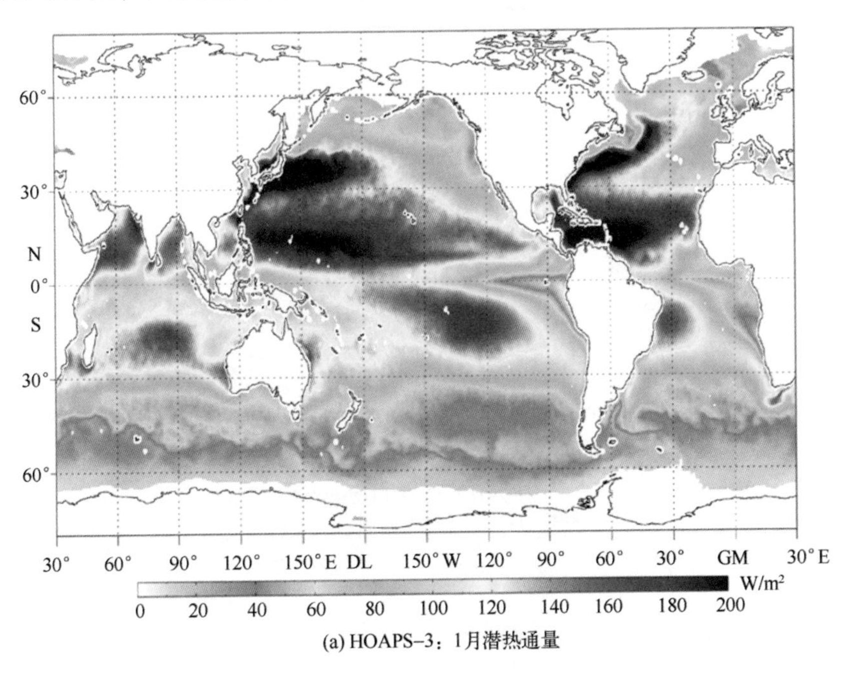

(a) HOAPS-3：1月潜热通量

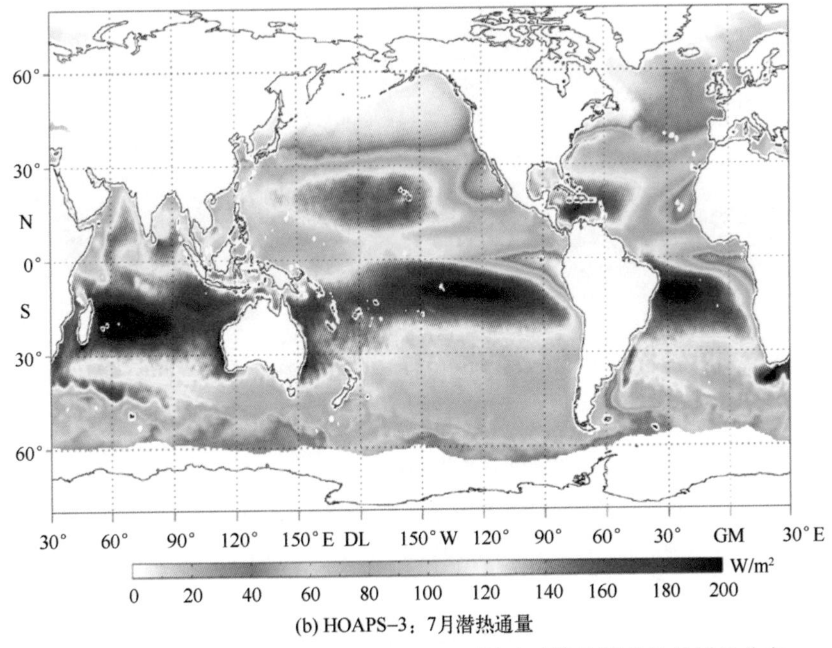

(b) HOAPS-3：7月潜热通量

图 10.10 基于 1987—2005 年卫星数据得到的全球潜热通量的月平均分布
[图片来自 HOAPS-3 数据集，Andersson 等 (2007)]

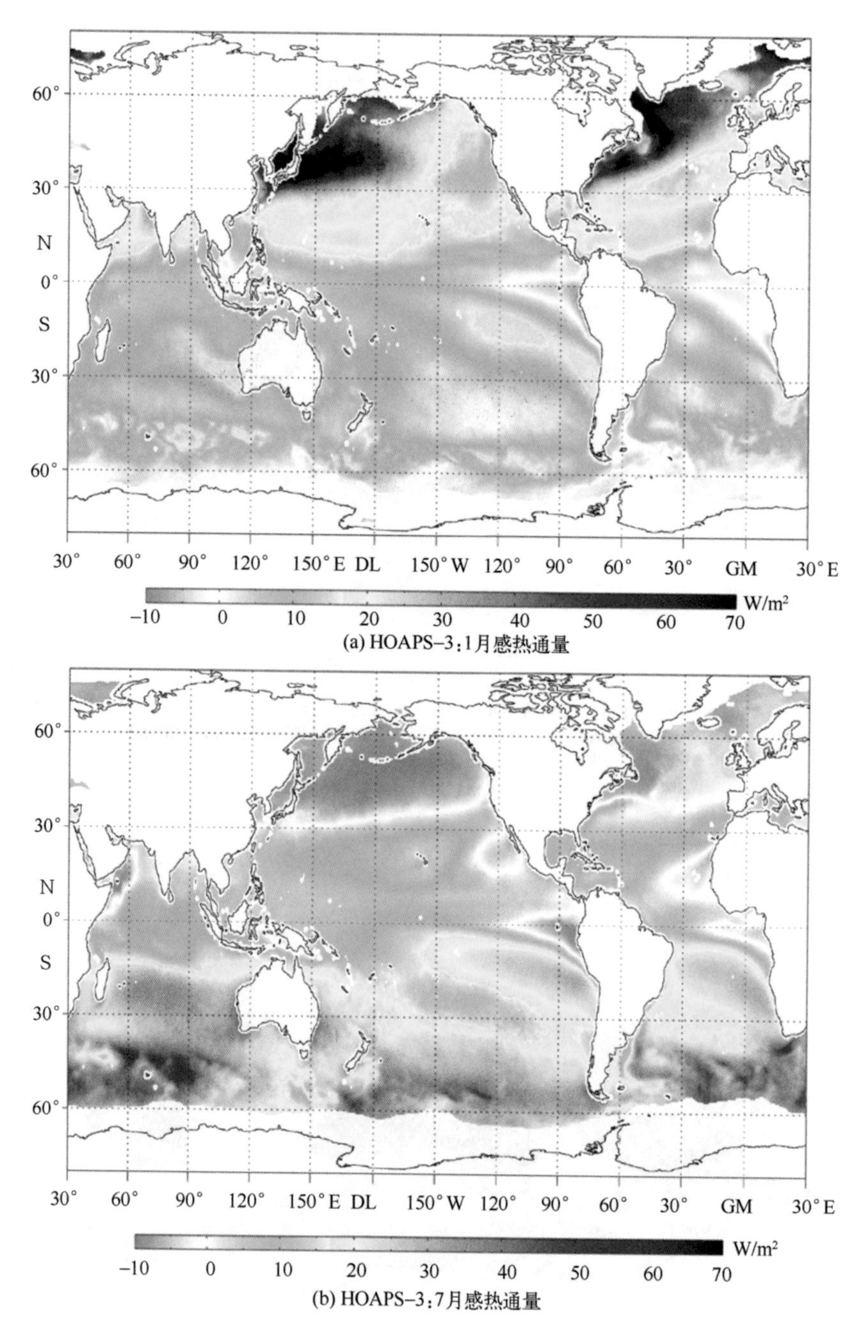

图 10.11　基于 1987—2005 年卫星数据得到的全球感热通量(从海洋到大气为正值)的月平均分布[图片来自 HOAPS-3 数据集，Andersson 等(2007)]

但是，我们仍能从图 10.10 及图 10.11 中得到一些启发。首先应该注意的是潜热通量的范围是感热通量的近 3 倍。除此之外，潜热通量总是正值，而在夏半球，当气温大于海温时以及在美洲及非洲西海岸上升流维持着较冷海表温度的热带区域，感热通量有少量负值。而且，冬季与夏季的通量地理分布明显存在着很大区别。北大西洋在冬季表现出的较高的潜热通量和感热通量证实了海洋对维持欧洲西北部的温和气候的重要性。

毫无疑问，理论上，遥感方式具有优越的数据采样性能，包括海表温度、表层风速以及水汽，在很大程度提高了获取地理上质量一致的且能够每日更新的全球湍流热通量测量的能力。这与传统的通量气候学形成对比，后者通常是利用积累的逐月资料，其数据质量在采样点密集的区域应该是最高的，而在难以到达的偏远海域是最低的。尽管如此，遥感手段获得的通量数据是否与那些有着最佳质量的常规数据(Yu et al., 2007)相匹配的问题，仍有待最终得到解决。

10.5 卫星通量测量的未来发展趋势

利用遥感观测数据估算海-气通量参数包括动量、热量、水汽以及气体的研究仍处于起步阶段。随着卫星传感器的时空分辨率的提高、观测精度的改进，且可以单个或多个平台几近同步获得影响海-气通量的变量，卫星观测通量也逐渐发展达到业务化应用阶段。卫星数据为提高我们对全球(包括难以进行常规现场观测的区域)海-气通量认知程度，提供了一个有效途径。

对全球气候的建模与预测是当今政治界与环境界的主要关注焦点之一，而通过遥感观测获得的更为详细的通量知识可能会对其产生根本性影响。为了应对全球变暖，地球系统不断地进行自我调整，我们预期海-气交换的地理分布会发生改变，而这些变化有可能对气候变化造成积极或消极的影响。我们需要详细的全球海-气通量气候数据集，以便我们能够识别即使很微小的变化。因此，接下来的迫切任务是在结合有效的现场验证观测下，构建可靠且全面的基于卫星的通量测量系统。鉴于宇航局对未来海洋监测方面的卫星计划，卫星海洋学界需要能够对准确测量海-气通量所需的持续测量的类型和强度(空间和时间)提出明确的有合理依据的需求。

那么，该领域的未来发展趋势会是如何？虽然我们对控制通量的物理及生化过程的认识还不是很完善，提出的参数化方案也不是完全可靠，但是卫星数据的使用已经开辟了研究的新途径且是值得更深入探索的。其中包括加入了主要从遥测数据获得的描述波浪场的参数，比如波浪破碎、有效波高、波浪周期以及波龄。利用雷达直接测量的表面粗糙度来取代或辅助风场资料值得进一步研究，尤其是当表面薄膜存在或者是无法确定大气是否稳定条件的情况下，因为这些情况使得基于风场的标准参数化方案应用的有效性降低。

这样的研究需要与卫星反演相同步的海上原位实验及更多数据，除此之外还需要将现场测量与遥感观测各自的优势有效结合起来。例如，如果参数化通量模型的输入量由于分布太集中而不足以分析全球通量变化，那么我们可以通过利用客观分析(OA)或者最优插值(OI)法来进行改进。正如 Yu 等(2007)所证明的那样，通过混合不同来源的数据集(卫星、浮标和船舶)至少可以填补一些时空采样间隙，他们已经发表了被该领域一些专家认为迄今为止最满意的通量气候学成果。

模式研究也发挥着重要作用。例如，Jeffery 等(2007)以及 Kettle 等(2008)利用一维海洋湍流模型联合 COARE 海-气通量模型(Fairall et al.，1996，2003)明确地解释了一些通量方程中的参数化过程。这样的模型不仅为参数化实验提供了测试平台，同时还生成了一些模拟数据集来优化新参数化通量模型的系数。

遥感专家们合作开发了基于资料同化的三维数值海-气耦合生化模型，这提供了另一种研究方向。海洋水色参数、散射计风场、海面高度和海表温度被同化利用到了多种模型参数及状态估算中去，例如 Gregoire 等（2003）和 Hemmings 等（2008）。Stammer 等（2004）将从 ERS-1、ERS-2 和 TOPEX/Poseidon 获取的海面高度、Reynolds 海表温度（Reynolds et al.，1994）和从 ERS、NSCAT、QuikScat 获取的风应力场以及一系列现场观测数据进行资料同化，旨在利用该数据集来计算动量、热量和水汽的海-气通量，以更好地观测随时间变化的海洋状态。海-气通量作为控制矢量的一部分，其经过调整以使海洋模式与观测数据一致，从而使得模式可以以动态一致的方式来描述海洋时空进化。随着可用数据的质量和数量上的进步及现有模式的成熟，卫星数据的使用仅在近几年才变得可行。然而，海-气通量的研究仅占此类研究结果的一小部分，这样的研究还需要利用现有的长期数据集以类似的方式进一步发展。

尽管如此，要实现可靠且精细的全球海-气模拟研究，我们还有很长的路要走。即使数值模拟和资料同化发展得更先进，仍然有必要开发不依赖于模式的通量观测方法。同时，针对极端事件(比如飓风)的通量研究仍存在不足，这些事件虽在时间、空间上相对较少发生，但可能对全球或者区域综合通量有着不均衡的显著贡献。符合正常气候条件的通量参数化方案并不一定适用于这些极端事件，因此这些方案需要根据特殊条件进行相应调整。正如在 9.3 节中讨论的，卫星数据能够提供原本无法获得的热带气旋的详细信息，但如何利用这些数据较为准确地估算飓风发生时的气体通量和热通量仍然是一个亟待解决的难题。

10.6 参考文献

Andersson, A., S. Bakan, K. Fennig, H. Grassl, C.-P. Klepp, and J. Schulz (2007), Hamburg Ocean Atmosphere Parameters and Fluxes from Satellite Data (HOAPS-3, monthly mean, online database), available at http://www.hoaps.org/, doi: 10.1594/WDCC/HOAPS3_MONTHLY6

Andreas, E. L., and J. DeCosmo (2002), The signature of sea spray in the HEXOS turbulent heat flux data. Boundary-Layer Meteorology, 103, 303-333.

Barkley, M. P., P. S. Monks, and R. J. Engelen (2006), Comparison of SCIAMACHY and AIRS CO_2 measurements over North America during the summer and autumn of 2003. Geophys. Res. Letters, 33 (L20805), doi: 10.1029/2006GL026807.

Barkley, M. P., P. S. Monks, A. J. Hewitt, T. Machida, A. Desai, N. Vinnichenko, T. Nakazawa, M. Y. Arshinov, N. Fedoseev, and T. Watai (2007), Assessing the near surface sensitivity of SCIAMACHY atmospheric CO_2 retrieved using (FSI) WFM-DOAS. Atmos. Chem. Phys., 7, 3597-3619.

Bentamy, A., K. B. Katsaros, A. M. Mestas-Nunez, W. M. Drennan, E. B. Forde, and H. Roquet (2003), Satellite estimates of wind speed and latent heat flux over the global oceans. J. Climate, 16, 637-656.

Charnock, H. (1955), Wind stress on a water surface. Quart. J. Roy. Meteorol. Soc., 81, 639.

DeCosmo, J., K. B. Katsaros, S. D. Smith, R. J. Anderson, W. A. Oost, K. Bumke, and H. Chadwick (1996), Air-sea exchange of water vapour and sensible heat: The humidity exchange over the sea (HEXOS) results. J. Geophys. Res., 101, 12001-12016.

Donlon, C. J., T. J. Nightingale, T. Sheasby, J. Turner, I. S. Robinson, and W. J. Emery (1999), Implications of the oceanic thermal skin temperature deviation at high wind speed. Geophys. Res. Letters, 26(16), 2505-2508.

Donlon, C. J., I. S. Robinson, K. S. Casey, J. Vazquez, E. Armstrong, O. Arino, C. L. Gentemann, D. May, P. Le Borgne, J. -F. Piolle et al. (2007), The Global Ocean Data Assimilation Experiment (GODAE) High Resolution Sea Surface Temperature Pilot Project (GHRSST-PP). Bull. Am. Meteorol. Soc., 88(8), 1197-1213, doi: 10.1175/BAMS-88-8-1197.

Donlon, C. J., M. Martin, J. Stark, J. Roberts-Jones, and E. Fiedler (2010), The operational sea surface temperature and sea ice analysis (OSTIA). Remote Sens. Environ., submitted to AATSR Special Issue.

Edson, J. B., C. J. Zappa, J. A. Ware, and W. R. McGillis (2004), Scalar flux relationships over the open ocean. J. Geophys. Res., 109(C08S09), doi: 10.1029/2003JC001960.

Elfouhaily, T., D. Vandemark, J. Gourrion, and B. Chapron (1998), Estimation of wind stress using dual-frequency TOPEX data. J. Geophys. Res., 103, 25101-25108.

Fairall, C. W., E. F. Bradley, D. P. Rogers, J. B. Edson, and G. S. Young (1996), Bulk parameterization of air-sea fluxes in TOGA COARE. J. Geophys. Res., 101, 3747-3767.

Fairall, C. W., E. F. Bradley, J. E. Hare, A. A. Grachev, and J. B. Edson (2003), Bulk parameterization of air-sea fluxes: Updates and verification for the COARE algorithm. J. Climate, 16(2), 571-591.

Fangohr, S., and D. K. Woolf (2007), Application of new parameterizations of gas transfer velocity and their impact on regional and global marine CO_2 budgets. J. Marine Systems, 66(1/4), 195-203.

Fangohr, S., D. K. Woolf, C. D. Jeffery, and I. S. Robinson (2008), Calculating long-term global air-sea flux of carbon dioxide using scatterometer, passive microwave, and model re-analysis wind data. J. Geophys. Res., 113(C09032), doi: 10.1029/2005JC003376.

Frew, N. M., E. J. Bock, U. Schimpf, T. Hara, H. Haußecker, J. B. Edson, W. R. McGillis, S. P. McKenna, R. K. Nelson, B. M. Uz, and B. Jä hne (2004), Air-sea gas transfer: Its dependence on wind stress, small - scale roughness, and surface films. J. Geophys. Res., 109 (C08S17), doi: 10.1029/2003JC002131.

Frew, N. M., D. M. Glover, E. J. Bock, and S. J. McCue (2007), A new approach to estimation of global air-sea gas transfer velocity fields using dual-frequency altimeter backscatter. J. Geophys. Res., 112 (C11003), doi: 10.1029/2006JC003819.

Gardashov, R. G., K. S. Shifrin, and J. K. Zolotova (1988), Emissivity, thermal albedo, and effective emissivity of the sea at different wind speeds. Oceanologica Acta, 11, 121-124.

Gautier, C., P. Peterson, and C. Jones (1998), Ocean surface air temperature derived from multiple data sets and artificial neural networks. Geophys. Res. Letters, 25, 4217-4220.

Gentemann, C. L., C. J. Donlon, A. R. Stuart-Menteth, and F. J. Wentz (2003), Diurnal signals in satellite sea surface temperature measurements. Geophys. Res. Letters, 30(3), 1140, doi: 10.1029/2002GL016291.

Globalview (2007), Cooperative Atmospheric Data Integration Project. National Oceanic and Atmospheric Administration, ESRL, Boulder, CO, available at http://www.esrl.noaa.gov/gmd/ccgg/globalview/ (last accessed August 24, 2008).

Glover, D. M., N. M. Frew, S. J. McCue, and E. J. Bock(2002), A multiyear time series of global gas transfer velocity from the TOPEX dual frequency, normalized radar backscatter algorithm. In M. A. Donelan, W. M. Drennan, E. S. Saltzman, and R. Wanninkhof (Eds.), Gas Transfer at Water Surfaces (Geophys. Monograph 127, pp. 325-331). American Geophysical Union, Washington, D.C.

Glover, D. M., N. M. Frew, and S. J. McCue (2007), Air-sea gas transfer velocity estimates from the Jason-1 and TOPEX altimeters: Prospects for a long-term global time series. J. Mar. Syst., 66, 173-181.

Grassl, H., V. Jost, R. Kumar, J. Schulz, P. Bauer, and P. Schlüssel (2000), The Hamburg Ocean-Atmosphere Parameters and Fluxes from Satellite Data (HOAPS): A Climatological Atlas of Satellite-derived Air-Sea-Interaction Parameters over the Oceans (Report No. 312, ISSN 0937-1060, 132 pp.) Max Planck Institute for Meteorology, Hamburg, Germany.

Gregoire, M., P. Brasseur, and P. F. J. Lermusiaux (2003), Special issue: The use of data assimilation in coupled hydrodynamic, ecological and bio-geo-chemical models of the ocean. J. Marine Systems, 40/41, 1-406.

Hemmings, J. C. P., R. M. Barciela, and M. J. Bell (2008), Ocean color data assimilation with material conservation for improving model estimates of air-sea CO_2 flux. J. Marine Res., 66, 87-126.

Jackson, D. L., G. A. Wick, and J. J. Bates (2006), Near-surface retrieval of air temperature and specific humidity using multisensor microwave satellite observations. J. Geophys. Res., 111 (D10306), doi: 10.1029/2005JD006431.

Jeffery, C. D., D. K. Woolf, I. S. Robinson, and C. J. Donlon (2007), 1-d modelling of convective CO_2

exchange in the Tropical Atlantic. Ocean Modelling, 19, 161–182.

Jeffery, C. D., I. S. Robinson, D. K. Woolf, and C. J. Donlon (2008), The response to phase–dependent wind stress and cloud fraction of the diurnal cycle of SST and airsea CO_2 exchange. Ocean Modelling, 23, 33–48.

Jo, Y. –H., X. –H. Yan, J. Pan, W. T. Liu, and M. –X. He (2004), Sensible and latent heat flux in the tropical Pacific from satellite multi–sensor data. Remote Sens. Environ., 90, 166–177.

Jones, C., P. Peterson, and C. Gautier (1999), A new method for deriving ocean surface specific humidity and air temperature: An artificial neural network approach. J. Applied Meteorology, 38, 1229–1245.

Jones, C., P. Peterson, and C. Gautier (2003), Satellite Estimates of Air Temperature, Specific Humidity, Latent and Sensible Heat Fluxes over the Global Tropics (Technical Report, 40 pp.). Institute for Computational Earth System Science, University of California, Santa Barbara.

Jourdan, D., and C. Gautier (1995), Comparison between global latent heat flux computed from multisensor (SSM/I and AVHRR) and from in situ data. J. Atm. Ocean. Tech., 12, 46–72.

Kettle, H., and C. Merchant (2005), Systematic errors in global air–sea CO_2 flux caused by temporal averaging of sea–level pressure. Atmospheric Chemistry and Physics, 5, 1459–1466.

Kettle, H., and C. Merchant (2008), Modeling ocean primary production: Sensitivity to spectral resolution of attenuation and absorption of light. Prog. Oceanogr., 78, 135–146.

Kettle, H., C. J. Merchant, C. D. Jeffery, M. J. Filipiak, and C. L. Gentemann (2008), The impact of diurnal variability in sea surface temperature on the atlantic air – sea CO_2 flux. Atmos. Chem. Phys. Discuss., 8, 15825–15853.

Kraus, E. B., and J. A. Businger (1994), Atmosphere–Ocean Interaction (Second Edition, 362 pp.). Clarendon Press, Oxford, U.K.

Large, W. G., and S. Pond (1981), Open ocean momentum flux measurements in moderate to strong winds. J. Phys. Oceanogr., 11, 324–336.

Large, W. G., and S. Pond (1982), Sensible and latent heat flux measurements over the ocean. J. Phys. Oceanogr., 12, 464–482.

Lefèvre, N., and A. Taylor (2002), Estimating p_{CO_2} from sea surface temperatures in the Atlantic gyres. Deep–Sea Res. I, 49, 539–554.

Lefèvre, N., A. J. Watson, and A. R. Watson (2005), A comparison of multiple regression and neural network techniques for mapping in situ p_{CO_2} data. Tellus, 57B, 375–384.

Liss, P., and L. Merlivat (1986), Air–sea gas exchange rates: Introduction and synthesis. In: P. Buat–Menard (Ed.), The Role of Air–Sea Gas Exchange in Geochemical Cycling (pp. 113–129). Kluwer Academic Publishers, Dordrecht, The Netherlands.

Liu, W. T. (1985), Statistical relationship between monthly mean precipitable water and surface–level humidity over global oceans. Mon. Weather Rev., 114, 1592–1602.

Liu, W. T., K. B. Katsaros, and J. A. Businger (1979), Bulk parameterization of air–sea exchanges of heat and water vapor including the molecular constraints at the interface. J. Atmos. Sci., 36, 1722-1735.

Monin, A. S. and A. M. Obukhov (1954), Basic laws of turbulent mixing in the ground layer of the atmosphere. Akad. Nauk. SSSR Geofiz. Inst., 151, 163-187.

Nightingale, P., G. Malin, C. Law, A. Watson, P. Liss, M. Liddicoat, J. Boutin, and R. Upstill-Goddard (2000), In situ evaluation of air-sea gas exchange parameterizations using novel conservative and volatile tracers. Global Biogeochem. Cycles, 14, 373-387.

Nightingale, P. D., and P. S. Liss (2004), Gases in seawater. In: H. Elderfield (Ed.), Treatise on Geochemistry, Vol. 6: The Oceans and Marine Geochemistry (pp. 49-81). Elsevier Science.

Oost, W. A., C. M. J. Jacobs, and C. van Oort (2000), Stability effects on heat and moisture fluxes at sea. Boundary-Layer Meteorology, 95, 271-302.

Oost, W. A., G. J. Komen, C. M. J. Jacobs, and C. van Oort (2002), New evidence for a relation between wind stress and wave age from measurements during ASGAMAGE. Boundary-Layer Meteorology, 103, 409-438.

Pan, J., X.-H. Yan, Y.-H. Jo, Q. Zheng, and W. T. Liu (2004), A new method for estimation of the sensible heat flux under unstable conditions using satellite wind vectors. J. Phys. Oceanogr., 34, 968-977.

Pinker, R. T., and I. Laszlo (1992), Modeling surface solar irradiance for satellite applications on a global scale. J. Applied Meteorology, 31, 194-211.

Reynolds, R. W., and T. S. Smith (1994), Improved global sea surface temperature analyses. J. Climate, 7, 928-948.

Robinson, I. S., and C. J. Donlon (2003), Global measurement of sea surface temperature from space: Some new perspectives. J. Atm. Ocean Sci. (previously The Global Atmosphere and Ocean System), 9(1), 19-37.

Schanz, L., and P. Schlüssel (1997), Atmospheric back radiation in the tropical Pacific: Intercomparison of in-situ measurements, simulations, and satellite retrievals. Meteor. Atmos. Phys., 63, 217-226.

Schulz, J., P. Schlüssel, and H. Grassl (1993), Water vapor in the atmospheric boundary layer over oceans from SSM/I measurements. Int. J. Remote Sensing, 14, 2773-2789.

Schulz, J., J. Meywerk, S. Ewald, and P. Schlüssel (1997), Evaluation of satellite derived latent heat fluxes. J. Climate, 10, 2782-2795.

Singh, R., B. Simon, and P. C. Joshi (2003), A technique for direct retrieval of surface specific humidity over oceans from IRS/MSMR satellite data. Boundary-Layer Meteorology, 106, 547-559.

Singh, R., P. C. Joshi, and C. M. Kishtawal (2006), A new method to determine near surface air temperature from satellite observations. Int. J. Remote Sensing, 27(14), 2831-2845.

Stammer, D., K. Ueyoshi, A. Köhl, W. G. Large, S. A. Josey, and C. Wunsch (2004), Estimating air-sea fluxes of heat, freshwater, and momentum through global ocean data assimilation. J. Geophys. Res., 109(C05023), doi: 10.1029/2003JC002082.

Stuart-Menteth, A. R., I. S. Robinson, and P. C. Challenor (2003), A global study of diurnal warming using satellite derived sea surface temperature. J. Geophys. Res., 108(C5), 3155, doi: 3110.1029/20025C001534.

Takahashi, T., S. C. Sutherland, C. Sweeney, A. Poisson, N. Metzl, B. Tilbrook, N. Bates, R. Wanninkhof, R. Feely, and C. Sabine et al. (2002), Global sea-air CO_2 flux based on climatological surface ocean p_{CO_2}, and seasonal biological and temperature effects. Deep-Sea Res. II, 49, 1601-1622.

Taylor, P. K., and M. A. Yelland (2000), On the apparent "imbalance" term in the turbulent kinetic energy budget. J. Atm. Ocean. Tech., 17, 82-89.

Taylor, P. K., and M. A. Yelland (2001), The dependence of sea surface roughness on the height and steepness of the waves. J. Phys. Oceanogr., 31, 572-590.

Wanninkhof, R. (1992), Relationship between wind speed and gas exchange over the ocean. J. Geophys. Res., 97, 7373-7382.

Wanninkhof, R. (2002), The effect of using averaged winds on global air-sea CO_2 fluxes. Gas Transfer at Water Surfaces (Geophysical Monograph 127, pp. 351-356). American Geophysical Union, Washington, D.C.

Wanninkhof, R., and W. McGillis (1999), A cubic relationship between air-sea CO_2 exchange and wind speed. Geophys. Res. Letters, 26(13), 1889-1892.

Ward, B., R. Wanninkhof, W. R. McGillis, A. T. Jessup, M. D. DeGrandpre, J. E. Hare, and J. B. Edson (2004), Biases in the air-sea flux of CO_2 resulting from ocean surface temperature gradients. J. Geophys. Res., 109(C08S08), doi: 10.1029/2003JC001800.

Weiss, R. (1974), Carbon dioxide in water and seawater: The solubility of a non-ideal gas. Marine Chemistry, 2, 203-215.

Woolf, D. K. (2005), Parameterization of gas transfer velocities and sea-state dependent wave breaking. Tellus, 57B, 87-94.

Xue, Y., D. T. Llewellyn-Jones, S. P. Lawrence, and C. T. Mutlow (2000), On the Earth's surface energy exchange determination from ERS satellite ATSR data, Part 3: Turbulent heat flux on open sea. Int. J. Remote Sensing, 21(18), 3427-3444.

Yelland, M. A., and P. K. Taylor (1996), Wind stress measurements from the open ocean. J. Phys. Oceanogr., 26, 541-558.

Yelland, M. A., B. I. Moat, P. K. Taylor, R. W. Pascal, J. Hutchings, and V. C. Cornell (1998), Measurements of the open ocean drag coefficient corrected for airflow disturbance by the ship. J. Phys. Oceanogr., 28, 1511-1526.

Yu, L., and R. A. Weller (2007), Objectively analyzed air-sea heat fluxes for the global ice-free oceans (1981—2005). Bull. Am. Meteorol. Soc., 4, 527-539, doi: 10.1175/BAMS-88-4-527.

Zong, H., Y. Liu, Z. Rong, and Y. Cheng (2007), Retrieval of sea surface specific humidity based on AMSR-E satellite data. Deep-Sea Res. I, 54(7), 1189-1195.

11 大尺度海洋现象与人类影响

11.1 简介

本书的目标并不仅仅简单地呈现遥感技术在海洋科学中的各种应用，还将专门阐述地球轨道卫星传感器观测对认识和揭示海洋现象的特殊贡献。在某些情况下，学术兴趣主导着对新科学知识的探索，而在另一方面科学知识广泛地涉及人类社会，其应用影响着人类日常生活。本章主要展示了这样的科学应用示例。这些独立的海洋现象有两个共同点：第一，它们影响着大多数人的生命和财产安全以及全球环境的健康状况；第二，它们依赖于或者说受益于卫星海洋学方法获取的数据，这些数据可以用于预警、预报以及提升对大尺度海洋现象的认知。

由于海洋现象与数以万计人们的日常生活息息相关，这里讨论的主题主要是对人类社会利益有所贡献的部分前沿。各国政府在设法解决这些环境现象引发的后果时承担的责任，是综合地球观测计划(包括卫星观测系统在内)的重要推力，这也是国际社会的共同利益[①]。本章旨在向读者阐述，卫星海洋观测在监测、预报以及管理人类对大尺度自然现象影响中所起到的重要作用。

第一个要探讨的主题是厄尔尼诺-南方涛动现象。这种自然的不规律天气扰动及其在热带太平洋地区的海洋耦合响应，影响着全球的气候，其带来的问题已影响了人类几个世纪，但直到过去的20年，这种现象才受到公众关注。在不考虑科学理由的背景下，当厄尔尼诺事件发生时，它被认为是引起诸多弊病的起因，并在许多国家一度成为新闻媒体最喜爱的话题。事实上，它是一个涉及海-气间耦合与滞后响应的复杂过程。可以说，正是由于卫星获得的数据能使该现象可视化，从而使它逐渐被大众所知，除此之外，更多具有建设性的卫星海洋学方法不仅带来了监测该现象的重要新工具，

---

① 2002年，在约翰内斯堡(Johannesburg)举办的世界可持续发展峰会(WSSD)强调了对地球协同观测系统的迫切需求。2003年6月，在法国埃维昂(Evian)举行的八国集团首脑会议肯定了地球观测系统优先发展的重要性。首届地球观测峰会于2003年7月在美国华盛顿召开，会上通过了建立临时政府间地球观测工作组(ad hoc intergovernmental Group on Earth Observations，ad hoc GEO)的公告，并起草了10年实施计划，该计划完善了全球对地观测系统(GEDSS)。该计划在全球范围实施情况详见网址：http://www.earthobservations.org/index.html。

同时也促进了对该现象的预测。

接下来所阐述的另一个主题是比厄尔尼诺现象更具有季节规律性的大气驱动现象(它就是季风)，以及海洋对季风的响应。相当多人的日常生活受到了赤道地区季风变化的影响，海洋也受到了相应影响。由于卫星能够进行常态化监测，这使得我们能够对海洋环流、水文和初级生产的季节性变化模态进行探测。对那些生活和工作在季风影响区的人们而言，了解甚至预测全球海洋对季风响应的年际变化是相当重要的。

11.4 节将讨论一个明显更冷的现象：海冰从赤道到极地地区是如何分布的。这对那些生活在冰雪覆盖海域附近的人们来说相当重要。过去虽然有一些基于当地海冰年际变化的经验知识资料，但只有出现基于卫星的海冰探测技术后，才可能真正探测全球各极区海冰。海冰涉及的地理范围很广，若是没有卫星数据，海冰分布几乎不可能被研究，这是设置本节主题的初衷。

最后一节将探讨卫星观测如何提升人们对海面高度及其变化的详细认知。本节涉及全球海洋天文潮，但主要内容聚焦在海面高度及其高度计探测的海面高度变化和趋势方面。海平面迅速上升或下降可能会导致灾害性后果，本节也将展示如何利用卫星遥感技术来探测风暴潮。关于海啸，在利用地球观测技术减轻其影响方面，本节也将给出一些建议。

本章还将包含其他一些对人类有影响的现象，在其他章节中针对这些现象也有详细讨论，如飓风(第 9 章)和藻华(第 13 章)。第 14 章将讨论卫星遥感数据在海洋监测和预报业务系统中的新作用。

11.2 厄尔尼诺

11.2.1 厄尔尼诺-南方涛动现象

综述

厄尔尼诺-南方涛动现象(ENSO)的名称来自发生在热带太平洋内部和上方的特殊海-气耦合的气候形态，它与南太平洋常见的大气环流相联系。这个话题被广泛关注的一个重要原因是该现象不同阶段都伴随着非常不同的天气模式。有时候，大气环流和与之耦合的海洋环流偏离它们的“正常”气候态，跳转到一个非典型但准稳定的状态，这一过程可以维持数月。在这其中，一个特定现象就是厄尔尼诺事件。当该事件发生时赤道东太平洋上升流被抑制，给相应区域的渔业带来了灾难性的后果，而其更显著的影响则是对中北美洲和赤道东亚地区天气模式的改变。

该事件发生的随机性较强，且强度不一，周期为 3~7 年。有时气象条件，如风和雨，严重偏离正常值，这种非常强的异常变化将给人类带来毁灭性的后果。有些地区由于风暴和强降水导致洪水泛滥，而与此同时有些地区却正遭遇干旱。当遇到洪涝或干旱时农作物减产，农业受到严重影响。保险公司因此对大面积的建筑和基础设施损坏进行确认赔偿。由于厄尔尼诺事件的发生，给人们带来了始料未及的非典型天气现象，对这种复杂现象进行预测的难度可想而知。此外，由于其与南方涛动的耦合，厄尔尼诺现象的影响可以被世界许多地方的气候记录检测到。

因此，监测、了解甚至预报热带太平洋地区由于海-气相互作用引起的复杂现象，引起了人们的广泛关注。如果我们能够对厄尔尼诺事件进行一次准确的预测，那些受到直接影响的国家就可以提前制订出计划，进而降低其带来的不利影响。对于其他国家，也可能为降低与强厄尔尼诺事件相连的分散性气候变化带来的影响提供帮助。表11.1总结了全球范围内与厄尔尼诺事件相关的显著性天气模式变化。关于ENSO带来的全球影响以及海-气耦合的相关科学研究进展，其他著作有专门章节进行详细阐述[如Philander(1990)和Allen等(1996, 2000)]。

本书的目的不是为了详细解释该现象本身及其带来的后果，而是关注如何利用卫星海洋学方法更加清晰地揭示ENSO事件的演变过程，尤其是发生在海表的相关现象。然而，为了使不熟悉这个领域的读者能了解遥感在观测一次厄尔尼诺事件中发挥的作用，我们做了以下的简单综述：首先描述了ENSO循环发生时的物理变化，然后概括了如何应用常规气象观测和现场海洋观测来监测厄尔尼诺现象。

表11.1 北半球冬季(12月至翌年2月)和夏季(6—8月)期间由ENSO (或厄尔尼诺现象的暖位相)导致的全球范围内的气象条件变化

地区	12月至翌年2月	6—8月
	降雨量	
澳大利亚东北部，印度尼西亚，菲律宾	异常干旱	异常干旱
170°E—160°W的赤道地区	潮湿	潮湿
厄瓜多尔，秘鲁沿岸	较平常多雨	
美国海湾沿岸	较平常多雨	
墨西哥，美国中部		较平常干旱
巴西北部	较平常干旱	
副热带南美地区	潮湿(东海岸)	潮湿
印度东北部		季风带来的降水减少
赤道东非地区	潮湿	
非洲东南部	较平常干旱	

续表

地区	12月至翌年2月	6—8月
气温		
印度尼西亚，东南亚	温暖	
80°~180°W 的赤道地区	温暖	
日本	温暖	
澳大利亚东南部	温暖	
阿拉斯加州，加拿大西部	温暖	
加拿大东部沿海	温暖	
巴西南部	温暖	温暖
非洲东南部	温暖	
墨西哥，美国中部		温暖
大洋洲		寒冷

对 ENSO 循环的描述

通常情况下，热带太平洋地区的天气模式由赤道东风主导(东风指的是从东向西吹的风)。东风导致在赤道地区(科氏力为0)产生向西流动的海流。在赤道以北，科氏参数为正，科氏力使风向右偏，因此形成向北的埃克曼输送。赤道以南，埃克曼输送向南(参见在5.1.1节中的讨论)。因此，沿着赤道产生强上升流，将深层的冷水带到海洋混合层，使温跃层随着向东边的靠近而逐渐抬升[图11.1(a)]。如热带太平洋地区近海表温度图[图11.2(a)]和沿赤道的经度-深度温度断面图[图11.3(a)]所示，鉴于赤道地区太阳辐射的强加热作用，沿赤道地区的海表温度本应最高，但在东部由于上升流而形成了一个冷舌，并延伸横跨了大半个海洋。

上升流没有到达西太平洋，在150 °E和160 °E之间的上层海水接受太阳加热且不会被上升流降温，该地区的海水会比东部暖6~7℃，被称为“暖池”。在“暖池”处，高温海水会产生强的大气对流和低海面大气压，从而驱动并形成一个对流循环。气流在高空自西向东流动，在美洲大陆下沉，形成海表面的东向风，导致上升流发生，从而维持了一个稳定的海-气相互作用模式[图11.1(a)]。在正常情况下，上升流会为赤道东太平洋地区带来丰富的营养盐，从而促进渔业的发展，高压导致中美洲和厄瓜多尔降雨量很少，而西太平洋强烈的对流使东亚地区降雨充沛。

通常只要赤道东风能够维持上升流，就能保持正常的气候模态。然而，赤道对流循环是嵌入在太平洋上方更广阔的大气循环中，如果大尺度的气压分布状况趋于引发异常增强的西风，那么赤道东风会被削弱；相应地，上升流也会减弱，使得暖池向东移动。如果这种效应足够强烈，就会形成一个不同的模态[图11.1(b)、图11.2(b)和图11.3(b)]，这个模态可以在准稳定状态下维持数月，这就是厄尔尼诺发生的条件。

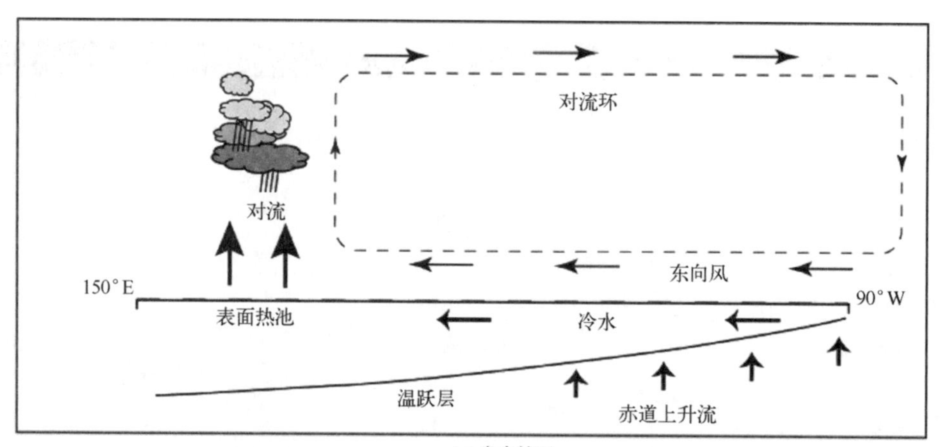

(a) 常态情况

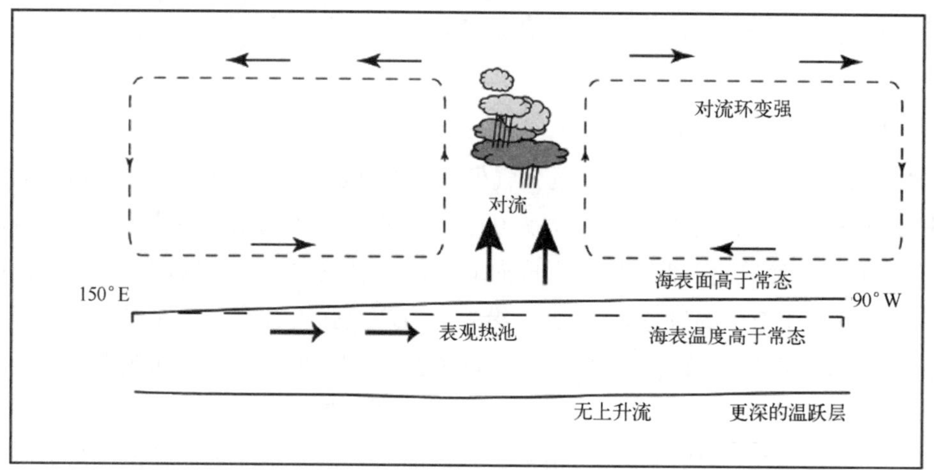

(b) 厄尔尼诺事件

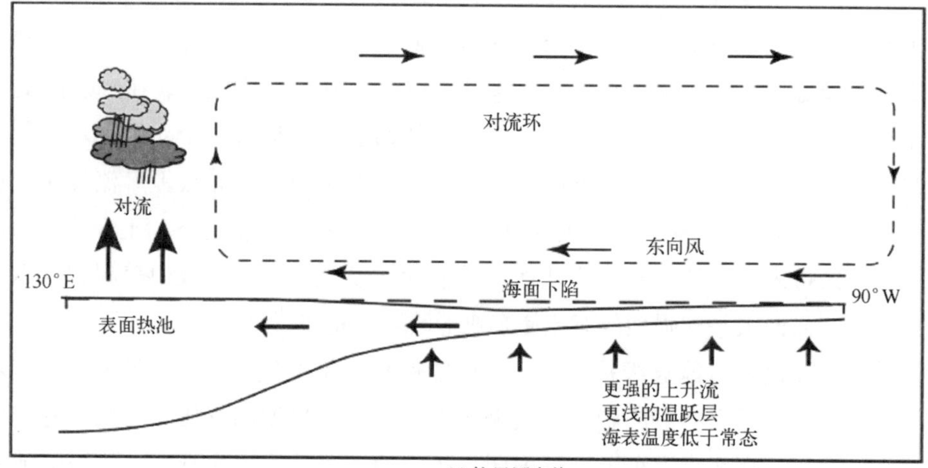

(c) 拉尼娜事件

图 11.1　赤道太平洋地区海-气相互作用模式示意图以及上层海水对正常情况下、厄尔尼诺事件及拉尼娜事件的响应

厄尔尼诺发生时，上升流被抑制，美国沿海的温跃层变深，暖池和主要的赤道对流向东移至 180°W 到 160°W 处，并在那里带来更强的降水。相应地，东亚的降雨量减少，美洲大陆的降雨量增加，导致澳大利亚和东亚地区发生干旱，而厄瓜多尔和加利福尼亚州发生洪涝。赤道上升流的偏移严重降低了初级生产力，导致当地渔业减产。因为这种异常增暖的海流往往在 12 月抵达，临近圣诞节，故而 19 世纪秘鲁的渔民将其命名为"厄尔尼诺"(圣婴)，他们从经验中得知，这预示着下一季度的渔业将大受影响。

还有可能发生第三种状态，它与厄尔尼诺几乎完全相反，被称为"拉尼娜"[图 11.1(c)、图 11.2(c)和图 11.3(c)]。这种情况下东风较强，推动暖池向西移动至 130°—140°E，从而导致印度尼西亚降水增多，赤道地区的上升流较强，尤其是在 110°—170°W 之间，进而促进了初级生产力的增加和东太平洋渔业的发展。此外，赤道地区较冷的海表温度还会促使热带不稳定波的形成(见 6.6.2 节)。

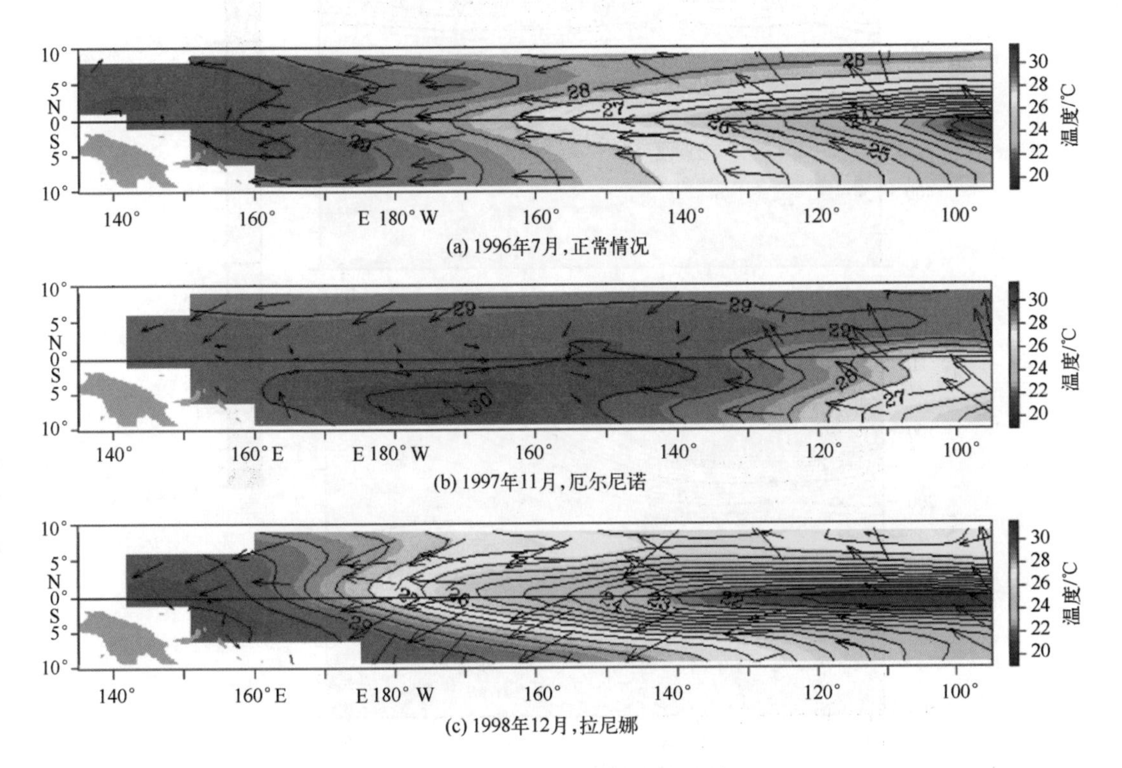

图 11.2 在厄尔尼诺周期的不同相位对应的热带太平洋地区典型的月平均近表层温度分布图，箭头指示的是月平均地面风场的方向。这些数据是由 TAO/TRITON 浮标系统测得的[图像来源于热带大气-海洋(TAO)项目网站的数据显示网页，可从 http://www.pmel.noaa.gov/tao/index.shtml 获得]

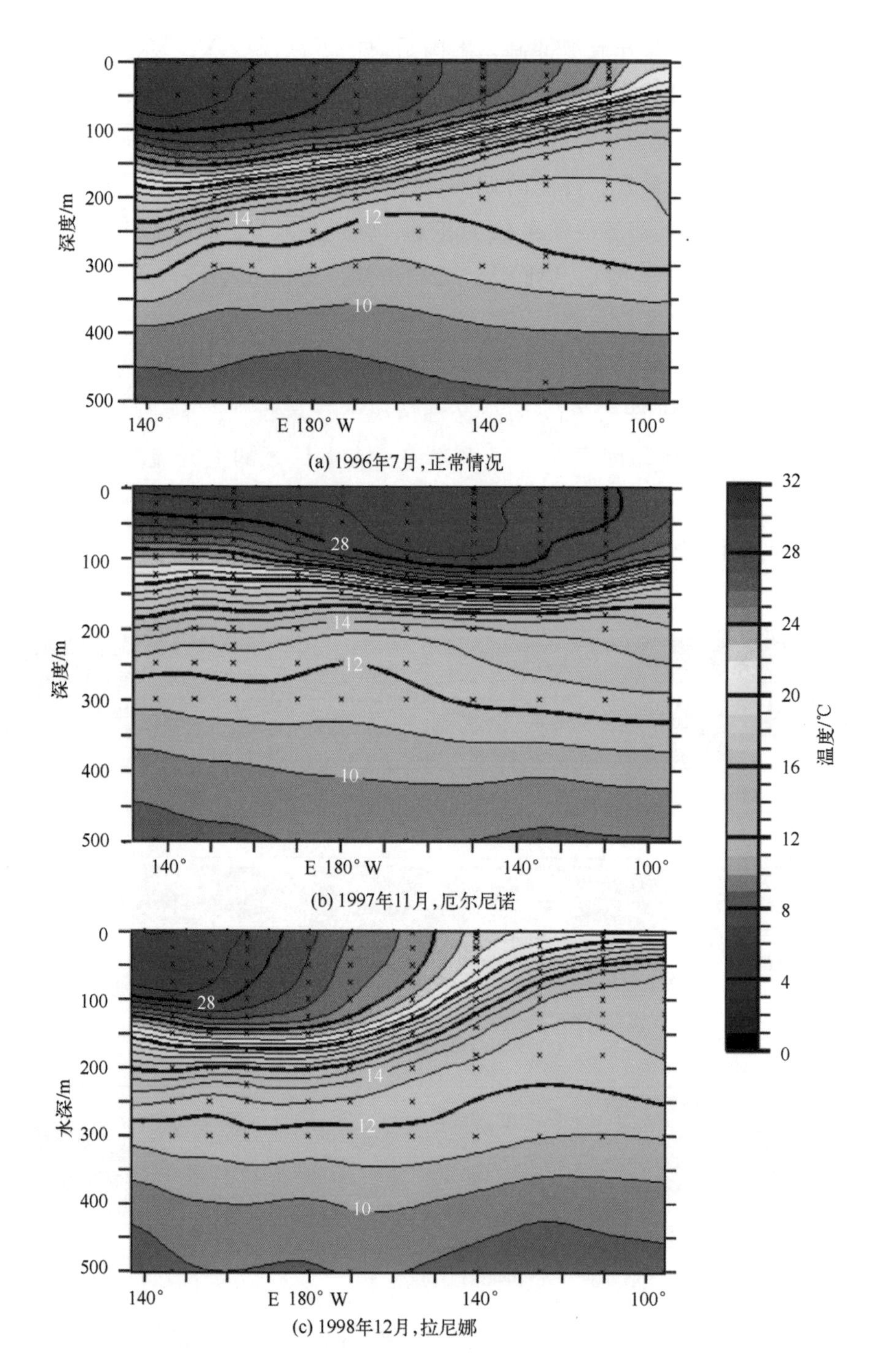

图 11.3　在厄尔尼诺周期不同相位所对应的赤道太平洋月平均温度典型经向垂直断面图。这些数据是由 TAO/TRITON 浮标系统测得的[图像来自热带大气-海洋(TAO)项目网站上的数据显示网页，可从 http://www.pmel.noaa.gov/tao/index.shtml 获得]

尽管图 11.2 所示的温度分布图相当复杂，但 10 年或更长时间季节性气候态的海表温度异常却非常清楚地显示了厄尔尼诺、拉尼娜和正常状态之间的差异[图 11.4]。厄尔尼诺和拉尼娜发生时的海表温度异常特征分别是暖舌或冷舌从东部开始扩散到国际日期变更线附近，且相对赤道径向对称。这表明了风驱动的上升流增强或减弱分别是拉尼娜和厄尔尼诺事件发生时海洋温度变化的主要驱动因子。

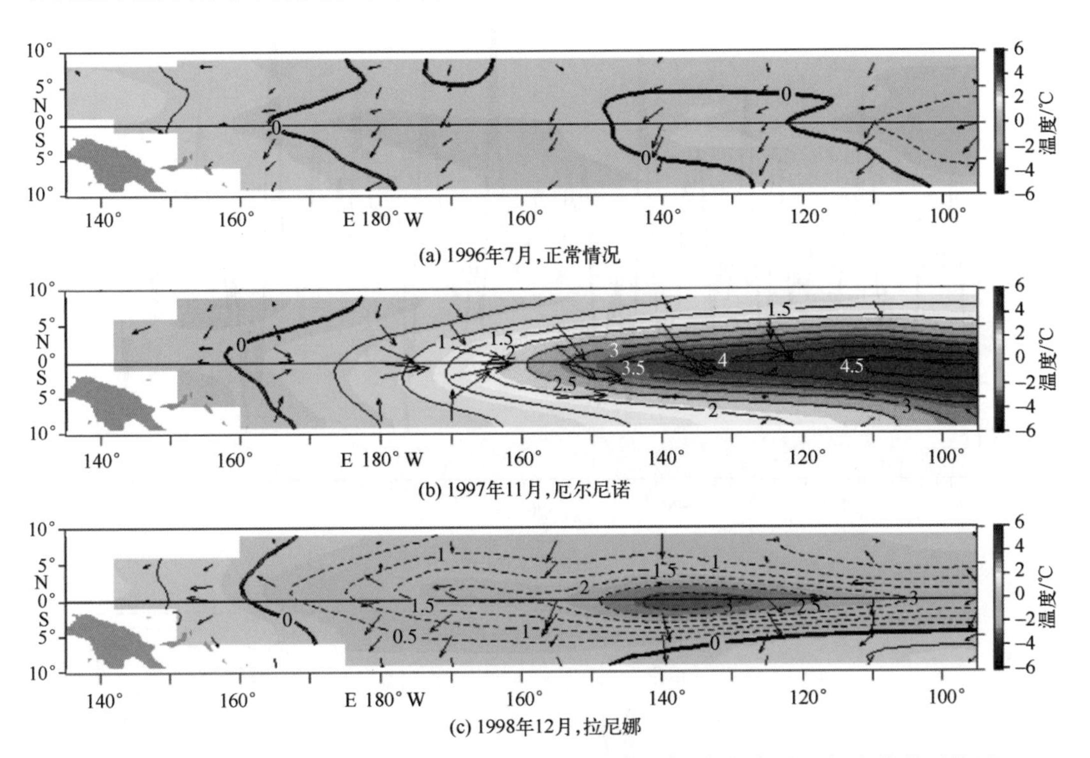

图 11.4 厄尔尼诺周期中不同相位对应的近海表温度异常分布图和相应的月平均近海表温度分布图，箭头指示的是月平均风异常场的方向。这些数据是由 TAO/TRITON 浮标系统测得的［图像来自热带大气-海洋(TAO)项目网站上的数据显示网页，可从 http://www.pmel.noaa.gov/tao/index.shtml 获得］

因此，海表温度异常资料可以用于记录厄尔尼诺或拉尼娜现象对海洋的扰动情况。图 11.5(a)显示了从 1950 年至今①的海洋尼诺指数(Ocean Niño Index，ONI)的时间序列。海洋尼诺指数简单地用 5°S 到 5°N，120°—170°W 之间的区域平均月海表温度表示，该区域正是所谓的“尼诺 3/4 区”，也是用来定义不同尼诺指数的几个区域之一。海洋尼诺指数是美国国家气候数据中心提供的扩展重建海表温度(Extended Reconstructed Sea SurfaceTemperature，ERSST)第 3 版数据集 3 个月移动平均值。这一全球性

① 作者成稿时。——译者

的数据集将现场测量的温度网格化为精度 2°(经度)×2°(纬度)的格网数据。该数据集可追溯到 1854 年，且自 1985 年以来包含了从 AVHRR 探测的海表温度，依据长周期变化而进行调整(Xue et al., 2003)。通过 1971—2000 年间的气候态推算得出海洋尼诺指数异常数据。

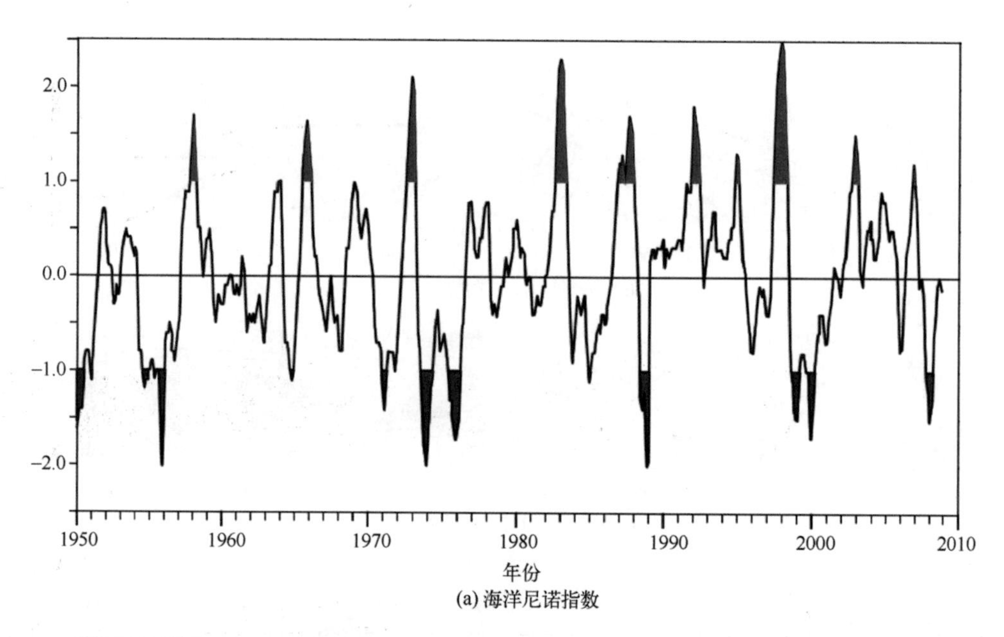

(a) 海洋尼诺指数

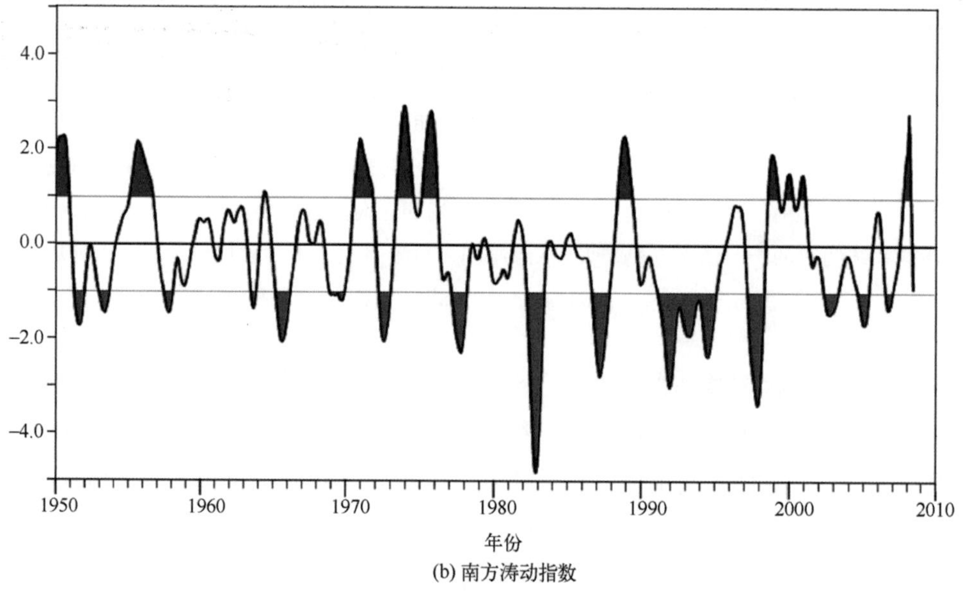

(b) 南方涛动指数

图 11.5　从 1950 年至今发生的 ENSO 事件的指标时间序列

每月的指数数据(a)来自 NOAA 的气候预测中心(http://www.cpc.noaa.gov)；数据(b)来自美国国家大气研究中心的气候和全球动力学组(http://www.cgd.ucar.edu/cas/catalog/climind/soi.html)

在图 11.5(a)中，当异常值超过 1℃时用红色标记，对应强厄尔尼诺事件；强拉尼娜事件则用蓝色标记，对应异常值小于-1℃。图中显示海洋尼诺指数偶尔(每 10 年两次或三次)会发生较大波动，此时不论是正值还是负值，绝对值都超过1℃。一旦海洋温度转为厄尔尼诺或拉尼娜状态，其会持续数月时间，并且需要至少一年的时间达到峰值，直到其回归正常状态。短期内一系列事件的海洋尼诺指数不会有明显的重复，基于此可建立简单的预测。因此，建立一个可指示厄尔尼诺和拉尼娜事件且容易被测量的指数是很有用的，因为一旦确定了特殊事件，那么每个案例都可以单独研究以确定这些海洋过程和历史上的案例是否相似，这也有助于通过查询可能的资料，来探究每个事件发生时是否都出现如表 11.1 中所列的气象异常。

数十年前，气象学家对厄尔尼诺现象的研究表明，厄尔尼诺事件的发生通常与南方涛动指数相联系。南方涛动指数定义为在塔希提岛(Tahiti，150°W，18°S)和达尔文岛(Darwin，130°E，12°S)之间海平面气压异常的归一化差值，被广泛用来度量赤道南太平洋上方的东南信风，并且用来表征南半球的大尺度大气运动。当塔希提岛气压高于正常值且/或达尔文岛气压低于正常值时，南方涛动指数为正，反之为负。图 11.5(b)显示了从 1950 年至今的南方涛动指数。当平滑后的南方涛动指数时间序列中连续数月出现较大的负值时，表示东南信风减弱，大多数情况下其与图 11.5(a)中的厄尔尼诺现象相联系；同样地，南方涛动指数为正数时通常与拉尼娜现象相联系，图 11.5(b)用彩色对变化绝对值超过 1 的部分进行标记强调，其中正值用红色表示，负值用蓝色表示。

厄尔尼诺现象最开始被看作是一种发生在赤道东太平洋地区的局地现象，但由于海洋尼诺指数和南方涛动指数之间存在很强的关联，便将其与南方涛动指数相联系，故而厄尔尼诺又被称为厄尔尼诺-南方涛动现象，简称 ENSO。该术语能更好地反映该现象是一种海-气耦合的过程，它不但对东太平洋局部地区的渔业至关重要，还能影响更广区域甚至是全球的天气和气候模式。

从这些时间序列综合来看，厄尔尼诺事件的发生是随机性的，甚至无法得出一个常规的结论：有时一次厄尔尼诺事件发生过后紧接着又发生一次厄尔尼诺事件，中间并没有拉尼娜事件发生。厄尔尼诺平均每 3~4 年发生一次，但是在 1972—1982 年长达 10 年的间隔中，尽管发生过两次强的拉尼娜事件，却只发生过一次非常小型的厄尔尼诺事件。在撰写本书时距离上次强厄尔尼诺事件(1998 年发生)已经有 10 年。在 2003 年和 2007 年有迹象明显表明将发生一次厄尔尼诺，但是每次都在严重增暖发生之前海表温度异常突然回归正常。然而，虽然两个指数之间的相对量级和达到峰值的精确时间是不同的，但总体上这两个独立的指数和指示的事件确实非常吻合。由于这些指数的短期变异性，即使他们已做了平滑，根据目前或近期的趋势来预测未来的发展路径也是相当困难的。因此，这些测量本身对记录厄尔尼诺事件很有帮助，但是对它们的预报作用不大，或者说对预测其他相关的海洋过程意义并不大。

监测 ENSO

1982—1983 年的厄尔尼诺事件导致美国付出了上亿美元的保险赔偿，其中大部分与天气模式未能准确预测有关，这对政府机构的经济支出产生了巨大的影响。该事件推动了一项建立观测系统的重要计划，目的是对厄尔尼诺的发生进行提前预警，更长期的目标是利用海-气耦合模式对厄尔尼诺进行预测。热带海洋-全球大气(TOGA)国际研究项目就此产生[参见 McPhaden 等(1998)]，并在 1984—1995 年开始运行。TOGA 建立了一个现场观测系统，用于观测海表以下的海水温度和盐度以及其他气象数据，该观测系统拥有 70 个浮标，覆盖了 8°N—8°S 的热带太平洋区域。

该浮标体系被称为热带大气-海洋(TAO)浮标阵列(Hayes et al., 1991)，于 1994 年完成，并由美国太平洋海洋环境实验室(Pacific Marine Environmental Laboratory, PMEL)进行管理。热带大气-海洋(TAO)浮标阵列持续地进行实时数据的传输报告，从中可以掌握关于热带太平洋区域 ENSO 循环状况的相关情况。2000 年 1 月，日本海洋地球科学技术中心(Japan Agency for Marine-Earth Science and Technology, JAMSTEC)将 TRITON 浮标网络布设于 TAO 浮标阵列的西部，该浮标监测系统被更名为 TAO/TRITON。人们利用 TAO/TRITON 浮标系统来监测温跃层深度、赤道上升流的变化以及暖池的移动，从而监测不同阶段的厄尔尼诺现象。图 11.2、图 11.3 和图 11.4 所用的大多数温度数据均来自热带大气-海洋(TAO)浮标阵列，自 1994 年起，用于计算厄尔尼诺温度指数的海表温度样本密度逐渐增大，如图 11.5(a)所示。

1982—1983 年和 1997—1998 年期间发生的厄尔尼诺事件是有记录以来最大的两次。然而值得注意的是，1982—1983 年间的厄尔尼诺事件完全出乎人们的意料，直到它产生了强烈影响之后，海洋学家才确定这是一次厄尔尼诺事件。相比之下，在 1997—1998 年期间，现场观测设施已经到位，且该观测系统已监测出 1992 年和 1995 年的两次小规模厄尔尼诺事件；因此，1997 年发生的强厄尔尼诺事件(之后在 1998 年和 1999 年发生两次拉尼娜事件)相较以往在细节上得到了更多的观测，这使得人们对厄尔尼诺现象有了更深的认识和更好的科学理解(McPhaden, 1999)。与此同时，即便无法预测出强度，预测模型也能够基于观测数据(Ji et al., 1997)，对 1997 年发生的厄尔尼诺事件做出较好的预报(Anderson et al., 1998; Barnston et al., 1999)。另外，特别感兴趣的是，一些地球轨道卫星传感器也观测到了 1997—1998 年的厄尔尼诺事件，表明卫星观测能够用于监测厄尔尼诺事件的发生、发展、衰减各个阶段，也能监测其逐渐转变为拉尼娜事件的过程(Picaut et al., 2002)。接下来，本章将重点介绍卫星观测的相关内容。

11.2.2 卫星对厄尔尼诺的观测

有一些遥感方法非常适合观测 ENSO 现象，并能很好地补充当前广泛运行的现场传感器阵列观测。例如，利用红外和微波传感器测量海表温度，利用卫星高度计观测海平面高度异常，利用海洋水色传感器探测的叶绿素浓度来估算初级生产力，利用散射计和微波辐射计观测海面风以及海上降水量等。第 2 章对这些方法进行了简单介绍，更多详情可参见 *MTOFS*(Robinson, 2004)。在介绍各种方法之前，有必要指出为什么要期待卫星海洋学将对 ENSO 现象研究作出巨大贡献。

首先，遥感传感器的时空采样与厄尔尼诺现象的尺度能够很好地匹配。遥感传感器每周一次的观测频率足以捕捉厄尔尼诺现象在时间上的演变，而 0.25°(经度)×0.25°(纬度)的空间分辨率，也足以用来刻画厄尔尼诺的空间结构变化。应该注意的是，即便空间分辨率只有 1°，遥感传感器也能在 150°E—90° W，10°S—10°N 范围内观测到 2 400 个样本，而该区域内现场观测浮标阵列仅包含 70 个站点。显然，卫星遥感相比于浮标测量，能够提供更完整和更详尽的空间视图，这对预报模式在数据同化过程中的数据补充有着极为重要的意义。不过，需要强调的是，浮标观测对每个位置上诸多海表以下要素和大气要素的测量是至关重要的。同时，将卫星遥感观测和浮标观测的变量(如海表温度)进行比较，可实现对数据的多重质量控制。因此，关键问题并不是用卫星观测取代浮标观测，而是如何将两者互补以最大限度地发挥它们的优势。

其次，卫星遥感进行持续多年定期重复观测后，能够支撑平均气候态的构建，从而绘制近实时的气候异常图(在 6.2.1 节中讨论过)。卫星遥感的该项能力对研究如厄尔尼诺这样具有相同量级季节性(年度)循环周期的现象是十分有用的，因为如果它的演变结构与正常的季节性变化相混淆，我们需要从中将其分离。本书将以海表温度为例，在 11.2.3 节专门对此进行介绍。

第三，卫星遥感数据不仅提供了赤道太平洋地区(厄尔尼诺主要发生区)的情况，还提供了可能受到厄尔尼诺影响的全球范围内的情况。ENSO 被形容为“全球气候从季节到年际尺度的主要干扰因子”(Picaut et al., 2002)。卫星遥感数据不仅能够使我们十分清楚地描绘厄尔尼诺发生前、发生期间及发生后，赤道太平洋地区海表温度和海面高度异常的状况，还能够描绘出世界其他地区海表温度和海面高度异常的状况。这为研究厄尔尼诺或拉尼娜发生海区状况与其他海域状况之间的联系提供了可能。

接下来的小节将单独探讨不同海洋遥感技术在观测 ENSO 事件方面的应用，并综合考虑这些方法的协同作用。下面介绍的许多例子都来自 1997—1998 年发生的 ENSO 事件观测数据。然而，需要注意的是，如今的技术在当时并不完全可用。例如，直到 1997 年年底才发射首个可靠的测温微波辐射计 TMI；直到 2001 年，基于 AMSR-E 的观测才获得了全球海表温度数据；海洋水色仪 SeaWiFS 直到 1997 年 9 月才开始运行，因此其并没有完整记录那年的厄尔尼诺事件。

11.2.3 卫星对厄尔尼诺发生时海表温度的观测

5 °N 和 5 °S 之间赤道区域的海表温度及其随经度的变化，能够清晰地揭示厄尔尼诺-拉尼娜现象，比如，Legeckis(1986)首次借此阐明了 1982—1983 年发生的厄尔尼诺事件。图 11.6 展示的是由 AVHRR 观测数据合成的海表温度月产品。

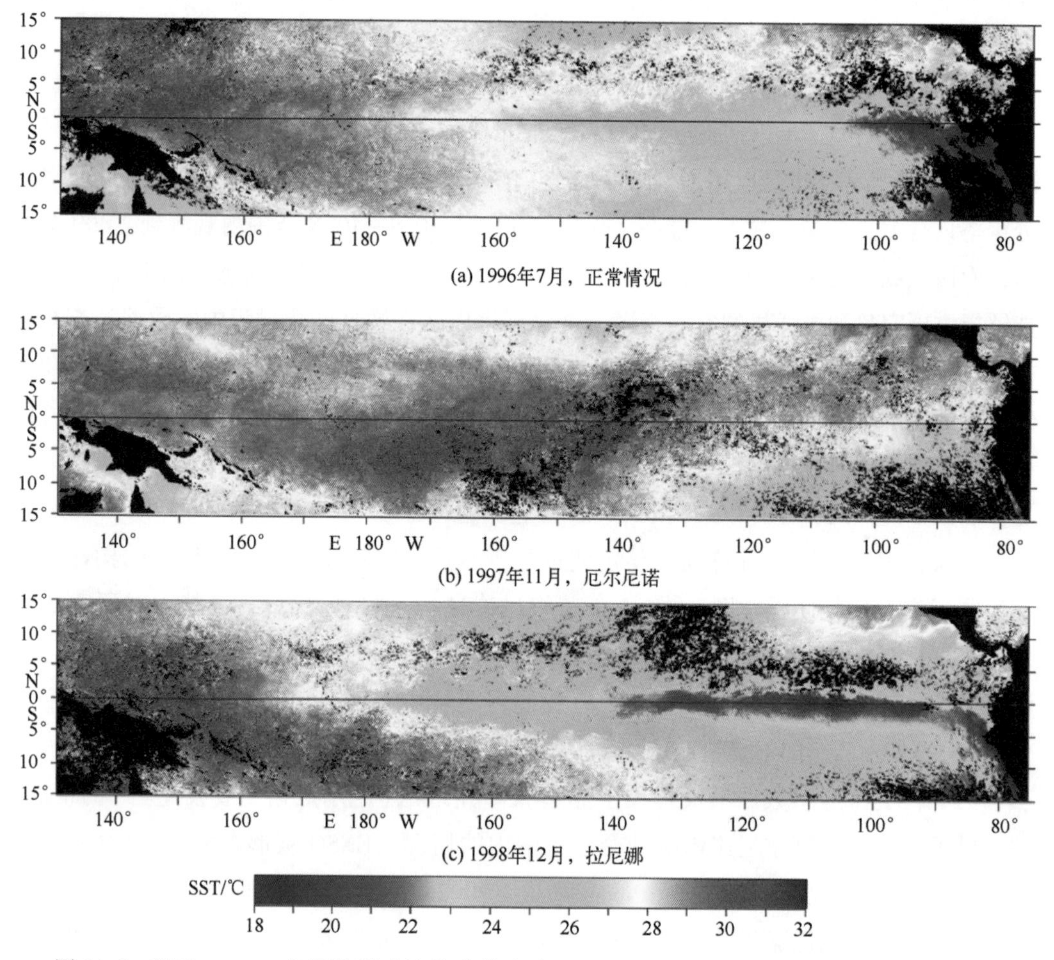

图 11.6 基于 AVHRR 夜间数据反演的分辨率为 4 km 的 Pathfinder 5.0 数据集绘制的赤道太平洋区域月合成海表温度分布图。这些图像数据来自美国国家海洋数据中心(http://www.nodc.noaa.gov/sog/pathfinder4km/userguide.html)，可通过访问 NASA 喷气推进实验室 PO.DAAC 网站(http://poet.jpl.nasa.gov/)，利用数据抽取工具 POET 得到

这些数据来自 Pathfinder 5.0 数据集，仅使用了夜间反演的温度，以避免日增暖的影响。它与图 11.2 展示的现场观测数据的对比表明：二者均可揭示正常状态下，厄尔

尼诺事件时和拉尼娜事件时海表温度分布的不同特征。尽管当海面上有云覆盖时，红外传感器无法探测到海表温度，但卫星探测还是能提供更多的空间细节信息。

图 11.7 展示了卫星遥感探测的不同时间海表温度异常时序分布图，着重强调了 1987—1988 年发生厄尔尼诺和拉尼娜事件过程中的海表温度演变模态。值得注意的是，关键在于如何从海表温度异常数据中剔除其季节性变化和平均空间结构而突出 ENSO 的影响。从海表温度来看，1997 年前几个月并没有发生厄尔尼诺的迹象，4 月厄瓜多尔沿岸略有升温，直到 5 月和 6 月才证实沿赤道存在持续的海表温度正异常，且上升流减弱。在接下来的两个月，海表温度的正异常不断加强，呈现出厄尔尼诺事件的特征：表现为厄瓜多尔沿岸增温超过 3℃，且向西扩散至 160°W，南北方向上扩散超过 10 个纬度。在该例子中，最大海表温度异常值发生在 1997 年 12 月，据此表明此次厄尔尼诺事件为该世纪最强的厄尔尼诺事件。

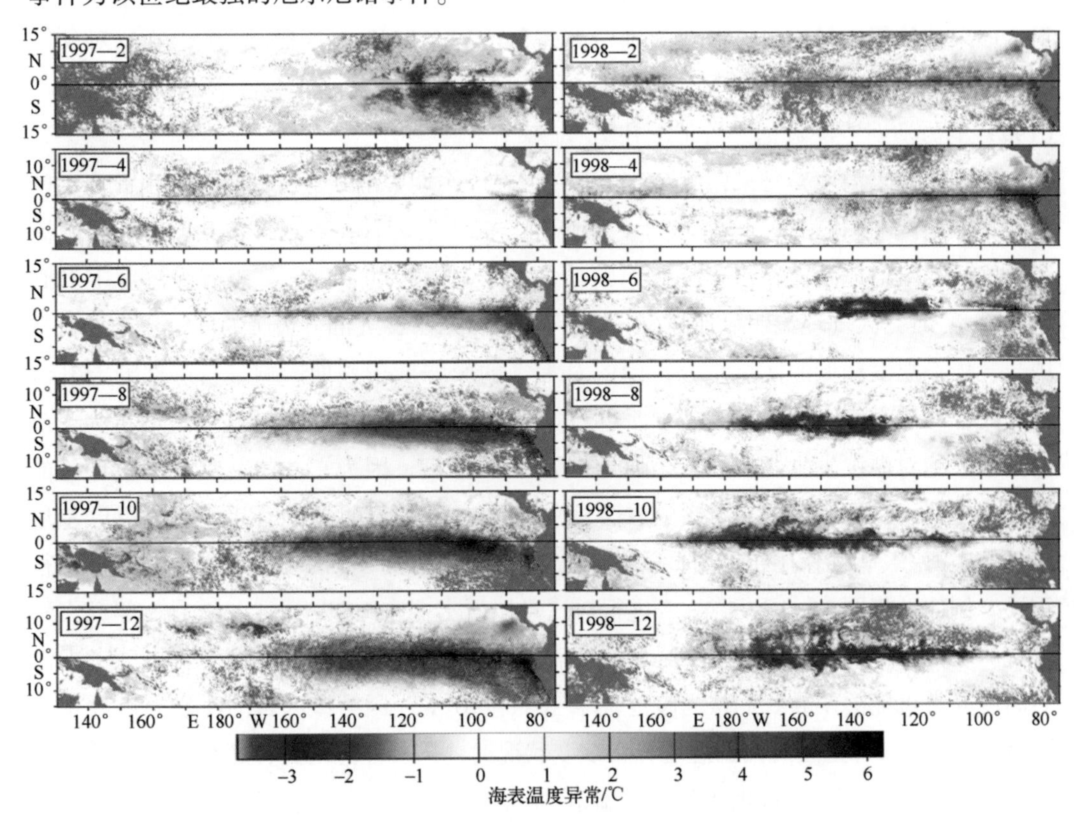

图 11.7　1997—1998 年赤道太平洋区域每两个月的海表温度异常图

这些数据来自分辨率为4 km 的Pathfinder 5. 0 每月探测的夜间海表温度(从 http://poet.jpl. nasa. gow/下载)和月均气候态(从 ftp: //data. nodc. noaa. gov/pub/data. nodc/pathfinder/Version5. 0_Climatologies/Monthly/Night 上下载)。其中，异常图应用了 A 5×5 中值滤波器。需要注意的是，由于厄尔尼诺发生时对应的最大异常平值大约是拉尼娜发生时对应的最大负异常值绝对值的两倍，因此使用非对称的色阶。灰色阴影表示陆地或是被云覆盖造成的数据缺失该厄尔尼诺模态持续存在，但从1998年2月开始强度逐渐减弱，直到5月几乎完全消失。然而，1998年6月沿赤道100 °E以西海表温度已经开始进一步降低，形成一个强的负异常，一直持续到1999年，这是拉尼娜事件的典型特征。在这种情况下，厄尔尼诺事件迅速转变为拉尼娜事件，几乎没有正常态的过渡。

如图11.7所示，通过使用海表温度异常指标可有效地揭示厄尔尼诺现象的演变。图11.4展示了基于现场海表温度异常的标准厄尔尼诺现象指标，表明沿赤道海域出现强的(3~6℃)、持续性的海温正异常是厄尔尼诺发生的标志。幅度超过3.5℃的强海温负异常则是拉尼娜事件发生的标志。然而，回顾在6.2.1节中所讨论的内容，如果是期望根据海表温度异常值来给出厄尔尼诺、正常状态、拉尼娜的区分标准，那么用作海表温度异常的气候态基线必须来自相当长的时间序列数据，其长期的统计事件中应该包含多个暖事件或冷事件。理想情况下，一个气候态需要基于几十年的卫星观测资料，如果使用短期的气候态基线，则对海表温度异常解释时需多加注意。在这种情况下，Pathfinder气候态基于AVHRR在1985—2001年的观测数据，并利用Casey等(1999)的方法对空缺数据进行了填补。

仅利用海表温度异常来监测ENSO事件存在一个明显的缺点，即其会对由此产生的海-气相互作用过程带来误导。由于大气环流与海表温度存在非线性关系，因而了解海表温度的绝对值以及其相对于气候态的异常是十分重要的。例如，当海表温度上升到超过28 ℃时，大气环流明显加强(Graham et al., 1987)，大部分最暖的厄尔尼诺异常区域与气候态温度较低的区域重合，因此对大气的影响低于预期影响。当东部的上升流消失时，海表温度大约上升到高于西边约一个量级的程度。对ENSO演变过程更为关键的是最大绝对温度发生区域(即暖池的位置)所处经度，因为它往往会驱动大气环流的运动。然而，从海表温度异常图上看暖池的位置并不是很明显，因此，当分析厄尔尼诺事件中海-气相互作用机制时，海表温度的绝对值分布图(图11.6)和温度异常都很重要。例如，将图11.6和图11.7进行对比可以看出：在1997年11—12月，驱动大气环流的暖池在160°—170°W，该区域的海表温度正异常不超过2℃，然而若单独考虑海表温度异常可能会误导我们认为暖池位于90°—110°W，因为该区域的海表温度异常值超过5℃。在解释卫星观测的温度异常演变状况时，需要注意的是，那些由于未被探测到的云干扰(偏冷误差)或增多的日增温事件(偏暖误差)，有可能会引起探测到的海表温度存在一定误差，这在*MTOFS*中的7.2.4节和7.3.3节中详细讨论过。云干扰问题对于现场观测来说并不存在，而卫星数据出现数据缺失情况(图11.7中的灰色区域)表明其被大量云覆盖。相比之下，日增温现象则可以通过仅使用AVHRR夜间温度进行有效避免(图11.6和图11.7)。对于类似于厄尔尼诺这样的事件，涉及大气变化与海洋变化的耦合，会导致增加错误解释卫星遥感数据的可能性。可想而知，云覆盖或云类型会随着ENSO循环而改变，正如日增温的发生取决于风速和海表日晒一样。如果是这样的话，那么与ENSO相关的部分海表温度异常可能导致卫星观测的误差。尽管该误差相比ENSO在赤道的强热力学信号可能很小，但是在世界其他海域探测由ENSO造成的海温扰动时，其影响可能是一个大问题。因为微波信号不受云覆盖的影响，因此利用微波辐射计来追踪ENSO温度信号可以很大程度上避免云干扰的问题，但微波信号对大雨比较敏感，而雨也是另一个与ENSO有关的变量。因此，建议采用GHRSST方法(Donlon et al., 2007)，在分析海表温度时综合采用多源卫星传感器资料数据(如第14章讨论)。该方法也可避免由于火山喷发造成红外信号不准确进而引起温度反演误差大的风险，正如在1982—1983年厄尔尼诺发生期间ElChichón(墨西哥)火山爆发时那样。因此，需要做的一项工作是对以前的海表温度数据进行再分析，时间至少追溯到1991年，并借助ATSR数据作为偏差校正参考。当这项工作完成后，可进一步探究1997年的厄尔尼诺事件导致的全球海表温度异常特征(目前为止几乎完全依赖AVHRR数据)是否会有显著变化，这将是一件有意思的工作。

一旦有了海表温度数据，就能够获得并发布海表温度异常分布图，值得关注的是这些可视化图集是否能够帮助科学家和公众来清楚地观察厄尔尼诺现象的演变过程。海表温度异常图很容易理解，因为它的定义就是海表温度与正常值的偏差，可被轻易地用于报纸和电视新闻公告，来帮助人们理解和应对这种在人类可控范围以外的自然现象。

11.2.4 基于高度计的厄尔尼诺现象研究

早在1986—1987年厄尔尼诺发生期间，Geosat卫星数据就被用于观测(Delcroix et al., 1994)，目前海面高度异常的测量可精确到3 cm，可使用卫星高度计对厄尔尼诺现象进行观测。自从1992年8月TOPEX/Poseidon发射以来，卫星高度计测高成为现实，2001年发射的Jason-1卫星高度计和2008年发射的Jason-2卫星高度计延续了该使命。在1997—1998年ENSO事件发生时，可以很好地获得各轨道的平均海面高度，从而可轻易使得每个轨道的海平面高度异常数据。每10天重复循环的各轨道海平面高度异常数据被处理成网格化的时间序列产品，其时间分辨率为10天。

例如，图11.8显示了1997—1998年在赤道太平洋区域厄尔尼诺年和拉尼娜年的海面高度变化信号。由于西风减弱，在1997年期间，海面高度相对于其气候态，沿赤道向东抬升。到6月，在东边100°W处海面高度比正常值高出了20 cm，而在160°E处则与正常值一致。到12月，100°W处的海平面高度异常已增至32 cm(图11.8不能清晰显示，因其值超出了色阶范围)，而在西边海面高度则低于正常值，160 °E处海面高度比正常值低20 cm，这是此次厄尔尼诺的最大扰动。到了1998年6月，赤道地区的海平面高度异常值在赤道东西部边缘海都回复为 0 cm，但在中心区域有大范围的海表面凹陷，在 150 °W 处海面高度异常低达-24 cm。

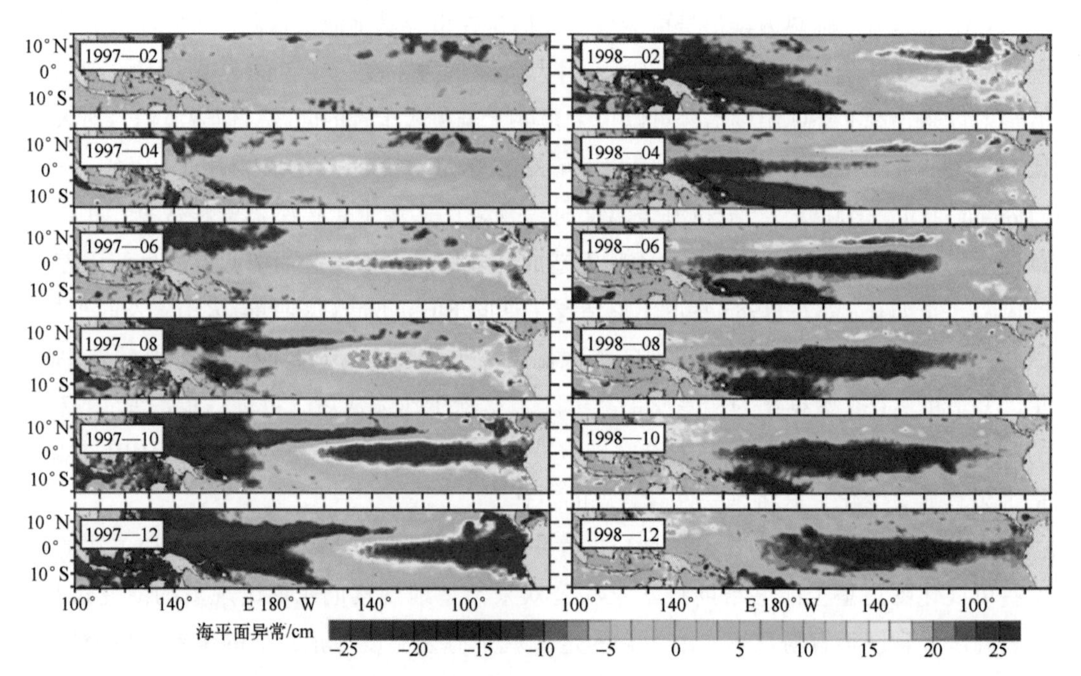

图 11.8　1997—1998 年赤道太平洋区域每两个月月平均海平面异常(SLA)分布图(厘米级)。这些月平均资料已去除 1993—2006 年期间的季节性环流。图像利用由 SSALTO/DUACS 和 CNES 资助的 AVISO 提供的高度计产品制作(数据网址：http://www.aviso.oceanobs.com/en/home/index.html)

图 11.8 中所示的海平面异常分布模态与图 11.7 中的海表温度异常分布模态相似，如沿赤道的断面几乎是相同的，并在对应的每张图里可以发现相同的特征。厄尔尼诺最强时，出现楔状的海面异常正值区域，最高值出现在东海岸，向西逐渐变细并横跨整个大洋。拉尼娜发生时，在中心海域存在一个负的海面高度异常区。从经验角度讲，这些图像都表明：如果厄尔尼诺和拉尼娜现象要从正常环境变为一个稳定强大的持续扰动，它们的特征模态必须在海表温度和海面高度异常中都有所体现。这两种卫星图像，为判断厄尔尼诺或拉尼娜事件的进程提供了强有力的证据。

另一种表现海平面高度异常的方式是时间-经度图(哈莫图)，如图 11.9 所示，该图基于分辨率为 1°×1° 的网格化海面高度异常数据，综合了 5 天所有可获得的高度计数据。从 1997 年 5 月至 1998 年 4 月，在东太平洋形成了异常高的海面高度，表明厄尔尼诺事件开始出现，后面紧跟着两个连续的低值，对应着 1998—1999 年和 1999—2000 年的冬季拉尼娜事件。然而，仔细观察发现：海平面升高似乎是从西部开始，在 150°—170°E，发生个别短暂的高海平面高度异常暴发，并持续了 2~3 周，其中一些特征已在图 11.9 中进行了标注，如 A、C、E 和 G 点，它们似乎是表征事件开始的点。这些点随后形成了一个狭窄的脊状区域，并向右边倾斜向上发展，2~3 个月后抵达厄瓜多尔海岸(图中 B、D、F 和 H 标记点所示)。

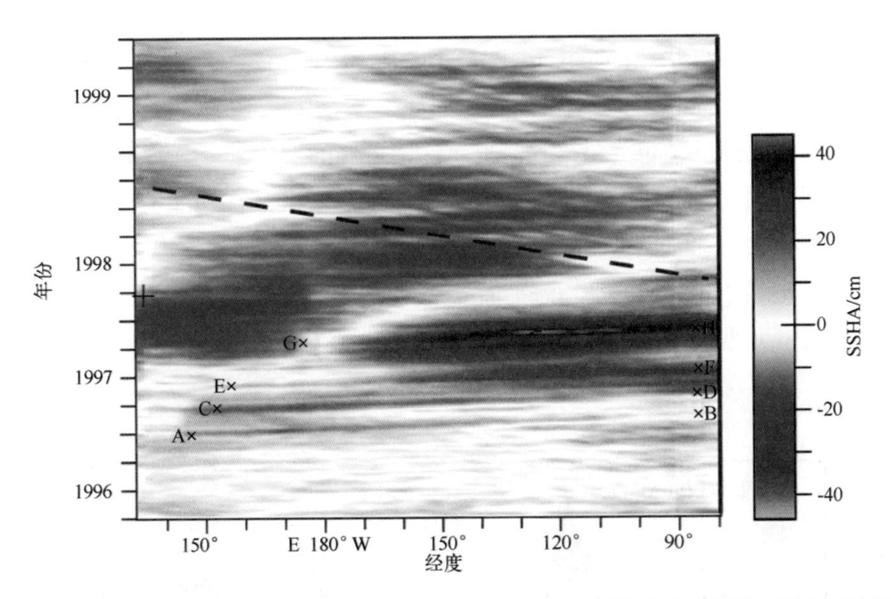

图 11.9　由 TOPEX/Poseidon 测量的 1996 年 4 月至 2000 年 6 月沿赤道太平洋区域海面高度异常的时间-经度图(哈莫图)。1997 年 11 月，在 110°—130°W 由于厄尔尼诺造成的正异常高达 45.5 cm。之后发生了强劲的拉尼娜事件，在 1998—2000 年年初，海平面降低超过 20 cm

(图像利用分辨率为 1 天和 5 天的网格数据，数据来自 http://poet.jpl.nasa.gov/)

Picaut 等(2002)提出，海面高度产生局部脉冲强迫以及相应的温跃层加深都是由于强西风导致。在给定的经度上，当风突然停止，海平面高度异常值便降至之前正常水平。然而，哈莫图上倾斜的脊状区域表明海平面扰动是以波阵面的形式向东传播的。如果我们假设这些波是孤立的斜压波，约 1.9 m/s 的速度表明（80 天内跨越 120 个经度)其具有开尔文波的特征(见 6.6.1 节)。通过对更详细的哈莫图记录进行频谱分析，突出相应的开尔文波和罗斯贝波的信号，Picaut 等(2002)认为开尔文波诱发了罗斯贝波以更加缓慢的速度向西边传播。图 11.9 中的虚线大致表示了向西传播信号的传播速度，可在图中的某些部分识别出来。由此看来，开尔文波从风力激增区快速而连续地向西传播数千千米，是导致厄尔尼诺期间东部海区海平面高度异常数月持续较高的原因。

拉尼娜的传播特征可以用上述相似的方法进行讨论。负的海平面高度异常值表现为较陡的锋面，从西方开始传播，最终破坏了厄尔尼诺的模态，并被拉尼娜模态取代，例如在 1997 年 8 月，从 150°E 处开始，负海面高度异常几乎耗费一年时间到达东海岸。

然而，在更精细空间分辨率的情况下，有一些条带状的低海平面高度异常向东以更快的速度传播，极有可能致使开尔文波受到抑制，进而可能有助于打破准稳定厄尔尼诺状态。对于这些现象，Picaut 等(2002)进行了详细的分析，并通过举例呈现了卫星数据如何在研究厄尔尼诺机制方面提供了新的视角。事实上，如果不同厄尔尼诺或者拉尼娜事件的开始和结束状态都是由长距离的波浪传播而引发的，那么海平面高度异常的哈莫图可能有助于提高预测这些事件的能力。这些卫星遥感观测资料，结合数值模式，不仅为预测其强度，也为最终预测厄尔尼诺事件的发生带来了希望。

利用卫星高度计监测厄尔尼诺现象的另一种方式，是在一个点或某一地区构建海平面高度异常时序数据集。图 11.10 展示了自 TOPEX 或 Jason 卫星高度计数据可用以来，厄尔尼诺 3/4 区域的平均海平面异常数据产品(5°S—5°N 和 120°—170°W)，海平面异常图的下方则展示了相应的海表温度指数(海洋尼诺指数，参见图 11.5)，以作对比。

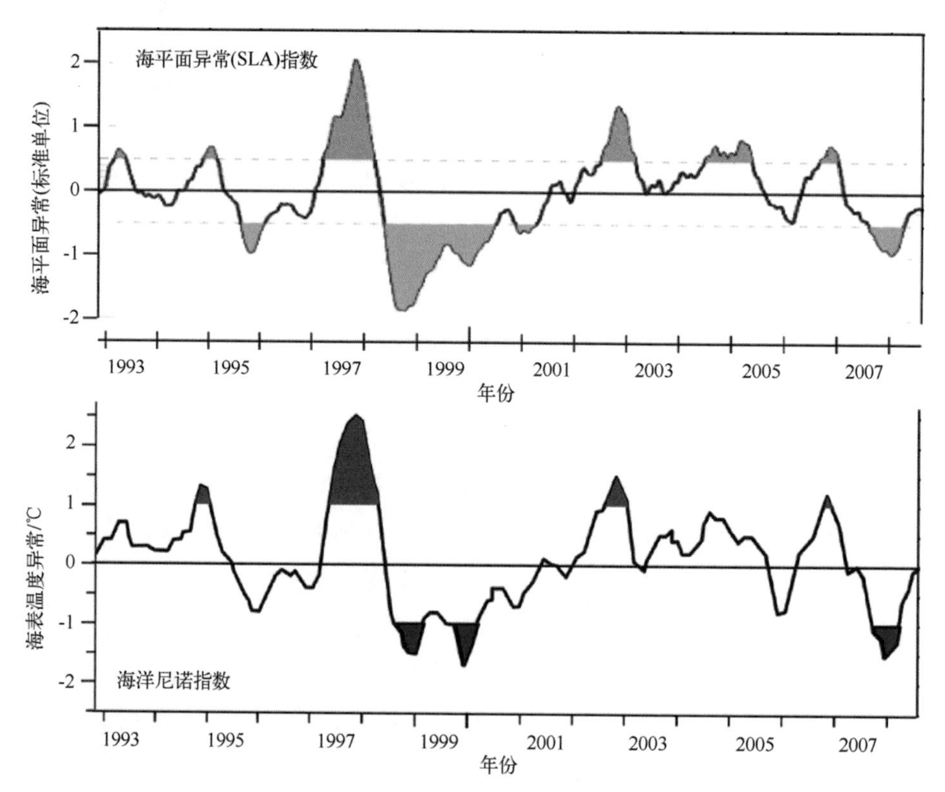

图 11.10　上图：厄尔尼诺 3/4 区域(5°N—5°S，120°—170 °W)平均海平面异常随时间变化图；下图：相应的海洋尼诺指数图(测高指数由 CLS 生产，从 AVISO 网站 http://www.aviso.oceanobs.com/en/home/ index.html 上得到)，可与图 11.5(基于相同区域的温度异常)比较

11.2.5 卫星遥感对海面风场和海表流场的观测

关于海面风场的卫星遥感反演方法已在第 9 章做了介绍。散射计可以获取风速和风向信息，常规的散射计每天可获取两次观测。如 QuikScat 散射计产品可从遥感数据处理系统(www.remss.com)中获取数小时内的瞬时图(图 5.5)和月平均图(图 11.17)。尽管这些产品在 1997 年厄尔尼诺事件时还无法获取，但目前已可用于探测赤道太平洋爆发的强风异常状况，并监测数星期以上的盛行风影响，这些都为分析厄尔尼诺的触发机制提供了重要依据。

在 1997—1998 年间，ERS-2 的散射计已运行，图 11.11 显示了 ERS-2 记录的网格化月平均纬向风矢量分量(即东西方向上风场的分量)的哈莫图。从图中可以清晰地看到：1997 年上半年西太平洋以东至 170°E 的区域出现了西风异常现象。随着厄尔尼诺的发展，下半年西风异常区域向东扩散至 160°—150°W。当尝试区分海-气相互作用的因果关系时，应该考虑散射计的每日数据。虽然月平均值可表示由纬向大气对流形成的宏观情况(图 11.11)，但它们不能反映可触发海洋扰动和开尔文波的强烈而短暂的西风爆发情况(图 11.9)。

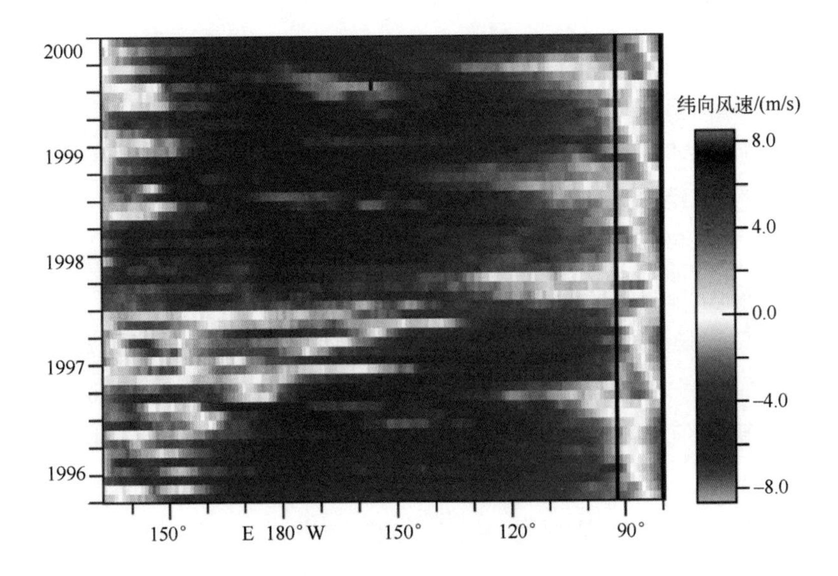

图 11.11 1996 年 4 月至 2000 年 6 月间，纬向分辨率为 1° × 1°，1°N—2°S 月平均纬向风速哈莫图

正值表示西风，负值表示东风。这些测量来自 ERS-2 散射计。图像是作者利用网站(ftp://ftp.ifremer.fr/ifremer/cersat/products/gridded/mwf-ers2/data/)上下载的 ERS-2 测得的风数据画的

结合高度计测得的海面高度和散射计测得的风场数据，有可能实现对海面流场的预测。一个简单的诊断模型方式是利用高度计测量结果来确定海面流场中的地转作用

和风场，进而估计埃克曼作用(Lagerloef et al.，1999)。然而，这在赤道地区存在一定的不足，因为该地区的表层海水和浅层潜流之间有着强切变，这会导致在估测海流时出现较大误差，尤其是在赤道冷舌区域。从根本上讲，要监测和预测厄尔尼诺的演变过程，就必须克服这些缺点。因此一种优化的海面流场反演方法就此产生(Bonjean et al., 2002)，目前该方法已被 NOAA 用于构建流场基础数据，称之为海洋表面流场分析—实时模型(Ocean Surface Current Analysis-Real time，OSCAR)①。该模型的诊断方程解决了赤道地区(科氏参数 f 为 0)垂直切变和奇异值的具体问题。这些方程的解可用于全球范围，解方程需要温度分布(利用卫星和现场观测得到)、海面高度和风应力的相关情况。OSCAR 数据产品和独立的洋流观测数据之间的对比(Johnson et al.，2007)证实：该方法可以对纬向和经向时间平均环流提供准确估计。尽管通常情况下无法很好地预估经向平均速度的变异，但在近赤道地区，纬向流速的变异可以较精确估算(相关系数达 0.5~0.8)，其周期约 40 天及平均经向波长为 8°。

图 11.12 展示了 1997—1998 年厄尔尼诺/拉尼娜事件之前及期间几个太平洋赤道表层流场的例子，该图由 OSCAR 数据生成。表层海流在水汽输送中起着重要作用。赤道地区异常的东向海流能够将暖池向东推移，进而有助于厄尔尼诺事件的发生和发展。

图 11.12 中所示的表层海流图也展示了在赤道与高纬度之间起着水汽输送作用的经向分量，其可能会对赤道地区的温度带来改变。值得注意的是，虽然用赤道区域二维的断面图来描述厄尔尼诺现象的基本机制(图 11.11)，但若要对未来事件进行预测，则必须基于完整的三维图。图 11.13 展示的哈莫图描述了 1997—1998 年期间 ENSO 事件发生时海表流场的异常现象。将图 11.13、图 11.9 和图 11.11 对比分析可帮助研究纬向风异常和暖流平流输送之间的关系。

虽然 OSCAR 的服务宗旨是满足客户的各种实际操作需求，但毫无疑问，它在监测和预报厄尔尼诺事件时也发挥了重要的作用(Lagerloef et al.，2003)。这里有一个很好的例子，用以说明如何通过细致处理多个不同类型卫星传感器(此处指高度计和散射计)测量的不同变量，来近实时估计另外一个变量(海表流场，其并不是直接从外太空测量得到)。卫星遥感对海洋表层高频次的空间二维观测，使其得到越来越多海洋研究者的认可。在研究海洋对厄尔尼诺事件发展的复杂响应时，它为水平空间有限的浮标阵列测量(可获取垂直方向的观测资料)提供了很好的补充。

① 见 http://www.oscar.noaa.gov/index.html。

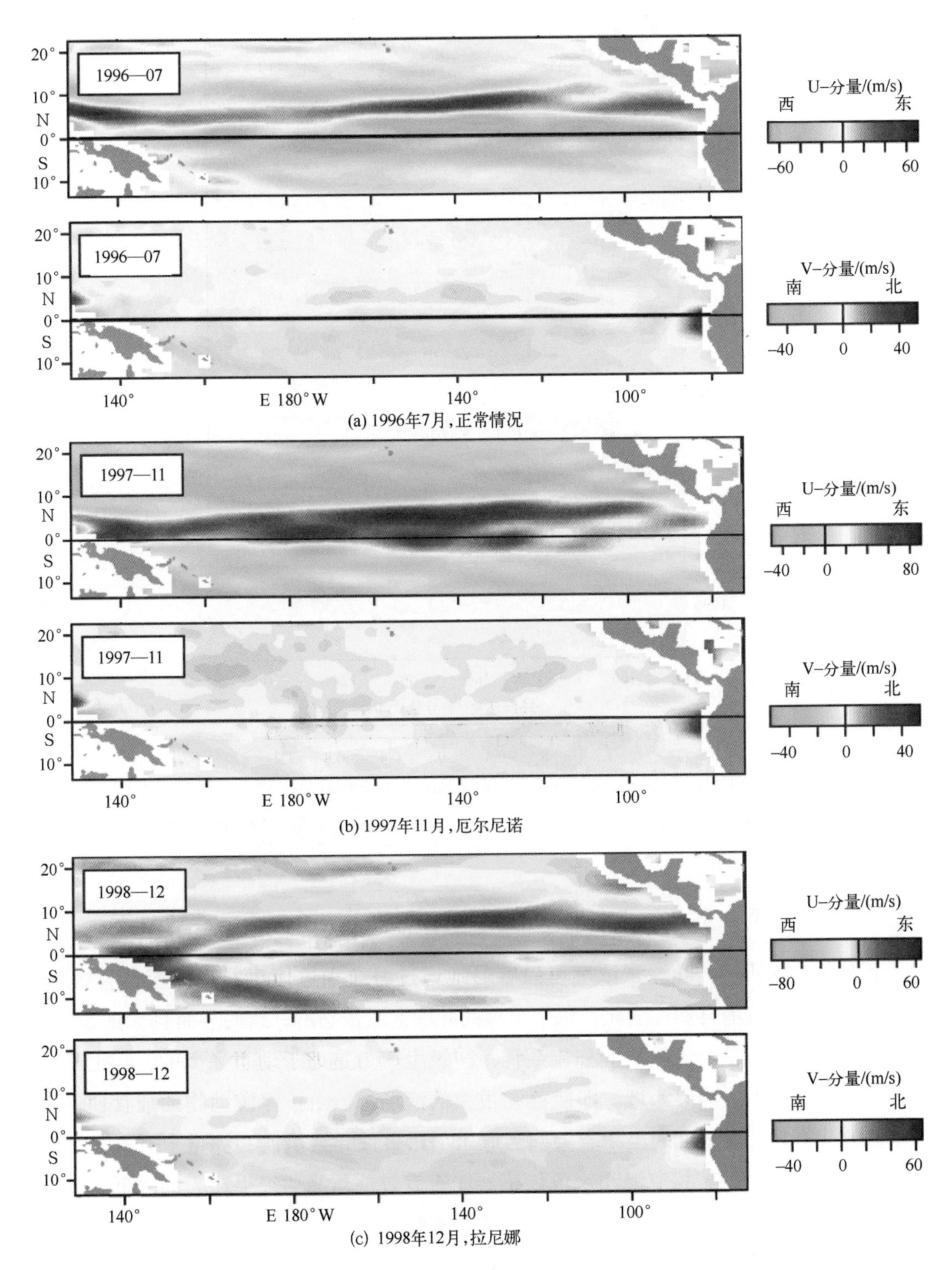

图 11.12　OSCAR 表层洋流数据产品显示的赤道太平洋海域月平均流场图
(图像基于网站 http://www.oscar.noaa.gov/index.html 获得的映射的流场)

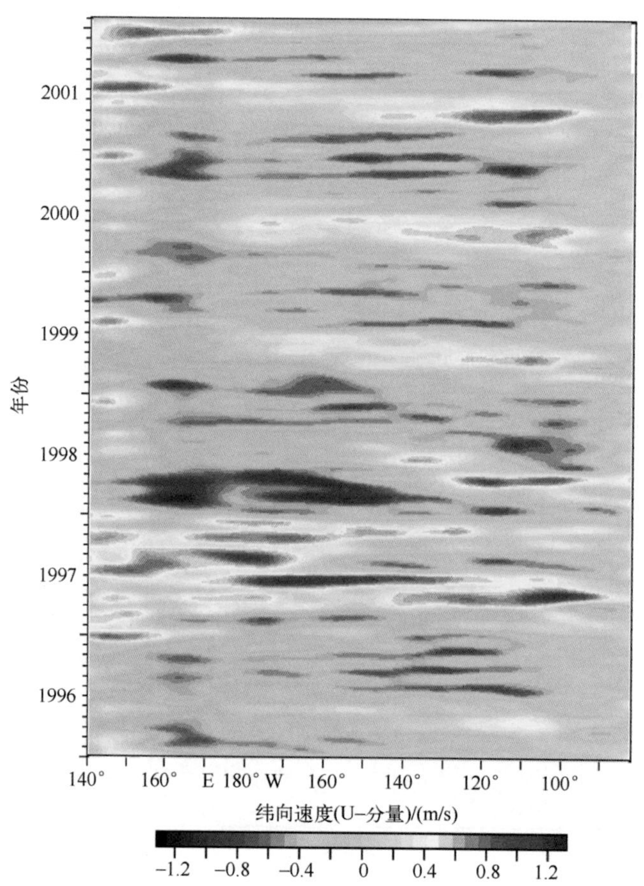

图 11.13　OSCAR 提供的 1996—2001 年年间赤道太平洋海域月平均表层洋流哈莫图
（由 OSCAR 网站 http://www. oscar. noaa. gov/ index. html 上得到的图改编而成）

11.2.6　叶绿素

正如第 7 章所述，叶绿素浓度可以容易地通过海洋水色传感器观测获得。然而，由于浮游植物种群的自然性变化，每个单独的叶绿素图像是不一致的。而且，正如第 5 章讨论那样，对于一个成熟的上升流系统，初级生产力是处于动态平衡的，在上升流区或者营养丰富的大陆架海域，即使存在很大的渔场，但由于浮游动物的捕食使其并没有表现出高叶绿素浓度的藻华现象。当厄尔尼诺事件导致沿海和赤道上升流破坏时（渔业因此遭受破坏），探究海洋水色传感器能否有效地监测初级生产力的降低是个很有趣的课题。全球月合成处理被认为是卫星观测叶绿素浓度最有效的合成方式，其可以克服由于季节变异造成的短期性图像斑块问题。

在评估卫星遥感探测厄尔尼诺现象的能力时，关键问题是其能否通过对比厄尔尼诺年与非厄尔尼诺年的情况，来确定其差异是否比自然状态下非厄尔尼诺年的年际变化更显著。为实现该目的，相比现场实测数据，10 年来长期稳定的 SeaWiFS 数据无疑是更为理想的数据源。

可惜的是，直到 1997 年 9 月 SeaWiFS 才发射，而那时厄尔尼诺正处于发展状态。但在 1997 年 6 月，利用 ADEOS 卫星上的 OCTS 传感器观测资料对厄尔尼诺的最初状态进行的研究(Murakami et al.，2000)表明，赤道太平洋地区叶绿素浓度下降了 40%。两项研究(Chavez et al.，1999；Murtugudde et al.，1999)利用 SeaWiFS 传感器第一年的数据(1997—1998 年)首次展示了厄尔尼诺的演变过程。不久，有文章进一步报道了在 160°—130°W 间出现大规模的水华现象，这可能是对来自比通常情况更浅潜流中的铁元素富集的响应；在随后的拉尼娜事件时期，该区域东移至沿海地带(McClain et al.，2002；Ryan et al.，2002)。Strutton 等(2001)也指出这些初级生产力的增强和与拉尼娜事件相联系的赤道不稳定波有关。图 11.14 展示了赤道太平洋海域在 1996 年和 1998 年期间 3 个典型时期的月平均叶绿素浓度数据，这 3 个时期分别对应着正常情况、厄尔尼诺事件和拉尼娜事件。

评估厄尔尼诺现象对浮游生物影响的另外一个有效方法是分析叶绿素异常图，即比较给定的月、季或年特征与对应的气候态 10 年平均值之间的差异。图 11.15 展示了与图 11.14 月平均相对应的异常值。值得注意的是，这些异常值均以叶绿素浓度的差异(单位为 mg/m^3，基于 lg 的形式)来表现。叶绿素浓度异常值强调在位置和空间结构上的差异特征，而不是叶绿素浓度的实际高低。

基于可容易获取的 SeaWiFS、MODIS 和 MERIS 数据，我们可以进一步探索厄尔尼诺事件发生时叶绿素分布的时间变化特征。

11.2.7 海洋上的降雨

人类强烈感受到厄尔尼诺事件影响的重要方式之一是降雨模式的改变。在陆地上对降雨模式有很好的定义，然而，利用现场采样估测海洋上的降水则很困难，因为现场采样点稀疏，只能得到一些空间不连续的降雨信息和一些小尺度的空间分布特征，从而限制了我们更好地理解厄尔尼诺现象。用于海洋上空降雨的卫星传感器的开发帮助解决了这个问题，即使从严格意义上，这超出了卫星海洋学的范畴，但在此也值得一提。大约在 30 年前，已经可以利用微波辐射成像仪对降雨进行观测。随着各类传感器的出现，以及陆地上雨量计的使用，共同组成了一个全球性的降雨量观测体系，并由全球降水气候学项目(GPCP)对此进行管理(Adler et al.，2003)。从 1997 年开始，出现了专门用于观测降雨的卫星，它就是搭载着测雨雷达和微波成像仪的热带降雨观测计划(TRMM)卫星。从 2002 年开始，AMSR-E 能够提供每日的海上降雨量图像，更多关于这些微波辐射计的信息可查阅 *MTOFS* 的第 8 章内容(Robinson，2004)。

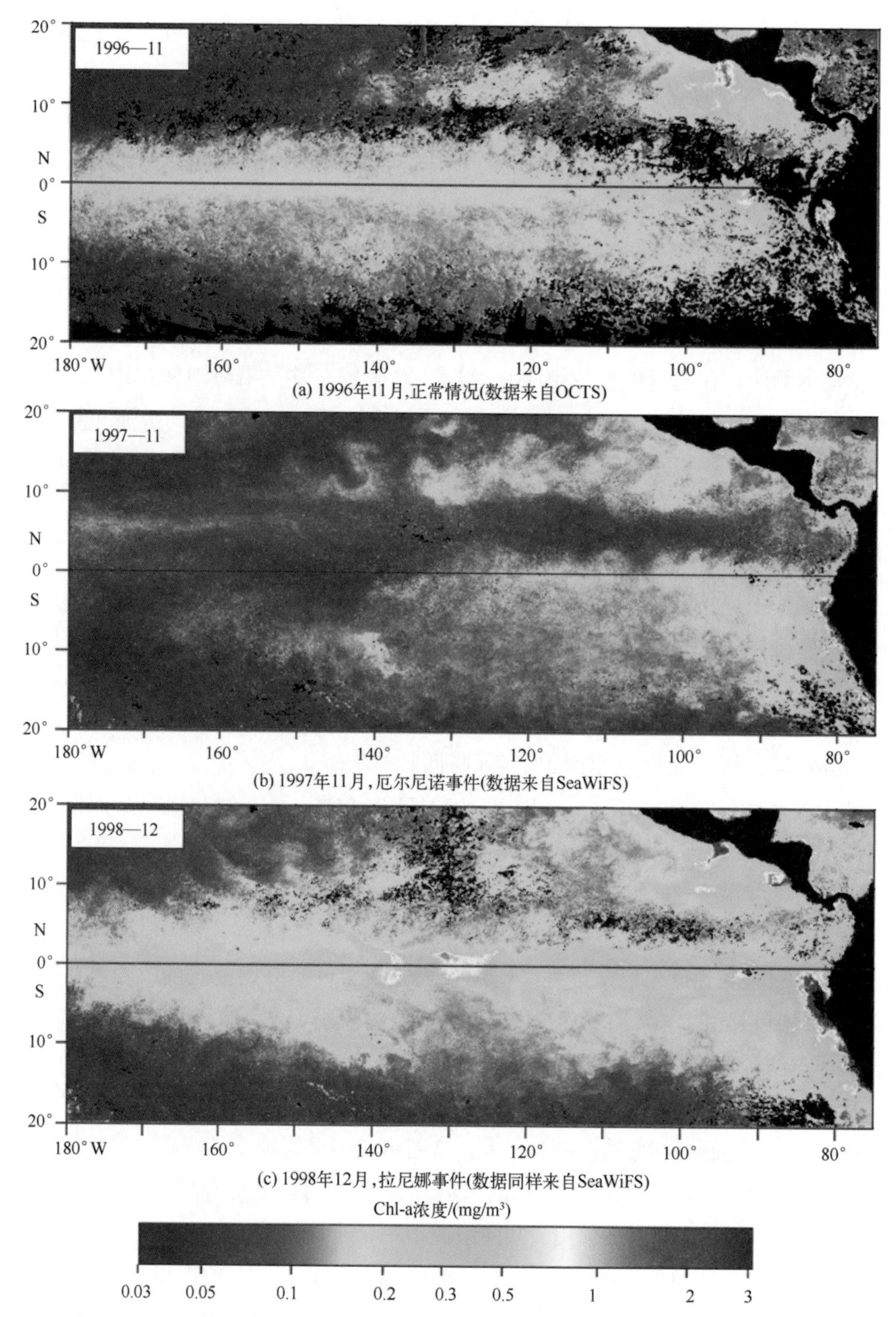

图 11.14　从卫星海洋水色传感器得到的赤道东太平洋区域月平均叶绿素浓度分布图（图像基于从 NASA 海洋水色网站上下载的数据绘制而成）

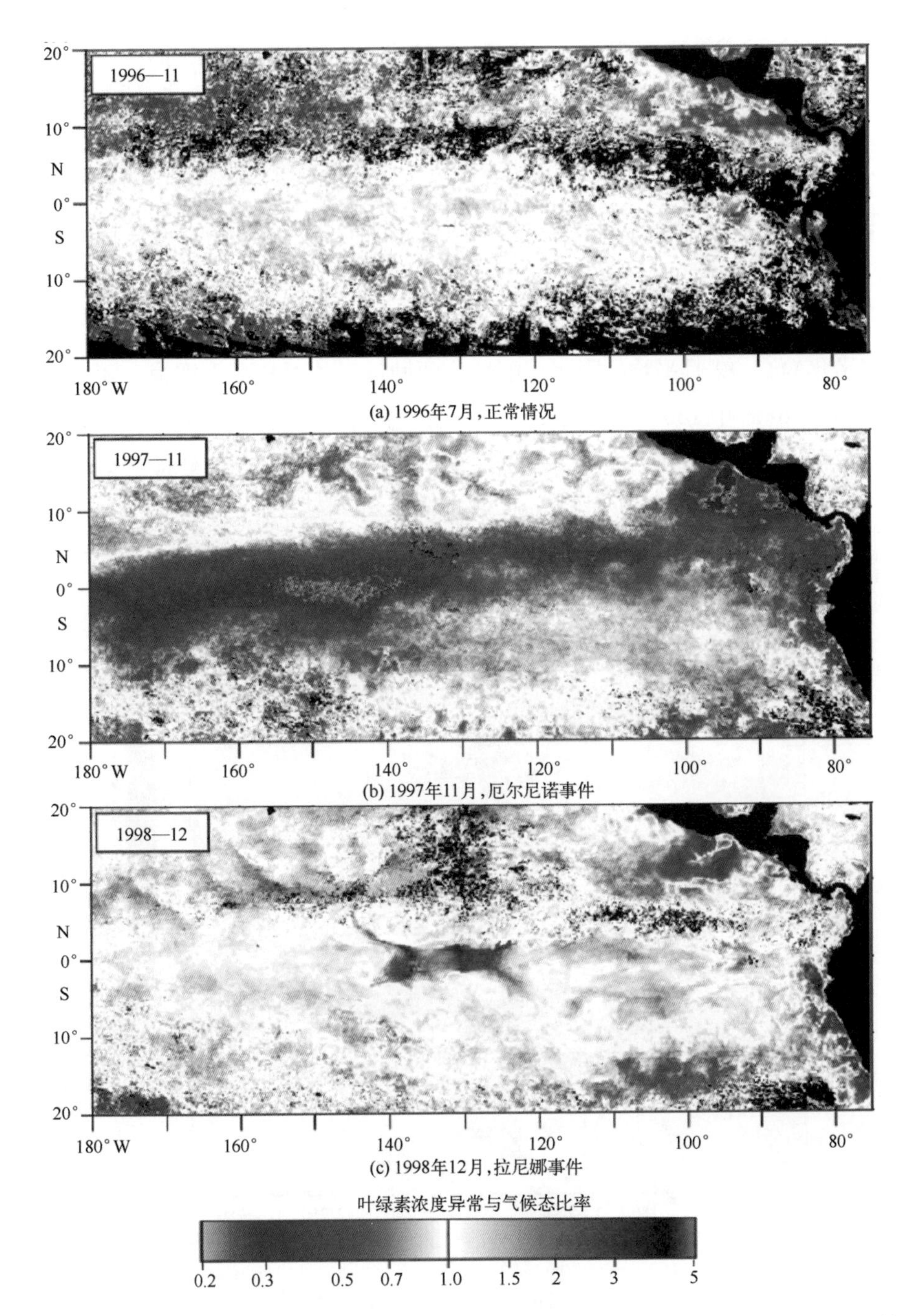

图 11.15　基于卫星海洋水色传感器反演的赤道东太平洋区域叶绿素浓度异常图。这些图是利用图 11.14 中的数据和 10 年来 SeaWiFS 测得的月平均叶绿素浓度数据绘制而成的。异常值表示某月实际叶绿素浓度与该月的气候态叶绿素浓度之间的差异，以 mg/m³ 为单位，以 lg 的形式体现在图中。因此，这个尺度代表该像素点上某月份的实际叶绿素浓度相对于该点气候态的叶绿素浓度的放大因子(数据从 NASA 海洋水色网站上下载)

尽管最有效的海上降雨观测方法直到 1997 年才问世，之前也有另一种替代方法，那就是使用雷达高度计（Quartly et al.，1996），可以得到从 1992 年起的近似雨量分布统计数据。虽然利用这种方法得到的数据并不能直接代表实际的降雨，但是当降雨量达到其可检测阈值时，该方法可以表征降雨的百分比。Quartly 等（2000）采用该方法估算了 1993—1999 年赤道太平洋上的降水分布，并借助 TOPEX 双频高度计推断了正常状态、厄尔尼诺年和拉尼娜年的降雨量差异。作为其研究结果示例，图 11.16（a）展示了 1993—1996 年（正常年份）11—12 月间平均的降水可能性，图 11.16（b）展示了 1997 年（厄尔尼诺年）11—12 月平均的降水可能性。两种情况的对比令人震惊。随着暖池的移动，在图 11.16（a）中 140°—180°E 之间跨过赤道的主要降雨带向图 11.16（b）的东侧扩散了大约 40°，达到 220°E；此外，在图 11.16（a）中位于约 10°N 处横跨太平洋的狭窄雨带，已经向南扩散到达了图 11.16（b）中的赤道。

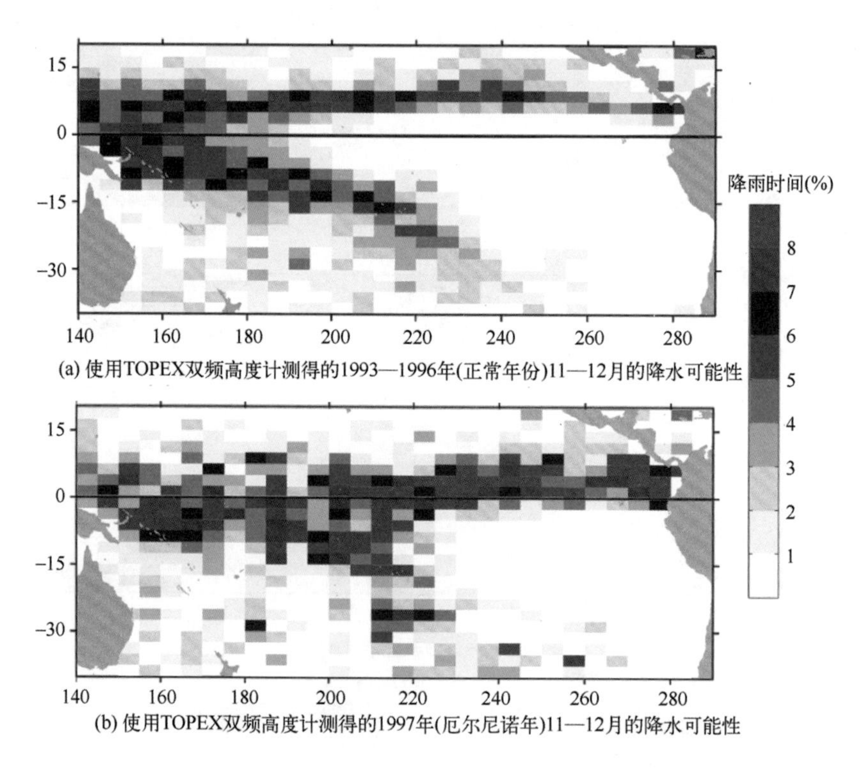

图 11.16　厄尔尼诺年时赤道太平洋区域的降雨量图

［图像得到了 Graham Quartly 的帮助，且参考了 Quartly 等（2000）文章的图 1］

作为一种测量每月降雨的替代方法，GPCP 长时间序列数据使得评估降雨量和区域气候指数之间在时间上的相关性成为可能（Kyte et al.，2006）。其结果主要体现在降雨对该气候指数的敏感性上。图 11.17 展示了全球降雨量与南方涛动指数的关系。当南方涛动指数为正时，对应拉尼娜事件，红色阴影区的降雨量增大，而蓝色阴影区的降雨量减少。当厄尔尼诺发生时(南方涛动指数为负)，蓝色阴影区降雨量增大，而红色阴影区降雨量减少。像这样的敏感性分析图是展示特定环境变量对年际或更长时间尺度区域气候扰动响应的一个非常有效的方法。只有具备十年或数十年的时间序列数据时，该方法才可用。到目前为止，该技术方法主要用于如降雨量或海面状况等具有长时间序列的变量。由于卫星观测可获取更长时间尺度的海表温度、海平面高度异常和海洋水色数据，因此也可利用类似的技术方法探索这些变量对区域气候因子的敏感性。

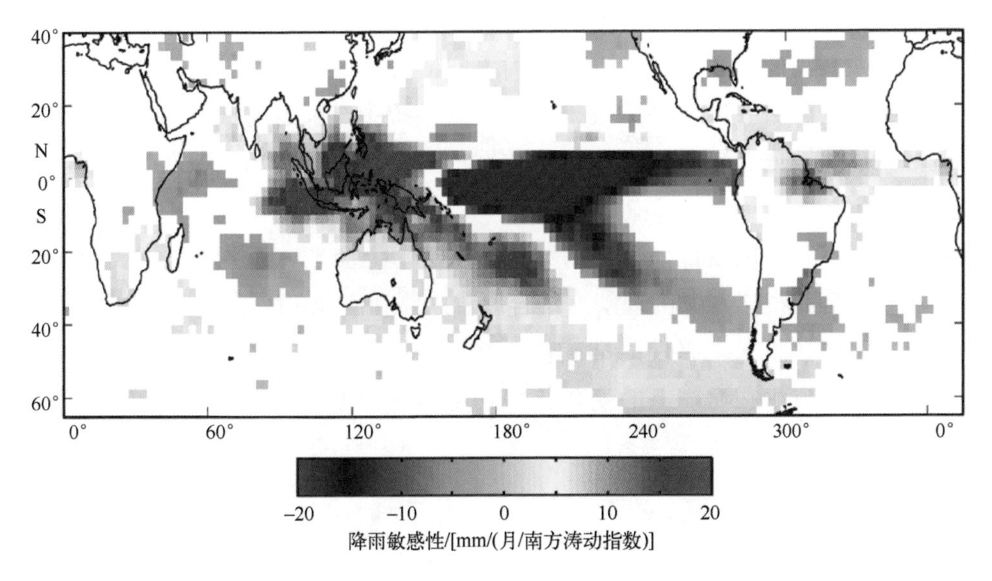

图 11. 17　1979—2000 年卫星获得的海表降水与全球降水(从气候学项目到南方涛动指数)敏感性

注意：在厄尔尼诺期间南方涛动较弱，而在拉尼娜期间活动较强，所以蓝色显示该区域的降水量在厄尔尼诺期间提高而红色则显示下降［数据由 Graham Quartly 提供，基于 Kyte 等(2006)的图 1 中的一部分］

11. 2. 8　协同作用

从前面几节内容读者可以看出：卫星遥感对我们理解厄尔尼诺现象有着极其重要的作用，这主要是卫星遥感观测能够对不同海洋变量的相似性提供对比分析。迄今为止，我们已经分别考虑了每一个遥感可获取的变量。当这些变量的结果被放在一起展现和分析时，就可以得出它们之间的关系，并且为人们提供了一种理解其中因果关系的新思路。比如 Struttton 等(2001)、McClain 等(2002)、Picaut 等(2002)从不同方面为此提供了很多证据。

通过对风压、海平面高度异常和海表温度(绝对的，没有异常)哈莫图进行简单的排列比对，Picaut 等(2002)揭示了 1997—1998 年这些变量如何相互作用。哈莫图的排列表能够显示不同变量扰动之间是否相关以及相互是否存在滞后。虽然，相关性并不能确定因果关系，但是从中可以发现不同变量可能的关联机制，比如风爆发、纬向速度的脉冲、海平面异常的扰动。当海平面脉冲通过哈莫图的倾斜特征显示为以开尔文波的形式传输时，这便解释了被经度分离的因果之间有时间延迟存在。

用类似的方式，哈莫图将叶绿素浓度增强与海表温度和上表层深度的信息联系起来，便对维持水华现象的营养物质的来源做出解释。然而，最终的目标是要研发出可靠的可预测 ENSO 事件的模式技术，这种基于连续观测的卫星遥感数据以及对其的各种分析获得的研究发现，需要明确不同的海洋变量和大气变量之间最重要的相互作用到底是什么，进而将其嵌入预报模式系统中。随着每一次预报模式对某一事件的成功、失败或者错误预报以及对数据的进一步处理分析，都可以让模式得到优化。

总的来说，我们可以得出这样的结论，从卫星上获取一系列海洋要素无疑大大提高了人们对厄尔尼诺现象的理解。结合原位观测和海洋-大气数值模式，卫星遥感数据逐渐提高了预报未来事件的准确性，并且当某个天气现象正在发生时，卫星数据可以用来监测发生在海洋上的变化，并且将这些现象以公众所接受的可视化形式表现出来。

11.3 季风

11.3.1 简介

“季风”一般用来描述热带区域一年中风向发生显著变化，从而引起季节性强降水的局地气候现象，其根本原因是陆地与毗邻海域温度的改变。由于海表温度在一年内只是逐渐变化，而陆地相对于海洋在夏季迅速增暖，且在冬季迅速冷却，从而产生气压梯度，使得在夏季风从陆地吹向海洋，而冬季则相反。对长期生活在东南亚和印度次大陆热带地区的居民而言，对当地天气和海况年际变化规律的认识，毫无疑问已经成为生活常识。然而，20 世纪气象学家发现许多不同的局地天气季节性变化特征，在一定程度上与更广泛的全球季风现象有关。

最近，海洋学家才开始研究海洋对季风的作用和响应[如 Fischer 等(2002)和 Weller 等(2002)]，并开始认识到季风强弱年之间海洋呈现出的明显差异。很明显，海洋的响应在一定程度上体现为海洋对大气水分和热量传输的影响。因此，为了提高对季风的季节性预报，有必要了解海洋对季风的响应机制，其重要性在于降水会对数百万居住在热带地区的人们生活带来影响，尤其是在降水显著大于或小于预期的时候。

在大多数区域性的海-气相互作用过程中，卫星数据与浮标和其他海洋现场观测一同，也发挥着重要的作用。它提供了更广的时空覆盖信息，进而将局地实验与区域和全球环境联系起来。同时，卫星遥感能够对诸多海洋要素空间分布提供常规性的观测，比如海流、湍流、涡旋、混合层、温度、上升流、初级生产力、海面风场和波浪等，这对航海也有着重要的意义。

本节主要探讨遥感的能力，以说明海洋对季风的典型响应，集中在印度洋，那里的季风与印度次大陆有关。同样的研究方式也适用于东南亚季风以及南海对其的响应机制的情况，但具体过程在不同地区存在差异，取决于当地的地理特征。

11.3.2 利用卫星数据解释印度季风

散射计数据为研究发生在印度洋的典型季风提供了一种简单的方法。图 11.18 显示了 2005 年 4 月、7 月、10 月和 12 月的月平均风场。西南季风发生在北半球夏季(6—9 月)，此时从印度洋向印度次大陆吹西南风，如图 11.18(b)(7 月)所示。而图 11.18(a)4 月、图 11.18(c)10 月与之相比，风场较弱且无主导风向。图 11.18(d)显示，在冬季，从 12 月到翌年 1 月，强劲的东北风从陆地吹向海洋 。东印度洋和东南亚的季风存在明显的季节性差异。风在海面传输一段距离，获得较高的水汽含量后，便发生降水，风继续吹向更高纬度的陆地(例如 7 月西南季风期间到达西北印度)。风场的模式每年都存在微小的差异，强风的时间同样也在年与年之间发生着变化。读者可以利用遥感系统的网站(www. remss. com)获得遥感图像来研究季风的年际变化情况。

图 11.19 显示了 2005 年 4 月、7 月、10 月和 12 月海表温度分布情况以及对应的风场分布。这些月平均数据来自基于 AVHRR 红外传感器获得的 Pathfinder 5.0 海表温度数据集。西南季风期间，索马里和阿拉伯沿海出现上升流。最强的上升流分布在 5°N—11°N，水温约为 14℃。东北季风期间，沿着印度西北海岸以及孟加拉湾出现强上升流。

西南夏季风和东北冬季风的风向反转会引起北印度洋、阿拉伯海和孟加拉湾的环流发生重大变化，这与其他海洋不同(海洋环流以及涡旋会随季节发生调整，但并不会形成反转的变化)。图 11.20 所示结果也说明了这一点：图中显示了几年来 7 月和 1 月的多年平均海平面高度异常数据，地转流围绕海平面高度异常在低值区呈气旋式流动

(北半球为逆时针)，而在高值区呈反气旋式流动。虽然海平面高度异常只能通过相对于定常流(steady flows)的环流变化来解释，但季风引起的流场季节性反转表明大多数地区平均流场很小，因此这种特殊情况下利用海面高度异常反演得到的洋流与绝对洋流是很相似的。

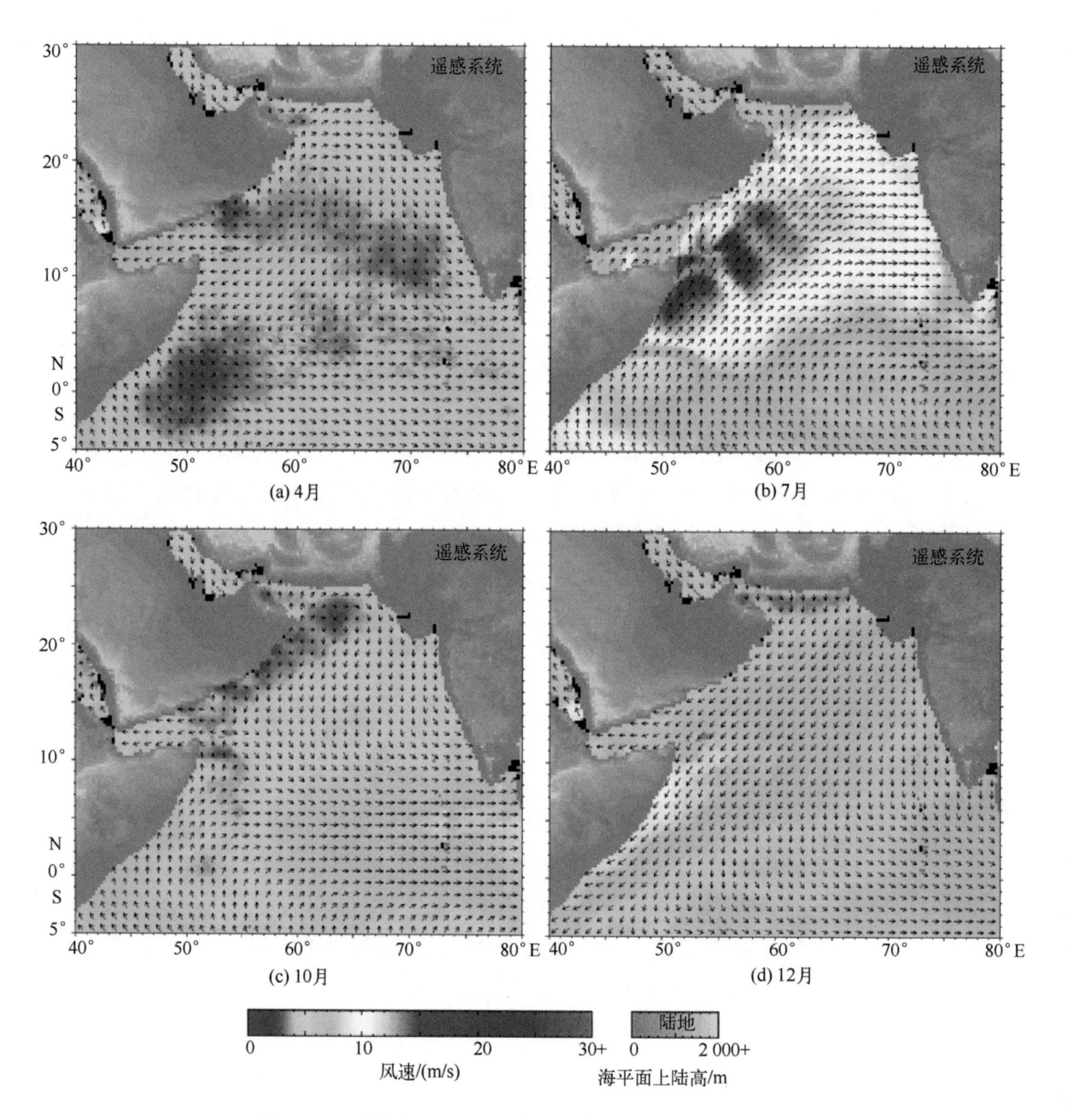

图 11.18　利用 QuikScat 反演的阿拉伯海月平均风矢量图

2005 年西南季风期间：4 月和 7 月；2005 年东北季风期间：10 月和 12 月。数据来自遥感系统网站(QuikScat 数据由遥感系统制作，受 NASA 海洋矢量风场科学团队资助)，图片改编自 www.remss.com 网站中获取的一张图像

图 11.19 海表温度分布图中显示的强季节性上升流控制着该区域的初级生产力，海洋水色传感器获得的叶绿素分布图也证实了这一点(图 11.21)。5 月，当印度洋出现风驱动的弱上升流时，叶绿素浓度为全年最小值，同时只能在阿拉伯海和西北印度洋湾附近观测到初级生产力。在西南季风发生期间，索马里和阿拉伯沿海的强上升流使得浮游植物迅速生长，不仅在近海海域，同时也扩散到阿拉伯海和南印度洋周边。图 11.21(b)显示了从 9 月至西南季风结束时出现的该现象。需要注意的是：7 月和 8 月，由于云覆盖，很难从水色传感器获得印度洋北部的无云月平均数据，这使得利用光学卫星观察季风过程受到限制。到 11 月，叶绿素浓度减小至与季风时期相当，并未达到 4 月和 5 月时的水平。与东北季风相关的生产力增强模态[图 11.21(d)]，主要发生在阿拉伯海湾区域，与西南季风时的情况不同。

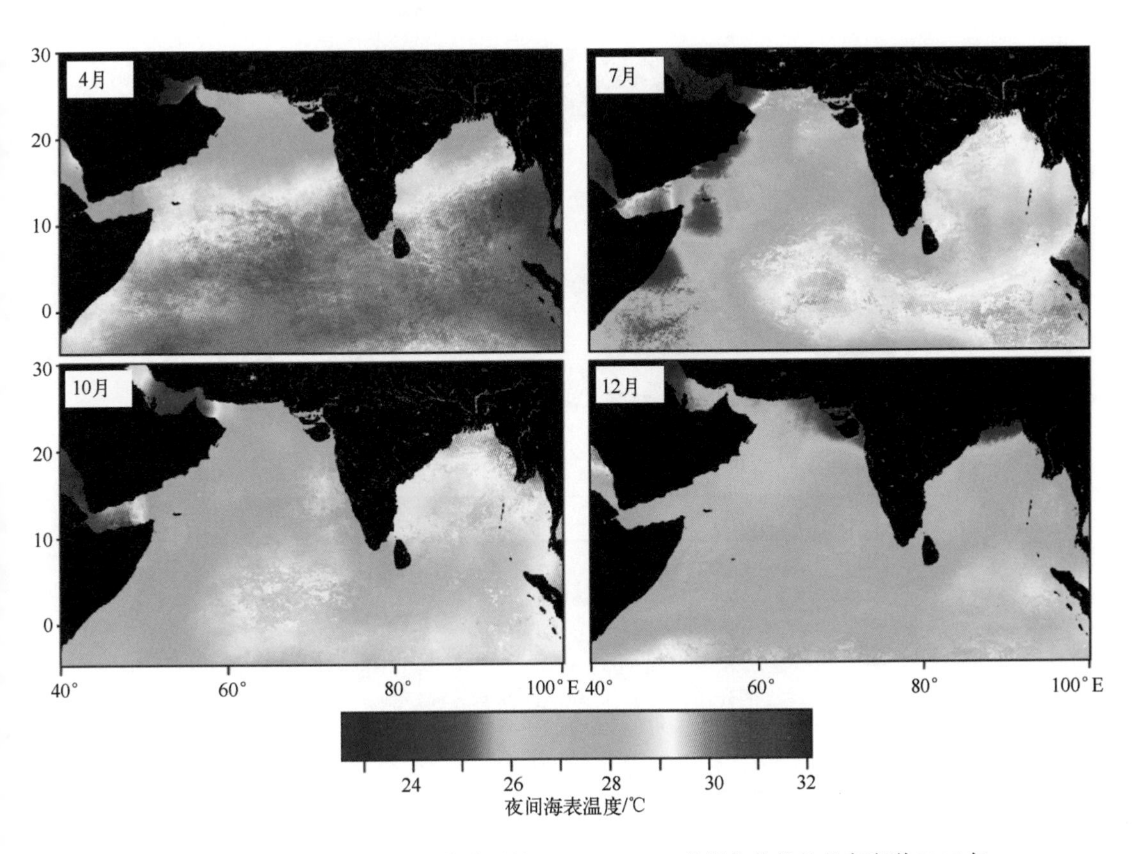

图 11.19　基于 AVHRR 红外传感器的 Pathfinder 5.0 数据集获得的北印度洋 2005 年 4 月和 7 月(西南季风)以及 10 月和 12 月(东北季风)的月平均合成海表温度图像
(图片由作者基于 NODC 数据绘制)

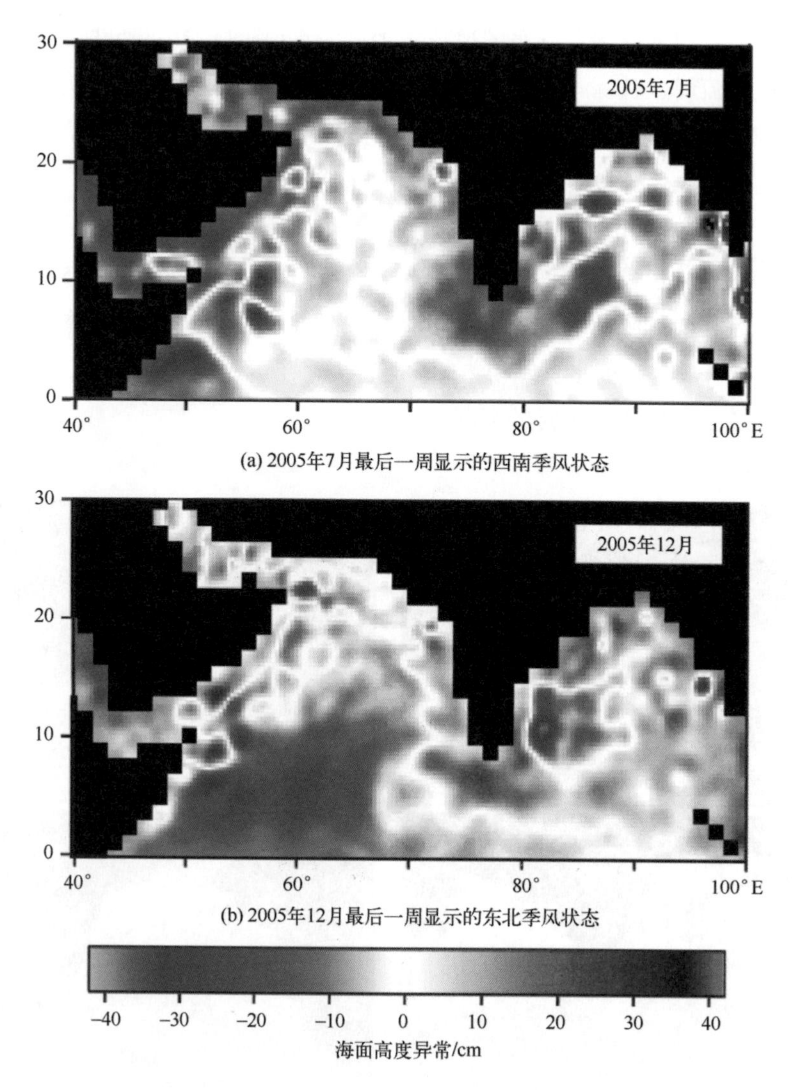

图 11.20　基于 AVISO 的海平面高度异常合成产品得到的印度洋海面高度异常分布图（图片由作者基于 AVISO 网站数据绘制）

11.3.3　印度季风年际变化

前面几节通过示例显示，每年都发生海洋对季风响应的年循环，本节不再赘述。由于季风的强度逐年变化，因此海洋的响应也存在年际变化。然而，这便引发了到底是海洋随大气变化还是海洋影响大气的问题。同时，应牢记着海陆温差在一开始驱动了风场的形成。如果像 2002 年那样，西南季风较往年弱，那么降水则会减少，并且引起的干旱会严重降低农业产量。相反地，如果像 2004 年那样季风较往年强，则会引起

洪涝灾害，同样对人类生产生活造成影响。

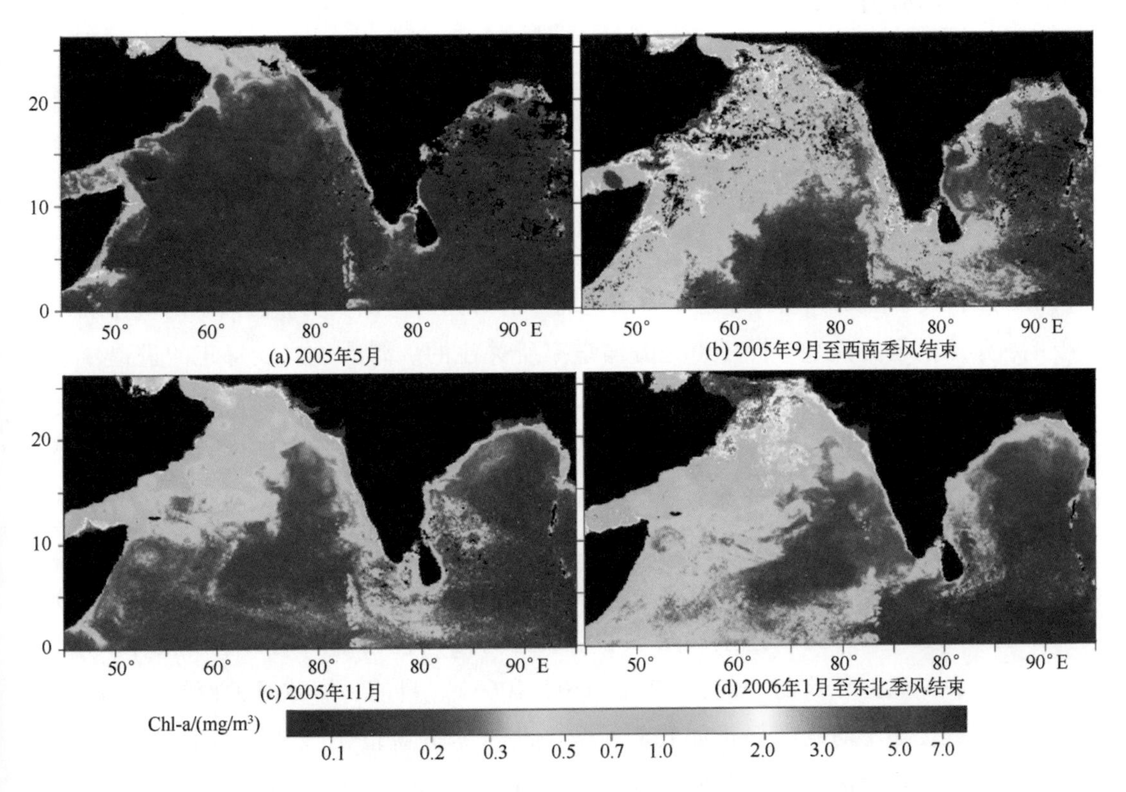

图 11.21　基于卫星数据的印度季风不同阶段的叶绿素浓度分布图
（图片由作者根据 NASA 海洋水色网站获得的月平均 SeaWiFS 叶绿素数据集绘制）

季风指数所记录的季风降水量是指每年测量的全印度的夏季降水量(Parthasarathy et al., 1992)，也有其他方式用于表征季风强度(Wang et al., 1999)，包括基于风场环流的一些方式(Webster et al., 1992)等。印度季风的变化是 ENSO 发生后最强的气候信号之一，并且印度季风可与等其他季风系统(如亚洲东南季风等)和 ENSO 的状态联系起来(Gadgil et al., 2004)。

如第 10 章所讨论，近几年海流、海表温度以及热通量的卫星遥感观测，促进了海-气界面过程相关研究的发展(Liu et al., 1999)。比如，可用热通量和海表温度的信息来解释 2002 年及 2003 年西南季风的巨大差异(Ramesh Kumar et al., 2005)，高度计能够观测到季风强度对阿拉伯海中尺度变化的影响(Subrahmanyam et al., 1996; Subrahmanyam et al., 2000)。可以预见，利用卫星海洋观测对全球季风系统海-气相互作用的研究将会逐渐增多，同时也将有助于提高季风预报能力。

11.4　海冰分布

11.4.1　概述

极地遥感研究是一个广泛的研究领域，许多书籍已介绍过这方面的研究[如Carsey(1992)、Haykin 等(1994)、Wadhams(2000)、Rees(2005)和 Lubin 等(2006)]，大多数研究已经超出了本书范畴。对海冰的监测及其监测效果的研究既是极地科学家的研究兴趣，同样也是海洋学家所关注的。海冰边缘线每年的进退，伴随着海冰在秋季形成时释放多余的盐分，在春季融化时释放冰冷的淡水，是高纬度地区海洋学研究的重要内容。两极海冰浓度季节性循环的年际或年代际变化和长期趋势，对更广范围的海洋环流有很大影响，甚至影响到全球海洋。同时，它是全球气候的重要组成部分，也是预测气候变化的潜在重要因子。

例如，北大西洋海冰的生消会影响格陵兰岛及挪威海的水团特性(T，S)(Peterson et al.，2006)，这里底层水的形成是大西洋经向翻转的一个阶段性表现，也是全球海洋温盐环流的一部分(Rahmstorf，2006)。目前，海冰对大西洋经向翻转流的影响程度还不明确。但正如我们所见，北极冰覆盖很明显地迅速消退，因此，研究其如何影响欧洲西北部直至全球的气候和深层海洋环流已不仅仅是出于学术兴趣。同样，南极海冰的变化与南大洋的环流及水文特征密切相关。例如，Charrassin等(2008)用了一种非常新颖的异于常规的“遥感”观测方法对海冰进行了观测分析，他们通过冰下和冰周围的海象所携带的现场传感器获取了海冰数据，这些数据是卫星遥感和传统海洋采样方法无法得到的。

从更广泛的地球系统角度来看，极地冰覆盖的存在对地球反照率有显著的影响。夏季北极海冰范围的缩减降低了海冰对太阳光的反射，改变了北冰洋以及极地大气对太阳热能的吸收量。气象学家早就意识到上述过程对北半球天气系统的影响，北冰洋夏季冰覆盖的消失是否会影响全球气候已不再是单纯的假设性问题，这也是本节之所以要讨论海冰分布(人类活动是普遍的影响因子)的原因。事实证明：遥感技术对揭示长期形成的海冰变化模式起着重要作用。

11.4.2　从太空观测海冰

本节我们所关注的卫星传感器是微波辐射计，其能够获取粗分辨率的逐年海冰消长的记录，但需要注意的是，微波辐射计并不是唯一的海冰监测方式。在极地海洋中，船员的关键操作任务是获知不断变化的海冰情况，但事实上，由于船只在布满浮冰的水域航行时需要准确地知道无冰水面的路线，因此粗分辨率的微波辐射计显然是不合适的。虽然可见光和红外中分辨率传感器在海冰监测中起到一定的作用，但对于海冰的监测，其主要传感器是合成孔径雷达。在过去 10 年，海冰监测已经有了很大的进展，监测海冰的空间分辨率已经达到低于百米的级别。通过对搭载在Envisat 上的 ASAR 传感器以及 Radarsat-2 合成孔径雷达进行组合，已实现海冰业务化监测运行(Onstott et al., 2005; Askne et al., 2008)，关于细节本节不再赘述。

微波辐射计之所以能够区分开阔水体与浮冰，是因为冰比水面有更高的微波辐射率但温度稍低于水温，因而看上去冰更明亮。因此，在辐射计视场内的开阔水体与冰面的相对比例可以通过亮温值估算得到。当然，其他因素也会影响亮温，比如大气湿度、海洋和海冰的实际温度、海面粗糙度以及海冰纹理，但这些不需要特别明确。微波辐射计常用于反演环境变量(见 2.4.4 节及第 8 章)，多频段不同极化方式的辐射计利用经验算法便可直接预测海冰的密集度。在 8.3.7 节中列出了这些算法的具体形式及它们的局限性。在 1979—1987 年，Nimbus-7 多通道微波扫描辐射计(SMMR)运行期间，一些学者针对该辐射计开发了一些具体的算法(Cavalieri et al., 1984)，它的继承者是 SSM/I，应用于美国国防气象卫星计划(DMSP)的系列卫星(Cavalieri et al., 1991, 1995)。

美国国家冰雪数据中心(NSIDC)开发了一种海冰指数(Fetterer et al., 2002, 更新于 2008 年)，用户可以通过其网页获得公开的海冰数据。NASA 的戈达德空间飞行中心(GSFC)每日制作并更新海冰密集度数据，且将这些资料录入气候数据集中。该数据提供了多种在线显示形式，包括时间序列动画，其主要产品是两极的海冰密集度分布图，分辨率为 25 km。数据获取当天可生成临时版本，但将在一个月内被最终版本替代。欧洲气象卫星组织(EUMETSAT)[①]的海洋和海冰卫星应用中心(OSI-SAF)也提供类似的产品，但其来自不同的数据分析系统。图 11.22 所示是海洋和海冰卫星应用中心提供的 2009 年 8 月 22 日南半球每日海冰密集度分布，南半球冬季末期，海冰覆盖程度几乎达到了最大，但图像上显示的颜色表明，很多以冰为主的区域并未完全被冰覆盖(只有当密集度达到 100%时，数据集才标注为纯白色)。当海冰密集度远小于 100%，意味着存在冰间湖以及开阔水体，这些特性是微波辐射计无法判断的，仍需要利用合成孔径雷达对其进行探测。然而，只有在开阔水体附近的狭缝区域，海冰密集度才会低于 50%。

① 参见 http://www.osi-saf.org/。

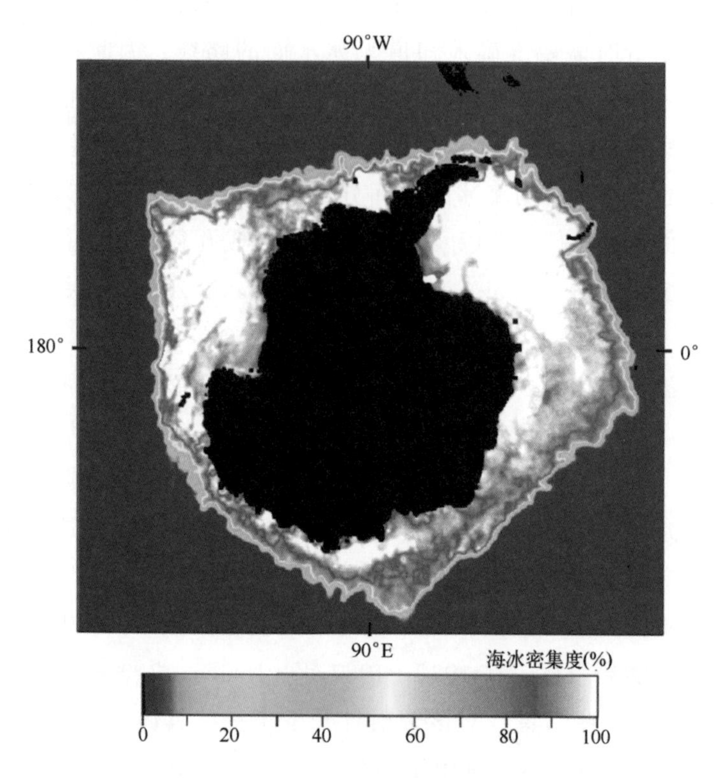

图 11.22　2009 年 8 月 22 日南极附近的每日海冰密集度分布图

海冰密集度是单个像元中所有海冰所占的比例(图片由作者根据 OSI-SAF 网站获得的 NetCDF 数据绘制)

图 11.23 和图 11.24 分别显示了美国国家冰雪数据中心公布的南极和北极海冰分布范围，这些分布图通过定义海冰范围得到了海冰密集度：在 25 km 分辨率的海冰密集度图像中，当某个像元的密集度低于 15%时被认为是开阔水体，大于等于 15%则认为是海冰覆盖，15%等值线可认为是确定海冰范围的海冰边缘线。该方法的优势在于突出海冰主体每年的消长变化过程，对航行有着重要影响。海冰的分布范围也可能受风的影响，风场促使开阔海表洋流发生辐散，导致海冰密集度降低，分布范围增大。需要注意的是：在科学地分析海冰体积时，采用海冰密集度分布比海冰范围更适合。图 11.23 和图 11.24 中的粗体灰色线表示基于 1979 年 1 月至 2000 年 12 月的 22 年数据，在季节性循环同一阶段获取的 15%海冰边缘线的中间位置。在一年中的特定阶段，可用全年的数据来评估单个像元内的海冰覆盖超过 15%的可能性，需注意仅根据该等值线划分的该年特定阶段的气候态海冰边缘线，准确率为 50%。

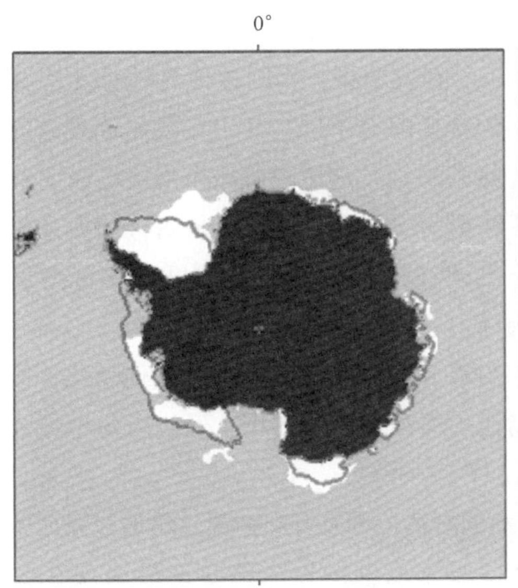

(a) 2009年2月，对应南半球夏季最小值

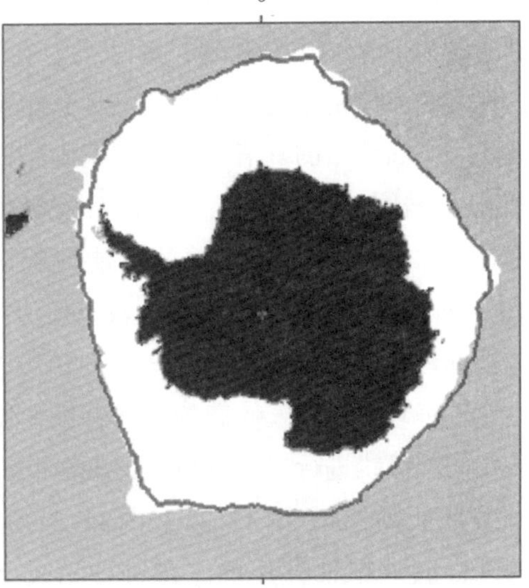

(b) 2009年8月，对应南半球冬季最大值

图 11.23　南极海冰范围月平均分布

海冰范围以白色表示，该区域的密集度大于 15%。粗灰线是 1979—2000 年期间月平均海冰范围的中值线(图片根据美国国家冰雪数据中心网站海冰指数数据集图像数据绘制)

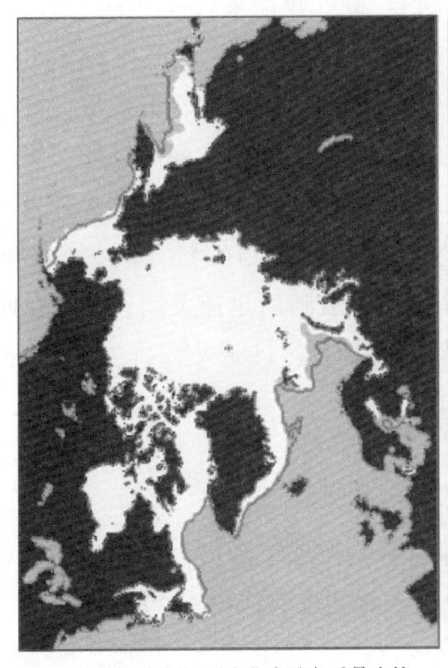

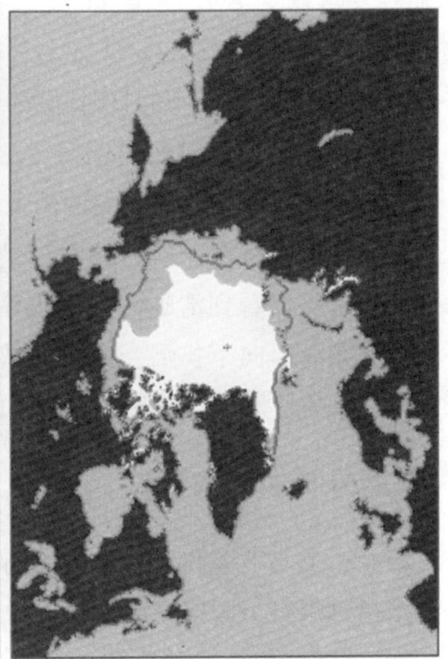

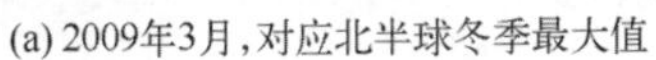

(a) 2009年3月，对应北半球冬季最大值

(b) 2009年9月，对应北半球夏季最小值

图 11.24　北极海冰范围月平均分布

海冰范围以白色表示，该区域的密集度大于 15%。粗灰线是 1979—2000 年期间月平均海冰范围的中值线(图片根据美国国家冰雪数据中心网站海冰指数数据集图像数据绘制)

月合成海冰密集度分布图是通过对当月每日海冰密集度数据中每个像元进行平均得到的，为了保证数据质量，每月至少有20个有效数据，否则该像元被标注为无数据。每月的海冰密集度分布图与每日分布图的含义略有不同，其中日数据代表海冰密集度实时空间分布的真值，而月数据则是时间的平均，这使得海冰密集度的含义往往会被混淆。比如，某个特定像元的月密集度数据为50%，说明该区域每天的海冰密集度都是50%，或者还有极端的可能情况，也即在该月一半的天数里海冰密集度是100%，而在另一半的天数里根本没有任何海冰。

根据月平均资料，研究者分析了1979—2000年期间的海冰季节性气候变化，同时通过比较每月与该月气候态的海冰特征，制作了海冰异常分布图，通过对每个像元同月往年的趋势线进行拟合得到了趋势分布图。

需要注意的是：图11.23和图11.24显示的海冰范围月分布情况，是通过海冰密集度的月合成数据推算出的。在每种情况下，海冰范围的极大值在南极出现在8月[图11.23(b)]，在北极出现在3月[图11.24(a)]，同时，海冰覆盖的极小值在南极出现在2月，在北极出现在9月。在每张图中，(a)和(b)显示了海冰范围在冬季和夏季的明显差异。最大的差异出现在南半球冬季(1979—2000年间海冰范围为$18.1\times 10^6 km^2$)，而在夏季骤降至$2.9\times 10^6 km^2$。在北半球，冬季平均海冰范围是$15.7\times 10^6 km^2$，而到夏季减少至$7.0\times 10^6 km^2$，尽管自2000年以来获得的平均值已经发生了很大变化(如下文所述)。

过去30年海冰密集度分布的日时间序列和月时间序列图包含着大量可被挖掘的信息。例如，海冰在夏季结束时如何返回至北冰洋是一个相当有趣的问题。图11.25显示了一系列以2周和4周为时间间隔的图像。在2009年，东北航道首次开通，其允许少数大型集装箱船直接从东亚航行到欧洲港口。在图11.25(a)、(b)、(c)和(d)中，沿着西伯利亚海岸可以看到清晰的开阔水体，但航道随后迅速关闭。海冰在此阶段逐渐沿着格陵兰岛东海岸向下扩展，白令海峡一直开放至11月[图11.25(g)]，但是在图11.25(h)和(i)的情形中，其已经完全关闭。

11.4.3 海冰分布如何变化？

图11.26显示了北半球和南半球30年来月平均海冰范围最大值和最小值对应的月份。这些海水指数来自美国国家冰雪数据中心，此处没有依据1979—2000年气候态异常百分比进行比例缩放(变化的百分比数值显示在左侧坐标轴)。相反，根据给定的绝对单位下的海冰范围实际面积异常，y轴进行了比例缩放(标示在右坐标轴)。因此，可以通过图11.26比较南北之间的实际海冰覆盖面积在不同月份的变化。需要注意的是，虽然增量间隔相同，但是每个例子中面积坐标轴的起始值是不同的。

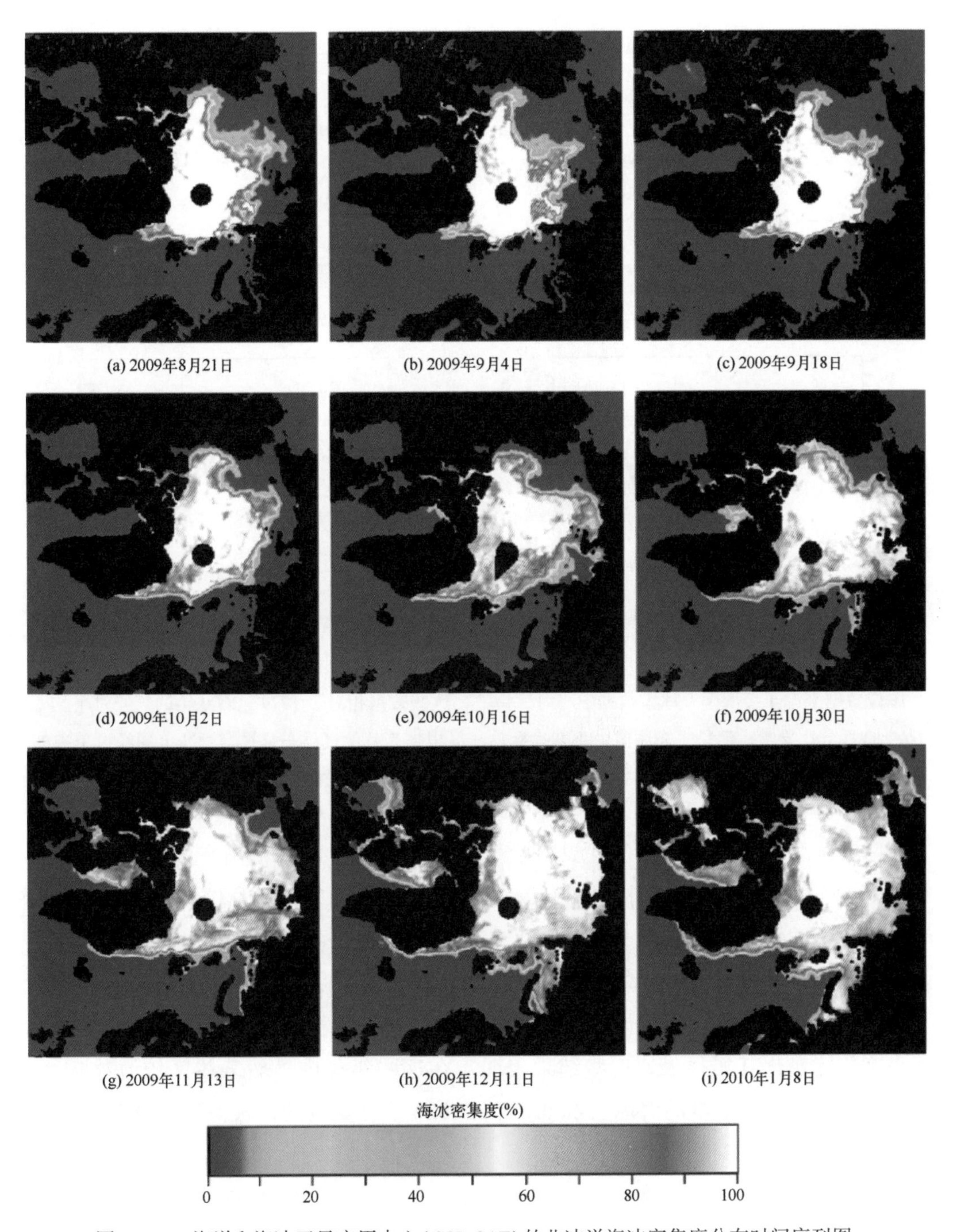

图 11.25　海洋和海冰卫星应用中心(OSI-SAT)的北冰洋海冰密集度分布时间序列图，时间间隔为 2~4 周，显示了在 2009 年夏季结束后海冰覆盖的变化模式（图像根据 OSI-SAF 网站获得的 NetCDF 原始图像文件绘制而成）

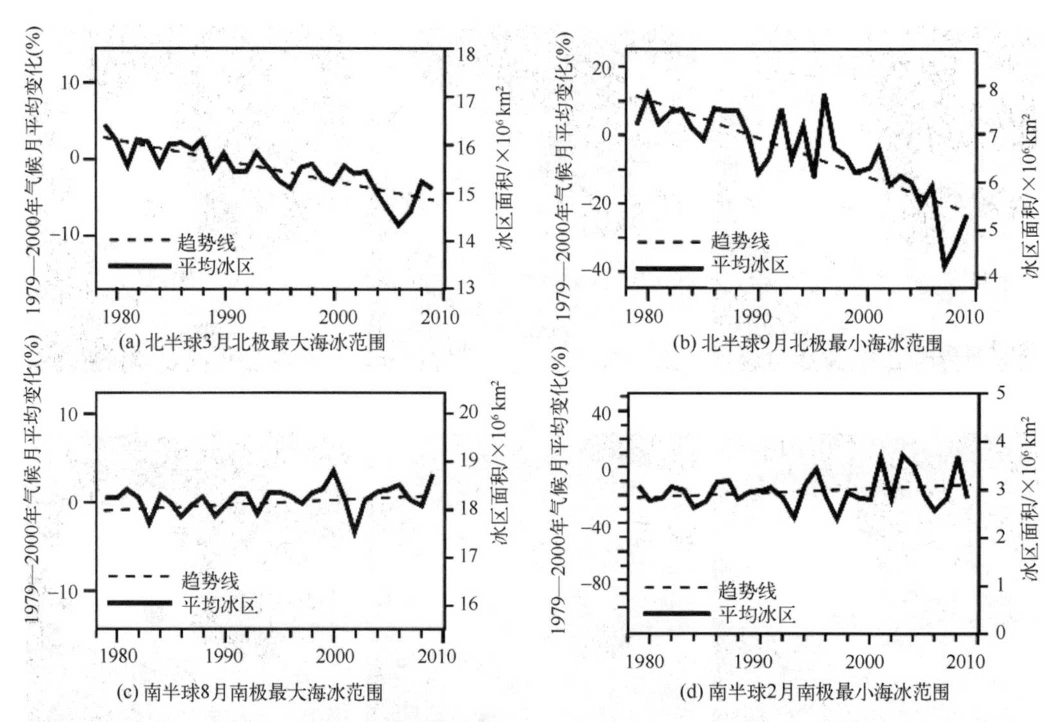

图 11.26　1979—2008 年南北半球海冰密集度月平均分布逐年时间序列(实线)和趋势线(虚线)图，图像数据来源于美国国家冰雪数据中心海冰指数，这些数据相对于 1979—2000 年的气候月平均(左轴)百分比异常。但是，在图像中垂直坐标轴已经根据当月的气候态月平均海冰范围经过单独的比例缩放，所以在 4 幅图像中以面积为单位的绝对异常值显示在右轴

南极海冰在逐年变化，但并没有显著的变化趋势，海冰范围在 8 月或 9 月[图 11.26(c)]最大，在 2 月最小[图 11.26(d)]。海冰范围的最大月份和最小月份年际变化有相似的振幅，但就百分比来看，最小月份的振幅要大得多。虽然图 11.23 只显示了一年，但气候态 2 月海冰边缘线位置与 2009 年 2 月的海冰边缘线位置存在明显差异，该现象证明：虽然如图 11.26 所示的海冰总量稳定，但南极局部地区海冰密集度年际变化其实很大。这些结果表明：在这些年份中虽然某些区域海冰较少，但其他区域有相对更多的海冰。Zwally 等(2002)结合观测的南极海冰变化讨论了相关问题。

北冰洋的变化趋势非常不同[图 11.26(a)(b)]：以 1979—2000 年平均值为基线，冬季最大海冰范围每 10 年以 2.8%的速度减小，并且该变化与年际变化的标准偏差关系显著。但是由于春夏之后海冰融化，使得海冰总量最小，所以在夏季末海冰范围变化的绝对值相对于冬季减少更多。在 2009 年计算的以百分比表示的海冰变化趋势是每 10 年变化-11.2%±3.1%。1997 年前该趋势弱得多，但在下一个 10 年减退加快了，导致科学家在21世纪初猜测北冰洋可能在2050年将会出现无冰情况。在2007年，海冰面积降至2.8×10^6 km^2，这几乎震惊了所有研究极地和气候的科学家。图11.27显示了1979年、2000年以及2006—2009年这几年的9月北冰洋月平均海冰范围分布情况。与历年相比，在2007年白令海峡北部的大部分北冰洋区域，是人类有记载以来的第一次与大气层接触(无冰覆盖)，该范围达到了距离北极约500 km处。这导致了图11.26(b)中曲线在2007年显示出了急速下降，即海冰面积减少至约4×10^6 km^2。2007年加拿大岛间的海冰消失，西北航道开启，尽管那年东北航道仍然是关闭的。

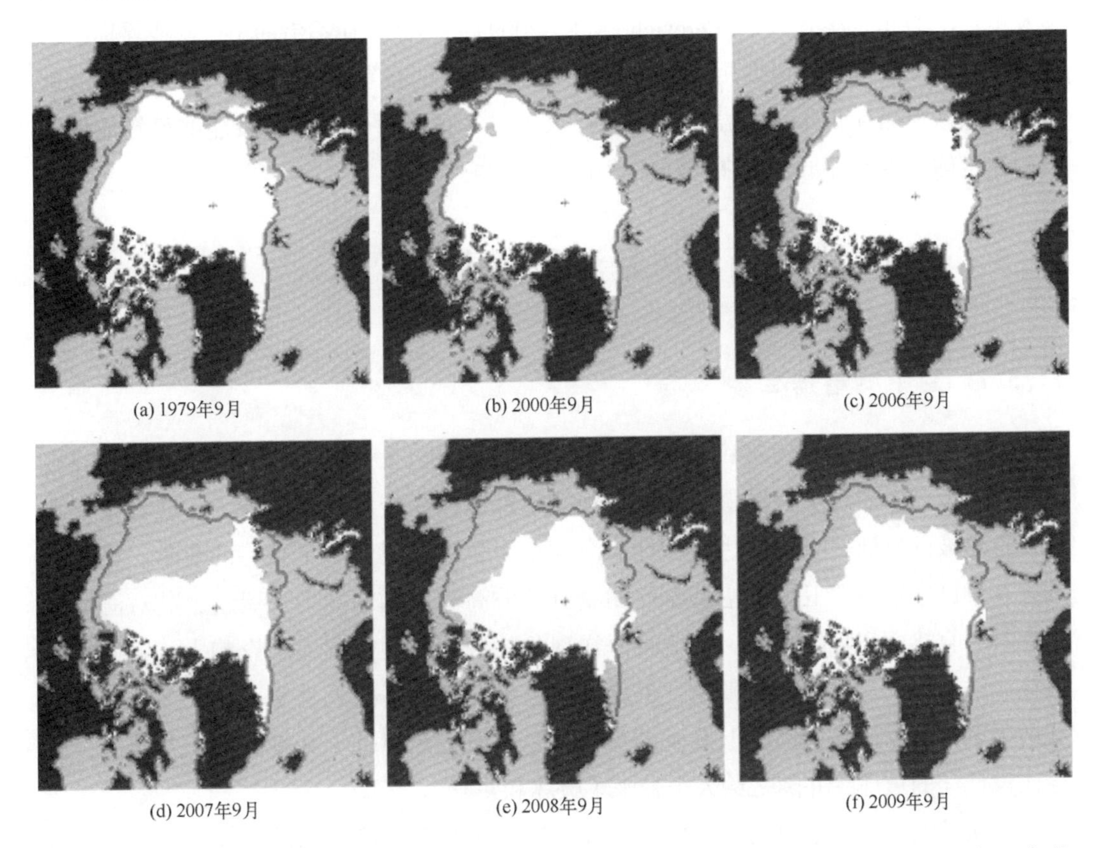

图11.27 1979年、2000年及2006—2009年的9月北冰洋月平均海冰范围分布表明了在过去30年北冰洋夏季海冰减少。以白色显示的区域表示密集度大于15%的范围，粗灰线表示估测的1979—2000年间9月的中值海冰边缘线(图像基于美国国家冰雪数据中心网站获得的海冰指数数据集绘制而成)

在2008年人们见证了第二个最低的夏季海冰记录值，在2009年最低值又再次上升，与长期趋势线逐渐接近，意味着这并不是北极海冰完全融化的开始。尽管如此，每年北冰洋不断有新的航道开启，例如前文中提到的东北航道。一旦多年冰在某个区域开始融化，一年冰在下一年会代替多年冰，但一年冰可能更加不稳定，很难避免融化。尽管目前由于过去3年的极端事件使得海冰科学研究存在很大的不确定性，但我们仍然能够预测这种加速融化的趋势。在随后几年，读者可以通过在线搜索海冰指数来获取数据，自行探索出该趋势是如何发展的。不过可以肯定的是：要是没有卫星遥感数据的支持，我们可能需要花很多年来探索北冰洋海冰的变化，甚至需要更长的时间来提高对海冰的理解。正因为如此，积累海冰指数和其他遥测数据集的相关知识，将能够让我们更快速地正确认识北半球夏季冰覆盖消退的过程。这些例子很好地证实：卫星数据能够让我们直观地认知地球的变化。

尽管已发表一些科学综述，但全面了解夏季海冰范围的变化差异还为时过早，其涉及更广泛的北冰洋海洋学(Perovich et al., 2009)。然而，在不借助于航次或浮标的帮助下，其他卫星传感器可以用于探索北冰洋其他方面的新发现。例如，在2007年海表温度传感器观测到北冰洋的温度至少达到10℃。总体来讲，卫星手段能够很好地用于监测在全球变暖条件下发生在海洋环境中的突发事件。

11.5 潮汐、海平面、风暴潮和海啸

11.5.1 空中测量基准

卫星雷达高度计作为被广泛应用的工具，已被用于很多有趣且重要的海洋探测。之前的章节已经展现了卫星雷达高度计观测追踪海洋涡旋和锋面的能力，或者是对大规模行星波的反演，卫星雷达高度计对海洋动力学的发展作出了独特的贡献。第8章和第9章已经描述了卫星雷达高度计测量有效波高和风场的能力，展示出其对海洋工作者具有直接而实际的意义。本节将海洋现象的侧重点放在了人类影响上，我们首先关注海洋对人类文明潜在的影响，也就是全世界海岸地区的人类文明。大多数有海岸线的国家都可以指出近代史上发生的事件，海平面上升超过了其潮汐的正常范围，就会淹没低洼的土地，并随之给人类带来了毁坏和悲剧。

直接导致此类海平面上升事件的因素是风暴潮与高潮或海啸的叠加，而成年累月平均海平面较温和却更持久的波动，可能会轻微加剧这些极端事件。10年或百年时间尺度上的长期海平面变化历史记录表明了海岸线位置的改变，显示出城镇被淹没，或者使曾经繁华的港口困至内陆数千米远。既然已经意识到我们的星球在快速地变暖，那么可预期世界范围内的海平面还会不断上升，尽管对于如何迅速地上升还是不太确定。1993—2003年间上升速度为3.1 mm/a±0.7 mm/a(Bindoff et al., 2007)，这一速度是否将会持续下去，减少或增加？并且如何随着地理位置变化而变化？理解突发海平面上升事件和缓慢变化背后的过程将会是一个挑战，这个挑战已经不再是单纯的科学

家兴趣，而变成了人类为应对即将发生事件的必要需求。

为什么卫星高度计可用于这个领域呢？毕竟近海岸的海平面才是我们最关心的，而在靠近陆地的浅海地区，卫星高度计的观测并不可靠(虽然在第13章中提到该问题可能会得到改善)。为什么卫星高度计不仅有用，还彻底改变了我们观测和认识这些快速或缓慢的海平面变化过程？其原因是卫星高度计在开阔海域和整个全球海洋的观测是可靠的。大多数测量的沿岸海平面，即使区域网格做到精确程度，也只能代表它们周围的环境。如果我们要知道沿岸的海平面是如何突然或缓慢变化的，我们需要知道在离岸或更深的海洋中发生了什么。潮位仪探测得到的变化是一个纯粹的局地现象，还是一个更广泛模式的一部分呢？数十年来，沿海大地测量工作者不断地应对着这些问题，在努力比较大量独立监测站的海平面资料(它们不与同一大地水准面平行)。卫星高度计使用精确的轨道跟踪技术，有效地提供了一个“天空基准面”，这在1992年8月T/P卫星高度计发射之后的十几年里，改变了潮汐科学和海洋测量的面貌。

使用卫星高度计测量海面高度的基本原理介绍可以在*MTOFS*的第11章中找到，同样，Fu等(2001)提供了一个相对全面的卫星高度计介绍，并有特定的章节专门介绍了海洋潮汐(Le Provost，2001)、海平面变化(Nerem et al.，2001)和大地测量学(Tapley et al.，2001)。这里讨论的关于高度计应用的重要信息，是例如T/P这样的卫星传感器及其后继星Jason系列，充分利用最优的高度测量法，运行在非太阳同步轨道上，对于单次记录可测得绝对精确度达4.2 cm的相对参考椭球面高度(时间积分步长为1 s)，当沿着轨迹上百千米求平均后，其绝对精确度接近2 cm。1992年以来，地面轨迹每9.915 6天精确重复一次，所以，精确的海平面能够从长期平均值中反演得到。

经过T/P卫星高度计几年的运行，基于高度计海面高度记录的潮汐分析成为可能，进而得到更多详细的全球天文潮汐的调和分潮的空间分布(Le Provost，2001)。这对于潮汐本身来说是一个巨大的成果，因为之前对深海潮汐的了解相当少。现在，全球任何地方的天文潮高度(比如仅仅是因为太阳和月球的引力对海洋和地球响应而造成的高度改变)的预报精度都能达到1 cm或2 cm。这是区分海平面位移产生驱动机制，即区分气象强迫(例如包括压力)和天文潮引起的风场强迫这两种机制的必要条件。当确定潮汐振荡时的平均海平面时，选择更长时期来求平均以去除受潮汐影响的信息也是至关重要的。如果预测的潮汐信号不能很好地从高度计记录中去除，剩余的潮汐信号将会逐渐成为高度计记录的主导，进而使得探测平均海平面的长时间变化和空间分布变得更加困难。

11.5.2 平均海平面

在 T/P 卫星高度计发射之后许多年，才出现海平面(MSL)相关结果。这是因为需要花费很多的时间和精力，进行传感器校正以及各种校正在高度计测量距离处理过程中的应用。类似地，精确的轨道计算模型也需要时间来改进，并需要若干年来获取新的潮汐模型。此外，测试高度计信号偏差中是否有任何漂移也需要时间，虽然这可能不会太影响海洋动力学方面的应用，但对平均海平面变化的分析是有影响的。该工作在一定程度上已通过与潮汐测量数据对比得到解决(Mitchum，1994，1998)。这里提及的比较传递了关于陆地移动影响潮汐测量的新信息，这些信息在校正程序中需要进行反馈(Mitchum，2000)。T/P 卫星运行良好且超出设计寿命后仍能良好地工作，使后续的Jason-1卫星能够得到良好的过渡，这对于 T/P 项目和科学团队而言令人满意。

在 T/P 卫星高度计发射后的前几年，无法期望获取全球平均海平面趋势信息的一个更根本的原因是，这些信息在前几年是毫无意义的。平均海平面存在季节和年际变化，这与海洋环流的变化和水团的分布有关。因此，从每 10 天周期的 T/P 卫星高度计观测估计的海平面值会产生相当大的噪声记录。此外，研究发现 ENSO 事件在很大程度上影响着全球平均海平面，意味着确切地探测气候变化趋势则需要数十年的观测数据。因此，在 Jason-1 卫星与 T/P 卫星每次飞过相同地面轨道的 6 个月期间(过境时间仅相差 70 s)，让 Jason-1 与 T/P 进行相互校正是十分重要的。经过 10 个月校正，Jason-1 被确认可以等同于T/P 执行任务(Menard et al.，2003)。轨道跟踪的改善意味着 Jason-1 的轨道现在具有1 cm 的径向精度(Lutchke，2003)。

全球平均海平面趋势

研究者经过仔细分析发现，T/P 卫星高度计的平均海平面数据与 Jason-1 卫星高度计的平均海平面数据可以无缝对接(Leuliette et al.，2004)，这篇文章成为 IPCC 第四次评估报告中应用卫星高度计反演平均海平面信息的主要来源(Bindoff et al.，2007)。图 11.28 展示了全球平均海平面在 1993—2008 年期间的变化趋势，这比 IPCC 报告中可得到的时间进一步延伸了 4 年(Nerem et al.，2007)。这些点来自单个 10 天重复周期观测，曲线则是这些点的平滑处理结果，直线表示平均趋势。这幅图明确显示了全球平均海平面的年增长率为 3.0 mm/a±0.4 mm/a，同时发现：这里存在短期的扰动行为，1997—1998 年发生的厄尔尼诺事件显然为一个平均海平面正向变化的事件，但在 15 年的数据跨度上它可以被视为常数。

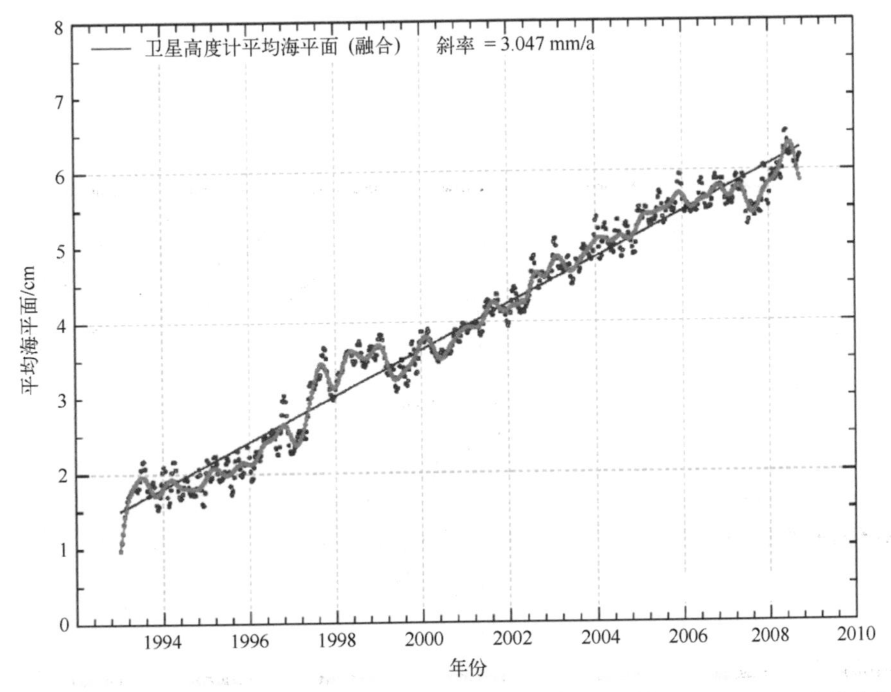

图 11.28　从多任务 SSALTO-DUACS 测高数据集得到的全球平均海平面变化。季节性变化已经移除，且进行了逆指标效应的修正(图片版权归 CLS/LEGOS/CNES 所有，从 AVISO 网站 http://www.aviso.oceanobs.com/en/news/ocean-indicators/mean-sea-level/index.html 下载)

尽管如此，我们在使用类似图像时必须小心谨慎。我们应该避免用外推法将它的时间向前推进来预测未来，因为它代表的只不过是观测，这条曲线在未来 15 年会如何需要时间来证明。预测平均海平面上升应该基于海洋-大气系统模型，模型中假设有一些因子驱动着全球变暖，它们对未来平均海平面的影响是可以估测的。测高法的优势在于它能明确描绘出一个现在和最近的海平面变化趋势，基于此可以对气候模型的预测结果进行测试[见 Leuliette 等(2006)]。此外，由于这个变化趋势的地理分布也可以直接从测高法记录中得到，如图 11.29 所示，因此这为对比模型提供了一组丰富的信息，使模型精细化。需要注意的是，在这个图像上平均海平面变化具有相当大的空间变异性，包括一些地区的平均海平面正在下降。

试图用控制海平面的因素来解释观测到的趋势，引发了一些有趣的科学争论[见 Lombard 等(2006)]，并导致了一个最终共识，也即在过去的 10 年期间(1993—2003 年)，高度计测量的热比容海平面(thermosteric sea level)(由上层海洋上变暖的海水扩张导致的)上升了大约 50%，其余的可以解释为额外水团融入海洋中(主要来自陆地冰块融化)所造成的。Garcia 等(2007)通过使用 T/P 卫星高度计和 GRACE 的融合数据，从另一个不同的角度探讨了这个问题。然而 T/P 数据测量的是绝对高度变化的分布，而

GRACE 数据是通过跟踪重力的小变化来测量海洋水体质量的变化(Nerem et al., 2003)。这表明其提供了海洋中来自其他来源的补充水源的相关信息，可能主要来自陆地冰的融化。这个差异被假定为热比容效应。

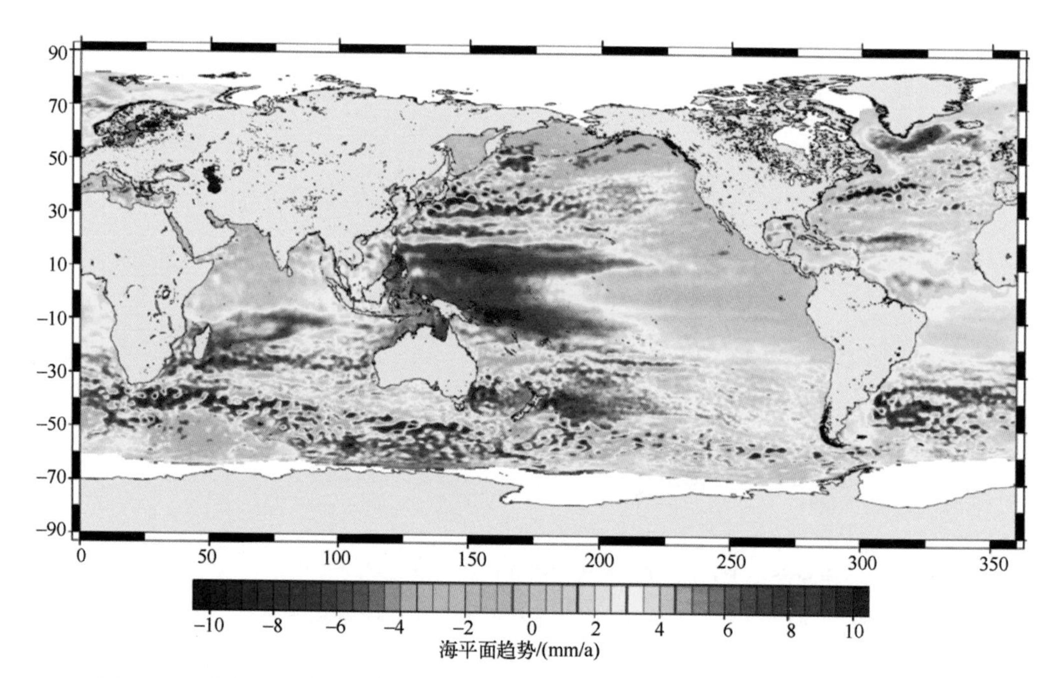

图 11.29　基于 1992 年 10 月到 2008 年 1 月 SSALTO-DUACS 测高数据得到的全球平均海面高度区域变化趋势图。季节性变化已去除，且已做过反晴雨表效应的校正(图片版权归 CLS/LEGOS/CNES 所有，从 AVISO 网站 http://www.aviso.oceanobs.com/en/news/ocean-indicators/mean-sea-level/index.html 下载)

全球平均海平面变化的高度计数据也与历史验潮站记录相结合，提供了可追溯到几十年前的更长观测记录，可以根据这些记录来测试气候预测模型。这是很有益的，因为它包括了海平面变化趋势低于现今的时期(Church et al., 2006)。平均海平面加速变化的证据对预测模型提出了更具有挑战性的考验。

平均海平面的区域变化

尽管许多学者更加关注全球平均海平面高度的变化趋势，但从图 11.29 可以明显看出，平均海平面在不同区域间存在很大的变化。因此，海洋学家应该确定过去和当前的平均海平面区域图，这具有相当重要的意义，因为它能够为制定应对区域未来海面高度变化和淹没的决策提供参考。利用测高法能够得到该信息，其空间分辨率为 100~200 km。以地中海为例，可单独利用测高数据(Larnicol et al., 2002)或将其与验潮站记录结合(Fenoglio-Marc, 2002; Tsimplis et al., 2008)，绘制地中海区域的 MSL 变化图。

不仅可以将平均海平面的区域、长期趋势，还可以将与气候变化因素相关的上升和下降模式应用于当地的洪水威胁治理。例如，Woolf 等(2003)分析了北大西洋上 1°方格区域内 9 年来的月平均 T/P 卫星高度计海平面数据，发现季节性的信号在有些区域变化范围可超过 120 mm(在空间长度上变化不超过 200 km)。去除季节性信号后，其残差代表了年际变化，部分残差可能是由于有限的采样所导致，但绝大多数代表实际的状况，其标准差在有些地区超过了 100 mm。最有趣的结果可能是：冬季最北部区域的年际变化和北大西洋涛动(NAO)指数存在很高的相关性，图 11.30 说明了这一点(Woolf et al.，2008)。要注意的是，例如在波罗的海，其平均海平面对北大西洋涛动指数有着强烈的响应。对潮水测量记录做类似的分析，在沿海的小范围内也得到了该结果，这与卫星高度计的结果很好地吻合，显示了该关系在离岸的变化。在解释为什么海面高度会数月甚至数年高于或低于正常值时，类似的分析有时是很有用的，而且这样的分析提醒我们，不是所有的非季节性海面高度变化都是与全球变暖相关的长期趋势的一部分。

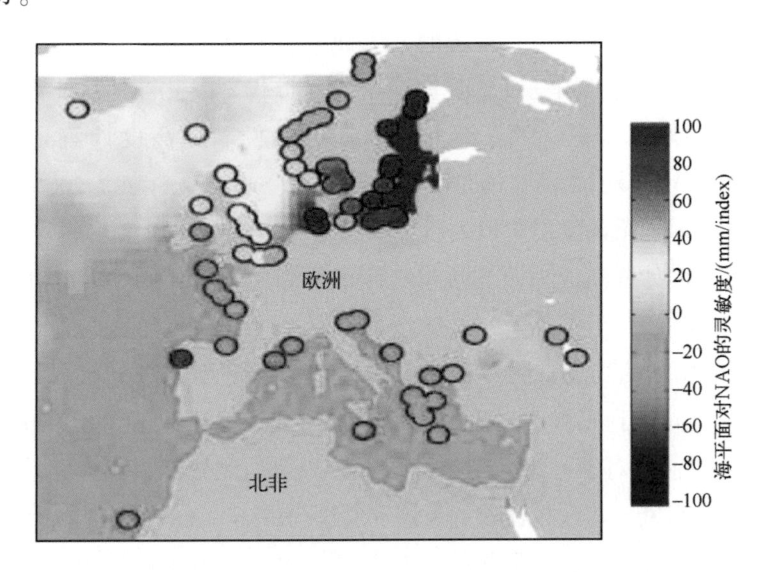

图 11.30 冬季海平面对北大西洋涛动的灵敏度(指数每变化一个单位的变化率)，圆圈里的值是通过相应位置的验潮仪测量而计算的，剩下的值(相同尺度)来自 TOPEX 卫星高度计测量的分辨率为 1°×1°的气候态海面高度数据［图片由 David Woolf 在 Woolf 等(2008)之后提供］

11.5.3 风暴潮

当强烈的气象事件导致海平面上升或下降到足以超过某一特定海岸线和与之相关的人类基础设施适应的正常最高或最低天文潮汐界限时，就会出现风暴潮。超低的海面、潮升不足会给船舶运输带来不利影响，尤其吃水较深的船舶航行在较浅航道时，比如在多佛尔海峡或托雷斯海峡。超高的海面、正涌浪会造成洪水泛滥、生命损失。对世界上很多受风暴潮威胁的区域来说，预报风暴潮是主要的工作。

涌浪是由天气系统通过两种机制引起的。首先，海洋就如一个气压计，气压每下降 1 mbar(1 mbar=100 Pa)，海平面则上升 1 cm，所以在移动的低压或热带风暴中心，这种影响最明显。其次，海洋对低压中心的移动和与风暴相关的风应力移动将产生很难预测的动态响应。例如，在陆架浅海，海洋会产生共振响应，这取决于与特定水深处长波自由传播速度相关的气象强迫的路径和速度。对于热带气旋，其有着不同的动态响应，部分取决于接近陆地的大陆坡和大陆架的地形。

因此，尽管气象学家很难预报主要的中纬度低压或热带气旋的路径，但是预测风暴对沿岸海平面影响难度更大。因此对风暴潮到达陆地之前引起海面扰动的任何监测都为预报模型提供了有价值的数据，公共预警的发布就是基于这些模型。如果卫星高度计轨道路径很接近风暴中心，则高度计可以提供这些数据。如果风暴是快速移动的，风暴潮引起某地点海平面上升到最大值并再次下降的时间尺度也许会很短，典型的是数小时而不是几天。这意味着单个稀疏的高度计时空采样不足以监测一个完整尺度的风暴，尽管人们设法计划利用高度计观察整个风暴过程。因此，到目前为止高度计并没有完全用作监测风暴潮的工具，尽管已有研究案例利用高度计监测到了风暴潮(Woolf et al.，2008)。最引人注目的是卡特里娜飓风(Scharroo et al.，2005)，其中有三个不同的高度计展示了不同发展阶段的风暴潮高度。

如果想要让高度计逐渐成为监测热带气旋风暴潮的工具，则在时间和空间上需要更加精细的栅格采样。这可以部分地通过使用精细的高度计来实现(见 *MTOFS* 的 11.5.5 节)，有时精细的高度计可以给出穿过风暴的海平面二维分布图。为确保将具有价值的涌浪信息同化到模式里，需要一系列的高度计观测，正如 8.7 节讨论的那样(Allan，2006)。然而，对于行为受到位置与地形约束的风暴潮，比如北海风暴潮，高度计已被用于回归型风暴潮预报模式的发展和验证(Hoyer et al.，2003)。目前已有许多观测海洋的高度计，特别是长期重复的 ERS 轨道高度计，发现许多历史上的风暴潮事件，这提供了关于风暴潮在外海的相关信息，补充了沿岸验潮仪记录，以便对回归模型进行调试校正。因此尽管预报模型是基于真实的验潮仪记录，但是它可以预报外海的情况，因为高度计历史数据已经提供了这些信息。

11.5.4 海啸

正如本节所述，2004 年 11 月 26 日发生的海啸所带来的灾难，至今让人记忆犹新。这次海啸发生在苏门答腊岛附近，是由 9.3 级地震所引起的，给整个东南亚和印度尼西亚造成了巨大的灾难，导致了至少 8 个国家 20 余万人失踪。希望海洋科学家们能够为预防未来的海啸提供一个可靠且实用的灾难预警系统，海洋观测卫星有什么作用吗？

当海床发生振动而引起整个水体扰动时，就会引发海啸。例如，当海床在一个扩展的区域向上或向下发生位移，上面的水柱扰动将会随之移动，伴随着海表面的上升或下降。一旦扰动导致周围的水体压力不平衡，就会产生一个向外辐射的正压辐射波。在这些区域外部，由于强烈的地震会产生 0.1～1 m 的位移，将导致能量沿地震区域径向发散传播。第一次的位移可能是正的也可能是负的，随之而来的是波长达 100 km 级别的扰动。这些波的传播速度接近于正压波的传播速度$\sqrt{gh}$（h 表示海水深度），当水深为 4 000 m 时，其速度为 720 km/h。在深层海洋，波的上升和下降幅度能达到数米，但是这很少能够被船监测到。当波传递到大陆坡时，它的振幅能够以惊人的速度增加数个量级，这是由于传播速度变慢，携带能量随之被压缩了。

监测和预警海啸的可能性首先取决于监测足以造成海啸的地震事件。即便清楚了地震事件的发生也并不能很好地进行海啸预警，因为并不是所有的地震都会引起海洋的扰动。在警告人们之前必须确定海啸的传播方向以及是否有足够的能量引起泛洪，因为错误的警告将会带来不必要的破坏。虽然模式能够预示地震发生后海啸到来的时间，但是要得到完全可靠的预测，还需要一种探测发生在数小时路程以外的海啸的方法。海底声呐能够监测到数米的微小扰动，所以该技术必然是海啸预警系统的核心。然而，卫星高度计也能够为海啸传播模型的输入提供一些额外的数据，例如位置和震源。

尽管在之前卫星高度计探测出了大的海啸(Okal et al.，1999)，但是很明显地，这些都只是海啸事件发生时卫星高度计刚好过境，而卫星高度计的过境是否会与海啸波面相遇，这其中是有运气因素的。在 2004 年 11 月 26 日海啸发生一个月内就有报道说卫星在海啸期间过境了，事实上有 4 个不同的卫星过境了 5 次。经过 Gower(2007)的进一步分析，发现能够清晰显示海啸的是 Janson-1、T/P 和 Envisat RA-2 卫星高度计，其过境时间分别在 01:53 时、02:00 时、03:15 时，这些传感器对海啸的探测是通过简单地对比地震发生前后海面高度异常而得出的。海啸出现的位置与数值模型算出的位置大致一样。这个方法并不能用来确定地震之后在两个 GFO 过境时间 07:00 时和 09:00 时的海啸情况，因为那时主要波前分别到达了 40°S 和 50°S，而且有一点弱。然而，Ablain 等(2006)进一步分析发现，11 月 26 日前后 20 天的海平面高度异常的中尺度涡旋扰动(Le Traon et al.，1998)，在去除海啸轨迹后，在 5 次过境时都发现了其特征。

后一种方法在业务监测系统中的应用将更有效，因为它能很好地工作于涡旋能量大的区域。海啸比 11 月 16 日地震 4 个小时以内的特征弱。图 11.31 显示利用 Ablain 等(2006)方法处理的 Jason-1 海面高度异常残差信号。图 11.31(a)展示的是轨道信号与基于法国原子能委员会(CEA)海啸模型得到的海面高度的相关情况。图 11.31(b)展示的是卫星高度计探测的海面高度与基于高度计数据对模型校正前后得到的海面高度对比情况。这些改进表明如果在将来的监控系统中可以这样做，那么它将会提高对到达海岸之前某个正在前进海啸详细断面的预报。因此有证据表明，卫星高度计非常有用，虽然在未来海啸预警系统中并不起关键作用，但正如 8.7 节所讨论的，为了有效地监测，就必须有全球系列卫星更频繁的覆盖(Allan，2006)。

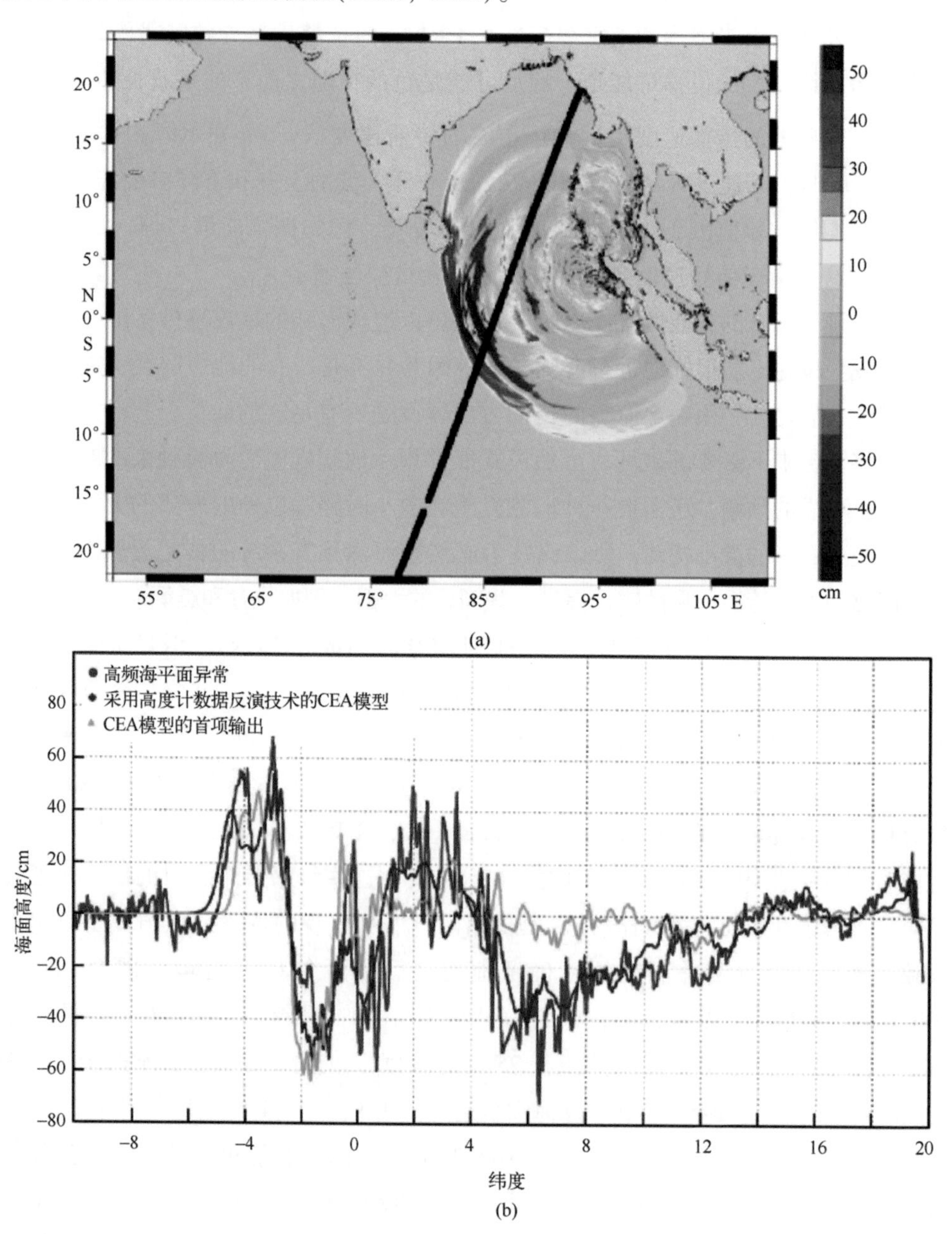

图 11.31　运用 Ablain 等(2006)方法处理后的 Jason-1 的海平面高度异常残差信号[图片来源于 Ablain 等(2006)]

(a)海啸波高，由 CEA 海啸模型计算得出，在地震后 01:53 时与 Jason-1 轨道区域重合；(b)20 Hz 海平面异常(红色)以及 CEA 海啸模型得出的最初结果(绿色)和修正后的结果(蓝色)

11.6 结论

本章主要讨论了卫星数据作为少数重要手段之一，是如何帮助人类学会与不可预测、突发的极端海洋环境和谐相处的。这有益于评估卫星海洋数据在有效观测并识别不同海洋现象中的特定功能，从而促进业务化监测和预报系统的完善。

获取适用于海洋过程观测(时空分辨率方面)的传感器原始数据，并将其处理为系列栅格化海表面产品具有基础性的重要意义。传感器需要经过精确校准，而且传感器的整个寿命期间误差需要经过验证，这样才能满足主流海洋学家的使用需求。传感器数据的特点，数据是否在无云条件下获取等相关信息，对单次观测的长时序数据合成有着重要的意义。当这些记录持续数年后，可以进行气候态评估，进而可以获得基本变量的异常数据。

事实证明，许多数据集，例如海表温度、海面高度异常和叶绿素等，数据集最初建立时并未设想到其以后的应用。早期卫星海洋学遥感数据产品的应用(如 ENSO)是由遥感专家处理生成的，否则数据应用就无法实现。现在的情况不同了，因为许多衍生的产品可以进行常规处理、验证、存档以及必要时的再处理。因此数据应用可以通过访问查询网络存储获得，包括所有通过海洋水色传感器获得的海洋光学和生化产品以及基于海面高度异常获得的表面流或动能产品。

本章讨论的另一个常见的应用方面问题是：以互补的方式利用不同类型数据产品。例如，通过对比分析基于高度计的风场产品以及海表温度数据，可以帮助理解海-气界面动力交换的原因和作用。对不同传感器类型的合成产品使用一致的重采样栅格有助于数据集之间的比较(例如，哈莫校准曲线)。如果不同产品数据集使用不同栅格大小以及不同的时间积分间隔，相关的任务，例如 20 年不同类型数据的存档，可能会耗费大量的时间。但是，如果它可以很容易地在同一栅格上相匹配，尤其是数据格式类似的话，如 NetCDF 或 HDF，则将会广泛地被应用到相关研究，并促进业务化应用。

加强了卫星海洋数据集适用性的第四代产品已于近期公布，这大大有益于将不同传感器获得的数据产品根据特定类型进行合成。例如，多任务的高度计产品，海面高度产品，从几个不同高度计数据融合的产品(如 SSALTO-DUACS)以及结合红外和微波辐射计海表温度产品的海表温度场分析。

系统生成类似于近实时的业务化应用的合成产品，使得建立业务化海洋预报系统(将在 14.4 节中讨论)成为可能。这些应用将卫星数据和现场实测数据耦合到海洋动力过程的数值模式中。虽然卫星数据的独特贡献可能在将其同化到海洋模式的过程中被隐藏，但卫星数据本身是至关重要的。目前，航天部门局限于生产基于特定传感器的独特的数据产品。虽然这种以提高数据质量标准为目的的竞争是无可厚非的，但更重要的是机构之间的合作而不是竞争。例如，机构会因为在全球范围内发射卫星和传感器而相得益彰，从而确保各类在轨传感器的光谱性能以及数据的不间断性。

无论海洋科学家在探测某种潜在灾难事件时是如何成功，如厄尔尼诺、季风、海冰或者海啸，如果想要人类生产生活能够受益于这样的知识，那么就需要有负责任的政府机构对此进行有效和安全的预报。已经有了很多类似的例子，如全球很多地区已有了海冰预警系统。但是，确定预测厄尔尼诺后应该有什么应对措施？谁能为农民减轻农作物损害提供建议？当地渔村或者海滩度假胜地如何在更快的时间尺度上得到海啸预警？这些是政府机构的任务，但同时需要全球遥感技术部门的合作。令人感到欣慰的是，卫星海洋学已经达到这样一个阶段，它能为普通人群的生活提供积极的利益，是对间接参与研发人们的一种回报。但是，这些利益只有在当地政府机构将海洋预报系统与其他地区充分联合起来才能实现。

一些科学机构如世界气候研究计划(World Climate Research Program，WCRP)以及海洋学和海洋气象学联合委员会(Joint Committee for Oceanography and Marine Meteorology，JCOMM)已经建立了管理机构来促进资料同化和数据标准化，这有利于不同机构间的合作。世界气候研究计划致力于建立一套可靠的气候记录数据集(见14.6节)，而海洋学和海洋气象学联合委员会则旨在提供实时的观测数据，这需要业务化海洋预报模式的支持(见14.2节至14.6节)。继国际协议和条例建立后，联合国委员会在1984年创立了外太空和平使用以及对地观测卫星委员会[①](Committee on Earth Observing Satellites，CEOS)，并提供了一个合作框架以保证所有联合国指定的准则在地球观测卫星数据工作中都能付诸实施。

一方面也需要灾难管理部门的支持。大多数机构现在致力于“空间与重大灾害国际宪章”。当他们被告知卫星数据对某一个灾害有重大贡献时，无论是临近的灾难还是在随后的灾后重建阶段，这些机构会根据已制定的应急方案来迅速获取、处理以及公布相应的卫星数据。例如，这可能意味着会将合成孔径雷达数据图像调整用于灾区的监测，每个月都会有一些这样的现象，大多与陆地遥感有关[②]。

目前对这类行为的国际监管已经转移到了全球对地观测组织(Group on Earth Observations，GEO)，一个由致力于对地观测的各国政府和国际组织组成的自愿组织，该组

---

① CEOS网址：http://www.ceos.org/。

② 详见GEO网址(http://earthobservations.org/index.html)。

织认识到国际合作对探索地球发展变化有着重要的意义，同时地球观测对经受日益复杂环境压力的世界提供决策支持①，这促成了 2002 年可持续发展世界首脑会议，并建立了全球对地观测系统(Global Earth Observing System of Systems，GEOSS)。该组织的作用为聚集其他国际机构，使他们能够联合成一个有效的机构并致力于广义上的全球观测，包括卫星观测和现场实测，从而有利于通过科学研究和业务化应用而造福人类。对地观测卫星委员会现已完成整合，其以全球对地观测组织为主体，旨在将地球观测卫星作为技术重点研究。海洋遥感如何更为有效地造福人类这一问题将在第 14 章和第 15 章中做进一步的介绍。

11.7　参考文献

Ablain, M., J. Dorandeu, P. -Y. L. Traon, and A. Sladen (2006), High resolution altimetry reveals new characteristics of the December 2004 Indian Ocean tsunami. Geophys. Res. Letters, 33(L21602), doi: 10.1029/2006GL027533.

Adler, R. F., J. Susskind, G. J. Huffman, D. Bolvin, E. Nelkin, A. Chang, R. Ferraro, A. Gruber, and P. -P. Xie et al. (2003), The version-2 Global Precipitation Climatology Project (GPCP) monthly precipitation analysis (1979-present). J. Hydrometeorol., 4, 1147-1167.

Allan, T. (2006), The story of GANDER. Sensors, 6, 249-259.

Allen, R., J. Lindesay, and D. Parker (1996), El Niño Southern Oscillation and Climatic Variability (405 pp.). CSIRO Publishing, Collingwood, Victoria, Australia.

Anderson, D. L. T., and M. K. Davey (1998), Predicting the El Niño of 1997/98. Weather, 53, 303-309.

Askne, J., and W. Direking (2008), Sea ice monitoring in the Arctic and Baltic Sea using SAR. In: V. Barale and M. Gade (Eds.), Remote Sensing of the European Seas (pp. 383-398). Springer-Verlag, Dordrecht, The Netherlands.

Barnston, A. G., M. H. Glantz, and X. He (1999), Predictive skill of statistical and dynamical climate models in SST forecasts during the 1997—1998 El Niño episode and the 1998 La Niña onset. Bull. Am. Meteorol. Soc., 80, 217-243.

Bindoff, N. L., J. Willebrand, V. Artale, C. A. J. Gregory, S. Gulev, K. Hanawa, C. L. Quéré, S. Levitus, Y. Nojiri et al. (2007), Observations: Oceanic climate change and sea level. In: S. Solomon, D. Qin, M. Manning, Z. Chen, M. Marquis, K. B. Averyt, M. Tignor, and H. L. Miller (Eds.), Climate Change 2007: The Physical Science Basis (Contribution of Working Group I to the Fourth Assessment Report of the Intergovernmental Panel on Climate Change, pp. 385-432). Cambridge University

① 见 http://www.disasterscharter.org/web/charter/activations.

Press, Cambridge, U.K.

Bonjean, F., and G. S. E. Lagerloef (2002), Diagnostic model and analysis of the surface currents in the tropical Pacific Ocean. J. Phys. Oceanogr., 32(10), 2938-2954.

Carsey, F. (1992), Microwave Remote Sensing of Sea Ice (Geophysical Monograph Series, 478 pp.). American Geophysical Union, Washington, D.C.

Casey, K. S., and P. Cornillon (1999), A comparison of satellite and in situ-based sea surface temperature climatologies. J. Climate, 12, 1848-1863.

Cavalieri, D. C., P. Gloersen, and W. J. Campbell (1984), Determination of sea ice parameters with the NIMBUS-7 SMMR. J. Geophys. Res., 89(D4), 5355-5369.

Cavalieri, D. C., K. M. St. Germain, and C. T. Swift (1995), Reduction of weather effects in the calculation of sea ice concentration with the DMSP SSM/I. J. Glaciology, 41(139), 455-464.

Cavalieri, D. C., J. Crawford, M. R. Drinkwater, D. Eppler, L. D. Farmer, R. R. Jentz, and C. C. Wackerman (1991), Aircraft active and passive microwave validation of sea ice concentration from the DMSP SSM/I. J. Geophys. Res., 96(C12), 21989-22009.

Changnon, S. A., and G. D. Bell (2000), El Niño, 1997—1998: The Climate Event of the Century (215 pp.). Oxford University Press, New York.

Charrassin, J. -B., M. Hindell, S. R. Rintoul, F. Roquet, S. Sokolov, M. Biuw, D. Costa, L. Boehme, P. Lovell, R. Coleman et al. (2008), Southern Ocean frontal structure and sea-ice formation rates revealed by elephant seals. Proc Nat. Acad. Sci. U.S.A., 105(33), 11634-11639.

Chavez, F. P., P. G. Strutton, G. E. Friederich, R. Feely, and G. C. Feldman (1999), Biological and chemical response of the equatorial Pacific Ocean to the 1997—98 El Niño. Science, 286, 2126-2131.

Church, J. A., and N. J. White (2006), A 20th century acceleration in global sea-level rise. Geophys. Res. Letters, 33(L01602), doi: 10.1029/2005GL024826.

Delcroix, T., J. -P. Boulanger, F. Masia, and C. Menkes (1994), Geosat-derived sea-level and surface-current anomalies in the equatorial Pacific, during the 1986-89 El Niño and La Niña. J. Geophys. Res., 99, 25093-25107.

Donlon, C. J., I. S. Robinson, K. S. Casey, J. Vazquez, E. Armstrong, O. Arino, C. L. Gentemann, D. May, P. Le Borgne, J. -F. Piolle et al. (2007), The Global Ocean Data Assimilation Experiment (GODAE) High Resolution Sea Surface Temperature Pilot Project (GHRSST-PP). Bull. Am. Meteorol. Soc., 88(8), 1197-1213, doi: 10.1175/ BAMS-88-8-1197.

Fenoglio-Marc, L. (2002), Long-term sea level change in the Mediterranean Sea from multisatellite altimetry and tide gauges. Physics and Chemistry of the Earth, 27, 1419-1431.

Fetterer, F., K. Knowles, W. Meier, and M. Savoie (2002, updated 2008), Sea Ice Index. National Snow and Ice Data Center, Boulder, CO, available at http://www. nsidc. org/data/seaice_index

Fischer, A. S., R. A. Weller, D. L. Rudnick, C. C. Eriksen, C. M. Lee, K. H. Brink, C. A. Fox, and R. R. Leben (2002), Mesoscale eddies, coastal upwelling, and the upper-ocean heat budget in the Arabian Sea. Deep-Sea Res. II, 49(12), 2231-2264.

Fu, L.-L., and A. Cazenave (Eds.) (2001), Satellite Altimetry and Earth Sciences (463 pp.). Academic Press, San Diego, CA.

Gadgil, S., P. N. Vinayachandran, P. A. Francis, and S. Gadgil (2004), Extremes of the Indian summer monsoon rainfall, ENSO and equatorial Indian Ocean oscillation. Geophys. Res. Letters, 31(L12213), doi: 10.1029/2004GL019733.

Garcia, D., G. Ramillien, A. Lombard, and A. Cazenave (2007), Steric sea-level variations inferred from combined Topex/Poseidon altimetry and GRACE gravimetry. Pure Appl. Geophys., 164, 721-731.

Gower, J. F. R. (2005), Jason-1 detects the 26 December 2004 tsunami. EOS, Trans. Amer. Geophys. Union, 86(4), 37-38.

Gower, J. F. R. (2007), The 26 December 2004 tsunami measured by satellite altimetry. Int. J. Remote Sensing, 28(13), 2897-2913.

Graham, N. E., and T. P. Barnett (1987), Sea surface temperature, sea surface wind divergence, and convection over tropical oceans. Science, 238, 657-659.

Hayes, S. P., L. J. Mangum, J. Picaut, A. Sumi, and K. Takeuchi (1991), TOGATAO: A moored array for real-time measurements in the tropical Pacific Ocean. Bull. Am. Meteorol. Soc., 72, 339-347.

Haykin, S., E. O. Lewis, R. K. Raney, and J. R. Rossiter (1994), Remote Sensing of Sea Ice and Icebergs (686 pp.). John Wiley & Sons, Chichester, U.K.

Høyer, J. L., and O. B. Andersen (2003), Improved description of sea level in the North Sea. J. Geophys. Res., 108(C5), 3163, doi: 10.1029/2002JC001601.

Ji, M., and A. Leetma (1997), Impact of data assimilation on ocean initialization and El Niño prediction. Mon. Weather Rev., 125, 741-753.

Johnson, E. S., F. Bonjean, G. S. E. Lagerloef, J. T. Gunn, and G. T. Mitchum (2007), Validation and error analysis of OSCAR sea surface currents. J. Atmos. Oceanic Tech., 24, 688-701.

Kyte, E. A., G. D. Quartly, M. A. Srokosz, and M. N. Tsimplis (2006), Interannual variations in precipitation: The effect of the North Atlantic and Southern Oscillations as seen in a satellite precipitation data set and in models. J. Geophys. Res., 111(D24113).

Lagerloef, G. S. E., G. T. Mitchum, R. Lukas, and P. Niiler (1999), Tropical Pacific near surface currents estimated from altimeter, wind and drifter data. J. Geophys. Res., 104, 23313-23326.

Lagerloef, G. S. E., R. Lukas, F. Bonjean, J. T. Gunn, G. T. Mitchum, M. Bourassa, and A. J. Busalacchi (2003), El Niño Tropical Pacific Ocean surface current and temperature evolution in 2002 and outlook for early 2003. Geophys. Res. Letters, 30(10), 1514.

Larnicol, G., N. Ayoub, and P. Y. Le Traon (2002), Major changes in Mediterranean Sea level variability from 7 years of TOPEX/Poseidon and ERS-1/2 data. J. Mar. Syst., 33/34, 63-89.

Le Provost, C. (2001), Ocean tides. In: L. -L. Fu and A. Cazenave (Eds.), Satellite Altimetry and Earth Sciences (pp. 267-303). Academic Press, San Diego, CA.

Le Traon, P. -Y., F. Nadal, and N. Ducet (1998), An improved mapping method of multisatellite altimeter data. J. Atmos. Oceanic Tech., 15, 522-534.

Legeckis, R. (1986), A satellite time series of sea surface temperatures in the Eastern Equatorial Pacific Ocean, 1982—1986. J. Geophys. Res., 91(C11), 12879-12886.

Leuliette, E. W., R. S. Nerem, and T. Jakub (2006), An assessment of IPCC 20th century climate simulations using the 15-year sea level record from altimetry. Paper presented at 15 Years of Progress in Radar Altimetry, Venice, Italy, March 13-18, available at earth. esa. int/workshops/venice06/participants/1181/paper_1181_leuliette. pdf

Leuliette, E. W., R. S. Nerem, and G. T. Mitchum (2004), Calibration of TOPEX/Poseidon and Jason altimeter data to construct a continuous record of mean sea level change. Marine Geodesy, 27(1), 79-94.

Liu, W. T., and X. Xie (1999), Spacebased observations of the seasonal changes of South Asian monsoons and oceanic responses. Geophys. Res. Letters, 26(10), 1473-1476. Lombard, A., A. Cazenave, P. -Y. Le Traon, S. Guinehut, and C. Cabanes (2006), Perspectives on present-day sea level change: A tribute to Christian le Provost. Ocean Dynamics, 6(5/6), 445-451.

Lubin, D., and R. Massom (2006), Polar Remote Sensing: Atmosphere and Oceans (xlii+756 pp.). Springer/Praxis, Heidelberg, Germany/Chichester, U.K.

Lutchke, S. B., N. P. Zelensky, D. D. Rowlands, F. G. Lemoine, and T. A. Williams (2003), The 1-centimeter orbit: Jason-1 precise orbit determination using GPS, SLR, DORIS and altimeter data. Marine Geodesy, 26(3/4), 399-421.

McClain, C. R., J. R. Christian, R. S. Signorini, M. R. Lewis, and I. Asanuma (2002), Satellite ocean-color observations of the tropical Pacific Ocean. Deep-Sea Res. II, 49, 2522-2560.

McPhaden, M. J. (1999), Genesis and evolution of the 1997—1998 El Niño. Science, 283, 950-954.

McPhaden, M. J., A. J. Busalacchi, R. Cheney, J. -R. Donguy, K. S. Gage, D. Halpern, M. Ji, P. Julian, G. Meyers, G. T. Mitchum et al. (1998), The Tropical Ocean-Global Atmosphere observing system: A decade of progress. J. Geophys. Res., 103(C7), 14169-14240.

Ménard, Y., L. -L. Fu, S. Desai, P. Escudier, B. Haines, G. Kunstmann, F. Parisot, J. Perbos, and P. Vincent (2003), The Jason-1 mission. Marine Geodesy, 26(3/4), 131-146.

Mitchum, G. T. (1994), Comparison of TOPEX sea-surface heights and tide-gauge sea levels. J. Geophys. Res., 99(C12), 24541-24553.

Mitchum, G. T. (1998), Monitoring the stability of satellite altimeters with tide gauges. J. Atmos. Oceanic Tech., 15(3), 721-730.

Mitchum, G. T. (2000), An improved calibration of satellite altimetric heights using tide gauge sea levels with adjustment for land motion. Marine Geodesy, 23, 145-166.

Murakami, H., J. Ishizaka, and H. Kawamura (2000), ADEOS observations of chlorophyll a concentration, sea surface temperature, and wind stress change in the equatorial Pacific during the 1997 El Niño. J. Geophys. Res., 105(C8), 19551-19559.

Murtugudde, R. G., R. S. Signorini, J. R. Christian, A. J. Busalacchi, C. R. McClain, and J. Picaut (1999), Ocean color variability of the tropical Indo-Pacific basin observed by SeaWiFS during 1997-98. J. Geophys. Res., 104, 18351-18366.

Nerem, R. S., and G. T. Mitchum (2001), Sea level change. In: L. -L. Fu and A. Cazenave (Eds.), Satellite Altimetry and Earth Sciences (pp. 329-350). Academic Press, San Diego, CA.

Nerem, R. S., J. M. Wahr, and E. W. Leuliette (2003), Measuring the distribution of ocean mass using GRACE. Space Science Reviews, 108(1), 331-344.

Nerem, R. S., A. Cazenave, D. P. Chambers, L. -L. Fu, E. W. Leuliette, and G. T. Mitchum (2007), Comment on "Estimating future sea level change from past records by Nils-Axel Mörner". Global and Planetary Change, 55(4), 358-360.

Okal, E., A. Piatanesi, and P. Heinrich (1999), Tsunami detection by satellite altimetry. J. Geophys. Res., 104(B1), 599-615.

Onstott, R. G., and R. Shuchman (2005), SAR measurements of sea ice. In: C. R. Jackson and J. R. Apel (Eds.), Synthetic Aperture Radar Marine User's Manual (pp. 81-115). U.S. Department of Commerce, Silver Spring, MD.

Parthasarathy, B., R. R. Kumar, and D. R. Kothawale (1992), Indian summer monsoon rainfall indices, 1871—1990. Meteor. Mag., 121, 174-186.

Perovich, D. K., and J. A. Richter-Menge (2009), Loss of sea ice in the Arctic. Annu. Rev. Mar. Sci., 1, 417-441.

Peterson, B. J., J. McClelland, R. Curry, R. M. Holmes, J. E. Walsh, and K. Aagaard (2006), Trajectory shifts in the Arctic and subarctic freshwater cycle. Science, 313(5790), 1061-1066.

Philander, S. G. H. (1990), El Niño, La Niña, and the Southern Oscillation (International Geophysics Series, 293 pp.). Academic Press, San Diego, CA.

Picaut, J., E. Hackert, A. J. Busalacchi, R. Murtugudde, and G. S. E. Lagerloef (2002), Mechanisms of the 1997—1998 El Niño-La Niña, as inferred from space-based observations. J. Geophys. Res., 107 (C5), doi: 10.1029/2001JC000850.

Quartly, G. D., T. H. Guymer, and M. A. Srokosz (1996), The effects of rain on Topex radar altimeter data. J. Atmos. Oceanic Technol., 13, 1209-1229.

Quartly, G. D., M. A. Srokosz, and T. H. Guymer (1999), Global precipitation statistics from dual-frequency Topex altimetry. J. Geophys. Res., 104 (D24), 31489-31516. Quartly, G. D., M. A. Srokosz, and T. H. Guymer (2000), Changes in oceanic precipitation during the 1997-98 El Niño. Geophys. Res. Lett., 27(15), 2293-2296.

Rahmstorf, S. (2006), Thermohaline ocean circulation. In: S. A. Elias (Ed.), Encyclopedia of Quaternary Sciences Elsevier, Amsterdam.

Ramesh Kumar, M. R., S. Sankar, K. Fennig, D. S. Pai, and J. Schulz (2005), Air-sea interaction over the Indian Ocean during the contrasting monsoon years 2002 and 2003. Geophys. Res. Letters, 32 (L14821), doi: 10.1029/2005GL022587.

Rees, G. (2005), Remote Sensing of Snow and Ice (285 pp.). Taylor & Francis/CRC Press, London/Boca Raton, FL.

Robinson, I. S. (2004), Measuring the Ocean from Space: The Principles and Methods of Satellite Oceanography (669 pp.). Springer/Praxis, Heidelberg, Germany/Chichester, U.K.

Ryan, J. P., P. S. Polito, P. G. Strutton, and F. P. Chavez (2002), Unusual large-scale phytoplankton blooms in the equatorial Pacific. Prog. Oceanogr., 55, 263-285.

Scharroo, R., W. H. F. Smith, and J. L. Lillibridge (2005), Satellite altimetry and the intensification of hurricane Katrina. EOS, Trans. Amer. Geophys. Union, 86(40), 366-367.

Strutton, P. G., J. P. Ryan, and F. P. Chavez (2001), Enhanced chlorophyll associated with tropical instability waves in the equatorial Pacific. Geophys. Res. Letters, 28(10), 2005-2008.

Subrahmanyam, B., and I. S. Robinson (2000), Sea surface height variability in the Indian Ocean from TOPEX/POSEIDON altimetry and model simulations. Marine Geodesy, 23, 167-195.

Subrahmanyam, B., V. Ramesh Babu, V. S. N. Murty, and L. V. G. Rao (1996), Surface circulation off-Somalia and western equatorial Indian Ocean during summer monsoon of 1992 from Geosat altimeter data. Int. J. Remote Sensing, 17, 761-770.

Tapley, B. D., and M. -C. Kim (2001), Applications to geodesy. In: L. -L. Fu and A. Cazenave (Eds.), Satellite Altimetry and Earth Sciences (pp. 371-406). Academic Press, San Diego, CA.

Tsimplis, M. N., A. G. P. Shaw, A. Pascual, M. Marcos, M. Pasaric, and L. Fenoglio-Marc (2008), Can we reconstruct the 20th century sea level variability in the Mediterranean Sea on the basis of recent altimetric measurements? In: V. Barale and M. Gade (Eds.), Remote Sensing of the European Seas (pp. 307-318). Springer-Verlag, Berlin.

Wadhams, P. (2000), Ice in the Ocean (351 pp.). Gordon & Breach, London.

Wang, B., and Z. Fan (1999), Choice of South Asian summer monsoon indices. Bull. Am. Meteorol. Soc., 80(4), 629-638.

Webster, P. J., and S. Yang (1992), Monsoon and ENSO: Selectively interactive systems. Quart. J. Roy. Meteorol. Soc., 118, 877-926.

Weller, R. A., A. S. Fischer, D. L. Rudnick, C. C. Eriksen, T. D. Dickey, J. Marra, C. Fox, and R. Leben (2002), Moored observations of upper-ocean response to the monsoons in the Arabian Sea during 1994-1995. Deep-Sea Res. II, 49(12), 2195-2230.

Woolf, D. K., and C. P. Gommenginger (2008), Radar altimetry: Introduction and application to air-sea interaction. In: V. Barale and M. Gade (Eds.), Remote Sensing of the European Seas (pp. 283-294). Springer-Verlag, Berlin.

Woolf, D. K., A. G. P. Shaw, and M. N. Tsimplis (2003), The influence of the North Atlantic Oscillation on sea-level variability in the North Atlantic region. J. Atm. Ocean Sci. (previously The Global Atmosphere and Ocean System), 9(4), 145-167.

Xue, Y., T. M. Smith, and R. Reynolds (2003), Interdecadal changes of 30-year SST normals during 1871—2000. J. Climate, 16, 1601-1612.

Zwally, H. J., J. C. Comiso, C. L. Parkinson, D. J. Cavalieri, and P. Gloersen (2002), Variability of the Antarctic sea ice cover. J. Geophys. Res., 107(C5), 1029-1047.

12 内　波

（合著者：José da Silva[①]）

12.1 引言

海洋学家普遍认可，海洋内波的研究在很大程度上受益于卫星遥感的发展，这也是本书为什么对 *MTOFS*（Robinson，2004）一书 10.10 节中已经介绍的内容进行扩充，并用一整章来讨论这个专题研究的原因。在本章中，我们主要介绍针对高频内波的成像观测，如合成孔径雷达成像。有关雷达后向散射、布拉格散射和合成孔径雷达成像解译等方面的内容在 *MTOFS* 一书中有相关讨论，因此本章我们重点放在对于内波的遥感观测应用研究上。我们讨论各种高频孤立内波成像机制（通常称为内孤立波，ISW），因为这些知识有助于对内波图像的理解，包括其产生、传播以及能量的耗散过程。本章也介绍了与潮汐周期大尺度内波相关的水色遥感观测和模式的结果，这在多学科交叉的背景下是很重要的。

12.1.1 海洋内波和界面波

内波（IW）是地球流体中重要的小尺度过程。内波在海洋和大气中都存在，是通过浮力对偏离平衡位置的流体包裹的恢复作用而产生。在大气和海洋中，流体是密度层化的[如 $\rho=\rho(z)$]，所以密度大的流体在密度小的之下。这种密度梯度支持着内波的传播，一个简单的例子就是在稳定分层、陡峭密度梯度的两层流体界面上的界面波。与海-气界面类似，当这个界面被干扰时，便会在其表面产生能被遥感方法甚至是肉眼观测到的细微的粗糙模态（图 12.1）。内波或重力内波之所以这么定义，是因为波的垂向结构是振荡的，且大部分的垂向位移发生在流体内而不是上边界。这与表面重力波（第 8 章）的情况不同，表面重力波的最大位移发生在表面。“重力波”这个名称源于恢复力是由重力引起的。

---

① 本章与 José da Silva 博士合著，José da Silva 博士是葡萄牙里斯本大学科学系海洋研究所的副教授。

图 12.1 科德角半岛(美国，曼彻斯特)观测到的内波表面条纹，在背景图上，可以看到科德角半岛和鲱鱼湾海滩(Herring Cove beach)，还有赛点灯塔。卫星图像上可以看到这些条纹，比如合成孔径雷达图像，从而反演高频内波的整个空间结构和尺度(照片由合作者拍摄于当地时间 2006 年 8 月 30 日)

读者也许会有疑问，如果内波是发生在次表层的一种现象，那么在卫星海洋学的书中还需要用一整章来介绍吗？原因在于，令参与首次发射合成孔径雷达卫星的人感到意外的是，内波能以细微的方式改变海表面，使得在合成孔径雷达图像中呈现独特的信号。不仅是内波成像机制本身很有意思，也解开了一些有可能会被隐藏的内波秘密，开启了对其重要性的海洋学新认识。在本章中，我们主要讨论基于海面遥感观测获得的海洋内波。然而，读者应该意识到，大气内波同样会造成海面粗糙度变化，有时候区分海洋和大气内波很难，但是，首先我们需要深入了解内波的动力特征。

在连续分层的旋转流体内，内波会以某个角度垂向辐射，但是受限于 f(科氏力参数)和 N(流体在平衡位置到垂直密度梯度内的振荡频率，有时指浮力频率)的频率关系约束，二者分别为惯性和布伦特-维萨拉(Brunt-Väisälä)频率，这里

$$f = 2\Omega\cos\Phi \tag{12.1}$$

式中，Φ 表示纬度；Ω 为地球旋转速度。

$$N = \sqrt{-\frac{g\partial\rho}{\rho\partial z}} \tag{12.2}$$

式中，ρ 为流体密度；z 为垂向方向；g 为重力加速度。

这些频率定义了内波在垂向上传播的最大和最小角。因此，主导波传播的因子受制于它们自身的频率 σ，也即惯性和布轮特-维萨拉频率。对于单色波(具有单个频

率），很明显是跟随特征路径内波能量的“射线”和“光束”(Kantha et al.，2000)。这些射线有一个水平斜率 c：

$$c = \pm\left(\frac{\sigma^2 - f^2}{N^2 - \sigma^2}\right)^{1/2} \tag{12.3}$$

对于这种振荡模式，内波的频率仅取决于波矢的取向而不依赖于它的大小，因此其与波长无关(Pedlosky，2004)。这种不寻常的频散关系与内波和表面波的界面形成对比，因为表面波的频率和波长有一一对应的关系。此外，像界面波和表面波一样，能量沿着波峰和波谷传播，而不是沿垂直于它们的方向传播。事实上，三维内波的群速度垂直于波矢，因此是沿着流速的方向。这些概念在 Gill(1982)和 Lighthill(1978)等书中都有分析。

这些特有的关系和几何关系很难可视化，有时还令人费解，但是水槽实验录像给出了很好的案例(参见 http://www.phys.ocean.dal.ca/programs/doubdiff/demos/IW1-Low frequency.html)，最早见于 Mowbray 等(1967)。图 12.2 展示的是一个小圆盘在分层流体中以恒定的分层化 N 和恒定频率 σ 振荡的实验。在这样的情况下，波矢的方向与 $\cos\theta=\pm\sigma/N$ 一致(如果忽略旋转效应)且有 4 个角度(图 12.2 可以看到)。有趣且重要的是，扰动受限于使振荡偏离的狭窄波段。

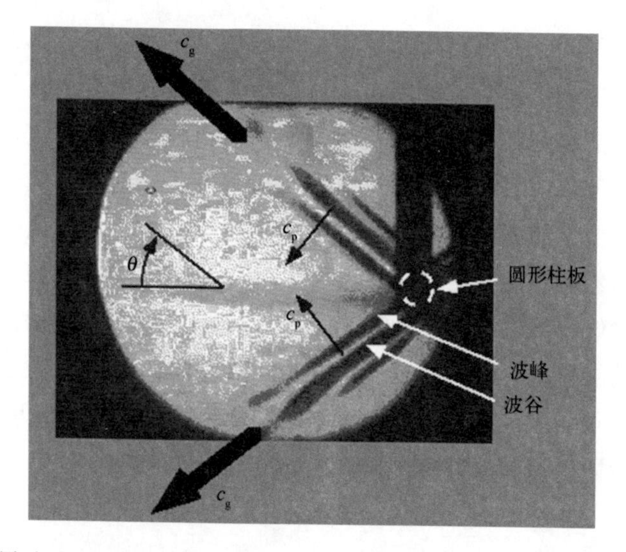

图 12.2　图片展示了一个小圆柱以恒定频率振荡的相位。相位角向水平方向传播，θ 仅仅受流体的分层和振荡频率影响。相速度和群速度分别用 c_p 和 c_g 表示。该实验的彩色动图见 http://www.phys.ocean.dal.ca/programs/doubdiff/demos/IW1-Low frequency.html

海洋中与实验中振荡踏板“等效”的是地形上方的正压潮流。New 等(1990)指出潮汐内波的射线(对应于潮汐周期的内波)也与温跃层的剧烈潮汐振荡相关，这会引起界面内潮的扩大，有时候会形成非线性、频界面内波。最近，Gerkema(2001)和 Akylas 等(2007)提出了不同分层的模式模拟，研究非线性短期内波受内潮激发的条件可能由内潮聚束形成，在 12.3 小节将会展示这个案例的插图。

12.1.2 内波在物理海洋学和生物海洋学中的重要性

内波在全球海洋垂向混合中的重要性体现在它是影响海洋结构和环流的重要因子(Killworth，1998；Munk et al.，1998)，也决定着海气之间热通量传输的重要因子。了解和量化深水混合过程对于解释海洋冷水是如何下沉到高纬的深渊，再流向低纬，进而上升到上层成为暖水这一过程十分必要。因此，对内波的研究也与气候相关。在海洋上层，内波向大陆架传播时会破碎或消散，所以内波(或界面波)与混合也有关。这对初级生产至关重要，因为垂向混合使营养从海洋深层运输到了表层，以供浮游植物生长所需，因此，内波对海洋生态系统有重要的物理意义。

从生物学角度看，内波的重要性也源于它们对浮游生物的运输和发育的影响(Holligan et al.，1985)。非线性内波对水体中的颗粒物(浮游植物、浮游动物，甚至是小鱼)有着输送作用，其在上表层的输送方向通常与内波传播方向一致。这可能会影响陆架海和开阔大洋水体的热量、营养和其他性质的交换(Jeans et al.，2001)。在接近底部的水层，非线性内波产生的流与表层方向相反，但对颗粒物运输具有一样重要的作用。这种情况下，该流能有效阻止沉积物输送(Heathershaw，1985)。在近表层，运输产生的典型距离已经被 Lamb(1997)模拟，对于内孤立波(非线性、不对称的内波)其产生数千米的输送距离。早期的工作表明，内波的表面条带特征(IW slicks)与浮游幼虫的向岸传输有关(Shanks，1983)。内波可以使浮游动物的分布从分散变得聚集，使得浮游生物聚集(Pineda，1999)。然而，内波传统的物理海洋学科，该领域还少有研究，希望遥感观测可以促进更多工作的开展。

12.2 合成孔径雷达对内波信号的探测

12.2.1 引言

内波是遥感图像最容易识别的海洋现象之一。作为内波特征信号的黑白交替线条从海表的照片、多光谱雷达图像和仿真合成孔径雷达图像(图 12.3)中都能看到。当合成孔径雷达数据应用得以广泛普及后，它已成为监测内波最重要的遥感传感器。然而，有些不同类型的短期内波波列，难以进行遥感解译。它们传达着内波波形的特征信息，一旦内波波形被正确地解译，其不仅提供内波本身信息，而且还提供了海洋内部及海表微层的独特观测信息。事实上，与正压天文潮汐规律相比，内波(尤其是内孤立波)是海洋中最连贯和可重现的现象，这使之成为研究海洋内部特征理想的示踪物，比如层化(温跃层深度)和微层参数(如表层有机和碳氢化合物的污染)(Silva et al.，1998，2000；Robinson，2004)。内波随潮汐和季节变化而变化，因为潮汐是产生大部分可观测内波的一个因素，其他因素还包括扰乱密度结构的层化和变化的地形。

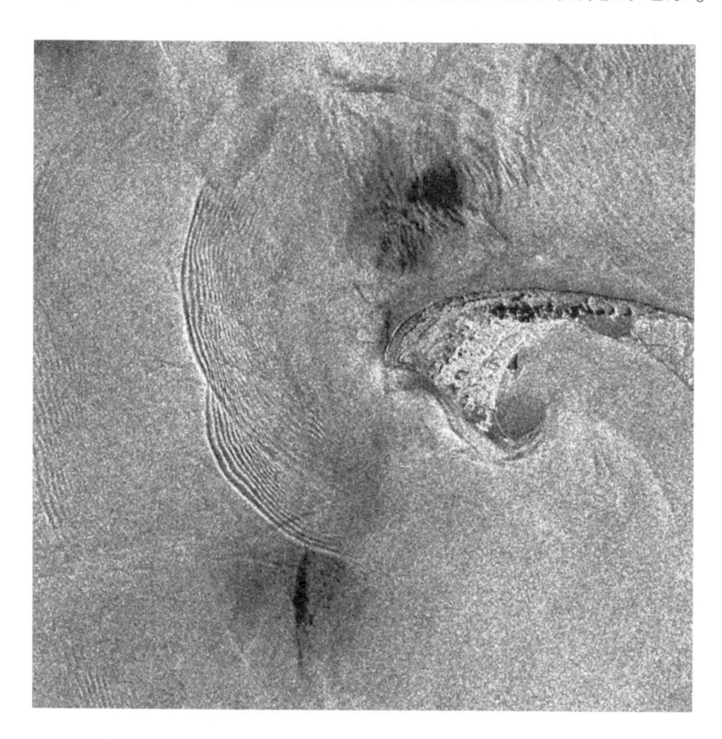

图 12.3　1994 年 8 月 21 日 ERS-1 上的合成孔径雷达图像展示了科德角半岛地区(美国，曼彻斯特)从赛点海峡传过来的两个内孤立波。从图上可以清楚地看到内波波峰有 10~15 km，且与表面粗糙度相关，图 12.1 也是同样的区域

飞机或航天器上的各种成像传感器已经表明：在高分辨率图像中可以看到内波的表层现象(Apel et al.，1975；Apel et al.，1983)，雷达和光学成像设备都已经成功地观测到这些波，包括像搭载在 Nimbus-7(870 m 分辨率)上的海岸带水色扫描仪这样的中分辨率光学传感器，其在安达曼海基于可见光波段在有太阳耀斑区的成像反演出了大尺度的内孤立波(Apel et al.，1985)。遥感对海洋内波的研究作出了巨大贡献，因为遥感可以提供详细的二维空间结构，包括空间分布、方向、单个波和波群的区分等，而这些信息基于现场观测是不容易获得的。

合成孔径雷达与光学传感器相比有很多优点，因为其不受云覆盖的影响，作为一种主动传感器，合成孔径雷达在白天和夜里都能工作。合成孔径雷达比那些在可见光波段成像的传感器(受太阳相对于遥感平台倾角影响)更能监测出表面粗糙度的微小变化(Melsheimer et al., 2001; Silva et al., 2003)。在第一个合成孔径雷达在轨的短暂运行期间，Seasat(地球资源卫星)图像揭示的信号就被解译为内波在海表面的信号(Vesecky et al., 1982)，很明显内波的波列比之前预想的要更普遍。后来，得益于欧空局发射的 ERS 系列卫星，基于合成孔径雷达对内波的研究也大大增加，并且发表了大量关于解释其成像机制(Silva et al., 1998)和内波预报模式与图像观察到的内波特征相比较(Brandt et al., 1997)的论文。

现场观测也可以得到海洋内波的表层热信号(将传感器放在 15~20 cm 的深度)，通常光滑带的温度比波纹带的温度高 0.3~0.6℃(Zatsepin et al., 1984)。Marmorino 等(2004)利用机载红外摄像机收集了小尺度内波的红外图像。红外图像能够在低风速且不产生表面波的条件下探测内波，此时由于不存在布拉格散射，使得从雷达图像上很难反演出内波。因此，有些情况下，红外图像可以作为雷达观测的替代品或者至少是雷达观测的附属物。卫星高度计也可以监测内波，但是只适用于苏禄海的高振幅内孤立波(Kantha et al., 2000)。在该区域，内波的相速度是世界上最高的，内波或表面波的共振会导致米级尺度的表面波放大，这种表面波有可能破碎或导致更强的粗糙度。19 世纪，人们就已经发现了此现象，一些船员的报告中就提到他们在平静状态下观察到了“沸腾的海洋”和“激潮”。一系列显示这种现象的照片已被公布(Osborne et al., 1980)。在这些情况下，卫星高度计观测数据也许是有用的。

在以下部分，我们将介绍一些解译内波性质的方法，主要聚焦在合成孔径雷达对内波和孤立波群的观测，因为合成孔径雷达是观测这个特定现象最有用和最完备的传感器。

12.2.2 合成孔径雷达对内孤立波的观测

在夏季的海洋中纬度地区，海水上层 20~30 m 的温度比下层水体的温度高出几度，这产生了一个温跃层，界面内波可沿温跃层传播。尽管振荡的振幅有 10 m 甚至更高，但是内波造成的表面高度变化很小，大约为 10 cm 或者更小。然而，伴随着内波的蜂窝状与相速度相同，通常每秒数十厘米至 2.5 m/s。表层流周期性的空间模态产生的辐合和辐散强度足以调制表面重力波和毛细波，从而得到底层内波场的表面粗糙度信号特征(图 12.4)。内波和表面波的相互作用产生的海表粗糙度模态使它们能够被卫星传感器，如合成孔径雷达和中分辨率光学传感器 MERIS 观测到。对于合成孔径雷达而言，在表层辐合区的布拉格波放大和在后边坡上辐散区的布拉格波衰减是调制图像强度(表现为光区和暗区)的因子(图 12.5)。

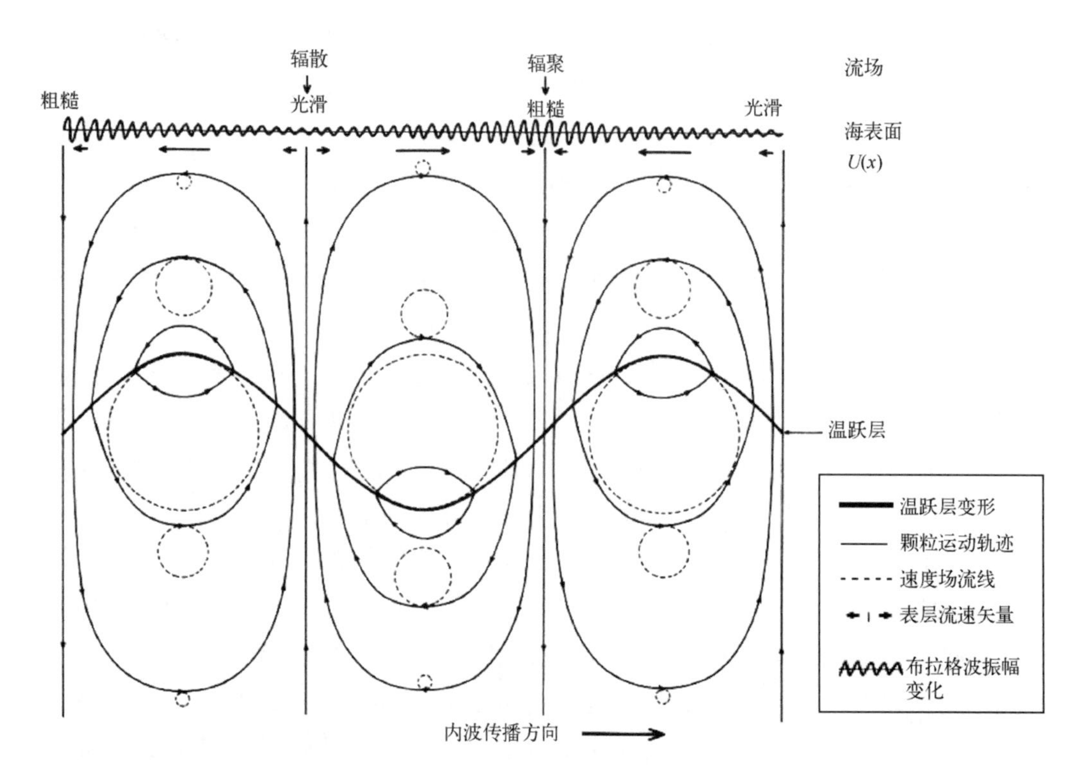

图 12.4　线性海洋内波原理图[依据 Alpers(1985)]

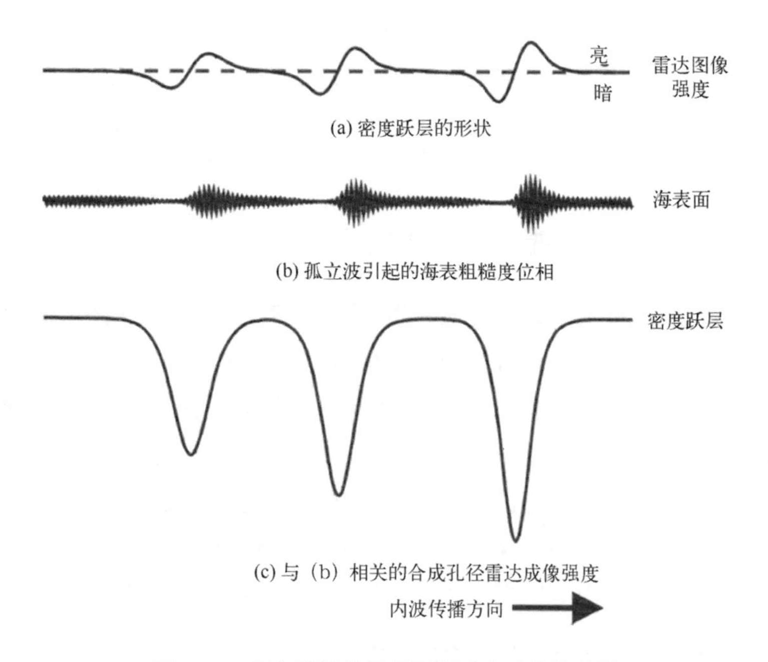

图 12.5　孤立波随着振幅不断减小而持续减弱
[依据 Alpers(1985)，http://www.ifm.uni-hamburg.de/ers-sar/]

简化模式假设海洋由密度均匀的几层海面组成，且每层之间的交换剧烈。最简单的情况下(两层模式)只有两层被认为与海洋许多典型的情况相一致：温跃层之上的温暖且密度大的上层水体和温跃层下的冷的密度小的下层水体。

物理学多个分支学科中发现，孤立波即使在彼此振荡之后其波形和波速仍保持不变。使用“内孤立波”这个名称，是因为在海洋中这些波有其单独的波峰或孤立的波包，通常被识别为非线性波理论的内部孤子解。它们是由波形非线性传递与波控制方程分散趋势的平衡得到的小振幅波，这使得它们的形状和速度在海洋中传播时保持不变。两层流体(上层厚度 H_1，下层厚度 H_2)相互作用界面处的孤立波受 K-dV 方程控制(Korteweg et al.，1895；Drazin，1983)：

$$\frac{\partial \eta}{\partial t} + c\frac{\partial \eta}{\partial x} + \alpha\eta\frac{\partial \eta}{\partial x} + \gamma\frac{\partial^3 \eta}{\partial x^3} = 0 \tag{12.4}$$

式中，η 是界面位移；

$$c = \left[g\frac{\Delta\rho}{\rho}H_1(1+r)\right]^{1/2}; \tag{12.5}$$

$$\alpha = -\frac{3c}{2}[(1-r)/H_1]; \tag{12.6}$$

以及

$$\gamma = cH_1H_2/6;\quad \Delta\rho = \rho_2 - \rho_1;\quad r = H_1/H_2 \tag{12.7}$$

通常在中纬度地区，上层(密度ρ_1)比下层(密度为ρ_2)薄，内孤立波具有向下位移的形式：

$$\eta(x, t) = -A\,\mathrm{sech}^2[2(x - Ct)/\lambda] \tag{12.8}$$

式中，A 表示波形的振幅，波被称为凹陷孤波，其相速度 C 可表示为等效线性相速度 c 的方程：

$$C = c(1 - A\alpha/3c) \tag{12.9}$$

其“波长”为

$$\lambda = 4(-3\gamma/\alpha A)^{1/2} \tag{12.10}$$

从式(12.9)中可以看出：波的振幅 A 越大，则相速度 C 也越大，这是因为 $r<1$；故而 α 为负数，这也解释了通常观测到的非线性内波的序列(图 12.5)，其振幅和波长朝着包线减小，这其实是大波比小波传播更快而产生的直接结果。因为大波会超越小波，所以随着时间的发展，波的传播将会出现分层。

潮汐产生的短期内波特性是在其穿过陆架的时候形成的，与其生成区域相近的地方(如陆架坡折处)观测到的波，并未观测到完全发展的波形以及规则的波列。那些有充足时间发展的波(如孤立波)被视为有组织的、有序的波群。Ostrovsky 等 (1989)综述了海洋内孤立波，同时也考虑了可能会发展成为内孤立波的波[另请参阅 Helfrich 等(2006)最近的综述]，他们认为振幅和波长的等级排序是非线性内波最常被观测到的证据。这一事实不仅被详细的现场测量观测到，也被卫星图像观测到(图 12.3)，尤其是通过 SAR(Apel et al., 1983)。读者有时间的话，值得去探索详细的包括内孤立波的多样化图像以及其他数据(Jackson, 2004)①。

12.2.3 内波波列及其传播方向的识别

总体说来，合成孔径雷达图像上可观测到的大部分内波特征包含了其重要的性质，比如传播方向和速度、大尺度、极性以及在某些情况下有可能估计它们的振幅(当来自海洋内部的辅助数据可得到的话)。最早用遥感观测内波的学者 John Apel(1930—2001)这样描述观察到的内波特征："它们以单独的小组或'群组'传播，每个群组由半日潮周期形成，群组之间的间隔为 10~90 km，每个群组包含几个到几十个单独的波，且各个波长为 100m 至 20 km。波峰线的长度从 10 km 到超过 100 km 之间变化。最大的波(振幅、波长、波脊长度)出现在每个波群的前缘，在向后边缘传播过程中波的各个方面都会减小。通常，合成孔径雷达图像观测到的波信号是一系列代表波峰和波谷的交替明暗直线或曲线"(Apel, 2004)。

合成孔径雷达非常重要的功能就是其可以提供内波传播方向的信息。我们已经看到，由于在表面波和内波引起的可变表层流之间的水动力相互作用，布拉格振动产生的后向散射雷达能量在辐合区增大在辐散区减小。因此，海洋内波的雷达信号由均匀背景下黑白交替的带状组成(图 12.3)。信号的极性通过对比背景相关的内波坡面成像强度调制与没有内波活动区域而定义，但风速、风向、合成孔径雷达的入射角可被假设与内波区域一样。在图 12.3 中这种内波波群的极化信号就是黑或白，也是 Silva 等(1998)文章中提到的正或负(+/-)。

内波的波向可以根据三个简单的规则用合成孔径雷达信号来解译。首先，亮带(正的调制强度)表示传播方向(如波垂直于带状正值一侧传播——假设波是凹陷的，通常是在 $H_1<H_2$ 的深水区域)。其次，对于非线性内波波群而言，波的序列表示传播方向：振幅和波长朝着波群的后向减小。再次，如果内波信号包含代表波峰和波谷的曲线，曲率(比如凹或凸)则代表了传播方向，比如，内波有可能在海底山脉或者海峡形成，研究区域地形图也许对确定它们的传播方向有帮助。在卫星观测区域附近，我们也需要比较带有辅助地形图的波峰波形以及寻找与波峰相似的等深线。

---

① http://www.internal wave atlas. com/Atlas2-index. html.

12.2.4 流体动力学和油膜调制

流体动力学调制理论描述了小振幅表面波在缓慢变化流中的演变过程(Apel, 1987)，其考虑了波能的守恒，且波数和波场变化的频率在时间和空间有所不同(Bretherton et al., 1968)。Alpers(1985)假设由内波轨道速度引起的变化表层流仅引起平衡波谱的小偏差，且只保留动力平衡方程的一阶项。定义雷达天线在水平方向上的投影为 x 轴，并认为内波场中布拉格散射是雷达横截面的调制机制，则可得到如下方程：

$$\frac{\delta\sigma}{\sigma_0} = -(4 + c_g/c_p)\tau\frac{\partial U_x}{\partial x} \tag{12.11}$$

式中，$\delta\sigma$ 表示邻近区域不受内波影响的归一化雷达有效截面 σ 与其平均值σ_0的偏差，$\delta\sigma = \sigma - \sigma_0$；$c_p$和 c_g分别表示布拉格散射的相速度和群速度；$\tau(k)$是松弛时间(这个时间内，表面波的波矢量 k 一直持续紧绷直到它们的波谱在风应力作用和耗散过程中达到平衡)。因此，如果在假设布拉格散射理论成立的情况下，内波引起的横截面调制与在雷达示像上表层流梯度和 τ 的乘积是成比例的。重要的是需要注意，这种简化是在不考虑表面膜阻尼作用的情况下获得的。

Alpers 的结果表明：流体动力学理论近似条件下预测的内波是由平均背景场σ_0(重号信号)下后向散射的正负变化来表征的，其在图 12.3 中 C 波段合成孔径雷达图像和图 12.6(a)的 X 波段图像中有所展示。同时，τ 越大，内波信号越强，因为 τ 会随着风速的增加而减小，强风状态下 SAR 得不到内波信号，但是大量黑白交替带不是短期内波存在的唯一类型，有时候如果风速很小或很温和，其信号为灰色背景图像上的黑色条带。很明显，流体动力学理论(有时候指的是动力理论)自身不能解释现有的所有成像雷达观测到的内波信号。

Ermakov 等(1992)研究了海表油膜的形成过程，并且在表面膜存在的情况下进行了内波的现场实测。当风速很小时，人们在观察海洋时会注意到有些区域海表变得比相邻区域光滑，这些平滑的区域被称为表层浮油，通常可见为长带或片状，有时候有更复杂的形式，尺度从 10 m 到数千米。在近海表观测时(比如在船上)可以注意到，使表面看起来粗糙的小波出现在平滑区的外面，但是时有时无，图 12.1 展示的就是这种状态。浮油通常是由天然形成的表面活性有机材料组成，它们以海表的油膜形式集中存在。海表的水平辐合是由流场的变化引起的，比如内波，这种辐合会压缩表面活性物质并形成有表面弹性的油膜，如果足够集中的话能减弱表面波。表面油膜很容易被合成孔径雷达观测为浮油(图中黑色区域)，因为它们能有效地减弱布拉格波对雷达后向散射的作用。da Silva 等(1998)的工作表明：油膜出现时能调制小尺度的表面粗糙度，所以在统一的灰色背景下，内波的雷达信号只有黑线或黑带(雷达后向散射减小的区域)[图12.6(b)]。

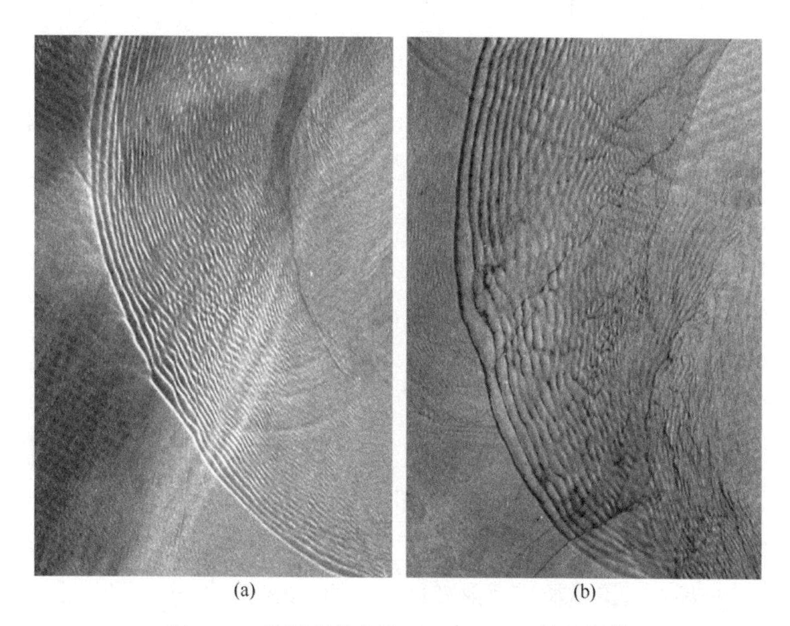

图12.6　美国科德角湾Terra SAR-X波段图像

(a)展示了2008年6月23日X波段典型的双重信号(注意黑白带与当地灰色层的比较)；(b)展示了2008年7月4日同一地区X波段灰色背景下的内波信号(单个反信号)，后者是典型的近岸带表层油膜

图12.7展示了一个可能更令人费解的内波，因为在同一个过程中不同的波峰既有经典的双重信号，也有类似浮油的负信号。这表明，这里出现了两种类型的成像机制，是对理论模式的一个挑战。虽然理论已经得到改进，可以用于从短的表面波频率或由油膜产生的变化角度解译粗糙度的模态，但是直到像这样的图像出现才开始研究这两种机制的结合效应。相应地，解译表面油膜信号从一种类型转换到另一种类型的可能程度定量分析方法(da Silva et al.，2000)发展起来了，它解释了背景场油膜浓度的增加如何触发双重信号模式(黑白带)转向单一信号(黑带)，如图12.7展示的是美国曼彻斯特湾沿岸的例子。在一个内波群内，由于大尺度、线性界面流的辐合作用，空气中油膜浓度朝着包络线方向增长(Ermakov et al.，1998)。

图12.8给出了一些理论模型的结果(da Silva et al.，2000)，中间的图展示了当表面活性剂朝着波传播方向的后向增长时预测的后向散射，它表明了第二个和第三个波峰特点与第一个有何不同，呈现了信号模式的传输，同时还展示如ERS SAR和Envisat ASAR这两种C波段雷达图像传输效果比L波段雷达(如Seasat卫星上的)可能要更明显。

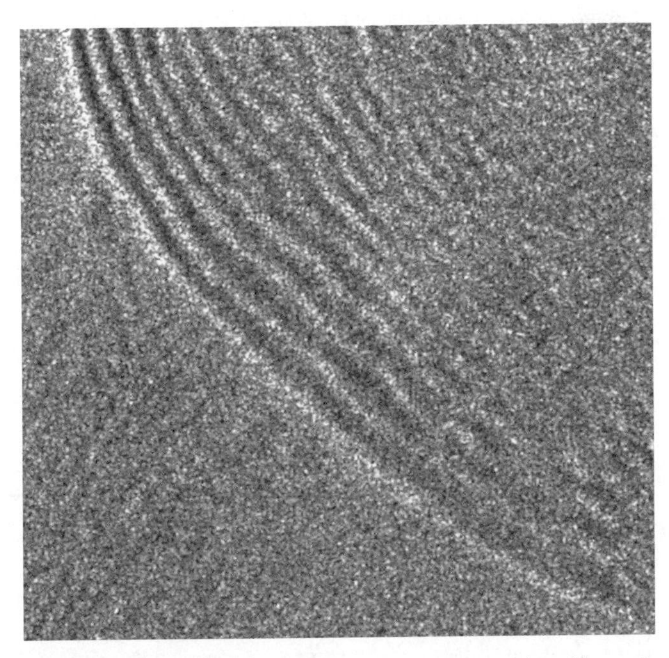

图 12.7 SAR 信号从双负号到单负号转变的示例。这是 1996 年 8 月 17 日 15:28(UTC)在曼切斯特湾获得的 ERS-2 SAR(C 波段)图像，海域覆盖范围为 6.4 km×6.4 km

12.2.5 内波的平均传播速度

Envisat ASAR 宽刈幅模式(大约 400 km×400 km)可以同时观测到大部分的陆架、相邻的陆架坡、巨大的开阔洋盆，这是研究内波的一个重要数据来源。众多基于 SAR 图像对内波的研究表明：一系列系统地穿过陆架的内孤立波组合(有时候同时离岸和向岸传播)与内潮波应该有同样量级的典型群组间分离(Vesecky et al.，1982；Apel et al.，1983；da Silva et al.，2007)。因此很自然地就假设这些内孤立波与长周期的内潮波有关。众所周知，Pingree 等(1983)在凯尔特海观察到孤立波是由内潮非线性陡峭传播过程产生的，在凯尔特海，与波峰相比具有陡峭和狭窄的波谷，正压潮的平流现象可以对此作出解释，平流阻止了陆架边缘新形成的槽在强的远离陆架潮的作用下向陆架传播，这会导致一个扭曲陡峭的槽随着潮汐的减弱向岸传播。

由于底部潮流与陡峭地形相互作用，假设在半日潮影响下形成波群，那么可以从测量合成孔径雷达图像上各波群间的距离来估算波群的平均传播速度(见图 12.9 的 ASAR 宽刈幅图像)。平均相速度简单地为 $c=\Delta x/T$，其中 Δx 是两个连续波群的第一个孤立波之间的距离(沿波的传播方向测量)，T 是潮周期(半日潮或全日潮，取决于研究区域)。注意相速度 c 是一个平均值，例如陆架变浅时内波向岸传播相速度会发生改变；同时注意，在这个假设下，由于全年平均分层的变化，正如预期的那样内波传播速度被认为具有季节性变化。波传播速度的短期变化可能发生在几天内，产生变化的原因是当地风引起的上升流改变了水体密度结构。

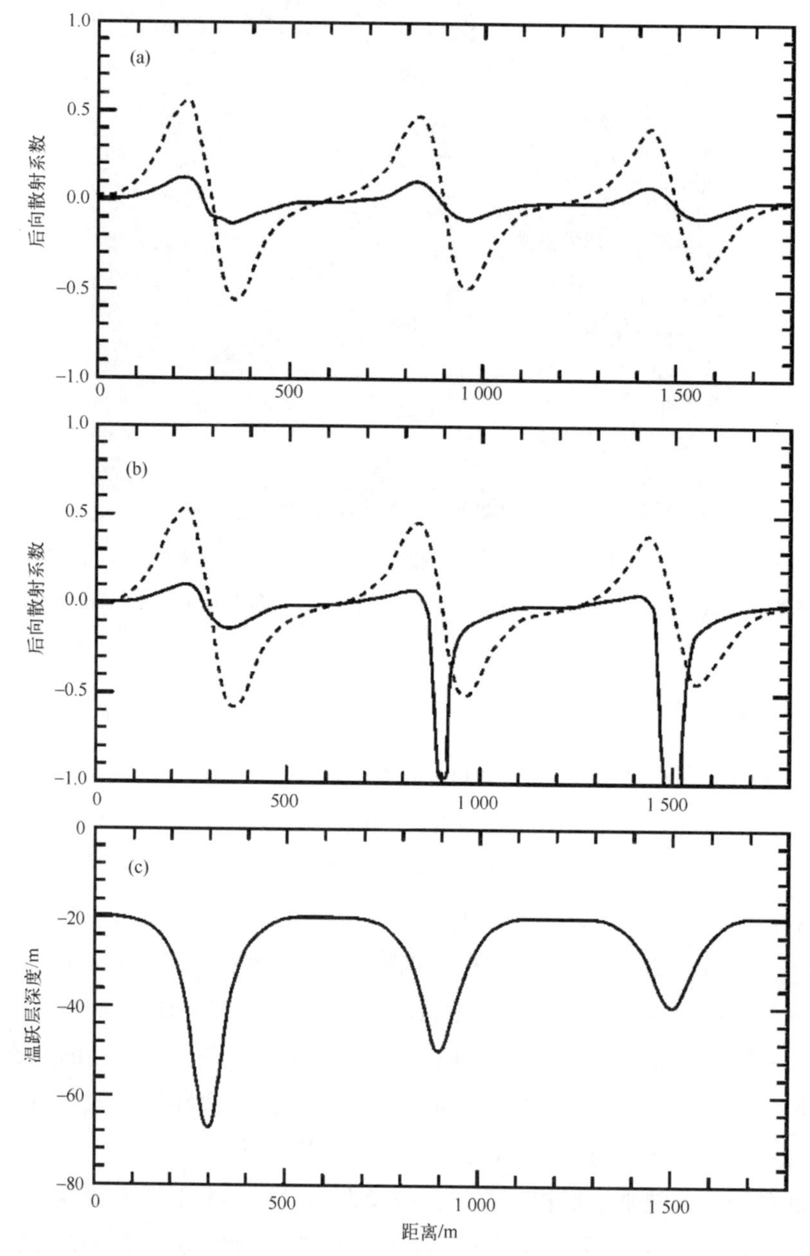

图 12.8 振幅不断减小的内波波群的后向散射预报，分别为 C 波段布拉格波长(λ=7 cm，实线)和 L 波段(λ=30 cm，虚线)的对比。(a)穿过波群时油膜浓度不变(膜压π_0=0.1 mN/m)；(b)油膜浓度受内潮辐合影响而变化(第一个内波，π_0=0.1 mN/ m；第二个内波，π_0=0.2 mN/m；第三个内波，π_0=0.3 mN/m)；(c)内波波群的配置文件用来驱动图像对比模式，内波振幅朝着波群后面减小

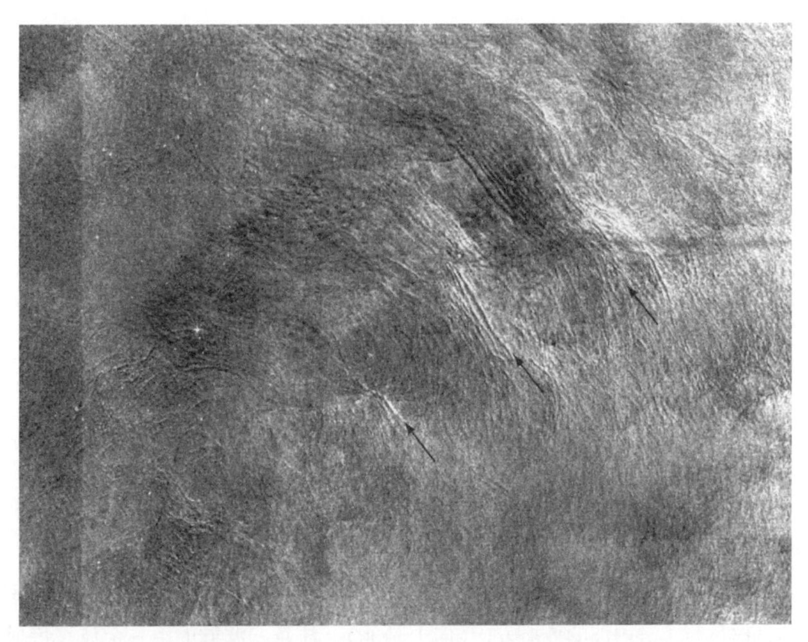

图 12.9 Envisat ASAR 宽刈幅图像展示的西班牙和法国大陆架上几个连续的由潮流产生的传输。箭头指向 3 个不同的波群，它们可能在同一个地方的连续潮流中形成。这张图代表了 400 km 宽的海域

12.2.6 内波的合成孔径雷达中的极性转换

式(12.6)中 α 取决于 H_1 与 H_2 的比值 r，$r=H_1/H_2$。当 $H_1<H_2$ 时，上层比下层浅，孤立波是抑制的，只有最初的波形才能形成孤立波(Kantha et al.，2000)，单独的孤立波从深层向浅层传播时能裂变成一系列有序的孤立波(Liu et al.，1998)；如果 $H_1>H_2$，上混合层比底层厚，孤立波会成为上凸波，界面向上移动。当由波组成的孤立波从深水向浅水传播，孤立波首先分解成频散波，然后在浅水中经过一个切换点后其自身重组为非线性的上凸波群，在上下层深度大致相等。

我们从 ERS SAR 图像上观察到加的斯湾(Gulf of Cadiz)这一有趣的现象(图 12.10)。Liu 等(1998)首先在 SAR 图像上观察到了这种极化传输，并通过在 12.2.2 节中提到的 K-dV 方程组成的数值模式进行了模拟。*MTOFS* 中图 10.47 图像给出了安达曼海(Andaman Sea)的另一个极化传输的例子，而图 12.10 证实了这种现象在中纬度也有发生。图 12.11 给出了孤立波演变成上凸波的示意图。一些排列有序的上凸孤立波在穿过转换深度时，能够出现在单一抑制孤子的分解过程中。另外，还有一些关于对中国东海的台湾和中国南海的海南的非线性孤立波类似行为的观测，其中包括 Liu 等(1998)描述的 ERS-1 SAR 图像。

图 12.10　整个加的斯湾(西班牙)1998 年 7 月 23 日 11:10(UTC)的 ERS-2 SAR 图像，白色箭头是内波的传播方向(向上是北)。注意，波群的第一个波在传播方向上的特点是负的后向散射变化(黑色条带)，之前是正的变化(亮的条带)。这种模态与上凸孤立波的合成孔径雷达信号一致(看图 12.11 和详细的文字)

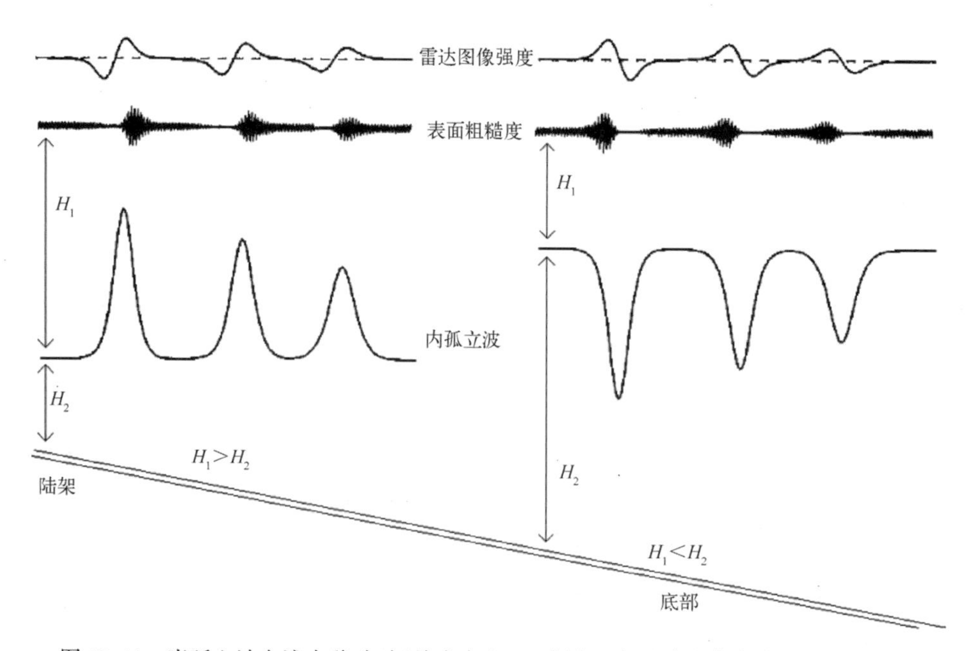

图 12.11　当孤立波向浅水移动时(从右向左)，内波、表面波和合成孔径雷达图像的变化示意图。观察到的位移有几十米的振幅(Liu et al.，1998)

12.3 内波和水色

12.3.1 观测

这一节给出了从 SeaWiFS 和 ERS SAR 几乎同时观测到的从阿莫利克大陆架坡折(Armorican shelf break)处离开到比斯开湾破碎的内潮波传播的案例。对位于西班牙和法国之间的比斯开湾内的大的内潮波，已有广泛的研究[图 12.12(a)]。这些半日潮期间的内波由陡峭斜坡地形与表面潮波相互作用，并且传播到陆架海乃至深海。上层水体中，内潮的特点表现为 30~50 km 的长波低压，且温跃层的抬升到了 30 m。Pingree 等(1986)基于现场观测，发现这些波在夏天以 1 m/s 的速度从接近 47°30′N，6°—8°W 的陆架坡折传播超过 250 km 进入深海。这些内潮在 AVHRR 遥感图像上也可以看到，因为长波峰在与陆架坡折平行方向上的数百千米处会增强(Pingree et al.，1995)，故而可以视为直接从陆架坡折向外传播。

图 12.12(b)给出了 1988 年 7 月 5 日一个潮周期中记录在上层海洋温度结构中点 B(46°19′N，7°14′W)处的波动时间序列示例。温跃层(14℃等值线)的平均深度大约为 50 m，但是有两个明显的低值，中心在 10:00 左右，一个潮周期后，在 22:30 左右。这些是内部潮汐波谷：前者温跃层下降到 110 m 的深度，后者则为 90 m。在这之间(15:00—16:00)，内潮波峰处的温跃层深度上升到 30 m 左右。长波的潮汐移动叠加就是内孤立波(例如前面章节中讨论到的更短的波，在合成孔径雷达图像上也可以很清楚地看到)。内波波谷很明显，二者都至少包含两个(可能更多)大振幅的内孤立波。内孤立波的波长在 1~2 km，周期是 20~40 min，并且是由内潮潮汐的非线性和频散作用引起的(New et al.，2000)。至少在这个区域，内孤立波可以被认为是标记了内潮波谷的位置。

Lennert-Cody 等(1999)的现场观测表明，短周期的内波可能对近表层浮游生物的条带状分布有影响，那么随之而来的问题就是：大的内波或内孤立波是否对浮游植物的分布有影响，从而影响到海洋水色卫星图像。在陆架上坡折处，内波和内孤立波被认为与水体的物理混合有关，从而这种混合在陆架坡折处导致了叶绿素含量大范围的升高(Pingree et al.，1986)。然而，为了让浮游植物有显著变化，这种混合至少必须维持好几天，因此与独立移动的内潮(时间尺度只有数小时)相关的叶绿素升高区域可能并不是由这种机制引起的。

da Silva 等(2002)利用 SeaWiFS 的水色遥感图像研究了比斯开湾中部近表层叶绿素含量增加的相关区域，结果表明：这些叶绿素增加与离开陆架坡折处的内潮波波峰有关，这个现象可以被卫星传感器“看到”，因为内潮能够把次表层叶绿素最大值(深度接近温跃层)带到接近表层的地方，图 12.13 给出了一个这样的例子。

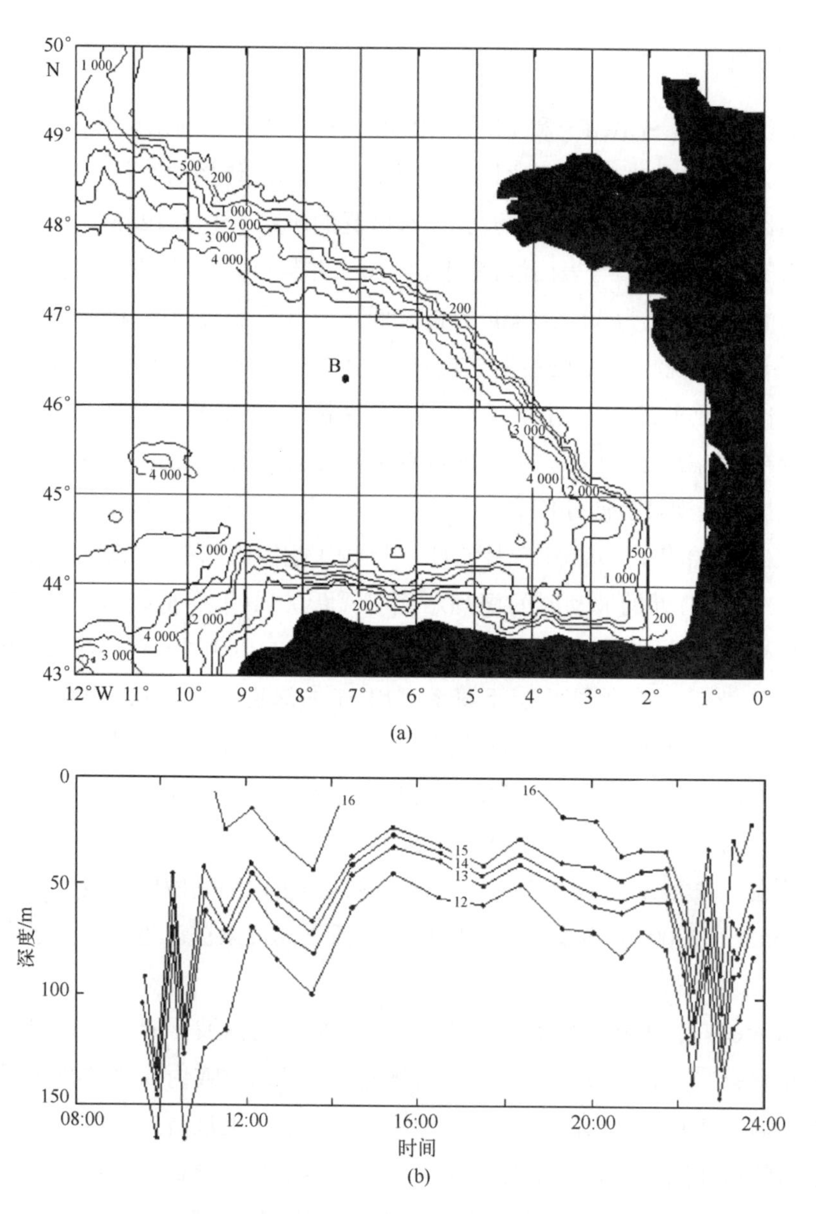

图 12.12 (a)比斯开湾示意图，包括深度等值线(m)及西班牙北部和法国西部的海岸，点 B 位于 46°19′N，7°14′W；(b)1988 年 7 月 5 日 B 点处抛弃式温深仪(XBT)调查，观测到的温度结构(℃)时间序列[图片来自 da Silva 等(2002)]

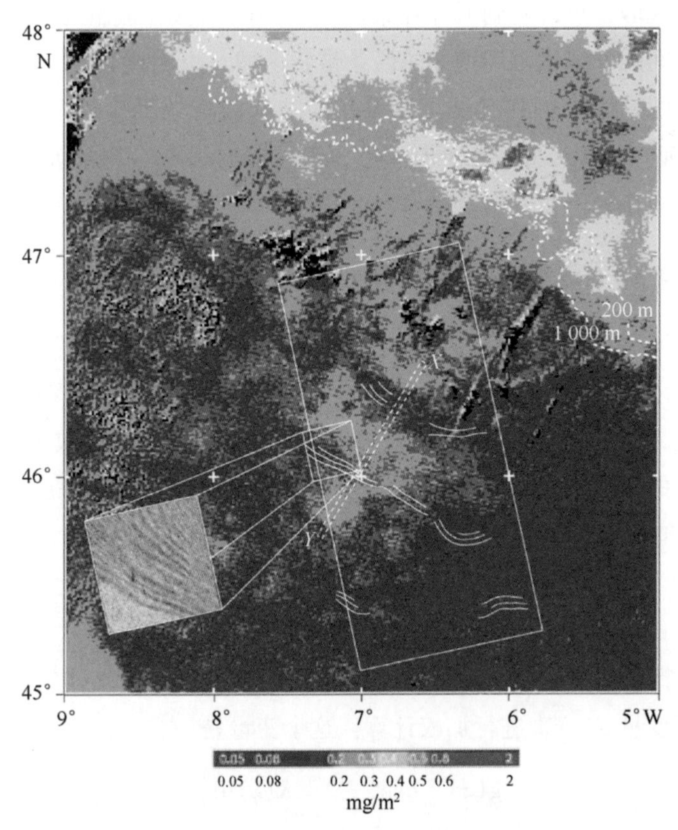

图 12.13　1999 年 9 月 4 日从 SeaWiFS 上观测到的叶绿素浓度(彩色)和 1999 年 9 月 3 日从 ERS-2 SAR 观测到的重合内波(白线)(详细内容看文字描述)。大的白色矩形表示 SAR 覆盖区域，X-Y 表示图 12.16 中用到的采样。能够清晰表示的只有每秒的内波(每三个波群达到最大值)。标注了 200 m 和 1 000 m 的陆架坡折等深线，左下角是 SAR 图像的放大部分

图 12.13 给出了 1999 年 9 月 3 日和 4 日(法国布雷斯特水华后的 5~6 天) SeaWiFS 和 SAR 相结合的观测结果，SeaWiFS 图像成像于 9 月 4 日 13：00(UTC)，ERS-2 SAR 图像则是 9 月 3 日 22：36 获得的。因此，SAR 图像大约为一个潮汐循环(12 小时 25 分钟)，比 SeaWiFS 图像早 1 小时 59 分钟。我们已经假设内孤立波的模态在这两个连续的潮周期内是相同的，且内孤立波以 1.03 m/s 的速度离开陆架坡折处[与典型的夏季层化的内波速度相同(Pingree et al.，1986)]。那么 9 月 4 日 13：00 的内孤立波应该在 9 月 3 日 22：36 与 SAR 雷达图像位置相同，但是其在离开陆架坡折后沿着传播方向(南—西南)多移动了 7.4 km(1 小时 59 分钟的路程)。图 12.13 对此已经做了校正，因此与 SeaWiFS 图像结合可以观察到内孤立波(白线标记)。

从图 12.13 中我们可以清楚地看到近陆架坡折处的叶绿素剧增带，最初以为这是由内波和内潮引起的混合而引起的。从 SAR 图像(白色矩形)上我们可以看到，一般来

说，在坡折向海区域，可以看到低叶绿素浓度明显与内孤立波群相关。另一方面，夹在内孤立波群之间的叶绿素浓度增加的两条带状区域，也因此肯定与内潮波峰相对应。叶绿素浓度增加的第三个带状区域可以看作与陆架坡折处最接近，大约位于46°30′N（和6°20′W—6°50′W，X点的南—西南向），也可能与另一个内潮波峰有关。在别处，叶绿素的值被视为在处于它们的背景值。

12.3.2 海洋叶绿素遥感和深度分布

在7.3节估算初级生产力的内容中已经提到了利用海洋水色遥感探测表层以下深度叶绿素分布的限制。为了阐明水色遥感数据是如何解释内波对浮游植物的影响的，值得再探讨一些具体的细节内容。水体中的光强随深度非线性地减小。事实上，光衰减是呈指数变化的，可定义参数z_{90}，其表示光的透射深度，在此深度之上有90%的漫反射辐照度（不包括镜面反射）。z_{90}可以视为卫星传感器有效工作的深度，Gordon等（1975）给出了对于均匀海洋的z_{90}：

$$z_{90} \approx K^{-1} \tag{12.12}$$

式中，K表示下行辐照度的漫衰减系数。考虑到遥感的目的，水体组分（比如叶绿素）的浓度需要利用变量$g(z)$来进行加权计算，这个变量是

$$g(z) = \exp\left\{-2\int_0^z K(z)\,\mathrm{d}z\right\} \tag{12.13}$$

通常，作为一阶近似，$K(z)$被视为随深度不变，所以

$$g(z) = \exp\{-2Kz\} \tag{12.14}$$

加权因子$g(z)$可看作是从到达表层的辐照度以$\exp[-K\cdot z]$从表层到深度z衰减并以此从该深度再返回表层而推导得出。Gordon等（1980）提出了遥感计算叶绿素浓度的方程：

$$c_{\mathrm{sat}} = \frac{\int_0^{z90} c(z)\cdot g(z)\cdot \mathrm{d}z}{\int_0^{z90} g(z)\cdot \mathrm{d}z} \tag{12.15}$$

式中，$c(z)$是叶绿素的浓度作为深度的函数。如果按正常情况，$c(z)$并不会很复杂，因此c_{sat}可以视为水体中的平均叶绿素浓度。

图12.14给出了从寡营养水体到生产力很高的近岸水体的叶绿素浓度随深度变化的剖面分布图（Cullen et al.，1981）。注意，三个叶绿素剖面的次表层最大值分别在120 m、50 m和20 m处，分别用点A、B、C表示。这种典型的叶绿素最大值深度（deep chlorophyll maximum，DCM）通常发生在夏天，因为当春季藻华发生后，表层营养盐、浮游植物和叶绿素都降低了，使近温跃层的次表层呈现出最大值。

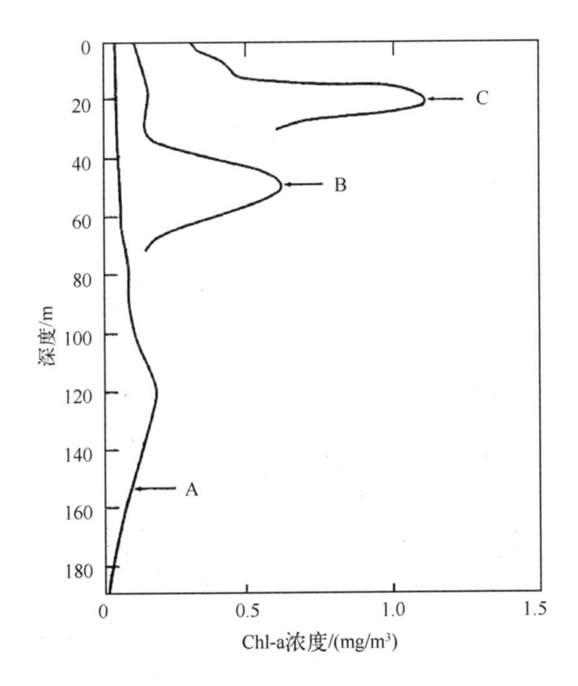

图 12.14　叶绿素浓度随深度变化的剖面分布图(Cullen et al.，1981)

A：北太平洋中央环流，接近 28°N，155°W(Beers et al.，1975)；B：加利福尼亚南部海湾采样 15 次，共 205 个站点；C：加利福尼亚南部海湾采样 7 次，共 102 个站点

12.3.3　用于解释内潮水色信号的模型

如果我们考虑了次表层叶绿素最大值深度的存在和内波的垂直位移，可以假设一个机制来解释比斯开湾由 SeaWiFS、MODIS 和 MERIS 等水色传感器观测到的叶绿素增长带可能是内潮波峰通道引起的叶绿素最大值深度上升的现象。内潮波峰的叶绿素可能会上升到如卫星传感器所探测到的深度。为了验证这个假设，da Silva 等(2002)用如下所述的一个简单模式量化了这种作用。

我们假设在深度 h_1 和 h_2 之间($h_2>h_1$)存在一个叶绿素最大值深度，其中叶绿素浓度是均匀的并且等于(c_b+c_0)，而其他区域的浓度等同于背景值 c_b。然后我们认为振幅为 a($a<h_1$，沿 x 方向传播)的正弦波通过上下运动会使这一层扭曲，使得叶绿素浓度的深度分布为

$$c(z)=\begin{cases}c_b & z\leqslant h_1+a\cos(kx-\omega t)\\ c_b+c_0 & h_1+a\cos(kx-\omega t)\leqslant z\leqslant h_2+a\cos(kx-\omega t)\\ c_b & z\geqslant h_2+a\cos(kx-\omega t)\end{cases}\qquad(12.16)$$

式中，k 为波数；ω 为频率；z 随深度增加。通过解式(12.15)得到式(12.16)中的叶绿素剖面分布，当 $z_{90}<h_1+a\cos(kx-\omega t)$，则有

$$c_{\text{sat}} = c_{\text{b}} \tag{12.17}$$

但是，如果 $h_1+a\cos(kx-\omega t)<z_{90}<h_2+a\cos(kx-\omega t)$，那么

$$c_{\text{sat}} = c_{\text{b}} + \frac{c_0[\exp\{-2K(h_1 + a\cos(kx - \omega t))\} - \exp\{-2Kz_{90}\}]}{[1 - \exp\{-2Kz_{90}\}]} \tag{12.18}$$

因此，为了利用卫星观测叶绿素的增加，叶绿素最大值深度要上升到一定高度(图12.15)，需内潮周期的部分期间$z_{90}>h_1+a\cos(kx-\omega t)$，且卫星测量的最大值发生在波峰上[$\cos(kx-\omega t)=-1$]。

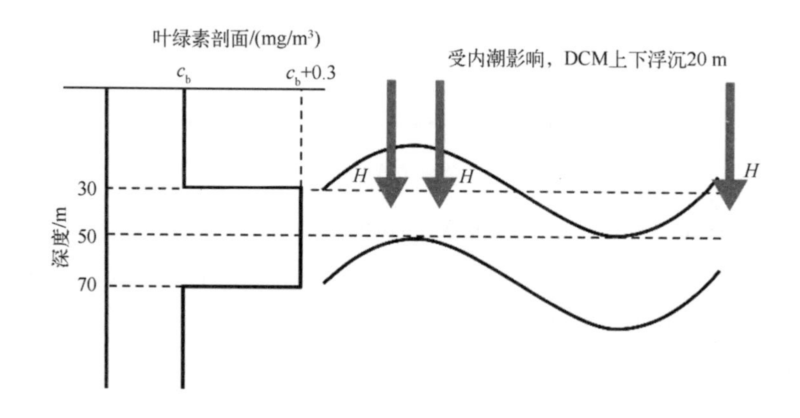

图 12.15　卫星传感器观测的叶绿素剖面和叶绿素最大值深度示意图。在该深度上，传感器可以有效观测到的深度用 H 表示，内潮波峰的观测作为叶绿素的增长带

现在如果将比斯开湾典型的参数值放进模式中，温跃层的平均深度取 50 m，内潮振幅 a 取 20 m，波长取 40 km，通过 SeaWiFS 图像可以很好地再现叶绿素浓度剖面分布。Da Silva 等(2002)假设叶绿素最大值深度在温跃层的中间，厚度为 40 m，叶绿素比背景值提高了 $c_0=0.3$ mg/m³(在接近 A 所在纬度的沿大西洋经向观测)。因此，$h_1=30$ m，$h_2=70$ m。最后，设 $K=0.05$ m^{-1}(不针对该研究区域，则$z_{90}=20$ m)，$X-Y$ 断面上可以直接观测到背景值 $c_b=0.26$ mg/m³(图 12.16)。这些参数选择给出了 $X-Y$ 断面与图 12.16 观测的 c_{sat} 相比的叶绿素分布模型。选择与峰值位置相匹配的分布模式(虚线)，与观测到的 c_{sat}(实线)有很好的一致性。虽然模型中叶绿素增长的区域有些狭窄，但是在潮汐波峰处增加变化被很好地捕捉到。注意，如果使用了与正弦波相比有更宽波峰的非线性潮波，那么叶绿素增长的区域也会变宽。

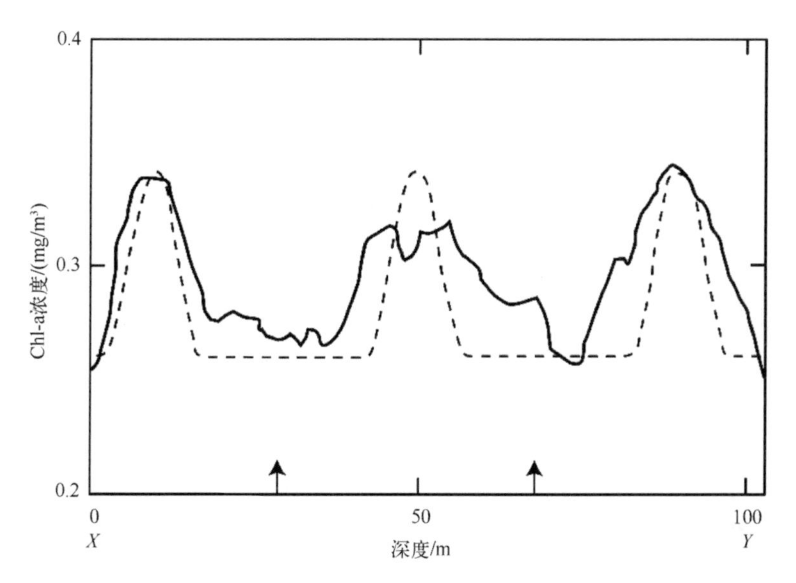

图 12.16 SeaWiFS 观测到沿图 12.13 中的 $X-Y$ 断面的叶绿素浓度(实线)和 da Silva 等(2002)的叶绿素分布模型(虚线)。箭头表示内孤立波的位置(前两个波的平均位置)并且表征了内潮的低谷

12.3.4 内波和初级生产力

水体中初级生产力发生在上层 50~150 m(真光层),这个深度上能为光合作用提供足够的光照,营养盐供应则主要是深层富营养水体通过各种机制向真光层输送。然而,传统的机制不足以解释观察到的生产力(McGillicuddy et al., 1997)。因此,学者集中研究新机制去解释能观测到的但尚未得到解释的生产力。很长一段时间,研究者推测内波对初级生产力有重要影响,但是受限于观测难度,这个过程很少被量化。卫星遥感与现场观测相结合可以克服上述局限,使得对大空间尺度上高频度的观测变为可能。

在上层的密度跃层,内波不仅通过产生剪应力和湍流使得营养盐向上输送来增加新的初级生产力,还通过增加平均光强丰富那里的浮游植物。由于光强随深度非线性(指数)减小,内波引起的浮力平衡或浮游植物细胞缓慢下沉的垂直位移处的平均位移,其平均光强度大于其在一天的平均深度的光强度(没有内波)。如果假设光合作用与总的日辐照度成比例(由于在真光层附近的光照条件较差),那么内波的垂直移动可能会明显提高真光层的初级生产力。意外的是,到目前为止遥感并没有被用于估计有强烈内波区域(比如比斯开湾)的净初级生产力的平均增长。

光合作用和次表层辐照度随深度变化的关系已经被认识了 50 年,其仍然主要聚焦在生产力模型开发上。约 30 年前,Shulenberger 等 (1981)证明了叶绿素最大值深度的净初级生产力通常构成总初级生产力的一部分。大约同一时间，Kahru(1983)在波罗的海利用富营养水体模型，估计了大振幅短周期的内波(湖面)对深度积分的初级生产力的影响。Lande 等(1988)建立了一个简单模型用于估算浮游植物细胞[可能被上层密度跃层中(在真光层的下部)内波的随机场所控制]的平均光强。然而，想要全面探索内波在初级生产力中的重要性、确定它们是否能解释全球海洋生产力的“缺失”，还需要做更多的努力，而遥感技术可能在这些方面发挥关键作用。

具有相对较高空间分辨率(300 m)和幅宽的成像传感器，如 MERIS 和 MODIS，可以解译短周期内波和长周期内潮波的信号，也可用来观测潮汐形成的内波对近表层浮游植物分布的影响。与内潮波和短周期内波的物理特性相比，这种传感器对于确定浮游生物空间尺度分布可能是非常有用的。它们还可以解决浮游植物分布是否明显与内波相关，仅仅是内波向遥感传感器揭示了深层叶绿素的结果，还是事实上是由于内波活动引起初级生产力增长的证据。

12.4　遥感对认知内波的意义

卫星遥感对内波研究产生了明显的影响，其揭示了内波在全球范围内普遍存在(Jackson，2007)以及它们在近表层的水平结构，这些都有助于了解其形成机制(New et al.，2002；Nash et al.，2005；da Silva et al. ，2008)。

类似于 TOPEX/Poseidon 或 Jason 高度计这样的非成像传感器，也对认识海洋内(潮汐)波有着重要作用，因为它们提供了全球内波的分布图和耗散率(Egbert et al.，2003)。即使现在，地球资源卫星已成功发射超过 30 年，高分辨率的卫星图像揭示了以前不为人知的内波活动热点区域，而这些热点区域靠近已经研究内波几十年的地区，例如马萨诸塞湾(da Silva et al.，2008)。

卫星图像为难以开展长期持续的现场观测的遥远区域提供了重要的数据来源，比如印度洋的莫桑比克海峡(da Silva et al.，2009)。为了获得持续和更高频度的卫星观测，以增强我们对内波的认知，在卫星观测任务方面的投入是很重要的。利用自动化程序来识别雷达图像上的内波信号(Simonin et al.，2009)，最终成为合成孔径雷达数据的常规观测，并以此来监测全球的内波。未来卫星观测可能会对研究一些重要的问题提供线索，比如内波对于混合层底部和温跃层内的混合作用以及揭示对这些波的形成机制。

12.5　参考文献

Akylas, T. R., R. H. J. Grimshaw, S. R. Clarke, and A. Tabaei (2007), Reflecting tidal wave beams and local generation of solitary waves in the ocean thermocline. J. Fluid Mech., 593, 297–313, doi: 10. 1017/S0022112007008786.

Alpers, W. (1985), Theory of radar imaging of internal waves. Nature, 314, 245–247.

Apel, J. R. (1987), Principles of Ocean Physics (631 pp.). Academic Press, San Diego, CA.

Apel, J. R. (2004), Oceanic internal waves and solitons. In: C. R. Jackson and J. R.

Apel (Eds.), Synthetic Aperture Radar Marine User's Manual (pp. 189–206). NOAA/NESDIS, Washington, D.C.

Apel, J. R., and F. I. Gonzalez (1983), Nonlinear features of internal waves off Baja California as observed from SEASAT imaging radar. J. Geophys. Res., 88(C7), 4459–4466.

Apel, J. R., H. M. Byrne, J. R. Proni, and R. L. Charnell (1975), Observations of oceanic internal and surface waves from the Earth Resources Technology satellite. J. Geophys. Res., 80(6), 865–881.

Apel, J. R., D. R. Thomson, D. G. Tilley, and P. van Dyke (1985), Hydrodynamics and radar signatures of internal solitons in the Andaman Sea. Johns Hopkins APL Technical Digest, 6(4), 330–337.

Beers, J. R., F. M. H. Reid, and G. L. Stewart (1975), Microplankton of the North-Pacific Central gyre: Population structures and abundance, June 1973. Int. Revue ges. Hydrobiol., 60, 607–638.

Brandt, P., A. Rubino, W. Alpers, and J. O. Backhaus (1997), Internal waves in the Strait of Messina studied by a numerical model and synthetic aperture radar images from the ERS 1/2 satellites. J. Phys. Oceanogr., 27(5), 648–663.

Bretherton, F. P., and C. J. R. Garrett (1968), Wave trains in inhomogeneous moving media. Proc. R. Soc. Lond. A, 301, 539.

Cullen, J. J., and R. W. Eppley (1981), Chlorophyll maximum layers of the Southern California Bight and possible mechanisms of their formation and maintenance. Oceanologica Acta, 4, 23–32.

da Silva, J. C. B., S. A. Ermakov, I. S. Robinson, D. R. G. Jeans, and S. V. Kijashko (1998), Role of surface films in ERS SAR signatures of internal waves on the shelf, I: Short-period internal waves. J. Geophys. Res., 103(C4), 8009–8031.

da Silva, J. C. B., S. A. Ermakov, and I. S. Robinson (2000), Role of surface films in ERS SAR signatures of internal waves on the shelf, Ⅲ: Mode transitions. J. Geophys. Res., 105(C10), 24089–24104, doi: 10. 1029/2000JC900053.

da Silva, J. C. B., A. L. New, M. A. Srokosz, and T. J. Smith (2002), On the observability of internal tidal waves in remotely-sensed ocean color data. Geophys. Res. Letters, 29(12), 1569, doi: 10. 1029/2001GL013888.

da Silva, J. C. B., S. M. Correia, S. A. Ermakov, I. A. Sergievskaya, and I. S. Robinson (2003), Synergy of MERIS ASAR for observing marine film slicks and small scale processes. Paper presented at Proc. MERIS User Workshop, November, Frascati, Italy. ESA, Noordwijk, The Netherlands.

da Silva, J. C. B., A. L. New, and A. Azevedo (2007), On the role of SAR for observing "local generation" of internal solitary waves off the Iberian Peninsula. Can. J. Remote Sensing, 33(5), 388–403.

da Silva, J. C. B., and K. R. Helfrich (2008), Synthetic aperture radar observations of resonantly generated internal solitary waves at Race Point Channel (Cape Cod). J. Geophys. Res., 113(C11016), doi: 10.1029/2008JC005004.

da Silva, J. C. B., A. L. New, and J. M. Magalhaes (2009), Internal solitary waves in the Mozambique Channel: Observations and interpretation. J. Geophys. Res., 114(C05001), doi: 10.1029/2008JC005125.

Drazin, P. G. (1983), Solitons (London Mathematical Society Lecture Note Series 85, viii+ 136 pp.). Cambridge University Press, Cambridge, U.K.

Egbert, G. D., and R. D. Ray (2003), Semi-diurnal and diurnal tidal dissipation from TOPEX/Poseidon altimetry. Geophys. Res. Letters, 30(17), 1907, doi: 10.1029/2003GL017676.

Ermakov, S. A., S. G. Salashin, and A. R. Panchenko (1992), Film slicks on the sea surface and some mechanisms of their formation. Dynamics of Atmos. Oceans, 16, 279-304.

Ermakov, S. A., J. C. B. Da Silva, and I. S. Robinson (1998), Role of surface films in ERS SARsignatures of internal waves on the shelf, 2: Internal tidal waves. J. Geophys. Res., 103(C4), 8033-8043.

Gerkema, T. (2001), Internal and interfacial tides: Beam scattering and local generation of solitary waves. J. Mar. Res., 59, 227-255.

Gill, A. E. (1982), Atmosphere-Ocean Dynamics (International Geophysics Series Vol. 30, 662 pp.). Academic Press, San Diego, CA.

Gordon, H. R., and D. K. Clark (1980), Remote sensing optical properties of a stratified ocean. Appl. Opt., 19, 3428-3430.

Gordon, H. R., and W. R. McCluney (1975), Estimation of the depth of sunlight penetration in the sea for remote sensing. Appl. Opt., 14, 413-416.

Heathershaw, A. D. (1985), Observations of internal wave current fluctuations at the shelf-edge and their implications for sediment transport. Continental Shelf Res., 4, 485-493.

Helfrich, K. R., and W. K. Melville (2006), Long nonlinear internal waves. Ann. Rev. Fluid Mechanics, 38, 395-425.

Holligan, P. M., R. D. Pingree, and G. T. Mardell (1985), Oceanic solitons, nutrient pulses and phytoplankton growth. Nature, 314, 348-350.

Jackson, C. R. (2004), An Atlas of Internal Solitary-like Waves and Their Properties (Second Edition, prepared under contract for Office of Naval Research, Code 322PO, Contract N00014-03-C-0176, 560 pp.). Global Ocean Associates, Alexandria, VA.

Jackson, C. (2007), Internal wave detection using the Moderate Resolution Imaging Spectroradiometer (MODIS). J. Geophys. Res., 112(C11012), doi: 10.1029/ 2007JC004220.

Jeans, D. R. G., and T. J. Sherwin (2001), The variability of strongly non-linear solitary internal waves observed during an upwelling season on the Portuguese shelf. Continental Shelf Res., 21, 1855-1878.

Kahru, M. (1983), Phytoplankton patchiness generated by long internal waves: A model. Mar. Ecol. Prog.

Ser., 10, 111-117.

Kantha, L. H., and C. A. Clayson (2000), Small Scale Processes in Geophysical Fluid Flows (International Geophysics Series Vol. 67, 888 pp.). Academic Press, San Diego, CA.

Killworth, P. D. (1998), Something stirs in the deep. Nature, 398(24/31), 720-721.

Korteweg, D. J., and G. de Vries (1895), On the change of form of long waves advancing in a rectangular canal, and on a new type of long stationary waves. Philosphical Magazine, 39, 422-443.

Lamb, K. G. (1997), Particle transport by nonbreaking, solitary internal waves. J. Geophys. Res., 102 (C8), 18641-18660.

Lande, R., and C. S. Yentsch (1988), Internal waves, primary production and the compensation depth of marine phytoplankton. J. Plankton Res., 10(3), 565-571.

Lennert-Cody, C. E., and P. J. S. Franks (1999), Plankton patchiness in high-frequency internal waves. Mar. Ecol. Prog. Ser., 186, 59-66.

Lighthill, M. J. (1978), Waves in Fluids. Cambridge University Press, Cambridge, U.K.

Liu, A. K., Y. S. Chang, M.-K. Hsu, and N. K. Liang (1998), Evolution of nonlinear internal waves in the East and South China Seas. J. Geophys. Res., 103(C4), 7995-8008.

Marmorino, G. O., G. B. Smith, and G. J. Lindemann (2004), Infrared imagery of ocean internal waves. Geophys. Res. Letters, 31(L11309), doi: 10.1029/2004GL020152.

McGillicuddy, D. J., Jr., and A. R. Robinson (1997), Eddy-induced nutrient supply and new production in the Sargasso Sea. Deep-Sea Res. I, 44, 1427-1450.

Melsheimer, C., and L. K. Kwoh (2001), Sun glitter in SPOT images and the visibility of oceanic phenomena. Paper presented at Proc. 22nd Asian Conference on Remote Sensing, Singapore, November 5-9.

Mowbray, D. E., and B. S. H. Rarity (1967), A theoretical and experimental investigation of the phase configuration of internal waves of small amplitude in a density stratified fluid. J. Fluid Mech., 28, 1-16.

Munk, W., and C. Wunch (1998), Abyssal recipes II. Deep-Sea Res. I, 45, 1976-2009.

Nash, J. D., and J. N. Mourn (2005), River plumes as a source of large-amplitude internal waves in the coastal ocean. Nature, 437(September), 400-403.

New, A. L., and J. C. B. Da Silva (2002), Remote-sensing evidence for the local generation of internal soliton packets in the central Bay of Biscay. Deep-Sea Res. I, 49, 915-934.

New, A. L., and R. D. Pingree (1990), Large-amplitude internal soliton packets in the central Bay of Biscay. Deep-Sea Res. I, 37, 513-524.

New, A. L., and R. D. Pingree (2000), An intercomparison of internal solitary waves in the Bay of Biscay and resulting from Korteweg-de Vries-type theory. Prog. Oceanogr., 45(1), 1-38.

Osborne, A. R., and T. L. Burch (1980). Internal solitons in the Andaman Sea. Science, 208 (4443), 451-460.

Ostrovsky, L. A., and Y. A. Stepanyants (1989), Do internal solitons exist in the ocean? Rev. Geophys., 27, 293-310.

Pedlosky, J. (2004), Ocean Circulation Theory (453 pp.). Springer-Verlag, New York. Pineda, J. (1999), Circulation and larvae distribution in internal tidal bore warm fronts. Limnol. Oceanogr., 44 (6), 1400-1414.

Pingree, R. D., and A. L. New (1995), Structure, seasonal development and sunglint spatial coherence of the internal tide on the Celtic and Armorican shelves in the Bay of Biscay. Deep-Sea Res. I, 42, 245-284.

Pingree, R. D., D. K. Griffiths, and G. T. Mardell (1983), The structure of the internal tide at the Celtic Sea shelf break. J. Mar. Biol. Assoc. U.K., 64, 99-113.

Pingree, R. D., G. T. Mardell, and A. L. New (1986), Propagation of internal tides from the upper slopes of the Bay of Biscay. Nature, 321, 154-158.

Robinson, I. S. (2004), Measuring the Ocean from Space: The Principles and Methods of Satellite Oceanography (669 pp.). Springer/Praxis, Heidelberg, Germany/Chichester, U.K.

Shanks, A. L. (1983), Surface slicks associated with tidally forced internal waves may transport pelagic larvae of benthic invertebrates and fishes shoreward. Mar. Ecol. Prog. Ser., 13, 311-315.

Shulenberger, E., and J. Reid (1981), The Pacific shallow oxygen maximum, deep chlorophyll maximum and primary productivity, reconsidered. Deep-Sea Res. I, 28, 901-919.

Simonin, D., A. R. Tatnall, and I. S. Robinson (2009), The automated detection and recognition of internal waves. Int. J. Remote Sensing, 30(17), 4581-4598.

Vesecky, J. F., and R. H. Stewart (1982), The observation of ocean surface radar phenomena using imagery from the Seasat Synthetic Aperture Radar: An assessment. J. Geophys. Res., 87, 3397-3430.

Zatsepin, A. G., A. S. Kazmin, and I. N. Fedorov (1984), Thermal and visible manifestations of large internal waves. Oceanologia, 28, 586-592.

13 陆架海、河口和近岸

13.1 引言

本章综述了卫星数据如何助力陆架海、河口和近岸水域的海洋研究和应用。浅海和近岸海洋环境遥感面临的挑战和机遇，与开阔大洋的卫星海洋学不同，因此专设一章。大陆架离岸超过几十千米之处，水动力学具有的特征，呈现出各种不同的现象，同时影响卫星数据的解译方式。13.2 节对此展开讨论，展示了中分辨率成像传感器对陆架海海洋学的重要性。由于精度的严重限制，陆架海高度计很少使用。然而，最近的研究活动已指明近岸高度计的发展方向，这将在 13.3 节概述。当我们非常接近海岸，或海洋穿过岸线进入河口时，标准的海洋成像传感器缺乏所需的空间分辨率。正如 13.4 节所描述，不得已采用的替代传感器为近岸和河口遥感方法提供了一个不同的角色，尽管这里的目的仅限于介绍，假设如湖泊、三角洲和湿地遥感等类似主题包含在内时，哪些能成为相当广泛的主题。读者应该注意到，7.5 节和 7.6 节关于从太空观测海洋生物所涉及的专题(热带浅海和温水珊瑚礁的栖息地)，第 8 章关于波及第 9 章关于风所包含的一些近岸应用，也可能出现在本章。

13.2 从太空观测陆架海

13.2.1 陆架海遥感的独特之处

陆架海位于世界主要大洋的边缘，大陆陆块的低洼部分被海水淹没。从地球物理的角度看，大陆陆块的地壳比深海平原的地壳厚得多。纵观地质历史，受板块构造过程的驱动，大陆板块在地球表面产生漂移运动，形成了如今世界海洋的形状。在大陆板块和大洋板块之间的许多边界处，陆块有一个陡峭的边缘，离岸很短距离内，海床陡峭地向下倾斜到数千米的深度。在这种情况下，深海的特征接近于近岸，无须考虑不同于开阔大洋观测的特定遥感方法。当然，如第 4 章和第 5 章所述，卫星观测在大陆边缘的海洋动力现象中扮演着重要角色，如沿岸上升流、边界流及其伴生锋面等。

在世界其他地区，由于海平面上升和(或)大陆陆块相对海平面下沉，大陆板块的边缘被淹没，形成水深通常小于 200 m 的浅海。有时，这些陆架区向海延伸数百千米，直到大陆板块边缘产生的水下悬崖，海床急剧下降到 1~2 km，甚至更深。尽管也可从卫星数据中找到细微的证据，但对处于海平面上的人或从上方观察海洋而言，大陆架边缘海洋深度的突变并不明显(见 13.2.3 节)。然而，在物理和化学现象、生物以及沉降方面，巨大的深度差异常常导致陆架海的过程和特性与邻近深海有明显不同。正是这些陆架海的独特特性，使遥感技术应用和卫星数据解译有了新的挑战和机遇，这就是为什么说单独考虑陆架海卫星海洋学是非常有用的(Nihoul et al., 1998)。

虽然几乎所有的海岸线都有狭窄的大陆架，但本章所考虑的具体问题主要适用于数十或数百千米宽的陆架区域，且很可能被周围的岛屿和陆块半封闭包围。图 13.1 突出显示了世界各地已发现的此类海域的位置。在海洋学研究和认知方面，最重要的区域如欧洲西北部边缘海(包括北海、波罗的海、爱尔兰海、英吉利海峡和凯尔特海)、北美东北部的新斯科舍陆架和纽芬兰大浅滩、阿根廷东部的巴塔哥尼亚陆架、泰国湾、马来西亚陆架和爪哇海、中国东海和黄海以及白令海。然而，也存在一些其他岸线，大陆架宽度超过 100 km，如图 13.1 所示，本章讨论的方法也适用。这其中包括巴西沿岸部分海域、塞内加尔和塞拉利昂之间的非洲西海岸、澳大利亚北部的帝汶海和卡奔塔利亚湾(Gulf of Carpentaria)、巴斯海峡及北冰洋西伯利亚和俄罗斯沿岸海域。本章这一节将主要以欧洲西北部陆架海为例，阐述大多数其他大潮差陆架海的适用原则。这样考虑是因为该区域可用的高分辨率影像数据及相当多的海洋学理论和观测研究文献。

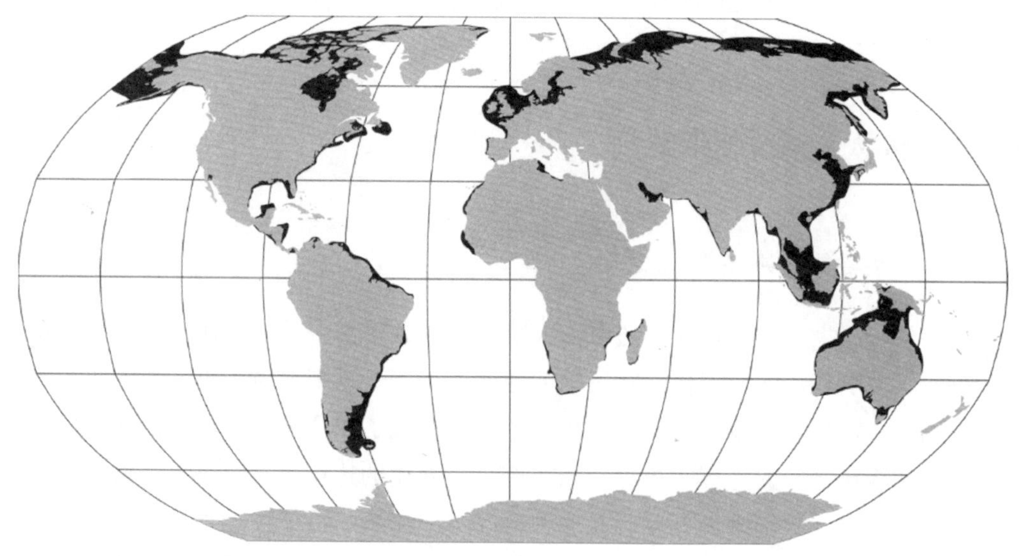

图 13.1　世界地图中显示的黑色区域是延伸出海岸超过 25 km 的大陆架(探测深度<200 m)，这些宽的或半封闭的区域可能会在本章讨论展示陆架海的某些特征

因为陆架海重要的时间尺度和距离尺度有别于开阔大洋，所以将开阔大洋的海洋遥感方法应用到浅潮海域时，将会产生异差(13.2.2 节将会解释)。大多数陆架海的一个特点，潮流力量将为海水的混合和搅拌提供能量源。这将会导致陆架海良好的垂向混合，从而有利于遥感观测，即卫星在海面能够测量的是整个水柱的特性。在分层出现的地方，受引潮力驱动过程的限制，形成一些适用于卫星红外传感器进行研究的有趣动力学现象(13.2.4 节将会说明)。

陆架海的另一个特点，受相邻大陆陆块径流的影响，将产生一些受淡水影响的特征区域(ROFI)。河流排放也会明显增加陆架海的悬浮泥沙浓度，并从太空清晰可见，特别在无分层区域，潮流使海底物质再悬浮带到表层。13.2.5 节中讨论了悬浮泥沙的遥感观测。河流和陆地径流也提供了丰富的营养来源，维持藻华暴发，给水质带来潜在危害。尽管二类水体多样的光学物质来源，让可靠的定量测量充满挑战，但是，遥感方法，尤其是水色遥感，对监测陆架海及其生态系统的健康状况是非常必要的。这将在 13.2.6 节进行讨论。

13.2.2 陆架海的变化尺度

当利用遥感方法研究某方面海洋学时，通常重要的是优化卫星数据的时空采样能力，确保在时间和空间上完全匹配海洋现象的变化特征。*MTOFS*(Robinson, 2004)的第 4 章对这一原则进行了发展和解释。在本书前几章，描述了海洋中尺度对很多海洋过程观测采样需求设置的重要性。将注意力转向陆架海，我们需要重新考虑探测需求的尺度，与开阔大洋相比在某些重要方面存在差异，而关键因素在于陆架海较浅的水深。

考虑大陆架海水运动的动力情形时，较浅水深有着深远的影响，因为它引起波状扰动以慢得多的速度传播。例如，在水深 40 m 的海水中，正压长波以 20 m/s 或 72 km/h的速度传播，而在水深 4 000 m 处，传播速度会快 10 倍。速度的不一致对海洋潮汐造成强烈的影响。缓慢的能量传播速度会导致在陆架海区的潮汐振幅增大，从而引起更强烈的潮流。较慢的传播速度也会使潮汐相位在更短的距离内快速改变。这种情况以及由高振幅非线性作用产生的浅水潮分量，使得从高度计预测潮汐变得非常困难。迄今为止，这些严重限制了卫星高度计在陆架海的使用，13.3 节中讨论了由此促成的沿岸高度计新技术的新进展。

水柱的斜压扰动也显示出深海和浅陆架海之间传播特征的差异。第 12 章展示了潮流跨越陆架坡折处如何生成温跃层中的内波。另一方面，洋流和斜压涡流往往不从深海向毗邻陆架区域传播。由于地球旋转，水柱拥有行星涡度，如果远离或朝向陆架运动，为了维持自身的绝对涡量守恒，它会被迫自旋上升或下降。实际上，当水体开始流向陆架时，诱导的涡度将偏离它，这往往限制水体沿等深线运动，或更准确地说是常量f/h的等值线(其中，f为科氏参数；h为水深或者斜压情况下的水层深度)。因此，它抑制了陆架海和邻近海域之间的流动，这种现象在Taylor-Proudman原理中已有理论呈现(Brink，1998)。深海中的沿岸边界流趋向于沿着陆架坡折线流动，而不是流向陆架。所有这些因素往往导致陆架海发展的水团特征不同于毗邻海域。有关陆架海典型流体动力学更完整的描述可参考大量的综述文献和书籍，例如，Huthnance(1995)、Csanady(1997)、Hill(1998)、Simpson(1998)和Mann等(2006)。

半隔离于相邻的深海、浅海水域其海底摩擦可限制整个水柱、强烈的潮汐和风力对水柱有效的垂直混合以及流经广大腹地的大河流入，往往都是导致海洋无法趋于水平均一的因素。水平搅拌的作用远远低于深层海洋将不同温度、盐度和生物地球化学特性的水混合的效果。相比深海的中尺度行为，这往往降低了陆架海变化的距离尺度，并且导致许多独特陆架海现象的产生，表13.1总结了这些现象的特性。如果卫星有能力观测这些过程和特点，那么它必能服务于陆架海洋学，或者对一些世界上最繁忙海域的业务监测作出贡献。

表13.1　利用卫星观测的陆架海过程和现象的距离及时间尺度

过程	水平尺度范围	水平范围	垂直结构	时间尺度	寿命
潮汐混合锋	3~7 km	50~200 km	分层/混合	5~7 d	季节性
淡水影响区域	2~10 km	10~100 km	分层/混合	5~7 d	季节性
近表层悬浮沉积物	2~50 km	500 km	垂直混合	1~5 d	全年性
浮游植物水华	1~20 km	20~400 km	分层/混合	12 h至5 d	季节性
陆架边缘锋	10~50 km	50~250 km	斜压	5~7 d	季节性
内波	500 m至10 km	200 km	分层	1 h	2~5 d

从卫星观测到那些表层海水特征和组成(尤其是温度、叶绿素和悬浮颗粒物)的水平尺度，由影响垂直混合过程的因素控制。这些因素包括主要潮汐类型的潮流振幅U(通常是半日潮，但在世界某些地区可能是全日潮或混合的半日-全日潮)和水柱深度h。由于陆架海中相对较慢的潮汐相位传播速度，U因潮汐相位梯度而变化的距离尺度，在同潮图的无潮点附近可以短至30 km。然而，当潮流跨过等深线时，U往往与h成反向变化，因此往往沿潮的流线，随水深的距离尺度而变化。在沉积底部特征区域，它可以短至1~2 km；靠近海岸线及流经岬角和岛屿附近的弯曲流线，它可达3~10 km。这就解释了表13.1所示现象相当短的距离尺度，将在随后的章节单独讨论。这些尺度需要通过成像传感器观测陆架海来解决。

需要强调的是，解译陆架海卫星影像的基本要素是了解或判断水柱是否分层。如13.2.4小节所述，垂直混合可获取的能量密度与U^3/h成正比。在远离海岸和岛屿的陆架海较深区域，U^3/h 足够小，至少在夏季的月份，水柱会出现层化。此处，表层海水的特性很大程度与海底之上的潮流无关，可预计在超过 100 km 的变化距离尺度都相当均匀。然而，当混合足够强烈，层化就会消解，因此卫星观测的表层特性就代表了整个水柱的性质。此时海表性质对来自海底的混合变得敏感，卫星观测的性质可能会在相对较小的距离尺度上（在表 13.1 中定义）发生变化，主要与水深的距离尺度有关。另一方面，如果在已知分层的陆架海区域探测出小距离尺度的不均匀性，那么这些可与温跃层扰动相关联。主要原因可能是内波，在陆架断裂处也是如此（将在 13.2.3 小节中讨论）。

最能影响陆架海动力的时间尺度来自潮汐强迫，是由月球和太阳引潮力之间的 14 天差频引起的大小潮调制。大潮时，潮位和潮流的振幅可能是小潮时的 1.5 倍或 2 倍，小潮和大潮间隔 7 天，再过 7 天又回到小潮状态。因此，在 14 天的循环中，可用于垂直混合或使海底颗粒再悬浮的能量随大小潮振幅比而变化，其振幅比提高到 3~8 倍。这是主要由潮流强度驱动的过程规定 5~7 天时间尺度的依据。实际上，潮汐涨落周期为 12.5 小时，潮流速度是该频率的两倍，但一般认为，水体层化或热结构不会在如此短的几个小时内发生明显变化。然而，突然的强风能快速地引起海底沉积物再悬浮，缩短该过程的时间变化尺度，而浮游植物种群的最短时间尺度，可能要根据生物的自然增长率和对光照增强或可获得营养物质的生理响应从生物学上来决定。

表 13.2 列出了用于对陆架海过程成像的传感器采样特点，从中明显看出，尽管更细的空间尺度有待解决，但使用中分辨率传感器（近红外和可见光成像仪）能很好地匹配空间采样需求。然而，利用在第 3 章和第 5 章中所讨论的观测中尺度现象的相同方法，这些传感器对无云条件的依赖性意味着，除非晴朗天空持续若干天，否则它们没有能力跟踪某些过程的最快速变化。在全球大多数地方，晴朗天空持续数天的情况不常见。

表 13.2 观测陆架海传感器的采样能力（其他可能的传感器用斜体显示）

传感器类别	测量的海洋特性	空间分辨率	时间分辨率（重访周期）	注释
红外辐射计	海表温度	极轨轨道：1~2 km； 对地同步轨道：3~5 km	约 12 小时； 1 小时	无法穿透云层
水色传感器	叶绿素浓度、悬浮颗粒物、有色有机物、光学性质	1~2 km	1~2 天	无法穿透云层
雷达散射计	风速和风向	25 km	每天两次	
雷达成像仪	表面粗糙度	25~75 m	约 10 天	

续表

传感器类别	测量的海洋特性	空间分辨率	时间分辨率（重访周期）	注释
微波辐射计	海表温度；风速、海冰	25~50 km；10~25 km	1天	在离陆地 100 km 以内不可靠
雷达高度计	海面高度、地转流、风速、波高	约 7 km(沿地面轨迹)；约 50 km(与多任务卫星数据绘制)	7天(与多任务卫星数据绘制)	目前，在离陆地 20~50 km 以内不可靠

潮汐的另一现象可用于陆架海观测，即某些现象的位置会随着潮流前后往复。例如，如果有 1 m/s 振幅的强直线潮流，由潮汐推动的浮标大约会有 14 km 的潮汐漂移。浮游植物藻华可能会随潮汐漂移，因此在卫星图像中观测到它们的位置，可能随半日潮的相位而变化。单个极轨传感器通常被锁定在太阳的半日周期，所以可能会混淆潮汐运动。另一方面，尽管强潮流可能将其抹去，这些与水深特征相关的现象在地理上应该保持不变。因此，利用卫星数据来探测温度或水色的空间特征是否或在多大程度上遵循潮汐漂移将是非常有趣的。为了实现这一目标，要么需要一天内不同过境时间传感器的结合，要么需要一个单独的地球静止传感器。目前，中纬度地区地球静止传感器的空间分辨率约为 5 km，这将无法可靠地探测潮流小于 0.5 m/s 的大部分陆架海域的潮汐漂移。潮汐平流问题仍然是一个潜在的不确定性来源，当解译来自强潮流区域的卫星数据时需要考虑，尽管在陆架海遥感的文献中很少提及。

13.2.3 陆架边缘现象

我们现在考虑一些利用卫星探测陆架海不同现象的例子，首先是与陆架边缘本身或边缘斜坡上方区域相关的现象。图 13.2 示意性地展示了合适条件下能够在卫星影像数据产生表面特征的三个过程。尽管这是三个截然不同的机制，但它们存在相同点，即生成的特征与陆架断裂相关，并在地理上紧密联系。

由于 13.2.1 节提到的原因，首先被观测到的是，靠近陆架的水团和远离陆架的水团存在不同的特征。图 13.3 所示为 2006 年 4 月初欧洲西北部陆架边缘海表温度分布示例。在上层海洋的年热循环阶段(参见图 6.3)，由于开阔大洋季节性温跃层的发展并使太阳加热更靠近海表面，北大西洋的海温正在升高。然而，在大陆架上，水柱充分的垂直混合抑制了季节性温跃层的发展，所以海温的升高滞后于开阔大洋。因此，对于这一地理区域，尽管通常不会贯穿全年，但在年周期内，海表温度将在跨越陆架边缘急剧变化 2℃左右。图 13.3 中显示出 11℃的海表温度等温线，沿着爱尔兰西部陆架边缘的特征形状，然后向南向东转向布列塔尼。

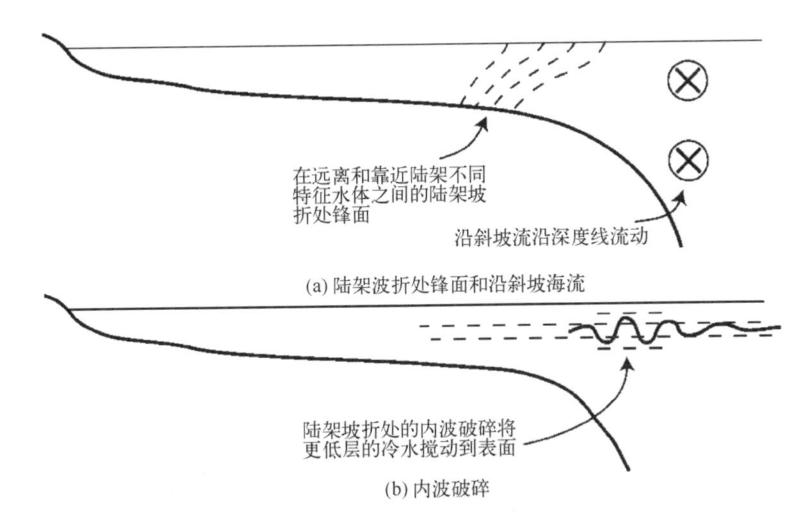

图 13.2　形成遥感鲜明特征的不同陆架边缘过程示意图

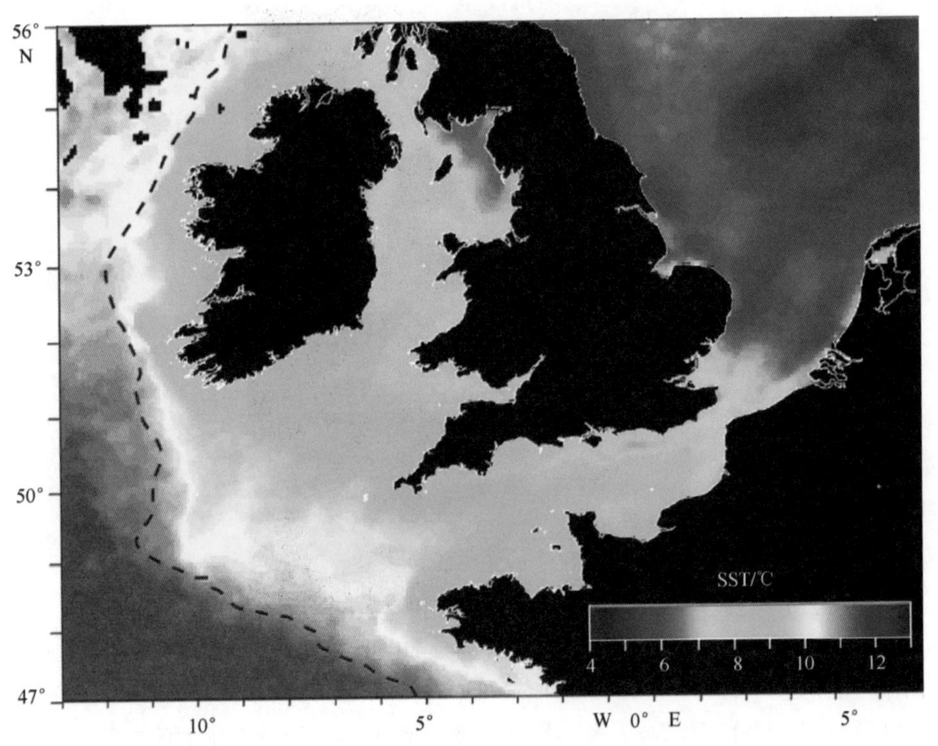

图 13.3　截至 2006 年 4 月 8 日，位于欧洲西北部的陆架海域基于 NOAA-18 AVHRR 的当周海表温度合成图像，显示流过陆架的冷水。黑色部分表示陆地或者持续有云覆盖的像素；11℃的海表等温线近似沿着大陆架边缘，用虚线表示；该图基于 NEODAAS (http://www.neodaas.ac.uk/) 的周合成图像数据

在某些卫星图像上产生陆架边缘信号的第二个过程，是存在沿着常数 f/h 轮廓流向大陆架深海边缘的沿斜坡海流(图 13.2)。本书已提过这类流动的一些最有力示例(例如第 4 章介绍的墨西哥湾流、黑潮及阿古拉斯海流)。然而，在海洋边缘的其他海域还出现了更弱更窄的海流，与周围海水相比，这些海流具有独特的性质。图 13.4 展示了东北大西洋一个很好的例子，海流沿着欧洲西北部大陆坡朝北流动，海水很可能被颗石藻水华(具有独特的宽波段太阳反射)染色。来自 MODIS 传感器 667 nm、551 nm 和 443 nm 波段的大气校正归一化离水辐亮度合成的增强型真彩图上，沿着爱尔兰西南角的陆架边缘显得更白，区别于通常在大洋侧偏蓝的(清澈的)海水和陆架侧偏绿(叶绿素丰富)的海水，展示了陆架坡折如何作为阻碍水体交换的边界。颜色更白的海水作为海流的示踪物，展现出其遵循陆架边缘周围的等深线。水华似乎延续数百千米的方式表明，斜坡流也可能促进了陆架边缘营养盐的局部垂直混合。尽管没有得到实测资料的证实，这仍然是个推测。

图 13.4 欧洲西北部近岸水域基于 2006 年 6 月 2 日的 MODIS 数据得到的归一化离水辐亮度的增强型彩色合成图。该数据的波段(667 nm、551 nm 和 443 nm)分别赋予红通道、绿通道和蓝通道。亮白色和淡蓝色被发现全部沿着陆架坡折线，这对应于整个光谱的高反射处，典型的是在上混合层的颗石藻引起的结果；黑色对应于陆地或云覆盖；蓝色对应于开阔大洋的清澈海水，而较绿色与浮游植物存在有关；黄色的亮近岸区域表明在红波段有较高反射和在蓝波段具有较低反射，典型的案例有存在引起高浑浊水体的再悬浮沉积物和吸收蓝光的溶解性有机物[图像利用 NASA 海洋水色网站(http://oceancolor.gsfc.nasa.gov/)的 2 级 MODIS 数据产品制作]

图 13.5 展示了陆架坡折处海流信号的变化，海流沿着苏格兰东北部陆架边缘，然后沿等深线转向南流向挪威深海，其路径由更暖的海表温度踪迹追踪，与靠近陆架和远离陆架的冷水形成对比。相比一个月前(图 13.3)，更南边的西部陆架海域已经回暖，与远离陆架的海水变得难以区别，这暗示着该动态区域的海表温度分布在全年不断变化。

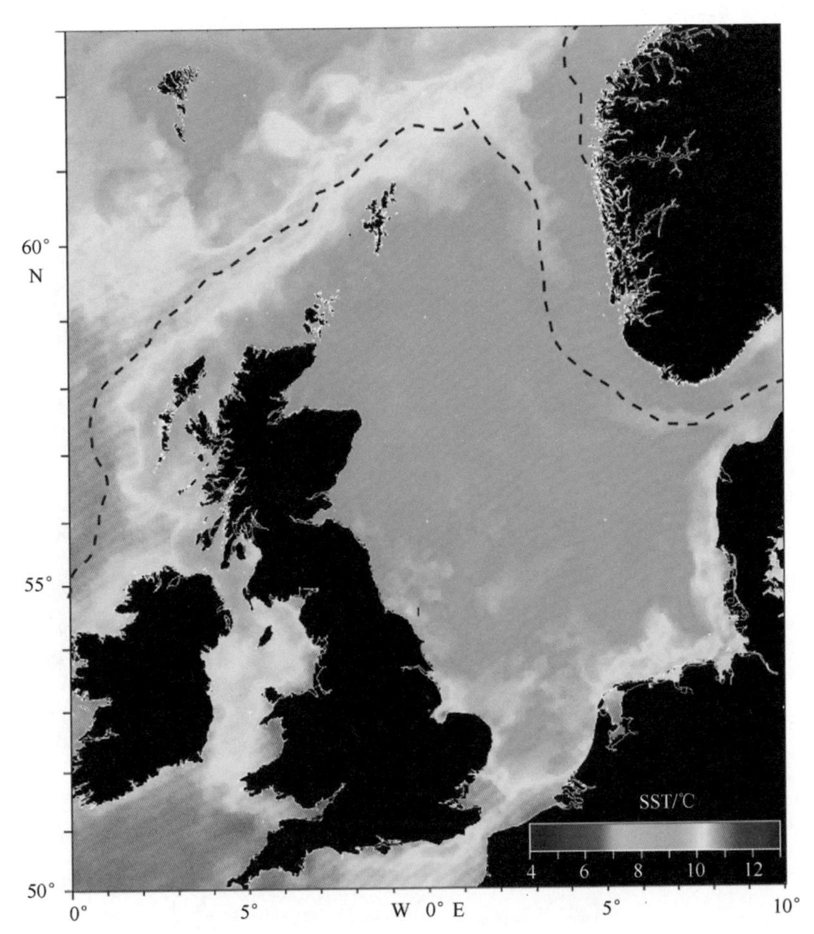

图 13.5　截至 2006 年 5 月 6 日，位于欧洲西北部陆架海域基于 NOAA-18 AVHRR 的当周海表温度周合成图像，展示了经由苏格兰北部陆架边缘海流运输的羽毛状温暖水体。黑色部分表示陆地或者持续有云覆盖的像素；虚线表示陆架边缘的位置。图像利用 NEODAAS (http://www.neodaas.ac.uk/)的周合成图像数据制作

第三个陆架边缘的信号是由内波破碎导致的。如第 12 章所述，深海的内潮波遇到陆架坡折时，其特性会发生极大改变。随着深度变浅，它们的传播速度降低，并且振幅增大，从而产生在 SAR 影像中能观测到的更高频率的内波包络。作为同一过程的一部分，增加的波幅可能会导致波破碎，促进混合，从而削弱温跃层，使较冷和可能富

含营养的海水输送到表面。尽管卫星上的中分辨率辐射计不能明确探测到内波，但是它们可以显示出沿陆架坡折处的较冷海水区域，如图 13.6 所示。这幅图展示了 2004 年 6 月靠近英国西部的月平均海表温度，陆架坡折处的海表温度比两侧都低 0.5~1°C。尽管可能由于内波能量随大潮—小潮周期而波动和持续的片状云层覆盖，很难从单独的过境影像里持续地找到陆架边缘的热特征，但在月合成图像呈现的信息表明，当冷水出现时，沿陆架坡折分布在地理上的受限区域里。陆架坡折混合导致的变冷似乎仅在夏季发生，并且在 6 月最强。

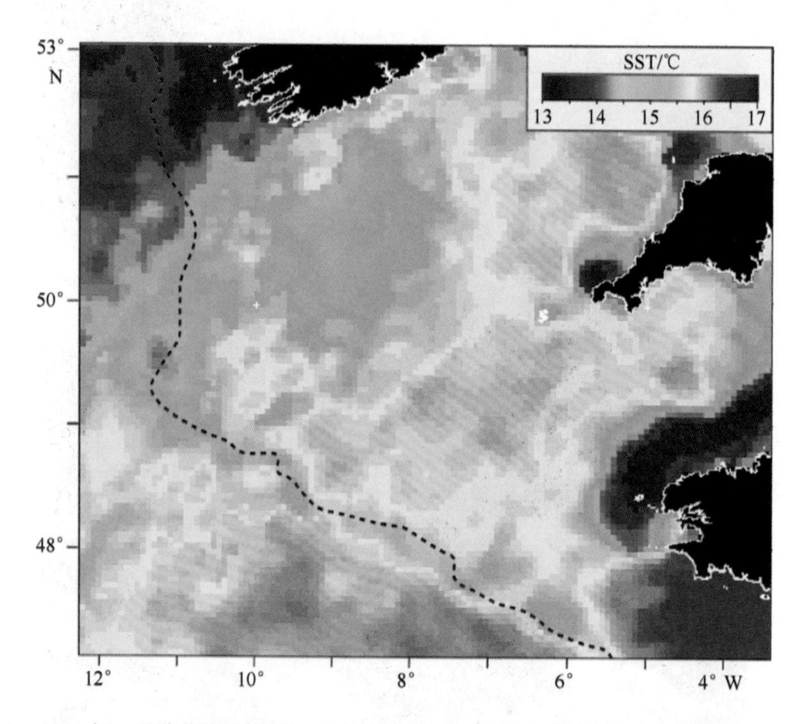

图 13.6　2004 年 6 月靠近英国西部基于 NOAA-18 AVHRR 数据的海表温度月平均合成图像，展示了沿着大多数陆架边缘线较低海表温度的海域，如虚线表示。该图利用 NEODAAS (http://www.neodaas.ac.uk/)的月合成图像数据制作

从海洋水色传感器的数据可以确认这是一种真正的混合现象，可为表层水提供更多的营养。图 13.7 展示了从 SeaWiFS 卫星得到的 2004 年 6 月比斯开湾和凯尔特海的月平均叶绿素浓度。每年这时，尽管近岸和陆架较浅海域的生产力有所提高，但除了沿着正好位于陆架边缘(大约位于 49°N，11°W)膝部外侧的大陆边缘线，有条清晰的高浓度线，沿着这条线的叶绿素浓度是两侧的 5~10 倍。但在陆架外侧和开阔大洋几乎没有。通过现场测量已经观测到这种生产力提高，而从卫星数据探测到的空间分布提供了有力的证据，表明这是在地理上受限于陆架边缘的现象。

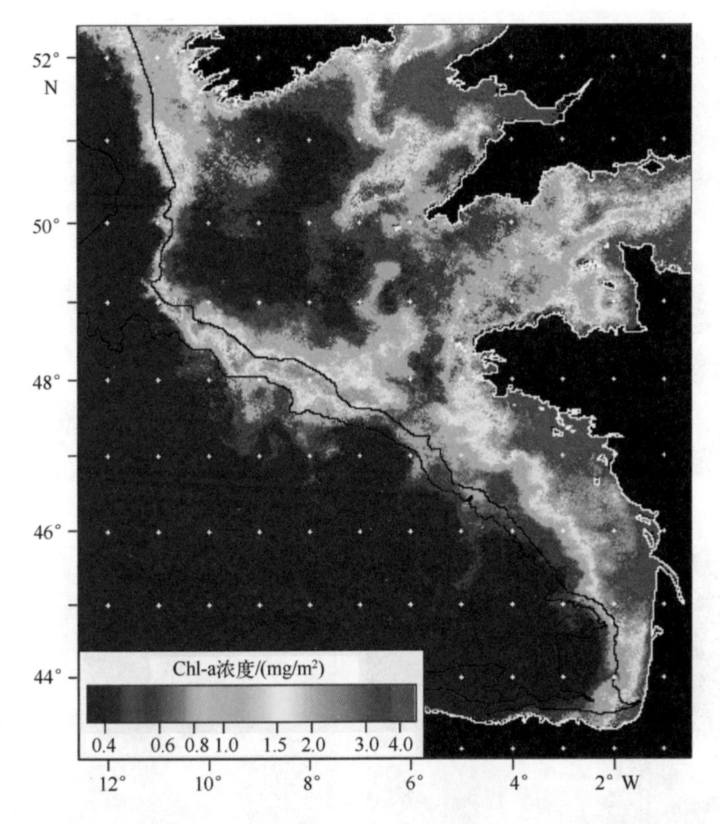

图 13.7 基于 SeaWiFS 反演的 2004 年 6 月叶绿素 a 浓度月平均图像。大陆坡的位置基于 200 m 和 1 000 m 等深线划定，在图中用黑线画出。叶绿素 a 浓度在 7°—11°W 的大陆坡上有明显的增加。该图利用 NEODAAS(http://www.neodaas.ac.uk/)的月合成图像数据制作①

13.2.4 陆架海动力现象的热特征

通过检查陆架热红外影像得出的海表温度图可以学到很多，例如图 13.8 所示，它包含了四幅基于 AVHRR 的海表温度周合成图，分别代表一年中的不同季节。尽管本能地会将海表温度的模态理解为它们代表对水平平流和搅动的响应，但在解译陆架海图像时通常并不管用。较浅的深度和振荡潮流往往能促进垂直混合，从而破坏足够浅海域的层化，并且还抑制横向环流。这意味着相比于经平流和湍流交换输送的水平热流，温度的水平梯度更多归因于水深的变化和表面热量交换。

① 此处原著叶绿素 a 浓度单位有误，应为 mg/m^3。——译者

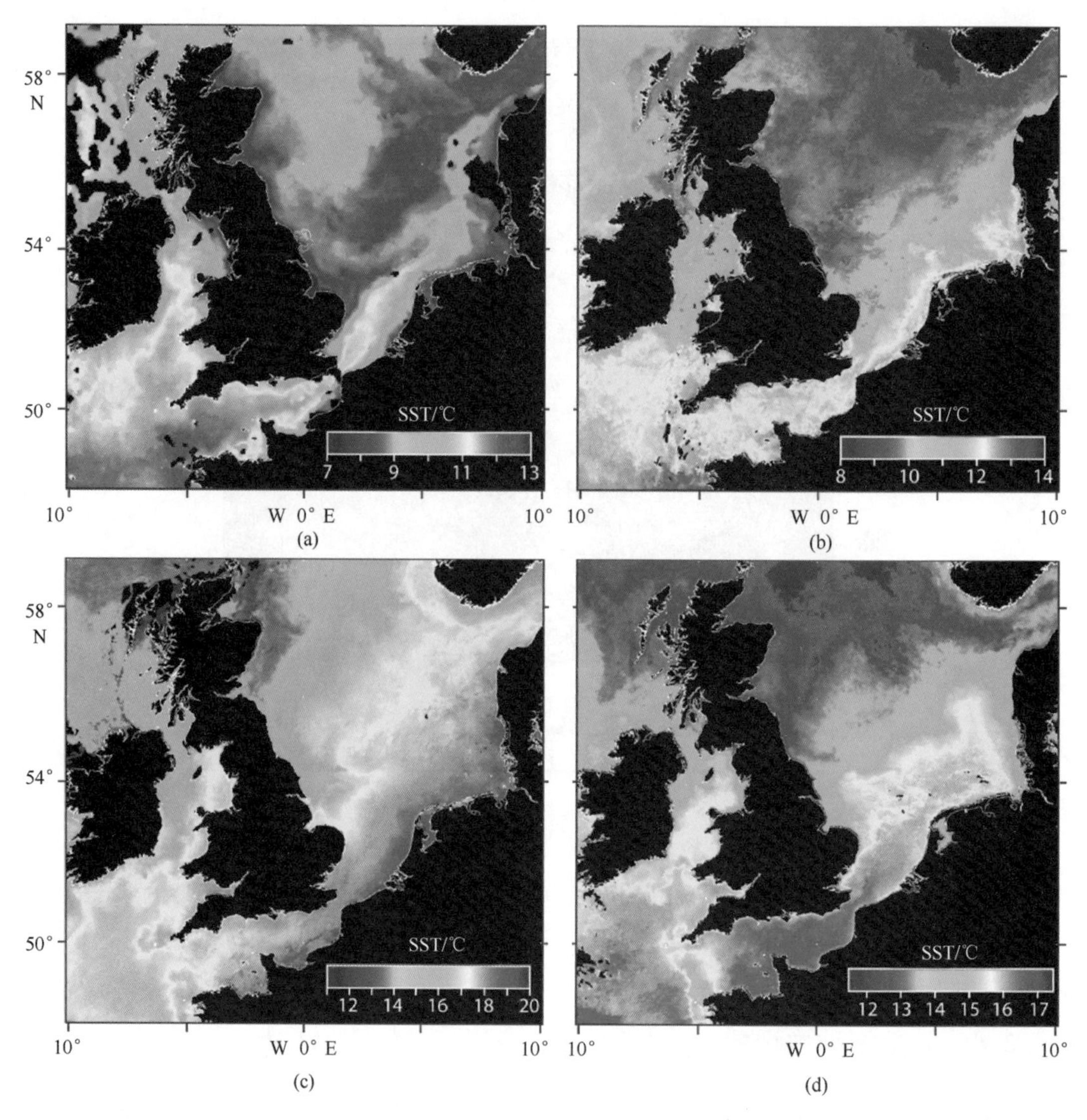

图 13.8　位于英国附近的陆架海一年中 4 个时次的典型周合成海表温度分布图。这些图代表 7 天的中值：(a) 2007 年 1 月 7—13 日；(b) 2007 年 4 月 21—27 日；(c) 2007 年 8 月 19—25 日；(d) 2007 年 9 月 30 日至 10 月 6 日。值得注意的是，每幅图的温度范围不同，是用于强调在每幅图像中不同的空间温度结构，而不是揭示绝对温度的季节变化。

该图利用 NEODAAS(http://www.neodaas.ac.uk/)的周合成图像数据制作

例如，图 13.8(a)所示的英国陆架海冬季图像中，沿英吉利海峡的海岸边缘和北海南部的海水较冷，因为此处比远海浅。每年这个时候，海面都在散热。如果我们假设单位表面积的热通量(在这一年中从海洋到大气)在空间上是均匀的，那么在水柱较浅的海域，水温降低的速率会更大，这是由于水柱水量较小从而热容减少，这是海岸边缘降温最好的解释。

利用类比于流经供热系统管道的稳态温度分布的方法，完全根据从西南到东北流经该区域的余流进行的热量传递，可以初步解释冬季温度的分布特征。这似乎应考虑两条温暖羽流，一条通过英吉利海峡和多佛尔海峡，另一条通过爱尔兰海，从海水暖池中吸收热量进入西南面的凯尔特海，运送到爱尔兰和北海的寒冷近岸边缘，并且热量在此处消失。然而，这样的类比会引起误导，下面将会通过关于温度变化年度循环的讨论来展示。

海表温度的季节变化

陆架海极少在对流和热量损失之间表现出稳态平衡。通常，整体温度要么在秋季和冬季降低，要么在春季和夏季增加。整个图 13.8(a)的温度远非稳态，自前一年 10 月以来已下降约 5℃，因为余流引起的热对流不足以通过表面向大气提供热通量。通过红外图像的“快照”检测到的冬季温度模式主要取决于当地水深，较浅的水柱比深处冷却更快。图 13.8(a)中温度的空间分布和图 13.9 所示水深之间的强相关性证实了这一点。因此，重要的是，学习“读取图像”时，与水平传热过程相比，要更关注表面热损失和水柱的热容量。

在 4 月[图 13.8(b)]，当太阳加热开始向水柱贡献净热量时，浅水区的海表温度上升幅度大于深水区。在北海浅水区，比利时和荷兰近岸，泰晤士河口和诺福克东北岸及多格浅滩，海水温度已经高于更深的海域。同样的情况也发生在爱尔兰海的英格兰和威尔士近岸，而在其他大多数地方，浅水区和深水区的温差很小。由于南部太阳高度角更大，预计加热会更高，也将存在明显的南北温度梯度，因此整体而言，4 月的温度模式与 1 月完全不同。

到夏末[图 13.8(c)]，温度分布趋于与冬季模式相反，尤其在北海南部和英吉利海峡东部，即使在夏季，水柱也没有分层。因此，与较深区域相比，浅水区的温度更高。然而，在季节性温跃层生成区，温度对水深的依赖将不再适用，因为在这种情况下，通过表层进入水柱的热量仅分布在上层。根据区域是否分层，这将导致更复杂的温度模态(如下文有关图 13.11 所述)。图 13.8(c)还有另一个海表温度分布的因素，似乎与单纯从表面热量交换方面来解释陆架海的海表温度原则相矛盾。这是一支较冷的羽流，向南到达苏格兰西北沿岸，该区域比离岸 100 km 的海域浅，因此可能会比北海更深区域的海表温度更高，而不是更冷。最可能的解释是，这种情况下，北海中潮汐驱动的逆时针余流对海表温度有显著影响，将较冷海水输送至苏格兰近岸，并覆盖局部表层热交换。另一种可能，该区域存在一些夏季分层，但盛行的西南风产生离岸的埃克曼输送，引起了沿岸的冷水上涌。

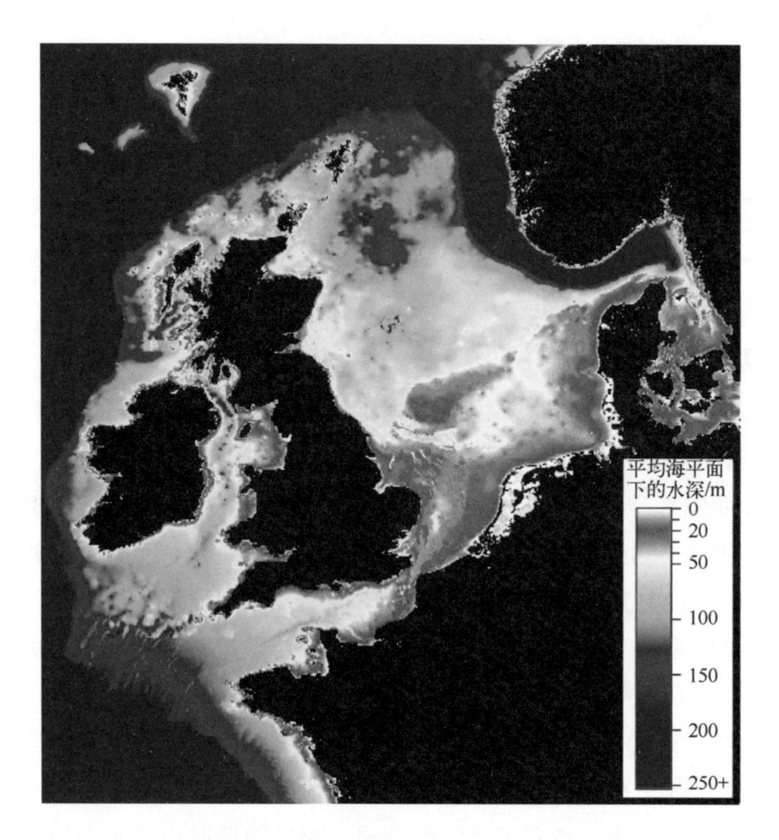

图 13.9　欧洲西北部的陆架海水深深度。图片采用美国国家地球物理数据中心（http://www.ngdc.noaa.gov/mgg/global/etopo2.html）的 2-arcminute 数字全球地形数据集 ETOPO2v2c 制作

在秋季，表面热量交换预计会从水柱的热输入转变为热损失。在图 13.8(d)(对应于 10 月初)，这种情况已经开始发生，因为温度整体上低于 8 月。而且，靠近近岸的最浅水域海表温度已经低于近海。已经非常清楚，随着所有分层被破坏及海洋进一步变冷，图 13.8(a)所示的主要冬季模式将被重新建立。

在图 13.8，尽管用周合成海表温度代表不同季节，提供了一个年度温度周期相当连续的故事，但需要说明的是，如果检查 2007 年所有 52 幅周合成海表温度图，就会发现其中一些显示出异常偏离。这可以从天气条件对海表热通量的显著影响来解释。因此，在夏季通常预计正热量输入的情况下，一段时间的冷风和持续的云层覆盖会导致特定区域海表的净热量损失。因此，当地天气会将自身地理模式强加于海表温度。陆架海的海表温度分布周际变化与以下假设相符：至少在短周期内，决定海表温度的重要因素是海表热交换和垂直混合，而不是水平对流和扩散。

陆架海潮汐混合锋

上文提到，在夏季，陆架海会出现季节性分层。这导致生成一种特殊类型的温度锋，有时在卫星热红外图像中非常清晰可见。陆架海潮汐混合锋在此值得特别关注，因为遥感技术在有关它们的科学知识增长中发挥了重要作用。陆架海潮汐混合锋在20世纪70年代首次成为重要的科学分析主题(Simpson et al., 1974)，与此同时，热成像图首次可从卫星获得，该主题提供了一个关于卫星数据如何对海洋科学的进步，作出重要和明确的贡献(Simpson et al., 1979)。

陆架海潮汐混合锋的概念本质上很简单。在夏季，太阳加热提供所需浮力，以保持水柱上层和下层的分层稳定。与开阔大洋一样，季节性温跃层的发展可能会由于强风而推迟，而强风为海表面的湍流混合提供能量，这有助于混合热量向下穿透水柱。一旦温跃层形成，进一步的风扰动只能混合上层水，只要太阳加热持续向上层水体提供浮力通量，温跃层的密度梯度将变陡并进一步稳定。然而，在陆架海情况下，潮汐提供了重要的额外扰动源。

陆架上的潮流是正压的，因此在海床上形成一个剪切层，作为从下到上湍流混合的能量来源。潮流是规则的，主要调和分潮流(英国陆架海的半日潮)的局地深度平均振幅 u 在空间上可由区域潮汐动力学很好地定义。在某些区域，尽管从表面加热产生了浮力输入，但潮汐混合十分强烈足以防止分层的形成。水深较小的区域，防止季节性温跃层生成所需的潮流量级更小。事实上，对此现象的早期研究确定相关参数为比率 h/u^3。因此，陆架海存在 h/u^3 临界值的地方。一方面，它足够大可使分层稳定地持续下去；而另一方面，它足够小，可使水柱从上到下保持混合。在这些区域，锋的产生会形成一个截面，如图 13.10 所示。

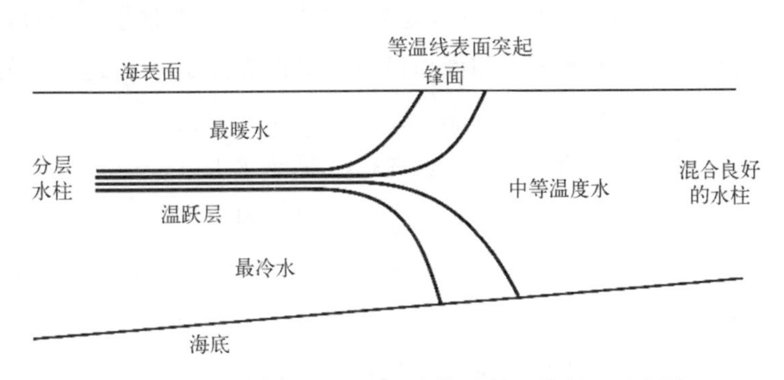

图 13.10　通过陆架海潮汐混合锋的等温线断面示意图

位于陆架海的层化区和混合区的过渡区域，温跃层的一些等温线露出表层，其余的弯向海底。一旦陡峭温跃层的稳定作用消失，整个水柱会迅速混合。因此，即使水平梯度 h/u^3 很平缓，仍存在突然的断面，海表的温度梯度非常陡峭。这就是这些潮汐混合锋在卫星反演的海表温度数据中具有清晰遥感信号的原因。这些锋的暖侧代表分层区域，海表温度表征上层海水温度。冷侧对应于充分混合的水柱，观测的海表温度代表整个水柱的温度。虽然比分层一侧的海表温度较低，但是充分混合的水柱温度仍高于在分层区域的底层水温。另外值得注意的是，这种锋的位置主要由变量 h 和 u 决定，而不是由太阳加热量或风和天气条件的随机变化决定。因此，只要有足够的浮力输入来稳定分层，我们就能预期在可预测的地理位置形成锋。这可利用卫星数据来证实，如图 13.11 所示的不列颠群岛周围海域实例，包含了 2007 年夏季大约每月间隔的 4 幅海表温度周合成图。

首先[图 13.11(a)]从 6 月中旬开始，此时潮汐锋已经形成。箭头指示爱尔兰海周围几个不同的锋，暖侧分层，冷侧充分混合。需要注意的是，爱尔兰海的两个入口都存在锋面：北入口外的艾莱岛锋面和南入口的凯尔特海锋面。虽然两个出口都有相当深的海峡，正是潮流的加速导致参数 h/u^3 减小至低于分层不再稳定的临界水平。在爱尔兰海内部，存在另一个有趣的锋区，称为西爱尔兰海锋面，位于马恩岛(Isle of Man)的西南部。该区域存在分层，因为此处潮流大大削弱，半日潮同潮图表显示该处存在潮汐驻波的无潮点。

在利物浦湾，尽管此处存在一个锋面，但它与普通的潮汐混合锋不同。这里的海水分层遵循半日周期，由河流淡水输入产生的水平密度梯度潮汐张力驱动(Sharples et al., 1995)。分层可随着小潮维持数个潮汐周期。这是一个淡水影响区域(ROFI)的示例，具有典型的混合过程和密度驱动余流(Sharples et al., 1997)。淡水影响区域不一定在卫星海表温度图像中具有特征信号，并且不适用考虑 h/u^3 参数。这种情况下，水足够浅，可与分层区域的上混合层深度相提并论，因此，它将加热到相同程度并呈现温度锋现象。卡迪根湾(Cardigan Bay)也可能发生同样情况，但这里的潮流较弱，被主要通道上下的潮流绕过，基于测深法和模拟潮流估算的 h/u^3 表明，这些条件适合海水分层的发展。

基于 Sompson (1981)的原始研究，图 13.12 描绘了 $\log(h/u^3) = 2.0$ 的等值线。用 h/u^3 的临界值来确定锋发生位置时，采用哪种控制机制一直存在争议[参见如 Simpson 等(1974)、Pingree 等(1978)、Simpson 等(1979)、Loder 等(1986)、Bowers 等(1987)及 Simpson 等(1994)]。基于能量的标准指向临界值 $\log(h/u^3) > 2.5$，而基于边界层的方法表明潮流椭圆的旋转方向可能很重要，并建议较低的临界值。理论模型还表明，锋应该在大小潮阶段 14 天周期内移动，因为小潮的潮流速度仅约为大潮的 50%(Sharples et al., 1996)。虽然仅几千米，比预期小很多，但仍发现了一些偏移。世界其他区域的分析也显示出一定的变化(Loder et al., 1986)，但一般而言，2.0 等值线为锋的发现提供了一个令人满意的指示(如图 13.11 和图 13.12 之间的一致性所示)。

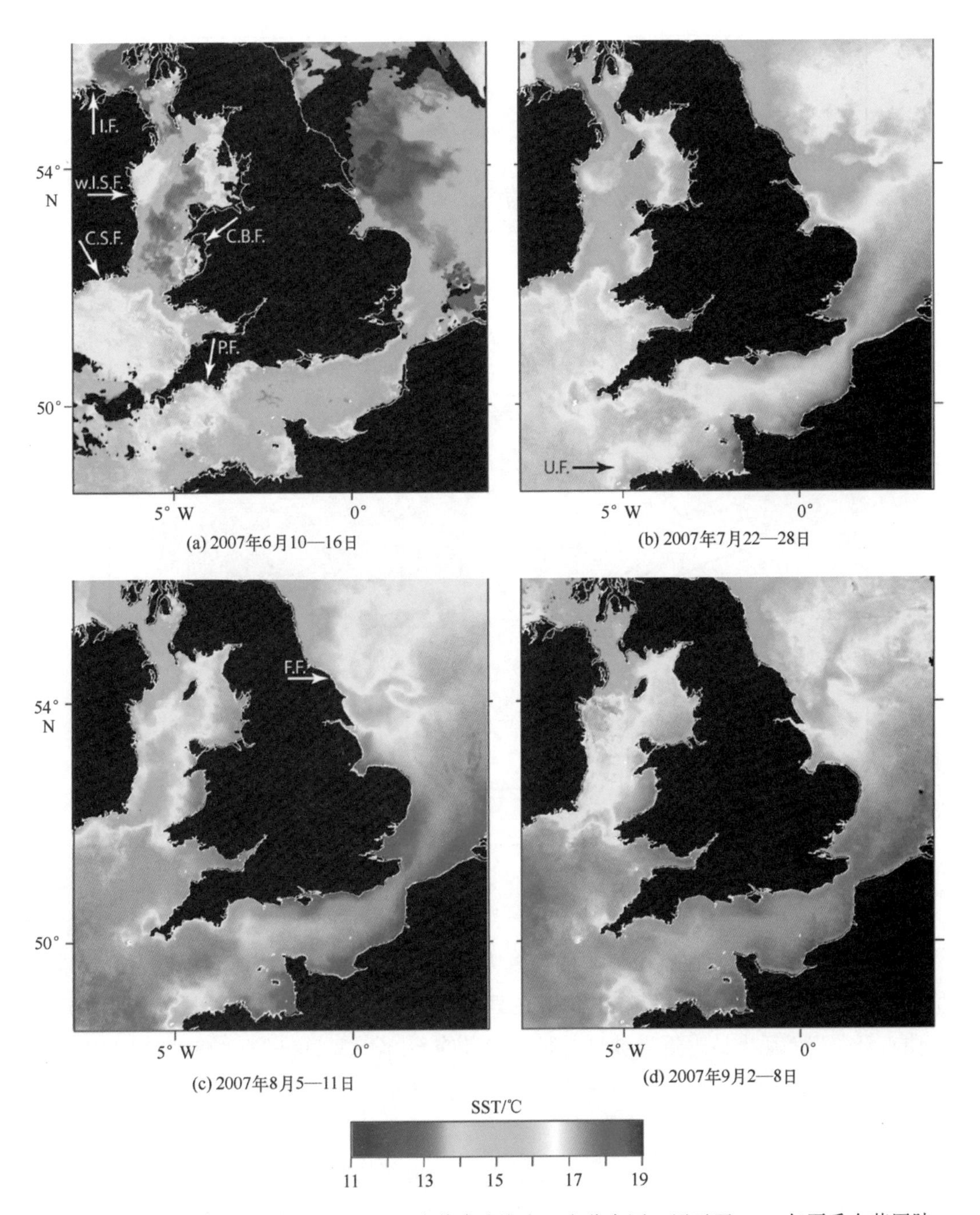

图 13.11 利用 AVHRR 反演得到的 7 天中值合成海表温度分布图，展示了 2007 年夏季在英国陆架海潮汐混合/分层锋的形成。箭头所指的是标记的特定的锋面：I. F. 为艾莱岛锋面；w. I. S. F. 为西爱尔兰海锋面；C. B. F. 为卡迪根湾锋面；C. S. F. 为凯尔特海锋面；P. F. 为普利茅斯锋面；U. F. 为阿申特岛锋面；F. F. 为弗兰伯勒角锋面

图 13.12　参数 $\log(h/u^3)$ 模式等值线图（h 单位为 m；u 单位为 m/s）

图 13.11 所示锋面在整个夏季的位置大致不变，而 9 月整体海表温度上升到最大值。与理论预测相一致，在英吉利海峡的西部入口存在另一个锋面，从普利茅斯延伸弯曲直至布列塔尼半岛附近，被称为阿申特岛锋面［图 13.11(b)］。在大约 54°N 的北海海域(弗兰伯勒角沿海)也存在一个锋面。此处北部在夏天出现分层，而北海南部仍保持良好的混合状态。

如关于图 13.9 的讨论，由于水深较浅，北海南部的海表温度较高。然而，弗兰伯勒角锋面南部有一个显著的冷水区，延伸 50～100 km，可能给人从近岸冒出冷羽的错误印象。这里海水温度低于周边的原因，在于它不断与北部分层水柱下部的冷水进行混合。爱尔兰海也是如此，主海道未分层海水的温度比近岸更低，因为其与凯尔特海的底层冷水保持连接。这很重要，因为底层水的营养物可能更丰富。的确，陆架海的锋面处于营养丰富水体的提供区域，导致附近地区初级生产力的增加。图 13.13 显示了锋面结构中通常增加生产力的区域位置。图 13.14 展示了凯尔特海锋面在 SeaWiFS 的叶绿素图像中具有独特信号的示例。陆架海锋面的生态重要性是一个重要的研究课题(Moore et al.，2003)，水色遥感对其作出了贡献。例如，即使在没有常规水色数据之前，卫星反演的海表温度数据就被用于估算韦桑岛锋面的硝酸盐通量(Morin et al.，1993)。

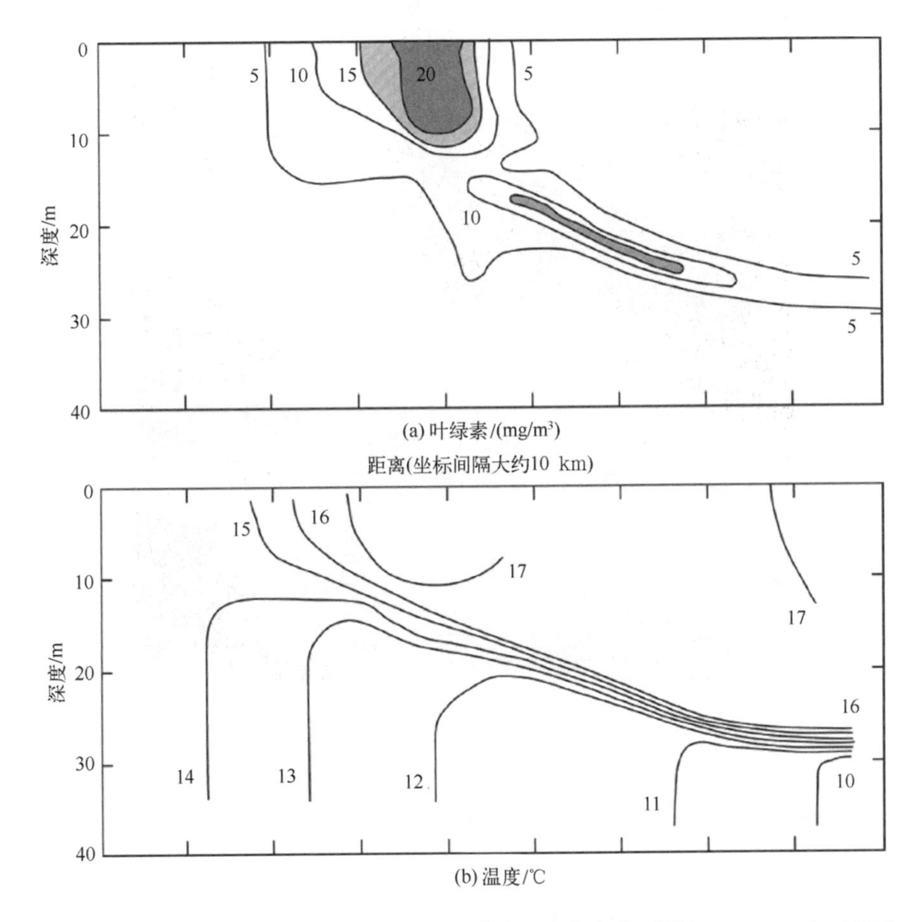

图 13.13　1975 年 7 月阿申特岛锋面的叶绿素和温度分布截面图(Pingree et al.，1975)

当然，仅靠卫星数据不足以开展此类研究，因为云层覆盖阻碍了完全追踪锋的演变，风搅动可能会暂时地扰乱热力结构，而且每日的暖层可能会在非常平静的环境下掩盖锋面信号。必须承认，并非所有的 2007 年夏季海表温度周合成图都能像图 13.11 所选的那样呈现出清晰和明显的潮汐混合锋。尽管如此，相比于现场实验，卫星数据仍然提供了一个重要的补充视角。在爱尔兰海进行开创性工作后，卫星数据为世界上其他地方强潮陆架海相似锋的研究作出了贡献，包括锋的海表温度探测，利用水色观测初级生产，甚至渔业或相关研究。观测的区域实例包括缅因湾(Loder et al.，1986)、巴塔哥尼亚陆架(Glorioso，1987；Bogazzi et al.，2005；Dogliotti et al.，2009)、中国陆架海(Tang et al.，1998，2003；Wang et al.，2001；Hu et al.，2003)以及日本外海(Yanagi et al.，1995)，而一些关于锋面遥感的最常见文献(在第4章中引用)，包括了陆架潮汐混合锋的引用。

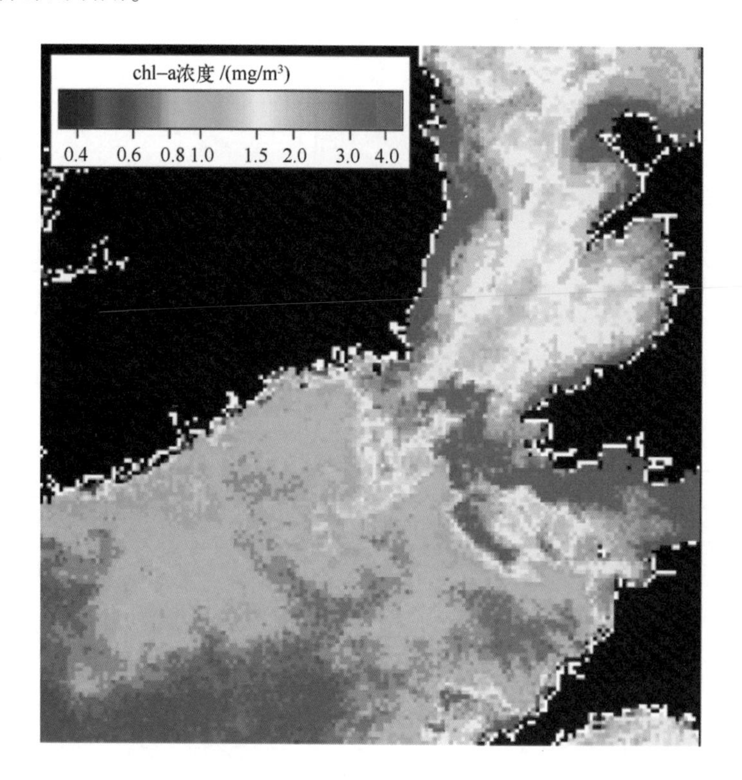

图 13.14　1999 年 7 月 11 日 SeaWiFS 反演的叶绿素分布图，显示沿凯尔特海潮汐锋面和西爱尔兰海锋面存在叶绿素 a 浓度增大现象。值得注意的是，叶绿素算法并不适用于布里斯托尔(Bristol)湾。该图像由 NEODAAS(http://www.neodaas.ac.uk/)提供，经作者调整

13.2.5　陆架海悬浮沉积物遥感

河流输入和海岸侵蚀产生了大量的海底沉积物，这些沉积物往往会经过很长时间在陆架海底形成沉积层，或最终越过陆架边缘迁移到深海平原。陆架海的强潮流以及浅海近岸区域表面波提供的能量，会使这些沉积物再悬浮。因此，一些陆架海区域含有大量悬浮颗粒物，产生流动形式的海床，会对航行造成危险，并导致水体高度浑浊，从而妨碍光线穿透到几米以下，制约初级生产，严重影响区域陆架海生态系统。

利用可见波段反射率数据

卫星遥感能够观测悬浮沉积物，并可提供重要的视角来了解其在陆架海的分布和

传输路径。该方法使用刚好处于水表下的可见光反射率来测量水柱上层的颗粒物浓度。专用的水色传感器，如 SeaWiFS、MERIS 和 MODIS 等扮演着重要的角色。尽管在 20 世纪 80 年代和 90 年代，当没有在轨的水色传感器时，AVHRR 气象传感器上的宽波段可见通道(580~680 nm)被用于绘制欧洲陆架海西北部的水体浊度和悬浮泥沙图(Spitzer et al., 1990; Weeks et al., 1993; Bowers et al., 1998, 2002)及世界上许多其他海域(Rucker et al., 1990; Gupta et al., 1994; Li et al., 1998; Froidefond et al., 1999)。同时，在理论基础方面还开展了大量工作，根据水体浊度和悬浮沉积物浓度，来解译光谱绿到红部分的单通道反射率(Simpson et al., 1987; Prangsma et al., 1989; Stumpf et al., 1989; Weeks et al., 1991)。

自 1997 年 SeaWiFS 发射以来，注意力已转向用于监测悬浮沉积物分布的光谱更丰富的水色传感器。有一系列窄波段可供选择，哪些最适合测量悬浮沉积物呢？离水辐射光谱(参见 *MTOFS* 中的图 6.25)在不同水体类型差异很大。悬浮沉积物增加导致最明显的效果是光谱绿到红部分反射的增强，波长大于 500 nm，延伸至 600 nm，在极浑浊水体延伸更远。因此，通常采用约 550 nm 或 560 nm 的波段作为测量总悬浮沉积物(TSS)的主要手段，总悬浮沉积物包括有机颗粒物和矿物组分。

就其本身而言，这可以很好地给出悬浮沉积物空间分布的定性图像。然而，它无法区分矿物悬浮沉积物(MSS)、浮游植物和有机碎屑。除了基于现场采样的校准，并假设颗粒物类型和粒径分布不变之外，单通道、归一化离水反射率不能转换成悬浮物质量浓度的定量度量。另外，与所有水色遥感一样，卫星测量只能告诉我们透光层大约上 1/3 部分的悬浮沉积物情况，这意味着不可能探测到靠近海床的高浊度水体。最后，在高浊度水体区域，除非采取特殊的“亮像元”调整技术，否则近红外通道处的高水体反射率将被误解为过量的大气散射，从而影响大气校正程序(Moore et al., 1999; Lavender et al., 2005; Gao et al., 2007)。

冬季浊度图像的示例

尽管有这些限制，但从图 13.15 所示的卫星图像依然能得到许多信息。来自 MODIS(Aqua)的 2 级图像显示了 551 nm 通道经大气校正的归一化离水辐亮度，数据获取自 2 月上旬的英国陆架海。每年这个时候该地区浮游植物的数量很少，该图像显示了悬浮沉积物的分布及其穿越陆架海域的移动。首先应注意，图上部分区域显示出绿光的高值。需要指出的是，在提取出这一信息的宽刈幅图像中，陆架边缘(未显示)的辐亮度从陆架处的约 1.0 减少到深海区的不足 0.2 mW/(cm^2 · μm · sr)。因此，陆架海和远海之间的像元亮度存在一个量级的差异。

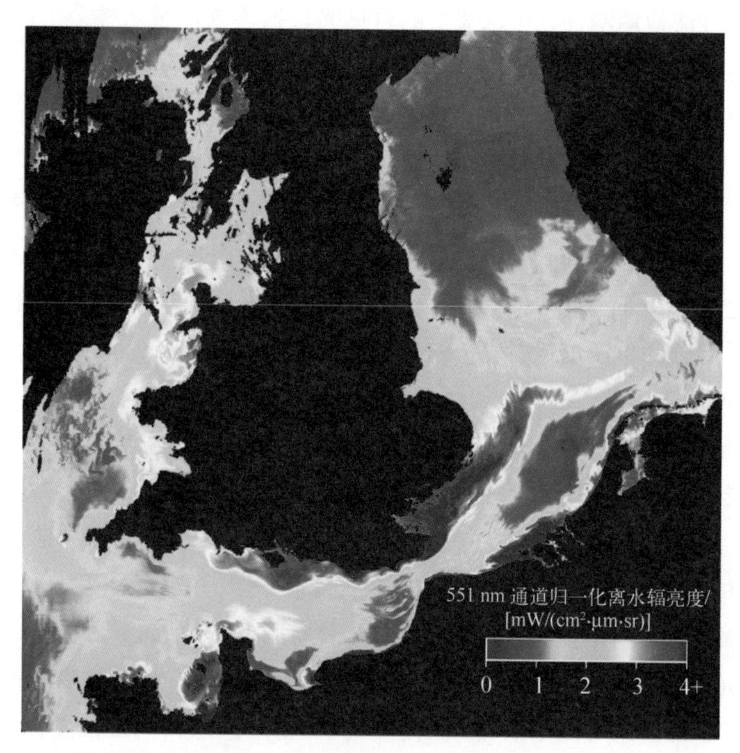

图 13.15　2008 年 2 月 11 日 MODIS(Aqua)在英国陆架海过境时几乎无云的 551 nm 通道归一化离水辐亮度(2 级图像)。该波段定性地表征了水柱上层的总悬浮沉积物。陆地和识别为云的像素点用黑色表示。该图利用 NASA 海洋水色网站(http://oceancolor.gsfc.nasa.gov/)的 2 级数据得到

图 13.15 清楚地显示了水柱上层沉积物明显较高的区域，这可利用常识进行简单解释。例如，沿英格兰的南部沿海存在海岸侵蚀，尤其是怀特岛周围，而泰晤士河和莱茵河也是北海颗粒物大量注入的来源，荷兰西北岸西弗里西亚群岛(Frisian Islands)包围的瓦登海和法国西北部的圣马洛湾则是移动沉积物积聚的区域。然而，经过对时间序列图像的详细研究会进一步发现，悬浮物分布是如何随着潮汐振幅和风而改变的。如果已知海床沉积物的类型和大小分布，也可以帮助解译图像。

这些图像显示出，高沉积输入的羽流明显地从源区输运和扩散悬浮物。图 13.15 中的主要特征是来自泰晤士河的羽流，沿着埃塞克斯海岸向东北方向延伸，然后直达北海中心，其路线对应着沙洲和地貌不断变化的浅水区域。在这幅图中，来自莱茵河的悬浮颗粒物，似乎由于潮汐振荡沿比利时和荷兰海岸的两个方向扩散。

该图另一显著特点是其揭示出强烈的空间异质性，十分陡峭的梯度相当于浊度锋，将高沉积物输入的羽流与紧邻的清澈水体分开。尽管浊度锋沿着英格兰南岸凸出的岬角凸出，那里以振荡流中的涡旋潮汐整流产生的余流涡旋出名，它们仍与主要潮流方向平行对齐。因此，我们可以认为此图像不仅可以用作悬浮物的示踪物，还可用作某

些正在发生流体动力学过程的示踪物。特别地，浊度锋的锐度表明它们靠密度锋来维持，并且可以代表潮流场的切变线。因此，这种图像有能力为淡水影响的特征区域提供通常在热影像不会出现的识别标志(在13.2.4节中提及)。图13.15和图13.16的对比很有趣(后者是同一时刻的MODIS海表温度场)，揭示了同一传感器或遥感平台测量海洋水色和温度的一项好处。它显示出一组完全不同的模式，与13.2.4节和图13.8(a)所示冬季热现象的解释相一致。然而，仔细对比发现，大多数浊度锋线确实与温度场中的等温线对齐，但在后者几乎看不出在可见光波段图像中出现的明显边界。

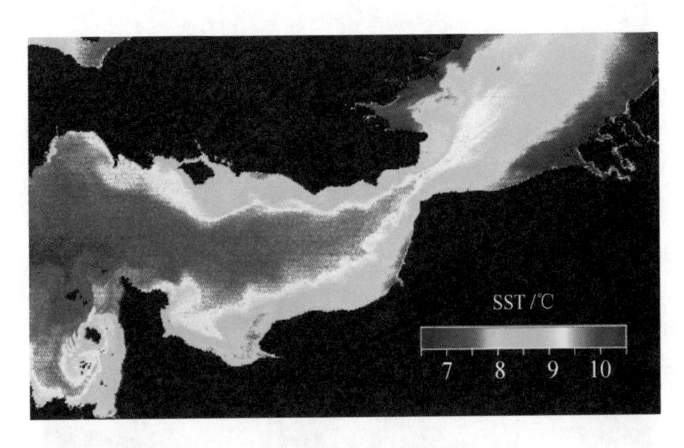

图13.16　2008年2月11日的MODIS海表温度图像，与图13.15具有相同的过境时间

551 nm通道离水辐亮度场的另一特征，是在几千米较小距离尺度呈现条纹，这可通过仔细观察图13.15发现。图13.17尝试在相同数据的灰度图像进行增强显示。第一个印象是这些条纹随着潮流排列，但在多佛尔海峡以东，也有证据表明它们实际上与更凸出的海床形态相关。东英吉利海峡附近的诺福克海岸也发生了同样的情况。因此，我们可能会看到悬浮物浓度的差异，要么简单地与水深有关，要么更细微地与潮汐涨退通道的差异(潮流与复杂沙洲和沙波相互作用时)相联系。比这些表面的综述更精确的分析和解释，需要研究潮汐不同阶段获取的序列图像。

夏季浊度分布

对夏季离水辐亮度图像作为悬浮颗粒物指示的分析引入了一个复杂问题，即光散射可能来自浮游植物(即有机物而不是矿物颗粒)。图13.18就是这样的图像，为了克服大量云覆盖的限制，采用了分辨率为4 km的3级月合成MODIS数据。虽然它缺乏单次过境1 km图像的清晰细节，并且在泰晤士河口存在持续的云块，但它在英国南部海岸和东英吉利海峡东北部一直显示出与高浊度大致相似的模式。

与冬季图像不同之处在于，近岸地区的高反射光和陆架深层的低反射光具有强烈反差。实际上，选择这个例子的日期是为了与图 13.11(c)的热图像保持一致。当与热图像对比时，令人惊讶的是，低反射率(图 13.18 中的蓝色阴影)和较高反射率(绿色阴影)之间的界线紧紧沿着潮汐混合锋的线。图 13.11(a)清晰地显示了艾莱岛、凯尔特海、弗兰伯勒角、普利茅斯和阿申特岛的锋面位置。这很容易解释：分层海水中，经海底的潮汐流再悬浮的任何粒子都不能穿越到温跃层上方。因此，上层保持无悬浮物质，所以反射较少的光。西爱尔兰海锋面也发现这种现象，尽管不是很清晰。

图 13.17　图 13.15 的部分放大图，该图使用灰度图来展现高分辨率的条纹与环流或等深线对齐

从选择的图 13.18 可见，英国周围的更广泛区域也存在明显的特征，在分层的陆架海和深海区域的其他地方出现了高反射斑块，对应着浮游植物藻华(也可参见图 13.4)。如果暴发的是颗石藻，551 nm 通道反射信号将会非常强，可与近岸高矿物悬浮沉积物相媲美。这应该提醒我们，尽管将单波段冬季图像定性地解释为悬浮沉积物可能是合理的，但在其他时间，来自有机物质相冲突的散射和吸收效应，可能会造成混淆。

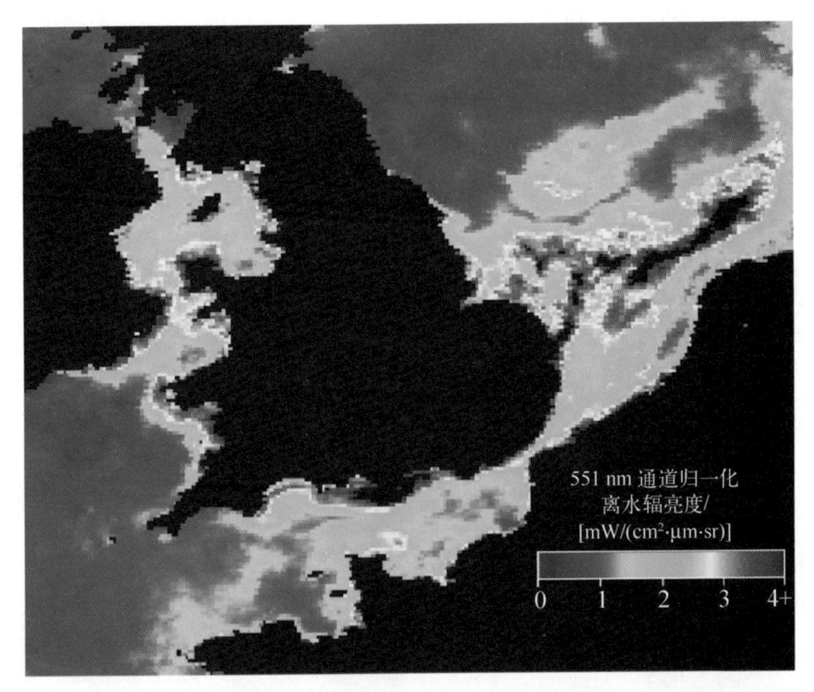

图 13.18　2007 年 8 月的 MODIS(Aqua)数据反演的 551 nm 通道归一化离水辐亮度月合成图

悬浮沉积物定量估计反演

即使在不含有机物的海洋，对悬浮沉积物的定量估计也需要了解沉积物的光学散射特性，其会随着矿物和尺寸分布的不同而变化。为了利用海洋水色卫星数据来定量反演悬浮沉积物浓度，需要适用于二类水体光学条件的更复杂方法，其中将用到全光谱波段。图 13.19 显示了一个从 MERIS 传感器反演的英国陆架海总悬浮物(TSM)分布示例以及对应的 z_{90}图，z_{90}是表示光从上而下穿透的深度，90%离水辐亮度来源于此深度往上(参见 12.3.2 节)，下一部分将进一步讨论这些问题。这些产品使用了基于人工神经网络(ANN)方法的反演算法(Doerffer et al.，2007)。人工神经网络通过来自生物光学模型的双向辐射反射率大型模拟数据集来训练，该模型采用基于吸收和散射系数的经验测量得到的固有光学量。它们来自各种近岸水体，包括欧洲西北部陆架海域，那里的悬浮颗粒物浓度高达 50 mg/L。

合成孔径雷达的应用

最后，当考虑遥感手段在强潮陆架海沉积物输运研究中的作用时，重要的是不要忘了合成孔径雷达的应用潜力。有时可在浅海(通常深度小于 20~30 m)的 SAR 图像中显示出诸如沙洲海底地形特征之上的潮流，这是因为在这些地形之上潮流强迫将在表层流场产生辐聚和辐散区域，它会在海表面调制决定雷达的后向散射强度的短风浪，在 SAR 图像上表示为亮度。图 13.20 展示了一个引人注目的复杂水下地形图像，那是中国上海附近的近岸水域。*MTOFS*(Robinson，2004)的 10.11.2 节进一步解释了这种成像机制。一种实用水深测量系统的科学基础已得到详细发展(Vogelzang，1997；Vogelzang et al.，1997)，其商业应用也在沿荷兰和德国北部的瓦登海复杂多变的航道监测中得到证明。

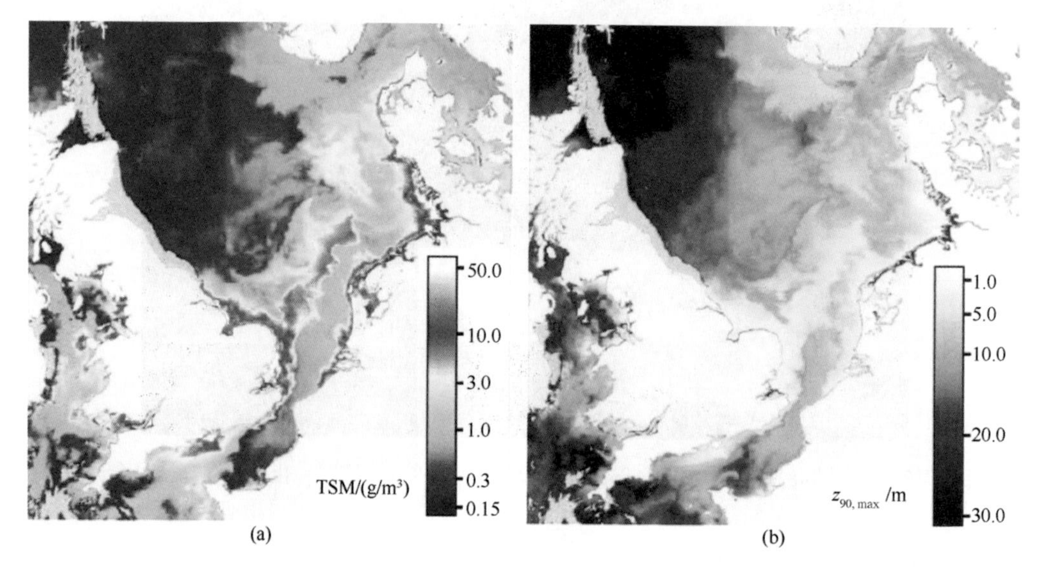

图 13.19　(a)MERIS 观测的 2007 年 3 月 27 日北海的总悬浮物，使用 Case-2 R-BEAM 处理器得到；(b)相应的信号深度 $z_{90,\max}$。棕色或灰色区块对应位置是算法产生不出结果的地方(例如因为有云的覆盖)；发表于 IOCCG(2008)(数据产品和图像产品由 Roland Doerffer 使用欧空局的 MERIS 数据得出，在其许可下转载)

通过估计复杂海底的二维地形，在原理上可从数周、数月或数年的系列 SAR 图像监测出它们的运动。因此，水色遥感方法可以告诉我们悬浮在上层水体中的较细沉积物，而 SAR 可能告诉我们沉积物输送的结果，因为它会影响海底特征移动的位置。但是，应用 SAR 数据监测海底特征必须十分小心。因为将 SAR 图像反演为海底地形图的过程很复杂，需要精确了解诸如潮流和风况条件之类的信息，除非在如瓦登海那样的最适宜环境外，结果依然存在很大的不确定性。尽管如此，该方法作为定性监测工具，在容易发生沙洲移动的导航重要区域具有广泛的适用性。SAR 图像可进行常规调查，并可对风潮相似条件下获得的相似的海底形态图像进行比较。如果差异很大，可以启动船基水深调查进行精确测量，从而确定其变化是否严重到需要考虑发布新的导航图以及重新定位浮标来标记最安全的航道。

图 13.20 SAR 图像示例，展示了浅海水深测量的细节。这是一幅上海以北 200 km 的中国近岸海域(33°N，121°E 附近)1995 年 7 月 8 日的 ERS SAR 全幅图像(100 km×100 km)[ESA 图像在网上获得，来自 Alpers 等(1999)]

13.2.6 生态系统和水质监测

河流向陆架海流入，带来大量陆地排水排污产生的溶解有机物以及能促进初级生产提高并导致水体富营养化的营养物质。几个世纪以来，陆架海临近的沿海国家吸引了大量的人口和工商业，因此，对大多数陆架海的水质监测必不可少。水色传感器测量近表层水体叶绿素浓度分布的能力，表明我们能够使用这种方法监测陆架海的浮游植物。因为浮游植物是陆架海生态系统的主要生产者，因此可以合理期望，卫星水色测量将为陆架海生态系统和水质的业务监测及可能的预报提供基础。

不幸的是，尽管此应用很重要，但与其他卫星海洋技术的优点相比，将水色遥感融入改进陆架海生态系统模型的努力却进展缓慢。对此原因的综述(Robinson et al.，2008)指出了光学过程及其与浅海生态系统的生物、化学和物理过程耦合的复杂性。我们从水色定量测量有用海洋属性的能力，在二类水体还尚未达到业务应用所需的精度和可靠性。还有一些研究方法致力于提高我们对陆架海固有光学特性的认识。下面的“二类水体面临的挑战”子标题中的内容会对这个重要的研究问题进行讨论。

与我们可以放心地从其他遥感方法获取海洋数据，比如海表温度或风速和风向的分布图相比，二类水体水色方法不成熟之处在于，通过水色传感器反演的陆架海叶绿素浓度图并不可靠。从基于一类水体反演算法得到的全球叶绿素数据集中抽取的陆架浅海区域数据，不细心的使用将会得出非常错误的图像(例如，表明冬季具有高叶绿素浓度，但实际上是由高浓度矿物悬浮沉积物或陆源有色可溶性有机物引起的)，即使是明确针对二类水体的反演算法，其不确定度也可能超过100%，但忽略陆架海水色数据集潜在内容信息同样愚蠢。诸如图13.4的图像可以定性地告诉我们很多信息。开发水色卫星数据常规业务应用的中期目标是以某种方式将卫星数据与生态系统和光学模型耦合起来(如14.3节所述)。然而，鉴于目前的最新技术，无法像海表温度融入水循环模型那样，简单地将卫星反演的叶绿素数据融入生态系统模型，数据巨大的不确定性将严重削弱模型的效果。除非可以通过改进的定量反演方法来弥补这一缺陷，否则这些数据如何帮助那些监测陆架海水质的人呢？这将在下面的“藻华监测”中提及。

二类水体面临的挑战

正如本书第2章和*MTOFS*(Robinson，2004)的6.3.2节阐述的那样，在水色遥感方法的早期发展过程中，发现将海水分成两个光学类别很有帮助(Morel et al.，1977)。一类水体指光学性质由浮游植物及其降解物主导的水体。二类水体则适用于其他所有情况，也就是说，影响水色的，是那些不依赖于当地浮游植物种群的颗粒物和(或)陆源黄色物质，而非浮游植物(或者也包含浮游植物)。虽然这种分类简化了一类水体中海洋变量的反演，使水色遥感的全球和区域应用取得了进展(如第7章所讨论)，但它没有解决如何在二类水体或可能是二类水体条件下取得进展的问题。陆架海由于深度较浅，使得海底沉积物再悬浮，而且受河流输入的强烈影响，除非可客观确认为一类水体，否则必须始终怀疑为二类水体。

二类水体条件下，开发从水色反演海洋变量的可靠算法不像一类水体那样进展迅速。已经尝试过的各种办法(IOCCG，2000)，大多数需要明确定义海水固有光学特性(IOP)的光谱特征以及如何通过量化的特定固有光学特性(SIOP)来建立它们与光学影响水体组分浓度之间定量联系的知识。最简单的二类水体算法，是根据局地固有光学特性的信息，选择合适波段建立的区域有限适用的经验波段比值算法(Darecki et al.，2003)。另一类广泛采用的方法，试图通过分析从水色传感器逐像素获取的水下表层反射率，估算固有光学量(光谱相关的吸收和散射系数)(IOCCG，2006)。然后，从区域适用的特定固有光学特性知识出发，从反演的固有光学量推导出水体组分。

另一种主要的方法是使用前向光学模型，结合适用于感兴趣区域的特定固有光学特性，来模拟对应于传感器波段的反射率光谱数据集，分别对应于不同浓度浮游植物、有色可溶性有机物、悬浮沉积物的组合以及不同的观测方向和太阳角度。在这种方法中，二类水体的算法必须将每个像元观测的反射率光谱与模拟数据集相匹配，以便在给定观测几何下找到最有可能解释所观测水色的条件。人工神经网络法(ANN)已被证实可以很成功地做到这一点，使二类水体算法非常易用(Doerffer et al.，2007)。在对特定陆架海具有大量现场实测光学特性的可控情况下，这种算法显示出希望。然而，除非通过覆盖各种陆架海条件的现场实测进行了广泛验证，否则还无法断言神经网络算法在特定海域外具有更普遍应用，因为特定海域提供了相对有限的光学测量来给定特定的固有光学特性，用于创建训练数据集。即使对光学性质进行全面的局地观察，“封闭”实验仍然显示出，测量的离水辐亮度与光学模型的预测值之间存在巨大差异(Bulgarelli et al.，2003；Chang et al.，2003)。

相同的问题同样困扰着前面提及的二类水体反演算法，这些算法也依赖适用于各种海域的大量特定固有光学特性。不幸的是，情况并非如此，关于特定固有光学特性(SIOP)的文献非常有限，并且光学性质或者水体组分浓度的测量精度并不完全可靠(Berthon et al.，2008)。相对少量的可用现场光学测量导致特定固有光学特性不够详尽，这是欧洲科学基金工作组认为二类水体反演方法尚未成功证实可靠的主要原因。二类水体中不同光学有效介质之间相互作用的复杂性，使得确定当前浮游植物的特定类型、组成有色可溶性有机物的特定化合物或矿物悬浮物的矿物成分和尺度分布等特定固有光学特性，比一类水体更为重要。对水色数据进行大气校正来估算陆架海的离水辐亮度也更困难，不仅因为二类水体所处的光学环境，而且还因为邻海区域工业活动相关大气气溶胶的多样性和空间异质性。

为促进水色数据应用于陆架海生态系统的进展，工作组罗列了需要进一步加强科学认知的其他问题，包括：

- 从水色数据确定浮游植物种群(或某些情况下物种)的能力，只有在获知这些种群光学特性之后才可行。
- 大气气溶胶光学特性(散射和单次散射反照率的光谱依赖)及其垂直结构。
- 考虑白帽和泡沫的反射模型。
- 确定与近表层水体里的气泡有关的固有光学特性。
- 浮游植物及其衍生物的表面积聚(此时水色遥感趋于与陆地植被遥感类似)。
- 根据叶绿素浓度或浮游植物的生理状态，对浮游植物的自然荧光信号进行解释，特别是高沉积物输入时。
- 当差异很大的水体组分生成几乎相同的光谱反射信号时，目前的反演算法无法解决不确定性问题。

并非所有这些都是二类水体特有的，但它们都是对特定陆架海域非常重要的要素。

藻华监测

尽管前一小节语气有些消极，但重要的是不要忽略水色图像数据为陆架海生态系统的监测和管理提供的真正机会。尽管在完全被科学理解论证和经验验证之前，我们需要谨慎使用水色数据定量反演的生态系统变量，但水色图像的定性分析和解译仍然可以揭示很多内容。

对陆架海生态管理者来说，一个重要的问题是对有害藻华(当藻类产生的毒素杀死动物或危害人类健康时被归为有害藻华)(HABs)的监测。一般而言，任何浮游植物藻华变得足够密集时都会成为一种危害，将导致水体缺氧、遮蔽或窒息以及动植物的丧失。有害藻华会对地区经济产生严重影响。海水养殖方面，它们会导致大量网箱鱼类的死亡和关闭被毒素污染的贝类养殖场。它们影响野生贝类渔业，危害人类健康，迫使休闲浴场关闭，从而造成旅游业的损失。当将外来藻类不经意输运到一个地方，当污水排放或农田径流的模式增加了营养物质负荷时，会使有害藻华的预期产生变化，这可能是对气候变化的一种反应。由于意料之外的藻华突然暴发往往会造成最大的危害，因此对有害藻华的早期检测及其生长和扩散的监测已成为海洋环境机构的一项重要任务。对藻华的警示越多，采取行动减轻其影响的可能性就越大(例如，通过移动养鱼网箱或提前采收贝类)。

由于这些原因，使用卫星水色数据来监测有害藻华引发了浓厚的兴趣(Stumpf et al., 2003；Pitcher et al., 2006)。有害藻华通常与数百米至数十千米的可变长度尺度以及几天到几周的时间尺度相关联，迫切需要时间间隔为一天到几天、空间分辨率为30 m~1 000 m的时间序列卫星数据产品[见IOCCG的第五章(2000)]。即使最小长度尺度无法以这样的固定间隔从卫星获得，但是像MERIS这样的传感器，每隔一天以高分辨率(300 m)成像模式过境，能为监测藻华及其演变过程作出重要贡献[IOCCG的第九章(2008)]。当然，受无云条件的限制，这可能使卫星数据无法成为某些陆架海有害藻华早期预警的主要手段。图13.21显示了一个来自MERIS高分辨率图像数据集的叶绿素分布示例，并描绘了有害藻华入侵苏格兰奥克尼群岛的情况。

像MERIS这样的传感器，即使在高空间分辨率模式下也能保持精细的光谱分辨率，有望通过其光谱特征将一种藻类与另一种藻类区分开(Cullen et al., 1997)。然而，除非有害藻华与该区域通常发生的无害藻华具有对比鲜明的独特颜色[如"赤潮"的红色色素就是它具有有害特性的证据(Kahru et al., 1998)]。在大多数情况下，水色传感器并不能区分有毒和无毒的物种。有了其他本地知识，有时也能通过强度、异常发生时间或空间结构，识别出高风险的藻华。在大多数情况下，如图13.21示例，一旦从卫星图像探测到藻华，就有必要采用传统的海洋学方法来获得现场样本，并从中识别出藻华的种类。如果确定了有害藻华，卫星数据可以继续用于定性地监测这些识别为有害藻华的运动，从而为减轻潜在灾害提供建议。一些实际业务化方案的案例研究(Durand et al., 2002)表明，即使定性地使用水色数据，也可为水质监测作出重大贡献。

图 13.21 从 MERIS 高分辨率(300 m)模式下获得的 2006 年 7 月 31 日发生在苏格兰奥克尼群岛以东的有害米氏裸甲藻的暴发(图像由英国普利茅斯海洋实验室提供；MERIS 数据来自欧空局)

在海面产生厚厚浮渣的其他类型藻华会造成很大的麻烦，尤其对于海滩和受保护海区的休闲用户。不管它们是否真的有毒，都会使游泳或航行活动变得非常不愉快。图 13.22 展示了发生在波罗的海部分海域的多年夏季的这类藻华示例。从宽波段可见光传感器和专用的水色成像仪，可见表面高反射率和沿表面辐聚线的亮度增强模态，使卫星可用来累积统计每年令人讨厌的藻华发生的天数，生成研究此类藻华暴发原因的重要数据集。瑞典东海岸的海岸与群岛深受夏季度假者的欢迎，近几年来，瑞典气象水文研究所的海洋学家，在回应公众关注的哪些区域受污染哪些地方无污染问题时，采用了近实时的水色图像以及风向预报产品，来监测风驱动下海表物体的移动。这是世界上众多示例之一，展示了如何通过定性方法将现实可用的此类图像用于公共利益。

图 13.22　2003 年 7 月 24 日波罗的海的 SeaWiFS 准真彩合成图，表面表现出蓝藻、泡沫节球藻的暴发(图像来自 NASA 海洋水色网站 http://oceancolor.gsfc.nasa.gov/)

更加深入的科学应用，如全年监测叶绿素浓度水平以评估富营养化的潜力，就需要从水色卫星数据中精确定量反演海洋变量。这些研究将受益于将海洋水色信息整合到内嵌于物理环流模型的生物地球化学生态系统模型，从而产生不断更新的海洋状况模式预报或现报，并定期采用新的观测数据进行更新。在陆架海区域，卫星数据这种新的、不断发展的重要应用，可能是将来最大程度从卫星数据获取反演信息的关键，将在第 14 章业务化海洋学的章节进一步讨论。尽管如此，在等待这种技术发展的同时，我们决不能让基于机器的海洋预报系统的应用，掩盖了从例如图 13.22 和图 13.4 这样简单彩色图像直接了解海洋的丰富性。

13.3　近岸测高

13.3.1　近岸测高的机遇和挑战

众所周知，卫星测高是一种成熟的观测技术，如本书前几章节许多实例所示，对海洋学各研究领域和业务应用作出了重大贡献。然而，如 *MTOFS* 的第 11 章所述，现有采用高度计测量海面高度和有效波高的方法，已经明确显示了在沿海和近岸大约 200 km 以内区域高度计观测的不可靠性。通常地，这类数据都被标准的网格化多传感器数据产品排除在外。

采取这种谨慎处理的理由有很多，涉及必须应用一定数量的不同修正，从脉冲回波时间来反演传感器和大海之间的距离，然后估计相对大地水准面或参考面的海平面高度。这些修正的准确性将被靠近海岸或不同于开阔大洋的陆架海的海洋状态所影响。有时高度计记录根本无法采用适合于开阔大洋的假设(诸如地转平衡)来解算近岸海区。此外，靠近海岸，表征高度计脉冲回波形状的标准沿轨算法，难以提供有用的结果。

标准高度计处理方法存在的问题，在于高度计和用作大气校正的伴随微波辐射计的足印包含部分陆地时，信号受到干扰。另一个重要问题是陆架海潮汐校正的不确定性，那里的潮汐波幅通常远大于开阔大洋，并且由于非线性潮汐动力学以及浅水中潮汐和风生流之间的相互作用，更加难以预测。同样的，从陆架海的海面高度异常中消除大气影响(风和压力)更加困难。另外，海表粗糙度(表面轮廓的毫米、厘米尺度就会产生可比雷达波长下电磁能量的反射和散射)对风浪和涌浪的响应趋于与近海岸不同，那里依赖诸如波浪风区、波龄以及传入的涌浪对浅水的响应等因素。这可能对反演的有效波高和波速产品本身引入不确定性，并通过海态偏差校正增加海面高度异常的不确定性。

在海洋测高的早期，卫星海洋学家还在研究高度计如何工作、完善传感器和系统设计，此时考虑近岸和陆架海对高度计记录造成的问题毫无意义。鉴于海洋测高的动机是测量远离陆地的大尺度海洋环流和海流的中尺度变化，确定大部分未知的开阔大洋潮汐以及探测远离陆地的海平面趋势和变化，因此几乎没有动力在探索沿海问题上进行科学投入。根据经验证明，靠近近岸的高度计地球物理数据记录噪声很多，而且由于其原因已广为所知，因此将此类数据简单地标记为不良记录并无视它们是合乎逻辑的。这样可专注于关键任务，比如将轨道监测精度提高到几厘米，并学会如何在没有独立大地水准面的情况下，采用相对长期平均海表面解译海面高度异常。

TOPEX/Poseidon 任务发射 15 年后，情况有了改变。主流海洋动力学现已充分利用高度计作为与浮标和漂浮物并列的测量工具，并与数值模型紧密相连来研究和监测开阔大洋环流。见识到这种成功，研究陆架海和近海的海洋学者开始探寻为何高度计无法在陆架海动力研究中带来类似的成功。毕竟从广义上说，科学家对海洋动力学现象监测和预测的科学挑战最适用陆架海，在那里，这些努力对人类社会的好处是最直接的。因此，在过去几年里，许多海洋测高专家已经开始探索各种方法，更好地利用近岸海域积累多年但却被丢弃或无视的数据[比如 Vignudelli 等(2005)]。他们还开始考虑设计新的高度计或更好的处理系统，来解决迄今近岸测高记录附带大误差的问题。

从 2008 年 2 月起(Smith et al.，2008)，一系列关于近岸测高的国际研讨会引起了越来越多的关注，这些研讨会将近海海洋科学家(他们是近岸 200 km 以内测高记录的潜在用户)和具有如何提高这些数据准确性和可用性想法的高度计专家聚集在一起。虽然撰写本书时已发表论文很少，但情况将会改变，有关 2008 年 11 月第二次研讨会活动总结的书籍正在编写中(Vignudelli et al.，2010)。在本节其余部分，我们将首先看看如果高度计能在近海起作用，近岸和陆架海海洋学的前景和潜在利益，然后概述正在开发的各种技术方法，以实现这一目标。

13.3.2 近岸和陆架海高度计的潜在应用

也许对研究和业务应用领域而言，对离岸 200 km 内高度计记录质量提高具有最强烈需求的是那些没有宽广大陆架的地方。这里，常规使用高度计数据进行的海洋动力学研究，因无法将其监测扩展到近岸而受挫。5.1.2 节提到一个明显的示例，就是探测近岸上升流及其与在同一位置发生的朝向赤道东边界流的区别。如图 5.6 所示，那里有一个强烈的海面高度特征，它与限定上升流区海洋一侧的锋面相联系。在 20~40 km 距离内其量级约为 25 cm，这取决于当地的罗斯贝半径。即使在有噪声的高度计记录中，也能检测到。最近对美国西海岸上升流的研究表明，穿过海岸线沿单独的高度计轨迹来绘制海面高度异常，如何可以非常有效地确定上升流锋面。

渔业科学家们已经使用测高法，来监测那些与其他海水属性和鱼类活动相关的中尺度洋流模态，他们希望能够将研究范围扩展到离岸 200 km 更近的区域，此处大陆架狭窄，开阔大洋的动力特征向近海延伸。这种类型的研究已经利用岸基长波雷达(掠入射)装置来监测环流场，并且还利用了通过最大似然法从卫星海表温度图像获得的流矢量测量，但这取决于天气。使用近岸测高的吸引力在于，它与离岸 200 km 以外临近开阔大洋的海流测量结果相一致。在这个及之前的上升流研究示例中，潮汐的不确定性与陆架海和临近大洋之间的动态去耦，不太可能成为影响高度计海面高度异常记录精度和解译的重要因素。主要的不确定问题似乎在于，适用于开阔大洋的标准大气校正受大陆陆块的影响，使得高度测量不准以及高度计和伴随辐射计视场中陆地带来的直接破坏。

另一群寻求改进近岸测高数据的海洋学家包括陆架海动力模型研究人员，他们的工作逐渐成为陆架海监测和管理的基础。除了表述环流和水运动之外，还必须表征潮汐、风和大气压力之间的相互作用，以预测沿海海平面和可能的风暴潮。为此，他们依靠近岸和近海验潮站，但能从使用近乎实时的高度计记录中受益匪浅。这种情况下，在开阔大洋的测高法应用中关于地转关系假设的无效就不是问题了，因为所需不是对地转流的估计，而是对实际海面高度和高度计沿轨斜率的直接观测。这些都是为了验证或通过同化调整海面高度模型预测结果所必需的。

所有这些动力海洋学家共同的需求，一方面，在不确定的未来，利用宽幅高度计保证在高空间分辨率下，测得海面高度异常变化(如 *MTOFS* 的 11.5.5 节所述)，但另一方面，迫切需要在全球近岸和陆架海域，立即提升来自已有业务化高度计和回波记录的数据精度。鉴于高度计刈幅的间距很宽，他们考虑通过现有高度获得密集的覆盖，但他们希望更充分地利用高度计可达到的几千米的沿轨分辨率。他们设想将高度计单轨的记录与动力模型相结合。因此，他们更加关注尽快访问刚获取的单个轨道，而非为了获取一个高度计周期集成的网格数据集而等待多天，这些数据集在陆架海几乎没有任何有效性。有必要对实时记录的数据进行重处理，例如在数据获取 6~24 小时内，以便改进轨道校正，并留出时间汇总有关大气和海况条件的其他区域性信息，使它们能对数据集进行自身的区域性优化校正，以适用其特定业务需求。

业务化沿海测高产品的规范正在形成，这将提供近岸 200 km 之内的所有高度计沿轨记录，覆盖如图 13.23 所示区域。那些记录应被处理或再处理(对涉及之前高度计任务的历史数据而言)，达到可能的最高精度，并以可用的最高采样频率对记录进行采样(在下一节讨论)。数据集还应包含基于可用的最佳区域模型进行校正的辅助数据。数据提供者之间需要一种通用格式，将易于处理所有可用的高度计数据，这将增加数据覆盖的时空密度。

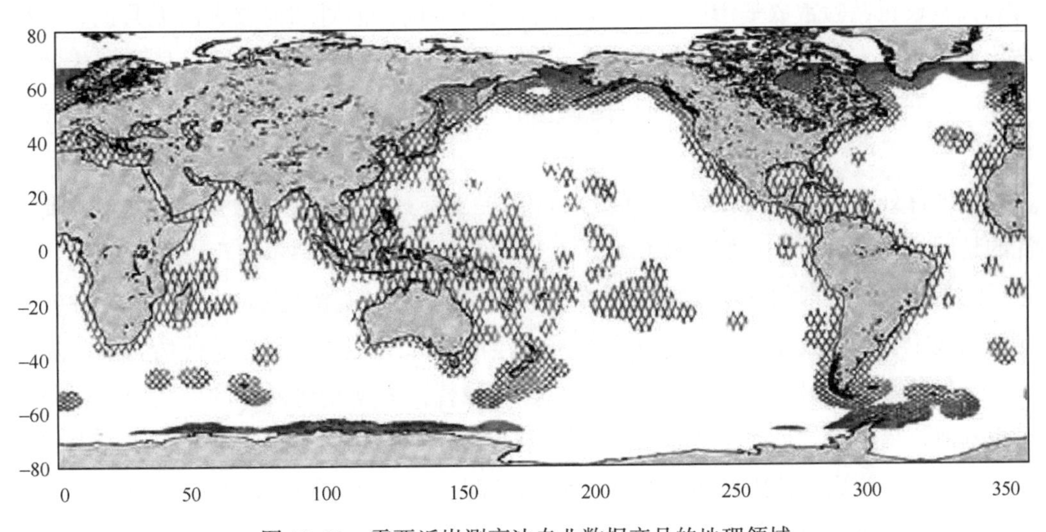

图 13.23　需要近岸测高法专业数据产品的地理领域

还应指出，对有效波高和风速特殊处理的高度计产品也有类似需求。易于获取的局地沿海岸段有效波高数据，对波浪建模和预报人员具有吸引力。类似地，可将估算的风速与来自散射计、辐射计和数值天气预报（NWP）等其他来源的风速相比较，为沿海高分辨率风的观测和预报改进研究。

13.3.3 改进陆架海测高精度的实践方法

在13.3.1节提及的近岸测高不同类别问题中，那些陆架海潮汐、大气压力、风应力和小尺度非地转过程对海面高度异常的不确定影响问题，在之前小节所述的陆架海应用的背景中并不很重要。如果目标是去除潮汐及逆气压的影响，以便独立于这些因素来确定海平面地形和相关地转流，则它们无疑会带来困难。然而，当确定陆架海动力时，明确包含潮汐和其他动力过程之间的相互作用是非常重要的，因此，未经这些因素校正的海表地形是最有用的测量资料。对于没有陆架的开阔大洋，潮汐和气压校正仍然是适当的。因此，使用最佳区域或局地潮汐模型和最好的气象测量至关重要，以使校正尽可能准确。

对流层水汽影响海面高度的标准校正需要进行调整，以应对近岸地区更大的空间变异性以及陆地辐射对微波辐射测量的污染。这需要协调国际社会的努力，同时也要认识到不同区域可能需要不同的处理。电离层校正也是如此。这里的问题是，大部分高度计使用双频来测量，这种影响可能会在近岸出现问题，因为不同频率具有不同的足印，从而将在不同时间遭遇地面反射。问题的处理方法正在研究。与此同时，海态偏差的不确定性仍未解决。人们已经意识到，近岸表面坡度分布以及波的不对称，与海态偏差校正经验常数基于的开阔大洋条件有所不同，但对如何改进尚无共识。在标准化方法不可靠的近岸区域，提高这些校正的明显的途径，是鼓励开发局地调优的校正方法，并寻求与沿岸测高产品一起提供合适的区域辅助数据，允许用户自行应用校正。

高度计处理方面，要在岸线10~30 km内提供有意义的高度计数据，最基本需要关注的是回波波形分析。人们一致认为，对原始数据的重跟踪必不可少，目的是使特定近岸的重跟踪比一般的深海重跟踪更准确和更精确。正在尝试不同的方法。一种方法是使用基于物理参数化算法，建立在开阔大洋的跟踪上，并试图考虑视场内某些陆地表面反射的影响。另一种是开发经验算法。一种替代方案是将波形的形状归类，分为可识别海洋反射的波形并可按常规分析以及不能分析的波形。需要对数字地形模型和岸线模型进行改进，使跟踪可与特定岸线相匹配。这也要求更高的跟踪频率，在可能的情况下，分析沿轨的较小空间间隔内的平均回波。

改进近岸情况的重跟踪算法工作也与新的高度计设计理念相关联，例如欧空局开发的SIRAL高度计中使用的延迟多普勒。这增加了未来高度计专门设计的可能性，用于提高解决近岸影响的能力以及最大程度提升从邻近陆地海面获取高度的精度。

13.4 近岸和河口遥感

13.4.1 海洋的重要边缘

本节讨论卫星数据应用于河口和近岸地区研究及业务任务的相关工作。这与那些已提及的陆架海遥感的区别是尺度，这里重点关注河口、海滩和沿海海湾发生的过程，地理范围都小于10~20 km甚至更小。这些近岸区域，在本章之前的陆架海图像中并未详细显示。事实上，这些数据根本无法解决很多河口和海湾的问题。

这些地区的地理范围很小，但它们作为毗邻陆地的海洋边缘区域，具有重要意义。对一些人来说，这是他们触及海洋的唯一部分，当然对他们的生活产生极大影响。科学认知与此息息相关，包括高潮位和沿海洪灾危险预警，海岸侵蚀和沉积的原因解释，近岸和河口水质污染监测，针对险流的近岸导航警报，对游客海浴水温和最佳冲浪海滩的告知以及许多其他应用。在许多海洋国家，人们越来越期望与此类问题相关的可靠科学信息可被公众随时查阅。因此，对近岸海洋环境大区域覆盖、定期的、空间详细的监测需求日益增长，而这些原则上卫星遥感都可以提供。

在卫星海洋学可应用的所有子领域，我们可预计它将是最活跃的。自20世纪70年代首次获得Landsat影像以来，卫星数据无疑已引发研究河口和近岸的科学家的极大关注。但实际上，卫星海洋学不断改进的传感器和成熟的方法，迄今为止尚未给近岸海洋学带来像开阔大洋一样新的科研机会。除了少数例外，实际上，卫星技术为近岸和河口的业务或科学所需提供定量测量的能力受到严重限制。出于这个原因，本书有关太空观测近海海洋学的内容很简短，然而如果这是一本关于遥感的书，而不局限于卫星技术的话，那么情况将大为不同。本节余下内容首先提及这种现状的根本原因，然后简要回顾了一些应用，其间卫星数据找到了确定的、可能有限的且通常是定性的角色。

13.4.2 尺度是否不匹配?

问题在于近海海洋学遇到的相对较短的长度尺度和时间尺度以及卫星遥感方法难以在足够高的频率下进行采样。*MTOFS* 的4.5节对此问题进行过一些讨论，这里在图13.24进行了说明。一旦用户要求的空间尺度分辨率小于1 km且时间尺度小于1天，就会发现本书用作其他应用的大多数卫星海洋学技术都有缺陷。那些可以每天采样的传感器，如宽幅、中分辨率、可见光和红外辐射计，都不具备研究河口和近岸地区所需的空间分辨率。散射计、高度计和微波辐射计不能达到少于10 km的分辨率，而且它们的性能在近岸会受损。即使有望改善近岸测高的性能(在 13.3 节已讨论)，也无法对近岸地区成像，而只是简单地将陆架动力过程的研究延伸到更近的沿海。微波辐射计通过天线旁瓣遇到来自地表的对比微波辐射的噪声，因此即使可以提高分辨率，其近岸数据也不可靠。

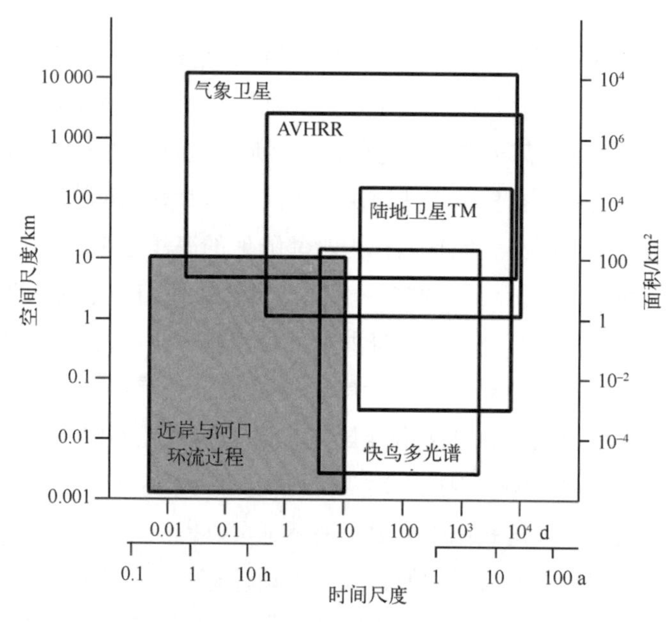

图 13.24　与典型的卫星图像数据时空采样尺度相比，近岸和河口过程典型的空间和时间尺度(阴影方块)

更适合测量近岸海洋和河口小尺度特性的传感器是高分辨率可见光成像仪，如 Landsat TM 和 SPOT HRV(见 *MTOFS* 的 6.4.5 节)及合成孔径雷达(见 *MTOFS* 的第 10 章)。虽然这些传感器的空间分辨率可接近 20 m，但它们的重访间隔都不小于 10 天。除非有这样的传感器星座在轨，保证最少每天过境，它们无法获取足够的样本，来查看浅海中来来去去的一些短暂特征。为了监测河口重要的动力和物理过程，有必要明确解决半日潮，这是世界许多地方的河口变化的主要时间尺度。正在考虑的一个可能方式是将高分辨率传感器放置在地球静止轨道，使其能在有限的地理区域内“凝视”，因此可以每小时采样几次。将 36 000 km 高度的成像仪分辨率细到几十米极有挑战，目前为止尚未开发出来。

此外，要使可见光波段传感器有助于测量水体组分，它们需要具有与 MERIS 和 MODIS 相当的精细光谱分辨率。直到最近，分辨率最高的传感器(分辨率达到 1~5 m)都是全色的(参见表 7.2)。它们对绘制海滩和岸线具有重要作用：太阳处于合适角度时，它们也会揭示海滩上的涌浪折射模态，但在没有光谱分辨情况下，它们的有用信息有限。

因此，我们不应期望将遥感技术在中尺度和全球海洋学中的成功应用，转移到较小时间和空间尺度的近海海洋学中。特别必须接受的是，卫星最佳时间获取的样本无法解决近岸水体的大多数动力过程，因此，我们不应该期望以这种方式应用卫星数据。例如，使用卫星数据来研究河口悬浮泥沙浓度的分布在12小时的潮周期如何变化是不合适的。要监测这种类型的过程，将需要使用航空遥感。相反地，我们应该充分利用高分辨率成像传感器偶尔拍摄的快照，这些快照可能相隔多天。14.3节中所讨论的应用主要是这种类型。

接受这一局限后，低估每年某些高分辨率图像在某些类型应用中的潜在用途是错误的，在这些类型的应用中，卫星可有效地检测包含业务上或科学上重要信息的变化。因此，除非另有高频变化(如在12.4小时的潮汐周期内)，例如，近岸植被的季节性扩张和消退，湿地或裸露海岸的变化，都可能由每年的一些卫星图像来表征，这将使偶尔的快照视图解译更为混乱。与此相反，事实证明，如果可以假设任何长时间的变化都远小于诸如英国布里斯托尔湾(Bristol Channel)和塞文河(Severn)河口这样的大潮区发生的大规模半日潮变化，通过仔细利用可用的历史Landsat记录，有可能反演潮汐信息(如悬浮泥沙的分布随潮汐周期的变化)。在这种情况下，可从不同的潮汐相位中选择图像实例，来生成潮汐周期序列，即使实际图像是以完全不同的顺序实时获取的。

一系列不常获取图像的另一个应用场景是发生单独事件时，例如，破坏性风暴、地震、海啸或其他原因造成的沿海洪水。然后，可以通过比较事件前和事件后获取的图像，来监测事件导致各种环境参数的变化。但是，当灾难发生时，如果救援机构必须等待几天或几周才能获得下一幅可用图像，那将不会有太大帮助。那时迫切需要了解岸线和水位的变化，对沿海基础设施的破坏、水浸程度等。卫星提供了一种强大的方法，可快速将变化映射到之前由同一传感器监测的区域，但若灾后恢复工作要依靠卫星，则每日采样能力至关重要。

针对这种情况，英国萨里卫星技术有限公司(SSTL)设计并制造出一个小卫星群，至少有六颗在运行(DMC，2009)。灾害监测星座(DMC)设计成概念验证星座，能够每天对世界任何地方进行多光谱成像。它的独特之处在于，每颗卫星由一个国家单独拥有和控制，但这组卫星却均匀地分布在一个单独的太阳同步卫星轨道，采用所有卫星一起对同一地区采样以实现每日成像能力。每颗小型卫星具有600 km×600 km的成像能力，分辨率为32 m或更高。虽然设计不是绕着整个轨道连续监视，但600 km的刈幅使得单星可进行为期6天的重访，它们通常由所在国家用于自己国家的制图或环境监测目的。然而，当灾难发生时，可以根据《空间与重大灾害国际宪章》[①]的规定，更改获

① 参见http://www.disasterscharter.org/web/charter/home。

取计划，使所有卫星可在灾区获取数据。通过每天的分辨率，可以立即绘制灾区状况和每天的变化图。该星座应用于一些近岸事件灾害，包括2004年12月的印度洋海啸和2005年8月由卡特里娜飓风引起的新奥尔良洪灾。

原则上，像Quickbird或WorldView(参见表7.2)之类的甚高分辨率成像传感器星座可实现每天采样，这些传感器具有若干谱段，具有1 m或更高的空间分辨率。虽然它们10~20 km的刈幅每天只能覆盖地球表面的一小部分，但其沿轨和跨轨的指向能力可以选择特定区域，以不完全跨越头顶的轨道进行观测。这将允许几乎每天或两天对一个研究区域进行采样，使用两颗或更多类似的卫星可保证每天采样。然而，这样做将占用大部分传感器计划，从而不能观察其他场景。对于多数近岸科学研究计划而言，以当前商业价格将贵得令人却步。但原则上，在10~20 km场景中以1 m分辨率进行每天采样将很快在技术上实现，并且此类数据的科学潜能正在被一些机构开发，比如美国国家海洋和大气管理局的海岸服务中心(NOAA-CSC, 2009)。与所有可见波段遥感一样，取样频率取决于无云条件。

13.4.3 卫星数据的近岸遥感应用

鉴于上一节概述的原因，很少有关于卫星在近岸和河口独特应用的科学工作报道。很多关于近岸和河口遥感的文献，涉及航空遥感和其他方法以及不少有关这一主题的书籍(Green et al., 2000; Miller et al., 2005; Yang, 2009)。本小节简要概述卫星数据对河口和近海过程科学的贡献。以下示例并非旨在详尽无遗，引用的参考文献仅代表文献的建议。

波浪和沙滩管理

表面波是控制沿海环境的最重要因素之一。除潮汐之外，涌入海滩的涌浪有助于形成小规模的动力结构，如沿岸漂流、离岸流，从而影响海滩物质的沉积、输运或侵蚀。第8章讨论了卫星测波的各种方法。入射涌浪的方向、波长和幅度是海岸工程的重要参量。通常，这些信息从区域波浪模型获得，并通过波浪浮标进行验证，即使浮标可能离目标海滩很远。合成孔径雷达图可以提供清晰的表面涌浪模式图，显示出波浪靠近海边时的折射。尽管从SAR定量反演波幅和频谱仍存在一定的不确定性，并且SAR数据不足以记录海滩的全部波浪历史，但SAR数据与波浪模型的结合可能为海滩工程提供丰富的信息。

研究表明，SAR图像数据和第三代WAM波浪模型的互补利用，可以更完整地显示波浪场(Ocampo- Torres et al., 1997; Ocampo-Torres, 2001)。例如，对存档的SAR图像进行分析，可以显示出波场从离岸很远的地方开始向近岸传输的过程，远离海岸的地方波浪模型是最可信的。到了近岸区域，随着波向海滩传播，它与海底之间相互作用。

存档的 SAR 图像还应能显示这种波传输如何随入射波能量初始方向的变化。这些研究沿着墨西哥的太平洋海岸进行，这里使用 SAR 数据的另一个好处是，它们检测到跨越太平洋数千千米的涌浪，如果仅用区域尺度的海浪模型，可能会漏掉。鉴于为海洋业务任务长期提供 SAR 的预期是有把握的，类似的研究可以扩展到许多其他地区，可以更广泛地对 SAR 开展业务应用来补足波浪模型(见 14.5.3 节)。

海岸线和海滩的管理还要求仔细监测海滩物质的分布情况。尽管为了确定物质运动而进行的海滩调查，需要细致的现场观测，但是高分辨率的航空摄影(未来可能来自卫星)，可为海滩正在发生的事情提供更广泛的整体图像资料。例如，航拍地图可以显示海岸线的变化、海滩尖峰的分布以及它们如何与涌入的涌浪相互作用，岸线附近悬浮沉积物的模式，或者风暴事件后的重大变化。它还能在海岸工程作业期间和之后监测海滩的状况，比如物料补充，或诸如丁坝和防波堤大工程的建造或拆除。

近岸洪水和岸线防护

近岸遥感的另一个重要作用是监视与海岸相邻陆地的高度，尤其是用于防洪的所有堤岸相对于海面的高度。从这些信息可以编制洪水风险评估图，以用于各种任务，如应急计划、道路识别、铁路和其他面临洪水风险的服务、影响新建筑和开发计划的决策，并为保险目的提供基本信息。

通常，此类工作使用传统的陆地遥感技术，采用高分辨率可见光传感器进行制图和湿地分类。海岸高程制图利用机载激光雷达，可以测量主要海防波峰线的高度，并监测侵蚀造成的变化。将来有可能在卫星上携带激光高度计，可更广泛地进行这种观测。还有一个有趣的例子，在卡特里娜飓风来临之前，利用 SAR 干涉测量来监测 2002—2005 年新奥尔良的沉降速率(Dixon et al., 2006)。结果表明，在某些关键区域，年平均沉降速率为 6.4 mm/a，最高沉降速率为 33 mm/a。

沿海生态系统

高分辨率的卫星数据已被广泛用于监视近岸和河口的生态系统，尤其在热带地区。7.5 节对此有更详细的论述，包括热带珊瑚礁系统的制图，7.6 节还讨论了卫星海洋学用来确定珊瑚白化风险的更广泛应用。

13.5 参考文献

Alpers, W., L. Mitnik, L. Hock, and K. S. Chen (1999), The Tropical and Subtropical Ocean Viewed by ERS SAR. ESA ESRIN, available at http://www.ifm.uni-hamburg.de/ers-sar/(last accessed April 25, 2008).

Berthon, J.-F., F. Mélin, and G. Zibordi (2008), Ocean colour remote sensing of the optically complex European seas. In: V. Barale and M. Gade (Eds.), Remote Sensing of the European Seas (pp. 35-52), Springer-Verlag, Dordrecht, Netherlands.

Bogazzi, E., A. Baldoni, A. S. Rivas, P. Martos, R. Reta, J. M. Orensanz, M. Lasta, P. Dell'Arciprete, and F. Werner (2005), Spatial correspondence between areas of concentration of Patagonian scallop (Zygochlamys patagonica) and frontal systems in the southwestern Atlantic. Fish. Oceanogr., 14(5), 359-376.

Bowers, D. G., and J. H. Simpson (1987), The mean position of tidal fronts in European-shelf seas. Continental Shelf Res., 7, 35-44.

Bowers, D. G., S. Boudjelas, and G. E. L. Harker (1998), The distribution of fine suspended sediments in the surface waters of the Irish Sea and its relationship to tidal stirring. Int. J. Remote Sensing, 19, 2789-2805.

Bowers, D. G., S. Gaffney, N. White, and P. Bowyer (2002), Turbidity in the southern Irish Sea. Continental Shelf Res., 22(15), 2115-2126.

Brink, K. H. (1998), Deep-sea forcing and exchange processes. In: K. H. Brink and A. R. Robinson (Eds.), The Sea, Vol. 10, The Global Coastal Ocean: Processes and Methods. John Wiley & Sons, New York.

Bulgarelli, B., G. Zibordi, and J. -F. Berthon (2003), Measured and modeled radiometric quantities in coastal waters: Toward a closure. Appl. Opt., 42(27), 5365-5381.

Chang, G. C., T. D. Dickey, C. D. Mobley, E. Boss, and S. Pegau (2003), Toward closure of upwelling radiance in coastal waters. Appl. Opt., 42, 1574-1582.

Csanady, G. T. (1997), On the theories that underlie our understanding of continental shelf circulation. J. Oceanogr., 53, 207-229.

Cullen, J. J., A. M. Ciotti, R. F. Davis, and M. R. Lewis (1997), Optical detection and assessment of algal blooms. Limnol. Oceanogr., 42, 1223-1239.

Darecki, M., A. R. Weeks, S. Sagan, P. Kowalczuk, and S. Kaczmarek (2003), Optical characteristics of two contrasting Case 2 waters and their influence on remote sensingalgorithms. Continental Shelf Res., 23 (3/4), 237-250.

Dixon, T. H., F. Amelung, A. Ferretti, F. Novali, F. Rocca, R. Dokka, G. Sella, S. -W. Kim, S. Wdowinski, and D. Whitman (2006), Space geodesy: Subsidence and flooding in New Orleans. Nature, 441(June 1), 587-588.

DMC (2009), Disaster Monitoring Constellation International Imaging, available at http://www.dmcii.com/index.html (last accessed July 31, 2009).

Doerffer, R., and H. Schiller (2007), The MERIS case 2 water algorithm. Int. J. Remote Sensing, 28 (3/4), 517-535.

Dogliotti, A. I., I. R. Schloss, G. O. Almandoz, and D. A. Gagliardini (2009), Evaluation of SeaWiFS and MODIS chlorophyll-a products in the Argentinean Patagonian Continental Shelf (38°S-55°S), Int.

J. Remote Sensing, 30(1), 251-273.

Durand, D., L. H. Pettersson, O. M. Johannessen, E. Svendsen, H. Søiland, and M. Skogen(2002), Satellite observation and model prediction of toxic algae bloom. Operational Oceanography: Implementation at the European and Regional Scales (Elsevier Oceanography Series Vol. 66, pp. 505-515). Elsevier.

Froidefond, J. -M., P. Castaing, and R. Prud'homme (1999), Monitoring suspended particulate matter fluxes and patterns with the AVHRR/NOAA-11 satellite: Application to the Bay of Biscay. Deep-Sea Res. II, 46, 2029-2055.

Gao, B. -C., M. J. Montes, R. -R. Li, H. M. Dierssen, and C. O. Davis (2007), Modification to the atmospheric correction of SeaWiFS ocean colour images over turbid waters. IEEE Trans. Geosc. Remote Sensing, 45(6), 1835-1843.

Glorioso, P. D. (1987), Temperature distribution related to shelf-sea fronts on the Patagonian Shelf. Continental Shelf Res., 7(1), 27-34.

Green, E. P., P. J. Mumby, A. J. Edwards, and C. D. Clark (Eds.) (2000), Remote Sensing Handbook for Tropical Coastal Management (Coastal Management Sourcebooks, x+316 pp.). UNESCO, Paris.

Gupta, A., and P. Krishnan (1994), Spatial distribution of sediment discharge to the coastal waters of South and Southeast Asia. Variability in Stream Erosion and Sediment Transport (IAHS Publication No. 224, pp. 457-463). International Association of Hydrological Sciences, Christchurch, New Zealand [Proceedings of the Canberra Symposium, December 1994].

Hill, A. E. (1998), Buoyancy effects in coastal and shelf seas. In: K. H. Brink and A. R. Robinson (Eds.), The Sea, Vol. 10, The Global Coastal Ocean: Processes and Methods. John Wiley & Sons, New York.

Hu, J. Y., H. Kawamura, and D. L. Tang (2003), Tidal front around the Hainan Island, northwest of the South China Sea. J. Geophys. Res., 108(C11), 3342, doi: 10. 1029/2003JC001883.

Huthnance, J. M. (1995), Circulation, exchange and water masses at the ocean margin: The role of physical processes at the shelf edge. Prog. Oceanogr., 35, 353-431.

IOCCG (2000), Remote Sensing of Ocean Colour in Coastal, and Other Optically Complex Waters (edited by S. Sathyendranath, Reports of the International Ocean Colour Coordinating Group No. 3, 140 pp.). IOCCG, Dartmouth, Canada.

IOCCG (2006), Remote Sensing of Inherent Optical Properties: Fundamentals, Tests of Algorithms and Applications (edited by Z. -P. Lee, Reports of the International Ocean Colour Coordinating Group No. 5). IOCCG, Dartmouth, Canada.

IOCCG (2008), Why Ocean Colour? The Societal Benefits of Ocean-Colour Technology (edited by T. Platt, N. Hoepffner, V. Stuart, and C. Brown, Reports and Monographs of the International Ocean Colour Coordinating Group No. 7, 141 pp.). IOCCG, Dartmouth, Canada.

Kahru, M., and B. G. Mitchell (1998), Spectral reflectance and absorption of a massive red tide off southern

California. J. Geophys. Res., 103, 21601-21609.

Lavender, S. J., M. H. Pinkerton, G. F. Moore, J. Aiken, and D. Blondeau-Patissier (2005), Modification to the atmospheric correction of SeaWiFS ocean colour images over turbid waters. Continental Shelf Res., 25(4), 539-555.

Li, Y., W. Huang, and M. Fang (1998), An algorithm for the retrieval of suspended sediment in coastal waters of China from AVHRR data. Continental Shelf Res., 18(5), 487-500.

Loder, J. W., and D. A. Greenberg (1986), Predicted positions of tidal fronts in the Gulf of Maine region. Continental Shelf Res., 6(3), 397-414.

Mann, K. H., and J. R. N. Lazier (2006), Dynamics of Marine Ecosystems: Biological-Physical Interactions in the Oceans (Third Edition, 496 pp.). Blackwell Publishing, Oxford, U.K.

Miller, R. L., C. E. Del Castillo, and B. A. McKee (Eds.) (2005), Remote Sensing of Coastal Aquatic Environments (345 pp.). Springer-Verlag, Dordrecht, Netherlands.

Moore, C. M., D. Suggett, P. M. Holligan, J. Sharples, E. R. Abraham, M. I. Lucas, T. P. Rippeth, N. R. Fisher, J. H. Simpson, and D. J. Hydes (2003), Physical controls on phytoplankton physiology and production at a shelf sea front: A fast repetition-rate fluorometer based field study. Mar. Ecol. Prog. Ser., 259, 29-45.

Moore, G. F., J. Aiken, and S. J. Lavender (1999), The atmospheric correction of water colour and the quantitative retrieval of suspended particulate matter in Case II waters: Application to MERIS. Int. J. Remote Sensing, 20(9), 1713-1733.

Morel, A., and L. Prieur (1977), Analysis of variations in ocean colour. Limnol. Oceanogr., 22, 709-722.

Morin, P., M. Wafar, and P. Le Corre (1993), Estimation of nitrate flux in a tidal front from satellite-derived temperature data. J. Geophys. Res., 98(C3), 4689-4695.

Nihoul, J. C. J., P. T. Strub, and P. E. La Violette (1998), Remote sensing. In: K. H. Brink and A. R. Robinson (Eds.), The Sea, Vol. 10, The Global Coastal Ocean: Processes and Methods. John Wiley & Sons, New York.

NOAA-CSC (2009), Remote Sensing for Coastal Management. National Oceanic and Atmospheric Administration, Coastal Services Center, available at http://www.csc.noaa.gov/crs/rs_apps/ (last accessed August 3, 2009).

Ocampo-Torres, F. J. (2001), On the homogeneity of the wave field in coastal regions as determined from ERS-2 and RADARSAT synthetic aperture radar images of the ocean surface. Scientia Marina, 65 (Suppl. 1), 215-228.

Ocampo-Torres, F. J., A. Martínez Diaz de León, and I. S. Robinson (1997), Synergy of ERS radar information and modelled directional wave spectrum to estimate coastal region wave characteristics in the Gulf of Tehuantepec, Mexico. Paper presented at Proc. of the Use and Applications of ERS in Latin America, Viña del Mar, Chile, November 25-29, 1996 (ESA SP-405, pp. 219-224). ESA, Noordwijk, The

Netherlands.

Pingree, R. D., and D. K. Griffiths (1978), Tidal fronts on the shelf seas around the British Isles. J. Geophys. Res., 83, 4615-4622.

Pingree, R. D., P. R. Pugh, P. M. Holligan, and G. R. Forster (1975), Summer phytoplankton blooms and red tides along tidal fronts in the approaches to the English Channel. Nature, 258, 672-677.

Pitcher, G. C., and S. J. Weeks (2006), The variability and potential for prediction of harmful algal blooms in the southern Benguela ecosystem. In: V. Shannon, G. Hempel, C. Moloney, J. D. Woods, P. Malanotte-Rizzoli (Eds.), Benguela: Predicting a Large Marine Ecosystem (pp. 125-146). Elsevier.

Prangsma, G. J., and J. N. Roozekrans (1989), Using NOAA AVHRR imagery in assessing water quality parameters. Int. J. Remote Sensing, 10, 811-818.

Robinson, I. S. (2004), Measuring the Ocean from Space: The Principles and Methods of Satellite Oceanography (669 pp.). Springer/Praxis, Heidelberg, Germany/Chichester, U.K.

Robinson, I. S., D. Antoine, M. Darecki, P. Gorringe, L. Pettersson, K. Ruddick, R. Santoleri, H. Siegel, P. Vincent, and M. R. Wernand et al. (2008), Remote Sensing of Shelf Sea Ecosystems: State of the Art and Perspectives (edited by N. Connolly, Marine Board Position Papers No. 12., 60 pp.). European Science Foundation Marine Board, Ostend, Belgium.

Rucker, J. B., R. P. Stumpf, and W. W. Schroeder (1990), Temporal variability of remotely sensed suspended sediment and sea surface temperature patterns in Mobile Bay, Alabama. Estuaries, 13(2), 155-160.

Sharples, J., and J. H. Simpson (1995), Semi-diurnal and longer period stability cycles in the Liverpool Bay region of freshwater influence. Continental Shelf Res., 15(2/3), 295-313.

Sharples, J., and J. H. Simpson (1996), The influence of the springs neaps cycle on the position of shelf sea fronts. Coast. Estuar. Stud., 53, 71-82.

Simpson, J. H. (1981) Sea surface fronts and temperatures. In A. P. Cracknell (Ed.), Remote Sensing in Meteorology, Oceanography and Hydrology (pp. 295-311). Ellis Horwood, Chichester, U.K.

Simpson, J. H. (1997), Physical processes in the ROFI regime. J. Mar. Syst., 12, 3-15.

Simpson, J. H. (1998) Tidal processes in shelf seas. In: K. H. Brink and A. R. Robinson (Eds.), The Sea, Vol. 10, The Global Coastal Ocean: Processes and Methods. John Wiley & Sons, New York.

Simpson, J. H., and D. G. Bowers (1979), Shelf sea fronts' adjustments revealed by satellite IR imagery. Nature, 280, 648-651.

Simpson, J. H., and J. Brown (1987), The interpretation of visible band imagery of turbid shallow seas in terms of the distribution of suspended particles. Continental Shelf Res., 7, 1307-1313.

Simpson, J. H., and J. Hunter (1974), Fronts in the Irish Sea. Nature, 250, 404-406.

Simpson, J. H., and J. Sharples (1994), Does the Earth's rotation influence the location of the shelf sea fronts? J. Geophys. Res., 99(C2), 3315-3319.

Smith, W. H. F., P. T. Strub, and L. Miller (2008), First Coastal Altimetry Workshop. EOS, Trans.

Amer. Geophys. Union, 89(40).

Spitzer, D., R. Laane, and J. N. Roozekrans (1990), Pollution monitoring of the North Sea using NOAA/AVHRR imagery. Int. J. Remote Sensing, 11, 967-977.

Stumpf, R. P., and J. R. Pennock (1989), Calibration of a general optical equation for remote sensing of suspended sediments in a moderately turbid estuary. J. Geophys. Res., 94, 14363-14371.

Stumpf, R. P., M. E. Culver, P. A. Tester, M. Tomlinson, and G. J. Kirkpatrick (2003), Monitoring Karenia brevis blooms in the Gulf of Mexico using satellite ocean color imagery and other data. Harmful Algae, 2(2), 147-160.

Tang, D. L., I. H. Ni, F. E. Muller-Karger, and Z. J. Liu (1998), Analysis of annual and spatial patterns of CZCS-derived pigment concentrations on the continental shelf of China. Continental Shelf Res., 18, 1493-1515.

Tang, D. L., H. Kawamura, M. A. Lee, and T. V. Dien (2003), Seasonal and spatial distribution of chlorophyll-a and water conditions in the Gulf of Tonkin, South China Sea. Remote Sens. Environ., 85, 475-483.

Vignudelli, S., P. Cipollini, L. Roblou, F. Lyard, G. P. Gasparini, G. Manzella, and M. Astraldi (2005), Improved satellite altimetry in coastal systems: Case study of the Corsica Channel (Mediterranean Sea). Geophys. Res. Letters, 32(L07608), doi: 10.1029/2005GL022602.

Vignudelli, S., A. Kostianoy, P. Cipollini, and J. Benveniste (Eds.) (2010), Coastal Altimetry (680 pp.). Springer. [ISBN 978-3-642-12795-3, due August 2010.]

Vogelzang, J. (1997) Mapping submarine sand waves with multiband imaging radar, 1: Model development and sensitivity analysis. J. Geophys. Res., 102(C), 1163-1181.

Vogelzang, J., G. J. Wensink, C. J. Calkoen, and M. W. A. van der Kooij (1997), Mapping submarine sand waves with multiband imaging radar, 2: Experimental results and model comparison. J. Geophys. Res., 102(C), 1183-1192.

Wang, D. X., Y. Liu, Y. Q. Qi, and P. Shi (2001), Seasonal variability of thermal fronts in the northern South China Sea from satellite data. Geophys. Res. Letters, 28, 3963-3966.

Weeks, A. R., and J. H. Simpson (1991), The measurement of suspended particulate concentrations from remotely sensed data. Int. J. Remote Sensing, 12, 725-737.

Weeks, A. R., J. H. Simpson, and D. G. Bowers (1993), The relationship between concentrations of suspended particulate material and tidal processes in the Irish Sea. Continental Shelf Res., 13, 1325-1334.

Yanagi, T., S. Igawa, and O. Matsudat (1995), Tidal front at Osaka Bay, Japan, in winter. Continental Shelf Res., 15(14), 1723-1735.

Yang, X. (Ed.), (2009), Remote Sensing and Geospatial Technologies for Coastal Ecosystem Assessment and Management (Lecture Notes in Geoinformation and Cartography, 561pp.). Springer-Verlag, Berlin.

14 海洋遥感应用

14.1 卫星和应用海洋学

14.1.1 引言

到本章为止，本书通过关注科学研究成果来达到展示卫星海洋学方法应用的目的，重点强调地球轨道卫星测量和观察提出了对海洋现象的新见解以及深刻理解。每一章节都从卫星遥感视角，讨论海洋科学的不同方面。中尺度涡旋、大尺度动力特征(如罗斯贝波)、海-气相互作用现象(如厄尔尼诺)或气候事件(如夏季北极海冰覆盖意外快速减少)等过程呈现出更清晰、更全面的观点。本书还指出遥感方法如何更易监测海洋现象，这不仅有助于科学研究和发现，也会使以海为生的人们受益。本章为本书倒数第二章，探讨了应用卫星海洋学这一主题，在人类与海洋的互动中，怎样利用海洋遥感来满足人类文明的业务需求。

本章包含很多独立但又关联的小节，说明了“海洋遥感工作应用”的各个方面。14.1 节还有两个小节，提出值得深思的讨论：海洋监测应用的重要性已超出单纯的科学兴趣；海洋科学家应该致力于这种工作的原因。14.2 节解释了业务化海洋学所涉及的内容，特别强调了卫星数据对目前运行海洋预报系统的重要影响。14.3 节专门提出怎样使水色卫星遥感更有效应用于海洋生态系统模式的特殊挑战。14.4 节讨论了卫星数据产品需要进行怎样调整，才能有效地应用于海洋预报系统，并适用于科学研究之外的其他应用。本节介绍的一项国际合作计划案例，彻底改变了现有海表温度数据的处理方式。14.5 节概述了如何从太空监测海洋溢油，已经从一项研究性议题转为业务服务。最后，14.6 节介绍了卫星海洋数据在气候监测中的作用。

14.1.2 海洋监测和预报的根本性意义

虽然这是最后的实质性章节，但这并不是一个简单的事后建议，即科学研究通常应该体现出对社会有益的影响。相反，海洋遥感应用的重要性就是本书的精华。前面章节讲述了从卫星遥感的使用中，得到对海洋现象和过程独特的见解和认识。现在我们得出令人兴奋的结论，这种知识可以转移到更多更广泛的用户群，他们的要求超出单纯的科学好奇心。很多海洋遥感科学家40余年来的努力，提供了一个描述上层海洋现状的可靠工具。我们已经获得监测海洋现象所需的科学和技术能力，从而可以结合基于计算机模式、卫星和现场传感器观测，试图进行预测。

一旦这样的海洋预报系统(OFS)完全建立并熟练应用，我们将近实时地更全面了解现有海洋状态，并具备充满信心的预报能力，预测随后的数小时或数天内将如何变化。这将使海员和所有其他海上用户更为安全地为业务做好准备，迎接极端海洋现象，在危险的环境中生活和工作。此外，不断更新海洋状态信息使我们能够可持续地开发海洋，例如，我们如何通过对海洋的投入或获取，来避免过度捕捞或破坏关键的生态平衡。虽然现场测量也很重要，特别对于深海采样，但必须意识到，如果没有卫星海洋学的独特视角，我们将缺乏对海洋的全球性、整体性把握，也就无法建立海洋预报系统。现在，海洋遥感给人类提供了一个考虑与海洋环境和谐相处的现实机会。

通过更高质量的数据，比如海表温度，对当前海洋状态了解的改进已经促进了更好的天气预报。因为海洋覆盖了70%的地球表面，监测海洋对理解整个地球系统至关重要。卫星海洋学提供的视角有助于阐述海洋在气候和气候变化中的作用，这可能是21世纪人类文明面临的最有挑战性的问题。回顾我们如何达到的这点非常有趣。一般而言，如果没有20世纪60年代“太空竞赛”促进遥感的发展以及一群有创造性、有远见的海洋科学家的支持，他们敢于想象几乎没有可能性的“空间海洋学”(Ewing，1965)，如今的海洋科学可能将缺乏从事地球系统科学和气候变化研究至关重要的观测工具和科学架构。如今，来自太空的海洋业务应用已成为现实。本书所总结的卫星海洋学的发展和重要应用，在海洋科学作为整体来面对人类如何生存于有限的星球上的挑战中至关重要，听起来像在吹嘘。但是，若没有全球海洋监测能力，我们将缺乏全球视角以及将海洋数值模式从计算工具转换为实际海况业务模拟的观测输入，也即海洋预报系统的基础。

各国政府现在承认，来自太空的定期海洋观测系统，是管理现代文明对我们有限星球影响的必要工具。欧盟全球环境与安全监测(GMES)等计划已进行了大量投资。该计划承诺在未来20年为地球观测(EO)系统提供空间硬件支撑，以确保如今卫星海洋测量的连续性。通过监测将关键海洋变量作为与天气预报可比的“公共产品”，这一“业务化海洋学”概念已经实现。稳定的资助计划，使海洋遥感不再仅是科学家的梦想，有证据显示海洋遥感研究的日常应用已经成熟。

14.1.3 科学家参与应用海洋遥感的目的

本章宣传卫星海洋学在科学和技术上所取得的进步显现在业务应用的重要性和价

值。在开始这样一个章节的时候，有必要通过一个题外话来简短地反思“纯粹”和“应用”研究之间的区别。术语“纯粹”一般指由好奇心引发的研究，开发海洋学主题的基本知识结构，改进理论框架，或者通过实验来描述特定的海洋现象。应用研究指利用纯研究的成果，创建系统而投入的智力或解决问题的努力，从而造福更广泛的公共领域，包括环境管理、业务预测、工业和商业。海洋遥感研究分为两类，本书前面章节讲述了这两类研究的许多示例，而本章剩余部分特别针对一些依赖海洋遥感应用的重要研究领域。

令人遗憾的是，海洋学界有将纯理论研究成就排在应用研究之上的倾向，提出这个主题的原因在于对此进行反思。这样的偏见可能不是故意的，但它确实存在，例如，大多数应用研究出版的期刊往往比那些发布更纯粹研究结果的排名更低。在科学管理中强调使用文献计量指标来评价科学表现时，这可能导致低估了在应用研究上投入更多精力的科学家们，尽管他们的知识创造力和那些从事更“时髦”主题的纯理论研究科学家们一样强。关注这种不公平，并非破坏对所有科学研究(即纯理论研究和应用研究)追求卓越的重要性。相反，如果要鼓励和奖励优秀的应用研究，应该以一种更广泛的标准来衡量是否卓越，避免使用文献计量进行粗略评价，这样会促成一些不公平的现象，将对应用研究产生偏见。

具有讽刺意味的是，当国家科学基金机构正在鼓励科学家证明其基础研究的有益影响时，这样的偏见仍然存在。这是有道理的，因为政府作为主要的科学项目资助者，需要科学家能向纳税人显示，他们的投资是为了公众利益，而不仅是支持学术界少数人的利益。出于这个原因，海洋学家应该抓住海洋预报系统等其他海洋业务活动的机会，以证明前 10 年的纯理论研究成果具有社会效益。卫星海洋学家可以自豪地将这些作为“回报”向公众展示，以便将税收投资于研究，这是一项重要的考虑因素，因为空间基础设施的成本太高。此外，理论成果的成功应用能够使研究得到更多资助。作为所有成功系统的一个基本要素，创新性基础研究支撑着每个业务系统，使海洋预报业务得到维持和改善。

还有一个不能阻止海洋学家从事遥感应用的原因是，我们越能够发展让公众可以充分利用的海洋监测和预报系统，政府就越有充分的理由对 GMES 等海洋监测卫星计划进行连续投资。尽管科学部门本身不可能负担所有这些项目，实际上这对科学界有好处，因为即使那些处于研究范围“纯粹”末端的研究者，现在也越来越多地利用卫星定期提供的海洋观测。通过投入智力开发海洋业务系统，科学家能同时有利于实现公共利益和自身利益。

因此，应鼓励我们最好的科学家参与纯理论和应用科学，事实上，这已成为现代科学历史的标准。但是，除了前面段落中列出的个人原因外，还有一个更令人信服的理由鼓励海洋科学领域基础科学研究的实践者，更好地与该研究的现实应用联系起来。这便与招聘人才进入这一领域，持续激励并留住最好的年轻科学家有关。作为一名学术研究人员和教师，作者遇到了一代又一代新的科学家：本科生、研究生研究人员和年轻的博士后工作者，特别是那些着迷于海洋遥感方向的人员。他们对新科学的可能性和应用的愿景，经常是推动下一阶段研究的驱动力，更不用说提升老师的热情了！当年轻的科学家致力于一个项目，一个博士计划，或者卫星海洋学的职业生涯，是什么推动着他们？首先，当然是大量学习产生对一个有趣课题的兴趣，开辟海洋科学新方法广泛的、开放的可能性以及解决科学和技术问题的智力挑战，往往跨越了传统科学学科的界限。但是，说服许多年轻科学家进入这个领域而不是另一领域的，似乎也是一种愿望，他们的研究应具有更广泛的人类利益，而非简单地提供一个科学问题来证明他们的聪明才智。

“我的科研工作有可能改善别人的生活”的感觉，对从事研究事业的人来说可能是一个强大而积极的激励因素。“让世界更美好”的渴望在学生中往往很盛行，希望科学家们仍然能抱着这种信念直到科研生涯的终点！利用为获取公众利益而获得的科学知识服务同胞是一个崇高抱负。不幸的是，如果海洋遥感应用的成就得不到充分认可，我们就可能拒绝那些被崇高理想激励的聪明科学家。因此，笔者本章的目的是向新一代科学家展示，卫星海洋学已经登上了应用性科学和纯理论科学挑战的舞台。

14.2 集成海洋预报系统

14.2.1 什么是业务化海洋学？

本节的核心问题是卫星海洋数据是否以及如何满足业务化海洋应用的要求。首先，重要的是解释形容词“业务”在海洋环境监测、管理和预报中的含义。广义来说，在工业管理、商业、军事行动、交通物流和环境预报等许多领域，业务是系统的一部分，对于整个系统的正常运行和成功实现目标是必不可少的。它们通常是例行和重复的任务，依照规定的规范定义和执行，但如果它们没在正确的时间工作，整个系统将发生故障。通常，业务系统对输出有多重依赖，并且业务元素的故障导致灾难性后果的程度，将取决于系统的最终目的和系统设计中具有多大弹性。

在业务化海洋学中，我们正在考虑提供海洋变量或海况量化信息的测量数据，以便安全有效地开展具有人道主义、环境、工业、商业、经济或军事等重要性的特殊任务。在许多系统中可能会用这些数据，包括有关船舶航线的管理决策，近岸工程业务的时间安排，或因预测高海况而取消游艇竞赛，即将发生有毒藻类大量繁殖的预警，沿海洪水预警，或者是海冰危情预警，又或是指挥搜救行动。天气和海况预报也是依赖卫星海洋数据的重要系统。业务海洋系统时间要求较低但同样重要的结果将是管理、科学应用或监测气候变化所需各种可靠的全球数据档案。

业务数据的特点是必须按时定期交付，并具有足够的空间和时间分辨率，以探测海洋的变化和满足系统目标所需的海洋范围，它们还需具有已知的精度。虽然每个单独的测量可能对整个系统影响很小，但在特殊情况下它可能至关重要。随着 20 世纪后期海洋观测技术的发展，利用诸如浮标、漂流仪器、浮筒、滑翔机和船舶等现场平台以及卫星观测的可靠性不断提升，使得定期开展更全面的海洋观测成为现实。因此，海洋学家构想全球海洋定期测量的可能性，以便海上各种人类活动的管理负责人能够获得最新的信息。这一构想受到世界天气监测网(WWW)的启发，该监测网始建于 1963 年，旨在提供国际气象测量框架，现已成为所有天气预报的基础。世界天气监测网成立 30 年后，“业务海洋学”的概念在全球海洋观测系统(GOOS)的主持下开始形成(Alverson，2005，2008；Alverson et al.，2006)。提升关于气候的科学了解一直是全球海洋观测系统的一个强大动力，但过去 15 年在全球海洋观测系统框架下建立的区域海洋观测系统，更关注于推动业务海洋系统，来满足特定的海洋管理需求。

业务化海洋学想要定期监测海洋，以便紧急情况下能提供关键的海况知识，它的核心是基于计算机的海洋数值预报(NOP)能力；它应包含一个预报环节(提供未来海况预测)、现报环节(在当前尚无测量区域允许通过插值来估测海况)，它还应该有助于建立长期的历史数据档案。欧洲全球海洋观测系统①(EuroGOOS)，就是一个旨在推进这种系统的体系。该系统声明：业务化海洋学可以定义为海洋和大气的系统性长期常规测量及快速的解译和发布。来源于业务化海洋学的重要产品有：

- 现报提供了对海洋现状(包括生物资源)最有用的准确描述；
- 预报提供对未来海况可能长期的连续预测；
- 后报通过集合描述过去状态的长期数据集和时间序列来显示趋势和变化。

业务化海洋学通常(但不总是)通过将观测数据快速传输到数据同化中心来进行。在那里，使用数值预报模式的强大计算机对数据进行处理。模式输出结果经常通过中间的价值附加用于生成数据产品。

在这一定义中，值得注意的是强调数据的快速解译、传输和传播。即使用于科学和气候目标的后处理数据集没有严格的时间限制，但若为紧急管理决策服务的话，现报和预报需要准实时地进行测量。“准实时”是一个不太严谨的词语，但根据系统和提

① 见 EuroGOOS 网站，http://www.eurogoos.org/index.php，选择“what is Euro-GOOS”后点击“Operational Oceanography”。

及的特定业务问题而变化，通常意味着在 3~24 小时内观测。

海洋观测系统的另一个重要方面是它们应该具有通用性和整体性，代表广泛的客户提供当前海洋状态的广泛观测和信息。迄今为止，用于业务需求的海洋数据集合趋于分散成不同类型的数据(比如，波浪测量、海表温度记录及藻华采样，彼此相互独立)，并且在用户部门内部和之间复制，从而已为不同的客户组织建立了独自的测量服务。因此，过去一段时间，不同的政府部门、海军、通商航运界、渔业和海上矿物开采公司等都安排各自的独立测量服务，以满足他们对关键信息的特定需求，即使可能有相当多的数据要求与别的部门重叠。由于许多海洋监测活动与商业公司签订合同，因此人们可以理解不愿意将测量结果汇总并提供给其他海事用户组织。当几个国家为了各自需求对几乎相同海域独自调查时，这种明显低效率的情况就更复杂了。

这种分散的海洋业务测量系统需要改善，这一认识使政府关注于建立更加协调的海洋监测服务，即采用综合的海洋观测系统(OOS)的新兴概念。在欧盟内部，采取了海洋核心服务(MCS)的形式，这是 GMES 倡议取得成果的最主要因素之一。一个服务于所有欧洲海域及其毗邻海域的海洋观测系统正在建立中。海洋核心服务的海洋数值预报组件采用从全球到区域尺度的嵌套海洋预报模式。通过近实时的卫星和现场观测生成代表当前海况的基础海洋数据，每天更新。这旨在满足区域海洋所有用户的需求，以获得描述海洋物理状态及生物地球化学状态的基本变量的定量信息。遵循欧盟的辅助原则，它提供免费的核心数据作为公共产品，如基础气象服务。“核心”数据包括 5~10 km 分辨率的全球数据、1~2 km 的陆架海数据，这些数据对广泛的下游用户很有意义，但通常不包括近岸和河口的高分辨率数据，因为这些高分辨率数据有更为狭窄且更具体的用户群。核心数据的总则应该是消除个别国家或者用户部门为了其需求来维持他们各自独立的监测服务。事实上，之前建立的国家服务，利用现场测量和来自欧空局和欧洲气象卫星组织的卫星数据，将为海洋观测系统提供大部分“上游”数据，这个概念如图 14.1 所示。

具有分析和解译核心数据专业需求的部门将由专业的“下游”提供服务，例如航线规划或藻华监测，这些服务通过为客户解译核心数据实现“增值”，在某些情况下核心数据被转换为专业数据产品。下游服务将由完全商业化的专业咨询公司和公众支持的海洋管理机构提供，他们的工作可以外包给私营企业。海洋核心服务旨在服务于各国政府，支持他们履行国际海洋环境监测和污染条约规定的义务，监控当地海域的状况。海洋核心服务的科学和业务原理通过欧盟的海洋环境与安全(MERSEA)研究项目来开发和测试(Brasseur et al.，2005)，其数值海洋预报组件原型现由一个名为 MyOcean 的联盟提供，该联盟结合了许多欧洲公共组织以及从事海洋观测、遥感和数值模拟的私人公司的科学(研究和业务)专业知识。

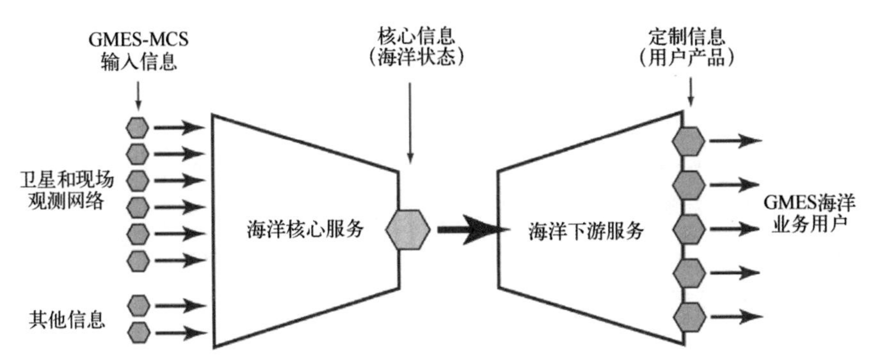

图 14.1 GMES 海洋核心服务示意图，显示它在同化多个来源卫星和现场观测，将综合海洋信息提供给最终用户中的范围和作用，后者有时通过下游增值机构实现

14.2.2 业务化应用中卫星海洋学和海洋模式的结合

尽管没有任何卫星海洋传感器的情况下很难考虑业务化海洋学，但在许多应用中，还必须使用数值模式来保障卫星海洋数据产品的贡献。为了说明为什么单凭卫星数据不能胜任业务应用以及为什么海洋数值模式可以发挥作用，这里值得概述过去 35 年来不断变化的海洋数据产品提交方式。

在卫星海洋学早期阶段，航天机构将数据处理成 0 级和 1 级(参见图 2.8 和 2.3 节)，然后把这些原始数据留给科学用户转换成有用的海洋变量。在 20 世纪 80 年代和 90 年代，随着大气校正和海洋变量反演可靠算法的开发，各机构越来越多地负责生成 2 级数据产品，然后生成复合的 3 级产品。

随着产品质量逐渐稳定，且误差可被量化，这些机构获得足够的信心来推动海洋数据产品在业务中的应用。在实践中，将海表温度数据用于天气预报，雷达传感器用于海况预报，由于气象机构已具备将准实时卫星数据用于天气数值预报模式(NWP)的经验，因此这些应用成熟很快。最近，高度计和海表温度数据在海洋环流模式中的应用已经得到了发展(见 14.2.3 节)。业务应用最少的领域是水色卫星数据的使用，为满足海洋、沿海生态系统与资源管理机构的业务需求以及减轻自然灾害和污染的业务需求(如 14.3 节所述)，还有很长的路要走。

随着卫星数据应用的可能性不断增大，航天机构也改变了优先选择单纯的传感器技术这种状况。比如，在 20 世纪 80 年代后期，规划主要地球观测平台的有效载荷时，如 ADEOS、Terra、Aqua 和 Envisat，各机构也关注满足海洋数据产品预期用户的需求。提出、评估和调试新的卫星海洋传感器，不仅为了促进新技术，而且也为了新海洋数据产品的预期效益。20 世纪初，业务用户的需求已成为航天机构设计传感器和数据传输系统的驱动因素，实际应用决定了传感器设计和平台选择。

航天机构已经意识到用户需求的重要性，最初倾向于将卫星测量作为面对海洋监测挑战的独特解决方案。除了验证卫星衍生产品外，很少考虑现场观测的作用。海洋模式被认为卫星数据产品的用户，但最初并不被认可在生成这些产品方面有作用。融合来自不同卫星传感器的数据并非传感器专家最主要的想法。新传感器的推出是为了满足特定海洋测量的需要，例如测量海洋环流或者监测有害藻华，这些可从传感器的主要测量数据中得到。图 14.2 说明了这个方法的流程。新传感器的提案附有一份可衍出产品的预期清单，为航天机构认真对待用户需求提供了可靠支持。然而，这种线性模式是否能够有效应对复杂的海洋遥感环境？这个问题值得怀疑。首先，它不认可业务化海洋学所需的大多数海洋特性必须通过反演程序从传感器的主要海洋测量中得到，而该程序需要海洋状态其他方面的附加信息(辅助数据如图 14.2 所示)；第二，它忽略了这样一个现实：如果不是运行多颗卫星作为专用星座一部分的话，业务应用所需的卫星采样频率几乎总是高于实际卫星。

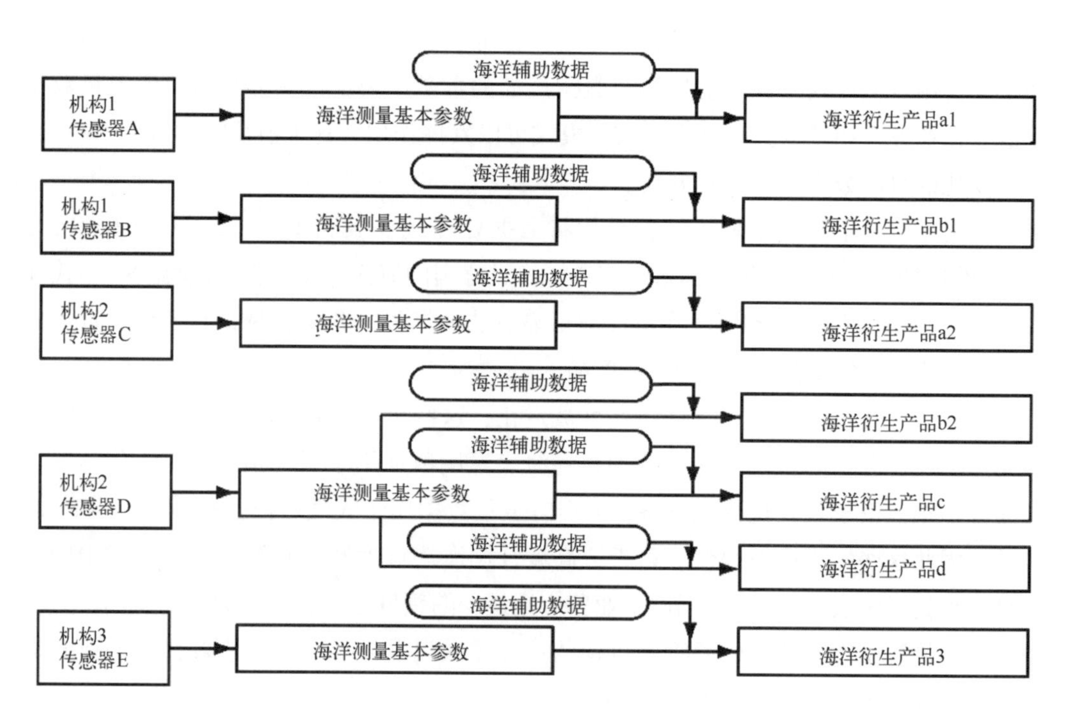

图 14.2　示意图表示从一个特定航天机构(1，2，3，等等)的特定传感器(A，B，等等)到一个特定海洋产品(a，b，等等)采用的是一种有限的、直接的方法，不同的产品单独重复很多次。“海洋测量基本参数”对应离水辐射率(水色传感器)图像、亮温(红外或微波辐射计)、表面粗糙度(雷达)或表面高度(高度计)。“海洋衍生产品”可能包括各种数据，例如全球海表温度分布或海表洋流的时间序列、内波的模态、有害藻华暴发的可能性、溢油探测、海冰密集度或光漫射衰减系数。不同机构可能生成不同版本(a1，a2，等等)的产品，即便名称相同但有时定义也不同

考虑卫星系统单独测量海洋变量的能力，最明显的缺点在于卫星通常只能测量海表面。为满足业务化海洋学的需求，需要了解海洋状态及其随着深度、水平空间和时间如何变化。此外，大多数有用的海洋参数不能通过遥感直接观测。比如，如果要确保近表层叶绿素浓度的水色反演可靠，则必须了解二类水体浮游植物、矿物悬浮沉积物和陆源溶解有机物的相对比例。进一步提供海洋环境管理部门需求的有害藻华业务预警，或缺氧条件的风险量化，更加困难。很明显，水色遥感测量本身受限于怎么解译以提供定量测量，而如果水色遥感解译与其他观测相结合，则水色数据实用性将大大提高。其他相关数据可能来自现场测量或者基于生物地球化学模式，如何提供这些数据面临的挑战带来一个认识，利用卫星观测的最有效方式是在更广泛系统的背景下，结合许多来源的测量资料及不断更新的模式结果，模式代表了任何时刻海洋状态的最佳估计。这同样适用于业务海洋系统所需的其他许多海洋变量。

考虑到卫星传感器的采样能力，很难满足每天，最好是次日内的采样要求。卫星轨道受限于物理定律，卫星平台过境的时间和位置受到约束(见 *MTOFS* 的 3.2 节)。如果不花费大量经费在互补轨道上发射颗卫星，那么从单个传感器获得每天好几次的高分辨率 2 级全球海洋数据产品是不可行的。当一些机构试图开发自己版本的常规产品，例如海表温度、海面高度异常或叶绿素时，将不同机构和传感器的数据融合，很明显能提高整体采样频率。不幸的是，对于可见光和红外传感器，即使不限制平台的数量，云覆盖也会产生采样间隙。实际上，对于大多数类别的海洋变量，至少在业务应用的背景下，想要得到纯粹的卫星数据产品是不合逻辑的。图 14.2 中隐含的范例需要被替换。

图 14.3 概述了目前更广泛接受的替代方案。将它们纳入能呈现同期海洋状况的数值模式，而不是将卫星传感器的主要测量注入图 14.2 的线性链条中，为业务用户生成纯粹的“卫星衍生”数据产品。通常，业务用户会被推荐使用基于模式的海洋观测系统，经常被称为海洋数值预报系统，以找到特定位置和时间海洋状态的最佳估计。倘若用于现预和预报的海洋模式，被驱动真实海洋的相同因子强迫(如风应力和太阳辐射)，同时在卫星数据产品和现场观测的同化约束下，模式不会偏离实际情况。主要的好处在于，只要模式恰当地模拟真实海洋的物理、动力和其他科学过程，就能在任何时刻任何地点获取海洋状况的样本，而不用考虑该地点的该变量是否能进行直接观测。原则上，它提供了一种手段，确保各种不同类型观测输入之间的一致性(从而提高观测数据的质量)，并提供了一种更有效的方式，提供近实时海洋管理决策所需的业务知识。

可以说，海洋数值预报提供了迄今为止卫星海洋数据服务于公众利益的最有效手段，为那些以海谋生的人们提供了丰厚福利，并回报了那些 40 年来支持海洋遥感发展的投资。尽管如此，通过模式环境向用户提供观测是遥感机构的基本步骤。在最终接受模型系统的输出而非直接观测之前(不论现场测量还是卫星遥感)，海洋观测科学家将谨慎行事。在海洋观测科学家和海洋模拟科学家之间，仍存在良性的怀疑态度。然而，获取某些海洋状态变量的特定信息的唯一方法，来自海洋数值预报系统。

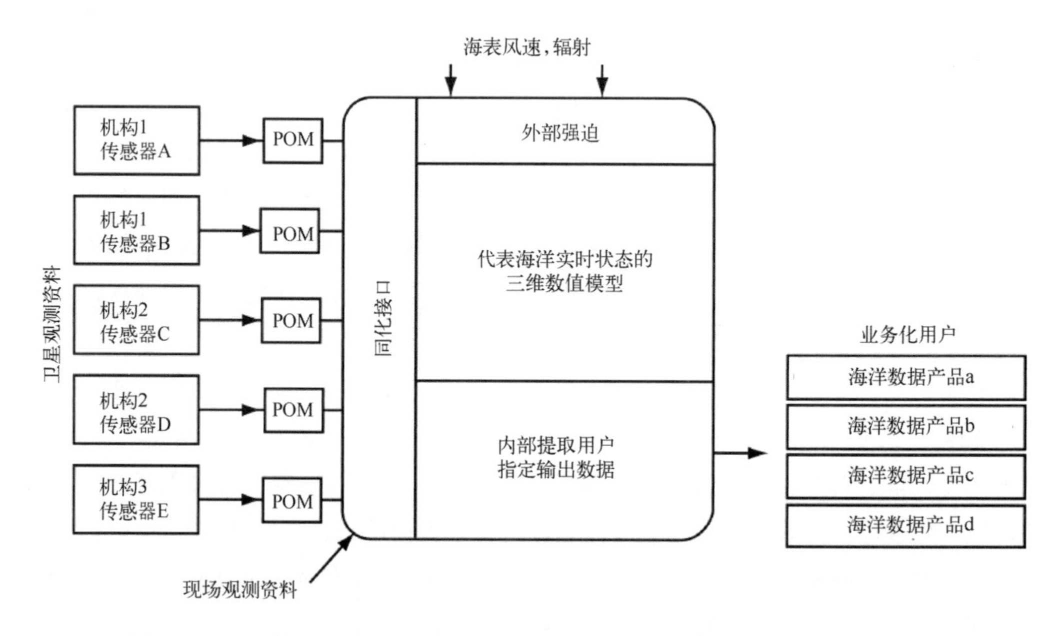

图 14.3　基于模型的方法示意图，将卫星传感器的主要海洋测量放进模式系统，从中提取用户指定的海洋数据产品进行业务和其他应用

业务化海洋海洋数值预报系统的发展，遵循 25 年前气象学家走过的路，他们依赖于同化大气变量观测值，接受数值天气预报。因为海洋模式在过去 10 年中飞速发展，特别是通过全球海洋资料同化实验(GODAE)，它才变得可行。这有助于发展必要的海洋同化工具，并证明了受约束全球海洋环流模式的概念，以模拟与真实海洋相同的中尺度结构(Chassignet Verron，2006)。本书付印之际，海洋数值预报已经发展到开始业务运行阶段，同时进行广泛验证。通过全球环境与安全监测计划，欧洲的航天机构现在致力于为海洋核心服务的海洋数值预报系统提供同化所需的卫星数据。因此，欧空局和欧洲气象卫星组织可以开始考虑通过采用海洋数值预报来改进其卫星观测并扩展其实用性。很快，海洋学家应该转向海洋数值预报输出，以获得科学分析的数据，如同气象科学家使用数值天气预报数据一样。

尽管如此，我们仍然应该保持谨慎的态度。虽然看起来一些尺度的海洋动力现象可以通过海洋数值预报模式成功地模拟(如下一小节所述)，但针对海洋生物地球化学的复杂性，不太清楚如何模拟并利用观测来约束(如 14.3 节所述)。此外，虽然采用海洋数值预报的概念，似乎意味着任何观测数据都可放进模式熔炉来作出贡献，但是，已经发现遥感专家需要做很多事情来准备，诸如海面高度异常、海表温度或者水色数据，以便它们能更有效地被海洋数值预报同化。这是14.4节涵盖的主题。我们也不应该忽略维持某些变量纯卫星观测记录的必要性，以便对模式输出进行独立验证，并为与模型无关的气候记录提供基础，如14.6节所述。最后，无论海洋数值预报工具对观测数据的应用多么宝贵，海洋学家绝不能放弃直接检验、解译卫星和现场观测的机会，其中来自实验的科学直觉和洞察力，永远不会被计算机模型完全取代。

14.2.3 海洋动力学模式中的卫星数据同化

海洋建模和资料同化的主题超出了本书范围，但它对卫星海洋学家理解卫星数据同化涉及的问题很重要，特别当它成为一条海洋遥感数据满足业务应用需求途径的时候。因此，本节只概述了将卫星数据同化到海洋预报模式中的概念，而非试图解释海洋建模方法[参见Griffies(2006)]或不同类型数据同化的技巧，对此已有越来越多的文献(Brasseur, 2006)。

同化是海洋模式中使用的一种程序，可以将海洋预测与观测结果进行比较，从而将模式调整得更接近于观测。一种同化过程使用代表性存档观测数据集来调节模式参数，使模式的整体表现在统计上与实际情况相似。模式开发时需要这样做，但海洋数值预报模式中的业务同化不是这种类型。因为海洋是自然湍动的，如果模式有足够高的分辨率，它将自发产生中尺度变异。正是由于湍流运动的随机性，尽管风和其他强迫项都一样，一种模式的不同运行将会产生不同的湍流扰动，并且这些扰动通常彼此不同，而这些都是在实际海洋中发生的情况。除非模式被迫遵从实际海洋中正在发生的情况，否则其无法模拟中尺度涡旋的细节。既然这些实际上代表“海洋的天气”，那在服务于业务应用的海洋数值预报中如实地重现就变得很重要。因此，海洋数值预报需要使用连续同化过程，为了强迫模式在随后的运行中模拟出与现实非常相似的中尺度扰动，将模式的理论短期预报与实际海洋的测量结果进行系统地比较。通过数据同化技术，观测可以说是约束了模式的进程。

这种同化的目标是生成一个更加完整和精确的模拟系统状态描述，而不单靠观测值或者模式模拟[1]。由此断言背后的基本原理是，模式生成的诸如温度、盐度、密度等定义海洋状态的动态因变量场，与模式代码恰当地代表物理过程的程度应该是自洽的，虽然它可能与实际海洋状态不对应。观测值如果有足够的精度，则可在许多特定的位置和时间提供更加可靠的海洋状态信息，但这并不适用于其他时间和地点。原则上，观测结果提供精确性，模式提供完整性。模式自发适时地向前预测海洋状态的演变，

---

① 见GODAE网站，http://www.godae.org/Data-Assimilation.html。

只对规定的外强迫因素做出响应，例如驱动模型的风应力。然后，在称为同化循环的间隔(对于海洋数值预报通常为6小时)之后，通过调整海洋状态使其更接近于同化循环期间的观测结果，来实施同化流程，从而重置或“初始化”模型。

如图14.4所示，“初猜”是模式预测的某个给定时刻的海洋状态变量，“观测”是状态变量的系列测量。“客观分析”是同化程序的核心，它比较了两种输入方法，并试图以一致的方式来减少方法间的差异。“客观分析”得到的新初始化结果代表了当前海洋状态的最佳描述，这就是临近预报。模式初始化后，接着运行来预报未来几天的情况。短期预测(一般提前6小时)为下一轮同化生成初猜值，与6小时间隔期获得的测量值进行比较。Bell等(2000)描述了一个用于业务应用和同化各种类型数据的海洋预报模式的早期示例。现在的文献提出许多不同的海洋预报模式，用于同化观测数据(Chassignet et al., 2007)。

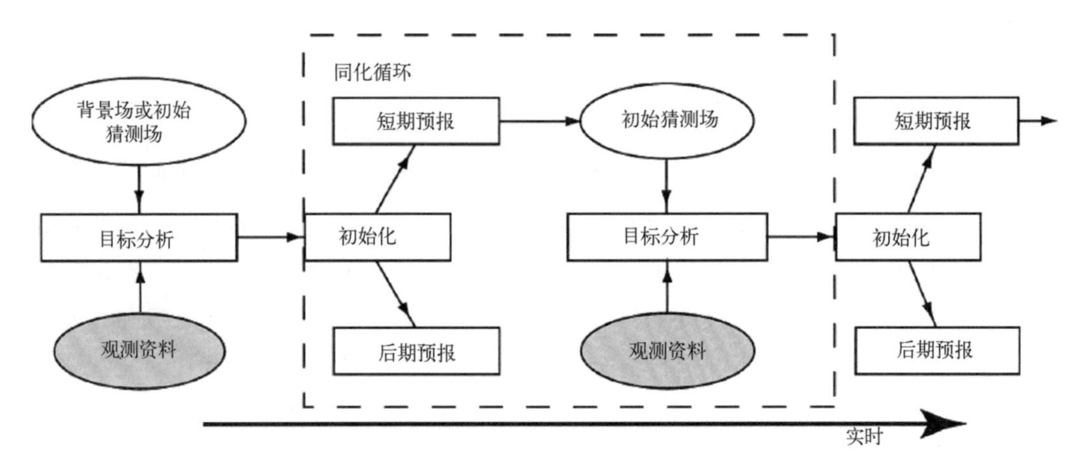

图14.4　大洋环流模式中物理量顺序同化方案原理图

有各种不同技术为周期同化提供客观分析方法，例如卡尔曼滤波和变分方法，但这里我们不用担心这些。对海洋观测科学家来说，重要的是关注那些提升测量和模式之间有效结合的因素，从而进行更准确的短期和长期预报。

(1)我们应该注意到海洋数值预报模式通常描述三维海洋区域上的海洋变量场。如果整个区域的观测数据越具有代表性，我们就越能期待模式运行得更好。卫星观测提供了覆盖海洋表面有效的高效方法，但显然对水下观测的需求同样重要。这就是为什么全球阵列的Argo浮标以及浮标和滑翔机等其他水下观测，同样也是海洋数值预报模式可靠的必要条件。

(2)很重要的是确定哪些可观测的变量能最有效地约束海洋动力模式。对于业务应用，我们更感兴趣的是确保模型获得相对短期的中尺度变化。因此，通过海面高度异常的测高资料定期矫正表面流动，是一项基本要求，否则海洋数值预报就是无效的。

海表温度可作为中尺度动力学的良好示踪，还有助于限制通过海面流动的热通量。海洋数值预报也依赖雷达测量的风场，但请注意，这是模式强迫的一部分，而不是同化过程。实际操作中，强迫场通常由天气数值预报系统提供，该系统通常同化海表温度资料和表面风速测量数据。

(3)值得注意的是，在同化过程中，不同的变量要用不同的方式处理。在每个同化周期中简单地将模式变量趋向观测值可能看起来直接有效，且这可能有助于生成可接受的临时预报。然而，不考虑状态变量整体性质守恒的同化，可能会扭曲模式的持续演化，扰乱作用力的内部平衡，或者否定连续性条件，从而将模式指向错误的方向。例如，如果表面温度任意增加以匹配观测值，但次表层的温度不改变，可能会错误地稳定垂直分层结构，减少模式中的垂直混合，这将违背热量守恒的物理定律。在同化其他变量时也会出现类似的问题。建议设计保守的变量调整方案，以维持内部模式物理机制的守恒性和一致性。同化过程越粗心，就越会给模式带入更多的错误和不确定性。

(4)重要的是，对所有提供给海洋数值预报同化方案的观测数据，可以充满信心地分配误差线。简单来说，如果观测的不确定性超过了测量值和初猜值之间的差异，那这样的测量值即使代入模式，也没有任何好处。把模式推向不良测量，会向模式注入额外的误差。典型的同化方案评估模式的内部误差，与观测不确定性进行对比，以便确定在客观分析时给予不同的权重。如果观测误差太大，可能会导致模式完全忽略同化数据，这样的情况对于运行中的模式来说，并不是显而易见的。因此，为了尽可能地降低误差，可靠的错误统计对于卫星数据就显得很重要。

(5)卫星观测存档数据为估测同化中使用的变量场时空特征变化提供了良好的来源。这被称为背景误差协方差矩阵，它本身可能随一年中的位置和时间而变化。与背景误差相比，观测误差越小，测量值对分析的影响就越大。对背景误差协方差的可靠认知，能有效地控制同化过程中孤立观测点的影响半径。如果协方差是各向异性的(在不同方向上不同)，它还控制着分析场中观测结果影响分布最强的方向。

当卫星海洋学家开始准备数据集用于业务海洋系统时，必须牢记海洋同化的这些方面。简单地将卫星数据放在 ftp 站点供建模者下载是不够的。模式开发人员应科学地接触海洋遥感器，以了解卫星数据如何最好地用于改进模式。海洋观测科学家也需要去了解更多关于同化方面的细节，而不仅这里提及的知识。一个好的起点是参阅暑期学校关于海洋同化议题的论文(Chassignet et al.，2006)。如果在观测者和建模者之间建立同化的伙伴关系，使两个科学领域都受益，并促成基于卫星数据和海洋预报模式的强大业务应用，模式构建者同样需要掌握卫星观测的优势与局限。

14.3 生态系统模式

14.3.1 水色卫星遥感数据如何支撑业务应用

上一节概述了如何将物理变量同化到海洋环流模式，促使我们去思考是否能对海洋水色卫星数据做类似的处理。我们发现机会令人兴奋，但同时也面临相当大的挑战。

前面章节证明了海洋水色数据的科学应用价值(例如，作为海洋中尺度动力学的示踪物以及上升流事件的特征标识，最重要的是为海洋生物学家研究更完整的全球初级生产力分布提供了基础)。然而，当涉及更多的水色业务应用时，例如沿海水质监测或有害藻华暴发预警，理论上的潜力还没能通过可靠的应用系统证明。13.2.6 节讨论指出，在实现准实时的业务监测作用方面，许多地区云量覆盖的高发性意味着单纯的水色卫星数据无法被依赖。卫星数据也不能揭露发生在透光层之下深海的地球生物化学过程。理论上，将叶绿素浓度数据同化到海洋数值预报动力学模式的生态系统模块，可以减轻这些问题。这是世界各地开发综合海洋预报系统的共同目标，例如欧洲的 MyOcean 项目。然而，由于多种原因，与海面高度异常或海表温度相比，水色数据的同化更难取得成功。

如何利用水色卫星数据解决海洋生态系统模型的问题，比同等的物理海洋学问题更加复杂。虽然我们还未得到全部的答案，但本节主要向读者介绍当今应用卫星海洋学研究领域涉及的最有挑战性的问题。本节首先概括了海洋生态系统建模的基本原则，解释了卫星叶绿素数据用于改进生态系统模式的四种不同方式，还讨论了水色遥感数据怎样直接用于定义决定生态系统模式中光照水平的光学环境。最后，本节考虑了可供选择的水色数据同化替代方法。

14.3.2 海洋生态系统模式、科学原理和业务目标

生态系统模式的核心是一个包含化学物质、植物和动物以及有定期光照的独立海水混合体。在数学上表达为一组模拟海洋中发生的不同成分之间相互作用的化学过程方程。比如，一个方程定义了植物(浮游植物细胞)怎样通过在阳光下的光合作用生长，将溶液中的某些化学物质转化为植物生物物质。

因为真正的海洋不是简单的水箱，而是广泛的流体，在三维海洋环流模式中，生物地球化学成分必须视为平流和扩散的示踪变量。在生态系统模式的每一时间步骤，对海洋环流模式的每一网格单元，分别计算时间间隔内的生物地球化学成分之间的相互作用，将其局部地视为混合良好的水箱。然后，在下次计算生物地球化学过程之前，

通过循环模型重新分配生态系统的组成部分。很明显，当生态系统模块嵌入基本海洋环流模式时，需要进行大量的额外计算。

生物地球化学过程模式本身也可构建成不同的复杂程度，取决于表征各种生态系统组成部分不同状态变量的数量。为简单起见，我们选择最简单和最复杂的类型，具有不同复杂性的两种极端连续模式。本小节的最后一部分概述了在海洋数值预报系统中此类生态系统模式的操作任务类型。

包含几个生物地球化学成分的开阔大洋模式

针对开阔大洋中的应用，使用相对简单的浮游生态系统模式，主要基于 Fasham 等(1990)和 Fasham(1993)开创的方法。在此，生态系统被分成少量独立的单元。用氮作为模式内流动的基础，每个单元依据每单位体积的氮含量来定义($mmolN/m^3$)。典型模式含有 7 个单元，分别是浮游植物(P)、浮游动物(Z)、细菌(B)、硝酸盐、铵、溶解有机氮(DON)和作为非活性颗粒有机氮(PON)的碎屑。模式方程表示 P、Z、B 单个模式元素内的适用生物过程，例如初级生产、呼吸、摄食、排泄和死亡。很多模式的变化形式涉及多于或少于 7 个的氮库。在一些情况下，引入额外变量来表示碳分配和碱度(Drange, 1996)。这些模式由对应各个氮库的框来示意性表示，并通过箭头连接，每个箭头与一个等式相关，来表示两个库之间的通量。图 14.5(Hemmings et al., 2008)是一个四室 NPZD 模式的示例，其中，N 是无机氮，P 是浮游植物，Z 是浮游动物，D 是碎屑。

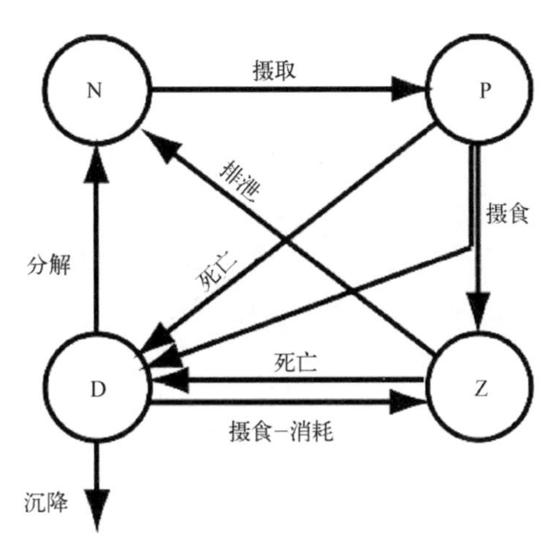

图 14.5 四分室 NPZD 生态系统模式中主要的分室间氮流动。分室代表的独立氮池有溶解无机氮(N)、浮游植物(P)、草食浮游动物(Z)和碎屑(D)[源于 Hemmings 等(2008)中的图 1]

当生态系统模式嵌入三维海洋环流模式时，增加的方程表示了在对流、扩散或重力沉降作用下，生态系统的不同成分在模式网格单元间的传输。已经开发了各种不同的洋盆尺度模式，将略微不同的生态系统和化学模式附加到不同类型的海洋环流模式，一些具有足够精细空间分辨率，用来解决中尺度涡旋问题。它们是为北大西洋(Gunson et al.，1999；Oschlies et al.，2000)、热带太平洋(Christian et al.，2002)和世界大洋(Gregg，2001；Palmer et al.，2001)建立的模式。

复杂的陆架海生态系统模式

陆架海中，浮游生态系统在较短的空间尺度上具有较大的不均匀性，并且还要考虑底栖过程。建模者采用更复杂的设计，比如欧洲区域海洋生态系统模式(ERSEM)(Baretta et al.，1995)，已用于北海(Siddorn et al.，2007)、地中海、亚得里亚海和阿拉伯海。海洋生态系统表示为在水生和底栖组成部分范围内的物理、化学和生物过程网状系统。

在这些更复杂的模式中，生物群有必要分成功能组，旨在表示特定类别的行为而非物种列表。每个功能群都被定义为许多明确的模式组分：碳、氮和磷，有硅藻的情况下还包含硅。在欧洲区域海洋生态系统模式中，浮游植物分为 4 种功能类型：浮游植物(0.2~2 μm)、小型自养鞭毛虫(2~20 μm)、大型自养鞭毛虫(20~200 μm)和硅藻(20~200 μm)。当嵌入陆架海三维物理模式中时，将有 36 个浮游状态变量被水动力平流和扩散。

关于简单和复杂方法的相对优点，生态系统建模界仍在继续争论(Anderson，2005)，很明显似乎具有更多变量的模式能更好地表示真实海洋的丰富多样性，但模式的目的还在于预测未来生态系统的发展方式。更高的自由度能使复杂模式更好地匹配已知现实，但也会严重降低模式的预测能力。较简单的模式尽管不能区分生态系统组成部分的不同功能组，却能够很好地预测这些组成部分(营养物质、浮游植物、浮游动物等)之间的平衡如何发展。两种方法都有价值，只要它们各自的缺点得到认识。值得注意的是，嵌入海洋环流模式的生态系统模块对物理强迫很敏感(Friedrichs et al.，2006)。在调整生态系统复杂性之前，应谨慎地确保模式的物理约束得到适当调验。

满足业务需求的模式

上面提到的一些模式主要为科学应用而构建，以便探索生态系统的运转方式。然而，本章的关注点在于运行模式，模拟真实海洋生态系统的行为，以提供关键的管理信息。举例来说，业务运行的责任就是提醒沿海度假胜地关于藻类暴发的出现，将影响海上休闲活动。此任务可能只用到卫星数据，但仅在日常无云时数据才足够。由于这种情况很难保证，受委托部门无法只依靠卫星数据。在这些情况下，模式具有预测藻华的演变和运动的能力，当天空晴朗时，通过卫星观测数据的定期更新，使用模式模拟似乎具备有效解决方案的潜力。

旅游业只是需要这种综合观测系统的几个部门之一，其他包括海水养殖业、渔业和那些对水质监测负有法定责任的监管机构。由于国际立法对各国在其专属经济区(EEZ)的水质监测提出更高要求，海洋观测系统越来越被视为一种必不可少的工具。很显然如果要提供所需的管理信息，这些系统必须包含生态系统模式部分。

用于科学分析和用于业务应用的海洋生态系统模式，主要区别在于运行方式、结果输出和为模式准备的观测数据。业务模式需要提供对海洋现状的最佳估计，因此只有同期观测资料才能用于约束模式状态变量，但是科学模式可以等到获取最高质量的观测数据，在必要时允许对卫星数据进行复杂的预处理，并允许使用可能有几天的现场实测资料。业务应用模式则没有充足的时间等待最好的数据输入，在运行模型预测输出的可靠性和即时性之间需要权衡。因此，海洋预报应该特别关注来确保海洋数值生态系统模式不仅提供来自水色卫星数据最相关的信息内容，而且还提供尽可能接近实时的技术可能性。

14.3.3 水色遥感数据应用于海洋数值模拟的方式

尽管前面段落讨论过，但并非所有提交给业务模型的观测数据都必须近实时才有用。一些观测数据可用于追溯验证模式的后报性能，或提供可与模式输出进行比较的气候态资料，包括发展背景误差协方差估计(叶绿素在不同地点和季节典型时空变异性的测量)。本节考虑了生态系统模式与水色观测比较的三种截然不同的方式，以提高模式性能，但并不明确地约束状态变量。

生物地球化学模式的参数估计

所有类型的生态系统模式都面临一个关键的挑战，如何确定模式中恰当的参数值来表示生物或化学过程。为了让模式结果与观测匹配，采用校准过程来优化模式参数。尽管可以使用一系列主要生态系统组成部分的现场测量针对特定地点和季节调整局地生态系统模式，但这种方式设置的参数不能适用于全年运行的海盆尺度模式。在这种情况下，水色卫星的叶绿素数据可以提供全球地理覆盖、空间细节及最重要的多个年周期，这是一个模式能够模拟各种变量状态的必备条件。

将卫星反演的叶绿素数据用于模型参数估计有时被称为同化，但可清楚地区分用于约束业务模式的连续同化(如 14.3.4 节所述)。实际上，目前许多水色数据同化的文献都是关于优化海洋生态系统模式的参数估计。例如，Hemmings 等(2003，2004)，使用 SeaWiFS 得到的北大西洋叶绿素数据来校准零维浮游生物生态系统模式(即，不是嵌入循环模式，而是试图在不同位置描述各自的季节性周期)。这些作者的目标是使用单参数来实现这一目标。他们将 SeaWiFS 观测数据分成两个独立的部分：使用其中一个来校准模式参数；另一个用于验证最终的模拟性能。他们得出结论，使用卫星数据可以优化导出的参数，因为大量观测数据可以提供不同物理条件下，各种可能的生物地球化学反应实例。出于相同的原因，如果将北大西洋分为两个独立的部分来校准参数，他们可以证明模式性能得到改进。然而，他们给出了一个警告性的评论：尽管使用卫星叶绿素校准模式具有优势，但在这种情况下，除非已知其他生态系统元素，例如冬季营养盐浓度的分布，否则参数调整仍然受到很大限制，仅用卫星数据不足以优化模式参数。

模式模拟的验证

另一个将卫星数据应用到海洋生态系统数值模式的方式，通过比较卫星观测和模式预报来达到验证的目的(类似于海洋波浪业务预报部门使用卫星合成孔径雷达和高度计数据来验证波模式的方式)。请注意验证的最终目的不是为了改进模式，而是通过生成误差统计来客观量化模式的性能，如果要将模式结果应用到业务管理框架中，其可用性至关重要。除非验证误差统计得以证实，一个模式具有很好的模拟性能，否则不建议业务管理人员采用该模式的预报。误差统计可以基于某个准则，即模式预测结果与卫星导出的适当相关变量的一致程度(例如，叶绿素 a 的浓度)。为了保证整个过程的完整性，很重要的一点是，同样的卫星数据不能早先用于优化模式参数(如之前小节所述)或直接同化(如 14. 3. 4 节)，尽管这种做法会不利于模式，因为未将所有可用的数据都用来约束其轨迹。

可以设想这种思路会出现其他困难，可能导致模式性能受到不恰当的低估或批评。当模拟和观测的变量存在差异时，不仅来自模式预测真值的错误，也来自采用错误的观测数据来代表模拟变量的真值。首先，观测误差可能性较大(如 13. 2. 6 节所述)，直接致使验证过程增加了一定程度的不确定性。

此外，观测采样方法可能不允许在同类事物中比较。通常情况，模拟的海表叶绿素浓度表示一个表层模型网格单元体积的平均浓度。而现场观测通常仅针对特定深度的某一点。任何小于单元尺度的水平和垂直变化都会导致不匹配。当然，相比海洋光学现场测量，卫星观测一个优点在于对水平空间进行积分，与数据模式类似，但其格点与模式格点可能不匹配。在某种程度上，卫星观测还对深度进行积分，尽管表面的值在结果中占了很大比重，而且它们不能过多穿透太阳光照降至表面值 1/3 的深度。

因此，叶绿素分布的水平斑块及垂向剖面存在多少误差仍然不确定，影响了对同类事物的匹配尝试，因为它必须依赖次级尺度过程，该过程既不能通过卫星测量，也无法被模式明确预报。尽管从叶绿素浓度的对数正态分布假设可得出一些一般性结论(Campbell, 1995)，但几乎没有报道这个原因导致不匹配误差的量级。将这些作为采样误差区分出来很重要，其有别于从离水辐亮度反演叶绿素浓度时算法不确定性导致的测量误差，特别在二类水体。

在模型验证方面，确保卫星观测和对应模式结果在时空上保持一致难度不大，从而避免了采用现场测量验证卫星观测时遇到的陷阱。但仍然存在一个问题，是否应逐像素和逐网格地比较，或者是否在进行任何比较之前应对卫星观测和模式场进行平滑处理。对于给定无云条件下过境的卫星，在特定时刻，可能会有成千上万的无云像元可用于比较模拟的变量场。每个像元要视作一个独立的测量吗？或应通过平滑来抑制精细尺度的空间变化？因为模式既不期望也不打算再现这些变化。如果是这样，平滑的长度尺寸应该是多少？

这些问题涉及这样一个问题，即验证是否应要求卫星图像与模式场在细节上保持一致，或是否更多基于模型呈现出与卫星数据一样广泛分布模式的能力。采用的匹配和比较方法对模式和图像数据之间不匹配的量化会产生很大的影响。对于卫星数据在模式中这种类型的应用，可能更适合采用来自一次或多次过境得到的叶绿素分析场，而非单次过境数据。在这方面，可对数据进行一定程度的平滑和质量控制，以减少与数值模式性能无关的杂散不匹配误差。

最后，仅坚持比较时间上重合的模型和卫星数据，可能无法对模式做出全面评价，其整体上都成功，但在藻华暴发的几天内出现问题。能够检测模式与卫星数据滞后相关性的比较方法将带来益处。

从这些讨论中可得出结论，作为浮游植物种群模式验证的一种手段，尽管模式——卫星数据的比较原理看起来直截了当，但在实践中，将其作为度量生态系统模式性能的指标之前，需要进一步分析和仔细测试。

预测和现报模型运行的初始化

卫星数据支持生态系统数值模拟的另一种方式，用来不时重启业务化生物地球化学模型。从模拟区域大片无云遮盖的海洋光学影像得出叶绿素分布，并输入作为模式叶绿素浓度的起始值。生态系统模式嵌入物理环流模式中，继续往前运行，提供浮游生物大量繁殖情况的预报，将用于有害藻华（HAB）或是敏感海域富营养化风险的预警。

Durand（2002）提供了一个这类模型利用卫星水色数据的例子，是关于卡盾藻属有害藻华业务监测的研究。这个藻种最早于 1998 年暴发于斯堪的纳维亚水域，再次暴发于 2000 年和 2001 年，在挪威南部海岸造成数千吨养殖鲑的死亡。这个研究展示了利用 SeaWiFS 数据对 2001 年水华现象的实时监测。

监测过程的核心是在挪威沿海流体力学模式中嵌入的生态系统模式，依靠观测数据输入获得真实海洋的准确模拟，同时当没有观测数据时，仍能提供时间和空间上的海洋状态估计。每景无云覆盖的叶绿素图像都被用于比较模式的浮游植物预测结果。当卫星探测到水华现象但模式没有预测出时，模式的浮游植物浓度场将会被手动重置为卫星观测的数据。随后，模式进一步预测水华的发展、移动以及最后消亡，如果水华向岸靠近，将发出预警。后续卫星观测仅用作验证，只有当模式严重偏离卫星估测时，才会对模式采取进一步的重新初始化。

该研究使用的模型包含了两种功能种群(硅藻和鞭毛虫)丰度的状态变量，但并不明确地表征有害藻华的某个特定种类。因此，当从太空探测到水华时，急需现场采样来确定它是否为某种有害藻种。尽管存在明显的不足，有害藻华种群既不能在模式中明确表示，又无法从海洋光学卫星数据中直接与非有害藻种区别，但这个案例研究展示了结合模式、卫星和现场测量在应对关键业务问题时的有效性。尽管在这个例子中，卫星数据用来约束模式的方式还相当粗略，但却有效并能胜任应用任务。这种做法在科学研究里不被认可。使模式浮游植物浓度强制与卫星数据匹配，却不对模式中其他相关组分进行补偿性调整，将使生物地球化学行为被严重扭曲，可能会使之后的模式演变缺乏可靠性。

14.3.4　顺序同化约束生态系统状态变量

尽管使用卫星海洋水色数据，特别是卫星反演的叶绿素 a(如 14.3.3 所讨论)，有时也称为同化技术，它们不同于为了直接约束生态系统状态变量的同化。将每个新获取的卫星反演的叶绿素观测结果与同一区域同一时间模式预测的叶绿素分布进行比较。然后采用同化过程驱动模式预测更接近于卫星观测(如 14.2.3 节物理变量同化中所述)。这或许是一个简单的插值或松弛过程，或是一个可能被应用的更复杂过程，比如三维 VAR 或集合卡尔曼滤波(EnKF)。后者需要与观测数据场有关的可靠误差估计，最好以像素点为基础。这些“观测误差”估计应该包括直接测量误差和取样误差(如 14.3.3 节所讨论)。还需要同化变量自相关长度尺寸信息，适用于该海域一年中的某个时间。这可由海洋水色数据反演的叶绿素气候态分布得出。它能提供称作“背景场误差协方差矩阵”，表明叶绿素分布符合预期变化的程度。只有当观测误差与背景误差相当或更小时，同化方案才允许观测值在同化过程中显著影响模式的初始化。

开发的许多模式已经包含这种同化。Natvik 等(2003a，2003b)发表了最早的示例之一，他们将 SeaWiFS 反演的叶绿素数据同化到一个内置在北大西洋流体模式中的全三维生态系统，采用了集合卡尔曼滤波同化方法。结果显示卫星数据能明显地改进模式反馈。同化降低了所有变量的方差，包括那些未被直接测量的生态系统部分。他们总结出，即使测量的叶绿素只与某个状态变量(浮游植物成分)有关，使用多变量分析方案，亦能使卫星数据提供的浮游植物信息对生态系统其他部分的分析产生有利影响。

值得强调的是，与之前章节介绍其他类型海洋水色同化一样，模式进行同化之前，首先要生成与卫星反演变量相同的预测值。大多数情况下，这个变量是叶绿素，但有时也可能是悬浮颗粒物或有色可溶性有机物。实际操作中，许多生态系统模式并不将其中任何一个作为明确的状态变量，所以在生态系统模式必须增加额外的流程，生成我们认可的“同化变量”。同化必须约束一个或者更多的模式状态变量才能更加有效。如果同化变量和单状态变量之间存在明确的关系(例如，可能叶绿素浓度和与浮游植物生物量相关的状态变量之间的局地对应关系)，尽管这个示例会带来我们该如何确定叶绿素与浮游植物之间普适性关系的问题，但同化将更有效率。如果同化变量和状态变量之间的关系不是很明确，或在大量状态变量之间存在差异(如由浮游植物不同粒级组成若干状态变量时)，必须通过精细研究来设计同化方案。需要回答的问题是：“当模式预测的叶绿素与同化的叶绿素有显著不同时，如何调整状态变量来减小差异?”

作为解决这个问题一个很好的例子，Hemmings 等(2008)讨论了将同化变化在生态系统模式不同部分进行分配的方案。在这个特例中，模型的目的是估算由跨海-气界面二氧化碳分压差驱动的海-气界面二氧化碳通量。当浮游生物暴发水华时，总溶解无机碳预期会减少，因为它进入了有机细胞室，因此降低了二氧化碳分压。同化海洋水色数据的主要原因在于模式能够更有效地追踪浮游植物的生长。在这种环境下，海洋水色同化方案的设计不仅要考虑浮游植物生物量，而且要考虑系统各个部分对溶解无机碳及(或)对碱性的影响，并且强迫的不同状态变量之间各种关系不能超出自然观测。在这个例子中，设计了一个计算效率高的方案来平衡 NPZD 氮循环模式中的表面浮游植物每天增量。

很明显，生态系统模式的业务化连续同化方案正取得不少进展，但其中大部分仍基于一维模式测试环境，且生态系统模式还没有发展到可以可靠地短时预报生态系统状态的地步。最满意的结果在开阔大洋，那里卫星反演的叶绿素浓度相对可靠。但是，二类水体叶绿素反演存在很大的误差，使得同化方案很难过多地依赖近岸和陆架海附近的卫星观测。

14.3.5 数值模式中的透光表征

卫星海洋水色数据对生态系统模式具有显著贡献的其他方式也不容忽视，即提供海中光衰减的详细信息，通常用漫射衰减系数 K_d 表示。首先，K_d 的了解对于表征光的入射以及在数值海洋模式的物理/动力方面太阳增温的深度分布必不可少。这将对密度、浮力的垂直分布甚至水柱的垂向混合产生强烈作用，影响混合层深度和日温跃层的演变。当生物地球化学要素加入海洋模式时，继而对生态系统的运转产生重大影响。虽然海洋中 K_d 随时间和空间变化，一些模式却将其视为不变，而其他模式依赖于 K_d 的气候态区域分布，有时则是季节分布。然而，为了给物理/动力模式提供 K_d 的真实估算，现在已能用定期更新的卫星反演 K_d 全球分布结果。

值得注意的是，水色数据的这种应用仅为了强化模式中物理参数的定义。K_d并非物理模式中的某个状态变量，因而用其处理模式完全没有问题，可用 14.2.3 节、14.3.3 节和 14.3.4 节描述的某种方法来调整其预测值。此外，它还可视作模式的某种驱动力，提供更精确的太阳增温随水体深度分布方式。

第二个关于光入射信息的需求是表征光合作用的光可用性。光合有效辐射是所有生态系统模式的基本组成部分，无论复杂的还是简单的。它是光合作用的驱动力并且控制初级生产率。海表面的光合有效辐射可以通过气候态估计或者直接由卫星观测直接得出(参阅 7.3.3 节)，但要估计它随深度的变化必须依靠 K_d的知识。

于是，很明显，使用卫星来定期更新模式中使用的 K_d，并提供海表光合有效辐射的时空分布，可以对海洋模式的物理和地球化学部分的性能作出重要贡献。

14.3.6　水色同化的替代方法

作为本小节关于生态系统模式的总结，图 14.6 提供了一个多种方法的示意图，卫星海洋水色数据被认为可用于影响生态系统模式。卫星导出的水体组分浓度，主要是叶绿素，但也可能是悬浮颗粒物，都可被模式同化，虽然这样做需要从模式的状态变量中得到相应的变量。例如，K_d这样的光学参数用来设置模式的光学衰减条件。此外，如果模式的输出变量与卫星得出的变量相当，可用基于卫星数据的分析场资料进行模式验证。

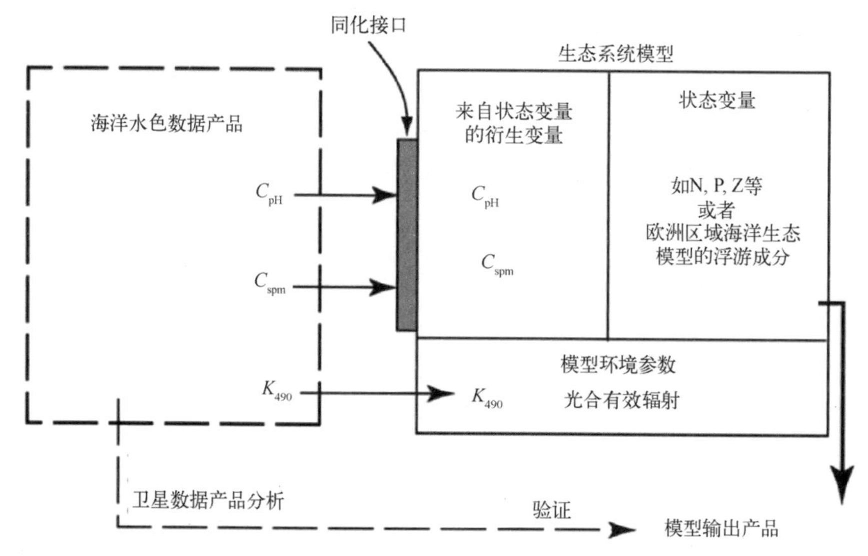

图 14.6　传统视角下，水色卫星数据如何与生态系统模型相互作用

然而，必须透过这个简化数据流程图的表面，揭示同化数据的潜在误差来源和各种过程的不确定性，以使卫星数据与模式数据具有可比性。如图 14.7 所示，这类误差

需要进行处理及最小化之后，海洋动力模式中海面高度异常或海表温度的同化方案，才可接受叶绿素数据(在开阔大洋的误差普遍在30%)对生态系统模式的任何影响。根据最近的文献[参考了 Hemmings 等(2008)]推测，一类水体的条件减少了卫星反演的不确定性，在开阔大洋似乎已经有了可行的叶绿素同化方案。

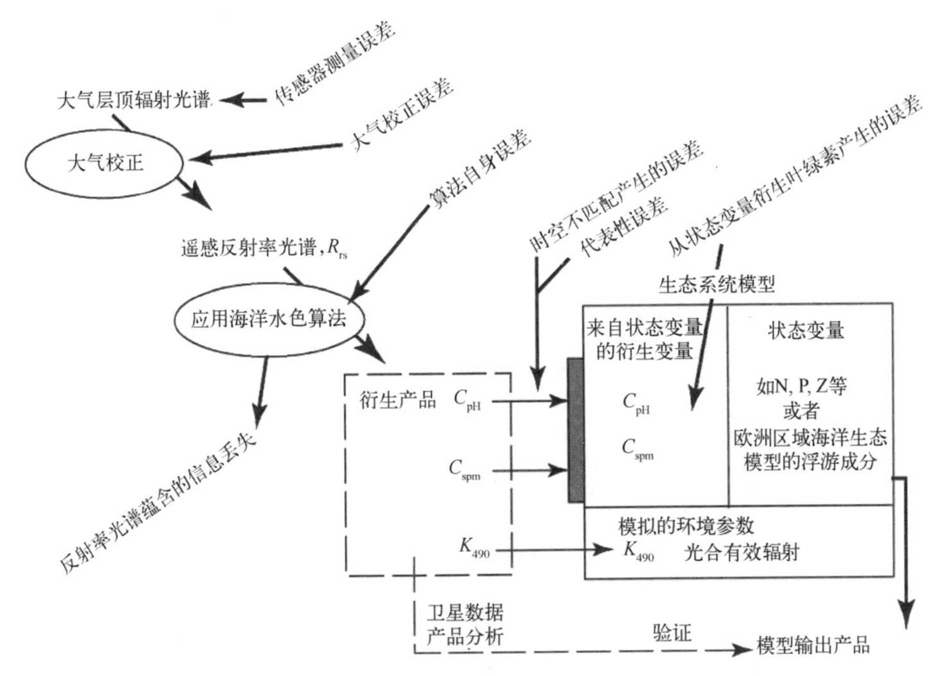

图 14.7　传统卫星反演叶绿素数据同化时的误差来源和潜在信息丢失

二类水体额外的光学成分让问题变得复杂，导致卫星反演产生更高的误差(达到100%量级)，并在卫星水色产品和各种生态系统模型的状态变量之间产生更多的联系。如果光学特性被很好地掌握，那么局部海域还是可能找到解决方案的，然而针对各种二类水体都适合的一个全局同化方法几乎不可能预期。这是不幸的，因为关键业务应用最需要的藻华和富营养化始发精确现报(不是预报)的区域，而这些海域就是陆架海区，光学条件为典型的二类水体。这给生物地球化学变量的海洋数值预报带来真正的挑战。在最重要的也是最困难的区域，我们能否具备服务公众水质信息需求的能力?

面对这一挑战，值得回顾一下14.2.2节提出的融合海洋预报系统的基本原理，数值模型有助于缓解现场观测的局限性，反之亦然。也许，是时候采取一些新颖的方法来解决二类水体的光学问题和陆架海生态系统的复杂性问题了。这里有两个目前正在考虑的提议，尽管还没证实这两个提议是否会带来可行的答案。

第一个提及的是模型已经包含特定生态系统特性的时空变化信息，比如浮游植物和矿物颗粒的相对数量，或者是溶解有机碳和浮游植物之间的平衡。两者可作为在特定位置和特定时间解决二类水体问题的关键证据。前者表示是否将绿光波段更高的卫星反射率解译为浮游植物的增加或悬浮颗粒物的增加，后者可能与有色可溶性有机物和叶绿素的蓝光吸收效应有关。为什么不使用来自成熟的生态系统模式信息评估特定地点和时间下的二类水体特性？从这个评价系统中，可以选出最合适的二类水体算法，用于从卫星水色数据得出有用的同化变量。这使图 14.7 所示的原始信息流程变成了图 14.8 所示的版本。从模型中流出的一些信息回到卫星处理流程，帮助选择算法从而降低不确定性。这个方法吸引人的地方在于其克服了针对二类水体专家算法的合理批评，即除非已知可能的若干选择中哪个是合适的，否则它们都不太有帮助。模型可能需要提供额外的信息用作选择。

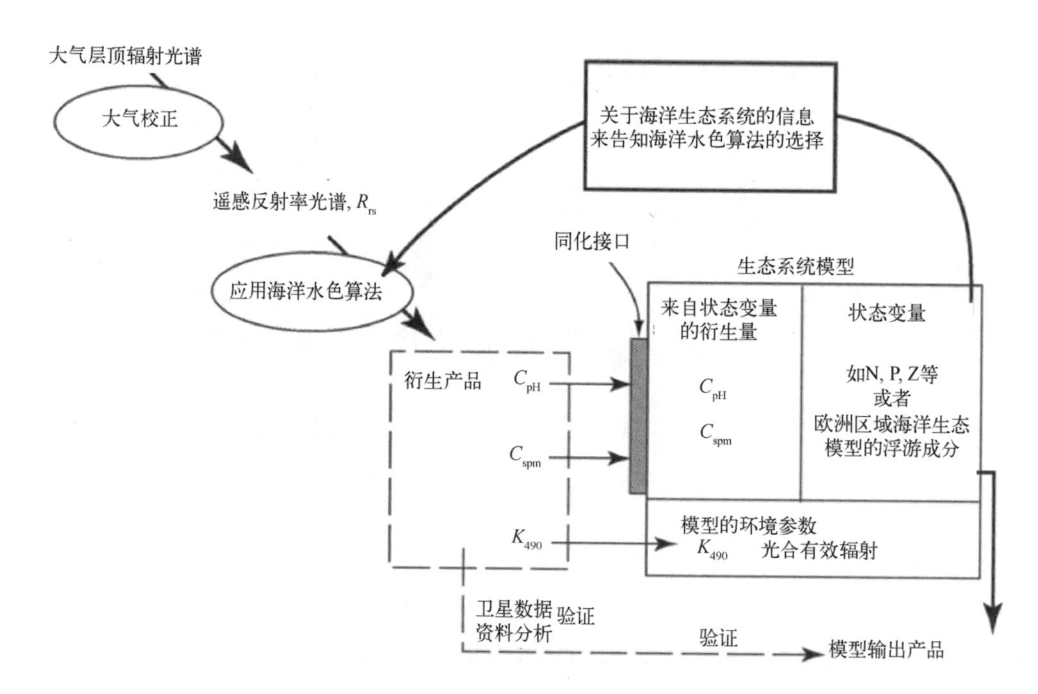

图 14.8 示意图显示了在衍生产品同化进模型之前，如何从模型中反馈出生态系统信息，来告知海洋水色数据处理的选择

第二个建议用于更彻底地看待同化过程和重新定义同化接口。回顾图 14.7，可以看出两件明显没有关联的事，一是采用基于两个光谱波段比率的简单一类水体算法丢弃了大量的卫星海洋水色信息，实际上卫星反射率包含丰富得多的光谱信息；二是为了获取基本卫星测量(大气校正后的反射率光谱)和模式状态变量之间的接口，我们不得不将它们转变成第三种变量(叶绿素或者悬浮颗粒物浓度)。这将从两边给同化接口处比较的变量带入误差，降低了观测值对模式状态有效约束的能力。所以为什么不把同化接口重新定位到原始卫星数据和模型状态变量之间处理链的其他地方呢？离水反

射率光谱本身可能会是一个很好的替代同化变量。

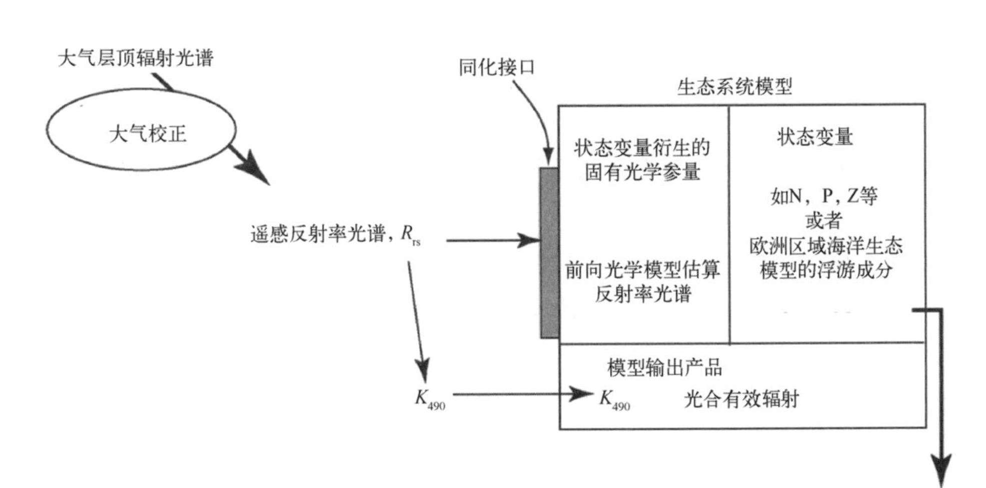

图 14.9　示意图显示了将卫星海洋水色数据同化到一个生态系统模型的另一种方法。如果生态系统模型包含计算遥感反射率光谱 R_{rs} 的光学模型(与状态变量相关)，那么遥感反射率光谱 R_{rs} 可用作同化变量

正如图 14.9 所示，它即刻去除了很多与卫星数据反演叶绿素等变量的算法相关的不确定性。它的优点是，反射率光谱作为一个物理量，相比于目前主流方法的生物地球化学变量，可被更严格地定义。当然，它提出了全新的要求，生态系统模型必须使用当地海域生物地球化学状态的内部信息来预测表观反射率光谱。这需要包括一个额外的前向光学模型，但前向光学模型的物理原理很好理解。对这种方法限制最多的是缺乏对固有光学特性的充分认识，其表征了水体的光学特征(见 *MTOFS* 的 6.2.6 节)。然而，提高固有光学特性和特征固有光学特性(使固有光学特性与受光学影响的水体成分浓度相关)的测量，已经是光学海洋学家寻求改进二类水体算法的一个优先策略(Robinson et al., 2008)。使用反射率光谱作为同化变量可以提供一种多通道的比较(每次匹配提供观测的特定水色传感器光谱)。这带来了在同化接口增加信息流的潜力，因此可以更好地约束模型。尽管如此，需要清楚地警告读者，这个建议是带有风险的。有别于本书其余部分所述更成熟的想法、信息和知识，同化光谱反射率的有效性尚未得到恰当的测试，需等待同行评估。

应用海洋水色遥感数据来改善海洋生态系统模型的可靠性仍然是一个正在进行的研究领域，也是一个在知识和技术上的挑战，那些负责管理陆架海水质和海洋生物资源的相关人员热切期待着它的成功。

14.4 业务应用的卫星数据准备

在卫星海洋学发展的前30年中，决定科学界如何便捷地运用一种新型遥感监测技术的最大限制因素是如何轻松地访问数据。这种情况目前已有所改变。对于早期卫星海洋学面临的难题，诸如获取数据的花费、信号传输的媒介和读取特殊文件格式的软件等，随着互联网的普遍使用，都迎刃而解。理所当然地，大多数机构从各自卫星或传感器生成海洋数据产品，提供在线访问，一般都是免费的。有时商业用户需要付费，但除了非常高分辨率的图像外，越来越多的卫星数据产品，被视为共同利益的核心海洋信息，由国家或国际性机构提供(14.2.1节概述)。这对海洋科学家们来说是一个好消息。

然而，仅仅因为数据是可获得的，并不意味着它们被用于业务应用。本节讨论了决定数据库能否轻易地适用于应用或被用户忽略的因素。第一部分探讨了一般问题，特别涉及从不同的卫星和机构中获得的相似数据产品，如何通过融合或协调使其更好地应用于业务。第二部分展示了一个如何将一种特定类型产品应用到业务任务的案例研究，以海表温度为例，开发出一个数据处理框架来转换数据，能使所有来源的数据应用到互补系统。当由科学家组成的国际团队工作于海表温度数据链不同环节[①](生成卫星传感器、海表温度反演算法、数据生产与分发、业务同化到数值天气预报系统和海洋预报模型、气候数据集的创建、长期数据管理等)并与每个主要遥感机构相关联，以响应建成一个能满足21世纪业务化海洋需求的海表温度资料系统的挑战时，以上情况将会发生。

14.4.1 提供来自多传感器/卫星的合成数据

此案例已在14.2.2节提过，是为了避免相对有限且有选择的方法，即某个机构仅利用自身传感器来提升数据产品的效益，而不参考其他数据产品(图14.2)，从而导致用户做同样的事情，仅选取最适合他们需求的产品，而拒绝其他的产品。使用融合方法的基本原理是将所有可获得的数据都同化到海洋数值预报模式中，从而得到最好的输出结果(图14.3)。单个像元的质量(通过误差估计和置信指数来估计)将决定它们是否确实被用于约束即时预报中的海洋状态变量。然而，它可能会误导，海洋数值预报方法总是时刻准备好去处理不同传感器观测的同一变量的不同观测特征，或者同化所有可获得的数据(由于数据量巨大，通常是不切实际的)。海洋数值预报模式的使用将

---

① GHRSST(Group for High Resolution Sea Surface Temperature)：全球高分辨率海表温度组织(*grist* 定义的)。

消除继续生成特定海洋变量卫星数据库的需要，这种假想也是错误的，数据库将融合由不同机构生成的不同传感器获得的数据。这种合成数据集在服务于特定应用时是必不可少的，通常是模式卫星输入预处理的最好方式，对科学研究很有用，对气候记录也有所助益。在此，我们强调生成合成卫星数据集时要考虑的问题，重点使最终数据集对业务用户尽可能有用。

有三个主要原因使业务用户更倾向于使用将多个传感器测量融合到单个特定海洋变量分析场的海洋数据产品，分别是采样频率或覆盖率的提升、针对灾难性数据丢失的可靠性提升以及使用不同方法生成不同数据产品对数据质量的提升(误差减少)。同时用户不能忽视如下风险，如果不同来源的数据融合得不够仔细，没有考虑每个输入或输出业务的特性，个体数据集之间的差异和多样性会在融合产品中产生另外的错误。这可能会使获得比任何单个输入更好地融合数据产品的目标受挫。

这就是有辨别能力的用户不愿使用多个卫星数据源的主要原因。他们正确地判断，如果要避免不可预估的错误，从混合源融合数据的任务最好由那些具有卫星遥感方法专门知识的人来完成。确实，这个工作最好由生成数据集的不同机构及了解它们单个特征的人合作完成。同理，海洋数值预报模式的运管人员可能更喜欢同化一个特定输入异常值已归一化的融合数据产品，而不是不得不在同化过程中编写一个独立的子程序来处理这些异常。

采样频率和覆盖率的提升不需要任何解释。与一个传感器相比，从两个传感器可获得的数据(当然在不同平台上)能使观测量增加一倍。此外，不同的海洋遥感计划在时间和空间分辨率上做出不同的取舍。例如，将地球静止卫星和极地轨道卫星的数据融合，首先可提供有限覆盖、中分辨率和 30 min 的采样间隔，其次可提供全球覆盖、更高分辨率但只能一天的采样周期。为了使业务用户定期寻求新观测数据(如每 3 小时或每 6 小时)，融合数据集意味着每次同化时能有更广泛和更密集的空间覆盖。但是，融合不同轨道传感器的数据时，很多错误必须要避免。很明显的一个例子是来自两个不同太阳同步轨道传感器的数据具有不同的穿越赤道时间。任何测量的日变率被太阳同步轨道混淆，产生随过境时间而变的偏差。单一传感器的记录中并不明显，但是当两个传感器的数据融合时偏差就会显现。

避免源数据灾难性丢失的安全性得到很大提升，因为当某个传感器突然无法提供数据时，业务应用的输入数据流会减少，但并不会完全中断。一项完全依靠单一输入数据流的业务服务很脆弱。对于使用多个数据源的服务，当其中之一出问题时，服务的质量可能降低，但仍然正常工作。这有助于构建更稳健、有弹性的服务，对某些类型的业务应用来说，这是一个更加重要的性能指标：质量差的信息也总比什么都没有强。尽管如此，一个精心设计的数据融合系统应能酌情调整，例如某项输入数据缺失了几天、几周或是几月，而替代传感器已经就位。这种能力在某些情况下非常必要，因为当其他传感器在其业务生涯结束无法提供数据时，新传感器的数据就需要在线提供。

多样的传感器方法带来数据质量的提升，似乎从数据融合得到隐含的好处。这来自对特定海洋测量方法误差来源的考虑以及这些误差是否能被检测或者估算。例如，某个传感器可能在特定地理区域或特定时间产生系统误差，但却从未被发现，因为数据集不会正巧在该区域或时间进行验证。同一变量的独立测量方法会有不同的误差来源，因此两个数据集比较时将显示系统误差。此外，这种的比较也将获取数据不确定性的客观测量，对许多业务应用来说它是一个必要的辅助信息。

当然，除非处理恰当，否则多种来源数据关联的不同误差将联合起来，降低数据的整体质量。针对何时何地重叠分析输入数据集之间的差别，将显示数据差异的偏差和标准差。在融合数据之前，可将它们相对彼此进行调整，以消除偏差。虽然这并不一定能提高融合数据集的绝对精度，但它可以避免带入另外干扰(时间和空间变化)的情形，比如不同的数据集具有不同的平均值时，有时这些差异事先已知，因为不同的传感器巧妙地测量海洋的不同性质，或有时也要遭受不同的昼夜偏差(如上所述)。如果了解这些过程，就能对这些差异做出调整，试图使每个数据集都代表海洋观测变量的标准版本。

前述讨论清晰显示，基于不同传感器对同一变量的数据融合过程，比在时空窗口进行简单的合并平均更需智慧。根据应用的需求，融合数据产品周期将是每 3 小时、6 小时、12 小时、1 天或者 7 天。多数情况下，采样存在一定间隙需要被填充，使融合数据集的每个像元都有一个有效值，满足典型用户的需求。这要求使用类似最优插值的方法对所有可用数据进行客观分析，填补空间间隙，生成所谓的“再分析产品”。采用客观分析法意味着需要对所有输入数据进行误差估计，从而让更可信的数据占有更大权重。对于准实时分析，也要用到先前时间窗口的分析。如果进行了后续的再分析，那么随后时间窗口的分析也可作为输入。因为最终分析产品中的某个像素值不能被唯一地追溯到输入数据集(2 级或 3 级)中的任何特定像素的测量值，它称为 4 级产品(参阅 2.3.6 节)。

只要分析过程没有加入其他信息(比如模式结果或现场测量)，4 级产品可被认为来自卫星测量“最好”的海洋变量场。但“最好”的意义取决于所使用的特定分析模型以及所采取的时空平滑程度。同样的 2 级和 3 级卫星数据来源，可能会生成几种不同的分析产品，分别为不同的目标而设计，例如针对海洋数值预报模式的准实时输入，或高质量的气候记录，并且采用不同的分析配置方案进行处理。分析产品还应评估每个输出像元数值的不确定性，以生成逐像元的输出误差。4 级分析数据集(我们在上文中称为融合数据）应该说明它们的分析配置方案和误差场。

数据分析方法的上述描述通常适用于一系列的海洋变量。来自高度计的海面高度，来自水色的产品，都是付诸了大量努力，通过从多个传感器融合数据得到分析产品的变量，将在下面的章节进行讨论。以海表温度为例，14.4.2 节将描述国际合作进程的出现，来生成融合海表温度数据集。

高度计

如 2.4.5 节所述，20 世纪 90 年代初期以来，海面高度数据就被一些卫星高度计任务所获取，主要是法国－美国－欧洲联合进行的 TOPEX/Jason 系列和欧空局的 ERS Envisat 卫星系列。它们从独立的传感器独自生成地球物理数据记录（2 级数据），包括海面高度异常、有效波高和沿轨风速。美国海军的对地卫星后续任务（Geosat Follow-On，GFO）也生成类似数据。近 10 年，可在任意时刻运行、来自每个高度计的融合产品，已被一个称作 SSALTO-DUACS 的处理系统生成，该系统由法国研究小组（segment sol multimissionsd'altimétrie，d'orbitographie et de localisationprécise）运行，此概念由欧洲计划“数据统一和融合系统”在 1997 年首次提出。

对不同高度计进行精细的交叉定标后，主要融合产品为海平面异常（SLA）及绝对动力高度，采用全球 1/3°×1/3°的麦卡托投影网格，用来融合的数据周期超过 7 天。另外，在地中海和黑海区域数据分辨率更高。生成准实时数据产品以满足世界范围内许多海洋业务的需要，包括 14.2.1 节提及的欧洲 MyOcean 海洋核心服务项目。需要注意的是，绝对动力高度场的生成要求获得对海洋大地水准面的最佳估计，它随着卫星重力计划（比如 NASA 的 GRACE 和 ESA 的 GOCE）研究和获取的新信息不断完善。此外，重处理后获得高质量的参考数据集及长期平均海平面和动力地形，以满足气候监测团体的需求。就像 DUACS 定期更新的产品和服务，读者可以访问他们的网站①，了解最新的产品细节。

DUACS 提供来自所有高度计的融合数据，展示了如何为业务用户准备准实时的融合产品，也推进了高质量重处理产品的后续加工，因为两者所需的科学知识和处理技术都非常相似。它解决了许多在前几页经常提及的问题。在某些方面，融合高度计测量的海面高度数据，相比海洋水色或海表温度产品，缺陷更少，因为它直达分析的变量。在另一方面，高度计在业务应用中极致的精度探求，使分辨率高至毫米级，也成就了 DUACS 服务的成功。全世界相关机构的广泛使用确认了用于同化的卫星测高数据已成为海洋预报和行星管理的一个必不可少的要素。

① http://www.aviso.oceanobs.com/en/data/product-information/duacs/index.html。

水色数据

本书的13.2.6节和14.3节已介绍，要生成能满足业务化生态系统模式和预测系统需求、可靠的叶绿素或其他水色卫星数据产品，困难很大。一个核心的问题是海洋水色卫星观测的缺失。即使3颗水色卫星传感器同时在轨，云覆盖、太阳耀斑以及冬半球中高纬度地区低照度问题，限制了海洋覆盖面积，使得一天小于25%，4天周期小于65%(IOCCG，1999)。对单一传感器而言，覆盖范围大约是这些比例的2/3。理想状况下，任何时候都需要3个或4个水色卫星计划在轨，以便最大限度获取无云区域的反演结果。因此，我们需要融合多个传感器数据。

鉴于水色传感器之间的差异(不同的光谱范围设置、视角、相对地方午时的过境时间、传感器定标方法、大气校正模型、海洋变量反演、产品反演算法等)，来自不同水色传感器的数据产品不能直接比对。即便最基本的测量(大气校正后的离水辐亮度光谱)也呈现不同，某些情形作为归一化离水辐亮度，另外场景则是遥感反射率。此外，基础叶绿素产品在不同卫星中的定义也有一些微妙的区别。这对于试图将水色数据产品同化到生态系统模式的业务用户来说是一个挑战。

尽管如此，目前能获得来自水色卫星计划的时间序列数据[参阅*MTOFS*(Robinson，2004)的6.4.3节]，包括OCTS（1996—1997年）、SeaWiFS［1997年至今(2009)］、MODIS（2001年至今①)以及MERIS(2002年至今)。正是认识到将这些数据融合到统一连续的长期记录对于气候应用的重要性，且有助于准备融合准实时水色数据来满足未来海洋数值预报系统的预期需求，欧空局支持了GlobColour项目②。

GlobColour项目基本任务之一是评估海洋水色研究团体(IOCCG，2007)提出的不同数据融合方法，包括从辐亮度和衍生的体积属性(例如表面叶绿素浓度)开始的方法。根据算法比较及与现场测量的权衡分析，最终选择离水辐亮度的融合方案。GlobColour项目提供一整套全球数据，包括叶绿素浓度、离水辐亮度、漫射衰减系数、有色可溶性有机物和碎屑有机物、总悬浮物或颗粒后向散射系数、浊度指数和其他几个变量。这些产品以1天、8天和1个月为周期，在正弦网络以4.63 km等面积投射。

为了生成融合的离水辐亮度，基于传感器特性将不同输入按权重融合。大部分其他产品通过对离水辐亮度使用半分析水色融合模型(Maritorena et al.，2005)得到。这项开创性工作提供了为满足GMES海洋核心服务需求而开发业务海洋实时服务的基础。预计将由MERIS和MODIS提供每日的全球海洋水色遥感数据，用于预报模式的数据输入(已在14.3节中讨论)。

---

① 2010年失效。——译者

② 参见GlobColour网址：http://www.globcolour.info/index.html。

14.4.2 全球高分辨率海表温度：为业务化应用准备海表温度数据的案例研究

2000年，为了满足海洋预报模式的预期需求，摆在海表温度项目组面前的一项挑战，是使不同的卫星海表温度产品合理化。全球海洋资料同化实验(GODAE)对此提出：

“建立一个适当考虑海洋皮层效应的全球高分辨率海表温度分析产品，具有足够的时间分辨率来解决昼夜循环问题，能实时应用于所有的环境和气候应用。”

“高分辨率”意味着5 km或者更好的空间分辨率。气候应用所需的海表温度目标精度为0.2 K，尽管熟知“实时”海温数据(在卫星过境数小时内解译出来)较难达到此精度。

面对GODAE SST的挑战

为了应对这一挑战，一群来自海表温度数据链不同阶段的有志科学家，从传感器技术人员到算法开发和数据管理研究人员再到海洋模式开发人员、气象学家和气候科学家，组织了GODAE高分辨率海表温度试点项目(GHRSST-PP)。这个团队包括了理论海洋学家、应用科学家和航天机构管理者，它跨越许多国家且包括主要的航天机构和一些海洋/大气预报机构。当时，主流海洋学普遍认为，从太空观测海表温度是一项成熟技术，几乎不需要改进，更不是前沿课题。尽管GHRSST参与者有不同的观点，但他们达成了共识。通过对此项目的充分了解，他们认识到，当时无法面对GODAE的挑战，提供业务或气候的高质量数据。他们了解每种不同的可用数据产品的缺点，但也意识到一些数据产品或方法的优点克服了其他产品或方法的缺点，反之亦然。如果不同兴趣的研究人员能够一起互补工作，而不是独自进行，将会给他们一个面对GODAE挑战的现实希望。

GHRSST-PP如何发展的故事证明了卫星数据是如何在公共利益方面作出巨大贡献的。经过3年的讨论和辩论，项目组确定出一条清晰的、足够信心的发展路径，2004年，欧空局准备好资助国际项目办公室，同时，世界范围内的一些机构也与GHRSST保持一致，致力于海表温度数据处理和产品开发。到2005年，第一批适用GHRSST数据规范(GDS)的数据开始由欧空局的Medspiration项目定期生成，随后紧接着是NOAA/NASA资助的MISST项目，提供来自美国卫星的GHRSST版本海表温度产品。到2006年，准实时GDS海表温度数据产品的周期性获取能力，给主要是气象机构的大量应用人员带来了信心，开始生成他们自己的海表温度再分析产品。第一次采用了所有可获取的海表温度传感器资料，在分辨率、可靠性和稳定性上的提升很快清晰显现。到2007年，英国气象局采用了基于GHRSST的海表温度分析产品，为其数值天气预报模式提供边界条件。如今，在GHRSST进展的帮助下，卫星反演的海表温度已嵌入业务化气象学，同化到海洋预报模式中。

有趣的是，由机构产生的 2 级海表温度基础数据产品几乎不需要改变。GHRSST 所做的是为产品定义提供了科学的支撑框架，使得所有不同的产品相互合作，提供用户需要的信息。从一开始，GHRSST 就致力于满足对海表温度用户团体的需求。一旦用户回应，已经将符合 GHRSST 数据规范的产品用于操作系统，那么数据提供机构就不用劝说他们使产品符合 GDS。这一趋势将继续，因为 GHRSST 促进了主要数据提供者和业务用户之间的意见交换。

为了给这一发展时间短的成功项目增加内容，我们必须更多关注是什么描述了 GHRSST 进展的特征？什么问题是它不得不面对的？下面的讨论假设读者已经了解海表温度遥感的科学原理，不管是运用红外还是微波传感器（*MTOFS* 第 7 章和第 8 章所介绍）。由 GODAE 挑战凸显的海表温度空间测量的局限性，促使了 GHRSST 的创立，可从图 14.10 看出，其显示了某天几个不同传感器获得的全球海表温度影像，每个传感器可用表 14.1 定义的四大类海表温度系统之一来描述。

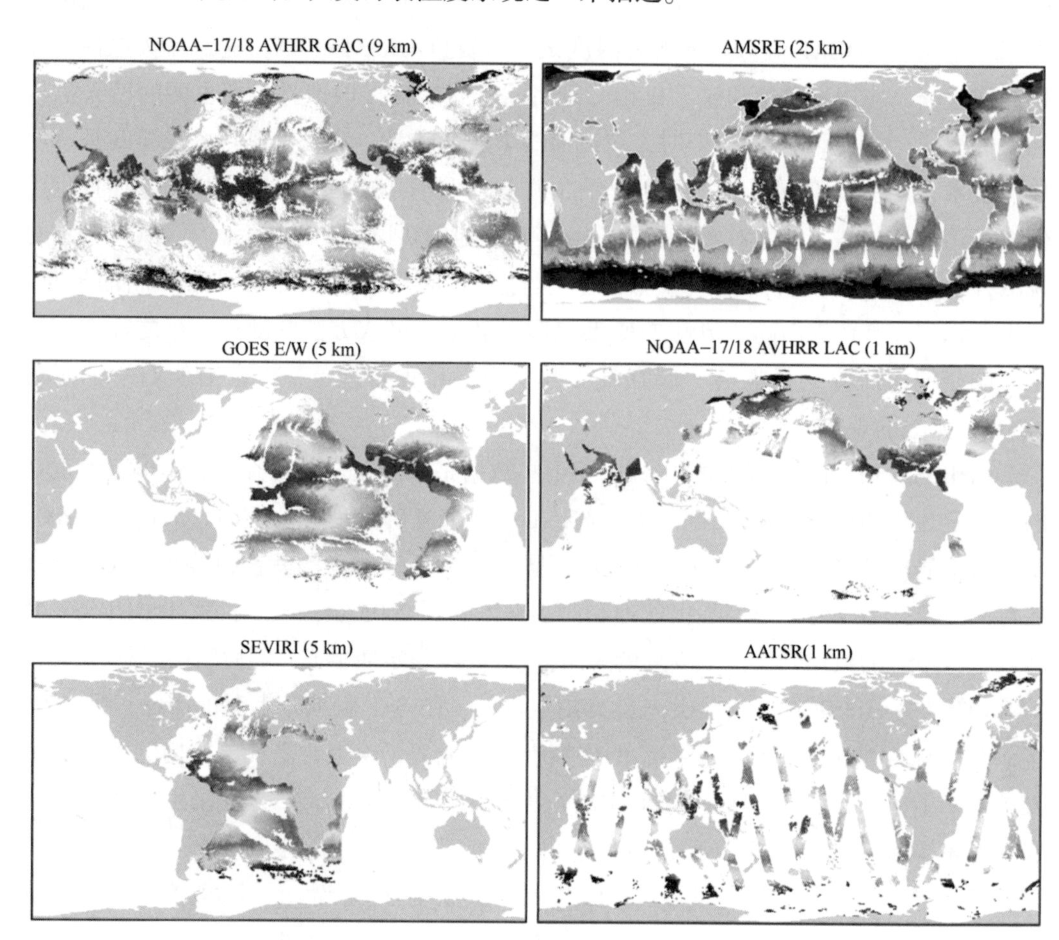

图 14.10　来自 6 个不同海表温度产品的全球海表温度每日覆盖典型示例（表 14.1 也可见）

粗略一看，这张图显示单一传感器不能提供高精度的全球每日覆盖影像，部分原因是云层(红外传感器)或大雨、旁瓣污染(微波)和刈幅宽度限制带来的数据缺失。地球轨道同步卫星传感器每 15～30 min 的采样频率为一天内无云观测提供了更多机会。注意，尽管云不会阻挡微波辐射计，但其空间分辨率太粗无法满足业务要求，且离岸 100 km 内的数据不可靠。融合所有的数据能够很好地提升覆盖范围，并且是达成 GODAE 目标的一个明显途径。但是，还有许多其他因素使太空测量海表温度变得复杂，若不经精心考量，将不同数据集简单融合可能增加额外的误差。下面展示一个简单示例，GHRSST 如何寻求解决这一问题。

表 14.1　卫星搭载的海表温度传感器系统主要类型

类型	传感器种类	站台轨道	像素/km	再访间隔	覆盖限制	精确度/K
1	宽幅红外(如 NOAA AVHRR)	极轨 LEO	1～2	12 小时	全球性	约 0.4
2	微波(如 AMSR-E)	极轨 LEO	25～60	约 24 小时	全球性	>0.5
3	自旋扫描红外(如 SEVIRI)	GEO	3～4	30 分钟	有限	0.5
4	双视圆锥扫描窄幅红外(如 AATSR)	极轨 LEO	1	约 3 天	全球性	<0.3

海表温度的定义和热力结构

海洋近海面热力结构随水深变化(参见图 2.17)。不同类型的传感器测量温度结构中的不同部分。微波辐射穿透冷的海水皮层，检测稍暖的次表层海表温度。所有的红外传感器只能测量皮层温度，尽管一些红外衍生的海表温度产品用浮标实测的海表温度做标定，浮标采样深度不定，如果存在日增温层，所测温度将与次表层不一致[参见图 2.17(b)]。即便有昼夜温跃层时避免浮标采样，可将其当作次表层海表温度，这也意味着这些产品中已有相当大的不确定性。

GHRSST 回应强调，海表温度数据集生产者应明确其产品代表着皮层或次表层。如果不确定深度的浮标样本被用于标定，那么该数据集的误差统计中应反映相关的不确定性。当融合数据集时，应首先将其按一致的调整方案转换为皮层或次表层温度。目前，两者之间可接受的关系为(Donlon et al., 1999, 2002)

$$SST_{skin} = SST_{subskin} - 0.17\ K \tag{14.1}$$

随着更多的观测资料，它可不断修正变得更精确。更高风速下皮层偏差的幅度会略微减少，反之亦然。

海洋模式中海表温度类型通常对应着上风混合层，位于季节性温跃层之上，但在冷表层或日增温层之下。为了厘清模式温度和卫星测量之间可能存在的其他复杂关系，GHRSST 定义了“基础”温度(SST_{fnd})，即刚好位于任何日加热效应下的水柱温度。根据定义，它等价于黎明时的 $SST_{subskin}$，此时前一天的昼夜结构已被对流抹去，而新的结构还未生成。

处理日变化

每当风应力不足以将太阳能通过整个混合层混合到达季节性温跃层时，将出现日增温层现象。一些增暖事件能使温度振荡达到5 K，但可能普遍存在着很难探测或预测的低幅加热，而且仍然引入十分之几开尔文的温度误差。由于这个现象影响许多卫星海表温度产品的标定和验证，并且混淆卫星数据和模式温度之间的界限，GHRSST认为这是一个必须重视的核心问题，将影响海表温度产品的准确性和业务应用或解译的方式。

以前，它要么被悄悄地忽视，要么采取严格的措施，只使用夜间过境的卫星海表温度数据。长期目标是寻求可靠方式来估算太阳对海表温度加热(相对于最近的黎明时海温)作用的数量级，从而任何卫星测量的SST_{skin}或$SST_{subskin}$，可转变为SST_{fnd}的最佳估计。为改进这个方法，GHRSST推荐2级SST数据产品为每个像素添加辅助数据，包括局地风速和太阳辐射，这为进一步研究日变化以及控制因素提供了数据(使用来自3级地球同步轨道传感器的小时内样本，进行日变化的案例研究)。只有日变化模式方案在业务实际得到可靠证实，辅助数据才能用于分辨日变化可以忽略不计的强风、低日照白天数据，因此一些白天数据需要暂缓，否则会被拒绝。

将2级海表温度用于业务系统：L2P产品

为了促进将海表温度业务同化到模式中，GHRSST规定了不同机构提供的2级海表温度产品的新格式(图14.10)。首先要注意的是，每个像素海表温度真实值没有变动。对于一个介于海表温度数据提供者和用户之间的中介机构(正如GHRSST实际上所做)，干涉这些机构自身致力于提供最精确海表温度产品努力的做法是不恰当的。相反，2级数据的GDS(被称为2级预处理或L2P产品)要求添加对于有效同化或生成独立的SST分析产品(4级)必不可少的背景场。这些辅助场对于L2P SST产品的许多其他用户来说也同样有益，包括科学应用。

辅助场包括对每个像素的误差估计(偏差和标准偏差)，例如：风和太阳辐射，需要用来评估日增温对卫星观测皮层和次表层温度的影响；偏离参考域的度量，以提供一种测试数据是否代表异常变化的简单方法；气溶胶光学厚度，有助于理解异常大气影响；在合适的地方，测量海冰密集度；针对每一类L2P产品独有的置信标志，将数据划分为最好的、可接受的、不可接受的等。置信标志能提供一个概述其他辅助数据的方法，例如指示日增温的高可能性。对某些海表温度产品，它可能包括一些要素，例如由生产者测算的与云的距离，来确定云污染的高风险，又或是微波海表温度产品中与海岸的距离。图14.11显示了一些基于GHRSST数据规范，将这些场合并到海表温度L2P产品的示例。

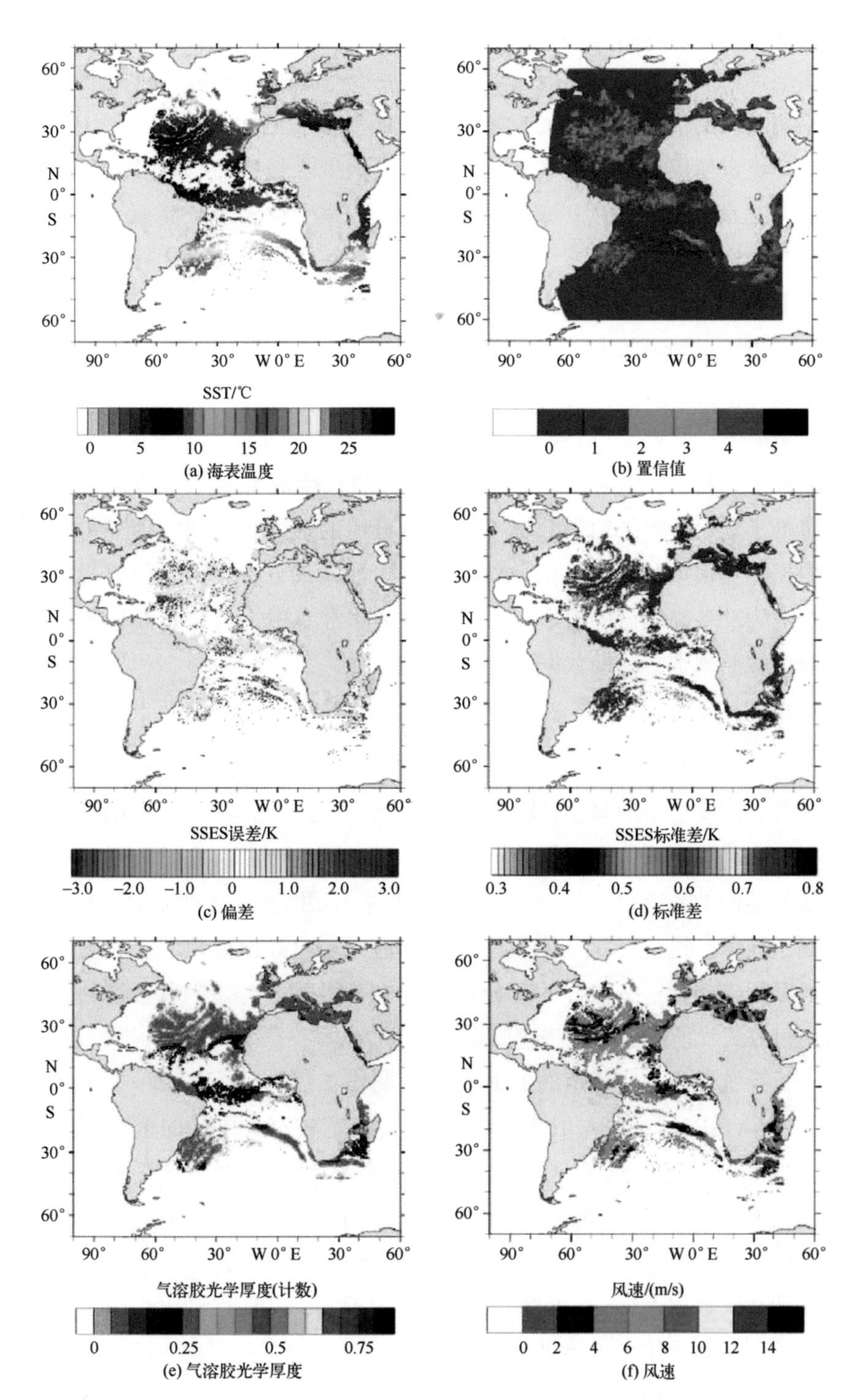

图 14.11 GHRSST L2P 文件内容示例，此例显示了位于赤道和格林尼治子午线上第二代地球同步轨道卫星 Meteosat 的 SEVIRI 传感器数据

注意：(a)至(d)代表 L2P 核心文件必不可少的内容，其余辅助场包含在 L2P 的完整文件中

将所有这些额外信息附加到每个像元的基本原则，是允许和鼓励用户在使用数据时进行严格地评估。其他虽简单但基本性的重要规范是所有来自不同提供者的 L2P 产品数据集采用共同的格式，即 NetCDF 及 NetCDF 气候预测版本（CF-v1.4）。这确保了一旦业务用户决定使用 GHRSST 格式的某个海表温度 2 级产品，就没有必要获取其他的 L2P 产品。之前，对业务用户来说，编写新代码来获取多个产品似乎不值得，因为他们并不清楚这样做有何好处。但是，一旦 L2P 产品开始生成（首先由如 Medspiration 和 MISST 项目开始运转，但后来由海表温度产品的原始机构执行），并且气象机构中的海洋预报团体决定运用新的 L2P 产品时，他们第一次发现获得超过一个来源的海表温度数据是多么有价值。

L2P 产品需要提供者发布 2 级原始数据后 3 小时内发布，用于确保将最新的数据同化到业务系统中。目前，海表温度数据提供者正自己生成 L2P 数据产品，提升上传的及时性，降低了延迟。如果辅助数据不是同时可用的话，在定期的预交付时间内提供海表温度数据仍然很重要，它与用户获取数据到模式或分析中的日程安排相匹配。因为辅助数据对为准备高质量的海表温度气候记录非常有用，对 L2P 数据集进行任何后续再加工时，按照规定，辅助数据同时要被更新。

4 级产品

开创了 L2P 产品的 Medspiration 项目也制作了 4 级实验性再分析产品，这促发了别的机构分析海表温度资料的兴趣，以开始建立他们自己的 4 级产品。GHRSST 对 4 级海表温度再分析产品规定了格式，因为业务用户也用这些产品，他们需要确保获取的任何数据都能被他们的系统识别。但是，GHRSST 并不试图在 4 级产品中强制使用目标分析或最优插值技术，这些可在具体应用中进行优化。业务预报领域之外的海表温度一般用户或科学用户能从这些多样的新分析产品中获得益处。如果没有这种流水线式的 L2P 产品交付方式，能否取得这些进展令人怀疑。

多数分析系统使用一切可用的 L2P 资源去制作 4 级产品。其中一个来源是 4 级双视辐射计——AATSR，如图 14.10 所示，由于其幅宽较窄，单天的全球覆盖较差。这是圆锥形扫描无法避免的结果，但这种方法对高精度大气改正非常必要，这是双视红外传感器的独特性能。这强化了 AATSR 提供海表温度数据场的稳定性和准确性（O'Carroll et al., 2008），如今在新的 4 级产品分析引擎中得到充分应用，作为参考数据来调整其他输入数据集（具有更好的覆盖率）的偏差，从而得到更加稳定精确的再分析产品。因此，尽管因狭窄的幅宽使 AATSR 不受潜在的业务用户青睐，但如今它独特的能力在 4 级产品中得到体现及广泛应用。

GHRSST 在推进不同类型海表温度数据互补组合方面希望取得怎样的精度，这个协同的结果就是一个示例。当 AATSR 的新角色一被认可，国际用户团体就通过 GHRSST

发出强烈请求，呼吁欧空局在AATSR失效时提供后续的这种双视传感器。他们强调它对业务应用和对气候监测的重要性，正如其设计初衷。这个请求和数据得到业务广泛应用的实情使欧盟委员会(EC)及欧空局去支持AATSR数据业务运行的连续性，研发名为海陆表面温度辐射计(SLSTR)的新设备，搭载在Sentinel-3卫星系列上，从2013年开始为期20年的观测任务。这似乎是一个很好的结果，因为有证据显示，GHRSST在其存在期内，创造了一个活跃的海表温度数据提供者与用户团体，在鼓励众多参与者的多样性的同时，又在数据生产、供应与传输的稳定性上实施统一，这对业务用户非常重要。

质量分析

GHRSST另一项措施是寻求数据质量的提升，不仅对海表温度产品进行验证，而且在L2P数据包中提供误差评估及置信度信息。为用户团体提供海表温度数据的机构有责任验证他们的数据产品，但是用户也应义不容辞地监督他们使用数据产品及他们自己生成数据的质量。GHRSST提供一个论坛，数据提供者和使用者能够讨论数据的质量问题，对于将卫星观测进行正确的业务利用至关重要。

为了推进这项措施，GHRSST提供了两个支持质量分析的工具。一是匹配数据集，其中现场实测的海表温度与对应的卫星观测相匹配。这可为评估或监测L2P数据中的误差统计提供基础，作为业务用户用于权衡每像元数据影响的一种方式。

另一工具是高分辨率诊断数据集(HR-DDS)①，支撑融合不同源海表温度数据的测试和优化研究，并作为一个业务化手段，比较同一地点的不同L2P和4级产品。标记了将近200个DDS站点，通常以2°×2°分布在世界海洋。每一站点，从在该站点上包含有效海表温度像元的每个L2P数据产品中提取数据以及4级和其他海表温度产品。每个像元提取的数据用最邻近像元法重新采样到0.01°网格，并存档和发布。HR-DDS还有一个门户网站，允许用户访问存储在相关数据库中每一个数据点的预评估统计信息，成为一个数据比较的强大工具。

14.5 溢油监测

14.5.1 概述

自早期激发起卫星海洋学的热情开始讨论从太空监测溢油的可能已经过去30余年，但直到最近，它才最终具有业务可行性。本节首先简要回顾不同的遥感技术(部分

① 网址：http://sst.hrdds.net/。

仅适用于飞机)，用于探测和测量海面浮油的属性。14.5.2 节考虑使用卫星数据的优点和缺点，特别是合成孔径雷达图像，用于检测和监测溢油，补充之前在 *MTOFS*(Robinson，2004)10.11.3 节对该问题的讨论。本章关于业务应用的内容，强调卫星数据如何帮助检测、监管和预防人为原因引起的溢油。最后，14.5.3 节阐述了欧洲海域为此目的建立的一个新业务服务。

海面浮油可以通过多种遥感方法观测(Trieschmann et al.，2003)。任何表面膜状原料(自然或人为的)引起的毛细波和短重力波的衰减都可由成像雷达(SAR 或 SLAR)感应到，因为随之而来对布拉格后向散射的消除或强烈衰减会在 SAR 图像上生成黑色印记。因而，用于局部污染控制的机载系统采用 SAR 或 SLAR 定位溢油扩散。红外/紫外(IR/UV)联合扫描用于圈定浮油泄漏的范围，由于轻油成分紫外线很好地显示了边界光泽，红外探测器对溢油的热属性敏感，这一过程可能非常复杂：油的红外辐射比水更低，意味着薄的油层亮温低于附近海水，尽管厚的油层吸收太阳辐射后，可能由于更高的温度而显得比较亮。微波辐射计也可用于测定浮油厚度。在获得物理样本之前，可用激光氟传感器初步区分油的类型。在飞机上搭载传感器组合已被证实为一种有效的业务手段。

因而，可对已知溢油进行调查、特征描述及监测其运动，从而采取措施来降低溢油对环境的影响。飞机依然是观测孤立浮油最好的平台，但只有得到存在海面浮油污染及其大致范围的报告后，才知道飞机该往哪儿去。必须建立一个有效业务监测系统，能在很宽区域内浮油出现后很快地检测，并且不依赖于海员的报告。这个系统的目的是在离岸仍很远时对之前未报告的溢油提供警报，在必要时，及时组织船只和飞机实施补救行动。只有基于卫星传感器才可以提供这样的常规广域监测(Brekke et al.，2005)。

14.5.2 如何能从太空周期性地监测溢油？

从卫星探测溢油有两类传感器可选：光学成像仪(是在可见和近红外波段利用太阳反射的被动辐射计)以及 SAR。光学传感器探测油膜要么通过比较溢油和周围水面表观色彩的对比度，要么通过太阳耀斑来区分溢油区低表面粗糙度以及周围的高粗糙度。光学传感器还能通过水体颜色变化来探测扩散的溢油，即使表面浮油已不太明显。像 SeaWiFS、MODIS 和 MERIS 等传感器已显示出在较适宜的无云和太阳照度条件下探测到大的溢油，但光学传感器溢油监测的有效性主要还是通过机载传感器来体现。空间分辨率约为 1 km 的卫星光学传感器应用非常有限，卫星探测溢油的报告大多基于 MODIS(250 m)和 MERIS(300 m)的高分辨率图像。云层覆盖严重地限制了海洋水色遥感从太空监测溢油的能力，无法可靠地替代 SAR 成为当前大面积溢油业务监测服务的基础。

自从 1991 年发射 ERS-1 并稳定提供海洋 SAR 数据后，90 年代开始实施多个研究计划来发展用于探究卫星 SAR 系统的图像分析工具和管理决策系统。在 SAR 图像上将溢油识别为低雷达后向散射清晰边缘区的能力，可用于建立图像分析系统，自动扫描大量 SAR 图像来检测可能的浮油。图 14.12 显示了一幅北大西洋西班牙西北海域的 ASAR 宽幅模式图像，获取于 2002 年 11 月 17 日，发生了“威望”号油轮损坏而导致的溢油事件。但是，浮油检测不是一项精确技术：SAR 图像上的黑色斑块可能导致对浮油的虚假肯定判别，实际上却没有溢油；而大风条件能阻碍溢油在 SAR 图像上的显现，从而导致虚假的否定结果。

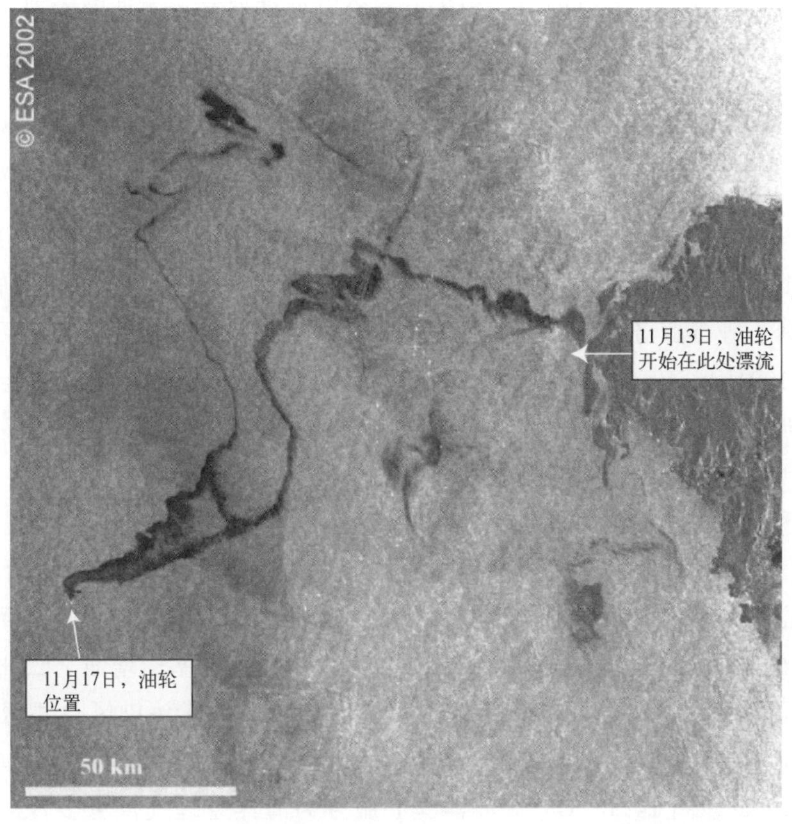

图 14.12　2002 年 11 月 13 日，暴风雨后的西班牙大西洋海岸，“威望”号油轮遭遇油罐穿透，船体破裂，发动机损毁。11 月 15 日，油轮被拖离海岸并被船员遗弃。11 月 14 日，《空间与重大灾害国际宪章》被激活，使得获取了事件发生数周后该地区所有的 SAR 图像。这张图片是 11 月 17 日油轮被拖离海岸时欧空局的 Envisat ASAR 的宽幅模式图像。两天后，油轮一分为二并沉没。此图显示泄漏的油罐不断渗漏，产生大量浮油，显示为雷达后向散射非常低的暗区。这是由于溢油对波长大约为 10 cm 波的阻尼作用导致，该波长的波通常影响这类 C 波段 SAR 的布拉格散射。图像中出现异常清晰的油膜有些偶然，因为小到中等的风很适合油膜探测。高风速条件下，溢油的阻尼作用被风应力压制，即便溢油仍然存在，也将失去它强烈的 SAR 特征

在 SAR 图像上的黑色斑块能导致虚假的肯定判别，使其看起来像浮油的原因，包括风速约为 2 m/s 或 3 m/s 的低于阈值的低风速局部区(产生与布拉格波长近似的波)、脂状冰和抑制布拉格波动的大雨。近表面、小尺度的水动力过程，例如内波和剪切带也会抑制布拉格波动，就像与浮游植物藻华或鱼类有关的天然生物表面油膜(Espedal et al., 2000；Brekke et al., 2005)。这些特征能够在高分辨率的机载雷达图像下区分人为的溢油，而在使用卫星 SAR 图像时却很困难。尽管如此，已经开发出可靠的溢油检测方法[参见如 Solberg 等(1999)、Fiscella 等(2000)及 Solberg 等(2008)]，首先探测黑点，独立地提取形状、方向和边界特征，然后根据风速和方向、当地海洋情况和该区域的溢油历史等来区分溢油或疑似溢油的类别。分类还可以通过追踪浮油的历史并将其关联到该区域相关的风记录进行改善(Espedal et al., 1999)。

14.5.3 清海网，欧洲溢油监测服务

既然只有一或两个窄幅 SAR 在运转(例如，20 世纪 90 年代末仅 ERS-2 和 Radarsat-1 可用)，SAR 图像的重访周期为数天，因此，除了采样频率随轨道覆盖增加的高纬外，业务服务并不可行。然而，一旦溢油自动检测软件被验证后，它可用于最早到 1991 年 ERS-1 发射时的 SAR 历史数据，能进行统计研究来确定人为溢油在不同地理区域(如地中海)发生的可能性(Ferraro et al., 2008)。这些研究识别出高危区域，如油轮的航线或者海上产油区。它们也可以用于验证模式精度，这种模式基于海流和风矢量知识预测识别溢油的轨迹。

这类信息积累证实了利用 SAR 图像检测溢油的有效性，鼓励对业务系统的进一步投入，能利用卫星 SAR 增加覆盖率的优势。新的主流业务发展一个重要示例是由欧洲海事安全局(EMSA)建立的清海网服务。EMSA 是 EC 基于增强全欧洲海事安全系统所建立的组织，其目标之一是使用卫星监测降低海洋污染风险并帮助欧盟成员国追踪海上非法排放。清海网建于 2007 年，有效提供关于溢油污染的单项服务，参见 14.2.1 节和图 14.1，GMES 海洋核心服务为海洋管理提供更多普遍服务。因此，清海网从其“上游合作部门”(合适的航天机构)获取欧洲及周边海域所有可用的 SAR 数据。它替所有成员国分析这些数据，并向适当的“下游用户”(也即监管的特定海域已识别出溢油的国家)发出溢油预警。它也对溢油威胁一些国家水体的事件进行协调。这种基于权力下放原则的管理办法，去除了多个成员国 SAR 数据处理重复需求。

Envisat 上的 ASAR 及 Radarsat-1/2 上的 SAR 周期性地提供 SAR 图像。图 14.13 显示了这些 SAR 产品可能分别提升重访频率。宽刈幅模式(ASRA 图像为 405 km^2)可

提供最频繁的采样，但取决于其他 SAR 数据模式的需求安排不能总实行。然而，结合 Envisat 和 Radarsat 以及来自日本先进陆地观测卫星(ALOS)的相控阵 L 波段合成孔径雷达(PALSAR)和德国 TerraSAR-X 的 X 波段 SAR 图像数据，可在北欧海域获得优于每天一次的采样频率，且在南欧和地中海海域获得优于每两天一次的采样频率。SAR 原始数据传输到最近的地面站，立即由 EMSA 经验丰富的图像分析专家进行处理和解译。卫星过境 30 分钟内，溢油检测信息和图像本身会被送到对感兴趣海域负责的成员国污染控制部门。多数情况下，自动识别系统①(AIS)与 SAR 数据相结合，将船只与潜在的污染事件相关联。在此阶段，本地管理部门的监视飞机和巡逻船将被派到相应区域确认是否溢油以及确认溢油后尽可能识别泄漏者。更好地覆盖和更快地回应，起诉违法者的可能性就更大，从而更有力地防止潜在的污染。

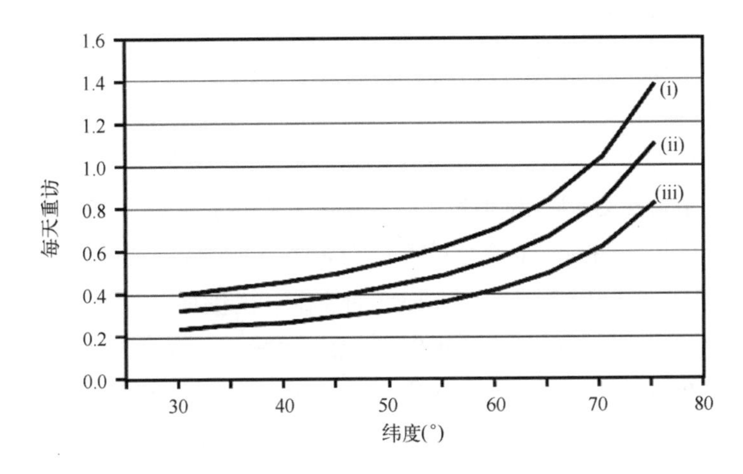

图 14.13　SAR 采集的大致重访间隔，显示了溢油监测对 SAR 覆盖纬度的依赖性

(ⅰ)：Radarsat-1/2 ScanSAR 宽模式；(ⅱ)：Envisat ASAR 宽幅模式；(ⅲ)：Radarsat-1/2 ScanSAR 窄模式

在 EMSA 和成员国之间分享区域和局地任务也提供验证可能浮油的反馈，这将促进检测算法的提升。对重大泄漏，区域海洋环流预测模型的输出也可用来协助预测溢油的传输轨迹。清海网服务仅在近期才实际应用，目前还没有相关的统计，比如 SAR 可用覆盖范围、基于卫星 SAR 溢油事件检测的可靠性、这项服务对减轻污染影响的有效性以及威慑效果提升的任何证据。鼓励读者跟踪 EMSA 将来提供的服务报告，以便确定这项业务服务是否达成目标，判断是否值得不断地持续投入和维持这项服务。

① AIS 是一个用于船上和船舶交通服务(VTSs)的短程近岸追踪系统，通过与附近的其他船只和 VTS 站台电子交换数据来识别和定位船舶(AIS 也包括卫星 AIS——译者)。

14.6 卫星数据气候监测应用

14.6.1 引言

海洋气候学和海洋在气候变化中的角色，是我们星球人类文明可持续未来非常重要的课题，同时也是富含科学兴趣和挑战的研究领域，即使不写成一本书，也应用一章来充分探究卫星观测如何用于监测海洋气候变化。然而，为了在前几章过时前完成本册，并且控制章节篇幅，这里仅用几页来交代海洋和气候这个话题。尽管如此，读过前几章的读者会注意到，海洋遥感的方法为海洋现象的了解提供了更大的空间和时间尺度，使其可在气候框架下进行研究。因此对于一个想要研究海洋在气候中所起作用并想要使用卫星数据的科学家来说，本章剩余部分将作引述。

实际上，由于目前全球卫星数据的时间跨度相对较短，特别是10~20年海洋测量的质量可靠性存在量化误差，大量基于遥感的气候研究结果很少有机会出现。这种情况即将改变，本节旨在为读者做好准备，在未来几年内扩大基于卫星的气候研究，有计划地建立来自卫星数据的气候变量产品(GCOS，2006)。目前全球气候观测系统(GCOS)服务于世界气候研究计划(WCRP)的要求，提供地球气候系统时空变化的测量，以获得对气候变化过程的认识和理解(GCOS，2004)。自政府间气候变化专门委员会(IPCC)通过《联合国气候变化框架公约》(UNFCCC)设立以来，这种研究已不仅出于科学上的好奇心。因此，几十年对气候系统海洋要素的稳定、持续、可靠观测，被视为一项重要的国际公共利益，需要通过与短期海洋预测和管理的业务监测相当但不一定相同的业务流程来提供(见14.2节和14.4节)。航天机构现在开始建立卫星、传感器和数据处理服务系统来满足这一需求。

在本节其余部分，14.6.2节考虑了为什么海洋观测对描述和理解总体气候变化如此重要，并确定在此背景下海洋科学将变得更重要的部分。14.6.3节将确定GCOS为全球气候记录(GCR)和基本气候变量(ECV)定义的正式结构。最后，14.6.4节将关注那些特定的与海洋相关并可从卫星数据获得的基本气候变量，讨论利用卫星衍生数据集的多功能性在新研究途径中的选择和机会。

14.6.2 海洋在气候系统中的作用

气象学家用“气候”一词来描绘特定地理位置的典型气象条件及其年度变化方式。它与特定时间实际发生的气象条件不一样，即所谓“气象”，它由于湍流和大气无序运动每天都在变化。宽泛而言，气候可被认为是适当时间段内天气状况的平均值。气候和气象的区别，通俗的表达是："气候是我们期望的，气象是我们得到的！"如果将气候定义为一年中每个月典型的气象条件，那么必须根据给定月份几年气象记录的平均值来编制气候统计数据。

然而，对气候更完整的描述将记录给定月份的平均条件如何从一年变至下一年，称为"年际变化"。当气候统计记录已经持续多年，就可探索气候的更长周期振荡。例如，如果气候学是基于超过40年观测时间跨度并以5年为窗口的滑动平均，那么气候记录可检测到10年或更长周期的振荡，称为年代际气候变化。鉴于化石燃料燃烧以及森林砍伐很大程度引起大气中温室气体浓度趋于稳定上升趋势，气候科学的任务之一是在年代际变化背景下测量某些变量的长期趋势，如气温。既然已经明确检测到全球变暖(IPCC，2007)，另一项任务是确定气候变化的幅度和周期本身是否为全球气温变暖的后果。

气候的研究已从纯粹的气象问题扩大到涉及地球系统的所有部分，因为它们存在公认的相互依赖关系。海洋，特别是与大气、冰层和陆地的相互作用，都是通过间接及缓和气候变化方式进行。如果我们要正确理解气候系统如何运转，从而预测其未来的行为，那么必须能够估测关键气候变量的相对分布，例如热量、碳、淡水等在大气、海洋、冰层以及陆地之间的联系，同时测量这些领域内部和之间的通量属性。这是一项艰巨的测量任务。

例如，相比大气，海洋是一个巨大的碳和热库；因此，与大气碳和热含量相比，海洋中二氧化碳分压和温度的微小变化将实际代表碳和热含量的大变化。如果海洋对于整个地球关于碳和热收支的贡献能以足够的准确性来确定并能预测未来走势，对海洋测量的精确度有很大挑战。如果全球组合时要避免混叠，海洋数百千米空间尺度的变化(参见第3章的讨论)也需要高空采样率来观测整个地球，否则在整编全球气候变量的海洋成分时将导致令人无法接受的高不确定性。

对海-气热通量和CO_2通量的可靠估计对海表和海平面大气变量的精度提出更高要求(在第10章讨论)。海洋中传递热量、盐、营养物的通量可能通过初级生产来固碳，已经得到很好的理解，但仅监测它们就需要使用如14.2节讨论的那类预测系统的同化海洋GCM。全球变暖引起的海洋和大气变量的变化，可能改变海洋环流的驱动力，或诱发非线性动态响应，将显著改变气候中重要的子午线通量。为了将这些可能因素考虑到气候预测模型中以预测全球主要气候变暖，人们希望通过检查当今自然气候变化信号里更小的变化来找到检测海洋敏感性的方法。类似的考虑也适用于海洋-冰层相互作用和通量的研究。例如，我们能否可从今天的观测中了解到，在异常的暖年，海冰或者极地冰盖是如何对略高的海洋温度做出响应的，从而将观测到的响应考虑到全球模型的因素中？如果海洋测量能改进气候预报模型，这些问题将影响海洋气候观测系统的设计。

还有另一组相关的问题，与耦合的气候系统无关，更多与海洋对气候变化的内部反应有关及其如何影响人类文明。其中最明显的一个问题是平均海平面上升及其地理分布的测量。随着各国政府开始制定切实可行的、长期应对沿海洪水的应急计划，高度计对海平面变化的测量能力得到越来越多的利用(如 11.5.2 节所述)。另一个非常严重的问题是，海洋吸收人为 CO_2 导致海洋碱性的增加，因此必须将其作为气候变量进行监测。与此相关重要的是，监测初级生产和水体浊度如何随着上层海洋二氧化碳分压水平的提升和海洋环流、上升流、厄尔尼诺/拉尼娜事件的频率改变以及极区夏季海冰的分布变化而变化。

令人安心的是，面对这些具有挑战性的问题及一系列气候时间尺度上海洋如何变化的准确、精确并带有空间细节知识的隐含需求，卫星海洋方法提供了一组适当的测量工具。将卫星数据应用于精细空间分辨率、高频、全球采样业务海洋学挑战(第 14.2 节和 14.4 节所述)的经验，不仅给予我们建立卫星海洋气候监测系统的信心和远见，还开始为我们提供数据处理和管理基础设施，以能在实践中实现这种系统。例如，在海表温度领域(如 14.4.2 节所述)，正在调整新的 4 级高分辨率全球海表温度分析数据产品，以提供海表温度气候质量的记录。对于其他海洋变量的监测也是如此。有趣的是，本章编写时，过去 10 年促进海洋卫星数据业务应用发展的欧空局内部的团队，最近宣布了在新的气候变化倡议中促进基于卫星基本气候变量的生产意图。

因此，只要维持当前卫星和遥感器的存量，开发一个前景广阔、有效的基于遥感的海洋气候监测系统是有希望的。然而，应指出基于空基测量本身并不足以识别和了解海洋在气候变化中的作用，需要一个精心规划的海洋现场观测匹配计划，用来监测海洋变量在水下的分布。如上所述，我们要理解海洋如何减缓大气气候对温室气体浓度增强的反应，既要详细了解海-气通量(如热量和 CO_2)的空间和时间特定属性，又要了解这些性质在海洋的存量。卫星数据对监测限制海-气通量的海平面至关重要，但其需要补充潜标、锚系浮标和观测海洋深度分布特性的其他方法组成的复杂系统。

支持海洋水下观测必要性的论点可通过考虑海洋热容量这种简单的方法来阐明。由于温室效应使地球系统内吸收了更多热度，气候响应就取决于额外的热量如何分布。如果多余的热量能以某种方式通过稍微提升海洋巨量深层冷水的温度来吸收，而大气和海洋上层温度几乎不变，那我们就不用面临地球气候系统显著改变的局面。当然大气变暖的气候记录证实并非如此简单的情况，我们仍无法确信深海吸收多余热量的比例。这就是为什么直接观测与各种不同气候相关变量相联系的海洋在深度如何变化显得如此重要，仅卫星数据不足以提供这方面的知识。因此，一个完整的海洋气候监测系统，有必要结合卫星数据和现场观测来测量水下条件。

14.6.3 基本气候变量

基本气候变量，顾名思义，是用来描述全球气候系统某些方面的环境变量，需要被定期测量或量化来监测气候系统变化的方式。实际上，气候科学家已经建立一份所需的基本气候变量清单(GCOS，2004)，以满足以下标准：(i)它们对满足《联合国气候变化框架公约》的信息要求具有重大影响；(ii)目前可在全球进行监测。表14.2所列变量，区分了大气、海洋和陆地范围。随着对气候变化科学认识过程的发展，新问题的提出，且随着其他变量的测量变得可行，预计基本气候变量列表将增加。读者应该能够从全球观测系统信息中心(GOSIC)[①]获得最新列表。

认识到气候变化研究的重要性已远远超出由学术研究好奇心引发的兴趣和解决问题的努力。过去20年，气候学家警告人为排放的二氧化碳和其他温室气体正导致全球大气变暖和气候变化，已被世界各地的政治家和公众所重视。《联合国气候变化框架公约》一经建立，有关气候变化的信息就开始成为政治、经济、工业、国际关系、人权等领域强有力的知识，包括个人道德及个人生活方式的选择。科学家在控制气候影响过程中发现的因果关系远超环境科学范畴，它带着重要的、有影响力的主张，改变整个社会的行为。因此，与本章涵盖的其他主题一样，将气候变量的监测视为科学的应用是完全合适的，以响应科学界外的机构和利益集团对如何管理星球上人类文明影响科学认知的要求。从事气候监测的人员必须明白，他们的工作不仅是出于了解世界如何运转的科学内在冲动，而且还受到国际气候信息用户机构的制约。为了使政治家们在国际条约谈判时能做出明智的决定，他们需要知道《联合国气候变化框架公约》中提出的各种重要问题的答案(IPCC，2007)。

现在，气候数据具有非常重要的意义，受到严格审查，必须非常小心确保基本气候变量及所有依据测量的准确性、来源和一致性。特别重要的是，能够阐明用于气候变量测量的方法本身不应是长时间序列所发现趋势的来源。这存在问题，因为最有用的是那些延续了几十年的气候数据，所以我们正在处理的时间序列数据，开始于过时的测量系统观测所得，可靠性和全面性都不如现代观测系统。当从异构观测值生成气候长时间序列时，为了减少任何误差和不一致性，每个不同的气候变量都必须单独接受适当的质量控制。为了支持这一点，全球气候观测系统制定了一套通用的气候监测规范(GCOS-Secretariat，2009)，列于表14.3。无论何时生成基本气候变量，都需要用到这些。为了严格定义基本气候变量，全球气候观测系统文件引用了基础气候数据记录(FCDR)的概念，并与气候数据产品的含义予以区分。下面小节将具体解释。

---

① GOSIC网址是http://gosic.org/default.htm。

表 14.2　全球气候观测系统定义的基本气候变量（GCOS，2004）

领域		基本气候变
大气（陆地、海洋和冰上方）	表面	空气温度 降水量 气压 地表辐射收支 风速风向 水汽
	高空	地球辐射收支(包括太阳辐照度) 高空温度(包括 MSU 辐亮度) 风速风向 水汽 云特性
	成分	二氧化碳 甲烷 臭氧 其他持久性温室气体 气溶胶特性
海洋	表层	海表温度 海表盐度 海平面 海面状况 海冰 海流 水色(生物活性) 二氧化碳分压
	次表层	温度 盐度 海流 营养盐 碳 海洋示踪剂 浮游植物
陆地	河径量 水的利用 地下水 湖平面 积雪层 冰川和冰帽 反射率	多年冻土和季节性冻土 土地覆盖(包括植被类型) 吸收性光合有效辐射分量(fAPAR) 叶面积指数 生物量 火干扰

表 14.3 全球气候观测系统气候监测规范（GCOS-Secretariat，2009）

1	新观测系统或改变现有系统的影响应在实施前进行评估
2	新旧观测系统需要进行适当时段的重叠
3	当地情况、仪器、操作程序、数据处理算法和其他与数据解译有关因素（例如元数据）的细节和历史，都应记录下来，并被像数据本身一样对待
4	数据的质量和一致性应作为常规业务的一部分进行定期评估
5	诸如联合国政府间气候变化专门委员会(IPCC)评估等，对环境、气候监测产品和评价需求的考虑，应整合为国家、区域和全球观测的优先事项
6	应维持历史上不间断站点和观测系统的运行
7	高优先级的附加观测应侧重于数据较少地区、观测不良的参数、敏感变化的区域以及时间分辨率不足的关键测量
8	网络设计师、实施人员和设备工程师应在系统设计和实施开始时，指定长期的需求，包括适当的采样频率
9	值得提倡以精心策划的方式将研究观测系统转变为长期运行
10	促进访问、使用和解译数据及产品的数据管理系统，应作为气候监测系统的基本要素

基础气候数据记录

在全球气候观测系统文档中，基础气候数据记录表示基本测量的长期数据记录，可以此得到特定的基本气候变量产品(GCOS，2006)。举一个与海洋遥感相关的例子，如果海表温度是基本气候变量，那么基础气候数据记录就是通过特定红外或微波波段测量的大气层顶(TOA)辐射量。无论如何通过大气校正和其他程序推算出海表温度，其长期完整性都被认为取决于测量大气层顶辐射量的精度和稳定性，因此被认为衍生基本气候变量可靠性的约束。通常，基础气候数据记录由一系列仪器/卫星在很长的时间跨度内获得，测量方法也可能改变。这种情况下，不同仪器测得的辐射量必须进行重叠和相互校正，才足以生成预期变量的同类产品，具有足够的精度和稳定性来进行气候监测。因此，基础气候数据记录不仅必须包括主要测量值(比如辐射)，还必须包括用于校准的辅助数据。

如果没有不同卫星任务的直接重叠，或者使用“一次性”研究型航天器的测量值用于基础气候数据记录，那么必须具有足够的支持测量数据和可用信息，以确保一台仪器与另一台仪器之间校准的连续性(Ohring et al.，2005)。这将包括严格的发射前仪器表征、校准、在轨校准和地面补充观测。

基础气候数据记录的另一个重要元素是必须有所使用的每种传感器/平台类型的空间和时间采样特征，包括太阳同步轨道卫星的过境时间。对于海表温度，虽然业务和气候应用之间的质量标准不同，但生成基本气候变量数据集和进行海表温度业务分析(在 14.4.2 节中讨论)都存在相同的议题(例如昼夜变化)。在构建基础气候数据记录时，不同仪器/平台采样的互补和冲突也可能是相关的。尽管卫星观测的采样特征可能存在局限，但多年来同一传感器始终保持全球覆盖的好处远远超过了这些局限，这就是遥感在气候监测发挥如此重要作用的原因。为鼓励采用严格的方法来确保基础气候数据记录质量，全球气候观测系统制定了适用于卫星系统的气候监测规范(GCOS-Secretariat，2009)，见表 14.4。

表 14.4　应用于卫星系统的 GCOS 气候监测规范(GCOS-Secretariat，2009)

1	应维护昼夜周期内的固定采样(将轨道衰减和轨道漂移的影响降到最小)
2	新旧卫星系统重叠的适合周期，应保证足以确定卫星间的偏差，并维持时间序列观察的均匀性和一致性
3	应通过适当的发射和轨道策略确保卫星测量的连续性(即消除长期记录的空白)
4	确保严格的发射前仪器表征和校准，包括根据国家计量机构提供的国际辐射等级对辐射进行确认
5	确保在轨定标满足气候系统观测需求，并且监测相关仪器特征
6	应维持优先气候产品的业务生产，并酌情引入经同行评议的新产品
7	应建立和维护数据系统，用来促进用户访问气候产品、元数据和原始资料，包括用于延迟模态分析的关键数据
8	应尽可能长时间使用满足上述校准和稳定性要求的功能基线仪器，即使这些存在于已退役的卫星
9	应通过适当的活动和合作来保持卫星测量的补充现场基线观测
10	应确定卫星观测和衍生产品的随机误差和与时间有关的偏差

气候数据产品

尽管可将基础气候数据记录视为直接测量的量，但即便使用几种不同的观测仪器，“产品”一词应指来源于基础气候数据记录地球物理变量的值或场(GCOS，2006)。此类产品，一般称为合成气候产品①，通常融合卫星和现场实测，以物理模型框架为基础混合不同来源数据。表 14.5 列出了海洋领域中的所有基本气候变量，它们很大程度上依赖于卫星观测，指定了数据产品必须生成的类型和适用于每个类型的基础气候数据记录。

① 在 NOAA 文件中有时也被称为专题气候数据记录(thematic climate data records，TCDR)。

表 14.5 海洋领域的基本气候变量，主要依靠卫星观测，显示相关数据产品和需求的基础气候数据记录(GCOS-Secretariat，2009)

基本气候变量	需要卫星观测的全球产品	空间和时间采样分辨率	目标精度	目标稳定性	产品生产需要的基础气候数据记录
海冰	海冰密集度	12 km；每天	5%	每 10 年 5%	微波和可见影像
海平面	海平面和全球平均值的变化量	25 km；每天	1 cm	每 10 年 0.5 mm	测高法
海表温度	海表温度	1 km；3 小时	0.25 K	每 10 年 0.1 K	单视和多视红外及微波影像
水色	水色，从水色反演的叶绿素浓度	1 km；每天	5%	每 10 年 1%	多光谱可见光影像
海况	波高，波向；波长，周期	25 km；3 小时	10 cm(SWH)	每 10 年 5 cm	测高法
海水盐度	海表盐度变化测量的研究	100 km；每周	0.05‰	每 10 年 0.05‰	微波辐射率

将产品区分于基础气候数据记录的重要性在于气候数据产品并不完全依赖于基础气候数据记录，其准确性和稳定性不仅取决于航天机构对基础气候数据记录的验证，还取决于负责现场数据可靠性的其他机构，它还依赖于假定物理模型的有效性。这些产品可视为不同测量和业务机构及研究小组间复杂相互作用的结果，且随着时间推移每个研究机构都可能改进程序。实际上，卫星数据记录的经验表明，历史数据的定期再处理是可取的，因为不断增长的知识可提高数据集和产品的质量。因此，必须在不同参与者间保持通力协作，辅以训练有素的文档、严格控制的数据版本以及精心引入和测试的改进产品，确保此类产品的长时间序列不会获取被误认为气候变化证据的人为误差。

为了确保引起重视，全球气候观测系统指导委员会发布了一系列建议(GCOS-Secretariat，2009)，涉及规划生成基本气候变量卫星数据集和产品的程序，见表 14.6。

表 14.6 用于基本气候变量的 GCOS 数据集和产品需求，根据 GCOS-Secretariat(2009)总结成表格形式

数据产品附带的信息	1	完整描述数据集和产品生成的所有步骤，包括算法、使用的特定基础气候数据记录以及验证活动的特点和结果
	2	同行评议杂志出版物的信息，包括数据集和产品的描述和应用
	3	预期产品准确性、稳定性和分辨率(时间，空间)的声明，包括在可能的情况下与卫星增补(或任何后续版本)所述要求的比较
	4	安排访问数据集、产品和所有文档

续表

必需的数据特性	5	数据集和产品的版本管理，特别是改进的算法和重处理
	6	产品的长期稳定性和一致性
	7	全面应用所有适当的校准/验证活动，以提高产品质量
	8	适当的全球覆盖
	9	及时向用户发布数据，以便进行监测活动
	10	尽可能应用成熟的定量指数
其他因素	11	便于用户反馈
	12	发布摘要(最好是在线)，逐点描述遵循 GCOS 指南的程度

14.6.4 用于气候的海洋数据集

本节简要介绍海洋领域中每个基于卫星基本气候变量的一些未决问题(如表 14.5 所列)，还注明了首选的采样分辨率、目标精度的稳定性。在撰写本文时，欧空局着手制定一项 5 年的气候变化倡议，以开发卫星衍生的基本气候变量。因此，接下来几年，读者可展望系统取得显著进步，从而生成这些基本气候变量。

海冰

海冰密集度及其季节性变化是高纬度地区气候变化的一个重要指标。自 1978 年以来，极轨卫星每天都用微波辐射计来测量海冰密集度(如 11.4 节所述)。这提供了 30 年的气候记录，尽管该记录仍有巩固的余地，即通过在多年来用于生成记录的不同算法、频带和传感器之间，改进或确认标定的一致性。在目前 SSM/I 和 AMSR-E 传感器的寿命周期内，确保被动微波辐射计的持续性非常重要。

2007 年 9 月发生了前所未有的海冰低覆盖后，目前关注的焦点是观测北冰洋夏季冰盖减少的趋势(如 11.4 节所述)。监测冬季海冰最大范围的任何新兴趋势也将很有趣，不光格陵兰岛沿岸，也包括北部沿海海域，如波罗的海、鄂霍次克海和南极半岛两侧的威德尔海、别林斯高晋海(Bellingshausen Sea)。随着生态系统响应冰盖变化的研究，利用更精细的空间分辨率监测海冰的细致分布将变得非常重要，日益增长的 SAR 图像可用性为此作出卓越的贡献，它也将在此前只有海冰的地方监测海表温度、海面高度和海洋水色。这在北冰洋可能是必要的，夏末当海冰融化时太阳高度很低的地方，可提高低照度环境下叶绿素的海洋水色反演。

估算总冰量也需要估计冰层厚度，这可从欧空局于 2010 年 4 月 8 日发射的 Cryosat 计划搭载的合成孔径高度计(SIRAL)得到。结合海冰覆盖范围可估算与冰相关的淡水通量。

海平面

海平面是一个重要的基本气候变量，因为它代表了一项人类对气候变化的主要影响。海平面上升是海温上升和冰川及大陆极地冰盖融化的结果。正如 11.5 节所述，重要之处不仅在于平均海平面上升，还在于空间分布也增加。地势低洼的沿海和岛国将特别关注新兴的科学成果。该基本气候变量可能会影响有关世界各地沿海地区的保护及长远未来的国际政治讨论。

对绝对动力地形的了解对于探测海洋环流模式的变化也很重要，为此，最近推出的 GOCE 任务对改进大地水准面的预期将作出巨大贡献。这也将有助于更好地初始化用于气候预测的全球海洋-大气耦合环流模型。

海表温度

作为 GHRSST 工作的一个成果，最近在国际合作监测海表温度方面取得的进展(见 14.4.2 节)，为不久的将来提供气候应用所需高质量海表温度数据集奠定了基础。气候分析所需高精度和稳定性海表温度记录的关键是 ATSR 系列卫星，该系列卫星在 1991 年首次发射。该系列卫星最新的有高级沿轨扫描辐射计(AATSR)，具有经过良好验证的准确性和稳定性[参见如 Wimmer 等(2010)]，协调自 1991 年以来所有三个 ATSR 型传感器数据的工作已经开展，以生成 19 年的气候质量全球海表温度数据集(Merchant et al.，2008)。

ATSR 数据的一个弱点是由其窄刈幅导致相对较差的时空采样。GHRSST 基础设施发挥的最重要的贡献之处，就是通过使用 ATSR 数据可以进行各种不同传感器其他海表温度数据集的偏差调整。如 14.4.2 节所述，这使得可生成新的高分辨率全球海表温度分析数据集，如英国气象局的业务化海表温度和海冰分析产品——OSTIA(Donlon et al.，2010)。这种方法让 ATSR 数据的准确性和稳定性来稳固来自所有可用数据的合成海表温度产品，生成比单独 ATSR 采样更好的数据集。

位于美国国家海洋数据中心(NODC)的 GHRSST 长期管理和再分析设施(LTSRF)，为所有不同的海表温度数据集提供了一个存储库。这有助于迭代再处理来自各个中心的记录，并通过再分析进行合成，以提供气候质量的高分辨率海表温度数据集。这些期望超过现有的气候海表温度数据集，通常具有月平均 1°(纬度)×1°(经度)的粗分辨率，足以检测海表温度全球趋势，但无法揭示高频特征信息。相反，新的分析数据将具有每天 5~10 km 的分辨率，意味着它们将包含中尺度变化信息。这可能为创建中尺度过程的气候学提供机会，例如锋面、涡流或上升流及它们如何将在更长时期内被调制。然后可以分析这些气候要素，以确定它们是否对气候指数敏感(如北大西洋涛动)，这些指数已知可表征海洋响应大气强迫的某些方面。

ATSR 型传感器的连续性将由搭载在欧空局 Sentinel-3 系列上的新海表温度传感器来维持(见 15.2.2 节)，而在可预见的将来，将在极轨和地球同步轨道气象卫星上搭载宽幅红外传感器用于常规海表温度监测。维持高质量海表温度气候数据集一个可能的不足，在于海表温度所需频段为 6~7 GHz 和 10~11 GHz 被动微波辐射计连续观测的不确定性。预计 2013 年的日本 GCOM-W1 卫星[①]，将携带升级和改进的 AMSRE 辐射计，在若干任务中提供一定的连续性。即使来自这种传感器的数据空间分辨率较为粗糙，但它们能透过云进行测量。因此，它们不仅在多云天气下对海表温度分析数据产品作出有价值的贡献，而且应该有助于保持海表温度记录不受由云分布气候变化相关的红外采样变化引起的错误调制的影响。

水色

水色基本气候变量需要有助于 UNFCCC 的碳循环监测要求，主要衍生产品是归一化离水辐亮度和海表透光层的深度平均叶绿素浓度，尽管(如第 7 章所述)漫衰减系数的测量和光合有效辐射(PAR)的估算，对于估计总初级生产力，进而支撑气候变化监测也很有价值。

来自水色传感器的卫星观测提供了全球监测的唯一手段。由于单个传感器无法每天覆盖全球，且云是一个严重的限制因素，因此需要融合来自多个平台和不同类型的水色传感器数据。为了实现气候变化分析所需的长时间跨度，有必要将 SeaWiFS (1997—2006 年)、MODIS(2001 年至今)、MERIS[②] 的数据集和来自未来传感器如 Sentinel-3 OLCI 和 NPOESS VIIRS(见 15.2 节)[③]的数据结合在一起。

在可能的情况下，从不同传感器合成数据生成每天高分辨率的全球叶绿素浓度分布图，应用最优插值方法来填补由云层造成的时间间隙，给水色科学家带来了极大的挑战。不同传感器系统的全面校准和验证是至关重要的，如果大气层顶可见光波段辐亮度要满足作为有效基础气候数据记录的精度和稳定性要求，必须对不同传感器系统进行严格的标定和验证。不管怎样，欧空局 Globcolour 项目[④]已经取得一些进展，生成了一个由 SeaWiFS、MERIS 和 MODIS 数据合成的 10 年水色和叶绿素产品示范数据集。

海况

海况，代表海面粗糙度，被认为是气候科学的一个重要变量，因为它对海-气通量有影响(如第 10 章所述)。气候领域的气象学家倾向于认为，由 NWP 预测风的波浪模型预测的波浪，足以生成气候态的海况。然而，随着海浪预报人员越来越关注卫星数

---

① 发射于 2012 年 5 月 18 日，搭载了 AMSR2。——译者

② 2002—2010 年。——译者

③ 这两个传感器都已经在轨运行。——译者

④ 查阅 Globcolour 网址 http://www.globcolour.info/。

据对业务化波浪预报提升的帮助，人们意识到自 1992 年 TOPEX/Poseidon 开始的 17 年高度计测量，为全球海况提供了有价值的直接测量记录。如第 8 章所述，高度计产生了有效波高、波周期及其他可能的波统计特征(如波高和波龄的 PDF)的记录，可用于评估海-气通量参数(如第 10 章所述)。目前，这些能提供独立的海况气候记录，以此可确定极端波高统计数据，并提供一种基于波模式的海况气候态可靠性评估方法。在不久的将来可期望高度计的连续观测，因为它们是业务海洋预报系统所需。

尽管很难向后扩展早于 2002 年开始于 Envisat ASAR 数据的气象记录，近期利用 SAR 测量方向波浪谱的最新进展，使获得波长和方向的全球尺度记录成为可能。这些数据正在进行的连续性预期将来自欧洲的未来 SAR 任务计划，包括将于 2012 年开始的 Sentinel-1 卫星系列。

海表盐度

目前还没有采用卫星监测的海表盐度(SSS)数据产品。本文撰写之时，SMOS 辐射计在轨，但在试图反演海表盐度测量之前，L 波段微波辐射计的性能有待评估。此外，NASA 用来测量海表盐度的水瓶座项目预计于 2010 年发射①。这两个任务可能会实现粗分辨率监测海表盐度变化的能力。尽管空间和时间分辨率有限，但如果达到目标性能，它应该提供比目前更多的可用信息，揭示海表盐度变化的新模式，将有助于我们理解海洋中的气候变化。即使一个或两个任务取得的成功有限，都会增加后续任务的需求并需要改进规格，因为由于对海表盐度的定期监测是了解海洋环流和水文循环气候变化的重要信息。

14.7 参考文献

Alverson, K. (2005), Watching over the world's oceans. Nature, 434, 19-20.

Alverson, K. (2008), Filling the gaps in GOOS. Journal of Ocean Technology, 3(3, An Eye on Poseidon), 19-23.

Alverson, K., and D. J. Baker (2006), Taking the pulse of the oceans. Science, 314(December 15), 1657.

Anderson, T. R. (2005), Plankton functional type modelling: Running before we can walk? J. Plankton Res., 27, 1073-1081.

Baretta, J. W., W. Ebenhö h, and P. Ruardij (1995), The European Regional Seas Ecosystem Model: A complex marine ecosystem model. Netherlands J. Sea Res., 33, 233-246.

Bell, M. J., R. M. Forbes, and A. Hines (2000), Assessment of the FOAM global data assimilation system for real-time operational ocean forecasting. J. Mar. Syst., 25, 1-22.

① 该计划发射于 2011 年 6 月，终止于 2014 年 12 月。——译者

Brasseur, P. (2006), Ocean data assimilation using sequential methods based on the Kalman filter. In: E. P. Chassignet and J. Verron (Eds.), Ocean Weather Forecasting (pp. 271–316). Springer–Verlag, Dordrecht, The Netherlands.

Brasseur, P., P. Bahurel, L. Bertino, F. Birol, J. M. Brankart, N. Ferry, S. Losa, E. Remy, J. Schröter, S. Skachko et al. (2005), Data assimilation for marine monitoring and prediction: The MERCATOR operational assimilation systems and the MERSEA developments. Quart. J. Roy. Meteorol. Soc., 131, 3561–3582.

Brekke, C., and A. Solberg (2005), Oil spill detection by satellite remote sensing. Remote Sens. Environ., 95(1), 1–13.

Campbell, J. (1995), The lognormal distribution as a model for bio–optical variability in the sea. J. Geophys. Res., 100(C7), 13237–13254.

Chassignet, E. P., H. E. Hurlburt, O. M. Smedstad, G. R. Halliwell, P. J. Hogan, A. J. Wallcraft, R. Baraille, and R. Bleck (2007), The HYCOM (HYbrid Coordinate Ocean Model) data assimilative system. J. Mar. Syst., 65(1/4), 60–83.

Chassignet, E. P., and J. Verron (Eds.) (2006), Ocean Weather Forecasting. Springer – Verlag, Dordrecht, The Netherlands.

Christian, J. R., M. A. Verschell, R. Murtugudde, A. J. Busalacchi, and C. R. McClain (2002), Biogeochemical modelling of the tropical Pacific Ocean. I: Seasonality and interannual variability. Deep–Sea Res. II, 49, 509–543.

Donlon, C. J., M. Martin, J. Stark, J. Roberts–Jones, and E. Fiedler (2010), The Operational Sea Surface Temperature and Sea Ice Analysis (OSTIA). Remote Sens. Environ., submitted to AATSR Special Issue.

Donlon, C. J., P. J. Minnett, C. Gentemann, T. J. Nightingale, I. J. Barton, B. Ward, and M. J. Murray (2002), Towards improved validation of satellite sea surface skin temperature measurements for climate research. J. Climate, 15(4), 353–369.

Donlon, C. J., T. J. Nightingale, T. Sheasby, J. Turner, I. S. Robinson, and W. J. Emery (1999), Implications of the oceanic thermal skin temperature deviation at high wind speed. Geophys. Res. Letters, 26(16), 2505–2508.

Donlon, C. J., I. S. Robinson, K. S. Casey, J. Vazquez, E. Armstrong, O. Arino, C. L. Gentemann, D. May, P. Le Borgne, and J. –F. Piolle et al. (2007) The Global Ocean Data Assimilation Experiment (GODAE) High Resolution Sea Surface Temperature Pilot Project (GHRSST–PP). Bull. Am. Meteorol. Soc., 88(8), 1197–1213, doi: 10.1175/BAMS–88–8–1197.

Drange, H. (1996), A 3–dimensional isopycnic coordinate model of the seasonal cycling of carbon and nitrogen in the Atlantic Ocean. Physics and Chemistry of the Earth, 21(5/6), 503–509.

Durand, D., L. H. Pettersson, O. M. Johannessen, E. Svendsen, H. Søiland, and M. Skogen (2002), Satellite observation and model prediction of toxic algae bloom. Operational Oceanography: Implementation at the European and Regional Scales (Elsevier Oceanography Series Vol. 66, pp. 505–

515). Elsevier.

Espedal, H. A., and O. M. Johannessen (2000), Detection of oil spills near offshore installations using synthetic aperture radar (SAR). Int. J. Remote Sensing, 21(11), 2141-2144.

Espedal, H. A., and T. Wahl (1999), Satellite SAR oil spill detection using wind history information. Int. J. Remote Sensing, 20(1), 49-65.

Ewing, G. C. (Ed.) (1965), Oceanography from Space (report of a workshop in 1964, 469 pp.). Woods Hole Oceanographic Institution, Woods Hole, MA.

Fasham, M. J. R. (1993), Modelling the marine biota. In: M. Heimann (Ed.), The Global Carbon Cycle (pp. 457-504). Springer-Verlag, Berlin.

Fasham, M. J. R., H. W. Ducklow, and S. M. McKelvie (1990), A nitrogen-based model of phytoplankton dynamics in the oceanic mixed layer. J. Mar. Res., 48, 591-639.

Ferraro, G., B. Bulgarelli, S. Meyer-Roux, O. Muellenhoff, D. Tarchi, and K. Topouzelis (2008), The use of satellite imagery from archives to monitor oil spills in the Mediterranean Sea. In: V. Barale and M. Gade (Eds.), Remote Sensing of the European Seas (pp. 371-382). Springer-Verlag, Berlin.

Fiscella, B., A. Giancaspro, F. Nirchio, P. Pavese, and P. Trivero (2000), Oil spill detection using marine SAR images. Int. J. Remote Sensing, 21(18), 3561-3566.

Friedrichs, M. A. M., R. R. Hood, and J. D. Wiggert (2006), Ecosystem model complexity versus physical forcing: Quantification of their relative impact with assimilated Arabian Sea data. Deep-Sea Res. II, 53, 576-600.

GCOS-Secretariat (2009), Guidelines for the Generation of Satellite-based Datasets and Products Meeting GCOS Requirements (GCOS-128, 13 pp.). World Meteorological Organization, Geneva, Switzerland.

GCOS (2004), Implementation Plan for the Global Observing System for Climate in Support of the UNFCCC (GCOS-92, 136 pp.). World Meteorological Organization, Geneva, Switzerland.

GCOS (2006), Systematic Observation Requirements for Satellite-Based Products for Climate: Supplemental Details to the Satellite-based Component of the "Implementation Plan for the Global Observing System for Climate in Support of the UNFCCC" (GCOS-107, 90 pp.). World Meteorological Organization, Geneva, Switzerland.

Gregg, W. W. (2001), Tracking the SeaWiFS record with a coupled physical/biogeochemical/radiative model of the global oceans. Deep-Sea Res. II, 49, 81-105.

Griffies, S. M. (2006), Some ocean model fundamentals. In: E. P. Chassignet and J. Verron (Eds.), Ocean Weather Forecasting (pp. 19-73). Springer-Verlag, Dordrecht, The Netherlands.

Gunson, J., A. Oschlies, and V. Garçon (1999), Sensitivity of ecosystem parameters to simulated satellite ocean color data using a coupled physical-biological model of the North Atlantic. J. Mar. Res., 57, 613-639.

Hemmings, J. C. P., R. M. Barciela, and M. J. Bell (2008), Ocean color data assimilation with material conservation for improving model estimates of air-sea CO_2 flux. J. Marine Res., 66, 87-126.

Hemmings, J. C. P., M. A. Srokosz, P. Challenor, and M. J. R. Fasham (2003), Assimilating satellite ocean color observations into oceanic ecosystem models. Phil. Trans. Roy. Soc. Lond. A, 361(1802), 33-39.

Hemmings, J. C. P., M. A. Srokosz, P. Challenor, and M. J. R. Fasham (2004), Split-domain calibration of an ecosystem model using satellite ocean color data. J. Marine Sys., 50(3/4), 141-179.

IOCCG (1999), Status and Plans for Satellite Ocean-Colour Missions: Considerations for Complementary Missions (edited by J. A. Yoder, Report No. 2, 43 pp.). International Ocean-Colour Coordinating Group, Dartmouth, Canada.

IOCCG (2007), Ocean-Colour Data Merging (edited by W. W. Gregg, Report No. 6, 74 pp.). International Ocean-Colour Coordinating Group, Dartmouth, Canada.

IPCC (2007), Climate Change 2007: Synthesis Report. Contribution of Working Groups I, II and III to the Fourth Assessment Report of the Intergovernmental Panel on Climate Change (edited by R. K. Pachauri and A. Reisinger, 104 pp.). IPCC, Geneva, Switzerland.

Maritorena, S., and D. A. Siegel (2005), Consistent merging of satellite ocean color data sets using a bio-optical model. Remote Sens. Environ., 94, 429-440.

Merchant, C. J., D. T. Llewellyn-Jones, R. W. Saunders, N. Rayner, E. C. Kent, C. P. Old, D. Berry, A. R. Birks, T. Blackmore, and G. K. Corlett et al. (2008) Deriving a sea surface temperature record suitable for climate change research from the along-track scanning radiometers. Adv. Space Res., 41, 1-11.

Natvik, L.-J., and G. Evensen (2003a), Assimilation of ocean colour data into a biochemical model of the North Atlantic, Part 1: Data assimilation experiments. J. Mar. Syst., 40/41, 127-153.

Natvik, L.-J., and G. Evensen (2003b), Assimilation of ocean colour data into a biochemical model of the North Atlantic, Part 2: Statistical analysis. J. Mar. Syst., 40/41, 155-169.

O'Carroll, A. G., J. R. Eyre, and R. W. Saunders (2008), Three-way error analysis between AATSR, AMSR-E, and in situ sea surface temperature observations. J. Atmos. Oceanic Technology, 25, 1197-1207.

Ohring, G., B. Wielicki, R. Spencer, W. J. Emery, and R. Datla (2005), Satellite instrument calibration for measuring global climate change: Report of a workshop. Bull. Am. Meteorol. Soc., 86(9), 1303-1313.

Oschlies, A., W. Koeve, and V. Garçon (2000), An eddy-permitting coupled physical-biological model of the North Atlantic, 2: Ecosystem dynamics and comparison with satellite and JGOFS local studies data. Global Biogeochemical Cycles, 14, 499-523.

Palmer, J. R., and I. J. Totterdell (2001), Production and export in a global ocean ecosystem model. Deep-Sea Res. I, 48(5), 1169-1198.

Robinson, I. S. (2004), Measuring the Ocean from Space: The Principles and Methods of Satellite Oceanography (669 pp.). Springer/Praxis, Heidelberg, Germany/Chichester, U.K.

Robinson, I. S., D. Antoine, M. Darecki, P. Gorringe, L. Pettersson, K. Ruddick, R. Santoleri, H. Siegel, P. Vincent, M. R. Wernand et al. (2008), Remote Sensing of Shelf Sea Ecosystems: State of the Art and Perspectives (edited by N. Connolly, Marine Board Position Paper No. 12., 60 pp.). European Science Foundation Marine Board, Ostend, Belgium.

Siddorn, J. R., J. I. Allen, J. C. Blackford, F. J. Gilbert, J. T. Holt, M. W. Holt, J. P. Osborne, R. Proctor, and D. K. Mills (2007), Modelling the hydrodynamics and ecosystem of the North-West European continental shelf for operational oceanography. J. Mar. Syst., 65(1/4), 417-429.

Solberg, A., and C. Brekke (2008), Oil spill detection in northern European waters: Approaches and algorithms. In: V. Barale and M. Gade (Eds.), Remote Sensing of the European Seas (pp. 359-370). Springer-Verlag, Berlin.

Solberg, A. H. S., G. Storvik, R. Solberg, and E. Volden (1999), Automatic detection of oil spills in ERS SAR images. IEEE Trans. Geosc. Remote Sensing, 37(4), 1916-1924.

Trieschmann, O., T. Hunsänger, L. Tufte, and U. Barjenbruch (2003), Data assimilation of an airborne multiple remote sensor system and of satellite images for the North and Baltic sea. Paper presented at Proc. SPIE 10th Int. Symposium on Remote Sensing (pp. 51-60).

Wimmer, W., I. S. Robinson, and C. J. Donlon (2010), Long-term validation of AATSR SST data products using ship-borne radiometry in the Bay of Biscay and English Channel. Remote Sens. Environ., accepted for publication (AATSR Special Issue).

15 展　望

本书最后一章旨在解答第 1 章关于对地观测卫星在海洋科学中有多重要的问题。15.1 节总结了利用遥感对于海洋的特性、现象以及其过程所获得的主要发现，它得出的结论是，卫星数据已成为海洋科学的重要组成部分，并且在为海洋学研究和应用开拓新发展方面将发挥关键作用。

15.2 节点明了卫星观测和数据处理系统如今已被认为是海洋科学中的必要组成部分。本节详细阐述了实测需求的核心，以便于科学研究机构可以向公众提供可靠的海洋监测、预报以及气候服务。航天机构宣布了对于未来计划的展望，即针对传输上述服务的过程中提供能满足观测要求的空间以及地面部分的基础设施。同时，新型卫星任务也可以为新的研究提供更多的机会。

最后，15.3 节总结了在充分了解卫星海洋学潜力的情况下，现阶段制约其充分利用的智能挑战。该节同样指出了几个新的想法，其中一些想法在几年之内有望开拓新的研究领域。

15.1　成就

15.1.1　利用卫星数据所获得的海洋发现

由于在本书前几个章节中大多数由卫星图像数据所揭示的海洋现象已经通过遥感和现场观测的结合进行了详细的探索，因此海洋学家们对它们的存在及其水平空间分布了如指掌。然而，如果不是通过卫星图像首先对各种海洋过程有一个空间上的概述，单凭其形状对其进行描绘是很难实现的。

在第 3 章至第 5 章对于中尺度海洋过程的描述是毋庸置疑的。最早期的卫星图像上展示了西边界流的强蜿蜒性，并由此产生了与当地海洋锋区域相联系的涡旋。在大尺度海流交汇的位置，例如巴西和马尔维纳斯流的交汇点或者厄加勒斯翻转区（the Agulhas retroflection zone），卫星数据显示非常强且复杂的涡旋结构。相对南极绕极流更为细长的中尺度涡，卫星数据也同样能够清楚地显示。此外，通过对于中尺度涡的温度、颜色以及海面高度的判断使得我们了解到其存在的普遍性，并且向我们展示了由于风生海流的不同分布所衍生出的不同特性。如果没有卫星海洋学，那我们将无法详细和全面地了解中尺度涡旋能量在全球范围内的分布。

这同样适用于上升流，一个在有限的地理区域将营养盐输送到海表的重要机制，其初级生产力可用于维持附近很大范围的生态系统。虽然我们对于已被发现的几个主要上升流区有着初步的认知，但是只有通过图解的方法才能够加深我们对它的了解，即通过散射计图像中的风应力分布以及与其相匹配的热量图中的冷上升流区域来得到水色图中初级生产力的区域。这同样适用于更零散的或季节性的上升流特征，例如美国中部热带东太平洋的风气流以及印度洋季风的显著变化。此外，无论是开阔大洋亦或陆架海的藻类暴发，通过卫星图像可以提出有关这样的问题：是什么控制了藻类暴发的地点、时间以及年际变化。毫无疑问，卫星图像数据大大提高了人们对于中尺度以及次级中尺度过程的了解。在没有相对应卫星数据参照之下鲜有现场试验能够详细地研究这类进程，因为只有卫星数据才能够为传统海洋学中的现场以及次表层观测值提供更为广泛的更有深度的解释。

如果我们考虑海洋中的大尺度动力过程，则有另一类的现象要更加依赖于卫星的观测，即行星波(详见第 6 章)。以罗斯贝波为例，如果没有卫星数据，至今仍无法证明罗斯贝波的存在，而如今，通过几个不同的海洋参数都可以清晰地在卫星图像上看到罗斯贝波的存在，并且其有效精度内的速度估算也常被用于校正研究其传播特性的理论模型。卫星数据还是热带不稳定波的第一个有效证据，并且用于确定其特性。此外，通过与实测数据的结合，卫星数据对赤道太平洋海盆尺度的厄尔尼诺-拉妮娜的结构研究提供了很大的帮助。

正如之前章节所证实，对海洋许多特征和现象的洞察及认识都得益于卫星的独特视角以及取样能力。这些例子都证明了在过去的 30 年里，卫星海洋数据为中尺度以及大尺度海洋动力研究以及其与海洋初级生产力关系的研究作出了卓越贡献。

15.1.2 海洋科学需要遥感吗?

卫星海洋学技术能力发展的历史，最初是航天机构推行的其中一项技术，其目的在于响应促进发展高科技产业的政策鼓励。然而，政治和资金投资动机已经发生了很大变化。因此，对地球观测卫星的投资需要根据包括遥感数据的应用对于社会福利、环境科学以及最终管理地球及其生态系统的健康有多少贡献而进行调整。因此，有必要认真分析我们是否需要继续提供卫星来研究海洋，或者我们只是能将就用过去 30 年的知识。

从这本书中的例子得到的结论是卫星数据已经为海洋科学的发展作出巨大的贡献，并在未来仍会如此。正如第 10 章的海-气界面通量及第 13 章的陆架海和近岸海域表明，科学进步需要结合现场观测数据和卫星观测值。如果我们现在停止使用任何海洋的卫星数据，那么海洋研究的质量在某些领域将会降低。若在海洋学领域没有使用卫星数据，而是完全依靠浮标、漂流器以及船只上的实验，将无法达到只有通过卫星数据的角度才能得到的某一要素的时空广泛性。我们有 10~25 年(取决于变量)的全球海洋监测数据，从太空补充各种各样的表面和深海现场观测数据。这些数据已经帮助我们创建基准气候学，它可以支撑未来现场观测海洋的研究，另外需要特别强调的是10~25 年也证实了与气候态相联系的变化程度。与长期趋势和海洋的低频变化相联系的可变性增加了中尺度海洋湍流的随机扰动。随着大气湍流压力的不断变化，意味着未来的海洋学家假定海洋状况的背景是先前所测定的气候态而不是持续使用卫星和现场测量数据告诉我们实际上在海洋准实时地发生了什么，那么这将带来无法接受的高误差。因此，从一个纯粹的科学角度而言，常规海洋监测的连续性是否已成为未来海洋科学实验的重要因素仍存在着激烈的争论。

当海洋卫星数据的业务化应用被加到科学研究的需求中后，太空中持续性的海洋监测业务被大力加强。事实上，第 14 章中阐述的业务应用类型为利用卫星来建立常规海洋的监测提供了更加有力的论据。这些被用来加强海洋预报和短时预报服务以支持与海洋相互作用的方方面面，对人类从事的许多行业产生直接影响，包括工业、交通、商业、健康和安全、休闲、资源管理、海洋环境保护和政治治理等。由于对于业务化流程(如 GMES)，许多用户部门的需求在很大程度上有重合，因此，这些需求被合并成为“下游使用者需求”，而为公众利益所建立的通过卫星来进行的常规海洋监测的效益与效率则变得不言而喻。另一个强有力的论证是在海洋监测的区域，利用卫星得到与气象组织观测的海洋参数的同步及时的信息，同样被大众承认有利于提高天气预报的准确性。卫星海洋监测的第三大运行理由是监控变化的海洋以描述海洋对气候变化的响应并促进 UNFCCC 的国际努力来减少温室气体的排放。

应该认识到卫星海洋学的伟大成就之一(甚至比其他高水平的科学研究成果更重要)是它已经发展并展示了通过应用科学知识来创造的公共利益。在欧洲，GMES 自发的海洋核心服务和在美国 NOAA 的海岸带监测(Coastwatch)项目①，是作为实质性新动态的应用海洋学崛起的例子。为了能够有效利用这样的服务，需要现场观测、遥感平台以及海洋预报平台等多种观测方法的综合。如果没有利用卫星海洋学的方法来进行覆盖全球的时空的海洋监测，那么海洋预报系统的观测值质量将会降低。为了服务一个表面 70%被海洋覆盖的住着大量人口的星球，21 世纪的海洋学领域需要大量的海洋监测卫星。

---

① 进一步信息查阅 http://coastwatch.noaa.gov/cwn/index.html。

15.2 巩固海洋遥感的未来

15.2.1 卫星海洋学的重要性

面对可预见的未来，我们已证实了对于海洋变量常规卫星测量的持续性需求，因此，回顾本书主要章节所讨论的内容并进行相关总结是很重要的。

从最近几年的经验以及包括在之前的章节描述的海洋应用的证据中可以看出海洋学家需要从卫星测量得到标准变量。比如：通过可测量的海表面流，基于测高法反演得到海面高度；基于红外和微波辐射测量的海表温度；通过可见光波段的离水辐射率或者反射率不仅可以得到水色的信息还可以得到叶绿素 a 浓度以及漫衰减系数；利用散射测量(或者偏振微波辐射测量)得到海面风矢量；成像雷达、被动微波辐射测量、热学和光学测量的海冰参数；包括测高法测量的波高和成像雷达测量的方向波光谱的海况；用 SAR 图像得到海面粗糙度，能够自动分析检测海洋溢油的能力和包括内波等在内的表面动力学特征。

表 15.1 列出了这些变量及其一般操作应用所需的理想的空间和时间分辨率，它们不仅被通用业务化所需，同时对卫星/传感器估计也需要达到最低操作规范。隐含的产品为全球 3 级或 4 级分析数据集；构造这些数据集的单个传感器的 2 级数据产品将需要更精细的空间分辨率。除了由一些机构提供的来自单独的传感器的地面部分数据，需要有一个能够实时生产这些融合产品的全球一体化处理基础设施(连同误差统计数据和其他辅助数据)。

表 15.1　需要卫星业务化监测的海洋变量

海洋变量	分析产品的理想规范 (变量的精度，时间和空间的分辨率)	满足最小需求的 最低传感器配置
海面高度	2 cm；1/3°(纬度)×1/3°(经度)；每周	1 T/P 传统高度计和 1 LEO 高度计
海表温度	0.1 K；5 km；每日	1 ATSR-type dual-view IR 传感器， 2 met-type LEO IR 传感器， 1 GEO IR 传感器和 1 LEO MW 传感器
海洋水色	5%反射率，K 和 0.3log(Chl)；5 km；每周	2 多光谱 VIS-NIR，辐射计如 MERIS 或 MODIS
风矢量	1 m/s；方向 10°；25 km；每日	2 LEO 散射计

续表

海洋变量	分析产品的理想规范（变量的精度，时间和空间的分辨率）	满足最小需求的最低传感器配置
海况：有效波高	10 cm；10 km 沿轨	1 T/P 传统高度计和 1 LEO 高度计
海况：海浪方向谱	高 10 cm，方向 15°；样本间隔 200 km；每日	LEO 中的 4 SARs
表面粗糙度	75 m；2 天	LEO 中的 4 SARs
海冰参数	密集度<5% 边缘<1 km 温度<1 K 每日分辨率<10 km	被动微波成像仪(SSM/I 或 AMSR class)，SAR，热和光学成像仪，散射仪和 SAR 高度计数据

即使指定了全球海洋卫星监测最低要求，应该强调的是由卫星数据产品所提供的业务化应用同样依赖于相对应的现场观测数据。这些包括了静止的和漂流的浮标、Argo 浮标和滑翔机，倘若没有这些装置，那么用来表征海洋内部动力以及物理特征的海洋预测系统的能力将会大打折扣。因此，有必要意识到卫星和现场观测数据要作为一个整体对待。它们是相辅相成的，因此若把它们放到同一资助中竞争，进行二者选一可能是错误的。此外，卫星数据产品的质量取决于不断利用适当数量的现场测量值进行校验。通过在传感器工作周期维护一个长期全面的验证计划，监测卫星每个仪器及其衍生产品的性能和不确定性非常重要，被视为提交给业务化应用的常规数据中一个必不可少的组成部分。

15.2.2 现有传感器和平台的局限性

表 15.1 中的数据产品代表了最低要求规范。研究和应用受到目前传感器规格的限制，这已经在之前的章节进行阐述过。

在某些情况下，由于遥感方法尚不充分，导致无法提供一定精度或分辨率的卫星测量。这些突出的问题可以总结如下。

使用测高法测量海面坡度的方法来探测洋流在以下几个方面是有限的(参见 3.4.2 节)：

- 如果可以更可靠地测量在陆架海域和靠近海岸区域的海面高度异常，这将会给陆架海洋动力学和沿岸上升流的研究带来相当大的好处(参见 5.1 节和 13.3 节)。

- 相邻高度计轨道之间的大间距，严格限制了描绘海表面流和量化涡动能的中尺度细节的能力(参见 3.4.4 节)。这可通过宽幅高度计在 200 km 刈幅范围获取海面高度异常来部分弥补，也可通过高度计协同星座来弥补。

- 从绝对动力地形和海面高度异常的反演值来测量绝对流，这需要提高对大地水准面的独立认识。使用 GRACE 数据已经产生了一些帮助(参见 2.4.5 节)，但仍然期望在最近发射的 GOCE 卫星的数据分析的基础上有进一步发展。

更新测量表面风和海浪的采样频率受限于数量较少的在轨运行传感器。为了更全面地了解海况变化和更好地对极端情况采样需要更高的采样频率，这意味着需要一系列卫星的必要性。

水色测量的规范是基于开阔大洋的监测要求。水色数据的应用范围在解决这些主要突出问题后将进一步扩大：

- 在二类水体光学条件下，从水色传感器获取可靠的生态系统信息的问题尚未圆满解决(参见 13.2.6 节和 14.3 节)。

- 研究近岸和河口生态系统要求到几米尺度的高分辨率水色遥感(参见 7.5 节)。所以对提供匹配局部地区的全局能力有越来越多的要求。这可能需要重新对如何生产所需的基础设施平台、传感器和数据管理加以考虑。

- 即使目前的传感器能有效地监测开阔大洋，云的覆盖仍然是一个严重的问题。因为随机的云覆盖问题使得一些传感器严重降低了实际的采样频率。通过使用多个传感器尝试采用同步平台上的传感器的方法，将无云条件下观测海洋的机会最大化很值得去探索。

通过 GHRSST 监测海表温度的方法正圆满地展开，其促进了不同类型传感器协同使用，尽管卫星热微波辐射测量的粗糙空间分辨率仍然存在缺陷且在连续的空间分段方面需要更好的协调。从 13.2.4 节和 14.4.2 节能够很明显看出，如果微波辐射计可以提供更好的分辨率和可靠的接近近岸的测量，这将对陆架海洋学带来很大的帮助。

上面概述的方法局限性代表了卫星海洋学家要解决的一系列技术和系统的挑战。这些局限性需要被优先考虑，因为海洋卫星数据的应用已经由于这些方法的局限性而受到了阻碍。然而，更应当受到重视的是确保核心海洋测量行之有效的基准在未来是安全的(如在下一节所讨论的内容)。

15.2.3 未来用于观测海洋的传感器、平台和系统

综述未来 10 年预计发射的海洋观测传感器非常重要，因为若无这些稳定持续的卫星计划，卫星海洋学的研究将会存在巨大隐患。截至 2009 年年底，预判未来 10 年海洋观测卫星总体可保证，目前运行有足够的传感器来满足表 15.1 所述的基本需求，这些传感器已在第 2 章的表中列出。同样重要的是，一些航天机构已经致力于保持卫星观测的连续性。目前正在建设几个卫星系统，目的是及时将替代传感器送入轨道，以便在当前传感器损坏之前获得相互校准的重叠时间。但这仍然存在风险，接下来 10 年的中段，信息冗余将少于现在，当前不同机构一些相似传感器正测量着相同的变量。一

定数量的冗余对支撑稳定的卫星海洋数据业务服务至关重要。展望5~10年，没有这种冗余，任何意想不到的传感器过早失效都可能会导致数据供给的暂时丢失。

眼下在轨的对地观测卫星系列令人眼花缭乱，目前有100余个传感器正在运行，可满足各种各样的全球环境测量需求。尽管只有少数将海洋监测作为主要任务，但约1/3的传感器能为海洋科学提供有用的信息。地球观测卫星委员会(CEOS)[①]负责协调所有不同航天机构的规划，制作对地观测手册，目前依然在线可见[②]。该手册里传感器包含的内容需要严格审查，因为读者不易区分为提供高质量近实时产品而提升的最先进传感器与功能看起来相似传感器的区别，后者实际上是机构发展和经验积累计划的一部分，其数据未免费发布。然而，地球观测卫星委员会的对地观测手册有一个有用的章节，就是提供了一个将业务任务与其他任务区分开的卫星任务目录。

满足表15.1中的需求

业务气象任务包括对LEO中宽幅红外传感器的持续投入，通过Eumetsat MetOp卫星系列和美国的NPOESS计划实现。此外，GEO红外传感器也有分布在世界各地的投入。在欧洲，GMES Sentinel系列提供了许多专用于海洋相关仪器的业务连续性，包括水色、温度、高度计和SAR。这些LEO和GEO传感器将部分满足海表温度的基本要求，提供表15.1所提及数据集的类型1和类型3产品(表14.1中)。质量控制所需的双视传感器(表14.1中的类型4)将由ESA Sentinel-3卫星系列的一系列新的海陆表面温度辐射计(SLSTR)提供。所需的微波传感器(表14.1中类型2)将由2012年发射的日本全球变化观测任务(GCOM)中的AMSR-2仪器来满足。但是，与其他热传感器不同，它目前似乎没有备选。

对于正进行的测高，TOPEX/Poseidon类的高度计将在Jason卫星系列继续投入，Envisat上的RA-2将被Sentinel-3的SRAL高度计取代。此外，如果RA-2过早失效，2010年发射的ESA's CryoSat计划中，用于监测极区冰层厚度的SIRAL高度计，应该可用来填补Sentinel-3发射之前的空白。法国机构CNES也计划在2010年年底之前发射的印度卫星Saral上搭载一个Ka波段高度计(AltiKa)。尽管未来10年后半段的情况不太利于其他的高度计，这些额外的传感器将有助于确保最多4个平台可提供高度计数据，比仅使用两个平台更有利于业务化海洋预报模型。

上述高度计计划可满足未来测量有效波高的海况需求。尽管未来几年似乎还没其他业务化散射计的确定计划，MetOp系列欧洲气象传感器上的ASCAT传感器将满足风矢量的测量需求。未来10年越来越多的SAR计划，将满足从SAR测量海面粗糙度的

---

① CEOS网址：http://www.ceos.org/。

② 对地观测手册可参见http://www.eohandbook。

需求，用作波浪方向谱反演和溢油监测，其中包括 Sentinel-1 上新的 C 波段 SAR 以及在 14.5 节提到的 PALSAR、TerraSAR-X 和 Radarsat。

最后，考虑到水色需求，尽管在二类水体条件下改善近岸生态系统的测量十分重要，但当 NPOESS 平台的 VIIRS 仪器代替 MODIS 后，数据的连续性似乎将会失去。它仅有满足开阔大洋叶绿素反演的基本波段。然而，ESA 将通过 Sentinel-3 上的海陆成像仪(OLCI)来维持 MERIS 的传统，并通过增加波段来扩展其功能。OLCI 和 VIRS 几乎可满足表 15.1 所述水色监测的基本需求。

业务化目标的卫星系列

值得注意的是，正在进行的海洋监测所需的连续性，将通过业务化气象传感器(MetOp、NPOESS 和 GEO 平台)、Jason 计划(目前主要由 EUMETSAT 协调的业务用户联合会支撑)和 ESA Sentinel 计划综合得到保障。这证实了其驱动动机是支持卫星海洋数据的业务应用。显然，ESA 发展的 Sentinel 系列卫星就是这种情况，为欧洲 GMES 计划提供所需的卫星测量。最终，GMES 空间基础设施预计将由欧盟代表其生成环境数据产品的所有欧洲用户来提供资金(如第 14.2.1 节所述)。拥有 5 个不同卫星类型的 Sentinel 计划的范围，要比单一的海洋应用广泛得多。然而，Sentinel-3 目的是确保充分满足 GMES 海洋核心服务的数据需求(Aguirre et al.，2007)。因此，它将配备雷达高度计(SRAL)、水色传感器(OLCI)和海表温度传感器(SLSTR)。请注意，SLSTR 基于 Envisat 上双视 AATSR 传感器的传承，应 GHRSST 的要求，相比覆盖范围，这类传感器需要提供更高质量的准确性和稳定性。

尽管 Sentinel-3 旨在满足主要的海洋需求，但其传感器也符合粗分辨率陆地制图的要求。以类似的方式，Sentinel-1 携带主要用于陆地制图和干涉测量的 X 波段 SAR，有助于满足海面粗糙度的海洋监测需求，而 Sentinel-2 将携带精细分辨率的可见光波段传感器陆地制图仪，可能有助于对近岸和河口水域的监测。

探测任务

尽管无法承诺持续的数据提供，欧空局还在其地球探测系列中制造了几颗卫星，它们将有助于海洋监测。2009 年启动了重力和海洋环流探测计划(GOCE)，目的是探测地球上的重力，从而推测出比以往更高分辨率的海洋大地水准面(见 *MTOFS* 的 11.7.3 节)。预计将使得绝对动力地形的估计更可靠，从而反演海洋绝对地转表面流。

如上所述，2010 年年初发射的 Cryosat 搭载了 SIRAL 高度计，可用于绘制极地冰盖的各个方面。在不影响主要冰冻圈任务的情况下，它还具有运行反演有效波高模式的能力。由于 Sentinel-3 高度计与其非常相似，因此基于 SIRAL 的合成孔径功能，可能有机会利用 SIRAL 数据来开发海洋回波波形的全新处理方案。

最后，土壤湿度和海洋盐度卫星(SMOS)于2009年年底启动，该L波段被动微波辐射计刚开始提供第一份数据。如何能够精确探测海表盐度尚待解决，但由于它是第一个尝试从太空进行此类测量的传感器，因此其结果将引起更广泛的海洋学界和卫星海洋专家的兴趣。紧随其后将进行类似的NASA Aquarius任务。

带着Sentinel系列实现10年可靠海洋业务测量的前景，这三个ESA对地探测任务的结合，再加上现有海洋传感器的范围，有望使卫星海洋学研究在21世纪的第二个10年，也像第一个10年那样令人兴奋。

15.3 卫星海洋学家面临的挑战

最后，正是诸如燃起好奇心去了解世界的运作方式以及创新驱动来解决理论或实验问题等因素，推动科学家走向成功。因此，有必要在本书收尾时提醒人们，一些未完成的挑战和机遇仍然存在于卫星海洋学领域的科学创新创造中。这些问题可能会吸引和激励该领域下一代的科学家。一个简单的短语或几句话足以提醒人们那些在本书其他地方更详细讨论的内容。

新出现的遥感技术或迫切需要提升的方法

- 近岸高度测量新方法：改善高度计信号处理和校正以提高浅海和近岸区域测高数据的准确性，开辟陆架海动力和沿海海流的重要研究领域(见13.3节)。
- 宽幅高度计——探索并发展非天底测高技术来提供高分辨率的二维海面高度异常图像。
- 用于更好地探测海表温度、盐度、海冰参数和海洋表面风的更高分辨率的被动微波成像仪。
- 采用创新技术从SAR和SAR干涉系统反演海流。
- 对所有卫星海洋观测的不确定性估算的更好和更完整说明。
- 全球卫星导航系统反射计(GNSS-R)的使用。来自GPS的“环境信号”从海洋反射并由近地轨道探测器接收。直接和反射信号的比较可能携带反射点的海面高度和海况信息。如果该技术可行，利用小型廉价卫星星座在很高的采样密度下监测海洋特性具有前景[见Clarizia等(2009)]。
- 运用GOCE新的重力数据来提升从卫星测高数据绘制绝对动力地形的水平。
- 结合传统的海啸预警和预测方法，开发系统以利用含有海啸迹象的测高记录(见11.5.4节)。
- 评估和改进来自SMOS数据的海表盐度反演。
- 提高日温跃层结构的预测，用于正在进行的海表温度或海洋次表层温度向基础海表温度的转换(见 14.4.2 节)。

- 提高光学复杂(二类)水体从水色遥感数据对海水参数的反演。

开发大多数新型卫星数据融合工具及业务化海洋系统

- 探索用于海洋预报模型的卫星海洋数据同化新方法，保留数据特征。
- 更好地协同使用互补卫星测量。
- 开发新技术利用卫星水色数据约束生态模型，最大程度利用固有光学特性知识。
- 对卫星数据新融合产品的产生(如来自 GHRSST 的新的高分辨率海表温度分析产品)，需要评估其内容，评估它们所能代表真正海洋的程度以及不同的最优插值方案是否降低或提高了海洋的真正特性。
- 基于高分辨率的卫星数据分析产品变化信号，发展和分析新的气候态。这是否提供对海洋气候变化的见解?
- 使用来自卫星数据的海表温度和表面风场新的高分辨率图，来高分辨率评估海洋和大气之间的耦合。
- 交互使用卫星导出的波浪数据(来自高度计和 SAR)来评估和提升波浪预测模型的性能。

利用最新卫星数据产品的新海洋学问题和问题解决方案

- 通过运用 SAR 多普勒质心方法反演的新的表面流速来研究海洋锋的稳定性。
- 利用最新的卫星和现场观测数据集来提高海-气通量及通量气候态的精度和空间分辨率。
- 使用高分辨率卫星数据探索时空分辨率对全球累积通量准确性的影响。
- 调查罗斯贝波与西边界流相互作用引起海洋环流潜在调制的可能性。
- 将卫星衍生气候数据记录与历史现场测量相联系，为气候研究提供最好的气候数据集。

随着卫星海洋学方法的改进，它提供的海洋数据质量或分辨率亦会更高，同时也将带来不同类型的研究问题，而上述这些只是其中几个例子。我希望当年轻科学家读到本书读到这里时，他们已经产生了与这里列出的大不相同的自己的想法和疑问。如果是这样，我期望他们能成功地跟进它们，并期望有一天能读到关于它们的发表成果。然后，也许会有其他人将新一代卫星海洋学家的研究成果编撰成与本书类似的另一部著作!

15.4 参考文献

Aguirre, M., B. Berruti, J.-L. Bezy, M. Drinkwater, F. Heliere, U. Klein, C. Mavrocordatos, P. Silvestrin, B. Greco, and J. Benveniste (2007), Sentinel-3: The ocean and medium-resolution land mission for GMES operational services. ESA Bulletin, 131(August 2007), 24-29.

Clarizia, M. P., C. P. Gommenginger, S. Gleason, M. A. Srokosz, C. Galdi, and M. Di Bisceglie (2009), Analysis of GNSS-R delay-Doppler maps from the UK-DMC satellite over the ocean. Geophys. Res. Letters, 36(L02608), doi: 10.1029/2008GL036292.

Robinson, I. S. (2004), Measuring the Ocean from Space: The Principles and Methods of Satellite Oceanography (669 pp.). Springer/Praxis, Heidelberg, Germany/Chichester, U.K.